中国社会科学年鉴

中国社会科学院年鉴 2020

YEARBOOK OF CHINESE ACADEMY OF SOCIAL SCIENCES

中国社会科学出版社

图书在版编目（CIP）数据

中国社会科学院年鉴. 2020 / 崔建民主编. -- 北京：中国社会科学出版社, 2024.10. -- ISBN 978-7-5227-4302-8

Ⅰ.G322.22-54

中国国家版本馆CIP数据核字第2024VZ9586号

出 版 人	赵剑英
特约编辑	刘玉杰
图片编辑	刘玉杰
责任编辑	张靖晗
责任校对	韩海超
责任印制	张雪娇

出　　版	中国社会科学出版社
社　　址	北京鼓楼西大街甲158号
邮　　编	100720
网　　址	http://www.csspw.cn
发 行 部	010-84083685
门 市 部	010-84029450
经　　销	新华书店及其他书店

印刷装订	三河市东方印刷有限公司
版　　次	2024年10月第1版
印　　次	2024年10月第1次印刷

开　　本	787*1092 1/16
印　　张	66
插　　页	24
字　　数	1534千字
定　　价	588.00元

凡购买中国社会科学出版社图书，如有质量问题请与本社营销中心联系调换
电话：010-84083683
版权所有　侵权必究

《中国社会科学院年鉴2020》编辑委员会

主　　　任：高　翔
编　　　委：方　军　马　援　胥锦成　胡　滨
　　　　　　赵　芮　姚枝仲　王海峰　王晓霞
　　　　　　崔建民　赵剑英
主　　　编：崔建民
副　主　编：陈　旭　刘玉杰
编辑部主任：刘玉杰
统　　　稿：刘玉杰
编辑部联络员：谢士强　董　方

编 辑 说 明

《中国社会科学院年鉴》（以下简称《院年鉴》）2020年卷较为全面系统地反映和记录了2019年中国社会科学院在以习近平同志为核心的党中央坚强领导下，在习近平新时代中国特色社会主义思想科学指引下，院党组团结带领全院同志树牢"四个意识"、坚定"四个自信"、坚决做到"两个维护"，坚定地同以习近平同志为核心的党中央保持高度一致，守正创新，开拓进取，各方面工作取得可喜成绩。

全书主要反映以下几方面内容：学习研究阐释习近平新时代中国特色社会主义思想持续深入；党的意识形态阵地不断巩固；全面贯彻落实习近平总书记贺信精神和党中央决策部署，中国历史研究院和中国非洲研究院组建工作顺利完成，中国社会科学院大学稳中向好；庆祝新中国成立70周年学术活动亮点纷呈；服务党和国家大局水平显著提升；中国特色哲学社会科学"三大体系"建设迈出坚实步伐；人才队伍建设跃上新台阶；国际学术交流广泛深入；管理服务保障能力显著增强；党的建设全面加强。

该卷还收录中国社会科学院2019年的机构设置、行政后勤工作、党务工作等方面的情况，是了解中国社会科学院2019年工作全貌的、内容比较翔实的资料性参考书。

《院年鉴》2020年卷除保持常规栏目"综合"、"组织机构"、"工作概况和学术活动"、"科研成果"、"学术人物"、"规章制度"、"统计资料"和"大事记"等章节外，为突出2019年的工作亮点，还增加了"特载 贯彻习近平总书记贺信精神""'不忘初心、牢记使命'主题教育特辑""中国特色哲学社会科学'三大体系'建设专辑""2019年度专题'打造创新工程升级版和高端智库建设工作'"栏目。

"特载 贯彻习近平总书记贺信精神"收录习近平致中国社

会科学院中国历史研究院成立的贺信、习近平向中国非洲研究院成立致贺信和中国社会科学院院长谢伏瞻的《在中国社会科学院纪念习近平总书记在哲学社会科学工作座谈会重要讲话发表三周年座谈会上的讲话》。

"综合"收录中国社会科学院领导谢伏瞻的《加快构建中国特色哲学社会科学学科体系、学术体系、话语体系》《论新工业革命加速拓展与全球治理变革方向》《新中国 70 年经济与经济学发展》、王京清的《马克思主义为什么"行"》、高翔的《新时代史学研究要有更大作为》等文章和中国社会科学院 2019 年度工作会议文件。

"组织机构"收录中国社会科学院机构设置及负责人名单、中国社会科学院第十届院级专业技术资格评审委员会名单、中国社会科学院院属各单位学术委员会及专业技术资格评审委员会名单。

"'不忘初心、牢记使命'主题教育特辑"收录《中国社会科学院"不忘初心、牢记使命"主题教育概况》。

"中国特色哲学社会科学'三大体系'建设专辑"收录院属各单位开展"三大体系"建设工作情况。

"2019 年度专题'打造创新工程升级版和高端智库建设工作'"收录全院的打造创新工程升级版及创新工程工作情况和高端智库建设工作情况,刊载了专稿《中国社会科学院 2019 年哲学社会科学创新工程管理概况》《中国社会科学院 2019 年智库建设概况》等。

"工作概况和学术活动"收录院属各单位的年度工作概况和主要学术活动。

"科研成果"收录以科研机构为主的院属各单位的主要科研成果。

"学术人物"收录《中国社会科学院大学(研究生院)博士研究生指导教师(2019—2020)》和《2019 年度晋升正高级专业技术职务人员》。

"规章制度"收录《人力资源社会保障部 中国社会科学院关于深化哲学社会科学研究人员职称制度改革的指导意见》《中国社会科学院所局领导班子和所局级干部年度综合考核评价办法》《中国社会科学院关于改革完善博士后制度的若干规定》等。

"统计资料"收录2019年中国社会科学院的主要统计资料。

"大事记"收录2019年中国社会科学院的主要大事和活动。

亲切关怀

↑ 2019年4月9日，中共中央政治局委员、中央外事工作委员会办公室主任杨洁篪（左二）出席中国非洲研究院成立大会。

↑ 2019年1月3日，中共中央政治局委员、中央书记处书记、中宣部部长黄坤明（中）为中国历史研究院揭牌。

院领导活动

↑ 2019年3月22日，中国社会科学院院长、党组书记谢伏瞻（左二）到中国社会科学院大学调研。

↑ 2019年4月28日，中国社会科学院院长谢伏瞻（左）会见到访的塔吉克斯坦共和国总统拉赫蒙。

↑ 2019年5月15日,中国社会科学院院长、学部主席团主席谢伏瞻出席亚洲文明对话大会"亚洲文明互鉴与人类命运共同体构建"分论坛并发表主旨演讲。

↑ 2019年5月17日,中国社会科学院院长、党组书记谢伏瞻出席"经济研究所建所90周年国际研讨会暨经济研究·高层论坛2019"开幕式并致辞。

院领导活动

↑ 2019年9月11日,中国社会科学院院长谢伏瞻(右)会见到访的哈萨克斯坦共和国总统托卡耶夫。

↑ 2019年11月27日,中国社会科学院副院长、党组副书记王京清(右)会见新疆社会科学院一行。

↑ 2019年5月22日，中国社会科学院副院长、中国非洲研究院院长蔡昉（右）会见阿尔及利亚驻华大使艾哈桑·布哈利法。

↑ 2019年1月15日，中国社会科学院副院长高翔（右）会见香港工商总会代表团。

院领导活动

↑ 2019年8月23日，中国社会科学院副院长高培勇（中）会见到访的罗马尼亚科学院院长伊昂-奥莱尔·波普一行。

↑ 2019年6月26日，中国社会科学院党组"不忘初心、牢记使命"主题教育指导组第二次全体会议在北京召开。中央纪委国家监委驻中国社会科学院纪检监察组组长、党组成员杨笑山主持会议。

↑ 2019年4月13日，中国社会科学院党组成员，当代中国研究所所长兼马克思主义研究院党委书记、院长姜辉（左二）出席"第六届中国社会科学院毛泽东思想论坛：毛泽东思想与新中国70年"。

↑ 2019年10月24日，中国社会科学院与浪潮集团有限公司在北京签署战略合作协议，中国社会科学院秘书长、党组成员赵奇（前排右）出席签约仪式。

"不忘初心、牢记使命"主题教育

↑ 2019年6月6日，中国社会科学院召开"不忘初心、牢记使命"主题教育动员大会。

↑ 2019年7月1日，中国社会科学院举办"不忘初心、牢记使命"主题教育专题党课。

↑ 2019年7月9日,中国社会科学院院长、党组书记谢伏瞻到世界经济与政治研究所国家安全研究室党支部开展"不忘初心、牢记使命"主题教育调研。

↑ 2019年7月31日,中国社会科学院党组举行"不忘初心、牢记使命"主题教育调研成果交流会。

"不忘初心、牢记使命"主题教育

↑ 2019年8月16日,中国社会科学院党组举行"对照党章党规找差距"专题会议。

↑ 2019年9月4日,中国社会科学院召开"不忘初心、牢记使命"主题教育总结大会。

↑ 2019年4月27日,"纪念五四运动一百周年国际学术研讨会"在北京举行。

↑ 2019年5月17日,"经济研究所建所90周年国际研讨会暨经济研究·高层论坛2019"在北京举行。

学术交流

↑ 2019年7月9日,"任继愈先生学术思想座谈会"在北京举行。

↑ 2019年7月20日,"第十二届全国马克思主义院长论坛:马克思主义研究70年"在北京举行。

2020 中国社会科学院年鉴
YEARBOOK OF CHINESE ACADEMY OF SOCIAL SCIENCES

↑ 2019年8月26日，中国社会科学院中国历史研究院举行"学习习近平总书记关于历史科学重要论述理论研讨会"。

↑ 2019年8月28日，《中国新闻传播学年鉴》第四届编辑出版研讨会在江苏省南京市举行。

学术交流

↑ 2019年9月18日,"第八届IEL国际史诗学与口头传统研究讲习班:口头诗学的多学科视域"在北京举行。

↑ 2019年10月12日,"新中国70年政治发展理论与实践"学术研讨会在北京举行。

↑ 2019年10月30日,"中国社会科学院国际法研究所建所十周年国际研讨会:构建人类命运共同体与国际法治"在北京举行。

↑ 2019年11月12日,第七届中德学术高层论坛在上海举行。

学术交流

↑ 2019年11月20日，第五届郭沫若中国历史学奖颁奖仪式在北京举行。

↑ 2019年11月22日，"城郊发展70年学术研讨会暨中国城郊经济研究会2019年年会"在江西省南昌市举行。

↑ 2019年11月23日,"新中国70年中国哲学知识体系构建：全国社科系统第30届哲学大会暨第二届中国青年哲学论坛"在四川省成都市举行。

↑ 2019年11月29日,第八届全国人文社会科学期刊高层论坛在海南省海口市举行。

科研成果

↑ 2019年4月9日,《习近平新时代中国特色社会主义思想学习丛书》出版座谈会在北京举行。

↑ 2019年6月17日,《"一带一路"手册》新书发布会暨"一带一路"倡议研讨会在英国剑桥大学举行。

↑ 2019年6月25日,"移动互联·智慧中国:《中国新媒体发展报告》(2019)发布暨新媒体发展研讨会"在北京举行。

↑ 2019年8月23日,《简明中国文学史读本》新书发布会在第二十六届北京国际图书博览会上举行。

科研成果

↑ 2019年9月25日,《庆祝中华人民共和国成立70周年书系》出版发布座谈会在北京举行。

↑ 2019年11月29日,《当代中国学术思想史》丛书出版座谈会暨编委会会议在北京举行。

↑ 2019年12月9日，2020年《经济蓝皮书》发布暨中国经济形势报告会在北京举行。

↑ 2019年12月23日，2020年《社会蓝皮书》发布暨中国社会形势报告会在北京举行。

智库建设

↑ 2019年2月13日，中国社会科学院国家高端智库论坛暨2019年经济形势座谈会在北京举行。

↑ 2019年4月9日，中国—葡语国家经贸合作论坛（澳门）成立15周年第三方评估报告评审会在北京举行。

↑ 2019年4月25日,第二届"一带一路"国际合作高峰论坛分论坛在北京举行。

↑ 2019年5月12日,中国社会科学论坛"全球变局下的中日关系:务实合作与前景展望"国际学术研讨会在北京举行。

智库建设

↑ 2019年5月20日，中国社会科学论坛"'一带一路'经贸合作：回顾与展望"在北京举行。

↑ 2019年9月17日，中国社会科学论坛"全球能源安全智库论坛第八届年会——变局中的全球能源安全：创新与绿色方案"在北京举行。

↑ 2019年10月19日,"第八届中拉学术高层论坛暨中国拉美学会学术大会:地区与全球大变局下的中拉关系展望"在福建省福州市举行。

↑ 2019年11月28日,"第四届中印智库论坛——亚洲世纪的中印关系"在北京举行。

人才队伍

↑ 2019年1月25日，中国社会科学院老领导迎春茶话会在北京举行。

↑ 2019年3月21日，中国社会科学院举行2019年博士后管理委员会工作会议。

↑ 2019年5月7日，中国社会科学院在北京举办"学习贯彻习近平新时代中国特色社会主义思想所局级主要领导干部读书班"。

↑ 2019年5月20日，中国社会科学院举办中青年科研骨干培训班。

人才队伍

↑ 2019年6月19日，中国社会科学院在北京举行第八批《中国社会科学博士后文库》复评工作会议。

↑ 2019年6月19日，文史哲学科评审组开展《中国社会科学博士后文库》复评工作。

↑ 2019年10月21日，中国社会科学院在北京举行2019年"西部之光"等访问学者欢迎座谈会。

↑ 2019年12月30日，中国社会科学院在北京举行2020年学部委员新年茶话会。

国际合作

↑ 2019年4月8日，"'16+1合作'现状及前景"学术研讨会在克罗地亚首都萨格勒布举行。

↑ 2019年5月13日，中美经贸关系研讨会在北京举行。

↑ 2019年5月14日,"第二届中阿经济发展与合作论坛——中国与阿塞拜疆的伙伴关系:新机遇与新挑战"在北京举行。

↑ 2019年5月27日,中国社会科学院院长谢伏瞻(左八)率团赴白俄罗斯明斯克参加"'一带一路'高质量发展与中白工业园建设研讨会"。

国际合作

↑ 2019年9月3日，中国社会科学院院长谢伏瞻（右）会见到访的白俄罗斯驻华大使鲁德。

↑ 2019年9月21日，第三届"中拉文明对话"研讨会在江苏省徐州市举行。

↑ 2019年10月14日，中国社会科学院院长谢伏瞻（右）会见到访的朝鲜社会科学院院长李慧正。

↑ 2019年11月2日，中国社会科学院院长谢伏瞻会见到访的2018年诺贝尔经济学奖获得者、世界银行首席经济学家、美国纽约大学斯特恩商学院教授保罗·罗默一行。

国际合作

↑ 2019年12月3日,"治国理政与中非经济社会发展"国际研讨会在南非首都比勒陀利亚举行。

↑ 2019年12月6日,"中非携手促进可持续发展"国际研讨会在埃塞俄比亚首都亚的斯亚贝巴举行。

↑ 2019年5月16日,中国社会科学院在北京召开"以习近平新时代中国特色社会主义思想为指导,加快构建中国特色哲学社会科学——纪念习近平总书记在哲学社会科学工作座谈会重要讲话发表三周年"座谈会。

↑ 2019年6月21日,中国社会科学院举行"时代楷模"先进群体事迹宣讲报告会。

党的建设

↑ 2019年7月2日，中国社会科学院党组理论学习中心组学习（扩大）会议在北京召开。

↑ 2019年9月10日，中国社会科学院举行中央第十五巡视组巡视中国社会科学院党组工作动员会议。

↑ 2019年11月6日，中国社会科学院2019年度党支部书记培训班在北京开班。

↑ 2019年11月18日，中国社会科学院党组召开巡视工作领导小组会议。

党的建设

↑ 2019年11月19日，中国社会科学院举行学习贯彻党的十九届四中全会精神宣讲报告会。

↑ 2019年12月13日，中国社会科学院举行中国共产党中国社会科学院直属机关第四次代表大会。

《中国社会科学院年鉴 2020》
审稿人（以姓氏笔画为序）

丁海川	卜宪群	刁鹏飞	马 援	王 岚	王 锋	王 镭
王利民	王建朗	王荣军	王砚峰	王延中	方 军	史 丹
曲永义	朱孔京	庄贵阳	刘 红	刘丹青	刘国祥	刘晖春
刘跃进	孙壮志	李 平	李正华	李永斌	李向阳	李国强
李洪雷	李新烽	杨世伟	杨伯江	杨明杰	汪朝光	张 斌
张 翼	张志强	陈 新	陈众议	郑筱筠	房 宁	赵江林
赵剑英	赵笑洁	荆林波	胡 滨	莫纪宏	夏杰长	夏春涛
倪 峰	唐绪军	崔向阳	崔建民	朝戈金	谢寿光	廖峥嵘
樊建新	冀祥德	魏后凯				

《中国社会科学院年鉴 2020》
供稿人（以姓氏笔画为序）

卜岩枫	王 美	王 莹	王 楠	王小霞	王劭宇	王晓泉
王海燕	牛玲玲	尹茂祥	冯希莹	朴光姬	任宏达	华 武
刘 晓	刘 健	刘玉杰	刘东山	刘枫雪	刘淑颖	池重阳
许 文	孙 懿	李 安	李 斌	李文博	李林烨	李秉霖
李疆卫	连鹏灵	何 蒂	沈 嘉	宋 平	宋 煜	张 岩
张 梅	张 逸	张子婷	张文博	张亚林	张青松	张锦贵
陆晓芳	陈文程	罗 昊	赵 荔	赵晓军	柳 杨	侯红蕊
侯丽敏	侯 波	郝艳菊	姚 慧	贺建忠	聂秀时	柴 怡
郭一豪	郭子林	曹维平	彭 华	董 方	董玉齐	韩 锰
程 红	曾 军	谢吨虎	褚 柠	蔡继辉	蔡雅洁	滕 瑶
薛苏鹏	戴丽萍	魏 进	魏长宝			

目　录

特　载　贯彻习近平总书记贺信精神

习近平致中国社会科学院中国历史研究院成立的贺信 .... 习近平（2）
习近平向中国非洲研究院成立致贺信 ....（3）
在中国社会科学院纪念习近平总书记在哲学社会科学工作座谈会重要讲话
发表三周年座谈会上的讲话 .... 谢伏瞻（4）

综　合

一　院领导讲话 ....（10）

加快构建中国特色哲学社会科学学科体系、
　学术体系、话语体系 .... 谢伏瞻（10）
论新工业革命加速拓展与全球治理变革方向 .... 谢伏瞻（27）
新中国70年经济与经济学发展 .... 谢伏瞻（39）
马克思主义为什么"行" .... 王京清（55）
聚焦根本任务牢牢把握主线　扎实推进我院"不忘初心、牢记使命"主题教育
——在2019年度暑期专题研讨班上的讲话 .... 王京清（59）
在2019年度科研管理培训班上的讲话 .... 蔡　昉（64）
新时代史学研究要有更大作为 .... 高　翔（71）
在全院落实科研经费"放管服"改革试点工作动员会上的讲话 .... 高培勇（72）
中国社会主义70年对科学社会主义的重大贡献 .... 姜　辉（78）
办好人文社会科学期刊　加快中国特色哲学社会科学学术体系构建
——在第八届全国人文社会科学期刊高层论坛上的致辞 .... 赵　奇（84）

二　中国社会科学院2019年度工作会议文件 ....（88）

中国社会科学院2018年度工作总结 ....（88）
中国社会科学院2019年度工作要点 ....（96）

— 1 —

组织机构

一 中国社会科学院机构设置 ……………………………………………… (106)

　　中国社会科学院领导及其分工 ………………………………………… (106)
　　中国社会科学院职能部门 ……………………………………………… (110)
　　中国社会科学院科研机构 ……………………………………………… (111)
　　中国社会科学院直属单位 ……………………………………………… (116)
　　中国社会科学院直属企业 ……………………………………………… (116)
　　中国社会科学院代管单位 ……………………………………………… (117)

二 中国社会科学院学部 …………………………………………………… (118)

三 中国社会科学院第十届院级专业技术资格评审委员会 ……………… (119)

　　研究系列正高级专业技术资格评审委员会 …………………………… (119)
　　出版编辑系列正高级专业技术资格评审委员会 ……………………… (121)
　　图书资料系列正高级专业技术资格评审委员会 ……………………… (121)
　　高教系列正高级专业技术资格评审委员会 …………………………… (121)

四 中国社会科学院院属各单位学术委员会及专业技术资格评审委员会
　　……………………………………………………………………………… (122)

"不忘初心、牢记使命"主题教育特辑

中国社会科学院"不忘初心、牢记使命"主题教育概况 ………………… (136)

中国特色哲学社会科学"三大体系"建设专辑

文学哲学学部 ………………………………………………………………… (146)
历史学部 ……………………………………………………………………… (154)

目 录

经济学部 .... (161)

社会政法学部 .... (166)

国际研究学部 .... (172)

马克思主义研究学部 .... (184)

其他单位 .... (187)

2019 年度专题"打造创新工程升级版和高端智库建设工作"

一 打造创新工程升级版 .... (192)

中国社会科学院 2019 年哲学社会科学创新工程管理概况 .... (192)

科研机构创新工程工作情况 .... (194)

院直属单位创新工程工作情况 .... (226)

二 高端智库建设工作 .... (232)

中国社会科学院 2019 年智库建设概况 .... (232)

科研机构高端智库建设工作情况 .... (236)

 文学哲学学部 .... (236)

 历史学部 .... (238)

 经济学部 .... (239)

 社会政法学部 .... (245)

 国际研究学部 .... (248)

 马克思主义研究学部 .... (254)

工作概况和学术活动

一 研究院所工作 .... (258)

文学哲学学部 .... (258)

 文学研究所 .... (258)

民族文学研究所 .... (267)

　　外国文学研究所 .... (274)

　　语言研究所 .... (280)

　　哲学研究所 .... (291)

　　世界宗教研究所 .... (302)

历史学部 .... (320)

　　中国历史研究院（院部） .... (320)

　　考古研究所 .... (324)

　　古代史研究所 .... (339)

　　近代史研究所 .... (350)

　　世界历史研究所 .... (364)

　　中国边疆研究所 .... (375)

　　历史理论研究所 .... (380)

　　台湾研究所 .... (384)

经济学部 .... (390)

　　经济研究所 .... (390)

　　工业经济研究所 .... (399)

　　农村发展研究所 .... (406)

　　财经战略研究院 .... (418)

　　金融研究所 .... (429)

　　数量经济与技术经济研究所 .... (432)

　　人口与劳动经济研究所 .... (438)

　　城市发展与环境研究所 .... (445)

社会政法学部 .... (449)

　　法学研究所 .... (449)

　　国际法研究所 .... (460)

　　政治学研究所 .... (470)

　　民族学与人类学研究所 .... (478)

　　社会学研究所 .... (487)

　　社会发展战略研究院 .... (496)

　　新闻与传播研究所 .... (506)

国际研究学部 .... (515)

　　世界经济与政治研究所 .... (515)

俄罗斯东欧中亚研究所 …………………………………………………… (527)
　　欧洲研究所 ………………………………………………………………… (538)
　　西亚非洲研究所（中国非洲研究院） …………………………………… (549)
　　拉丁美洲研究所 …………………………………………………………… (560)
　　亚太与全球战略研究院 …………………………………………………… (568)
　　美国研究所 ………………………………………………………………… (576)
　　日本研究所 ………………………………………………………………… (581)
　　和平发展研究所 …………………………………………………………… (587)

马克思主义研究学部 ………………………………………………………… **(589)**
　　马克思主义研究院 ………………………………………………………… (589)
　　当代中国研究所 …………………………………………………………… (603)
　　信息情报研究院 …………………………………………………………… (612)
　　中国社会科学评价研究院 ………………………………………………… (617)

二　院职能部门及党务部门工作 ……………………………………………… **(624)**
　　办公厅 ……………………………………………………………………… (624)
　　科研局／学部工作局 ……………………………………………………… (630)
　　人事教育局 ………………………………………………………………… (638)
　　国际合作局 ………………………………………………………………… (644)
　　财务基建计划局 …………………………………………………………… (650)
　　离退休干部工作局 ………………………………………………………… (655)
　　直属机关党委（直属机关纪委审计室） ………………………………… (658)

三　院直属单位工作 …………………………………………………………… **(666)**
　　中国社会科学院大学（研究生院） ……………………………………… (666)
　　中国社会科学院图书馆（调查与数据信息中心） ……………………… (675)
　　中国社会科学杂志社 ……………………………………………………… (685)
　　服务中心 …………………………………………………………………… (705)
　　郭沫若纪念馆 ……………………………………………………………… (710)

四　院直属企业工作 …………………………………………………………… **(715)**
　　中国社会科学出版社 ……………………………………………………… (715)

社会科学文献出版社 ………………………………………………（726）
　　　中国人文科学发展公司 ……………………………………………（732）
五　院代管单位工作 ……………………………………………………（736）
　　　中国地方志指导小组办公室（国家方志馆）……………………（736）

科研成果

文学哲学学部 ……………………………………………………………（744）

历史学部 …………………………………………………………………（774）

经济学部 …………………………………………………………………（798）

社会政法学部 ……………………………………………………………（821）

国际研究学部 ……………………………………………………………（845）

马克思主义研究学部 ……………………………………………………（883）

院直属事业单位 …………………………………………………………（893）

院代管单位 ………………………………………………………………（901）

学术人物

一　中国社会科学院大学（研究生院）博士研究生指导教师（2019—2020）
　　………………………………………………………………………（904）

二　2019 年度晋升正高级专业技术职务人员 ………………………（923）

— 6 —

规章制度

一 人力资源社会保障部 中国社会科学院关于深化哲学社会科学研究人员职称制度改革的指导意见 …………………………（950）

二 中国社会科学院所局领导班子和所局级干部年度综合考核评价办法 …………………………（956）

三 中国社会科学院关于改革完善博士后制度的若干规定 …………（963）

四 《中国社会科学博士后文库》管理办法 …………………………（970）

统计资料

一 中国社会科学院2019年在职人员情况统计表 …………………（976）

二 中国社会科学院2019年在职人员年龄结构统计表 ……………（979）

三 中国社会科学院2019年专业人员年龄、学历结构统计表 ……（982）

四 中国社会科学院2019年邀请来访人员统计表 …………………（983）

五 中国社会科学院2019年派遣出访人员统计表 …………………（985）

六 中国社会科学院图书馆系统2019年藏书情况 …………………（987）

七 中国社会科学院2019年学术期刊一览表 ………………………（988）

八 中国社会科学院2019年主管学术社团一览表 …………………（993）

九 中国社会科学院非实体研究中心一览表 ………………………（998）

大事记

一月 ……………………………………………………………………………（1006）

二月 ……………………………………………………………………………（1009）

三月 ……………………………………………………………………………（1011）

四月 ……………………………………………………………………………（1014）

五月 ……………………………………………………………………………（1017）

六月 ……………………………………………………………………………（1020）

七月 ……………………………………………………………………………（1023）

八月 ……………………………………………………………………………（1026）

九月 ……………………………………………………………………………（1027）

十月 ……………………………………………………………………………（1030）

十一月 …………………………………………………………………………（1033）

十二月 …………………………………………………………………………（1037）

2020 YEARBOOK OF CHINESE ACADEMY OF SOCIAL SCIENCES

CONTENTS

THE SPECIAL TOPIC IMPLEMENT THE SPIRIT OF COMRADE XI JINPING'S CONGRATULATORY LETTERS

Xi Jinping's Congratulatory Letter on the Establishment of the Institute of Chinese Academy of History of China .... Xi Jinping(2)

Xi Jinping's Congratulatory Letter on the Establishment to the China-Africa Institute .... (3)

Speech at the Third Anniversary Symposium on the Publication of General Secretary Xi Jinping's Speech at the Seminar on Philosophy and Social Sciences .... Xie Fuzhan(4)

A COMPREHENSIVE SURVEY

1. Speeches by the Leaders .... (10)

Accelerating the Construction of the Disciplinary System, Academic System and Discourse System of Philosophy and Social Sciences with Chinese Characteristics .... Xie Fuzhan(10)

On the Accelerated Expansion of the New Industrial Revolution and the Direction of Global Governance Change .... Xie Fuzhan(27)

On the Development of Economy and Economics for 70 Years since the Establishment of People's Republic of China .... Xie Fuzhan(39)

Why Marxism Goes well .... Wang Jingqing(55)

Focus on Fundamental Tasks and Firmly Grasping the Core, Solidly Promoting the Campaign for "Staying True to our Founding Mission": Speech at the Summer Thematic Conference in 2019 .... Wang Jingqing(59)

Speech at the Training Courses on the CASS Scientific Research Management in 2019
.... Cai Fang(64)

Historical Research Needs to Make More Important Contribution in the New Era
....Gao Xiang(71)
Speech at the Mobilization Meeting on the Reform Pilot Work of "Fang-Guan-Fu" of the Scientific Research Funds in CASS .... Gao Peiyong(72)
The Significant Contribution of 70 Years' Chinese Socialism to Scientific Socialism
....Jiang Hui(78)
Running Humanities and Social Sciences Journals Well, Accelerating the Construction of the Academic System for Philosophy and Social Sciences with Chinese Characteristics: Speech at the 8th High-level Seminar on Humanity and Social Sciences Periodicals.....Zhao Qi(84)

2. Documents of the Annual Working Conference of CASS in 2019 ....(88)
    A Review of the Work in 2018 ....(88)
    An Outline of the Work in 2019 ....(96)

ORGANIZATIONAL COMPOSITION

1. Organizational Structure of CASS ....(106)
    Leaders and Their Division of Responsibility ....(106)
    Functional Departments ....(110)
    Research Institutes ....(111)
    Institutions Directly under CASS ....(116)
    Enterprises Directly under CASS ....(116)
    Associate Units ....(117)
2. Academic Divisions of the CASS ....(118)
3. Appraisal Committees for Senior Academic Titles of the CASS ....(119)
    Appraisal Committee for Full Senior Academic Title (Research Series) ....(119)
    Appraisal Committee for Full Senior Academic Title (Editing Series) ....(121)
    Appraisal Committee for Full Senior Academic Title (Library Series) ....(121)
    Appraisal Committee for Full Senior Academic Title (Higher Educating Series) .....(121)
4. Academic Committees and Appraisal Committees for Academic Titles of the Units under CASS ....(122)

CAMPAIGN FOR "STAYING TRUE TO OUR FOUNDING MISSION"

Review on Carrying out the Campaign for "Staying True to our Founding Mission" in CASS .... (136)

THE CONSTRUCTION OF "THREE SYSTEMS" OF PHILOSOPHY AND SOCIAL SCIENCES WITH CHINESE CHARACTERISTIC

Academic Division of Philosophy and Literature .... (146)
Academic Division of History .... (154)
Academic Division of Economics .... (161)
Academic Division of Social, Political and Legal Studies .... (166)
Academic Division of International Studies .... (172)
Academic Division of Marxist Studies .... (184)
Other Units .... (187)

ANNUAL PROJECT 2019 "MAKING AN UPGRADED VERSION OF THE INNOVATION PROJECTS AND THE CONSTRUCTION OF THE HIGH-END THINK TANK"

1. The Work of Making an Upgraded Version of the Innovation Projects .... (192)
    CASS Philosophy and Social Sciences Innovation Projects in 2019 .... (192)
    The Fulfillment of the Innovation Projects by the Research Institutes .... (194)
    The Fulfillment of the Innovation Projects by the Institutions Directly under CASS .... (226)

2. The Construction of High-end Think Tank .... (232)
    The General Information of the Think Tank Construction in 2019 .... (232)
    The Construction of the High-end Think Tank by the Research Institutes .... (236)
        Academic Division of Philosophy and Literature .... (236)
        Academic Division of History .... (238)
        Academic Division of Economics .... (239)

Academic Division of Social, Political and Legal Studies .... (245)

Academic Division of International Studies .... (248)

Academic Division of Marxist Studies .... (254)

WORK AND ACADEMIC ACTIVITIES

1. Work of the Research Institutes .... (258)

  Academic Division of Philosophy and Literature .... (258)

    Institute of Literature .... (258)

    Institute of Ethnic Literature .... (267)

    Institute of Foreign Literature .... (274)

    Institute of Linguistics .... (280)

    Institute of Philosophy .... (291)

    Institute of World Religions .... (302)

  Academic Division of History .... (320)

    the Chinese Academy of History (Headquarters) .... (320)

    Institute of Archaeology .... (324)

    Institute of Ancient History .... (339)

    Institute of Modern History .... (350)

    Institute of World History .... (364)

    Institute of Chinese Borderland Studies .... (375)

    Institute of Historical Theory Studies .... (380)

    Institute of Taiwan Studies .... (384)

  Academic Division of Economics .... (390)

    Institute of Economics .... (390)

    Institute of Industrial Economics .... (399)

    Institute of Rural Development .... (406)

    National Academy of Economic Strategy .... (418)

    Institute of Finance and Banking .... (429)

    Institute of Quantitative and Technical Economics .... (432)

    Institute of Population and Labor Economics .... (438)

Institute for Urban and Environmental Studies .... (445)

　Academic Division of Social, Political and Legal Studies .... (449)

　　Institute of Law .... (449)

　　Institute of International Law .... (460)

　　Institute of Political Science .... (470)

　　Institute of Ethnology and Anthropology .... (478)

　　Institute of Sociology .... (487)

　　Academy of Social Development Strategy .... (496)

　　Institute of Journalism and Communication Studies .... (506)

　Academic Division of International Studies .... (515)

　　Institute of World Economy and Politics .... (515)

　　Institute of Russian, East European and Central Asian Studies .... (527)

　　Institute of European Studies .... (538)

　　Institute of West Asian and African Studies (the China-Africa Institute) .... (549)

　　Institute of Latin American Studies .... (560)

　　National Institute of International Strategy .... (568)

　　Institute of American Studies .... (576)

　　Institute of Japanese Studies .... (581)

　　Institute of Peaceful Development Studies .... (587)

　Academic Division of Marxist Studies .... (589)

　　Academy of Marxism .... (589)

　　Institute of Contemporary China Studies .... (603)

　　Academy of Intelligence Information Studies .... (612)

　　Chinese Academy of Social Sciences Evaluation Studies .... (617)

2. Work of the Functional and Party Affairs Departments .... (624)

　The General Office .... (624)

　Bureau of Scientific Research Management/ Bureau of Work for the Academic Divisions

　　... (630)

　Bureau of Personnel and Education .... (638)

　Bureau of International Cooperation .... (644)

　Bureau of Finance, Capital Construction and Planning .... (650)

　Bureau of Work for Retired Cadres .... (655)

Party Committee of Departments Directly under CASS (Audit Office of Discipline Inspection Committee of Departments Directly under CASS) .... (658)
3. Work of the Institutes Directly under CASS .... (666)
　　University of Chinese Academy of Social Sciences(Graduate School) .... (666)
　　CASS Library (Center for Documentation and Information) .... (675)
　　Social Sciences in China Press .... (685)
　　Center for Services .... (705)
　　Guo Moruo Museum .... (710)
4. Work of Enterprises Directly under the CASS .... (715)
　　China Social Sciences Press .... (715)
　　Social Sciences Academic Press .... (726)
　　China Humanities and Science Development Corporation .... (732)
5. Work of Associate Units .... (736)
　　Office of the Guiding Group for the Compilation of China Local Chronicles(National Library of China Local Chronicles) .... (736)

SCIENTIFIC RESEARCH ACHIEVEMENTS

Academic Division of Philosophy and Literature .... (744)
Academic Division of History .... (774)
Academic Division of Economics .... (798)
Academic Division of Social, Political and Legal Studies .... (821)
Academic Division of International Studies .... (845)
Academic Division of Marxist Studies .... (883)
Institutions Directly under CASS .... (893)
Associate Units .... (901)

ACADEMIC FIGURES

1. Names of the Doctoral Supervisors of UCASS/Graduates School of CASS (2019-2020)
.... (904)
2. Names of Professionals Awarded Full Senior Academic Titles in 2019 .... (923)

RULES AND REGULATIONS

1. The Ministry of Human Resources and Social Security & CASS: Instruction on Deepening the Reform on Appraisal of the Researchers' Academic Titles in CASS .... (950)
2. Measures for the Annual Comprehensive Assessment of the Bureau's Leadership and the Bureau Level Cadres in CASS .... (956)
3. Regulations on Reforming and Perfecting the System of Post-doctor in CASS .... (963)
4. Management Rules of *A Library of Post-doctoral Dissertations in Social Sciences in China* .... (970)

STATISTICS DATA

1. Figure of Various Categories of People in Employment in 2019 .... (976)
2. Figure of Age Structure of People in Employment in 2019 .... (979)
3. Figure of Age and Academic Credential Structure of Various Categories of Professionals in Employment in 2019 .... (982)
4. Figure of Statistics of People Invited to China in 2019 .... (983)
5. Figure of Statistics of People Sent Abroad in 2019 .... (985)
6. Collection of Books in the CASS Libraries in 2019 .... (987)
7. Table of Academic Periodicals Published by CASS in 2019 .... (988)
8. Table of National Academic Societies Administered by CASS in 2019 .... (993)
9. Table of CASS Non-entity Research Centers .... (998)

CHRONICLE

January .... (1006)
February .... (1009)
March .... (1011)

April ...... (1014)
May ...... (1017)
June ...... (1020)
July ...... (1023)
August ...... (1026)
September ...... (1027)
October ...... (1030)
November ...... (1033)
December ...... (1037)

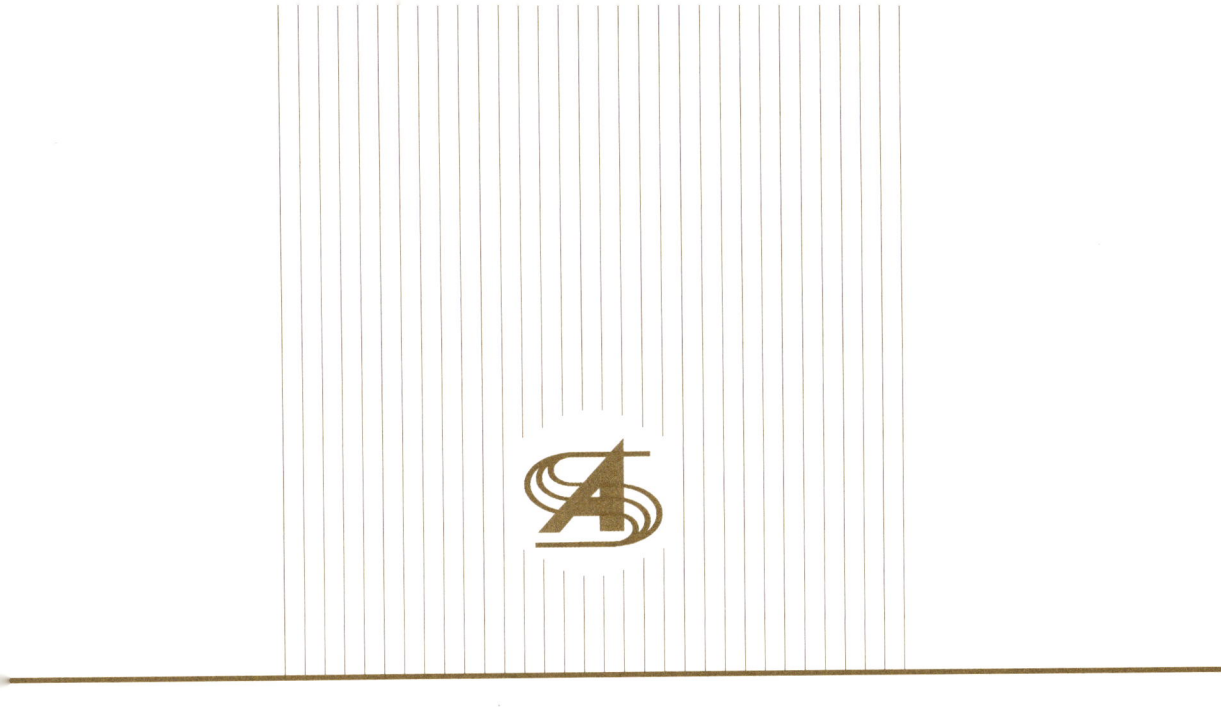

特 载

贯彻习近平总书记贺信精神

习近平致中国社会科学院中国历史研究院成立的贺信 *

值此中国社会科学院中国历史研究院成立之际,我代表党中央,向你们表示热烈的祝贺!向全国广大历史研究工作者致以诚挚的问候!

历史是一面镜子,鉴古知今,学史明智。重视历史、研究历史、借鉴历史是中华民族5000多年文明史的一个优良传统。当代中国是历史中国的延续和发展。新时代坚持和发展中国特色社会主义,更加需要系统研究中国历史和文化,更加需要深刻把握人类发展历史规律,在对历史的深入思考中汲取智慧、走向未来。

历史研究是一切社会科学的基础。长期以来,在党的领导下,我国史学界人才辈出、成果丰硕,为党和国家事业发展作出了积极贡献。希望我国广大历史研究工作者继承优良传统,整合中国历史、世界历史、考古等方面研究力量,着力提高研究水平和创新能力,推动相关历史学科融合发展,总结历史经验,揭示历史规律,把握历史趋势,加快构建中国特色历史学学科体系、学术体系、话语体系。

希望中国历史研究院团结凝聚全国广大历史研究工作者,坚持历史唯物主义立场、观点、方法,立足中国、放眼世界,立时代之潮头,通古今之变化,发思想之先声,推出一批有思想穿透力的精品力作,培养一批学贯中西的历史学家,充分发挥知古鉴今、资政育人作用,为推动中国历史研究发展、加强中国史学研究国际交流合作作出贡献。

习近平
2019 年 1 月 2 日

---

* 中国政府网,https://www.gov.cn/xinwen/2019-01/03/content_5354515.htm。

习近平向中国非洲研究院成立致贺信*

新华社北京4月9日电 4月9日，中国非洲研究院成立大会在北京召开。国家主席习近平致贺信，对中国非洲研究院成立表示热烈祝贺。

习近平指出，当今世界正面临百年未有之大变局，中国作为最大的发展中国家，非洲作为发展中国家最集中的大陆，双方人民友谊源远流长，新形势下，中非深化传统友谊，密切交流合作，促进文明互鉴，不仅造福中非人民，而且将为世界和平与发展事业作出更大贡献。

习近平表示，在2018年召开的中非合作论坛北京峰会上，中非双方一致决定构建更加紧密的中非命运共同体，实施中非合作"八大行动"。设立中国非洲研究院是其中人文交流行动的重要举措。希望中国非洲研究院汇聚中非学术智库资源，增进中非人民相互了解和友谊，为中非和中非同其他各方的合作集思广益、建言献策，为促进中非关系发展、构建人类命运共同体贡献力量。

---

* 中国政府网，https://www.gov.cn/xinwen/2019-04/09/content_5380753.htm。

在中国社会科学院纪念习近平总书记在哲学社会科学工作座谈会重要讲话发表三周年座谈会上的讲话

谢伏瞻

（2019年5月16日）

在习近平总书记"5·17"重要讲话发表三周年之际，我们召开这次会议，主要是深入学习贯彻总书记重要讲话、致我院建院40周年贺信、致中国历史研究院成立贺信、致中国非洲研究院成立贺信精神，深化思想认识，总结交流经验，推动任务落实，更好地加快构建中国特色哲学社会科学学科体系、学术体系、话语体系。

2016年5月17日，习近平总书记主持召开哲学社会科学工作座谈会并发表重要讲话（以下简称《讲话》），这在当代中国哲学社会科学发展史上具有重要的里程碑意义。《讲话》从坚持和发展中国特色社会主义的战略高度，深刻阐明了哲学社会科学的地位作用，精辟论述了坚持马克思主义指导地位的极端重要性，鲜明提出了加快构建中国特色哲学社会科学的战略任务，科学回答了事关我国哲学社会科学长远发展的一系列根本性问题。以《讲话》为标志，新时代中国哲学社会科学发展揭开了崭新的篇章。

《讲话》发表三年来，党中央高度重视《讲话》精神的贯彻落实，高度重视新时代哲学社会科学工作，出台了一系列重要文件，作出了一系列重大决策部署。2017年3月，党中央印发《关于加快构建中国特色哲学社会科学的意见》，对加快构建中国特色哲学社会科学学科体系、学术体系、话语体系作出全面部署。2017年5月17日，中央召开加快构建中国特色哲学社会科学工作座谈会，对进一步贯彻落实习近平总书记重要讲话和党中央文件精神提出明确要求。2017年10月18日，党的十九大报告明确提出"深化马克思主义理论研究和建设，加快构建中国特色哲学社会科学，加强中国特色新型智库建设"三大战略任务。今年全国"两会"将"加快构建中国特色哲学社会科学"写入政府工作报告。党中央国务院对哲学社会科学重视程度之高，推动力度之大，这在我们党领导哲学社会科学工作的历史上是十分罕见、极其珍贵的。

2017年5月17日，总书记为我院建院40周年专门发来贺信，今年1月2日、4月9日，又分别为我院中国历史研究院和中国非洲研究院成立发来贺信，充分体现了党中央和总书记对哲学社会科学事业的高度重视，充分体现了党中央和总书记对我院的亲切关怀，全院同志感到巨大鼓舞和鞭策。总书记重要《讲话》和三次贺信精神，一以贯之，是指导我国哲学社会科学发展的纲领性文献，为办好中国社科院、做好新时代哲学社会科学工作指明了前进方向，提供了重要遵循。正是由于以习近平同志为核心的党中央的亲切关怀和支持，我院迎来了一个前所未有的战略机遇期，迎来了从恢复重建，繁荣发展到加快构建的新飞跃。

《讲话》发表三年来，中央领导同志先后到我院调研指导工作。2018年7月25日，中共中央政治局常委、中央书记处书记王沪宁同志来我院调研，就贯彻落实总书记重要讲话和贺信精神，做好我院工作发表重要讲话、作出重要指示。2018年4月16日，中共中央政治局委员、国务院副总理孙春兰同志来我院调研，并就贯彻落实总书记重要《讲话》和贺信精神提出明确要求。今年1月3日，中共中央政治局委员、中宣部部长黄坤明同志，出席中国历史研究院成立大会并发表重要讲话。今年4月9日，中共中央政治局委员、中央外事工作委员会办公室主任杨洁篪同志，出席在我院举行的中国非洲研究院成立大会，宣读习近平总书记贺信并致辞。近一年的时间内，4位中央领导同志先后到我院调研指导，这在我院发展的历史上是少有的。

《讲话》发表三年来，院党组带领全院同志坚持把学习贯彻习近平总书记重要讲话和贺信精神作为第一位的政治任务，统一思想，深化认识，不断增强学习贯彻的思想自觉和行动自觉。一是对习近平总书记重要讲话和贺信精神对新时代我国哲学社会科学的巨大指导意义有了更加深刻的认识；二是对新时代哲学社会科学的地位作用、职责使命有了更加深刻的认识；三是对坚持马克思主义在我国哲学社会科学领域的指导地位有了更加深刻的认识；四是对加快构建中国特色哲学社会科学的战略要求有了更加深刻的认识；五是对加强和改善党对哲学社会科学的领导有了更加深刻的认识。在院党组领导下，全院同志更加自觉地把思想认识统一到总书记重要讲话和贺信精神上来，把力量凝聚到加快构建中国特色哲学社会科学的战略任务上来。

在《讲话》和贺信精神的指引下，院党组带领全院同志坚持正确的政治方向、学术导向和价值取向，繁荣中国学术，发展中国理论，传播中国思想，与伟大时代同发展，与亿万人民齐奋进，努力建设马克思主义理论阵地，发挥为党和国家决策服务的思想库作用。《讲话》发表以来，我院各项工作取得新进展新成绩，中国历史研究院和非洲研究院顺利组建，思想武装跃升新境界，科学研究结出新硕果，智库建设实现新突破，人才建设达到新水平，国际学术交流取得新进展，党的建设取得新成效，加快构建中国特色哲学社会科学学科体系、学术体系、话语体系各方面工作取得新成绩、呈现新面貌。

实践的发展，时间的推移，已经并将继续证明，总书记重要《讲话》和贺信，是马克思主义的光辉文献，是指导新时代我国哲学社会科学长远发展的纲领性文献。刚才，七位同志作了很好的发言。这里，我就进一步深化学习贯彻习近平总书记重要讲话和贺信精神，讲几点认识和体会。

第一，深入学习贯彻总书记重要《讲话》和贺信精神，必须提高政治站位、增强责任担当。中国社科院作为党中央直接领导的国家哲学社会科学研究机构，既是研究单位也是政治机关，深入学习贯彻总书记重要讲话和贺信精神，必须旗帜鲜明讲政治，树牢"四个意识"，坚定"四个自信"，坚决做到"两个维护"，坚定不移地用习近平新时代中国特色社会主义思想武装头脑、指导实践。要把"两个维护"的要求，落到深入学习贯彻习近平总书记重要讲话和贺信精神上来，落到加快构建哲学社会科学"三大体系"上来。要提高把握政治大局和政治方向的能力和水平，在政治立场、政治方向、政治原则、政治道路上坚定地同以习近平同志为核心的党中央保持高度一致，始终做到党中央提倡的坚决响应、党中央决定的坚决照办。

总书记指出，社会大变革的时代，一定是哲学社会科学大发展的时代。当代中国正经历着我国历史上最为广泛而深刻的社会变革，也正在进行着人类历史上最为宏大而独特的实践创新。这种前无古人的伟大实践，必将给理论创造、学术繁荣提供强大动力和广阔空间。总书记重要讲话提出的一个核心命题和战略任务，就是加快构建中国特色哲学社会科学。这是一个极为重要的战略考量，关系我国哲学社会科学的长远发展，关系中国特色社会主义事业发展全局。作为新时代哲学社会科学工作者，对时代和实践赋予我们的使命，对党和人民赋予我们的责任，应当有高度的思想自觉和行动自觉。我院在加快构建中国特色哲学社会科学的历史进程中，负有重要职责。我们要以永不懈怠的精神状态和一往无前的奋斗姿态，切实担负起时代赋予的崇高使命，奋力书写新时代哲学社会科学的壮丽篇章。

第二，深入学习贯彻总书记重要讲话和贺信精神，必须坚持用习近平新时代中国特色社会主义思想统领哲学社会科学研究。总书记强调，"坚持以马克思主义为指导，是当代中国哲学社会科学区别于其他哲学社会科学的根本标志，必须旗帜鲜明加以坚持"。任何一种哲学社会科学体系，都有一个以什么样的思想理论来指导的问题，它决定着哲学社会科学的根本属性和发展方向。中国特色哲学社会科学，是以马克思主义为指导的哲学社会科学，这是我国哲学社会科学的灵魂所在、命脉所在、优势所在。新时代，坚持马克思主义，就是要坚持马克思主义基本原理和贯穿其中的立场、观点、方法，最重要的是要坚持以马克思主义中国化的最新成果——习近平新时代中国特色社会主义思想为指导。习近平新时代中国特色社会主义思想是当代中国马克思主义、21世纪马克思主义，是新时代最鲜活生动的马克思主义。坚持以习近平新时代中国特色社会主义思想为指导，是加快构建中国特色哲学社会科学的根本要求，是哲学社会科学始终沿着正确方向前进的根本保证。习近平新时代中国特色社会主义思想，既是我们的指导思想，也是我们的研究对象。坚持以习近平新时代中国特色社会主义思想为指导，首先要在学懂、弄通、做实上下功夫，在学深悟透、做好研究阐释上下功夫，努力推出有思想穿透力的精品力作，书写研究阐释当代中国马克思主义的学术经典，展现21世纪马克思主义在世界范围的真理伟力。

深入学习贯彻总书记重要讲话和贺信精神，加快构建"三大体系"，必须始终坚持正确的政治方向、学术导向和价值取向。要坚持用习近平新时代中国特色社会主义思想引领哲学社会科学发展方向，把这一重要思想贯穿到哲学社会科学各学科各领域，贯穿到学科建设、课题研究、学术交流、成果评价、教材编写、课堂教学的各个环节，切实提高运用这一重要思想指导科学研究的能力。要提高政治敏锐性和政治鉴别力，既不走封闭僵化的老路，也不走改旗易帜的邪路。要自觉抵御各种错误思潮的干扰，守住"底线"，不碰"红线"。要坚决反对去思想化、去价值化、去中国化、去主流化的倾向，旗帜鲜明批驳历史虚无主义、西方"宪政民主"、新自由主义等错误思潮和观点。在方向和原则问题上决不能出现与党中央精神不一致的言论，决不能传播噪音杂音，决不能为错误思想言论提供传播渠道，决不能搞哗众取宠、"博眼球"、"语不惊人死不休"那一套。

第三，深入学习贯彻总书记重要《讲话》和贺信精神，必须着力提升哲学社会科学的原创能力和水平。总书记指出，"创新是哲学社会科学发展的永恒主题和不竭动力。""我们的哲学社会科学有没有中国特色，归根到底要看有没有主体性、原创性。"原创能力是哲学社会科学的核心竞争力，是加快构建中国特色哲学社会科学的关键点、着力点。我们的哲学社会科学能不能形成中国特色，能不能影响世界，归根到底就看有没有这样的原创能力。提升原创能力，要强化主体意识，抓住原创这个关键，坚持不忘本来、吸收外来、面向未来，充分体现继承性、民族性、原创性、时代性、系统性、专业性，充分体现中国特色、中国风格、中国气派，加快构建中国特色哲学社会科学学科体系、学术体系、话语体系。要融通马克思主义、中华优秀传统文化、国外哲学社会科学等古今中外各种学术资源，从中汲取学术创造的有益思想养分，在守正出新中提升我国哲学社会科学的创造力，不懈追求真理、探究规律，不断推进理论创新和学术创新，着力提高学术品质、学理厚度，提高哲学社会科学的创新能力和水平。

总书记强调，当代中国的伟大社会变革，不是简单延续我国历史文化的母版，不是简单套用马克思主义经典作家设想的模板，不是其他国家社会主义实践的再版，也不是国外现代化发展的翻版，不可能找到现成的教科书。一切刻舟求剑、照猫画虎、生搬硬套、依样画葫芦的做法都是无济于事的。我们要坚持用中国理论解读中国实践，用中国实践丰富中国理论。以我们正在做的事情为中心，根据新的实践，挖掘新材料、发现新问题、提出新观点、构建新理论。要强化问题意识，坚持问题导向，以研究新时代重大理论和现实问题为主攻方向，推出更多对政策制定有重要参考价值、对事业发展有重要推动作用的优秀成果，更好服务于党和国家的决策，为坚持和发展中国特色社会主义，实现中华民族伟大复兴的中国梦提供有力的学理支撑。

第四，深入学习贯彻总书记重要《讲话》和贺信精神，必须牢固树立为人民做学问的理念。总书记强调，"为什么人的问题是哲学社会科学研究的根本性、原则性问题。我国哲学社会科学为谁著书、为谁立说，是为少数人服务还是为绝大多数人服务，是必须搞清楚的问题。"我们的党是全心全意为人民服务的党，我们的国家是人民当家作主的国家，党和国家一切工作的出发点和落脚点是实现好、维护好、发展好最广大人民的根本利益。我国哲学社会科学要有所作为，就必须坚持以人民为中心的研究导向。理论源于人民，理论为了人民，理论属于人民，脱离了人民，哲学社会科学就不会有吸引力、感染力、影响力、生命力。历史和现实表明，"躲进小楼成一统""两耳不闻窗外事"是成不了大学问和思想家的，是没有多大出息的。广大哲学社会科学工作者要坚持人民是历史创造者的观点，树立为人民做学问的理想，自觉把个人学术追求同国家和民族发展紧紧联系在一起，把人民对美好生活的向往作为奋斗目标，依靠人民创造历史伟业。要坚持以人民为中心的研究导向，努力做大学问、做真学问，做人民真正需要的学问家，努力多出经得起实践、人民、历史检验的研究成果，努力成为先进思想的倡导者、学术研究的开拓者、社会风尚的引领者、中国共产党执政的坚定支持者。

第五，深入学习贯彻总书记重要《讲话》和贺信精神，必须切实加强高水平人才的培养和使用，筑牢中国特色哲学社会科学的人才支撑。要牢固树立人才是第一资源的理念，重视和加强高素质人才队伍建设。要坚持尊重劳动、尊重知识、尊重人才、尊重创造，努力形成优秀人才不断涌现，创造活力竞相迸发的生动局面。要深入实施哲学社会科学人才工程，着力发现、培养、集聚一批有深厚马克思主义理论素养、学贯中西的思想家和理论家，一批理论功底扎实、勇于开拓创新的学科带头人，一批年富力强、锐意进取的中青年学术骨干，造就一支立场坚定、功底扎实、学风优良的哲学社会科学人才队伍。哲学社会科学人才培养要求高、周期长，要遵循人才培养规律，有长远的眼光，下长久的功夫，舍得时间、舍得投入来养才。要针对一些学科领域人才断层、人才匮乏、青黄不接的问题，加强中青年人才培养和储备。要创新人才管理体制机制，规范完善奖励激励制度，努力营造有利于优秀人才脱颖而出的良好环境。

第六，深入学习贯彻总书记重要《讲话》和贺信精神，必须坚持党对哲学社会科学的全面领导。新时代加快构建中国特色哲学社会科学，必须加强和改善党对哲学社会科学工作的领导，一手抓加快构建、一手抓管理引导。要统筹管理好重要人才、重要阵地、重大研究规划、重大研究项目、重大资金分配、重大评价评奖活动，增强哲学社会科学发展能力。要强化党性原则，牢牢把握意识形态工作正确方向。提高政治站位，保持政治定力，坚持守土有责、守土负责、守土尽责，既要坚持正面宣传，也要敢于"亮剑"，更加自觉地担负起巩固马克思主义理论阵地的责任。要坚持正确区分学术问题和政治问题，不要把一般性学术问题当成政治问题，也不要把政治问题当成一般的学术问题，既不能搞"泛政治化"，也不能搞"去意识形态化"。要加强政治引领，确保哲学社会科学的领导权始终掌握在忠诚于党、忠诚于人民、忠诚于马克思主义的人手里，确保哲学社会科学始终沿着正确的政治方向前进。

最后，要强调的是，深入学习贯彻总书记重要《讲话》精神重在抓落实。对总书记重要《讲话》精神学习得再深、体会得再透，如果不抓落实那就不能发挥任何作用。各位所长和书记们一定要深刻思考，总书记重要《讲话》发表三年来，到底做了哪些工作？一定要结合目前正在进行的学科和人才调研，深刻总结、认真反思、深化认识，对照工作安排和计划，一步一个脚印抓落实，加快推进"三大体系"建设。只有这样，我们才能拿出真正有穿透力的研究成果，才能更好地发挥为党中央决策服务的作用，才能坚守住马克思主义的坚强阵地。

同志们！我们正处于一个伟大的时代。这是一个需要理论而且一定能够产生理论的时代，这是一个需要思想而且一定能够产生思想的时代。我们不能辜负了这个时代。让我们更加紧密地团结在以习近平同志为核心的党中央周围，解放思想，扎实探索，奋发有为，为加快构建中国特色哲学社会科学，实现"两个一百年"奋斗目标和中华民族伟大复兴的中国梦作出新的更大贡献！

综合

一 院领导讲话

加快构建中国特色哲学社会科学学科体系、学术体系、话语体系[*]

谢伏瞻

2016年5月17日，习近平总书记主持召开哲学社会科学工作座谈会并发表重要讲话，这在当代中国哲学社会科学发展史上具有里程碑式的重大意义。2017年5月17日，习近平总书记为我院建院40周年发来贺信，今年1月2日、4月9日，又分别为我院中国历史研究院和中国非洲研究院成立发来贺信。不到两年的时间内，习近平总书记专门为一个研究单位三次发贺信，这是十分罕见、极其珍贵的，充分体现了习近平总书记和党中央对哲学社会科学事业的高度重视，充分体现了习近平总书记和党中央对我院的亲切关怀，我们大家在深受巨大鼓舞的同时，也深为一种庄严的历史责任感所激荡。

2018年7月25日，中共中央政治局常委、中央书记处书记王沪宁同志来我院调研并发表讲话。王沪宁同志开门见山地指出，他调研的目的就是，习近平总书记发表"5·17"重要讲话两年多了，讲话中提出的加快构建中国特色哲学社会科学的战略任务和要求，"破题没有？进展如何？"现在，习近平总书记发表"5·17"重要讲话三年了，致我院建院40周年贺信两年了，王沪宁同志的这一发问仍然是振聋发聩、发人深思的，习近平总书记和党中央给我们出的题目，我们的考卷答得如何？需要认真总结，更要查找差距，制定措施，继续抓好落实。

学习贯彻习近平总书记重要讲话和贺信精神，很重要的是统一思想，深化认识。这里，我主要就加快构建中国特色哲学社会科学学科体系、学术体系、话语体系的几个重要问题，谈些思考和体会。

---

[*] 本文系作者2019年5月7日在中国社会科学院所局级主要领导干部读书班上的讲话，发表时有删改。

（一）新中国成立以来党中央关于哲学社会科学方针、政策的历史沿革

新中国的哲学社会科学，是在中国共产党的坚强领导下，创建、发展和繁荣起来的。1949年9月，新中国诞生前夕，毛泽东同志在中国人民政治协商会议第一届全体会议上的开幕词中宣告："随着经济建设的高潮的到来，不可避免地将要出现一个文化建设的高潮。中国人被人认为不文明的时代已经过去了，我们将以一个具有高度文化的民族出现于世界。"[①] 在此之前，同年7月，周恩来同志明确提出"我们要把社会科学在中国发展起来"，[②] 强调马列主义是社会科学的指导理论。为发展科学文化，党中央提出"双百"方针。1956年4月，毛泽东同志在中共中央政治局扩大会议上指出，艺术问题上的"百花齐放"，学术问题上的"百家争鸣"，应该成为我国发展科学、繁荣文学艺术的方针。1957年，毛泽东同志在《关于正确处理人民内部矛盾的问题》中指出："百花齐放、百家争鸣的方针，是促进艺术发展和科学进步的方针，是促进我国的社会主义文化繁荣的方针。艺术上不同的形式和风格可以自由发展，科学上不同的学派可以自由争论。……艺术和科学中的是非问题，应当通过艺术界科学界的自由讨论去解决，通过艺术和科学的实践去解决，而不应当采取简单的方法去解决。"[③]

党的十一届三中全会以后，哲学社会科学从一片荒芜中迎来了繁荣发展的新时期。1978年3月，邓小平同志在《在全国科学大会开幕式上的讲话》中明确指出："对于学术上的不同意见，必须坚持百家争鸣的方针，展开自由的讨论。"[④] 1978年9月，针对哲学社会科学在"文革"时期遭到严重破坏的情况，中国社会科学院和教育部在北京联合召开全国哲学社会科学规划会议预备会，胡乔木同志在会上提出："我们所有不同单位的目标是一个，就是繁荣中国的社会科学，把马克思列宁主义、毛泽东思想大大地向前推进。"[⑤] 1980年酝酿编制的"六五"计划（1981—1985年）提出，哲学社会科学事业要有相应的发展。1982年10月，中共中央宣传部和中国社会科学院在北京召开全国哲学社会科学规划座谈会。11月22日，中共中央印发《〈全国哲学社会科学规划座谈会纪要〉的通知》，强调"我国哲学社会科学事业今后必须有一个大的发展，没有哲学社会科学的发展，要开创社会主义现代化建设事业的新局面是不可能的"[⑥]。1991年第七届全国人民代表大会第四次会议通过的《中华人民共和国国民经济和社会发展十年规划和第八个五年计划纲要》提出，努力加强哲学、社会科学研究，促进社会科学各个领域的繁荣和发展。1992年党的十四大报告强调，应当高度重视理论建设，保障学术自由，

[①] 中共中央文献研究室编：《毛泽东文集》第5卷，北京：人民出版社，1996年，第345页。
[②] 中共中央文献研究室编：《周恩来文化文选》，北京：中央文献出版社，1998年，第490页。
[③] 中共中央文献研究室编：《毛泽东文集》第7卷，北京：人民出版社，1999年，第229页。
[④] 《邓小平文选》第2卷，北京：人民出版社，1994年，第98页。
[⑤] 胡乔木：《在全国哲学社会科学规划会议预备会上的讲话》，《经济学动态》1978年第12期。
[⑥] 《中共中央关于转发〈全国哲学社会科学规划座谈会纪要〉的通知》，1982年11月22日，http://cpc.people.com.cn/GB/64184/64186/66706/4495751.html，2019年4月15日。

注重理论联系实际，创造性地开展研究，繁荣哲学社会科学，坚持和发展马克思主义。1997年党的十五大报告强调，积极发展哲学社会科学，这对于坚持马克思主义在我国意识形态领域的指导地位，对于探索有中国特色社会主义的发展规律，增强我们认识世界、改造世界的能力，有着重要意义。2002年7月16日，江泽民同志在中国社会科学院建院25周年座谈会上发表重要讲话，强调必须始终重视哲学社会科学，加快发展哲学社会科学。2004年中共中央发布《关于进一步繁荣发展哲学社会科学的意见》，2007年党的十七大报告也使用了"繁荣发展哲学社会科学"的表述。

2016年5月17日，习近平总书记在哲学社会科学工作座谈会上的重要讲话中，首次明确提出了"加快构建中国特色哲学社会科学"的重大论断和战略任务，强调：哲学社会科学的特色、风格、气派，是发展到一定阶段的产物，是成熟的标志，是实力的象征，也是自信的体现。要按照立足中国、借鉴国外，挖掘历史、把握当代，关怀人类、面向未来的思路，着力构建中国特色哲学社会科学，在指导思想、学科体系、学术体系、话语体系等方面充分体现中国特色、中国风格、中国气派。习近平总书记还深刻阐明了加快构建中国特色哲学社会科学的三项原则：体现继承性、民族性；体现原创性、时代性；体现系统性、专业性。"5·17"重要讲话科学地解答了我国哲学社会科学面临的一系列重大理论和实践问题，是闪耀着马克思主义真理光芒、指导新时代哲学社会科学事业长远发展的纲领性文献。

从"繁荣发展哲学社会科学"到"加快构建中国特色哲学社会科学"，不仅是一个重大提法的变化，而且是党中央关于哲学社会科学的使命职责、战略要求的重大发展。

如何理解习近平总书记的这一重要论述？我们不妨从中把握两个关键词。

第一个关键词是"加快构建"。"加快构建"这四个字是有深意的，"加快"阐明了任务的紧迫性，强调我国哲学社会科学必须适应时代发展、党和人民伟大事业发展的迫切要求，奋发有为；"构建"不是恢复重建，更不是推倒重来，而是在繁荣发展的已有成就基础上，着力构建中国特色哲学社会科学学科体系、学术体系、话语体系。正如习近平总书记所深刻指出的，我国是哲学社会科学大国，研究队伍、论文数量、政府投入等在世界上都是排在前面的，但目前在学术命题、学术思想、学术观点、学术标准、学术话语上的能力和水平同我国综合国力和国际地位还不太相称。哲学社会科学发展战略还不十分明确，学科体系、学术体系、话语体系建设水平总体不高，学术原创能力还不强。总的看，我国哲学社会科学还处于有数量缺质量、有专家缺大师的状况，作用没有充分发挥出来。

历史表明，社会大变革的时代，一定是哲学社会科学大发展的时代。我们正身处这样一个伟大的时代。其一，当今世界处于百年未有之大变局，正在经历大发展大变革大调整，政治多极化、经济全球化、社会信息化、文化多样化深入发展，全球治理体系变革深入发展，国际力量对比"东升西降"，我国日益走近世界舞台的中央，中华民族迎来了从站起来、富起来到强起来的伟大飞跃。这个大变局，给中华民族伟大复兴带来重大机遇，也必然带来诸多风险和挑战。随着我国综合国力和国际地位快速上升，深度参与全球治理体系变革，美国等西方国家对我国的猜忌和戒惧明显加深，加紧对我国实施战略上围堵、发展上牵制、理论上歪曲、形象上丑化，我国外部环境发生深刻复杂变化，与此同时，资本主义和社会主义两条道路、两种制度的根本矛盾将长期存在。深入研究世界百年未有之大变局所带来的机遇和挑战，正确认识和用好战略机遇期，给我国哲学社会科学提出了一系列全新的重大理论和现实问题，迫切需要作出有说服力的科学解答。其二，中国特色社会主义进入新时代，中国特色社会主义迎来了从创立、发展到完善的伟大飞跃，中国人民迎来了从温饱不足到小康富裕的伟大飞跃，我国社会主要矛盾的深刻变化，统筹推进"五位一体"总体布局，协调推进"四个全面"战略布局，推进国家治理体系和治理能力现代化，实现"两个一百年"奋斗目标、开启全面建成社会主义现代化强国新征程，提出了一系列全新的重大理论和现实问题，迫切需要哲学社会科学深入研究并作出有说服力的科学解答。其三，实现中华民族伟大复兴的千秋伟业，必须着力防范化解可能迟滞或阻碍伟大复兴进程的重大风险。习近平总书记去年年初讲了8个领域16个方面的风险，今年年初又讲了8个重点风险，如何有效防范化解这些重大风险，给我国哲学社会科学提出了一系列全新的重大理论和现实问题，迫切需要深入研究并作出有针对性的科学解答。总之，时代提出的问题是紧迫的、综合性的、全局性的、战略性的，我们的哲学社会科学研究当然不能无动于衷、按部就班，不能散兵游勇、支离破碎，甚至局部突破都是难以胜任的，必须有一个整体性的大发展、体系化的大突破。

第二个关键词是"中国特色哲学社会科学"。近代以来，国门大开，"西学东渐"，中国人民备尝"落后就要挨打，贫穷就要挨饿，失语就要挨骂"的痛苦。中国共产党人在为中国人民谋幸福、为中华民族谋复兴的伟大斗争中，从众多思想中找到了救国救民、实现民族复兴的真理——马克思主义，创造性地将马克思主义基本原理同中国的具体实际相结合，不断开辟马克思主义中国化的新境界并产生了重大理论成果。在这个过程中，中国的哲学社会科学作出了独特的贡献，并相应地获得了长足的发展。

但毋庸讳言，从另一个方面来说，狭义或纯粹的哲学社会科学研究，还远不能适应时代发展的要求，不能满足当代中国发展的期望。一是用中国理论、中国学术解读中国实践尚不充分。习近平总书记强调，当代中国的伟大社会变革，不是简单延续我国历史文化的母版，不是简单套用马克思主义经典作家设想的模板，不是其他国家社会主义实践的再版，也不是国外现代化发展的翻版，不可能找到现成的教科书。我国哲学社会科学应该以我们正在做的事情为中心，从我国改革发展的实践中挖掘新材料、发现新问题、提出新观点、构建新理论。这是构建中国特色哲学社会科学的着力点、着重点。一切刻舟求剑、照猫画虎、生搬硬套、依样画葫芦的做法都是无济于事的。对照习近平总书记和党中央的要求和警示，我们应该警醒，应该承认差距很大。至少到目前为止，我们尚未构建并发展出一套成系统、较为完备、较为成熟的解读近代以来中国发展变化、解读当代中国发展奇迹的学科体系、学术体系、话语体系。在相当大的程度上，我们是拿西方的理论、学术、知识、观点、原理、概念、范畴、标准、话语来解读中国的实践，难免出现习近平总书记所指出的刻舟求剑、照猫画虎、生搬硬套、依样画葫芦的问题。例如，中国经济改革已经取得举世公认的巨大成就，但我们目前尚无一套系统地解读中国经济改革的学科体系、学术体系、话语体系。国际经济学界早就有人断言，谁能从经济学上解释清楚中国的改革，谁就会得诺贝尔经济学奖。即便不是为了得诺贝尔奖，我们的学者也应该有这样的雄心壮志和学术担当。二是对民族复兴的学理支撑尚不充分。中国特色社会主义进入新时代，新时代对哲学社会科学提出了更高的要求。中华民族迎来了从站起来、富起来到强起来的伟大飞跃，中国特色社会主义迎来了从创立、发展到完善的伟大飞跃，中国人民迎来了从温饱不足到小康富裕的伟大飞跃，这都迫切需要哲学社会科学为推进国家治理体系和治理能力现代化提供强有力的学理支撑，为繁荣中国学术、发展中国理论、传播中国思想注入学术之源，为丰富中国智慧、凝聚中国力量、彰显中国价值提供智力支持。对照上述职责要求，目前我国哲学社会科学还有不小的差距。明显的例证是，习近平新时代中国特色社会主义思想已经写入党章和宪法，成为全党全国人民共同的指导思想，习近平总书记的著作已经翻译成几十种语言，产生了广泛的世界性影响，但我国理论界尚未出现研究阐释当代中国马克思主义、21世纪马克思主义，并为国际学术界和广大读者公认的学术经典，不少成果在读者那里的反映是："远不如读总书记自己的著作精彩、解渴。"再如，中国特色社会主义道路、理论、制度、文化不断发展，拓展了发展中国家走向现代化的途径，给世界上那些既希望加快发展又希望保持自身独立性的国家和民族提供了全新选择，为解决人类问题贡献了中国智慧和中国方案。但目前，我国学术界尚未构建起能够充分展现中国智慧和中国方案应有价值和力量、具有鲜明中国特色的现代化理论、概念、指标体系。

概括起来说，一个拥有近9000万名党员、高举马克思主义旗帜、不断开辟马克思主义新境界、自信成熟的伟大政党，没有系统完备、特色鲜明的哲学社会科学，是不可想象的；一个拥有14亿人口、高举中国特色社会主义旗帜、日益走近世界舞台中央、自信成熟的伟大国家，没有系统完备、特色鲜明的哲学社会科学，是不可想象的；一个拥有5000多年灿烂文明、高举和平发展进步的旗帜、屹立于世界民族之林、自信成熟的伟大民族，没有系统完备、特色鲜明的哲学社会科学，是不可想象的。加快构建中国特色哲学社会科学学科体系、学术体系、话语体系，是时代的呼唤，是党和国家的要求，是中华民族的期盼，也是新时代中国社会科学院和所有哲学社会科学工作者担负的崇高使命，这是我们学习领悟习近平总书记重要讲话和贺信精神的必然结论。

（二）关于中国特色哲学社会科学学科体系建设

学科体系是加快构建中国特色哲学社会科学的基础。在党中央正确领导下，新中国成立70年特别是改革开放40多年来，经过几代学者筚路蓝缕、潜心耕耘，我国哲学社会科学学科体系已基本确立。就我院来说，目前学科设置基本涵盖了马克思主义、哲学、历史学、考古学、文学、语言学、宗教学、经济学、法学、民族学与文化学、社会学、政治学、国际研究、新闻学与传播学、图书馆情报与文献学等哲学社会科学主要一级学科领域，有二三级学科近300个，这为我们推进学科体系建设奠定了坚实的基础。

从新时代加快构建中国特色哲学社会科学学科体系的时代要求出发，应当看到，我院的学科建设还存在一些亟待解决的问题。习近平总书记在"5·17"重要讲话中指出的问题，如一些学科设置同社会发展联系不够紧密，学科体系不够健全，新兴学科、交叉学科建设比较薄弱等，在我院也是存在的，有的还比较突出。

就我院各研究所学科建设的实际情况看，有的研究所这方面工作抓得好一些，有的研究所抓得差一些；有的已经发现了问题，着手调整和解决；有的则还满足于现状，没有发现和意识到问题；还有的不愿意触及矛盾，得过且过，过一天算一天。建议大家认真思考一下我们的学科（研究室）设置哪些是科学合理的，哪些是不那么科学合理的；哪些是真正的优势、特色和重点，哪些是国家社会需要、学科有而不优、亟须加强的；哪些是没有发展潜力和前景、需要淘汰撤并的；还有哪些新兴学科和交叉学科是我院欠缺并亟须补上的短板。

综合分析我院学科建设存在的问题及成因，有些学科是从苏联"学来的"，有些学科则带有明显的计划经济时期的痕迹，还有些学科是从西方"拿来的"。这是与我国哲学社会科学学科的历史形成过程紧密相关的。

新中国成立之初，我国确立了科学要为国家建设服务、为人民服务的发展方针。全国科学教育界响应"学习苏联先进科学"的号召，进行全国高等院校和学科调整，将科学和教育纳入了国家计划体系。在这样的大背景下，我国哲学社会科学的学科建设深受苏联体制、苏联专家、苏联教材的影响。这一阶段，我国新建了一批学科，如计划经济学、技术经济学、教育学、文艺学等；也撤销了一批学科，如政治学、社会学、行政学等。这种变化在我院的一些"老所"中体现得尤为突出。例如，1955年中国科学院借鉴苏联科学院的学部制度，建立了四个学部。其中，哲学社会科学部下设哲学、经济、文学、历史、考古、法学等14个研究所，在很大程度上是以苏联科学院社会科学学部为摹本的。再如，新中国成立之前，全国没有专门的哲学研究机构。为了适应新中国社会主义建设事业发展的需要，加强对哲学理论研究的组织领导，以苏联科学院哲学研究所为蓝本，成立了中国科学院哲学研究所，就是在苏联科学院哲学研究所各分支学科的基础上加一些中国哲学的学科。其他研究所的学科设置也受到苏联和计划经济的影响，一些学科延续至今。例如，20世纪60年代苏联科学院经济研究所就设有投资、价格、产业布局等方向的研究室，直到现在我院还有些研究室与之对应。

党的十一届三中全会以后，为适应新时期需要，探索改革开放和社会主义现代化建设中的理论和实践问题，我国哲学社会科学在研究工作的广度和深度上都有新突破。在学科建设方面，根据形势发展需要和全党工作重心的转变，新建了一大批学科。譬如，中国社会科学院成立后，在经济研究所的基础上，陆续建立了一批分部门和专业的经济学研究所，不仅对推动相关领域的工作作出了重要贡献，而且对工业经济学、农业经济学、财政学、国际贸易学、金融学、区域经济学、劳动经济学、数量经济学、技术经济学、环境经济学等相关学科的发展作出了积极贡献。这一时期还恢复了一批学科，大大充实了国际问题研究学科。我国还从西方引进了一批学科，如宏观经济学、微观经济学、制度经济学、工商管理学、传播学、全球史等。这就构成了今天我国哲学社会科学学科的基本格局。

总体来看，近代以来长期的"西学东渐"，我国哲学社会科学深受外来哲学社会科学的影响，中国特色哲学社会科学学科体系是不健全、不系统、不完善的。虽然从研究队伍、论文数量、政府投入等数量型指标看，我国已经是世界哲学社会科学大国，但是在引领学科发展方向、创新学科发展内涵等方面，与我国不断增强的综合国力相比，与我国日益走近世界舞台中央的国际地位相比，存在很大差距，从哲学社会科学大国向哲学社会科学强国的转变还任重道远。

中国特色哲学社会科学学科体系不健全、不系统、不完善，是当前我国哲学社会科学事业存在诸多问题和不足的根源。以我院经济学学科为例，某些形成于特定历史时期的学科，已经越来越难以跟上社会主义市场经济发展的步伐，大体说来，有四种情形。一是有些学科随着经济社会发展，其学科发展的意义和价值急剧下降，如计划经济时期形成的投资经济学、价格经济学等。二是有些原来的学科划分不能适应经济社会的发展变化和要求，如按照三次产业结构切成"块块"的农业经济、工业经济、服务经济，现在已很难截然分开，难以适应现代经济产业融合发展的趋势；在城乡"二元结构"下形成的农村研究和城市研究，也很难适应城乡一体化发展的需要。三是有些学科低水平重复设置，需要整合、归并和提高，如区域经济研究，工业经济研究所、农村发展研究所、数量经济与技术经济研究所、城市发展与环境研究所都在搞，水平有高有低，且力量分散，形不成集团优势；再如，经济片各所都在搞宏观经济分析，力量也很分散。四是存在不少空白短板，即经济社会发展急需而我们尚缺乏研究的领域，比如，贯彻新发展理念，建设现代化经济体系，什么是创新型发展，用什么指标来衡量；什么是现代化经济体系，如何建设；迫切需要研究。此外，一些新业态如互联网经济，一些新模式如共享经济都是以往不曾有过的，这些领域恰恰是我国近年来大发展的领域，也是我国在世界上发展领先的领域，需要总结和深化研究；还有像人工智能、大数据、区块链等高新技术及其相关产业、政策、社会影响问题的研究；如此等等。这些在我院都还是空白。

国际问题研究是我院的特色优势学科，有8个研究所（院），在全国处于领先地位。但也应该承认，8个研究所（院）很多学科（研究室）设置是改革开放初期，少部分是21世纪之初，与时代发展、党和国家事业需要、国际著名智库相比，存在一些突出的短板。一是聚焦新时代党和国家事业发展需求不够紧密。如中美贸易摩擦以来，各方面很希望听到中国社会科学院的建议，但我们有些专事国际问题研究的研究所对国内经济并无深入研究，而研究国内经济问题的研究所对国际问题的研究也不强。二是聚焦当今世界发展的全局性、战略性、储备性研究不够。比如，习近平总书记指出，当今世界正处于百年未有之大变局，那么，这个大变局的特点、成因和趋势是什么，对中华民族伟大复兴进程会产生怎样的影响，机遇和挑战是什么？全球治理体系和国际秩序变革加速推进的特点和趋势是什么，对我国推进国家治理体系和治理能力现代化的影响如何？如何应对美国等西方国家对我国加紧实施的战略围堵？如何认识民粹主义在全球范围的蔓延？西方国际关系理论出现了怎样的变化，如何构建起中国特色的国际关系学、国际政治学？等等。当然，我们不是要搞大而全、小而全，而是要有很强的专门学科和很强的集成能力。三是聚焦重点研究领域不够，平均用力，力量较分散。当今世界，中美关系是影响最大的双边关系，而且已经超出双边关系的范围。中美关系大格局的变化，已经并将继续对中欧、中俄、中日、中国与朝韩、中国与东盟、中非、中国与拉美等诸多国际关系产生深刻影响。今天国际上很多对我国不利的因素，背后都有美国的影子。抓住中美关系大格局的变化这个"牛鼻子"，大量国际问题都会有新的认识，而我们不少研究所还不能适应这种变化。

从去年6月到今年1月，在习近平总书记亲自倡导、亲切关怀下，王沪宁同志悉心谋划指挥，黄坤明同志直接领导推动，我们组建了中国历史研究院。根据党中央审定批准的组建方案，按照"不是要归大堆，而是要真正打造中国历史研究的精锐"的要求，本着"消除重复、填补空白、理顺关系、体现传承、面向未来"的原则，中国历史研究院整合中国历史、世界历史、边疆、考古等方面研究力量，推动相关历史学科融合发展，在历史学部原有5个研究所基础上新设院部并成立4个内设机构，新设历史理论研究所，调整、优化、新设40个研究室，整合6个科研辅助部门，新设5个非实体性研究中心，学科调整力度之大、范围之广，在我院历史上是前所未有的，在全国历史研究领域产生了广泛的影响，也为我院其他学科领域的学科体系建设提供了有益的借鉴。

应该看到，随着新时代我国统筹推进"五位一体"总体布局、协调推进"四个全面"战略布局的深入，国家治理体系和治理能力现代化的推进，科学技术的日新月异，产业结构不断升级和演化，一些新的经济社会现象和问题已经不是单一学科能够研究清楚的，必须开展跨学科、跨领域联合攻关。学科体系不健全、不系统、不完善也是造成学术研究"碎片化"的根本原因，而零敲碎打的研究难以回答新时代重大理论和现实问题。

总之，学科体系是加快构建中国特色哲学社会科学的根本依托，学科体系不扎实，学术体系、话语体系就是无源之水；学科体系的中国特色不鲜明，学术体系、话语体系的中国风格和中国气派就是无本之木。我们要突出优势、拓展领域、补齐短板、完善体系，在加快构建学科体系、突出中国特色上下更大功夫。我们要强化全局性、前瞻性、战略性、储备性、基础性研究，坚持问题意识和需求导向，聚焦世界百年未有之大变局，聚焦新时代坚持和发展中国特色社会主义伟大事业，聚焦实现中华民族伟大复兴的历史进程，科学谋划学科布局。我们要通过努力，使基础学科健全扎实、重点学科优势突出、新兴学科和交叉学科创新发展、冷门学科代有传承、基础研究和应用研究相辅相成、学术研究和成果应用相互促进。

专业所限,这里没有对马克思主义学科片、文哲学科片、社会政法学科片的学科体系建设进行具体分析。希望全院各研究所都来认真思考、深入研讨、科学谋划学科体系建设问题,这是关系新时代中国社会科学院长远发展的大问题,是一项基本建设。

(三)关于中国特色哲学社会科学学术体系建设

学术体系是加快构建中国特色哲学社会科学的核心,主要包括两个方面:一是思想、理念、原理、观点、理论、学说、知识、学术等;二是研究方法、材料和工具等。学术体系是学科体系、话语体系的内核和支撑,学术体系的水平和属性,决定着学科体系、话语体系的水平和属性。例如,同样是经济学、政治学,中国的经济学、政治学与西方的经济学、政治学就有根本区别,决定这种区别的,不是学科和话语,而是思想观点;同样是哲学,中国哲学与西方哲学就有截然不同的味道,决定这种差异的,也主要不是学科和话语,而是思想观念。

近代以来的学术发展史表明,一种新的理论和研究方法的确立,往往就是一门新学科的诞生。成熟、独特的理论和研究方法,通常是区分学科最重要的标志。例如,马克思创立了剩余价值学说,从而创建了马克思主义政治经济学;新古典经济学以边际分析方法为核心,从而区别于其他经济学流派。

如何加快构建中国特色哲学社会科学学术体系?这是一篇大文章,需要全国社科界、全院同志共同努力。这里,不妨分析几个案例,希望能给大家一些有益的启示。

案例一:实事求是思想路线的创立和发展。

"实事求是"一词最早出自东汉史学家班固所撰《汉书·景十三王传》,书中称赞汉景帝之子刘德时说道:"修学好古,实事求是。"① 刘德,是汉景帝刘启的儿子,封河间献王。汉景帝时吴楚等七国之乱,内宫储位争夺激烈,刘德深感儒道衰微,便在封地河间王国内大量收集古文先秦旧书,修兴礼乐,以期通过收集并研究儒家典籍振兴儒学。班固所谓"修学好古,实事求是",指的是刘德潜心收集古文先秦旧书,并招募四方饱学之士夜以继日梳理、校勘收集来的儒家经典,主要是赞扬刘德专注于辨明古代典籍的真假、对错、是非的那种求实精神。后来,唐代学者颜师古在对此作注时,将实事求是注释为"务得事实,每求真是也"②。"实"指实际存在的文献。"务得事实",就是做学问一定要有充分的事实根据,而这个事实根据就是先秦旧书之记载。"真,正也。留其正本。"③ "求真"就是在大量的文献中去伪存真,去粗取精。因而,"实事求是"原本是指研究历史文献、典籍、文物时的一种严谨治学、务求真谛的

---

① 《汉书》卷53《景十三王传》,北京:中华书局,1962年,第2410页。
② 《汉书》卷53《景十三王传》,第2410页。
③ 《汉书》卷53《景十三王传》,第2410页。

治学方法和治学态度。明清以后,这种治学方法和态度逐渐演变成了考据之学。尤其是清代,这一考据学的治学方法呈一时之盛。梁启超曾说:"夫无考证学则是无清学也。"①经学家刘师培把清代这种考据学之治学方法总结为:"凡治一学、著一书,必参互考验曲证旁通,博征其材,约守其例。复能好学深思,实事求是,会通古说。"②概括地说,在中国古代传统文化思想中,"实事求是"主要是一种考据学意义上的治学方法和态度,而不具有哲学认识论的意义。所谓"实事",主要指文献,而且是古代的文本,并非马克思主义意义上的客观事物;所谓"是"主要指"是非"意义上的"是",即从古代文本中求得其"是",并且越"古"越"是",越"书本"越"是",也非马克思主义意义上的客观规律。因而,古代的"实事求是"实际上形成了一种埋头书本、脱离现实的学风,只对古不对今,只面向文本而不观照现实。

毛泽东同志在领导中国革命的伟大实践中,创造性地将马克思主义基本原理同中国的具体实际相结合,对"实事求是"这一中国古代的术语进行了一番著名的马克思主义的改造与阐发,不仅使其思想内涵发生了根本性的转变和升华,而且使其思想价值和作用达到了前所未有的高度和境界。下面这段话,是我们都非常熟悉的:"'实事'就是客观存在着的一切事物,'是'就是客观事物的内部联系,即规律性,'求'就是我们去研究。我们要从国内外、省内外、县内外、区内外的实际情况出发,从其中引出其固有的而不是臆造的规律性,即找出周围事变的内部联系,作为我们行动的向导。而要这样做,就须不凭主观想象,不凭一时的热情,不凭死的书本,而凭客观存在的事实,详细地占有材料,在马克思列宁主义一般原理的指导下,从这些材料中引出正确的结论。……这种态度,就是党性的表现,就是理论和实际统一的马克思列宁主义的作风。"③从此以后,实事求是便有了特定的内涵,被作为马克思主义哲学通俗的中国化表达,作为中国共产党的思想路线确立下来。

从毛泽东同志,到邓小平、江泽民、胡锦涛同志,再到习近平总书记,几代中国共产党人都始终不渝地坚持、丰富和发展实事求是的思想路线,党的十九大报告进一步将其明确为"解放思想、实事求是、与时俱进、求真务实"。其基本要义是,第一,一切从实际出发。这就要求我们想问题、出主意、作决策,办任何事情都不能从本本出发,不能从抽象的定义、原则出发,不能从主观愿望和想象出发,必须从客观存在着的基本事实出发,从人民群众的根本利益出发。第二,理论联系实际。强调一切从实际出发,决不意味着可以轻视乃至忽视理论。而我们重视理论,也正是因为它能指导实践,而不是把理论当作教条。什么是理论联系实际?毛泽东同志曾经形象地用"有的放矢"这一古代成语,用箭和靶来说明马列主义理论与中国革命实际的相互联系,并批评了两种错误倾向:"有些同志却在那里'无的放矢',乱放一通,

---

① 梁启超:《清代学术概论》,长沙:岳麓书社,2010年,第30页。
② 刘师培:《刘申叔遗书》,南京:江苏古籍出版社,1997年,第1823页。
③ 《毛泽东选集》第3卷,北京:人民出版社,1991年,第801页。

这样的人就容易把革命弄坏。有些同志则仅仅把箭拿在手里搓来搓去，连声赞曰：'好箭！好箭！'却老是不愿意放出去。这样的人就是古董鉴赏家，几乎和革命不发生关系。马克思列宁主义之箭，必须用了去射中国革命之的。"[1] 第三，在实践中认识真理、发展真理和检验真理。人们通过社会实践，获得理性认识，进而指导实践，但认识正确与否，又只有通过实践来检验。在实践面前，正确的理论被证实，错误的理论被修正，同时又在新的实践基础上补充、丰富和发展原有的理论。第四，解放思想，勇于探索，研究新情况，解决新问题，总结新经验，开辟新境界。客观实际永远处于变化之中，实践永无止境，这就需要我们不断解放思想，根据变化了的实际，揭示事物发展变化的客观规律性，找出解决新问题的新办法，对实践经验作出新的概括，以推动实践和理论的新发展。第五，实干兴邦，空谈误国。共产党人就要求真务实，说老实话、办老实事、做老实人，察实情、出实招，崇尚实干，反对空谈。

必须指出，实事求是的思想路线，是马克思主义基本原理与中国实际相结合的伟大创造。实践的观点，是马克思主义首要的和基本的观点。马克思主义创始人明确指出："全部社会生活在本质上是实践的。凡是把理论引向神秘主义的神秘东西，都能在人的实践中以及对这种实践的理解中得到合理的解决。"[2] 唯物主义历史观和唯心主义历史观不同，"不是从观念出发来解释实践，而是从物质实践出发来解释各种观念形态"[3]。正因如此，恩格斯反复申明："我们的理论是发展着的理论，而不是必须背得烂熟并机械地加以重复的教条。"[4] 列宁也曾指出："马克思主义的活的灵魂：对具体情况作具体分析。"[5] 因此，实事求是的思想路线完全符合马克思主义的基本原理，但无论是马克思、恩格斯，还是列宁，他们都没有明确提出或系统阐述过实事求是的思想观点。从这个意义上说，实事求是的思想路线，是具有鲜明中国特色、中国风格、中国气派的思想、观点和方法，是中国共产党人对马克思主义哲学的重大贡献。

案例二：社会主义市场经济理论的创立和发展。

社会主义应该和能够搞市场经济吗？这个问题相当长时间里，在马克思主义和社会主义阵营中是明确加以否定的。

马克思主义创始人批判地吸收近代英国古典政治经济学的合理成分，通过对资本主义社会中经济关系的深刻剖析，科学地揭示了商品、货币、资本等物的关系对人的关系的奴役性质、虚幻性质，破天荒地第一次揭示了资本的"秘密"，资本家剥削工人的"秘密"——剩余价值，通过唯物史观和剩余价值学说，科学地揭示了人类社会发展规律，揭示了社会主义、共产主义代替资本主义的历史必然性，从而使社会主义由空想变成了科学。这是人类思想史上的伟大革

---

[1]《毛泽东选集》第3卷，第819—820页。
[2]《马克思恩格斯选集》第1卷，北京：人民出版社，2012年，第135—136页。
[3]《马克思恩格斯选集》第1卷，第172页。
[4]《马克思恩格斯选集》第4卷，北京：人民出版社，2012年，第588页。
[5]《列宁选集》第4卷，北京：人民出版社，2012年，第213页。

命。当然，社会主义社会中的经济关系怎样，他们只是提出了一般性的设想和原则。列宁由于领导苏联社会主义实践的时间短暂，关于这方面也没有系统成熟的思想。一个明显的事实是：无论是马克思、恩格斯，还是列宁，都主张社会主义只能实行计划经济，不可能搞商品经济，更不可能搞市场经济。这就造成了马克思主义阵营长时间一种根深蒂固的观念，即将市场经济完全等同于资本主义经济，以为只有在资本主义社会中，才能实行市场经济；实行市场经济就是私有制，就是资本主义。这种观念为几代马克思主义者所坚持。在社会主义社会中实行国家计划下的产品经济，排斥商品、排斥市场经济，被认为是抵制资本主义影响、克服资本主义生产盲目性和无政府状态、进而避免资本主义经济危机必须采取的方法。

不仅如此，西方资产阶级经济学界和舆论界也同样认为，市场经济就是私有制，就是资本主义，社会主义和市场经济是不可兼容的，从亚当·斯密、李嘉图，到哈耶克等人，直到当代西方主流经济学家，都是这种观念的维护者，在他们看来，没有私有产权就不可能形成反映资源稀缺性的价格信号和充分的激励机制。也正是从这种根深蒂固的教条出发，当代西方学术界和舆论界质疑乃至攻击中国搞的要么不是社会主义，要么不是完全市场经济。

打破对计划经济的迷信，打破对市场经济的禁忌，认为市场和计划都只是手段，资本主义可以用，社会主义也可以用，这是邓小平同志的历史性贡献。

回顾改革开放40多年的发展历程，应该承认，这样一个社会主义理论和实践上的重大突破，是很不容易的，需要巨大的政治勇气和理论勇气。从完全的计划经济到"计划经济为主，市场调节为辅"，再到"有计划的商品经济""计划经济与市场调节相结合"，直到"社会主义市场经济"，改革的每一步深化，都是理论和实践的双重探索，都是对传统观念和体制机制藩篱的冲破，都是对社会主义建设规律性认识的深化。

在继承邓小平同志改革思想的基础上，习近平总书记带领我们党和人民继续坚定不移地全面深化改革，并根据新的时代条件和国情实际，创造性地提出：使市场在资源配置中起决定性作用，更好发挥政府作用；坚持和完善我国社会主义基本经济制度和分配制度，毫不动摇巩固和发展公有制经济，毫不动摇鼓励、支持、引导非公有制经济发展。改革开放40多年来，社会主义与市场经济在我国已经深度融合并逐步发展壮大起来。改革极大地解放和发展了我国的社会生产力，显著改善了人民生活，使中国特色社会主义焕发出勃勃生机。社会主义市场经济理论，是具有鲜明中国特色、中国风格、中国气派的社会主义理论、经济学理论，是中国共产党人对科学社会主义、对马克思主义政治经济学的重大贡献。

案例三：构建人类命运共同体理念的创立。

党的十八大以来，习近平总书记在多个国际场合和国际会议上，倡导性地提出在世界上努力构建人类命运共同体的理念，引起了国际社会的热烈反响并迅速取得广泛共识。联合国2017年2月10日将其写入联合国决议，2017年3月17日又将其载入安理会决议，2017年3月23日再将其载入联合国人权理事会决议。

构建人类命运共同体理念的创立,具有深厚的历史文化底蕴。中国古代的先哲很早就提出了"和而不同"的哲学思想。西周末年,史伯提出了"和实生物""同则不继"的"和而不同"思想。此后的先贤陆续将这一哲学思想运用于国家和社会治理,用来处理国家内部的社会关系以及与其他国家的邦交关系。《礼记·礼运篇》强调"大道之行也,天下为公";《论语》主张"以和为贵";《尚书》提出"协和万邦";《易传》倡导"万国咸宁"。当然,在封建社会里,统治阶级没有也不可能真正贯彻上述思想,但这些体现人民对美好社会向往的思想,成为中国优秀传统文化的重要元素得以传承下来。

构建人类命运共同体理念的创立,是对马克思主义关于人类共同体思想的丰富和发展。马克思主义创始人曾经分析了人类共同体发展的三大历史阶段,第一阶段,"由自然决定"的共同体,如氏族、部落、家庭、民族、国家等,在这些共同体中,共同特点是人的依赖关系占主导地位,分工和交往都局限于共同体内部。第二阶段,"由社会决定"的共同体,如资本、企业、银行、公司等,在这些共同体中,共同特点是以物的依赖关系为基础的人的相对独立性,分工和交往突破了自然共同体的界限,商品经济的充分发展,特别是转化为资本的商品,作为天生的国际派,日益活跃在国际舞台上,开启了向世界历史的转变,开启了经济全球化的历史进程。第三阶段,以自由自觉个性为前提的自觉的共同体,即未来的共产主义社会,"代替那存在着阶级和阶级对立的资产阶级旧社会的,将是这样一个联合体,在那里,每个人的自由发展是一切人的自由发展的条件"[①]。应该说,构建人类命运共同体理念,同马克思主义经典作家关于人类共同体的思想,基本原理和内在精神是高度一致的,但又有新的内容,马克思、恩格斯在分析人类共同体不同历史形态特别是第二大形态和第三大形态时,都未曾预料到社会主义与资本主义两种不同社会制度、不同意识形态并存的局面,这当然是由于时代条件不同的缘故。

构建人类命运共同体理念的创立,为解决当今全球性"和平赤字""发展赤字""治理赤字",推进全球治理体系变革提供了中国思想、中国智慧、中国方案。在美国等西方大国极力推行利己主义、单边主义、霸权主义和强权政治的背景下,中国倡导构建人类命运共同体,将激励世界各国人民携手同建一个持久和平、普遍安全、共同繁荣、开放包容、清洁美丽的世界。这一重要理念,揭示了世界各国相互依存、人类命运休戚相关的客观规律,顺应了和平发展合作共赢的时代潮流,准确把握了世界和人类社会发展大势,为解决人类共同面临的种种挑战提供了符合各方利益,并且是在无法解决这些挑战的资本主义体系之外的新方案,体现了主张不同社会制度、不同意识形态、不同历史文化、不同发展水平的国家求同存异、包容发展的新全球观。

由此看来,构建人类命运共同体理念,是具有鲜明中国特色、中国风格、中国气派的国际

---

① 《马克思恩格斯选集》第1卷,第422页。

关系理论，是中国对人类文明的重大贡献，是中国共产党人对国际政治理论的重大贡献。

从上述三个案例，我们可以得到多方面的有益启迪。新时代加快构建中国特色哲学社会科学学术体系，一要坚持马克思主义的指导地位。坚持以马克思主义为指导，是当代中国哲学社会科学区别于其他哲学社会科学的根本标志。恩格斯说过："马克思的整个世界观不是教义，而是方法。它提供的不是现成的教条，而是进一步研究的出发点和供这种研究使用的方法。"[①] 因此，对待马克思主义，有一个科学的态度问题。正如习近平总书记所指出的，对待马克思主义，不能采取教条主义的态度，也不能采取实用主义的态度。"什么都用马克思主义经典作家的语录来说话，马克思主义经典作家没有说过的就不能说，这不是马克思主义的态度。同时，根据需要找一大堆语录，什么事都说成是马克思、恩格斯当年说过了，生硬'裁剪'活生生的实践发展和创新，这也不是马克思主义的态度。"[②] 新时代，坚持马克思主义，就是要坚持马克思主义基本原理和贯穿其中的立场、观点、方法，最重要的是坚持以马克思主义中国化的最新成果——习近平新时代中国特色社会主义思想为指导。二要善于融通古今中外各种学术资源。首先是马克思主义的资源，包括马克思主义基本原理，特别是马克思主义中国化的最新成果及其文化形态，这是中国特色哲学社会科学的主体内容，也是中国特色哲学社会科学发展的最大增量。其次是中华优秀传统文化的资源，这是中国特色哲学社会科学发展十分宝贵的资源。最后是国外哲学社会科学的资源，包括世界所有国家哲学社会科学取得的积极成果，这是加快构建中国特色哲学社会科学的有益滋养。要坚持古为今用、洋为中用，坚持不忘本来、吸收外来、面向未来，融通各种资源，不断推进知识创新、理论创新、方法创新。三要坚持问题导向。科学研究是从问题出发的，科学地提出问题是解决问题的根本前提。而要科学地提出问题，就要把握它是一个真问题而不是一个假问题，是一个有意义的真问题而不是一个无意义的问题，最好是一个有重大意义（理论意义和实践意义）的真问题。这就需要我们聆听时代的声音，回应时代的呼唤，认真研究新时代党和国家面临的重大而紧迫的问题，从而真正把握住历史脉络，揭示发展规律，推动理论和学术创新。四要着力提升原创能力和水平。哲学社会科学有没有中国特色，归根到底要看有没有主体性、原创性。"言必称希腊"，跟在别人后面亦步亦趋，不仅难以形成中国特色哲学社会科学，而且解决不了中国的实际问题。只有从我国当代实际出发，以我们正在做的事情为中心，提出具有主体性、原创性的理论观点，我们的哲学社会科学才能形成自己的特色和优势。理论的生命力在于创新。哲学社会科学的理论学术创新可大可小，揭示一条规律是创新，提出一种学说是创新，阐明一个道理是创新，创造一种解决问题的方法也是创新。

---

① 《马克思恩格斯选集》第4卷，第664页。
② 习近平：《在哲学社会科学工作座谈会上的讲话》，北京：人民出版社，2016年，第13—14页。

(四) 关于中国特色哲学社会科学话语体系建设

话语体系是学术体系的反映、表达和传播方式，是构成学科体系之网的纽结，主要包括：概念、范畴、命题、判断、术语、语言等。朱光潜先生说过，思想就是使用语言。一种思想、理论、学说、知识、学术，从创立、发展到传播运用，总要通过一定的语言来塑造、成型和表达出来。思想不等于独白，即使是自言自语，也要使用一定的语言。话语既是思想的外在表现形式，又是构成思想的重要元素。当然，话语体系不单纯等同于语言，它是有特定思想指向和价值取向的语言系统。

如何加快构建中国特色哲学社会科学话语体系？我们不妨再分析几个案例。

案例一：马克思主义中国化命题的提出。

1938年4月，艾思奇同志在《哲学的现状和任务》[1]中首次提出"哲学研究的中国化、现实化"的命题，倡导让哲学说中国话，说老百姓的话。1938年10月，毛泽东同志在党的第六届中央委员会第六次全体会议上作的政治报告《论新阶段》中首次明确提出了"马克思主义中国化"的命题，强调离开中国特点来谈马克思主义，只是抽象的空洞的马克思主义，因此，使马克思主义中国化、具体化，"使之在其每一表现中带着必须有的中国的特性，即是说，按照中国的特点去应用它，成为全党亟待了解并亟须解决的问题。洋八股必须废止，空洞抽象的调头必须少唱，教条主义必须休息，而代之以新鲜活泼的、为中国老百姓所喜闻乐见的中国作风和中国气派"[2]。毛泽东同志是把马克思主义基本原理同中国具体实际相结合并取得重大成果的开创者。他在我们党内最早明确反对把马克思主义当成教条，在党的七大口头政治报告中，特别指出："我们历史上的马克思主义有很多种，有香的马克思主义，有臭的马克思主义，有活的马克思主义，有死的马克思主义，把这些马克思主义堆在一起就多得很。我们所要的是香的马克思主义，不是臭的马克思主义；是活的马克思主义，不是死的马克思主义。"[3]

马克思主义中国化一经提出，迅速在党内外引起强烈反响，它以精准独到、洗练晓畅的话语，鲜明地表达了我们党对马克思主义的科学态度，成为激励一代又一代中国共产党人不懈奋斗的旗帜。

案例二：小康社会概念的提出和发展。

"小康"一词，在中国文化中源远流长。早在西周时期就已出现。《诗经·大雅·民劳》中说："民亦劳止，汔可小康。"这里的"小康"是指生活比较安定。儒家把比"大同"理想较低级的一种社会称为"小康"。

1979年12月6日，邓小平同志在会见日本首相大平正芳时提出，中国现代化所要达到的

---

[1] 《艾思奇文集》第1卷，北京：人民出版社，1981年，第387页。
[2] 《毛泽东选集》第2卷，北京：人民出版社，1991年，第534页。
[3] 中共中央文献研究室编：《毛泽东文集》第3卷，北京：人民出版社，1996年，第331—332页。

目标不是你们那个样子，而是小康状态。1984年3月25日，邓小平同志会见日本首相中曾根康弘时指出，"翻两番，国民生产总值人均达到八百美元，就是到本世纪末在中国建立一个小康社会。这个小康社会，叫做中国式的现代化。翻两番、小康社会、中国式的现代化，这些都是我们的新概念。"① 这里，小平同志借用中国古代的术语，赋予其新的内涵，作为中国现代化的目标提出来，进而领导我们党制定了"三步走"发展战略。党的十六大、十七大、十八大、十九大对全面建设（成）小康社会均作出系统部署，即到建党一百年时建成经济更加发展、民主更加健全、科教更加进步、文化更加繁荣、社会更加和谐、人民生活更加殷实的小康社会。

小康社会的提出，在全党全国各族人民中迅速引起强烈反响，全面建成小康社会已进入决胜阶段。它创造性地改造了中国古代的话语，赋予其全新的时代内涵，成为中国式现代化的集中表达，成为激励全党全国人民为之奋斗并即将成为现实的宏伟目标。

案例三：中国梦概念的提出。

党的十八大闭幕不久，2012年11月29日，习近平总书记在参观《复兴之路》时首次提出实现中华民族伟大复兴的中国梦的概念，此后又在多个重要场合和重要会议上加以阐述，强调实现中华民族伟大复兴的中国梦，是中华民族近代以来最伟大的梦想，就是要实现国家富强、民族振兴、人民幸福。实现中国梦，必须走中国道路，弘扬中国精神，凝聚中国力量。中国梦归根到底是人民的梦，必须紧紧依靠人民来实现，不断为人民造福。实现伟大梦想，必须进行伟大斗争，建设伟大工程，推进伟大事业。

"中国梦"一经提出，迅即在海内外引起强烈反响。它用高度凝练、明白晓畅、特色浓郁的话语，来概括实现社会主义现代化、实现中华民族伟大复兴的宏伟目标，最大限度地反映了海内外中华儿女的共同心声。在这一伟大梦想的感召下，党领导人民取得了全方位、开创性的历史性成就，中国社会实现了深层次、根本性的历史性变革。

最近我还注意到一篇论文，该文考察了近代以来"规律"一词的语义变迁。在古代汉语中，"规律"是指人为制定的"规章律令"。晚清以后，随着科学观念的传入，"规律"一词才有了"客观性""必然性"的转义，但这一义项当时并未得到普及。只是在马克思主义传入中国后，"规律"逐渐成为辩证唯物主义和历史唯物主义中表示"客观性""必然性"含义的正式术语。在马克思主义大众化的过程中，"规律"不仅完成了自身的彻底转义，并在与其他相关词语的比较中取得优势地位，成为表述"客观性""必然性"最常用的术语。也就是说，转义的"规律"是在马克思主义的传播过程中最终得以普及的。② 作者对文献的细致梳理是值得称道的。希望有更多研究话语体系以及学科体系、学术体系的成果出现，如此，我们的"三大体

---

① 《邓小平文选》第3卷，北京：人民出版社，1993年，第54页。
② 参见王士皓《近代以来"规律"的语义变迁——以马克思主义话语体系为重点的考察》，《近代史研究》2019年第1期。

系"建设将会结出丰硕的果实。

习近平总书记指出，我国哲学社会科学在国际上的声音还比较小，还处于有理说不出、说了传不开的境地。哲学社会科学要善于提炼标识性概念，打造易于为国际社会所理解和接受的新概念、新范畴、新表述，引导国际学术界展开研究和讨论。如何才能提炼出标识性概念？一要扎扎实实地搞研究，发扬钉钉子精神，严谨治学，决不能投机取巧，标新立异，那样提炼出来的只能是"伪概念"，非但不能推进话语体系建设，反而会起消极作用。二要深入基层，深入一线，向群众学习，向实践学习，接地气，掌握第一手材料，这样提炼出的标识性概念才能合实际、通民心、立得稳、传得开。三要同学科体系、学术体系建设相联系。每个学科都要构建成体系的学科、理论和概念，着力打造反映中国特色社会主义伟大实践和理论创新、易于为国际社会所理解和接受的新概念、新范畴、新表述，做到中国话语、世界表达。要聚焦国际社会关注的问题，积极参与国际规则、标准、法律的制定，提升我国的国际话语权和规则制定权。

建设话语体系要同办好国际学术交流活动结合起来。习近平总书记指出，在解读中国实践、构建中国理论上，我们应该最有发言权。要坚持中国立场、注重中国特色，用中国理论阐释中国实践，用中国实践升华中国理论，更加鲜明地展现中国思想，更加响亮地提出中国主张。要主动设置议题，勇于参与世界范围的"百家争鸣"。

必须指出，"三大体系"是一个有机整体，相互联系，相互作用，相辅相成，一定条件下可以相互转化。例如，有的话语发展到一定程度就可以转化为学术。

（五）加强对"三大体系"建设的组织领导

加快构建中国特色哲学社会科学学科体系、学术体系、话语体系，是习近平总书记和党中央提出的战略任务和要求，是新时代中国社会科学院的崇高使命。全院各级领导干部要勇于担当，不辱使命。

一要提高政治站位，增强思想自觉。"三大体系"建设既是重大的政治任务，也是重大的研究任务，是我们义不容辞的职责。任何迟疑、拖延甚至麻木不仁、马虎大意都是要不得的，必须认识到位、措施到位、行动到位，扎实推进。要把加快构建中国特色哲学社会科学学科体系、学术体系、话语体系，作为检验我们是否增强"四个意识"、是否坚定"四个自信"、是否坚决做到"两个维护"的试金石。

二要扎实做好学科建设和人才队伍状况调研普查。这项工作，作为今年重点任务专门作了部署。要在全力推进调研和摸底工作的基础上，加快"三大体系"建设，首先是学科体系建设。要以创新的思路，突出重点，该收缩的收缩，该加强的加强，该合并的合并，该新建的新建。力争通过学科调整，使全院的学科布局明显优化，真正实现学科建设大踏步前进。

建设"三大体系"，人才是关键。哲学社会科学人才培养要求高、周期长，要根据"三大体系"建设的需要,有长远的眼光,久久为功,舍得时间、舍得投入来"养才"。进人要围绕"三大体系"建设有计划展开,特别要针对一些学科领域人才断层、人才匮乏、青黄不接的问题,加强对中青年人才的引进和储备,加强对基础学科、冷门学科人才的扶持,加强外向型学术人才培养。要遵循哲学社会科学人才培养和成长规律,不断深化人才发展体制机制改革,完善人才评价机制,规范和完善职称评定制度、岗位聘用制度、奖励激励制度。要在深入调研基础上,积极稳妥推进科研管理体制机制改革,建立完善符合哲学社会科学发展规律和中国社会科学院办院规律、有利于出高质量成果和高水平人才的科研管理体制机制。

三要加强领导,敢于担当,奋发有为。院党组统揽全局,将进一步加强对"三大体系"建设的领导。各研究所所长要落实"三大体系"建设的主体责任,不仅要把个人的学术研究搞好,当好学科带头人,还要"抓总",聚精会神管所治所。所长要始终把"三大体系"建设作为本单位的中心工作,持续深入推进。各所党委书记要把正"三大体系"建设的政治方向、学术导向和价值取向。书记和所长各有分工,各司其职,但是分工不分家,要敢于担当,奋发有为,加快构建中国特色哲学社会科学"三大体系",不辜负党和人民的殷切期望。

使命催人奋进,使命引领未来。让我们更加紧密地团结在以习近平同志为核心的党中央周围,高举习近平新时代中国特色社会主义思想伟大旗帜,加快推进"三大体系"建设,繁荣中国学术,发展中国理论,传播中国思想,以优异成绩庆祝中华人民共和国成立70周年。

(原载于《中国社会科学》2019年第5期)

论新工业革命加速拓展与全球治理变革方向*

谢伏瞻

(一) 引言

以智能化、网络化、数字化为核心的新一轮工业革命,是未来全球经济增长的重要动能,是影响国家间产业竞争格局的主要因素。经过三十年的技术积累和市场探索,当前新一轮工业革命正逐渐由导入期转入拓展期。以新一代信息技术和人工智能为代表的新的通用目的技术

---

* 本文部分内容曾于 2019 年 4 月 16 日在德国由中国社会科学院与基尔世界经济研究所共同主办的"全球治理:变化世界中的全球挑战与全球方案"研讨会上作过演讲。

（Bresnahan，2010）和使能技术（Fortune & Zirngibl，2009），[①] 在市场应用的过程中不断迭代并趋于成熟，加速推进车联网、智能制造、远程医疗等一批先导产业的涌现，同时逐步渗透到纺织服装、能源等传统产业部门，为全球经济增长和包容性发展提供了新动能。

由于新工业革命的重要影响和重大价值，主要工业国家纷纷出台更加积极的产业政策和科技政策，推动新技术和新产业发展，抢占新一轮工业革命的制高点。然而，个别国家为了独占新技术和新产业创造的巨大利益，抛弃公平竞争原则，背离包容发展理念，选择了极端的单边主义立场，采取了激进的保护主义手段，对全球化、多边主义和自由贸易秩序造成严重伤害。一方面，新技术和新产业加速突破和发展；另一方面，全球贸易秩序何去何从出现了极大不确定性。在技术范式和经济范式都在加速变革调整的背景下，厘清新工业革命对全球治理规则的深层影响，把握全球治理体系变革的大势，关乎到全球能否有效应对新工业革命的挑战，也关乎到中国能否作为负责任大国推动国际秩序朝着更加公正合理的方向发展。

（二）新工业革命构筑全球经济发展新动能

工业革命是通用目的技术和使能技术的簇群式突破及大规模商业应用的过程，是人类经济发展方式的系统性变革，是经济发展进程中的跳跃式演进。如果说蒸汽机驱动的机械化、电力和钢铁驱动的重工业化、流水线制造驱动的大规模标准化生产、数控技术驱动的柔性制造代表了前几次工业革命的主导技术范式，智能化、网络化、数字化技术的加速突破和应用则是当前蓬勃发展的新一轮工业革命的核心动力。之所以称这一场技术和产业变革是一轮革命，是因为智能技术和数字技术的连锁突破和大规模应用，不仅正在或将要催生一批新的先导产业，而且将与传统技术和产品融合，从根本上改变传统产业的技术基础、组织模式和商业形态，从而最终促进全球经济结构和发展方式的深刻变革以及经济增长潜力的充分释放。

每一轮工业革命既具有随机性和独特性，又遵循某些共同的规律，呈现出特定的周期和结构性特征。从经济史的角度看，每一轮工业革命大致都会经历导入期和拓展期两个阶段，且每个阶段大致都会持续二三十年的时间（佩蕾丝，2007）。[②] 在导入期，新的通用目的技术和使能技术的创新主要基于基础研究的积累和发展，具有很强的科学推动特征。同时，由于新技术的技术范式和技术路径并不清晰，不同类型的创新主体，特别是初创企业在新技术可能带来巨大潜在利益的驱动下，通常会积极进行多元化的技术路线和商业模式探索。当通用目的技术和使能技术以及与之相匹配的商业模式逐渐成熟，这些新技术的应用开始催生新的产业，并加速向国民经济其他部门扩散应用，这时工业革命开始进入第二阶段，即拓展阶段。由于拓展阶

[①] 通用目的技术和使能技术这两个概念在学术文献或政策文件中被广泛使用，但目前并无被广泛接受的标准定义。本文中的通用目的技术指的是具有广泛应用领域并能够促进经济增长和生产率显著提高的技术，使能技术指的是在特定产业领域能够促进科学与技术大规模工程化和商业化应用的技术。

[②] 佩蕾丝使用"技术革命"概念，但其对于技术革命的阶段性概括同样适用于本文对工业革命的分析。

段工业革命的主要经济特征是新技术在市场中的加速应用和大规模商业化，因这个阶段的技术进步表现出很强的需求拉动特征。从20世纪90年代互联网经济的勃兴算起，信息经济已经走过了大约三十年历程。当前，智能化、网络化和数字化技术逐渐成熟，并不断与信息通信、新材料和生物医药等通用目的技术融合，一批掌握前沿技术并创造了有效商业模式的平台型企业开始从众多创业企业中涌现出来，产业组织开始由导入期的高度动态性转向更加稳定的市场结构。这些趋势性的技术经济特征，都标志着新一轮工业革命正逐步由导入期转入拓展期。

技术进步和产业变革是人类福祉的重要来源。工业生产带动了科学与技术知识的快速生产和扩散，促进了人的现代化；工业生产的规模经济和范围经济促进了生产要素集聚，加速了人类社会城市化的进程；信息化大大降低了空间对交流的阻碍，有力推动了工业生产的全球分工。从某种意义上讲，当今的工业化社会和以城市化为核心的人类现代生活，都是历次工业革命的成果。当前正在兴起的新一轮工业革命，以人、机器和资源间实现智能互联为特征，正在日益模糊物理世界和数字世界、制造和服务之间的边界，为利用现代科技实现更加高效和环境友好的经济增长提供了广阔空间。与历次工业革命一样，这一轮工业革命也必将为全球经济构筑强大的增长动力，深刻改变各国的经济结构和发展方式，并为人类经济社会面临的困境和问题提供新的解决方案，有力推动经济社会的跳跃式发展。随着新一轮工业革命由导入期进入拓展期，这些经济社会效应将逐步显现、强化。

首先，新工业革命将为全球经济提供新的增长动力。2008年国际金融危机以来，全球经济增长速度明显回落，国与国之间，不同行业、地区和人群之间的收入差距扩大，财富向少数人集中。受此影响，保护主义抬头，民粹主义滋生，一些国家为转嫁经济和政治危机，极力推进单边主义，使全球治理面临严峻的挑战，给世界经济增长带来更多不确定性和不稳定性。新一轮工业革命为全球经济重拾升势提供了机遇。历史地看，每一轮工业革命催生的增长部门都基本上由动力产业、先导产业、新基础设施产业和引致性产业四类部门构成（Perez，2010）。这一轮工业革命的发展方向是智能化、数字化和网络化，正加快突破和大规模商业应用的人工智能、大数据、云计算等信息技术和产品，构成新一轮工业革命的动力产业。智能制造、车联网、智慧城市、智能电网、远程医疗等智能化、数字化、网络化技术密集应用和深度交叉融合的新兴领域，将成为新一轮工业革命的先导产业。更加高效、安全、可靠、稳定的5G信息网络，是新一轮工业革命的关键基础设施。人工智能等使能技术、5G网络和车联网等丰富的应用场景相互反馈、增强，不断提升这些领域的技术和商业成熟度，促进新模式、新业态和新产业的蓬勃发展，构成未来全球经济增长的主要引擎。与此同时，新兴技术和商业模式也不断向传统的能源行业、消费品行业和装备行业渗透，逐步打开这些行业新的增长空间，使这些产业成为新工业革命中的引致性产业（被现代化产业），并与动力产业、先导产业和新基础设施产业一起，共同构成新经济完整的产业体系。

其次，新工业革命将改变经济体系的要素投入结构。在传统的生产体系中，土地、劳动、原材料和能源是最主要的生产要素,且这些要素的供给约束总体上越来越强:由于主要工业国家的人口老龄化,以及伴随着收入增长出现的人对闲暇时间的边际偏好增长,劳动的有效供给在逐渐减少;由于工业规模扩张和快速发展的城市化,土地的供给越来越紧张;全球消费持续增长和发展中国家大规模开展的重化工业化进程不断强化对资源、原材料和传统能源的需求,而日益严峻的资源和环境问题又对资源和不可再生能源供给形成了持续趋紧的生态约束,要素供需矛盾问题必须通过引入新的生产方式加以解决。新一轮工业革命伴生的技术结构变化将改变要素的相对价格和需求结构,从而最终改变全球生产体系的要素投入结构。在新工业革命的背景下,更加高效和广泛应用的自动化将推动资本有机构成显著提高(马克思,2004),大幅减少经济增长对体力劳动的需求,并随着人工智能技术的发展和成熟形成对人类脑力劳动的大规模替代。因此,新一轮工业革命甚至可能在一些国家和部门出现"无就业增长"的现象。与此同时,以智能化、网络化、数字化为核心特征的新一轮工业革命,将大幅提高企业的生产和管理效率,从而减少经济社会对土地、原材料、能源等传统要素投入的需求。更重要的是,由于新一代信息基础设施使得数据生成、存储和传输的成本显著下降,数据开始成为经济系统中的新关键要素。数据资源将逐步成为国家和企业核心的竞争资源,基于数据的技术开发和应用模式成为国家和企业的核心竞争力,数据甚至可能逐步取代传统的投入要素而成为经济系统中新的最重要的经济资源。

再次,新工业革命将改变产业的生产制造方式和研发组织形态。继机械化、大规模生产、柔性制造之后,智能制造将成为新的主导制造范式,并引致新的劳动结构和研发组织方式(拉让尼克,2011)。在机械化生产时代,技能型劳动是生产的主要劳动投入,企业的知识主要来自个人(发明家)。在大规模生产时代,企业对操作性劳动的需求激增,规模扩张和现代化管理成为企业的核心能力,企业创新逐渐成为企业竞争的关键,大型企业通过建设专业的内部研发机构来强化技术创新,高度专业化的个体知识通过分工协作共同构成企业的组织知识。20世纪70年代以后,伴随着柔性制造的发展,精益制造和自动化技术开始成为企业的核心竞争力,领先企业通过充分利用全球科技要素、构建全球创新网络来提升技术能力。可以预期,随着人类社会步入智能制造时代,操作性劳动和部分智力劳动将被自动化和智能化所替代,对掌握机器学习、自然语言处理等知识的知识型员工的需求将急剧增长;由于技术创新的动态性越来越强,企业在继续开展高强度内部研发、进一步完善全球创新网络的基础上,还必须基于公司创业等新型研发组织模式,动态保持在全球技术创新体系中的优势地位。

最后,新工业革命将为解决一些全球性问题提供新方案。当今世界面临着全球经济增长放缓、发展不平衡、贫富差距扩大、气候变化和地缘政治紧张等重大全球性问题,新工业革命为解决这些重大全球问题提供了新的可能方案。例如,绿色能源的开发和推广,为人口增长和工业化造成的环境问题提供了更加有效的解决方案;无人驾驶、智慧交通的发展将为解决日益严峻的城市交通问题提供新的技术路线;数字技术所带来的跨境电子商务等新兴业态的发展,以及服务贸易便利性的增加，将有力促进全球贸易增长，世界贸易组织发布的《世界贸易报告2018》预测，2030年之前全球贸易将逐年增加1.8—2.0个百分点；新工业革命将导致全球价值链、供应链和产业链在空间上的重新分解与组合，进一步推动分工深化和交易效率提升，从而推进全球经济加快复苏；等等。全球性问题归根结底还是世界发展不充分、不平衡的问题，新工业革命创造了培育全球经济增长新动能、进一步促进包容性、可持续发展的技术经济条件，为解决全球性问题创造了有利条件。

（三）新工业革命将重塑国家间竞争格局

新一轮工业革命将成为全球重筑增长态势、提升人类社会福祉的重要动力。然而，虽然新工业革命的红利足以惠及全球，但是新技术和新产业创造的价值在国家之间的分配却是不均衡的。发达工业国家希望通过加快技术突破和先导产业发展，巩固甚至进一步强化其在全球经济版图中的优势地位；已经具备一定工业基础和技术能力的后发国家也希望利用新工业革命打开的机会窗口，通过开辟独特的技术路径和商业模式实现赶超（Perez & Soete，1988）。因此，竞争和赶超必然是新工业革命的题中之义。

新工业革命推进的过程，是一个竞争和选择的过程。工业革命的导入期和拓展期，恰恰表现为国家或企业在技术和商业两个层面的激励竞争。首先，在工业革命的导入期，多种技术路线相互竞争，由于技术路线本身的不确定性，以及每一种技术路线都需要承担高额的研发投入，没有任何一个国家能够主导所有的技术路线。虽然一些国家和企业在前沿技术和基础研究方面具有先发优势，但最终是否能够成为主导技术的开发者仍然具有很大的不确定性。加之信息技术发展具有鲜明的短周期特征，如果后发国家能够开展高强度的技术学习，同样有很高的实现技术赶超的概率（李根，2016）。其次，当工业革命进入拓展期，即通用目的技术和使能技术都趋于成熟、从而逐步进入大规模商业化应用的阶段，技术领先国也可能由于国家的体制和战略不能及时适应主导技术的要求，而丧失将技术领先优势转化为产业领先优势的机会。主导技术和主导商业模式是在技术和市场的不断反馈过程中通过反复迭代的市场选择形成的（罗森伯格，2004）。技术领先者有可能在商业化阶段的竞争中失败，而技术紧随者有可能利用其市场优势或基础设施优势，成为市场竞争的最终赢家。可以说，新工业革命可能创造的巨大经济红利及其对国家间产业竞争格局的深刻影响，激励着每一个国家积极参与其中，而新工业革命技术经济过程的复杂性又使得竞争结果具有高度的不确定性。

各国在新一轮工业革命进程中的竞争和赶超，最终会体现为国家间竞争能力和利益格局的动态变化。根据以往历次工业革命的经验，在工业革命导入期，通用目的技术和使能技术的主要策源国最先推动基础科学研究成果向技术应用的转化，这些国家从不同的技术路线进行探索，试图成为主导技术的控制者。在这个过程中，这些国家的科学研究和技术水平相互增强促进，成为新一轮工业革命的科学和技术高地。随着新工业革命由导入期向拓展期演进，主导技术逐渐形成，相应的工程化和产业化成为国家间竞争的焦点。这时，拥有更强工程化能力和商业模式创造性的国家成为主要的竞争者。由于新工业革命的技术策源主要发生在少数国家，因此这个阶段国家之间的技术水平会出现极化现象，但此时的技术能力并未完全转化为一国的产业竞争力和经济福利。当前，新一轮工业革命正处于由导入期向拓展期发展的阶段，美国、中国、日本、德国等国家是主导技术成熟和应用的主要推动者。随着新一轮工业革命进入拓展期，通用目的技术和使能技术开始逐步扩散应用，那些率先推动主导技术在先导产业和引致性产业扩散应用的国家，其技术能力、生产效率、经济增长、就业水平和国家综合实力提升，将成为新工业革命最大的受益者。由于在新技术产业化的初期，研发和制造高度一体化，并集聚在少数策源国，因此这些国家将对处于新工业革命外围的发展中国家形成贸易顺差，经济增长水平也会进一步分化。当新工业革命的技术和产业日渐成熟，技术和生产的标准化以及策源国国内市场的饱和，会促使这些国家的企业将生产制造向成本更低、增量市场更大的发展中国家转移，即开始新一轮成熟产业的国家间梯度转移，发达国家与发展中国家的经济增长水平出现一定程度的收敛。这个时期，那些能够更加积极利用外资和国际市场的发展中国家，可能会形成对发达国家和地区的贸易顺差，而那些不能有效降低制造业综合成本的发达国家甚至会出现产业空心化问题。

新一轮工业革命是一场技术经济范式协同转变的复杂过程。科技进步和产业发展嵌入在一国的体制和政策体系中，技术突破和产业变革会因改变既有的利益格局而遭到体制性的抵制。因此，哪些国家和地区能够相对更快地调整体制和政策，使其更有效地支持新的劳动者技能、新兴技术、新创企业、先导产业的发展，从而更好地匹配新工业革命的技术经济要求，谁就能成为新工业革命的主要受益者。在这场体制和政策的竞争中，发达国家试图利用新工业革命窗口进一步增强其产业竞争优势，遏制"产业空心化"趋势，重拾制造业竞争优势。近年来，这些国家或地区纷纷出台了面向智能化、网络化、数字化技术的制造业中长期发展战略，如美国的"先进制造业战略"、德国的"工业4.0"、法国的"新工业法国"、欧盟的"欧洲工业数字化战略"、西班牙的"工业连接4.0"、日本的"机器人新战略"、韩国的"制造业创新3.0"、意大利的"意大利制造业"等，都体现了发达工业国家进一步强化科技和产业竞争优势的宏伟愿景。

过去四十年，以中国为代表的发展中国家通过承接产业转移和自主创新，快速建立起比较完备的工业体系和创新体系。包括中国在内的具有一定工业基础的广大发展中国家广泛参与到高新技术的突破和应用，是这一轮工业革命相较之前几轮工业革命最大的特点。按照传统的发展经济学逻辑，发展中国家凭借低成本优势承接发达国家成熟产业的产能转移，是后发国家经济增长的基本模式。基于"雁阵模式"的产业转移虽然能够在经济起飞阶段帮助发展中国家实现高速增长，但从长期看，由于跨国公司始终将核心技术保留在母国，仅将成熟技术向发展中东道国转移，在发展中东道国的技术开发基本上是出于满足东道国本国市场需求的适应性改进，因此跨国公司在发展中国家市场开展的创新多是"利用型"的微小改进。这也意味着，一旦成熟技术转移的红利被收割完毕，而发展中国家本土的企业又不能成功打开技术赶超的空间，其经济增长就会进入长期相对停滞的状态。巴西、智利等拉美国家面临的"中等收入陷阱"问题，在微观上就表现为跨国公司的成熟技术转移完成后，这些国家本土企业的自主创新能力没有形成和跟进，因而进入了技术能力和经济增长的平台期。可以说，"中等收入陷阱"的背后是发展中国家的"技术能力陷阱"。利用新工业革命的历史机遇，培育本土的创新能力和创新主体，形成独立的产品平台、研发体系和实验体系，是后发国家在技术层面跳出"中等收入陷阱"的赶超路径。新工业革命背景下，不仅后发国家在新兴产业领域迎来并跑的机遇，而且由于传统技术和传统产业与新技术的融合，后发国家在成熟产业也迎来利用其独特的市场优势和资源优势实现赶超的窗口期。20世纪70年代，当汽车技术路线由低成本和动力增强向多样化和节能环保转变时，日本企业凭借柔性化生产和精益制造实现对美德汽车产业的赶超，就是这种理论逻辑的现实呈现。过去四十年，中国从国情出发，不断推动理论创新和制度创新，更是大大丰富了后发国家经济发展的道路和模式（谢伏瞻，2018）。中国的制造强国战略、俄罗斯的"国家技术计划"、阿根廷的"国家生产计划"以及印度的"印度制造战略"等，都体现了广大发展中国家广泛参与新一轮工业革命的正当诉求和试图为人类迎接新工业革命作出贡献的理想抱负。

（四）多边主义仍是全球治理变革的主导方向

生产力和生产方式革命必然带来生产关系的变革。回顾人类经济发展史，每一轮工业革命的展开，既是突破性技术大量涌现的过程，也是与这些技术相适应的国家政策体系和国家间治理规则调整的过程，是一场技术经济范式的协同转变，是技术和体制共同"创造性毁灭"的过程。可以预期，正在加速拓展的新一轮工业革命在不断催生突破性技术的同时，也必然带来体制、产业政策和全球治理等经济范式的变革。由于新工业革命将对国家技术能力、经济增长、就业、贸易投资甚至国家安全等深层次的国家利益产生系统而深刻的影响，主要工业国家都把迎接新一轮工业革命上升为国家战略，并通过更加积极和多样化的产业政策促进新技术和新产业的培育发展。国家间的利益冲突，以及相应的战略和政策调整，必将对既有的全球治理体系形成冲击，导致既有的治理规则受到挑战，并在国家竞争中逐步走向新的均衡。国家竞争格局重塑、个体经济利益重配、全球治理规则重整、职业转换与失业冲击、社会伦理道德受到挑战等，都可能成为新工业革命的副产品。但这些挑战并不必然对人类社会发展构成威胁，问题的关键是全球治理体系朝着什么样的方向调整和发展。

面对新工业革命的机遇和挑战，不同国家呈现出不同的全球治理价值取向，采取了不同的全球化战略。目前，多数国家都主张加强对话、深化合作、扩大开放，促进国际合作创新，在竞争与合作的过程中迎接新一轮工业革命，在多边框架下解决全球问题。然而，国际舞台也出现了一些不和谐的声音。个别国家为了抢占新工业革命先机试图以单边主义、保护主义的方式阻碍其他国家发展，并动用国家力量抹黑和打击别国的技术领先企业，对国际贸易秩序和世界经济稳定造成负面影响，极力将新工业革命的竞争合作关系推向"零和博弈"。这种不负责任的、狭隘的全球治理观不仅不利于深化新工业革命和培育全球经济增长新动能，更是破坏了全球合力应对新工业革命挑战的多边主义框架。面对信息化驱动的新一轮工业革命，多边主义仍然是一国能够更大程度分享工业革命红利的主导制度范式，也是有效应对工业革命挑战的根本出路，是全球治理变革必须坚持的主流方向和主导逻辑。

首先，在多边主义原则下构建更加开放的产业生态和创新生态，才是一国参与新一轮科技和产业竞争的理性策略选择。与以往的工业革命相比，这一轮以智能化、数字化、网络化为核心特征的新工业革命，所涉及的科学技术基础的广度、技术融合的深度和市场应用的复杂性都是空前的。任何一个国家都不可能独自掌握新工业革命产业体系、供应链体系、价值链体系和创新体系的全部环节。仅以智能制造为例，美国的优势是底层技术和产业互联网，德国的优势是数字物理系统集成，日本的优势是精益生产制造管理，而中国的优势则是新技术的大规模工程化和市场应用，任何一国都不可能掌握智能制造的所有关键技术，不可能形成完全自给自足的完整产业链。可以预见，与历次工业革命主要发生在极个别策源国不同，新工业革命需要更多国家直接参与到基础科学、前沿技术和多样化商业应用的创新中来。新工业革命中最大的受益国，一定是以更加开放的姿态集聚全球科技要素，同时又与别国分享创新价值的国家。谁能够建立更加开放的创新生态，谁就能够在新工业革命的产业体系中占据更加有利的位置。如果有国家试图凭借已经形成的垄断性技术优势，通过推行单边主义和保护主义独占新工业革命的利益，那是对新工业革命科技多元化发展趋势和全球治理体系中多边主义力量的误判。

其次，各国只有在多边主义框架下协调竞争政策，共同解决新技术可能带来的社会和伦理问题，才能更加有效应对新工业革命挑战，引导新工业革命朝着有利于解决全球性重大问题的方向发展。进入互联网时代，范围经济取代规模经济成为产业组织的主导逻辑，平台企业掌握了底层技术和核心数据，成为带动整个产业生态创新发展的领头羊。然而，一旦主导技术和产业生态趋于成熟，操作系统、芯片、社交媒体、搜索引擎等领域的平台企业就会利用其市场地位和资金优势，采取捆绑、侵略性定价等各种形式的垄断行为扼杀创新和市场活力。这时，具有市场势力的平台企业不是引领创新，而是更可能阻碍创新。这就需要国际社会推动建立有效的国家间竞争政策协调机制，共同规制垄断，保障数字经济的技术边界不断拓展和商业模式不断创新。与此同时，构成新工业革命重要内容的人工智能、基因工程等技术，由于涉及信息安全、科技伦理等人类发展的重大问题，需要更加广泛、深入的国家间政策协调。如果不能在多边框架的约束下发展和应用这些技术，新工业革命这把"双刃剑"所产生的负面影响将可能被放大，甚至可能对人类社会进步产生巨大威胁。

再次，只有符合公平竞争原则、在多边规则约束下的科研竞赛和产业竞争，才有利于新工业革命推动全球经济增长。为了更有效地适应和推动新技术和新产业的发展，各国从自身的体制特征、发展理念和发展阶段等国情出发,对国家创新体系和产业政策进行调整和创新具有合理性和必然性。然而,加强对本国新技术和新产业的支持,不应以破坏多边主义为代价,各国多样化的政策探索和坚持多边主义并不矛盾。越是经济问题泛政治化猖獗,越是保护主义盛行,多边规则和公平竞争就愈加重要。只有在符合公平竞争原则的多边规则约束下,国家间的科研竞赛和产业竞争才有利于全球福祉改善。相反,缺乏大家共同遵守的多边规则,新工业革命背景下的产业政策竞争,有可能演化为一场以邻为壑的无序竞争,最终会损害新工业革命助推全球经济复苏的效能。因此,各国围绕新工业革命开展的政策调整和科技竞争,应该是一场多边规则约束下的公平竞争(competition),而不是一场无规则的恃强凌弱的斗争(rivalry)。

最后,新工业革命可能带来的发展分化问题,必须通过更具包容性的多边规则来遏制和解决。自动化和智能化驱动的资本对体力劳动和脑力劳动的替代,在大大提高经济生产效率的同时,也可能放缓,甚至逆转传统制造业由发达国家向发展中国家梯度转移的趋势,并对广大发展中国家既有的传统产业和就业岗位形成冲击。由于新工业革命短期内难以辐射到多数发展中国家,发展中国家的传统比较优势可能被弱化。从这个角度看,新工业革命造成的"数字鸿沟"有可能引发全球经济发展水平的进一步分化。面对这种情况,一方面,发达国家有责任为解决不平衡发展问题贡献力量——在过去几十年的全球工业化过程中,发展中国家在全球产业和价值链分工中承担了体力劳动最为繁重、生态环境破坏最为严重、附加价值最低的环节;另一方面,由于新一轮工业革命的主要产品不是有形产品,而是边际成本几乎为零的信息产品和服务,因而发达国家也可以通过向发展中国家拓展市场,实现与发展中国家的共赢。基于这样的认识,单边主义与包容性增长和减贫背道而驰,通过坚持和完善多边主义解决全球发展不平衡和不平等问题不仅必要,而且可行。只有在多边合作框架下,作为新一轮工业革命主要推手和受益者的国家,才能在为发展中国家开展信息基础设施建设支持、完善成熟技术和适用技术援助体制、提供与新生产方式相适应的劳动者技能培训等方面达成共识,推动全球经济朝着更具包容性的方向发展。信息技术进步与发展大大降低了产业链、价值链和基础设施全球布局的成本,更加强化了规模经济、范围经济和网络经济,由此形成的新一轮工业革命为发达国家帮助广大发展中国家更深入地融入全球生产体系和创新网络提供了难得的机遇。

总之,无论是从国家自身利益更大化、全球福祉最大化,还是包容性发展的角度看,开放和多边主义都是与新工业革命技术范式相适应的主导经济范式,保护主义和单边主义是失道寡助的逆势行为。

(五)在多边主义原则下推进对 WTO 的必要改革

基于合作、互惠、协商的多边主义仍将是全球治理调整的主导方向。但坚持多边主义原则,并不意味着既有的多边组织和机制完美无缺。以 WTO 为例,尽管过去 WTO 在完善争端解决机制、改革组织架构、加快多边谈判进程等方面作出了重要贡献,但其体制机制与新的国际竞争环境之间不适应、不契合的矛盾日益凸显。新工业革命背景下复杂多变的国际竞争格局和各成员方的利益分化，导致 WTO 在谈议题推进困难，久拖不决，新议题难以凝聚共识，严重损害了 WTO 的效率和权威性。因此，迫切需要加快推进对 WTO 进行必要的改革，共同推动 WTO 朝着更加符合公平竞争原则的方向改革调整，朝着更加有利于全球经济创新发展和包容发展的方向改革调整，进一步强化多边贸易体制在全球贸易自由化、便利化进程中的主渠道地位，推动 WTO 在全球经济治理中发挥更大的作用。

一是强化成员国履行职责的约束力，着力提高争端解决机制的有效性。多边贸易体制本质上是成员国之间相互开放市场、开展公平竞争的约束性承诺。然而，由于新经济的战略重要性，各国为促进关键技术突破和新兴产业培育进行政策干预的积极性更高。除了传统的关税壁垒外，近年来各国之间的非关税壁垒纠纷不断涌现。这种情况下，强化 WTO 约束力和争端解决能力尤为必要。为此，WTO 应对理事会、下属各委员会及秘书处等机构进行改革，赋予其监督成员国贸易政策透明度与公平性等方面的授权，规范成员国履行通报义务，重新启动上诉机构成员遴选程序，加强多边监督机制，有效遏制个别成员国的单边主义措施，提高 WTO 在全球治理领域的公信力。在完善 WTO 自身治理结构的基础上提高决策与行政效率，创新争端解决机制，积极、快速、高效地解决贸易分歧。

二是坚持多边治理和贸易自由化大方向，采取有效路径应对排他性的区域主义冲击。由于智能化、网络化和自动化在发展水平接近的区域内部更容易实现，因此新工业革命背景下的全球创新价值链区域化倾向更为明显。在亚太地区和欧盟内部，基于区域分工的供应链体系显现出较高的效率和活跃度。这既是全球价值链深化的结果，也给多边治理和全面贸易自由化的实现增添了难度。对此，在坚持多边治理和贸易自由化的大方向下，可以考虑推动 WTO 框架下的诸边谈判，求同存异，尊重成员国各自的发展模式，借助"开放的诸边"这一"折中"的多边主义路径应对 WTO 面临的排他性区域主义冲击，进而重建 WTO 的权威性。切实回应产业发展诉求，加强中小微企业等新议题的多边讨论，确保各国针对新工业革命背景下实施的产业政策符合 WTO 的公平竞争原则，推动贸易、投资和知识产权纠纷在 WTO 框架下的有效解决。

三是确认发展中国家的特殊身份并保障差别性待遇，扩大发展中国家参与度，保证发展中成员的特殊与差别待遇。努力弥合发展中国家与发达国家之间存在的包括数字鸿沟在内的能力鸿沟，是依托 WTO 等多边框架促进全球包容性发展的重要内容。面对新工业革命可能加剧全球不平衡发展的问题，对于发展中国家的"特殊身份和差别化待遇"条款更应予以保障。WTO 改革应充分考虑发展中国家的实际诉求和具体困难，在未来贸易投资规则制定中坚持对发展中国家的差别待遇，鼓励发展中国家更加积极地参与全球治理，承担与其发展水平相符的义务。

四是正确处理知识产权保护与技术扩散的关系，推动全球开放式创新。在新工业革命的国家间竞争中，发达国家为占据全球竞争制高点，对科技创新投入巨大，势必强调对重大研发及其产业化成果的知识产权保护。但对知识产权的过度保护，不仅不利于扩大技术成果商业化以及全球包容性发展,也将限制发展中国家扩大对外开放的积极性。WTO应充分考虑各方利益,正确处理知识产权保护与技术扩散的关系,避免对所有知识产权争议"一刀切",采取有效措施分类处理。增加对发展中国家技术援助的针对性,以此促进先进成熟技术在发展中国家的扩散和应用,让新工业革命成果惠及更多国家和人民。

五是适应新工业革命的发展趋势,解决数字贸易等新问题。近年来,在新工业革命推动下,以电子商务为代表的数字贸易快速发展。根据美国亚马逊2018年中国峰会发布的数据,全球B2C跨境电子商务交易额由2014年的2330亿美元大幅提高到2018年的6760亿美元。数字化大大提高了服务跨境交易的便利性,是WTO所必须重视的发展趋势和重要议题。依托WTO展开的数字贸易规则谈判进程,在世纪之交曾经占主要地位,但近期却陷入停滞。全球性数字贸易规则体系若要最终形成,很难绕过WTO等传统多边平台。对此,可先引导各方在基于互联网平台的货物贸易规则这一分歧较小、易于取得共识的领域展开重点谈判,加强对欠发达国家的技术援助与能力建设,在技术、商业、安全、主权等各方关注的政策目标之间实现平衡,打破多边体系数字贸易谈判僵局,以此增添各方对多边谈判的信心。

结语

当前,以智能化、网络化、数字化为核心特征的新一轮工业革命正逐步由科技探索为主的导入期转向以商业化应用为主的拓展期,新工业革命的巨大经济价值逐步释放,推动全球产业结构和发展方式深刻变革,为全球经济增长提供了强大动能。为掌握新工业革命的先机,占领新工业革命的制高点,主要工业国家密集出台产业政策,加速推进新技术和新产业发展。新工业革命背景下的国家间政策竞争,有利于多元化的技术探索和市场试验,是推动新工业革命重要而积极的力量。但是,围绕新工业革命的国家间竞争,不应当是一场损害多边主义和包容性发展的无规则斗争。这种竞争越是激烈,越是需要基于公平竞争原则的多边规则加以约束和引导。与历次工业革命主要发生在极少数策源国不同,这一轮工业革命的技术和产业复杂性决定了需要更多的国家直接参与到基础科学、前沿技术和多样化商业应用的创新中来。那些能够在多边主义原则下构建更加开放的产业生态和创新生态的国家,才是新工业革命竞争中最大的赢家。新工业革命使得各国利益和命运更紧密相连,更深度交融。[①] 各国只有在多边主义框架下协调竞争政策和社会政策,共同解决新技术可能带来的垄断、"无就业增长"、社会伦理等经济社会问题,才能更加有效应对新工业革命带来的挑战,引导新工业革命朝着有利于解决全球性重大问题、促进全球包容性发展的方向发展。

新工业革命时代到来和经济全球化是两股相互作用又不可逆转的力量。在新工业革命所驱动的全球化浪潮下,多边主义仍将是全球最大限度分享新工业革命红利的主导经济范式,是人

---

① 参见习近平《让美好愿景变为现实——在金砖国家领导人约翰内斯堡会晤大范围会议上的讲话》,《人民日报》2018年7月27日。

类有效应对新工业革命挑战的根本出路，是全球治理变革的主导逻辑，是任何负责任的国家都应当坚持的基本立场和方向。基于合作、互惠、协商的多边主义仍将是全球治理变革的主导方向。当然，坚持多边主义原则，并不意味着既有的多边组织和机制完美无缺。当前迫切需要加快推进对WTO进行必要的改革，共同推动WTO朝着更加符合公平竞争原则、朝着更加有利于全球经济创新发展和包容发展的方向调整，进一步强化多边贸易体制在全球贸易自由化、便利化进程中的主导地位，推动WTO在全球经济治理中发挥更大作用。

中国不仅是经济全球化的受益者，也是重要的贡献者和推动者。当今中国正在以更深层次的改革和更高水平的开放推进高质量发展和建设现代化经济体系，一方面我们要积极推进经济全球化迎接新工业革命时代的到来；另一方面我们将坚定支持多边主义和自由贸易，坚决反对违背世界发展大势的单边主义和保护主义。加入WTO以来，中国积极履行入世承诺，大幅开放市场，实现互惠共赢，为世界经济增长与稳定作出了重要贡献。面对新一轮工业革命和复杂多变的国际形势，中国开放的大门只会越开越大；在多边主义原则下积极推进WTO的必要改革，推进新工业革命伙伴关系；顺应新工业革命发展趋势，与各国一道共同探索新技术、新业态、新模式，探寻新的增长动能和发展路径，为全球开放发展和包容发展贡献更大力量。

参考文献

拉让尼克，2011：《创新魔咒：新经济能否带来持续繁荣？》，上海远东出版社。

李根，2016：《经济赶超的熊彼特分析：知识、路径创新和中等收入陷阱》，清华大学出版社。

罗森伯格，2004：《探索黑箱——技术、经济学和历史》，商务印书馆。

马克思，2004：《资本论（第1卷）》，人民出版社。

佩蕾丝，2007：《技术革命与金融资本——泡沫与黄金时代的动力学》，中国人民大学出版社。

谢伏瞻，2018：《中国经济发展与发展经济学创新》，《中国社会科学》第11期。

Bresnahan, T., 2010, "General Purpose Technologies," in Bronwyn, H.H., and R.Nathan, Handbook of the Economics of Innovation, Oxford: Elsevier.

Fortune, S., and M. Zirngibl, 2009, "Enabling Science and Technology," *Bell Labs Technical Journal*, 14 (3), 1–5.

Perez, C., and S. Luc, 1988, "Catching Up in Technology: Entry Barriers and Windows of Opportunity," in D.Giovanni et al., Technical Change and Economic Theory, London: Francis Pinter.

Perez, C., 2010, "Technological Revolutions and Techno economic Paradigms," *Cambridge Journal of Economics*, 34 (1), 185–202.

（原载于《经济研究》2019年第7期）

新中国 70 年经济与经济学发展

谢伏瞻

新中国成立 70 年来,中国共产党团结带领全国各族人民勇于探索、不断实践,成功探寻出符合中国国情、充满生机活力的社会主义市场经济制度,极大地解放和发展了社会生产力。70 年来,我国综合国力显著增强,全面小康社会即将建成,中华民族迎来了从站起来、富起来到强起来的伟大飞跃,创造了"当惊世界殊"的发展成就。伟大的实践产生伟大的理论。70 年来,我国的经济学研究始终立足当代中国实践,在总结历史经验、回应时代主题、探索未来发展中不断创新发展,形成了中国特色社会主义政治经济学。党的十八大以来,面对国内外环境复杂而深刻的变化,习近平总书记科学把握世界发展大势和我国发展阶段性特征,先后作出我国经济发展进入新常态、已由高速增长阶段转向高质量发展阶段的科学判断,提出新发展理念,作出推动高质量发展、把握好政府和市场的关系、把推进供给侧结构性改革作为主线、建设现代化经济体系等重大战略决策,引领我国经济发展取得历史性成就,并在历史性变革中,形成了习近平新时代中国特色社会主义经济思想,书写了当代马克思主义政治经济学的新篇章,开辟了中国特色社会主义政治经济学的新境界。

(一)新中国 70 年经济发展的辉煌成就

经济持续快速增长,综合国力极大提高。按不变价计算,1952—2018 年,我国国内生产总值从 679 亿元增长到 90 万亿元,年均增长 8.1%。[1] 我国国内生产总值占世界总值的比重从 1960 年的 4.37% 上升至 2018 年的近 16%,经济总量稳居世界第二位,自 2006 年以来对世界经济增长贡献率稳居第一位。[2] 2018 年,我国人均国内生产总值接近 1 万美元[3],比 1952 年增长约 77 倍,由低收入国家成功跨入中等偏上收入国家行列。财政实力极大增强,全国财政收入从 1950 年的 62 亿元大幅跃升至 2018 年的 18 万亿元,1951—2018 年的年均增长率约为 12.5%,为促进经济发展和改善人民生活提供了资金保障。[4]

---

[1] 参见中华人民共和国国务院新闻办公室《新时代的中国与世界》(2019 年 9 月),《人民日报》2019 年 9 月 28 日,第 11 版。
[2] 参见国家统计局《国际地位显著提高 国际影响力持续增强——新中国成立 70 周年经济社会发展成就系列报告之二十三》,2019 年 8 月 29 日,http://www.stats.gov.cn/tjsj/zxfb/201908/ t 20190829 _ 1694202.html,2019 年 9 月 28 日。
[3] 参见何立峰《促进形成强大国内市场 大力推动经济高质量发展》,《求是》2019 年第 2 期。
[4] 参见国家统计局《沧桑巨变七十载 民族复兴铸辉煌——新中国成立 70 周年经济社会发展成就系列报告之一》,2019 年 7 月 1 日,http://www.stats.gov.cn/tjsj/zxfb/201907/ t 20190701 _ 1673407.html,2019 年 9 月 28 日。

现代经济体系基本建立，创新驱动发展成果丰硕。新中国成立之初，我国农业吸纳就业人口占比高达83.54%[1]，主要工业产品基本依靠进口。我国三次产业比例从1952年的50.5∶20.8∶28.7，变为2018年的7.2∶40.7∶52.2，实现了从传统农业社会向现代工业社会的跃升，是世界上唯一拥有联合国产业分类中全部工业门类的国家，制造业增加值稳居世界第一位[2]。2018年，我国全社会研究与试验发展经费达到1.97万亿元，规模跃居世界第二位[3]；科技进步贡献率提高到58.5%[4]。国家创新能力在2019年全球创新指数排名上升至第14位，是唯一进入前20名的中等收入经济体。[5]我国科技实力显著提升，一些领域从跟跑向领跑转变，彻底改变了科技水平全面落后的局面。"两弹一星"、载人航天、超级杂交水稻、高性能计算机、人工合成牛胰岛素、青蒿素、深海探测、量子通信、大飞机等重大科技成果，为经济社会发展提供了有力支撑。[6]航空航天、人工智能、第五代移动通信网络、移动支付、新能源汽车、金融科技等处于世界领先地位，为世界经济增长注入了新动能。[7]

城镇化水平不断提升，区域协调发展成效显著。我国城镇化率从1949年的10.6%提高到2018年的59.58%，年均提高0.71个百分点。[8]特别是改革开放后，农村富余劳动力大规模向城镇转移，我国经历了人类历史上规模最大、速度最快的城镇化进程。21世纪以来，西部大开发、东北等老工业基地振兴和中部地区崛起等区域发展战略相继实施，有效改善了区域发展不平衡的状况。党的十八大以来，在"一带一路"建设、京津冀协同发展、长江经济带发展、粤港澳大湾区建设等重大战略的推动下，形成了区域经济发展良性互动的局面。1952—2018年，我国人均地区生产总值最高地区和最低地区之间的相对差值从2.6倍缩小为1.8倍。[9]

基础设施实现跨越发展，支撑保障能力明显增强。我国已经建成发达的现代综合交通体

---

[1] 参见国家统计局《经济结构不断升级 发展协调性显著增强——新中国成立70周年经济社会发展成就系列报告之二》，2019年7月8日，http://www.stats.gov.cn/tjsj/zxfb/201907/ t 20190708 _ 1674587.html，2019年9月28日。

[2] 参见国家统计局《沧桑巨变七十载 民族复兴铸辉煌——新中国成立70周年经济社会发展成就系列报告之一》。

[3] 参见国家统计局《科技发展大跨越 创新引领谱新篇——新中国成立70周年经济社会发展成就系列报告之七》，2019年7月23日，http://www.stats.gov.cn/tjsj/zxfb/201907/ t 20190723 _ 1680979.html，2019年9月28日。

[4] 参见《让科研人员有更好的环境》，《人民日报》（海外版）2019年3月12日，第2版。

[5] 参见中华人民共和国国务院新闻办公室《新时代的中国与世界（2019年9月）》，《人民日报》2019年9月28日，第11版。

[6] 参见中华人民共和国国务院新闻办公室《新时代的中国与世界（2019年9月）》，《人民日报》2019年9月28日，第11版。

[7] 参见中华人民共和国国务院新闻办公室《新时代的中国与世界（2019年9月）》，《人民日报》2019年9月28日，第11版。

[8] 参见国家统计局《城镇化水平不断提升 城市发展阔步前进——新中国成立70周年经济社会发展成就系列报告之十七》，2019年8月15日，http://www.stats.gov.cn/tjsj/zxfb/201908/ t 20190815 _ 1691416.html，2019年9月28日。

[9] 参见国家统计局《重大战略扎实推进 区域发展成效显著——新中国成立70周年经济社会发展成就系列报告之十八》，2019年8月19日，http://www.stats.gov.cn/tjsj/zxfb/201908/ t 20190819 _ 1691881.html，2019年9月28日。

系。2018年,铁路营业里程达到13.2万公里,比1949年增长5倍,其中高铁里程达到3万公里,占世界高铁总里程的2/3以上;公路里程达到485万公里,比1949年增长59倍,其中高速公路里程达到14.3万公里,居世界第一位;内河航道里程达到12.7万公里,比1949年增长72.7%;民航定期航班航线里程达到838万公里,比1950年增长734倍。[①] 2018年,我国能源生产达到37.7亿吨标准煤,比1949年增长158倍;发电装机容量达到19亿千瓦时,比1949年增长1026倍,连续八年保持世界第一位。[②] 2018年,我国邮政营业网点达到27.5万处,邮路总长度达到985万公里,分别是1949年的10.4倍和14倍。[③] 2018年,我国移动宽带用户达到13.1亿户,基本建成全球最大的移动宽带网,信息化水平全面提升。[④]

人民生活发生翻天覆地变化,阔步迈向全面小康。1949—2018年,我国居民人均可支配收入从49.7元增加到28228元,实际年平均增长6.1%。[⑤] 2018年,全国居民恩格尔系数为28.4%,比1978年下降35.5个百分点。[⑥] 居民消费水平显著提升,消费结构从温饱型、小康型向富裕型、享受型转变。2018年,我国城镇居民人均住房建筑面积达到39平方米,比1956年增长5.8倍;农村居民人均住房建筑面积达到47.3平方米,比1978年增长4.8倍。[⑦] 2018年,我国公共图书馆、文化馆、博物馆分别达到3176个、44464个、4918个,分别为1949年的57.7倍、49.6倍、234.2倍。[⑧] 新中国成立之初,我国的文盲率高达80%,适龄儿童小学入学率不足20%;2018年,粗文盲率下降到4.9%,大专及以上受教育程度人口占比达到13%,6岁及以上人口平均受教育年限达到9.26年。[⑨] 1953年我国仅有17.24%的职工享受劳动保险[⑩],1958年仅有0.94%的农村人口享受"五保"待遇[⑪]。当前,我国已经初步建成世界上

---

① 参见国家统计局《交通运输铺就强国枢纽通途 邮电通信助力创新经济航船——新中国成立70周年经济社会发展成就系列报告之十六》,2019年8月13日,http://www.stats.gov.cn/tjsj/zxfb/201908/ t 20190813 _ 1690833.html,2019年9月28日。
② 参见国家统计局《沧桑巨变七十载 民族复兴铸辉煌——新中国成立70周年经济社会发展成就系列报告之一》。
③ 参见国家统计局《交通运输铺就强国枢纽通途 邮电通信助力创新经济航船——新中国成立70周年经济社会发展成就系列报告之十六》。
④ 参见国家统计局《沧桑巨变七十载 民族复兴铸辉煌——新中国成立70周年经济社会发展成就系列报告之一》。
⑤ 参见国家统计局《人民生活实现历史性跨越 阔步迈向全面小康——新中国成立70周年经济社会发展成就系列报告之十四》,2019年8月9日,http://www.stats.gov.cn/tjsj/zxfb/201908/ t 20190809 _ 1690098.html,2019年9月28日。
⑥ 参见国家统计局《沧桑巨变七十载 民族复兴铸辉煌——新中国成立70周年经济社会发展成就系列报告之一》。
⑦ 参见国家统计局《人民生活实现历史性跨越 阔步迈向全面小康——新中国成立70周年经济社会发展成就系列报告之十四》。
⑧ 参见国家统计局《文化事业繁荣兴盛 文化产业快速发展——新中国成立70周年经济社会发展成就系列报告之八》,2019年7月25日,http://www.stats.gov.cn/tjsj/zxfb/201907/ t 20190724 _ 1681393.html,2019年9月28日。
⑨ 参见国家统计局《人口总量平稳增长 人口素质显著提升——新中国成立70周年经济社会发展成就系列报告之二十》,2019年8月22日,http://www.stats.gov.cn/tjsj/zxfb/201908/ t 20190822 _ 1692898.html,2019年9月28日。
⑩ 参见严忠勤《当代中国的职工工资福利和社会保险》,北京:中国社会科学出版社,1987年,第306—307页。
⑪ 参见崔乃夫《当代中国的民政》(下),北京:当代中国出版社,1994年,第105—106页。

规模最大、覆盖人口最多,包括养老、医疗、低保、住房、教育等民生领域的社会保障体系。①2018 年,我国基本养老保险覆盖超过 9 亿人,基本医疗保险覆盖超过 13 亿人,基本实现全民医保。②居民预期寿命从新中国成立初的 35 岁上升到 2018 年的 77 岁,婴儿死亡率由 200‰下降到 6.1‰。③脱贫成就亘古未有,农村贫困发生率从 1978 年的 97.5%下降到 2018 年的 1.7%。④按照世界银行标准,1981—2015 年我国贫困人口规模从 8.8 亿人减少到 960 万人,成为首个实现联合国减贫目标的发展中国家,对全世界减贫的直接贡献达到 76.2%。⑤

从相对封闭走向全方位开放,国际影响力持续提升。1950 年,我国货物进出口总额为 11.3 亿美元;2018 年,我国货物和服务进出口总额分别为 4.6 万亿美元和 7919 亿美元,分别占世界的 11.8%和 7%,稳居世界第一大贸易国地位。⑥我国已经成为 33 个国家的最大出口目的地、65 个国家的最大进口来源国。⑦新中国成立初期,我国利用外资和对外投资微乎其微;2018 年,我国吸引非金融类外商直接投资达 1349.66 亿美元,非金融类对外直接投资 1205 亿美元,均居世界第二位;1978—2018 年,我国累计吸引非金融类外商直接投资达 20343 亿美元。⑧1952 年,我国外汇储备仅为 1.08 亿美元;2018 年,我国外汇储备超过 3 万亿美元,连续 13 年保持世界第一位。⑨党的十八大以来,我国推进共建"一带一路",自由贸易区不断扩容,人民币正式加入国际货币基金组织特别提款权货币篮子,同世界各国人民一道,推动构建人类命运共同体,为全球治理体系变革贡献中国智慧,在国际事务中发挥着愈加重要的作用。⑩

(二)坚持和加强党对经济工作的集中统一领导,是新中国 70 年经济发展取得辉煌成就的根本保证

办好中国的事情,关键在党。中国特色社会主义最本质的特征是中国共产党领导,中国特色社会主义制度的最大优势是中国共产党领导。正如习近平总书记所指出的,"党是总揽全局、

---

① 参见中华人民共和国国务院新闻办公室《新时代的中国与世界》(2019 年 9 月),《人民日报》2019 年 9 月 28 日,第 11 版。
② 参见国家统计局《沧桑巨变七十载 民族复兴铸辉煌——新中国成立 70 周年经济社会发展成就系列报告之一》。
③ 参见国家统计局《沧桑巨变七十载 民族复兴铸辉煌——新中国成立 70 周年经济社会发展成就系列报告之一》。
④ 参见国家统计局《沧桑巨变七十载 民族复兴铸辉煌——新中国成立 70 周年经济社会发展成就系列报告之一》。
⑤ 参见蔡昉《全球化、趋同与中国经济发展》,《世界经济与政治》2019 年第 3 期。
⑥ 参见国家统计局《对外经贸开启新征程 全面开放构建新格局——新中国成立 70 周年经济社会发展成就系列报告之二十二》,2019 年 8 月 27 日,http://www.stats.gov.cn/tjsj/zxfb/201908/ t 20190827 _ 1693665.html,2019 年 9 月 28 日。
⑦ 参见燕妮·李《数据图表印证中国经济崛起》,乔恒译,《环球时报》2019 年 9 月 26 日,第 6 版。
⑧ 参见国家统计局《沧桑巨变七十载 民族复兴铸辉煌——新中国成立 70 周年经济社会发展成就系列报告之一》。
⑨ 参见国家统计局《沧桑巨变七十载 民族复兴铸辉煌——新中国成立 70 周年经济社会发展成就系列报告之一》。
⑩ 2018 年年底,环球舆情中心在全球开展的一项调查显示,认为世界局势发生颠覆性变化的海外民众中,有约 70%的受访者认为,中国正在不断崛起,国际地位及影响力不断提升。参见《环球舆情调查中心报告:中国 70 年巨变,世界有目共睹》,《环球时报》2019 年 9 月 26 日,第 7 版。

协调各方的，经济工作是中心工作，党的领导当然要在中心工作中得到充分体现"[①]。党的十一届三中全会以来，数届党的三中全会对国家经济发展作出重要部署。党的十四届三中全会作出了建立社会主义市场经济体制若干问题的决定，党的十六届三中全会作出了完善社会主义市场经济体制若干问题的决定，党的十八届三中全会作出了全面深化改革若干重大问题的决定。这些重大决策坚持和完善了中国特色社会主义制度，对经济发展产生了深远影响。改革开放以来，历届党的五中全会就国民经济规划提出建议。1994年以来，党中央在每年年底召开中央经济工作会议，对本年度的经济工作进行总结，并对下一年的经济工作作出部署。中央政治局和中央政治局常委会经常性地审议关系经济发展全局的重大问题，及时作出重大部署，并直接领导中央财经委员会，研究确定经济社会发展重要方针政策。新中国70年经济发展的辉煌成就无可辩驳地证明，党对经济工作的集中统一领导是中国特色社会主义制度的一大优势，是我国经济持续健康发展的根本保证。

新中国成立之初，党中央就实行了"公私兼顾、劳资两利、城乡互助、内外交流"的经济方针，采取财政、商业、货币等一系列经济政策，有效稳定了经济局面，领导团结全国各族人民在一片废墟上迅速而全面地恢复了国民经济。在农村，党中央领导开展了土地改革，大规模兴修水利，推广农业技术，有效促进了农业生产。城乡经济稳定以后，党中央不失时机地提出过渡时期总路线，确立了社会主义基本经济制度，为当代中国的一切发展奠定了根本政治前提和制度基础。在党中央领导下，全国各族人民不断探索符合我国国情的经济建设道路，在一个落后的农业国快速建立起独立的较为完整的工业体系和国民经济体系，并取得了"两弹一星"等重大成就，为新的历史时期开创中国特色社会主义事业提供了物质基础和经验借鉴。

党的十一届三中全会深刻总结了新中国成立以来社会主义建设正反两方面的经验，作出把党和国家工作中心转移到经济建设上来的历史性决策。党中央以非凡的战略思维，提出了社会主义初级阶段理论和基本路线，成功开辟了中国特色社会主义道路。在党中央领导下，我国推动以经济体制为重点的全面改革，推进农村家庭联产承包责任制、国有企业、分税制、金融体制、外贸综合体制等一系列重大改革，建立健全商品市场、劳动力市场、资本市场、外汇市场、技术市场等各类市场，充分发挥价格、利率、税率、汇率等各种经济调控工具的作用，使市场在资源配置中起基础性作用。建立并完善以国家发展战略和规划为导向、以财政政策和货币政策为主要手段的宏观调控体系。在党中央领导下，我国顺应经济全球化的时代潮流，实施对外开放基本国策，从创办4个经济特区到开放14个沿海港口城市，从沿边沿江开放、建立浦东新区到加入世界贸易组织（WTO），充分发挥我国比较优势，有效利用全球资源，不断提高开放的领域、水平、层次，使我国实现了从相对封闭经济向开放经济的全面转变。在党中央领导下，我国成功应对了1997年亚洲金融危机和2008年全球金融危机等重大外部冲击，保持

---

① 中共中央文献研究室编：《习近平关于社会主义经济建设论述摘编》，北京：中央文献出版社，2017年，第318页。

经济持续健康发展,在全球率先实现经济企稳回升,对世界金融稳定和经济复苏作出了贡献。

党的十八大以来,面对国内外形势复杂而深刻的变化,党中央坚持以经济建设为中心,坚持发展是执政兴国的第一要务,不断加强和改善党对经济工作的集中统一领导,全面提高党领导经济工作的水平,推动新时代我国经济社会持续健康发展,为实现"两个一百年"奋斗目标、实现中华民族伟大复兴的中国梦提供坚强保证。

第一,坚持和加强党的集中统一领导,保证了我国经济发展始终沿着正确方向前进。以习近平同志为核心的党中央站在新时代的历史方位,观大势、谋大局,发挥总揽全局、协调各方的领导核心作用,坚持以人民为中心的发展思想,深刻回答了新时代我国经济态势怎么看和经济工作怎么干等重大问题,提出了使市场在资源配置中起决定性作用,更好发挥政府作用,以新发展理念引领经济新常态,以供给侧结构性改革为主线推动经济转型升级和持续健康发展等一系列原创性理论,在实践中形成了习近平新时代中国特色社会主义经济思想,系统发展了马克思主义政治经济学的研究体系与研究内容,科学有力地指导了新时代我国经济发展。

第二,坚持和加强党的集中统一领导,促进了稳中求进工作总基调的形成和实施。习近平总书记强调,"稳中求进工作总基调是我们治国理政的重要原则,也是做好经济工作的方法论。"① 在"稳"的方面,习近平总书记高度重视防范和化解金融风险,强调要保持对经济运行中各类矛盾和问题的高度敏感性,守住底线,及时化解矛盾风险。在"进"的方面,党中央明确了全面深化改革的总目标,坚决破除各方面的体制机制弊端,极大地凝聚起共同推进改革的强大合力,基本确立了改革的主体框架,对重要领域和关键环节的改革取得突破性进展,全面深化改革展现了新作为、实现了新突破。

第三,坚持和加强党的集中统一领导,引领并推动形成全面开放新格局。面对世界百年未有之大变局,党中央坚持对外开放的基本国策不动摇,强调要顺应并引领经济全球化,打开大门搞建设、办事业。2018年中央经济工作会议提出,要推动由商品和要素流动型开放向规则等制度型开放转变,以放宽市场准入及营造良好的营商环境,作为提升对外开放水平的重要手段,体现出我国在复杂多变的国际环境下,坚定维护开放型世界经济的决心。正是在党的集中统一领导下,我国不断提高参与全球治理的能力,以共商共建共享原则和"一带一路"建设为重点,形成陆海内外联动、东西双向互济的开放格局,为推动构建人类命运共同体作出了积极贡献。

(三)坚持"两个毫不动摇",完善社会主义基本经济制度

社会主义制度能够做到全国一盘棋,集中力量办大事,是党领导的伟大事业成功的重要法宝。以公有制为主体,多种所有制共同发展的社会主义基本经济制度,为新中国 70 年经济发

---

① 中共中央文献研究室编:《习近平关于社会主义经济建设论述摘编》,第332页。

展提供了坚实的制度基础，为调动各方面积极因素作出了重要贡献。

新中国成立之初，党中央就注重发挥各种经济成分在经济建设中的积极作用。按照马克思主义经典作家的设想，社会主义只能是单一公有制。但是，党中央在谋划施政准则和构思建设蓝图时，没有简单地从本本出发，而是注重将马克思主义的基本原理同我国具体实际相结合。早在新中国成立之前，毛泽东同志从我国实际出发，明确提出"有些人怀疑中国共产党人不赞成发展个性，不赞成发展私人资本主义，不赞成保护私有财产，其实是不对的"，"在现阶段上，中国的经济，必须是由国家经营、私人经营和合作社经营三者组成的"。① 在我国这样一个经济落后的国家如何建立社会主义公有制，新中国经历了长期探索。1949年9月通过的《中国人民政治协商会议共同纲领》，曾用六条篇幅专门阐述中华人民共和国成立后的所有制结构总体格局，对国营经济、合作社经济、农民和手工业者的个体经济、私人资本主义经济和国家资本主义经济五种经济成分的定位作出了明确论述。在过渡时期，我国存在着多种经济成分，允许多种所有制经济发展。从"一五"计划开始，我国为了实现赶超，确立了优先发展社会主义大工业的战略，建立社会主义经济体制，加之受苏联模式和苏联政治经济学的影响，逐渐把多种经济成分并存的国民经济改变成为单一的社会主义经济，形成以"国有制+计划经济"为基本特征的经济体制。在生产力水平低下的历史条件下，这一体制对建立独立自主的工业体系和国民经济体系发挥了至关重要的作用，但由于生产关系与生产力水平不适应，"统得过死"造成资源配置效率低下、结构扭曲，反而制约了生产力的进一步发展。

改革开放以来，党中央从我国处于社会主义初级阶段的基本国情出发，科学总结所有制探索方面的经验教训，提出社会主义的本质要求是解放和发展社会生产力，在实践中不断完善社会主义基本经济制度，创新和发展了马克思主义所有制理论。我国在深化国有经济改革、创新公有制实现形式的同时，不断放开对非公有制经济发展的限制，既坚持和发展社会主义制度，又不断激发经济发展和人民生活改善的新活力。党的十二大、十三大提出非公有制经济是公有制经济必要的和有益的补充，在坚持公有制经济主体地位的同时，为非公有制经济的发展注入了强大动力。1992年，邓小平同志在"南方谈话"中提出"三个有利于"标准，从根本上突破了单一公有制经济体制的理论基础，为非公有制经济的繁荣发展提供了重要理论依据。党的十四大确立了公有制经济和非公有制经济共同发展的方针。党的十五大明确提出，公有制为主体、多种所有制经济共同发展是我国社会主义初级阶段的基本经济制度，将非公有制经济的地位从"有益补充"上升到"社会主义市场经济的重要组成部分"，以及混合所有制经济的股份制也可以成为公有制的一种实现形式。这就把多种所有制和社会主义性质融合在一起，把非公有制经济纳入了社会主义制度框架内，大大拓展了基本经济制度的内涵，是对马克思主义所有制理论的重要发展。党的十六大对社会主义初级阶段基本经济制度理论作出重大发展，提出

---

① 《毛泽东选集》第3卷，北京：人民出版社，1991年，第1058页。

"两个毫不动摇"的方针,强调必须毫不动摇地巩固和发展公有制经济,必须毫不动摇地鼓励、支持和引导非公有制经济发展,坚持公有制为主体,促进非公有制经济发展,将二者统一于社会主义现代化建设的进程中。"两个毫不动摇"的提出,超越了把公有制经济和非公有制经济对立起来的认识,成为社会主义初级阶段基本经济制度的重要理论基础。党的十七大进一步提出,平等保护物权,形成各种所有制经济平等竞争、相互促进新格局,推进公平准入、破除体制障碍,促进个体、私营经济发展,为促进公有制经济和非公有制经济平等发展提供了更好的制度保障。

党的十八大以来,围绕深化国资国企改革、加强产权保护、扩大非公有制经济市场准入与平等发展等关键问题,社会主义基本经济制度理论得到进一步发展。党的十八大提出,保证各种所有制经济依法平等使用生产要素、公平参与市场竞争、同等受到法律保护,形成了完整的"两平一同"原则。党的十八届三中全会提出,国有资本、集体资本、非公有资本等交叉持股、相互融合的混合所有制经济,是基本经济制度的重要实现形式,公有制经济和非公有制经济都是社会主义市场经济的重要组成部分,都是我国经济社会发展的基础,进一步丰富和发展了"两个毫不动摇"理论。党的十八届四中全会提出,"健全以公平为核心原则的产权保护制度,加强对各种所有制经济组织和自然人财产权的保护"[①]。2016年和2017年,我国相继出台完善产权保护制度、依法保护产权以及激发和保护企业家精神的纲领性文件。党的十九大报告提出了新时代建设现代化经济体系的战略目标,把"激发和保护企业家精神,鼓励更多社会主体投身创新创业",作为深化供给侧结构性改革的重要任务,把"全面实施市场准入负面清单制度,清理废除妨碍统一市场和公平竞争的各种规定和做法,支持民营企业发展,激发各类市场主体活力",作为加快完善社会主义市场经济体制的重要内容。[②] 不仅如此,党的十九大还把"两个毫不动摇"写入新时代坚持和发展中国特色社会主义的基本方略,作为党和国家一项大政方针进一步确定下来。特别是2018年11月,习近平总书记主持召开民营企业座谈会并发表重要讲话,强调发展非公有制经济方针政策的三个"没有变",充分体现了党中央毫不动摇坚持和完善社会主义基本经济制度的立场和决心。

伴随着所有制改革理论的不断创新与发展,我国对公有制及其实现形式、国有企业改革、国有经济地位等也进行了富有成效的理论创新。总之,新中国70年来,我国所有制改革波澜壮阔,从打破传统僵化的所有制结构开始,按照增量改革的整体路径,从发展非公有制经济突破,同时启动经营制度层面的农村和城市微观主体改革。随着社会主义市场经济体制的确立,所有制改革的路径逐步从传统体制外以及体制内的外围,过渡到传统体制内特别是

---

① 《中共中央关于全面推进依法治国若干重大问题的决定》(2014年10月23日中国共产党第十八届中央委员会第四次全体会议通过),《人民日报》2014年10月29日,第1版。

② 习近平:《决胜全面建成小康社会 夺取新时代中国特色社会主义伟大胜利——在中国共产党第十九次全国代表大会上的报告》(2017年10月18日),北京:人民出版社,2017年,第31、33—34页。

其内核部分，深入国有企业深层的产权制度变革，不同经济成分共同发展的所有制结构日趋完善。

（四）坚持正确处理政府与市场关系，使市场在资源配置中起决定性作用和更好发挥政府作用

正确处理政府与市场的关系，是经济体制改革和发展的核心问题，贯穿于 70 年经济体制演进和经济研究的全过程，是理解中国经济发展"奇迹"的主线。对于社会主义经济制度，马克思主义经典作家曾作出过一般性的设想，认为社会主义只能实行国家计划下的产品经济，不可能搞商品经济，更不可能搞市场经济，而且只有国家计划才能克服资本主义生产的无政府状态和经济危机。这种观念为几代马克思主义者所坚持，曾长期指导社会主义国家的实践。中国共产党在领导我国经济建设实践中，历经艰辛探索，形成了符合我国经济发展实际的政府与市场关系理论。

新中国成立之初，在"节制资本"的原则下允许其他经济成分和商品经济的存在，逐步增强国家计划下国有经济在国民经济建设中的主导作用。随着"国有制＋计划经济"体制的建立，我国实行物资切块分配，直接干预企业经营活动，政府计划指令完全代替了市场机制。在这种体制下，配置资源的经济协调仅限于政府和国有企业、中央政府和地方政府之间。由于市场在资源配置中长期缺位，加之受"左"倾错误的影响，一度把搞活企业和发展社会主义商品经济的种种措施当成"资本主义"，导致经济体制日渐僵化，资源配置效率低下、结构失衡等问题不断积累。其间，虽然多次调整中央和地方、条条和块块的管理权限，但都没有触及政府与市场的关系。对此，一些经济学家立足我国实际，提出了社会主义计划经济体制下仍然存在商品生产和商品经济的观点，主张价值规律在调节社会生产、提高劳动生产率和升级技术装备方面发挥重要作用，成为社会主义市场经济理论的重要先声。[①]

改革开放以来，我国在经济体制改革的过程中不断调整优化政府与市场的关系。党的十二大提出"以计划经济为主、市场调节为辅"的"主辅论"，要求正确划分指令性计划、指导性计划和市场调节各自的范围和界限；中共十二届三中全会提出社会主义经济是有计划的商品经济理论，使价格能够比较灵敏地反映生产率和市场供求关系的变化。党的十三大进一步提出建立"国家调节市场，市场引导企业"的机制。党的十四大正式提出建立"社会主义市场经济"的经济体制改革目标后，我国积极调整政府职能，以坚韧的改革精神破除制约市场机制发挥作用的藩篱，建立完善市场体系，有效发挥价格、竞争、供求等市场机制；建立健全以间接调控为主的宏观经济管理体系，保持宏观经济稳定；发挥国家发展计划和规划的战略导向作用，健全财政、货币、产业和区域等经济政策的协调机制，在推动创新驱动发展，缩小收入、城乡、

---

① 参见孙冶方《把计划和统计放在价值规律的基础上》，《经济研究》1956 年第 6 期；顾准《试论社会主义制度下的商品生产和价值规律》，《经济研究》1957 年第 3 期。

区域发展差距，增加基础设施和公共服务供给，改善营商环境等方面发挥着积极作用。

党的十八大以来，习近平总书记强调，"要讲辩证法、两点论，'看不见的手'和'看得见的手'都要用好，努力形成市场作用和政府作用有机统一、相互补充、相互协调、相互促进的格局，推动经济社会持续健康发展"[1]。

党的十八届三中全会首次提出"使市场在资源配置中起决定性作用，更好发挥政府作用"，对政府与市场的关系作出新定位。党的十九大报告再次予以强调。这是对马克思主义政治经济学和社会主义政治经济学的重大发展，是新中国 70 年经济和经济理论发展中具有里程碑意义的重大实践和理论创新，为新时代树立政府与市场关系的正确理念提供了基本遵循。经过 40 余年的实践，我国社会主义市场经济体制已经初步建立，但市场秩序不规范、生产要素市场发展滞后、市场规则不统一、市场竞争不充分等问题表明，必须进一步发挥市场在资源配置中的决定性作用，这是坚持社会主义市场经济改革方向的必然要求。必须明确的是，使市场在资源配置中发挥决定性作用并不是发挥全部作用。提升国家治理体系和治理能力的现代化水平，是发挥社会主义市场经济体制优势的内在要求。政府要在健全宏观调控体系、加强市场活动监管、强化公共服务、加强生态环境保护、推动创新驱动发展、促进社会公平正义和社会稳定、促进共同富裕等方面更好发挥作用。

（五）坚持以人民为中心的发展思想，走共同富裕的道路

为人民谋幸福、为民族谋复兴是中国共产党的初心和使命，实现共同富裕是社会主义的本质要求。新中国成立 70 年来经济发展之所以能够取得历史性成就，其中一条宝贵经验，就是中国共产党始终坚持发展为了人民，发展依靠人民，发展成果由人民共享，致力于实现共同富裕。

党的七大将"全心全意为人民服务"作为党的根本宗旨写入党章总纲。新中国成立后，从实现"国家富强和人民幸福"需要强大的物质基础出发，党中央确定了优先发展重工业的战略[2]，以生产资料的生产促进生活资料的生产，丰富了民生日用产品的供应，对改善人民群众的生活发挥了积极作用。党的八大提出，国内的主要矛盾，已经是人民对于建立先进的工业国的要求同落后的农业国的现实之间的矛盾，已经是人民对于经济文化迅速发展的需要同当前经济文化不能满足人民需要的状况之间的矛盾。毛泽东同志在《论十大关系》中指出："重工业是我国建设的重点……但是决不可以因此忽视生活资料尤其是粮食的生产。"[3] 然而在实践中受多种因素制约，没有正确处理生产资料和消费资料、积累与消费之间的关系，没有坚持按劳分

---

[1] 中共中央文献研究室编：《习近平关于社会主义经济建设论述摘编》，第 58 页。
[2] 参见李富春《关于发展国民经济的第一个五年计划的报告》，《经济研究》1955 年第 3 期。
[3] 《毛泽东文集》第 7 卷，北京：人民出版社，1999 年，第 24 页。

综 合

配原则,平均主义和"大锅饭"严重挫伤了劳动者的生产积极性,造成了资源投入产出低下、人民生活水平提高缓慢等问题。

改革开放以来,党中央坚持以人民对美好生活的向往作为经济发展的出发点和目标,在领导推进改革开放的伟大历程中,始终坚持以人民为中心,把人民拥护不拥护、赞成不赞成、高兴不高兴作为制定政策的依据,顺应民心、尊重民意、关注民情、致力民生,让人民共享改革开放成果。党的十一届六中全会实事求是地作出我国社会的主要矛盾是人民日益增长的物质文化需要同落后的社会生产之间矛盾的科学判断,提出必须解放和发展生产力,增加社会财富,作出了改革开放的历史性决策。正如邓小平同志所指出的,"贫穷不是社会主义,更不是共产主义","不坚持社会主义,不改革开放,不发展经济,不改善人民生活,只能是死路一条","发展才是硬道理"。[1] 改革开放是我们党带领人民不断完善社会主义制度的社会变革,目的是更好地发挥社会主义制度的优越性,不断满足广大人民群众的物质文化需要,促进人的全面发展。党的十三届四中全会以后,形成了"三个代表"重要思想。江泽民同志强调,中国共产党要始终"代表中国最广大人民的根本利益"[2]。党的十六大以后,形成了科学发展观。胡锦涛同志强调,"坚持发展为了人民、发展依靠人民、发展成果由人民共享"[3],由此确立了全面建设小康社会的奋斗目标,在科学发展观和构建社会主义和谐社会思想的指导下,以人为本和共同富裕目标得以坚持和发展。在领导推动改革开放的进程中,党中央坚持依靠人民推动改革,尊重人民的主体地位和首创精神,充分发挥人民的聪明才智,及时把来自基层的改革实践升华为科学理论再用于指导改革实践,使人民实践创造和发展要求成为改革前进的动力。正确处理效率和公平的关系,建立合理的分配制度,是坚持以人民为中心、实现共同富裕目标必须解决的问题。在深刻总结历史经验的基础上,邓小平同志明确指出:"我们坚持走社会主义道路,根本目标是实现共同富裕,然而平均发展是不可能的。过去搞平均主义,吃'大锅饭',实际上是共同落后,共同贫穷,我们就是吃了这个亏。改革首先要打破平均主义,打破'大锅饭',现在看来这个路子是对的。"[4] 共同富裕不等于同步富裕,不等于平均主义。邓小平同志提出的允许和鼓励一部分人、一部分地区先富起来,先富带动后富、最终实现共同富裕的原则,为社会主义初级阶段打破平均主义和"大锅饭",为激发广大劳动者生产积极性,致富奔小康、实现共同富裕提供了理论基础。与此同时,邓小平同志反复告诫,"社会主义的目的就是要全国人民共同富裕,不是两极分化。如果我们的政策导致两极分化,我们就失败了;如果产生了什么新的资产阶级,那我们就真是走了邪路了"[5]。为了解决经济发展中出现的收入差距扩大问

---

[1] 《邓小平文选》第3卷,北京:人民出版社,1993年,第64、370、377页。
[2] 《江泽民文选》第3卷,北京:人民出版社,2006年,第279页。
[3] 《胡锦涛文选》第3卷,北京:人民出版社,2016年,第4页。
[4] 《邓小平文选》第3卷,第155页。
[5] 《邓小平文选》第3卷,第110—111页。

题，我国逐步建立起税收调节制度和覆盖城乡居民的全民社会保障制度等再分配制度，对调节收入差距发挥了重要作用；通过西部大开发、振兴东北等老工业基地、中部崛起等区域发展战略，推动区域协调发展，缩小区域收入差距；给农业、农村和农民提供更多的政策支持，实现城乡协调发展，缩小城乡收入差距。自1986年，我国开启了制度化扶贫阶段，在开发式扶贫政策和扶贫开发纲要等相关政策的作用下，农村贫困问题得到有效缓解，贫困人口总数持续下降。

经过70年发展，我国社会生产力显著提高，长期存在的短缺经济和供给不足状况已经发生根本性变化。随着人们生活水平显著提高，人民群众的需要呈现多样化多层次多方面的特点。党的十八大以来，以习近平同志为核心的党中央高度重视社会公平公正问题，强调共同富裕目标，强调坚持以人民为中心的发展思想，将增进人民福祉、促进人的全面发展作为发展的出发点和落脚点。党的十八届五中全会提出的新发展理念包括共享发展理念，充分体现了全民共享、全面共享、共建共享、渐进共享的内涵，要求充分调动人民群众的积极性、主动性、创造性，举全民之力推动中国特色社会主义事业，不断把"蛋糕"做大，同时把不断做大的"蛋糕"分好，让社会主义制度的优越性得到更充分体现，让人民群众有更多获得感幸福感安全感。立足新时代，党的十九大报告深刻指出，我国社会主要矛盾已经转化为"人民日益增长的美好生活需要和不平衡不充分的发展之间的矛盾"，并将"坚持以人民为中心的发展思想，不断促进人的全面发展、全体人民共同富裕"作为新时代中国特色社会主义思想的重要内容。[①]这是对马克思主义以及新中国成立以来我国经济发展思想的继承和发展，也是对中国经济发展实践经验的科学总结。习近平总书记指出："以人民为中心的发展思想，不是一个抽象的、玄奥的概念，不能只停留在口头上、止步于思想环节，而要体现在经济社会发展各个环节。"[②]党中央坚持从人民群众最关心最直接最现实的利益问题入手，把做到幼有所育、学有所教、劳有所得、病有所医、老有所养、住有所居、弱有所扶作为工作的出发点和落脚点，努力实现全体人民共同富裕。一大批惠民举措落地实施，人民生活明显改善，人民群众在改革发展中的获得感幸福感明显增长。脱贫攻坚战取得决定性进展，低收入群体收入加快增长，中等收入群体持续扩大。农村居民收入增长速度超过城镇居民，城乡居民收入增长高于经济增长，城乡居民收入差距持续缩小，基本公共服务均等化水平显著提高。

（六）坚持绿色发展，推动生态文明建设

新中国70年来，我国对环境保护与经济社会发展关系的认识逐步深化，科学地扬弃了

---

① 习近平：《决胜全面建成小康社会　夺取新时代中国特色社会主义伟大胜利——在中国共产党第十九次全国代表大会上的报告》（2017年10月18日），第19页。

② 中共中央文献研究室编：《习近平关于社会主义经济建设论述摘编》，第40—41页。

"先污染后治理、以牺牲环境换取经济增长、注重末端治理"的传统发展模式，推动生态文明建设，实现了从征服自然、改造自然向尊重自然、顺应自然、保护自然的历史性转变。

新中国成立之初，由于经济发展水平较低，生态环境问题还没有凸显出来。党中央在十分困难的条件下，仍然开展了淮河、长江、黄河和海河流域治水工程。根据预防性卫生监督理念，探索城市和工业污染的防治工作。毛泽东同志向全党全国发出了"绿化祖国"的号召。国民经济调整时期，针对"大跃进"运动导致的环境污染和滥伐林木问题，我国一方面强化了城市和工业"三废"治理与综合利用，另一方面着力恢复林业经济秩序。[①] 在周恩来同志的积极推动和联合国第一次人类环境会议的促动下，1973年8月召开了第一次全国环境保护会议，标志着中国环保意识觉醒和现代环境保护事业的正式起步。

改革开放以来，随着我国经济高速发展，环境问题集中凸显，生态环境日益成为制约经济发展的硬约束。党中央开始着力推动环境保护政策和法律制度的建立和完善，将保护环境确立为我国一项基本国策，要求实施"三同步与三统一"方针，即经济建设、城乡建设、环境建设同步规划、同步实施、同步发展；实现经济效益、环境效益、社会效益的统一。我国环境保护进入新的发展阶段。20世纪90年代，党中央将可持续发展战略确立为我国经济社会发展的重大战略，要求实现由粗放型经济增长方式向集约型经济增长方式的根本性转变，提出了确保国家生态环境安全的方略。党的十六大提出，树立科学发展观、构建社会主义和谐社会的重大战略理念，要求坚持人与自然和谐，统筹人与自然发展，全面建设资源节约型、环境友好型社会。党的十七大把"生态文明建设"首次写进党代会政治报告，标志着我国的环境保护跨入人与自然和谐共处的历史新征程。

党的十八大以来，以习近平同志为核心的党中央把生态文明建设纳入"五位一体"总体布局，坚持人与自然和谐共生的自然观，坚持绿水青山就是金山银山的发展观，以"生态文明体系"构筑集生态文化体系、生态经济体系、生态环境质量体系、生态文明制度体系和国家生态安全体系于一体的生态文明建设基本方略，形成了习近平生态文明思想，不仅为推动中国由工业文明社会向生态文明范式转型提供了根本理论指引，而且为人类社会实现绿色发展作出了重大贡献。习近平生态文明思想与中国特色社会主义政治经济学在内在逻辑上是有机统一的。一方面，绿水青山是经济发展中自然资源永续和持久供给的前提和基础，也包括在环境阈值内永续持久容纳、消化和吸收环境污染的潜力和耐力。另一方面，正确处理经济社会发展与环境保护的关系，始终是事关人类发展的主题，以往那种GDP至上、把发展和保护割裂乃至对立起来的发展观，以及先污染后治理、边污染边治理的老路再也不能延续了；好的经济质量也是好的环境质量，好的环境质量能够促进和提升人与自然和谐发展的现代化水平。

---

① 我国经济学界也开始探讨资源、人口和环境问题，推进了人们对环境与经济发展关系的思考。例如，早在1959年，于光远提出必须重视经济效益，支持生产力经济学、国土经济学和环境经济学等一些新的经济学科建设。

我国经济已由高速增长阶段转向高质量发展阶段，建设现代化经济体系是跨越关口的迫切要求和我国发展的战略目标。现代化经济体系的绿色属性，要建设人与自然和谐的生态经济体系，强调以产业生态化和生态产业化为路径，坚持传统产业绿色化、绿色产业常态化。习近平总书记指出："绿水青山既是自然财富、生态财富，又是社会财富、经济财富。保护生态环境就是保护自然价值和增值自然资本，就是保护经济社会发展潜力和后劲，使绿水青山持续发挥生态效益和经济社会效益。"[1] 这奠定了"绿水青山就是金山银山"的自然价值理论基石，充分体现了尊重自然、重视资源全价值、谋求人与自然和谐发展的价值理念，是马克思主义政治经济学的重大理论创新。

（七）坚持全方位对外开放，积极参与推动全球化进程

新中国70年的历程充分表明，对外开放是我国经济发展的重要动力。党中央在领导经济建设的过程中，牢牢把握历史规律，深入分析对外开放的机遇与挑战，创立了一系列对外开放的新理论、新理念，引领和推动我国对外开放事业不断取得进步。

新中国成立之初，面对艰难的国际环境，我国形成了独立自主发展国民经济的理论，建立起对外经济贸易体制。毛泽东同志指出，"我们的方针是，一切民族、一切国家的长处都要学，政治、经济、科学、技术、文学、艺术的一切真正好的东西都要学"[2]。旧中国的对外经贸被帝国主义及官僚买办所控制，生产、技术等大幅落后于发达国家，作为原料来源地和工业品倾销地的依附性对外开放是完全不平等的。刚成立的新中国按照《中国人民政治协商会议共同纲领》关于"中华人民共和国可在平等和互利的基础上，与各外国的政府和人民恢复并发展通商贸易关系"[3] 的规定，逐步建立起以国营专业外贸公司为主体、国家统一管理的社会主义对外经济贸易体系。毛泽东同志在党的八大以及《论十大关系》和《关于正确处理人民内部矛盾的问题》中提出，一切国家的长处和好的经验都要学，明确了我国对外开放的对象和领域。但因主客观条件的制约，当时我国的对外开放主要是与苏联和东欧等社会主义国家开展经济技术合作。我国通过出口原材料和初级品换取外汇，进口技术和机器设备促进工业化，为建设独立自主的国民经济和工业体系作出了积极贡献。我国还通过对外援助的方式，积极与一些亚非拉国家开展经济技术往来。毛泽东同志提出的"三个世界"划分理论，至今仍然具有重要影响。

改革开放以来，在实践发展和时代进步的推动下，我国对外开放理论与格局日臻完善。邓小平同志关于"和平和发展是当代世界的两大问题"[4] 的战略判断，继承和发展了"三个世

---

[1] 习近平：《推动我国生态文明建设迈上新台阶》，《求是》2019年第3期。
[2] 《毛泽东文集》第7卷，第41页。
[3] 《中国人民政治协商会议共同纲领》（1949年9月29日）第57条，载中央档案馆编：《中共中央文件选集（1948—1949）》第14册，北京：中共中央党校出版社，1987年，第743页。
[4] 《邓小平文选》第3卷，第104页。

界"理论，为对外开放提供了重要的理论指导。邓小平同志指出，"对外开放具有重要意义，任何一个国家要发展，孤立起来，闭关自守是不可能的，不加强国际交往，不引进发达国家的先进经验、先进科学技术和资金，是不可能的"[①]。对外开放被确立为我国的基本国策。我国在积极扩大对外经济技术交流合作的实践中，总结出充分利用"两种资源""两个市场"和学会"两套本领"等重要的对外开放理论，开辟了吸引境外资本、技术和人才建设中国特色社会主义的新道路。1992年邓小平的"南方谈话"和党的十四大确立建立社会主义市场经济体制的改革目标，突破了扩大对外开放的思想束缚，极大地推动了我国积极参与全球分工体系和全球价值链。2001年12月，我国正式加入WTO。对外开放全面升级为WTO框架下的体制性多边开放，连续多年成为对外投资的主要目的国，快速成长为世界第一大贸易国和主要对外投资国。党的十六大以后，针对全球金融危机影响持续加深等国际局势的变化，党中央强调坚持独立自主同参与经济全球化相结合，引导对外开放从"引进来"为主向逐步扩大"走出去"力度的方向转变。这一时期，我国逐步形成中国特色的世界经济、国际贸易、国际金融、开放宏观经济学等学科，针对外资和技术的溢出效应、攀升全球价值链、引进创新和自主创新之间的关系等，开展了大量理论和经验研究。

党的十八大以来，随着我国对外开放实践的深化和发展，对外开放理论取得新的重大进展，构建起全面开放理论与新格局。习近平总书记站在历史和全局的高度，提出了"百年未有之大变局"的重大论断，强调"改革开放是决定当代中国命运的关键一招，也是决定实现'两个一百年'奋斗目标、实现中华民族伟大复兴的关键一招"[②]。党的十八届五中全会将开放确立为五大新理念之一。党的十九大报告进一步提出"推动形成全面开放新格局"[③]。与此同时，我国发出共商共建共享"一带一路"倡议，提供了一种反对霸权主义、不采取海陆对立"两分法"视角的国际公共品供给模式，形成了涵盖国际经济、国际关系等多学科的创新型理论框架。习近平总书记还强调："中国对外开放，不是要一家唱独角戏，而是要欢迎各方共同参与；不是要谋求势力范围，而是要支持各国共同发展；不是要营造自己的后花园，而是要建设各国共享的百花园。"[④] 这一中国同世界各国人民一道推动构建人类命运共同体的理念，将区域经济一体化和共同体理论上升到促进人类共同发展、共同繁荣的高度。面对近年来全球范围内单边主义、霸权主义和冷战思维抬头，我国坚定支持多边体系和开放型世界经济。我国不谋求贸易顺差，主动扩大进口，带动了世界贸易和经济的稳步增长。习近平总书记亲自谋划、部署和推

---

① 《邓小平文选》第3卷，第117页。
② 习近平：《在庆祝改革开放40周年大会上的讲话》，北京：人民出版社，2018年，第19页。
③ 习近平：《决胜全面建成小康社会 夺取新时代中国特色社会主义伟大胜利——在中国共产党第十九次全国代表大会上的报告》（2017年10月18日），第34页。
④ 习近平：《中国发展新起点 全球增长新蓝图——在二十国集团工商峰会开幕式上的主旨演讲》，《人民日报》2016年9月4日，第3版。

动的中国国际进口博览会，是世界上第一个以进口为主题的大型国家级展会，也是国际贸易发展史上的一大创举。我国还积极参与全球治理体系改革，推动成立亚投行、丝路基金和金砖银行等。作为世界上最大的发展中国家，为了更好促进发展中国家的发展，我国于2018年专门组建国家国际发展合作署，设立南南合作援助基金等，对最不发达国家提供发展支持。这些措施超越了西方经济学中的"经济人"假设与零和博弈思维，为完善全球治理贡献了中国智慧、中国方案，赢得了国际社会的广泛认同和赞誉。

中国特色的对外开放理论，特别是习近平总书记关于新时代对外开放的重要论述，既充分吸收对外开放经典理论中的有益成分，如我国基于自由贸易和比较优势的对外开放实践等，又不断创新，如提出构建人类命运共同体、共建"一带一路"倡议等，体现了马克思主义与时俱进的品格。展望新时代，我国将以更高水平的对外开放，为人类发展进步作出更大贡献。

结语

新中国70年经济发展成就，有许多弥足珍贵的经验与启示，本文总结了其中至为重要的"六个坚持"。这"六个坚持"构成了习近平新时代中国特色社会主义经济思想的重要内容，是我国解决经济社会发展新问题新挑战、应对世界百年未有之大变局必须坚持的理论指导，为我国实现"两个一百年"奋斗目标和中华民族伟大复兴的中国梦，提供了强大的思想引领和行动指南。

纵观历史，大国崛起不仅要在经济发展方面取得举世瞩目的成就，更要在经济理论上作出原创性的重大贡献，二者相辅相成、相得益彰。例如，英国崛起时期的重商主义与崛起后的自由贸易理论，后发国家如19世纪德国赶超时期政治经济学的国民体系和战后的社会市场经济理论，美国早期政治经济学的美国学派及后来的新古典经济学，以及战后日本复兴时代形成的产业政策与规制理论，等等。这些经济学理论不仅充分体现了对一国经济发展经验的理论概括，还深深地打上了一国的历史、哲学、制度、文化等方面的烙印，可供其他国家比较借鉴，但不可能被完全复制。

经济发展史和经济思想史的研究还表明，世界经济中心的转移往往伴随着经济学体系的重构。回首过去，新中国70年经济发展创造了人间奇迹，但还需要关于中国发展的经济学说对此作出充分的理论阐释和解答，需要广大经济学理论工作者深化研究和深入总结。放眼未来，我国在建设社会主义现代化强国、实现中华民族伟大复兴的新征程上，要正确应对一系列重大风险和挑战，迫切需要在加快构建中国特色经济学学科体系、学术体系和话语体系方面，作出更大的努力，取得更大的成就。

（原载于《中国社会科学》2019年第10期）

马克思主义为什么"行"

王京清

自马克思主义传入中国后，中国人民精神上由被动转入主动，在勇担民族复兴历史大任的中国共产党的领导下，经过长期奋斗，实现了中华民族从东亚病夫到站起来、富起来的伟大飞跃，迎来了中华民族从富起来到强起来的伟大飞跃，创造了一个又一个彪炳史册的人间奇迹。这不仅向全世界昭示了马克思主义"行"的伟大力量和伟大价值，也深刻启示我们，把马克思主义作为我们立党立国的根本指导思想的中国共产党人最有资格阐释马克思主义为什么"行"的问题。马克思主义为什么"行"？其理由是——

科学认识世界的理论

世界观是关于世界的本质、人和客观世界的关系等总的看法和根本观点。一般而言，根据对精神和物质、思维和存在关系问题的不同回答，可以划分为唯心主义和唯物主义两种根本对立的世界观。唯心主义世界观一般地总是代表与社会历史发展背道而驰的反动阶级的利益，因而必然要通过颠倒是非，歪曲客观世界的真面貌，为反动阶级生存要求的所谓"合理性"作辩护。相反，唯物主义世界观一般地总是代表与社会历史发展相一致的进步阶级的利益，因而必然要求按照客观世界的本来面貌来说明客观世界，来说明本阶级生存和发展的合理性和反动腐朽阶级灭亡的必然性。

马克思主义的世界观是唯物主义的世界观。但是，众所周知，马克思主义创始人曾经一再强调，他们的理论是一种新世界观或者新唯物主义。马克思主义的新世界观或者新唯物主义到底"新"在何处？"新"在它创立了辩证唯物主义和历史唯物主义，极富创造性地贡献了物质是世界的本原，世界上千差万别的具体事物都是物质运动的不同表现形式；物质对精神起着决定作用，精神是客观物质世界在人们大脑中的反映，但反过来又对物质发生反作用；社会存在决定社会意识，生产力决定生产关系，经济基础决定上层建筑等科学认识世界的原理。这使它得以克服旧唯物主义的缺陷，尤其是其"半截子的唯物主义"的缺陷，把唯心主义从历史观这个"最后一个避难所"中驱逐出去，使历史观从此奠基于唯物主义的基础上，因而也使马克思主义的新世界观或新唯物主义成为彻底的唯物主义。

马克思主义世界观是人类有史以来最科学、最进步的世界观，它创造性地揭示了自然界、人类社会、人类思维发展的普遍规律，实现了唯物主义和辩证法、唯物主义自然观和唯物主义历史观有机的高度统一，为人类认识世界、改造世界提供了强大的思想武器，为人类指明了从必然王国向自由王国飞跃的途径，为人类指明了实现自由和解放的道路，为人类社会发展进步指明了方向。

马克思主义是唯一彻底的科学世界观，也就意味着，如果头脑里没有辩证唯物主义、历史唯物主义的世界观，就不可能以正确的立场和科学的态度来认识纷繁复杂的客观事物，把握事物发展的规律，也不可能站在时代的前列，团结和带领广大群众前进。

正确改造世界的理论

马克思主义不仅教育人们如何科学地认识世界，而且更重要在于教育人们如何更好地改造世界。

正如习近平总书记指出的，"马克思主义不是书斋中的学问，而是为了改变人民历史命运而创立的，是在人民求解放的实践中形成的，也是在人民求解放的实践中丰富和发展的，为人民认识世界、改造世界提供了强大的精神力量"。

马克思主义是无产阶级认识世界和改造世界的锐利思想武器；为人们提供了一种可以不断科学认识和发展真理的方法。正如恩格斯指出的，"马克思的整个世界观不是教义，而是方法。它提供的不是现成的教条，而是进一步研究的出发点和供这种研究使用的方法"。恩格斯还强调，"我们的理论不是必须背得烂熟并机械地加以重复的教条"，并告诫说，"认为人们可以到马克思的著作中去找一些不变的、现成的、永远适用的定义"是一种"误解"。事实上，马克思自己就从不主张树起任何教条主义的旗帜，也绝不以所谓空论家的姿态自居："手中拿了一套现成的新原理向世界喝道：真理在这里，向它跪拜吧！"

马克思主义的科学方法，就是辩证唯物主义和历史唯物主义的科学方法论，就是按照世界本来的面貌去说明客观世界的方法，就是一切从实际出发，理论联系实际，实事求是，在实践中检验真理和发展真理的科学方法。这一科学方法，是马克思主义开辟通向真理的道路，始终走在真理大道上或者说牢牢占据真理制高点的奥秘所在，是马克思主义无论时代如何变迁、科学如何进步，依然显示出科学思想伟力的奥秘所在。

马克思主义揭示的真理不仅是朴实的，而且是颠扑不破的。马克思主义的真理光辉，使关于马克思主义"破产""过时"的论调，最终都不可避免地"破产""过时"了。在面对东欧剧变之后世界一度弥漫的所谓马克思主义"危机"的喧嚷声，邓小平就坚定地指出，"马克思主义是打不倒的"，"世界上赞成马克思主义的人会多起来的"。在他看来，马克思主义之所以"打不倒"，"并不是因为大本子多，而是因为马克思主义的真理颠扑不破"。

依靠人民群众的理论

马克思曾经说过，"理论只要说服人，就能掌握群众；而理论只要彻底，就能说服人。所谓彻底，就是抓住事物的根本"。这里的"抓住事物的根本"，不是别的什么根本，而是人的根本。人的根本就是人本身，就是牢牢占据推动人类社会进步、实现人类美好理想的道义制高点。

诞生于171年前的马克思主义之所以能够"掌握最革命阶级的千百万人的心灵"和具有无限魅力，之所以具有跨越国度、跨越时代的影响力，成为对人类文明进步产生广泛而巨大影响的"具有重大国际影响的思想体系和话语体系"，一个极其重要的原因，就在于它牢牢占据了道义制高点，是人民群众的理论。

作为人民群众的理论，马克思主义不同于以往只为某个剥削阶级服务的那些理论，它在人类历史上第一次始终站在人民大众立场上，一切为了人民、一切相信人民、一切依靠人民，诚心诚意为人民谋利益，它始终以实现人的自由而全面的发展和全人类解放为己任，始终植根人民之中，始终站在人民的立场探求人类自由解放的道路，并以科学的理论为最终建立一个没有压迫、没有剥削、人人平等、人人自由的理想社会指明了"依靠人民推动历史前进的人间正道"。第二次鸦片战争期间，马克思撰写十几篇关于中国的通讯，向世界揭露西方列强侵略中国的真相，为中国人民伸张正义，并在高度肯定中华文明对人类文明进步贡献的同时，还科学预见了"中国社会主义"的出现，这是一个特别值得中国人民永远铭记的事实。

人民群众的理论这一特质从根本上决定了马克思主义完备而严密的世界观和方法论有这样一个特点，即它"决不同任何迷信、任何反动势力、任何为资产阶级压迫所做的辩护妥协"。这一特点也就决定了以马克思主义作为自己指导思想的无产阶级政党，能够得以摆脱以往一切政治力量追求自身特殊利益的局限，以唯物辩证的科学精神、无私无畏的博大胸怀领导和推动各国的革命和建设，能够得以不断坚持真理、修正错误。

实践证明成功的理论

在人民求解放的实践中形成、丰富和发展的马克思主义为什么能永葆生机活力？其中的奥妙就在于它具有鲜明的实践品格，不仅致力于科学"解释世界"，而且致力于积极"改变世界"，因而能始终关注和回答时代和实践提出的重大课题，回应人类社会面临的新挑战。

马克思主义具有鲜明的实践品格，这无疑表明，它与"理论与实践相分离，主观与客观相脱离，轻视实践，轻视感性认识，夸大理性认识的作用"的教条主义没有任何共通之处。

马克思主义最鲜明的实践品格当然是指它指引着人民改造世界的行动。自诞生以来，马克思主义深刻改变了世界。马克思主义使社会主义从理论变为现实，从一国发展到多国，使一大批获得独立和解放的民族国家建立起来，彻底瓦解了帝国主义的殖民体系，这些都是马克思主义深刻改变世界的明证。德国作家海因里希·伯尔在《假如没有马克思》中也曾这样说道，"没有马克思的理论，没有马克思为未来斗争所制定的路线，几乎不可能取得任何的社会进步"。他还认为，如果没有工人运动、社会主义者，如果没有马克思主义，那么，"当今六分之五的人口依然还生活在半奴隶制的阴郁的状态之中"。

马克思主义的实践品格在中国革命、建设和改革的伟大实践中更是得到了充分贯彻，更是深刻改变了中国，"使中国这个古老的东方大国创造了人类历史上前所未有的发展奇迹"，并"指引中国成功走上了全面建设社会主义现代化强国的康庄大道"。

马克思主义深刻改变中国的重大成就，是我们增强理论自信和战略定力的坚实基础。前进道路上，对马克思主义这一经过反复实践和比较得出的正确理论，我们不能心猿意马、犹豫不决，要坚定不移坚持，尤其要始终牢记"实践的理论"这一马克思主义的重要特质，要更加努力彰显马克思主义的实践品格。我们坚信,只有这样,我们才能让马克思、恩格斯设想的人类社会美好前景不断在中国大地上生动展现出来。

与时俱进发展的理论

马克思主义是不断发展的理论。中国共产党自成立以来,坚持把马克思主义基本原理同中国的具体实践相结合,取得了革命建设改革的成功。在推进中国特色社会主义伟大事业中,我们将继续与时俱进地坚持和发展马克思主义。

在新时代,坚持和发展马克思主义,必须坚持习近平新时代中国特色社会主义思想。习近平新时代中国特色社会主义思想是当代中国马克思主义、21世纪马克思主义,是引领党和国家事业不断从胜利走向新的胜利的强大思想武器和行动指南。在当代中国,坚持和发展习近平新时代中国特色社会主义思想,就是真正坚持和发展马克思主义。

在新时代,坚持习近平新时代中国特色社会主义思想,就是要不忘初心,牢记使命,坚持以人民为中心,坚持全心全意为人民服务的根本宗旨,贯彻群众路线,尊重人民主体地位和首创精神,永远与人民同呼吸、共命运、心连心,永远把人民对美好生活的向往作为奋斗目标,让改革发展成果更多更公平惠及全体人民,朝着实现全体人民共同富裕不断迈进;就是要不断从习近平新时代中国特色社会主义思想中汲取科学智慧和理论力量,在奋力谱写社会主义现代化新征程的壮丽篇章,统筹推进"五位一体"总体布局、协调推进"四个全面"战略布局中,更有定力、更有自信、更有智慧地坚持和发展新时代中国特色社会主义,确保中华民族伟大复兴的巨轮始终沿着正确航向破浪前行;就是要积极参与全球治理体系建设,努力为完善全球治理贡献中国智慧,同世界各国人民一道,维护国际公平正义,推动国际秩序和全球治理体系朝着更加公正合理方向发展,推动构建以合作共赢为核心的新型国际关系,推动形成人类命运共同体和利益共同体,把世界建设得更加美好;就是要高举和平、发展、合作、共赢的旗帜,始终不渝走和平发展道路,始终不渝奉行互利共赢的开放战略,加强同各国的友好往来,同各国人民一道,不断把人类和平与发展的崇高事业推向前进。

在新时代,发展马克思主义,就是要用宽广视野吸收人类创造的一切优秀文明成果,坚持在改革中守正出新、不断超越自己,在开放中博采众长、不断完善自己,不断深化对共产党执政规律、社会主义建设规律、人类社会发展规律的认识,不断深化认识,不断总结经验,不断实现理论创新和实践创新良性互动,在这种统一和互动中不断开辟当代中国马克思主义、21世纪马克思主义新境界。

(原载于《中国纪检监察》2019年第19期)

聚焦根本任务牢牢把握主线
扎实推进我院"不忘初心、牢记使命"主题教育
——在2019年度暑期专题研讨班上的讲话

王京清

7月9日，习近平总书记在中央和国家机关党的建设工作会议上发表的重要讲话，为新时代加强中央和国家机关党的建设、深入推进主题教育指明了方向。7月14日，中央"不忘初心、牢记使命"主题教育领导小组印发《关于认真学习贯彻习近平总书记在中央和国家机关党的建设工作会议上重要讲话的通知》，要求深入学习领会习近平总书记重要讲话精神，对照做好检视剖析，切实抓好整改落实。我院既是科研机构，也是政治机关，我们要认真按照中央通知要求，深入学习贯彻习近平总书记重要讲话精神，扎实推进我院主题教育，增强"四个意识"、坚定"四个自信"、做到"两个维护"，全面提高我院党的建设质量和水平，切实凝聚起不忘初心、牢记使命、担当实干的强大力量，为推进"三大体系"建设，加快构建中国特色哲学社会科学提供坚强保证。

在全党开展"不忘初心、牢记使命"主题教育，是以习近平同志为核心的党中央作出的重大决策部署。院党组高度重视、精心部署、狠抓落实，带头开展学习教育，带头调查研究，带头检视问题，带头整改落实，发挥了示范引领作用，有力地带动了全院主题教育的开展。院党组举办这次暑期专题研讨班，就是交流汇报调研成果，检视突出问题，制定整改措施。可以说，在中央第14指导组的精心指导下，在院党组的坚强领导下，在全院各级党组织的积极努力下，我院主题教育扎实开展、进展顺利、成效明显。

伏瞻同志代表院党组所作的讲话，充分体现了习近平新时代中国特色社会主义思想，体现了院党组贯彻落实"守初心、担使命，找差距、抓落实"总要求的坚强决心，是我院"不忘初心、牢记使命"主题教育的重要成果，大家要认真学习、深刻领会。

下面，我代表院党组就我院"不忘初心、牢记使命"主题教育进行阶段性回顾总结，安排部署下一步工作。

（一）我院"不忘初心、牢记使命"主题教育前一阶段工作回顾

我院主题教育认真按照党中央统一部署，聚焦根本任务，牢牢把握主线，统筹推进学习教育、调查研究、检视问题和整改落实等四项重点措施，取得实际效果。

1. 提前谋划，打好思想基础

我院把开展"不忘初心、牢记使命"主题教育列入年度工作计划。在中央"不忘初心、牢

记使命"主题教育工作会议召开前夕，我院就举办了两期所局级领导干部读书班，深入学习贯彻习近平总书记在哲学社会科学工作座谈会上的重要讲话和三次致我院贺信精神，深入研讨如何更好地加快构建中国特色哲学社会科学"三大体系"。出版了12本、300多万字的"习近平新时代中国特色社会主义思想学习丛书"，集中展现了我院学习研究习近平新时代中国特色社会主义思想的成果，央视新闻联播进行了宣传报道。在全院部署开展学科建设、人才队伍状况大调研，查找不足和短板，为开展好主题教育奠定了良好思想基础。

2. 及时动员，精心安排部署

在中央"不忘初心、牢记使命"主题教育工作会议召开后的第一个工作日，院党组立即召开专题会议，传达学习习近平总书记的重要讲话以及党中央关于主题教育的部署要求，审议通过我院实施方案，成立领导小组。6月6日，我院召开动员大会，对开展主题教育进行全面部署。院党组明确指出，我院作为推动党的理论创新的重要研究机构，必须坚决落实好主题教育的各项任务，力争在学习习近平新时代中国特色社会主义思想上有新高度，在增强"四个意识"、坚定"四个自信"、做到"两个维护"上有新作为，在加快构建中国特色哲学社会科学"三大体系"上有新担当。

3. 党组带头，坚持以上率下

院党组以上率下，发挥示范引领作用。一是带头学习。院党组制定主题教育中心组学习方案，聚焦学习贯彻习近平总书记关于"不忘初心、牢记使命"的重要论述，围绕5大专题，开展分段式集中学习研讨。在此基础上又开展为期5天的封闭集中自学。目前，党组中心组已集中学习研讨5次。同时，党组成员还分别深入分管单位领导班子和基层党支部，参加集中学习研讨。二是带头开展调查研究。院党组精心设计调研课题，采取"1+7"的课题模式，伏瞻同志承担总课题，其他党组成员每人牵头一项分课题，紧紧围绕党中央提出的"四个围绕"，深入查找影响和制约"三大体系"建设、加快构建中国特色哲学社会科学方面存在的突出矛盾和问题。三是带头讲党课。伏瞻同志带头为全院青年和社科大学生讲党课，我和其他党组成员在分管单位讲党课，党组成员共讲党课12次。四是带头征求意见。设立"院长接待日"，每位党组成员专门安排2天时间，面对面听取党员群众意见建议，目前已接待党员干部40余人次。同时，在办公大楼和这次研讨班上设立意见箱，广泛征求意见建议。五是带头检视问题。院党组结合上半年学科与人才调查工作，认真对照习近平总书记提出的加快构建中国特色哲学社会科学的战略任务，找差距、抓落实，形成了我院学科体系与人才队伍建设调查分析报告。

4. 指导有力，严格督促把关

院党组成立8个指导组，对院属单位主题教育进行督促指导。各指导组及时学习领会中央精神和院党组部署，通过与联系单位主要负责人沟通、参加重要会议和活动、指导制定好实施方案，紧盯重点措施，确保把中央精神贯彻到主题教育全过程。同时将联系单位主题教育开展情况及时向院党组报告，有效发挥了承上启下、指导把关、宣传引导的作用。各指导组明确职责任务，把好工作定位，建立健全学习制度、例会制度、台账制度等，不断提升工作能力，严守纪律规矩，为做好指导工作奠定了良好基础。

5. 深度融合，务求工作实效

院属各单位认真按照党中央部署和院党组要求，结合各自单位工作实际，将主题教育与科研工作有机融合，创新内容形式，带着问题学、带着责任学，扎实推进主题教育。一是认真开展学习研讨。通过党委理论学习中心组带头学、党支部为单位研讨学、全员培训集体学、组织党员自己学、主题党日等方式，深入学习党章、《习近平新时代中国特色社会主义思想学习纲要》、《习近平关于"不忘初心、牢记使命"论述选编》等，深入学习习近平总书记"5·17"重要讲话和三次致我院贺信精神，深化思想认识。二是聚焦"四个围绕"开展调研。院职能部门聚焦本部门职责任务，深入院属单位开展学科建设、人才建设、财务资产管理、图书信息化建设、后勤服务、基层党组织建设等调查研究。各研究所结合本单位学科发展实际，结合"三大体系"建设，查找突出问题，征求意见建议，形成了阶段性调研成果。三是检视问题进行整改。有的单位开始着手进行检视问题，有的单位对即知即改的问题进行整改。通过学习研讨调研，大家提高了思想认识，提高了政治站位，增强了推进"三大体系"建设的责任感和使命感。大家一致认为，哲学社会科学工作者要做到不忘初心、牢记使命，就是要认真学习贯彻习近平总书记关于为人民做学问的指示精神，把论文写在广阔的中国大地上，把学问做到广大人民群众的心坎里；就是要坚持正确的政治方向、学术导向和价值取向，积极构建崇尚学术、潜心治学、诚信友善的学术氛围，繁荣中国学术、发展中国理论、传播中国思想，在中华民族伟大复兴进程中体现知识分子的学术担当。

在前一阶段的主题教育中，我们体会到——

第一，必须牢牢把握主线。把学习贯彻习近平新时代中国特色社会主义思想贯穿到学习教育、调查研究、检视问题、整改落实全过程，才能取得实效。

第二，必须强化监督，层层传导压力。院党组每周一院务碰头例会集中听取院属单位开展主题教育的情况汇报，层层传导压力。同时，通过列席分管单位学习研讨活动，到党支部工作联系点调研座谈，召开指导组全体成员会议和联络员工作会议，了解各单位主题教育开展情况。

第三，必须突出科研单位的特点。在学习教育中，我院注重将学习、研究和宣传结合起来，既读原著、学原文、悟原理，又深入研究、阐释和宣传，推动全党学懂弄通做实习近平新时代中国特色社会主义思想。

第四，必须坚持刀刃向内，有效解决问题。我院主题教育一开始就奔着问题来，瞄着问题去，坚持边学习边调研边查找问题，把影响和制约"三大体系"建设、加快构建中国特色哲学社会科学的问题和矛盾找出来，认真整改。

我院主题教育虽然取得了一定成效，但是与党中央要求相比，还存在一些差距和不足。主要表现为，院属单位工作开展不平衡，有的已经召开了调研成果交流会，有的连集中学习还没有完成；有的单位以自学代替集中学习，有的单位没有及时跟进学习中央最新精神和部署，主动性不强；等等。对存在的问题，需要在下一步工作中加以改进。

（二）我院主题教育下一步工作安排

近日，中央"不忘初心、牢记使命"主题教育领导小组印发的《关于认真学习贯彻习近平总书记在中央和国家机关党的建设工作会议上重要讲话的通知》《关于认真学习贯彻习近平总书记在中央政治局第十五次集体学习时重要讲话的通知》，为我院下一步主题教育指明了方向。我院要紧紧围绕这两个通知精神，按照中央第14指导组要求，认真做好学习教育、调查研究，特别是检视剖析和整改落实工作。引导全院党员干部发扬自我革命精神，常怀忧党之心、为党之责、强党之志，积极主动投身到这次主题教育中来。

1. 进一步提高政治站位，带头做到"两个维护"

带头做到"两个维护"，是主题教育的根本要求，也是加强中央和国家机关党的建设的首要任务。我院是党的重要思想理论阵地，承担着为中华民族伟大复兴提供理论准备和学术支撑的重要职责，我们要进一步提高政治站位，深化思想认识，始终牢记党的初心和使命，把不忘初心、牢记使命作为加强党的建设的永恒课题，作为全体党员干部的终身课题。做工作、搞科研，首先要自觉同党的基本理论、基本路线、基本方略对标对表，同党中央决策部署对标对表，提高政治站位，把准政治方向，坚定政治立场，明确政治态度，严守政治纪律，把初心和使命体现到推进党的哲学社会科学事业的全部奋斗之中，把"两个维护"体现在坚决贯彻党中央决策部署的行动上，体现在履职尽责、做好本职工作的实效上，体现在推进"三大体系"建设、加快构建中国特色哲学社会科学的实际行动上。

2. 牢牢把握主线，确保不偏离不走样

中央明确提出，要把学习贯彻习近平新时代中国特色社会主义思想作为主题教育的主线。习近平新时代中国特色社会主义思想是当代中国马克思主义、21世纪马克思主义，是党和国家必须长期坚持的指导思想。牢牢把握这一主线，就要把学习贯彻习近平新时代中国特色社会主义思想贯穿到学习教育、调查研究、检视问题、整改落实全过程。在学习教育上，把学懂弄通做实习近平新时代中国特色社会主义思想作为重中之重，带着责任学、带着问题学，不断增强用习近平新时代中国特色社会主义思想指导学术研究的自觉性。在调查研究上，紧紧围绕贯彻落实习近平新时代中国特色社会主义思想、习近平总书记关于哲学社会科学重要指示批示精神、致我院贺信精神和党中央决策部署，深入调查研究，在调研中深化理解和感悟。在检视问题上，自觉对照习近平新时代中国特色社会主义思想找差距、查短板，刀刃向内，把问题找准查实、把根源剖深析透。在整改落实上，聚焦贯彻落实习近平新时代中国特色社会主义思想和党中央决策部署，把"改"字贯穿始终，做到真改实改。通过主题教育，推动学习贯彻习近平新时代中国特色社会主义思想往深里走、往心里走、往实里走，不断提高用习近平新时代中国特色社会主义思想指导学术研究的能力和水平，确保正确的政治方向、学术导向和价值取向。

3. 抓住重点措施，把握时间节点

一是及时跟进学。要及时组织党员干部认真学习习近平总书记在中央和国家机关党的建设工作会议上的重要讲话、在中央政治局"牢记初心使命，推进自我革命"第十五次集体学习时的重要讲话，学习习近平总书记在7月16日出版的第14期《求是》杂志上发表的重要文章《增强推进党的政治建设的自觉性和坚定性》，学习中央最新精神，把思想和行动统一到党中央决策部署上来。

二是深入开展调研。依靠自身力量发现和解决问题，是我们党保持和发展先进性纯洁性的宝贵经验，也是充分发扬刀刃向内的自我革命精神的重要体现。要在广泛征求党员群众意见基础上，深入查找突出问题，自觉对表对标，从严从实进行检视反思，敢于揭短亮丑，找准差距和不足。各单位要在7月底8月初，完成调查研究，召开调研成果交流会。提交的调研报告要讲清楚问题、原因、对策等，不需要搞得太复杂。同时，党委书记讲党课也要在这个时间段内完成。

三是深刻检视问题。领导班子和班子成员要认真检视反思，针对工作短板、具体问题，从思想、政治、作风、能力、廉政等方面进行深入剖析。检视剖析要一条一条列出问题清单，挖深思想根源，明确努力方向。检视问题要把自己摆进去、把工作职责摆进去，提出解决的思路和措施。深刻剖析问题要防止大而空、小而碎，不能避实就虚、避重就轻。检视剖析要在8月15日前后完成。

四是抓好整改落实。是否坚持问题导向、真刀真枪解决问题，是衡量主题教育能否取得实效的重要标准。要按照习近平总书记重要讲话要求，针对政治建设、思想建设、组织建设、作风建设和纪律建设等方面存在的突出问题，以钉钉子精神抓好整改落实。既要注重解决党员干部自身存在的突出问题，特别是初心变没变、使命记得牢不牢的问题，又要注重解决领导班子存在的突出问题。要抓住最突出、最集中的问题进行整改，特别要重视抓好习近平总书记重要指示批示精神和党中央决策部署的贯彻落实。要谋划好在3个月内能解决的问题，集中解决一批，即知即改，如学科体系建设、人才队伍建设、基层党组织换届问题等。有的一时整改不了的，也要有思路、举措和整改时限，真正让干部职工感受到主题教育实实在在的成果。各单位在8月20日前要向院党组主题教育领导小组办公室提交整改报告。对专项整治工作和民主生活会，中央会专门印发通知。但是各单位也不要等，要结合调研、检视反思先做起来。整改要防止纸上整改、虚假整改，决不能搞形式主义。整改落实的情况要及时向党员群众通报。

4. 随机走访抽查，检验主题教育成效

院党组明确指出，对不重视、开展工作不力、敷衍了事和搞形式主义的单位，要约谈党委书记。院党组主题教育领导小组办公室将采取随机走访和抽查的方式，检查学习教育的成效。8个指导组要强化督促指导，既要发现各单位的典型经验和好做法，又要点出工作不力的单位，决不能照顾情绪，打马虎眼。

习近平总书记指出，不忘初心、牢记使命，关键在党的各级领导干部。在座的都是各单位主要负责人，大家要以上率下，带头深入学习习近平新时代中国特色社会主义思想，带头增强"四个意识"、坚定"四个自信"、做到"两个维护"。要提高学习教育的针对性和实效性，在学懂弄通做实上当好示范，学出坚定信仰、学出使命担当。要以开展主题教育为契机，树立大抓基层的鲜明导向，以提升组织力为重点，锻造坚强有力的基层党组织，使每名党员都成为一面鲜红的旗帜，每个支部都成为党旗高高飘扬的战斗堡垒。要践行新时代好干部标准，勇挑重担、啃硬骨头，不做昏官、懒官、庸官、贪官，以良好的精神状态，真正履职尽责，干事担当。

同志们，这次主题教育时间紧、任务重、要求高，各单位负责同志要强化责任意识，以党的政治建设为统领，以扎实开展主题教育为动力，全面提高我院党的建设质量，真正把主题教育成果转化为推进"三大体系"建设、加快构建中国特色哲学社会科学的强大动力和实际行动，以优异成绩庆祝新中国成立70周年！

在2019年度科研管理培训班上的讲话

蔡 昉

根据院科研管理工作安排，今天我们为"2019年度科研管理培训班"进行开班。这次培训班组织全院科研管理干部开展为期三天的集中学习，围绕科研管理工作中的实际问题开展深入交流和研讨。本次培训班的主要任务是：深入学习贯彻习近平新时代中国特色社会主义思想，深入学习贯彻习近平总书记在哲学社会科学工作座谈会上的重要讲话和致我院三次贺信精神，深入学习研讨如何加快推进我院"三大体系"建设，更好地发挥"三个定位"功能；如何更好地把握新形势下科研管理工作规律，推进"创新工程升级版"各项改革政策有效落实；如何更好地把握院党组加强全院科研工作的重要思路、重要部署和重点举措，推动我院科研管理工作实现新跨越。同志们，距离上次举办全院科研管理培训班已经三年了，在这期间我院创新工程及科研管理各项工作机制、文件制度均发生了较大变化，根据培训日程安排，这几天科研局的同志会就相关问题作一些政策梳理和讲解，解答实际工作中碰到的具体问题，希望大家充分利用好这次培训机会，静下心来，多思考、多学习、多交流。回到单位后，做好汇报、传达和贯彻落实工作。

下面，我就近期全院重点推进的几项工作，谈几点意见。

第一个问题：坚持以习近平新时代中国特色社会主义思想为指导，把"三大体系"建设作为全院科研工作的重中之重。

习近平总书记在哲学社会科学工作座谈会上的重要讲话中，首次就"加快构建中国特色哲学社会科学学科体系、学术体系、话语体系"提出重要要求。在致我院建院40周年贺信中，习近平总书记对我院落实"三大体系"建设任务提出了殷切希望。落实好这项任务既是新时代哲学社会科学工作者的崇高使命，也是我院义不容辞的神圣职责。伏瞻同志代表党组提出的要求是："在新的历史起点上要办好中国社会科学院，必须以科研为中心，以出高质量成果、高水平人才为重点，以加快构建中国特色哲学社会科学学科体系、学术体系和话语体系为根本任务。"三年来，在院党组的统一部署和科学谋划下，全院上下坚持以习近平新时代中国特色社会主义思想为指导，立足我院科研工作实际，不断推进学科体系、学术体系、话语体系建设和创新，取得了初步成效。具体来说，主要开展了以下几个方面的工作。

一是认真学习研究阐释习近平新时代中国特色社会主义思想，推动党的创新理论与各个学科、概念、范畴之间的融通。在院层面重点组织和规划一批重大理论研究项目，引导和鼓励各研究所结合各自研究领域，集中力量对"习近平新时代中国特色社会主义经济思想""习近平外交思想""习近平生态文明思想"等开展集体学习和研究，着力打造易于被国内外社会理解和接受的新概念、新范畴、新表述，重点推出一批优秀理论成果，如组织编辑出版了"习近平新时代中国特色社会主义思想学习丛书"共12册、"庆祝中华人民共和国成立70周年书系"共30部等重要成果，进一步加强了马克思主义在哲学社会科学研究中的话语体现，推动了马克思主义的中国化时代化大众化。

二是坚持"立足中国实际、做好中国学问"，把加强对当前中国实践和现实问题的研究，作为构建"三大体系"的重要着力点。面向新时代党和国家发展的重大战略需求，围绕学科建设发展的重要基础和前沿方向，制定了院重大科研项目（2019—2022）工作规划，聚焦全面建成小康社会、全面深化改革、全面依法治国、构建人类命运共同体、"一带一路"建设等重大战略任务，聚焦未来十年到十五年事关党和国家事业发展的重大理论和现实问题，设置重大研究选题。建立了院党组直接领导的精品项目管理体制，组织开展多学科协同攻关和持续性跟踪研究，不断拓展学术研究的深度和创造力，发挥重大科研项目对学科建设的凝聚和辐射作用；坚持从我国改革开放发展的实践出发，丰富和完善中国特色学术体系。组织实施了"纪念改革开放四十周年百县市重大国情调研活动"，推出了第一批"精准扶贫精准脱贫百村调研"丛书，从中国特色社会主义的伟大实践中挖掘新材料、发现新问题、提出新观点、构建新理论；把研究和回答国家经济社会发展中的重大问题作为主攻方向，围绕习近平总书记在一系列重要讲话中提出的"8个如何""13个如何""5个如何""16个风险"等重要问题，开展前瞻性、针对性、储备性研究，建立了"中美贸易战研究""宏观经济形势分析"等专项工作机制，开展跟踪分析、专题研究和多角度建言,提交了一批高质量的应用对策研究成果。

三是深入实施学科建设"登峰战略",推进我院学科高质量发展。把实施"登峰战略"作为我院的学术"强基工程",支撑我院学科体系建设和发展,在全院共资助41个优势学科、84个重点学科和21个特殊学科。注重发挥资深学科带头人在学科建设中的支撑和引领作用,重点支持了一批具有一定国际影响力、国内知名,在重要学术前沿领域取得突出成就的资深专家学者,重点打造高素质的人才梯队和一流学科带头人队伍。

四是以繁荣中国学术、发展中国理论、传播中国思想为重点,着力提升学术期刊、出版社、学术活动的品牌质量和影响力,发挥在全国学术界的示范引领作用。把握马克思诞辰200周年、改革开放40周年、新中国成立70周年等重大时间节点,组织举办了一批高端学术论坛和学术研讨会,院领导和学部委员带头参与,实现政治效应与学术效应有机统一,得到社会和学界的广泛好评。积极发挥国家哲学社会科学话语体系建设协调会议机制作用,举办了2018年中国哲学社会科学话语体系建设浦东论坛,编辑刊发《哲学社会科学话语体系建设研究动态》和《中国哲学社会科学话语体系研究辑刊》,推动哲学社会科学话语体系建设;集中力量打造"中国社会科学论坛""中国社会科学院高端智库论坛"等一批精品国际论坛,重点资助了一批外文期刊建设,着力传播中国思想,提高我国哲学社会科学的国际话语权和学术影响力。

总的来看,经过三年多来的努力探索,我院加快构建"三大体系"的认识和思路更加清晰,目标和方向更加明确,路径和举措更加有效。但是在有些研究单位,仍然存在构建"三大体系"的使命感和责任意识还不够强,落实中央和院党组部署的办法和举措还不够多,组织开展相关研究的主动性还不够足等问题。进一步推进我院"三大体系"建设,必须充分调动和发挥研究单位的积极性,各单位科研管理部门要协助所领导班子做好以下工作。

首先,要坚持以习近平新时代中国特色社会主义思想为统领,加强对"三大体系"建设的系统规划。要以组织实施所级重大科研项目为抓手,加强对本单位学科发展规划、学术理论与方法创新、资源布局优化的统筹和推进,加强对本单位研究力量的整合、融合和提升,破除处室分割与创新项目分割,改变以往"碎片化"的成果产出方式,推动多学科协同创新和体系化发展。

其次,要立足于本单位学术优势和特色,找准"三大体系"建设的方向和着力点。要在提高学术品质、学理厚度上下功夫,创新研究方法,丰富研究视角和手段,打造本学科领域的研究高地。

最后,要整合本单位相关学术资源,不断提升所办刊物、网络、智库、学会、研究中心的影响力,充分发挥平台的多学科交叉和综合优势,为本学科和本领域"三大体系"建设提供服务保障。

第二个问题:着力打造创新工程升级版,进一步深化科研管理体制机制改革和制度保障。

实施精品工程，打造创新工程升级版，是我院在党的十九大之后进一步繁荣和发展哲学社会科学的一项重要战略举措。创新工程实施以来，我院逐步建立起了以报偿、准入、退出、配置、评价和资助等六大制度为主的创新工程制度体系，极大地解放了科研生产力，激发了科研创新活力，在全国范围内形成了良好的示范效应。随着实践的不断深入，创新工程内外部环境发生了较大变化。一方面，习近平总书记"5·17讲话"以来，中央有关部门相继出台了一系列关于优化科研管理体制、健全科研评价体系、提升科研绩效的制度文件，科研管理领域的"放、管、服"工作不断深入；另一方面，部分创新工程管理制度滞后于实践发展，存在与科研活动、科研工作的新要求不相适应的问题。比如，评价标准和评价体系不够完善合理，存在重数量轻质量、重个人成果轻集体成果的倾向；基础研究和应用研究管理评价"一刀切"，科研项目追求"短平快"等问题。有些问题甚至已经成为束缚科研发展的制约性因素。为适应新时代推动哲学社会科学创新发展的形势需要，在总结以往经验基础上，院党组经过广泛征求意见、反复研究论证，制定出台了《关于实施精品工程打造创新工程升级版方案》，把中央关于哲学社会科学发展的一系列利好政策，逐步转化为可操作的创新机制，把大家反映比较集中的意见建议，逐步转化为有针对性的完善举措，从精品项目管理、科研绩效考核、报偿制度改革、科研经费管理等多个方面，出台了一系列改革举措，全面推动科研管理理念、科研组织模式、管理体制机制创新工程制度体系的创新升级。从去年开始，在全院范围内率先推行了创新工程考核评价机制改革和报偿制度改革，基本实现了新旧制度平稳过渡和院所之间的衔接配合，并取得了初步成效。

一是探索实行院所分级的考核管理体制。从制度上改变过去全院"一刀切""一竿子插到底"的考核管理模式，一方面，把该放的权力放开、放到位，赋予科研单位在创新工程规划、绩效考核管理、准入审核、激励分配等方面更多地自主权，充分调动研究单位和首席管理的积极性，鼓励各单位制定符合各自实际的考核激励办法；另一方面，把该管的事情管住、管好，在院层面进一步完善制度设计，优化考核流程，提高对创新单位考核和首席管理考核的科学性和针对性，重点加强对关键环节的审核把关和监督检查。

二是建立以质量为导向的科研绩效考核指标体系。在院层面率先确立"注重创新、注重质量"的评价导向，修订了《中国社会科学院创新工程科研单位绩效评价指标体系》，设置了"成果类""项目类""平台类""人才类"4类25项导向性指标，兼顾各类研究单位的特点和需求，从基础学科和应用学科、短期研究和长期研究、平台建设和人才培养等多个层面，统筹设置相应的考核权重，提高精品成果、集体攻关成果的激励力度，在确保考核标准和考核结果更加公平的基础上，充分发挥绩效考核评价的激励约束作用。

三是改进创新工程准入审核事项及流程。在坚持"竞争准入原则"和"80%进岗比例"的基础上，按照鼓励发表高质量成果、扶持青年优秀人才的要求，调整修订了创新岗位准入事项。同时简化准入审核流程，在加强对"一票否决"类事项日常监督和管理的基础上，将创新单位准入由事前审核改为事后抽查。

四是推进创新工程报偿制度与绩效工资政策有机接轨。根据事业单位绩效工资改革要求，简化了创新工程报偿制度，将过程报偿和目标报偿合并后按月发放；改进了创新单位后期资助目标报偿核算办法，院按照单位规模和绩效考核结果合理确定各单位报偿总额，各单位在核定额度内，依据个人绩效考核情况进行竞争性分配，形成更为完善的基础保障和更加有效的激励手段。

总的来看，创新工程考核评价工作在总体保持原有框架体系的基础上，进行了较大幅度的调整。无论是考核理念、考核内容、组织方式，还是指标体系、准入条件以及报偿核定发放方式，各方面都有了新的变化。概括起来就是，在院统筹管理的基础上，更加注重发挥研究单位的积极性；在保证成果数量的基础上，更加注重成果质量；在鼓励个人研究的基础上，更加注重集体研究和协同创新；在强化基础保障的基础上，更加重视发挥绩效考核的激励约束作用。今年的创新工程考核工作马上就要部署实施，科研局已经制定了相关考核文件，正准备印发给大家。创新工程考核工作能不能组织好，各项制度能不能落实好，绩效考核的激励作用能不能发挥好，在座的各位是关键。希望大家高度重视，重点做好以下工作。

一是要认真学习领会政策，全面准确地把握院里的最新精神和最新要求。科研处的同志要对今年考核工作中有哪些变化、依据是什么、操作中有哪些具体原则和要求，做到心中有数，同时，要在本单位范围内做好政策宣传和解释工作，最大限度地争取科研人员的配合和支持，确保各项考核工作平稳有序地进行。

二是要积极适应新的变化，打破考核中的"惯性思维"，在新的考核机制中，找准研究所及其科研管理部门的职责定位，明确责任分工，把该管的事情管住、管好，维护考核的权威性和制度的严肃性。

三是要结合本单位实际，充分设计好、运用好、发挥好考核工作的"指挥棒"作用，协助所班子认真研究制定本单位考核评价实施细则和指标体系，使绩效考核工作能够充分体现管所治所的理念和科研管理导向，使岗位准入考核能够真正做到"能者进，优者上，劣者下，不达标准者退"的要求，能够充分调动广大科研人员的积极性，充分实现奖优罚劣、激励先进的目的。

第三个问题：适应时代发展和形势需要，调整优化我院学科结构与布局。

学科与人才建设是我院的立院之基、强院之本，是加快构建"三大体系"的根本路径和关键着力点。为进一步摸清我院学科与人才建设底数，找准学科与人才建设的问题与瓶颈，优化完善我院学科设置及学科布局，今年年初，院党组部署在全院范围开展了学科与人才建设情况大调查。上半年，院党组成员、有关职能部门先后到各研究单位开展学科与人才建设专题调研30余次，大范围、多层次听取研究单位及科研人员的意见建议。全院37个研究单位、330个研究室对自身学科建设状况进行了"全面体检"，认真对照习近平总书记提出的加快构建中国特色哲学社会科学"三大体系"的任务要求，对标国内外一流学科的具体标准，检视本单位在学科建设方面存在的问题，查找差距和不足，提出了学科调整方案。根据调研情况，科研局、人事局撰写了《学科与人才建设调查分析报告》，提交院暑期专题研讨班作为一项重要议题进行专门讨论。院党组成员、学部委员、院高评委成员，分学部听取并审议了各研究单位学科评估报告及学科建设方案，从学部层面对每个研究单位学科建设提出了意见建议。暑期工作会后，各研究单位又结合学部评审意见，对本单位学科调整方案作了进一步修改完善，提交了第二轮学科调整方案。院领导召开学科与人才建设专题会议，从院层面进一步统筹涉及跨单位、跨学部的学科调整计划，以及重大学科领域和问题的研究组织等。科研局根据专题会精神，与相关单位逐个进行沟通，确保相关调整工作能够顺利推进、平稳落地。经过"几上几下"的调研、沟通与协调，进一步统一了思想，凝聚了共识，找准了我院学科建设的目标和方向，明确了学科调整的工作思路和具体路径。

总的来看，本次学科与研究室调整，坚持以习近平新时代中国特色社会主义思想为指导，坚持以新时代党对哲学社会科学研究的需求为导向，坚持以哲学社会科学发展的客观规律为遵循，坚持"发挥优势、突出重点、培育特色、积极稳妥、有序推进"的原则，把是否有利于加快构建"三大体系"，是否有利于发挥我院"三个定位"功能，是否有利于出高质量成果和高水平人才，作为基本衡量标准，按照"撤、改、并、建、留"的方式，对既有的学科结构和学科布局进行优化调整。具体从以下五个方面考虑。

一是服务于党的理论创新和国家重大发展战略，建设和扶持一批重点学科。重点加强习近平新时代中国特色社会主义思想研究的学科建设。对照国家"五位一体"重大战略和发展理念，调整完善我院相关研究布局；落实中央对我院重要指示和部署要求，加强对中国历史研究院、中国非洲研究院学科建设的支持力度，进一步完善相关学科设置和研究室建设。

二是根据学科发展趋势与国家建设需要，新建一批特色学科和新兴学科，填补我院部分领域研究的学科"短板"和学科"空白点"。

三是推动重大理论和现实问题的跨学科研究和协同创新，进一步加强对新兴学科和交叉学科的培育和扶持力度，成立"人类命运共同体研究中心""人工智能研究中心"等若干院级重大问题研究中心。

四是提高学科建设科学化规范化水平，调整撤销部分与所在研究单位学科发展定位与研究职能不相符、与时代变革和实践发展不适应的学科；调整撤销部分学科边界不清晰、研究重点不明确的学科；调整部分学科的研究方向和研究重点，规范研究室名称设置；进一步厘清部分研究单位的学科发展方向和功能定位。

五是调整优化学科结构及研究力量配置，整合归并一批"小、偏、散、弱"学科。

下一步，我院将进一步研究并出台《中国社会科学院关于加强学科与人才建设的指导意见》和《中国社科院学科（研究室）调整工作方案》，对本次学科调整以及我院学科建设与长远发展，作出具体规划和统筹安排。各单位科研管理部门要配合所班子做好相关落实工作。

一方面，要加强组织领导，按照全院统一部署将学科调整方案执行到位。对涉及"撤改并建"的学科，要研究制定具体实施方案，明确工作步骤和具体举措；对涉及跨单位调整的学科和研究室，相关单位要及时与院职能部门沟通协调，做好机构、编制、人员调整工作；对涉及跨单位调动的研究人员，要提前做好思想工作，协助其解决实际困难，确保相关调整工作平稳顺利地完成。

另一方面，要做好统筹协调和长期规划，把各项工作做实做细。要正确处理好学科建设与创新工程的关系，合理设置创新工程研究项目和创新岗位，使创新工程项目与研究所学科设置相匹配；要正确处理学科建设与人才培养的关系，有计划地加强科研队伍建设和人才梯队建设，重点扶持和培养一批学科带头人和有潜力成为学科带头人的科研骨干，夯实学科人才基础；要正确处理学科发展与支撑平台建设的关系，将学科调整与期刊、集刊、社团、非实体研究中心、智库建设、信息化建设、研究生培养等工作结合起来，充分利用各种学科平台和资源，优化人力、财力、物力资源配置，形成各方积极参与、良性互动的学科发展机制。

同志们，科研管理部门"手托两头"，既负责我院科研规划、科研项目、科研管理制度在所级层面的具体落地和实施，是院重大科研决策部署的执行者，同时也负责为本单位科研活动提供组织保障，是广大科研人员的服务者。如果没有一支强有力的科研管理队伍为支撑，全院"三大体系"建设的任务就难以有效落实，"三个定位"功能就难以有效发挥，全院的发展就无从谈起。从近几年的情况看，我院科研管理工作总体上是有成效的，科研管理队伍的素质和能力整体上比较高。但是，与党和国家对哲学社会科学发展的新部署与新要求相比、与全院广大科研人员的期望相比，我们的管理工作水平还存在不小的差距。比如，有些同志囿于各种管理事务之中，对中央和我院科研管理政策学习不够及时，把握不够准确，应用不够到位；有些单位科研管理队伍不够稳定，人员变化较快，导致有些工作缺乏前后衔接，难以保持工作延续性；个别同志对科研管理工作不够上心，工作敷衍了事，对科研人员的意见和建议听之任之，责任意识和服务意识不够强；等等。今年6—8月，全院组织开展了"不忘初心、牢记使命"主题教育活动，每位党员同志都从各自的岗位职责出发，检视了问题，查找了不足，进行了整改。我希望在座的各位把本次培训班作为主题教育活动"回头看"的一个重要契机，把业务培训与思想理论学习结合起来，把工作交流与找差距、补短板结合起来，坚持"问题导向"，强化"问题意识"，认真对照中央要求和院党组部署检视工作中存在的不足和问题，认真交流研讨改进工作的有效办法和路径。努力通过本次培训，进一步提高科研管理能力和水平，切实担负起新时代赋予的崇高使命，努力使自己的思想、能力、行动跟上党中央的要求、跟上时代前进的步伐、跟上哲学社会科学事业发展的需要，共同为哲学社会科学事业、为我院的发展，贡献科研管理工作者的一份力量。

新时代史学研究要有更大作为

高 翔

历史是一面镜子,鉴古知今、学史明智。梁启超在《中国历史研究法》中说:"中国于各种学问中,惟史学为最发达;史学在世界各国中,惟中国为最发达。"重视历史、研究历史、借鉴历史是中华民族5000多年文明史的一个优良传统。新时代对史学发展提出了新的更高要求。在实现中华民族伟大复兴征程上,史学研究要有更大作为、发挥更大作用。

何为史学、史学何为?史学的重大使命是探索社会变迁的内在逻辑与规律,为文明的发展提供借鉴与参考。真正的史学家都将认识人类的命运作为自己学术活动的出发点,力图通过对社会关系、人与自然关系等的反思,总结出具有普遍意义的历史结论。

经世致用是当代中国史学的优良传统。"述往事,思来者",是中国当代老一辈史学大家的史学追求,也是当下和今后史学研究者应该追求的目标。20世纪以来,我国涌现出一批宣传和运用唯物史观研究历史、服务现实的马克思主义史学大家,如郭沫若、胡绳、侯外庐、范文澜、夏鼐、尚钺、黎澍、吴于廑、陈垣、白寿彝、刘大年、宿白、张忠培等。郭沫若先生以求真、求是和经世为宗旨,怀着"清算过往社会的要求",创造性地把古文字学和古代史研究结合起来,写成《中国古代社会研究》一书,开辟了中国史学研究的新天地,成为我国运用马克思主义唯物史观研究中国历史的开拓者。范文澜先生在延安窑洞里,克服种种困难,运用马克思主义唯物史观,完成了我国第一部以马克思主义观点系统叙述中国历史的著作《中国通史简编》。毛泽东同志对此给予高度评价:"我们党在延安又做了一件大事……我们共产党对于自己国家几千年的历史,不仅有我们的看法……也写出了科学的著作了。"白寿彝先生有感于中国缺少一部全面阐述中国历史的大规模历史著作,召集全国史学研究者以马克思主义唯物史观为指导,用20余年时间完成了一套12卷、22分册、约1400万字的《中国通史》,充分反映了20世纪中国史学界的最新研究成果,被称为"积一代之智慧"的巨著。这些重要史学成果的取得表明,坚持唯物史观的立场、观点和方法,立足中国国情,始终是当代中国史学最鲜明的特征。

当前,我国史学研究主流积极健康,但也存在一些问题。例如,出现了一些碎片化、片面化、表面化现象,漠视对历史规律的探索,缺乏对现实社会的关怀。更有甚者,出现了一些不符合历史事实的思潮,如历史虚无主义、新自由主义等。这些错误思潮是对历史的扭曲,是对史学经世致用的滥用。我们要从历史中获得什么?我们所倚重的历史应该发挥什么作用?历史研究者不能做时代潮流的冷眼旁观者,更不能逆流而动,而应立足中国、放眼世界,立时代之潮头,通古今之变化,发思想之先声。近些年兴起的环境史、灾荒史、医疗史、乡村史、城市史等研究，有很多成果就是史学研究对社会关怀的体现，也是史学经世致用的表现。

伟大的时代必然高度重视对历史的总结和传承。习近平同志在致中国社会科学院中国历史研究院成立的贺信中指出："新时代坚持和发展中国特色社会主义，更加需要系统研究中国历史和文化，更加需要深刻把握人类发展历史规律，在对历史的深入思考中汲取智慧、走向未来。"史学研究应该站在时代的制高点上，反观人类历史，把握人类历史发展规律，从对历史的深入思考中汲取智慧，发挥史学传承文明、启迪未来，知古鉴今、资政育人的作用。新时代中国史学研究只有坚持以习近平新时代中国特色社会主义思想为指导，才能解决时代面临的历史问题，才能回答历史之问和时代之问，才能开创新时代中国史学发展新局面。新时代中国史学研究要以习近平同志关于历史科学的重要论述为根本遵循，努力推出具有中国特色、中国风格、中国气派的研究成果，努力构建中国特色历史学学科体系、学术体系、话语体系，努力为国家建设和社会发展提供史学智慧。

在实现中华民族伟大复兴的道路上，史学研究不能缺席，也不会缺席，必将有更大作为。

（原载于《人民日报》2019年11月4日）

在全院落实科研经费"放管服"改革试点工作动员会上的讲话

（根据录音整理）

高培勇

遵照伏瞻院长指示，今天我和笑山同志共同参加科研经费"放管服"改革试点工作动员会。在我的记忆中，就科研经费管理问题专门召开全院性会议，并且两位院党组成员和各职能部门负责同志同时参加，尽管可能不是第一次，但绝对是不多见的。这一方面说明科研经费"放管服"改革试点工作在院党组工作日程中的位置，另一方面，也说明科研经费管理在全院工作全局中的分量。

这次改革试点，其目的，不仅是要进一步调动科研人员从事科学研究的积极性，更是一次社科院科研经费管理体制改革的突破，也必将对全国哲学社会科学界的科研经费管理改革起到示范作用。

借此机会，我想就这次科研经费"放管服"改革试点的政策背景、基本考虑和相关问题与大家交流一些看法，供大家参考。

（一）科研经费"放管服"改革试点是一项关系全局的工作

在加快构建中国特色哲学社会科学的大背景下，我们应当把科研经费管理放在更加重要的位置。当我们说科研经费管理是一项关系全局的工作的时候，在大家心目中，肯定是有些疑问的。有人会说，社科院是一个学术研究单位，科研才是中心工作，科研经费管理从属于财务管理，财务管理不在第一梯队。在各研究所工作布局中，也通常由行政副所长分管财务，所长和党委书记直接分管财务的单位非常少。

但是，如果注意到如下几个方面的事实，大家便会有不同于以往的感受。

第一，党的十八大以来，从党中央和国务院决策层面来看，科研经费管理已经被提升到了国家治理体系和治理能力现代化建设的高度来定位。例如，近几年，习近平总书记在以全国科技大会为代表的几次会议上发表重要讲话。他在提到有关科研经费改革问题时，都会赢得一次次掌声和社会热烈反响。习近平总书记曾明确指出："要着力改革和创新科研经费使用和管理方式，让经费为人的创造性活动服务，而不能让人的创造性活动为经费服务。"李克强总理在今年的政府工作报告中也指出，"科研创新本质上是人的创造活动。要充分尊重和信任科研人员，赋予创新团队和领军人才更大的人财物支配权和技术路线决策权。"2014 年以来，党中央、国务院先后出台了《关于改进加强中央财政科研项目和资金管理的若干意见》《关于抓好赋予科研机构和人员更大自主权有关文件贯彻落实的通知》等 20 多个具有顶层设计特征的相关文件。这些都表明，我们在学术研究和科研管理工作中，要把科研经费管理摆在更加重要的位置。

第二，无论是从事哲学社会科学研究的人员，还是从事自然科学研究的人员，每当谈到现行科研管理体制对科研积极性、对科研生产力形成的种种束缚的时候，往往都会强调科研经费使用是压在他们心头的一块重石。

第三，正在举行中的党的十九届四中全会，审议的就是"坚持和完善中国特色社会主义制度、推进国家治理体系和治理能力现代化"问题。当把"治理问题"提到现代化的高度，并放置全局工作中加以考量的时候，经费治理必然是国家治理的一条重要线索。党的十八届三中全会第一次提出把国家治理体系和治理能力现代化作为全面深化改革的总目标时，就明确了"财政是国家治理的基础和重要支柱"，也就是说，财政是国家治理体系和治理能力现代化的基础性要素和支撑性要素。

从哲学社会科学事业发展来分析，可以肯定地讲，随着时间的推移，我们将越来越发现，研究所的治理和科研项目的管理，科研经费和财务管理必将是主要抓手，甚至在某种意义上说，科研经费和财务管理是个总枢纽，牵一发而动全身。比如，无论在高校还是在社科院工作，科研人员都很重视科研项目的申请。这是为什么？因为科研项目背后是经费的支持。如果科研项目没有经费支持，那么，科研项目就可以敞开无限量供给。对于无限量供给、脱离了经费支持的科研项目，大家还会像当下这样重视、富有申请的积极性吗？所以，我们要好好体会下财务是"基础"和"支柱"这四个字的深刻内涵。可以说，我们今天谈论的表面上是科研经费管理问题，实质上是一个事关全部科研工作和社科院全局性工作的一个非常重要的事情。没有科研经费管理的现代化，不可能有三大体系建设的现代化。

这次"放管服"改革试点，我们主要基于两点考虑：一是希望在探索中积累经验，在试点的基础上，走出一条适合社科院院情、匹配哲学社会科学研究规律的科研经费管理新路子；二是按照新预算法的规定，进一步强化各研究所作为预算主体的责任和义务，明确财务和科研经费管理在遵循国家统一的制度规定基础上要实行自主编制、自主管理和自主约束的治理模式。

（二）科研经费"放管服"改革试点内容货真价实、来之不易，须高度重视

这份试点意见稿，共涉及五项改革内容。其中的每一项都是货真价实、来之不易的，也凝聚了很多人的心血。

财计局曲永义同志刚才介绍了这个文件的起草过程和主要内容。我再作些补充。这份改革试点意见稿的起草，前后持续了近一年时间。不仅直接参与起草的同志付出了艰辛劳动，我们也组织了十几次专题座谈会，很多研究所的党委书记、所长都应邀参加过讨论，院各职能局负责同志也都亲自修改了涉及本部门的内容，驻院纪检监察组更是全程介入，为试点方案的出台提出了很多建设性的意见。在此基础上，我们还到其他部委和高校进行了调研和征询意见。

这样做的一个重要着眼点就是，科研经费"放管服"关系到每一位科研人员的切身利益，更关系到科研经费管理体制的改革方向。院党组想要让这份文件实实在在，务实管用，真正能把中央提出的"放管服"改革意见落到实处。

因此，我希望大家能充分理解、用心把握五条改革内容的分量，同时要原原本本传达到每一位科研人员。

1. 横向课题经费实行"包干制"

什么叫"包干制"？"包干制"从字面上看本身就很有冲击力。在我的印象中，"包干制"是 20 世纪 80 年代搞财税体制改革的时候提出来的概念。首先是农民家庭联产承包"大包干"，然后是城市企业改革"大包干"，其基本含义就是"交足国家的、留足集体的、剩下都是自己的"。这一举措在当时极大地调动了各行各业的积极性，成为改革开放最鲜明的特征之一。

今天，我们把这样一个词语拿到科研经费管理改革中来用，它的意义不言而喻。关于横向课题的"包干制"，委托单位有约定合同的，按照合同执行；没有合同约定的，就可以在不违背财务管理制度的前提下，根据课题研究需要自主分配。我想大家都能理解到这条措施的效果。

2. 在"专项科研业务费"中可以提取 20% 作为所里集中支配的绩效经费

在研究所治理过程中，很多所长、党委书记经常反映缺乏有效管理的抓手，主要是针对表

现突出的科研人员无法给予额外奖励。这次改革试点，我们从"专项科研业务费"中提取20%作为所务会可以调配的绩效经费，也可以理解为奖励基金。粗算下来，全院专项科研业务费如果有一个亿的话，20%绩效经费就是2000万元。我相信，这项措施将在很大程度上改变研究所的治理现状。

3. 科研设备自主采购管理和处置

科研人员以前采购计算机等设备的流程比较复杂，需要审批等待很长时间。这次试点改革提出，科研人员要买的设备只要在政府采购目录中，就可以自主采购。

4. 院拨纵向课题经费中劳务费、专家咨询费等不设比例限制

这次改革提出院级拨付的纵向课题经费中的劳务费、专家咨询费不设比例限制，不管是请专家还是用课题组之外的人员来做事，都没有比例限制了，这也是一个经费管理的重大突破。当然，国家社科基金和自然科学基金课题经费管理不在此次试点改革范围内。

5. 自主编制预算，简化预算编制和报销程序

这次试点改革一方面要落实各研究所的预算主体责任，另一方面也要强化各预算主体单位的权力和利益，真正做到院管院事、所管所事。研究所要承担起更多的预算管理权限，具体项目的立项和经费安排由研究所负责，提前做好项目可行性研究、评审、招投标、政府采购等前期准备工作，至于怎样更合理地编制预算、编制多少、报销上怎么管理等具体问题，可以参考中国科学院相关研究所和教育部管理的高校的做法，总之要切实按照《预算法》履行职责。

只要各研究所能够自主编制预算、严格执行预算，经费使用进度和决算问题就自然而然解决了。因此，各单位要把强化预算编制作为一个基础性要素、支撑性要素加以看待，把它真正作为治所的一个手段。

以上这些内容，都是务实管用的，也是目前条件下根据现行制度和政策所能提出的最优解决方案。这五条内容既关系到广大科研人员切身利益，也关系到社科院科研经费管理体制改革的方向，希望大家能够认真体会、用心把握，让它落到实处、发挥应有的作用。

（三）"放管服"是一个不可分割的整体，在享受改革效益的同时，要切实管好用好科研经费

甘蔗没有两头甜。"放管服"三个字是密切联系在一起的，"放"的同时就有"管"，"管"的同时要有"服"，它是不可分割的一个整体。我们在试点的时候，不能只看改革带来的好处，同时也要看到改革所要求做到的管理责任，责权利从来都是联系在一起的，只想享受效益而不想承担相应的责任，很容易出问题。

这次试点改革的五条内容，每一条"放"都对应着"管"和"服"，而每一条"管"的内容针对的都是社科院实情，都是我们科研经费管理中存在的问题，要全面理解和把握。

我举两个例子。一个例子是横向课题经费管理。很多研究所的横向课题管理都是科研管理的薄弱环节，横向课题的进展状况、绩效情况很少有人去关注。如果横向课题经费可以实行"包干制"，相对于纵向课题管理相对较严状况，很可能导致做横向课题的积极性高涨。如果这种积极性过了头，将会影响到研究院所的发展和"三大体系"的建设。因此，在改革试点中，首先要把横向课题管理纳入研究所的科研管理体系。学术委员会开会的时候，不能只管创新工程课题和院拨纵向课题，也要加强对横向课题的管理，要过问横向课题的立项、运行和结项等过程。横向课题的质量问题、信誉问题、组织问题要纳入相应考核中。否则肯定会出问题，甚至影响到全所乃至全院的发展大局。

另一个例子是专项科研业务费管理。据我所知，目前在所一级的科研经费管理中没有把它当作该管的内容。因为专项科研业务费如同中央财政对地方的专项转移支付，以前研究所的领导可能觉得不应该归所里管，但是，随着改革试点方案提出研究所可以从中提取20%，这就要求研究所要去关注专项科研业务费的管理，要了解专项科研业务费都包括哪些，以及研究怎样管理好的问题。

类似这样的管理问题，我不一一列举。总的意图，就是大家要体会每一条改革措施背后"管""服"的内容。希望大家切实承担起管理的责任，而不是把管理责任推给财计局。经费固然重要，但不能解决科研生产力的所有问题。我们要跳出科研经费去看它所承载的管理体制层面的问题。科研经费"放管服"改革，绝不是笼统地放松或放开经费管理，或简单地让科研人员获取更多的收入，而是重点围绕提升科研生产力、调动科研人员积极性和各研究所治所管所的积极性而进行的管理体制改革。

（四）以"放管服"改革试点为突破口，推动全院科研经费管理体制改革向纵深发展

这次改革试点只是一个突破口，目的是由此拉开我院科研经费管理体制改革的序幕，推动全院科研经费管理体制的全方位改革。接下来的改革，应该是一种具有颠覆意义的根本性改革，而不是一般意义上的改革。

据我近一年的调研和观察，我们院现行的科研经费管理体制，已经越来越难以适应经济社会发展形势和国家对哲学社会科学事业发展的需要。

我们有必要把对预算编制和执行问题进行一番解剖，究竟是哪些环节出了问题？预算执行进度慢的原因究竟是什么？

我的观察和体会是，第一层原因是预算编制流于形式；第二层原因是预算主体虚置；第三层原因是财务管理体制不规范。

总之，我们要通过这次改革试点，推动经费管理难题的逐步解决，就像是推倒一堵很厚重的墙，一下子推倒不容易，但是我们要慢慢推，一年一年地推，总有一天墙会被推倒，难题也

就解决了。我们要试点的这五条内容,每一条对于推动科研经费体制改革都是有帮助的。比如说,横向课题实行"包干制",当大家认识到横向课题研究对研究所发展的好处时,就开始有意识地履行预算主体的责任和权力了。再比如,专项科研业务费可以提取20%作为所里集中支配的绩效经费,那就需要了解专项科研业务费的构成和基数,而且各研究所必须在预算环节掌握专项科研业务费的情况,这样才能推动专项科研业务费的管理;在此基础上,预算的编制者和预算的执行者要尽可能成为一体。这样的改革,可以倒逼专项科研业务费的预算改革,以此推动预算执行。

这几项改革,表面上是对某些科研经费管理权放了一点,但它着眼的是整个科研经费管理改革。严格地讲,我们院所有的经费,其实都属于科研经费,都在科研经费管理视野之内,只不过有直接和间接的区别。请大家严格把握,能够借这样一个契机明晰院级财务和所级财务之间的关系,把我们院的科研经费管理体制改革引向深入。

(五)对下一步推进改革的几点具体意见

1. 各单位要召开全体大会,全面传达科研经费"放管服"改革试点要求

"放管服"改革关系到全体科研人员的切身利益,关系着我们社科院科研经费改革的基本方向,要向大家原原本本地传达,把每条内容具体意味着什么向大家讲清楚。我建议,在是否参加试点这件事情上,先听一听科研人员的意见。我们对改革试点单位的数量不设限,但前提是自愿参加,要在广泛征求意见、尽可能达成共识的基础上确定是否参加这次试点。

2. 试点单位要高度重视、精心谋划、扎实推进,确保试点成功

这次改革的每一条内容都很实在,各试点单位要结合自身学科的实际情况制定实施细则。比如在确定横向课题"包干制"的时候,要根据本所情况确定横向课题的数量,建议可以确定横向课题申请数量的上限,或者把横向课题和纵向课题结合在一起考虑,不能让横向课题影响纵向课题、影响主要工作。

3. 不炒作,不渲染,着力于落实

我们要扎实稳步地推进试点工作的开展,要全面解读"放管服"三位一体的要求,着力在落实上下功夫,在注重实效上找着力点。

党的十九届四中全会即将闭幕,未来一段时间我们将深入学习贯彻全会关于提升国家治理体系和治理能力现代化的一系列文件精神。我们要以习近平新时代中国特色社会主义思想为指导,以推动科研经费"放管服"改革为契机,开拓进取,真抓实干,不断为增强我院财务治理体系和治理能力现代化建设水平作出更大贡献,切实肩负起新时代哲学社会科学工作者的历史使命和责任担当!

(2019年10月30日)

中国社会主义 70 年对科学社会主义的重大贡献

姜 辉

从科学社会主义诞生到现在，每在时代需要和历史转折的关键时刻，都出现里程碑式的理论与实践飞跃，从而开拓科学社会主义发展的新局面。新中国成立 70 年来，中国共产党带领中国人民在社会主义康庄大道上书写了改天换地的壮丽史诗，中华民族迎来了从站起来、富起来到强起来的伟大飞跃。在这个辉煌的历史进程中，中国特色社会主义从奠基、开创到发展、完善，使具有 170 多年历史的科学社会主义在 14 亿人口的东方大国找到了切实可行的实现路径。

中国特色社会主义进入新时代，在科学社会主义发展史、世界社会主义发展史、人类社会发展史上，都具有重大的历史意义，"意味着科学社会主义在二十一世纪的中国焕发出强大生机活力，在世界上高高举起了中国特色社会主义伟大旗帜"[1]。这样自信而坚定地"高高举起"，表明新时代中国特色社会主义成为 21 世纪科学社会主义的引领旗帜，成为世界社会主义发展的中流砥柱，成为推动人类社会发展进步的主导力量。

成功回答"什么是社会主义、怎样建设社会主义"的历史性课题使具有 170 多年历史的科学社会主义焕发出强大生机活力

经济文化比较落后的国家在革命胜利后如何建设社会主义，是社会主义发展史上一个重大的历史课题。马克思和恩格斯曾设想社会主义革命在发达国家同时取得胜利，并在生产力已达到较高水平的基础上进行新社会建设。他们也关注过俄国等经济文化比较落后的国家的发展道路问题，提出这些国家可以跨越资本主义"卡夫丁峡谷"的设想，但由于其生前未经历建设社会主义的实践，他们的见解大多是预测性的，可以说是对历史课题的"点题"。列宁在俄国十月革命胜利后，对经济文化比较落后的国家如何建设社会主义做了许多创造性探索，提出并实施新经济政策、实行工业化、发展先进文化、加强执政党建设等，并在实践中取得初步成效，可以说是对历史课题的实践"破题"。此后苏联进行了数十年大规模社会主义建设，取得很大成就，也发生过严重错误，最后由于苏联解体而使探索归于失败。可以说，苏联对社会主义也进行了大体为时 70 年的探索，但最后以改旗易帜的"跑题"告终。

新中国成立 70 年来，中国特色社会主义的奠基、创立、发展和完善，是对经济文化比较落后国家如何建设社会主义这一历史性课题的成功"解题"。这一伟大历史创造过程分为改革开放前后两个历史时期。习近平总书记指出："这是两个相互联系又有重大区别的时期，但本质上都是我们党领导人民进行社会主义建设的实践探索。"[2] 从新中国成立到改革开放之前，

我们党领导人民进行社会主义革命和建设，艰辛探索适合中国情况的社会主义建设道路，虽然经历过严重曲折和犯过严重错误，但从总体来看，全面确立了社会主义基本制度，实现了中国历史上最伟大最深刻的社会变革，取得了独创性理论成果和巨大成就，为当代中国一切进步和发展创造了政治前提、奠定了制度基础，为此后开创中国特色社会主义提供了宝贵经验、理论准备、物质基础。改革开放40多年来，从开启新时期到跨入新世纪，从站上新起点到进入新时代，中国特色社会主义迎来了从开创、发展到完善的伟大飞跃，对"什么是社会主义、怎样建设社会主义"这一历史性课题的接续探索和成功回答，使具有170多年历史的科学社会主义焕发出强大生机活力，我们党对社会主义建设规律的把握达到前所未有的高度，带领中国人民进行社会主义革命、建设和改革的历史性创造达到前所未有的水平。党的十八大以来，中国特色社会主义进入新时代，我们党在理论、实践和制度方面全面推动科学社会主义进入新阶段，具有重大的理论意义、实践意义、时代意义、世界意义。可以说，中国社会主义70年以成功破解社会主义历史课题而作出了具有里程碑意义的巨大贡献。

新中国70年的发展之所以能成功破解"什么是社会主义、怎样建设社会主义"的历史性难题，最根本的原因是找到了一条正确的道路，即中国特色社会主义道路。这条道路，是几代中国共产党人带领中国人民筚路蓝缕、艰苦奋斗开拓出来的，是根据本国国情在长期探索中走出来的一条成功之路，是中华民族大踏步赶上时代、引领时代发展的康庄大道。

中国特色社会主义道路是独立自主的创新之路。独立自主是中国共产党人的优良传统和立党立国的重要法宝，在我国这样一个有着5000多年文明史、14亿人口的大国进行革命、建设和改革，决定了我们只能走自己的路。过去，我们照搬过本本，也模仿过别人，一次次碰壁、一次次觉醒、一次次实践、一次次突破，最终走出了这条成功之路。历史和现实都证明，人类历史上，没有一个民族、没有一个国家可以通过依赖外部力量、跟在他人后面亦步亦趋实现强大和振兴。只有中国特色社会主义道路而没有别的道路，能够引领中国进步、实现人民福祉。正如习近平总书记指出的："当代中国的伟大社会变革，不是简单延续我国历史文化的母版，不是简单套用马克思主义经典作家设想的模板，不是其他国家社会主义实践的再版，也不是国外现代化发展的翻版。"[3]中国特色社会主义道路，是中国共产党的"独创版"。我们既不走封闭僵化的老路，也不走改旗易帜的邪路，要坚定不移走中国特色社会主义道路。

中国特色社会主义道路是实现全面发展之路。马克思主义经典作家认为，新社会的本质要求是人的自由而全面的发展。马克思曾展望未来社会是"一个更高级的、以每个人的全面而自由的发展为基本原则的社会形式"[4]。中国特色社会主义贯彻这一基本原则，努力实现人的全面发展、社会全面进步。中国特色社会主义道路，就是在中国共产党领导下，坚持以人民为中心，始终把人民对美好生活的向往作为奋斗目标；统筹推进"五位一体"总体布局，协调推进"四个全面"战略布局；不断解放和发展社会生产力，让人民共享经济、政治、文化、社会、生态等各方面发展成果，有更多、更直接、更实在的获得感、幸福感、安全感，不断促进人的全面发展、全体人民共同富裕。

中国特色社会主义道路是实现民族复兴的必由之路。习近平总书记指出："改革开放以来，我们总结历史经验，不断艰辛探索，终于找到了实现中华民族伟大复兴的正确道路，取得了举世瞩目的成果。这条道路就是中国特色社会主义。"[2] p.83 走在这条道路上，我们比历史上的任何时候都更接近中华民族伟大复兴的目标，比历史上的任何时候都更具信心实现这一目标。走在这条路上，我们有了清晰的时间表和路线图，那就是党的十九大规划的战略安排：2020年全面建成小康社会，2035年基本实现社会主义现代化，21世纪中叶把我国建成富强民主文明和谐美丽的社会主义现代化强国。到那时，中华民族将以更加昂扬的姿态屹立于世界民族之林。

不断深化对社会主义建设规律的认识，形成党和国家与时俱进的指导思想

恩格斯说过："社会主义自从成为科学以来，就要求人们把它当作科学看待，就是说，要求人们去研究它。"[5] 恩格斯这里讲的"研究"，实际上就是要求马克思主义者不断探索并创造性地运用社会主义发展规律，根据时代、实践的发展而不断推进理论创新，从而不断丰富科学社会主义理论宝库。马克思、恩格斯确立了科学社会主义基本原理和原则，提供了根本立场观点方法，为后继者进行接续探索和理论创新奠定了基础。列宁在领导俄国人民进行社会主义革命和建设的探索中，形成了列宁主义，极大地丰富发展了科学社会主义。马克思列宁主义成为马克思主义政党和社会主义国家的指导思想，成为推进社会主义事业的理论基础。

新中国成立70年来，中国共产党坚持科学社会主义基本原则与本国实际相结合，在不同历史时期都丰富发展了科学社会主义理论。毛泽东思想的一个重要组成部分，就是关于社会主义革命和建设的理论，集中体现在《论十大关系》《关于正确处理人民内部矛盾的问题》等著述中，至今仍具有重要的现实指导意义。改革开放以来，在中国特色社会主义开创、发展、完善的历史进程中，先后形成邓小平理论、"三个代表"重要思想、科学发展观、习近平新时代中国特色社会主义思想，既一脉相承又与时俱进，不断赋予中国特色社会主义以鲜明的实践特色、理论特色、民族特色、时代特色。

中国特色社会主义进入新时代，对社会主义建设规律的认识和把握更加深刻、更加成熟。比如，中央提出"八个明确"和"十四个坚持"，是对中国特色社会主义整体性、开创性的丰富发展；提出道路、理论、制度、文化"四位一体"有机统一，拓展了中国特色社会主义的科学体系；提出以人民为中心的发展思想，深化了社会主义本质理论；提出我国社会主要矛盾发生历史性转化，丰富了社会主义初级阶段理论，也发展了社会主义发展阶段理论；在新时代全面深化改革，提升了社会主义发展动力理论；推进国家治理体系和治理能力现代化，丰富发展了社会主义现代化理论；推进"五位一体"总体布局和"四个全面"战略布局，完善了社会主义全面发展理论；践行创新、协调、绿色、开放、共享的新发展理念，拓展了社会主义发展途

径和发展目标理论;坚持党的全面领导,提出关于党的领导"两个最"的重要论断,即中国共产党领导是中国特色社会主义最本质的特征,是中国特色社会主义制度的最大优势,丰富发展了社会主义执政党建设理论;阐明人类社会历史发展的必然趋势,提出科学认识两大社会制度关系的新思想,丰富了关于正确处理社会主义与资本主义之间关系的理论;提出推动构建人类命运共同体,丰富发展了马克思主义关于未来社会的理论;等等。这些具有重大理论意义和鲜明时代意义的新理念新思想新战略,是对科学社会主义的重大创新和全面发展,极大深化了对社会主义建设规律的认识。

彰显社会主义制度巨大优越性,不断建设对资本主义具有优越性的社会主义

科学社会主义创始人基于唯物史观和对资本主义社会基本矛盾运动的分析,认为代替资本主义的未来社会制度具有其固有的先进性和优越性。但现实中,社会主义制度都是建立在经济文化比较落后的国度。同发达资本主义相比,社会主义制度的优越性如何在现实中得以体现和实现,成为俄国十月革命之后百余年来在"一球两制"世界格局中,马克思主义者必须面对的重大历史课题,也是探索破解的难题。苏联的社会主义模式曾在现实中体现了社会主义制度的强大优越性,但也存在着许多弊端。后来现实社会主义国家的改革就是努力革除弊端、更好地体现社会主义制度优越性。苏联解体之后,以中国为代表的现实社会主义国家继续探索求解这一历史难题。

新中国成立70年来,社会主义制度从基本确立到巩固发展,从体制改革到创新完善,在取得历史性成就中也不断彰显着社会主义制度的优越性和巨大优势。经过社会主义改造,我国确立了社会主义基本制度,实现了从几千年封建制度向人民民主制度和社会主义制度的伟大飞跃。邓小平在改革开放之初曾说:"社会主义革命已经使我国大大缩短了同发达资本主义国家在经济发展方面的差距。我们尽管犯过一些错误,但我们还是在三十年间取得了旧中国几百年、几千年所没有取得过的进步。"[6]这是社会主义制度巨大优越性在中国的初步体现和有力证明。改革是中国的"第二次革命",其实质就是社会主义制度的自我完善和发展,在改革创新中焕发活力,更充分体现其优越性。习近平总书记指出,改革开放40多年的实践启示我们,"扭住完善和发展中国特色社会主义制度这个关键,为解放和发展社会生产力、解放和增强社会活力、永葆党和国家生机活力提供了有力保证"[7]。通过不断改革创新,使中国特色社会主义制度比资本主义制度更有效率,更能在竞争中赢得比较优势。改革开放40多年来中国特色社会主义取得世人瞩目的辉煌成就,正是社会主义制度优越性在国家富强、人民幸福、民族复兴的伟大实践中获得了令人信服的证明。

党的十八大以来,我们党通过全面深化改革,不断完善和发展中国特色社会主义制度,不断提高运用中国特色社会主义制度有效治理国家的能力,不仅走出了一条不同于西方国家的成功发展道路,而且形成了一套不同于西方国家的成功制度体系,显示了独特优势。比如中国共

产党领导的优势、团结一切可以团结的力量的优势、强大动员能力和集中力量办大事的优势、有效促进社会公平正义的优势，等等。新时代，中国共产党坚持全面深化改革，构建系统完备、科学规范、运行有效的制度体系，更加充分发挥我国社会主义制度优越性；通过全面深化改革不断完善和发展中国特色社会主义制度，不断提高运用中国特色社会主义制度有效治理国家的能力。具体地讲，我国的经济制度有效促进效率与公平的统一，政治制度充分保障人民当家作主，文化制度不断推动社会主义文化繁荣兴盛，社会制度全面保障和改善民生，生态制度有效实现人与自然的和谐共生和可持续发展。正如习近平总书记指出的："随着中国特色社会主义不断发展，我们的制度必将越来越成熟，我国社会主义制度的优越性必将进一步显现，我们的道路必将越走越宽广，我国发展道路对世界的影响必将越来越大。"[2](p.111)中国特色社会主义制度的更加成熟更加定型，不断建设对资本主义具有优越性的社会主义，以独特的制度成果对科学社会主义作出制度贡献，也为世界上其他一些国家在社会制度建设上提供全新选择，不断丰富创新着人类制度文明。

当今世界"中国之治"和"西方之乱"的鲜明对比，充分证明了中国特色社会主义制度的优越性和优势。在西方国家，贫富差距悬殊、社会治理失灵、党派纷争不断、保护主义滋生、民粹主义盛行、恐怖主义猖獗等，都表明西方的制度衰败和治理无效。当前，有许多国外理论家深刻揭示资本主义的体系危机、制度危机、价值危机，这实际上是资本主义制度结构性矛盾的集中凸显。两相比照，中国"风景这边独好"，在全面深化改革中推动中国特色社会主义制度更加成熟更加定型，为党和国家事业发展、为人民幸福安康、为社会和谐稳定、为国家长治久安提供一整套更完备、更稳定、更管用的制度体系，其优越性为世界上许多有识之士所认可和赞同。

改革开放之初，邓小平充满信心地展望："我们的制度将一天天完善起来，它将吸收我们可以从世界各国吸收的进步因素，成为世界上最好的制度。"[6](p.337)今天，中国特色社会主义制度展现出强大生机活力并不断发展完善。正如习近平总书记指出的："这就要靠通过不断改革创新，使中国特色社会主义在解放和发展社会生产力、解放和增强社会活力、促进人的全面发展上比资本主义制度更有效率，更能激发全体人民的积极性、主动性、创造性，更能为社会发展提供有利条件，更能在竞争中赢得比较优势，把中国特色社会主义制度的优越性充分体现出来。"[2](p.550)

为人类进步事业作出了巨大贡献，推动世界社会主义进入新阶段

中国共产党始终把为人类作出新的更大的贡献作为自己的使命。新中国成立70年来，我们党领导全国人民致力于国家富强、人民幸福、民族振兴的历史进程，同时也是社会主义中国为人类进步事业不断作出贡献的历史过程。毛泽东在1956年说过："中国是一个大国，它的人口占全世界人口的四分之一，但是它对人类的贡献是不符合它的比重的。"[8]因此，改变落后状况，建设繁荣富强的社会主义中国，才能为人类进步事业作出应有贡献。新中国的建立奠定了中国

走向世界的政治基础和制度保障,而在经济社会各方面取得的巨大成就,壮大了世界社会主义的力量,极大地推动了人类进步事业。改革开放以来,为人类作出比较多的贡献是社会主义中国实现发展的内在要求。邓小平在1978年会见外宾时说:"衡量我们是不是真正的社会主义国家,不但要使我们自己发展起来,实现四个现代化,而且要能够随着自己的发展,对人类做更多的贡献。"[9] 改革开放,不仅极大改变了中国,也深刻改变了世界。今天,我国日益走近世界舞台中央,积极推动构建人类命运共同体,为世界和平与发展作出了新的更大贡献,为人类对更好社会制度的探索贡献了中国智慧和中国方案。习近平总书记指出:"科学社会主义在中国的成功,对马克思主义、科学社会主义的意义,对世界社会主义的意义,是十分重大的。"[10]

中国为世界共同发展作出了巨大贡献。中国共产党不仅为中国人民造福,而且为世界人民造福。推动构建国际经济政治新秩序,推动经济全球化健康发展,推动解决人类社会面临的世界难题。中国遵循新发展理念,为人类社会发展贡献"科学发展、和平发展、包容发展、共赢发展"的新理念;倡导构建人类命运共同体,提出国际秩序新原则和人类社会发展新愿景;扎实推进"一带一路"建设,让沿线各国各地区人民获得实实在在的利益,推动各国共同发展繁荣。

中国为世界社会主义作出了巨大贡献。近30年来,世界社会主义运动经历了从苏联解体、东欧剧变步入低谷到21世纪初谋求振兴的过程。在每个重要的历史节点,中国特色社会主义都对世界社会主义发挥了至关重要的历史作用。20世纪80年代末90年代初,苏共垮台、苏联解体、东欧剧变,"社会主义失败论""历史终结论"一度甚嚣尘上,然而中国顶住了巨大压力和挑战,把社会主义旗帜举住了、举稳了,捍卫和挽救了社会主义。21世纪初,国际金融危机引发了整个资本主义危机,中国特色社会主义促进两种制度力量对比朝着有利于社会主义的方向转变,中国发展和振兴了社会主义。近年来,美国等西方主要国家出现逆全球化潮流,表明资本主义对世界的驾驭能力显著下降,开始变得力不从心。中国在推动经济全球化朝着更加公正合理的方向发展,成为世界社会主义新发展的中流砥柱,引领和塑造着21世纪世界社会主义。

中国为人类文明发展作出了巨大贡献。中国以求同存异、开放包容的博大胸怀,积极推动各国文明繁盛、人类进步。习近平总书记反复强调:"文明因交流而多彩,文明因互鉴而丰富。"[11] 通过持续不懈的努力,"推动各国以文明交流超越文明隔阂、文明互鉴超越文明冲突、文明共存超越文明优越"[12]。当今世界,尽管文明冲突、文明优越等论调不时沉渣泛起,但中国始终倡导文明多样性是人类进步的不竭动力,并同国际社会一道,推动不同文明相互尊重、和谐共处,让文明互学互鉴成为推动构建人类命运共同体的积极力量,让人类创造的各种文明交相辉映,编织出斑斓绚丽的图画。通过开展各种文明交流对话,让中华文明走向世界,让"天下大同""协和万邦""和衷共济"等古老中华文明理念成为推动世界和平发展、建设公正合理国际秩序的重要元素,为构建人类命运共同体发挥重要作用。

中国是世界上最大的社会主义国家,中国共产党是世界上最大的马克思主义政党。这样的大国、大党始终如一地坚持和发展社会主义,中国共产党的成功就是科学社会主义的成功,中国特色社会主义的胜利就是科学社会主义的胜利,中华民族伟大复兴必将对世界社会主义的振兴产生巨大的推动作用。

[参引文献]

［1］习近平:《决胜全面建成小康社会 夺取新时代中国特色社会主义伟大胜利——在中国共产党第十九次全国代表大会上的报告》(2017年10月18日),《人民日报》2017年10月28日。

［2］《十八大以来重要文献选编》上,中央文献出版社2014年版,第111—112页。

［3］《十八大以来重要文献选编》下,中央文献出版社2018年版,第327页。

［4］《马克思恩格斯全集》第23卷,人民出版社1972年版,第649页。

［5］《马克思恩格斯选集》第2卷,人民出版社1995年版,第636页。

［6］《邓小平文选》第2卷,人民出版社1994年版,第167页。

［7］习近平:《在庆祝改革开放40周年大会上的讲话》(2018年12月18日),《人民日报》2018年12月19日。

［8］《毛泽东文集》第7卷,人民出版社1999年版,第124页。

［9］《邓小平年谱(1975—1997)》上卷,中央文献出版社2004年版,第325页。

［10］《习近平在学习贯彻党的十九大精神研讨班开班式上发表重要讲话强调 以时不我待只争朝夕的精神投入工作 开创新时代中国特色社会主义事业新局面》,《人民日报》2018年1月6日。

［11］《习近平在联合国教科文组织总部发表演讲》,《人民日报》2014年3月28日。

［12］《中国共产党与世界政党高层对话会 北京倡议》,《人民日报》2017年12月4日。

(原载于《当代中国史研究》2019年第5期)

办好人文社会科学期刊
加快中国特色哲学社会科学学术体系构建

——在第八届全国人文社会科学期刊高层论坛上的致辞

赵 奇

很高兴与大家相聚海南,共同参加第八届"全国人文社会科学期刊高层论坛"。海南是我国改革开放的一片热土。2018年4月13日,在庆祝海南建省办特区30周年大会上,习近平总书记指出,海南是我国最大的经济特区,地理位置独特,拥有全国最好的生态环境,同时又是相对独立的地理单元,具有成为全国改革开放试验田的独特优势。今天,我们在美丽的海口举办第八届"全国人文社会科学期刊高层论坛",可以说是恰逢其时。在座各位期刊的负责同志大都是我国社科期刊界的老专家,为我国人文社会科学期刊的发展作出了重要贡献。在此,我谨代表中国社会科学院,对第八届"全国人文社会科学期刊高层论坛"的举办表示热烈祝贺,对百忙中莅临会议的各位同志表示诚挚感谢。

上个月,我们大家一起共同经历了新中国成立70周年的盛大庆典,党中央召开了中共十九届四中全会,通过了《中共中央关于坚持和完善中国特色社会主义制度 推进国家治理体系和治理能力现代化若干重大问题的决定》。在这个重要的历史性的时间节点,人文社会科学期刊共同体围绕"中国特色哲学社会科学学术体系构建与人文社会科学期刊"这一主题,研究、探讨人文社会科学期刊的发展和建设,共同为加快构建中国特色哲学社会科学"三大体系"贡献智慧,我感到非常有意义,也非常有价值。

习近平总书记2016年5月17日在哲学社会科学工作座谈会上的讲话中,首次明确提出了"加快构建中国特色哲学社会科学"的战略任务。习近平总书记指出,"要按照立足中国、借鉴国外,挖掘历史、把握当代,关怀人类、面向未来的思路,着力构建中国特色哲学社会科学,在指导思想、学科体系、学术体系、话语体系等方面充分体现中国特色、中国风格、中国气派"。习近平总书记这一重要论述,为加快构建中国特色哲学社会科学指明了方向。深入学习贯彻习近平总书记"5·17"重要讲话精神,是我国哲学社会科学界的长期任务,必须不断学习,加深理解。人文社会科学期刊是重要的学术成果发布平台,人文社会科学期刊高质量的发展,对大力推动中国特色哲学社会科学学术体系建设意义重大。这里,我想就深入学习贯彻习近平总书记重要讲话精神,推动人文社会科学期刊高质量发展谈三点意见,供大家参考。

第一,充分认识人文社会科学期刊高质量发展对中国特色哲学社会科学学术体系构建的重要作用。

据我了解,中国社会科学评价研究院去年发布的《中国人文社会科学期刊AMI综合评价报告(2018)》,收录了1291种人文社会科学期刊。一个国家拥有数目如此众多的人文社会科学期刊,在世界上可以说是名列前茅。在中国的期刊集群中,人文社会科学期刊是中国特色期刊的重要代表,是我国学术期刊的重要组成部分,是中国特色哲学社会科学研究成果的重要发布平台,长期以来为中国特色哲学社会科学的发展和繁荣作出了重要的贡献,对中国特色哲学社会科学学术体系的构建发挥着重要的作用。

人文社会科学期刊的高质量发展,对于中国特色哲学社会科学学术体系构建的重要作用,我认为,主要体现在三个方面:一是人文社会科学期刊具有鲜明的政治性,坚持马克思主义在学术领域的指导地位,坚持中国共产党在学术领域的全面领导,坚持以唯物辩证法为学术研究的总的指导方法，保证了我国哲学社会科学学术研究成果正确的政治方向；二是人文社会科学期刊坚持以学术为本位，以学术性为办刊标准、专业标准和评价标准，保证了哲学社会科学研究成果的学术方向；三是人文社会科学期刊具有鲜明的导向性，坚持以人民为导向、以问题为导向、以时代为导向，保证了哲学社会科学研究成果既有一定理论基础，又能解决重大现实问题。可以说，人文社会科学期刊在学术体系构建方面发挥了不可替代的作用。以人文社会科学期刊为重要抓手，有利于加快构建中国特色哲学社会科学学术体系。

第二，围绕"三大体系"建设，加强议题设置策划能力，不断增强人文社会科学期刊的学术引领力与影响力。

习近平总书记在"5·17"重要讲话中指出："中国特色哲学社会科学应该涵盖历史、经济、政治、文化、社会、生态、军事、党建等各领域，囊括传统学科、新兴学科、前沿学科、交叉学科、冷门学科等诸多学科，不断推进学科体系、学术体系、话语体系建设和创新，努力构建一个全方位、全领域、全要素的哲学社会科学体系。"我体会，这是新时代党和国家对哲学社会科学工作提出的总体要求。在"三大体系"构建中，学术体系是加快构建中国特色哲学社会科学的核心，是学科体系、话语体系的内核和支撑。新时代加快构建中国特色哲学社会科学学术体系，要坚持马克思主义的指导地位，善于融通古今中外各种学术资源，坚持问题导向，着力提升原创能力和水平。在加快构建中国特色哲学社会科学学术体系的过程中，人文社会科学期刊承担何种使命、存在哪些差距、需要如何作为，是我们在新时代需要思考的基本问题。本次论坛设置"中国特色哲学社会科学学术体系构建与人文社会科学期刊"的主题，顺应了"三大体系"构建的现实需要。人文社会科学期刊应当紧扣推进中国特色学术体系构建这个主题，进一步提高学术水平，不断扩大学术引领力和影响力。首先，在办刊方针上，要坚持以马克思主义为指导，坚持正确的政治方向、学术导向、价值取向，从学理层面深入研究阐释习近平新时代中国特色社会主义思想，引领中国社会科学正确发展方向，展现中国哲学社会科学的特色、风格、气派。其次，要坚持理论创新与问题导向相结合。习近平总书记在"5·17"重要讲话中指出："我们的哲学社会科学有没有中国特色，归根到底要看有没有主体性、原创性。""只有以我国实际为研究起点，提出具有主体性、原创性的理论观点，构建具有自身特质的学科体系、学术体系、话语体系，我国哲学社会科学才能形成自己的特色和优势。"人文社会科学期刊要提升学术性、引领学术发展，就要在提高主体性、原创性上下功夫，既要看到从文本中发现的问题，更要从社会生活实践中提炼出问题，围绕当前重大理论和现实问题、各学科前沿和热点问题，主动设置议题，提出理论观点，推出学术成果，从而在"三大体系"建设中发挥学术引领作用。

第三，以数字化作为期刊创新发展的新动能，大力推进数字化研究、数字化传播和数字化平台建设。

习近平总书记在"5·17"重要讲话中指出："要运用互联网和大数据技术，加强哲学社会科学图书文献、网络、数据库等基础设施和信息化建设,加快国家哲学社会科学文献中心建设,构建方便快捷、资源共享的哲学社会科学研究信息化平台。"习近平总书记这一重要指示具有很强的指导性和前瞻性。当前,大数据、云计算、人工智能、区块链等技术发展日新月异,信息技术与人类生产生活日益交汇融合,文化建设与发展的数字化已经是大势所趋。作为我国哲学社会科学研究成果的重要传播者,学术生产的重要参与者和推动者,人文社会科学期刊必须紧跟生产力的发展,将数字化作为期刊创新发展的新动能,实现媒体融合发展。一是要推进数字化研究。目前,越来越多的哲学社会科学研究者开始运用大数据进行科学研究,体现了学术研究数字化的发展趋势。学术研究的数字化,保证了学术研究成果的科学性,从根本上有利于推进国家治理体系和治理能力现代化。二是要推进数字化传播。伴随着信息技术不断发展,数字化传播的影响越来越大。这些年,人文社会科学期刊在数字化传播方面做了很多探索,取得了不少成绩。推进数字化传播是传播手段的一场革命,要把数字化传播与学术组织、学术生产、学术传播相结合,满足学者的研究需求,推动国家哲学社会科学创新发展。三是要推进数字化平台建设。近年来,不少人文社会科学期刊通过数字化平台建设,在期刊编辑出版方式上实现了变革。未来,人文社会科学期刊的数字化平台建设还要向纵深发展。要更好地运用大数据这个工具,实现编辑出版的精准化、精品化,不断提高期刊科学化水平,抢占数字化建设制高点,为大数据时代人文社会科学期刊的发展奠定坚实基础。

当前,我国经济正处在由高速发展转向高质量发展的关键时期。在这一大背景下,中国的人文学术发展也面临着向高质量提升的紧迫任务。习近平总书记在"5·17"重要讲话中深刻指出:"总的看,我国哲学社会科学还处于有数量缺质量、有专家缺大师的状况,作用没有充分发挥出来。"习近平总书记语重心长地强调,"这是一个需要理论而且一定能够产生理论的时代,这是一个需要思想而且一定能够产生思想的时代。我们不能辜负了这个时代。"希望我们从事人文社会科学期刊工作的同志牢记习近平总书记的嘱托,把我们的期刊办得更好,推出更多高水平的学术成果,为提高中国哲学社会科学研究的整体水平作出我们应有的贡献。也希望在本次论坛上大家畅所欲言、深入研讨,把本次论坛办成一个务实的、成功的会议。

(2019年11月29日)

二 中国社会科学院 2019 年度工作会议文件

中国社会科学院 2018 年度工作总结

2018 年，是新时代党和国家发展具有重大历史意义的一年，也是我院发展进程中的重要一年。

这一年，在以习近平同志为核心的党中央坚强领导下，在习近平新时代中国特色社会主义思想科学指引下，院党组团结带领全院同志树牢"四个意识"、坚定"四个自信"、坚决做到"两个维护"，旗帜鲜明讲政治，坚定地同以习近平同志为核心的党中央保持高度一致，守正创新，开拓进取，思想武装跃升新境界，科学研究结出新硕果，中国历史研究院成立并挂牌，"三大体系"建设迈出新步伐，智库建设实现新突破，人才建设达到新水平，国际学术交流取得新进展，管理服务保障迈上新台阶，党的建设取得新成效，全院同志展现新风貌，各项事业开创新局面。

（一）学习研究阐释习近平新时代中国特色社会主义思想不断深入

提高政治站位，强化思想武装。坚持和完善党组理论学习中心组、党委理论学习中心组理论学习制度。举办习近平新时代中国特色社会主义思想和党的十九大精神所局级领导干部读书班、处室干部培训班、院党校干部进修班、支部书记培训班、青年骨干读书班等。全年共有近 200 名所局级干部、1000 多名处室级干部、3800 多名党员干部职工参加专题培训。修订《习近平总书记关于哲学社会科学重要讲话指示、重要论述、重要批示摘编》，汇编出版学习体会文集《繁荣发展新时代中国特色哲学社会科学》。

发挥特色优势，推出理论成果。印发《中国社会科学院研究阐释习近平新时代中国特色社会主义思想工作方案》。党组成员带头撰写并在中央重要报刊和权威期刊上发表《马克思主义是不断发展的理论》等理论文章 50 余篇。全院所局级领导干部、专家学者发表文章 136 篇。习近平新时代中国特色社会主义思想研究中心在中央"三报一刊"发表文章 130 余篇。举办"习近平新时代中国特色社会主义思想研究学术论坛（2018）"、第三届"习近平新时代中国特色社会主义思想高层论坛"等系列论坛和学术研讨会、全国社会科学院系统中国特色社会主义理论体系研究中心第二十三届年会。建设"习近平新时代中国特色社会主义思想文库"，文献总量超过1万件。设立专项研究课题21项。出版《马克思主义中国化最新成果研究报告（2018）》。"习近平新时代中国特色社会主义思想学习丛书"经中宣部批准即将出版。《中国社会科学》等院属期刊、《中国社会科学报》、中国社会科学网纷纷开设专栏，发表大量文章，院属出版社积极做好理论著作的策划、选题和出版，形成传播党的创新理论的浓厚氛围。

狠抓贯彻落实，把习近平总书记重要讲话指示和党中央决策部署落到实处。院党组坚持第一时间组织传达学习习近平总书记重要讲话指示和党中央决策部署，并结合我院实际坚决贯彻落实。中共中央政治局常委、中央书记处书记王沪宁同志，中共中央政治局委员、国务院副总理孙春兰同志，中共中央政治局委员、中宣部部长黄坤明同志先后来我院调研，充分肯定了我院的工作，提出明确要求。院党组制定了《关于进一步贯彻落实习近平总书记致我院建院40周年贺信精神的工作方案》《中共中国社会科学院党组关于学习贯彻落实全国宣传思想工作会议精神工作方案》《关于贯彻落实王沪宁同志讲话精神工作方案》《中共中国社会科学院党组关于学习贯彻落实全国党委秘书长会议精神工作方案》等，明确任务书、时间表、路线图、责任单位，持续推进，抓好落实。

（二）党的意识形态阵地不断巩固

坚持正确方向和导向，意识形态工作鲜明有力。院党组高度重视，定期召开意识形态工作专题会议，分析研判意识形态领域中的重大问题，实行意识形态工作"一票否决制"，牢牢掌握意识形态工作领导权，严把期刊、网络、论坛、讲座等平台的思想政治关，切实维护国家意识形态安全。向中央提供意识形态领域形势分析报告、国家文化安全风险评估报告等，组织编发各类意识形态综合性稿件93篇，通过《要报》等报送意识形态智库成果100余篇。马克思主义理论研究和建设工程扎实推进。设立我院马克思主义理论学科建设和理论研究工程年度课题22项。举办马工程系列论坛12场。

主动发声、敢于"亮剑"，积极维护国家意识形态安全。深化马克思主义理论研究与宣传，旗帜鲜明地批判历史虚无主义等错误思潮和观点。37家研究单位在职人员发表马克思主义理论文章1100余篇，批判错误思潮文章200余篇。院属68家期刊刊发马克思主义理论文章1100余篇、批判错误思潮文章260篇。

（三）组建中国历史研究院取得重大进展

组建中国历史研究院，是习近平总书记亲自倡导并作出的重大决策，是党中央交办的重大政治任务和理论任务。习近平总书记作出重要批示并亲自审定批准了《中国历史研究院组建方案》。王沪宁同志高度重视，悉心谋划，靠前指挥，多次作出重要指示批示。黄坤明同志直接领导，具体推动，多次作出重要指示批示。中央和国家有关部门大力支持，特事特办，有力保障了组建工作的顺利推进。

在党中央坚强领导下，2019年1月3日，中国社会科学院中国历史研究院正式挂牌并成功举行了"新时代中国历史研究座谈会"。习近平总书记专门发来贺信，黄坤明同志出席挂牌仪式和座谈会并发表讲话。习近平总书记的贺信，充分体现了对我院和全国历史研究工作者的高度重视和亲切关怀，充分体现了对中国历史研究院的殷切期望和重托，是对我院全体同志的巨大鼓舞和鞭策。院党组第一时间召开党组会、历史学部各研究所领导班子成员会议，专题学习习近平总书记贺信和黄坤明同志讲话，研究贯彻落实措施。1月4日，向院属各单位印发学习贯彻习近平总书记贺信精神的通知。

在组建过程中，院党组高度重视，认真学习领会习近平总书记重要论述指示和党中央精神，抢抓机遇，态度坚决，举措果断，始终牢牢地把这件大事抓在手上，未有丝毫懈怠。多次召开专题会议，精雕细琢，拟定《关于成立中国历史研究院的建议方案（送审稿）》《中国历史研究院组建方案（送审稿）》等相关文件，明确中国历史研究院的指导思想、职责定位、基本原则、机构设置、领导体制等。每周定期召开组建工作推进会，协调督办组建任务落实。召开中国历史研究院组建工作动员会、历史学部及中国社会科学杂志社历史专业中层干部会议、中国历史研究院组建工作情况通报会，统一思想，提高认识。加强与中央和国家有关部门沟通协调，落实机构编制、预算、资产人员移交划转等工作。制定领导班子建设方案、行政管理及辅助机构组建方案、历史理论研究所组建方案。

根据党中央审定批准的组建方案，按照"不是要归大堆，而是要真正打造中国历史研究的精锐"的要求，本着"消除重复、填补空白、理顺关系、体现传承、面向未来"的原则，中国历史研究院整合中国历史、世界历史、边疆、考古等方面研究力量，推动相关历史学科融合发展。中国历史研究院在原历史学部5个研究所基础上新设院部并成立4个内设机构，新设历史理论研究所，调整、优化、新设40个研究室，整合6个科研辅助部门，新设5个非实体性研究中心，学科调整力度之大、范围之广，在我院历史上是前所未有的。中国历史研究院的成立，不仅对新时代我院的发展具有里程碑意义，而且必将对全国历史研究发展产生重大而深远的影响。

（四）创新工程推动"三大体系"建设取得新硕果

打造创新工程升级版和精品工程。为改变重数量轻质量的问题，在广泛调查研究的基础上，制定《中国社会科学院关于实施精品工程打造创新工程升级版方案》，在坚持竞争性原则的前提下，扩大研究所在创新工程管理方面的自主权，探索完善研究所对科研岗位考核评价指标体系的调整权限，推进以质量为导向的绩效考核评价体系，建设有利于提升原创能力的竞争激励约束评价体系。优化创新岗位进入和退出机制。修订《中国社会科学院创新工程科研单位绩效评价指标体系》。

推进哲学社会科学学科体系、学术体系、话语体系建设。制定《中国社会科学院重大科研项目：2019—2022工作方案》。从我院各学科选出15个学科，设立15项课题，开展重点研究，其中"马克思主义基本原理概论"等6项课题完成研究工作。实施"登峰战略"学科建设计划，资助41个优势学科、84个重点学科和21个特殊学科。

举办庆祝改革开放40周年9场高端学术论坛，院领导和学部委员带头参与，实现政治效应与学术效应有机统一，得到社会广泛好评。全院各单位广泛参与，高质量完成中央交办的"改革开放40年百县（市、区）调查"，完成《改革开放40年与中国民生发展研究报告》。围绕纪念马克思诞辰200周年和《共产党宣言》发表170周年，举办各类论坛、研讨会。完成中央交办的"如何开创新时代宣传思想文化工作新局面"等重大调研课题。

国情调研工作持续加强。2018年共评审立项77项国情调研项目。推出第一批"精准扶贫精准脱贫百村调研丛书"共20种。

学部作用有效发挥。顺利完成学部委员增选、学部主席团及各学部改选工作，12名学者当选中国社科院学部委员。实施"学部委员（荣誉学部委员）资助计划"，发挥其学术支撑和引领作用。组织编纂"中国社会科学院学部委员专题文集"。《中华人民共和国史稿》第五卷至第七卷编纂工作有序推进。郭沫若研究顺利开展。

围绕加快构建"三大体系"，提升学术期刊、出版社、学术活动的品牌质量和影响力，发挥在全国学术界的引领作用。《中国社会科学》荣获第四届中国出版政府奖期刊奖。《经济研究》等11种期刊入选国家广播电视总局评审的"百强社科期刊"。《历史研究》等13种学术期刊、2种大众类期刊入选中国期刊协会发布的"2018期刊数字影响力100强"。《中国社会科学报》积极打造新时代中国特色哲学社会科学传播平台，荣获"改革开放40年·报业经营管理先进单位"称号。国家哲学社会科学文献中心上线数据资源总量近1700万条，个人注册用户达80余万人，海外机构用户近500家，累计点击量超3亿次。中国社会科学出版社在"2018年中国图书海外馆藏影响力研究报告"中，蝉联全国出版社首位。社会科学文献出版社"皮书"系列和《列国志》系列丛书已成为著名品牌，数据库成为国内最大的智库报告发布及传播平台。举办2018年"中国哲学社会科学话语体系建设·浦东论坛"，编辑完成中国哲学社会科学话语体系研究辑刊（第3辑）。我院主管的全国性学术社团年检合格率达89.4%，创历年新高。

中国人文社会科学评价体系不断完善。完成中国人文社会科学期刊第二轮评价工作。制定国内智库评价指标体系。制定《全国哲学社会科学科研诚信管理办法（草案）》，积极推进哲学社会科学诚信建设。深化院地科研合作。地方志围绕"两全目标"，着力推动"十大工程"，紧扣"三大主题"，工作取得重大进展。开展《地方志工作条例》修订、《中华人民共和国史志法》立法可行性调查研究，推进《中国南海志》《三沙市志》编纂工作，拍摄中国名镇、名村影像志等。

2018年，全院共发表论文5000余篇，其中顶级期刊论文119篇、权威期刊论文196篇，出版学术著作400余部，800余部（篇）著作论文入选我院创新工程年度重大成果。申报立项国家社科基金各类项目156项，立项数量位居全国申报单位第一。

（五）智库建设实现新突破

积极建立与中央有关部门的供需对接渠道。出台《中国社会科学院国家高端智库交办委托任务和研究项目管理办法（试行）》，完善智库工作机制。承接国家高端智库重点研究选题65项，结项30项。紧紧围绕党中央国务院决策需要，建立"中美贸易摩擦研究"专项工作机制，组织完成《要报》40余篇、其他内部报告十余篇、在高水平期刊上发表研究成果20余篇，获得中央主要领导同志重要批示十余次。组织中国智库专家代表团赴美，与美国著名智库和学者交流，阐述我对中美贸易摩擦的原则立场，有针对性、学理性地传播中国声音，收到良好效果，得到中央领导同志充分肯定。发起成立"美国研究智库联盟"，积极对外发声50余次，整理报送中美贸易摩擦有关舆情150余期，积极配合中央有关部门做好政策阐释和宣传引导工作。认真开展国家安全风险评估工作，提交相关领域风险评估报告，诸多建议被采纳吸收，得到中央国安办充分肯定。较好完成国务院交办的季度经济形势分析与预测研究课题。

举办第三届中印智库论坛、首届中俄智库论坛、首届上合组织国际智库论坛、中泰智库论坛、中马战略合作论坛、第九届世界社会主义论坛，智库论坛影响力持续提升。

智库成果报送的时度效显著增强。直报中央领导同志专题报告20余篇，获得中央领导同志批示17篇。报送《要报》系列内刊1854期，完成上级部门约稿412篇。国家全球战略智库报送智库成果331篇，推出"新时代中非友好合作智库报告"等60余种国家智库报告。据不完全统计，全年报送智库成果获得中央领导同志批示318篇，获采用308篇，成果质量和上级采用率明显提高。

（六）人才队伍建设达到新水平

人才高地效应凸显。我院王家福先生被授予"改革先锋"称号、颁授"改革先锋"奖章，14位专家入选文化名家暨"四个一批"人才，15位专家入选国家"万人计划"，21名优秀人才通过国家留学基金委评审。向人社部推荐2018年享受政府特殊津贴专家人选40人，向教育部推荐"长江学者奖励计划"评审专家282人。制定《关于引进高端专业人才的办法》，加大高端人才引进力度，高层次人才引进工作有序进行。实施一系列改革，为稳定队伍、吸引人才发挥积极作用，提供制度性保障。

推进机构编制调整。制定《中国社会科学院事业单位机构编制备案试点方案》，申请自主调整机构编制备案权限试点。调整完善挂职实践锻炼管理机制。制定《关于进一步改进和完善挂职实践锻炼工作的实施意见》，拓展干部挂职渠道和方式，增强挂职锻炼的精准性和实效性。深化职称制度改革，完善专家评价激励服务机制。创新人才评价机制，促进人才合理流动、能进能出、能上能下。

扎实推进中国社会科学院大学建设。稳妥解决本科生招生培养中群众反映的问题，圆满完成招生和新生入学工作。加强学生思想政治工作。深化教育培养体制机制改革，充分发挥我院专家群体优势，积极支持科教融合，探索形成办学特色。保障能力不断增强，研究生教育不断完善，"本—硕—博"一体化培养体系稳步推开。创新博士后管理制度机制，积极发挥博士后人才"储备库"和"蓄水池"功能。"中国社会科学博士后文库"品牌效应彰显。

（七）国际学术交流合作取得新进展

配合国家大局，组织实施高端对外学术交流。配合中央领导高访，院领导出访俄罗斯、葡萄牙、比利时、马其顿、阿根廷等国，组织高级别学术交流活动，签署《中国社会科学院与科英布拉大学关于设立中国研究中心的协议》《关于设立中国—阿根廷社会科学虚拟中心的协议》等重要文件及合作谅解备忘录。

重要互访日益增多。接待玻利维亚总统莫拉莱斯、挪威国王哈拉尔五世等政要来访。哥斯达黎加总统出席第五届中拉政策与知识高端研讨会并致辞。

国际学术话语权和影响力不断提升。在"中国社会科学论坛"和"中国社会科学院高端智库论坛"平台下，举办国际研讨会18场。举办周边及发展中国家青年学者培训项目暨第七期"中国社会科学院经济发展问题国际青年学者研修班"。举办"'一带一路'建设与全球能源互联网发展"等研修班。对外学术翻译出版资助工作稳步推进，15种外文期刊得到资助，13本学术著作得到院翻译出版资助。

对外学术交流合作领域不断拓展。中国非洲研究院组建工作稳步推进。制定《中国社会科学院海外中国研究中心建设规划》，与法国、加拿大、俄罗斯、美国、巴西、阿联酋、葡萄牙、乌克兰、格鲁吉亚、亚美尼亚等国10家合作机构签署相关协议。中国—中东欧研究院、香港中国学术研究院建设顺利。

（八）管理服务保障迈上新台阶

建设政治机关和模范机关，推动全院工作规范高效有序运转。加强写作班子建设，密切跟踪分析思想理论态势，强化战略思考，注重调查研究，提高文稿质量和水平，向党中央和有关部门报送文件200余份。圆满完成中国历史研究院组建前期工作和中央领导同志来我院调研组织工作。制定《关于进一步规范和完善党组会议、院务会议制度的规定》，提高会议质量和效率。组织完成新时代中国历史研究座谈会暨中国历史研究院挂牌仪式等重要会议和重大活动。创新工作方法，加强督办落实，完成督办任务1305项，重点督办任务377项，推动党中央决策部署和院党组决定事项落地见效。加强机要保密工作，办理院内外文件4400余件，收发机要文件、资料6万余件（次），特急、专送件876件，向院属各单位分发文件13000余份。在国家保密局组织的保密工作年度检查中,被评为优秀。开展全院信息化专项调研,强化顶层设计。

绩效工资改革圆满完成。人社部、财政部同意我院绩效工资实施方案,按事业单位绩效工资高线核定我院绩效工资总量。实施创新工程报偿作为绩效工资纳入养老保险缴费、公积金缴存基数,落实事业单位养老保险制度并轨。通过绩效工资改革,职工收入大幅度增长,公积金平均增长幅度达到80%,实现了将创新工程报偿纳入绩效工资管理的战略规划,从制度上解决了多年想解决而未能解决的问题,大大调动了各类人员的积极性。

增强服务意识,提高保障水平。2018年财政部核定我院预算24.55亿元,比上年增长4.77%,其中创新工程经费7.66亿元,比上年增长7.26%。加大对银行账户的监管力度,纳入结算中心账户数达206个,完成率为97.17%。推进财务平台一体化建设。完成固定资产清查工作。可移动文物、古籍清查顺利推进。努力做好职工住宅保障,国家新增我院职工保障性住宅38套,东坝职工住宅施工顺利推进,印发《东坝职工住宅配售办法》。老旧小区维修改造有序进行,小区物业目标管理、社会化程度进一步提高。食堂改自助餐,合理提高标准,明显改善餐食质量,受到全院干部职工普遍欢迎。克服重重困难,解决我院99名职工子女入学问题,解除职工后顾之忧。充分发挥离退休专家学者学术优势,丰富离退休人员精神文化生活,做好老干部服务工作,促进老有所为、老有所乐。

(九)全面从严治党和党的建设取得新成效

贯彻新时代党的建设总要求,把政治建设摆在首位,坚持从政治上谋划、部署、推动工作,始终做到党中央提倡的坚决响应、党中央决定的坚决照办,重大问题及时请示、重大事项及时报告,把全院同志思想统一到党中央的路线方针政策上来,统一到党中央决策部署上来。顺利完成中央和国家机关工委对我院党的政治建设重点督查。

加强和改善党对哲学社会科学工作的领导。院党组坚决贯彻习近平总书记关于大兴调查研究之风的重要指示精神,连续召开15场座谈会,在全院范围广泛征求各方面意见建议,汇总梳理反映比较集中的66条意见建议并在暑期务虚会上专题研究。66条意见建议中,关于办院思路和方向3条,已采纳;关于科研和创新工程27条,一部分已采纳,吸收到创新工程升级版和精品工程方案中,学科建设方面的意见建议拟在2019年工作部署中体现,少量属于政策问题还在继续向国务院有关部委反映;关于人才问题12条,一部分已采纳,并通过完善制度予以体现,一部分拟在2019年工作部署中体现;关于党的建设10条,已基本采纳;关于管理和服务14条,一部分已采纳,经费管理使用方面正在调研,信息化建设方面正在改进。通过深入调研,集思广益,按新时代要求,明确办院思路和发展方向。制定《中共中国社会科学院党组工作规则》,调整充实党组班子,强化党组成员工作职责,强调:"讲政治,提高政治站位;讲学习,强化思想武装;讲大局,注重团结合作,讲纪律,严守政治规矩;敢担当,勇于和善于抓落实。"坚持和完善民主集中制，加强党组自身建设。制定《中国社会科学院关于坚持和完善党委领导下的所长负责制的若干规定》，健全党对哲学社会科学工作的领导体制机制，着力解决党的建设与科研工作"两张皮"问题，确保研究所坚持正确的政治方向和学术导向，促进出成果、出人才。干部队伍建设切实加强。制定《中国社会科学院所局领导班子和所局级干部年度考核工作方案》《中国社会科学院所局级干部调训暂行规定》。全年调整35名所局级干部。组织77人次参加中共中央党校（国家行政学院）进修班、培训班等。加强所局级领导干部日常管理，对全院56个单位领导班子和190余名领导干部进行民主测评。

坚持全面从严治党，党风廉政建设和反腐败斗争取得新成效。深入贯彻中央八项规定精神，制定实施方案和《中国社会科学院集中整治形式主义、官僚主义的工作方案》。严肃查处城环所原党委书记李春华严重违纪违法案件，大力开展警示教育。制定《关于学习宣传贯彻落实〈中国共产党纪律处分条例〉实施方案》，严明党的纪律。印发《中共中国社会科学院党组巡视工作规划（2018—2022年）》和《中共中国社会科学院党组2018年度巡视工作计划》。组成3个巡视组，对6家院属单位开展政治巡视。巡视整改工作取得阶段性成果。

继续推进"两学一做"学习教育。严肃党内政治生活，组织开好民主生活会。加强研究所党委领导班子建设，进一步规范基层党组织设置。开展"不忘初心，重温入党誓词"主题党日活动。统战、工会、妇女工作丰富多彩。青年工作亮点频现，完成"胡绳青年学术奖"评选。

扶贫工作成效显著。成立由院主要领导同志任组长的扶贫领导小组，院党组领导多人次到我院对口帮扶点深入调研，多次召开专题会议研究部署扶贫工作，选派得力干部到扶贫点挂职。实施扶贫项目26项，帮助496户1764名贫困人口脱贫。我院离休干部获得2018年全国脱贫攻坚奖奉献奖。

过去一年我院建设发展取得的成绩，是以习近平同志为核心的党中央坚强领导的结果，是中央和国家有关部门关心支持的结果，是全院同志团结奋斗的结果。

我们清醒地认识到，我院工作与党中央要求、与加快构建中国特色哲学社会科学的崇高使命相比，还有不小差距，主要是：从学理上对习近平新时代中国特色社会主义思想的研究阐释不够深入，缺乏精品力作，马克思主义理论研究滞后于马克思主义中国化实践发展，书写研究阐释当代中国马克思主义、21世纪马克思主义的学术经典任重道远；加快构建中国特色哲学社会科学学科体系、学术体系、话语体系，力度亟待加强，成效不够明显，有高原缺高峰；成果数量不少，但具有原创性、标志性的高质量成果不多；科研队伍规模不小，但具有深厚马克思主义理论素养、学贯中西的高水平人才不多；学科门类不少，但学科建设不适应新时代发展要求和哲学社会科学发展趋势的矛盾日益突出；等等。对于存在的差距和问题，我们要勇于面对，采取有力措施加以解决，推动我院各项事业不断开创新局面。

中国社会科学院 2019 年度工作要点

2019 年是新中国成立 70 周年,是实现决胜全面建成小康社会第一个百年奋斗目标的关键之年。2019 年全院工作总的要求是:坚持以习近平新时代中国特色社会主义思想为指导,持续深入贯彻习近平总书记在哲学社会科学工作座谈会上的重要讲话和致我院贺信精神,树牢"四个意识"、坚定"四个自信"、坚决做到"两个维护",自觉承担起举旗帜、聚民心、育新人、兴文化、展形象的使命任务,坚持为人民做学问理念,坚持以科研为中心,坚持以新时代重大理论和实践问题为主攻方向,坚持以出高质量成果和高水平人才为重点,着力推进"三大体系"建设,繁荣中国学术,发展中国理论,传播中国思想,加快构建中国特色哲学社会科学,以优异成绩庆祝中华人民共和国成立 70 周年。

重点做好如下工作。

(一)深入学习研究阐释习近平新时代中国特色社会主义思想,在建设坚强的马克思主义理论阵地方面实现更大作为

1. 提高政治站位,坚决做到"两个维护"。旗帜鲜明讲政治,深入开展"不忘初心、牢记使命"主题教育,树牢"四个意识"、坚定"四个自信",坚决维护习近平总书记核心地位、坚决维护党中央权威和集中统一领导,增强政治定力、政治判断力、政治执行力,在政治立场、政治方向、政治原则、政治道路上坚定地同以习近平同志为核心的党中央保持高度一致,始终做到党中央提倡的坚决响应、党中央决定的坚决照办,坚决做到重大问题及时请示、重大事项及时报告,把思想统一到党中央的路线方针政策上来,统一到党中央决策部署上来。

2. 持续深入学习,真正学懂弄通做实。将学习研究贯彻习近平新时代中国特色社会主义思想作为首要政治任务和理论任务,坚持不懈地用马克思主义中国化最新成果武装头脑、指导实践、推动工作。坚持和完善党组理论学习中心组和党委理论学习中心组学习制度,充分利用所局级领导干部读书班、处室干部培训班、院党校干部进修班、党支部书记培训班、青年骨干读书班、入党积极分子培训班,做到全员参加、全面覆盖。切实推动党的创新理论进学术专著、进教材、进课堂、进头脑,把党的创新理论体现到各学科研究领域,真正融入科研、指导科研,转化为科研人员清醒的理论自觉、坚定的政治信念、科学的思维方法。

3. 持续深入钻研,书写研究阐释当代中国马克思主义、21 世纪马克思主义的学术经典。举全院之力,充分发挥特色和优势,组织精锐力量,整合资源,协同攻关,深入研究阐释习近平新时代中国特色社会主义思想,深入研究这一思想的理论体系、核心要义,深入研究这一思想对马克思主义理论宝库的原创性贡献,深入研究这一思想所蕴含的马克思主义的基本原理和贯穿其中的

立场、观点、方法，深入研究这一思想所贯通的战略思维、系统思维、辩证思维、历史思维、底线思维，深入研究这一思想所展现的新时代马克思主义、科学社会主义的理论逻辑和实践逻辑，深入思考、精于钻研、善于转化，将政治语言转化为学术语言，多出高水平研究成果。

制定习近平新时代中国特色社会主义思想研究课题计划，院党组每一位成员牵头一项研究课题；马研院、习近平新时代中国特色社会主义思想研究中心、马研学部要将研究习近平新时代中国特色社会主义思想作为首要任务，作为主攻方向，发挥主力军作用。举办习近平新时代中国特色社会主义思想研讨会（论坛）。建设好习近平新时代中国特色社会主义思想研究库。做好习近平新时代中国特色社会主义思想重大选题出版工作。各学部、各研究单位结合各学科专业，组织跨学科协同攻关，准确把握习近平新时代中国特色社会主义思想蕴含的立场、观点、方法，推动党的创新理论与各个学科、概念、范畴之间的融通，努力推出精品力作，展现21世纪中国马克思主义的真理伟力。

加强马克思主义理论学科建设，继续推进马克思主义理论学科建设与理论研究工程，进一步推动马克思主义中国化、时代化、大众化。加强马克思主义理论创新智库、当代马克思主义政治经济学创新智库（全国中国特色社会主义政治经济学研究中心）和意识形态研究智库等马克思主义专业智库建设。落实好中央马克思主义理论研究和建设工程各项任务。扎实推进我院马克思主义理论学科建设与理论研究工程、马克思主义文艺理论和文艺批评工程，推出高质量研究成果。

4. 立足中国实际，坚持问题导向，为推进马克思主义中国化时代化大众化作贡献。哲学社会科学必须坚持马克思主义的指导地位。坚持马克思主义，最重要的是坚持马克思主义基本原理和贯穿其中的立场、观点、方法，立足当代中国实际，坚持问题导向，深入研究新时代我们党和国家发展面临的重大理论和实践问题，提出解决问题的正确思路和有效办法，把握历史脉络，揭示发展规律，推动理论创新。

5. 坚持正确的政治方向和学术导向，切实做好意识形态工作。坚持习近平新时代中国特色社会主义思想在意识形态领域的统摄地位，坚持党对意识形态工作的全面领导，坚持正确的政治方向和学术导向，建设具有强大凝聚力和引领力的社会主义意识形态。落实意识形态工作责任制，完善意识形态工作督办、巡查、考核等制度，实行意识形态工作"一票否决制"。加强意识形态阵地建设和管理，加强舆论引导，做好网络意识形态工作。坚持正面宣传和积极"亮剑"相结合，积极开展意识形态领域的正面宣传；发扬敢于斗争精神，增强善于斗争能力，及时发现研判、有力辨析批驳历史虚无主义等各种错误思潮，牢牢掌握意识形态工作领导权。

（二）打造创新工程升级版、精品工程，在加快构建"三大体系"方面实现更大作为

1. 加快构建"三大体系"的指导思想、原则和目标就是习近平总书记在哲学社会科学工

作座谈会上重要讲话中提出的指示要求，按照立足中国、借鉴国外，挖掘历史、把握当代，关怀人类、面向未来的思路，体现继承性、民族性，体现原创性、时代性，体现系统性、专业性，不断推进学科体系、学术体系、话语体系建设和创新，努力构建一个全方位、全领域、全要素的哲学社会科学体系。

时间表、路线图是：第一阶段，从 2019 年开始，摸清底数打基础，巩固传统优势学科，启动部分学科调整；第二阶段，实施重点学科调整、优化、融合，有选择地培育发展前沿学科、新兴学科、交叉学科，加大力度扶持冷门学科、绝学和短板学科；第三阶段，巩固、充实、完善、提高。力争用 5 年时间，基本构建起中国特色哲学社会科学"三大体系"。

2. 进一步贯彻落实好习近平总书记致我院建院 40 周年贺信精神。贯彻落实《关于进一步贯彻落实习近平总书记致我院建院 40 周年贺信精神的工作方案》《关于学习贯彻习近平总书记致中国历史研究院成立贺信精神的通知》，把贯彻贺信精神同学习贯彻习近平新时代中国特色社会主义思想和党的十九大精神结合起来，同学习贯彻习近平总书记在哲学社会科学工作座谈会上的重要讲话精神、贯彻落实党中央关于加快构建中国特色哲学社会科学意见的工作方案结合起来，与党中央赋予我院的职责定位结合起来，完善工作机制，强化督查督办，确保各项任务落地见效。

3. 深入开展以庆祝新中国成立 70 周年为主题的学术活动。高水平组织好系列学术活动，高质量完成相关课题研究，组织好庆祝新中国成立 70 周年"书系"的编写与出版。

4. 打造创新工程升级版。实施《关于实施精品工程打造创新工程升级版方案》。打造创新工程升级版，必须紧紧围绕出高质量成果、高水平人才，加快构建"三大体系"这一根本方向，在坚持竞争性原则的前提下，改革完善科研评价制度、绩效考核制度等。改革科研评价制度，建立以质量为导向的分类评价体系。制定适应基础研究与应用研究不同特点的分类评价办法。改进院所科研绩效考核管理办法，优化分类分层管理方式，探索开展创新周期内的科研绩效第三方委托评估试点工作，提升创新工程绩效考核的科学性公正性。

5. 实施精品工程。面向新时代党和国家发展的重大战略需求，组织实施院重大科研项目（2019—2022）工作规划，发挥引领导向作用，努力推出精品成果。建立院党组直接领导的精品项目管理体制，完善院级科研项目体系，建立精品项目管理体制。设立院精品项目管理库。建立院青年科研启动项目。完善优秀科研成果奖励制度，加大所级优秀科研成果奖励力度。

6. 全面摸清我院学科和人才基本状况，找准定位，确定目标，制定措施，启动部分学科调整。巩固传统优势学科和特色学科，发展重点学科，找出短板弱项和低水平重复学科，适应新时代发展需要，调整优化我院学科布局。

开展学科和人才建设情况普查，形成我院学科和人才建设现状、问题和对策的报告，拟定我院"三大体系"建设 3 年行动计划、5 年发展规划和 10 年发展纲要。学科和人才调查一体部署，由科研局和人事局组织力量共同开展，并形成专题报告报党组研究。

在全面调研和充分论证的基础上，制定学科调整计划和发展规划。开展"登峰战略"资助学科中期评估，择优遴选一批学科纳入优势学科管理库。发挥好我院基础研究在"三大体系"建设中的独特优势和作用。

7. 发挥好学部和学部委员的作用。围绕"三大体系"建设，有效发挥学部在学术指导、学术咨询和科研协调中的作用。发挥学部委员在打造一流团队、创建知名学派中的引领作用。加强学部自身建设。

8. 杂志、出版社、学会、中心、评价院、图书馆、方志办等要在加快构建"三大体系"中找准角色定位、发挥积极作用。院属杂志要以"三大体系"建设为中心，开办专栏，健全和严格执行匿名审稿制等规章制度，提高刊物质量，扩大在国内外学术界的影响力和引领力，为高质量成果、高水平人才搭建一流平台；院属出版社要以"三大体系"建设为中心，做好图书选题策划和出版工作，为高质量成果、高水平人才提供传播阵地；各类学会、中心要以"三大体系"建设为中心，成为"三大体系"建设的积极助推者，梳理评估各类"中心"的运行状况并予以规范；评价院要研究制定加快构建"三大体系"的评价指标体系，推动落实《关于进一步加强科研诚信建设若干意见》；图书馆要建设好全国最大的中国人文社会科学期刊引文数据库；梳理和评估各"中心"的运行状况，实行分类管理；方志办要继续推进《中国南海志》《三沙市志》等编纂工作，打造中国方志品牌。各单位都要各尽所能、各展其长，为"三大体系"建设作出应有贡献。

（三）建设国家高端智库，在为党中央、国务院决策服务方面实现更大作为

1. 坚持问题导向。密切跟踪时代发展趋势，围绕党和国家工作大局，聚焦新时代重大理论和现实问题，聚焦党中央、国务院关心的战略和政策问题，聚焦人民群众关注的热点和难点问题，特别是习近平总书记提出的可能迟滞或阻碍中华民族伟大复兴历史进程的重大挑战和风险，设立一批重大课题，组织精锐力量，开展理论和政策研究，推出高质量研究成果。

2. 加强组织领导。发挥我院学科门类齐全、专家云集优势，加强全院、各学部在重大问题上的统筹协调能力，改变片所分割的"碎片化"研究模式，在全院范围乃至院外组织优势力量，以课题的形式组建团队，开展跨所、跨院、跨学科联合攻关。解决学术研究和智库研究"两张皮"的问题，坚持基础理论研究与应用对策研究融合发展。

3. 创新工作机制。坚持和完善《要报》由所长、情报院、院领导层层把关、逐级审批的工作机制，坚持宁缺毋滥，着力提高《要报》的质量。加强情报院编辑队伍建设，提高政治水平和专业能力。加强全院智库平台归口统一报送和成果统计工作，抓住科研成果的应用转化、要报信息编辑报送等关键环节，及时高质量地完成好上级部门约稿和交办任务。完善"院级—专业化智库—研究所（院）"三位一体的智库建设体系。完善智库研究激励机制，统筹设计学术研究成果与智库研究成果对等的评价体系。

（四）完成中国历史研究院组建，在建设中国历史研究国家队方面实现更大作为

1. 认真学习贺信，用贺信精神统领历史研究。要用贺信精神武装头脑，指导科研。贺信既是指导新时代历史研究的纲领性文献，更是中国历史研究院建院之基、强院之魂。要深刻体悟习近平总书记对中国社会科学院中国历史研究院的殷切期望，增强做好新时代中国历史研究的责任感和使命感，增强以贺信精神指导历史研究的自觉性和坚定性，不断开创中国历史研究新局面。

2. 尽快完成组建工作。要按照习近平总书记审定批准的组建方案，统一思想，提高认识，整合资源，理顺关系，尽快完成中国历史研究院院部和6个研究所组建工作。本着"政治正确、学术高端"的定位要求，制定工作方案，确定研究课题和人才培养规划，把中国历史研究院办成名副其实的国家队、世界上最权威的中国历史研究机构。

3. 加快构建中国特色历史学学科体系、学术体系、话语体系。着力提高研究水平和创新能力，推动相关历史学科融合发展，总结历史经验，揭示历史规律，把握历史趋势，加快构建中国特色历史学学科体系、学术体系、话语体系。根据新时代党和国家事业发展要求，结合历史学科特点和规律，调整学科结构，优化学科布局。克服中国历史研究的碎片化、片面化、表面化倾向，开展对全局性、规律性问题的研究。发挥史料优势、学术优势和舆论优势，善于提炼标识性史学概念和话语，增强我国历史研究的国际话语权和影响力。

4. 努力推出一批有思想穿透力的精品力作。着力在提高学术品质、学理厚度上下功夫。发挥特色和优势，组织精锐力量，开展深入研究，集中推出一批有思想穿透力、提供精神指引的研究成果，为解决新时代重大理论和实践问题提供史学支持。

5. 集中精锐，加强统筹，引领全国中国历史研究。履行好统筹指导全国历史研究工作的职责。建立完善学术委员会和专家咨询委员会。抓紧制定新时代中国历史研究规划，启动一批国家重大研究项目，如编辑《习近平论历史科学》《新编中国通史》等。办好院级非实体性研究中心。确立一批合作研究机构。创办全国性高层次史学论坛。牵头组织历史学国际学术交流。

（五）实施人才工程，在提升"三大体系"人才支撑方面实现更大作为

1. 积极争取机构编制岗位管理改革试点。向中央编办申请开展机构编制备案制试点。研究提出管理、科研、科辅等机构编制优化配置方案。适当调整院属单位各类岗位设置。向人社部申请开展一级研究员岗位设置试点工作。

2. 实施重点人才工程。实施高层次人才延揽计划，继续面向海内外公开招聘高端人才，着力引进一批学科带头人和中青年学术骨干。实施学术大师孕育计划，以出顶尖成果、出拔尖人才为导向，培养造就学贯中西、融通古今、享誉海内外的学术大师。实施学科带头人造就

计划、高端智库人才提升计划、管理骨干培养计划、青年英才成长计划，设立院杰出青年英才奖。

3. 完善人才管理机制。完善人才引进政策。科学规划本院毕业（出站）博士生、博士后留院比例，对副局级以上领导干部指导的学生、博士后留院工作，根据实际情况区别对待，不搞"一刀切"。优化新入院人员社会实践锻炼制度。深化职称制度改革。完善评价标准、评审程序和工作机制。探索建立特聘岗位制度。

4. 选优配强所局领导班子。贯彻新时代党的组织路线，树立鲜明的用人导向，做好所局领导班子配备和所局级干部的管理。完善考核评价和容错纠错机制，科学运用考评结果，形成崇尚实干、敢于担当、团结鼓劲的浓厚氛围。大力发现培养选拔使用优秀年轻干部，充分发挥各年龄段干部的积极性。

5. 切实办好中国社科院大学。坚持"高起点、入主流"，不求规模，但求高质量、高水平，培养优秀哲学社会科学人才。全面推动习近平新时代中国特色社会主义思想进教材、进课堂、进头脑。加强课程与教师队伍建设，精心编写代表当今中国哲学社会科学研究水平、为学界和教育界所认可的教材，完善学业导师制度和特聘教授制度，提高培养质量。进一步提高招生就业、行政管理、学生管理工作的科学化、规范化水平。扩大国内国际合作交流，继续办好援外培训项目。完善网络服务和校园基础设施。

（六）传播中国思想，在增强我国哲学社会科学国际影响力方面实现更大作为

1. 传播中国思想，深化国际学术交流合作。围绕加快构建"三大体系"，有计划、有组织、有效果地深化国际学术交流合作，着力解决我国哲学社会科学在国际上的声音还比较小的问题，改变有理说不出、说了传不开的境地，提高我国哲学社会科学国际话语权和影响力。传播中国思想，让世界知道"学术中的中国""理论中的中国""哲学社会科学中的中国"，让世界知晓"发展中的中国""开放中的中国""为人类文明作贡献的中国"。

2. 服务党和国家工作大局。深入宣传阐释习近平新时代中国特色社会主义思想，组织高端"学术外交""学术外宣"项目和活动。加强全院资源整合，建设国际学术交流"一站式窗口"，组织精锐力量配合党和国家工作大局。针对重大国际经济政治问题，主动发声，与国际顶尖智库和研究机构开展政策对话，阐述中国主张。

3. 拓展与国际组织、我驻外使领馆的交流合作。推动制度创新，完善政策体系，支持我院专家学者到国际组织、我驻外使领馆任职挂职，积极选派优秀青年学者赴国际组织、著名国际研究机构研修访学，多渠道派遣我院科研人员，特别是中青年科研骨干出国（境）研修、培训。

4. 打造国际学术交流高端品牌。加强对我院高端国际学术论坛和智库论坛的品牌建设，集中力量打造精品国际论坛，成为真正解读中国实践、传播中国思想的高端平台。加强国际学术交流合作，瞄准国际学术前沿和学科发展趋势，吸收人类文明成果，积极传播中国思想。

（七）增强服务意识，在提高管理服务保障水平方面实现更大作为

1. 提高行政管理综合服务水平。大力加强写作班子建设，注重调查研究，增强全局观念，密切跟踪思想理论动态，提高文稿质量，履行好院党组参谋和助手职责。按照严谨规范、务实高效、运转有序的原则，规范重要会议和活动，强化综合服务和行政管理，保障全院日常工作运转顺畅。改进督查方式方法，确保党组部署落实落地。根据新时代科研工作需要，改革管理方式，实行差异化的管理和服务。坚持统一规划、统一设计、统一建设，加强全院信息化建设顶层设计，逐步实现资源整合和信息共享。重点抓好国家哲学社会科学文献中心建设。

2. 改革经费管理方式。按照中央部署，深化"放管服"改革。对现行的科研项目、科研资金、科研人员以及因公临时出国等管理办法进行修订，对与新出台政策精神不符的规定要进行清理和修改。开展经费管理方式改革试点。

3. 增强服务保障能力。严把质量关，将中国历史研究院改造工程、东坝职工住宅建设工程打造成精品工程、廉洁工程。做好中国历史研究院相关各所腾退办公用房的统筹分配工作。坚持公平公正公开原则，做好东坝职工住宅的配售工作，在确保质量的前提下争取早日竣工。进一步改善全院办公及生活条件，完善职工子女入学长效机制。继续办好职工食堂，巩固院部职工食堂改革成果。

（八）全面从严治党，在党的建设方面实现更大作为

1. 坚持把党的政治建设放在首位。贯彻落实习近平总书记关于建设政治机关和模范机关的指示要求，不断提高政治觉悟和政治能力，坚持正确的政治方向和学术导向，坚定不移地在思想上政治上行动上同以习近平同志为核心的党中央保持高度一致，大力加强党的政治建设，营造风清气正的良好政治生态。

2. 切实加强和改善党对哲学社会科学工作的领导。贯彻落实《中共中国社会科学院党组工作规则》。加强党组班子建设，加强和改善党组对研究所的领导。坚持院务工作碰头会制度，每个研究单位每季度向院党组汇报科研工作进展情况。贯彻执行院《关于坚持和完善党委领导下的所长负责制的若干规定》，坚持民主集中制，按照讲团结、讲责任、讲奉献，相互支持、相互配合的要求，加强研究所（院）领导班子建设。

加强党对统战和群团工作的领导。做好统一战线工作，开展我院"两会"代表委员、党外专家学者国情调研活动。围绕科研中心，发挥桥梁和纽带作用，切实做好工会、青年和妇女工作。加强和改进离退休人员服务和管理，为老同志办实事、解难事。

3. 推进全面从严治党向纵深发展。深入贯彻十九届中央纪委三次全会精神，落实全面从严治党主体责任和监督责任，完善"一岗双责"责任体系。深入学习贯彻《中国共产党纪律处分条例》，进一步严守政治纪律和政治规矩。认真贯彻落实中共中央印发的《中国共产党支部

工作条例（试行）》，严肃党内政治生活，切实加强基层党组织建设。深入开展以庆祝新中国成立70周年为主题的系列活动，加强党史、国史、改革开放史学习教育。严格执行中央八项规定精神，坚决整治"四风"，反对形式主义、官僚主义。扎实完成2019年度巡视工作。实施《中共中国社会科学院党组贯彻落实〈中国共产党问责条例〉实施办法》，深入推进党风廉政建设和反腐败斗争，为加快构建中国特色哲学社会科学"三大体系"提供坚强保证。

4. 做好定点扶贫工作。强化脱贫攻坚责任制，扎实做好江西省上犹县和陕西省丹凤县的定点扶贫工作，加强对定点扶贫工作的监督检查，确保我院定点扶贫任务如期完成。

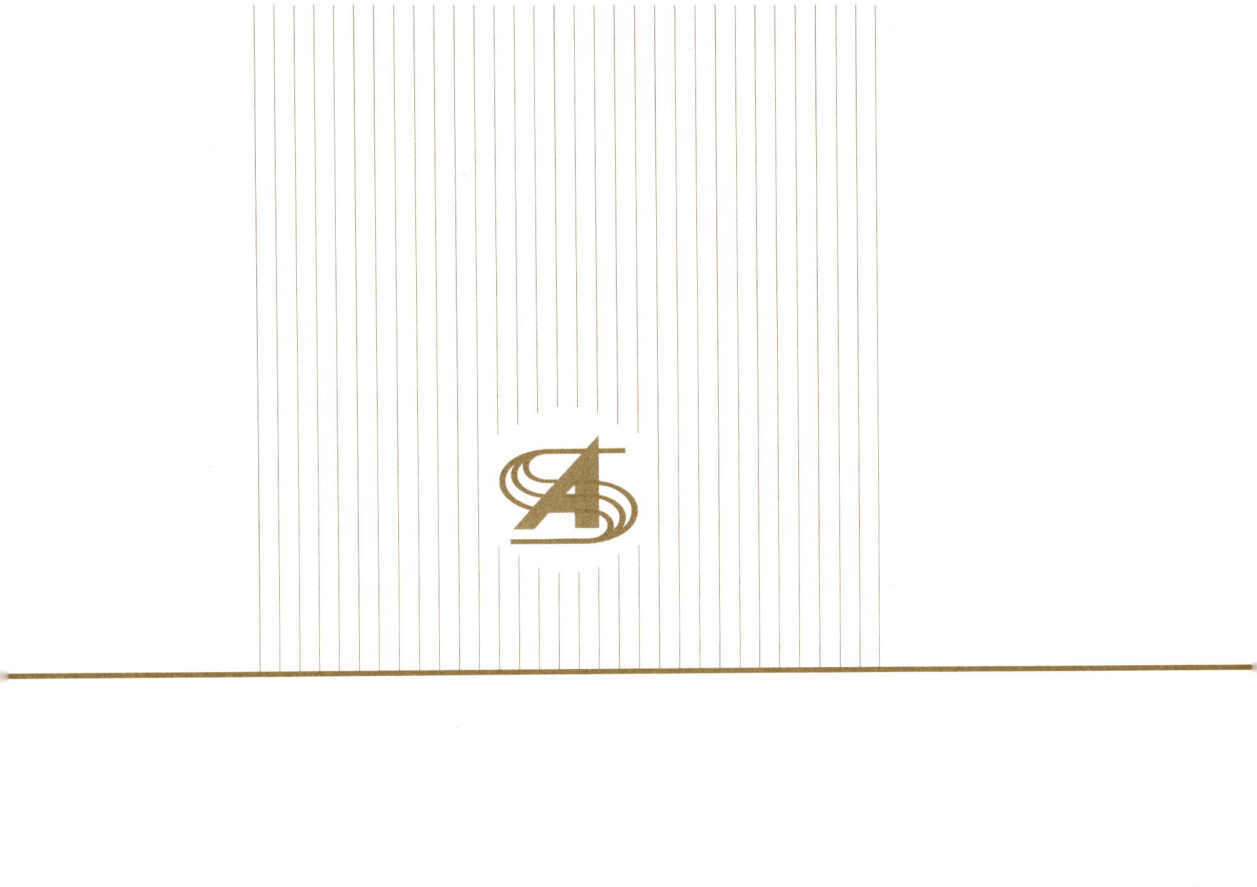

组织机构

一 中国社会科学院机构设置

中国社会科学院领导及其分工*

党组成员

中共中国社会科学院党组现有八名成员。

院长、党组书记　谢伏瞻

副院长、党组副书记　王京清（正部长级）

副院长、党组成员　蔡　昉

副院长、党组成员　高　翔

副院长、党组成员　高培勇

中央纪委国家监委驻院纪检监察组组长、党组成员　杨笑山

党组成员、当代中国研究所所长　姜　辉

秘书长、党组成员　赵　奇（副部长级）

工作分工

院　长、党组书记　谢伏瞻　　主持全院全面工作。

分管办公厅、世界经济与政治研究所、俄罗斯东欧中亚研究所、欧洲研究所、西亚非洲研究所（中国非洲研究院）、拉丁美洲研究所、亚太与全球战略研究院、美国研究所、日本研究所。联系和平发展研究所。

担任党建工作（党风廉政建设）领导小组组长、巡视工作领导小组组长、人才工作领导小组组长、国家安全工作领导小组（国家安全人民防线建设小组）组长、扶贫领导

---

* 院领导分工以《关于中共中国社会科学院党组成员分工的备案报告》社科党组字〔2019〕19号及中共中国社会科学院党组会议纪要2019年第10号为依据。

小组组长、网络安全和信息化领导小组组长。兼任习近平新时代中国特色社会主义思想研究中心主任、第五届中国地方志指导小组组长、香港中国学术研究院院长。

主持党组会议、院务会议、院长办公会议、院务工作碰头会议。

副院长、党组副书记　王京清　协助院长、党组书记工作。负责干部人事人才、党的建设、国家安全、维稳工作。

分管人事教育局、直属机关党委（含直属机关纪委、审计室）、文学研究所、民族文学研究所、外国文学研究所、语言研究所、哲学研究所、世界宗教研究所、中国社会科学评价研究院、图书馆。联系世界社会主义研究中心。

担任职称工作领导小组组长、培训工作领导小组组长、博士后管理委员会主任、党建工作（党风廉政建设）领导小组副组长、巡视工作领导小组副组长、人才工作领导小组副组长、国家安全工作领导小组（国家安全人民防线建设小组）副组长、扶贫领导小组副组长、网络安全和信息化领导小组副组长。兼任直属机关党委书记、中共中国社会科学院党校校长、院工会主席、哲学社会科学教育学院院长、宁波发展战略研究院院长。

副院长、党组成员　蔡　昉　负责科研、学部、智库建设工作和离退休干部工作。联系地方社科院。

分管科研局（学部工作局／创新办／智库办／话语体系建设办公室）、离退休干部工作局、经济研究所、工业经济研究所、农村发展研究所、财经战略研究院、金融研究所、数量经济与技术经济研究所、人口与劳动经济研究所、城市发展与环境研究所。

担任离退休干部工作领导小组组长。兼任香港中国学术研究院理事长、郑州研究院院长。

主持院智库工作例会、院国内合作共建研究院工作例会。

副院长、党组成员　高　翔　负责外事、国际学术交流与合作工作。

分管国际合作局、中国历史研究院（院部和考古研究所、古代史研究所、近代史研究所、世界历史研究所、中国边疆研究所、历史理论研究所）、郭沫若纪念馆、中国地方志指导小组办公室。联系台湾研究所。

兼任中国历史研究院院长、党委书记，中国地方志指导小组常务副组长。

副院长、党组成员　高培勇　负责财务基建工作、中国社会科学院大学（研究生院）和研究生教育培养工作。

分管财务基建计划局、基建工作办公室、法学研究所、国际法研究所、政治学研究所、民族学与人类学研究所、社会学研究所、社会发展战略研究院、新闻与传播研究所、中国社会科学院大学（研究生院）。

中央纪委国家监委驻院纪检监察组组长、党组成员　杨笑山　负责驻院纪检监察组工作。

分管中央纪委国家监委驻院纪检监察组。

担任纪律建设督办小组组长、党建工作（党风廉政建设）领导小组副组长、巡视工作领导小组副组长。

主持纪律建设督办小组例会。

党组成员、当代中国研究所所长　姜　辉　负责国史研究、院马克思主义理论学科建设与理论研究工程、意识形态和信息报送工作。

分管当代中国研究所、马克思主义研究院、信息情报研究院、习近平新时代中国特色社会主义思想研究中心（中国特色社会主义理论体系研究中心）。具体负责院党的意识形态工作办公室、思想理论写作组办公室、马克思主义理论学科建设与理论研究工程领导小组办公室。

秘书长、党组成员　赵　奇　协助院长分管科研、行政（党建工作除外）工作。

分管中国社会科学杂志社（中国社会科学报、中国社会科学网）、服务中心、中国社会科学出版社、社会科学文献出版社、中国人文科学发展公司。

担任保密委员会主任、安全委员会主任、人口和计划生育委员会主任、扶贫领导小组副组长、网络安全和信息化领导小组副组长。

主持行政后勤工作例会。

职责分工

谢伏瞻、杨笑山分别为全院党风廉政建设和意识形态工作主体责任、监督责任第一责任人。

干部人事工作由党组统一领导。

党组成员负责分管单位党的建设、党风廉政建设、意识形态、"三大体系"（中国特色哲学社会科学学科体系、学术体系、话语体系）建设、智库建设等方面的工作。

副秘书长　韩大川　协助王京清分管审计室、工会；协助高培勇分管财务基建计划局、基建工作办公室；协助赵奇分管服务中心、中国人文科学发展公司。

副秘书长　方　军（兼任办公厅主任）　协助赵奇分管中国社会科学杂志社、中国社会科学出版社、社会科学文献出版社。

中国社会科学院职能部门

办公厅

主　任　方　军（兼任）
副主任　林新海

科研局／学部工作局

局　长　马　援
副局长　王子豪　郭建宏
副局长兼上海研究院常务副院长　赵克斌

人事教育局

副局长　崔建民（正局长级、主持工作）
副局长　柯文俊

国际合作局

局　长　王　镭
副局长　周云帆

财务基建计划局

局　长　曲永义
副局长　何敬中
副局长　吕令华

离退休干部工作局

局　长　刘　红
副局长　刘文俊　曾　军

直属机关党委

直属机关党委常务副书记　王晓霞
直属机关纪委书记、院党校常务副校长　孙建廷
院巡视组组长　赵岳红
直属机关纪委副书记　王海峰
院工会副主席　黄春生

中国社会科学院科研机构

文学哲学学部

文学研究所

党委书记、副所长　张伯江
所　长　刘跃进
纪委书记、副所长　丁国旗
副所长　张心亮

民族文学研究所

党委书记、副所长　朝　克
所　长　朝戈金
纪委书记、副所长　闫国飞

外国文学研究所

所　长　陈众议
党委副书记（主持党委工作）、副所长　崔唯航
纪委书记、副所长　吴晓都
副所长　程　巍

语言研究所

党委书记、副所长　陈文学
所　长　刘丹青
纪委书记、副所长　李爱军
副所长　白晓丽

哲学研究所

党委书记、副所长　王立胜
纪委书记、副所长　冯颜利
副所长　张志强

世界宗教研究所

党委书记、副所长　赵文洪
所　长　郑筱筠
副所长　贾　俐

历史学部

中国历史研究院（院部）

院长、党委书记　高　翔（兼任）
副院长　李国强（正局长级）
党委副书记　余新华（正局长级）
副院长兼文献信息部主任　钟　君
纪委书记兼办公室（党办）主任　李文亮
历史研究杂志社社长　路育松

考古研究所

党委书记、副所长　刘　政
所　长　陈星灿
副所长　朱岩石
纪委书记、副所长　施劲松

古代史研究所

党委书记、副所长兼郭沫若纪念馆馆长　赵笑洁
所　长　卜宪群
副所长　田　波

近代史研究所

所　长　王建朗
党委副书记（主持党委工作）、副所长　金民卿
副所长　金以林
纪委书记、副所长　廖　刚

世界历史研究所

党委书记、副所长　罗文东
所　长　汪朝光
纪委书记、副所长　饶望京

中国边疆研究所

党委书记、副所长　刘晖春
所　长　邢广程
纪委书记、副所长　孙宏年
副所长　万建武

历史理论研究所

党委书记、副所长　张冠梓
所　长　夏春涛
纪委书记、副所长　杨艳秋
副所长　左玉河

台湾研究所

党委书记、所长　杨明杰
副所长　朱卫东、张冠华
纪委书记　侯瑞军
所长助理　彭维学

经济学部

经济研究所

所　长　黄群慧
纪委书记、副所长　胡乐明
副所长　张晓晶

工业经济研究所

党委书记、副所长　李雪松
所　长　史　丹
纪委书记、副所长　张其仔

农村发展研究所

党委书记、副所长　杜志雄
所　长　魏后凯
纪委书记、副所长　黄超峰
副所长　苑　鹏

财经战略研究院

党委书记、副院长　闫　坤
院　长　何德旭
副院长　夏杰长
纪委书记、副院长　杨志勇

金融研究所

党委副书记、副所长（主持党政工作） 胡 滨
纪委书记、副所长 张 凡

数量经济与技术经济研究所

党委书记、副所长 李海舰
所 长 李 平
纪委书记、副所长 薄延忠

人口与劳动经济研究所

党委书记、副所长 钱 伟
副所长 都 阳

城市发展与环境研究所

所 长 潘家华
党委副书记、副所长 杨开忠
副所长 张永生

社会政法学部

法学研究所、国际法研究所

联合党委书记、法学所副所长 陈国平
法学所所长 陈 甦
联合纪委书记、法学所副所长 周汉华
国际法所所长 莫纪宏
国际法所副所长 柳华文

政治学研究所

党委书记、副所长 房 宁
所 长 张树华
纪委书记、副所长 张 永

民族学与人类学研究所

党委书记、副所长 方 勇
所 长 王延中
纪委书记、副所长 尹虎彬

社会学研究所

党委书记、副所长 穆林霞
所 长 陈光金
副所长 王春光
副所长 杨 典

社会发展战略研究院

党委书记、副院长 胥锦成
院 长 张 翼
纪委书记、副院长 寇 伟

新闻与传播研究所

党委书记、副所长 赵天晓
所 长 唐绪军
纪委书记、副所长 季为民

国际研究学部

世界经济与政治研究所

党委书记、副所长　赵　芮
所　长　张宇燕
副所长　邹治波　姚枝仲
纪委书记、副所长　宋　泓

俄罗斯东欧中亚研究所

党委书记、副所长　李进峰
所　长　孙壮志
纪委书记、副所长　孙　力
副所长　柴　瑜

欧洲研究所

党委书记、所长　吴白乙
纪委书记、副所长　田德文
副所长　陈　新

西亚非洲研究所（中国非洲研究院）

中国非洲研究院院长　蔡　昉（兼任）
西亚非洲研究所党委书记、副所长，中国非洲研究院副院长　郭　红
所长、中国非洲研究院常务副院长　李新烽
纪委书记、副所长，中国非洲研究院副院长
　　王林聪

拉丁美洲研究所

党委书记、副所长　王立峰
党委副书记、副所长　王荣军

纪委书记、副所长　袁东振

亚太与全球战略研究院

党委书记、副院长　张国春
院　长　李向阳
纪委书记、副院长　叶海林

美国研究所

党委书记、所长　倪　峰
纪委书记、副所长　刘　尊

日本研究所

党委书记、副所长　刘玉宏
所　长　杨伯江
纪委书记、副所长　王晓峰
副所长　吴怀中

和平发展研究所

党委书记　杨　红
所　长　廖峥嵘
副所长　张田雨

马克思主义研究学部

马克思主义研究院

院　长　姜　辉（兼任）
党委书记、副院长　樊建新
副院长　辛向阳
纪委书记、副院长　贾朝宁

当代中国研究所

所长、党组书记　姜　辉（兼任）
副所长、党组成员　武　力
副所长、党组成员兼当代中国出版社社长
　李正华（正局长级）
副所长、党组成员　管明军（管理三级职员）

信息情报研究院

党委书记、院长　王灵桂
纪委书记、副院长　王素琴

中国社会科学评价研究院

院　长　荆林波
纪检小组组长、副主任　姜庆国

中国社会科学院直属单位

中国社会科学院大学（研究生院）

党委书记　王京清（兼任）
党委常务副书记、校长　张政文
党委副书记、副校长、研究生院院长　王新清
党委副书记、纪委书记、副校长、副院长
　王　兵（管理三级职员）
副校长、副院长　林　维
副校长、副院长　张树辉
副校长、副院长　张　波

图书馆

党委书记、馆长　王　岚
纪委书记、常务副馆长兼数据中心主任
　何　涛
副馆长　蒋　颖
副馆长　张大伟

中国社会科学杂志社

总编辑　张　江（兼任）

副总编辑、机关纪委书记　王利民（正局长级）
副总编辑　李红岩（管理三级职员）
副总编辑　吕薇洲
副总编辑　王兆胜

服务中心

主　任　崔向阳
副主任　熊义桥

文化发展促进中心

主　任　冯　林

郭沫若纪念馆

馆　长　赵笑洁
副馆长　刘曦光

中国社会科学院直属企业

中国社会科学出版社

社　长　赵剑英
总编辑　魏长宝

社会科学文献出版社

社　长　谢寿光
总编辑　杨　群

中国人文科学发展公司

总经理　冯　林

中国社会科学院代管单位

中国地方志指导小组办公室

小组秘书长、办公室主任　冀祥德
党组书记　高京斋
办公室副主任　邱新立
纪检组组长、副主任　叶聪岚

二　中国社会科学院学部

主席团

主　　席　谢伏瞻
秘书长　蔡　昉
成　　员　谢伏瞻　李培林　蔡　昉　高培勇　李　扬　程恩富
　　　　　卓新平　朝戈金　王　巍　周　弘

马克思主义研究学部

主　　任　高培勇（兼）
成　　员　王伟光　冷　溶　程恩富
　　　　　李崇富　陈众议（兼）
　　　　　李　林（兼）

经济学部

主　　任　李　扬
副 主 任　朱　玲
委　　员　刘树成　吕　政　张晓山
　　　　　汪同三　高培勇　蔡　昉
　　　　　金　碚　谢伏瞻　潘家华

文学哲学学部

主　　任　朝戈金
副 主 任　刘跃进
委　　员　江蓝生　杨　义　沈家煊
　　　　　陈众议　李景源　卓新平
　　　　　魏道儒　赵汀阳

社会政法学部

主　　任　李培林
副 主 任　李　林
委　　员　景天魁　梁慧星　何星亮
　　　　　郝时远　孙宪忠　陈　甦

历史学部

主　　任　王　巍
副 主 任　王震中
委　　员　刘庆柱　陈祖武　宋镇豪
　　　　　陈星灿　彭　卫　冯　时

国际研究学部

主　　任　周　弘
副 主 任　张宇燕
委　　员　张蕴岭　余永定　邢广程

三　中国社会科学院第十届院级专业技术资格评审委员会

研究系列正高级专业技术资格评审委员会

文学哲学学部文学研究系列正高级评审委员会

主　任　王京清
副主任　朝戈金
委　员　尹虎彬　巴莫曲布嫫　刘丹青　刘跃进　李爱军
　　　　吴晓都　吴福祥　　　张伯江　张政文　陈众议
　　　　陈泳超　金惠敏　　　周小仪　党圣元　解志熙

文学哲学学部哲学研究系列正高级评审委员会

主　任　王京清
副主任　李景源
委　员　王　博　甘绍平　刘孝廷　李　河　卓新平
　　　　郑筱筠　谢地坤　魏道儒

历史学部研究系列正高级评审委员会

主　任　高　翔
副主任　王　巍
委　员　卜宪群　王建朗　王震中　邢广程　朱岩石
　　　　刘　晓　李国强　汪朝光　张　弛　张永江
　　　　张顺洪　陈星灿　金以林　赵文洪　俞金尧
　　　　梅雪芹　崔志海

经济学部研究系列正高级评审委员会

主　　任　蔡　昉
副主任　　李　扬
委　　员　孔祥智　龙登高　史　丹　朱　玲　闫　坤
　　　　　杜志雄　李　平　李　军　李雪松　何德旭
　　　　　张　平　张晓晶　金　碚　赵昌文　胡　滨
　　　　　夏杰长　高培勇　黄群慧　潘家华　魏后凯

社会政法学部研究系列正高级评审委员会

主　　任　高培勇
副主任　　李　林
委　　员　王延中　王春光　方　勇　史安斌　冯　军
　　　　　任国英　孙宪忠　何星亮　沈　红　张晓玲
　　　　　张　翼　陈光金　陈泽宪　陈　甦　房　宁
　　　　　姜　飞　莫纪宏　唐绪军　朝　克

国际研究学部研究系列正高级评审委员会

主　　任　蔡　昉
副主任　　周　弘
委　　员　王灵桂　李永全　李向阳　杨　光　杨伟国
　　　　　杨伯江　吴白乙　余永定　张宇燕　张宏明
　　　　　陈玉荣　郑秉文　姚枝仲　袁东振　袁　鹏
　　　　　柴　瑜　倪　峰　高　洪　黄　平

马克思主义研究学部研究系列正高级评审委员会

主　　任　姜　辉
副主任　　程恩富
委　　员　王树荫　尹韵公　邓纯东　李正华　李　捷

辛向阳　宋　泓　张树华　张星星　武　力
郑有贵　胡乐明　柳建辉　黄晓勇　樊建新

出版编辑系列正高级专业技术资格评审委员会

主　任　赵　奇
副主任　赵剑英
出版组组长　谢寿光
出版组委员　王　浩　李富强　李　霞　杨世伟　杨　群
　　　　　　曹宏举　冀祥德
期刊组组长　王利民
期刊组委员　王美艳　方　梅　冯　时　刘正寅　孙　杰
　　　　　　李志军　李海舰　余新华　周汉华　郑红亮
　　　　　　钱莲生　徐秀丽　彭　卫　程　巍

图书资料系列正高级专业技术资格评审委员会

主　任　王京清
委　员　王余光　王砚峰　邓子滨　曲永义　孙　晓
　　　　陈　力　孟庆龙　梁俊兰　蒋　颖　曾建勋

高教系列正高级专业技术资格评审委员会

主　任　高培勇
委　员　王延中　王新清　龙登高　刘建军　李雪松
　　　　吴向东　辛向阳　张成福　张　波　张政文
　　　　张　跣　陈晓明　陈　霞　林　维　周小仪
　　　　赵一红　钟德寿　莫纪宏　唐绪军　黄兴涛
　　　　黄晓勇　韩大元　程　巍　谭祖谊

四　中国社会科学院院属各单位学术委员会及专业技术资格评审委员会

文学哲学学部

文学研究所

（一）学术委员会

主　任　刘跃进
委　员　安德明　高建平　金惠敏
　　　　黎湘萍　陆建德　王达敏
　　　　张伯江　赵京华　赵稀方
　　　　郑永晓　巴莫曲布嫫　刘勇强

（二）专业技术资格评审委员会

主　任　刘跃进
委　员　张伯江　丁国旗　金惠敏
　　　　郑永晓　张　剑　李建军
　　　　赵稀方　施爱东　董炳月
　　　　刘　勇　王杰文　冷卫国
　　　　马东瑶　张洁宇

民族文学研究所

（一）学术委员会

主　任　朝戈金
委　员　阿地里·居玛吐尔地　巴莫曲布嫫
　　　　朝　克　党圣元　斯钦巴图
　　　　文日焕　吴晓东　王宪昭

（二）专业技术资格评审委员会

主　任　朝戈金
委　员　阿地里·居玛吐尔地　巴莫曲布嫫
　　　　朝　克　陈泳超　孟庆澍
　　　　斯钦巴图　王宪昭　朱万曙

外国文学研究所

（一）学术委员会

主　任　陈众议
委　员　党圣元　吴晓都　程　巍
　　　　刘文飞　黄　梅　李永平
　　　　徐德林　高　兴　刘　晖
　　　　邱雅芬　黄燎宇　秦海鹰

（二）专业技术资格评审委员会

主　任　陈众议
委　员　党圣元　吴晓都　程　巍
　　　　高　兴　苏　玲　钟志清

梁　展　刘　锋　邱运华
马海良　周　悦　周小仪

语言研究所

(一) 学术委员会

主　任　刘丹青
委　员　方　梅　顾曰国　胡建华
　　　　李　蓝　李爱军　孟蓬生
　　　　沈家煊　谭景春　吴福祥
　　　　张伯江　郭　锐　李运富

(二) 专业技术资格评审委员会

主　任　刘丹青
委　员　方　梅　胡建华　吴福祥
　　　　李爱军　谢留文　孟蓬生
　　　　谭景春　王灿龙　董秀芳
　　　　施春宏　詹卫东　张　博

哲学研究所

(一) 学术委员会

副主任　崔唯航（主持工作）　甘绍平
委　员　王柯平　任定成　孙伟平
　　　　成建华　张志强　李景源

杜国平　单继刚　尚　杰
欧阳英　段伟文　赵汀阳

(二) 专业技术资格评审委员会

副主任　张志强（主持工作）
委　员　王　齐　甘绍平　成建华
　　　　刘孝廷　孙伟平　杜国平
　　　　李　河　李景源　杨立华
　　　　吴　琼　吴增定　单继刚
　　　　唐文明

世界宗教研究所

(一) 学术委员会

主　任　郑筱筠
委　员　卓新平　魏道儒　李建欣
　　　　陈进国　曾传辉　赵法生
　　　　汪桂平　嘉木扬·凯朝
　　　　李　林　梁恒豪　张志刚
　　　　杨桂萍

(二) 专业技术资格评审委员会

主　任　赵文洪
副主任　郑筱筠
委　员　卓新平　魏道儒　何劲松
　　　　叶　涛　赵广明　李建欣
　　　　尕藏加　曾传辉

历史学部

中国历史研究院

学术委员会

主　任　高　翔
副主任　李国强
委　员　卜宪群　王建朗　王震中
　　　　邢广程　余新华　汪朝光
　　　　张　生　陈春声　陈星灿
　　　　武　力　夏春涛　晁福林
　　　　钱乘旦　黄一兵　黄兴涛

考古研究所

（一）学术委员会

主　任　陈星灿
委　员　王　巍　丛德新　冯　时
　　　　朱岩石　刘国祥　刘建国
　　　　李新伟　陈悦新　施劲松
　　　　袁　靖　徐良高　高　星
　　　　董新林　雷兴山

（二）专业技术资格评审委员会

主　任　陈星灿
副主任　朱岩石　施劲松
委　员　王　巍　冯　时　刘国祥
　　　　刘建国　李新伟　陈建立
　　　　陈悦新　徐良高　高　星
　　　　董新林　雷兴山　戴向明

古代史研究所

（一）学术委员会

主　任　卜宪群
副主任　王震中
委　员　王启发　邬文玲　刘　晓
　　　　孙　晓　李锦绣　杨　珍
　　　　杨艳秋　余新华　宋镇豪
　　　　张兆裕　阿　风　彭　卫
　　　　雷　闻

（二）专业技术资格评审委员会

主　任　卜宪群
委　员　王震中　华林甫　邬文玲
　　　　刘　晓　孙　晓　李华瑞
　　　　李锦绣　杨艳秋　余新华
　　　　张荣强　阿　风　赵平安
　　　　赵世瑜　徐义华　彭　卫
　　　　雷　闻

近代史研究所

（一）学术委员会

主　任　王建朗
委　员　于化民　王奇生　左玉河
　　　　李长莉　李学通　李细珠
　　　　汪朝光　金以林　郑大发
　　　　徐秀丽　夏春涛　章百家
　　　　崔志海　黄道炫

— 124 —

(二)专业技术资格评审委员会

主　任　王建朗

委　员　王先明　王奇生　仲伟民
　　　　李　帆　李细珠　邹小站
　　　　杜继东　金以林　金民卿
　　　　赵晓阳　徐秀丽　黄兴涛
　　　　崔志海　黄道炫

世界历史研究所

(一)学术委员会

主　任　汪朝光

副主任　李世安

委　员　张顺洪　俞金尧　毕健康
　　　　王红生　王晓菊　刘　健
　　　　吴　英　孟庆龙　易建平
　　　　姜　南　徐再荣　高国荣

(二)专业技术资格评审委员会

主　任　汪朝光

委　员　张顺洪　俞金尧　易建平
　　　　吴　英　王晓菊　孟庆龙
　　　　刘　健　黄春高　包茂宏
　　　　梅雪芹　柯春桥　张乃和

中国边疆研究所

(一)学术委员会

主　任　邢广程

副主任　李国强

委　员　孙宏年　李大龙　许建英
　　　　阿拉腾奥其尔　毕奥南
　　　　吴楚克　金以林

(二)专业技术资格评审委员会

主　任　邢广程

副主任　李国强

委　员　李　方　许建英　李大龙
　　　　孙宏年　毕奥南　金以林
　　　　吴楚克

历史理论研究所

(一)学术委员会

主　任　夏春涛

委　员　左玉河　杨艳秋　吴　英
　　　　张顺洪　张　越　罗文东
　　　　夏春涛

(二)专业技术资格评审委员会

主　任　夏春涛

委　员　左玉河　杨念群　杨艳秋
　　　　吴　英　张　越　欧阳哲生
　　　　夏春涛　崔志海　景德祥

台湾研究所

(一)学术委员会

主　任　杨明杰

委　员　朱卫东　张冠华　彭维学

(二)专业技术资格评审委员会

主　任　杨明杰

委　员　朱卫东　张冠华　侯延军
　　　　彭维学

经济学部

经济研究所

(一) 学术委员会

主　任　黄群慧
委　员　龙登高　朱　玲　刘树成
　　　　刘霞辉　杨春学　张　平
　　　　陈彦斌　赵学军　胡家勇
　　　　徐建生　常　欣　裴长洪
　　　　魏　众　胡乐明　张晓晶

(二) 专业技术资格评审委员会

主　任　黄群慧
副主任　朱　玲
委　员　龙登高　李建伟　杨春学
　　　　张　平　赵学军　胡家勇
　　　　赖德胜　魏　众　胡乐明
　　　　张晓晶　何　平　杨新铭
　　　　邓曲恒　戚聿东

工业经济研究所

(一) 学术委员会

主　任　史　丹
副主任　李雪松
委　员　黄速建　吕　政　金　碚
　　　　张其仔　李海舰　陈　耀
　　　　杜莹芬　吕　铁　刘戒骄
　　　　刘世锦　魏后凯

(二) 专业技术资格评审委员会

主　任　史　丹
副主任　李雪松
委　员　金　碚　李海舰　张其仔
　　　　吕　铁　刘戒骄　杨丹辉
　　　　余　菁　刘元春　戚聿东
　　　　贺灿飞　贾俊雪　王永贵
　　　　张明玉

农村发展研究所

(一) 学术委员会

主　任　魏后凯
委　员　杜志雄　朱　钢　苑　鹏
　　　　吴国宝　张元红　陈劲松
　　　　孙若梅　任常青　谭秋成
　　　　李国祥　闫　坤　唐　忠
　　　　秦　富

(二) 专业技术资格评审委员会

主　任　魏后凯
委　员　于法稳　马蔡琛　孔祥智
　　　　朱　钢　任常青　杜志雄
　　　　李佐军　李国祥　吴国宝
　　　　张元红　苑　鹏　林万龙
　　　　姜长云　谭秋成

财经战略研究院

(一) 学术委员会

主　任　何德旭
委　员　闫　坤　李雪松　夏杰长
　　　　倪鹏飞　杨志勇　张　斌
　　　　赵　瑾　戴学锋　依绍华
　　　　郭克莎　李勇坚　汪红驹

(二) 专业技术资格评审委员会

主　任　何德旭
委　员　闫　坤　李雪松　夏杰长
　　　　杨志勇　张　斌　倪鹏飞
　　　　夏先良　钟春平　王　微
　　　　姜长云　唐宜红　吕冰洋

金融研究所

(一) 学术委员会

主　任　胡　滨
委　员　何德旭　殷剑峰　郭金龙
　　　　李　扬　张晓晶

(二) 专业技术资格评审委员会

主　任　胡　滨
委　员　杨　涛　彭兴韵　曾　刚
　　　　李　扬　张　杰　丁志杰
　　　　郭田勇

数量经济与技术经济研究所

(一) 学术委员会

主　任　李　平
委　员　李富强　李雪松　李　军
　　　　张　涛　王宏伟　王国成
　　　　李金华　蔡跃洲　张友国
　　　　李　群　李志军　葛新权

(二) 专业技术资格评审委员会

主　任　李　平
委　员　李富强　李　军　张　涛
　　　　李金华　李文军　王宏伟
　　　　王稼琼　牛东晓　文兼武
　　　　董纪昌

人口与劳动经济研究所

(一) 学术委员会

副主任　王跃生
委　员　蔡　昉　张　翼　都　阳
　　　　张展新　王广州　吴要武
　　　　王美艳　高文书

(二) 专业技术资格评审委员会

副主任　王跃生
委　员　蔡　昉　都　阳　王广州
　　　　王美艳　高文书　吴要武
　　　　赖德胜　陈卫民　杨伟国
　　　　段成荣

城市发展与环境研究所

(一) 学术委员会

主　任　潘家华
委　员　宋迎昌　刘治彦　庄贵阳
　　　　陈　迎　陈洪波　李恩平
　　　　单菁菁　魏后凯　张晓晶
　　　　倪鹏飞

(二) 专业技术资格评审委员会

主　任　潘家华
委　员　宋迎昌　庄贵阳　单菁菁
　　　　陈　迎　李国庆　龙开元
　　　　王　灿　陶　然

社会政法学部

法学研究所、国际法研究所

(一) 学术委员会

主　任　陈　甦
委　员　陈泽宪　黄　进　李　林
　　　　李明德　柳华文　刘仁文
　　　　莫纪宏　沈　涓　孙宪忠
　　　　刘作翔　王敏远　田　禾
　　　　熊秋红　薛宁兰　赵建文
　　　　张守文　周汉华　邹海林

(二) 专业技术资格评审委员会

主　任　陈　甦
委　员　申卫星　冯玉军　刘仁文
　　　　孙宪忠　李　林　邹海林
　　　　汪海燕　沈　涓　张　生
　　　　陈泽宪　周汉华　封丽霞
　　　　柳华文　莫纪宏　蒋大兴
　　　　薛宁兰

政治学研究所

(一) 学术委员会

主　任　房　宁
委　员　周少来　周庆智　赵秀玲
　　　　贠　杰　王炳权　陈红太
　　　　张明澍　黄　平　张树华
　　　　冯　军　吴志成

(二) 专业技术资格评审委员会

主　任　房　宁
副主任　冯　军
委　员　赵秀玲　周庆智　周少来
　　　　贠　杰　王炳权　张晓玲
　　　　吴志成　季正聚　卢春龙

民族学与人类学研究所

(一) 学术委员会

主　任　何星亮

副主任　尹虎彬
委　员　方　勇　王延中　刘丹青
　　　　刘正寅　刘　泓　色　音
　　　　李云兵　陈建樾　呼　和
　　　　青　觉　曾少聪　丁　赛
　　　　王　锋

(二) 专业技术资格评审委员会

主　任　王延中
委　员　方　勇　尹虎彬　何星亮
　　　　色　音　刘　泓　刘正寅
　　　　曾少聪　张继焦　丁　宏
　　　　李锦芳　施　琳　麻国庆

社会学研究所

(一) 学术委员会

主　任　陈光金
副主任　孙壮志
委　员　李培林　王延中　张　翼
　　　　李春玲　王俊秀　罗红光
　　　　王春光　王晓毅　吴小英
　　　　夏传玲　张旅平

(二) 专业技术资格评审委员会

主　任　陈光金
委　员　王天夫　王春光　王俊秀
　　　　王晓毅　刘　能　尹虎彬
　　　　李春玲　李培林　吴小英
　　　　张　翼　陆益龙　赵延东
　　　　夏传玲　龚维斌

社会发展战略研究院

(一) 学术委员会

主　任　张　翼
副主任　刘白驹
委　员　沈　红　葛道顺　房连泉
　　　　李路路　夏传玲

(二) 专业技术资格评审委员会

主　任　张　翼
副主任　葛道顺
委　员　刘白驹　沈　红　孙光金
　　　　夏传玲　王天夫　冯仕政
　　　　李国武

新闻与传播研究所

(一) 学术委员会

主　任　唐绪军
副主任　宋小卫
委　员　卜　卫　刘晓红　季为民
　　　　黄楚新　殷　乐　崔保国
　　　　陈卫星

(二) 专业技术资格评审委员会

主　任　唐绪军
副主任　宋小卫
委　员　钱莲生　姜　飞　殷　乐
　　　　孟　威　渠敬东　段　鹏
　　　　史安斌

国际研究学部

世界经济与政治研究所

（一）学术委员会

主　任　张宇燕
副主任　姚枝仲　孙　杰
委　员　余永定　王德迅　宋　泓
　　　　鲁　桐　高海红　李东燕
　　　　袁正清　张　斌　何新华
　　　　张　明　贺力平　丁一凡

（二）专业技术资格评审委员会

主　任　张宇燕
委　员　余永定　姚枝仲　宋　泓
　　　　孙　杰　李东燕　高海红
　　　　袁正清　张　斌　王永中
　　　　贺力平　时红秀　余淼杰
　　　　赵可金　袁　鹏

俄罗斯东欧中亚研究所

（一）学术委员会

主　任　孙壮志
委　员　王晓泉　刘华芹　刘显忠
　　　　李　兴　张　宁　庞大鹏
　　　　赵会荣　柳丰华　李中海
　　　　徐坡岭　高　歌　薛福岐

（二）专业技术资格评审委员会

主　任　孙壮志
委　员　丁晓星　刘显忠　孙　力

李中海　庞大鹏　赵　刚
赵青海　柳丰华　柴　瑜
徐向梅　徐坡岭　高　歌
童　伟　薛福岐

欧洲研究所

（一）学术委员会

主　任　吴白乙
副主任　田德文
委　员　黄　平　周　弘　孔田平
　　　　陈　新　李靖堃　刘作奎
　　　　程卫东　丁一凡　崔洪建

（二）专业技术资格评审委员会

主　任　吴白乙
委　员　周　弘　田德文　程卫东
　　　　陈　新　李靖堃　刘作奎
　　　　崔洪建　冯仲平

西亚非洲研究所（中国非洲研究院）

（一）学术委员会

主　任　杨　光
委　员　王林聪　贺文萍　李智彪
　　　　唐志超　王　正　张宏明
　　　　姚桂梅　安春英　李安山
　　　　李绍先

(二) 专业技术资格评审委员会

主　任　李新烽
副主任　王林聪
委　员　李智彪　唐志超　朱伟东
　　　　安春英　余国庆　徐伟忠
　　　　牛新春　丁　隆　孙晓萌

拉丁美洲研究所

(一) 学术委员会

主　任　王荣军
委　员　袁东振　刘维广　张　凡
　　　　杨志敏　岳云霞　姚枝仲
　　　　贺双荣　董经胜

(二) 专业技术资格评审委员会

主　任　袁东振
委　员　王义桅　王荣军　刘维广
　　　　杨志敏　张　凡　岳云霞
　　　　贺双荣　屠新泉

亚太与全球战略研究院

(一) 学术委员会

主　任　李向阳
委　员　王玉主　王灵桂　朴光姬
　　　　朴键一　许利平　张礼卿
　　　　张蕴岭　赵江林　袁　鹏
　　　　董向荣

(二) 专业技术资格评审委员会

主　任　李向阳
委　员　王玉主　王荣军　朴光姬
　　　　朴键一　达　巍　许利平
　　　　孙学峰　李计广　李永辉
　　　　张国春　赵江林　魏　玲

美国研究所

(一) 学术委员会

主　任　吴白乙
副主任　倪　峰
委　员　王　欢　王孜弘　袁　征
　　　　姬　虹　樊吉社　赵　梅
　　　　黄　平　王荣军　贺力平

(二) 专业技术资格评审委员会

主　任　吴白乙
副主任　倪　峰
委　员　赵　梅　潘小松　王孜弘
　　　　姬　虹　袁　征　樊吉社
　　　　王　勇　谢　韬　翟　崑
　　　　孙学峰　王文峰

日本研究所

(一) 学术委员会

主　任　杨伯江
委　员　吕耀东　刘　瑞　江新凤
　　　　吴怀中　张建立　胡　澎

徐　梅　高　洪　唐永亮
黄大慧

(二) 专业技术资格评审委员会

主　任　杨伯江

委　员　吕耀东　刘军红　刘岳兵
　　　　吴怀中　初晓波　张建立
　　　　胡　澎　贾　宇　徐万胜
　　　　徐　梅　高　洪　唐永亮

马克思主义研究学部

马克思主义研究院

(一) 学术委员会

主　任　姜　辉
副主任　樊建新
委　员　程恩富　邓纯东　辛向阳
　　　　余　斌　翟胜明　郑一明
　　　　尹韵公　金民卿　胡乐明
　　　　吕薇洲　冯颜利

(二) 专业技术资格评审委员会

主　任　姜　辉
委　员　樊建新　程恩富　邓纯东
　　　　辛向阳　余　斌　刘志明
　　　　陈志刚　金民卿　吕薇洲
　　　　冯颜利　肖贵清　王树荫
　　　　季正聚　王　易　姚小玲

当代中国研究所

(一) 学术委员会

主　任　姜　辉
委　员　李正华　张星星　张金才
　　　　郑有贵　欧阳雪梅　李　文
　　　　王巧荣　宋月红　王爱云
　　　　杨凤城　杨明伟　辛向阳

(二) 专业技术资格评审委员会

主　任　姜　辉
委　员　王巧荣　王炳林　齐鹏飞
　　　　李　文　李正华　杨明伟
　　　　宋月红　张星星　武　力
　　　　武国友　欧阳雪梅　郑有贵
　　　　柳建辉　姚　力

信息情报研究院

(一) 学术委员会

主　任　张树华
委　员　姜　辉　曲永义　肖俊明
　　　　刘　霓　张　静　辛向阳
　　　　孙壮志　王　镭

(二) 专业技术资格评审委员会

主　任　王灵桂
委　员　姜　辉　梁俊兰　杨　丹
　　　　张　静　黄永光　朴光海
　　　　曲永义　张冠梓　赖海榕
　　　　于运全　郑承军　秦　宣

直属单位

中国社会科学院大学（研究生院）

（一）学术委员会

主　任　王伟光
副主任　张　江　张政文　程恩富
委　员　王新清　林　维　张　波
　　　　黄晓勇　张　跣　吴　用
　　　　柴宝勇　薛在兴　罗自文
　　　　张菀洺　赵一红　谭祖谊
　　　　王震中　周　弘　侯惠勤
　　　　裴长洪

（二）专业技术资格评审委员会

主　任　张政文
委　员　王新清　林　维　张　波
　　　　赵一红　谭祖谊　张　跣
　　　　黄晓勇　王延中　吴向东
　　　　李成贵　陈晓明　黄兴涛

图书馆（调查与数据信息中心）

学术委员会

副主任　蒋　颖
委　员　王　岚　张大伟　任全娥
　　　　刘振喜　何　涛　张树华
　　　　杨　齐　周世禄　罗文东
　　　　赵嘉朱　赵　慧　黄长著

中国社会科学杂志社

（一）学术委员会

主　任　王利民
委　员　余新华　李红岩　孙　辉
　　　　李新烽　柯锦华　王兆胜
　　　　赵剑英　周溯源

（二）专业技术资格评审委员会

主　任　张　江
委　员　王利民　罗文东　李红岩
　　　　孙　辉　王兆胜　李新烽
　　　　张成思　盛若蔚　胡　钰

直属企业

中国社会科学出版社

（一）学术委员会

主　任　赵剑英
委　员　魏长宝　陈　彪　王　茵
　　　　田　文　冯春凤　郭晓鸿
　　　　任　明　王　曦　孙壮志
　　　　卜宪群

（二）专业技术资格评审委员会

主　任　赵剑英
委　员　魏长宝　陈　彪　王　茵
　　　　郭晓鸿　郭　鹏　张晓晶
　　　　袁正清　张黎明　马国仓
　　　　仰海峰

社会科学文献出版社

专业技术资格评审委员会

主　任　谢寿光
委　员　杨　群　许春山　王　绯
　　　　宋月华　彭　卫　王利民
　　　　郑红亮　李　霞　耿协峰
　　　　梁迎修

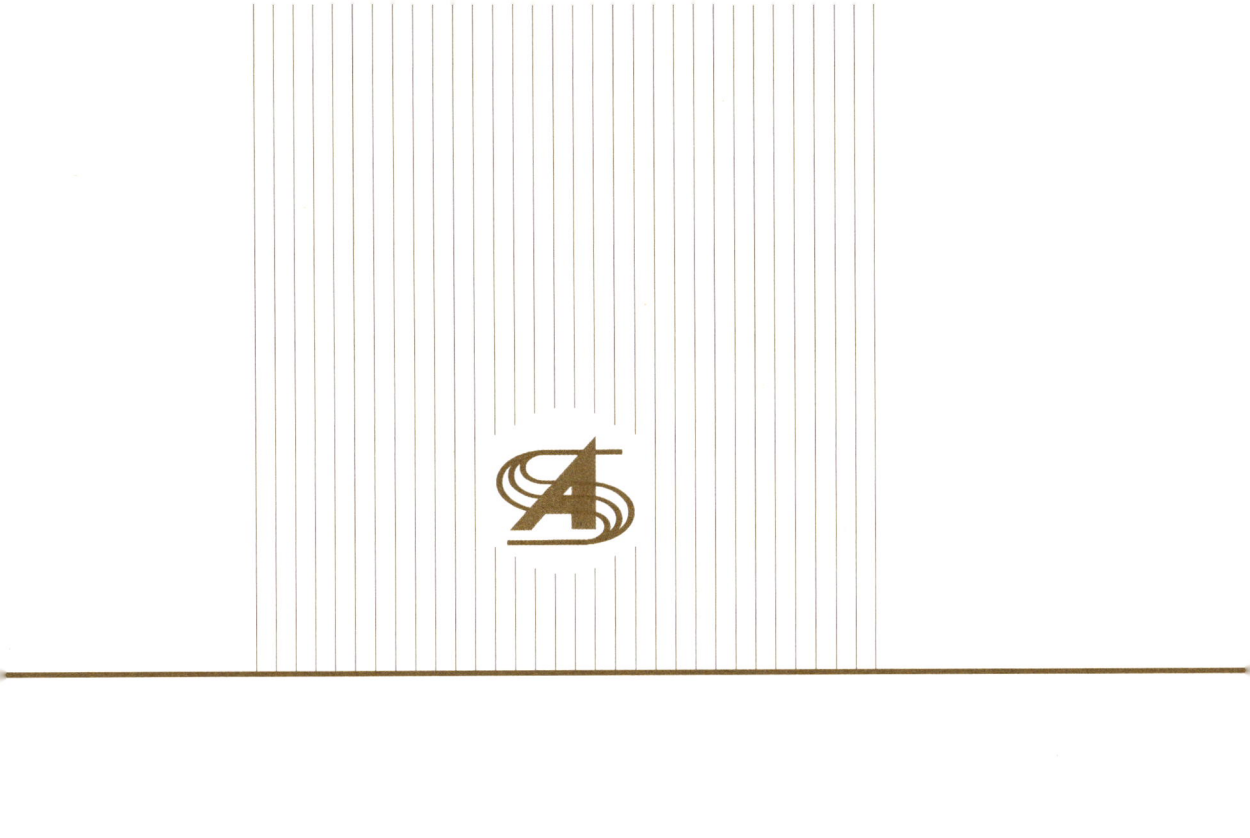

"不忘初心、牢记使命"
主题教育特辑

中国社会科学院"不忘初心、牢记使命"主题教育概况

不忘初心、牢记使命，既是中国共产党立党、兴党、强党的重要法宝，更是新时代中国共产党实现历史使命的精神动力。以习近平同志为核心的党中央高度重视在全党深入开展"不忘初心、牢记使命"主题教育。5月31日，习近平总书记在"不忘初心、牢记使命"主题教育工作会议上发表重要讲话，对全党开展主题教育进行深入动员、作出全面部署，提出明确要求。6月24日，习近平总书记在十九届中央政治局第十五次集体学习时强调指出，全党必须始终不忘初心、牢记使命，在新时代把党的自我革命推向深入。7月9日，习近平总书记在中央和国家机关党的建设工作会议上明确提出，要在深入学习贯彻党的思想理论上作表率，在始终同党中央保持高度一致上作表率，在坚决贯彻落实党中央各项决策部署上作表率。7月16日，习近平总书记在内蒙古考察并指导开展"不忘初心、牢记使命"主题教育时再次强调，要抓思想认识到位、抓检视问题到位、抓整改落实到位、抓组织领导到位，努力取得实实在在成效。习近平总书记关于"不忘初心、牢记使命"主题教育的一系列重要讲话，充分体现了新时代中国共产党人的执着理想追求、深沉忧患意识、强烈使命担当、高度政治清醒、坚强政治定力，为中国社会科学院开展好主题教育提供了有力指导、根本遵循。

自2019年6月初中国社会科学院全面开展"不忘初心、牢记使命"主题教育以来，院党组严格按照党中央的统一部署，在中央第十四指导组的精心指导下，牢牢把握深入学习贯彻习近平新时代中国特色社会主义思想这条主线，全面把握守初心、担使命，找差距、抓落实的总要求，坚持把学习教育、调查研究、检视问题、整改落实贯穿始终，坚持把主题教育各项重点措施与加快构建中国特色哲学社会科学"三大体系"相结合，推动全院主题教育取得实实在在成效，达到了"理论学习有收获、思想政治受洗礼、干事创业敢担当、为民服务解难题、清正廉洁作表率"的目标。央视新闻联播、《人民日报》、《光明日报》、中央主题教育领导小组办公室简报等都对中国社会科学院开展主题教育进行了宣传报道。实践充分证明，党中央开展"不忘初心、牢记使命"主题教育的决策部署是完全正确的，这次主题教育既是一次全党集中的理论大学习，也是一次全面的政治体检，更是一次激发担当作为的全党大动员，为决胜全面建成小康社会、实现中华民族伟大复兴的中国梦提供了政治上、思想上、组织上、作风上的重要保证。

（一）紧密结合实际，主题教育呈现鲜明特色

习近平总书记指出，主题教育"要同党中央安排部署对表对标，同时要结合实际，丰富方式方法"。中共中国社会科学院党组严格按照党中央的部署要求，紧密结合社科院实际，以上率下、上下联动，推动全院主题教育呈现鲜明工作特色。

第一，深入思想发动，坚持把高标准严要求贯穿始终。院党组高度重视在全院开展主题教育，在年初的院工作会议中，就把主题教育作为一项重要政治任务，列入年度重大工作计划。中央"不忘初心、牢记使命"主题教育工作会议结束后，院党组第一时间召开专题会议，全面部署主题教育相关工作，迅速成立主题教育领导小组、办公室、指导组，制定主题教育工作方案，明确月重点、周安排，为全面开展主题教育打下坚实基础。6月6日，院党组召开全院主题教育动员大会，明确提出中国社会科学院作为党的重要理论阵地，必须以更高的标准、更严的要求、更实的举措，推动全院主题教育取得扎实成效。自主题教育开展以来，院党组会、院务工作会把主题教育作为重点内容，组织学习研讨、听取情况汇报、部署推进工作。院属各单位按照中央部署和党组要求，努力在理论学习上更深入，调查研究上更细致，检视问题上更准确，整改落实上更实在，把高标准严要求落实到各环节、各领域，推动主题教育取得扎实成效。

第二，突出理论特色，坚持把学习习近平新时代中国特色社会主义思想贯穿始终。院党组坚决贯彻落实习近平总书记"以思想教育打头"的要求，提出全院党员干部在深入学习习近平新时代中国特色社会主义思想方面要走在前、作表率。院党组坚持以学习打头、以学习贯穿、以学习推动，坚持把深入学习《习近平新时代中国特色社会主义思想学习纲要》《习近平关于"不忘初心、牢记使命"重要论述选编》与深入学习习近平总书记"5·17"重要讲话精神和三次致中国社会科学院贺信精神相结合，认真学习党史、新中国史，跟进学习习近平总书记最新重要讲话精神，紧紧围绕党的政治建设、全面从严治党、理想信念与宗旨性质、担当作为、政治纪律与政治规矩、党性修养与廉洁自律等重点内容，列出五大专题，开展分段式集中研讨和封闭式集中自学。院党组带头学习思考、带头交流研讨、带头撰写文章、带头讲党课，努力做到学习上先行一步、领会上更深一层。主题教育期间，党组成员在全院讲党课12次，充分发挥了示范引领作用。

院属各单位按照中央部署和院党组要求，组织党员干部认真读原著、学原文、悟原理，自觉对表对标，及时校准偏差，进一步提高用习近平新时代中国特色社会主义思想指导科研的能力。全院各单位党委理论学习中心组认真开展专题学习，累计学习近300次；积极组织学习贯彻习近平新时代中国特色社会主义思想全员培训，3300余名党员参加学习。各职能部门结合工作特点、各研究单位结合专业领域，突出问题导向、丰富学习内容、创新学习形式，有的部门早到一小时、晚走一小时，开展晨读、晚读活动；有的研究所把习近平总书记关于本学科的

重要论述编印成册，极大提高了大家学习的自觉性、系统性，增强了学习的针对性、实效性。

第三，着眼解决问题，坚持把深入调查研究贯穿始终。调研是做好各项工作的基本功。习近平总书记明确提出，要使调研的过程成为加深对党的创新理论领悟的过程，成为保持同人民群众血肉联系的过程，成为推动事业发展的过程。院党组按照中央要求，坚持问题导向，着眼解决实际问题，把调查研究与完成党中央部署的任务和当前正在进行的"三大体系"建设结合起来，先后开展学科建设大调研、人才建设大调研、党的建设专题调研和意识形态工作专题调研。主题教育期间，党组成员赴研究所调研30余人次，召开调研座谈会20余场，覆盖全院近40个研究单位；"院长接待日"接待来访干部群众40余人次；先后两次召开调研成果交流会，党组成员认真交流调研情况，践行实事求是思想路线，强化了求真务实的工作作风。

院属各单位紧紧围绕贯彻落实"5·17"重要讲话精神和三次致中国社会科学院贺信精神，聚焦"三大体系"建设的重点问题、群众普遍关心的热点问题、制约本单位发展的关键问题，认真开展调查研究。各职能部门结合工作职责，主动深入研究院所，与专家学者座谈交流，对接科研需求、查找薄弱环节，大力推动"放管服"改革；全院6个学部42个研究所330个研究室按照学科设置与学科布局、学科发展方向与水平、学术平台建设状况、人才队伍建设状况等开展了自我评估和综合评议。有的研究所结合新中国成立70周年，系统梳理学科建设和发展状况，深入院内外开展调研；有的研究所在制定本学科发展规划纲要时，充分征求院内外专家的意见。据统计，主题教育期间，院属各单位共开展调研538次。2019年7月中旬的暑期研讨班集中展示了中国社会科学院主题教育的调研成果，党组成员主持6个学部的36次专题讨论，8家单位在大会上交流了调研情况，全院所有单位都提交了阶段性调研成果。此次暑期研讨班结合调研情况，检视突出问题，制定整改措施，交流加强"三大体系"建设的具体举措，取得了良好效果。

第四，勇于刀刃向内，坚持把深刻检视剖析贯穿始终。习近平总书记指出，要以刀刃向内的自我革命精神，广泛听取意见、认真检视反思，把问题找实、把根源挖深。院党组认真按照习近平总书记提出的"四个对照""四个找一找"的要求，通过召开座谈会、个别访谈、实地调研等方式，深入研究室、党支部、一线科研人员中，面对面听取意见和建议，查摆自身不足、查找工作短板。8月16日，院党组召开对照党章党规找差距专题会议，党组成员以正视问题的自觉和刀刃向内的勇气，逐一对照、全面查找各种违背初心和使命的差距。在此基础上，院党组梳理出6个方面22个类别的66个问题，提出了163项整改措施，形成主题教育调研检视问题清单。

院属各单位把对照党章党规找差距与对照习近平新时代中国特色社会主义思想、习近平总书记重要指示批示精神和党中央决策部署检视问题结合起来，边学习、边对照、边检视、边整改。院属各单位领导班子结合党的建设、"三大体系"建设、干部人才队伍建设、智库能力建设等方面，从思想上、政治上、作风上、能力上、廉政上进行深刻反思剖析。据统计，院属各单位共检视问题 770 个,为后期的整改落实奠定坚实基础。

第五,持续精准发力,坚持把从严整改落实贯穿始终。习近平总书记指出,要把"改"字贯穿始终,不断深化认识、增强自觉,明确阶段目标,持续整改。院党组坚持把整改落实作为体现主题教育成效的重要抓手,从"严"字上着眼、"改"字上下力、"实"字上求效。在专项整治中,院党组从 8 个方面列出 12 项整治任务,提出 25 项具体整改措施。整改任务的责任部门迅速开展全院大排查、大起底,根据问题类型及时纠正,限期整改。经过学习、调研、检视、谈心谈话等环节的充分准备,8 月 29 日,院党组召开专题民主生活会,从七个方面检视突出问题,开展批评与自我批评,党组成员主动认领责任、深刻剖析原因、细化整改措施、明确整改期限,有力推动主题教育落实落地。

院属各单位把指导组反馈指出的问题、学习研讨中查摆的问题、对照党章党规找出的问题、调研发现的问题、群众反映的问题、民主生活会对照检查的问题,一体纳入整改清单、实施台账管理,以钉钉子精神扭住不放、推动解决。全院各单位均已召开民主生活会,职能部门完成 46 个问题的整改,直属单位完成 70 个问题的整改,各研究单位完成 193 个问题的整改。主题教育前,全院有 16 家单位党委未按期换届,主题教育期间,已有 6 家单位党委完成了换届,另有 5 家单位党委也已启动换届程序;对于学科建设存在的问题,有的单位已经制定学科调整方案,启动了学科调整工作,确保用高质量的整改落实体现主题教育成效。

第六,认真履职尽责,坚持把严督实导贯穿始终。指导组承担着传达中央精神、督促落实要求、总结经验、发现问题等重要职责。主题教育期间,中央第十四指导组张志军、王瑞生等同志先后 24 次来院,对全院的学习教育、调查研究、检视问题、整改落实进行有力指导,为全院主题教育扎实开展提供有力支持。为更好把中央精神贯彻落实到位,院里成立 8 个指导组,围绕核心任务,健全工作机制,全过程、全方位参与到所联系单位的主题教育工作中,充分发挥了承上启下、指导把关、宣传引导的作用。在民主生活会环节,院指导组认真履行职责,严格把关各单位提交的专题民主生活会方案、领导班子和成员的检视剖析材料,不少单位的民主生活会材料都是反复修改,审核合格后,才召开民主生活会,确保高质量高标准完成民主生活会指导任务。主题教育期间,院党组先后三次召开院指导组全体会议,听取工作情况汇报,安排部署下一步工作,确保全院主题教育不跑偏、不走样,不打折扣。

(二)强化责任担当,主题教育取得明显成效

主题教育开展 3 个月来,中国社会科学院全体党员干部按照习近平总书记提出的"四个到位"要求,坚持边学习边调研边检视边整改,凝聚思想共识、强化责任担当,推动全院主题教育取得明显成效。

第一,进一步提高了学习贯彻习近平新时代中国特色社会主义思想的主动性。主题教育期间,全院党员干部按照"读原著、学原文、悟原理,自觉对表对标,及时校准偏差"的要

求，在原有学习的基础上，学习的广度和深度大幅提升、研究阐释的学理化程度大幅提升，用以指导研究的能力和水平大幅提升。全院专家学者不仅完成了规定的29篇书目的学习，还结合专业领域，主动梳理习近平新时代中国特色社会主义思想提出的重大观点、重大判断、重大举措，开展深入研究。院党组牵头14项重大科研项目，组织全院力量，对习近平新时代中国特色社会主义思想涉及的政治、经济、社会、文化、外交和国际问题等重要领域开展集中攻关研究。专家学者积极在中央媒体发表学习文章，深入阐释习近平新时代中国特色社会主义思想。主题教育开展以来，党组成员在"三报一刊"发表理论文章13篇，全院科研人员发表论文107篇。中国历史研究院完成《习近平论历史科学》书稿，召开了学习习近平总书记关于历史科学重要论述理论研讨会，黄坤明同志出席并讲话。院习近平新时代中国特色社会主义思想研究中心充分发挥专业优势，通过座谈会、学术论坛等方式，对意识形态领域的错误观点进行辨析批判，澄清模糊认识，阐释中国立场，引导社会舆论。全院党员干部深刻认识到，面对新时代中国特色社会主义波澜壮阔的实践，面对"世界百年未有之大变局"，必须要深入学习习近平新时代中国特色社会主义思想，才能在思想上、行动上、能力上跟上党中央要求、跟上时代前进步伐、跟上事业发展需要。作为理论工作者，必须要从历史和现实相贯通、国际和国内相联系、理论和实际相结合的宽广视角，对一些重大理论和实践问题进行思考和把握，在学思践悟、真信笃行中，把理论的力量转化为实现中华民族伟大复兴的行动。

第二，进一步增强了维护习近平总书记核心地位、维护党中央权威和集中统一领导的坚定性。通过深入学习，全院党员干部深刻认识到，核心是全党政治上的旗帜、思想上的灵魂、行动上的统帅。作为拥有9000万党员的世界第一大党，面对十分复杂的国内国际环境，肩负繁重的执政使命，没有坚强的领导核心，就不能战胜各种风险和困难，带领全党不断前进。维护习近平总书记核心地位、维护党中央权威和集中统一领导，从根本上说就是维护党的利益、国家的利益、中华民族的利益。全院党员干部将进一步增强"四个意识"、坚定"四个自信"、做到"两个维护"，自觉在思想上、政治上、行动上同以习近平同志为核心的党中央保持高度一致。院党组坚持把做到两个"维护"的决心体现到推动习近平总书记重要指示批示和党中央决策部署的贯彻落实上。主题教育期间，院党组全面梳理了习近平总书记对中国社会科学院的指示批示和党中央决策部署落实情况，提出了进一步贯彻落实的措施，推动中国社会科学院加快构建中国特色哲学社会科学"三大体系"迈出重要步伐、中国历史研究院建设取得关键进展、中国非洲研究院取得良好开局，上级领导机关和领导同志交办的21项重要指示批示，取得重要阶段性成果。这充分说明中国社会科学院专家学者是忠诚于党、忠诚于人民、忠诚于马克思主义的理论队伍，是党和人民可以信赖的理论队伍。

第三，进一步激发了加快构建中国特色哲学社会科学"三大体系"的担当精神。主题教育期间，全院党员干部把学习习近平新时代中国特色社会主义思想的收获转化为勇于担当、积极作为的实际行动，把初心使命转化成锐意进取、开拓创新的精气神，全面调研全院学科建设、人才建设、意识形态建设、党的建设等领域存在的问题，全面梳理全院学术体系、学科体系、话语体系建设中存在的短板弱项，全面研究改革完善"三大体系"建设的体制和政策，形成了思想共识和行动合力，推动中国社会科学院"三大体系"建设和高端智库建设取得了较大的进步。2019年，围绕新中国成立70周年，中国社会科学院推进《庆祝中华人民共和国成立70周年书系》（共31册）编撰工作，即将陆续出版；全院召开庆祝新中国成立高端论坛25场。中国社会科学院立项国家社科基金项目106项、院创新工程研究项目51项，极大推动学术研究向深度和广度拓展。围绕中央举办的第二届"一带一路"合作高峰论坛、亚洲文明对话大会等主场外交，围绕中美贸易战、世界格局走势等重大专题，报送对策信息733份，被采用154份，对策研究的质量大幅提升。习近平总书记在哲学社会科学工作座谈会上的重要讲话和三次致中国社会科学院贺信精神，充分体现了习近平总书记对加快构建中国特色哲学社会科学的高度重视，对繁荣中国学术、发展中国理论、传播中国思想的高度重视。中国社会科学院一定巩固良好势头，再接再厉、乘势而上，推动"三大体系"建设不断取得新成效。

第四，进一步提升了为人民做"真学问"、做"大学问"的使命意识。通过深入学习，全院党员干部自觉把学术研究融入我国改革开放的伟大事业之中、融入人民创造历史的伟大奋斗之中，与党和国家的发展同向而行，在为时代书写、为人民做学问中成就"大我"。主题教育期间，全院专家学者深入实践、深入基层、深入群众，从火热的社会实践和人民群众的生产生活中，获取营养、激发灵感，进行创造创作。8月初，中国社会科学院学部委员赴黑龙江进行学术调研，考察兴边富民战略规划推进情况和"中蒙俄经济走廊"建设情况，普遍感到收获很大。年初，全院发布国情调研项目97个，近千人参与其中。结合主题教育，通过国情调研，全院党员干部进一步提高了为人民做"真学问"、做"大学问"的使命意识，进一步增强了俯下身子、把学问做到祖国大地上的决心，达到了"守初心、担使命"的要求。

第五，进一步形成了全面从严治党与科研创新相互促进的良好局面。院党组按照习近平总书记在中央和国家机关党的建设工作会上的重要讲话精神，坚持和加强党的全面领导，把全面从严治党作为管所治所的重要抓手，推动形成了全面从严治党与科研创新相互促进的良好局面。在党建工作专题调研中，院党组成员带头深入支部，对全院基层党组织建设开展深入调研，对于党内政治生活不规范、党委领导班子配备不及时、基层党组织建设比较薄弱等问题，提出进一步改进的措施，有力推动全面从严治党向纵深发展、向基层延伸。为落实党建主体责任，院党组制定了《全面从严治党主体责任清单》，明确党组必须履行的24项党建工作职责，推动院属各单位党委进一步增强管党治党意识、落实管党治党责任。主题教育期间，院内全面排查违反中央八项规定精神的问题，梳理落实中央八项规定精神的各项制度，紧盯重要节点和重点领域，开展宣传教育和警示提醒，为科研创新保驾护航；全面整治形式主义、官僚主义，文山会海突出，督查考核过多过频的问题，2019年上半年全院制发文件较2018年同期减少30%、举办全院行政性会议较2018年同期减少25%，切实减轻科研人员的行政负担；全面加强作风和学风建设,与中宣部等七部门联合印发《哲学社会科学科研诚信建设实施办法》,积极营造风清气正的学术生态和政治生态。全面从严治党各项措施的实施,为加快构建中国特色哲学社会科学"三大体系"提供了坚强保障。

(三)认真总结经验,以主题教育的成效推动社科院各项工作再上新台阶

主题教育开展以来,中国社会科学院加强领导、真抓实干、扎实推进,取得了新成效,积累了新经验。

第一,必须提高政治站位,强化思想认识。开展主题教育,是以习近平同志为核心的党中央统揽伟大斗争、伟大工程、伟大事业、伟大梦想作出的重大部署,表明了我们党不忘初心、重整行装再出发的鲜明态度,体现了我们党对新时代新使命的深刻把握,凸显了我们党对加强党的建设,推进全面从严治党的坚定决心。我们必须从政治上看,从政治上学,深刻把握其政治意义、政治考量、政治要求,这样才能在思想上认识更深刻,行动上执行更到位。通过主题教育,全院将进一步强化思想认识,提高把握政治方向和政治大局的能力,增强政治定力、政治判断力、政治执行力,在政治立场、政治方向、政治原则、政治道路上坚决同以习近平同志为核心的党中央保持高度一致。

第二,必须加强组织领导,扎实有序推进。这次主题教育时间紧、任务重、要求高。院党组以身作则、靠前指挥;职能部门分工合作、相互配合。院属各单位党委抓推动落实、抓成果转化;指导组上传下达、沟通协调、解疑释惑、严格把关;坚持开门搞活动,让群众参与、让群众监督、让群众评价,推动主题教育不断走实走深走心,扎实有序开展。全院将把主题教育期间形成的这种强大组织优势,转化为破解工作难题,提升业务能力的强大力量,推动全院各项工作顺利实施。

第三,必须突出问题导向,聚焦重点难点。对照初心使命"找差距、抓落实"是开展这次主题教育的出发点和落脚点。院党组把问题导向贯穿主题教育全过程,坚持谋在前、查在前、改在前。在理论学习中,聚焦解决思想根子问题,认真学习原著,自觉对表对标,及时校准偏差;在调查研究中,着眼发现问题、解决问题;在检视问题中,查摆自身不足、查找工作短板,深挖思想根源;在整改落实中,立查立改、即知即改,把发现和解决问题的实效作为衡量和检验主题教育成效的重要标准。全院党员干部聚焦影响和制约"三大体系"建设、加快构建中国特色哲学社会科学的重要问题,开展全面调查研究、进行深刻检视剖析、制定整改措施。下一步,全院将把查摆出的问题作为努力的方向,明确时间表、路线图、任务书,打好集中整治的攻坚战。

第四,必须围绕中心工作,推进主题教育。以主题教育促担当作为、推改革发展,是这次主题教育的鲜明特点。院党组把主题教育与科研中心工作有机融合,使主题教育成为自觉坚持用习近平新时代中国特色社会主义思想指导科研的过程,成为贯彻落实习近平总书记"5·17"

重要讲话精神和三次致中国社会科学院贺信精神、加快构建中国特色哲学社会科学"三大体系"的过程。全院党员干部认真对照习近平总书记提出的加快构建中国特色哲学社会科学的战略任务，认真评估科研管理体制、人才管理体制、服务保障体系、学术平台建设存在的问题，深刻查找制约出高质量成果和高水平人才的原因。在深入调查研究、广泛征求意见的基础上，对改革和完善"三大体系"建设的体制和政策达成了共识，为我院下一步推进各项工作打下良好基础。

（四）持续推动落实，进一步巩固和深化主题教育成果

按照中央的部署要求和中央"不忘初心、牢记使命"主题教育领导小组印发的《关于巩固深化第一批"不忘初心、牢记使命"主题教育成果的通知》精神，下一步，中国社会科学院将在巩固中坚持，在坚持中深化，确保整个主题教育取得最好成效。

一是在强化思想理论武装上更进一步。学懂弄通做实习近平新时代中国特色社会主义思想是贯穿主题教育的主线，也是我们必须完成好的首要政治任务。第一批主题教育已经告一段落，但是对习近平新时代中国特色社会主义思想的学习、研究、宣传、阐释还将一以贯之地全面、系统、深入进行下去。全院将认真梳理总结主题教育期间的经验，发扬学到底、悟到位的精神，真正融入科研、指导科研，转化为科研人员清醒的理论自觉、坚定的政治信念、科学的思维方法，切实做到用习近平新时代中国特色社会主义思想武装头脑、推动工作。

二是在抓好整改落实上更进一步。全院将结合主题教育自查评估工作，对整改落实情况进行盘点分析，及时跟进整改落实的进展，明晰整改效果和存在问题。院属各单位将对照主题教育专项整治工作方案，认真抓好责任落实。按照中央的部署要求和中央"不忘初心、牢记使命"主题教育领导小组印发的《关于巩固深化第一批"不忘初心、牢记使命"主题教育成果的通知》精神，11月，全院开展整改落实情况"回头看"。院属各单位将针对主题教育期间检视出的突出问题，对照问题清单，逐条落实、逐一销账，盯住不放、跟踪整改，直到问题解决为止，确保改出更高质量、改出更好效果。

三是在践行初心使命上更进一步。加快构建中国特色哲学社会科学学科体系、学术体系、话语体系，是新时代中国哲学社会科学事业的崇高使命，也是中国社会科学院的神圣职责。中国社会科学院将更加坚定为人民做学问的理想，以"板凳要坐十年冷，文章不写一句空"的执着坚守，以"十年磨一剑"的恒心毅力，推出更多标注新时代的精品力作，繁荣中国学术，发展中国理论，传播中国思想，奋力书写哲学社会科学壮丽新篇章。

中国特色哲学社会科学"三大体系"建设专辑

文学哲学学部

民族文学研究所

（一）在"三大体系"建设方面实施的新机制、新举措

2019年，民族文学研究所以习近平新时代中国特色社会主义思想为指导，全面贯彻落实习近平总书记在全国哲学社会科学工作座谈会上的讲话、致中国社会科学院建院40周年贺信、致中国历史研究院成立贺信的精神，努力推动各项工作，并取得了一定成绩。

学科体系建设是根本。2019年，民族文学研究所根据《中国社会科学院2019年学科与人才调查方案》和建所以来学科发展的规律要求，对民族文学研究所学科与人才情况进行了认真的总结，吸取经验、肯定成绩、查摆短板和尚待解决的问题，并考虑到"新文科"发展趋势的前瞻，以及高新技术的发展对传统人文学科的冲击和挑战，积极进行调整、提升。具体措施如下。

第一，经院批准，"中国少数民族文学资料中心"更名为"民族文学数据与网络研究室"。在信息化日益普及和大数据技术向各领域逐步深入的时代背景下，信息传播技术对哲学社会科学研究的影响日显突出。少数民族文学的研究将逐步走向数字化、数据化和网络化。国家层面的科学数据标准、全领域知识整合和专业领域本体知识图谱的构建等已提上议程。通过跨学科融合理论、数字手段和大数据方法的运用，实现对学科的定量分析和发展趋势预测，有效解决在更大范围内的学科融合。该措施对少数民族文学学科在新的历史发展时期实现创新发展和全面繁荣具有重要意义。通过更名，作出人员结构和发展方向的调整。巩固民族文学研究所大量占有多民族资料的优势，同时顺应信息化发展潮流，拓展民族文学研究所资料学研究的外延，深化对民族文学资料的大数据、云计算等网络信息化研究。尤其是考虑"数字人文"发展趋向，为未来朝向类似"计算民俗学"进发，做好人员准备工作。

第二，经院批准，新建"作家文学研究室"。作家文学研究是少数民族文学研究的重要组成部分，不可或缺。当代文学与我们的时代脉搏共振，而作家文学在新时代出现的新现象、新方法的学术价值与实践价值，值得成为民族文学研究的重要议题。作家文学是当代社会表征的载体，但在数字时代的转化中书面文学的式微表明将少数民族作家文学研究提上日程刻不容缓。长期以来，民族文学研究所所内涉及作家文学研究的学者分布于几个研究室里，无法形成合力，导致作家文学研究力量薄弱，对外影响有限。故新设立该研究室，补齐学科短板。

第三，强化学科定位，扩大学科外延，打造升级版人才队伍。学科发展需要与时俱进，

2019年，民族文学研究所审时度势，全力打造学科品牌。拓展少数民族书面文学、古代文学等领域的研究，吸纳具有跨学科研究背景的青年人才，合理规划人才布局，为学科的健康有序发展不断提供人力方面的支持；推动数字人文建设，进而通过发挥学术资料、资源优势，强化学术研究向数据信息化方向发展；鼓励培养研究人员跨专业、跨学科的研究思路，强调多学科融合，提炼新式理论模型，拓宽研究理路。

第四，持续打造学科国际品牌。民族文学研究所在既有国际声望基础上，依仗民族文学研究平台和多民族学者群体优势，大力推动与国际学界的对话和合作，继续鼓励研究人员在国际组织任职，在国际学术会议等平台发声，在国外专业刊物上发表论文，在境外出版学术专著，主办国际学术刊物，充分掌握国际学术话语权。

学术体系是加快构建中国特色哲学社会科学的核心，是学科体系、话语体系的内核和支撑。加强学术体系建设，关键是要强调马克思主义的指导地位和作用，将马克思主义基本原理同中国的具体实际相结合，用马克思主义理论思想武装头脑，指导哲学社会科学理论研究事业的长足发展。2019年，民族文学研究所组织"不忘初心、牢记使命"理论学习班、"关于学习贯彻习近平新时代中国特色社会主义思想专题"培训班等，认真学习贯彻中央指示精神。另外，民族文学研究所核心期刊《民族文学研究》也设有专栏，刊登马克思主义理论性文章，让思想建设、政治理论学习指导学术研究。

完善学术体系建设应"不忘本来，吸收外来，面向未来"，坚持历史唯物主义的立场和观点，立足中国国情和实际，与国际学术体系接轨，发展具有中国特色的哲学社会科学体系。具体而言，民族文学研究所是我国少有的在国内层面和国际层面均能起到引领作用的民族文学研究学术机构。民族文学研究所在巩固学术话语体系方面，延续在学科、人才、资源等方面的优势，以精品意识为导向，强调多出原创性标志性成果，强调对中国材料的深入发掘，强调对中国问题的热切回应，强调对中国思想的弘扬阐发。2019年，民族文学研究所召开了数十次学术研讨会，学术社团活跃，国际学术交流频繁并发挥了积极的作用，国内外学术影响力增强。按照学科发展的要求和时代历史赋予的使命，民族文学研究所进一步发挥、推进学术体系建设、完善学科话语体系建设的统领作用，锐意进取，构建多元一体的学术发展体系，力争使少数民族文学学术体系具有包容的气度、不封闭的格局、不故步自封的锐气。

中国实践需要用中国理论、中国学术来解读，中华民族伟大复兴需要由强有力的学理来支撑。中国是一个多民族的国家，形成了具有中国特色的民族话语体系，各民族自成一体又交织在一起，拥有丰富且宝贵的民族文学、文化资源，这些资源亟待被挖掘和研究。民族文学研究所是在国家层面针对少数民族文学、文化开展学术研究的专业性科研机构，担负着为国家民族团结与发展出谋划策、为振兴民族社会科学推波助澜、为提升国家民族文学研究水平殚精竭虑的重任。多年来，学者们在大量科研课题的支持下，深入基层扎实做调研，在少数民族地区长期开展田野工作，通过大量优秀的学术科研成果，反映出我国少数民族地区的历史、文化等真实面貌，且提出了大量切实有效的措施意见；学理精审，特别注意在国际场合和平台，发出中国学者的声音，阐发中国学者的学术理念，努力构建具有中国特色的民族文学研究学术话语体系。

（二）学科调整简况及特色学科

2019年，在各研究室开展学科建设工作的基础上，民族文学研究所按照社科院"登峰战略"学科发展规划的部署，根据学科特点和原有基础优势，整合学术资源，按需调整学科规划，打破研究室界限，继续培育1项优势学科"中国史诗学"、1项特殊学科"满通古斯民间文学"、1项重点学科"中国神话学"，适时调整了民族文学研究所的学科架构，为后续学科的健康有序发展奠定了坚实基础。学科概况如下。

1．优势学科"中国史诗学"

民族文学研究所史诗学团队在所内是研究力量最强的，是民族文学研究所的优势学科和重点学科，在整个民间文艺学和新兴的口头传统研究领域，史诗学团队亦堪称力量强、影响大、成果多的团队，因而长期执学界之牛耳。该学科人员分别来自民族文学研究所南方民族文学、北方民族文学、蒙古族文学、藏族文学、民族文学理论与当代文学批评研究室及民族文学数据与网络研究室，在业务上各有专攻，能够从学科领域和专业角度为优势学科建设提供不同的视野和助力。多年来，该学科有计划、有步骤、有重点地加强人才培养和梯队建设，兼顾学科的长期经营和国际拓展。在该学科成员中，1人为中国社科院学部委员，1人入选"四个一批"人才和哲学社会科学领军人才，1人入选宣传思想文化青年英才；1人获青年学者资助，2人获基础学者资助。总之，该团队老中青年龄结构大致合理，工作语言和专业布局适宜，大致覆盖了北方史诗带和南方史诗群的主要部分和基本类型。同时，该团队在个人项目和集体课题之间取得了适度的平衡，体现了该团队拥有历史使命感和国家学术建设的担当。

2019年，"中国史诗学"在研课题共有11项。其中，国家社会科学基金重大委托课题2项："中国少数民族语言与文化研究"和"《格萨（斯）尔》抢救、保护与研究"；国家社会科学基金重大课题2项："柯尔克孜百科全书《玛纳斯》综合研究"和"中国少数民族口头传统专题数据库建设：元数据标准建设"；国家社会科学基金一般课题4项："西部民族地区传统歌会研究""口头传统视阈下藏蒙《格萨（斯）尔》史诗音乐研究""卡尔梅克韵文体民间文学资料集成与比较研究""川滇地区东巴史诗的搜集整理研究"；国家社会科学基金青年课题2项："新疆乌恰县史诗歌手调查研究""维吾尔族民间达斯坦的口头诗学研究"；中宣部"四个一批"人才工程自主课题1项："遗产化进程中的活态史诗传统保护与研究"。该学科科研人员参与执行的国家社科基金特别委托课题"中国史诗百部工程"已立项94项；同时，该学科科研人员还参与了国家大型文化工程《中国民间文学大系》史诗卷的策划和专业指导工作。就学术成果而言，该学科成员每年都能产出一批高质量的学术成果，大多涉及史诗研究，巩固了该学科在学术界的引领地位。另外，通过"中国社会科学院民俗学研究书系"和"中国少数民族语言与文化研究书系"推出著作类成果。

经过几代学人的经营，民族文学研究所的史诗资料学和理论研究，取得了多方面的成果。在资料学建设方面，该学科长期坚持"资料库／基地／网络"三位一体的发展方略，经过多年的积累，已初步形成中国史诗学数字化资源和多个专题档案，在学术资料和科研手段现代化方面奠定了良好的基础。研究人员从田野研究中发掘口头文本资料和语境资料，从古籍文献和口碑文献成果中发现各民族史诗资料，采集域外史诗学及民俗学资料，从西方学界近两百年来重要的研究成果中辑选和译介代表性经典文献，充分利用互联网时代的电子资源和相关科研机构的数据库建设成果，尤其是归集民族文学研究所的"中国少数民族文学研究资料库"的相关信息，已系统完成《蒙古英雄史诗大系》专题数据集。

史诗学科团队以跨室协同方式开展了各自既定的研究计划，从优秀成果的出版发表到课题项目的执行，从实地调研计划的实施到专题化的资料学建设，从参与国内外学术会议到国家、国际层面的非遗保护工作（例如史诗保护）和政策咨询，多方面推进了学科建设。2019年，史诗学科团队开展的重要学术活动包括：协助院文哲学部组织"第八届IEL国际史诗学与口头传统讲习班：图像、叙事及演述"；配合院"亚洲文明对话大会"工作部署，接待5名外方代表来所开展"'一带一路'国家文化交流"座谈会；等等。

2. 特殊学科"满通古斯民间文学"

满通古斯民间文学学科属于濒危学科，是中国阿尔泰学领域满通古斯学的重要组成部分。该学科将满通古斯诸民族民间文学，包括长篇史诗、神话、民间故事的田野调查、收集整理、保护抢救、分析研究作为工作的着力点，进一步发展建设中国满通古斯诸民族文学研究事业，建立健全研究队伍和团队，进而建构既有中国特色又有国际影响的满通古斯民族文学研究体系。2019年，该学科成员已经累计收集整理了40余万字的口头传承资料；出版发表多项高质量的学术成果，如专著《鄂温克族教育文化》《杜拉尔鄂温克语词汇》《满族说部"窝车库乌勒本"研究》；论文《满通古斯语族语言词汇及其研究价值》《讲述还是书写——非典型性的满族故事家》《从达斡尔族乌钦思考"创作型"传承人》《达斡尔族哈萨克文、维吾尔文书面文学述论》等。2019年，该学科新立项国家社科基金重大课题1项："中国阿尔泰语系语言比较研究"；在研国家社科基金一般课题2项："满－通古斯语族史诗研究"和"清代达斡尔族乌钦《莺莺传》与满文、汉文《西厢记》关系研究"；结项国家社科基金重大委托课题1项："鄂温克族濒危语言文化抢救性研究"，院国情调研重大课题1项："人口较少民族濒危语言文化调研"。

3. 重点学科"中国神话学"

民族文学研究所的神话研究覆盖全国56个民族，北方偏重史诗研究而南方偏重神话研究。该学科的学术优势主要体现在资料的丰富性和活态性上。中国神话学的研究主要涉及神话数据库建设、神话学术史梳理、神话溯源、活态神话与仪式研究等，神话的母题和地理分布等也是重要研究方向。该学科在五个方面展开工作：建设神话数据库、梳理神话学术史、推进神话溯源课题、神话活态传承研究、出版"盘瓠神话"丛书，包括资料汇编、学术史、母题数据、仪式分析以及溯源研究。2019年，该学科科研项目有——在研课题1项：国家社科基金重大课题"中国少数民族神话数据库建设"，院创新工程项目2项："中国南方民族口头传统研究""中国少数民族口头传统音影图文档案库"；结项课题1项：国家社科基金青年课题"台语民族跨境族源神话及其信仰体系研究"。发表、出版的代表成果有：资料集《盘瓠神话资料汇编》；论文《女娲补天、后羿射日与夸父逐日：闰月补天的神话呈现》《传承中的再造：羌族口头传统的文化生境及特征》《纳西族与彝族的创世神话比较研究》《口传神话研究应关注的几个维度》《论盘古神话的母题类型与层级结构》《赫哲族〈长虫兄妹〉的神话学分析》《壮族神话〈巨人夫妻〉的母题学分析》《山与海的想象：盘瓠神话中有关族源解释的两种表述》等。

（三）在"三大体系"建设方面取得的新成果

民族文学研究所立足于少数民族语言文化富矿，加强各民族文学的整体研究、专题研究和个案研究，在多学科互涉领域带动口头传统走向口头诗学，巩固中国史诗学传统优势，同时兼顾少数民族神话研究和语言文化研究，注重应对社会及学科前沿问题，特别是在非物质文化遗产保护和"一带一路"话语体系建设等领域发挥了突出作用。2019年，民族文学研究所以项目做科研工作运转良好，国际合作频繁，国家级重大项目占比较高，阶段性成果从质量到数量均达标。具体情况如下。国家社科基金课题：1项重大委托课题、2项青年课题结项；15项课题在研，其中重大委托课题2项、重大课题3项、一般课题6项、青年课题4项。院创新工程项目：以研究室为研究单位，保持在研项目7个。院国情调研课题：1项重大课题结项，2个国情调研基地项目按年度立项结项。

2019年，民族文学研究所的多项成果在"中国社会科学院优秀科研成果奖""中国民间文艺山花奖""胡绳青年学术奖"等国家、省部级成果评奖中有所斩获。

同时，民族文学研究所学者还通过学术研究和科研活动深度融入"一带一路"话语体系建设。多年来，在"一带一路"倡议的框架下，民族文学研究所非遗团队与核心期刊《西北民族研究》联合开设"一带一路"专栏，团队成员在多家核心期刊上共发表专题学术论文12篇。2019年，北方民族文学研究室继续在创新工程项目中开展"'一带一路'跨境民族文学与文化比较研究"，对跨境共享的史诗传统和民间文学类非遗项目的保护进行了追踪调研。蒙古族文学研究室继续与中国社会科学院"一带一路"国际智库、中国社会科学院亚太与全球战略研究院合作，组织举办了"丝绸之路传统文化国际学术年会"。在中国社会科学院与匈牙利科学院合作研究项目框架下，民族文学研究所积极推动与匈牙利科学院人文中心民族学研究所合办《丝绸之路文化研究》刊物的编辑出版工作，创刊号于2019年出版。此举将扩大中国民族文学、文化和民俗研究的国际影响力，强化交流，进而提高我院甚至中国学者在国际学术界的话语权。2019年5月16—19日，由中国社会科学院国际合作局主办，民族文学研究所负责执行的"中国史诗传统巡回展"第一站便走进了哈萨克斯坦阿里－法拉比哈萨克国立民族大学，成为深化中哈两国人民之间的人文交流互鉴、促进民心相知相通的一种新型学术对话形式。

在国内学科交流与合作方面，民族文学研究所先后与新疆、西藏、内蒙古、云南、四川、贵州、广西、广东、海南、甘肃、青海、宁夏、吉林、辽宁、黑龙江、湖南、湖北及北京等十多个省区市的数十个民族文学研究机构和民族院校建立了工作关系或学术联系。同时，国情调研基地工作一直保持着良好的发展态势。2019 年，延续了原有的内蒙古自治区赤峰市巴林右旗基地，同时新组建了丽江市玉龙县东巴叙事传统调研基地。

在社会团体运转方面。民族文学研究所主管的 5 个国家级社团，包括中国少数民族文学学会、中国蒙古文学学会、中国《江格尔》研究会、中国维吾尔历史文化研究会、中华诗词发展基金会；3 个非实体研究中心：格萨尔研究中心、中国少数民族文化与语言文字研究中心、口头传统研究中心。另，由中宣部批准设立的全国《格萨（斯）尔》工作领导小组及办公室设在民族文学研究所，均发挥了团结全国各民族同仁、推动学科发展的重要作用。2019 年度内召开了中国蒙古文学学会第 12 届学术研讨会、全国格萨（斯）尔学术研讨会、少数民族文学学会 2019 年会、中国《江格尔》研究会年会等，为活跃学科发展作出了积极的努力。

民族文学研究所在学科配套包括资料采集与数字化建设、信息化建设、核心期刊运转等方面均取得了突出的成绩。已推出《蒙古英雄史诗大系》《中国神话母题 W 编目》两个专题数据集，可通过纸质出版物和电子在线方式交互使用；正在推进口头传统专业元数据标准建设，其远期意义不可低估。学术期刊《民族文学研究》（双月刊）是中国少数民族文学研究领域唯一的国家级学术刊物，刊发了大量民族文学研究领域的优秀学术成果，成为本学科最重要的学术阵地。2019 年，《民族文学研究》（双月刊）刊发的论文涉及的少数民族研究对象包括景颇、藏、柯尔克孜、回、白、维吾尔、蒙古、壮、苗、土家、满、达斡尔、哈萨克、彝族等，古代的色目、鲜卑、高句丽、女真、旗人等，域外的马华、美国少数族裔等。作者队伍涵盖汉、藏、壮、彝、回、哈萨克、朝鲜、蒙古、白、裕固族等多民族，以及美国学者。刊发的论文被《新华文摘》、中国人民大学书报资料中心《中国现代、当代文学研究》《中国古代、近代文学研究》全文转载 3 篇，被翻译为英文 1 篇。该刊成为刊发各类国家级、省部级、校级项目课题成果的重要平台，基金课题论文比重为 55%。民族文学研究所主持运营的中国民族文学网、中国少数民族文学学会网和"民族文学学会"微信公众号及时发布与报道中国少数民族文学学科研究的前沿成果与学术信息，在推动和宣传少数民族文学与文化方面发挥了积极作用。

语言研究所

2019 年，语言研究所结合学科实际，制定了"三大体系"建设工作落实方案，成立了以所长和书记牵头，所学术委员会和科研骨干为主的语言研究所"三大体系"建设工作小组，按计划开展了一系列工作：由各个学科（研究室）完成学科和人才状况调研；由所长刘丹青主持召开学术委员会扩大会议，审议各个学科与人才状况调查情况报告；完成第一阶段的各个学科发展和人才情况调查，形成学科和人才调查报告并上交科研局；由所长刘丹青牵头完成语言研究所三大体系建设落实方案初稿，组织学科带头人和学术委员会，就"三大体系"建设落实方案初稿进行讨论；由所长刘丹青和书记陈文学牵头，完成"三大体系"建设实施方案终稿。

语言研究所在"三大体系"建设整体工作中，始终贯穿树立为人民做学问的意识，在继承所优良传统的基础上，保持优势学科、加强弱势学科、大力发展新兴和交叉学科，保持关注社会语文生活的势头，着力建设具有中国特色和世界眼光、传统性和现代性兼备、文理科结合的语言学科群，努力打造与时代相适应的现代汉语体系性研究成果和贯穿汉语史的系列成果，锤炼一支种类齐全、梯队衔接、功底扎实、勇于创新的语言学科干部人才队伍，为国家安全、和谐语言生活建设和文化自信作出贡献。一方面，以辩证唯物主义和历史唯物主义为指导，深入调查研究作为中华文化载体的汉语言文字的现状和历史，参与面向语言资源保护的方言调查研究，加强简帛语言文字和梵文对汉语的影响等绝学研究，支持边疆民族地区通用语言的推广，把完成马克思主义指导下的中国特色的语言学概论并在积极推广使用中不断改进、完善作为语言学学科体系建设的基础性工程，同时在拓展跨语言的类型学研究的基础上构建能走向国际的中国特色语言学理论和话语体系；另一方面，抓住时代脉络，加强应用性研究，深化面向大数据和智能化的汉语及中国境内语言研究，强化面向社会语言生活、语言规划及政策、人类语言发展终身关怀的专业性研究，积极参与国家语言文化政策的制定和宣传，提供适应网络时代需求、服务文化教育事业和汉语走向国际的精品语文辞书。在辞书编纂、期刊出版、干部和人才培养、学术交流活动中，提高政治站位，始终树牢"四个意识"、坚定"四个自信"、做到"两个维护"。

根据实施方案，语言研究所稳步构建语言学"三大体系"，扎实推进学科调整方案落实落地。完成"语言类型学研究中心"的构建，整合院内句法语义、历史语法、方言学等基础学科的力量，推出中国第一套"汉语方言参考语法丛书""类型学研究系列丛书"等中大型成果，继续推进"跨方言语法类型特征语料库"建设。为完成当代语言学研究室调整为理论语言学研究室、历史语言学研究一室调整为汉语史研究室、历史语言学研究二室调整为历史语法词汇学研究室等学科调整工作做好准备。

哲学研究所

2019 年，哲学研究所坚持以习近平新时代中国特色社会主义思想为指导，以"三大体系"建设为中心，团结带领全所同志不断拼搏进取，开拓创新，有力推动了哲学所各项工作稳中向好发展。

一是抓顶层，全面加强学科建设统筹规划。合理布局重点发展学科，整合研究力量，调整内部研究机构设置。主要包括三个方向：对马克思主义哲学学科的三个研究室实行内部调整，把"中国马克思主义哲学的建构"作为重点研究方向，将马克思主义哲学中国化研究室调整为中国马克思主义哲学研究室；将文化研究室合并到文化研究中心，将研究方向、编制和人员进行整合与分流；组建智能与逻辑实验室，对智能的核心要素之一"逻辑思维"的认知形成、发展和养成历程进行研究，对动物单项智能（特别是演绎智能、归纳智能和类比智能）的产生、发展进行研究，对人工智能的哲学、伦理问题开展前瞻性思考与研究。

二是抓竞聘，完善创新岗位竞争激励机制和退出机制。2019年，哲学研究所实有在编在岗人数132人。根据项目设置和全所创新工程实际需要，共设置105个创新岗位。经创新项目和管理岗位竞聘，共有105名在编在岗人员进入创新工程，进岗比例为79.5%。专业人员中有87人进入创新工程，管理人员有18人进入创新工程。聘任首席管理2人，首席研究员20人，总编辑3人，长城学者1人，基础学者1人，青年学者1人。另有3名编制外人员聘至创新岗。继续按照相关规定完成创新工程年度绩效考核工作，认真组织开展了成果和实绩的统计总结及打分和分档工作，坚持完善了竞争激励机制和退出机制。

三是抓精品，以科研项目助推学科建设。2019年，哲学研究所有6项成果获得"中国社会科学院优秀科研成果奖"。其中，赵汀阳研究员的专著《第一哲学的支点》获一等奖；甘绍平研究员、王柯平研究员、段伟文研究员、张志强研究员、王齐研究员等5位同志的专著、论文获三等奖。大型项目方面，哲学研究所完成了《新中国哲学研究70年》编撰工作；启动了"中华文明发展与中华传统文化创造性转化与创新性发展研究"重大项目（项目组长是王京清副院长）；"《中外哲学典籍大全》"项目已经启动了"中国哲学典籍卷"和"马克思主义哲学典籍卷"。国家社会科学基金项目方面，哲学研究所共有7个项目获得社科基金项目立项，有3个项目结项。

四是抓人才，全面优化结构搭建科研梯队。重视学科带头人的培养，妥善处理各种矛盾，支持学科带头人开展工作，营造风清气正的氛围，努力扭转人才流失的局面。在进人方面，提前谋划，主动出击，优先照顾急需的学科，积极为急需用人的相关研究室、编辑部和文化中心引进各类人才5名。完成了2019年度专业技术职务评审和专业技术岗位分级聘用工作，共有5人评为正高级专业技术职称，4人评为副高级专业技术职称，34人分别被聘任为专业二级岗至专业九级岗。积极开展各类人才工程人选的选拔推荐工作，1人获批百千万人才工程人选。

加强青年人才的培养，进一步加大对青年学者的扶持力度。2019年6月12日，哲学研究所举办了第七届青年学术论坛，评选青年优秀科研成果奖；11月22日，在四川省成都市召开了全国社科系统第30届哲学大会暨第二届中国青年哲学论坛（"第二届贺麟青年哲学奖"颁奖会），共产生"第二届贺麟青年哲学奖"一等奖论文2篇、二等奖论文5篇及提名奖论文13篇。其中，哲学研究所助理研究员吕超获一等奖，副研究员杨洪源获二等奖，副研究员赵金刚获三等奖。通过举办青年论坛、吸纳青年科研人员参加重大集体科研项目、开展社会实践、基层调研和挂职锻炼等多种举措，加大对青年学者的培养力度，为青年学者搭建学术交流平台，扩大学术视野，提升科研能力。

五是抓关键，深化中国重大现实问题的哲学基础理论研究。时代的变革强烈呼唤并推动着哲学的探索创新。当代中国哲学必须以自己特有的方式来把握和回应我们这个变革时代所涌现出来的重大理论和现实问题，必须以自己特有的高度和深度来提炼和表达中华民族伟大复兴之路上所创造和凝聚的思想精华，这既是时代赋予当代中国哲学的重大任务，也是当代中国哲学丰富和发展自己的必由之路，对于当代中国哲学工作者而言，这既意味着历史性机遇，更意味着历史性使命。

哲学研究所积极承担"中国哲学知识体系建设"交办研究任务。2019年3月，哲学研究所召集学部委员、研究室主任围绕"中国哲学的学科分类""哲学研究的方法论""'三大体系'建设"等问题进行专题讨论研究。2019年8月，组织召开中国哲学知识体系建设专题研讨会，所属13个研究室结合各自学科的知识体系建构问题分别进行了汇报；主办的《哲学动态》刊物开辟了"构建中国特色哲学知识体系"专栏。

六是抓平台，全面提升学术话语影响力。2019年，哲学研究所对哲学研究杂志社下属的三个期刊进行了机制调整，创新规章制度，严格审稿程序，成立杂志社编审委员会，统一管理，改变各自为战的局面。10月23日，组织开展了为期两天的学术期刊编辑培训会，三个编辑部30余人参加了培训会。广大编辑进一步继承了哲学研究杂志社的优良传统，也对当前面临的困难有了更明确的认知。通过深入动员和讨论，大家一致认为，哲学研究杂志社的改革和发展是哲学研究所"三位一体"建设的重要组成部分，是哲学研究所发展的重要"生命线"，坚决拥护、大力支持。

历史学部

中国历史研究院（院部）

在"三大体系"建设方面实施的新机制、新举措

1. 建立机制、搭建平台，发挥统筹全国史学研究作用。一是组建学术委员会和学术咨询委员会。2019年9月24日，中国历史研究院学术委员会和学术咨询委员会成立，为中国历史研究院统筹全国史学研究力量奠定了重要制度基础。二是建立联席会议机制，整合全国史学研究机构力量。2019年5月28日，举行全国主要史学研究与教学机构联席会议首届年会。广东

省社科院、北京大学、中国人民大学、复旦大学等32家史学研究机构和高校成为首批联席会议成员单位，这一机制在历史学领域的引领和统筹作用正在显现。三是建立非实体中心，推动多学科融合研究。2019年6月11日，海外中国历史文献研究中心、中华文明与世界古文明比较研究中心、甲骨学研究中心、近代以来中国历史学知识体系研究中心、中国历史学学科体系学术体系话语体系研究中心等首批5个非实体研究中心正式挂牌。四是创新史学科研体制机制，策划实施"兰台学术计划"，经全国哲学社会科学工作办公室批准纳入国家社会科学基金重大专项。五是实施"学者工作室"计划，面向全国史学各相关领域专家学者，以重大项目为牵引，以多学科创新团队为依托，推进跨学科综合性研究，使之成为史学领军人才的高地、后备人才的摇篮。六是加强国内外科研合作。与澳门科技大学共建中国历史研究院港澳历史研究中心，启动与内蒙古大学共建中国历史研究院北方民族历史文化研究中心，筹划与宁波市政府共建姚江书院。先后参与主办"阳明文化周"活动，以及王船山思想国际学术研讨会、南海历史文化学术研讨会、第四届世界妈祖文化论坛等学术活动。

2. 庆祝新中国成立70周年。从2019年年初开始，历史研究院精心准备，分步推出一系列成果，浓墨重彩庆祝新中国70华诞。在《人民日报》等中央主流媒体发表了《新中国70年史学繁荣发展的历程与思考》《在传承与创新中开启辉煌未来》等理论文章。2019年9月，连续召开三场新中国70年史学成就系列发布会，举办庆祝中华人民共和国成立70周年史学成就展、澳门同胞庆祝国庆牌楼历史图片展，在《历史研究》开辟"新中国历史学70年"笔谈专栏。

3. 以学术刊物引领学术方向。将《历史研究》作为历史研究院院刊，发挥其品牌导向作用。作为历史学领域权威学术刊物，《历史研究》在反对历史虚无主义、推动史学界聚焦重大理论和现实问题中起到"头雁"效用，先后推出"新时代中国历史研究""五四运动与当代中国"等专栏。创办《历史评论》，突出思想性、争鸣性和引领性，通过对重大历史问题、历史思潮展开讨论和评论，实现对学术发展方向的正确引领。创办《中国历史研究院集刊》，集中刊发重量级专题研究成果，呈现中国史学优秀而深厚的学术积淀。

4. 打造一流学术交流平台。创办并召开新时代史学理论论坛（2019年9月）、全国史学高层论坛（2019年12月）、青年史学家论坛（2019年8月）等高端学术论坛，主动设置议题，突出学术前沿，凝聚精锐力量，在学术对话与交流中，推动学术发展。

5. 增强历史文化传播能力。面对形形色色的历史思潮，主动投身网上舆论斗争，以讲好中国历史故事、传播优秀历史文化为己任，创办"中国历史研究院官网"，设立官方微博和微信公众号，充分发挥历史研究院名家众多、学术资源雄厚的优势，直面重大历史问题，弘扬正能量，批驳历史虚无主义资料过硬、说理充分，清晰而响亮地发出"历史正声"。中国历史研究院官方微博在2019年4月设立后短短8个月，粉丝数超过46万人，创造了学术官微奇迹，成为传播优秀历史文化的生力军。

6. 文献数据建设取得成效。历史研究院整合各研究所图书和档案，形成文献资源类型多样、数量可观的专业性图书馆。在约170万册图书档案中，不乏珍稀古籍珍贵善本和名人手稿等，目前"中国历史地理数据库""中国历代自然灾害数据库""历史研究学术成果数据库"等学术数据库一期建设均已完成。

古代史研究所

古代史研究所高度重视"三大体系"建设，始终坚持以习近平新时代中国特色社会主义思想为指导，深入学习领会习近平总书记"5·17"重要讲话、致中国社会科学院建院40周年贺信、致中国历史研究院成立贺信、致甲骨文发现和研究120周年贺信精神，结合自身特点及优势，以"创新工程"为基本抓手，按照"立足中国、借鉴外国，挖掘历史、把握当代，关怀人类、面向未来"的思路，着力构建中国特色历史学学科体系、学术体系、话语体系。

（一）在"三大体系"建设方面实施的新机制、新举措

1. 遵照党中央和中共中国社会科学院党组的工作部署，做好学科优化调整工作，为学科体系建设夯实基础。2019年1月3日中国历史研究院成立，历史研究所更名为古代史研究所，并对学科建设做了进一步的调整。调整后，学科布局更为合理，突出了通史、断代史和中国历史上"大一统"王朝史的地位，进一步明晰了专门史研究的范围，学科定位更为明确，学科阵地更为牢固，为党和国家治国理政服务的职能更为突出。

2. 进一步强化马克思主义理论学习，坚持以马克思主义唯物史观理论指导学术体系建设。按照惯例，古代史研究所为2019年度新入所同志配备了《马克思恩格斯选集》，并组织学习所史及马克思主义史学家的著作。2019年7月13日，古代史研究所所长卜宪群为全体党员及部分群众主讲了题为"构建中国特色史学学术体系的思考与做法——学习习近平总书记系列重要讲话精神体会"的党课，系统阐释了开展三个体系建设的重大意义。2019年7月23日，组织所内职工参观郭沫若纪念馆，学习郭沫若同志以马克思主义指导学术研究，为人民做学问，用学问回馈人民群众的治学思想和理念。

3. 以重大理论和实践问题为主攻方向，通过开展各类重大课题研究推动学术体系建设，充分发挥史学研究"经世致用"作用。2019年，古代史研究所承担并圆满完成了党中央、中共中国社会科学院党组以及中国历史研究院部署的各项任务，切实发挥了历史研究为党和国家治国理政服务的功能作用。2019年新立项的"中国传统文化中的现代元素""习近平论历史科学""中国历史上的统一及其策略""我国古代大一统政权立国70年前后面临的一些共性问题"等一系列重大课题稳步推进。

4. 在巩固原有国际合作的基础上，顺应学科建设的需要，积极开拓新的合作，通过国际交流进一步增强中国史学研究的国际话语权。2019年，古代史研究所以三大品牌论坛为依托，

统筹院所两级协议，巩固了常态化的国际学术交流平台，并积极开拓新的交流渠道。古代史研究所内学者广泛参与了在美国、英国、法国、德国、俄罗斯、日本、韩国、蒙古国、吉尔吉斯斯坦等国举办的学术交流活动，并积极发表论文，开展主题讲座，向世界传递"中国声音"，助力话语体系建设。

5．加强制度建设，完善考评机制，根据学科发展规律和发展实际，制定或调整多项制度性文件和实施细则，为"三大体系"建设奠定良好基础。2019年，古代史研究所适时对学术会议报备制度、信息化管理制度、《古代史研究所绩效考核评价实施细则》、《古代史所成果填报细则的补充说明》等进行修订完善。在规范管理前提下，优化考评机制，落实"放管服"，减轻科研人员负担，对调动科研人员工作积极性、促进成果产出起到了积极的推动作用。

（二）学科调整简况及特色学科

2019年年初中国历史研究院成立，按照中央和中共中国社会科学院党组的要求，历史研究所更名为古代史研究所，同时对学科建设做了进一步的调整优化，现设有先秦史、秦汉史、魏晋南北朝史、隋唐五代十国史、宋辽西夏金史、元史、明史、清史、古代思想史、古代文化史、古代社会史、古代中外关系史、历史地理、古代通史等14个学科。

古代史研究所高度重视"登峰战略"建设，现设有一项优势学科，即出土文献与先秦秦汉史；三项重点学科，即唐宋史、明清史、"一带一路"与中外关系史；两项特殊学科，即徽学和文化史。

（三）在"三大体系"建设方面取得的新成果

1．推出多项学术成果。2019年，古代史研究所科研人员共出版专著22种，发表学术论文284篇（含重要期刊论文16篇，核心期刊论文119篇），在"四报一刊"发表文章27篇。其中，含多项研究阐释习近平新时代中国特色社会主义思想、弘扬中华优秀传统文化的成果及批判"历史虚无主义"成果，有代表性的包括：所长卜宪群研究员主编的《习近平新时代治国理政的历史观》，在《人民日报》发表《鉴古知今 学史明智——新中国70年中国古代史研究的繁荣发展》；陈祖武研究员在《人民日报》发表《中华文化追求人己和谐》，在《光明日报》发表《夯实文化建设根基实现国家长治久安》；王震中研究员在《光明日报》发表《论源远流长的"大一统"思想观念》；徐义华研究员在《光明日报》发表《汉字发展与中国统一》；任会斌副研究员在《光明日报》发表《警惕历史虚无主义 科学对待民族传统文化》；等等。

2．承担多项重大课题。其中，含国家社会科学基金重大课题3项："中国历史上大一统王朝立国70年前后问题研究"（卜宪群主持），"中国传统国家制度和治理体系与中国特色社会主义"（卜宪群主持），"中国历史上的统一及其策略"（郑任钊主持）；马克思主义理论研究和建设工程重大项目1项:"中国传统文化中的现代元素"(第一首席专家:高翔);院重大交办项目子课题1项:"中华传统文化的创造性转化与创新性发展的历史经验与中华文明发展"(卜宪群主持);中国历史研究院学术基金重大项目4项:"中国传统文化中的现代元素"(卜宪群主持),"习近平论历史科学"(卜宪群主持),"古代吉尔吉斯(柯尔克孜)历史文化研究"(李锦绣主持),"大运河历史地理数据库"(张兴照主持)。此外,还申请立项社科基金一般项目、青年项目、后期资助项目、中国历史研究院学术基金一般项目、其他部门与地方委托课题等多项。同时,配合做好新编《中国通史》纂修工作及《清史》审读工作。

3. 圆满完成各级交办任务。2019年,古代史研究所承担了中央、相关部委、中共中国社会科学院党组、中国历史研究院、武威市委市政府、泰安市委市政府等单位委托交办的项目,以及人民来信的答复工作十余项。比较有代表性的包括0318专项课题的组织研究工作、《新中国历史学研究70年》的编纂工作、"庆祝中华人民共和国成立70周年史学成就展"展陈工作、第五届郭沫若中国历史学奖颁奖仪式的组织工作等。共上报十余篇《要报》,部分获中央领导批示。

4. 学科建设稳步推进。2019年,古代史研究所顺利完成了"登峰战略"资深学科带头人资助计划年检、"学者资助计划"年检、2020年度"学者资助计划"申报、青年科研启动项目申报、学科发展综述及学科前沿报告撰写等工作,圆满举办2019年度学科动态报告会。余太山研究员入选"荣誉学部委员资助计划",赵现海研究员入选"基础学者"。"形象史学""中国古文书学"等新的学科生长点建设稳步推进,目前这两个学科已在国内外产生了较大影响。

5. 平台建设成果显著。2019年,古代史研究所与日本东方学会共同主办的首届中国文化研究国际论坛、与韩国成均馆大学校东亚学术院共同主办的第九届中韩学术年会、与香港理工大学中国文化学系和北京师范大学古籍所共同主办的第十届中国古文献与传统文化国际学术研讨会等三大品牌论坛如期举行,在中外学界获得良好声誉,持续发挥学科引领作用。并与韩国庆北大学人文学术院、吉尔吉斯斯坦人民历史与文化遗产基金会等新签订了合作协议。

6. 学会、中心、基地建设及国情调研工作有序开展。2019年,各学会继续得到中国社会科学院科研局的专项经费资助,合理合规使用经费开展各类学术活动,共召开国际学术会议6次、国内学术会议14次。妈祖文化研究基地、凉州文化研究基地等所地合作基地举办多场重要学术会议。在国情调研方面,"丝绸之路上的古文明(第二期)"院级国情调研基地项目、"甘肃省民勤县历史文化与生态文明建设"所级国情调研基地项目的调研和报告撰写工作顺利开展。同时,完成了2020年度院、所级国情调研基地项目申报工作。

7. 历史系教学工作有序推进。完成2019年度硕、博研究生招生和录取工作,共招收10名硕士研究生、8名博士研究生;完成2019届4名硕士研究生、2名博士研究生的学位论文答辩工作,2篇博士学位论文均被评为中国社会科学院研究生院优秀博士学位论文;完成2019年度导师遴选备案工作,新增硕士生导师3人;配合中国社会科学院研究生学位办完成学位点评估和学科建设有关工作；制定审核 2019 级硕、博研究生培养方案、培养计划；完成 2020 年度硕士、博士及外国留学生和港澳台学生招生专业目录，2020 年博士研究生招生规模创历史新高。

世界历史研究所

（一）在"三大体系"建设方面实施的新机制、新举措

2019 年年初，中国社会科学院工作会议将落实习近平总书记重要指示精神、构建中国特色哲学社会科学"三大体系"建设列为院重要工作。世界历史研究所对此高度重视，所党委会和所长办公会及时学习讨论、部署相关工作。4 月初，世界历史研究所召开"世界历史所党委理论学习中心组扩大会议暨学习'两会'精神专题培训班"，就如何构建世界史学科领域的"三大体系"、如何处理好"三大体系"构建中的各种关系、如何在这个过程中发挥世界历史所在学界的引领作用等问题进行讨论。通过学习讨论，明确了工作的目标与步骤，制定了近期和中长期的工作规划，近期以学科调整为学科体系建设的中心。在此基础上，再着重考虑学术体系和话语体系的建设，最终做到齐头并进，用 3—5 年的时间，在"三大体系"构建方面取得明显的进展。

（二）学科调整简况及特色学科

世界历史研究所是对除中国以外的世界国别、地区史进行全面研究的全国性研究机构，是国内在此研究领域独一无二的学术中心，形成了比较完整的世界史研究学科体系。世界历史所原有 6 个研究室，即古代中世纪史研究室、亚非拉美史研究室、西欧北美史研究室、俄罗斯东欧史研究室、唯物史观与外国史学理论研究室、跨学科研究室，对应着 12 个学科。2019 年年初中国历史研究院成立后，唯物史观与外国史学理论研究室整体并入中国历史研究院历史理论研究所。

根据中央批复的世界历史研究所新的研究室组建方案，世界历史所调整组建 11 个研究室，即日本与东亚史研究室、西亚南亚史研究室、非洲史研究室、拉丁美洲史研究室、俄罗斯中亚史研究室、欧洲史研究室、美国史研究室、太平洋与太平洋国家史研究室、"一带一路"史研究室、全球史研究室、世界古代中世纪史研究室。经过调整组建后，世界历史所的学科布局主要以世界国别、地区史为重点，兼顾专门史和宏观史，以研究室为依托设置，对应近 20 个不同学科。2019 年调整工作基本完成。

经过学科调整，世界历史研究所现有 4 个受资助学科，其中优势学科 1 个（欧美近现代史）、重点学科 2 个（俄罗斯东欧史、世界古代中世纪史）、特殊学科 1 个（非洲史）。其他学科也都具有一定的研究实力。世界历史研究所在创新工程中对这些学科都予以必要的关注和支持。同时，根据新的研究室和学科设置，还对学科发展情况进行了调研，明确各研究室和学科的发展现状及其在学界的位置。根据中国社会科学院对登峰计划学科建设项目进行中期和结

项考核的结果，世界历史所将在新一轮学科建设中，确定新的重点学科，给予一定的资助和支持，既突出重点，又扶持一般，充实和完善学科布局，大力发展现有优势学科，补强重点学科，扶持一般学科，支持新建学科。

（三）在"三大体系"建设方面取得的新成果

2019年，世界历史研究所还在学术体系和话语体系建设方面做了一些工作，取得了一定成效。学术体系建设以学科体系为基础，同时又以其构建带动学科发展。这方面重点做了以下工作。一是结合学科、人才调查和学科调整，摸清学科发展和人才队伍现状，为学术体系建设打下坚实基础。二是结合科研工作，为学术体系建设探索新路。在完成年度科研规划和科研项目的基础上，做好几项跨研究室的大型基础性科研项目，如国家社科基金重大项目"有关中印边界问题的英、美、俄、中、印档案文献数据库"、新闻出版广电总局"十三五"国家重点图书出版计划项目《世界历史地图集》、中国社会科学院图书信息建设重大项目"十月革命史档案文献数据库"、与德国卢森堡基金会合作进行的"德国统一史的左翼观点"翻译项目等研究计划，力争在近期推出项目成果。这些项目可以为世界史学术体系进一步的建设打下基础。

学术话语体系建设是学科体系和学术体系建设的拓展，同时也有助于巩固和提高学科体系和学术体系的原创性。世界历史研究所出版《世界历史》和英文版 World History Studies，主管有世界史研究领域14个国家级的学术社团、1个中国社会科学院研究中心和1个中国历史研究院研究中心，主办中国世界史研究网和《世界历史编辑部》微信公众号，这都是世界历史研究所具有明显特色和绝对优势的领域，保证了世界历史研究所在中国学术话语体系中占据优势地位。《世界历史》被国内多所重点高校认定为世界史学科的权威期刊，各学术社团和研究中心主办的学术讨论会也都是各自领域的权威性学术论坛，中国世界史研究网为学界了解中国的世界史研究状况及普及世界史知识提供了权威窗口。

中国边疆研究所

2019年，中国边疆研究所围绕党和国家关心的重大理论和现实问题，坚持"123"发展战略，从边疆形势和边疆研究的实际出发，继续实施创新工程和推进新型智库建设，开展科研项目，基础研究与应用研究并重，深化中国边疆各领域研究，优化学科结构，调整学科布局，夯实构筑中国边疆学基础。继续有序推进"登峰战略"优势学科"中国边疆学"和重点学科"西藏治理研究"建设，组织撰写《中国边疆学通论》，从理论和实践两个层面全力推进中国边疆学学科建设，推动中国边疆学"三大体系"建设。

2019年，中国历史研究院成立后，根据《中国历史研究院组建方案》，改建和新设4个研究室，研究室增至8个，包括东北边疆研究室、北部边疆研究室、西南边疆研究室、海疆研究室、中国海洋史研究室、新疆研究室、西藏研究室、国家与疆域理论研究室，形成新疆、西藏、海疆、疆域理论等优势研究方向，并努力拓展北部边疆、西南边疆、中国海洋史、周边国际环境与边疆稳定发展等新的学术增长点，进一步丰富和完善了中国边疆学学科体系。

历史理论研究所

历史理论研究所成立于2019年1月，内设机构11个，分别为马克思主义历史理论研究室、中国史学理论与史学史研究室、外国史学理论与史学史研究室、历史思潮研究室（理论写作组）、中国通史研究室、国家治理史研究室、中华文明史研究室、中外文明比较研究室、海外中国学研究室、《史学理论研究》编辑部、综合处。中央核定编制80名。

（一）学科特点

历史理论研究所的学科特点鲜明。

一是打通古今中外，内容涵盖范围广。该所既有中国史学理论与史学史，也有外国史学理论与史学史；既有中华文明史，也有中外文明比较、海外中国学；既有涵盖中国从古至今历史的中国通史、国家治理史，也有密切关注现实问题、关注现今社会思潮的历史思潮，这也是以前历史学部各研究所从未有过的学科设置。

二是大历史、长时段的学科视野。中国学界的研究机构或学科设置，通常以古代史、近代史、世界历史、专门史等，甚至以其中更加细化的时间段或研究内容为界。中央亲自审定和谋划的历史理论研究所学科设置方案，打破既有学科设施的时间断限和研究藩篱，以更加宽广、更加长远的学术视野，设置打通古今中外的前述9个学科。

（二）学科情况

历史理论研究所三个优势学科，一是马克思主义历史理论；二是中国史学理论与史学史；三是外国史学理论与史学史。

经济学部

经济研究所

（一）在"三大体系"建设方面实施的新机制、新举措

2019年，经济研究所以加快构建"三大体系"为契机，围绕出高质量成果、高水平人才，

推进学科布局的调整，不断巩固经济史学传统优势学科，着力发展理论经济学重点学科，稳步提升应用经济学强势学科，繁荣和创新中国特色经济学。

1. 聚焦学科建设

系统推进学科建设，构建学术评价指标体系，做到有方向、有抓手、可落地。学科建设的方向要符合新时代社会发展需要，植根中国土壤、体现中国特色；学术评价指标体系是学科建设的抓手，既要涵盖梯队建设、科研成果、社会服务、学科声誉和支撑平台等基本方面，也要体现中国社会科学院更加注重实践和决策影响力的特点；以学术科研"国家队"的标准要求自己，对照评价指标，查找薄弱环节，拿出工作清单，把学科建设任务落到实处。

2. 推行"编研结合"

由学科协调人牵头，将各学科片与相应的学术期刊对接，应用经济学科对接《经济研究》，理论经济学科对接《经济学动态》，经济史学科对接《中国经济史》；促进编研人员互动交叉，内容（学术研究）与平台（学术刊物）相互促进、深度融合，更好地引领理论研究与学科建设的发展。

3. 打造高端会议

"经济研究·高层论坛"和"《经济学动态》系列大型研讨会"等，依托《经济研究》与《经济学动态》所构建的国内顶级学术交流平台，聚合各方研究力量，围绕重大现实和理论问题展开研讨，彰显了经济研究所的号召力，为繁荣中国学术发挥了重要推动作用。

（二）学科调整简况

按照中国社会科学院部署，经济研究所从2019年3月开始，积极落实各项学科布局调查工作，结合经济研究所实际，对全所学科和人才建设情况进行详细的调查和评估，提出了调整方案并获得院批准。

经济研究所学科调整主要包括研究室的撤销、新建、调整、更名等工作，调整具体方案如下。

撤销当代西方经济理论研究室；新建经济体制改革研究室、收入分配研究室、人工智能经济研究室；拆分经济思想史研究室为中国经济思想史研究室、外国经济思想史研究室；经济增长理论研究室更名为经济增长研究室。

（三）在"三大体系"建设方面取得的新成果

2019年，经济研究所在"三大体系"建设中以夯实高水平人才和高质量成果的学科建设为基础，以新中国成立70周年、经济研究所成立90周年系列学术研究活动、学科布局调整为重点，凝聚全所众智，加强学术研究、智库建设，通过树立大型学术年会品牌等举措，不断加强"三大体系"建设，扎实推进经济所建设。

1. 积极开展新中国成立70周年经济建设与理论研究活动

为迎接新中国成立70周年，经济研究所组织学术骨干参加并完成了"中国社会科学院庆祝中华人民共和国成立70周年书系"中《新中国经济建设70年》《新中国经济学研究70年》两部著作的撰写出版任务。同时，经济研究所部分学者参加了"辉煌中国70年书系"中《中国经济70年》《中国财政70年》两部著作的撰写出版。

经济研究所学者还撰写了《习近平重要论述与新中国70年经济理论问题纲要》等一批研究新中国70年经济理论和实践的学术论文。

2．圆满完成经济研究所建所90周年系列活动

2017年1月初，经济研究所开始筹办建所90周年活动，两年多来动员全所力量举办了一系列学术活动，产出了一系列学术成果。2019年5月17—18日，在北京举行经济研究所建所90周年国际研讨会暨经济研究·高层论坛2019，将经济研究所建所90周年活动推向了高潮。

经济研究所建所90周年系列活动，系统梳理和回顾了经济所90年的故事，立体展现几代经济所人学术报国的情怀。同时，以建所90周年为抓手，产出了一大批成果，挖掘、调动和锻炼了一大批人才，有力推动了学科建设、人才队伍建设和科学研究、科研管理等各方面工作，并较大地提升了经济研究所在学界的影响力。

3．汇聚众力树立品牌成果

发挥学科覆盖面宽、学术人才力量厚重的优势，经济研究所加强集体研究力度，树立系列品牌成果，提高学术研究的整体力量，并组织全所力量，研究和撰写《中国经济报告》，形成年度报告系列。

工业经济研究所

（一）在"三大体系"建设方面实施的新机制、新举措

1．扎实推进学科调整方案落实落地，巩固学科调整成果

以增强学术力、思想力、影响力为导向，着力培养学科带头人和中青年学术骨干，学研结合，深入实施精品工程，完善"登峰战略"资助计划各优势学科、重点学科等学科建设内容。

2．贯彻落实习近平总书记重要指示批示精神，梳理总结新中国70年来各学科领域的原创性学术成果

组织专家学者积极参与研究制定国家"十四五"时期哲学社会科学发展规划，研究制定工业经济研究所"十四五"科研发展规划。扎实建好学科发展数据库，梳理总结工业经济研究所既有和潜在优势领域，力争推出有思想含量、有理论分量、有话语质量的新成果，充分发挥党中央、国务院思想库和智囊团的作用。

3．推进话语体系建设，增强国际学术影响力

进一步推进《中国工业发展报告》、中国工业发展论坛、"中国产业智库报告"丛书、《京

津冀协同发展指数报告》等品牌化工程建设，继续办好双周学术研讨会、研究员论坛、青年学者论坛等高质量学术研讨会，讲好中国故事、解读中国实践、构建中国理论。在对外学术交流方面，配合国家领导人高访，参与院级高端智库学术交流，服务中国特色大国外交，增强我国哲学社会科学国际影响力。同时，结合工业经济研究所研究专长，聚焦相关领域学术调研和决策咨询，提供高质量成果；参与构建亚洲智库交流合作网络，继续办好中韩制造业论坛，积极参与"智库丝路万里行"大型专题海外调研项目；开拓欧洲交流平台；支持研究人员积极参与对外学术翻译出版资助计划，办好《中国经济学人》（中英文），着力增强工业经济研究所的国际学术影响力，在传播中国思想方面展现新作为。

（二）学科调整简况及特色学科

1. 学科调整概况

2019年，工业经济研究所按照中国社会科学院相关文件精神，结合当前各学科未来发展趋势进行了学科调整工作，撤并、更名和新增了部分研究室。其中，工业投资与市场研究室和工业运行室合并成立产业融合研究室，产业布局研究室更名为国际产业研究室，中小企业与创新创业研究室更名为企业创新研究室，工业资源与环境研究室更名为新兴产业研究室，财务会计研究室更名为会计与财务研究室，企业制度研究室和企业管理研究室合并为新的企业管理研究室，新增跨国公司研究室。同时，成立了中国社会科学院宏观经济研究中心和工业大数据研究室。

调整后，工业经济研究所的学科依旧涵盖产业经济学、企业管理、区域经济学和会计学四大学科。其中，产业经济学科下设工业发展、产业组织、产业融合、新兴产业、能源经济5个三级学科，企业管理学科下设企业管理、企业创新、跨国公司3个三级学科，区域经济学科下设区域经济、国际产业2个三级学科，会计学科下设会计与财务学科。

经过调整，工业经济研究所的学科布局更加合理，研究实力平均，各学科均能得到较为均衡、稳定的发展，各学科均有具有一定影响力的知名专家学者、中年科研骨干和青年学者，形成了老中青相结合的研究队伍，为各学科的发展奠定了坚实的基础。

2. 特色学科

工业经济研究所现有产业经济学、企业管理2个中国社会科学院学科建设"登峰战略"优势学科，区域经济学、会计学2个中国社会科学院学科建设"登峰战略"重点学科。

（1）产业经济学。产业经济学是工业经济研究所传统优势学科，学科成立时间早，研究基础雄厚，人才团队实力强，结构较为合理，研究成果丰富，学术影响力、决策影响力和社会影响力都十分突出，产业经济学在很多领域内的研究都处于国内一流水平。产业经济学科建设的特点可以概括为"前沿、务实、开放、融合"。"前沿"指总结中国产业发展经验，推动中国产业经济学学科建设，占据产业经济学前沿地位；"务实"指围绕党中央决策部署，服务大局，持续开展重大实践性问题研究；"开放"指与国内外研究机构、高校、学会、期刊、中心实现互动、开放式发展;"融合"指开展多学科、跨领域的融合研究,形成一些特色研究方向,如政府管制与反垄断、能源与资源经济等。

(2) 企业管理。企业管理学科是工业经济研究所传统优势学科,是我国最早的企业管理专业博士学位授予点和博士后流动站之一,在学术界具有重要的影响。企业管理学拥有一支研究能力强的学术研究团队,研究成果丰富,学术影响力、决策影响力、社会影响力十分突出。企业管理学的特色和优势可以用"专注、创新、引领、务实"八个字概括。"专注"指在国有企业改革等领域持续研究,处于全国领先水平;"创新"指跟踪学术前沿、不断创新管理理论;"引领"指具有全国性管理学学术平台和传播优势;"务实"指强调企业管理理论一定要与我国管理实践相结合。

(3) 区域经济学。区域经济学设立时间较早,研究基础较好,在区域战略与政策研究方面具有较大的全国影响力。区域经济学拥有中国区域经济学会、中国社会科学院西部发展研究中心、中国社会科学院京津冀协同发展智库等多个具有国内影响力的学术平台。

(4) 会计学。会计学是工业经济研究所特色学科,在智能财务分析、资金链断裂风险预警、自然资源资产负债表、风险管理、内部控制、收购兼并等领域的研究处于领先水平。会计学在研究的同时,承担着中国社会科学院大学多门本科课程的教学工作。财务会计学团队研究实力较强,擅于理论与实践相结合,在财务分析智能化、企业税负、政府资源会计等方面具有较大发展潜力。

数量经济与技术经济研究所

(一) 在"三大体系"建设方面实施的新机制、新举措

2019年,数量经济与技术经济研究所党委、领导班子带头认真学习院加快构建中国特色哲学社会科学学科体系、学术体系、话语体系工作的有关文件和领导讲话,并将"三大体系"建设列入年内工作重点和重要议事日程,特别是将学科与人才调查列入2019年度的首要工作之一。所党委会、所长办公会等多次讨论本项内容,特别要求加强所内调研和讨论,重在落实。完成《数量经济与技术经济研究所学科与人才调整方案》,本着突出学科特色、强化学科优势的原则,根据学科调整需要对研究室进行了重组并选择任命新建研究室的主任,然后组织研究室及研究人员双向选择,确认岗位,落实职责。

(二) 学科调整及特色学科

学科调整后,数量经济与技术经济研究所由原来的10个研究室调整为8个研究室,特色学科为技术经济、经济预测分析、创新政策与评估、大数据与经济模型、数字经济、绿色创新经济、能源安全与新能源、信息化与网络经济。

（三）在"三大体系"建设方面取得的新成果

积极参加院的重大科研项目"'十三五'规划实施评估与'十四五'规划预研"、"未来十五年中国面临的重大风险研究"、新中国成立70周年重大科研成果出版等任务。出版专著《新中国技术经济研究70年》。

城市发展与环境研究所

（一）学科调整简况

2019年，根据中国社会科学院对学科调整工作的统一部署，城市发展与环境研究所认真梳理各个学科的基础、优势和短板，把握国内外学科发展前沿，明确研究所学科建设的核心方向和重点领域，并对具体学科设置和研究室设置进行优化调整。城市发展与环境研究所明确了以"从经济学和跨学科视角，为生态文明建设提供严格的学理支撑、政策论述和实践指导"为使命，以习近平生态文明思想研究、经济学：生态文明 VS 工业文明视角、生态文明视角下的环境治理与经济发展研究、生态文明空间发展研究、全球重大环境议程跟踪研究为五大重点研究领域，开创了学科建设崭新局面。

（二）在"三大体系"建设方面取得的新成果

一是通过学科调整工作的落实，基本形成了目标清晰、结构合理、优势突出、彼此融合支撑的学科体系，使长期存在的资源配置分散低效、学科边界模糊、城市与环境学科割裂的问题得到了彻底扭转。二是以学科调查工作为契机，系统梳理了研究所学科基础理论方面的短板与问题，在生态经济理论、新型城镇化理论、气候变化经济学理论等基础理论研究方面进一步加强。三是继续推进气候变化经济学系列教材的编写工作，并借此加强气候变化经济学学术体系建设。四是努力运用马克思主义指导哲学社会科学发展，在相关领域积极探索建立中国特色哲学社会科学的学术规范和话语体系。

社会政法学部

法学研究所

在"三大体系"建设方面实行的新机制、新举措

第一，加强人才队伍建设，千方百计引进优秀人才，努力保持传统优势学科的地位和影

响。既要引进青年人才，也要引进已在全国具有一定影响力的学科带头人或具有较大潜力的优秀青年学者。要以学科评估和"三大体系"建设为抓手，通过引进人才和挖掘现有人员的科研潜力，努力保持传统学科的优势地位，扶持新兴学科。

第二，加大对年轻学科带头人成长成才的支持和培养力度。充分利用院内外和所内外资源，努力为已具有一定影响力并具有较大潜力的优秀青年科研骨干提供各种平台和机会，在职称评定、推荐担任学术组织职务、承接重大课题、推荐参加国家各类人才培养计划评选等方面给予青年科研骨干更大支持。

第三，加强立法咨询工作。争取院里对法学研究所智库工作给予专项支持，提高立法咨询的质量。法学研究所也在政策允许范围内，加大对立法咨询工作的支持力度。

第四，加强对研究中心的总体布局和监督管理。根据国家法治建设需要，进一步调整法学研究所非实体研究中心的布局，加强日常监督，充分调动研究中心的积极性，促进各研究中心的均衡发展。

第五，加强教材体系建设。组织修订法律硕士系列和其他教材，及时更新教材内容、完善教材结构，以教材体系建设促进学科发展。

国际法研究所

（一）在"三大体系"建设方面实施的新机制、新举措

2019 年，国际法研究所积极加快推进"三大体系"建设，推出一系列新的机制与举措。

一是坚决贯彻习近平总书记提出的构建中国特色哲学社会科学的指导思想和基本原则。习近平总书记在哲学社会科学工作座谈会上的讲话中提出了构建中国特色哲学社会科学的要求，即按照立足中国、借鉴国外，挖掘历史、把握当代，关怀人类、面向未来的思路，体现继承性、民族性，体现原创性、时代性，体现系统性、专业性，不断推进学科体系、学术体系、话语体系建设。这是构建中国特色哲学社会科学"三大体系"的指导思想和基本原则。对此，国际法研究所以党务、工作和学术会议多种形式传达中央精神，以习近平新时代中国特色社会主义思想为指导，将研究工作与院"三大体系"建设和"三个定位"目标紧密结合，以此指导全所开展各项工作。

二是正确处理哲学社会科学学科体系、学术体系和话语体系建设三者之间的关系。在院学科调整工作基础上，国际法研究所通过调研，进一步摸清学科与人才建设情况，摆正学科与研究所在国际国内的学术位置，了解优势与不足，科学优化学科体系，进一步加强人才队伍建设，为"三大体系"建设打好坚实基础。

三是进一步凝练学科优势，明确学科建设重点。认真实施学科建设"登峰战略"资助计

划，使优势学科的优势地位更加明显，重点学科的影响力进一步扩大；将"登峰战略"、创新工程与智库建设有机结合，协同推进国际法学科建设和整体水平提升。

（二）学科调整简况及特色学科

国际法研究所目前设置国际公法、国际私法、国际经济法、国际人权法 4 个学科，分别依托国际公法、国际私法、国际经济法、国际人权法 4 个研究室。其中，国际公法、国际私法和国际经济法均为国际法二级学科下的三级学科，也是国际法传统的三大分支学科。国际人权法从学科划分的角度一般作为国际公法的分支学科，但考虑到人权法治建设的重要意义，以及法学所、国际法所在人权法领域的历史积累和优势地位，国际法研究所在 2009 年更名（原为"国际法研究中心"）当年，即单独成立国际人权法研究室，专门进行国际人权法研究。这体现了根据实际需要和自身特长灵活、合理设置学科的要求，也是国际法所学科设置的一大特色所在。随着中美"法律战"日益白热化，美国等在国际法领域中有突出影响、与我国发展有紧密关联的国际法国别实践值得关注；同时，随着共建"一带一路"的不断深入，重视国别法律文化，对"一带一路"共建国家的法律、我国境外投资面临的法律风险，以及"一带一路"法律机制构建的专门研究具有重大理论和实践意义。对此，2019 年，国际法研究所向院申请设立国别法研究室，拟积极引进西班牙语、葡萄牙语、阿拉伯语等小语种复合型法律人才，成为学科设置的另一大特色。

按照院"登峰战略"的要求，国际法所共设置 1 个优势学科（国际公法）和 1 个重点学科（国际经济法）。国际公法优势学科依托国际公法和国际人权法两个研究室，涵盖国际法基础理论、国际海洋法、人权法、条约法、国际组织法等多个专业方向。国际经济法重点学科依托国际经济法研究室，涵盖国际贸易法（包括世界贸易组织法）、国际金融法、国际投资法、国际环境法、海商法等多个专业方向。

（三）在"三大体系"建设方面取得的新成果

一是紧抓学科建设，提升学术成果的质量。2019 年，国际法研究所认真实施创新工程方案，抓住全面推进依法治国的机遇，精心组织力量就全面推进依法治国和国际法治的重大理论和实践问题进行了深入研究，完成院《要报》系列文章 77 篇，出版各类著作 8 部，在各类载体上发表论文和文章 69 篇，取得了一批具有较高学术价值和实践意义的成果。

二是创新学术建设，推动学术交流。国际法研究所努力推动中国国际法学走向世界，加强对外学术合作交流，积极对外宣讲中国国际法立场、原则和理论；发挥传统优势，完成国家交办的人权外交和学术交流活动，积极参加中欧、中美、中英等双边和国际人权对话及学术交流活动；鼓励学者在境外出版和发表原创作品，扩大学术话语权，积极争取和支持所内学者中文著作在国外翻译出版；积极支持所内学者到境外学术机构担任客座教授或访问教授，提高对外合作层次；探索学术外交和智库外交新路径，扩大该所作为智库的国际影响力；积极拓展国际合作课题研究；鼓励和支持该所学者在国际学术组织和政府间国际组织担任职务、发挥作用。

三是提升话语体系建设，办好《国际法研究》期刊。自 2014 年正式出版以来，作为国内唯一的国际法专业学术期刊，《国际法研究》迅速成为中国国际法学研究的重要学术平台，成为阐释中国国际法立场、发出中国国际法声音的重要阵地。"十四五"期间，将继续集全所之力，精心办好《国际法研究》。创新工作机制，维护学术声誉，争取早日获得法学核心期刊地位。

社会学研究所

（一）在"三大体系"建设方面实施的新机制、新举措

深入学习研究阐释习近平新时代中国特色社会主义思想，探索植根于中国土壤的社会学理论和实践，学习贯彻落实习近平总书记在哲学社会科学工作座谈会上的重要讲话和三次致中国社会科学院的贺信精神，紧密联系我国社会主义现代化建设的实际，关注我国社会发展中具有重大理论和现实意义的课题。

回应时代需要，因应国家发展提出的新要求，社会学研究所重点关注与后全面小康时代和第二个百年梦想实现相关的具有长远性、战略性的重大议题研究，承接院领导牵头的多项重大科研工程项目。发挥优势学科的作用，推动新兴学科和交叉学科，调整学科短板，集中力量投入党和国家关注的前瞻性、战略性、储备性研究。

加强学科自信，从中国社会学发展的历史和现状的分析出发，寻找社会学学术思想在中国发生发展的起源与延绵，立足我国社会发展的经验，比较借鉴世界各国社会发展的经验，提出具有历史穿透力和现实解释力的本土化的社会学概念、命题和理论。

加强制度建设，促进人才队伍建设。改革职称评聘、岗位晋升、科研成果考核评价制度，创新科研经费分配、资助、管理体制，探索并推进财务"放管服"改革的具体落地措施，激发科研创新的活力。明确量化指标，加强管理效能。按照规定推进国家高端智库项目、院重大科研项目的后期资助报偿管理，以点带面优化科研激励机制。

练好管所治所内功，建立内控机制。做到内控机构健全、运行良好："三重一大"事项按要求进行集体决策；制度体系，组织架构，运行机制，关键岗位，信息系统合同业务、预算业务、收支业务、政府采购业务、国有资产业务、建设项目业务风险评估全覆盖。

（二）在"三大体系"建设方面取得的新成果

社会学研究所将党的十九届四中全会精神贯彻落实到全所推进中国社会科学院创新工程重大科研项目研究，突出科研主攻方向，推动科研创新、服务学科建设和智库工作。完成重大委托交办任务，撰写内部研究报告，取得了多项重要研究成果。

持续加强学术平台和学术共同体建设，夯实社会学研究所在相关学科中的影响力。结合院"登峰战略"学科资助计划、院重大经济社会调查项目、学科建设重大基础项目，整合社会学研究所正在建设的"社会结构与变迁数据库""中国社会质量数据库""大学生调查数据库""中国社会心态变迁数据库""中国私营企业调查数据库"，以及其他数据和资料平台，构建统一的社会学学术资料、数据与科研动态信息平台，为科研和智库研究提供中国社科院拥有独立产权的第一手资料和调研数据。

面对学界在核心期刊、基础数据库平台、多媒体传播手段等学术基础建设方面的激烈竞争，社会学研究所发挥中国社会科学院和社会学研究所优势，出版的《社会学研究》期刊多年来一直在中国四大学术期刊评价系统中排名社会学专业第一名，并于2018年被《中国人文社会科学期刊AMI综合评价报告》评为"权威期刊"；连续两次获得"全国百强社科期刊"称号；连续七年（2012—2018年）被评为"中国最具国际影响力学术期刊"；连续两次获得"期刊数字影响力100强"（学术类）称号；在中国人民大学复印报刊资料社会学期刊中转载率多年名列第一。《青年研究》在青年研究领域的核心期刊中影响力不断扩大。社会学研究所英文刊 Journal of Chinese Sociology（《中国社会学学刊》）2019年为国际Scopus数据库收录，得到国际社会学界的高度评价。

出版集刊等连续出版物。为推进社会学研究所各个分支学科的发展，该所在十多年前开始支持相关研究室出版学科集刊，目前，《中国社会心理学评论》《社会政策评论》《家庭与性别评论》《廉政学研究》等集刊在相关学科领域产生了一定的影响，《中国社会心理学评论》被收录为南京大学中国社会科学研究评价中心"中文人文社会科学集刊引文索引"来源期刊后，稿件来源和稿件质量都有不同程度的提升。

针对知识体系转型提出的新要求，社会学研究所进一步创新该所费孝通群学讲坛、学术工作坊、专项培训和专题学习机制，打造符合该所研究人员特点的、灵活多样的、知识体系升级和更新的线上／线下知识整合更新服务平台。依托优势学科发展社会学文献数据平台建设，建设中国社会学数据库二期。

统筹庆祝新中国成立70周年和纪念社会学研究所成立40周年工作，瞄准解读中国经验、讲好中国故事、传播中国学术的目标，结集出版新中国成立70周年和所庆40周年经典社会学书系，刊发相关纪念文章，设置学术专栏。

新闻与传播研究所

在"三大体系"建设方面实施的新机制、新举措

2019年，新闻与传播研究所深入落实习近平总书记"5·17"重要讲话和致中国社会科学

院三次贺信精神，紧紧围绕"三大体系"建设这一中心任务，加快推进构建中国特色社会科学新闻传播学"三大体系"建设。

一是加强中国特色哲学社会科学"三大体系"建设的学科调研、研究室设置和人才队伍分析等，形成了相关的学科和人才队伍建设的评估报告和发展规划及实施方案，对研究所学科建设、研究室建设和人才队伍建设未来5年乃至10年作出了中长期规划，以便将习近平新时代中国特色社会主义思想、在哲学社会科学座谈会上的讲话和致中国社会科学院贺信精神更好地贯彻落实到科研和管理工作之中，上下同心、齐心合力促进我国新闻传播学事业的繁荣与发展。

二是在学科建设中，着力解决该所学科建设、研究室建设的问题，提出"一突出，两平衡，三重点"的指导思想。"一突出"是指突出马克思主义新闻学。习近平总书记"5·17"讲话把新闻学列入11个对哲学社会科学起支撑性作用的学科，马克思主义新闻学居于指导的地位，要进一步加强；同时，中国社会科学院"三个定位"之首是马克思主义坚强阵地，必须在学科设置上予以体现。"两平衡"指的是新闻学与传播学的平衡、理论研究与应用研究的平衡。该学科一级学科的名称为"新闻学、传播学"，两方面互为依托、互为渗透、互为支撑，要把握平衡、不能畸轻畸重；中国社会科学院"三个定位"除了马克思主义坚强阵地外，还有"智库"和"殿堂"，基础理论研究和应用对策研究必须一体两翼，相辅相成。"三重点"指的是占领有发展前景的、不可或缺的重要研究领域。就本学科发展而言，随着基于互联网和移动互联网的通信技术的飞速进步，网络、新媒体和传媒法治显然是不可忽视的重要研究领域，因此，有必要在学科设置上予以特别加强。

2019年，根据院统一安排，在摸清家底、找准位置、明确优势、发现不足的基础上，新闻与传播研究所对研究室设置和学科发展方向进行了相应的调整。此前，该所设有马克思主义新闻学、传播学、媒介研究、网络与新媒体研究4个专业研究室以及信息室、编辑室和综合办公室3个科研辅助机构。调整后，该所拟设马克思主义新闻学、传播学、网络学、应用新闻学、舆论学、数字媒体共6个专业研究室以及编辑室和办公室2个科研辅助机构。马克思主义新闻学研究室重点在基础理论和历史研究；应用新闻学研究室与之形成分工，更多注重于新闻业务和实践的研究；传播学研究室重在基础史论的研究；舆论学研究室重点在于应用传播学理论对民意，尤其是网络舆情的研究；网络学研究室重在互联网基础理论的研究；数字媒体研究室重在新兴媒体的实务研究。

三是按照中国社会科学院关于加快构建中国特色哲学社会科学学科体系、学术体系和话语体系的工作要求，深入开展调查研究，在科研成果方面坚持出精品力作。该所坚持多年组织学界力量编辑的新媒体蓝皮书《中国新媒体发展报告》已经连续出版了10年，并且连续6年被评为优秀皮书一等奖。为梳理和总结新中国成立70年来各人文社会学科发展的状况和所取得的成就，中国社会科学院组织各学科编辑出版"中华人民共和国成立70周年纪念书系"，该所组织编撰出版了《新中国新闻与传播学研究 70 年》。受国家名词委的委托，经过 6 年努力，该所组织国内相关专家学者通力完成了《新闻学与传播学名词》的审定工作，审定过程结集为《新闻学与传播学名词规范化研究》，为我国新闻传播学科的话语体系建设奠定了坚实的基础。在党委书记赵天晓带领下，该所课题组深入张家港国情调研基地开展张家港社会主义现代化县域示范研究并撰写调研报告。在纪委书记、副所长季为民带领下，课题组赴上海交通大学媒体与传播学院、浙江传媒学院、重庆大学新闻学院等全国多个高校的新闻传播学院开展中国特色新闻学"三大体系"建设调研，并撰写了《中国特色社会主义新闻学"三大体系"的建构》一文，刊登在《新闻与传播研究》上。

国际研究学部

世界经济与政治研究所

（一）在"三大体系"建设方面实施的新机制、新举措

1. 旗帜鲜明讲政治，促使全所党员干部学者进一步树牢"四个意识"、坚定"四个自信"。为确保习近平总书记重要指示和中央精神的贯彻落实，世界经济与政治研究所党委研究确定了相关工作原则：在接到指示第一时间组织传达学习，并由党委书记和所长牵头，按分工指定班子成员具体主抓，所党委根据工作要求和时间安排及时跟进指导，确保时刻不松劲，件件有落实。

2. 根据院党组关于构建中国特色哲学社会科学"三大体系"的战略部署和院工作会议的要求，世界经济与政治研究所编制了《世界经济与政治研究所学科建设规划》，明确提出"通过优化学科布局、整合人才资源，为构建中国特色哲学社会科学'三大体系'作出贡献"。据不完全统计，2019 年世界经济与政治研究所科研人员共完成成果约 1000 万字，其中，以"习研中心"名义发表的理论文章 4 篇，以"中特中心"名义发表的理论文章 9 篇。有 6 项成果获第十届（2019 年）中国社会科学院优秀科研成果奖。其中，二等奖 2 项，三等奖 4 项。《世界经济黄皮书（2018 版）》《国际形势黄皮书（2018 版）》分获第十届"优秀皮书奖"的二等奖、三等奖。宋泓撰写的《税基侵蚀和利润转移：问题、根源与应对》获"优秀皮书报告奖"三等奖。此外，世界经济与政治研究所报送的内部报告获奖 31 项。该所连续三年获得院优秀对策信息组织奖。

3. 开展专项研究与研讨，积极为中央建言献策。围绕党和国家关心的国际问题领域重大问题（中美贸易、"一带一路"等）在科研领域与学科建设上合理布局，组织精干力量进行跨

学科交叉合作。

（1）中美经贸问题一直是世界经济与政治研究所国际贸易、国际投资、宏观经济等学科的研究主题。按照院领导指示，该所对中美关系进行专项研究，设立了3项课题，还承担了国家社会科学基金"新形势下美国问题研究"重大研究专项项目1项。据不完全统计，该所就中美贸易问题向中央决策部门提交研究报告近20篇、期刊成果30余篇，参加部委内部研讨十余次，组织专题研讨会20余次，接受广播电视采访或者撰写发表言论评论50余次，与国外智库交流40余次，多篇报告获得中央领导同志的批示。该所还承担了中宣部马克思主义理论研究和建设工程重大课题"反对美国霸权的基本经验"。

（2）"一带一路"是我国外交的主题，同时也是世界经济与政治研究所的重点研究领域之一。2019年，世界经济与政治研究所不仅是外交部政策研究课题重点合作单位，而且还是中联部"一带一路"智库合作联盟单位，承担了多项院交办、部委委托任务。例如，承担国家社会科学基金"一带一路"战略研究专项课题"'一带一路'建设与全球治理格局演变研究"；承担院新疆智库课题"'一带一路'战略下的新疆问题研究"；承担财政部"一带一路"专项研究课题；等等。

4. 加强对外学术交流，贯彻落实中国学术"走出去"战略。目前，世界经济与政治研究所已与20家海外知名机构建立常态化交流合作机制，国际学术合作与交流活动日益频繁。2019年，世界经济与政治研究所出访129批224人次（其中，随院团出访11批20人次），分赴70个国家和地区。来访270多批600多人次，举办了多场大型国际会议进行宣传。为配合国家领导人高访，世界经济与政治研究所组织了大阪G20配套活动；该所人员随外交部代表团赴俄罗斯、韩国、日本、乌克兰、捷克等国进行政策宣示；随院团赴波兰、德国、意大利进行学术交流；所领导率团分赴美国、俄罗斯、加拿大等国家进行智库交流；该所还执行4项院"智库丝路万里行"项目，对"一带一路"沿线相关国家开展调研。

此外，为配合重大政治活动和主场外交，世界经济与政治研究所人员针对重大舆情事件，在中央级主要媒体发表文章30余篇，在国内外媒体发声100余次。主要有：配合达沃斯峰会在《光明日报》发文《全球化将往何处去》（任琳）；以改革开放40周年为契机，在《光明日报》发文《坚持对外开放 推动经济高质量发展》（张宇燕、徐秀军）；配合"一带一路"峰会，在《光明日报》发文《中国经济：在不确定的世界创造确定性》（任琳）；配合G20峰会在《光明日报》发文《坚持多边主义 为不确定的世界创造确定性》（任琳），《打造高质量世界经济是时代脉动》（徐秀军），《以高水平开放推动高质量发展》（冯维江）；针对美国财政部发布声明决定将中国列为"汇率操纵国"的事件，在《光明日报》发文《妄称中国"操纵汇率"只是又一种徒劳的极限施压》（高凌云），予以反驳。

5. 出台具体规章制度和管理办法

（1）2019年3月14日，世界经济与政治研究所所务会议审议通过了《世界经济与政治研究所所级课题管理办法》。

（2）2019年11月6日，世界经济与政治研究所所长办公会审议通过了《关于鼓励科研人员开展政策研究咨询活动的奖励办法》。

（3）2019年11月6日，世界经济与政治研究所所党委会和所务会议审议通过了《世界经济与政治研究所学术会议管理办法》。

（4）2019年11月20日，世界经济与政治研究所所长办公会审议通过了《世界经济与政治研究所横向课题管理细则》和《世界经济与政治研究所纵向课题经费管理办法（暂行）》。

6. 加强所内期刊、网站等平台建设。2019年，世界经济与政治研究所坚持将办刊方针与经济社会发展需要紧密结合，严格意识形态审查，鼓励多发表时代性、原创性、民族性、继承性强的成果，并向院有关部门建议在评价体系中，明确期刊获得国家级奖项的配套性奖励制度。同时，进一步加大对英文学术期刊的扶持力度，完善评价体系，改善英文期刊在对高水平作者和高质量文章的争夺上处于不利的竞争地位，以吸引和鼓励学者发表英文学术文章。

（二）学科调整简况及特色学科

在学科建设方面，世界经济与政治研究所遵循学科发展规律，重视发展规划，12个研究室对应着12个不同的学科。其中，世界经济类学科覆盖了全球宏观经济、国际金融、国际贸易、国际投资和国际发展5个二级学科；国际政治类学科覆盖了国际政治理论和国际战略2个二级学科；国际经济与国际政治综合类学科覆盖了马克思主义世界政治经济理论、国际政治经济学、全球治理和世界能源4个二级学科；国家安全是教育部学科分类中的一级学科。2019年，通过学科调查和评估，全球宏观经济、国际金融、国际贸易和国际投资被确定为具有绝对优势的学科；国际政治理论、国际战略、国际政治经济学和国家安全被确定为具有相对优势的学科；马克思主义世界政治经济理论被确定为特色学科；国际发展、全球治理和世界能源被确定为新兴、交叉学科。世界经济与政治研究所是院少数不需要进行学科调整的研究所之一。

俄罗斯东欧中亚研究所

（一）在"三大体系"建设方面实施的新机制、新举措

俄罗斯东欧中亚研究所坚决落实习近平总书记提出的加快构建中国特色哲学社会科学的战略任务和要求，针对"百年未有之大变局"的时代特点，遵循问题导向和实践标准，突出综合性、全局性和战略性研究，做到基础理论研究和应用对策研究的融合式发展。

各学科通过举办各种全国性的高层次学术活动、加强调研等方式，并利用行政托管中国俄罗斯东欧中亚学会等有利条件，在国内外俄罗斯东欧中亚学界厚植人脉、加强合作，与俄罗斯东欧中亚国家相关科研学术机构、智库建立了合作关系，共同举办学术活动，开展联合科研项目，设立海外中国研究中心等国际合作新平台。

俄罗斯东欧中亚研究所为加强学科人才队伍建设，出台了诸多举措：进一步拓宽进人渠道，加大宣传力度，深入高校和科研院所招聘人才；通过人才引进和人员内部调整，逐步建立有利于人才成长和学术传承的学科梯队；加强对高层次人才的引进，吸引在本研究领域和学科具有较强影响力的成熟性人才；加强团队协作力和凝聚力，根据本学科人员研究方向设计集体课题，以"传帮带"推动成果产出；通过建立完善奖惩机制，形成良好的学术氛围，有效巩固学术中坚力量的科研水平。

（二）学科调整简况及特色学科

2019年，俄罗斯东欧中亚研究所新建多边与区域合作研究室，俄罗斯政治社会文化研究室调整更名为俄罗斯政治与社会研究室，中东欧研究室调整更名为转型与一体化理论研究室。俄罗斯经济研究室、俄罗斯外交研究室、俄罗斯历史与文化研究室、中亚与高加索研究室、乌克兰研究室、战略研究室保持原名称。

9个研究室对应9个学科，分别是俄罗斯政治学科、俄罗斯经济学科、俄罗斯外交学科、俄罗斯历史学科、当代中亚学科、转型与一体化理论学科、乌克兰学科、欧亚战略学科、多边与区域合作学科。俄罗斯东欧中亚研究所有中国社会科学院"登峰战略"优势学科1个——俄罗斯学学科，重点学科3个——俄罗斯历史与文化学科、当代中亚学科、中东欧学科，特殊学科1个——乌克兰学科。其中俄罗斯学将研究所的三个原院级重点学科（俄罗斯政治学科、俄罗斯经济学科、俄罗斯外交学科）和一个所级重点学科（欧亚战略学科）重新予以整合。此外，俄罗斯东欧中亚研究所有上合组织学科、转型和一体化学科和"一带一路"学科三个新兴和交叉学科，三个学科均有很好的研究基础并在学界处于优势地位。

（三）在"三大体系"建设方面取得的成果

俄罗斯东欧中亚研究所高度重视学科建设，认真规划学科建设方向与重点，助推学科实现基础理论研究和应用对策研究融合式发展，助力学科人才成长和团队建设，在学科布局、理论创新、成果创造、平台建设、人才培养等方面取得了诸多成绩。

俄罗斯学学科集中了俄罗斯政治与社会研究室、俄罗斯经济研究室、俄罗斯外交研究室、战略研究室的力量，组成了30人的科研团队，其中正研人数达到12名，副研人数达到11名，平均年龄45岁。俄罗斯学学科已发展为学科体系完整、科研能力强大、分支学科在国内学界全面领先的一流综合性学科，其关注问题导向、形势跟踪和战略性、前瞻性研究，强化理论创新，在现实问题研究中探索出具有深刻理论内涵的方法和观点，为中俄携手构建新型国际关系、"中俄新时代全面战略协作伙伴关系"发展建言献策，为外交决策作出了重要贡献。

当代中亚学科努力创新开拓，补强研究队伍，发表了大量有影响的学术文章。在科研攻关时，学科始终注意基础研究与应用研究相结合、国别与地区研究相结合、纵向交办与横向委托相结合，既关注"一带一路"、反恐反极端、大国竞争等热点问题，也重视中亚历史文化和具体国情、社情等基础问题。同时，围绕中国对中亚外交与"一带一路"建设撰写了大量内部报告，发挥了重要的政策咨询作用。该学科加强对外学术交流，定期举办学术研讨会，与中亚各国智库建立了良好的合作关系，在国内外的影响进一步提升。

俄罗斯历史与文化学科成功实现了由苏联历史研究向俄罗斯历史与文化研究的转换，拓展了研究领域，其中俄罗斯软实力研究是对俄罗斯的政治历史与思想文化底蕴的综合研究，关注俄罗斯对重大历史问题的评价以及当前国家治理的历史文化因素。该学科研究领域处于开创和引领地位，已出版的多部学术著作很有代表性。俄罗斯历史与文化学科成果丰富，承担了诸多科研项目，发表了大量科研成果。人员结构不断优化，个人学术发展与团队共同发展实现了有机结合。

中东欧学科立足中东欧国家发展的本体研究，保持与研究对象及国际其他研究力量的深层次交流，客观体现中国研究的独立视角，取得了具有国内外广泛影响力的丰硕研究成果。其中，既有从宏观视角对中东欧国家转型的分析，又有具体国别研究。该学科有着良好的学术底蕴和研究基础，经过建设，该学科在国内学界继续保持领先地位，拥有结构合理、素质较高、学风严谨的科研队伍。该学科还通过承办中国社会科学论坛，扩大国际影响力。

乌克兰学科在关于乌克兰历史与现实研究、乌克兰与大国关系研究、学科建设等方面取得了大量成果，成为国内乌克兰研究的最重要的学术基地。该学科承担了多项部委级的交办研究任务，推出了一批有价值的研究成果，其中不少成果获得优秀对策信息奖。该学科科研人员担任国家社科基金、部委学术项目以及高校相关研究机构的学术评审，为推动国内乌克兰学科的发展提供建设性意见。

西亚非洲研究所（中国非洲研究院）

（一）在"三大体系"建设方面实施的新机制、新举措

2019年，西亚非洲研究所加强政治引领，坚持德才兼备，注重青年培养，加快人才队伍建设取得新进展。在用人方面，坚持以德为先、德才兼备，制定了《人才招聘入选资格标准》；在科研评价方面，发挥评价指挥棒作用，突出精品导向，制定了《专业技术职务任职资格申

报标准》；在配备研究室正副主任时，大胆任用青年科研骨干，研究室主任平均年龄为46岁，研究室副主任平均年龄38岁。

（二）学科调整简况及特色学科

2019年，西亚非洲研究所优化学科布局，巩固优势学科，发展新兴学科，推动学科体系建设取得新进展。首先，打破以地域划分的学科布局，重塑学科定位，做强传统学科，补齐弱项短板；其次，对研究室进行调整，由原来的4个研究室调整为6个研究室，分别为政治研究室、经济研究室、国际关系研究室、社会文化研究室、民族宗教研究室和安全研究室。

（三）在"三大体系"建设方面取得的新成果

创新研究方法，总结实践规律，提升学术水平，推动学科体系建设取得新进展。几代学人经过一点一滴的积累，夯实了基础研究根基，增强了应用对策研究实力。2019年，出版智库报告8种，其中2种获国家优秀智库报告奖；出版学术专著6种，其中《大国经略非洲研究》（上、下册）被评为院创新工程重大科研成果；公开发表学术论文79篇，其中重要期刊论文2篇；上报内部信息38篇，其中2篇获中央领导批示；立项社会科学基金课题2项，同时开展"习近平新时代中国特色社会主义思想在非洲的传播研究"课题研究。

创新传播方式，打造交流平台，深化文明互鉴，推动话语体系建设取得新进展。2019年，组织各类学术会议近30场/次，出访53批90人次，接待来访30批近300人次。特别是在南非、埃塞俄比亚和塞内加尔举办的三次大型国际学术研讨会，谢伏瞻院长和蔡昉副院长分别在开幕式上致辞，并宣布启动"中非治国理政交流机制"、"中非可持续发展交流机制"和"中非共建'一带一路'交流机制"，为中非智库交流开辟了新渠道，打造了新平台，受到非洲智库、媒体和官方的热烈欢迎。

创新交流形式，安排非洲学者一次来访，既有座谈研讨，也有外地调研；既有严肃的学术交流，也有灵活的文化参访。特别是组织非洲学者两次赴延安和梁家河调研，深入了解我国老一辈领导人的艰苦奋斗精神，进一步感受中国人民实现美好梦想的红色基因。津巴布韦、尼日利亚等国的朋友在本国媒体撰文，称赞延安和梁家河在扶贫帮困、经济建设、生态治理等领域取得的成就。

拉丁美洲研究所

（一）在"三大体系"建设方面实施的新机制、新举措

首先，拉丁美洲研究所按照院党组统一部署，摸清底数，加强规划，明确重点，加快推动

学科和学术体系建设。围绕党和国家重点工作和实际决策需求和"三大体系"建设要求，做好本学科发展规划和重大课题设计，对一些跨学科性质的拉美重大理论和现实问题联合攻关，推出具有前瞻性、全局性、战略性、理论性的高质量成果。注重加强拉美的基础研究，夯实研究基础，为应用对策研究提供强有力的支撑。进一步对科研人员的学科进行定位，落实科研人员学科、国别"双定"工作。使每个科研人员既有主攻的学科专业，又选择一个国别跟踪，推进学科和国别研究相互促进，相互补充。

其次，通过调整完善布局，促进话语体系建设和发展。一是发起和承担国内外有关拉美方面学术对话。不仅在各个时期就拉美发展中的热点问题及中拉合作中的主要关切发起国内外学术论坛，并积极组织和参与中拉智库论坛、中国—拉共体高级别学术论坛、中拉青年政治家论坛和中拉企业家高峰会等重要学术活动。二是构建了拉美研究的学术平台，通过人才的"走出去"和"引进来"，搭建了联系拉美研究者的学术交流平台，并通过创新性的国际视频会议探索，构建了可持续对拉学术合作与教育平台。三是支撑了全国的拉美知识普及，通过出版《投资巴西》、《巴西经济地理》以及"列国志"拉美系列丛书等知识性成果，向大众传播拉美国家地区和中拉友好交往的基础性通俗性知识。

（二）学科调整简况及特色学科

2019年，拉丁美洲研究所按照院"三大体系"建设的要求，对学科体系进行了调整，完善学科布局，建立了符合本学科发展规律的学科体系。拉丁美洲研究所的研究重点领域包括拉美地区的政治、经济、国际关系、社会、文化以及与本地区相关的全球性重大理论和现实问题。2019年，为适应院"三大体系"建设的总体要求，使拉丁美洲研究所个别研究室的学科定位更加明确，该所将拉美一体化研究室更名为拉美区域合作研究室，将综合理论研究室更名为拉美发展与战略研究室。全所设有拉美经济研究、拉美政治研究、拉美社会和文化研究（含拉美社会和拉美文化两个学科领域）、拉美国际关系研究、拉美区域合作研究、拉美发展与战略研究6个学科方向，分别对应拉美经济研究室、马克思主义理论与拉美政治研究室、拉美社会文化研究室、拉美国际关系研究室、拉美区域合作研究室、拉美发展与战略研究室6个研究室。

目前，拉丁美洲研究所有优势学科3个（拉美经济研究、拉美政治研究、拉美国际关系研究），特色和特殊学科1个（拉美文化研究），新兴和交叉学科2个（拉美区域合作研究、拉美发展与战略研究），应补强的学科1个（拉美社会研究）。

（三）在"三大体系"建设方面取得的新成果

2019年，拉丁美洲研究所通过学科评估、调整和完善，形成了包括拉美经济、政治、社会和文化、国际关系、区域合作、发展与战略研究在内的完整且相互支撑的学科体系，各学科对自身在国内国际相关领域的竞争地位有了更清晰准确的认识,并对研究重点和自身定位进行了科学规划。在学术体系建设方面,拉丁美洲研究所学者发表了一系列专著、论文和研究报告等重要成果。代表性成果有:《拉丁美洲和加勒比发展报告(2018—2019)》(拉美黄皮书),《拉丁美洲的精神:文化和政治传统》(译著,外译中)和 China's Direct Investment in Latin America(外文论文集),《结构性转型与中拉关系前景》(中文论文集),《"一带一路"和拉丁美洲:新机遇与新挑战》(西班牙语论文集),学术普及读物4种,等等。

在话语体系建设方面,拉丁美洲研究所注重研究成果的转化,充分发掘传统平台和新兴平台的效能,努力提升学科影响力。2019年,拉丁美洲研究所作为国内学科引领者,主办了第八届中拉高层学术论坛暨中国拉美学会学术大会、第三届中拉文明对话等品牌会议,发起了"新三边关系下的中拉经贸合作"、"'一带一路'与中拉合作"、中拉经贸合作进展报告发布会暨中拉经贸合作形势讨论会等专业会议,并结合境外调研持续推动"中拉经济对话"等活动,及时对外发布最新研究成果,向国际传递中国拉美研究声音。此外,拉美所学者持续通过新媒体平台发声,不断扩大拉美所的国内外影响。

亚太与全球战略研究院

(一)在"三大体系"建设方面实施的新机制、新举措

1. 调整学科体系

亚太与全球战略研究院的研究覆盖两大领域:一是中国周边问题,二是"一带一路"。为进一步推进这两大领域的研究,在2019年的院学科体系调整中,院党组决定亚太与全球战略研究院新设置了两个研究室:中国周边经济外交研究室、一带一路研究室。

2. 完善学术体系

亚太与全球战略研究院既是一个从事区域国别的研究机构(研究范围包括东北亚、东南亚、南亚、大洋洲),又是一个从事综合性、战略性的研究机构(重点涉及大国关系、新兴经济体、区域经济一体化、中国周边战略及"一带一路"等)。有鉴于此,亚太与全球战略研究院力图把区域国别研究与学科研究有机结合起来,通过研究所层面的课题设置体现综合性与战略性特征。

3. 加强发挥话语体系作用

话语体系是建立在学科体系和学术体系之上的,并体现在学术与宣传、内宣与外宣等各个方面。2019年,亚太与全球战略研究院基于自身的学术研究,致力于把政治话语转化为学术话语,通过多种载体传播中国理念和中国经验。

（二）学科调整情况及特色学科

2019年，亚太与全球战略研究院按照中国社会科学院科研局的相关部署进行了学科调整。

目前，亚太与全球战略研究院学科方向有两个，一是中国周边环境与战略研究，属于亚太所的传统优势学科；二是"一带一路"研究，属于新兴学科。

2019年中国社会科学院全院进行学科调整前，亚太与全球战略研究院共有10个研究室，分别是亚太政治、亚太安全外交、亚太社会文化、中国周边战略、大国关系、国际经济关系、新兴经济体、区域经济合作以及全球治理、周边环境监测实验室（其中后两个研究室因人员不足处于建设之中）。2019年，根据中国社会科学院学科调整要求，亚太与全球战略研究院的全球治理研究室和周边环境监测实验室分别调整为中国周边经济外交研究室和一带一路研究室。

（三）在"三大体系"建设方面取得的新成果

1. 学科体系方面

在新时期中国周边关系与周边战略的研究中，经济外交的地位日趋重要。作为一个交叉学科，经济外交涉及经济学与国际关系学。在这方面，亚太与全球战略研究院具有一定的比较优势：在现有的学科设置与研究队伍构成中，两者占有大致相同的比例，更重要的是，亚太与全球战略研究院一直倡导这两个学科的交叉与融合。中国周边经济外交研究室为此提供了一个新的学科平台，从而有助于从学科融合的角度深化对中国周边问题的研究。

从2014年开始，院党组确定了"一带一路"问题是亚太与全球战略研究院的一个主要研究领域。近年来，亚太与全球战略研究院在该领域取得了一系列重要的学术与决策咨询研究成果。新设立的一带一路研究室有助于克服以往研究中不同学科各自为战的弊端，为构建"一带一路"的理论体系奠定了基础。

2. 学术体系方面

2019年，亚太与全球战略研究院设置了三个所级课题："美国的'印太'战略及中国的应对"、"稳妥推进'一带一路'建设：理论与实践"（院党组交办课题）、"半岛问题研究"。作为连续性的研究项目，上述课题一方面兼有学术与实践价值，另一方面在研究方法与研究对象上有助于把区域国别研究与学科研究有机地结合起来。其中，"稳妥推进'一带一路'建设：理论与实践"在2019年已顺利完成。

3. 话语体系方面

在对内宣传方面，亚太与全球战略研究院研究人员仅在主要官方媒体（中央电视台、中央人民广播电台、国际广播电台、《人民日报》、《经济日报》等）接受采访和发表文章就超过

300篇（人次）/年。

在对外宣传方面，围绕"一带一路"建设议题，亚太与全球战略研究院研究人员参与国家相关部门组织的对外宣讲近10人次/年，遍及世界十余个国家。2019年，亚太与全球战略研究院与日本、韩国、马来西亚、巴基斯坦等国的政府智库举办多场研讨会，并与日本亚洲经济研究所就"一带一路"框架下的第三方合作开展联合研究，共同出版研究成果。

美国研究所

（一）加强学科体系建设，提升学科竞争力

2019年，美国研究所着眼新时代党和国家对美工作大局的需要，对比该所在国内同类机构中的地位，根据美国研究的需要和实际情况作出了必要的结构调整。

1. 美国研究所各学科设置总体合理，但发展不均衡，优势学科存在重大成果和后备力量不足等隐忧，重点学科在国内外影响力下降，个别学科（如美国经济研究）在业内处于明显的衰弱地位。为此，该所借全院学科调整和规划之机，紧密聚焦新时代和国家事业发展需求，做好各学科调整充实工作。根据科研偏好和学科发展需要，对相关学科内部分工和个人发展规划作出具体安排，力争实现机构指导性与科研人员发展个性的有机统一，促进科研队伍多出成果，出好成果。

2. 以中央和院交办重大研究课题、全国社科工作办交办的"新形势下美国研究规划"任务为引领，系统、持续地进行美国研究各学科短期和长期发展规划工作，注重二者之间的平衡统一。根据所实际情况，建立学科建设落实机制，拟出台学科建设具体指标文件，结合对学科、创新工程和研究室的年度考核工作督促相关落实整改到位。

3. 抓好研究室建设，充分发挥研究室在学科规划、人才引进以及日常学术活动中的主体性功能；在加强指导和监督保障的同时，给各研究室更多的自主权；把政治水平高、具有强烈事业心和学术能力的青年干部配备到研究室领导岗位上来。

4. 做好中华美国学会改革、充实工作，进一步发挥学会和中心的平台作用。2019年8月筹备开展中华美国学会换届工作，成立财经分会、科技分会、青年分会，设立相关工作机制，进一步引导、整合全国美国研究学界的协作分工，发现和培养更多的美国研究后备力量。

5. 通过信息化项目和年度绩效考核加分管理办法，鼓励科研人员接受媒体采访，提高个人和研究所的知名度。同时，加强数据库建设，推进所网站改版，统筹各类新媒体、融媒体资源开发与对接，维护好美国研究多个学科的微信公众号，以提升所网站、微信公众号等新媒体

传播能力。

（二）关于美国研究学术体系和话语体系建设

美国研究所坚持马克思主义的指导地位，积极融通国内外各种学术资源，从美国研究实际问题出发，提出具有主体性、原创性的理论观点，多举并重提高社会影响力。

1．开展马克思主义理论学习，坚持以马克思主义立场观点方法指导研究人员从事专业工作。加强全体人员对中国传统文化的教育，引导大家树立"为人民做学问"的价值追求，深入实际了解国情、党情、社情，提高围绕中心、服务大局的主动意识，更好地发挥服务中央决策、服务社会发展的重要作用，构筑中国特色美国问题研究话语体系。

2．多措并举，改善所内学术氛围。一是坚持每周学术报告会制度、重要外宾学术讲座制度、半年度出访报告会制度等，推动所内日常学术交流以及与国内外学术同行交流；二是开好年度美国研究理论务虚会，延请相关政策部门代表和学术大家集中讨论，选定一批年度研究工作重点，确立若干具有深度理论性、前沿性和战略性学术发展议题。

3．积极推进名刊建设，做好学刊的质量型发展工作，进一步打造其精品地位。

4．开好著作、研究报告等重要成果发布会，扩大美国研究所的社会影响力。

5．推动学术"走出去"，开展中美交流学术活动。积极推动各学科（研究室）主办或参与合办国内国际学术研讨会，寻求建立机制性、品牌性的合作平台，便于该所学者在重大时刻发出学术声音。

（三）加强人才引进和培养工作

1．加大对学科带头人的培养和扶持力度。一方面，探索优化资源配置和加大内部竞争的制度改革，鼓励和引导学科带头人"做大做强"；另一方面，调整相关考评和保障规则，为学科带头人提供更多的机会和保障服务，帮助他们进一步打造在国内外学界的知名度。

2．抓好梯队建设和人才培养，进一步调动中青年科研人员的积极性。多渠道、多举措、有重点地培养一批青年骨干，创造相应的制度条件助其"早成才""成大家"。

3．解放思想，加大力度，多渠道引进拔尖人才、可造之才。一是面向全国招聘知名学者担任相关学科带头人；二是设法招收优秀博士研究生、博士后入职，提高"增量人才"的学术水准。

4．进一步做好人员的结构性调整，做好部分"存量"人员的分流工作。通过改革考核制度，推动现有人员的合理流动，对相关人员，根据个人能力、特长，安排从事资料编纂、数据库建设、教学或科研辅助等工作。

5．改进引进人才评审机制，成立人才评审工作小组。对引进的人要充分评估和严格把关，确保能干、干了漂亮活的人才进得来，待得住，不能让"水货"混进来。

(四) 学科调整简况及特色学科

目前，美国研究所仍是国内美国研究领域学科设置最全、专业人员最多、综合研究能力最强的机构。尽管近年来国内同类研究机构、高校相关专业不断"升格""做强"，但美国研究所长期形成的学术特色、领域布局和品牌资源仍然对保持自身的相对竞争优势起到重要的支撑作用。

目前，美国研究所处于优势地位的学科是美国外交；学科带头人 2 位：所长吴白乙、外交室主任袁征。美国外交学科历史悠久，有研究覆盖面较完整、积累成果较多、人员较为整齐的特点，与国内其他院校相比具有明显优势。

处于相对优势的学科是美国政治、美国社会文化和美国战略。美国政治曾是优势学科，原学科带头人有 2 位：党委书记、副所长倪峰，原政治室主任周琪。现仅有倪峰一位带头人，该学科在国内占据首屈一指的地位，近年来由于人员调整和流失，其地位有所下滑，但仍是国内较为领先的团队之一。美国社会文化学科带头人为姬虹研究员和魏南枝副研究员；美国战略学科带头人为樊吉社研究员，这两个学科在国内具有比较优势和特色地位，但人才外流现象严重，学科带头人和骨干研究力量仍亟待调整和加强。

美国研究所现有三个学科进入"登峰战略"资助计划，具体包括：美国外交优势学科（项目负责人为袁征研究员）、美国政治重点学科（项目负责人为王欢副研究员）、美国经济重点学科（项目负责人为罗振兴副研究员）。

美国外交优势学科。2019 年，美国外交优势学科发表了一批科研成果，近 15 篇论文已经或即将发表。通过各种学术和新闻媒体平台，大力拓展社会影响力。

美国政治重点学科。2019 年，美国政治重点学科发表学术论文 12 篇，被内部报告采用 24 篇。该学科积极开展国内国外调研，进行中美治理比较研究，重视吸收美国政治研究的国际经验。

美国经济重点学科。2019 年，美国经济重点学科推出了系统性或有影响力的研究成果 8 项，发表核心期刊论文 4 篇、一般学术论文 5 篇，参与论文集《美国蓝皮书》的撰写共 6 篇。

日本研究所

2019 年，日本研究所按照《中国社会科学院关于加强研究室建设的若干意见》要求，坚持以"把研究室建设成为学者之家、学科摇篮、学术阵地"为目标，不断加强研究室建设，并根据中国社会科学院对该所工作的定位要求以及学科发展需要，筹备增设综合战略研究室。该研究室以国际战略学为学科依据，以国别研究支撑战略应用研究，以战略研究引领国别基础研究，借助"相乘效应"，激发学科发展活力。同时，基于社会科学理论的跨学科研究方法，更好服务国家决策需要,并对全所各个研究室微调,综合考虑学科背景、年龄层次、外语语种等情况,进一步实现合理配置。调整后,全所形成日本政治、日本外交、日本经济、日本社会、日本文化、综合战略6个学科,科研梯队健全,研究实力不断加强。

马克思主义研究学部

马克思主义研究院

(一)在"三大体系"建设方面实施的新机制、新举措

1. 加强学科平台建设

(1) 期刊、网站平台

① 2019年,《马克思主义研究》实施多项改革措施,进一步提升期刊质量和影响力:成立新一届编委会;实行约稿、荐稿与平台来稿相结合,丰富稿源,进一步提高稿件质量;大幅度增加外审专家数量,确保匿名评审制度有效实施;从第7期开始,对期刊主要栏目作出调整,实现多年来首次较大改版;进一步完善审编流程,如主编、副主编参与前期目录、摘要和后期清样的审阅工作环节;增加对二审送审稿件的审核环节,精选送外审的稿件;升级校对软件,减少人工校对盲点,提升编校质量;通过网络进一步扩大期刊影响力,期刊公众号每周推送5次、期刊网站及时上传每期所有文章,2019年又新增电子期刊。

② 2019年,马克思主义研究院主办的英文期刊《国际思想评论》《世界政治经济学评论》进一步推动期刊编辑和学术质量的提高,世界学术影响力不断扩大。通过"纪念新中国成立70周年""习近平新时代中国特色社会主义思想研究""纪念罗莎·卢森堡逝世100周年""麦金泰尔与马克思主义"等主题约组稿,以及围绕"'一带一路'倡议""新自由主义批判""中国特色社会主义政治经济学"等主题刊发论文,进一步推动了中国马克思主义"走出去",提升马克思主义的世界学术影响力。2019年,以英文期刊为平台,举办了"英文期刊建设与发展会议""如何应对新帝国主义"等两场国际研讨会,并积极参与国际国内会议的宣介,期刊的世界知名度和学术影响力进一步扩大。英文期刊的作者群、读者群遍及全球,刊发文章下载阅读量持续增加。根据2019年度出版报告,《国际思想评论》2018年文章下载量为15614篇次,比2017年增长了118.5%。两本英文期刊经过9年多的建设,国际学术影响力已经显著提升,已经成为探讨、研究和宣传马克思主义的世界知名的重要学术期刊。

③《马克思主义文摘》自2009年公开发行以来,与中国人民大学书报资料中心合作办刊,已形成品牌。

④《马克思主义理论研究与学科建设年鉴》是目前全国唯一一部全面反映马克思主义理论研究成果和学科建设的综合性年鉴。2019年,《马克思主义理论研究与学科建设年鉴2018》荣获"第六届全国地方志优秀成果"(年鉴类)特等奖,中国地方志指导小组和中国地方志学会予以通报表扬。

⑤ 2019年,马克思主义研究院还改组和充实了《科学与无神论》期刊办刊力量;习近平新时代中国特色社会主义思想研究中心积极申办新期刊《新时代中国特色社会主义研究》。

⑥ 2019年,马克思主义研究网积极配合国家网信办的相关部署,积极宣传和阐释党的十九届四中全会等重要会议精神,开辟了"致敬70年·马克思主义在中国"新专栏,密切关注马克思主义学科的最新研究进展,及时刊发习近平新时代中国特色社会主义思想研究的最新理论成果。全年共转载反映马克思主义研究最新成果和批判错误思潮的文章约870篇。2019年,马克思主义研究网微信公众号和微博的影响力大幅提升,粉丝量分别提高到15000位、23000位,转载率和点击率大大提高;公众号共刊发高水平的理论文章300篇,展现了马克思主义研究的最新成果,并批判了一些危害很深的错误思潮;微博共发文1035篇,刊发了不少反映马克思主义研究中热点、难点、疑点的学术争鸣文章。

(2) 论坛平台

2019年,马克思主义研究院主办全国性论坛15个、国际论坛2个。这些论坛都是多年举办,论坛品牌效应进一步累计。其中,第十二届全国马克思主义院长论坛会集了全国主要高校、研究机构的马克思主义学院的院长和专家学者,产生了较大影响,成为团结马克思主义理论学者,把握学科话语权的重要平台。

2. 加强重点学科建设,进一步提升学科影响力

(1) 2019年,马克思主义基本原理学科继续坚持马克思主义原理的普及工作,举办了三期全国性马克思主义理论师资研修班,分别是第二届全国中国特色社会主义政治经济学研修班、第六届全国《马克思主义基本原理概论》通讲研修班、首届全国《资本论》引读教学研修班。该学科继续组织马克思主义经典著作的学习活动,学习了《列宁全集》第31—35卷。

(2) "马克思主义中国化研究"学科致力于马克思主义中国化历史和中国特色社会主义理论体系的系统化研究,逐步形成了一些品牌成果。

(3) 2019年,"马克思主义发展史"学科将习近平新时代中国特色社会主义思想作为研究的重点,形成大量成果,举办相关学术会议,同时着手与"马克思主义基本原理"学科开始《马克思主义发展史》的编写工作。

(4) "国际共产主义运动"学科充分挖掘本部门科研人员的外语优势、国别研究特长和对世界社会主义前沿动态进行跟踪的特点,集中精力打造学科品牌——《国际共运黄皮书》,2019年推出第一部:《国际共运黄皮书:国际共产主义运动发展报告(2018—2019)》,引起较大反响。以后每年将推出一部黄皮书。

（5）长期以来，"国外马克思主义研究"学科致力于系统翻译介绍国外马克思主义优秀著作，研究撰写国外马克思主义前沿重点问题，组织"世界马克思主义和左翼译丛"和"世界马克思主义研究丛书"。该学科连续6年在《科学社会主义》上发布年度左翼思想、思潮研究报告，2019年同时在《当代世界》上发表了《2018年国外共产党的新发展与新态势》，并与该刊物达成每年发布的合作意向。

（二）学科调整简况及特色学科

1. 进行研究部、研究室调整

（1）以原马克思主义发展研究部为基础成立习近平新时代中国特色社会主义思想研究部。习近平新时代中国特色社会主义思想研究部重点研究习近平新时代中国特色社会主义思想，研究新时代中国特色社会主义经济建设、政治建设、文化建设、社会建设、生态文明建设的理论与实践，以及党的建设、意识形态、"一国两制"与祖国统一、新时代中国特色大国外交等基本理论、基本方略。

（2）马克思主义发展研究部改建为习近平新时代中国特色社会主义思想研究部后，对原下设的4个研究室进行了改建或调整。①经济与社会建设研究室、政治与国际战略研究室、文化与意识形态建设研究室3个研究室重新组合，改建为——基本理论研究室：重点研究习近平新时代中国特色社会主义思想的科学内涵、理论逻辑、实践意义、世界影响等。基本方略研究室：重点研究新时代中国特色社会主义经济、政治、社会、生态文明建设、大国外交、强军战略等方面的重大理论与实践问题。意识形态与社会思潮研究室：重点研究新时代文化与意识形态领域的重大理论与实践问题。同时，及时而有针对性地对国内外错误思潮开展批驳。②马克思主义发展史研究室调整至马克思主义原理研究部，专门从事马克思主义发展史的研究，同时充实从事马克思主义发展史研究的专业人员到该研究室，以支撑该学科发展。

（3）对马克思主义原理研究部下设的4个研究室作了更名或调整。①马克思主义基本原理研究室、马克思恩格斯思想研究室、列宁斯大林思想研究室3个研究室分别更名为马克思主义哲学研究室、马克思主义政治经济学研究室、科学社会主义研究室。②思想政治教育研究室调整至马克思主义中国化研究部。

（4）对马克思主义中国化研究部的1个研究室进行了调整。将马克思主义中国化研究部的党建党史研究室调整至新组建的习近平新时代中国特色社会主义思想研究部，重点研究新时代全面从严治党的理论与实践，以及党的历史等，进一步增强党的建设学科。

2. 研究部、研究室调整后，对建设的学科作了相应调整

马克思主义研究院下设5个研究部，每个研究部下设3—4个研究室，共18个研究室。

分别依托上述研究部和研究室，建设 8 个二级学科、15 个三级学科。除"世界社会主义研究"学科依托两个研究部外，其他学科基本都与其依托的研究部、研究室名称一一对应。

3. 特色学科

优势学科：马克思主义基本原理、马克思主义中国化研究、中国特色社会主义理论体系、习近平新时代中国特色社会主义思想研究、党的建设、马克思主义发展史、世界社会主义、国际共产主义运动、国外马克思主义研究、国外共产党理论、国外左翼思想。

特色学科：思想政治教育、科学无神论、国际共产主义运动史、当代世界资本主义、当代世界社会主义。

需重点扶持的学科：马克思主义基本原理（整体性研究）、思想政治教育、科学无神论、马克思主义发展史、国际共产主义运动史。

其他单位

中国社会科学杂志社

（一）深入学习研究阐释习近平新时代中国特色社会主义思想，充分发挥马克思主义理论宣传阵地作用

中国社会科学杂志社始终将学习好贯彻好习近平新时代中国特色社会主义思想和党的十九大精神作为全社的首要政治任务，在不同范围通过多种方式组织党员干部及普通员工深入学习，切实做到学懂弄通做实。多次召开刊报网业务会议，深入学习和传达院长谢伏瞻在中国社会科学院学习贯彻习近平新时代中国特色社会主义思想所局级主要领导干部读书班上的讲话精神。

2019 年，杂志社刊报网聚焦习近平新时代中国特色社会主义思想，确定了一批重点选题，设置专栏、笔谈，组织专家学者撰写理论文章，一是深入研究这一思想的理论体系、核心要义，深入研究这一思想对马克思主义理论宝库的原创性贡献，深入阐释这一思想对当代中国马克思主义、21 世纪马克思主义的突出贡献；二是从具体学科入手，加强阐释习近平新时代中国特色社会主义思想的学理深度，把习近平新时代中国特色社会主义思想与哲学社会科学各学科整体发展有机融合，将政治语言转化为学术语言，引领学术研究前沿，持续性地突出重大理论和现实问题研究，推出一批具有广泛社会影响、引领学术发展的精品力作。

2019 年，以《中国社会科学》为代表的期刊，围绕发展当代中国马克思主义、21 世纪马克思主义及其对马克思主义原创性贡献，邀请有影响力的专家学者撰写论文，推出多篇有学术含量和学理深度的力作。

《中国社会科学报》持续开设"深入学习习近平新时代中国特色社会主义思想""在习近平新时代中国特色社会主义思想指引下——新时代、新气象、新作为"等主题专栏，紧紧围绕习近平新时代中国特色社会主义思想、党和国家中心工作，第一时间做好新闻宣传报道；"评论""学海观潮""学术评价"等栏目和版面约请了专家学者撰写几十篇学术理论文章，深入研究、阐释习近平新时代中国特色社会主义思想的丰富内涵和重要价值。在形式上，采取了重点评论、呼应文章、专家访谈等多种体裁，丰富多样地学习宣传研究习近平新时代中国特色社会主义思想。中国社会科学网也充分发挥新媒体及时快捷的优势，在 PC 端、移动端、微信、微博多个平台联合推出重大专题和系列栏目。

（二）围绕构建"三大体系"，优化刊报网栏目设置，推出一批凸显主体性、富于时代性、具有原创性的研究成果，强化学术引领作用

为了系统深入地研究阐释习近平总书记在哲学社会科学工作座谈会上的重要讲话以及致中国社会科学院建院 40 周年贺信、致中国历史研究院成立贺信、致中国非洲研究院成立贺信精神，加快构建中国特色哲学社会科学"三大体系"，杂志社根据谢伏瞻院长在 2019 年度院工作会议上的报告精神、2019 年《中国社会科学》编委会上的重要指示和 5 月初所局级主要领导干部读书班的统一部署，围绕"三大体系"建设这个中心，优化刊报网栏目设置，约请学科领域权威专家撰写深度文章，推出一批凸显主体性、富于时代性、具有原创性的研究成果，强化学术引领作用。

围绕系统深入地研究阐释习近平总书记在哲学社会科学工作座谈会上的重要讲话和我院加快构建中国特色哲学社会科学"三大体系"的工作部署，《中国社会科学》2019 年第 5 期刊发了谢伏瞻院长的《加快构建中国特色哲学社会科学学科体系、学术体系、话语体系》重头理论文章，从学理的角度对构建中国特色哲学社会科学学科体系、学术体系、话语体系的丰富内涵进行了全面、准确、深入地阐释；同时指出，加快构建中国特色哲学社会科学学科体系、学术体系、话语体系，是时代的呼唤，是党和国家的要求，是中华民族的期盼，也是新时代中国社会科学院和所有哲学社会科学工作者担负的崇高使命。2019 年 5 月 16 日，《中国社会科学报》也节录刊发了谢伏瞻院长这篇理论文章。

《中国社会科学报》开设了"'三大体系'建设"专栏，持续关注哲学社会科学领域的重大理论和现实问题，聚焦繁荣中国学术、发展中国理论、传播中国思想，紧紧围绕"三大体系"建设精心组稿约稿。

（三）围绕构建"三大体系"，召开专题学术研讨会，主动设置议题，为加快中国特色哲学社会科学学术体系的构建和学科布局提供强有力的学理支撑和智力支持

2019 年，中国社会科学杂志社充分利用刊报网的平台优势，围绕构建"三大体系"的前

提、条件、动力、外在影响因素、发展趋势等难点问题、重点问题，主动设置议题，召开专题研讨会，组织知名专家学者从不同学科视角进行深入研究和阐释，使"三大体系"建设的研讨蔚然成风并结出硕果。在学科体系建设方面，坚持问题意识和需求导向，聚焦世界百年未有之大变局，聚焦新时代坚持和发展中国特色社会主义伟大事业，聚焦实现中华民族伟大复兴的历史进程，强化全局性、前瞻性、战略性、储备性、基础性问题研究。在学术体系建设方面，坚持问题导向，从我国当代实际出发，认真研究新时代党和国家面临的重大而紧迫的问题，提出具有主体性、原创性的理论观点，着力提升学术研究的原创能力和水平，推动理论和学术创新。在话语体系建设方面，同学科体系、学术体系建设相联系，构建成体系的学科、理论和概念，着力打造反映中国特色社会主义伟大实践和理论创新、易于为国际社会所理解和接受的新概念、新范畴、新表述，做到中国话语、世界表达，为加快中国特色哲学社会科学学术体系的构建和学科布局提供强有力的学理支撑和智力支持。

（四）开辟"中国学术七十年"专栏，以学术视角全景反映新中国成立 70 年来的光辉历程

2019 年是新中国成立 70 周年，也是全国社科界贯彻落实党的十九大精神的重要一年。新中国成立 70 年来的伟大成就和宝贵经验，是开展"三大体系"建设的历史、制度和实践基础。2019 年，杂志社围绕新中国成立 70 周年，确定一批重点选题，设置专栏和笔谈。

《中国社会科学》2019 年第 10 期特开辟"中国学术七十年"专栏，邀请中国社会科学院院长谢伏瞻研究员、中国法学会张文显教授、中国社会科学院世界历史研究所于沛研究员、复旦大学吴晓明教授、中国人民大学杨光斌教授和吉林大学张福贵教授等知名专家学者，围绕"新中国成立 70 周年"这一主线撰写理论文章，在学科史、学术史回顾的基础上，面向未来，归纳提炼本学科的基本学术思想、学术观点、学术命题，通过梳理、解读新中国成立 70 年来所取得的伟大成就，以学术视角全景反映新中国成立 70 年来的光辉历程，充分彰显当代中国马克思主义、21 世纪马克思主义的生命力、感召力、引领力，突出新时代特色，用当代中国理论阐释当代中国实践。

《中国社会科学报》开辟了"壮丽 70 年，奋斗新时代"系列报道专栏，旨在展示新中国成立 70 年来中国哲学社会科学事业发展的壮丽篇章，展现哲学社会科学界在习近平新时代中国特色社会主义思想指导下，为推动哲学社会科学事业发展迈向新台阶而不懈奋斗的历程。

（五）围绕构建"三大体系"，整合社内学术资源和人才资源，建立学科编辑跨部门联动工作机制，通过制度和编辑队伍建设提高刊报网质量和影响力

2019 年，杂志社围绕谢伏瞻院长在院工作会议和《中国社会科学》编委会上的讲话精神，以制度和队伍建设为抓手，健全各项规章制度，努力造就一支高素质的刊报网编辑队伍。

1. 坚持以制度规范办刊、办报、办网。进一步严格执行各项规章制度，特别要严格执行匿名审稿制；执行严格、公开的编审流程，实行在阳光下采编，杜绝人情稿、关系稿、有偿稿，建立学科编辑配偶、子女发稿回避制度，坚决杜绝违规发稿行为，消除发稿寻租空间，以更加科学的制度建设确保稿件刊发的严肃性、公正性和高水准。

2. 围绕构建"三大体系"的特点，整合社内学术资源和人才资源。结合每位编辑的学历学科性格特点，建立学科编辑跨部门联动工作机制，因人而异制订培训计划；对于学术潜力大、科研水平高的编辑，通过出国进修、参加国际学术会议、科研后期资助等方式给予培养；始终强调编辑工作与科研工作相结合，以编辑带动科研，以科研促进编辑能力提升，努力使刊报网编辑队伍适应"三大体系"建设要求，在现有基础上进一步提高编辑水平和综合素质。

3. 以"不忘初心、牢记使命"主题教育为切入点，加强新时代编辑队伍的道德修养和个人自律。对于政治理论水平高、业务能力强的编辑人员要提拔重用；对于以稿谋私、行为不端的编辑人员，一经发现即依纪严肃处理。

（六）围绕构建"三大体系"，加快刊、报、网、论坛融合发展步伐，推动传播手段和话语方式创新，进一步推动各个学科的发展和建设

2019年，杂志社继续围绕"三大体系"建设主题，在已有建设成果的基础上，进一步加强刊、报、网、论坛、"两微一端"五位一体的深度融合，强化工作中的互联网思维，着力打造全媒体矩阵，做好"一次采集、全媒体编发、多介质推送"，全天候、全时段、全方位、多媒体呈现，形成立体多样、融合发展的学术传播体系。特别是要占领移动端的传播阵地，进一步做大做强以"中国学派"为代表的"两微一端"等新媒体，通过分众传播，增强中国社会科学杂志社刊报网的网络宣传实效性和影响力，成为中国特色哲学社会科学"三大体系"建设的高端学术传播平台，使优质的学术资源和学术成果能广泛迅速地传播开来。

2019年，杂志社继续推进品牌学术会议建设，在着力办好第七届中德学术高层论坛、第八届中拉学术高层论坛、第十九届马克思哲学论坛等国内外品牌学术论坛的同时，还重点办好主题为"学科体系建设与人文社科期刊使命"的第八届全国人文社会科学期刊高层论坛，以及首次与意大利学术机构合作举办中意学术双年会。通过坚持开门办刊、办报和办网，杂志社将围绕当前重大理论和现实问题、各学科前沿和热点问题，与海内外高校和科研单位的专家学者进行广泛的交流和反复讨论，融通中外各种学术资源，主动设置"议题"，打造易于为国际社会所理解和接受的新概念、新范畴、新表述，传播中国思想。形成以论坛带动学术发展创新，推动各个学科的发展和建设；推动学术产品生产由过去的松散、被动、单向的方式，向新的有序、自主、互动的方式转变，从而在"三大体系"建设中发挥学术引领作用。

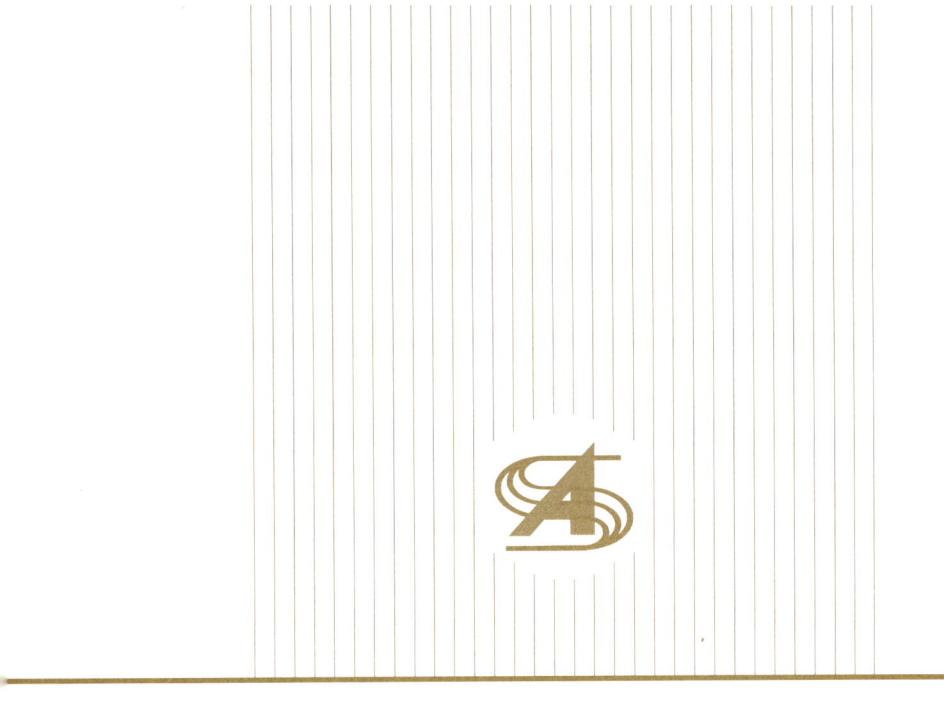

2019年度专题"打造创新工程升级版和高端智库建设工作"

一 打造创新工程升级版

中国社会科学院2019年哲学社会科学创新工程管理概况

2019年,全院认真落实中央关于科研"放管服"的有关精神,积极推进和实施创新工程升级版,逐步改进和完善创新工程年度绩效考核、岗位准入考核等工作机制,创新工程制度转型升级平稳有序实施。

(一)加强2019年度创新工程工作规划及检查

1. 组织举办2019年度创新单位签约仪式。在对创新单位准入考核的基础上,组织全院符合准入要求的54家单位首席管理,与院签订了2019年度创新工程协议,编制《中国社科院2018年度研究所绩效考核实施细则汇编》,制定印发《关于启动2019年度创新岗位聘用工作的通知》,对各单位开展创新岗位准入考核及竞聘工作提出了明确要求。

2. 加强对研究单位《创新工程年度科研工作计划》的审查。针对往年研究单位对创新工程规划编制不够重视、质量参差不齐等问题,加强了对方案编制的工作要求,对研究单位科研工作计划进行了初步审核,并提出了意见建议。院党组分学部听取了各单位关于2019年度科研工作计划的报告。

3. 组织开展创新工程绩效考核及准入考核的抽查。制定了创新单位绩效考核及岗位竞聘工作检查方案,将创新工程专项检查纳入院内巡视工作,专门抽调人员对纳入院巡视的12家单位年度创新绩效考核情况、后期资助目标报偿分配及发放情况、创新工程岗位聘用情况进行专项检查,重点检查考核组织工作是否规范、制度建设是否健全、准入审核是否严格、相关比例限制是否突破、报偿分配是否弄虚作假、搞"大锅饭"等问题,对专项抽查中发现的问题进行认真梳理,作为完善创新工程制度建设的重要依据;会同人事局对2019年度创新工程岗位聘用工作开展备案审查,对审查结果提出了处置意见。

4. 做好创新工程制度文件梳理和宣传阐释工作。按照中央关于科研管理"放管服"的有关要求,对全院创新工程有关制度文件进行了系统梳理,在此基础上起草了"关于系统修订创新工程考核评价有关制度文件的建议"。针对各单位在组织创新工程绩效考核及岗位准入考核工作中面临的实际问题，编制了《创新工程升级版常见问题解答》，为创新工程各项制度的有效落实，提供较为便捷的制度检索和指导依据。

（二）进一步完善创新工程年度绩效考核机制

1. 加强对创新工程考核评价工作的统一部署和统筹指导。制定印发《关于开展2019年度创新绩效考核和做好2020年度创新工程有关工作的通知》，对全院创新工程考核工作作出统筹安排，进一步明确了院、所考核的权限和职责，督促各单位在院有关制度框架内，进一步完善本单位考核办法，做好考核组织及相关事项的审核把关。对中国历史院院部、历史理论所、信息情报院等单位创新工程考核中面临的特殊问题，给予相应的政策指导，协调相关单位共同研究提出解决办法。

2. 进一步强化以质量为导向的考核指标体系。根据"质量导向"的原则，进一步修订完善了《创新工程研究单位科研绩效评价指标体系》。一是调整了"重要期刊论文"的认定标准和认定范围。将2018年版研究单位科研绩效评价指标体系中"发表顶级期刊论文"和"发表权威期刊论文"指标合并为"发表重要期刊论文"指标，制定了《中国社会科学院创新工程研究单位科研绩效考核期刊名录》，作为研究单位科研绩效考核"重要期刊论文"的认定范围。二是将落实重大约稿任务作为科研单位绩效考核的重要内容。三是适当增加了"习近平新时代中国特色社会主义思想研究中心执笔"署名文章的考核分值。

3. 进一步完善创新工程准入考核工作。一是调整科研岗位准入考核期刊目录。以院创新工程科研评价核心期刊名录及增补名录为基础，制定印发《中国社会科学院创新工程科研岗位准入考核期刊名录》，作为科研人员创新工程岗位准入核心期刊的认定依据。二是调整部分创新岗位准入条件，为加强全院理论外宣工作，在《中国日报》上发表2篇理论文章，也可作为研究岗位创新工程准入的重要资格条件。

4. 推进创新工程综合管理平台建设。对创新工程综合管理平台各模块功能及改进设计提出意见建议，汇总起草了科研管理平台建设方案，并多次与院信管办召开专题会议进行交流沟通。根据创新工程管理有关要求，对财计局预算管理平台建设提出相关意见建议。按照院信管办"数字社科院"建设统一部署，与浪潮公司进行多次沟通对接。

科研机构创新工程工作情况

文学哲学学部

文学研究所

创新工程及精品工程项目的名称及其首席管理、首席研究员

2019年,文学研究所共有创新工程项目15项:(1)"集部文献与文学研究"(首席研究员为刘跃进、范子烨、刘宁);(2)中华文艺思想与文献研究(辽金元)(首席研究员为郑永晓);(3)"隋唐文艺思想与唐宋文学转型"(首席研究员为吴光兴);(4)"清代近代文学文献研究"(首席研究员为王达敏);(5)"共和国文学期刊70年"(首席研究员为陈定家);(6)"当代马克思主义文学理论与文学批评研究"(首席研究员为丁国旗);(7)"中国文学事业与文化战略研究"(首席研究员为刘方喜);(8)"中国文学的多元经验与现代形态研究"(首席研究员为董炳月);(9)"新时代中国文学研究与数字化建设"(首席研究员为祝晓风);(10)民间视角与经验研究(首席研究员为安德明);(11)本土经验与空间互动(首席研究员为赵稀方);(12)创新能力与中国当代文艺(首席研究员为李洁非);(13)"中国大文学的当代建构"(首席研究员为李建军);(14)"中国文学的现代转型与中国经验研究"(首席研究员为张重岗);(15)"20世纪的中国革命和中国文学"(首席研究员为贺照田)。

2019年,文学研究所创新工程及精品工程项目的首席管理为所长刘跃进和党委书记张伯江。

民族文学研究所

(一)创新工程及精品工程项目的名称及其首席管理、首席研究员

2019年,民族文学研究所共有创新工程项目7项:(1)"'一带一路'跨界民族文学、文化研究"(首席研究员为阿地里·居玛吐尔地);(2)"中国南方民族口头传统研究"(首席研究员为吴晓东);(3)"蒙古族文学经典研究"(首席研究员为斯钦巴图);(4)"《格萨(斯)尔》的抢救、保护与研究"(首席研究员为俄日航旦);(5)"民族文学理论与实践:前沿问题与研究范式"(首席研究员为巴莫曲布嫫);(6)"中国少数民族口头传统音影图文档案库"(首席研

究员为王宪昭）；(7)"《民族文学研究》期刊建设"（首席研究员为朝戈金）。

2019年，民族文学研究所的首席管理为朝克、朝戈金。

（二）在创新工程及精品工程方面实施的新机制、新举措

2019年，民族文学研究所科研工作坚持贯彻创新工程升级版六个导向，深入研究阐释习近平新时代中国特色社会主义思想，不断推动马克思主义理论创新与中国化。紧密围绕民族民间文学、文化研究发展的实际需求，以学科阵地为大本营，以建设科研精品体系为主要内容，以对各学科人才的引进和培养为保障，以学科结构的不断调整和完善为学科建设注入新的生命力，着力推动民族文学研究所科研组织和评价方式、人才培养使用方式、资源配置方式的再创新。进一步围绕国际国内关于民族文学的重大热点问题，牢固树立质量第一的评价导向。同时，进一步做好对科研工作的制度化管理工作，特别是对创新工程、国家社科基金等项目管理新规定的过渡、落实和细化，加强监控，完善所内绩效考核管理流程。实现创新工程制度和绩效升级。

具体表现在，按照"登峰战略"实施目标和学科生长点，继续全力支持、推进优势学科"中国史诗学"、重点学科"中国神话学"、特殊学科"满通古斯民间文学"三大学科开展科研工作。科研项目、学术成果、学会社团中心、网站期刊、会议活动、国际交流等均取得了显著突破。重点研究领域主要包括：传承人的跟踪调查与田野研究；特定史诗传统的长线研究；重点史诗文本的搜集、整理、翻译等；跟踪西方史诗理论的前沿成果，编译经典性口头传统的理论读本；追踪和发展民俗学和口头诗学的理论方法论研究；神话的母题、分类、分布与演化研究；关注少数民族濒危语言的抢救与保护（侧重濒危语言与口头传统的关联）；积极探讨非物质文化遗产保护与口头传统存续力的对策性研究，同时结合国家"一带一路"建设倡议，加强三大史诗、南北方诸民族跨境文学传统的调查研究；等等。

（三）在创新工程及精品工程方面取得的新成果

1. 课题研究

针对重大科研项目选题开展课题研究。2019年度，民族文学研究所认真总结，遴选出重大科研课题，制订研究计划，细化本研究领域需要深入研究的重大理论、现实问题和学科发展前沿、热点、难点，力争逐步补齐学科短板。

强化科研项目的执行力度。民族文学研究所继续鼓励、支持所内科研人员积极申请科研项目。同时，督促既有项目组成员按照既定目标和步骤，多出优秀成果，多参加和组织高质量的学术交流活动，提升科研项目的执行力度和财务进度，保质保量完成科研任务。

推动项目管理继续向着正规化、系统化的方向发展。民族文学研究所继续结合项目的实际需求，完善项目管理流程制度，为科研人员开展研究工作提供制度保障：完善国家社科基金项

目经费使用制度，特别是间接经费发放制度；加强新版创新工程制度的落实，更加规范化地管理科研项目的立项、结项和开展日常科研管理工作；按照创新工程升级版规章制度要求，完善所内绩效考核管理流程，及时有效地做好年终绩效报偿科研成果统计核算工作。

圆满完成社科院交办的各项重大课题任务。2019年，民族文学研究所研究人员参与了"庆祝中华人民共和国成立70周年书系"的撰写工作。由朝戈金所长牵头，协调好文学片各所，整合资源，聚合力量，突出学科优势，高质量地、及时地完成了"庆祝中华人民共和国成立70周年书系"的撰写工作。

承担了院重大项目"中华文明发展与中华传统文化创造性转化与创新性发展研究"分议题"中国少数民族文学传统的创造性转化与创新性发展"，组织工作班子，就分议题制定了明确的研究计划，明确项目内容和职责，组织撰写。

积极推进全国科学技术名词审定工作。在全国科学技术名词审定委员会分工部署的基础上，2019年，民族文学研究所与文学研究所联合举办了科技名词工作启动会议，进一步明确了下一步工作流程与目标，继续认真推进该项工作的开展。

承担并完成了《中国大百科全书》第三版《中国少数民族文学卷》词条的撰写和编纂工作。该版由朝戈金任主编，民族文学研究所研究员巴莫曲布嫫任副主编，多位研究室主任担任多个分支方向的主要撰稿人。

2. 学术成果

2019年，民族文学研究所取得了一系列优秀科研成果。代表成果有：专著《盘瓠神话源流研究》《满族说部"窝车库乌勒本"研究》《格萨尔史诗当代传承实践及其文化表征》；论文《作为认识论和方法论的口头传统》《满通古斯语族语言词汇及其研究价值》《何以"原生态"？——对全球化时代非物质文化遗产保护的反思》《民研会：1949—1966年民间文艺学重构的导引与规范》《数字时代大平台的文化政策与伦理关切》《〈诗镜〉文本的注释传统与文学意义》；工具书《中国神话人物母题（W0）数据目录》；等等。

外国文学研究所

（一）创新工程及精品工程项目的名称及其首席管理、首席研究员

2019年，外国文学研究所进入创新工程岗位人员共62人，首席管理是陈众议、崔唯航。该所共有创新工程项目9项：(1)"比较文学学科"（首席研究员为程巍）；(2)"英语文学学科"（首席研究员为傅浩）；(3)"地方、国族与共同体：欧洲近代文学的政治话语"（首席研究员为梁展）；(4)"文学与大国兴衰——俄国文学高峰与苏联文学的形成"（首席研究员为吴晓都）；(5)"外国文学学术史研究工程·经典作家作品学术史研究（第四期）"（首席研究员为钟志清）；

(6)"文学与大国兴衰——法兰西现代性谱系之批判"(首席研究员为刘晖);(7)"'一带一路'格局下东西方文学文化的碰撞与交流研究(第二期)"(首席研究员为侯玮红);(8)"'一带一路'文学文化研究——欧洲区文学文化研究及现代性反思"(首席研究员为徐畅);(9)"英国马克思主义文论与文学批评"(首席研究员为徐德林)。

同时,已退休的研究员党圣元继续主持和推进中国社会科学院创新工程重大专题项目1项:"中华优秀传统文化创新转化与新时代中国特色社会主义文化建设"。

(二)在创新工程及精品工程方面实施的新机制、新举措

外国文学研究所自2012年进入创新工程以来,特别是在打造创新工程升级版之后,着力从机制方面为各项目顺利推进保驾护航,在规定允许情形下,实施了若干新举措。

首先,在研究所创新工程项目申报工作中,外国文学研究所按照院创新工程相关原则、标准和程序进行操作:在符合科研局创新指南及该所创新工程框架下由项目组进行课题论证,公平竞争后提交所长办公会及所学术委员会讨论审定,通过的项目即确定为研究所创新工程项目。

其次,确立项目组成员时,先经科研处依据科研成果确定年度准入人员名单,再由已确定的首席研究员审校拟聘项目组成员及其层级,之后由所党委讨论表决确定。

再次,研究所创新工程项目及创新岗位人员经院审核批准后,所里公示一周。

最后,研究所创新工程项目立项后,依据相关流程做好备案工作,并严格按照立项书执行研究计划及经费预算,按要求按规定进行中期检查和结项工作。

语言研究所

(一)创新工程及精品工程项目的名称及其首席管理、首席研究员

2019年,语言研究所创新工程项目首席管理为刘晖春(调离)、刘丹青。该所共有创新工程项目10个:(1)"内向、外向型语文辞书的差异比较与编纂实践"(首席研究员为储泽祥);(2)"汉语口语的跨方言调查与理论分析"(首席研究员为方梅);(3)"语音与言语科学重点实验室(Ⅱ)"(首席研究员为李爱军、胡方);(4)"汉语语法事实的深度描写与理论阐释"(首席研究员为王灿龙);(5)"出土文献与上古汉语研究"(首席研究员为孟蓬生);(6)"中古近代汉语语法研究"(首席研究员为杨永龙);(7)"汉语方言重点调查"(首席研究员为谢留文);(8)"面向新时代的《现代汉语词典》(学生版)的编纂与研究"(首席研究员为谭景春);(9)"《新华字典》(学生版)研究与编纂"(首席研究员为王楠);(10)"汉语词汇知识本体与专业知识本体研究"(首席研究员为顾曰国)。

（二）在创新工程及精品工程方面实施的新机制、新举措

根据 2019 年创新工程方案的总体结构与基本布局，该所加强创新工程的领导力量并细化组织实施工作，年初做好所有项目的计划和预算工作，严格按照计划实施，创新工程领导小组承担领导和组织责任。所领导分别负责创新工程四个方面的工作，包括策划、组织、协调、落实以及经费的使用管理等，发现问题，统筹解决。加强首席研究员负责制下的统一领导，建立健全必要的规章制度，并不断完善各项管理办法与实施细则，以规章制度为依据，加强项目实施中各个环节的组织协调与科学管理。具体举措包括：(1) 研究制定项目管理办法和工作条例，包括子课题的管理办法、工作规程、评价标准和实施细则等；(2) 建立专项资金管理制度，参照院关于创新工程的规定，制定具体的创新工程专项资金管理办法，专款专用，加强管理，形成事前审核、事中监督和事后复核的管理机制；(3) 创新工程整体采取项目管理方式，强化项目执行研究员的责任，子课题运作实行《项目责任书》等形式，建立职责明确、分工协作、奖惩分明的工作机制。

为打造创新工程升级版，以增强学术力、思想力、影响力为导向，语言研究所深入实施精品工程，保障重点集体项目的顺利进行。按计划出版《新华字典》（第 12 版）、《现代汉语词典》（第 7 版·倒序本）、《现代汉语小词典》第 6 版。准备出版《现代汉语大词典》试印本，已在学界征求意见。基本完成《语言学概论》编写任务。完成《现代汉语用法词典》定稿任务。推进"多卷本断代汉语语法史"研究，汇总该项目研究的阶段性成果。《现代汉语词典》（学生版）完成初稿，启动双语版合作。开展《新华字典》（学生版）修订初稿初审工作，进行专项通查研究工作。

哲学研究所

创新工程及精品工程项目的名称及其首席管理、首席研究员

2019 年，哲学研究所共有 105 人被聘用到创新岗位，进岗比例为 79.5%。其中专业创新岗 87 人，管理创新岗 18 人。聘任首席管理 2 人（王立胜、崔唯航），首席研究员 19 人，总编辑 3 人，长城学者 1 人，基础学者 1 人，青年学者 1 人。

2019 年，哲学研究所共设创新工程项目 18 项：(1)"马克思主义哲学中国化、时代化、大众化创新研究"（首席研究员为李景源）；(2)"历史唯物主义前沿问题研究"（首席研究员为崔唯航）；(3)"文本与现实：马克思政治哲学思想研究"（首席研究员为魏小萍）；(4)"马克思主义哲学中国化的进程与意义研究"（首席研究员为李俊文）；(5)"逻辑基础问题研究"（首席研究员为刘新文）；(6)"中西方美学前沿问题研究"（首席研究员为徐碧辉）；(7)"存在论的

新维度：可能性的分叉路径"（首席研究员为赵汀阳）；(8)"马克思主义政治哲学与中国政治生态学建构"（首席研究员为毕芙蓉）；(9)"多元文化语境中的东方哲学"（首席研究员为成建华）；(10)"纯逻辑与应用逻辑研究"（首席研究员为杜国平）；(11)"马克思主义哲学史学科新生长点探索"（首席研究员为单继刚）；(12)"《中国哲学史》（创新版）"（首席研究员为张志强、陈霞、刘丰）；(13)"汉语西方哲学的基础理论与前沿问题研究"（首席研究员为尚杰、王齐、黄益民）；(14)"马克思主义公平正义思想研究"（首席研究员为冯颜利）；(15)"社会转型期伦理观念变革研究"（首席研究员为孙春晨）；(16)"面向科技新时代的科技哲学基础研究"（首席研究员为段伟文）；(17)"文化政治学的谱系与若干问题研究"（首席研究员为李河）；(18)"自由与伦理：理论与实践的探索"（首席研究员为甘绍平）。

世界宗教研究所

（一）创新工程及精品工程项目的名称及其首席管理、首席研究员

2019 年，世界宗教研究所进入创新工程岗位人员共 62 人，首席管理是赵文洪、郑筱筠。该所共有创新工程项目 12 项：(1)"东南亚宗教热点问题研究"（首席研究员为郑筱筠）；(2)"习近平新时代中国特色社会主义宗教理论和宗教治理研究"（首席研究员为曾传辉）；(3)"宗教学理论创新项目"（首席研究员为周齐）；(4)"当代宗教发展态势研究"（首席研究员为陈进国）；(5)"中国传统宗教与当代文化"（首席研究员为赵法生）；(6)"中国宗教艺术现状研究"（首席研究员为嘉木扬·凯朝）；(7)"中国佛教历史与社会问题研究"（首席研究员为纪华传）；(8)"基督教思想史"（首席研究员为唐晓峰）；(9)"伊斯兰教重大理论现实问题研究"（首席研究员为李维建）；(10)"新时期的道教与民间宗教研究"（首席研究员为汪桂平）；(11)《世界宗教研究》（总编辑为卓新平）；(12)《世界宗教文化》（总编辑为郑筱筠）。

（二）在创新工程及精品工程方面实施的新机制、新举措

2019 年，世界宗教研究所在打造创新工程升级版方面主要采取了以下 3 项举措。

1. 在用人机制方面，围绕创新工程项目申报，积极聘用各类相关学者和人才，发挥人才优势，增强创新力量。

2. 在管理层面，坚持执行首席研究员对各项目负责、首席管理对全所创新工程负总责制，层层管理，落实到位，使全所创新工程得以有效开展。

3. 在创新项目研究方面，紧紧围绕创新工程大项目，以研究室为单位，开展各项目研究。

历史学部

考古研究所

（一）创新工程及精品工程项目的名称及其首席管理、首席研究员

2019年，考古研究所创新工程项目首席管理2人为陈星灿、刘政；首席研究员（总编辑）24人。
2019年，考古研究所共有创新工程项目57项：（1）"玛雅文明中心——科潘遗址考古及中美洲文明研究"（首席研究员为李新伟）；（2）"赴埃及考古发掘与研究"（首席研究员为王巍）；（3）"赴印度考古发掘与研究"（首席研究员为陈星灿）；（4）"中亚都市考古发掘与研究"（首席研究员为朱岩石）；（5）"临淄齐故城冶铸遗址调查研究"（执行研究员为杨勇）；（6）"华南地区史前考古学文化谱系研究"（执行研究员为傅宪国）；（7）"黄淮中下游地区史前城址与聚落的田野考古发掘与研究"（首席研究员为梁中合）；（8）"辽宁省大连鞍子山积石冢发掘"（执行研究员为贾笑冰）；（9）"西北地区史前聚落调查和发掘"（首席研究员为李新伟）；（10）"成都平原北东区域史前考古调查"（执行研究员为叶茂林）；（11）"新砦聚落布局研究"（执行研究员为赵春青）；（12）"黄河中游地区旧石器时代向新石器时代过渡的考古学研究"（首席研究员为王小庆）；（13）"长江中游地区史前城址的发掘与研究"（责任编辑为黄卫东）；（14）"泥河湾盆地旧石器考古学研究"（执行研究员为周振宇）；（15）"陶寺遗址发掘与研究"（首席研究员为何努）；（16）"二里头遗址考古勘探、发掘与研究"（首席研究员为许宏）；（17）"丰镐·周原遗址考古勘探与发掘"（首席研究员为徐良高）；（18）"偃师商城遗址资料整理与报告编写"（执行研究员为谷飞）；（19）"安阳殷墟综合研究"（首席研究员为岳洪彬）；（20）"苏州木渎古城发掘与研究"（执行研究员为唐锦琼）；（21）"巴蜀符号研究"（首席研究员为严志斌）；（22）"辽上京遗址考古发掘和研究"（首席研究员为董新林）；（23）"隋唐长安城遗址考古与研究"（执行研究员为龚国强）；（24）"汉魏洛阳城的考古发掘与研究"（首席研究员为钱国祥）；（25）"汉长安城遗址考古发掘与研究"（首席研究员为刘振东）；（26）"西安秦汉上林苑的考古与研究"（首席研究员为刘瑞）；（27）"秦汉时期西南夷地区考古发掘与研究"（执行研究员为杨勇）；（28）"河北邺城遗址考古发掘与研究"（执行研究员为何利群）；（29）"唐宋扬州城遗址考古发掘与研究"（执行研究员为汪勃）；（30）"隋唐洛阳城遗址的考古研究"（执行研究员为石自社）；（31）"隋唐时期洛口仓遗址发掘与研究"（执行研究员为韩建华）；（32）"雄安新区考古与研究"（执行研究员为何岁利）；（33）"北朝石窟寺调查与研究"（执行研究员为李裕群）；（34）"新疆博尔塔拉河流域青铜文化的发现与研究"（首席研究

员为丛德新）；（35）"北庭古城考古研究"（执行研究员为郭物）；（36）"蒙古族源考古研究"（首席研究员为刘国祥）；（37）"青海省乌兰县泉沟一号墓考古发掘"（执行研究员为仝涛）；（38）"青石岭山城考古发掘与研究"（研究助理为王飞峰）；（39）"古文字研究"（总编辑为冯时）；（40）"中国古代漆器与漆工艺研究"（总编辑为洪石）；（41）"重要遗址考古发掘资料整理和报告编写与口述考古史"（副研究员为庞小霞）；（42）"中国农业起源和早期发展的研究"（执行研究员为赵志军）；（43）"古 DNA 技术的应用和人骨的综合研究"（执行研究员为王明辉）；（44）"数字考古实践与研究"（首席研究员为刘建国）；（45）"中原与边疆：动物考古学比较研究"（首席研究员为袁靖）；（46）"碳十四年代学研究和古人类食物状况研究"（研究助理为陈相龙）；（47）"现代分析测试技术在考古学研究中的应用"（执行研究员为赵春燕）；（48）"考古遗址古环境重建及人地关系研究"（执行研究员为齐乌云）；（49）"木材考古——年代、微环境和木材利用"（首席研究员为王树芝）；（50）"青铜器陶范铸造技术的发展与演变"（执行研究员为刘煜）；（51）"考古遗产空间资源结构性维系及价值挖掘研究"（执行研究员为王刃余）；（52）"出土金属文物的腐蚀病害成因及其保护修复技术研究"（执行馆员为梁宏刚）；（53）"文物修复技术研究"（执行研究馆员为王浩天）；（54）"实验室考古创新研究"（执行研究馆员为李存信）；（55）"中国文化遗产纺织考古科学体系创新研究"（执行研究员为王亚蓉）；（56）"中原地区早期新石器文化研究"（首席研究员为陈星灿）；（57）"吉尔赞喀勒墓群考古学研究"（执行研究员为巫新华）。

（二）在创新工程及精品工程方面实施的新机制、新举措

在院党组的正确领导下，考古研究所坚持正确的政治方向和学术导向，坚持科学的工作思路和举措。该所的田野考古和研究为构建中国考古学学科体系发挥了极其重要的作用，是国内中国考古学学科研究的重镇和开展国际交流的中心。近年来，随着考古新成果不断涌现，国际学界对我国考古研究高度关注，考古研究所"走出去"考古战略的成功实施，搭建起了中国考古学者在中亚、中美洲开展田野考古发掘和研究的平台，增进了对中外古代文化交流的了解，扩大了中国考古学的国际影响力，展示了中国考古学先进的理念、方法和技术水平，成为提升国家"软实力"战略的重要组成部分。更为重要的是，通过在世界不同古代文明地区开展田野考古发掘和研究工作，积极发挥了学术外交功能，成效显著。

1. 推进科研强所，加大学科建设

目前，考古研究所创新工程 A 类项目有 27 项，B 类项目 30 项。在国内考古、赴外考古、科技考古、文化遗产保护、编辑出版、考古资料信息等方面均取得了令人注目的重要成果。

考古研究所严格要求科研人员在做好田野考古发掘与室内研究等工作的同时，不断加大科研成果产出力度，强调以田野考古发掘报告的编写与出版为重心，及时编写、发表考古发掘简报，鼓励在核心期刊上发表学术论文。

考古研究所以调动全所科研人员积极性和创造性为出发点和落脚点，切实着眼于学科建设与发展，明确目标，突出重点，力争取得实质性的学科建设方面的成果。考古研究所严格贯彻和落实我院学科建设"登峰战略"，现共有7个学科，其中，"优势学科"1个，为科技考古；"重点学科"3个，分别为史前考古、夏商周考古、汉唐考古；"特殊学科"3个，分别为边疆考古、古文字学和纺织考古。

2. 推动"走出去"考古战略，抢夺国际话语权

通过组建考古队赴乌兹别克斯坦、洪都拉斯、埃及、罗马尼亚、印度等国家开展考古发掘，增进文化交流与文明互鉴，扩大中国考古学的国际影响力，为国家文化战略服务。赴外考古发掘与研究项目的开展，对中华文明起源、形成和发展研究具有重要的借鉴作用，为"人类命运共同体"理念和"一带一路"倡议提供重要学术支撑，对争夺世界古代文明研究的话语权、树立"文化大国"形象等具有重大的现实意义。

3. 强化期刊建设，普及考古成果

考古杂志社编辑出版了《考古》2019年第1—12期、《考古学报》2019年第1—4期。两刊顺利通过北京市新闻出版广电局的期刊年检，并顺利通过社科基金年度业务考核。两刊均获评"2019中国最具国际影响力学术期刊"。2019年，《考古学集刊》出版了第22集，获得"2019年度优秀集刊奖"。《中国考古学》（英文版）第19卷于2019年12月出版。组织2019年度"中国社会科学院考古学论坛"，在社会上引起了广泛关注和好评。

与中央电视台科教频道《探索·发现》栏目合作，联合全国的考古力量，拍摄制作《考古进行时》，每集时长40分钟，面向社会大众，普及考古知识，在社会上引起了良好的反响。每年一届，连续五年举办中国公共考古论坛。向大众传播与普及科学的考古知识，为提高全民的文化素养、弘扬中华传统文化、增强国家文化软实力作出了贡献。

古代史研究所

（一）创新工程及精品工程项目的名称及其首席管理、首席研究员

2019年，古代史研究所共有创新工程项目32项：（1）"科研管理体制机制创新"（首席管理为赵笑洁、卜宪群）；（2）"周秦汉晋时期制度变迁与地方社会"（首席研究员为邬文玲）；（3）"明代中后期的历史进程"（首席研究员为张兆裕）；（4）"'一带一路'视野下的东北边疆民族与中外关系史研究"（首席研究员为李花子）；（5）"殷墟甲骨文的整理研究与著录"（首席研究员为宋镇豪）；（6）"出土文献与先秦史"（首席研究员为徐义华）；（7）"中古出土文献与传统文献的综合整理与研究"（首席研究员为孟彦弘）；（8）"中古史籍与史料的创新性整理与研究"（首席研究员为陈爽）；（9）"敦煌文献中所存纪传体史籍整理与研究"（首席研究员为

杨宝玉）；（10）"7 世纪以降'丝瓷之路'历史文化研究"（首席研究员为李锦绣）；（11）"清代中西政治、贸易与文化交流史：以中国第一历史档案馆藏'一带一路'档案为中心"（首席研究员为鱼宏亮）；（12）"中国古代物质文化史研究"（首席研究员为沈冬梅）；（13）"历代史论与思想史"（首席研究员为王启发）；（14）"《汉书》注释与研究"（首席研究员为孙晓）；（15）"多语文本视野下的蒙元与中外关系史研究"（首席研究员为乌云高娃）；（16）"三国军事地理研究"（首席研究员为李万生）；（17）"甲骨学与商代文明"（首席研究员为赵鹏）；（18）"中国古代契约社会研究"（首席研究员为阿风）；（19）"《清史稿·儒林传》订误"（首席研究员为陈祖武）；（20）"中华思想通史·原始社会编·原始社会卷"（王震中主持）；（21）"中华思想通史·奴隶社会编·夏商西周卷"（刘源主持）；（22）"中华思想通史·奴隶社会编·春秋战国卷"（王震中主持）；（23）"中华思想通史·封建编·秦汉卷"（卜宪群主持）；（24）"中华思想通史·封建编·隋唐五代卷"（首席研究员为雷闻）；（25）"中华思想通史·封建编·宋代卷"（刘晓主持）；（26）"中华思想通史·封建编·辽金元卷"（刘晓主持）；（27）"中华思想通史·封建编·明代卷"（汪学群主持）；（28）"中华思想通史·封建编·清代卷"（林存阳主持）；（29）"《中国史研究》杂志"（总编辑为彭卫）；（30）"《中国史研究动态》杂志"（卜宪群主持）；（31）"《中国社会科学院历史研究所学刊》的发展与创新"（总编辑为张彤）；（32）"历史研究所图书馆藏善本古籍、线装丛书清理核实综合数据库"（主任馆员为潘素龙）。

（二）在创新工程及精品工程方面实施的新机制、新举措

1. 结合中国社科院规定及古代史研究所实际，围绕立项、中期考核、结项等具体工作，古代史研究所建立了一套行之有效的全过程管理模式。2019年2月，组织召开创新工程竞聘会，通过竞聘，共新增首席项目3项；7月，组织召开创新工程中期考核，通过首席研究员述职、考核委员会考评计分的形式，重点考核各首席项目竞聘表任务、核心期刊任务、组织管理、团队建设、人才培养、经费使用和年度任务计划书完成等情况，所有项目均顺利通过考核。通过全过程管理，有序推进创新工程各项工作，有效保障了研究进度和成果质量。

2. 结合中国社会科学院创新工程绩效考核各类实施办法的要求，制定了《古代史研究所2019年度绩效考核工作方案》，成立了由首席管理、所班子和所创新办主任组成的创新工程绩效考核领导小组。首席管理为创新工程绩效考核第一责任人，发挥主体作用。按照中国社科院关于考核及准入的最新规定，适时调整《古代史研究所绩效考核评价实施细则》《古代史所成果填报细则的补充说明》等文件，使制度更趋合理，充分体现公平公正原则，奖勤罚懒，很大程度上调动了所内人员的工作积极性，提高了工作效率。

3. 根据《中国社会科学院重大科研项目（2019—2022）工作规划》要求，参与院牵头组织的重大科研项目"中华文明发展与中华传统文化创造性转化与创新性发展研究"，并承担子课题"中华传统文化的创造性转化与创新性发展的历史经验与中华文明发展"研究工作。古代

史研究所充分结合所内"创新工程"项目开展情况，打破研究室壁垒，组建了一支涵盖不同领域、由"老中青"三代学者组成的课题组，并广泛听取院内外专家的意见，保证研究质量。

4. 古代史研究所高度重视青年学者能力培养，积极吸纳新入所科研人员参与各类重大课题，对于满足条件的人员，经评审后允许其进入创新岗。2019 年，根据《关于打造科研精品项目完善科研奖励制度的工作方案》，古代史研究所启动"中国社会科学院青年科研启动项目"申报工作，并组织符合要求人员申报项目。

（三）在创新工程及精品工程方面取得的新成果

1. 以"创新工程"为抓手，发表多项学术成果。有代表性的包括：所长卜宪群主编的《习近平新时代治国理政的历史观》，宋镇豪主编、马季凡编纂的《殷虚书契四编》《绘园所藏甲骨》，刘琴丽编著的《汉魏六朝隋碑志索引》，刘丽著的《两周时期诸侯国婚姻关系研究》，杨博著的《战国楚竹书史学价值探研》，李花子著的《清代中朝边界史探研——结合实地踏查的研究》，青格力整理的《〈清实录〉青海蒙古族史料辑录》，朱昌荣著的《清初程朱理学研究》，等等。

2. 院重大科研项目产出多项阶段性成果。2019 年，"中华传统文化的创造性转化与创新性发展的历史经验与中华文明发展"课题组在项目负责人卜宪群带领下，发表了多项阶段性成果，有代表性的包括卜宪群在《学习时报》发表的《"大一统"和"民惟邦本"——我国历史上的国家治理（一）》《选贤与能 政在养民——我国历史上的国家治理（二）》等。

3. 多个项目入选中国社会科学院青年科研启动项目。2019 年，古代史研究所 3 位青年学者成功申报中国社会科学院青年科研启动项目："国图馆藏稿钞本日记中气候信息数据整理"（成赛男主持），"中国大陆域外汉籍研究回顾与展望"（纪雪娟主持），"拓跋魏礼制变迁史稿"（刘凯主持）。

4. 刊物建设成果显著。古代史研究所已初步形成了以《中国史研究》《中国史研究动态》《中国社会科学院历史研究所学刊》为龙头的期（集）刊群，办有各类学术期刊（集）刊 13 种，基本上做到了每个研究室有一个集刊。其中，《甲骨文与殷商史》《简帛研究》《形象史学》入选南京大学 CSSCI 来源集刊目录。

近代史研究所

（一）创新工程及精品工程项目的名称及其首席管理、首席研究员

2019 年，近代史研究所设立了 15 个创新工程研究项目：(1)"中国近代史档案馆藏档案整理与研究（一）"（首席研究员为金以林）；(2)"《中国近代史大辞典》编纂"（首席研究员为王建朗）；(3)"清末中美关系专题研究（1895—1912）"（首席研究员为崔志海）；(4)"近代

社会变迁与学术思想"（首席研究员为罗检秋）；（5）"国民党人的疆域观念与治理实践（1937—1945）"（首席研究员为罗敏）；（6）"新民主主义革命思想在解放战争时期的丰富与发展"（首席研究员为于化民）；（7）"中国共产党的'中华民族'之观念研究"（首席研究员为郑大华）；（8）"新文化运动研究"（首席研究员为耿云志）；（9）"圣经翻译与20世纪中国"（首席研究员为赵晓阳）；（10）"口述历史理论研究与口述访谈"（首席研究员为左玉河）；（11）"丁未政潮与清末政局"（首席研究员为马忠文）；（12）"清末民初思想研究（1900—1915年）"（首席研究员为邹小站）；（13）"清代西藏与哲孟雄（锡金）关系研究"（首席研究员为扎洛）；（14）"中国共产党政治文化研究（1921—1949）"（首席研究员为黄道炫）；（15）"近代中国城市的影像书写"（首席研究员为李学通）。

2019年，近代史研究所创新工程项目的首席管理为王建朗。

（二）在创新工程及精品工程方面实施的新机制、新举措

1. 打造具有国际影响力的中国近代史研究传播平台

落实中央"走出去"战略，进一步扩大近代史研究所在全球学术界和国际社会的影响力，近代史研究所加强刊物、网站建设，整合刊物、网站力量，打造具有国际影响力的中国近代史研究传播平台。

2. 加强学科体系建设

2019年，中共中国社会科学院党组在全院范围内进行学科大调整，以适应改革开放40年来社会经济形势和学科体系的巨大发展变化，开辟新的研究领域，生发新的研究主题，填空白点，解决新问题。近代史研究所学科体系也进行了调整。目前近代史研究所共有10个研究室，其中，抗日战争史研究室和近代通史研究室是新建立的研究室，政治史研究室改名为晚清史研究室。因马克思主义史学理论和文化史研究室整体并入历史理论研究所，近代史研究所向院党组提出创设近代文化史研究室的建议，已经获得院党组批准，列入全院学科体系名录中。

3. 学会管理体制创新

近代史研究所挂靠有5个一级学会，分别为：中国史学会、中国现代文化学会、中国孙中山研究会、中国中俄关系史研究会、中国抗日战争史学会。会长分别为：李捷、金以林、汪朝光、季志业、王建朗。各学会秘书长以上级别领导人均为该领域权威专家。

近代史研究所向来重视学会的管理工作，重视发挥学会的影响力。坚持每年以学会为基础组织学术活动。长期以来，各学会在学界具有极大影响力与号召力，能够组织该专业领域内国内外的一流专家参加各种活动。

4. 研究中心体制创新

近代史研究所挂靠3个非实体研究中心，分别为中国社会科学院台湾史研究中心、中国近代思想研究中心和中国近代社会史研究中心。主任分别为张海鹏、郑大华和李长莉。

这三个研究中心正处于发展阶段，逐步在学界确立领导地位。思想史学科和台湾史学科主办的学术集刊，已成为学界的品牌产品。

以近代史研究所学术地位为基础，加强学会和非实体研究中心在各自领域内的影响力与号召力，将研究所学术建设与学会、研究中心建设相结合，巩固近代史研究所在近代史学科的领先地位与权威地位，是近代史研究所的创新任务之一。

世界历史研究所

（一）创新工程及精品工程项目的名称及其首席管理、首席研究员

2019年，世界历史研究所共有创新工程项目4项："'一带一路'视阈下的中国与南亚国家关系研究"（孟庆龙主持），"俄罗斯东欧中亚历史专题研究"（王晓菊主持），"社会形态的演进研究"（张顺洪主持），"剑桥世界史翻译项目后期工程"（武寅主持）。

2019年，世界历史研究所进入创新工程共计66人，其中首席管理2人：汪朝光、罗文东；首席研究员12人：毕健康、刘健、吴英、张旭鹏、张跃斌、国洪更、易建平、俞金尧、孟庆龙、姜南、高国荣、景德祥；总编辑2人：徐再荣、任灵兰；执行研究员26人，研究助理4人，业务主管3人，其他17人。

（二）在创新工程及精品工程方面实施的新机制、新举措

1. 加强学科建设，提高学科队伍的整体水平，培养、引进高质量的人才。完善、优化学科梯队年龄、学历、职称和知识配置结构，使之成为层次分明、配置合理、高素质、高水平的学术群体；通过课题攻关、学习培训、讲座报告、出访来访等多种方式，帮助科研人员发挥优势、取长补短，让科研人员能够较快成长；着重加强对青年学者创新能力的培养，加强对研究人员的人文关怀；举办年度青年学术论坛，评选优秀论文，使青年人才能够通过各种方式脱颖而出。

2. 做好科研规划，落实科研工作，打造学术平台，对学科进行优化组合，努力学术创新，引领学术发展。在完成年度科研规划基础上，通过全所研究人员的讨论，拟定中长期科研规划；着重考虑世界史专题研究，如"一带一路"史研究、中外文明比较研究、环境史研究等；进一步整合全所科研力量，发挥团队整体优势，与所外高校和科研机构协同合作，努力推进具有重大社会影响力的大项目，如非洲通史、资本主义史、社会主义史等，为多卷本《新编世界历史》的立项创造条件。

3. 重视研究室、学科、学术社团和研究中心、期刊、网站综合建设。将课题立项与学科发展方向相配套，重视各学科重点课题的系列性拓展，形成特色与规模。提倡打通研究室区隔，做好宏观层面和跨学科层面的研究。研究生教育要和学科建设相配套，将重点学科建设与

学位点建设结合起来，为人才的梯队建设打好基础；用好学术社团、期刊、网站的学术资源及优势地位，开好学会年会，提高期刊质量和网站关注度。

（三）在创新工程及精品工程方面取得的新成果

1．重点科研项目

世界历史研究所继续推进创新工程项目实施，加强课题项目立项和结项。全所学科带头人和科研骨干都承担着创新工程的科研任务以及一些临时性科研任务和交办任务。世界历史研究所在2019年着重继续推进已有的在研课题，督促课题主持人按计划目标做好研究工作，并按时完成结项。为此，做出规定：非首席研究员的研究人员应参加相应的集体课题，不再单独设立个人课题。

2019年，世界历史研究所共有创新工程新立项课题4项为"'一带一路'视阈下的中国与南亚国家关系研究"（孟庆龙主持），"俄罗斯东欧中亚历史专题研究"（王晓菊主持），"社会形态的演进研究"（张顺洪主持），"剑桥世界史翻译项目后期工程"（武寅主持）；在研课题12项，其中2项完成结项，分别为"新世纪以来西方史学理论前沿问题研究"（吴英主持）、"18—19世纪俄日两国岛屿问题的历史研究"（邢媛媛主持）。2019年，世界历史研究所申报出版资助项目4项，其中宋丽萍的《印度人民党研究》获得中国历史研究院出版资助，另外3项已经提出院创新工程出版项目资助申请。

2．国情调研

2019年，世界历史研究所国情调研项目"江西省抚州市临川区文化竞争力与影响力的基本情况"在江西抚州临川基地签约，揭牌仪式在江西省抚州市临川区行政中心举行。此项目建设周期为五年（2019—2023年），旨在跟踪了解临川区文化影响力和竞争力的发展变化状况，将世界历史研究与我国当前面临的重大现实问题相结合，为国家文化建设提供学术支撑，为国家决策提供政策咨询，并为抚州市临川区的经济社会发展提供智力支持。

3．人才队伍建设

世界历史所在创新工程的实施过程中，把现有人才的培养与引进优秀人才结合起来，努力打造政治素质好、理论水平高、史学功底扎实、外文能力深厚并在国内外学界具有影响力的学科带头人和科研骨干队伍。通过课题攻关、集体学习、出访来访等多种方式帮助每位科研人员发挥优势、补齐短板，让科研人员快速成长。

中国边疆研究所

创新工程及精品工程项目的名称及其首席管理、首席研究员

2019年，中国边疆研究所有25人进入创新工程，设置了5个创新项目，分别为：(1)"中

国统一多民族国家发展史研究"（首席研究员为王义康）；（2）"边界问题及其对边疆稳定发展影响研究——以中印、中不边界问题为中心"（首席研究员为孙宏年）；（3）"习近平维护海洋权益论述研究"（首席研究员为侯毅）；（4）"新时代'中蒙俄经济走廊'建设研究"（首席研究员为阿拉腾奥其尔）；（5）"清代新疆治理研究"（首席研究员为许建英）。

2019年，中国边疆研究所创新工程的首席管理是李国强、邢广程。

经济学部

经济研究所

（一）创新工程及精品工程项目的名称及其首席管理、首席研究员

2019年，经济研究所创新工程首席管理为黄群慧。该所创新工程项目的名称及其首席研究员分别为：（1）"中国特色社会主义政治经济学研究"（首席研究员为胡家勇、郭冠清、杨新铭）；（2）"中国宏观调控体系创新路径研究"（首席研究员为常欣、张晓晶、袁富华）；（3）"新时代下中国经济增长效率提升路径研究"（首席研究员为刘霞辉）；（4）"公司治理、金融与创新增长"（首席研究员为仲继银）；（5）"经济发展新常态下的收入分配研究"（首席研究员为邓曲恒）；（6）"当代中国经济发展道路研究（1949—2017）"（首席研究员为赵学军）；（7）"中国如何建设现代化经济体系——把握我国发展第二个百年奋斗目标，更好设计全面建成小康社会之后的发展目标和路径"（首席研究员为张平）；（8）"从引进、改良到自主创新——中国近现代工业化对建立现代化经济体系的经验和启示"（首席研究员为徐建生）；（9）"中国传统社会'不平衡不充分发展'的历史分析（581—1911年）——基于贸易和交通的视角"（首席研究员为苏金花）；（10）"中国特色社会主义经济理论的早期形成"（首席研究员为魏众）；（11）"公共政策40年——改革开放以来我国公共政策变迁研究"（首席研究员为王震）；（12）"互联网新业态、新组织模式研究"（首席研究员为杜创）；（13）"长波视野下西方发达国家经济发展研究"（首席研究员为胡乐明）；（14）"现代化进程中的城乡关系研究"（首席研究员为胡怀国）。

（二）在创新工程及精品工程方面实施的新机制、新举措

2019年，经济研究所通过实施创新工程，围绕党和国家关注的重大理论和现实问题，进一步加强经济研究所基础理论和应用研究水平；全面系统总结中国的经济改革与发展实践，提炼新理论，概括新实践，提出新方案，加快构建中国特色社会主义政治经济学学科体系；加强

学科建设和人才培养，全面推进学术研究和智库建设；努力将经济研究所建设成为国际知名、国内一流的学术研究机构。经济研究所创新工程基本形成以马克思主义观点、立场和方法为指导的经济学创新研究体系；以建设现代化经济体系和总结中华人民共和国成立以来尤其是改革开放以来的重大经济理论和经济实践为重点研究方向，在理论和现实问题研究方面形成一批高质量研究成果。在完成好创新工程科研项目的同时，经济研究所加快构建中国特色社会主义政治经济学学科体系；加强原有优势学科，明确学科定位；创新学科体系。

借助创新工程的有序推进，经济研究所在学科建设方面取得了较为显著的成效。经济所进一步坚持科学研究与学科建设并重，完成科研任务与积累学术资产兼容，坚持"以学术为本位、以人才为中心"的学术传统，在此基础上营造良好的学术生态，形成经济所人才战略的基本支撑。根据该所传统优势学科的特点和学科建设的需要，确定了以从政治经济学、宏观经济学和经济史学三个主线索入手，由此牵引、带动理论经济学、应用经济学和经济史、经济思想史的学科建设体系，进一步加强《经济研究》等三大刊物以及经济所图书馆学术平台建设的"两学两史三刊一馆"为线索的学科布局，推进编研结合，优化学科布局和人才队伍，形成了以三个学科片学术带头人牵头，不同年龄梯次科研人员合理配置，激励青年学者深入科研的良性人才配置格局。

在此基础上，经济研究所结合创新工程设置的总体目标及阶段性目标，进行合理的考核评估。首先，在人才考核评估方面，注重考评并重，把创新项目的评价与研究室主任和干部年度考核测评、工作人员年度考核等工作进行统一部署，综合性考评。其次，对于创新成果的评估，对创新项目组在成果数量和质量等方面进行明确要求，在完成相应成果的数量指标的同时，分阶段对创新成果进行评估，同时，根据中国社会科学院相关规定，对已完成的创新项目开展评优工作，为打造中国社会科学院创新工程升级版，多出精品成果打下牢固的基础。

（三）在创新工程及精品工程方面取得的新成果

2019年，经济研究所创新工程基本形成以马克思主义观点、立场和方法为指导的经济学创新研究体系；在重大经济学理论、学术观点和现实问题研究方面形成一批高质量研究成果；将应用和对策研究与国家需要更好地对接，进一步提升在经济相关领域的学术话语权和影响力；进一步完善管理体制机制，优化管理流程；完善人才培养和使用制度，为优秀人才发展创造有利条件；加大信息化建设力度，提升科研辅助及后勤保障水平。充分发挥经济研究所的三方面的功能。一是为国家宏观经济运行服务。如每个季度为中央国家有关部门提供宏观经济运行分析报告、参与中央国家一些重要文件的起草和讨论等。二是重点研究我国改革开放过程中的重大理论问题。如社会主义基本经济制度、收入分配等。三是深入研究经济学基础理论问题。如当代西方经济理论、中国经济史、中国现代经济史等。

工业经济研究所

（一）创新工程及精品工程项目的名称及其首席管理、首席研究员

2019 年，工业经济研究所创新工程首席管理为史丹研究员。共有创新工程项目 13 项：(1)"中国工业绿色发展研究"（首席研究员为杨丹辉）；(2)"工业增长新动能的培育研究"（首席研究员为张其仔）；(3)"竞争政策理论前沿与政策走向研究"（首席研究员为刘戒骄）；(4)"传统产业转型发展问题研究"（首席研究员为刘勇）；(5)"大城市群内部产业分工与协同发展研究"（首席研究员为金碚）；(6)"中国工业企业成本研究"（首席研究员为张金昌）；(7)"新经济与中国企业管理创新研究"（首席研究员为李海舰）；(8)"工业技术赶超的战略与路径研究"（首席研究员为吕铁）；(9)"我国能源重大问题深化研究——能源转型、能源体制改革与国际能源合作"（首席研究员为朱彤）；(10)"中国制造业全球价值链布局研究"（首席研究员为李晓华）；(11)"新一代信息技术驱动制造业企业转型路径研究"（首席研究员为王钦）；(12)"竞争中性与深化国有企业改革"（首席研究员为余菁）；(13)"中国自主创新的战略和政策问题研究"（首席研究员为贺俊）。

（二）在创新工程及精品工程方面实施的新机制、新举措

1. 工业经济研究所根据院工作会议精神和院科研局下达的年度课题指导性意见，全力抓好创新工程的实施工作，结合所现有力量和学科发展、学术方向，确定创新工程年度研究选题和重点研究项目。

2. 根据院考核工作要求，完善工业经济研究所工作人员考核办法、科研人员年度科研成果量化考核指标和创新工程绩效考核实施细则，对进入创新工程和未进入创新工程的科研人员参与科研活动和完成科研成果数量提出具体要求。同时，在具体实施中，结合创新工程绩效考核，对创新项目的首席研究员项目进展情况和阶段成果同步实施考核。

数量经济与技术经济研究所

创新工程及精品工程项目的名称及其首席管理、首席研究员

2019 年，数量经济与技术经济研究所进入创新岗位 52 人，占所内在编在岗人员的比例为 76.5%。其中首席管理 2 人，创新研究岗位 34 人，创新编辑岗位 6 人，创新管理岗位 10 人。首席管理为李富强、李平。

2019年，数量经济与技术经济研究所共有创新工程项目10项，分别为：(1)"新时代动能转换机制与效果评价"[A类，首席研究员为李平（兼）、吴滨]；(2)"经济预测与经济政策评价"（首席研究员为娄峰）；(3)"老龄经济理论与实证研究"（首席研究员为李军）；(4)"区域高质量发展的异质性路径及评估体系研究"（首席研究员为张涛）；(5)"绿色发展战略与政策模拟研究"（首席研究员为张友国）；(6)"'一带一路'、全球能源安全与新能源技术经济研究"（首席研究员为刘强）；(7)"ICT、数字经济与经济发展质量研究"（首席研究员为蔡跃洲）；(8)"数字经济研究（宏观经济与管理经济）"（首席研究员为姜奇平）；(9)"金融与科技融合发展研究"（首席研究员为王宏伟）；(10)"我国经济转型升级的战略路径研究"（首席研究员为李文军）。

人口与劳动经济研究所

（一）创新工程及精品工程项目的名称及其首席管理、首席研究员

2019年，人口与劳动经济研究所创新工程的首席管理为钱伟。

共设立3个创新项目，分别为：(1)"新时代结构转型与生产率提升问题研究"（首席研究员为都阳）；(2)"家庭和家户人口构成和关系研究"（首席研究员为王跃生）；(3)"中国独生子女家庭结构研究"（首席研究员为王广州）。

（二）在创新工程及精品工程方面实施的新机制、新举措

一是与国内外的研究机构和高校建立合作协议。通过人员互访、科研合作、合办会议等多种形式为科研人员提供学术交流平台。

二是与地方政府或机构合办国情调研基地，获得高质量的、有连续性的调研数据，为持续性的科研工作提供良好的条件和支持。

城市发展与环境研究所

（一）创新工程及精品工程项目的名称及其首席管理、首席研究员

2019年，城市发展与环境研究所有33人进入创新岗位，首席管理为潘家华。2019年，城市发展与环境研究所共有创新工程项目5项，分别为"后发经济跨越中等发展阶段的城镇化理论基础、共性技术指标和政策工具"（首席研究员为李恩平）；院创新工程重大科研规划项目专题4项，分别为"习近平生态文明思想与实践研究"（负责人为杨开忠）、"'十四五'时期

生态环境保护与应对气候变化战略与重大政策研究"（负责人为潘家华）、"'两个阶段'建设美丽中国目标与战略研究"（负责人为张永生）、"全面建成小康社会及'后小康社会'生态建设研究"（负责人为张永生）。

（二）在创新工程及精品工程方面实施的新机制、新举措

1. 以中国社会科学院打造创新工程升级版的系列文件精神为指导，在创新工程科研绩效评价工作中坚持精品导向，激励科研人员潜心科研工作，多出精品成果。在创新工程科研岗位竞聘中，在满足政治方向等基本要求的情况下，将科研绩效作为最重要的评价指标，充分发挥绩效评价的导向作用。

2. 把创新工程课题研究与学科建设紧密结合，以气候变化经济学优势学科和城市经济学重点学科建设为主要抓手，加强基础理论研究。召开高端学科建设研讨会议，紧跟学术研究前沿，凝聚学科建设力量，引领学科发展方向。

（三）在创新工程及精品工程方面取得的新成果

2019 年，城市发展与环境研究所根据院打造创新工程升级版的系列部署与安排，努力加强创新工程课题研究工作，取得了丰硕成果。一是创新工程科研绩效评价的激励作用日渐增强，科研精品的导向作用得到更好发挥。二是产出了一大批优秀的科研成果，其中《中国荒漠化治理研究》入选中国社会科学院 2019 年度创新工程重大科研成果，并参加了统一发布活动。此外，全年发表顶级、权威期刊学术论文 9 篇。

社会政法学部

法学研究所

（一）创新工程及精品工程项目的名称及其首席管理、首席研究员

2019 年，法学研究所参加创新工程共 79 人（不含返聘退休人员 3 人），占 2018 年底全所在编人员的比例为 79%。

法学研究所共有创新工程项目 16 项：（1）"依法治国与国家治理现代化"（负责人为李林）；（2）"中国特色社会主义法治理论与法治社会建设若干问题研究"（首席研究员为贺海仁）；（3）"中华法文化精华的传承与借鉴研究"（首席研究员为张生、高汉成）；（4）"深化经济体制改革和全面建成小康社会进程中的行政法治问题研究"（首席研究员为李洪雷）；

(5)"民法典编纂及相关法律问题研究"（首席研究员为谢鸿飞）；(6)"创新发展与知识产权法律制度完善"（首席研究员为管育鹰）；(7)"刑事法治建设与刑法学发展"（首席研究员为刘仁文）；(8)"中国国家法治指数研究"（首席研究员为田禾）；(9)"网络强国建设与法治创新"（首席研究员为李林）；(10)"深化商事制度改革的基本方略与实施路径"（首席研究员为陈洁）；(11)"统筹推进依法治国和依规治党研究"（首席研究员为熊秋红）；(12)"新时代社会法理论与制度创新研究"（首席研究员为薛宁兰）；(13)"生态文明新时代：环境法治的理论创新与实践"（首席研究员为刘洪岩）；(14)"《法学研究》期刊创新"（总编辑为张广兴）；(15)"《环球法律评论》期刊创新"（总编辑为周汉华）；(16)"图书馆创新"（主任馆员为邓子滨）。另外，还有学部委员创新岗位1人为孙宪忠。首席管理2人为党委书记陈国平，所长陈甦。

（二）在创新工程及精品工程方面实施的新机制、新举措

1. 督促在研项目开展各项工作，做好项目实施。做好创新工程各类项目的督促检查，提醒各项目组早日完成项目任务。2019年7月23日，组织召开学科建设推进会，各研究室、创新项目组汇报了上半年工作情况和项目进展，存在的困难和问题，下半年工作计划，等等。

2. 认真开展在研项目的年度检查。根据科研局要求，2019年12月，对1项院重大项目和12项研究所项目进行了2019年度检查。各项目均进展良好，年检合格。

国际法研究所

（一）创新工程及精品工程项目的名称及其首席管理、首席研究员

2019年，国际法研究所共有27人进入创新工程。首席管理为莫纪宏。

2019年，国际法研究所共设有创新工程项目5项：(1)"构建人类命运共同体、促进全球治理体系变革的国际法保障研究"（首席研究员为柳华文）；(2)"'一带一路'建设中的国际经济法律问题研究"（首席研究员为廖凡）；(3)"国际经济法治危机及对策研究"（首席研究员为刘敬东）；(4)"中国《涉外民事关系法律适用法》的实施及发展"（首席研究员为曲相霏）；(5)"《国际法研究》期刊创新"（总编辑为孙世彦）。

（二）在创新工程及精品工程方面实施的新机制、新举措

2019年，国际法研究所在实施创新工程工作中，坚持中国特色社会主义法治道路、法治理论和法治体系，紧紧抓住我国当前法治建设和国际法治的重大理论和实践课题，特别是全面推进依法治国的新机遇和新挑战，自觉把国际法理论研究和实践需求、时代要求和中央部署结

合起来，充分发挥该所的学术优势和智库功能。该所凝练学科优势，进一步加强重点学科建设，认真实施学科建设"登峰战略"资助计划，使创新工程登峰计划与创新工程研究所研究项目相互促进、进一步带动国际法学科建设和整体水平提升。此外，该所还发挥教学对学科建设的促进作用，推进学科建设。通过教学提高该所科研人员知识的系统性和全面性，拓宽其研究领域和研究水平，夯实学科发展的基础。

政治学研究所

创新工程及精品工程项目的名称及其首席管理、首席研究员

2019年，政治学研究所共有32人进入创新工程岗位。创新工程首席管理为房宁、张树华。

2019年，政治学研究所共设立4个创新项目：（1）"政治发展与国家治理研究"（首席研究员为周少来、赵秀玲）；（2）"党的建设与政治体制改革研究"（首席研究员为田改伟）；（3）"地方政府治理现代化研究"（首席研究员为周庆智）；（4）"行政管理体制改革与政府绩效评估研究"（首席研究员为贠杰）。

2019年，政治学研究所研究通过了《政治学研究所创新工程科研人员绩效评价指标体系（试行）》。该所利用创新岗位竞聘契机，继续打破研究室界限，以创新工程项目为牵引，加强战略性和前瞻性研究，推动实践发展和理论创新，调整全所研究力量布局，推进政治学学科内部的重组整合，进一步凸显政治学所的研究优势和特色。

民族学与人类学研究所

（一）创新工程及精品工程项目的名称及其首席管理、首席研究员

2019年，民族学与人类学研究所共有新立项课题14项。分别如下。所级重点项目6项：（1）"马克思主义民族理论中国化与中国共产党民族理论政策的百年历程研究"（首席研究员为陈建樾）；（2）"人类学视野下的'传统—现代'转型"（首席研究员为张继焦）；（3）"中华民族共同体的历史演变与当代建设研究"（首席研究员为彭丰文）；（4）"新时代西藏及四省藏区社会治理研究"（首席研究员为秦永章）；（5）"'一带一路'茶马古道段语言学调查研究"（首席研究员为尹虎彬）；（6）"中国少数民族语言语音资源库建设与应用"（首席研究员为呼和）。学科与创新项目1项："中国西南地区少数民族传统村落保护与区域发展影像民族志"（首席研究员为庞涛）。青年学者资助项目7项：（1）"关于当前我国民族关系和谐发展模式的调查研究——以内蒙古自治区为个案"（首席研究员为赵月梅）；（2）"大熊猫国家公园与周边社区生

态与发展研究——以平武县为观照"（首席研究员为卢芳芳）；(3)"波斯语文献所见元代多民族交融社会"（首席研究员为陈春晓）；(4)"交融与认同：元末明初中华民族多元一体发展的新格局"（首席研究员为肖超宇）；(5)"苗族服饰词汇的语言地理学研究"（首席研究员为陈国玲）；(6)"特色文化产业精准扶贫发展路径的调查"（首席研究员为王经绫）；(7)"彝语所地话调查研究"（首席研究员为兰正群）。

2019年，民族学与人类学研究所有优势学科1个："民族历史"（学科建设负责人为何星亮）。重点学科3个：(1)"马克思主义与中国民族问题的理论与政策"（学科建设负责人为陈建樾）；(2)"民族语言学"（学科建设负责人为尹虎彬）；(3)"文化人类学"（学科建设负责人为色音）。特殊学科3个：(1)"契丹文字"（学科建设负责人为刘凤翥）；(2)"西夏文"（学科建设负责人为史金波）；(3)"古藏文"（学科建设负责人为东主才让）。另有资深学科带头人项目2项：(1)"'登峰战略'资深学科带头人资助专项"（首席研究员为王希恩）；(2)"'登峰战略'资深学科带头人资助专项"（首席研究员为郑信哲）。还有学科与研究室建设项目13项：(1)"中国共产党民族团结进步理论与实践研究"（首席研究员为陈建樾）；(2)"民族经济研究70年回顾与展望"（首席研究员为丁赛）；(3)"多民族国家民族问题治理研究"（首席研究员为刘泓）；(4)"新时代多民族国家社会建设"（首席研究员为张继焦）；(5)"非物质文化遗产教育传承调查研究"（首席研究员为宋小飞）；(6)"新时代民族史学科的传承与创新——以中华民族共同体研究为中心"（首席研究员为彭丰文）；(7)"新疆历史与发展研究"（首席研究员为曾少聪）；(8)"中国特色的藏学学科体系、学术体系、话语体系研究"（首席研究员为王剑峰）；(9)"民族地区生态利益共同体构建与生计方式转型研究"（首席研究员为舒瑜）；(10)"中国民族语言描写与比较研究"（首席研究员为黄成龙）；(11)"中国少数民族语言文字事业发展报告"（首席研究员为王锋）；(12)"民族语言实验语言学学科建设研究"（首席研究员为呼和）；(13)"中国民族古文字文献经典整理研究系列"（首席研究员为曹道巴特尔）。

2019年，民族学与人类学研究所创新工程的首席管理是党委书记方勇、所长王延中。

（二）在创新工程及精品工程方面实施的新机制、新举措

2019年，民族学与人类学研究所按照"不忘初心、牢记使命"主题教育要求和巡视整改意见及时整改，不断改进工作作风，改善工作环境，提高管理人员服务意识和水平。修订《所务会会议制度》《学术委员会会议制度》《民族所所务公开办法》；完善创新工程立项、中期检查、结项、后期资助工作流程；制定《人类学民族学国际学刊人员绩效考核办法》《影视室人员创新岗位准入及绩效考核办法》《专业技术人员参与集体（重要）事项加分细则》《硕士导师招生资格规定和博士生导师招生办法》；制定《放管服工作方案》，简化财务报销手续，加快报销进度，提高财务工作服务水平与满意度；加强因公因私出国出境、政审出访服务，提高日常工作质量和效率。

社会学研究所

（一）创新工程及精品工程项目的名称及其首席管理、首席研究员

2019 年，社会学研究所共有创新工程项目 9 项：（1）"新时代中国社会均衡、公平、协调、共享发展研究"（首席研究员为王春光）；（2）"新时代社会群体分化与社会均衡共享发展研究"（首席研究员为李春玲）；（3）"社会心理服务体系建设下的社会心态研究"（首席研究员为王俊秀）；（4）"乡村振兴与新时代农村社会治理"（首席研究员为王晓毅）；（5）"家国关系的转型与家庭关系及其模式的建构"（首席研究员为吴小英）；（6）"新时代的社会理论：溯源、反思与建设"（首席研究员为何蓉）；（7）"人类学基础研究与人类命运共同体建构"（首席研究员为鲍江）；（8）"中国社会发展质量状况与指标体系研究"（首席研究员为李炜）；（9）"党和国家监督体系绩效测评研究"（首席研究员为蒋来用）。

2019 年，社会学研究所创新工程的首席管理是穆林霞、陈光金。

（二）在创新工程及精品工程方面实施的新机制、新举措

1. 社会学研究所按照中国社会科学院打造创新工程升级版和精品工程的要求，由所领导牵头、所务会成员共同参与组织编制并实施《社会学研究所重大科研项目（2019—2022）工作规划》，在研究选题、经费分配、人才引进、成果评价、绩效考核等多个环节，强化学术质量导向的竞争机制。

2. 社会学研究所对标中国社会科学院级重大科研项目规划和所创新工程重点研究领域指南，以新时代重大理论和实践议题为主攻方向，找准定位，努力拓展新的研究领域。立足中国自身国情和发展道路，提出具有中国特色的社会发展质量概念、理论、评估指标体系、社会心态培育和社会心理服务体系。

3. 持续推进中国社科院重大社会调查项目。社会学研究所承接中国社科院级重大社会调查项目资助 3 项，分别为"中国社会状况综合调查（CSS 2019，第六轮）""大学生及毕业生的就业、生活及价值观调查（2019）""社会心态调查——美好生活需要调查（2019）"研究项目。所党委持续组织协调项目组，对接中国社科院职能部门，做好调查项目的规划、设计，统筹安排中国社科院资助经费的使用，确保重大社会调查项目的高标准落实。社会学研究所继续拓展大型综合性社会调查数据的平台升级开发和数据开发工作，在平台升级方面打造大型调查数据库的线上分析和即时可视化功能；数据开发方面特别注重做好新时代社会发展质量指数、社会心态指数、青年价值观追踪的开发工作。

4. 完善社会学学科建设和人才培养

大力推进廉政学、经济和科技社会学等新兴学科建设。特别把廉政学学科建设确立为社会

学研究所创新课题，组织相关科研人员集体攻关，召开廉政学学科建设研讨会，研究提炼廉政学的基本概念、范畴和理论，撰写廉政学学科专著。统筹全所学科整体发展需求，完善社会学各子学科的学科建设和人才培养工作。2019年拿出一定的经费，支持各研究室开展学科建设相关工作，鼓励各研究室从不同角度深入城乡社区，进行实地研究，围绕党和国家在社会建设和社会发展中遇到的实际问题，做好理论和实际问题研究。

5. 进一步规范社会学研究所创新工程项目管理

在分类管理的基础上，社会学研究所按照中国社科院的统一安排，简化中期考核的流程，鼓励该所创新项目聚焦重大、长期、储备性问题。2019年新立项创新项目2项，分别是王俊秀研究员主持的"社会心理服务体系建设下的社会心态研究"和李炜研究员主持的"中国社会质量发展状况和指标体系研究"。

新闻与传播研究所

（一）创新工程及精品工程项目的名称及其首席管理、首席研究员

2019年，新闻与传播研究所共有创新工程项目5项，分别如下。(1) A类项目1项："基于新媒体发展的综合性研究"，该项目包含3个子项——"新媒体发展研究"（首席研究员为黄楚新），"基于大数据的网络舆情研究""国内外媒体融合机制研究"（首席研究员为孟威）；(2) B类项目3项："新时代马克思主义新闻学创新与发展研究"（首席研究员为季为民），"互联网治理与建设性新闻学研究"（首席研究员为殷乐），"新中国70年新闻传播学科发展及其学术规范化研究"（首席研究员为朱鸿军）；(3) C类期刊项目1项："我国新闻传播学一流期刊建设"（总编辑为钱莲生）。

2019年，新闻与传播研究所创新工程的首席管理是党委书记赵天晓、所长唐绪军。

（二）在创新工程及精品工程方面实施的新机制、新举措

新闻与传播研究所坚持以科研为中心，制定创新工程方案，保证创新项目顺利开展。完善创新工程"报偿、准入、退出、评价、配置、资助"制度体系，严格准入和淘汰制度，积极推动创新工程制度化建设，完善创新工程管理机制，日益规范创新工程项目立项、结项、审核流程，全力打造创新工程升级版。

（三）在创新工程及精品工程方面取得的新成果

2019年，新闻与传播研究所创新工程项目取得了丰硕的成果。出版并发布了新媒体蓝皮书《中国新媒体发展报告No.10（2019）》，该蓝皮书在社会科学文献出版社出版的300多种

皮书中已经连续6年荣获"优秀皮书奖"一等奖,在学界、业界与政界均有较大影响力。出版青少年蓝皮书《中国未成年人互联网运用报告(2019)》。另《中国未成年人互联网运用和阅读实践报告(2017—2018)》2019年获得"优秀皮书奖"三等奖,该书中刊登的一篇研究报告获得"优秀皮书报告"一等奖。《新中国新闻与传播学研究70年》是国内首部全面梳理、总结和分析新中国成立70年来,新闻学与传播学各研究领域发展历程、基本现状、存在问题和未来图景的著作。

新闻与传播研究所主编的学术期刊《新闻与传播研究》,以"代表中国新闻学、传播学学术研究的最高水平,引领中国新闻学、传播学学术研究的发展方向"为办刊追求。实施创新工程以来,该刊获得了多项荣誉,2018年9月被中国期刊协会授予"期刊数字影响力100强"。

国际研究学部

世界经济与政治研究所

创新工程及精品工程项目的名称及其首席管理、首席研究员

2019年,世界经济与政治研究所共有创新工程项目9项,创新岗位92个。其中,首席管理2人,首席研究员11人,学部委员1人,长城学者1人,基础研究学者1人。张宇燕所长、赵芮书记为首席管理,宋泓研究员为长城学者,余永定研究员为学部委员,李国学副研究员为基础研究学者项目负责人。9个创新工程项目分别为:(1)"新时代中国特色大国外交研究"(A类项目,首席研究员为张宇燕、李东燕、徐进);(2)"世界经济预测、政策模拟与重大问题研究"(A类项目,首席研究员为姚枝仲、张斌);(3)"中国与全球金融稳定研究"(B类项目,首席研究员为高海红);(4)"经济全球化新趋势与中国全面开放新格局研究"(B类项目,首席研究员为东艳);(5)"新时代下中国对外投资新格局研究"(B类项目,首席研究员为张明);(6)"中国的国际环境与对外战略选择"(B类项目,首席研究员为冯维江);(7)"'一带一路'背景下中国发展援助的评估"(B类项目,首席研究员为徐奇渊);(8)"'一带一路':理论与实践"(B类项目,首席研究员为薛力);(9)"中国对外能源合作战略研究"(B类项目,首席研究员为王永中)。

2019年,中国社会科学院提出"实施精品工程打造创新工程升级版",按照此要求,世界经济与政治研究所审议通过了《世界经济与政治研究所创新工程绩效考核实施细则(试行)》,希望通过完善科研绩效评价机制、提高优秀成果分值等方法激励研究人员多出精品成果。

俄罗斯东欧中亚研究所

（一）创新工程及精品工程项目的名称及其首席管理、首席研究员

2019 年，俄罗斯东欧中亚研究所创新工程项目共有 9 个：(1) "俄罗斯的发展道路与国家治理（2016—2019）"（首席研究员为庞大鹏）；(2) "'一带一路'的理论基础与中俄战略合作问题研究"（首席研究员为徐坡岭）；(3) "'一带一路'与中亚（2018—2021）"（首席研究员为张宁）；(4) "中东欧与国际秩序的演进"（首席研究员为高歌）；(5) "影响当今俄罗斯社会发展的历史问题争论"（首席研究员为刘显忠）；(6) "中白关系史研究（1992—2020）"（首席研究员为赵会荣）；(7) "欧亚地区战略态势（2019—2021）"（首席研究员为薛福岐）；(8) "俄罗斯外交战略与中俄关系研究（2019—2021 年）"（首席研究员为柳丰华）；(9) "国际比较视角下的欧亚经济联盟"（首席研究员为柴瑜）。2019 年，俄罗斯东欧中亚研究所创新工程的首席管理为孙壮志、李进峰。

（二）在创新工程及精品工程方面实施的新机制、新举措

2019 年，俄罗斯东欧中亚研究所围绕中国社会科学院提出的发展战略，结合俄罗斯及欧亚地区研究特点，倾力打造我国俄罗斯及欧亚问题研究的高水平团队，在学科设计、学术团队、智库建设方面实施一系列创新举措。一是注重长线基础研究，加大国别研究特别是俄罗斯研究的力度，加强区域与国别学科理论基础和学科体系建设，集中整合各专业研究力量，形成学科合力。二是重视国际学术交流对学科的促进作用，力争打造具有国际话语权和影响力的一流俄罗斯东欧中亚学科体系。在保障好院级国际学术活动的同时，加强所级国际学术活动的策划，有针对性地组织符合学科建设需要的国际学术活动，对外积极阐释我国学术理论、观点和主张，增强学科的国际影响力。三是建设多样化学科发展平台，既包括研究所平台、研究室平台，又包括院属研究中心、图书馆国际分馆以及杂志社和中国俄罗斯东欧中亚学会。将学科建设和平台建设有机结合，为学科发展提供有力保障。

欧洲研究所

创新工程及精品工程项目的名称及其首席管理、首席研究员

2019 年，欧洲研究所共有创新项目 6 个：(1) "模式研究——欧洲与中国模式之比较"（首席研究员为刘作奎）；(2) "欧洲经济增长与社会发展研究"（首席研究员为陈新）；(3) "欧盟

法治的观念、演进与影响"（首席研究员为程卫东）；（4）"21世纪的欧盟与世界"（首席研究员为赵晨）；（5）"欧盟科技一体化与欧洲绿色节能产业的创新政策"（首席研究员为张敏）；（6）"欧洲政治体制的创新与发展"（首席研究员为李靖堃）。

2019年，欧洲研究所创新工程的首席管理为黄平。

西亚非洲研究所（中国非洲研究院）

创新工程及精品工程项目的名称及其首席管理、首席研究员

2019年，西亚非洲研究所共有创新工程项目8项：（1）"民族问题与非洲发展研究"（A类，首席研究员为李新烽）；（2）"'一带一路'与推进中非人文交流研究"（B类，首席研究员为贺文萍）；（3）"中国与中东国家经贸及能源关系研究"（B类，首席研究员为陈沫）；（4）"大国与中东关系研究"（首席研究员为唐志超）；（5）"中国对非洲关系的国际战略"（首席研究员为张宏明）；（6）"中国与非洲产能合作重点国家研究"（首席研究员为姚桂梅）；（7）"中东热点问题与中国应对之策研究"（首席研究员为王林聪）；（8）《西亚非洲》（编辑部主任为安春英）。

2019年，西亚非洲研究所创新工程的首席管理为郭红、李新烽。

拉丁美洲研究所

（一）创新工程及精品工程项目的名称及其首席管理、首席研究员

2019年，拉丁美洲研究所进入创新岗位人员共42人，其中，聘用编制内人员39人，聘用编制外人员3人。在聘用编制内的39人中，3人为编辑系列。首席管理为王立峰、王荣军；首席研究员5人：袁东振、张凡、贺双荣、杨志敏、岳云霞；总编辑1人：刘维广。

2019年，拉丁美洲研究所共有创新工程项目5项：（1）"构建中拉命运共同体：理论与实践创新"（A类项目，首席研究员为贺双荣）；（2）"拉美经济结构调整与发展潜力研究"（B类项目，首席研究员为岳云霞）；（3）"拉美国家发展道路与治理经验比较研究"（B类项目，首席研究员为袁东振）；（4）"中国在拉美构建软实力战略研究"（B类项目，首席研究员为张凡）；（5）"'一带一路'延至拉美及其对区域一体化影响研究"（B类项目，首席研究员为杨志敏）。另设创新工程学术期刊项目1个：《拉丁美洲研究》（总编辑为刘维广）。

（二）在创新工程及精品工程方面实施的新机制、新举措

坚持不懈地开展马克思主义理论学习。在"不忘初心、牢记使命"主题教育和学习贯彻

党的十九届四中全会精神两项重大活动中,通过读经典、学原文,全所科研人员对马克思主义方法论以及习近平新时代中国特色社会主义思想有了更加深入的领会,并将其运用于科研之中。

重视统筹规划,加强创新工程方案和研究项目的设计,改进和加强科研内生机制。

加强基础建设,加强研究手段和研究技能,提升创新团队的研究水平。加强创新工程与对策研究的关系,鼓励和支持科研人员将项目阶段性及最终成果与对策研究成果紧密结合,相互支撑。

加强理论学习和各种文献的整理和收集;继续做好国际学术交流活动。利用拉美国家专家学者来访和项目组成员出访的机会,广泛搭建学术交流网络,努力巩固并拓宽学术交流的渠道,向有关部门提交研究报告,为推进中拉合作提供智力支持。

(三)在创新工程及精品工程方面取得的新成果

2019年,各创新项目组共在核心期刊上发表论文46篇,一般期刊发表论文23篇,发表理论性文章8篇,其中以"习研中心"名义在中央"三报一刊"上发表3篇。在《拉丁美洲研究》杂志上发表马克思主义专栏文章4篇,发表研究阐释习近平治国理政新思想新实践专稿1篇,批判错误思潮文章2篇。出版《拉丁美洲和加勒比发展报告(2018—2019)》(黄皮书)1种,专著1种,论文集2种,译著2种,学术普及读物4种。接受承担部委企事业等单位委托交办课题5项。举办重要学术研讨会17次。其中"拉美左翼与社会主义论坛"共举办5次会议。

亚太与全球战略研究院

(一)创新工程及精品工程项目的名称及其首席管理、首席研究员

2019年,亚太与全球战略研究院参加创新工程的总人数为48人。亚太与全球战略研究院共有创新工程项目8个:(1)"亚太社会文化创新项目"(首席研究员为许利平);(2)"亚太政治创新项目"(首席研究员为董向荣);(3)"国际经济关系创新项目"(首席研究员为赵江林);(4)"新兴经济体创新项目"(首席研究员为沈铭辉);(5)"区域合作创新项目"(首席研究员为王玉主);(6)"亚太安全外交创新项目"(首席研究员为张洁);(7)"大国关系创新项目"(首席研究员为钟飞腾代);(8)"中国周边战略创新项目"(首席研究员为朴键一)。

2019年,亚太与全球战略研究院创新工程的首席管理为李向阳、张国春。

（二）在创新工程及精品工程方面实施的新机制、新举措

1. 创新项目

（1）亚太政治创新项目

2019年，该项目组重点关注政党执政能力建设比较研究。在世界范围内，中国共产党已经成为一个极为成功的案例。即便如此，世界其他主要政党的执政经验和教训依然值得我们去参考和借鉴。项目组选择美国民主党、共和党、日本自民党、英国保守党、工党、新加坡人民行动党、印度国大党、苏联共产党为研究对象，将抽象的执政能力具体化，重点关注这些政党的核心执政方略、政党的选举方略、党首的选拔、高层领导精英的培养、新成员的招募、党纪的制定与维护、党员的退出机制、新媒体环境下党的形象塑造与传播、政党智库的地位与角色等。

（2）国际经济关系创新项目

①完成中国社会科学院规定的任务，包括学科综述、意识形态报告，研究室已经形成固定的工作机制，每年指定专人完成上述工作。

②每年拟根据研究方向和中国社会科学院要求，计划发表论文4篇以上，主要撰写方向是"一带一路"、互联互通、发展战略对接等国际经济关系领域。

主要探讨"一带一路"与主要地区大国的战略互动。这里的大国主要是美国、日本、印度、俄罗斯、印度尼西亚等。在上述研究的基础上，提出有针对性的政策建议。

（3）亚太安全外交创新项目

2019年，亚太安全外交创新项目的总体目标是及时、准确地把握中国周边安全态势，为构建中国周边安全提供学术供给。

①中国周边安全总体形势研究，包括但不限于地区秩序的变化、安全机制的重组等；②亚太地区安全热点问题研究，包括但不限于南海问题、中印安全冲突、非传统安全问题；③主要大国与地区组织的亚太政策研究，包括但不限于美国、印度、东盟等；④各次区域的安全与外交事务研究，包括但不限于东北亚、东南亚、南亚和中亚；⑤"一带一路"在周边面临的安全挑战与应对。

（4）区域合作创新项目

2019年，该项目主要作为"国际环境变化与中国的应对战略"的子项目开展，因此，项目主要包括三个大的部分，即中国的区域合作利益诉求分析、中国区域合作展开的国际环境研究、中国的区域合作战略设计。项目组首先进行档案研究和调查研究，通过实证分析和听取各方意见，对中国的区域合作战略利益诉求作出相对全面的剖析；其次，项目组还要积极参与国际交流，收集有关的理论和战略性文献，调研走访有关国家的智库、政府部门，通过分析各方对中国合作行为的认知和反应对中国区域合作的国际环境作出评估；最后，项目组在对内外两方面信息整理加工的基础上，设计中国的区域合作战略。

(5) 中国周边战略创新项目

该项目主要围绕中国与周边国家关系展开研究。项目的总体目标是通过对习近平新时代中国特色的周边战略研究，系统梳理党的十八大以来我国周边战略的理论脉络和实践基础，针对世界格局的新变化，把握国内与国际两个市场，统筹发展与安全两个问题，协调大国与周边两个重心，提出有利于中国和平崛起的周边战略措施及应对之策，从而为维护和延长中国战略机遇期，实现两个百年中国梦，贡献智库学者的力量。具体研究方向是：习近平外交思想与中国特色的周边战略研究、中国在周边国家软实力的构建与路径。

(6) 大国关系创新项目

该项目重点研究美国、日本、俄罗斯、印度、中国今后一个时期在亚太地区的互动机制。2019年重点：一是讨论亚太主要国家对"印太"的看法；二是大国崛起怎么处理周边的难题；三是美国以及其他大国在国际形势激烈变迁中的政策选择，包括美国新国家安全战略和"印太"构想下的中美在亚太地区关系发展前景。

(7) 新兴经济体创新项目

新兴经济体创新项目组致力于对"一带一路"与全球及区域治理问题进行比较系统的研究并希望取得研究突破。目前，新兴经济体研究最突出的一个问题就是研究对象的复杂性和动态性，如何更好地定位新兴经济体学科的研究对象和研究范围、确定新兴经济体研究的边界，是下一阶段需要着重解决的问题。新兴经济体研究还面临着国别研究和区域研究的困惑，如何在二者的结合中找准研究的突破口，也是下一步急需解决的重要问题。

2. 学科建设与研究室建设

截至2019年底，亚太与全球战略研究院下设10个研究室，涉及亚太与中国周边、经济与区域合作、新兴经济体、大国关系、经济外交、"一带一路"等多个学科（或交叉学科）。2019年，亚太与全球战略研究院已入选中国社会科学院"登峰战略"优势学科的"区域经济合作"学科，入选"登峰战略"重点学科的"亚太政治、中国周边外交"学科以及入选"登峰战略"特殊学科的"中国周边战略"学科，在各学科带头人的组织带领下，都取得了不俗的成绩。

2019年，加强学科建设与人才培养仍然是亚太与全球战略研究院的当务之急。该院计划以新设立创新项目为契机，加快这一任务的实现。

第一，对不同的学科（研究室）实行分类管理。研究范围不变的研究室以扩大学科优势为目标；研究范围扩展的研究室要加快适应学科转变；新组建的研究室要引进和外聘科研人员，探索新学科的发展方向。

第二，以创新岗位为平台，鼓励青年研究人员跟踪研究重大战略热点问题与撰写学术论文（专著）相结合，加快学科建设与人才培养。

第三，鼓励现有研究人员拓展研究领域，加大人才引进力度，根据项目需求聘用外部人员和博士后，多管齐下开展学科建设。

3. 国情调研

2019年，亚太与全球战略研究院国情调研的重点是围绕年度创新项目所涉及的中国周边问题与大国关系问题等领域展开。在国内层面，对"一带一路"和新疆问题所涉及的地区开展实地调研；在国际层面，对中国周边战略与全球战略涉及的重点国家进行调研。

4. 人才队伍建设

最近几年，亚太与全球战略研究院将引进人才、解决新兴学科人才不足的矛盾作为人才队伍建设的主要方向，2018年引进具有较强科研能力的博士后1人、2019年底引进优秀的博士研究生3人，都是急需的科研人才，为该院注入了新鲜血液。

5. 体制创新

2019年，亚太与全球战略研究院按照中央和中国社会科学院建设新型智库的精神进一步推动科研管理体制机制创新。

美国研究所

创新工程及精品工程项目的名称及其首席管理、首席研究员

2019年，美国研究所共设创新岗位38个，其中，首席管理为吴白乙、倪峰。共设立6个创新项目：（1）"美国亚太政策与新时代中美关系"（首席研究员为袁征）；（2）"中美战略安全互动的现状与趋势"（首席研究员为倪峰）；（3）"中美经贸关系新格局中的博弈与合作"（首席研究员为罗振兴）；（4）"美国社会治理的理论与实践"（首席研究员为姬虹）；（5）"美国调整对华战略的政策过程研究"（首席研究员为刘卫东）；（6）"《美国研究》杂志创新项目"（总编辑为赵梅）。

日本研究所

创新工程及精品工程项目的名称及其首席管理、首席研究员

2019年，日本研究所进入创新工程岗位人员共39人，首席管理是刘玉宏、杨伯江。共有创新工程项目7项：（1）"日本经济政策与经济战略研究"（首席研究员为张季风）；（2）"日本外交战略及中日关系研究"（首席研究员为吕耀东）；（3）"日本社会问题与社会治理"（首席研究员为胡澎）；（4）"'日本国民性'研究"（首席研究员为张建立）；（5）"日本政治体制转型与政局变动研究"（首席研究员为张伯玉）；（6）"新时代中国对日国际战略传播研究"（首席研究员为金莹）；（7）"当代日本国家安全战略研究"（首席研究员为吴怀中）。

马克思主义研究学部

马克思主义研究院

（一）创新工程及精品工程项目的名称及其首席管理、首席研究员

2019年，马克思主义研究院共有创新工程项目23项：（1）"马克思主义中国化思想通史研究"（A类，首席研究员为金民卿）；（2）"中国特色社会主义思想史研究（2002—2012）"（A类，首席研究员为贺新元）；（3）"改革开放以来科学无神论宣传教育的经验与教训"（B类，首席研究员为陈志刚）；（4）"中国特色社会主义思想史研究（1978—1992）"（A类，首席研究员为刘志明）；（5）"中国特色社会主义思想史研究（1992—2002）"（A类，首席研究员为李建国）；（6）"世界社会主义思潮与运动的新进展研究"（A类，首席研究员为潘金娥）；（7）"习近平新时代中国特色社会主义思想与马克思主义基本原理关系研究"（B类，首席研究员为余斌）；（8）"互联网时代马克思主义基本原理研究——互联网时代物质生产方式的根本变革及其深远意义"（B类，首席研究员为张建云）；（9）"马克思恩格斯民生思想及其在当代中国的新发展"（B类，首席研究员为杨静）；（10）"习近平新时代中国特色社会主义思想的旗帜性意义研究"（B类，首席研究员为苑秀丽）；（11）"构建中国特色哲学社会科学'三个体系'当代若干西方话语的批判吸收借鉴研究"（B类，首席研究员为侯为民）；（12）"新时代全面从严治党研究"（B类，首席研究员为戴立兴）；（13）"建设具有强大凝聚力和引领力的社会主义意识形态研究"（B类，首席研究员为朱继东）；（14）"大发展大变革大调整时期国外左翼争取和平与社会主义思潮研究"（B类，首席研究员为李瑞琴）；（15）"国外共产党理论与实践新发展研究"（B类，首席研究员为于海青）；（16）"习近平关于党的政治建设的重要论述研究"（B类，首席研究员为邓纯东）；（17）"马克思主义论战史研究"（B类，首席研究员为任洁）；（18）"马克思主义思想政治教育观研究"（B类，首席研究员为李春华）；（19）"当前世界社会主义发展的主要特征与格局走势"（B类，首席研究员为郑一明）；（20）"习近平新时代中国特色社会主义思想对发展21世纪马克思主义的重大贡献"（院重大，首席研究员为姜辉）；（21）"全面从严治党研究"（院重大，首席研究员为邓纯东）；（22）"新时代中国特色社会主义'四个自信'研究"（院重大，首席研究员为刘志明）；（23）"中华传统文化扬弃研究"（院重大，首席研究员为张小平）。2019年，马克思主义研究院创新工程首席管理为姜辉。2019年，马克思主义研究院牵头精品工程项目1项——中国社会科学院重大科研规划（2019—2022）项目："习近平新时代中国特色社会主义思想研究"（组长为谢伏瞻，副组长为姜辉）。

（二）在创新工程及精品工程方面实施的新机制、新举措

1. 马克思主义研究院修订了《绩效考核办法》，在强化绩效考核导向的基础上，提高集体项目、交办任务、内参、"三报一刊"理论文章的绩效考核分值权重。

2. 马克思主义研究院修订了《创新工程进岗办法》，提高首席研究员的进岗门槛。符合进岗条件人员超过80%时，以年终绩效考核分数高低确定进岗与否，以此鼓励研究人员参与单位"公益事业"的积极性，克服"学术个体户"倾向。

（三）在创新工程及精品工程方面取得的新成果

1. 根据院党组部署，马克思主义研究院组织全院骨干人员参与完成了"中国社会科学院庆祝中华人民共和国成立70周年书系"之《新中国马克思主义研究70年》的编写工作，该书于2019年9月正式出版。

2. 中国社会科学院重大科研规划（2019—2022）项目"习近平新时代中国特色社会主义思想研究"于2019年10月启动。截至2019年底，项目组公开发表理论文章58篇，报送《要报》成果6篇。

信息情报研究院

2019年，信息情报研究院进入创新工程岗位人员共32人，首席管理是王灵桂、张树华。

在创新工程及精品工程方面实施的新机制、新举措

2019年，信息情报研究院紧紧围绕贯彻落实院党组决策部署，以打造对策信息报送品牌为中心任务，以推进智库建设实现新突破为重点工作，以加强期刊编研、增强学术影响力为重要内容，以"不忘初心、牢记使命"主题教育为重要抓手，坚持质量优先，调整和优化信息编报流程，理顺体制和运行机制，严格编校责任，进一步提高《要报》稿件质量。

院直属单位创新工程工作情况

中国社会科学院大学（研究生院）

（一）创新工程及精品工程项目的名称及其首席管理

2019年，中国社会科学院大学（研究生院）创新工程项目名称为"社科大（研究生院）

哲学社会科学创新工程"。其主要内容为：（1）全面加强党的领导和党的建设，为学校发展提供坚强政治保障；（2）主题教育全面启动并走深走实；（3）全面落实立德树人根本任务，加强思想政治工作；（4）加强意识形态建设，全力维护学校的安全稳定；（5）加快学校各项建设进程，推动建设高水平研究型一流文科大学；（6）加强管理服务工作，积极做好继续教育与培训工作；（7）从严管理，加强党风廉政建设工作。首席管理为张政文、王新清。

（二）在创新工程及精品工程方面实施的新机制、新举措

1. 全面巩固加强党的领导，为学校发展提供坚强政治保障。办好中国社会科学院大学是党中央的重要决策，是社会各界的殷切期望，更是全体社科人的初心守望。院党组认真贯彻落实党中央决策部署，学习领会习近平总书记关于高等教育的重要论述精神，健全完善教育优先发展的组织领导、发展规划与资源保障机制，及时研究解决学校建设发展中遇到的重大问题、关键难题，全力以赴支持中国社会科学院大学工作；中国社会科学院大学党委和广大师生创业进取，砥砺前行，为开启新时代社科大新征程奠定了坚实基础。

大学召开第一次党代会，制定发展规划，健全领导班子，完善基层党组织建设，党委把方向、谋大局、定政策、促落实的作用进一步凸显，为党育人、为国育才的水平进一步提升。高标准开展"不忘初心、牢记使命"主题教育，推动教育教学改革和学校事业发展的举措得到广大学生和家长的高度评价。

2. 全面落实立德树人根本任务，扎实推进习近平新时代中国特色社会主义思想进课堂进教材进学生头脑。学校始终坚持社会主义办学方向，坚持扎根中国大地办大学，把思想政治工作摆在突出位置。打造"马克思主义学术名家大讲堂""领导干部上思政课""学部委员形势与政策报告会"三大系列思政"金课"，得到教育部和中宣部的肯定；成功获批教育部高校思想政治工作创新发展中心，支撑学校思政工作高质量开展；坚持三全育人、系统规划，积极推进党委领导下的"三支队伍、三大任务、三大保障"大思政体系落地；广大师生思想主流健康向上，听党话、跟党走的信念更加坚定，立德树人、推动发展成为广大师生的广泛共识；推进思政工作前置，有效防范化解重大风险，确保学校稳定与政治安全，让党中央放心，让人民满意。

3. 全面加强内涵建设，筑牢"高、精、尖"哲学社会科学人才培养根基，推进"双一流"建设。在中国社会科学院党组领导下，大学主动作为、强力推进，全面加快"双一流"建设进程，积极布局优势突出、特色鲜明、适应国家和教育发展需要的学科体系；着眼本硕博贯通式培养、一体化发展，构建更高水平的人才培养体系；探索"大院制"办学机制，推动大学与社科院、各研究所一体发展；与中国科学院大学开展战略合作，构建自然科学与人文社科教育交叉融合的人才培养模式；聚焦本科教育的基础性、规范性、前瞻性，7个本科专业获批国家级一流本科专业建设点；持续推进课堂革命，6门本科课程获评北京市教学类奖项；坚持提升学

生综合素质，学生在人文、法律、经济、数学、英语、计算机、创新创业等各类学科竞赛中取得优异成绩；切实加强"三支队伍"建设，积极做好以社科院 58 岁以上专家为重点的特聘教授引进工作。学校人才培养得到社会广泛认可，办学能力和办学声誉不断向好，学生家长集体来信点赞。

4. 发扬艰苦创业精神，努力改善基本办学条件，切实增强师生的获得感、幸福感。在院党组的大力支持推动下，学校努力克服困难，寻求突破，缓解办学基本条件紧张的状况。目前，学校基本建设规划用地容积率获大幅提升，36000 余平方米的宿舍楼项目通过国家发改委概算评审，力争 2021 年新学年投入使用；在各方支持下，望京原址改造回迁工作克服巨大困难，圆满顺利完成；学校教室、宿舍、食堂、文体活动及学术用房条件有所改善，文科综合实验室论证开建；学校就餐、就医等条件明显改善，安保、防疫等工作严密，注重心理健康教育引导，获评全国绿化模范单位，校园祥和稳定，学校广大师生的工作、学习和生活条件进一步优化。

中国社会科学院图书馆

（一）创新工程及精品工程项目的名称及其首席管理、首席研究员

2019 年，院图书馆共有创新工程项目 9 项：(1)"智库服务与工具书管理创新项目"（项目首席为王玉巧）；(2)"图书馆期刊管理服务及近代中文报纸普查登记创新项目"（项目首席为蒋颖）；(3)"典藏图书管理与习近平新时代中国特色社会主义思想文库建设创新项目"（项目首席为张杰）；(4)"图书馆古籍管理核实创新项目"（项目首席为杨华）；(5)"图书馆采编与学位论文资源建设创新项目"（项目首席为何涛）；(6)"国家哲学社会科学文献中心建设创新项目"（项目首席为杨齐）；(7)"习近平新时代中国特色社会主义思想研究平台建设创新项目"（项目首席为赵以安）；(8)"数字资源及综合集成实验室建设创新项目"（张大伟代管）；(9)"网络系统运维与网站管理平台建设创新项目"（何涛代管）。

（二）在创新工程及精品工程方面实施的新机制、新举措

2019 年，院图书馆党委为进一步体现院创新工程"民主公开、竞争择优"原则，在创新工程竞聘实施过程中坚持从全馆一盘棋的角度出发统筹考虑，严格按照 80% 比例核算岗位数，余数汇总后出现的 12 个创新岗位名额用于在各片竞聘时未进入创新项目人员竞聘使用，进行第三轮的公开竞聘，为在申报项目时把握不到位的人员多提供一次公平竞争的机会。

通过落实创新工程奖勤罚懒、优胜劣汰的激励约束机制，进一步完善了院图书馆的考核评价体系，最大限度地调动了全馆工作人员的积极性、主动性和创造性，提升了院图书馆服务水平和业务水平。

中国社会科学杂志社

2019年，中国社会科学杂志社编制内44人进入创新工程，创新工程聘用编制外人员169人。

（一）创新工程及精品工程项目的名称及其首席管理

2019年，中国社会科学杂志社创新工程项目的名称为"《中国社会科学报》、《中国社会科学》、中国社会科学网创新工程方案"，首席管理为王利民。

（二）在创新工程及精品工程方面实施的新机制、新举措

2019年，中国社会科学杂志社根据院创新工程在准入、考核、奖励方面的政策调整，结合社会科学杂志社工作实际，制定了创新工程管理若干补充规定——

1. 根据院绩效工资改革精神，自2019年1月起，编制内、聘用制人员进入创新岗位，智力报偿按月随工资一起发放。

2. 将编辑记者工作量计算周期调整为一年，加强了业务人员的工作自主性和灵活性，为采编工作加强主动设置议题、引领学术提供制度支持。

3. 将竞聘周期与院里接轨，调整为一年一次，形成了工作量月度统计、季度奖励、年度考核的格局；出台了新入社人员托底考核办法，为业务部门做好人才储备、加强队伍建设提供政策支持。

4. 将编辑费标准做了上调，提高了未进岗人员的收入；梳理了全社编制外人员的薪资待遇，将编制外人员智力报偿标准做了调整，使全社人员的薪资结构更加合理；制定更加符合网络视频工作特点的考核补充办法。

郭沫若纪念馆

创新工程及精品工程的项目名称及其首席管理、首席研究员

2019年，郭沫若纪念馆参加创新工程的人数为11人，创新工程项目名称为"郭沫若文献研究与文化传播的创新"，首席管理为赵笑洁，首席研究员为张勇。

郭沫若纪念馆创新工程以郭沫若文献研究与文化传播的创新为目标，努力为各类文化名人纪念馆建立示范中心，使其成为中国社会科学院对外宣传和国际学术文化交流的重要窗口，研究与传播文化名人的示范工程，以及全面可靠的学术文献资源中心。

2019年，该馆创新工程的主要任务包括：《郭沫若全集·补编》的出版准备工作，编辑《郭沫若研究年鉴2018》，编辑《郭沫若研究》辑刊2019年第1辑，全面收集和整理《郭沫若全集》集外的文章和书信，开展全国可移动文物普查郭沫若纪念馆藏文物信息汇总和数据库建设，推进郭沫若纪念馆藏可移动文物藏品保护工作和不可移动文物安全保障工作，进行郭沫若生平思想及阶段性创新成果展览展示等学术研究、文物保护、展览展示和公众教育等方面工作的创新工程建设，以及有关郭沫若文化传播方面的创新工作，努力构建面向21世纪文化体制下的郭沫若文献研究与文化传播的创新工程建设。

中国人文科学发展公司

2019年，中国人文科学发展公司深入学习贯彻党的十九大精神、习近平总书记系列重要讲话精神，根据中央全面深化改革和院党组体制机制改革要求，以院工作、党风廉政建设工作会议精神为各项工作的总统领和总指引，在充分利用院内科研成果转化、培训、会议、研讨内部资源的基础上，积极探索市场化份额，加强经营管理，稳定经营收入，建立绩效目标责任制，圆满完成院赋予的各项工作任务。

1. 创新工程年度规划

（1）把学习贯彻习近平新时代中国特色社会主义思想作为首要政治任务。突出"不忘初心、牢记使命"主题教育，用党的创新理论指导公司党建工作、服务保障、经营工作及公司全面建设。坚持问题导向，坚持用"五位一体"总体布局、"四个全面"战略布局和"五大发展理念"对照公司存在的不足和问题并进行认真梳理，结合院党组"五三一"战略部署，制定人文公司改革发展战略，逐步解决人文公司前进发展中的问题。

（2）认真贯彻落实院工作会议和党风廉政建设工作会议精神。按照院赋予的工作任务，分解任务，明确职责，制定落实措施，确保年度任务圆满完成。

（3）加强党组织建设，发挥基层党组织的战斗堡垒作用。通过"不忘初心、牢记使命"主题教育、院内巡视、中心组理论学习和"三会一课"制度，牢固树立"四个意识"，做到在思想上、政治上、行动上和以习近平同志为核心的党中央保持高度一致。增强干部职工为哲学社会科学事业作贡献的责任感和使命感。

（4）认真落实全面从严治党要求。认真学习监督执纪问责核心法规，严格党内政治生活，积极开展批评与自我批评，加强干部的廉政教育和从严管理，使党的纪律和院"三项纪律"要求，在全体党员干部中内化于心、外化于行。严格执行中央八项规定，严格落实院党组关于执行中央八项规定精神的具体措施，结合公司实际，修订《人文公司廉洁自律有关规定》。认真履行全面从严治党主体责任和监督责任。狠抓关键少数，明确监督责任，将全面从严治党主体责任和监督责任落到实处。

(5) 做好院各类会议、培训班的服务保障工作。充分发挥院党校密云校区、北戴河校区、博源宾馆优质的服务资源，继续做好院在密云校区举办的所局领导学习马克思主义经典著作读书班及千人大培训、院暑期专题培训班的服务保障工作。加强服务培训，控制成本支出，提高服务质量。

(6) 做好图书采购、数据库加工、信息化建设项目招标代理工作。启用图书采购管理平台，加强服务监管，简化工作流程。加强图书、数据库采购中的审读把关工作，加强网络维护，确保意识形态安全和网络使用安全。

2. 改革创新要点

(1) 尽快完成燕郊"学者之家"项目考古文博学院建设的前期手续办理工作。努力按照院领导提出的分阶段设计、分阶段招标、分阶段投资建设的要求，尽快办理施工前的相关手续，确保项目有实质性进展。

(2) 完成部分单位的维修改造工程。完成院党校密云校区因山洪被冲毁道路、护坡等的维修工程和北戴河校区燃气管道衔接。搞好投资预算，确定经费来源，完成施工任务。做好博源宾馆部分设施设备的安全运行论证工作，制定解决方案，确保房屋及设施设备的安全运行。

(3) 加强经营管理模式的探索，努力把人文公司做大做强。一是充分利用闲置的国字头企业、中国社会科学院成果开发中心和新注册的"中国社会科学院文化发展促进中心"，探索市场化经营的方法路子，挖掘潜力、开拓市场，通过院内科研成果转化和院外加强合作相结合的方法，创造新的增长点；二是按照院创新工程的总体要求，实施2018年制定的公司绩效管理考核办法，筹划公司财务独立核算的准备工作，建立奖惩机制；三是根据院下达的创收任务指标，向公司所属经营单位分解任务，完成创收上解任务，确保国有资产的增值保值。

(4) 搭建图书销售电商平台。充分发挥"互联网+"的广泛性、渗透性和快速传播能力，结合公司在图书销售行业拥有的资质、建立的渠道、树立的声誉等有利因素，搭建社科类图书网上销售平台，形成具有特色的新型销售渠道，开拓新的效益增长点。

(5) 做好玉泉营建材市场的转型升级或土地置换工作。根据院党组要求及北京市相关政策，及时了解掌握政策，加强工作协调联系，制定置换、转型升级方案，确保公司经济效益和院利益最大化。

(6) 加强人事工作管理，逐步理顺人事工作关系。在院领导和职能部门的关心帮助下，利用"中国社会科学院文化发展促进中心"事业编制，按照老人老办法要求，适当解决人文公司事业身份人员职级待遇、岗位交流及退休后的去向等问题，调动干部职工的主观能动性和工作积极性。

二　高端智库建设工作

中国社会科学院 2019 年智库建设概况

2019年，在中共中国社会科学院党组的领导下，在国家高端智库理事会的指导下，各研究所智库、院属22家专业化智库围绕研究阐释习近平新时代中国特色社会主义思想和党的十九届四中全会精神，以党和国家的重大理论和实践问题为重点，开展前瞻性、战略性、针对性、储备性对策研究，完成党中央、国务院以及院党组和主要决策部门重大交办任务50余项，认领国家高端智库理事会重点研究课题65项、重要活动1项；编辑报送《研究专报》等智库内刊共65期。推出了一批重要的研究成果，较好地发挥了中国社会科学院作为国家级综合性高端智库的作用。

（一）全面加强研究阐释习近平新时代中国特色社会主义思想和党的十九届四中全会精神

配合全院"三大体系"建设，优化学科设置，积极开展"人类命运共同体研究中心""宏观经济研究中心"的论证筹备工作，重点扶持"一带一路"研究中心和研究智库等院级重大问题研究平台，夯实习近平新时代中国特色社会主义思想研究的学科基础。

2019年以来，围绕马克思主义中国化特别是习近平新时代中国特色社会主义思想，设置重大理论研究选题。设立"习近平新时代中国特色社会主义思想研究""中国和平发展与构建人类命运共同体研究""推进国家治理体系和治理能力现代化研究"等重大科研项目，由院领导牵头，每位党组成员至少牵头一项重大项目，采取院综合协调、研究所分工负责，开展跨学科、跨单位、综合性、持续性研究，及时为党和国家提供高质量对策研究成果。努力推动马克思主义中国化和党的思想理论创新。

（二）完成党中央、中央决策部门和院党组交办的重大研究任务

整合全院优秀研究力量，认真完成党中央、中央决策部门和院党组交办的重大研究任务，推出了一批高质量的研究成果。

1. 落实中央领导重要指示，组织开展四项重大项目研究。在国家发展战略方面，协调世

经政所、社会学所、城环所、数技经所、工经所、农发所、财经院、经济所、人口所等9家单位共同开展研究，形成研究报告。在经贸关系方面，组织工经所、财经院和世经所开展相关研究，形成系列研究报告。在构建中国知识体系方面，协调哲学所、近代史所、经济所、法学所、政治学所、全球院、社发院等单位进行相关研究，持续推出了一批研究成果。在防范重大风险方面，组织经济所开展化解债务风险研究，提交研究报告。

2. 承担中宣部马克思主义理论研究和建设工程办公室"新时代'两个阶段'的战略安排研究"。协调经济学部、国际研究学部、社会政法学部相关专家参加由谢伏瞻院长主持的重大课题"新时代'两个阶段'的战略安排研究"，组织召开三次课题讨论会，推进研究工作全面展开。

3. 配合国家发改委开展相关问题研究。根据国家发改委的要求，协调经济所、财经院、全球院、世经政所、国际法所5家单位开展合作研究，提交阶段性研究成果。在研究过程中，组织课题组与国家发改委多次进行深度对接，先后参加国家发改委座谈会5次；组织23部委的相关部门来院参加座谈会，研究讨论相关问题基本思路。

4. 组织召开"惠民利好"政策座谈会。配合新中国成立70周年庆祝活动，围绕国家长期发展、大国形象等问题，组织院内外知名专家座谈会，从便民、利民、惠民等方面提出措施和建议。

5. 整合优秀研究团队，配合完成"中国社会科学院庆祝中华人民共和国成立70周年书系"相关任务。从"国家发展建设史"和"国家哲学社会科学学术研究史"两个维度全面系统回顾我国在中国特色社会主义建设过程中所取得的伟大成就，系统梳理中国特色哲学社会科学的学术发展历程。

6. 组织完成"十四五"相关研究工作。根据相关部门的要求，组织经济所、工经所、农发所、法学所等单位围绕"十四五"规划重大课题开展研究，提交研究成果。根据谢伏瞻院长重要指示，组织经济学部8个研究所和世经政所、哲学所、国际法所等11个研究单位协同开展"十四五"经济社会发展若干重大问题研究。通过研究重要问题、战略构想、政策思路、改革方案等，形成重要的前瞻性和储备性研究成果。

7. 组织开展季度经济形势分析研究。根据有关部门的要求，组织经济学部和国际研究学部专家进行宏观经济形势分析研究，按季度向有关部门提交《中国宏观经济季度分析报告》。

8. 配合科技部开展中长期科技规划编研工作。组织数技经所配合科技部开展中长期科技规划编研工作，提交多份高质量研究成果。

9. 组织完成国家高端智库理事会交办重点研究课题和重大活动。组织院级专业化智库和研究所智库认领国家高端智库理事会重点研究课题65项、重要活动1项。按照相关部门的要求，提交研究成果。

10. 组织完成其他重要研究任务或交办任务近20项。包括：中美贸易摩擦问题跟踪研究、重大政策评估等。

（三）积极行使智库话语权，着力提升智库影响力

发挥智库的舆论引导功能，推动学术研究、政策阐释、舆论宣传的有机结合和有效衔接。

1. 组织发表应对中美贸易摩擦系列文章。协调《人民日报》刊发谢伏瞻院长署名的长篇文章《美国制造经贸摩擦无理无据》。该文深刻揭示美国所谓"吃亏"的说法是片面和荒谬的；对美国所谓中国"强制技术转让""窃取美国技术"等错误指责进行了反击，正确引导世界对中国加入世界贸易组织的客观评价。

2. 组织召开"中美经贸摩擦问题与出路"国家高端智库论坛。在中美贸易谈判的关键时期，组织召开"中美经贸摩擦问题与出路"国家高端智库论坛，谢伏瞻院长亲自主持会议，院内专家蔡昉、李扬等及国研中心、商务部的有关专家，发表了"经济全球化是不可阻挡的历史潮流""美国发起的贸易战违反国际法、威胁国际法律秩序"等一系列重要观点。40余家中央主流媒体进行报道，在当日新闻联播播出，《人民日报》整版刊发，共刊发新闻报道100余篇，有力批驳了美方对我国经贸政策的无理指责。

3. 组织相关专业化智库撰写批判错误思潮文章。阐释马克思主义基本原理和观点，在《人民日报》、《光明日报》、《经济日报》和《求是》等中央报刊发表多篇理论文章。

4. 围绕美涉疆"法案"，组织撰写驳斥文章。组织马研院、历史院、边疆所、国际法所、民族所和欧洲所撰写批驳文章20余篇，有力回击美对新疆事务的干涉和歪曲。

5. 组织召开"中国社会科学院国家高端智库论坛"暨"2019年经济形势座谈会"。经济学部和国际研究学部的部分学部委员和专家学者及有关职能部门百余人参加会议。与会学者围绕世界经济形势与中国发展、经济形势分析与预测、高质量发展、城乡融合与绿色发展以及货币与财政政策主题展开深入研讨。

6. 配合亚洲文明对话大会，组织相关学术交流活动。围绕智库分论坛组织相关研究所智库开展14场学术交流活动，丰富亚洲文明对话大会内涵，提升亚洲文明对话大会知名度和影响力。

（四）积极开展院际合作，为地方政府提供决策支持

组织开展院际合作项目研究，与地方政府合作举办学术论坛，为地方经济社会发展提供重要决策参考。

1. 开展院际合作项目研究，为地方经济发展提供理论支撑。与厦门市政府合作，组织协调城环所、经济所分别开展"厦门市城市发展定位和阶段性目标研究""'十四五'时期公共创新载体平台布局研究"等项目研究；与贵州省人民政府合作，协调农发所、数技经所开展"贵州农村产业革命实践研究""贵州建设数据驱动军民融合示范区路径研究"等项目研究。继续

与上海市政府、郑州市政府共同协调组织上海研究院、郑州研究院围绕城市高质量发展规划、区域经济一体化、生态文明建设、文化旅游、社会救助与社会护理等问题开展研究，为上海、郑州两个城市的改革发展和创新进步提供了有力的理论支撑。

2. 继续与地方政府合作举办学术论坛，积极参与地方建设发展。继续与湖北省政府、黑龙江省政府、云南省政府、广西壮族自治区政府、福建省政府，相继共同主办"长江高端智库对话"、第六届中俄经济合作高层智库论坛、第7届中国—南亚东南亚智库论坛、第12届中国—东盟智库战略对话论坛、第4届世界妈祖文化论坛等年度系列论坛。与贵州省社会科学院、四川省社会科学院、山东省社会科学院合作主办第七届"后发赶超"论坛、第三届全国社会科学青年论坛。

（五）完善智库工作体制机制

根据新时代智库建设的新使命和新要求，完善智库工作体制机制。

1. 探索重大现实问题分析集体研判机制。针对院内传统项目"宏观经济季度分析报告"，由院领导牵头开展跨部门、跨专业协同攻关，建立集体研判机制。从宏观经济形势、工业经济和国企改革、劳动力市场、农业问题、金融问题、外部形势、房地产市场以及服务业发展等不同专题开展深入分析，预测经济走势，提出对策建议。成为国内宏观经济分析的品牌，是党中央、国务院决策的重要参考。

2. 探索学科体系建设与智库融合发展的支撑机制。围绕全院开展的学科建设大调研，参与对全院学科、人才状况进行摸底、调查和评估。借鉴中国历史研究院整合中国历史、世界历史、边疆、考古等学科研究力量，发挥历史研究领域智库作用的经验，探索院内其他领域学科体系建设与智库融合发展的支撑机制。

3. 完善专业化智库人才和成果的激励机制。大力推进高端智库认领课题或应急交办任务后期资助工作，完成专业化智库成员单位及非成员单位后期资助30余项，加大对不宜公开发表成果的报偿力度。推荐生态文明研究智库和庄贵阳研究员参评第二届中国生态文明奖先进集体和先进个人并获奖。

4. 改革智库内刊《研究专报》选题制度，建立智库专项选题约稿机制。搭建与上级部门和有关决策部门常态化的互动平台，围绕党中央、国务院的决策需求及院内在相关研究领域的最高水平和最新进展，重点选择有重要决策参考价值的选题，基本实现供需有效对接。改革审稿制度，建立"三审三校"审稿机制及重大应急类稿件特报机制。

科研机构高端智库建设工作情况

文学哲学学部

民族文学研究所

（一）智库建设项目简况

2019年，民族文学研究所智库建设项目名称为"丝绸之路文化研究"。其主要内容：为"丝绸之路文化研究中心"提供举办国际国内会议、人员出访来访交流、刊物编辑出版、翻译等方面的支持。项目的主要责任人为蔡昉、朝戈金、王灵桂等。

（二）在智库建设方面实施的新机制、新举措

民族文学研究所于2016年加入院国家高端智库建设。长期以来，以服务党和国家重大决策为宗旨，运用马克思主义世界观、方法论，在重大理论和现实问题研究、人才引进、队伍建设与培养、增强国际影响力和国际话语权，以及完善智库工作机制等方面都取得了显著成效。特别是在民族问题与民族政策研究、少数民族地区民族语言以及民族文学与民间文化研究、"一带一路"建设与海外民族志调查研究、中国历史上各民族交流交往交融及中国民族共同体形成与发展研究、跨境民族非遗保护研究等研究领域，产出了大量的优秀研究成果，切实发挥了咨政建言、理论创新、舆论引导、社会服务、公共外交五大智库功能。2019年是各学科进阶的关键时期，全所上下意在把各学科努力打造成名副其实的创新性民族文学、文化学术研究阵地，鼓励、辅助各学科抓住时机，运用各方资源优势做大、做强。

民族文学研究所全力打造高端引领、集中发布、影响广泛的学术成果精品，发挥好引导大众舆论和学术前沿的应有作用。及时、全面地反映学科的发展状况，探索开拓适应国内外形势发展、又具有本土原创特色的少数民族文学与文化研究建设路径，在国内外形成更大的影响力，并辐射到相关学科的研究，确保我院民族文学研究在国际学术界相关领域的话语权和影响力。具体工作包括，借助院"一带一路"国际智库资助并挂靠文哲学部，民族文学研究所计划参与筹办中国社会科学院"丝绸之路文化研究中心"，开展配套的"丝绸之路文化研究项目"，组织开展与丝绸之路相关的文化学术研究；办好《丝绸之路文化研究》（英文）学刊；强化国情调研力度，实事求是，撰写少数民族文化、民俗等方面有利于民族团结发展的《要报》文章；在国家非物质文化遗产保护工作、联合国教科文组织非物质文化遗产名录相关工作、国际

组织履职等方面，起到提升我国学术国际影响力和占有国际话语权等方面的作用，充分发挥国家智库作用。

深度参与地方、国家和国际层面的非物质文化遗产保护工作。2012 年开始，民族文学研究所成为联合国教科文组织亚太地区非物质文化遗产国际培训中心合作机构。民族文学研究所研究员朝戈金、巴莫曲布嫫，副研究员朱刚等多位学者深度参与了地方、国家和国际层面的非物质文化遗产保护工作，为解决该领域的学术史、关键概念、政策制定、保护理念、话语系统、国内外工作路径等重大问题提供了基础性、前瞻性、战略性的科学理论依据、国际经验和实践方略。2019 年，民族文学研究所承担了"藏医药浴法"人类非遗项目的申遗工作。

哲学研究所

2019 年，在院党组、科研局和哲学研究所党委的领导下，中国文化研究中心成果数量和质量均比 2018 年上了一个台阶。主要成果体现在以下几个方面。

（一）完成各项学术研究、智库研究任务

完成科研局智库管理办公室等下达的课题 3 项，包括"2020 年我国文化安全风险预测和评估"等。参与完成院交办课题 1 项以及智库报告 6 篇。

（二）完成《要报》《文化政策调研》《文化智库周报》任务

报送《要报》的稿件十余篇，采用 9 篇，其中研究员李河 2018 年报送的 2 篇《要报》获奖。编辑送出《文化政策调研》29 篇，《文化智库周报》21 篇。

（三）专业研究成果显著

2019 年，中国文化研究中心成员共出版专著、论文集 8 部，发表学术论文 18 篇。

（四）大力推动"数据化转型"

承担中央军委重大委托课题"典型城市民众意识形态分析与干预方案研究"，2019 年阶段性课题已经结项。

（五）参与举办多次重大学术活动

2019 年，中国文化研究中心参与举办的学术活动有："第三届中国澳大利亚 U40 文化产业暑期工作营"、两届"贡院文化论坛"、"中国文化发展年度形势分析会暨《文化蓝皮书》撰稿人会议"、"第六届文化产业暑期工作营"、课题成果发布会"数字文化产业迈入新时代"、

"澳珠文化科技新区方案研讨会"、"《中外文化交流年度报告》撰稿人会议"、"《中越文化交流年度报告（2018—2019）》筹备暨撰稿国际研讨会"以及《中俄文化交流年度报告（2018—2019）》撰稿国际研讨会"等。

（六）积极开展对外学术交流

1. 对越南进行文化调研，形成越南调研报告1份，发表越南文化调研的《要报》3篇。

2. 访问阿塞拜疆驻华大使馆，与阿塞拜疆驻华大使阿克拉姆就两国文化交流领域取得的成绩和未来的合作互通等问题进行会谈。

3. 参加"亚洲文明对话论坛"活动，接待国外来宾80人。其间，研究员李河受哲学研究所委托与吉尔吉斯科学院院长会谈。

4. 阿塞拜疆国家科学院副院长伊萨院士带队到访中国文化研究中心，就双方合作成立"阿塞拜疆中国文化研究中心"等事项交换意见。

5. 副研究员祖春明赴哈萨克斯坦、亚美尼亚和格鲁吉亚进行学术讲座。

历史学部

中国历史研究院（院部）

中国历史研究院切实贯彻落实习近平总书记致中国历史研究院成立贺信精神，积极推进中央交办重大科研项目，充分发挥史学知古鉴今、资政育人作用，努力打造史学高端智库。

1. 积极推进中央交办重大科研任务。一是拟制《〈（新编）中国通史〉纂修工程实施方案》及相关制度文件，并根据中央领导指示要求，对相关材料反复修改完善。同时，做好工程领导小组第一次工作会议的筹备工作。二是拟制《清史》审读工作方案及制度文件，配合中宣部组织召开《清史》审读工作启动会和《清史》审读专家组组长、副组长座谈会。目前审读工作已全面展开，推进顺利。

2. 组织精锐力量做好交办委托、院学术基金项目和成果管理工作。2019年，中国历史研究院承办中央交办任务14项，其中紧急交办或限期完成任务10项，均已完成并结项；长期性重大交办任务4项，按计划顺利开展。承办8项部委委托课题，均按要求稳步实施。积极推动"习近平论历史科学""中华民族复兴史（1840—2021）""清代国家统一史""中国历代治理体系研究""丝绸之路中亚段城邑考古学研究"等中国历史研究院重大项目立项工作。此外，建立中国历史研究院学术出版资助机制，完成学术出版项目20余项。

3. 知古鉴今，充分发挥史学资政建言作用。在《人民日报》《光明日报》《经济日报》《求是》等主流报刊上发表理论文章 50 多篇。中国历史研究院院属各单位推出专著、研究报告、考古简报、古籍整理、论文集、大型资料集等 60 余种；在期刊杂志上发表学术论文 800 多篇，其中核心期刊论文 200 多篇。

经济学部

经济研究所

（一）智库建设项目简况

2019 年，经济研究所智库建设项目名称为"当代中国马克思主义政治经济学创新智库"，其主要内容为，坚持以"引领政治经济学方向，为中国经济发展贡献力量"为发展方向，通过举办学术会议、发表论文、出版著作等形式不断深化研究，充分发挥经济研究所在经济学领域研究方面的优势，对中国经济发展的重大现实问题进行研究。其主要负责人蔡昉为荣誉理事长；胡乐明为常务副理事长；郭冠清为智库办公室主任。

（二）在智库建设方面实施的新机制、新举措

1. 以三个论坛为重点，引领政治经济学研究方向

2019 年，经济研究所对"智库名家论坛"进行了调整，拓宽了智库"名家"选择的范围，并在智库"名家"筛选上加强了学术水平的甄别，同时启动了"政治经济学前沿论坛""经济思想史前沿论坛"两个论坛，为引领政治经济学方向奠定了基础。

智库名家论坛。2019 年，该所共举行智库名家论坛 9 讲，第九讲主讲人路风教授，讲解题目为"冲破迷雾——揭开中国高铁技术进步之源"；第十讲主讲人史正富教授，讲解题目为"宏观经济学的危机与超越"；第十一讲主讲人杨春学教授，讲解题目为"国家观与中国式治理"；第十二讲主讲人安瓦尔·谢克教授，讲解题目为"关于发展的宏观经济学"；第十三讲主讲人刘守英教授，讲解题目为"乡村振兴的政治经济学"；第十四讲主讲人金碚教授，讲解题目为"关于经济学学科体系构建的研究"；第十五讲主讲人龙登高教授，讲解题目为"在政府与市场之间——传统中国公共领域中的民间组织"；第十六讲主讲人贾根良教授，讲解题目为"从联想、中兴和华为看中国技术赶超的不同道路"；第十七讲主讲人叶坦教授，讲解题目为"中西'经济'与学科发展——立足于经济学术史的考察"。

政治经济学前沿论坛。该论坛以政治经济学前沿报告发布为契机，邀请全国高校具有扎实学理基础的政治经济学方面的学者，举行了"首届政治经济学前沿论坛"，对政治经济学的前沿问题进行了梳理，对如何通过中国特色政治经济学建设为实现"为中国经济发展做贡献"进

行了探索。

经济思想史前沿论坛。智库邀请全国经济思想史研究方面的学者，围绕"大国崛起"这一时代主题进行了研讨，这对引领国内经济思想史的研究具有重要意义。

2. 围绕新中国成立七十周年，组织活动和开展研究

组织大型研讨会。2019年，围绕新中国成立七十周年，成功举办了中国《资本论》研究会第21届年会、中国特色社会主义政治经济学论坛第二十一届年会两个大型会议。

组织"四校一所"交流会。加强与高校的合作与交流，与北京大学、清华大学、中国人民大学、南开大学联合成立了"四校一所"政治经济学工作坊，并由智库主办了"新中国国企发展70年研讨会"。

加强中国发展道路理论研究。以马克思主义方法论为支撑，以经济思想史的视角，对从毛泽东同志到习近平同志中国社会主义道路探索进行系统研究，发表了《新中国70年党的领导集体对中国经济发展道路的探索》等相关成果。

3. 加强国际合作和交流，提高智库国际影响力

智库除了继续加强与日本的合作外，2019年拓宽国际交流的范围，为智库国际化创造了条件。

加强与欧洲的交流。2019年10月6—15日，智库常务副理事长胡乐明研究员带队对希腊、德国进行了学术访问。此次出访建立了智库与希腊和德国高校、研究机构与刊物的合作关系，进一步掌握了国外政治经济学最新研究动态，加深了对国外工业4.0最新进展的认识，同时积极宣传中国过去七十年经济建设所取得的巨大成就，为中国奇迹提供了学理上的解释，有利于加强话语体系建设，扩大中国社会科学院的国际影响力。

加强与俄罗斯的交流。2019年11月13—18日，智库办公室主任郭冠清研究员带队前往俄罗斯进行学术交流。此行先后前往莫斯科国际关系学院、俄罗斯社会经济科学高等研究院、俄罗斯人民友谊大学等研究机构，与当地学者就各自关心的研究议题展开讨论，与两个研究机构达成了进一步合作研究中俄问题的合作意向。

加强与非洲的交流。2019年11月14—25日，智库常务理事长胡乐明研究员带队访问坦桑尼亚和埃塞俄比亚，调研中资企业在这两国的投资效果和社会影响，为"一带一路"建设提供了政策建议。

4. 创新激励机制，构建高水平的智库建设联合体

聘请特邀研究员。2019年，整合院内外资源，在全国范围内聘请了30位特邀研究员，为智库进一步发展奠定了基础。探索课题式的建设模式。围绕中国特色社会主义政治经济学的重要选题、国外智库研究中国问题等的研究，2019年承接了国家高端智库8个课题，建立了智库的16个子课题，初步形成激励相容的课题管理模式。

（三）智库建设的新成果

1. 智库标志性成果丰富

以前沿报告为抓手，推进智库研究向高质量转变。根据 2019 年工作计划，智库聚集力量，以经济研究所政治经济学研究室和《资本论》研究室为核心，在常务副理事长胡乐明研究员领导下，完成了智库成立以来第一个前沿报告《政治经济学发展前沿报告（2019）》，跟踪政治经济学的国内外动态，注重政治经济学的学理化进展，注重政治经济学学科的演变，是推进智库从数量型向质量型转变具有里程碑意义的产品；标志着智库从数量型向质量型转变。

2. 广泛宣传政治经济学研究新成果，加强学术交流

(1) 做好微信公众号建设，提升智库学术影响力

2019 年"中国政治经济学智库"微信公众号加强从数量型向质量型转变，已成为高校师生和经济类研究机构喜爱的学习交流平台。"中国政治经济学智库"累计关注量 4.1 万，2019 年度发文 600 余篇，在中国特色社会主义政治经济学类微信公众号中脱颖而出，为宣传中国特色社会主义政治经济学发挥了较大作用。

(2) 组织了 9 讲"智库名家论坛"，在社会上引起较大的反响。

(3) 继续加强纸质版《智库动态》编写，每期 300 余份，主动订阅数量不断增加，提升了智库的影响力。

(4) 举办"中国《资本论》研究会第 21 届年会""中国特色社会主义政治经济学论坛第二十一届年会""中国特色新型智库建设高层论坛 2019"等全国性的大型会议，智库的影响力进一步提升。

工业经济研究所

（一）智库建设项目简况

工业经济研究所现有 1 个院级专业化智库，即中国社会科学院京津冀协同发展智库，以及加挂的中国社会科学院雄安发展研究智库，智库负责人为史丹。

（二）在智库建设方面实施的新机制、新举措

2019 年，根据院国家高端智库项目管理办法的要求，工业经济研究所于年初编制了智库年度项目研究计划，重点围绕高质量发展、京津冀协同发展、雄安新区建设、中美贸易摩擦、能源安全等重大选题，设立了智库基础研究项目 14 项。同时，承接国家高端智库理事会认领

课题9项。

1. 不断优化智库内部治理机制

工业经济研究所不断探索体制机制改革创新，在智库日常运营上采用"双肩挑"的管理模式，启用科研人员负责智库的相关工作。不断优化人才培养模式，加强专业化人才队伍建设，切实发挥理事会与学术委员会的作用，在智库学术建设和引领方面发挥学术规划、学术活动、学术评审等作用。为充分调动科研人员的积极性，工业经济研究所积极探索对优秀人员及成果的奖励机制，并建立了智库内部研究课题竞争机制，通过竞争提高智库研究成果质量。

2. 积极承接中央部署的重大工作任务

2019年，工业经济研究所依托中国社会科学院"京津冀协同发展智库"和"雄安发展研究智库"，继续发挥自身优势，积极承担党中央、国务院交办的研究任务，以及中央决策部门委托的研究课题。

3. 积极参与部级以上决策部门咨政活动

2019年，所长史丹、副所长李雪松多次参加各部委及部级以上决策咨询会议或活动。

4. 及时向有关部门报送决策咨询成果

工业经济研究所利用学科优势和科研人员专业特长，积极组织研究团队围绕党中央、国务院关心的重大现实问题和重要专题开展决策咨询研究，充分发挥咨政建言、服务社会等功能。

5. 积极做好理论研究、舆论宣传和引导工作

2019年，智库研究人员发表学术论文近300篇、"三报一刊"理论文章近40篇，这些成果较好地发挥了智库的研究阐释和宣传以习近平同志为核心的党中央治国理政的新理念、新思想和新战略的作用。同时，工业经济研究所也高度重视重大舆情事件的参与度。围绕中美贸易摩擦问题，工业经济研究所组织专家学者做好舆论宣传工作，积极正确发声，在"三报一刊"发表相关理论文章、学术论文及撰写相关《要报》30余篇。

6. 产生一批有影响力的科研成果

工业经济研究所集全所之力撰写的《中国工业发展报告》具有较高的社会知名度。工业经济研究所京津冀协同发展研究课题组与中国社会科学出版社合作，连续多年发布的国家高端智库报告《京津冀协同发展指数报告》已在业内产生较大的社会反响，得到国家京津冀协同发展领导小组办公室的充分肯定。在此基础上，国家发展和改革委员会委托进一步开展"京津冀协同发展指数评价体系研究"课题研究工作。《2020年中国经济形势分析与预测》（经济蓝皮书）被选入中国社会科学院创新工程年度重大成果。

7. 组织策划和参与了一些具有较大社会影响力的研讨会

工业经济研究所依托中国社会科学院京津冀协同发展智库，每年举办一届学术研讨会并定期举办中国社会科学院京津冀协同发展智库理事会会议。

金融研究所

（一）智库建设项目简况

2019年，金融研究所智库建设项目名称为"国家金融与发展实验室"。主要内容为：严格按照国家高端智库理事会和院智库办的指示精神，稳步推进智库建设的各项工作，围绕党和国家的中心工作和经济金融重大问题，扎实开展深度研究、积极发声，影响力不断提升。主要负责人为李扬。

（二）在智库建设方面实施的新机制、新举措

1．认真完成国家高端智库理事会和中央决策部门交办的重大研究任务。实验室2019年认领了15项国家高端智库理事会交办的重点课题；实验室接受中宣部紧急交办任务，举办"重塑国际经验金融新格局"研讨会；实验室接受国家高端智库理事会和国家发改委的联合委托，完成了3项"十四五"规划前期重大课题研究；接受国家高端智库理事会和财政部的联合委托，完成了"国库库款与央行货币政策相关性研究"和"地方政府债券市场发展问题研究"2项重点课题的研究报告。

2．认真落实与中央决策部门的直接对接工作。实验室承接了国家发改委、财政部、中宣部、中国人民银行、科技部、国家统计局等中央决策部门直接交办课题共8项，对日本经济发展与治理转型、专项债、文化金融、地方资产负债表编制等问题进行专项研究；为机制化对接中央决策部门，实验室成立了"立言学术论坛"，每两个月举办一期，就党和国家关心的重大问题和关键问题邀请中央决策部门负责人和国家高端智库学者展开研讨，提升学术与政策的契合度，让学术更好地服务中央决策。

3．发挥专长，资政建言。针对经济金融发展和改革中的重大问题、热点问题，实验室向国家高端智库理事会报送成果专报22期，一些报告获得中央领导同志批示。

4．为地方经济发展出谋划策。实验室接受上海市政府委托的课题研究13项；接受北京市、广东省、甘肃省、安徽省、四川省等地方政府委托，完成发展规划、地方金融政策等方面的研究报告5份，结合各省、直辖市发展的实际情况，提出务实有效的对策建议，为地方经济金融发展提供了重要参考。

5．精心组织科研，提升国内外影响力。实验室组织各类国内学术研讨会50余次，并主办"支付清算理论与政策高层论坛""2019北京CBD国际金融论坛""第四届中韩金融合作与发展论坛"等国际会议，国内外影响力不断提升；实验室于2019年5月启动"立言书鉴"读书会，实验室正式面向公众推出《NIFD季报》系列报告，在社会上产生了较大影响。

城市发展与环境研究所

（一）智库建设项目简况

2019年，城市发展与环境研究所智库项目为生态文明研究智库，其主要负责人为潘家华。

（二）在智库建设方面实施的新机制、新举措

一是继续加强生态文明理论研究，从理论层面对生态文明进行学理性阐释，以求形成严谨的理论体系与话语体系。二是基于国内外生态文明建设的理论动态和实践进展，主办或承办"长江高端智库对话""中国社会科学论坛（2019年·经济学）：生态文明范式转型——中国与世界国际论坛""生态文明：建设韧性城市与韧性社会学术研讨会""长江经济带共抓大保护与生态鄱阳湖流域建设论坛"等系列高水平学术研讨活动，不断扩大智库的决策影响力、学术影响力和社会影响力。

（三）在智库建设方面的新成果

2019年，生态文明研究智库致力于将理论研究与国家和地方生态文明建设实践紧密结合，用理论指导实践，用实践丰富理论，更好地服务于国家经济社会转型发展，取得较好成果。

1. 围绕中华人民共和国成立70周年这一重大历史事件，组织开展系列研究阐释宣传工作。一是按照中国社会科学院统一部署，承担"中国社会科学院庆祝中华人民共和国成立70周年书系"中《新中国生态文明建设70年》一书的撰写任务。二是牵头组织国务院发展研究中心资源与环境政策研究所、中国生态文明研究与促进会、生态环境部环境规划院、中国环境出版集团等单位，共同编撰《美丽中国：新中国70年70人论生态文明建设》。三是系统研究中华人民共和国成立70年来我国生态文明建设的思想创新、理论发展和实践成果，撰写出版专著《生态文明建设的理论构建与实践探索》；以"新中国70年生态环境建设发展的艰难历程与辉煌成就""中国共产党领导新中国70年生态文明建设历程""从生态失衡迈向生态文明：改革开放40年中国绿色转型发展的进程与展望""70年生态文明建设成效显著""科学看待中国城市发展的制度红利""生态文明建设：迈上新台阶，显现质的改观"等为题，在《经济日报》《光明日报》《中国环境管理》《城市与环境研究》《党的文献》《时事报告》等报刊上发表多篇理论文章。

2. 把握国际治理进程，积极开展国际学术交流活动，传播中国生态文明建设的理论创新

和实践成果，服务国家公共外交。一是积极参与"中非携手促进可持续发展"国际研讨会筹办工作。二是组团参加2019年12月在西班牙召开的"联合国气候变化大会"，参与举办"中国角"系列边会，设置展台，展示中国在应对气候变化方面的积极努力和实践成果。三是深度参与联合国政府间气候变化专门委员会评估报告工作，派员赴英国爱丁堡参加第六次评估报告第三工作组第一次作者会议，推动中国利益、中国实践在报告中充分体现。四是代表中国社会科学院深度参与2020年《生物多样性公约》相关工作，代表中国社会科学院每年派员参加联合国气候变化谈判工作。

社会政法学部

法学研究所

（一）在智库建设方面实施的新机制、新举措

1. 加强与有关单位战略合作。2019年，法学研究所与珠海市人大常委会办公室、珠海市横琴新区管委会、珠海市横琴创新发展研究院共同组建"珠海经济特区法治协同创新中心"，与最高人民检察院下属的正义网、广州大学、昆明信息港传媒有限责任公司等单位签署战略合作协议，推动各方面合作。

2. 积极承担有关智库课题。2019年，法学研究所承担了国家高端智库秘书处2项交办委托课题："合宪性审查（备案审查）理论体系构建"（交办部门为全国人大常委会法工委，负责人为翟国强）；"中小企业促进法实施条例立法思路研究"（交办部门为工业和信息化部，负责人为席月民）。

（二）在智库建设方面的新成果

2019年，法学研究所组织研究人员深入基层调研，开展专题研究，参与决策咨询，接受中央或有关部门的委托完成有关课题，在智库建设方面取得了丰富的成果。

1. 接受中央有关部门委托开展了数项研究，分别提交了内部研究报告。委托部门包括：全国人大常委会办公厅、中央宣传部、中央外办、中央依法治国办、司法部等。

2. 按照中央部署积极参与"民法典编纂"工作。中国社会科学院是中央确定的"民法典编纂"重要工作的参与单位之一，法学研究所是具体承担单位。2019年这方面的工作主要包括：多次受邀参加全国人大组织的有关工作会议；编辑出版有关论著（如《中国社会科学院民法典分则草案建议稿》）；组织召开有关民法典编纂工作的学术会议3次。

3. 继续发布法治蓝皮书系列报告，法治蓝皮书的学术影响力和社会影响力继续扩大。发布了《四川依法治省年度报告 No.5(2019)》《中国法院信息化发展报告 NO.3（2019）》《前海法治发展报告 No.2(2019)》《法治山西建设年度报告 No.2(2019)》，新创了《珠海法治发展报告 No.1（2019）》，并出版了《中国法院信息化发展报告 No.3(2019)》英文版。

4. 积极参与中国社会科学出版社"国家智库报告"、"中社智库年度报告"及"地方智库报告"出版工作。2019 年，法学研究所学者出版了 7 部国家智库报告、2 部中社智库年度报告、1 部地方智库报告，分别是《中国司法公开新媒体应用研究报告（2018）——人民法院庭审公开第三方评估》《中国司法公开第三方评估报告（2018）》《社会治理：新时代"枫桥经验"的线上实践》《中国政务公开第三方评估报告（2018）》《政府信息公开工作年度报告发布情况评估报告（2019）》《中国司法公开新媒体应用研究报告（2019）——人民法院庭审公开第三方评估》《中国人才创新创业优质生态圈研究发展报告（2019）——对北上广深杭（含一线城市）及粤港澳大湾区的第三方评估》《中国网络法治发展报告（2018—2019）》《中国政府透明度·2019》《实证法学：法治指数与国情调研（2018）》。其中，《中国司法公开第三方评估报告（2018）》获评 2019 年度优秀智库报告。另法学研究所获评"2019 年度国家智库报告优秀科研单位"。

国际法研究所

在智库建设方面实施的新机制、新举措

1. 以对策建议与政策咨询为主攻方向，撰写要报与研究报告，形成了较好的社会影响力。坚持问题导向，针对经济社会发展和法治建设中的全局性、战略性、前瞻性问题，组织开展研究，在成果转化环节做足功夫，把学术观点转化为可操作的咨政建议。

2. 理论联系实际，注重国情专项调研，深入开展法治宣传、地方法治、国家安全等专题研究，取得了较多研究成果，并推动法治宣传发展。组织开展了一系列有影响、有成效的学术活动，并在多个省市单位建立了智库研究基地，为科研人员进行地方法治建设研究提供了平台。

社会学研究所

在智库建设方面实施的新机制、新举措

2019 年，在中国社会科学院国家治理智库的领导下，社会治理研究部继续坚持问题导向，

聚焦新时代重大理论和现实问题，开展理论和政策研究，为党中央、国务院制定发展战略和政策提供决策咨询服务，为解决人民群众关注的热点难点问题建言献策，推出高质量的智库研究成果。同时，社会学研究所推动信息报送的规范化和制度化，严格信息报送工作程序，完成2019年度信息报送任务。

1. 党建引领智库发展

2019年6月20日，社会学研究所"党建引领社会学研究所智库建设——社会学研究所2019年智库工作会议"在社会学研究所召开。在中国社会科学院开展"不忘初心、牢记使命"主题教育和学习贯彻习近平总书记"5·17讲话"精神的重要时期，社会学研究所将智库建设作为"不忘初心、牢记使命"主题教育的教育环节，要求社会学研究所学者们对照习近平总书记"5·17讲话"重要精神，找差距补短板，提升社会学研究所作为智库的研究能力，并希望社会学研究所学者们将自己的专业与国家重大理论现实问题联系起来，为国家发展贡献力量。

2. 为党和国家社会发展和治理建言献策

2019年，社会学研究所科研人员提交并获采用的内部研究报告29篇，其中，《要报》正刊5篇，中共中央办公厅、国务院办公厅和中共中央宣传部《专供信息》21篇，《国情调研报告》2篇，《智库研究专报》1篇。多篇信息得到中央领导批示以及有关部门的采纳和好评。此外，该所科研人员还完成省部级以上机构委托的内部研究报告15篇，参加中央和国务院有关部委等机构召开的重要政策咨询研讨会议16人次。

3. 启动中国社会科学院创新工程重大科研项目

2019年，中国社会科学院创新工程重大项目"全面建成小康社会及'后小康社会'重大问题研究"启动。社会学研究所作为项目协调单位，配合高培勇组长协调开展研究工作。社会学研究所作为参与单位，还承接了3项中国社会科学院重大科研工程项目的子课题，分别是"未来十五年中国面临的重大风险研究""'十三五'规划实施评估与'十四五'规划预研""'两步走'战略中两大重要时间段发展战略规划研究"。

4. 完成院智库办交办项目

2019年，社会学研究所共完成社会政策研究专题报告1部（项目组负责人为王春光研究员）。完成多项中央及部委委托交办工作任务，包括中产阶层研究项目、中等收入群体研究项目、社会结构变迁研究项目（负责人均为李春玲研究员）；扶贫工作中的问题研究项目（负责人为王晓毅研究员）；中国志愿服务项目（负责人为邹宇春副研究员）；网络新媒体对未成年人影响（负责人为朱迪副研究员）；民营企业家研究项目（负责人为吕鹏副研究员）；知识分子研究项目（负责人为李炜研究员）。

5. 组织系列智库论坛

2019年，社会学研究所组织召开了"社会治理现代化与乡村振兴论坛""建国七十年我国民生事业发展和社会福利体系建设研讨会""县域现代化与县域社会治理现代化研讨会""我国社会形态变迁对社会政策的影响研讨会""东亚社会政策国际论坛""社会政策年会"等系列智库论坛。同时，通过与地方政府合作交流，合办多个智库论坛，建立调研基地等形式，推动社会学研究服务地方经济社会发展。

6. 持续组织蓝皮书出版工作

2019年，社会学研究所编写和出版《社会蓝皮书：2019年中国社会形势分析与预测》《社会心态蓝皮书：中国社会心态研究报告（2019）》《反腐倡廉蓝皮书：中国反腐倡廉建设报告No.9》《慈善蓝皮书：中国慈善发展报告（2019）》等智库成果。

国际研究学部

世界经济与政治研究所

在智库建设方面实施的新机制、新举措

世界经济与政治研究所将自身定位在建设成为全球宏观经济和国际经济政策研究领域的世界一流专业智库。该智库主要研究领域为全球宏观经济、国际金融、国际贸易、国际投资、全球经济治理、国际发展、国际政治、国际战略与国家安全。在智库建设方面，该智库迅速建立了研究机制，不仅承担了多项智库研究项目，而且取得了一系列智库成果。

2019年，世界经济与政治研究所多次承担党中央、国务院和院党组交办的任务。此外，承担了4项中国社会科学院国家高端智库重点课题、11项中国社会科学院国家全球战略智库委托的重点课题、1项院新疆智库委托课题和一系列部委委托课题。

为了配合国家战略的实施，世界经济与政治研究所组织了一系列国际研讨会。例如：主办了"第九届亚洲研究论坛：新形势下的东北亚合作""中国社科论坛2019——'一带一路'经贸合作：回顾与展望""新兴经济体研究会2019年会暨第7届新兴经济体论坛"，以及"钱俊瑞—浦山讲座""国际政治论坛""国际经济论坛"等。

2019年，该智库共发布智库系列报告194份，被智库办的《研究专报》《信息专报》采用的有7篇；定期发布的智库报告有《一周财经要闻》49期，《全球智库半月谈》23期，《中国外部经济环境月报》11期，《宏观经济季报》8期，《世界经济与政治研究所月报》12期；不定期发布的系列研究报告有国际金融系列11篇，全球发展展望7篇，国际贸易系列24篇，国际投资系列1篇，世界能源系列3篇，国际战略研究组17篇，全球治理研究系列28篇；发布了国家智库报告4种，分别是《中国海外投资国家风险评级报告(2019)》、《中国海外投资国

家风险评级报告（2019）》（英文）、《隐形的控制：药品、知识产权与国际贸易协定》和《中国对外贸易报告（2018—2019）》。

举办了 5 场成果发布会，分别是：2019 年 1 月 10 日召开的"《中国海外投资国家风险评级报告（2019）》发布会"；2019 年 3 月 26 日召开的"博鳌亚洲论坛《新兴经济体发展 2019 年度报告》发布会"；2019 年 4 月 11 日召开的"联合国亚太经社理事会（ESCAP）旗舰报告《2019 年亚太地区经济概览：超越增长的雄心》发布会"；2019 年 9 月 25 日召开的"2019 年联合国《贸易与发展报告》北京站发布会"；2019 年 12 月 30 日召开的"2020 年《世界经济黄皮书》《国际形势黄皮书》发布会"。

俄罗斯东欧中亚研究所

（一）智库建设项目简况

2019 年，俄罗斯东欧中亚研究所承担国家高端智库委托课题 2 项：分别为"'一带一路'建设：进展、困难及对策"（孙壮志主持），"欧亚经济联盟：现状、问题与前景"（柴瑜主持）；另有全球智库课题 7 项、外交部委托课题 7 项、国家反恐办委托课题 5 项。

（二）在智库建设方面实施的新机制、新举措

在智库建设方面，俄罗斯东欧中亚研究所认真做好交办任务和决策咨询研究，不断提高研究理论、方法和分析工具的创新水平，重视在研究中使用前沿的学术理论与方法，实现基础学术研究与智库研究相互促进，同时提高从实践上升到理论的能力，增强学科话语权，提高综合研判和战略谋划能力。

加强新型智库平台建设。2017 年，中国社会科学院中俄战略协作高端合作智库平台的建立填补了中国社会科学院在欧亚地区研究领域智库平台缺失的空白。该智库整合中国国内和俄罗斯乃至中亚国家的优势资源，积极实施新型智库建设，成为推动中俄全面战略协作伙伴关系"二轨"交流平台的开放性、国际性高端智库。该智库与俄方合作伙伴俄罗斯国际事务委员会建立了机制性合作，轮流在北京与莫斯科举办论坛，每年联合发布智库研究报告。第二届中俄智库高端论坛于 2019 年 5 月 29—30 日在莫斯科举行，双方共同撰写的研究报告《中俄农业合作》同时发布。

中俄智库继续加强国际学术交流。与俄罗斯、中亚及中东欧国家多个有影响的智库建立交流合作机制。在已有机制基础上，开拓更多与国际著名智库的合作渠道。此外，继续加强与俄罗斯、中亚及中东欧国家政府机构的合作。

加强人才队伍建设。打造一支坚持正确政治方向、德才兼备、富于创新精神的欧亚问题

研究队伍，重视智库型学者的培养，尤其重视青年科研人员培养，搭建针对青年学者的学术平台。

欧洲研究所

（一）智库建设项目简况

2019年，欧洲研究所智库建设项目名称为"中国—中东欧国家智库交流与合作网络"，其主要负责人为刘作奎。

（二）在智库建设方面实施的新机制、新举措

自2015年成立以来，积极贯彻国家新型智库建设和"一带一路"倡议等构想，在新形势下助力"17+1合作"，取得了突出成绩。2019年4月，随着希腊的加入，"16+1合作"正式扩大为"17+1合作"，中国—中东欧国家智库交流与合作网络的简称也改为"17+1智库网络"。在中国社会科学院领导的支持下，中国—中东欧国家智库交流与合作网络努力践行国际化智库和高端平台的定位，真抓实干、砥砺前行。在配合国家重大外事活动、建言献策、学术成果出版与发布、深化项目研究、加强行政管理等方面取得突出成效。该智库2019年的主要工作如下。

1. 助力中国社会科学院希腊"中国研究中心"的建设工作

（1）建立希腊中国研究中心

希腊当地时间2019年11月11日，在中国国家主席习近平和希腊总统帕夫洛普洛斯共同见证下，中国社会科学院院长谢伏瞻与希腊阿卡特立尼·拉斯卡瑞德斯基金会主席，签署了共建"希腊中国研究中心"的协议。11月12日，中国社会科学院—阿卡特立尼·拉斯卡瑞德斯基金会中国研究中心，在希腊比雷艾夫斯正式揭牌成立。该中心的建立是在改革开放四十年我国不断走近世界舞台中央的新格局、新形势下，主动开展国际学术—智库交流，并积极配合中国特色的大国外交，开拓创新智库建设与提升在国际学术活动中中国话语权的一个重要举措。

（2）17+1智库网络参与的相关工作

17+1智库网络积极支持希腊中国研究中心的设立，在理事会的带领下为中心的筹备、建立和开展相关活动做了大量工作。

①组织承办相关学术研讨会。11月8日，为配合中国国家主席习近平访问希腊，由中国社会科学院、中国日报社、阿卡特立尼·拉斯卡瑞德斯基金会主办，中国社会科学院国际合作局、欧洲研究所、17+1智库网络承办的"'一带一路'建设高质量发展与中希合作

学术研讨会，在希腊港口城市比雷埃夫斯举行。中国与希腊两国的政府官员、专家学者和企业代表150余人出席会议。中国社会科学院谢伏瞻院长、拉斯卡瑞德斯基金会主席帕诺斯·拉斯卡瑞德斯、中国日报社社长周树春、希腊公民保护部副部长吉奥吉奥斯·库木特萨克斯、希腊外交部副部长米尔提阿迪斯·维瓦特斯奥提斯、中国驻希腊大使章启月等重要嘉宾在会议开幕式上致辞。希腊发展与投资部部长阿多尼斯·佐治亚迪斯在会上发表主旨演讲。

②助力中心的设立和工作实施。17+1智库网络参与了中心前期沟通、筹备、组建的相关具体工作，并参与中心工作方案的设计和实施。

2. 举办高水平智库活动

2019年17+1智库网络在中东欧国家举办了多次高水平、高级别的智库学术交流活动，有力地配合了国家领导人访问，提升了自身的国际影响力。

（1）为配合李克强总理访问克罗地亚并参加16+1总理峰会，4月10日由中国社会科学院和克罗地亚杜布罗夫尼克大学共同主办，17+1智库网络承办的"'16+1合作'中的中克人文交流圆桌会议"在克罗地亚杜布罗夫尼克举行。克罗地亚前副总理司马安（Ante Simonić），中国社会科学院副院长王京清，杜布罗夫尼克大学校长尼克萨·布鲁姆、副校长马丁·拉萨尔、桑加·维尔贝卡教授等近30位中、克学者和专家出席了会议。

（2）4月12日，由17+1智库网络承办的"中波建交70周年：合作机遇与前景"研讨会在波兰华沙举行。中国社会科学院院长谢伏瞻、波兰国际问题研究所所长斯瓦沃米尔·邓布斯基（Sławomir Dębski）、中国驻波兰大使刘光源、波兰前驻华大使孔凡（Burski Ksawery）等超过30位中、波学者，使馆代表，智库代表出席了会议。

（3）4月12日，由中国社会科学院欧洲研究所、波兰亚洲研究中心、华沙大学中国法律与经济研究中心、17+1智库网络共同举办的"经济全球化与中欧、中波关系研讨会"在波兰华沙举行。中国社会科学院院长谢伏瞻、中国驻波兰大使刘光源、波兰亚洲研究中心主任帕特里西亚、波兰国家银行管理委员会委员卡西米尔察克、波兰前驻华大使霍米茨基等将近100位中、波学者和专家出席了会议。

（4）4月15日，由17+1智库网络与塞尔维亚国际政治与经济研究所主办的"'一带一路'倡议六年历程"研讨会在塞尔维亚贝尔格莱德举行。中国社会科学院副院长高培勇、塞尔维亚教育部国务秘书波波维奇、中国驻塞尔维亚大使陈波到会致辞。塞尔维亚国际政治与经济研究所所长乔尔杰维奇，中国社会科学院社会发展战略研究院院长张翼，中国社会科学院大学副校长林维，中国社会科学院欧洲研究所副所长、17+1智库副理事长田德文等40余位中塞学者、官员出席会议。

（5）9月3—4日，第六届中国—中东欧国家高级别智库研讨会在斯洛文尼亚布莱德举行。该研讨会是"17+1合作"机制下年度最高级别的智库活动，也是落实《中国—中东欧国家合作杜布罗夫尼克纲要》的重要内容。研讨会由中国社会科学院、17+1合作秘书处、斯洛文尼亚外交部主办，17+1智库网络、中国社科院欧洲所与布莱德管理学院承办。来自中国、斯洛文尼亚及其他中东欧国家的政要、学者、官员共150人出席会议。

（6）10月30日，第四届中国—罗马尼亚学术圆桌会议在北京举行。此次会议由中国社会科学院俄罗斯东欧中亚研究所主办，欧洲所、世经政所及17+1智库网络联合参与，共有来自中国、罗马尼亚和波兰等国家的20余位学者代表参加。

3. 成果平台建设日益完善

2019年年初，17+1智库网络召开第二届理事大会，改选了理事会领导成员，增加了国内理事单位及理事，大大拓展自身在国内学术、智库界的影响力。

（1）开设"17+1智库网络系列学术系列讲座"。17+1智库网络共组织举办了8场"系列学术系列讲座"，邀请国内相关领域知名学者、中国前驻中东欧国家外交官以及中东欧国家前政要、学者进行讲座。该系列讲座紧密围绕"17+1合作"相关问题，成为相关领域专家介绍研究成果，展示一手资料和工作经验的重要平台。

（2）"三报"（《信息简报》《研究报告》《专题调研》）平台建设日臻完善。2019年"三报"共发表各类文章50多篇，报送单位近150家。"三报"立足于服务国家、服务地方和服务企业，定向发给国家机构、地方政府、理事单位和企业代表。通过广泛征稿、定向约稿，"三报"为国内外相关学者、政府、企业提供一个展示研究成果，交流研究心得的重要平台。

（3）开展专题征文工作，丰富智库成果来源。17+1智库网络本着"成果导向"的原则，在举办重要学术智库活动时开展专题征文活动，并及时出版会议论文相关成果。

西亚非洲研究所（中国非洲研究院）

（一）在智库建设方面实施的新机制、新举措

2019年，西亚非洲研究所充分发挥高端智库作用，完成多项重要的对外学术交流活动。举办了两届"非洲讲坛"（外交部中非联合研究交流计划项目，主要责任人为李新烽），举办了"'一带一路'倡议与非洲一体化发展"国际学术研讨会（主要责任人为李新烽），完成了非洲英语国家学者访华团项目（外交部中非联合研究交流计划项目，主要责任人为李新烽）。

（二）在智库建设方面的新成果

2019年，西亚非洲研究所出版"中国非洲研究院文库·智库系列"（中文版）8种：《非洲华侨华人报告》（李新烽、乔治·休斯敦等）、《中国与埃及友好合作》（王林聪、朱泉钢）、《中

国与津巴布韦友好合作》（沈晓雷）、《中非双边法制合作》（朱伟东、王琼、王婷）、《中国与阿尔及利亚友好合作》（王金岩）、《中欧非三方合作可行性研究》（周瑾艳）、《中国与东非共同体成员国友好合作》（邓延庭）、《印度与非洲关系发展报告》（徐国庆）。完成了"中东局势新变化和美国中东战略调整及我国应对研究"（王林聪主持）等多项国家发改委、外交部交办委托课题。2019年，完成信息报送39篇。

拉丁美洲研究所

（一）智库建设项目简况

2019年，拉丁美洲研究所承担国家战略研究高端智库项目1项："'一带一路'建设若干重大问题研究"（王荣军、杨志敏、岳云霞、芦思恒主持）。

2019年，拉丁美洲研究所承担的上级部门交办任务和决策咨询研究项目有：国家发展改革委国际合作司委托课题1项（内部）；中联部研究室委托课题1项（内部）。

（二）在智库建设方面实施的新机制、新举措

为更好地发挥学术影响力、政策咨询的权威性，2019年，拉丁美洲研究所在智库建设方面采取了一系列举措。

一是组建新的研究室和学科，完善学科布局，形成研究领域全覆盖。2019年，先后将原"一体化研究室""综合理论研究室"更名为"区域合作研究室""发展与战略研究室"，以更好地适应中拉关系形势发展、国家的决策需要。在重视专业人才的作用，重视科研骨干的同时，培养和引进新的科研力量。

二是继续发挥所级研究中心的独特性、专业性和灵活性，与研究室形成相互补充。根据所里的统一安排，各研究中心先后主办了"大使讲坛"（系列），邀请拉美国家的大使演讲。并就相关国别和地区问题与相应的拉美国家政府、组织和驻华机构保持良好互动。同时，研究中心积极吸纳国内相关人才加入，形成了广泛的学术网络。

三是作为专业的智库，拉丁美洲研究所在国家重大外事活动、中拉关系或拉美发生的重要事件等方面发挥了积极作用。根据国家需要，积极派遣科研骨干参与中央和院组织的国家领导人访拉重大外事活动；就中拉关系和合作中的重大事件在国内外主流媒体发声；就拉美地区和中拉关系中的突发事件及时组织交流研讨，并向国家报送内部报告；积极参与政府部门和科研机构组织的重要论坛并发表观点；积极承接和接待中央有关部门交办的任务、来访团组等重要外事活动；与外交部、中联部、商务部等政府部门巩固了彼此良好的合作关系、交流机制和通气制度；等等。

马克思主义研究学部

马克思主义研究院

（一）智库建设项目简况

智库名称为马克思主义理论创新智库，主要负责人为姜辉。

（二）在智库建设方面实施的新机制、新举措

2019年，为保证马克思主义理论创新智库更有效地开展工作，在智库项目立项与管理机制建设上作了进一步的完善。智库建立了项目招标—管理制，项目分年度项目与中长期项目两部分。在招标上，年度项目主要根据年度国内国际在理论与实践上的热点、疑点、难点问题设置一定量的项目，在成员单位内进行招标；中长期项目主要侧重于基础理论研究，设置一定量的课题进行招标。在管理上，制定了较为严格的项目结项要求和成果质量奖惩制度。

（三）2019年智库建设的新成果

2019年，围绕年度计划、上级委托交办任务和根据形势需要自选任务，马克思主义理论创新智库在咨政建言、理论创新、舆论引导、社会服务、公共外交等方面积极展开工作，取得了较多的研究成果，产生了比较好的社会效果。

（1）完成上级部门交办的任务5项：中宣部交办的参加《习近平新时代中国特色社会主义学习纲要》的编写，中组部交办课题"加强党政领导干部政治建设研究"，中办交办课题"关于加强习近平新时代中国特色社会主义思想研究和宣传的建议"，中宣部交办课题"民主集中制是马克思主义政党区别于其他政党的重要标志"，中宣部交办署名理论文章《五四精神与中国道路——深入学习领会习近平在纪念五四运动100周年大会上的重要讲话精神》（2019年5月20日《人民日报》全文刊发）。

（2）参与完成院党组交办的任务有：《中国特色社会主义理论体系概论》教材编写工作，《新中国马克思主义研究70年》《新中国社会主义发展道路70年》的编撰出版。

（3）围绕宣传党的十九大精神和习近平新时代中国特色社会主义思想，策划了"新时代新思想标识性概念丛书"项目。2019年完成第一辑共八本，分别是：《"五位一体"总体布局》《"四个全面"战略布局》《新发展理念》《总体国家安全观》《"一带一路"建设》《新常态和供

给侧结构性改革》《国家治理体系和治理能力现代化》《坚定"四个自信"》。

（4）据不完全统计，智库学者以"习近平新时代中国特色社会主义思想研究中心"和"中国特色社会主义理论体系研究中心"名义在《人民日报》《光明日报》《经济日报》《求是》"三报一刊"上发表理论文章 30 多篇，在《马克思主义研究》等 71 种重要学术期刊上发表重要学术论文 40 多篇。

（5）智库学者加强基础理论研究，积极撰写学术专著。据统计，2019 年，智库相关单位共完成、出版学术专著 54 部。

（6）为更好地发挥智库资政建言作用，智库把撰写内部报告作为工作的重中之重。据不完全统计，2019 年，以《研究专报》《信息专报》《要报》《世界社会主义动态》等内参形式组织报送智库成果 90 余篇，其中要报系列 70 余篇。

（7）围绕党的十九大精神和习近平新时代中国特色社会主义思想，围绕庆祝中华人民共和国成立 70 周年、纪念五四运动 100 周年，围绕当前国际国内理论与实践的热点难点疑点，智库有针对性地设置系列年度课题并向智库单位招标。年度课题共立项 22 个，完成情况良好。基于该智库性质，为立足于基础理论研究，设置了系列中长期（3—5 年）跟踪性研究的长线课题，共立项 12 项，年度任务完成情况良好。

（8）智库参与国内学术论坛 12 个，这些论坛的成功召开在全国理论界产生了较大影响，对于推动相关学科发展、推动高校《两课》教学、推动马克思主义及最新成果研究和广泛传播等方面起到引领性的作用。参加国际学术论坛 2 个，发挥了学术外交的重要作用，对于宣传好中国道路、讲好中国故事，对于在国际上宣传中国特色、中国风格、中国气派的学术话语起到了非常好的效果。

信息情报研究院

（一）智库建设项目的简况

2019 年，信息情报研究院智库建设项目 2 个：院属智库中国社会科学院国家全球战略智库（主要负责人为蔡昉），所属智库信息情报研究院意识形态研究智库（主要负责人为姜辉）。

（二）在智库建设方面实施的新机制、新举措

2019 年，信息情报研究院在院属智库中国社会科学院国家全球战略智库建设方面主要进行了三点探索：（1）积极参与中央和中央决策议事部门等交办课题；（2）以承办、协办等方式直接参与国家三大主场外交活动；（3）参加多场重要国际研讨会。

在所属智库信息情报研究院意识形态研究智库建设方面主要进行了四点探索：（1）深入

学习习近平总书记有关重要论述，并认真贯彻落实院党组关于意识形态工作各项工作部署；(2) 组织开展自身突出问题调研，并进行深入研究和解决；(3) 做好意识形态类选题的研究工作总体规划，并研究筛选一批年度重大意识形态研究选题；(4) 通过举办高质量的理论研讨会等形式，深入开展重大理论与现实问题研究。

（三）在智库建设方面的重要成果

2019年，信息情报研究院在院属智库中国社会科学院国家全球战略智库建设方面主要做了五项工作：(1) 加强决策咨询，提升国家高端智库服务国家外交的大局能力；(2) 进一步发挥智库外宣功能，提升公共外交水平，做好服务主场外交工作；(3) 加强国际学术交流，参加或举办多场国际学术会议；(4) 发挥智库社会影响力功能，做好国内舆论引导工作；(5) 出版多部作品，并在社会上产生较大反响。

同时，在所属智库信息情报研究院意识形态智库建设方面主要做了三项工作：(1) 承担完成来自中办、中宣部、中央文化安全协调小组等部门委托的重要交办任务；(2) 作为成员单位，参加中办、中宣部组织的有关意识形态工作会议，并组织报送相关决策研究成果；(3) 参加中宣部组织召开的专题研讨，并参与研讨起草有关文稿文件。

工作概况和学术活动

一　研究院所工作

文学哲学学部

文学研究所

（一）人员、机构等基本情况

1．人员

截至 2019 年年底，文学研究所共有在职人员 120 人。其中，正高级职称人员 38 人，副高级职称人员 32 人，中级职称人员 33 人；高、中级职称人员占全体在职人员总数的 86%。

2．机构

文学研究所设有：古代文学研究室、近代文学研究室、现代文学研究室、当代文学研究室、文艺理论研究室、马克思主义文学理论与文学批评研究室、民间文学研究室、比较文学研究室、台港澳文学与文化研究室、古典文献研究室、数字信息研究室、网络文学研究室、《文学评论》编辑部、《文学遗产》编辑部、《中国文学年鉴》编辑部、图书馆、办公室、科研处、人事处。

3．科研中心

文学研究所所属科研中心有：马克思主义文艺与文化批评研究中心、世界华文文学研究中心、比较文学研究中心、民俗文化研究中心。

（二）科研工作

1．科研成果统计

2019 年，文学研究所共完成专著 37 种，1235.8 万字；论文 553 篇，561 万字；研究报告 3 篇，7.3 万字；学术资料 2 种，321 万字；古籍整理 4 种 48 册，201.6 万字；译著 3 种，66.4 万字；译文 3 篇，4.1 万字；学术普及读物 2 种，44 万字；论文集 13 种，357.5 万字。

2．科研课题

（1）新立项课题。2019 年，文学研究所共有新立项课题 24 项。其中，国家社会科学基金课题12项:"改革开放40年文学理论学术史研究与文献整理"(丁国旗主持),"香港文艺期刊资料长编"(赵稀方主持),"汉赋文本与理论研究"(孙少华主持),"桐城派在晚清民国的命运研究"(王达敏主持),"日常生活史与古代小说研究"(夏薇主持),"近代中国的新式教育与教育小说研究(1903—1922)"(马勤勤主持),"《清儒学案》与民国初年学术研究"(朱曦林主持),"同光记忆与清遗民的文学书写研究"(潘静如主持),"当代中国民间文学生产机制研究(1949至今)"(祝鹏程主持),"中国现当代小说史稿"(张炯主持),"袁于令与明清讲史小说嬗变研究"(石雷主持),"清代前中期的古文、知识与文化秩序研究"(胡琦主持);院重大课题1项:"中华文明发展与中华传统文化创造性转化与创新性发展研究"(王京清主持);院青年科研启动基金课题9项:"《清儒学案》编纂往来书札辑考"(朱曦林主持),"鲁迅与俄苏版画研究"(李一帅主持),"明清古文声调论研究"(胡琦主持),"抗战桂林文化城地理空间与文化实践研究"(黄相宜主持),"市场化进程中的非物质文化遗产保护研究:以北京相声为个案"(祝鹏程主持),"民间文学视野下的敦煌写本佛教斋文研究"(李一帅主持),"哈贝马斯美学思想研究"(汪尧翀主持),"英文网络同人文学写作与中国网络文学的跨文化视野"(郑熙青主持),"明代学术文化语境下的唐宋散文接受史研究"(裴云龙主持);其他部门与地方委托课题2项:月星集团委托课题"1970年代台湾社会与文艺研究:以《夏潮》为线索"(李娜主持),李冰研究中心委托课题"刘氏家族与都江堰"(马旭主持)。

(2)结项课题。2019年,文学研究所共有结项课题即国家社会科学基金课题8项:"家乡民俗学的理论与实践研究"(安德明主持),"陶渊明作品互文性研究"(范子烨主持),"托·斯·艾略特戏剧创作研究"(陆建德主持),"中国小说史"(石昌渝主持),"香港报刊文学史"(赵稀方主持),"三家《诗》辑佚史研究"(马昕主持),"法国吉美博物馆所藏伯希和档案整理与研究"(王楠主持),"《五经正义》文学思想研究"(王秀臣主持)。

(3)延续在研课题。2019年,文学研究所共有延续在研课题25项。其中,国家社会科学基金课题20项:"汉魏六朝集部文献集成"(刘跃进主持),"唐宋诗词中的生态审美与中国文化精神"(王莹主持),"习近平总书记文艺工作座谈会讲话的理论突破研究"(丁国旗主持),"台湾左翼文艺研究"(李娜主持),"天地知识与商周文献关系研究"(林甸甸主持),"汉魏两晋乐府曲名研究"(许继起主持),"敦煌吐鲁番道教文献综合研究"(郜同麟主持),"乡村儿童的文学教育及阅读推广研究"(费冬梅主持),"《汉书》文本的形成及其早期传播"(陈君主持),"白居易接受史研究"(陈才智主持),"新世纪海外华文作家的中国叙事研究"(刘艳主持),"别尔嘉耶夫创造论美学与中国启示研究"(李一帅主持),"两岸新生代作家比较研究"(霍艳主持),"清代说唱文学子弟书研究"(李芳主持),"陶渊明文献集成与研究"(范子烨主持),"元代文学地图数字分析平台"(刘京臣主持),"《尚书》经典化研究"(赵培主持),"书籍文化视野下的明代书序文研究"(王润英主持),"元明时期唐宋八大家散文经典化研究"(裴云龙主持),"兵家还原"(杨义主持);院马克思主义理论学科建设与理论研究工程后期资助项目 2 项："物联网生产方式革命与马克思工艺学思想研究"（刘方喜主持），"马克思主义文艺理论民族化问题研究"（马勤勤主持）；院重点课题 1 项："中华思想通史（现代文艺卷）"（程凯主持）；所重点课题 1 项："基础史料编纂与研究"（胡博、段美乔主持）；其他部门与地方委托课题 1 项：三峡大学委托课题"茶经、茶道、茶俗、茶艺——雅致生活之茶文化研究"（邹明华主持）。

3. 获奖优秀科研成果

2019 年，文学研究所获"第十届（2019 年）中国社会科学院优秀科研成果奖"专著类一等奖 1 项：杨义的《论语还原》；专著类三等奖 3 项：吴光兴的《八世纪诗风——探索唐诗史上"沈宋的世纪"（705—805）》，李洁非的《文学史微观查》，施爱东的《16—20 世纪的龙政治与中国形象》；论文类三等奖 2 项：刘宁的《晚唐诗学视野中的右丞诗——司空图对王维的解读》，安德明的《对象化的乡愁：中国传统民俗志中的"家乡"观念与表达策略》。

（三）学术交流活动

1. 学术活动

2019 年，由文学研究所主办和承办的学术会议如下。

（1）2019 年 5 月 26—27 日，由文学研究所主办的"中国文学研究 70 年学术研讨会"在北京召开。会议研讨的主要议题有"马克思主义文艺理论""中国古代文学和现当代文学研究"等。

（2）2019 年 7 月 27—29 日，文学研究所"学习贯彻习近平新时代中国特色社会主义思想专题培训"在河北省秦皇岛市北戴河举行。

2. 国际学术交流与合作

2019 年，文学研究所共派遣出访 29 批 38 人次，接待来访 4 批 22 人次（其中，中国社会科学院邀请来访 2 批 2 人次）。与文学研究所开展学术交流的国家有加拿大、美国、日本、法国、印度、德国等。

（1）2019 年 1 月 18—19 日，文学研究所研究员陆建德与日本佛教大学文学部长松本真治在日本就"异文化理解和交流""文学批评——如何解读文学作品"开展学术讲座及交流活动。

（2）2019 年 1 月 26 日至 3 月 31 日，文学研究所研究员王莹赴德国美因茨约翰内斯·古腾堡大学访学，举办题为"中英自传文学之比较"的系列讲座。

（3）2019 年 2 月 20—24 日，文学研究所研究员陶庆梅应美国芝加哥大学东亚研究中心邀请，参加在芝加哥大学举办的"以郭宝昌的创作为联结：中国的京剧、电影与电视研讨会"，并就"中国京剧与世界戏剧"作大会发言。

（4）2019 年 3 月 8—12 日，文学研究所助理研究员郑熙青应美国华盛顿大学比较文学系教授柏右铭邀请赴美访学，参与关于中国流行文化的小型工作坊。

（5）2019年4月8—10日，文学研究所研究员张伯江，副研究员陈君、冷川赴埃及参加郭沫若纪念馆和埃及苏伊士运河大学联合举办的"郭沫若文化周"学术交流活动。

（6）2019年5月10—13日，文学研究所研究员董炳月赴日本东京参加"长时段及东亚历史视野中的'五四'百年纪念研讨会"。

（7）2019年7月5—8日，文学研究所研究员安德明赴韩国参加主题为"后帝国的文化权力与白话文：通过民俗学来问究"的国际学术研讨会。

（8）2019年9月28日至10月7日，文学研究所研究员李建军赴法国巴黎狄德罗大学，就"多所大学合作进行中法／中欧文学交流及互译计划""中国文学在法语地区的翻译和传播"等问题与索邦大学比较文学系教授Franco等学者进行学术交流，并参加艾克斯－马赛大学等主办的"1919—2019：百年中国文学国际学术研讨会"。

（9）2019年10月22日，文学研究所研究员刘跃进、石昌渝与日本京都大学名誉教授、日本中国学会理事长金文京在外国文学研究所就"二十四孝中大舜行孝故事的演变"开展了学术讲座及研讨活动。

（10）2019年10月23—27日，文学研究所研究员刘跃进一行5人，应英国牛津大学中国中心主任拉纳·米特邀请，赴英国参加由牛津大学中国中心主办的"中英艺术与人文学术研讨会"，并作题为"中国文学研究四十年思潮"的专场学术讲座。

（11）2019年10月26—30日，文学研究所研究员周亚琴应马德里中国文化中心邀请，赴西班牙马德里参加"丝路行吟——走进马德里诗歌节"活动。

（12）2019年12月17日，文学研究所古代文学研究室研究员吴光兴、陈才智，古典文献学研究室研究员刘宁与阿尔伯塔大学东亚系副教授傅云博在文学研究所就"全球对话语境下的唐宋文学研究"问题开展学术座谈。

3．与中国香港、澳门特别行政区和中国台湾开展的学术交流

（1）2019年3月3—16日，文学研究所研究员杨早赴香港教育大学进行学术访问及讲学。

（2）2019年4月16—20日，文学研究所研究员刘跃进在香港岭南大学作题为"为什么要研究文学史"的学术报告。

（3）2019年4月23日，文学研究所研究员张重岗、李娜、程凯、萨支山、陶庆梅等与台湾作家郑鸿生在文学研究所参加"人文研究与两岸工作座谈会"。

（4）2019年4月24—28日，文学研究所研究员程凯等赴台湾参加第十六届"文学与美学国际学术研讨会"，并与淡江大学中文系学者就"两岸现代文学比较研究"等议题进行座谈。

（5）2019年5月29日至6月2日，文学研究所研究员赵稀方赴香港大学、香港理工大学参加"在地因缘：香港文学及文化国际学术研讨会"，并就"抗战前期的香港文学新论"作会议发言。

(6) 2019 年 6 月 11 日，文学研究所研究员李娜、贺照田、何吉贤与台湾"中研院"人社中心兼任研究员、台湾大学城乡所与经济系兼任教授瞿宛文在文学研究所就"多元历史中的土地——以 1950 年代台湾农村为例"开展学术交流活动。

(7) 2019 年 7 月 28 日至 8 月 3 日，文学研究所研究员谭佳赴澳门参加"国际比较文学学会第 22 届年会"。

(8) 2019 年 8 月 27 日，文学研究所研究员刘跃进、董炳月与台湾"中研院"院士、历史语言研究所所长王明珂在文学研究所就"虚拟叙事中的真实：以神话和电影为例"开展学术交流。

（四）学术社团、期刊

1. 社团

(1) 中华文学史料学学会，会长刘跃进。

2019 年 8 月 24—27 日，由中华文学史料学学会古代分会主办，江苏师范大学文学院承办的"中华文学史料学学会古代分会 2019 年年会暨古代文学史料研究新视野学术研讨会"在江苏省徐州市召开。会议的主题是"古代文学史料研究新视野"，研讨的主要议题有"中国古代文学史料学学科理论与方法""中国古代传世文学史料研究"等。与会专家学者 60 人。

(2) 中国现代文学研究会，会长丁帆。

2019 年 10 月 19—20 日，由中国现代文学研究会与首都师范大学新文化运动研究中心联合主办的"君子豹变：戊戌至五四的思想与文学"学术研讨会在北京举行。会议的主题是"戊戌至五四的思想与文学"，研讨的主要议题有"清末民初的学人与文人""清末民初的思想新变"等。与会专家学者 40 人。

(3) 中国近代文学学会，会长关爱和。

2019 年 12 月 10—11 日，由中国近代文学学会、文学研究所近代文学研究室联合举办的"近代的可能：越界与融合"青年学者工作坊在北京召开。会议的主题是"近代的可能"，研讨的主要议题有"近代文学的学科性质与研究范式""近代文学研究发展的新的方向与可能"等。

(4) 中国文学批评研究会，会长张江。

2019 年 11 月 22—25 日，中国文学批评研究会联合中国社会科学院大学在北京举行"中国文学批评研究会第二届会员大会暨中国文学批评七十年学术研讨会"。会议的主题是"中国文学批评七十年回顾与反思"，研讨的主要议题有"中国文学批评的现代性历程""多学科视野中的文学批评"等。与会专家学者 30 人。

(5) 中国中外文艺理论学会，会长高建平。

2019 年 10 月 19 日，由中国中外文艺理论学会、中国文学批评研究会、湘潭大学共同主办，湘潭大学文学与新闻学院承办的"中国文论 70 年经验总结与反思学术研讨会暨中国中外文论学会第16届年会"在湖南省湘潭市召开。会议的主题是"中国文论70年经验总结与反思",研讨的主要议题有"新中国70年马克思主义文艺理论研究""推进我国文艺理论、文艺美学学科的建设与研究"。与会专家学者200人。

(6) 中国当代文学研究会,会长白烨。

2019年11月20日,中国当代文学研究会在北京举行"当代文学四十年:见证与回望——中国当代文学研究会成立四十周年座谈会"。会议的主题是"中国当代文学研究会成立四十周年",研讨的主要议题有"四十年来文学研究的问题与走向""中国当代文学研究会的历史沿革"等。与会专家学者30人。

(7) 中国鲁迅研究会,会长孙郁。

2019年9月21—22日,由中国鲁迅研究会、湖南大学、湖南省文学艺术界联合会联合主办,湖南大学中国语言文学学院承办的"鲁迅与五四新文化——纪念五四运动一百周年国际学术研讨会暨中国鲁迅研究会2019年会"在湖南省长沙市召开。会议的主题是"鲁迅与五四新文化",研讨的主要议题有"五四时期的鲁迅文学""推动鲁迅的国际研究"等。与会专家学者85人。

2. 期刊

(1) 《文学评论》(双月刊),主编张江,执行主编张伯江。

2019年,《文学评论》共出版6期,共计228万字。该刊对"马克思主义文艺理论""构建中国特色哲学社会学科体系、学术体系和话语体系"等栏目进行了调整,新增了"新中国文学研究70年"栏目。该刊全年刊载的有代表性的文章有:刘跃进的《70年来中国文学研究的学术体系建构》,高建平的《资源分层、内外循环、理论何为——中国文论70年三题》,张伯伟的《艰难的历程,卓越的成就——新中国70年的古代文学研究》,谭桂林的《与时代对话中的知识谱系建构——新中国70年现代文学研究成就概述》,孟繁华的《建构当代中国的文学经验和学术话语——中国当代文学史研究70年》,胡亚敏的《中国马克思主义文学批评中的文学与政治新探》,周宪的《再现危机与当代现实主义观念》,颜桂堤的《文化研究对中国当代话语体系的挑战与重构》,徐冲的《陈独秀与中国现代文学观念的发生》,张富贵的《新时代中国文论建构的历史演进与价值取向》,冷霜的《"中西诗艺的融合":一种新诗史叙述的生成与嬗变》,张娟的《海外华人如何书写"中国故事"——以陈河〈甲骨时光〉为例》,张丽军的《当代文学的"财富书写"与社会主义新伦理文化探索——论张炜〈艾约堡秘史〉》,于治中的《现代性与"文学"的诞生——从朱自清与现代文学学科的创建谈起》,罗雅琳的《危机时刻的美学与政治——以郭沫若历史剧〈棠棣之花〉为中心》,王小盾的《论朝鲜半岛词文学的产生》,左东岭的《"台阁"与"山林"文坛地位的升降浮沉——元明之际文学思潮的流变》。

(2) 《文学遗产》(双月刊),主编刘跃进。

2019年,《文学遗产》共出版6期,共计204万字。该刊对"马克思主义与中华文艺思想通史"等栏目进行了调整,结合改革开放 40 周年和中华人民共和国成立 70 周年活动新增了"贯彻十九大精神,总结四十年成就""古代文学研究七十年"栏目。该刊全年刊载的有代表性的文章有:傅道彬的《七十年来先唐文学研究概观》,韩经太的《七十年来唐宋文学研究的历史启示》,吴承学的《明清诗文研究七十年》,梅新林的《七十年来明清小说戏剧研究的成就与启示》,查屏球的《从科场明星到官场隐士——唐宋转型与白居易形象的转换》,张兴武的《宋金四六谱派源流考述》,张德建的《正文体与明代的思想秩序重建》,蒋寅的《肌理:翁方纲的批评话语及其实践》,彭玉平的《论词体与其他文体之关系——以况周颐为中心》,孙逊的《韩国汉文小说的"剑侠"书写及其渊源特色》,张峰屹的《刘向〈诗〉学思想平议》,黎国韬的《"早期戏剧史料"新探——以隋唐至两宋类书为中心》,浅见洋二的《文本的"公"与"私"——苏轼尺牍与文集编纂》,赵敏俐的《〈诗经〉嗟叹词和语助词的音乐与诗体功能》,巩本栋的《南宋古文选本的编纂及其文体学意义——以〈古文关键〉〈崇古文诀〉〈文章正宗〉为中心》,涂秀虹的《〈醉翁谈录〉选编故事发生地的文学地理分析》,罗时进的《明末清初江南诸生群体及其才调诗——以虞山冯舒为中心的讨论》,潘建国的《也是园古今杂剧发现及购藏始末新考》,矶部彰的《朝鲜燕行使节所见清朝宫廷大戏——以乾隆时期〈升平宝筏〉为中心》,程芸的《龙继栋〈烈女记〉东传朝鲜王朝考述——兼及明清戏曲"死文学"的价值重估》。

(五)会议综述

中国文学研究 70 年学术研讨会

2019 年 5 月 26—27 日,由中国社会科学院文学研究所主办的中国文学研究 70 年学术研讨会在北京召开。来自全国各高等院校、科研院所、出版单位、新闻媒体的 100 多位专家、学者出席了会议。

中国社会科学院学部委员、文哲学部副主任、文学研究所所长刘跃进在大会发言中指出,我们在总结新中国 70 年中国文学研究辉煌业绩时,不仅仅是在改革开放 40 年基础上再简单地往前推 30 年,而是有着更为深远的意义。可以这样说,没有前 30 年的坚实基础,就不可能有后 40 年的历史辉煌。我们必须把 70 年作为一个整体,甚至还要上溯 100 年,才能完整准确地勾画出中国文学研究 70 年走过的历史进程。他将 70 年的成就归纳为:(1)确立马克思主义的指导地位,这是 70 年来中国文学研究学术体系建设的思想基础;(2)在科研队伍、学科规划、资料编纂、成果评价等方面,积极组织策划,开创崭新局面,这是 70 年来中国文学研究学术体系建设的制度保障;(3)遵循学术规律,整合学科优势,夯实研究基础,这是 70 年来中国文学研究学术体系建设的重要收获。

来自国内文学研究领域的知名学者分别在马克思主义文艺理论、中国古代文学和现当代文学研究等领域进行了充分研讨，试图探寻马克思主义文艺理论的历史语境转换与范式创新、马克思主义文学批评研究方法的再研究、讲好中国故事与中国叙事传统的与时俱进、中国特色文学理论建构的历史经验研究；尝试总结"诗言志"的文化纲领、古典文学研究在当代文化建设中的贡献与责任；试图阐释民间文艺学的双重建构、海峡两岸的连带视野、比较文学的中国话语等，深化和拓展新兴学科的研究理路。这些论点从不同侧面观照了70年来中国文学研究的巨大成就与经验，同时展望了学科创新的方式与方法，这也是此次会议的宗旨与目标。

2019年5月，中国文学研究70年学术研讨会在北京召开。

关于马克思主义研究的方法和立场，有学者指出：重回文本，用整体和发展的观点研究马克思主义文学批评；重返历史，强化马克思主义文学批评的语境研究；以中国立场在反思中发展马克思主义文学批评。关于如何建构中国特色文学理论的问题，学者们认为"中国特色文学理论建构的历史经验"有三个关键词：中国特色文学理论、建构、历史经验。"中国特色文学理论"应该从五个方面理解：其一，它是由中国学者建构、在中国本土产生、有着自己的独立品格和内在完整性的文学理论；其二，它是以马克思主义为指导、贯穿了马克思主义文艺思想精髓的文学理论；其三，它是建立在中国现实和中国文学现实之上、符合中国人的审美习惯、继承了中国古代文化与文论的全部精华的文学理论；其四，它是具有国际视野、融合了西方文化与文论的精华并使之中国化的文学理论；其五，它是具有当代性、创新性、开放发展的文学理论。这五个方面的统一，才是中国特色文学理论。

近年来，当代文学史料的整理工作以及当代文学史的撰写已进入研究者视野，但当代不宜写史的讨论则是当代文学批评所面临的窘境。与会学者指出，当代不宜写史，但无碍于写史，从史料出发谈当代文学批评史研究及史著的撰写自有其可行性与必要性。当代文学批评史从当代文学史中脱身而出获得自身在基本材料、研究路径和逻辑、观点立论方面的整体独特性，是其学术身份与研究地位的主要成立标志。

（科研处）

中印文学对话会

2019年10月25—26日，由中国社会科学院文学研究所世界华文文学研究中心、鲁迅文化基金会主办的"中印文学对话会"在浙江省绍兴市召开。

此次会议恰逢习近平主席刚结束对印度的非正式访问，会议宗旨正体现了习近平主席在访问期间所表达的愿望："双方要以明年中印建交70周年为契机，开展更广领域、更深层次的人文交流，共同倡导和促进不同文明对话交流，为双边发展注入更加持久的推动力，续写亚洲文明新辉煌。"

文学研究所党委书记张伯江在开幕致辞中谈道，中印两国同为世界文明古国，两国人民的交往有几千年历史，近现代以来，两国文化交往更加密切，不断开启新的篇章。当下中国和印度同样面临着如何在新时代对丰厚浩瀚的优秀传统文化进行创造性转化和创新性发展的课题。此次活动以文学对话的方式讨论交流中印两国文学对亚洲文明的影响、浸染，从而加深两国文化的沟通理解，体现出各自优秀文化与全人类共同的价值追求。

鲁迅、泰戈尔等文学大师及其一系列经典作品，跨越时空和语言界限，成为人类文明共有的财富，为举办国际文学对话活动提供了现实条件。来自印度的海蒙德教授翻译出版了鲁迅的《野草》，他介绍道，鲁迅在印度文坛广为人知，他本人正是作为鲁迅小说的忠实爱好者，从而成为鲁迅研究的学者和其追随者。鲁迅文化基金会会长周令飞谈道："通过几次与世界文学对话活动的成功举行，我们坚定并继续扩大对外文学交流的信心，旨在通过展示和交流各国著名文学家和作品，传承和弘扬中外璀璨辉煌的文化成果，搭建文明互学共鉴、共同发展的平台，增进文化自信，激发创新活力，为社会进步和人类文明建设提供精神支柱。"

会议中，十余位中印专家、学者从不同角度介绍两国的文学互动发展，如翻译对增进两国交流理解的重要性、佛教和佛教文化在中国的传播与接受、鲁迅作品对外国文化资源的借鉴等。学者也各自介绍了本国的文学经验，推荐优秀

2019年10月，"中印文学对话会"在浙江省绍兴市召开。

书目，让世界看到作家笔下变化中的中国和印度。会议用文学搭起中印交往的桥梁，找寻可持续对话的主题，通过交流、对话挖掘出双方的价值契合点，试图深化两国文化的融合，达到民心相通，也为中国文学研究打开了世界视野。

（科研处）

民族文学研究所

（一）人员、机构等基本情况

1. 人员

截至 2019 年年底，民族文学研究所共有在职人员 44 人。其中正高级职称人员 9 人，副高级职称人员 11 人，中级职称人员 17 人；高、中级职称人员占全体在职人员总数的 84%。

2. 机构

民族文学研究所设有：南方民族文学研究室、北方民族文学研究室、蒙古族文学研究室、藏族文学研究室、民族文学理论研究室、民族文学数据与网络研究室、作家文学研究室、《民族文学研究》编辑部、办公室。

3. 科研中心

民族文学研究所院属科研中心有：中国少数民族文化与语言文字研究中心；所属科研中心有：《格萨（斯）尔》研究中心、口头传统研究中心。

（二）科研工作

1. 科研成果统计

2019 年，民族文学研究所共完成专著 8 种，219 万字；论文 121 篇，123 万字；学术资料 1 种，36.4 万字；译著 3 种，141 万字；译文 4 篇，4 万字；工具书 1 种，149 万字；论文集 1 种，25.5 万字。

2. 科研课题

（1）新立项课题。2019 年，民族文学研究所共有新立项课题 11 项。其中，国家社会科学基金课题 1 项："城市艺术节对民族非物质文化遗产的存续力影响研究"（刘晓主持）；院重大课题子课题 1 项："中国少数民族文学传统的创造性转化与创新性发展"（朝戈金主持）；院国情调研基地课题 2 项："巴林右旗蒙古族口头与非物质文化遗产现状调查（2019）"（斯钦巴图主持），"东巴叙事传统的传承与变迁——以玉龙县及周边地区为中心"（杨杰宏主持）；院青年科研启动基金课题 3 项："清代民族志文献与维吾尔民间故事研究"（阿比古丽主持），"风物诗学：民间叙事及民俗、民众生活之关系研究"（赵元昊主持），"18 世纪藏族传记文学研究"

（杜旭初主持）；院妇女／性别中心课题1项：“自媒体内容生产中的女性主义”（阿比古丽主持）；其他部门与地方委托课题3项：文化和旅游部课题"联合国教科文组织非物质文化遗产保护工作跟踪研究（2019—2020）"（朝戈金主持），文化和旅游部课题"《格萨（斯）尔》统筹保护项目"和"格萨（斯）尔的抢救、保护与研究"（俄日航旦主持）。

（2）结项课题。2019年，民族文学研究所共有结项课题7项。其中，国家社会科学基金重大委托课题1项："鄂温克族濒危语言文化抢救性研究"（朝克主持）；国家社会科学基金一般课题1项："蒙古族佛经文学口头传统研究"（斯钦巴图主持）；国家社会科学基金青年课题2项："建构藏族文艺批评史的纲要与路径研究"（意娜主持），"台语民族跨境族源神话及其信仰体系研究"（李斯颖主持）；院国情调研重大课题1项："人口较少民族濒危语言文化调研"（朝克主持）；院国情调研基地课题2项："巴林右旗蒙古族口头与非物质文化遗产现状调查（2019）"（斯钦巴图主持），"东巴叙事传统的传承与变迁——以玉龙县及周边地区为中心"（杨杰宏主持）。

（3）延续在研课题。2019年，民族文学研究所共有延续在研课题16项。其中，国家社会科学基金重大委托课题2项："中国少数民族语言与文化研究"（朝戈金主持），"《格萨（斯）尔》抢救、保护与研究"（朝戈金主持）；国家社会科学基金重大课题3项："柯尔克孜百科全书《玛纳斯》综合研究"（阿地里·居玛吐尔地主持），"中国少数民族口头传统专题数据库建设：口头传统元数据标准建设"（巴莫曲布嫫主持），"中国少数民族神话数据库建设"（王宪昭主持）；国家社会科学基金一般课题6项："清代达斡尔族乌钦《莺莺传》与满文、汉文《西厢记》关系研究"（吴刚主持），"西部民族地区传统歌会研究"（朱刚主持），"民族文学的传承、创新与影像表达研究"（宋颖主持），"川滇地区东巴史诗的搜集整理研究"（杨杰宏主持），"满－通古斯语族史诗研究"（高荷红主持），"卡尔梅克韵文体民间文学资料集成与比较研究"（旦布尔加甫主持）；国家社会科学基金青年课题3项："新疆乌恰县史诗歌手调查研究"（巴合多来提·木那孜力主持），"口头传统视阈下藏蒙《格萨（斯）尔》史诗音乐研究"（姚慧主持），"维吾尔族民间达斯坦的口头诗学研究"（吐孙阿依吐拉克主持）；其他部门与地方委托课题2项：国家知识产权局课题"传统知识标准体系建设总体规划相关工作"（巴莫曲布嫫主持），内蒙古自治区社会科学院课题"古丝绸之路沿线蒙古族语言文字资源调查与保护利用"（朝克主持）。

3. 获奖优秀科研成果

2019年，民族文学研究所获"第十届中国社会科学院优秀科研成果奖"论文类二等奖1项：朝戈金的《多长算是长：论史诗的长度问题》，著作类三等奖1项：朝克的"满通古斯语族语言研究系列著作"；获"第14届中国民间文艺山花奖"1项：王宪昭的工具书《中国创世神话母题实例与索引》（全三册）；获"第八届胡绳青年学术奖提名奖"1项：刘大先的专著《现代中国与少数民族文学》。

（三）学术交流活动

1. 学术活动

2019年，由民族文学研究所主办和承办的学术会议如下。

（1）2019年3月12日，由民族文学研究所主办的第19期"民文沙龙"在北京举行。沙龙的主题是"何以'原生态'？——对全球化时代非物质文化遗产保护的反思"。

（2）2019年4月16日，由民族文学研究所主办的第20期"民文沙龙"在北京举行。沙龙的主题是"《金翼》《银翅》及其后续研究"。

（3）2019年6月4日，由民族文学研究所主办的第21期"民文沙龙"在北京举行。沙龙的主题是"草原音乐与中原文学——以潮尔艺术为核心"。

（4）2019年6月18日，由民族文学研究所主办的第22期"民文沙龙"在北京举行。沙龙的主题是"边垣以及史诗《洪古尔》新论"。

（5）2019年7月26—27日，由全国《格萨（斯）尔》工作领导小组办公室主办，内蒙古自治区赤峰市巴林右旗人民政府协办的"认真贯彻落实习近平总书记关于保护少数民族非物质文化遗产重要指示精神——全国《格斯（萨）尔》学术研讨会"在内蒙古自治区赤峰市巴林右旗举行。50余名专家学者参加了研讨会。会议研讨的主题是"《格斯（萨）尔》学术研究"。

（6）2019年8月26日，中国社会科学院"一带一路"国际智库、亚太与全球战略研究院、民族文学研究所联合主办的"第二届丝绸之路传统文化国际学术年会"在北京召开。会议的主题为"丝绸之路沿线各民族神话研究"。来自俄罗斯、匈牙利、亚美尼亚、蒙古国、日本、韩国等国家以及北京、内蒙古、新疆、甘肃、河南等国内各省、自治区、直辖市的80余位专家学者出席会议。

（7）2019年9月3日，由民族文学研究所主办的第23期"民文沙龙"在北京举行。沙龙的主题为"关于《格萨尔·赛马称王》情节结构编排特点的思考"。

（8）2019年9月18—21日，由中国社会科学院文哲学部主办，民族文学研究所及其口头传统研究中心联合承办的"第八届IEL国际史诗学与口头传统研究讲习班：口头诗学的多

2019年7月，"全国《格斯（萨）尔》学术研讨会"在内蒙古自治区赤峰市举行。

学科视域"在北京举行。讲习班研讨的主要议题有"口头传统的全观表达""民间音乐叙事的创编法则""民间美术的叙事模式""口头传统与民间艺术的叙事互涉",以及与口头传统和多重文化表现形式相关的其他议题。来自美国、俄罗斯、澳大利亚、日本以及国内多所高校、研究机构的专家学者、注册学员近200人参加了讲习班。

（9）2019年10月15日,由民族文学研究所主办的第24期"民文沙龙"在北京举行。沙龙的主题是"各美其美 美美与共——对民族文学与音乐互融互存关系的再认识"。

（10）2019年11月12日,由民族文学研究所主办的第25期"民文沙龙"在北京举行。沙龙的主题是"口传与书写——经典形成诸问题"。

2．国际学术交流与合作

2019年,民族文学研究所共派遣出访16批24人次,接待来访2批28人次。与民族文学研究所开展学术交流的国家有德国、法国、英国、俄罗斯、匈牙利、葡萄牙、奥地利、澳大利亚、美国、哈萨克斯坦、吉尔吉斯斯坦、韩国、日本、哥伦比亚等。

（1）2019年3月6日,民族文学研究所所长朝戈金研究员,应国际哲学与人文科学理事会秘书长路易斯·伍斯特贝克邀请,赴葡萄牙参加"马桑国际研讨会"。

（2）2019年3月16日,应萨尔茨堡全球研讨会副总裁兼首席项目官克莱尔·辛的邀请,民族文学研究所所长朝戈金研究员赴奥地利萨尔茨堡参加"萨尔茨堡全球研讨会"。研讨会旨在全球背景范围内探索文化遗产,寻求促进对文化遗产方法的批判性反思,并探索遗产创新和协作的新前沿和实践。

（3）2019年5月15—19日,民族文学研究所党委书记朝克研究员、北方民族文学研究室主任阿地里·居玛吐尔地研究员等应哈萨克斯坦阿里-法拉比大学的邀请,赴哈萨克斯坦阿里-法拉比大学开展为期5天的学术访问。访问期间,中方与阿里-法拉比大学代表围绕中国少数民族濒危语言和民间文学的现状,以及中国史诗的保护和研究等问题展开深入的学术交流和探讨,通过举办学术成果展和开展讲座等形式向哈方展示中国社会科学院在相关领域取得的成果,并与对方交换意见,交流经验。

（4）2019年7月1日,民族文学研究所所长朝戈金研究员应德中教育、语言和文化交流中心邀请,赴德国进行学术访问。朝戈金访问了德国慕尼黑孔子学院,拜访了中德教育、语言和文化协会以及巴伐利亚经济和技术应用大学、儿童和青少年哲学学院、韦斯特曼国际出版集团、弗里德里希普斯特出版集团等,并与德方学者就中德两国在教育、文化和语言研究、知识产权保护以及拓展出版物内容和形式等方面取得的成果进行了交流。

（5）2019年8月4日,民族文学研究所所长朝戈金研究员应英国大英图书馆的邀请,赴英国伦敦开展学术访问活动。朝戈金与英方学者就东方文学的共时和历时研究、文化保护和双方机构之间的合作交流等议题展开讨论。

（6）2019年9月13日,民族文学研究所蒙古文学研究室主任斯钦巴图研究员、副主任纳钦研究员应韩国蒙古研究协会的邀请，赴韩国参加"国际蒙古学学术会议"。

(7) 2019年9月18—21日，民族文学研究所邀请美国俄亥俄州立大学荣休教授玛格丽特·米尔斯、日本神奈川大学历史民俗资料学研究科教授福田亚细男、澳大利亚墨尔本大学民族音乐学系教授英倩蕾、复旦大学文史研究院副研究员白若思来访，参加民族文学研究所举办的"第八届IEL国际史学与口头传统研究系列讲习班"，邀请他们在讲习班上授课。

(8) 2019年10月15日，民族文学研究所所长朝戈金研究员应美国民俗学会的邀请，赴美国巴尔的摩参加"美国民俗学会2019年年会"。美国民俗学会授予了朝戈金"国际荣誉会士"的称号。

(9) 2019年10月16日，民族文学研究所北方民族研究室主任阿地里·居玛吐尔地研究员、蒙古文学研究室主任斯钦巴图研究员、藏族文学研究室主任俄日航旦研究员应吉尔吉斯斯坦《玛纳斯》与钦·艾特玛托夫国家研究院的邀请，赴吉尔吉斯斯坦比什凯克参加"玛纳斯、吉尔吉斯和民族史研究相关问题国际学术研讨会"。

(10) 2019年11月10日，民族文学研究所所长朝戈金研究员应澳大利亚人文科学院邀请，赴布里斯班参加"国际人文科学峰会暨用人文影响未来学术研讨会"。

(11) 2019年12月4日，蒙古文学研究室主任斯钦巴图研究员、副主任纳钦研究员等赴匈牙利科学院人文研究中心民族学研究所进行学术访问，收集、复制了匈牙利科学院人文研究中心民族学研究所在蒙古文学研究及丝绸之路沿线地区文化研究方面的相关资料，并与相关领域的匈牙利学者交流学术研究成果。

(12) 2019年12月7日，民族文学研究所少数民族文学理论研究室研究员巴莫曲布嫫、南方民族文学研究室副研究员朱刚应联合国教科文组织的邀请，赴哥伦比亚参加"第十四届保护非物质文化遗产政府间委员会会议"。

(13) 2019年12月22日，民族文学研究所党委书记朝克研究员应东京外国语大学亚非语言文化研究所的邀请，赴日本参加国际学术会议并围绕"发掘蒙古族历史文化，服务'一带一路'"收集相关材料。

3. 与中国香港、澳门特别行政区和中国台湾开展的学术交流

2019年7月29日，民族文学研究所民族数据与网络研究室主任王宪昭研究员、南方民族文学研究室主任吴晓东研究员、《民族文学研究》编辑部毛巧晖研究员应国际比较文学学会（CLA）的邀请，赴澳门参加由国际比较文学学会、中国比较文学学会、澳门大学、深圳大学、圣若瑟大学共同主办的"2019年第22届CLA大会"。

（四）学术社团、期刊

1. 社团

(1) 中国少数民族文学学会，会长朝戈金。

2019年11月9—10日，由中国少数民族学会、广东技术师范大学共同主办的"2019

中国少数民族文学学会年会"在广东省广州市举行。会议的主要议题有"中国少数民族文学七十年回顾与展望""少数民族文学制度研究""创世与起源神话""史诗学研究""多民族神话与民间文学""多民族作家文学与跨学科研究""多民族文学史观与民族影视艺术"。

（2）中国《江格尔》研究会，会长朝戈金。

2019年11月29—30日，中国《江格尔》研究会与民族文学研究所"登峰战略"优势学科"中国史诗学"联合主办了"全国《江格尔》研讨会暨中国《江格尔》研究会2019年学术年会"。会议的主要议题有"《江格尔》研究""《江格尔》学名词术语研究""研究会下一步工作计划"等。

（3）中国维吾尔历史文化研究会，会长吐鲁甫·巴拉提。

2019年3月22日，中国维吾尔历史文化研究会召开了中国维吾尔历史文化研究会理事会议，讨论了按照章程进行换届选举的相关工作，安排部署了关于做好研究会年度审计和年检的工作，对研究会内的人员分工结构、会员等进行了调整。

（4）中国蒙古文学学会，会长额尔很巴雅尔。

2019年7月24日，由中国社会科学院民族文学研究所、中国蒙古文学学会主办，内蒙古自治区赤峰市巴林右旗人民政府协办的"中国蒙古文学学会第十二次学术研讨会"在巴林右旗举行。会议研讨的主要议题有"回顾中华人民共和国成立70周年""中国蒙古文学学会成立30年以来的蒙古文学学术研究工作历程""总结经验，展望未来""积极推进蒙古族作家百部专著课题项目的进程"。

（5）中华诗词发展基金会，理事长王苏粤。

①2019年4月10日，中华诗词发展基金会召开第一届第五次理事会议。会议的主要议题有"副理事长报告基金会2018年主要工作""审议《中华诗词发展基金会专项基金管理办法》以及通报人事工作调整"等。

②2019年8月31日，由中华诗词发展基金会主办的"走进新时代——'一带一路'行中华诗词书画歌舞大会启动仪式"在北京举行。

③2019年12月24日，中华诗词发展基金会召开第一届第六次理事会议。会议的主要议题有"制定2019年基金会工作总结及2020年工作计划""关于基金会2019年财务收支情况的说明""审议基金会规章制度"等。

2．期刊

（1）《民族文学研究》（双月刊），主编朝戈金。

2019年，《民族文学研究》共出版6期，共计约150万字。该刊全年刊载的有代表性的文章有：意娜的《马克思主义少数民族文艺学的新发展》，满全的《蒙古文学学科史综论》，龙圣、李向振的《病患：变婆故事的社会隐喻》，汪荣的《世界文学视野下的中国少数民族文学》，金春平的《主体的延展与叙事的自觉——"叙述中国故事"的文学情境、维度及范式》，刘宗迪的《执玉帛者万国：〈山海经〉民族志发凡》等。

（五）会议综述

第二届丝绸之路传统文化国际学术年会

2019年8月26—28日，由中国社会科学院"一带一路"国际智库、中国社会科学院亚太与全球战略研究院、中国社会科学院民族文学研究所联合主办的"第二届丝绸之路传统文化国际学术年会"在北京召开。来自俄罗斯、匈牙利、亚美尼亚、蒙古国、日本、韩国等国家以及北京、内蒙古、新疆、甘肃、河南等国内各省、自治区、直辖市的80余位专家学者出席会议。

该年会是丝绸之路传统文化研究领域的高规格国际学术研讨会，为该领域国际对话与合作提供了良好的学术交流平台。年会以"丝绸之路沿线各民族神话研究"为主题，分"神话与仪式""神话与史诗""神话与传播"三个单元。

年会期间举行了由中国社会科学院民族文学研究所、匈牙利科学院人文研究中心民族学研究所联合主办的英文学刊《丝绸之路文化研究》（创刊号）的首发仪式。

（科研处）

第八届IEL国际史诗学与口头传统研究讲习班：口头诗学的多学科视域

2019年9月18—21日，由中国社会科学院文哲学部主办，中国社会科学院民族文学研究所及其口头传统研究中心联合承办的"第八届IEL国际史诗学与口头传统研究讲习班：口头诗学的多学科视域"在北京举行。

讲习班集中关注口头传统的全观表达、民间音乐叙事的创编法则、民间美术的叙事模式、口头传统与民间艺术的叙事互涉，以及与口头传统和多重文化表现形式相关的其他议题，探讨世界范围内口头传统的动力机制和人类表达文化中互为交织的内在叙事性。讲习班邀请了中国、美国、俄罗斯、澳大利亚、日本在民间叙事传统、音乐学和民间美术领域有影响力的16位专家进行授课。来自国内多所高校和研究机构的150名青年学者参加学习。

中国社会科学院民族文学研究所党委书记朝克研究员表示，讲习班的开办"就像在学界的土壤上埋下了若干种子"，将对中国的民间文化、史诗研究乃至一般的民俗学理论产生长远影响。

（科研处）

2019中国少数民族文学学会年会

2019年11月9—10日，由中国少数民族文学学会、广东技术师范大学主办，广东技术师范大学文学与传媒学院承办的"2019中国少数民族文学学会年会"在广东省广州市举行。来自全国30个省、自治区和直辖市的250名学者参加了会议。

开幕式由广东技术师范大学文学与传媒学院中文系主任佘爱春教授主持。中国少数民族文学学会会长、中国社会科学院民族文学研究所所长朝戈金研究员发表讲话。朝戈金肯定了学会发展的喜人形势，并对学会的未来寄予厚望。

广东技术师范大学副校长戴青云教授对前来参会的各位专家学者表示热烈欢迎，并简要介绍了学校的发展历史。戴青云表示，此次年会既有利于促进我国少数民族文学领域的学术交流，也是参会者以文学研究的形式贯彻落实习近平总书记"中华民族一家亲、同心共筑中国梦"号召的具体行动。

中国少数民族文学学会会长朝戈金研究员、大连民族大学教授李晓峰、西北民族大学教授多洛肯在"主题报告"环节指出了我国少数民族文学研究存在的问题，并分享了学科发展中涌现出的新的学术生长点。

该年会收到的学术论文达220余篇。论文来源广泛，内容丰富。议题涉及中国少数民族文学七十年回顾与展望、少数民族文学制度研究、创世与起源神话、史诗学研究、多民族神话与民间文学、多民族作家文学与跨学科研究、多民族文学史观与民族影视艺术等。

中国少数民族文学学会副会长钟进文教授在大会总结中强调：一要继续探索和梳理包括核心课程和人才培养体系在内的少数民族文学学科的建设；二要更好地厘清少数民族文学定义的边界。

（科研处）

外国文学研究所

（一）人员、机构等基本情况

1. 人员

截至2019年年底，外国文学研究所共有在职人员87人。其中，正高级职称人员20人，副高级职称人员30人，中级职称人员23人；高、中级职称人员占全体在职人员总数的84%。

2. 机构

外国文学研究所设有：英美文学研究室、俄罗斯文学研究室、东南欧拉美文学研究室、中北欧文学研究室、东方文学一室、东方文学二室、比较文学与跨文化研究室、《世界文学》编辑部、《外国文学评论》编辑部、《外国文学动态研究》编辑部、科研处、办公室和数字信息资料室。

3．科研中心

外国文学研究所所属科研中心有：文学理论研究中心、马克思主义文艺思想研究中心。

（二）科研工作

1．科研成果统计

2019年，外国文学研究所共完成专著4部，110.4万字；研究报告2篇，4.7万字；译著7部，142.7万字；论文64篇，66万字；译文17篇，18.8万字。

2．科研课题

(1) 新立项课题。2019年，外国文学研究所共有新立项课题3项。其中，国家社会科学基金一般课题2项："约翰·罗斯金风景思想研究"（乔修峰主持），"陀思妥耶夫斯基书信文本研究"（万海松主持）；国家社会科学基金冷门"绝学"课题1项："迦梨陀娑评传"（于怀瑾主持）。

(2) 延续在研课题。2019年，外国文学研究所共有在研课题16项。其中，研究室建设课题6项："俄罗斯文学研究室建设"（侯玮红主持），"英美文学研究室建设"（傅浩主持），"文艺理论研究室建设"（徐德林主持），"中北欧文学研究室建设"（梁展主持），"东南欧拉美文学研究室建设"（刘晖主持），"东方文学研究室建设"（钟志清主持）；中国社会科学院"登峰战略"重点学科课题2项："比较文学学科"（程巍副主持），"英语文学学科"（傅浩主持）；国家社会科学基金一般课题8项："七世纪以来日本文学中的广州形象建构研究"（邱雅芬主持），"日本私小说批评史研究"（魏大海主持），"斯特凡·格奥尔格的诗学研究"（杨宏芹主持），"'观物'与宋代诗学研究"（王晓玉主持），"希伯来叙事与民族认同研究"（钟志清主持），"梵语戏剧家跋娑作品研究"（张远主持），"文化冷战视域下的拉美文学与中国"（魏然主持），"'怨'与中国文论的批判精神研究"（袁劲主持）。

3．获奖优秀科研成果

2019年，外国文学研究所获"第十届（2019年）中国社会科学院优秀科研成果奖"专著类二等奖1项：徐德林的专著《重返伯明翰：英国文化研究的系谱学考察》；获论文类三等奖2项：梁展的论文《政治地理学、人种学与大同世界的构想——围绕康有为〈大同书〉的文明论知识谱系》，乔修峰的论文《原富：罗斯金的词语系谱学》。

（三）学术交流活动

1．学术活动

2019年，由外国文学研究所主办和承办的主要学术会议、讲座如下。

(1) 2019年3月27—30日，外国文学研究所与浙江越秀外国语学院、人民文学出版社、贵州人民出版社在浙江省绍兴市联合举办"国际视野中的大江健三郎文学研究暨第四届大江健三郎文学研讨会"以及"大江健三郎文学研究中心成立仪式暨大江健三郎文集第一辑新书发布会"。

（2）2019年4月3日，应外国文学研究所东方文学研究室之邀，日本福冈大学名誉教授、日本比较文学会第8代会长、国际比较文学会理事大嶋仁在北京作了题为"日本文学从汉文学中学到了什么？"的学术讲座。

（3）2019年6月10日，应外国文学研究所邀请，已故以色列希伯来语作家阿摩司·奥兹长女、以色列海法大学欧洲史专家范妮亚·奥兹－扎尔茨贝尔格教授在北京作题为"我的父亲阿摩司·奥兹：希伯来语作家，具有全球视野的思想家"演讲，并与中国社会科学院外国文学研究所、中国人民大学、北京语言大学、北京外国语大学等单位的多位专家学者进行交流。

（4）2019年10月23—26日，由外国文学研究所《世界文学》编辑部和南京工业大学外国语言文学学院联合承办的"回顾与展望：外国文学七十年"学术研讨会在江苏省南京市举行。会议的主题是"回顾过去七十年外国文学研究所取得的可喜成绩，探索目前外国文学研究的新路径与新趋向，检视外国文学翻译与本土文学发展的关系"。来自全国各地约80位外国文学专家和中青年学者参加了会议。

2．国际学术交流与合作

2019年，外国文学研究所共派出9批11人次。与外国文学研究所开展学术交流的国家有美国、爱尔兰、法国、匈牙利、韩国、荷兰、日本。

（1）2018年9月1日至2019年2月27日，外国文学研究所助理研究员常蕾赴美国执行"中国社会科学院小语种与科研急需人才出访研修资助项目"。

（2）2019年2月13—17日，外国文学研究所助理研究员杨曦赴美国参加第17届年度研究生亚美尼亚学国际研讨会。

（3）2019年3月19—26日，外国文学研究所副研究员陈树才随中国作协代表团赴爱尔兰和法国进行学术访问。

（4）2019年5月22—26日，外国文学研究所副编审舒荪乐赴匈牙利参加"庆祝中匈建交70周年"学术研讨会。

（5）2019年6月24—30日，外国文学研究所研究员侯玮红、副研究员万海松和副研究员侯丹赴韩国执行中国社会科学院与韩国庆北大学的交流协议项目。

（6）2019年7月9—23日，外国文学研究所研究员傅浩赴荷兰参加国际亚洲学者年会并进行学术访问。

（7）2019年8月26—29日，外国文学研究所助理研究员杨稚梓赴日本参加2019年度亚洲德语语文学研讨会。

（8）2019年9月4—10日，外国文学研究所副研究员张远赴美国参加纪念迈克尔·维茨尔教授诞辰七十五周年国际学术研讨会。

(9) 2019年9月22—26日，外国文学研究所助理研究员舒荪乐赴匈牙利参加中匈建交70周年学术会议。

3. 与中国香港、澳门特别行政区和中国台湾开展的学术交流

(1) 2019年7月11—14日，外国文学研究所助理研究员于怀瑾赴香港参加"佛教文化传播及交流"学术研讨会。

(2) 2019年7月29日至8月2日，外国文学研究所副研究员李川赴澳门参加第22届国际比较文学学会年会。

(3) 2019年7月29日至8月3日，外国文学研究所研究员傅浩赴澳门参加第22届国际比较文学学会年会。

（四）学术社团、期刊

1. 社团

中国外国文学学会，会长陈众议。

2019年6月1—2日，由中国外国文学学会主办，湖南师范大学外国语学院承办的中国外国文学学会第15届双年会暨"新中国70年外国文学研究"研讨会在湖南师范大学举行。来自各高校和科研机构的200余名学者出席了大会。会议的主题是"新中国70年外国文学研究"，研讨的主要议题有"外国文学翻译""外国文学教学""外国文学出版""新时代外国文学研究的展望"。

2. 期刊

(1)《外国文学评论》（季刊），主编陈众议。

2019年，《外国文学评论》共出版4期，共计120万字。该刊全年刊载的有代表性的文章有：梁展的《土地、财富与东方主义：弗朗索瓦·贝尔尼埃与十七世纪欧洲的印度书写》，邱雅芬的《帝国时代的罪与罚：夏目漱石的救赎之"门"》，萧莎的《"饥饿、反叛和愤怒"与"荆棘冠"：〈简·爱〉中的女性主义意识与福音主义话语》，张锦的《马克思、布兰维里耶与生物学种族主义——论福柯"胜利者史学"的谱系》，牟童的《从〈简·爱〉到〈维莱特〉：夏洛蒂·勃朗特与维多利亚时代精神病学》，张莉的《在卡夫卡的门前——卡夫卡作品中的"门"》，张楠的《从"物纷"到"物哀"——论〈源氏物语〉批评在日本近代的变迁》，林斌的《美国南方小镇上的"文化飞地"：麦卡勒斯小说的咖啡馆空间》，高瑾的《老年、艺术与政治：〈当你老了〉与爱的逃离》。

(2)《世界文学》（双月刊），主编高兴。

2019年，《世界文学》共出版6期，共计150万字。该刊全年刊载的有代表性的文章有：刘晖的《"反现代派"圣伯夫》，陈雷的《撒旦的太空之旅》，乔修峰的《〈雾都孤儿〉中的幽闭空间》，汪天艾的《西班牙作家忆评"九八年一代"小辑》，阿·伦·埃蒙斯的《埃蒙斯诗

选》（刘晓晖译），玛丽娜·茨维塔耶娃的《终结之诗》（刘文飞译），日称的《艾荷落铭文》（张远译），汪介之的《高尔基文学生涯中被淡忘的篇页》，让·端木松的《世界说到底是一件奇怪的事》（赵丹霞译）。

（3）《外国文学动态研究》（双月刊），主编苏玲。

2019年，《外国文学动态研究》共出版6期，共计84万字。该刊全年刊载的有代表性的文章有：陈众议的《百年外国文学研究评述》，钟志清的《不同文化语境下的〈雅歌〉读法》，冯雪的《佩列文后现代主义小说的空间书写》，徐乐的《西伯利亚苏维埃文学的民族性与世界性——以弗谢·伊凡诺夫的〈铁甲车〉为例》，沈谢天的《"逆写"之惑：唐·德里罗小说〈欧米茄点〉中的"死亡"问题化》，陈英的《女性叙事及生存斗争——评"那不勒斯四部曲"》，陈学貌的《索罗金〈暴风雪〉中的死亡书写与生命关怀》，李川的《〈遇难的水手〉：海洋文学的早期探索》。

（五）会议综述

"国际视野中的大江健三郎文学研究"学术研讨会

2019年3月27—30日，中国社会科学院外国文学研究所与浙江越秀外国语学院、人民文学出版社、贵州人民出版社在浙江省绍兴市联合举办"国际视野中的大江健三郎文学研究暨第四届大江健三郎文学研讨会"以及"大江健三郎文学研究中心成立仪式暨大江健三郎文集第一辑新书发布会"。

在开幕式上，浙江越秀外国语学院校长徐真华对会议的成功举办表示衷心祝贺。作家莫言亦通过视频表示衷心祝贺。中国作协书记处吴义勤、中国社会科学院外国文学研究所所长陈众议、浙江省作家协会主席艾伟致辞，并与越秀外国语学院费君清书记一起参加了大江健三郎文学研究中心的揭牌仪式。

"大江健三郎文学研究中心"所属"大江健三郎文学研究会"亦在大江健三郎本人的授权之下同步成立，第四届鲁迅文学奖优秀文学翻译奖获得者、我国大江文学研究专家许金龙（中国社会科学院外国文学研究所退休人员）任首届会长，中国社会科学院外国文学研究所邱雅芬任秘书长，这在国际大江文学研究领域亦是创举，将为我国日本文学研究及中外文学交流增添色彩。

此次研讨会涵盖大江健三郎文艺思想、文学创作及其与鲁迅的文学渊源等诸多领域的议题。中国社会科学院外国文学研究所陈众议、邱雅芬、侯玮红和万海松全程参加了大会并发言。

（科研处）

日本著名比较文学者大嶋仁教授应邀作学术讲座

2019年4月3日，应中国社会科学院外国文学研究所东方文学研究室之邀，日本福冈大学名誉教授、日本比较文学会第8代会长、国际比较文学会理事大嶋仁先生顺访中国社会科学院外国文学研究所，并作了题为"日本文学从汉文学中学到了什么？"的学术讲座。讲座由中国社会科学院外国文学研究所东方文学研究室邱雅芬主持。外国文学研究所东方文学研究室主任钟志清致欢迎词。来自中国社会科学院外国文学研究所、首都师范大学、北京语言大学等多家单位的师生聆听了讲座。

大嶋仁教授早年毕业于日本东京大学文学部伦理学科，曾先后在日本静冈、西班牙巴塞罗那、秘鲁利马、阿根廷布宜诺斯艾利斯、法国巴黎从事教学工作，精通日语、英语、法语、西班牙语等。在该次讲座中，大嶋仁教授以其广博的东西方文化知识背景为基础，以明治维新前日本文学的发展轨迹为经线，以日本韵文文学为切入点，聚焦了日本文学对中国文学的接受及接受特点，指出在中国文明进入日本之前，日本仅有原始神话和口传文学。中国文明传入日本后，大和朝廷了解到文学的重要性，便以中国文学为典范，创制了大和文学。日本"和文学"的出发点是《古今和歌集》，它以中国《诗经》为典范，开拓了与日语及日本风土相适应的日本文艺之道。所谓"和歌"，是将四季风物与人情相融合，并实现了汉文学之"寄物陈思"理念的文艺。

（科研处）

中国外国文学学会第15届双年会暨"新中国70年外国文学研究"研讨会

2019年6月1—2日，由中国外国文学学会主办，湖南师范大学外国语学院承办的中国外国文学学会第15届双年会暨"新中国70年外国文学研究"研讨会在湖南省长沙市举行。来自各高校和科研机构的200余名学者出席了大会。开幕式由湖南师范大学外国语学院院长曾艳钰主持。中国外国文学学会会长陈众议和湖南师范大学校长蒋洪新分别代表学会和承办单位致开幕词和欢迎词。

与会代表紧紧围绕"新中国70年外国文学研究"这一主题，以"外国文学翻译""外国文学教学""外国文学出版""新时代外国文学研究的展望"为议题展开讨论和交流，多方面总结了新中国成立以来我国外国文学研究的发展历程。

学者们就70年来外国文学研究的发展脉络达成了共识，即改革开放是我国外国文学研究的一个重要分水岭：前30年以译介为主，后40年进入迅速发展期；但前30年的工作为后40

年的发展打下了坚实基础。

大会期间召开了中国外国文学学会第十届理事会，各分会负责人汇报了一年来的学术活动。经会员大会表决通过，增补了李伟和金雯两位新理事，并初步商议了下一次双年会以及下一次年度理事会暨研讨会的举办事宜。

（科研处）

语言研究所

（一）人员、机构等基本情况

1. 人员

截至 2019 年年底，语言研究所共有在职人员 82 人。其中，正高级职称人员 23 人，副高级职称人员 23 人，中级职称人员 22 人；高、中级职称人员占全体在职人员总数的 83%。

2. 机构

语言研究所设有：句法语义学研究室、历史语言学研究一室、历史语言学研究二室、方言研究室、《中国语文》编辑部、当代语言学研究室、语音研究室（语音与言语科学重点实验室）、词典编辑室、《新华字典》编辑室（新华辞书社）、新型辞书编辑室、应用语言学研究室、办公室、科研处。

3. 科研中心

语言研究所院属科研中心有：中国社会科学院辞书编纂研究中心；所属科研中心有：语料库暨计算语言学研究中心。

（二）科研工作

1. 科研成果统计

2019 年，语言研究所共完成专著 8 种，239.7 万字；论文集 2 种，33 万字；论文 114 篇，92.4 万字；译著 1 种，13 万字；译文 4 篇，6 万字。

2. 科研课题

（1）新立项课题。2019 年，语言研究所共有新立项课题 13 项。其中，国家社会科学基金重点课题 1 项："汉语方言语法特征语料库建设"（刘丹青主持）；国家社会科学基金一般课题 1 项："类型学视野下的汉语动词、形容词语义演变研究"（苏颖主持）；国家社会科学基金青年课题 2 项："基于实验范式的现代汉语通感现象研究"（赵青青主持），"老龄人群语音语料库建设与声学研究"（李倩主持）；国家语委重点科研课题 2 项："新疆中小学教师国家通用语言文字培训与教学"（贾媛主持），"规范型权威字典与新中国语言文字规范化"（程荣主持）；国家语委一般科研课题1项:"异形词规范化研究"(王迎春主持);中国社会科学院亚洲研究中心课题1项:"《运步色叶集》研究"(范文杰主持);所级一般课题5项:"释免盘的'壚'字"(连佳鹏主持),"规范型语文辞书的实用性要素研究"(程荣主持),"《大现汉》例句查重系统编程的研究与实践"(李芸主持),"通用辞书字头属性分析标注"(郭小武主持),"中国老年问题相关法规及案例语料库"(张弘主持)。

(2)结项课题。2019年,语言研究所共有结项课题14项。其中,国家社会科学基金一般课题1项:"上古汉语闭口韵与非闭口韵通转关系研究"(孟蓬生主持);国家社会科学基金青年课题3项:"基于语料库的汉语应答性成分语义和话语功能研究"(侯瑞芬主持),"《王念孙古音学手稿》整理与研究"(赵晓庆主持),"语义图视角下汉语不定代词、情态词和'工具－伴随'介词的多功能性研究"(张定主持);国家语委中国语言资源保护工程(调研类)课题1项:"濒危汉语方言调查·湖南嘉禾城关土话"(徐睿源主持);与外单位合作课题1项:中国社会科学院语言研究所与"讯飞语音及语言技术联合实验室"(李爱军主持);北京市重点研发计划"新一代人工智能技术培育"课题1项:"语篇语义与听觉信息特征表示体系"(李爱军主持);所级一般课题7项:"半个多世纪前休宁方言语音的整理和研究"(张洁主持),"闽南方言带无指人称代词的虚词'共'"(陈伟蓉主持),"社会用字调查及辞书编纂法研究(一)"(程荣主持),"外向型辞书的释义研究"(王霞主持),"中介语作文语法错误自动诊断"(胡钦谙主持),"当代汉语新词、新义、新用的追踪、整理和研究(2018年)"(郭小武主持),"释甲骨文中几个从目省形的字"(连佳鹏主持)。

(3)延续在研课题。2019年,语言研究所共有延续在研课题23项。其中,国家社会科学基金重大课题3项:"多卷本断代汉语语法史研究"(杨永龙主持),"功能－类型学取向的汉语语义演变研究"(吴福祥主持),"中国方言区英语学习者语音习得机制的跨学科研究"(李爱军主持);国家社会科学基金重点课题5项:"历史语法视角下的青海甘沟话语法研究"(杨永龙主持),"汉语语用标记形成机制的多视角研究"(方梅主持),"论元选择中的显著性和局部性研究"(胡建华主持),"语法、语义、韵律的互动研究"(贾媛主持),"语言接触视角下的广西汉语方言语音演变研究"(覃远雄主持);国家社会科学基金一般课题7项:"中外法庭辩论的语音特征、策略及其对判决的影响力研究"(殷治纲主持),"汉语方言研究的实验语音学理论与方法研究"(胡方主持),"我国科学技术的财政投入分析研究"(陈文学主持),"古文字特殊通转研究"(王志平主持),"闽南方言介词的语义演变研究"(陈伟蓉主持),"基于梵汉对勘的中古译经语法研究"(姜南主持),"西夏文佛典文献语法研究"(麻晓芳主持);国家社会科学基金青年课题2项:"汉语特色词类与句法成分交互的认知神经机制研究"(罗颖艺主持),"相邻语言单位的语义负载与语法化研究"(张亮主持);教育部课题1项:"《现代汉语词典》的词类标注研究"(侯瑞芬主持);北京市医管局课题1项:"基于多模态的功能性发音障碍关键诊断技术研究"(方强主持);四川外国语大学课题1项:"表内地名用字的形音义标注与研究"（程荣主持）；中国社会科学院青年启动课题2项："汉语口语评价表达研究"（方迪主持），"法语因果关系表达的语料库调查及其声学研究"（罗颖艺主持）；中国社会科学院学部委员（荣誉学部委员）资助课题1项："超越主谓结构——汉语对言语法"（沈家煊主持）。

3. 获奖优秀科研成果

2019年，语言研究所获"第十届（2019年）中国社会科学院优秀科研成果奖"一等奖1项：白维国主编、江蓝生等副主编的《近代汉语词典》；三等奖3项：李爱军的专著 *Encoding and Decoding of Emotional Speech: A Cross-Cultural and Multimodal Study between Chinese and Japanese*（《情感语音的编码与解码——中日跨文化的多模态研究》），刘丹青的论文《论语言库藏的物尽其用原则》，钟兆华编著的《近代汉语虚词词典》。

（三）学术交流活动

1. 学术活动

2019年，由语言研究所主办和承办的学术会议如下。

（1）2019年1月20日，由语言研究所和北京语言大学、商务印书馆联合主办的"2019中青年语言学者沙龙"在北京召开。沙龙的主题是"中国语言生活和语言研究70年"。

（2）2019年5月20日，由语言研究所主办的"传承与创新——纪念吴宗济先生诞辰110周年语音学研讨会"在北京召开。大会的主要议题是"追思吴宗济先生的学术思想""语音科学前沿论坛"。

（3）2019年6月1日，由语言研究所《当代语言学》和北京语言大学语言科学院联合主办，香港中文大学语言学及现代语言系协办的"第四届'语言中的显著性和局部性'国际学术研讨会"在北京举行。会议的主题是"语言中的显著性和局部性"。

（4）2019年6月15—16日，由语言研究所和中国辞书学会、上海辞书出版社和华东师范大学中文系联合主办的"新时期的汉语研究与辞书编纂暨庆祝《辞书研究》创刊四十周年学术研讨会"在上海召开。会议研讨的主要议题有"《辞书研究》对我国辞书理论建设和辞书人才培养作出的贡献""辞书编纂理论与实践方面的问题""词汇学相关问题研究及其在辞书编纂中的应用"等。

（5）2019年6月22—23日，由语言研究所《当代语言学》和北京语言大学语言科学院、外国语学部联合主办，香港中文大学语言学及现代语言系协办的"汉语形式语义研究国际研讨会"在北京举行。大会主要关注用形式语义学的研究方法分析汉语语言事实，研讨的主要议题有"量化辖域问题""比较句""骡子句""汉语的'都'问题""违实性语义"等。

（6）2019年6月27日，由中国社会科学院、日本学术振兴会主办，中国社会科学院语言研究所与日本学术振兴会北京代表处承办的"2019中日语言学论坛"在北京召开。会议邀请了中日两国10位知名专家学者作主旨发言，讨论当前语言学和言语科学的热点话题。

(7) 2019年7月5—7日，由语言研究所、《中国语文》编辑部、中国人民大学文学院联合主办的"第四届语言类型学国际学术研讨会"在北京召开。会议研讨的主要议题有"语音""词汇""语法现象"。

(8) 2019年7月12—14日，由语言研究所历史语言学研究二室和鲁东大学文学院联合主办，鲁东大学文学院承办的"汉语语法史研究高端论坛（2019）"在山东省烟台市举行。

(9) 2019年7月20日，由语言研究所、北京语言大学、中国语言学书院和商务印书馆联合主办的"2019海内外中国语言学者联谊会——第十届学术论坛"在北京举行。论坛的主题是"中国语言学70年"。

(10) 2019年8月9日，由语言研究所主办的"纪念罗常培先生诞辰120周年学术座谈会暨罗常培先生铜像揭幕仪式"在北京召开。会上为"第五届罗常培语言学奖"获奖者颁奖。

(11) 2019年9月7—8日，由语言研究所历史语言学研究二室和兰州大学文学院联合主办的"语言接触与西北汉语方言的演变论坛"在甘肃省兰州市举行。会议研讨的主要议题有"汉语史上的语言接触""语言接触引发的语言演变""汉语与少数民族的语言接触对北方汉语的影响"等。

(12) 2019年9月21—22日，由语言研究所历史语言学研究一室和复旦大学中国语言文学系联合主办，复旦大学中国语言文学系承办的"第五届出土文献与上古汉语研究暨汉语史研究学术研讨会"在上海召开。与会学者围绕出土文献和传世典籍对汉语史研究中涉及文字、音韵、词汇、语法等领域的多个主题展开了研讨。

(13) 2019年9月27日，由语言研究所《当代语言学》主办，北京师范大学珠海校区人文和社会科学高等研究院语言科学研究中心、北京师范大学珠海分校文学院承办的"2019第八届当代语言学国际圆桌会议"在广东省珠海市召开。

(14) 2019年10月19—20日，由语言研究所《方言》编辑部、西南大学文学院联合主办，西南大学文学院承办的"第三届南方官话国际学术研讨会"在重庆市召开。会议研讨的主要议题有"语音""词汇""语法"等。

(15) 2019年10月26—27日，由中国辞书学会语文词典专业委员会主办，西南大学汉语言文献研究所、人民教育出版社承办，语言研究所、商务印书馆、上海辞书出版社、语文出版社和外语教学与研究出版社协办的"第十二届全国语文辞书学术研讨会"在重庆市召开。会议研讨的主要议题有"语文辞书编纂与词汇语义学理论""语文辞书与传统文化传承""品牌辞书修订与辞书编纂现代化""出土文献与辞书编纂"等。

(16) 2019年10月26—27日，由语言研究所《中国语文》编辑部和陕西师范大学文学院联合主办，陕西师范大学文学院、语言资源开发研究中心承办的"第七届《中国语文》青年学者论坛"在陕西省西安市举行。会议研讨的主要议题有"汉语音韵""方言""语法""词汇""古文字""类型学""地理语言学""儿童语言获得"等。

(17) 2019年10月26—27日,由语言研究所和三峡大学联合主办,三峡大学文学与传媒学院承办,商务印书馆协办的"中国社会科学论坛(2019·语言学)暨第十届汉语语法化问题国际学术讨论会、语法化问题青年论坛"在湖北省宜昌市举行。

(18) 2019年11月9—10日,由语言研究所《当代语言学》主办,杭州师范大学外国语学院承办的"2019当代语言学前沿:第三届'走向新描写主义'论坛"在浙江省杭州市召开。会议研讨的主要议题有"句法语义接口""论元结构""并列结构""体貌标记""复数标记""量化""语序""递归""习语""焦点""指称性""反身代词""连读变调"等。

(19) 2019年12月20日,由语言研究所、中国社会科学院辞书编纂研究中心、中国社会科学院语言研究所语料库暨计算语言学研究中心主办的"2019首届计算词典学研讨会"在北京召开。来自科研机构、高等院校、出版单位的30余位专家学者参加了研讨会。

2. 国际学术交流与合作

2019年,语言研究所共派遣出访16批33人次,接待来访9批20人次(其中顺访7次)。与语言研究所开展学术交流的国家有日本、美国、爱沙尼亚、菲律宾、澳大利亚、法国、奥地利、斯洛伐克、英国、越南等。

出访——

(1) 2019年1月10日至4月8日,语言研究所研究员刘祥柏应美国堪萨斯大学东亚系的邀请,赴该校进行学术访问,主要就梵语、犍陀罗语对早期汉译佛经语言的影响进行研修。

(2) 2019年4月29日至5月5日,语言研究所研究员刘丹青应斯洛伐克考门斯基大学的邀请,赴该校参加"纪念五四运动一百周年国际会议",并作了关于语言学研究的大会发言。

(3) 2019年5月9—13日,语言研究所研究员刘丹青、胡建华、赵长才等应邀赴日本参加"第27届国际中国语言学年会",并分别作题为"汉语寄生事态范畴再探""汉语形容词谓语句中的定式性问题""对汉语负面排他标记来源的再探讨"的报告。

(4) 2019年7月4—18日,语言研究所研究员贾媛应英国罗伯特·高登大学计算机科学和数字媒体学院邀请,赴该校访问,参加"社会互动中的应用语言学研讨会",并作题为"人际互动过程中的语言特征及应用"的大会发言。

(5) 2019年8月4—11日,语言研究所研究员李爱军、胡方应国际语音科学大会组委会的邀请,赴澳大利亚墨尔本参加"国际语音科学大会",并分别作题为"咝擦音的频谱分析与汉语方言说话人的林氏六音测试""试论吴语杭州方言儿缀的语音与音系"的报告。

(6) 2019年8月9—13日,语言研究所助理研究员方迪应美国社会学会邀请,赴美国参加"社会学会第114届年会",并在会上宣读了题为"汉语会话中的合作性评价:会话中的语法"的论文。

(7) 2019年8月25—30日,语言研究所研究员刘丹青、储泽祥等应爱沙尼亚科教部语言研究所的邀请，赴爱沙尼亚参加"'一带一路'爱沙尼亚与中国语言学术论坛"。大会上，刘丹青作了题为"次生否定词库：现代汉语规约化的间接否定库藏"的发言，储泽祥作了题为"单音形容词修饰双音动词所造成的句法后果——以'大＋动词'为例"的发言。

（8）2019年10月3—7日，语言研究所研究员刘祥柏应邀赴美国纽约参加"2019年度亚洲研究大会"，并在"中国今夕语言教学与研究"圆桌会议上宣读了题为"古汉语韵图与早期对外汉语"的论文。

（9）2019年10月24—28日，语言研究所研究员熊子瑜、贾媛应邀赴菲律宾参加"O-COCOSDA 2019国际学术会议"。在会上，熊子瑜宣读了题为"普通话焦点对三音节时长的影响研究"的论文，贾媛宣读了题为"中国抑郁症患者音质研究"的论文。

（10）2019年10月25—29日，语言研究所研究员沈家煊、王冬梅、项开喜等应日本关西外国语大学的邀请，赴日本参加"第十届现代汉语语法国际研讨会"。沈家煊大会上作了题为"'互文'和'联语'的当代阐释——兼论'平衡处理'和'动态处理'"的发言，王冬梅、项开喜分别作了题为"汉语的'虚'和'实'""始点主导与终点主导：汉语使成表达的类型学"的小组报告。

（11）2019年11月7—13日，语言研究所研究员储泽祥应越南河内大学邀请，赴越南参加"全球化背景下优质汉语人才培养国际学术研讨会"。并宣读了题为"汉语学习词典编写过程中应重视的几个问题——以在编的汉语学习词典为例"的论文。

（12）2019年12月1—8日，语言研究所研究员胡方应美国声学学会邀请，赴美国参加"第178届美国声学学会学术年会"，并在会上宣读了题为"徽语方言的央化双元音化"的论文。

（13）2019年12月2—7日，语言研究所研究员李爱军等应联合国教科文组织总部的邀请，赴法国巴黎参加"面向大众的语言技术"国际会议。李爱军在大会上作了题为"处理韵律和声调问题"的演讲。

来访——

（1）2019年6月26日至7月14日，德国美因茨大学教授沃尔特·比桑来访语言研究所，并作系列学术报告："语法化的传统研究方法""语法化和构式语法：前景和制约""语法化的跨语言变异""汉语隐性和显性复杂性的语法化""语言类型学：从开始到现在""量词的类型学研究""论元结构和配价""语言类型学和复杂性"。

（2）2019年6月27日，日本大阪大学教授古川裕、日本同志社大学教授沈力、日本神户市外国语大学教授竹越孝、日本爱媛大学教授秋谷裕幸、东京大学教授峯松信明依据中国社会科学院与日本学术振兴会合作协议，受邀参加在北京举办的"2019中日语言学论坛"。古川裕在会上宣读了题为"从构式角度看现代汉语的对举表述"的论文，沈力宣读了题为"重构秦晋黄河沿岸诸方言的时空层次——以入声消失为例"的论文，竹越孝宣读了题为"论清代北京的语言接触——从'满汉兼'子弟书说起"的论文，秋谷裕幸宣读了题为"闽语中早于中古音的音韵特点及其历时含义"的论文,峯松信明宣读了题为"母语者跟读结果作为衡量非母语者话语可理解度的客观指标"的论文。

（3）2019年9月24日,以俄罗斯科学院通讯院士、俄罗斯科学院语言研究所原所长阿尔巴托夫为团长的俄罗斯语言政策专家访华团一行到访语言研究所。俄罗斯专家首先参观了语言研究所语音与言语科学重点实验室和辞书编纂研究中心,了解语言研究所的发展历史与研究现状。随后,双方以讲座的形式展开学术交流。

3. 与中国香港、澳门特别行政区和中国台湾开展的学术交流

（1）2019年3月5—8日,语言研究所研究员沈明应香港中文大学邀请,赴该校进行学术访问,担任"中国社会科学院学者讲座系列"嘉宾,作了题为"晋语古日母字读［n］的残迹"的学术报告。

（2）2019年6月8—15日,语言研究所研究员方梅等应香港理工大学邀请,赴港参加"第16届国际语用学会议"。方梅在会上宣读了题为"会话中共同产出的句子"的论文。

（3）2019年6月8—15日,语言研究所研究员顾曰国应香港理工大学邀请,赴香港参加"第16届国际语用学大会",并作了题为"语前儿童、自闭症和痴呆老人话语的多模态语料库语言学研究"的主旨发言。

（4）2019年7月9—12日,语言研究所研究员顾曰国应香港教育大学邀请,赴港参加"第20届国际计算机辅助教学大会",并作了题为"论老年人群学习观念转换"的主旨发言。

（5）2019年7月17—20日,语言研究所研究员王志平应台湾"中研院"中国文哲研究所邀请,赴台湾地区参加"经学史重探（I）——中世纪以前文献的再检讨"第三次学术研讨会,并在会上作了题为"先秦乐经的成立及其检讨"的发言。

（6）2019年9月18—21日,语言研究所研究员方梅应澳门语言学会的邀请,赴澳门参加"澳门回归20年社会语言状况回顾与展望学术研讨会",并宣读了题为"语言借用与文化认同"的论文。

（7）2019年10月29日至11月1日,语言研究所副研究员张铁文等应澳门理工学院的邀请,赴澳门参加"粤港澳大湾区——语言文化研究新视角学术研讨会",并宣读了题为"阿拉伯数字引入汉语的历程"的论文。

（8）2019年11月1—10日,语言研究所研究员杨永龙应澳门大学邀请,赴澳门进行学术访问,在该校作了题为"'才'的强调意义及其产生路径的历史考察"的报告。

（四）学术社团、期刊

1. 社团

（1）中国语言学会,会长王洪君。

（2）全国汉语方言学会,会长沈明。

① 2019年4月20—21日，"第三届汉语方言中青年国际高端论坛"在上海举行。会议由全国汉语方言学会、《方言》编辑部、复旦大学中文系联合主办，复旦大学中文系承办。来自中国和日本的40余位学者出席了会议。会议研讨的主要议题有"汉语方言语言""句法语义""文献言韵"。

② 2019年7月24日至8月7日，"2019届汉语方言田野调查高级研修班"在贵州省贵阳市举办。研修班由《方言》编辑部、全国汉语方言学会和贵州师范大学联合主办，贵州师范大学文学院承办。来自国内高校的61名语言学专业的青年教师和在读研究生参加研修班学习。

③ 2019年8月2—14日，"2019田野语音学高级工作坊暨田野语音学高级研修班"在福建省厦门市举行。研修班由全国汉语方言学会、《方言》编辑部、厦门大学人文学院中文系联合主办，厦门大学人文学院中文系承办。来自国内高校的91名语言学专业的青年教师和在读研究生参加了研修班的学习。

④ 2019年8月8—9日，"第二届'一带一路'的语言与方言学术研讨会"在贵州省贵阳市召开。会议由全国汉语方言学会、《方言》编辑部、贵州师范大学联合主办，贵州师范大学文学院承办。来自中国和日本的40余位专家学者参加了会议。

⑤ 2019年8月16—17日，"2019汉语方言类型研讨会"在福建省厦门市召开。会议由《方言》编辑部、全国汉语方言学会和厦门大学人文学院中文系联合主办，厦门大学人文学院中文系承办。40余名学者出席了会议。论文集中讨论研究方法如实验语音学和语音类型学等。

⑥ 2019年10月11—12日，"全国汉语方言学会第二十届年会"在山西省临汾市召开。会议由全国汉语方言学会和山西师范大学联合主办，山西师范大学文学院承办。来自中国和日本的150多位专家学者出席了会议。

2．期刊

(1)《中国语文》(双月刊)，主编刘丹青。

2019年，《中国语文》共出版6期，共计120多万字。《中国语文》组织发表了"新中国成立七十周年回顾与展望"、"'一带一路'的语言调查与分析"和"语言·思想·文化"等专栏文章。该刊全年刊载的有代表性的文章有：张洁的《语言文字工作七十年》，王灿龙的《新中国的现代汉语语法研究》，周荐的《辉煌一甲子，勇攀新高峰——写在〈现代汉语词典〉问世六十周年前夕》，于淑健的《敦煌吐鲁番纸本文献疑难字撷释》，杨旸、赵守辉的《中国文字规划的海外研究——历史、规模及视角》，赵彤的《从汉语史看音变过程的几种模式》，李佐丰的《先秦汉语的零代词》，辛永芬、庄会彬的《汉语方言Z变音的类型分布及历史流变》，李湘的《状语"左缘提升"还是小句"右向并入"？——论"怎么"问句质询意图的共时推导与历时变化》，杨宝忠的《谈谈近代汉字的特殊变易》。

(2)《方言》(季刊)，主编麦耘、沈明。

2019年，《方言》共出版4期，共计60万字。该刊全年刊载的有代表性的文章有：尹凯的《从古全浊声母的读音层次看湘南土话的性质》，李蓝的《甘肃秦安（吴川村）方言声母的特点》，马梦玲的《青海贵德刘屯话记略》，高峰的《陕西延安"老户话"同音字汇》，陈李茂的《近年马来西亚、新加坡汉语方言使用状况》，熊燕的《官话方言屋沃烛韵的音变》，刘丹青的《"如果"的31种（或86种）对应形式——吴江同里话的条件标记库藏》，沈明的《晋语里残存的"儿[n]"缀》，邢向东的《以构式为视角论晋语方言四字格》，刘祥柏的《六安丁集话入声舒化与洪细分韵》等。

（3）《当代语言学》（季刊），主编胡建华。

2019年，《当代语言学》共出版4期，共计77万字。该刊全年刊载的有代表性的文章有：李宇明、王春辉的《论语言的功能分类》，胡旭辉的《跨语言视角下的汉语中动句研究》，张慧丽、潘海华的《汉语句尾信息焦点与重音实现》，吴义诚、周永的《"都"的显域和隐域》，盛益民、陶寰的《话题显赫和动后限制——塑造吴语受事前置的两大因素》，唐正大的《社会性直指与人称范畴的同盟性和威权性——以关中方言为例》，隋娜、胡建华的《句末助词"看"的句法和语义》，王莹莹、潘海华的《排序语义与"能"和"可以"的语义和句法分析》，王灿龙的《名词时体范畴的研究》，张蕾、潘海华的《"每"的语义的再认识——兼论汉语是否存在限定性全称量化词》，邓盾的《"喜欢"的句法及相关理论问题》，韩笑、梁丹丹的《正常老化脑的语言加工及其自适应机制》等。

（五）会议综述

国际中国语言学学会第27届年会

2019年5月10—12日，"国际中国语言学学会第27届年会"在日本神户市召开。会议由神户市外国语大学主办。来自中国，以及美国、日本、韩国、新加坡、法国、英国、意大利等国家的学者参加了会议。

中国社会科学院语言研究所所长刘丹青研究员作为现任学会会长在会议上述职，并主持大会下届领导的改选工作。

年会报告的内容涉及句法、语义、语音、音系、形态、语用、类型学、汉语方言、语言获得、历史语言学、认知语言学、功能语言学、社会语言学、心理语言学、话语分析、中文信息处理、手语语言学等诸多领域，另设有韩汉语言学论坛、汉藏语言学论坛、形态构词论坛、手语语言学论坛。会前工作坊于5月9日召开，议题为"东亚与东南亚语言及人类群体的谱系、扩散和接触"。

大会共设置6场主旨演讲。刘丹青研究员发表了题为"汉语寄生事态范畴再探：附论语言中的敏感范畴"的主旨演讲。刘丹青指出，事态范畴"时""体""式"都存在寄生情形，宿主范畴庞杂零碎，相关库藏手段涉及大多数虚词和半虚词类别及一个实词小类（时间名词）；进而提出寄生范畴不"入库"，不具备显赫范畴的基本属性，因此不属于显赫范畴，但两者都是母语人敏感的范畴，能广泛影响句法规则。香港理工大学王士元教授发表了题为"Language, Cognition & Neuroscience"的主旨演讲，探索语言、认知和神经科学的关系。法国国家社科院沙加尔教授发表了题为"The Position of Chinese in Sino-Tibetan, and of Sino-Tibetan in East Asia"的主旨演讲，讨论了汉语在汉藏语系及汉藏语系在东亚语言中的地位。台湾"中研院"研究员魏培泉发表了题为"上古汉语的零形代词"的主旨演讲，探讨了上古汉语零形代词的使用情况。东京大学教授大西克也发表了题为"试论上古汉语被动句及其世界观——以动力表达为线索"的主旨演讲，从认知—信息的角度阐述上古汉语被动句的若干特点。

（周晨磊）

第四届语言类型学国际学术研讨会

2019年7月5—7日，"第四届语言类型学国际学术研讨会"在北京召开。会议由中国社会科学院语言研究所、《中国语文》编辑部、中国人民大学文学院联合主办。来自中国，以及美国、德国、法国、英国、日本、韩国、新加坡等国家的160余名代表参加了大会。

研讨会围绕类型学的一般问题展开讨论，主要议题包括"区域类型学""历时类型学""库藏类型学""时体类型学""定量类型学""类型学研究的其他论题"。

多位学者对语言类型学的一般问题进行了探讨。新加坡南洋理工大学教授罗仁地指出，要着重以对认知范畴的了解作为语言类型学研究的目的，这样做不但会影响我们的方法和结果，而且会影响我们对语言本质的认识。南昌大学教授陆丙甫指出了今后语序研究的方向，认为一个语言结构体包含的语序单位不会超过7个，符合人类语言的基本共性。德国美因茨大学教授比桑对形式和意义平行演变关系的计算分析深化了相关问题的研究，指出不同语言分别体现了显性复杂度和隐性复杂度，同时也推进了语法化和区域类型学的研究。

"时体类型学"是会议的重要议题之一。首尔大学教授朴正九通过对汉语方言中"了"各项体功能的差异及其彼此间的关联梳理，发现"了"在"句尾"与"非句尾"的差异性，认为其变体应分为"完整体""完成体""完结体"三类。中国人民大学教授陈前瑞从比较概念和描述范畴的角度分析了持续体和未完整体在体貌系统中的地位。通过汉语与盖丘亚语未完整体形式和功能的比较，进一步分析未完整体的意义范畴，对结果体—完整体—完成体进行了区分。

"库藏类型学"是近年来由刘丹青研究员提出并创立的语言类型学分支。会议涌现了多篇库藏类型学论文,"库藏"出现23次,"显赫"35次,"寄生"10次,合计68次。主题词的分化,体现了库藏类型学深入发展的态势。刘丹青研究员从类型学角度讨论汉语论元否定的类型归属及其库藏背景。他指出,汉语论元否定表达式的库藏特征,都跟汉语作为动词显赫型语言有关。

有多位学者针对语言类型学的具体问题展开讨论。如上海外国语大学教授金立鑫通过修饰语成分移位操作和句法分布分析,并完善了汉语关系化等级。中央民族大学教授黄成龙讨论了藏缅语的及物性标记类型。此外,各小组就时体相关问题;连动、致使、双及物等复杂结构有关的问题以及与指示词、代词等有关的问题进行了讨论。

研讨会所讨论的语言现象涉及语音、词汇语义和语法等各个方面,其中语法是最基本的内容;会议基于类型学视角对单个语言进行深入研究,同时也涌现了大批跨语言比较的成果,涉及的语种更加丰富,比较更加深入;会议深化了语言类型学研究的理论与方法,在研究深度和广度上都有显著的突破。

(夏俐萍)

中国社会科学论坛(2019·语言学)暨第十届汉语语法化问题国际学术讨论会、语法化问题青年论坛

2019年10月26—27日,由中国社会科学院语言研究所和三峡大学联合主办,三峡大学文学与传媒学院承办,商务印书馆协办的"中国社会科学论坛(2019·语言学)暨第十届汉语语法化问题国际学术讨论会、语法化问题青年论坛"在湖北省宜昌市举行。来自美国、德国、法国、韩国、新加坡、中国内地和中国香港的高校、科研机构的80多位专家学者参加了会议。为了鼓励青年学者,遴选了26名青年学者参加青年论坛。会议期间,共有20位学者作了大会报告,50余位学者分别在5个分组和青年小组作了报告。

会议主要围绕着语法化理论探索、汉语发展史中的语法化、现代汉语共时语法化、方言与少数民族语言中的语法化等议题展开讨论,既注重语言事实的描写,也注重对语言发展演变的动因和机制的解释,同时也有学者试图从语法化的角度进行语言理论的建构。

在理论探索方面,美国俄亥俄州立大学教授布赖恩·约瑟夫讨论了传统的比较语言学与语法化之间可能存在的互相影响,以及两种探索路线之间彼此能为对方所作的贡献。香港中文大学、北京语言大学教授冯胜利在语体语法理论框架下,尝试发掘历史语体语法中的一些典型现象与分析方法。德国康斯坦茨大学教授妮可·德黑认为,语法化过程中语义和音系缩减之间的关系可能归因于两个重要因素:相似性和频率。新加坡国立大学教授彭睿讨论了图式性构式的扩展。

在汉语史中的语法化研究方面,法国国家科研中心教授贝罗贝按不同的历史时期考察汉语

"坐""站""躺"等姿态动词的语义成分。香港科技大学教授张敏认为,汉语"自"的语法化符合世界语言里"身体部位名词〈强调词〉反身词"的常见路径。

在共时语法化研究方面,美国俄亥俄州立大学教授解志国从形式语义学的角度考察汉语认识情态词"要"在比较句中的分布情况。上海师范大学教授张谊生从三方面对"不再"与"再"以及"X不再"进行了多角度的考察。北京大学教授董秀芳对汉语副词中的反预期标记分类和来源进行了探索。

在汉语方言语法化方面,法国国家科学院东亚语言研究所教授罗端尝试说明唐汪话的时体系统如何通过调整来与阿尔泰语对应。中国社会科学院语言研究所所长教授刘丹青分析了吴语吴江同里话的庞大条件标记库藏中的"者"的音韵地位、韵律、句法和语义语用特色。

(杨永龙)

哲学研究所

(一)人员、机构等基本情况

1. 人员

截至2019年年底,哲学研究所共有在职人员133人。其中,正高级职称人员41人,副高级职称人员43人,中级职称人员28人;高、中级职称人员占全体在职人员总数的84%。

2. 机构

哲学研究所设有:马克思主义哲学原理研究室、马克思主义哲学史研究室、马克思主义哲学中国化研究室、中国哲学研究室、西方哲学史研究室、现代外国哲学研究室、科学技术哲学研究室、伦理学研究室、逻辑学研究室、东方哲学研究室、哲学与文化研究室、美学研究室、《哲学研究》编辑部、《哲学动态》与《中国哲学年鉴》编辑部、《世界哲学》编辑部、图书资料室、办公室、科研处、人事处、老干部办公室。

3. 科研中心

哲学研究所院属科研中心有:中国社会科学院社会发展研究中心、中国社会科学院东方文化研究中心、中国社会科学院应用伦理研究中心、中国社会科学院科学技术和社会研究中心、中国社会科学院世界文明比较研究中心、中国社会科学院文化研究中心。

(二)科研工作

1. 科研成果统计

2019年,哲学研究所共完成中文专著18种,435.5万字;外文专著1种,13.6万字;译著8种,285.2万字;研究报告3种,60.2万字;论文集5种,139.2万字;工具书1种,

280万字；年鉴1种,90万字；论文172篇,180.1万字；译文3篇,5.7万字；理论文章9篇,2.1万字。

2. 科研课题

（1）新立项课题。2019年，哲学研究所共有新立项课题18项。其中，国家社会科学基金一般课题2项："浙东学派黄宗羲、黄宗炎易学文献整理与思想研究"（胡士颍主持），"生命伦理学语境中的道德地位问题研究"（李亚明主持）；国家社会科学基金青年课题3项："以现实问题为导向的《资本论》哲学思想研究"（杨洪源主持），"斯宾诺莎《梵蒂冈抄本》编译研究"（毛竹主持），"西方中国逻辑思想研究的历史发展与最新进展研究"（崔文芊主持）；国家社会科学基金冷门"绝学"研究专项课题1项："比较哲学视角下的阿拉伯特色地域文化研究——以海湾地区跨文化研究为例"（刘一虹主持）；国家社会科学基金后期资助课题1项："构建当代中国新价值秩序研究"（周丹主持）；院委托交办重大科研课题1项："中华文明发展与中华传统文化创造性转化与创新性发展研究"（王京清主持）；院委托交办"中华人民共和国建国70周年纪念书系"课题1项："新中国哲学研究70年"（王立胜主持）；院智库办委托课题1项："中国哲学知识体系建设"（王立胜主持）；院青年科研启动基金课题4项："比较视野下的《反杜林论》思想研究"（杨洪源主持），"西方《公孙龙子》逻辑研究的历史发展与特点"（崔文芊主持），"《摄真实论》中的印度'因果论'论争"（范文丽主持），"马克思哲学变革与社会主义思潮关系研究"（韩蒙主持）；院习研中心2019年度重点课题1项："习近平新时代中国特色社会主义思想的哲学研究"（冯颜利主持）；院国情调研课题1项："乡村振兴战略视角下的农村新型集体经济调研"（单继刚主持）；所级国情调研基地及配套所级国情调研基地课题2项："开发三都澳的理论基础与实践探索研究"（杨洪源主持），"乡村振兴与特色小镇发展调研系列之一——乡村振兴与特色小镇发展的情况调研"（冯颜利主持）。

（2）结项课题。2019年，哲学研究所共有结项课题6项。其中，国家社会科学基金重点课题2项："科学发展与社会和谐视阈中的中国特色社会主义文化强国建设研究"（冯颜利主持），"时间哲学研究"（尚杰主持）；国家社会科学基金青年课题1项："两汉经学的演变逻辑研究"（任蜜林主持）；院委托交办"中华人民共和国建国70周年纪念书系"课题1项："新中国哲学研究70年"（王立胜主持）；院委托交办课题1项："马克思主义哲学学科体系、学术体系和话语体系建设"（王立胜主持）；院马克思主义理论研究和建设工程课题1项："从政治哲学看国家治理能力与体系建设"（欧阳英主持）。

（3）延续在研课题。2019年，哲学研究所共有延续在研课题35项。其中，国家社会科学基金重大课题7项："建国以来西方哲学中国化的重要问题及其影响"（谢地坤主持），"世界文化多样性与构建和谐世界研究"（李河主持），"百年中国因明研究"（刘培育主持），"《古象雄大藏经》汉译与研究"（李景源主持），"应用逻辑与逻辑应用研究"（杜国平主持），"《剑桥文学批评史》（九卷本）翻译与研究"（王柯平主持），"智能革命与人类深度科技化前景的哲学研究"（段伟文主持）；国家社会科学基金重点课题2项："提高国民逻辑素质的理论与实践探索研究"（杜国平主持），"当代西方哲学中的'政治现实主义'流派研究"（陈德中主持）；国家社会科学基金委托课题2项："大数据时代的哲学理论与社会发展"（谢地坤主持），"有机马克思主义研究"（冯颜利主持）；国家社会科学基金一般课题8项："科技时代的科学'无知'的哲学研究"（段伟文主持），"逻辑基础问题研究"（刘新文主持），"台湾南部地区灵宝道派拔度科仪研究"（姜守诚主持），"康德心灵哲学研究"（梁议众主持），"STIT逻辑研究"（贾青主持），"卢梭语言哲学文献的翻译与研究"（汪炜主持），"福柯的知识考古学研究"（汤明洁主持），"意大利文艺复兴与转型伦理研究"（徐艳东主持）；国家社会科学基金青年课题4项："亚里士多德《修辞术》的哲学研究"（何博超主持），"先秦诸子道德哲学论辩研究"（王正主持），"朱熹理学中'气'的思想研究"（赵金刚主持），"东亚四书学诠释研究"（张捷主持）；国家社会科学基金中华学术外译课题2项："回归原创之思——'象思维'视野下的中国智慧（英文版）"（王树人主持），"中国思想文化（英文版）"（王柯平主持）；党的十八大以来党中央治国理政新理念新思想新战略研究专项工程课题1项："习近平治国理政新思想研究"（王伟光主持）；国家哲学社会科学成果文库课题1项："马克思政治哲学思想探析：历史、变迁与价值"（欧阳英主持）；国家社会科学基金后期资助课题1项："早期儒家的'为己之学'"（匡钊主持）；院重大委托课题1项："《黑格尔全集》历史考订版（第二期）"（张志强主持）；院重大课题1项："印度佛教哲学史"（周贵华主持）；院马克思主义理论研究和建设工程课题4项："社会主义市场经济中所有制与分配制度改革的理论与实践"（魏小萍主持），"中国特色社会主义都市社会研究"（强乃社主持），"中国道路：马克思主义哲学中国化的理论自觉与实践自觉"（李俊文主持），"关于改革开放以来引进的若干西方话语概念的马克思主义研究"（毕芙蓉主持）；院青年人文社会科学研究中心社会调研课题1项："习近平新时代中国特色社会主义思想武装青年路径研究：以浙江省舟山市为例"（杨洪源主持）。

3. 获奖优秀科研成果

2019年，哲学研究所获"第十届（2019年）中国社会科学院优秀科研成果奖"专著类一等奖1项：赵汀阳的专著《第一哲学的支点》；专著类三等奖3项：甘绍平的专著《伦理学的当代建构》，王柯平的专著《〈法礼篇〉的道德诗学》，段伟文的专著《可接受的科学：当代科学基础的反思》；论文类三等奖2项：张志强的论文《一种伦理民族主义是否可能？——论章太炎的民族主义》，王齐的论文《看、听和信——克尔凯郭尔和尼采视域下的信仰》；获"第二届贺麟青年哲学奖"一等奖1项：吕超的论文《人类自由作为自我建构、自我实现的存在论结构——对康德自由概念的存在论解读》；二等奖1项：杨洪源的论文《辩证法在其正确思想形式上的初步建立——重新探究〈1857—1858年经济学手稿〉中的货币辩证法》；提名奖1项：赵金刚的论文《朱子思想中的"鬼神与祭祀"》。

（三）学术交流活动

1. 学术活动

2019年，由哲学研究所主办和承办的学术会议如下。

（1）2019年2月23—24日，由哲学研究所、社会发展研究中心与当代中国马克思主义政治经济学创新智库联合主办，中共潍坊市委、潍坊市人民政府协办的"'诸城模式''潍坊模式''寿光模式'与乡村振兴理论研讨会"在北京举行。

（2）2020年3月30日，由哲学研究所主办的"张清宇逻辑思想研讨会"在北京举行。会议研讨的主要议题有"张清宇的逻辑思想研究""张清宇的逻辑教学观"。

（3）2019年4月20日，由哲学研究所、中国社会科学院科学技术和社会研究中心、国家社会科学基金重大课题"智能革命与人类深度科技化前景的哲学研究"课题组与中国发展战略学研究会创新战略专委会联合主办的"人工智能的社会、伦理与未来研究研讨会"在北京举行。

（4）2020年4月26日，由哲学研究所、中国社会科学院登峰战略西方哲学优势学科联合主办的"叶秀山先生遗著《哲学的希望》出版研讨会"在北京举行。会议研讨的主要议题有"纯粹哲学的希望""叶秀山先生的哲学追求""中国哲学的特点和机遇"。

（5）2019年5月11日，由哲学研究所与中国自然辩证法研究会生命伦理学专业委员会联合主办的"人类基因组编辑的伦理和治理问题"学术研讨会预备会议在北京举行。会议探讨有关人类基因组编辑的伦理和治理的理论与实践问题。

（6）2019年6月8日，由哲学研究所主办，中国社会科学院东方文化研究中心、哲学研究所东方哲学研究室承办的"徐远和学术思想与东方哲学发展学术研讨会"在北京举行。会议研讨的主要议题有"徐远和先生的学术成就""徐远和先生为推动东方哲学学科建设所做的贡献""东方哲学发展史和未来展望"。

（7）2019年7月22日至8月8日，由哲学研究所与英国皇家哲学研究所、牛津大学中国研究中心联合主办，华东师范大学哲学系承办的"中英美暑期哲学学院第23期高级研讨班"在上海举行。研讨班的主题是"环境哲学"，研讨的主要议题有"环境思想的跨文化导论""生态文明哲学""佛教与环境""生态危机与哲学危机"。

（8）2019年9月7日，由哲学研究所主办，哲学所马克思主义哲学学科承办的"纪念赵凤岐先生逝世一周年学术思想座谈会"在北京举行。

（9）2019年9月7日，由北京市社会科学界联合会、北京市哲学社会科学规划办公室联合主办，哲学研究所与北京伦理学会承办的"新中国伦理学研究70年暨当代社会伦理前沿问题研究论坛"在北京举行。会议研讨的主要议题有"新中国伦理学研究的历史性总结""当前社会伦理前沿及社会现实问题"。

（10）2019年9月21—22日，由哲学研究所与日本哲学会、中山大学联合主办的"第六届中日哲学论坛"在广东省中山市举行。会议的主题是"哲学在东亚的接受、转化和发展"。

(11) 2019年10月19—20日，由哲学研究所与中国社会科学院台港澳研究中心、厦门海沧台商投资区管委会联合主办，海峡两岸交流基地（厦门市石室书院）承办的"第二届海峡两岸人文学论坛：人文学的处境与两岸人文学的融合发展学术研讨会"在福建省厦门市举行。会议研讨的主要议题有"中国的现代化道路问题""古典文学当中蕴含的民族情怀""当前中国人文科学研究现状""现代文学经典作家的比较研究"等。

(12) 2019年11月22—25日，由哲学研究所与成都市人民政府、四川省社会科学院联合主办，四川省社会科学院哲学与文化研究所、金堂县人民政府、《哲学研究》编辑部、《哲学动态》编辑部承办，金堂县文化体育和旅游局、五凤镇人民政府、成都贺麟教育基金会共同组织执行的"全国社科系统第30届哲学大会暨第二届中国青年哲学论坛（第八届贺麟青年哲学奖）"在四川省成都市举行。会议的主题是"新中国70年中国特色哲学知识体系构建"。

(13) 2019年12月5日，由哲学研究所主办的"纪念巫白慧先生诞辰100周年学术座谈会"在北京举行。会议研讨的主要议题有"巫白慧先生与印度哲学研究""巫白慧先生与佛学研究""巫白慧先生与因明研究""巫白慧先生与梵文研究"。

2. 国际学术交流与合作

2019年，哲学研究所共派遣出访31批42人次，接待来访9批19人次。与哲学研究所开展学术交流的国家有俄罗斯、美国、英国、法国、瑞士、西班牙、澳大利亚、捷克、波兰、哈萨克斯坦、阿联酋、埃及、韩国、日本、越南、巴西等。

(1) 2019年2月19—23日，中国文化研究中心研究员张晓明、章建刚应科廷大学亨利·士林·李教授邀请，赴科廷大学参加"2019数字化生存U40中国—澳大利亚暑期学校及研讨会"。

(2) 2019年3月3—7日，应中国联合国教科文组织全国委员会秘书处邀请，哲学研究所科技哲学研究室研究员段伟文赴法国巴黎，参加联合国教科文组织举办的"人工智能原则：迈向人本主义高级别会议"，并参加题为"教育新技术"的联合国旗舰会议。

(3) 2019年3月11—15日，哲学研究所副所长崔唯航应越南胡志明市人文大学邀请，赴越南参加学术访问交流，调研的主题是"越南革新开放背景下的文化发展的经验与面临的挑战"。

(4) 2019年4月15—24日，哲学研究所副所长崔唯航等赴阿联酋、埃及进行学术访问，参加阿联酋国立大学举行的"全球哲学论坛"。其间，崔唯航一行就"东西方哲学的比较研究的传统及前沿课题""中国思想文化的海外传播""古希腊哲学研究""阿拉伯伊斯兰哲学"等议题进行讨论交流。

(5) 2019年5月12—16日，中国文化研究中心副研究员祖春明应邀赴哈萨克斯坦阿里-法拉比大学作题为"中国文化产业发展的历程、现状和前景"的学术讲座。

（6）2019年5月14—17日，应哈萨克斯坦阿里－法拉比大学邀请，中国文化研究中心副研究员祖春明随中国社会科学院代表团对哈萨克斯坦共和国进行学术访问。

（7）2019年5月14—18日，科技哲学研究室研究员段伟文赴美国旧金山，参加"积极的人工智能未来研讨会"。

（8）2019年5月17日，哲学研究所接待了出席"亚洲文明对话大会"的8位外国学者，研究员李河、陈霞、刘一虹等参与了此次接待并和外国学者展开了学术交流。

（9）2019年5月29日至6月16日，马克思主义哲学史研究室研究员魏小萍应捷克科学院邀请，赴布拉格执行院合作协议项目"全球交往范式下的社会转型：中国、欧洲和美国"。

（10）2019年6月8—13日，哲学研究所《哲学研究》编辑部编审黄慧珍应艾因·夏姆斯大学国交处处长暨孔子学院院长伊斯拉·穆罕默德教授邀请，赴埃及艾因·夏姆斯大学，参加由艾因·夏姆斯大学、中华文化发展湖北省协同创新中心、中山大学马克思主义哲学与中国现代化研究所、清华大学道德与宗教研究院、北京师范大学社会主义核心价值观协同创新中心联合举办的"第七届世界文化发展论坛"。

（11）2019年7月1—7日，中国哲学研究室研究员任蜜林应国际中国哲学会邀请，赴瑞士伯尔尼大学参加由国际中国哲学会举办的"第21届国际中国哲学大会"，并提交了题为"早期儒家人性论的两种模式及其影响——以《中庸》、孟子为中心"的论文。

（12）2019年7月6—9日，哲学研究所副所长张志强赴日本东京大学，参加中国社会文化学会年度会议暨国际研讨会"中国哲学与日本的近代"，并发表了题目为"中国哲学的机遇与哲学的历史性"的演讲。

（13）2019年7月22日至8月8日，主题为"环境哲学"的中英美暑期哲学学院第23期高级研讨班在上海举办。研讨班由哲学研究所等单位主办，共招收正式学员和旁听生62名。研讨班邀请了美国马尔波罗学院和巴瑞佛学研究中心教授 Willian Edelglass、澳大利亚拉筹伯大学副教授 Freya Mathews、英国杜伦大学博士 Colette Sciberras、美国肯庸学院教授 Yang Xiao 担任授课教师。

2019年7月，"中英美暑期哲学学院第23期高级研讨班（环境哲学）"在上海召开。

（14）2019年8月1—31日，波兰学者 Patrycja Pola Pendrakowska 在哲学研究所西方哲学史研究室做访问学者。她主要研究中国哲学家如何理解黑格尔概念，为其论文写作收集素材与案例。

（15）2019年9月1日至10月31日，哲学研究所美学室研究员王柯平应邀出访希腊雅典国立大学，为该校学生开设中国哲学要义课程，授课内容为"古代中国与希腊哲学的基本精神""古代哲学作为生活方式""天人合一与天下主义""儒家、道家与柏拉图论人格修为"等。

（16）2019年10月25日至11月2日，法国巴黎索邦大学教授 Blaise Bachofen 到访哲学研究所，举办了两场英文学术讲座。

（17）2019年11月6—10日，哲学研究所中国哲学研究室研究员陈霞与中国文化研究中心副研究员祖春明在"海外中国研究中心讲座项目"的支持下，赴亚美尼亚举办讲座，进行学术交流。

（18）2019年11月11—16日，哲学研究所党委书记王立胜赴巴西参加题为"拉紧人文交流纽带，筑牢金砖合作第三支柱"的金砖国家人文交流论坛。

3. 与中国香港、澳门特别行政区和中国台湾开展的学术交流

2019年1月6—9日，哲学研究所现代外国哲学研究室主任马寅卯研究员、《哲学研究》编辑部主任陈德中研究员等应澳门中国哲学会邀请，赴澳门参加由澳门中国哲学会主办的"中西伦理与宗教研讨会（澳门2019）"，并分别发表了题为"否定伦理学及其困境""能动性、反思性与政治"的论文。

（四）学术社团、期刊

1. 社团

（1）中国辩证唯物主义研究会，会长王伟光。

① 2019年7月26—28日，由中国辩证唯物主义研究会、中共中央党校（国家行政学院）哲学教研部、中国社会科学院哲学研究所、中共宁波市委党校（宁波行政学院）、宁波市哲学学会联合举办的"中国辩证唯物主义研究会年会暨'新中国70年与马克思主义哲学中国化'理论研讨会"在浙江省宁波市举行。与会专家学者90余名。

② 2019年12月13—15日，中国辩证唯物主义研究会与中共深圳市委党校等单位联合主办的"马克思主义哲学与国家治理现代化研讨会暨第七届马克思主义哲学中国化·深圳论坛"在广东省深圳市举行。与会专家学者70余人。

（2）中国马克思主义哲学史学会，会长郝立新。

2019年7月20—21日，由中国马克思主义哲学史学会、哲学研究所主办，西北师范大学马克思主义学院、兰州城市学院马克思主义学院承办的"马克思主义哲学的发展与展望暨中国马克思主义哲学史学会2019年年会"在甘肃省兰州市举行。会议研讨的主要议题有"马克思主义哲学研究的历史回顾与方法论思考""马克思主义哲学的重要文本、文献及其思想研究""习近平新时代中国特色社会主义思想的哲学基础"等。与会专家学者200余人。

(3) 中国哲学史学会，会长陈来。

① 2019年9月21—22日，由中国哲学史学会、哲学研究所、湖南大学岳麓书院联合主办，哲学研究所中国哲学研究室、湖南大学岳麓书院哲学系以及岳麓书院国学研究与传播中心承办的"第三届经史传统与中国哲学学术研讨会"在湖南省长沙市举行。研讨会的主题是"中国哲学的近现代转型"，讨论的主要议题有"中国哲学的古代表现形态""现代学术视野下的中国哲学研究""中国哲学研究的方法论思考"等。与会专家学者50余人。

② 2019年11月23—24日，由中国哲学史学会和中央民族大学联合主办，中央民族大学哲学与宗教学学院、中华文化研究院承办的"中国哲学的现代性与民族性学术研讨会暨中国哲学史学会2019年年会"在北京举行。会议设置了哲学对话专场、哲学方法论专场、道家哲学专场、儒家哲学专场、宋明理学专场、哲学与文化专场、哲学与经典专场、当代儒学研究专场、少数民族哲学专场和伊斯兰哲学专场等不同主题的分会场。与会专家学者110余人。

(4) 中华全国外国哲学史学会，会长张志伟。

① 2019年8月24—25日，由中华全国外国哲学史学会、中国现代外国哲学学会联合主办，兰州大学哲学社会学院承办，兰州大学跨文化研究所协办的"西方哲学中的身心二元论问题专题研讨会暨中华全国外国哲学史学会和中国现代外国哲学学会2019年理事会会议"在甘肃省兰州市举行。会议讨论的主要议题有"古希腊'身体'观念的再阐释""笛卡尔身心哲学的反思与超越""康德研究的新维度和相关问题""自我、心灵与人工智能、人工心智"等。与会专家学者50余人。

② 2019年11月1—3日，由中华全国外国哲学史学会、中国现代外国哲学学会联合主办，四川大学哲学系承办的"2019年中华全国外国哲学史学会和中国现代外国哲学学会年会"在四川省成都市举行。会议的主题是"理性、知识与价值——古典文本与现代问题"。与会专家学者200余人。

(5) 中国现代外国哲学学会，会长尚杰。

2019年12月7日，由中国现代外国哲学学会、中华全国外国哲学史学会、山西大学、哲学研究所联合主办，山西大学哲学社会学学院承办的"纪念'太原会议'四十周年暨当代西方发展新趋势全国学术研讨会"在山西省太原市举行。会议研讨的主要议题有"马克思主义哲学与德国哲学""西方哲学史""分析哲学与知识论""伦理学与政治哲学""科学技术哲学"等。与会专家学者150余人。

(6) 中国逻辑学会，会长邹崇理。

2019年9月21—22日，中国逻辑学会、陕西省逻辑学会联合主办，西安交通大学人文学院哲学系承办的"中国逻辑学会第三届全国学术大会暨中国逻辑学会2019年常务理事会会议"

在陕西省西安市举行。会议的主题是"逻辑、论辩与表达",研讨的主要议题有"逻辑、论辩与表达前沿问题研究""名辩与中国逻辑思想研究""因明与佛家逻辑思想研究""纯逻辑与应用逻辑研究""非形式逻辑与批判性思维研究""逻辑哲学与逻辑应用研究""逻辑教育教学与推广普及研究""逻辑学发展与中国发展研究"等。与会专家学者90余人。

(7) 中国伦理学会,会长万俊人。

① 2019年9月29日至10月3日,由中国伦理学会、韩国伦理学会联合主办的"第26次韩中伦理学国际学术大会"在韩国举行。会议的主题是"网络时代的伦理和道德教育",讨论的主要议题有"东洋伦理思想与道德教育""西洋伦理思想与道德教育""Internet时代的道德教育""人工智能(AI)与伦理""政治·经济·社会的正义和伦理""网络(Network)社会的道德教育""技术发展与道德教育的课题"等。来自中国和韩国的与会专家学者共100余人。

② 2019年12月7日,由中国伦理学会、中共长沙市委宣传部联合主办的"2019中国伦理学大会"在湖南省长沙市举行。会议的主题是"伦理学与人类命运共同体",研讨的主要议题有"人类命运共同体与经济伦理学""共享伦理""马克思主义与道德""伦理学基础理论"等。

(8) 中华美学学会,会长高建平。

2019年8月17—18日,由中华美学学会和东北大学联合主办,东北大学艺术学院承办的"中华美学学会2019年年会暨视界融合:美学、文艺学与艺术学的理论建构全国学术研讨会"在辽宁省沈阳市举行。会议研讨的主要议题有"历史视域中的中国美学现代性建构""多学科视域中的美学范式重构""中国视界中的外国艺术美学""传统文化弘扬中的中华美学精神"等。与会专家学者200余人。

(9) 国际易学联合会,会长孙晶。

2019年12月10日,由国际易学联合会主办的"第七次学术沙龙"在北京举行。会议的主题是"科学技术与道德伦理",研讨的主要议题有"科学技术对人类生活的深刻影响""科学技术与道德伦理如何协调发展""中国传统文化应该发挥什么作用"等。与会专家学者20余人。

2. 期刊

(1)《哲学研究》(月刊),常务副主编张志强。

2019年,《哲学研究》共出版12期,共计258万字。该刊新增了"自由意志"专栏。该刊全年刊载的有代表性的文章有:王伟光的《辩证唯物主义世界观方法论是中国共产党全部理论与实践的思想基础》,王立胜的《论加快构建中国特色哲学学科体系、学术体系、话语体系中的六大关系》,吴晓明的《马克思主义中国化与新文明类型的可能性》,孙正聿的《构建当代中国马克思主义哲学学术体系》,张汝伦的《文本在哲学研究中的意义》,赵汀阳的《历史之道:意义链和问题链》,唐正东的《政治经济学批判的唯物史观基础》,丰子义的《历史阐释的限度问题》,杨耕的《"回到辩证法"——关于恩格斯辩证法思想的再思考》,陈来的《论中华民族爱国主义的精神》，李存山的《孟子思想与宋儒的"内圣"和"外王"》，王中江的《"心灵"概念图像的多样性：出土文献中的"心"之诸说》，杨国荣的《存在与生成：以"事"观之》，江璐的《道德行为归责的可能性——评聂敏里〈意志的缺席——对古典希腊道德心理学的批评〉》，吕超的《人类自由作为自我建构、自我实现的存在论结构——对康德自由概念的存在论解读》等。

(2)《哲学动态》（月刊），主编张志强。

2019年，《哲学动态》共出版12期，共计264万字。该刊全年刊载的有代表性的文章有：仰海峰的《推进马克思主义哲学的当代发展——从〈资本论〉哲学研究谈起》，贺来的《改革开放以来哲学观的重大转向》，王南湜的《从哲学何为看何为哲学——一项基于"学以成人"的思考》，韩庆祥的《马克思主义"实践生成论"及其本源意义》，吴震的《东亚朱子学：中国哲学的丰富性展示》，陈少明的《"做中国哲学"再思考》，张学智的《王阳明心学的精神与智慧》，梁涛的《统合孟荀的新视角——从君子儒学与庶民儒学看》，邓安庆的《自然法即自由法：理解黑格尔法哲学的前提和关键》，吴增定的《卢梭论自爱和同情——从尼采的观点看》，聂敏里的《洛克"自然状态"概念的内在理论困难》，倪梁康的《胡塞尔的生活世界现象学——基于〈生活世界〉手稿的思考》，贾益民的《心灵因果排除的联合因果解答》，赵汀阳的《最坏可能世界与"安全声明"问题》，吴飞的《黑暗森林中的哲学——我读〈三体〉》，韩震的《新时代中国特色哲学理论体系的构建》，冯俊的《着力构建中国特色哲学学科体系、学术体系、话语体系》，郝立新的《中国特色马克思主义哲学发展的问题与路径》。

(3)《世界哲学》（双月刊），主编冯颜利。

2019年，《世界哲学》共出版6期，共计150万字。该刊全年刊载的有代表性的文章有：张志伟的《存在之"无"与缘起性空——海德格尔思想与佛教的"共鸣"》，王柯平的《柏拉图与庄子如是说——益智善生的两条路径》，段忠桥的《霍布斯的"自然状态"是基于英国内战的一种思想实验假设——与陈建洪、姚大志二位教授商榷》，丁耘的《论现象学的神学与科学转向》，梁家荣的《心情与世界：〈存在与时间〉的情感论》，欧阳英的《从马克思的异化理论看人工智能的意义》，曹典顺的《论马克思社会建设思想的建构逻辑》，黎庶乐的《唯物史观空间话语的当代转换》，陈新夏的《唯物史观变革和演进中价值取向的形成和变迁》，王青的《康德对井上圆了纯正哲学的影响》，谌中和的《对工业时代主要社会批判思想的两种生产分析》，韩东屏的《社会结构：制度性三位一体》，蔡淞任的《"不同时代的交叉"——阿尔都塞对马克思主义的时间性概念的独特理解》，朱清华的《自我同一性问题——帕菲特与海德格尔》，李明坤的《论施特劳斯与胡塞尔的共识与分歧》，董波的《亚里士多德论民主》，赵瑞林的《关系平等主义：作为运气平等主义的替代选择是否成功》。

(4)《中国哲学史》（双月刊），主编李存山。

2019年，《中国哲学史》共出版6期，共计140万字。该刊全年刊载的有代表性的文章有杨立华的《物化与所待：〈齐物论〉末章的哲学阐释》，陈壁生的《郑玄的"法"与"道"》，吴飞的《论康有为对人伦的否定》，曹峰的《清华简〈心是谓中〉的心论与命论》，丁四新的《数字卦及其相关问题辨析》，陈鹏、黄义华的《现代新心学的开端——以梁漱溟、熊十力、贺麟为中心》，强昱的《哲学的语言：老子如是观》，李巍的《内面化与对象化：道家对"无"的抽象思考》，何益鑫的《论〈大学〉古义——以"格物致知"与"诚意"的诠释为中心》，郭晓东的《因小学之成以进乎大学之始：浅谈朱子之"小学"对于理解其〈大学〉工夫的意义》，王颂的《支遁"逍遥新义"新诠——兼论格义、即色与本无义》，陈赟的《论〈庄子·逍遥游〉中藐姑射山神人的出场方式》，梁涛的《〈荀子·性恶〉篇"伪"的多重含义及特殊表达——兼论荀子"圣凡差异说"与"人性平等说"的矛盾》，圣凯的《地论学派"南北二道"佛性论的学术史阐释》等。

（五）会议综述

"人工智能的社会、伦理与未来研究"研讨会

2019年4月20日，由中国社会科学院哲学研究所、中国社会科学院科学技术和社会研究中心、国家社会科学基金重大项目"智能革命与人类深度科技化前景的哲学研究"课题组与中国发展战略学研究会创新战略专委会联合主办的"人工智能的社会、伦理与未来研究"研讨会在北京举行，来自国内研究机构和高校的专家学者以及相关企业和机构的代表出席了会议。

2019年4月，"人工智能的社会、伦理与未来研究"研讨会在北京召开。

研讨会共安排了四场主题报告，分别由中国人民大学教授刘晓力，复旦大学教授王国豫，北京农业大学教授、北京自然辩证法研究会理事长李建军，西安电子科技大学人文学院副院长、哲学系主任马德林，中国人民大学教授刘永谋，北京航空航天大学教授徐治立主持，与会专家学者围绕"人工智能的伦理考量""人工智能的技术模型及未来发展""人工智能的哲学反思""人工智能的多样化应用"等议题展开了交流和讨论。

（科研处）

第二届海峡两岸人文学论坛：
人文学的处境与两岸人文学的融合发展学术研讨会

2019年10月19—20日，由中国社会科学院哲学研究所、中国社会科学院台港澳研究中心、厦门海沧台商投资区管委会主办，海峡两岸交流基地（厦门市石室书院）承办的"第二届海峡两岸人文学论坛：人文学的处境与两岸人文学的融合发展学术研讨会"在福建省厦门市召开。

中国社会科学院秘书长、党组成员赵奇出席开幕式，并在致辞中强调了研讨会的三点宗旨：第一，共同传承中华优秀传统文化，大力弘扬中华民族精神，增进和平统一的认同；第二，共同面对未来文化挑战，凝聚新时代人文理想，共创两岸人文学融合发展新局面；第三，共同夯实人文交流的基础，共谋人文交流方式的创新，增进两岸人民的心灵契合。

研讨会立足人文学所承载的文化传统，在将其视为形塑未来、架构现实的情感和价值投射的工具的意义上，一方面着眼于全球化和逆全球化的相互激荡，寻求人文学如何在此潮流中发挥自身的独特作用；另一方面则直面互联网时代无节制的市场与行销主义及其逻辑，特别是随着科技进步，如人工智能、大数据等新科技对人类生活方式乃至知识生产方式的挑战，探讨传统的人文学如何在方法学的意义上重塑自身的科学独立性，并在价值观层面为人类的未来寻找根源性的导引力量。来自海峡两岸数十家高等院校与科研机构的近百位人文学研究领域专家围绕"中国的现代化道路问题""古典文学当中蕴含的民族情怀""当前中国人文科学研究现状""现代文学经典作家的比较研究"等议题展开研讨，在历史与现实、民族情怀与人文精神的张力中彰显出人文学的价值与魅力。

中国社会科学院哲学研究所党委书记王立胜研究员在闭幕式致辞中代表会议主办方提出三点倡议：一是弘扬中华优秀传统文化，增进两岸和平统一认同；二是共迎未来文化挑战，共担民族复兴使命；三是凝聚共同人文理想，促进两岸人文学融合发展。

（科研处）

世界宗教研究所

（一）人员、机构等基本情况

1. 人员

截至2019年年底，世界宗教研究所共有在职人员75人。其中，正高级职称人员22人，副高级职称人员21人，中级职称人员20人；高、中级职称人员占全体在职人员总数的84%。

2. 机构

世界宗教研究所设有：马克思主义宗教观研究室、宗教学理论研究室、佛教研究室、伊斯兰教研究室、道教与中国民间宗教研究室、基督教研究室、当代宗教研究室、儒教研究室、宗教艺术研究室、数字人文宗教与宗教舆情研究室、《世界宗教研究》编辑部、《世界宗教文化》编辑部、资料室、办公室、科研处。

3. 科研中心

世界宗教研究所院属科研中心有：中国社会科学院邪教问题研究中心、中国社会科学院基督教研究中心、中国社会科学院佛教研究中心、中国社会科学院道家与道教文化研究中心；所属科研中心有：儒教研究中心、巴哈伊教研究中心。

（二）科研工作

1. 科研成果统计

2019年，世界宗教研究所共完成专著8种，共200.9万字；论文90篇，共94.7万字；学术资料1种，共100万字；古籍整理1种，共984幅；论文集6种，共170万字。

2. 科研课题

(1) 新立项课题。2019年，世界宗教研究所共有新立项课题17项。其中，院重大课题1项："中国宗教文化的创造性转化与创新性发展与中华文明发展"（郑筱筠主持）；院国情调研重大课题2项："韩国基督教在中国的传教方式及其对中国的影响调查"（贾俐主持），"外来宗教渗透状况调研"（陈进国主持）；院国情调研基地课题1项："中国（云南）与周边国家越南的跨境民族经济社会文化研究"（郑筱筠主持）；所国情调研基地课题1项："峨眉山市宗教与民族之间的关系（2020年度）"（贾俐主持）；国家社会科学基金重点课题2项："清代道教史研究"（汪桂平主持），"民间信仰与社会治理的田野研究"（陈进国主持）；国家社会科学基金一般课题2项："英美加政教关系模式的比较研究"（董江阳主持），"基督教激进改革派研究"（杨华明主持）；国家社会科学基金青年课题1项："理查德·道金斯和西方新无神论运动研究"（冯梓琏主持）；国家社会科学基金研究专项课题（冷门"绝学"）3项："西夏佛经中的通假研究"（孙颖新主持），"现代逻辑视角下陈那因明研究"（许春梅主持），"道教与民间宝卷研究"（李志鸿主持）；国家社会科学基金后期资助课题1项："洛克宗教宽容思想的形成与影响"（袁朝晖主持）；院习近平新时代中国特色社会主义思想研究中心重点课题2项："习近平新时代中国特色社会主义思想的互联网宗教观研究"（李华伟主持），"马克思主义宗教观研究"（黄奎主持）；院青年科研启动基金课题1项："早期中国与三代文明"（张宏斌主持）。

(2) 结项课题。2019年，世界宗教研究所共有结项课题6项。其中，国家社会科学基金重点课题1项："梵蒂冈原传信部所藏中国天主教会档案文献编目（1622—1939年）"（刘国鹏主持）；国家社会科学基金一般课题2项："道教内丹学的阴阳论研究"（戈国龙主持），"民国时期伊斯兰教报刊研究"（马景主持）；院国情调研基地课题1项："中国（云南）与周边国家老挝的跨境民族经济社会文化研究"（郑筱筠主持）；所国情调研基地课题1项："峨眉山市宗教与民族之间的关系（2020年度）"（贾俐主持）；横向课题1项：云南大学委托课题"农村基督教中国化理论研究"（唐晓峰主持）。

（3）延续在研课题。2019年，世界宗教研究所共有延续在研课题18项。其中，国家社会科学基金重大课题2项："'一带一路'战略实施中的宗教风险研究"（郑筱筠主持），"中国宗教研究数据库建设（1850—1949）"（李建欣主持）；国家社会科学基金重点课题2项："'一带一路'沿线东南亚国家的宗教治理经验及管理模式研究"（郑筱筠主持），"藏传佛教宗派历史与教理研究"（尕藏加主持）；国家社会科学基金一般课题6项："西夏草书研究"（孙颖新主持），"伊斯兰语境下的宗教极端主义研究"（李林主持），"理论苏菲学思想体系研究"（王希主持），"近现代中国民族国家建设与儒教的互动关系研究（1985—1919）"（李华伟主持），"奥古斯丁哲学汉传文献整理与研究"（周伟驰主持），"东北亚文化圈农耕文明视阈下的中韩萨满教比较研究"（王伟主持）；国家社会科学基金青年课题4项："清代档案道教文献研究"（林巧薇主持），"北魏拓跋氏的民族信仰与文化认同"（张宏斌主持），"中古时期佛教在丝绸之路南道上的传播与图像呈现研究"（陈粟裕主持），"六朝道教变革史考"（王皓月主持）；院国情调研重大课题3项："藏传佛教与藏族和其他民族交往交流交融的关系"（赵文洪主持），"韩国基督教在中国的传教方式及其对中国的影响调查"（贾俐主持），"文庙等儒家文化物质载体在乡村可持续发展战略中的地位和作用——以海南、陕西为例"（肖雁主持）；横向课题1项：中国留学人才基金会委托课题"海外汉学传播"（曾传辉主持）。

3．获奖优秀科研成果

2019年，世界宗教研究所获"第十届（2019年）中国社会科学院优秀科研成果奖"译著类二等奖1项：李建欣、周广荣的译著《佛教伦理学导论：基础、价值与问题》；著作类三等奖1项：李华伟的专著《乡村基督徒与儒家伦理——豫西李村教会个案研究》；"北京市第十五届哲学社会科学优秀成果奖"特等奖1项：魏道儒主编的《世界佛教通史》（14卷）。

（三）学术交流活动

1．学术活动

2019年，由世界宗教研究所主办和承办的重要学术会议如下。

（1）2019年1月26日，由中国宗教学会当代社会与宗教艺术专业委员会，世界宗教研究所马克思主义宗教观研究室、当代宗教研究室、宗教艺术研究室，中央民族大学哲学与宗教学院等联合举办的"中国宗教学会当代社会与宗教艺术专业委员会成立暨'当代社会与宗教艺术'第1期讲座"在北京举行。

（2）2019年3月30日，由世界宗教研究所、山西师范大学历史与旅游文化学院、国家社会科学基金重大项目"'一带一路'战略实施中的宗教风险研究"课题组和国家社会科学基金重大项目"丝绸之路城市史研究"课题组联合主办的"'一带一路'视野下的丝路城市发展与宗教文化交流"学术研讨会在山西省临汾市举行。

(3) 2019年4月13—14日，由世界宗教研究所、中国宗教学会、泰山学院联合主办的"第三届民间信仰研究高端论坛"在山东省泰安市举行。会议的主题是"泰山精神与中国传统文化"。

(4) 2019年4月16日，由中国社会科学院道家与道教文化研究中心主办的第二届"道教研究的新探索"学术座谈会在北京举行。

(5) 2019年4月16日，由世界宗教研究所伊斯兰教研究室主办，马克思主义宗教观研究室和当代宗教研究室共同协办的"激进主义的前世今生：伊斯兰的视角"学术讲座在北京举行。

(6) 2019年4月23日，由世界宗教研究所主办的国家社会科学基金重大项目"'一带一路'实施中的宗教风险研究"系列讲座第十二讲在北京举行。

(7) 2019年5月9—11日，由世界宗教研究所、南京大学人类学研究所、华东师范大学人类学研究所、中国宗教学会宗教人类学专业委员会联合主办，北岳恒山三元宫和山西北岳文化发展有限公司共同承办的"隐修传统与信仰的生成——第五届宗教人类学工作坊"在山西省大同市举行。会议研讨的主要议题有"不同宗教的隐修传统""隐修的文化和宗教意义""隐修中的人、地与信仰""隐修与现代社会"。

(8) 2019年5月13日，由世界宗教研究所与江西省宜春市佛教协会联合主办的"中国社会科学院世界宗教研究所宜春禅宗祖庭文化研究基地揭牌仪式暨宜春禅宗祖庭文化专题研讨会"在江西省宜春市举行。

(9) 2019年5月25日，由世界宗教研究所、中国宗教学会、河南省道教协会联合主办的"第二届中国本土宗教研究论坛"在河南省郑州市举行。

(10) 2019年5月25—26日，由中国社会科学院世界宗教研究所、中国宗教学会宗教人类学专业委员会、教育部重点研究基地西南边疆少数民族研究中心、云南大学民族学与社会学学院、云南大学《思想战线》编辑部和《云南大学学报》（社会科学版）编辑部联合主办的"第五届宗教人类学学术论坛暨中国宗教学会宗教人类学专业委员会成立会议"在云南省昆明市举行。论坛的主题是"当代宗教与生态实践"。

(11) 2019年6月18日，由世界宗教研究所主办的国家社会科学基金重大项目"'一带一路'实施中的宗教风险研究"系列讲座之第十三讲在北京举行。

(12) 2019年7月2—3日，由北京市伊斯兰教协会、北京市伊斯兰教经学院、中国宗教学会伊斯兰教专业委员会和世界宗教研究所伊斯兰教研究室联合举办的"第三届'福德论坛'——京津冀'坚持伊斯兰教中国化方向'学术研讨会"在北京举行。

（13）2019年7月9日，由世界宗教研究所举办的任继愈先生学术思想座谈会在北京举行。

（14）2019年7月10日，由世界宗教研究所主办的国家社会科学基金重大项目"'一带一路'实施中的宗教风险研究"系列讲座之第十四讲、第十五讲在北京举行。

（15）2019年7月24日，由世界宗教研究所举办的余敦康先生追思会在北京举行。

（16）2019年8月24日，由中国宗教学会、世界宗教研究所联合主办，南开大学宗教文化研究中心承办的"新时代中国宗教学理论与前瞻"高层论坛暨2019年中国宗教学会年会在天津举行。

（17）2019年8月24—25日，由世界宗教研究所、中国宗教学会联合主办，山东大学中国诠释学研究中心、中国社会科学院世界宗教研究所杨岐宗教学研究基地共同协办的"第八届宗教哲学论坛暨纪念徐梵澄先生诞辰110周年学术研讨会"在山东省青岛市举行。

（18）2019年9月6日，由世界宗教研究所道教与中国民间宗教研究室主办的"道教学术研究沙龙"活动第15期在北京举行。

（19）2019年9月10日，由世界宗教研究所举办的"名家讲坛"第一讲在北京举行。清华大学国学研究院院长、全国政协委员、国务院学位委员会委员、中国哲学史学会会长陈来应邀出席，并作题为"精神哲学与知觉性理论"的演讲。

（20）2019年9月24日，由世界宗教研究所主办的国家社会科学基金重大项目"'一带一路'实施中的宗教风险研究"系列讲座之第十六讲在北京举行。

（21）2019年10月8日，由世界宗教研究所举办的"名家讲坛"第三讲在北京举行。世界宗教研究所原所长助理孙波应邀出席，并作题为"徐梵澄先生的学问与人生"的演讲。

（22）2019年10月18—20日，由中国社会科学院基督教研究中心主办，北京大学中国社会与发展研究中心、中央民族大学宗教研究院、福建师范大学中国基督教研究中心共同承办的"基督宗教研究论坛（二零一九）暨基督宗教研究的中国性学术研讨会"在北京举行。

（23）2019年10月19—20日，由世界宗教研究所与浙江省社会主义学院联合举办的"首届马克思主义宗教学研讨会"在浙江省杭州市举行。

（24）2019年10月22日，由世界宗教研究所、中国宗教学会联合主办的首届"敦煌与丝路文明·宗教学专题论坛"在北京举行。

（25）2019年10月25日，由世界宗教研究所、武汉大学哲学院联合主办，禅林网协办的"首届互联网＋宗教舆情论坛"在湖北省武汉市举行。论坛的主题是"共建网络空间命运共同体"。

（26）2019年10月26日，由世界宗教研究所、武汉大学哲学院联合主办，禅林网协办的"第八届东南亚宗教研究高端论坛"在湖北省武汉市举行。论坛的主题是"东南亚宗教与世界文明交流互鉴"。

（27）2019年11月13—15日，由中国宗教学会、中国社会科学院世界宗教研究所、湖南大学岳麓书院联合主办，《世界宗教研究》编辑部、湖南大学岳麓书院哲学系（宗教学系）和历史系、湖南大学比较宗教与文明研究中心共同承办，大成国学基金协办的"第二届中国宗教学青年学者论坛"在湖南省长沙市举行。论坛的主题是"宗教与地域文化"。

（28）2019年11月15日，由中国宗教学会、世界宗教研究所联合主办，无锡灵山书院承办的"中国宗教学会宗教建筑文化专业委员会'中国当代宗教建筑艺术'研讨会"在江苏省无锡市举行。

（29）2019年11月16—17日，由中国宗教学会、世界宗教研究所、湖南大学岳麓书院联合主办，《世界宗教研究》编辑部，湖南大学岳麓书院哲学系（宗教学系）、历史系，湖南大学比较宗教与文明研究中心共同承办，大成国学基金协办的"第四届中国宗教学高峰论坛"在湖南省长沙市举行。论坛的主题是"宗教与地域文化"。

（30）2019年11月26日，由世界宗教研究所举办的"新见壮族土司炼丹遗址与明代道教内外丹关系考"学术讲座在北京举行。

2．国际学术交流与合作

2019年，世界宗教研究所共派遣出访41批89人次。与世界宗教研究所开展学术交流的国家有泰国、柬埔寨、德国、韩国、马来西亚、斯里兰卡、新加坡、约旦、阿尔巴尼亚、黎巴嫩、菲律宾、澳大利亚、新西兰、美国、日本、南非、以色列、阿联酋、摩洛哥、蒙古国、尼泊尔等。

（1）2019年1月11—21日，世界宗教研究所研究员周广荣等应泰国崇德文教慈善会、柬埔寨慈兴国际学校邀请赴泰国、柬埔寨进行学术调研，开展"中华文化在东南亚华人华侨中的传播与传承"学术调研项目。

（2）2019年4月16日，世界宗教研究所举办的"宗教人类学讲座"第19讲在北京举行。德国汉堡大学中国学教授田海应邀出席，并作题为"天地会的历史与传说：一些方法论的小注"的演讲。

（3）2019年9月7日，由中国社会科学院学部主席团主办，中国社会科学院世界宗教研究所和中国宗教学会联合承办的中国社会科学论坛（2019·宗教学）暨"宗教学研究的传承与创新"国际学术会议在北京举行。论坛的主题是"宗教学研究的传承与创新"。

（4）2019年9月29日至10月6日，应全球繁荣研究所邀请，世界宗教研究所党委书记赵文洪一行赴以色列进行学术访问，并参加主题为"走向人类命运共同体：历史和现状"的学术会议。

（5）2019年10月15—18日，世界宗教研究所所长郑筱筠应国际儒学联合会邀请赴阿联酋参加"国际儒学论坛——阿联酋国际学术研讨会"。

（6）2019年10月16—19日，由中国社会科学院世界宗教研究所和韩国延世大学哲学研究所联合举办，由中国社会科学院佛教研究中心承办的第二届中韩佛教学术交流会议"中韩佛教史上的文化交流"在北京举行。

(7) 2019年11月9—10日,由中国社会科学院世界宗教研究所、中国宗教学会和中国社会科学院世界宗教研究所巴哈伊教研究中心联合主办的"巴哈伊的文学艺术国际研讨会"在北京举行。

(8) 2019年11月22—27日,世界宗教研究所所长郑筱筠等应摩洛哥哈桑二世大学孔子学院、摩洛哥穆罕默德五世大学邀请赴摩洛哥进行调研。

(9) 2019年12月28日,由中国社会科学院世界宗教研究所、中国宗教学会联合主办,内蒙古自治区佛教协会,中国社会科学院世界宗教研究所宗教艺术研究室、马克思主义宗教观研究室等共同承办的第二届"'一带一路'与亚洲佛教文化论坛暨历代蒙藏佛教高僧察罕达尔罕呼图克图事迹研究国际学术研讨会"在北京举行。

3. 与中国香港、澳门特别行政区和中国台湾开展的学术交流

(1) 2019年1月18日,世界宗教研究所研究员陈进国赴澳门进行学术访问。

(2) 2019年5月31日,世界宗教研究所党委书记赵文洪一行赴台湾进行学术交流。

(3) 2019年7月17日,世界宗教研究所副研究员张宏斌一行赴台湾参加学术会议。

(4) 2019年7月30日至8月2日,由巴哈伊教澳门总会和澳门城市大学"一带一路"研究中心联合主办,中国社会科学院世界宗教研究所、香港全球文明研究中心共同协办的"共建人类命运共同体——生态文明与社会发展"学术研讨会在澳门联国学校举行。世界宗教研究所党委书记赵文洪等应巴哈伊教澳门总会、澳门城市大学"一带一路"研究中心邀请赴澳门参加会议。

(5) 2019年8月1日,世界宗教研究所研究员陈进国赴香港进行学术交流。

(6) 2019年9月2日,世界宗教研究所党委书记赵文洪一行赴台湾参加学术会议。

(7) 2019年9月2—6日,世界宗教研究所党委书记赵文洪、研究员陈进国等应台湾"中华"宗教哲学研究社邀请赴台湾参加2019年纪念涵静老人学术研讨会。

(8) 2019年9月13日,世界宗教研究所研究员尕藏加赴香港参加学术会议。

(9) 2019年10月30日,世界宗教研究所学部委员魏道儒一行赴台湾进行学术交流访问。

(10) 2019年11月16日,世界宗教研究所研究员陈进国赴台湾进行学术交流。

(11) 2019年12月1日,世界宗教研究所研究员汪桂平赴台湾进行学术交流。

(四)学术社团、期刊

1. 社团

中国宗教学会,会长卓新平。

2019年8月24—25日,中国宗教学会在天津举行"中国宗教学会年会"。会议的主题是"新时代中国宗教学理论与前瞻",研讨的主要议题有"新时代中国特色社会主义宗教理论研究""中国宗教学的现状与未来""宗教中国化研究""佛教研究""宗教与人文精神""宗教哲学""宗教社会学""宗教学理论创新""宗教比较研究""宗教历史研究""中国宗教的现状与

治理"等。与会专家学者、宗教事务工作者和宗教界人士共百余名。

2．期刊

（1）《世界宗教研究》（双月刊），主编卓新平。

2019年，《世界宗教研究》共出6期，共计108万字。该刊全年刊载的有代表性的文章有：肖滨、丁羽的《国家治理宗教的三种模式及其反思》，吴云贵的《从刘智〈天方典礼〉看伊斯兰教中国化的路径方式》，金泽的《如何理解宗教治理在我国治理体系现代化建设中的地位与作用》，郑筱筠的《关于在国家治理体系现代化进程中的宗教治理体系建设之思考》，金宜久的《探析伊斯兰教自我调适》。

（2）《世界宗教文化》（双月刊），主编郑筱筠。

2019年，《世界宗教文化》共出6期，共计173万字。该刊全年刊载的有代表性的文章有：卓新平的《重新认识宗教学之源端——麦克斯·缪勒评传》，李科政的《康德的人格上帝观念及其理论意义——联系古罗马文化与经院哲学的考察》，圣凯的《新加坡汉传佛教的现代化实践》，王健的《余敦康：用哲学给历史以希望》，金泽的《积跬步而致千里——中国特色宗教学理论体系建设再给力》，杨燕、杨富学的《论敦煌多元文化的共生与交融》。

（五）会议综述

任继愈先生学术思想座谈会

2019年7月9日，为纪念我国著名哲学家、宗教学家、历史学家任继愈先生逝世十周年，缅怀任先生的生平业绩和学术风范，"任继愈先生学术思想座谈会"在中国社会科学院世界宗教研究所举办。

来自中央统战部相关部门负责同志、国家图书馆副馆长张志清、任继愈先生的家属任远教授、陕西省社会科学院宗教研究所原所长王亚荣、北京大学博雅学者教授王邦维、中国人民大学教授张风雷、北京外国语大学教授张西平、中央民族大学哲学与宗教学院教授刘成有、中国社会科学院原网络中心主任张新鹰、陕西师范大学教授吕建福、武汉大学教授麻天祥、中国佛教文化研究所研究员朱越利等参会。中国社会科学院世界宗教研究所党委书记赵文洪，所长郑筱筠，荣誉学部委员吴云贵、杨曾文、金宜久等专家学者及全所研究人员出席座谈会。

郑筱筠在座谈会致辞中说，中国社会科学院世界宗教研究所是遵循毛泽东主席的批示，由任继愈先生创建的。在世界宗教研究所发展的各个时期，任继愈先生始终率领专家学者们，以马克思主义为指导，坚持历史唯物主义和辩证唯物主义的观点来研究宗教，推出了迄今为止在学术界仍然具有重大影响力的一系列宗教学研究成果，从而在中国形成了真正意义上的宗教学学科。世界宗教研究所建所55年以来，正是因为坚持了任继愈先生的治所方针，才得以不断前进和发展。任继愈先生的治所方略,始终是我们所的治所法宝,任继愈先生的学术精神,依然在薪火相传,依然在鞭策和激励着我们世界宗教研究所的全体成员。2017年习近平总书记在致中国社会科学院建院40周年的贺信中,再次强调必须加快构建中国特色哲学社会科学。我们一定要遵照中央的大政方针,提高政治站位,始终坚持为人民做学问的宗旨,同时坚定不移地坚持任继愈先生的治所方针,不忘初心、牢记使命,在继承中发展、在发展中创新,推动中国宗教学科向前发展,为完善中国特色社会主义哲学社会科学体系作出应有的贡献。

座谈会上,学者们回顾了与任继愈先生交往的诸多史事,不仅赞誉任继愈先生在学术研究、学科建设等方面的杰出贡献,也提到任继愈先生在工作和生活中对后辈的鼓励、帮助。张志清分享了两个关于任先生的故事,一是任先生亲自要求在国家图书馆的玻璃门贴上纸条防止读者撞伤;二是任先生生动地启发馆里人员如何让读者节约找书的时间和精力,两个故事都体现出任先生的大仁大义和博爱无私。任远谈道,任继愈先生数十年如一日全身心投入工作,他的这种坚韧鼓舞着很多人。无论是在艰苦的生活条件和工作条件下,还是眼睛受损、身体不适的情况下,任先生从未有丝毫退缩,先生躺在床上的最后一段日子里还依旧在牵挂着研究工作。

吴云贵研究员认为,无论是从学术文章还是从道德文章来看,任继愈先生都是极为优秀的大家,任先生是中国马克思主义宗教学的奠基人,他创办了世界宗教研究所,这是划时代的功绩。金宜久研究员提出,要从任先生的学术生涯中认识任先生的学术思想的本质,任先生主张并坚持以马克思主义指导宗教和科学无神论的研究,此外,任先生不仅以马克思主义为他个人的研究活动的指导思想,在建所方面同样以马克思主义为指导方针,培养研究生、编写宗教辞典,帮助宗教所的人员很快成长起来。金泽研究员表示,任先生给我们留下了丰富的思想遗产和为人做事的风范。

魏道儒研究员认为任先生用马克思主义、用无神论的观点来研究神学,这无疑是一种科学的方法,他所写出的著作具有旺盛的生命力和深远的影响力,此外,任先生倡导的十二字方针"积累资料、培养人才、创造成果"可以说影响了几代宗教研究工作者。

牟钟鉴认为,任先生在他心目中一直是他最好的导师,任先生曾经要求他从第一手资料做起,突破以往中国哲学史教科书的旧框架,对中国哲学史的发展做一次严肃认真的探讨,这对他的学术生涯起到难以估量的影响。四川大学教授詹石窗的发言稿由李建欣研究员代读,他认为,当年任先生提出在四川大学成立宗教研究所,由中国社会科学院和四川大学共同配备人员,可以说高瞻远瞩。张新鹰研究员认为,任继愈先生最大的贡献是构建了中国宗教学研究的学科体系和组织体系,尤其宗教所的民间宗教和儒教研究方向,正是任先生以超前的见识和过人的胆略开创,在今天已成为建设中国特色宗教学理论体系的重要学术生长点。

张西平认为,任先生的学术思想对中国传统文化在海外的传播具有重要意义。麻天祥指出,任继愈先生具备一种高尚的学者风范和仁者风范,"有教无类,诲人不倦,成人之美"是任先生最突出的几个特点。吕建福讲道,任先生是一位信仰马克思主义的学者,研究宗教要有一种家国情怀，任先生做学问、做研究就是为国家、为民族的前途大事着想。直至今天，我们还是要坚持任先生提倡的马克思主义哲学发展方向，宗教学才有可能真正地走上健康发展的轨道，为社会为国家作出贡献。

黄陵渝研究员提出，任先生还是一位教育学家，任先生曾上书教育部，建议高考学生可以采取多个平行志愿填报"一本"，避免了高端人才的流失，在中国教育史上具有重要的意义。

李建欣指出，在任先生的推动下，宗教所曾在四川、云南、西藏设立研究工作站，至今仍然富有现实意义。我们应该继往开来，把任先生开创的事业继续推向前进。

（科研处）

余敦康先生追思会

2019年7月24日，为纪念我国著名哲学家、哲学史家余敦康先生，中国社会科学院世界宗教研究所在北京举办余敦康先生追思会。会议由中国社会科学院世界宗教研究所所长郑筱筠主持，世界宗教研究所副所长贾俐参加。余敦康先生女儿余楠、门生故旧以及来自中国社会科学院、北京大学、中国人民大学、北京师范大学、中央民族大学等单位的60多名学者参加了追思会。牟钟鉴、杨曾文、吴云贵、马西沙、周桂钿、李景林、王宗昱、韩秉芳、汪学群等来自全国各地的专家学者，共同缅怀余敦康先生在学术上的卓越贡献，追忆他为人为师的往事，深切表达对余先生的景仰与怀念。

郑筱筠指出，余敦康先生是当今中国哲学研究领域中最富有思想创造力的学者之一。他长期从事中国哲学史、思想史研究，对儒、释、道研究均卓有建树，通古今之变，成一家之言。钩玄中国宗教之源，梳理华夏文明之流，以天下为己任，以"人能弘道"的文化担当做人、做事、做学问，为一代学人之楷模。

马西沙研究员深情追忆与余敦康先生三十多年的交往，说他是"真正经历过苦难，而又能爬起来成就伟业的人，是我们这个时代一流的人物"，他用"真诚、真诚、真诚"来形容余先生的为人。牟钟鉴教授回忆了与余先生的第一次相遇，二人四十多年的亲如兄弟的深厚友情，以及在学术上的合作。他说，余先生学术功底深厚，思想活跃，为人耿直，是非分明，又诙谐幽默，潇洒自在，是一位"真人"，他建议出版余敦康全集。周桂钿教授表达了对余先生深藏四十多年的感激之情。冯今源研究员说自己能够走到今天，和余敦康先生的教导和鼓励分不开，要永远感谢他。卢国龙研究员认为自己学业上受影响最大的是余先生，他每一本书的出版都与余先生有关。赵峰教授回忆了与余先生交往的趣味往事，表达了对先生无尽的怀念，以及难以忘怀的师生情谊。赵法生研究员认为余先生的研究成果对于中国哲学发展的意义尚未得到足够的重视，他的研究恢复了中国哲学作为为己之学和生命哲学的本来精神，兼有深厚的文化情怀和强大的现代意识，可以同时避免狭隘民族主义和民族虚无主义的双重陷阱，为当代中国哲学研究开辟了新的方向，值得深入研究和系统挖掘。

与会学者赞誉余敦康先生对学术的杰出贡献和对中国文化的敬意与热爱，同时体味他对中国文化未来发展的困惑与忧虑。

李景林教授说，余先生崇尚智慧，号称"死不改悔的乐天派"，他提得起，放得下，看得开，而这正是中国哲学具有的儒、释、道精神的体现，他将余先生的人格归纳为"名士其表，儒士其里"，并得到了余先生生前的认可。李教授指出，余先生主张通过经典诠释推进哲学发展。余先生认为，中国经学思想史，就是要写出中国文化的自我，写出中国文化的精神现象学。对魏晋玄学的研究，余先生不是用认识论方法进行研究，而是作为整个的人，自己人生经历和困境，启正魏晋玄学，达到与之整体相通，从而找到"我"的主体存在，建立自己的一家之言，这是学术本身的精神。把自己全身心投入，要立自己一家之言，这是余先生对学术研究的一种理解和期许，他以全身心的生命投入学术研究，力图通过返本开新为当代中国文化寻找一条出路，而这正是当下中国哲学研究特别需要关注的时代课题。

王健研究员通过重读余先生的著述，回顾老师生前教导，从余先生诙谐潇洒的言谈话语背后，捕捉到他内在的困惑与焦虑，而这种困惑是来自一个哲人的困惑，这种焦虑是来自对中国文化大问题的大关怀，是来自对中国文化的现状及未来的困惑和焦虑。

斯人虽逝，精神永存。余敦康先生一生追求真理，为人真诚洒脱，学而不厌诲人不倦，是知行合一的典范。他为人们留下了一笔宝贵的学术思想遗产，对于中华文化的当代复兴和现代转型具有重要意义，值得认真整理和发掘。

（科研处）

"新时代中国宗教学理论与前瞻"高层论坛暨2019年中国宗教学会年会

2019年8月24—25日，由中国宗教学会、中国社会科学院世界宗教研究所联合主办，南开大学宗教文化研究中心承办的"新时代中国宗教学理论与前瞻"高层论坛暨2019年中国宗教学会年会在天津举行。与会专家学者运用马克思主义宗教观，围绕"新时代中国特色社会主义宗教理论研究""中国宗教学的现状与未来""宗教中国化研究""佛教研究""宗教与人文精神""宗教哲学""宗教社会学""宗教学理论创新""宗教比较研究""宗教历史研究""中国宗教的现状与治理"等主题展开了讨论。

中国社会科学院世界宗教研究所所长郑筱筠研究员指出，中国宗教学研究是在毛泽东主席的亲自关怀下建立和发展起来的。当前，宗教研究的重要性进一步凸显，需要我们继续发扬基础研究与应用研究相结合的优良学术传统，关注当今世界宗教领域的新现象、新问题，服务于党和国家的大政方针、决策部署，为加快构建中国特色社会主义哲学社会科学的学科体系、学术体系和话语体系建设而努力。

中国人民大学原副校长杨慧林在《用马克思主义的立场、观点和方法认识宗教》一文中指出，全国宗教工作会议强调"各级党委提高处理宗教问题的能力"，而"深入研究和妥善处理宗教领域问题"的关键，则在于"用马克思主义的立场、观点和方法认识宗教"，掌握宗教基本知识。

中国人民大学教授何虎生说，我国的宗教问题具有长期性、群众性、民族性、国际性、复杂性的特点。在革命、建设与改革时期，中国共产党运用马克思主义宗教观解决中国宗教问题，积累了有益经验，形成了丰富理论。新时代深入分析宗教问题的表现及根源，准确找到解决问题的有效办法，是宗教工作的必然要求，也是中国特色社会主义宗教理论不断发展的客观要求。

2019年8月，"新时代中国宗教学理论与前瞻"高层论坛暨2019年中国宗教学会年会在天津举行。

上海社会科学院宗教研究所所长晏可佳认为，改革开放以来，经过40多年的持续发展、几代学者的筚路蓝缕，宗教学研究取得了长足进步，尤其在对宗教基本问题的研究方面，形成了一些重要理论成果，体现出宗教学的中国特色、中国风格和中国气派。其中，宗教的"五性论"就是长期以来对我国宗教研究和宗教工作产生重大影响的重要理论，而"五性论"之关键是"群众性"，则为正确认识和把握宗教现象的"中国问题"、做好信教群众的工作提供了理论依据和实践导向。直面新时代中国特色社会主义建设中我国宗教的新情况、新问题，进一步坚持群众性观点，具有重要实践意义。

西北大学玄奘研究院院长李利安提出了坚持我国宗教中国化方向的实践路径。他认为，宗教中国化应包含5个层面：国家认同——热爱祖国，热爱人民，维护祖国统一，维护中华民族大团结，服从和服务于国家最高利益和中华民族整体利益；政治认同——拥护中国共产党的领导，拥护社会主义制度，坚持走中国特色社会主义道路；文化认同——积极践行社会主义核心价值观，弘扬中华优秀文化，努力把宗教教义同中华文化相融合；法律认同——遵守国家法律法规，自觉接受国家依法管理；国是认同——投身改革开放和社会主义现代化建设，为实现中华民族伟大复兴的中国梦贡献力量。

中央社会主义学院马列教研部副主任沈桂萍认为，坚持宗教中国化方向，要求宗教界人士牢固树立我国各宗教文化从属中华文化组成部分的理念，自觉抵制把我国宗教文化自外于中华文化的错误思想，以社会主义核心价值观为引领，建设中国特色宗教思想和制度规范，增强对中华文化的认同，构建中国宗教文化主体性。

河南大学教授朱丽霞认为，我国的宗教是社会主义社会中的宗教，它必须适应这个社会。而中国特色社会主义则植根于中华文化沃土、反映中国人民意愿、适应中国和时代发展进步要求，有着深厚历史渊源和广泛现实基础。因此，宗教中国化不仅关涉宗教与中国传统文化相认同、相融合的问题，而且也关涉宗教实现现代性的问题。

四川大学道教与宗教文化研究所所长盖建民提出，我国道教坚持中国化方向的基本途径是：以道教古籍整理研究为基础，从而为道教教义的革新打下坚实基础，切实推进道教中国化进程；以道教医学、道教养生为着力点，打造健康道教、生命道教，为健康中国战略实施作出应有的贡献；发挥"齐同慈爱"精神，为打造人类命运共同体贡献智慧。

江苏行政学院教授、中国伊斯兰教协会副会长米寿江说，"中国化"也表现为在地化、本土化、民族化、本色化，其实质是与所处的社会"相适应"，这是宗教自身发展的规律。历史事实证明，凡是与社会不相适应的宗教，无须外部压力，都会随着时间的推移，自行退出历史舞台。伊斯兰教自唐宋传入中国，之所以能绵延1000余年并不断发展，就是能不断与中国社会"相适应"。这种"相适应"始终是动态的，它不是完成时，而是进行时。社会在发展，文化在进步，宗教也必须不断与之"相适应"。

中央民族大学教授杨桂萍回顾了伊斯兰文明与儒家文明交融与对话的历史。她指出，千百年来，伊斯兰文明与儒家文明和谐与共，成就了一段和平交往、文明互鉴的历史佳话。这一历史经验为应对现实社会的民族宗教问题提供了丰富的文本资源和深刻的历史智慧，对当代世界不同文明间的平等对话、以和平手段解决地区争端与民族宗教冲突，具有重要的借鉴意义。

（科研处）

中国社会科学论坛（2019·宗教学）暨"宗教学研究的传承与创新"国际学术会议

2019年9月7—8日，由中国社会科学院学部主席团主办，中国社会科学院世界宗教研究所、中国宗教学会联合承办的中国社会科学论坛（2019·宗教学）暨"宗教学研究的传承与创新"国际学术会议在北京举行。来自全国各地的高校和科研院所以及美国、日本、芬兰、阿联酋等国家的宗教领域的专家学者共90余人参加了论坛。中国社会科学院世界宗教研究所党委书记赵文洪出席论坛并主持开幕式。

中国社会科学院世界宗教研究所所长、中国宗教学会常务副会长兼秘书长郑筱筠研究员在致辞中指出，中华人民共和国成立70年来，特别是改革开放40多年来，中国宗教学学科体系日趋完善，与国际学术界交流日益频繁，相关研究日益深入，取得了举世瞩目的成就。当今宗教研究的重要性日益凸显出来，我们需要继续发扬基础研究与应用研究相结合的优良学术传统，关注当今世界宗教领域的新现象新问题，自觉服务于党和国家的大政方针和决策部署，推动宗教学学科发展。

全国人大常委会委员、中国社会科学院学部委员、中国宗教学会会长卓新平研究员在致辞中表示，中国宗教学的发展可谓跌宕起伏、异彩纷呈。从中国宗教学的发展历程来看，我们经历了由个人研究到群体研究的宏观转型。应该说，我们研究所见证了中国改革开放40年来宗教学的发展变迁，并迎来了更大的格局——宗教学研究从中国走向世界。面对国际发展形势，从宗教学的角度来讲，有很多的新问题需要我们去面对和解决；从中国发展来讲，有很多新的资料需要我们去发掘，中国文化传承的特点有许多内容需要我们进一步反思。中国宗教学在整个世界宗教学发展中的定位和特点，也需要我们去发展和总结。

2019年9月，中国社会科学论坛（2019·宗教学）暨"宗教学研究的传承与创新国际学术会议"在北京举行。

开幕式之后，郑筱筠、卓新平、中国人民大学学术委员会副主任杨慧林、美国杨百翰大学教授杜拉姆、澳大利亚查尔斯大学教授魏克利、《中国宗教》杂志社社长刘金光、日本关西学院大学教授山泰幸等七位专家分别作了主旨发言。

会议还设立了"马克思主义宗教理论与文明对话""宗教学研究的新视野""宗教学理论创新研究"等7个不同主题的分论坛进行专题发言。

（科研处）

第二届中韩佛教学术交流会议"中韩佛教史上的文化交流"

2019年10月16—19日，第二届中韩佛教学术交流会议"中韩佛教史上的文化交流"在中国社会科学院世界宗教研究所召开。会议由中国社会科学院世界宗教研究所和韩国延世大学哲学研究所联合举办，由中国社会科学院佛教研究中心承办，来自中国社会科学院、北京大学、中国人民大学、中央民族大学、韩国延世大学、韩国东国大学、韩国东方文化大学院大学校、翰林大学、圆光大学的30多位专家学者参加了会议。

会议开幕式由中国社会科学院世界宗教研究所副所长贾俐副译审主持，中国社会科学院世界宗教研究所党委书记赵文洪研究员、韩国延世大学哲学研究所教授辛奎卓分别致辞。赵文洪指出，佛教是世界性宗教，是在中韩两国都有大量信众的宗教，是作为各国人民之间友谊的使者，在促进各国人民交往交流方面发挥着重要作用的宗教。会议一定能够促进、深化双方的学术合作，在更高层次上为中韩两国人民友谊的巩固与发展作出贡献。辛奎卓说，《论语》中说"人能弘道"，中韩两国学者聚在一起，一起探讨中韩佛教史上的文化交流，一起扩张真理，一起来"弘道"，具有重要的学术价值和现实意义。

第一场学术会由中国社会科学院哲学研究所研究员周贵华主持，中国社会科学院世界宗教研究所研究员魏道儒、韩国延世大学哲学研究所教授辛奎卓作学术发言，北京大学哲学系教授魏常海评议。

第二场学术会由中国社会科学院哲学研究所成建华研究员主持，韩国东方文化大学院大学教授车次锡、中国社会科学院世界宗教研究所研究员李建欣发表论文，北京大学日语系教授金勋评议。

第三场学术会由中国社会科学院世界宗教研究所副研究员李志鸿主持。中国社会科学院世界宗教研究所研究员尕藏加、韩国翰林大学生死学研究所副教授梁晶渊作了学术发言。中央民族大学哲学与宗教学学院教授刘成有进行评议。

第四场学术会由中国社会科学院世界宗教研究所副研究员黄奎主持。韩国圆光大学人文学研究所教授吴容锡、中国社会科学院世界宗教研究所研究员纪华传作学术发言，魏道儒研究员评议。

第五场学术会由中国社会科学院世界宗教研究所研究员周广荣主持。中国社会科学院世界宗教研究所研究员杨健等进行学术发言，中国人民大学佛教与宗教学理论研究所教授张风雷评议。

第六场学术会由中国社会科学院世界宗教研究所副研究员王皓月主持，韩国东方文化大学院大学教授李诚云、中国社会科学院世界宗教研究所副研究员夏德美进行学术发言，中国人民大学佛教与宗教学理论研究所教授张文良评议。

（科研处）

首届"互联网+宗教"舆情论坛

2019年10月25日，首届"互联网+宗教"舆情论坛在武汉举行，论坛的主题是"共建网络空间命运共同体"。论坛由中国社会科学院世界宗教研究所、武汉大学哲学学院联合主办，禅林网协办。约50位专家学者出席论坛。

开幕式上，武汉大学哲学学院院长吴根友教授首先致辞。他说，当今社会，伴随着"互联网+"的快速发展，推动互联网与宗教研究相结合日益紧迫。"互联网+宗教"的理论研究也成为宗教学研究的一个重要部分。通过对互联网传播机制和规律的探讨，有利于更清晰、快速、准确地了解相关舆情的发展态势，有利于构建"互联网+宗教"的研究方法论的建构，进而对于更好地贯彻落实党的宗教工作方针、正确认识我国的宗教工作形势、全面提高宗教工作的法治化水平，构建人类在网络世界的命运共同体，均具有重要的"支援"意义。作为协办单位禅林网的负责人、武汉市佛教协会副会长明贤法师在致辞中表示，科技革命与宗教信仰，自古以来都是构建和重建世界格局的关键变量。那么，科技与宗教结合而成的"互联网宗教"，必然有着前所未有的博大气象，当然也具备着一门当代显学的发展潜质。

中国社会科学院世界宗教研究所所长、中国宗教学会常务副会长郑筱筠研究员发表致辞并作了首场主旨演讲。她指出，网络宗教的全球化特点是世界各国宗教必须面对的现实，也是互联网宗教今后发展的基础。随着互联网技术的发展，宗教以其特有的线上线下的传播途径和模式，逐渐打破了实体宗教发展几千年才形成的分布格局，对当代宗教的发展提出了挑战。从2018年2月1日开始，正式实施的新《宗教事务条例》也对互联网宗教管理提出了明确规定。与此同时，互联网时代背景下的人类命运共同体概念的提出将互联网与实体世界紧密结合在一起。2017年10月，习近平总书记在党的十九大报告中明确提出，"要加强互联网内容建设，建立网络综合治理体系，营造清朗的网络空间"。随着互联网和人工智能的飞速发展，网络空间的治理成为重要的热点问题。"携手共建网络空间命运共同体"一直是近年来召开的世界互联网大会的主题。2019年10月，在致第六届世界互联网大会的贺信中，习近平总书记强调"发展好、运用好、治理好互联网，让互联网更好造福人类，是国际社会的共同责任"。作为网民人数比例较高的国家，中国应该参与到全球互联网治理体系之中，在互联网宗教的发展和治理方面，中国应该在网络空间命运共同体以及人类命运共同体的框架下，与世界各国合作，共同探索建立互联网的发展和全球治理体系，共同为互联网宗教的健康发展生态贡献自己的一份力量。

论坛上有5位专家围绕"互联网宗教与人类命运共同体""宗教类媒体应对互联网时代的对策与出路""互联网宗教研究与治理：上层架构、中层策略、落地路径"等议题作了主旨发言。之后进行了3场专题报告，14位专家学者围绕论坛主题发表见解。

（科研处）

第八届东南亚宗教研究高端论坛

2019年10月26—27日，第八届东南亚宗教研究高端论坛在湖北省武汉市举行。论坛的主题为"东南亚宗教与世界文明交流互鉴"。论坛由中国社会科学院世界宗教研究所、武汉大学哲学学院联合主办，禅林网协办。共有75位专家学者进行学术发言。

开幕式上，武汉大学哲学学院副院长黄超首先致辞。他认为，谈到东南亚宗教，我们立即会链接到"一带一路"倡议。这个倡议所指向的是友谊之路、和平之路、发展之路。"一带一路"倡议将其他文明视为平等的文明，将其他宗教视为平等的宗教，将其他国家视为平等的国家——"己所不欲，勿施于人"，用康德的话讲，即是"不要把人当作工具，要把人当作目的"，只有平等与尊重，才有真正的文明交流互鉴。作为协办单位禅林网的负责人、武汉市佛教协会副会长明贤法师在致辞中表示，信仰和文化，自古就是最为强劲的人心纽带。从佛教的视角看，东南亚地区因佛教传播而形成的特殊路线——海上丝绸之路，在历史长河中构建起了一个横跨太平洋与印度洋、沟通海陆、连接国界、贯通古今、和会三乘、交融文化、消泯隔阂的功德共同体。这是佛教为"人类命运共同体"书写的独特注脚，是佛教福泽古今的不老传承。参与此次论坛的专家学者们将为我们洞察宗教连通命运、造化人心的历史脉络与当代进展，为国家周边地区的稳定与世界文明的交流互鉴贡献智力支持。

中国社会科学院世界宗教研究所所长、中国宗教学会常务副会长郑筱筠研究员发表致辞并作了首场主旨演讲。她表示，东南亚宗教高端论坛的宗旨是通过学术交流活动深入洞察东南亚宗教与政治、经济和社会文化等方面的密切关系。东南亚是当今世界经济发展最有活力和潜力的区域之一，东南亚宗教与社会的发展趋势必然影响到世界的政治经济格局，对这一地区的宗教研究与探讨显得极为重要。在历史进程中，东南亚宗教政治化、政治宗教化的鲜明特征，逐渐形成有博弈却又相互均衡发展的格局。经济全球化为东南亚地区带来了发展机遇，但与此同时诸多内外因素也使其发展充满变数。国际经济资本、全球政治资本的影响和外部"干预"，使东南亚政治宗教化、宗教政治化的特征在各国政治、经济、社会发展进程中的作用尤其明显。宗教的变量作用在外部力量的非常规"干预"下发生非均衡的变化，宗教因素的影响日益放大，宗教和政治之间的关系开始处于博弈与非均衡的发展状态中。洞悉上述博弈与非均衡状态，有利于我们深入理解东南亚地区的当前局势，更好地推动"一带一路"倡议的实施。

在主旨发言环节，七位专家围绕论坛核心议题，以"宗教对当代东南亚政治的影响""东南亚佛土——以婆罗浮屠为例略谈室利佛逝在亚太地区命运共同体构建中的重要地位""泰国当前佛教现状和所面临的挑战""近期马来西亚佛教研究概况""坟山、祠祀、士绅网络构建与佛教的制度性转换——以新加坡莲山双林寺碑铭为基础"等为主题进行了深入阐发，介绍了新近研究成果与主要发现。

在大会议程中，与会的七十多位专家学者还进行了两场主旨发言、两场专题报告，充分发掘东南亚宗教促进世界文明交流互鉴的历史经验和价值，探索在东南亚宗教传承发展中深化文明交流互鉴的路径，携手为构建人类命运共同体人文基础的奠定贡献学术界的智慧与力量。

（科研处）

"巴哈伊的文学艺术"国际研讨会

2019年11月9—10日，"巴哈伊的文学艺术"国际研讨会在北京举行。会议由中国社会科学院世界宗教研究所、中国宗教学会和中国社会科学院世界宗教研究所巴哈伊研究中心联合主办。来自中国社会科学院世界宗教研究所、上海社会科学院、清华大学、北京大学、中央民族大学、全球文明研究中心、恒源祥文化研究院等单位以及美国、英国、奥地利的40余名专家学者出席了研讨会。

大会开幕式由中国社会科学院世界宗教研究所副所长、中国宗教学会常务副会长贾俐主持。中国社会科学院世界宗教研究所所长郑筱筠研究员、恒源祥集团董事长刘瑞旗、巴哈伊洲际顾问麦泰伦教授出席开幕式并分别代表主办单位和协办单位致辞。

郑筱筠在致辞中指出，此次会议是在积极响应"一带一路"倡议、推动构建人类命运共同体的语境下，对巴哈伊文化的深入拓展研究。中国国家主席习近平多次强调"文明因交流而多彩，文明因互鉴而丰富"。人类文明要彼此借鉴、共荣发展，还需要深入了解和研究世界各地丰富多彩的宗教文化，文学与艺术则是宗教文化的重要载体和传播符号。此次会议主题聚焦文学艺术研究，探讨宗教文学艺术的价值和意义、巴哈伊的文学、音乐和书法等领域，与会嘉宾不仅有宗教学研究专家，还有画家、音乐家等很多艺术家，是一场跨文化、跨学科的学术交流盛宴。

开幕式之后，中国宗教学会会长卓新平研究员、上海社会科学院宗教研究所所长晏可佳研究员、麦泰伦教授分别作了主旨发言。

卓新平在发言中对基督教、佛教、道教、犹太教、伊斯兰教以及巴哈伊教中所展现出来的空间艺术和时间艺术以及二者的交织共构，作了解读和梳理，指出宗教文学艺术是一个纽带、一种神圣的桥梁，把永恒和现实、世俗和超越有机联系了起来。他回顾了巴哈伊文学艺术在20世纪初和改革开放以来在中国的发展，指出巴哈伊文学艺术承载着悠久的文化，有厚重的积淀，从中可以看到古代波斯文化、亚洲文化发展的动感和勃勃生命力，非常有研究价值。

晏可佳对近四十年来巴哈伊本土化发展的中国模式作了梳理总结，指出巴哈伊教自改革开放以来，在中国的发展已经有了一定时期的连续性的历史积淀。在全球化背景下，各种宗教不仅是复兴了，而且出现了全球化的流动，而中国模式可以理解成包括巴哈伊教在内的世界宗教在全球化流动当中的一个环节，有必要及时深入研究。

麦泰伦讲道，"19"在巴哈伊文化中是一个非常重要的数，有着特别的含义，2019年正好是中国社会科学院世界宗教研究所巴哈伊研究中心成立19年，他对此表示了祝贺。麦泰伦指出，艺术是文明进步中不可或缺的因素，不仅艺术培训可以充分发挥个体的潜力，在集体层面上，艺术还是社会发展不可分割的组成部分，是文化本身的核心。

研讨会根据主题分为"宗教文学艺术的价值与意义""巴哈伊的绘画与书法""巴哈伊的文学及其在中国的翻译""巴哈伊的文学艺术在世界的影响""巴哈伊的音乐"等共六场分会，探讨内容从中国民间宗教文学艺术、儒教的文学艺术观、道教与艺术，拓展到佛教、基督教以及伊斯兰教的文学与艺术，进而在世界宗教文学艺术的背景下，重点对巴哈伊的文学与艺术进行了深入研讨。

会议闭幕式由上海社会科学院宗教研究所所长晏可佳研究员主持。中国社会科学院世界宗教研究所党委书记赵文洪研究员、恒源祥集团刘瑞旗董事长、清华大学麦泰伦教授分别致辞。

最后，中国宗教学会会长、中国社会科学院世界宗教研究所巴哈伊研究中心主任卓新平研究员从文学、绘画和音乐三个方面对此次"巴哈伊的文学艺术国际研讨会"作了学术总结。

(科研处)

历史学部

中国历史研究院（院部）

（一）人员、机构等基本情况

1. 人员

截至2019年年底，中国历史研究院院部机关共有在职人员77人。其中，正高级职称人员4人，副高级职称人员10人，中级职称人员18人；高、中级职称人员占全体在职人员总数的42%。

2. 机构

中国历史研究院院部设有：办公室、科研管理部、人事处（党委办公室／纪委办公室）、对外交流处、财务与资产处、专项工作处、保卫处、文献信息部、图书档案馆、博物馆、信息化办公室、历史文化传播中心、历史研究杂志社第一编辑室、历史研究杂志社第二编辑室、历史研究杂志社第三编辑室。

（二）科研工作

2019年，中国历史研究院院部共完成论文6篇，5.3万字；研究报告15篇，4.5万字；论文集1种，42.5万字。

（三）学术交流活动

1. 学术活动

2019年，由中国历史研究院主办的学术会议如下。

（1）2019年3月27日，由中国历史研究院主办的"全国历史学专家学者学习贯彻习近平总书记贺信精神座谈会"在北京召开。会议的主题是"深入学习习近平总书记致中国历史研究院成立贺信精神"。

（2）2019年5月28日，由中国历史研究院主办的"全国主要史学研究与教学机构联席会议首届年会"在北京举行。会议研讨的主要议题有"各成员单位历史学学科建设基本情况介绍""关于全国历史学发展的设想和建议""关于联席会议制度及其作用的建议"等。

（3）2019年6月11日，由中国历史研究院主办的"中国历史研究院首批5个非实体研究中心成立大会"在北京召开。

(4) 2019年8月9日，由中国历史研究院主办的"中国历史研究院重大学术发布会"在北京举行。会议发布《中国历史研究院"学者工作室"制度实施办法》和五个重大课题"习近平论历史科学""中国传统文化中的现代元素""中华民族复兴史（1840—2021）""清代国家统一史""中国历代治理体系研究"进展情况。

(5) 2019年8月17—18日，由中国历史研究院历史研究杂志社《历史研究》编辑部与山东大学历史文化学院联合主办的"第六届青年史学家论坛"在山东省济南市举行。会议的主题是"理论与方法：新中国史学研究七十年"。

(6) 2019年8月26日，由中国历史研究院主办的"学习习近平总书记关于历史科学重要论述理论研讨会"在北京召开。会议的主题是"学习习近平总书记关于历史科学重要论述理论"。

(7) 2019年9月20—23日，由中国历史研究院历史研究杂志社《历史研究》编辑部与中山大学国际关系学院、北京师范大学历史学院联合主办的"第11届东方外交史国际学术研讨会"在广东省珠海市举行。会议的主题是"东西方外交与丝绸之路"。

(8) 2019年9月21—22日，由中国历史研究院主办的"首届新时代史学理论论坛"在北京召开。会议的主要议题有"中国历史学70年成就回顾""新时代中国历史学前瞻""构建中国特色历史学学科体系、学术体系、话语体系的思考"。

(9) 2019年9月24日，由中国历史研究院主办的"中国历史研究院学术委员会、学术咨询委员会成立大会暨首次学术委员会会议"在北京召开。会议讨论和审议了《〈（新编）中国通史〉纂修工程实施方案》《中国历史研究院2019年度研究领域指南》，以及"中国历史研究院学术基金项目""中国历史研究院学术文库"出版项目等。

(10) 2019年11月2—3日，由中国历史研究院历史研究杂志社《历史研究》编辑部与南开大学历史学院、云南大学历史与档案学院联合主办的"中古帝制与地主经济形态高端论坛"在天津市举行。

(11) 2019年11月9—10日，由中国历史研究院历史研究杂志社《历史研究》编辑部与厦门大学历史系联合主办的"第十三届历史学前沿论坛"在福建省厦门市举行。论坛的主题为"融合与创新：新中国史学七十年"。

(12) 2019年12月7—8日，由中国历史研究院历史研究杂志社《历史研究》编辑部与复旦大学历史学系、上海市世界史学会联合主办的"历史上的环境与社会学术研讨会"在上海市举行。

(13) 2019年12月22—24日，由中国历史研究院主办的"首届全国史学高层论坛"在北京召开。论坛的主题是"中国特色历史学学科体系、学术体系、话语体系构建"。

(14) 2019年12月30日，中国历史研究院历史研究杂志社新刊发布会在北京举行。发布会对《历史研究》升级改版、《历史评论》《中国历史研究院集刊》创刊及《中国历史学前沿报告（2019）》策划实施情况作了介绍。

2. 国际学术交流与合作

2019 年，中国历史研究院共派遣出访 7 批 10 人次，接待来访 4 批 13 人次（其中，中国社会科学院邀请来访 2 批 9 人次）。与中国历史研究院开展学术交流的国家有俄罗斯、日本、韩国等。

（1）2019 年 5 月 14—18 日，中国历史研究院副院长兼文献信息部主任钟君访问日本，对大阪大学附属图书馆、京都国立博物馆、京都大学附属图书馆、东京国立博物馆、日本图书馆协会等机构进行工作访问。

（2）2019 年 5 月 17 日，中国历史研究院在北京举办"亚洲文明互鉴与人类命运共同体构建"学术交流活动。巴勒斯坦中东和平研究所所长萨米·阿德旺、老挝国立大学亚洲研究中心主任布亚当·森卡姆霍特拉冯、尼泊尔蓝毗尼佛教大学教授拉梅什·古玛·邓格尔、尼泊尔社会与环境转型研究所执行所长阿贾亚·迪克西、尼泊尔中国研究中心顾问莫汉·罗哈尼和叙利亚阿萨德国家图书馆馆长伊亚德·穆赫分别发言，中国历史研究院副院长李国强主持会议。

（3）2019 年 7 月 4—13 日，中国历史研究院院长、党委书记高翔，副院长李国强一行赴越南、日本和韩国进行学术交流访问。

（4）2019 年 9 月 2—5 日，中国历史研究院院长、党委书记高翔，副院长钟君一行访问俄罗斯，参加"新中国成立 70 周年视野下的中俄关系研讨会"、中国社会科学院与俄罗斯远东联邦大学共建中国研究中心成立揭牌仪式及第五届东方经济论坛框架下相关活动，访问俄罗斯科学院远东分院、纳杰日金斯基跨越发展区等单位。

3. 与中国香港、澳门特别行政区和中国台湾开展的学术交流

（1）2019 年 6 月 2—6 日，中国历史研究院院长、党委书记高翔，党委副书记余新华一行访问澳门，与澳门科技大学签署合作协议，并计划在澳门科技大学设立"中国历史研究院澳门历史研究中心"（2019 年 9 月，澳门特区高等教育局同意设立该中心；10 月，国务院港澳办同意设立该中心）。

（2）2019 年 6 月 26 日，由香港中国学术研究院常务副院长周溯源带队，香港历史教师国史研修团 30 余人访问中国历史研究院，就中国历史研究院发展规划及香港历史教育现状进行学术交流。

（3）2019 年 12 月 30 日，香港特区政府民政事务局常任秘书长谢凌洁贞、驻北京办事处主任梁志仁、康乐及文化事务署助理署长谭美儿一行 9 人访问中国历史研究院，参观中国考古博物馆，就中国社会科学院香港青年实习计划进行工作交流。

（四）学术期刊

《历史研究》双月刊，主编李国强。

2019 年，《历史研究》共出版 6 期，共计 185 万字。该刊全年刊载的有代表性的文章有：

朱凤瀚的《夏文化考古学探索六十年的启示》，鲁西奇的《汉唐时期滨海地域的社会与文化》，黄纯艳的《宋代的疆界形态与疆界意识》，李怀印的《全球视野下清朝国家的形成及性质问题——以地缘战略和财政构造为中心》，马子木的《十八世纪理学官僚的论学与事功》，唐启华的《"中日密约"与巴黎和会中国外交》，张皓的《蒋桂南撤之争与解放军战略大追击》，徐晓旭的《波斯人的希腊祖先：跨越族群边界的名祖神话》，晏绍祥的《阿吉纽西审判与雅典民主政治》，包倩怡的《"天主众仆之仆"名号与格里高利一世的主教观》，梁军的《爱德华·希思对大西洋联盟政策的调整与英美关系重构》。

（五）会议综述

全国主要史学研究与教学机构联席会议首届年会

2019年5月28日，"全国主要史学研究与教学机构联席会议首届年会"在北京召开。中国社会科学院副院长、党组成员，中国历史研究院院长、党委书记高翔，全国哲学社会科学工作办公室副主任操晓理，教育部社科司司长刘贵芹出席会议。来自全国32家主要史学研究与教学机构的90余位代表参加会议。

新中国成立以来，中国历史学界首次以联席会议形式召开会议，是新时代符合中国历史学发展的必然要求，对推动中国历史学在新时代融合发展、创新发展，有着十分重要的意义。通过此次会议，进一步凝聚了全国史学主要研究和教学机构的力量，进一步提高了中国史学研究者的政治站位，进一步提振了全国史学工作者的士气。

与会同志一致认为，中国历史学在新时代迎来了新的春天，要推动中国历史学的繁荣进步，必须以习近平新时代中国特色社会主义思想为指导，必须以习近平总书记致中国历史研究院成立贺信精神为根本遵循，以习近平总书记关于历史科学的系列重要论述为统领，在整合中国历史、世界历史、考古等方面研究力量上下功夫，在提高研究水平和创新能力、推动相关历史学科融合发展上下气力，以加快构建中国特色历史学学科体系、学术体系、话语体系为己任，努力推出具有中国特色、中国风格、中国气派的学术成果，提出具有时代强音的学术思想，发出具有国际影响力的学术话语，培养学贯中西的史学大家，发挥史学知古鉴今、资政育人的作用，为国家建设和社会发展提供史学智慧。史学工作者只有以奋斗的姿态和勇往直前的精神，积极投身于新时代中国历史学的理论创新中，才能不辜负习近平总书记的重托和人民的厚望。

与会同志一致认为，作为史学工作者，必须立时代之潮头，通古今之变化，发思想之先声，立足中国、放眼世界，着力提高研究水平和创新能力，为此要在机制体制上走出一条新路，走出一条符合新时代中国特色社会主义要求的新路。与会同志对中国历史研究院制定的

《全国主要史学研究与教学机构联席会议工作条例》《新时代中国历史学中长期发展规划纲要主要框架》《中国历史研究院 2019 年度研究领域指南》《中国历史研究院学术计划》《中国历史研究院"学者工作室"制度实施办法》等文件进行了充分讨论，纷纷表示，这些制度设计符合史学研究规律，适应新时代的要求，具有指导性和可操作性，与会各单位将积极主动地与中国历史研究院一道，共同努力，携手并进，共同开创中国历史学研究的新篇章。

与会同志一致认为，联席会议制度是整合全国史学研究精锐力量，团结全国史学工作者的良好平台。首届年会的代表，无论来自高校还是来自科研机构，都能相互交流、集思广益。同志们表示，全国史学研究既要突出各自的特色和优势，更要形成一盘棋，只有凝聚起全国史学工作者的力量，才能形成合力，才能提升中国历史学研究的新高度。

（科研处）

学习习近平总书记关于历史科学重要论述理论研讨会

2019 年 8 月 26 日，为贯彻落实中央领导同志关于中国历史研究院建设的重要指示精神，中国历史研究院在北京召开"学习习近平总书记关于历史科学重要论述理论研讨会"。来自全国各地的专家学者 80 余人参加了会议。中共中央政治局委员、中央书记处书记、中宣部部长黄坤明作了重要讲话。黄坤明全面系统阐述了习近平总书记关于历史科学重要论述的理论内涵、实践价值，强调要建设新时代中国史学，并对推动新时代中国史学发展提出了具体要求。

与会者深入学习黄坤明同志的重要讲话，大家一致认为，黄坤明同志的讲话不仅从理论上深入阐释了习近平总书记关于历史科学重要论述的精神实质和核心要义，还从实践的角度为中国史学发展指明了方向。"新时代中国史学"的命题符合中国史学的学术发展规律，凸显了新时代的鲜明特征和本质要求，对于深刻理解习近平总书记关于历史科学的重要论述，对于加快构建具有中国特色历史学学科体系、学术体系、话语体系，对于推动中国史学融合发展、创新发展、繁荣发展，具有重要指导意义。

（科研处）

考古研究所

（一）人员、机构等基本情况

1. 人员

截至 2019 年年底，考古研究所共有在编人员 137 人，其中，正高级专业技术人员 35 人，副高级专业技术人员 35 人，中级专业技术人员 51 人；高、中级职称人员占全体在职人员总数的 88%。

2. 机构

考古研究所设有：史前考古研究室、夏商周考古研究室、汉唐考古研究室、边疆民族与宗教考古研究室、国外考古研究室、科技考古与实验研究中心、文化遗产保护研究中心、考古编辑室（考古杂志社）、综合处、考古工作站管理处。另在西安设有研究室，在洛阳和安阳设有工作站。

3. 科研中心

考古研究所院属科研中心有：中国社会科学院古代文明研究中心、中国社会科学院外国考古研究中心；所属科研中心有：蒙古族源研究中心、公共考古中心、边疆考古研究中心等，挂靠的学术团体有中国考古学会。

（二）科研工作

1. 科研成果统计

2019年，考古研究所出版了田野考古工作报告2种，465.2万字；专著15种，666.9万字；论文305篇，301.87万字。

2. 科研课题

（1）新立项课题。2019年，考古研究所共有新立项课题6项。其中，国家社会科学基金重大课题1项："新疆温泉阿敦乔鲁遗址与墓地综合研究"（丛德新主持）；国家社会科学基金一般课题1项："吉尔赞喀勒墓葬考古发掘整理与研究"（巫新华主持）；国家社会科学基金冷门"绝学"和国别史等研究专项课题2项："中国中古国家大寺及其对东亚地区的影响"（何利群主持），"甲骨文与殷礼研究"（黄益飞主持）；国家社会科学基金青年课题2项："城市考古视野下的南北朝墓葬研究"（莫阳主持），"关中商代青铜礼器研究"（李宏飞主持）。

（2）结项课题。2019年，考古研究所共有结项课题即国家社会科学基金课题6项："殷墟遗址的动物考古学研究"（李志鹏主持），"广鹿岛贝丘遗址的动物考古学研究"（吕鹏主持），"夏商时期晋陕冀地区的生业与社会研究"（常怀颖主持），"河南淅川下王岗2008—2010年考古发掘研究报告"（高江涛主持），"巴蜀符号集成"（严志斌主持），"殷周金文集成·续补"（曹淑琴主持）。

（3）延续在研课题。2019年，考古研究所共有延续在研课题28项。其中，国家社会科学基金重大委托课题1项："蒙古族源与元朝帝陵综合研究"（王巍、孟松林主持）；国家社会科学基金重大专项课题1项："高句丽、渤海相关考古资料的普查、汇集和整理工作"（陈星灿主持）；国家社会科学基金重大课题3项："河南灵宝西坡遗址综合研究"（李新伟主持），"汉魏洛阳城宫城南区考古发掘报告"（钱国祥主持），"新疆温泉阿敦乔鲁遗址与墓地综合研究"（丛德新主持）；国家社会科学基金重点课题3项："偃师商城遗址宫城区的发掘和研究"（古飞主持），"东周墓葬制度研究"（印群主持），"二里头遗址宫殿区考古发掘报告（2010—2017）"（赵海涛主持）；国家社会科学基金研究专项课题2项："中国中古国家大寺及其对东亚地区的影响"（何利群主持），"甲骨文与殷礼研究"（黄益飞主持）；国家社会科学基金年度课题11项："应用木炭分析探索甘青地区新石器"（王树芝主持），"唐大明宫太液池遗址考古发掘报告"（龚国强主持），"秦封泥分期与秦职官郡县重构研究"（刘瑞主持），"先秦时期海岱地区考古学文化的互动与族群变迁"（庞小霞主持），"礼仪神器与欧亚草原社会世俗生活"（郭物主持），"上古的天文、思想与制度"（冯时主持），"汉唐时期青藏高原丝绸之路的考古学研究"（仝涛主持），"殷墟妇好墓出土玉器综合研究"（杜金鹏主持），"甘肃南石窟寺的三维重建与虚拟展示"（刘建国主持）、"云南师宗县大园子墓地发掘资料的整理与研究"（杨勇主持）、"吉尔赞喀勒墓葬考古发掘整理与研究"（巫新华主持）；国家社会科学基金青年课题7项："山东砣矶岛大口遗址出土人骨研究"（张旭主持），"福建地区旧、新石器时代过渡遗存综合研究"（周振宇主持），"中原地区先秦时期家养黄牛的分子考古学研究"（赵欣主持），"稳定同位素所见郑洛地区4000BP—3500BP先民食谱与家畜饲养方式的特点研究"（陈相龙主持），"隋唐宋元时期瓦作遗存的建筑考古学研究"（王子奇主持），"商周都邑制陶作坊研究"（王迪主持），"高昌石窟寺内容总录"（夏立栋主持）。

3. 获奖优秀科研成果

2019年，考古研究所的《洛阳盆地中东部先秦时期遗址：1997—2007年区域系统调查报告》（4卷本）入选中国社会科学院2019年度中国社会科学院创新工程重大科研成果。

（三）学术交流活动

1. 学术活动

2019年，由考古研究所组织的学术会议如下。

（1）2019年1月10日，由中国社会科学院主办，考古研究所和考古杂志社承办的"中国社会科学院考古学论坛·2018年中国考古新发现"在北京举行。考古研究所主持的湖北沙洋县城河新石器时代遗址入选2018年度中国考古六大发现。

（2）2019年8月28日，第二届"中国考古·郑州论坛"在河南省郑州市开幕。来自全国各省份考古文博单位及高等院校的专家学者参加论坛。论坛的主题是"新中国考古学70年"。

（3）2019年9月11日，"新中国考古学70年"发布会在中国历史研究院举行。近百名来自全国的专家学者和新闻媒体记者出席了会议。

（4）2019年9月25日，中国历史研究院联合全国主要史学研究与教学机构联席会议首批成员单位，在北京共同举办以"史学70载共筑中国梦"为主题的"庆祝中华人民共和国成立70周年史学成就展"，全面梳理新中国史学发展的基本脉络，系统总结新中国史学研究的成长历程，完整展现新中国史学研究取得的辉煌成就，讴歌中国史学繁荣发展的新时代。

（5）2019年10月18日，由中央宣传部、教育部等部门联合主办，中国社会科学院中国历史研究院、安阳市人民政府等联合承办的纪念甲骨文发现120周年国际学术研讨会在甲骨文的发现地河南安阳开幕。教育部、文化和旅游部、国家文物局、中国社会科学院等部门的相关负责人，美国、法国、日本、韩国等国家和我国港澳台地区甲骨文研究领域的专家学者共计200余人出席开幕式。会议研讨的主要议题有"甲骨文字考释""甲骨文与殷商史研究""甲骨学研究""甲骨文大数据平台建设""甲骨学与现代价值的探讨"等。

(6) 2019年10月19—20日，"纪念二里头遗址科学发掘60周年国际学术研讨会"在河南省洛阳市召开。会议研讨的主要议题有"二里头的考古发现""二里头文化的考古学研究""夏文化的探索""二里头文化与周边地区文化的关系"等。

(7) 2019年10月29日，由平潭综合实验区管委会、考古研究所、福建博物院联合主办的"南岛语族考古研究高端研讨会"在福建省福州市平潭县召开。

(8) 2019年12月14—17日，由中国社会科学院、上海市政府联合主办，中国社会科学院考古研究所、上海市文物局、中国社会科学院—上海市人民政府上海研究院和上海大学承办的第四届"世界考古论坛·上海"在上海举行。论坛的主题是"城市化与全球化的考古学视野——人类的共同未来"。

2. 国际学术交流与合作

2019年，考古研究所共派遣出访51批82人次，邀请来访22批92人次。与考古研究所开展学术交流的国家有美国、俄罗斯、德国、日本、韩国、埃及、印度、乌兹别克斯坦、洪都拉斯等。

(1) 2019年1月20日至2月1日，受埃及文物部的邀请，考古研究所研究员陈星灿、李新伟出访埃及，进行学术访问。

(2) 2019年1月21—26日，受乌兹别克斯坦国家历史博物馆的邀请，考古研究所所长陈星灿研究员等赴乌兹别克斯坦进行学术访问，参加"中乌联合考古发掘成果展"展览。

(3) 2019年3月2日至7月2日，受哈佛燕京学社、洪都拉斯人类学与历史研究局邀请，考古研究所研究员李新伟赴美国、洪都拉斯进行访学及考古发掘工作。

(4) 2019年3月11—15日，受泰国艺术大学的邀请，考古研究所研究员白云翔等赴泰国进行学术访问。

(5) 2019年4月18日至5月9日，应开罗中国文化中心邀请，考古研究所副研究员贾笑冰等赴埃及进行学术访问并进行考古发掘工作。

(6) 2019年6月17日至8月20日，受乌兹别克斯坦科学院考古研究所邀请，考古研究所副研究员刘涛等9人赴乌兹别克斯坦进行考古发掘工作。

(7) 2019年8月5—10日，受雅西考古研究所的邀请，考古研究所所长陈星灿研究员与李新伟研究员赴罗马尼亚进行学术访问。

(8) 2019年9月2日至12月11日，受萨尔瓦多文化部、哈佛燕京学社、洪都拉斯人类学与历史研究局的邀请,考古研究所研究员李新伟赴萨尔瓦多、美国、洪都拉斯进行学术访问和考古发掘工作。

(9) 2019年9月15—20日,柬埔寨柏威夏寺国际协调委员会在柬埔寨暹粒省召开柏威夏寺保护和加强国际协调委员会第五次技术会议。考古研究所所长陈星灿受邀代表中国的考古和文物保护专家参加会议。

(10) 2019年10月19—22日,受东京中国文化中心的邀请,考古研究所副所长朱岩石研究员赴日本进行学术访问,并参加国际学术论坛。

(11) 2019年11月12—16日,受国际期刊联盟的邀请,考古研究所副研究员洪石赴美国参加第四十二届世界期刊大会。

(12) 2019年11月20—24日,受韩国国立罗州博物馆的邀请,考古研究所研究员白云翔赴韩国参加学术会议。

(13) 2019年11月23—29日,受埃及文物部的邀请,考古研究所研究员冯时赴埃及进行学术访问。

3. 与中国香港、澳门特别行政区和中国台湾开展的学术交流

(1) 2019年7月26—30日,受香港中文大学中国考古艺术中心的邀请,考古研究所所长陈星灿研究员赴香港进行学术访问。

(2) 2019年11月7—10日,受香港浸会大学的邀请,考古研究所研究员徐良高、刘建国、何毓灵赴香港参加学术会议。

(四)学术社团、期刊

1. 社团

中国考古学会,理事长王巍。

(1) 2019年3月12日,"2019城市考古与敦煌学研究学术研讨会"在甘肃省敦煌市举行。会议由敦煌研究院和中国社会科学院考古研究所主办,敦煌研究院人文研究部、敦煌研究院考古研究所和中国社会科学院考古研究所汉唐考古研究室、中国考古学会宋辽金元明清考古专业委员会承办。来自中国社会科学院考古研究所与敦煌研究院考古研究所、敦煌学信息中心、编辑部、保护研究所等部门的30多位专家学者参加了研讨会。会议的主题是"我国古代城市考古研究"。

(2) 2019年4月19—21日,由中国社会科学院考古研究所、中国考古学会两周考古专业委员会、陕西省西咸新区沣西新城管委会联合主办的"手工业考古·丰镐论坛——以商周制陶业为中心"学术研讨会在陕西省西咸新区举行。来自中国社会科学院考古研究所、中国国家博物馆、陕西省考古研究院、加拿大英属哥伦比亚大学、山东大学、西北大学等十余所国内外科研院校的专家学者40余人与会。

(3) 2019年4月28—30日,由中国考古学会新石器时代考古专业委员会与河南省文物考古研究院、南阳市文物考古研究所共同主办的"南阳黄山遗址考古发掘与文物保护专家论证会"在河南省南阳市举行。会议研讨的主要议题有"遗址年代""玉石工艺技术""史前建筑形制"等。

(4) 2019年5月5日,以"动植物考古与环境考古"为主题的"环境考古"主题研讨沙龙(第四期)在北京联合大学举办。来自北京大学、中国科学院大学、复旦大学、中国社会科学院考古研究所、中国科学院地质与地球物理研究所、中国科学院青藏高原研究所、中国科学院古脊椎动物与古人类研究所等高校和科研院所的50多名专家学者参会。

(5) 2019年5月27—28日,中国考古学会新石器时代考古专业委员会与江苏省考古学会、溧阳市人民政府在江苏省溧阳市联合召开"梅岭玉与良渚文明学术研讨会"。与会学者通过对梅岭玉矿的实地考察,对梅岭玉产地周围的环境、玉矿的质地等有了直观的认识,为良渚文明的玉石来源问题探讨提供了信息支撑。

(6) 2019年6月23—26日,由中国考古学会新兴技术考古专业委员会主办,中国科学技术大学人文学院、塔里木大学历史与哲学学院合力承办,武汉大学科技考古中心协办的第五届全国新兴技术考古会议在新疆维吾尔自治区阿拉尔市塔里木大学召开。

(7) 2019年7月9—16日,中国考古学会新石器时代考古专业委员会与中国社会科学院考古研究所、甘肃省文物考古研究所合作,在甘肃临洮召开了"早期文化交流:路径与社会"学术研讨会。

(8) 2019年8月9—13日,由甘肃省文物局、张掖市甘州区人民政府、中国考古学会秦汉考古专业委员会主办,甘肃省文物考古研究所、甘州区文体广电和旅游局承办的"丝绸之路与秦汉文明"国际学术研讨会在甘肃省张掖市召开。来自德国考古研究院、日本东亚大学、中国社会科学院考古研究所、北京大学等国内外50多家科研院所和高校的120余位专家学者参会。

(9) 2019年8月15—16日,由中国考古学会、中国科学院古脊椎动物与古人类研究所、北京市文物局、北京市房山区人民政府主办,中国考古学会旧石器专业委员会、中国科学院周口店国际古人类研究中心、房山区文化和旅游局、周口店镇政府、周口店北京人遗址博物馆共同承办的纪念第一个"北京人"头盖骨化石发现90周年暨第三届中国旧石器时代文化节在北京市周口店国家考古遗址公园举行。文化节的主题是"文化遗产的传播与传承"。

(10) 2019年8月16—21日,由中国考古学会旧石器专业委员会主办,吉林大学考古学院、吉林省文物考古研究所、河北师范大学历史文化学院承办的"第二届中国石器打制技术培训班"在吉林省延边朝鲜族自治州进行。

(11) 2019年8月30—31日,苏鲁豫皖地区商周时期考古学文化学术研讨会在山东省滕州市举办。会议由中国考古学会夏商专业指导委员会、中国考古学会两周专业指导委员会、山东省考古学会主办,江苏省考古研究所、河南省文物考古研究院、安徽省文物考古研究所协办,山东省文物考古研究院联合山东大学历史文化学院、枣庄市文化和旅游局、滕州市人民政府共同承办。会议研讨的主要议题有"江苏省和豫东地区商周考古发现研究情况""郑州商城青铜器及其铸造遗存""小双桥遗址性质""春秋时期原始瓷的衰落和吴文化南下的关系"。

(12) 2019年9月3日,首届长白山历史文化高峰论坛在长白山池北区召开。会议由吉林省文化和旅游厅和长白山管委会主办,中国考古学会宋辽金元明清考古专业委员会、吉林大学考古学院、吉林省文物考古研究所等承办。会议的主题是"长白山文化的前世今生与未来发展"。90余位来自全国各地的专家学者以及文博单位的相关负责人参加会议。

(13) 2019年9月6—8日,由中国考古学会人类骨骼考古专业委员会主办,山东大学历史文化学院和山东大学文化遗产研究院承办的中国考古学会人类骨骼考古专业委员会第三届年会暨生物考古学高端论坛在山东大学青岛校区召开。会议的主题是"以骨释古:考古情境下古代人骨的研究"。来自中国科学院、中国社会科学院、吉林大学、西北大学、四川大学、山东大学等国内20余所科研单位和高等院校的70余位专家学者参加了会议。

(14) 2019年9月10—11日,由中国钱币学会、中国考古学会秦汉考古专业委员会联合举办的"中国古代铸钱工艺及其专业名词术语研讨会"在山东省淄博市召开。来自全国各地的钱币学、考古学的专家学者60余人出席了会议。

(15) 2019年9月26—28日,由汉景帝阳陵博物院、中国考古学会秦汉考古专业委员会联合主办的"'汉阳陵与汉文化研究'学术研讨会(第二届)暨汉景帝阳陵博物院建院二十周年纪念活动"在陕西省西安市召开。来自中国社会科学院考古研究所、河南省文物考古研究院、四川省文物考古研究院、贵州省文物考古研究所、云南省文史研究馆、陕西省考古研究院、陕西省文化遗产研究院等单位的近百位嘉宾、学者参会。

(16) 2019年10月10日,辽上京皇城出土泥塑像专题论证会暨"辽上京皇城西山坡佛寺遗址出土泥塑像三维数字化项目"结项论证会在内蒙古自治区巴林左旗辽上京博物馆举行。会议由中国社会科学院考古研究所主办,内蒙古自治区巴林左旗人民政府承办,中国考古学会宋辽金元明清考古专业委员会协办。

(17) 2019年10月10—12日,由陕西省考古研究院、动植物考古国家文物局重点科研基地、中国考古学会动物考古专业委员会和陕西省考古学会共同举办的第十届全国动物考古学研讨会在陕西省西安市召开。与会学者的宣讲集中展现了近年来动物考古学中开展多学科研究的丰硕成果,标志着我国动物考古学研究又取得了新的进展。

(18) 2019年10月19—20日,中国考古学会旧石器考古专业委员会和旧石器时代人类生存与演化国家文物局重点科研基地等单位在北京共同组织举办了"石制品定量分析研讨班"。美国亚利桑那大学人类学系教授斯蒂芬·库恩向来自国内十余所高校和研究所的近70位青年科研工作者和学生讲授了石制品技术特征分析法的主要操作流程,并通过研究案例讨论了定量分析在石制品研究中的应用。

(19) 2019年10月19日，水下考古专业委员会在浙江省宁波市召开"中国考古学会水下考古专业委员会第一次会议"。水下考古专业委员会各副主任委员、秘书长及沿海省市考古机构代表出席会议。会议的主题是"中国水下考古学术论坛的频次、周期、地点与规模"。

(20) 2019年10月20—22日，"2019蒙古、贝加尔西伯利亚与中国北方古代文化研究学术会议"在中国人民大学举办。会议由中国人民大学历史学院、中国人民大学北方民族考古研究所主办，北京市文物研究所、中国考古学会宋辽金元明清考古专业委员会协办。来自中国、俄罗斯、蒙古国、哈萨克斯坦、英国、比利时、韩国、日本等国的主要考古教学与科研机构的60余位学者参加。专家学者们介绍与展示了在蒙古高原、西伯利亚和整个中亚地区最新的考古工作和研究进展。

(21) 2019年10月25—27日，汕头大学文学院、北京大学历史系暨中国古代史研究中心、中国考古学会丝绸之路考古专业委员会在汕头大学联合举办"海上丝绸之路与文史研究新视野"高层论坛。来自全国23所高校及科研院所的专家学者代表参加会议。会议围绕丝绸之路展开关于历史、考古与文学等多学科研讨。

(22) 2019年10月27—29日，"考古遗产保护高级论坛暨定陶汉墓发掘与保护展示专家座谈会"在山东省菏泽市召开。会议由中国考古学会文化遗产保护专业委员会联合中国文物保护技术协会考古遗址与出土文物保护技术专业委员会、山东省文物考古研究院共同主办，定陶县人民政府协办。会议的主题是"考古遗产保护和展示方略与技术""定陶汉墓保护与展示"。来自中国社会科学院考古研究所、故宫博物院、山东等地文物考古单位的近30位专家学者与当地领导及文物管理人员出席会议。

(23) 2019年11月3日，中国考古学会环境考古专业委员会与兰州大学资环学院在中国科学院地理科学与资源研究所共同召集举办了"气候变化与文明演化专题讨论会"。

(24) 2019年11月7—8日，由中国社会科学院考古研究所、广西壮族自治区文化和旅游厅、桂林市人民政府主办的第七届"中国公共考古·桂林论坛"在广西壮族自治区桂林市召开。来自全国各相关单位的代表近200人参加了论坛。论坛的主题是"遗产保护与城市发展"。论坛分"中国考古新发现及其保护利用""城市考古与社会融合发展""考古遗址博物馆（公园）与公众考古"三个分论坛。

(25) 2019年11月9日，由中国考古学会植物考古专业委员会主办、厦门大学考古人类学实验中心和历史系承办的第八届中国植物考古学术研讨会在厦门大学举行。共有来自中国科学院、中国社会科学院、国家博物馆等16家科研单位，以及北京大学、中国科学院大学、山东大学、西北大学、南京大学等21家高校的130余位专家学者和研究生参会。会议研讨的主要议题有"植物考古新发现""农业起源与传播""植物考古基础理论和方法研究""植物考古与古环境重建"等。

(26) 2019年11月29日至12月1日,由中国考古学会三国至隋唐考古专业委员会、磁州窑博物馆、邺城考古队共同主办的"四至六世纪墓葬考古、历史与艺术交流"学术研讨会在河北省磁县召开。来自北京、河北、山西、陕西、辽宁、江苏、浙江等地的科研院所和高校的80余名学者参加了会议。会议的主题是"南北朝时墓葬考古、历史与艺术"。

(27) 2019年12月27—29日,新石器时代考古专业委员会与河南有关部门在河南省三门峡市联合召开中原地区文明化进程研究·三门峡仰韶文化考古新进展研讨会。会议展示了近年来中原地区文明化进程研究中所取得的新成果、新进展。会议研讨的主要议题有"半坡庙底沟文化关系""庙底沟文化形成""仰韶文化与中华文明发展的总进程"等。

2. 期刊

(1)《考古》(月刊),主编陈星灿。

2019年,《考古》全年共出版12期,刊发考古发掘简报45篇,考古学研究论文49篇,共计约215万字。该刊全年刊载的有代表性的文章有:韩建华、屈昆杰、石自社等的《河南洛阳市隋唐东都宫城核心区南部2010—2011年发掘简报》,梁云、王璐的《论东汉帝陵形制的渊源》,王鹏的《周原遗址青铜轮牙马车与东西文化交流》,杨勇、金海生、查苏芩、何恬梦等的《云南师宗县大园子墓地发掘简报》,牛世山的《河南安阳市殷墟豫北纱厂地点2011—2014年发掘简报》,施劲松的《成都平原先秦时期的墓葬、文化与社会》,何岁利的《唐大明宫"三朝五门"布局的考古学观察》,董新林的《辽上京规制和北宋东京模式》,冯时的《西周木屐考》,付永旭的《试论华南地区的凹石》等。

(2)《考古学报》(季刊),主编陈星灿。

2019年,《考古学报》共出版4期,期刊考古发掘报告8篇,论文12篇,考古与科技研究1篇,共计97万字。该刊全年刊载的有代表性的文章有:冯时的《周代的臣扈与陪台——兼论穆王修刑与以刑辅德》,岳洪彬、岳占伟的《安阳殷墟大司空村东南地2015—2016年发掘报告》,朱岩石、王睿、沈丽华、何岁利、赵月红、卢可茵等的《澳门圣保禄学院遗址2010—2012年发掘报告》,付琳的《江南地区周代墓葬的分期分区及相关问题》,徐昭峰的《辽东半岛南端考古学文化编年与谱系》等。

(3)《中国考古学》(英文版,年刊),主编陈星灿。

CHINESE ARCHAEOLOGY [《中国考古学(英文版)》] 于2019年12月底由格鲁伊特出版集团正式出版、发行纸版和电子版。该卷收入稿件19篇,共计30万字。该刊全年载刊的有代表性的文章共15篇。新考古发现(New Archaeological Discoveries)有4篇,分别是"The Nanshan Site in Mingxi County, Fujian"(《福建明溪县南山遗址》)、"The Jiaojia Site of the Neolithic Age in Zhangqiu District, Jinan"(《济南市章丘区焦家新石器时代遗址》)、"The Gujun Site of the Eastern Zhou Period in Xingtang County, Hebei"(《河北行唐县故郡东周遗址》)、"The Changbai Mountain God Temple Site of the Jin Dynasty in

Antu County, Jilin"（《吉林安图县金代长白山神庙遗址》）；报告（Reports）有 7 篇，分别是"Excavation of the Jiahu Site in Wuyang County, Henan in 2013"（《2013 年河南舞阳县贾湖遗址发掘》）、"The Excavation of the Tomb M1017 at Dahekou Cemetery of the Western Zhou Dynasty in Yicheng, Shanxi"（《山西翼城大河口西周墓地 M1017 的发掘》）、"The Excavation of Water Well J3 at the Ancient City Site of the Zhu State in Zoucheng City, Shandong Province in 2017"（《2017 年在山东省邹城市朱国故城遗址发掘的水井 J3》）、"Two Han Tombs at Tushantun Cemetery in Qingdao, Shandong"（《山东青岛涂山屯墓地的两座汉墓》）、"The Excavation of Yelü Hongli's Tomb in Beizhen City, Liaoning"（《辽宁北镇市耶律鸿利墓的发掘》）、"The Excavation of Tongmuling Zinc-smelting Site in Guiyang County, Hunan Province"（《湖南省桂阳县桐木岭炼锌遗址的发掘》）、"Archaeological Survey and Excavation of the Mingtepa Site in Andijan Region, Uzbekistan"（《乌兹别克斯坦安集延地区明特帕遗址的考古调查与发掘》）；研究（Research）有 4 篇，分别是"A Study on the Cinnabar-bottomed Burials of the Early Bronze Age"（《关于早期青铜时代朱砂奠基葬的研究》）、"The Restoration of the Chariots of the Warring-States Period in Majiayuan, Gansu (continued)－the Designing and Making Skills of Chariots and Modifying and Designing Ideas of Oxcarts"（《甘肃马家塬战国时期战车的复原（续）——战车的设计与制作技巧和牛车的修改与设计思想》）、"On White Marble Half-lotus Meditation Statues Carved in Wuding Era of the Eastern Wei Dynasty"（《在东魏武定时代雕刻的白色大理石半挂禅定雕像上》）、"Rethinking the Origins of Animal Domestication in China"（《重新思考中国动物驯化的起源》）。

（五）会议综述

第二届"中国考古·郑州论坛"

2019 年 8 月 28 日，第二届"中国考古·郑州论坛"在河南省郑州市开幕，此次论坛由中国历史研究院与中国考古学会主办。来自全国各省份考古文博单位及高等院校的专家学者参会，围绕"新中国考古学 70 年"这一主题进行了研讨。

在论坛开幕式上，河南省文物局局长田凯肯定了新中国成立 70 年来河南考古的一系列成绩。田凯表示，河南考古虽有辉煌的过去、全面发展的现在，但是面对新时代、新特征、新任务，仍然有许多的课题、难题、谜题等着考古工作者攻坚克难、深度破解。

在主题发言阶段，中国社会科学院学部委员、中国考古学会理事长王巍表示，回顾和总结中国考古学 70 年所走过的道路和取得的经验，首先必须坚持辩证唯物主义和历史唯物主义来指导中国考古学的工作和研究。在借鉴国外的理论和实践时必须坚持从中国的实际出发；必须坚持以田野考古作为研究的出发点和立足点；必须坚持多学科结合，同时考古学必须处于中心和主导地位。历史时期考古应该理直气壮地坚持考古资料和历史文献的结合，同时以考古资料作为第一出发点和立足点；必须坚持从国际视野来研究中国，从中国视野来研究区域。考古工作必须坚持保护为主，有利于文化遗产保护，必须坚持创新思维，在前人的基础上要有所创新、有所发展、有所进步；考古工作必须坚持国家利益高于一切，必须坚持深入研究和普及相结合。

随后，中国考古学会18个考古专业委员会的代表分别回顾了中华人民共和国成立70年来各自领域所走过的历程，从理论探索、学术研究、工作实践方面进行了全面和深入的回顾与总结，对目前工作的进展和情况进行了概括和评价，并对今后工作的目标和学科发展的方向进行了展望。

（科研处）

纪念二里头遗址科学发掘60周年国际学术研讨会

2019年10月19—20日，由国家文物局、中国历史研究院支持，中国博物馆协会、中国古都学会、中国社会科学院考古研究所、中国文物交流中心、中国考古学会、河南省文物局、洛阳市人民政府主办的"纪念二里头遗址科学发掘60周年国际学术研讨会"在河南省洛阳市召开。来自中国、意大利、法国、俄罗斯等20余个国家和地区的400名专家学者与会。研讨会对二里头的考古发现、二里头文化的考古学研究、夏文化的探索、二里头文化与周边地区文化的关系等问题进行探讨，既体现了对考古学科的基本研究，也展示了多学科的交叉融合。

北京大学考古文博学院教授李伯谦，河南省政府副省长戴柏华，中共河南省委常委、洛阳市委书记李亚，国家文物局局长刘玉珠出席二里头夏都遗址博物馆开馆仪式并致辞，出席会议的专家学者还有秘鲁中国文化中心主任、秘鲁卫生部前部长爱德华·杨莫塔，中国社会科学院学部委员、中国考古学会理事长王巍，中国社会科学院考古研究所所长陈星灿等。

李伯谦教授在致辞中表示，夏代在司马迁的《夏本纪》及先秦时期的文献中均有提及，但考古学资料从二里头遗址、河南王城岗遗址等遗址开始发掘才开始出现实证，通过将考古学资料与历史文献相结合证实了夏王朝的存在。

戴柏华认为，二里头夏都遗址博物馆建成开馆，对加强大遗址和文物保护利用、弘扬优秀传统文化、增强文化自信和中华民族认同感等具有重大意义，希望各位专家、学者能对河南省文物工作多提宝贵意见，为河南文物考古工作贡献力量。

李亚简要回顾了河南和洛阳的悠久历史。他指出，二里头文化产生了深远积极的影响，二里头夏都遗址博物馆是集中展示二里头遗址的考古成果、夏商周断代工程、中华文明探源的专题类博物馆，对展示考古成果、传承历史文化、深化学术研究、加强交流互鉴、做好文物保护具有重要作用。

刘玉珠指出，二里头遗址是二里头文化的核心载体，对研究中华文明的起源、王国的兴起、王都规制、宫室制度等涉及中华文明发展的重大学术问题，具有重要参考价值。

王巍在致辞中表示，通过多年的夏商周断代工程、中华文明探源工程的研究以及最近一系列研究成果，多数学者认为它是夏都。他指出考古学家的看家本领就是在没有遗存的情况下，根据它存在的时间、空间、规模、性质来判断其所处发展阶段，并在此基础上与历史文献和古代传说相结合，进而探讨它是否为其中记载的族群或者王朝，是十分科学严谨且符合科学规范的。

发布会后，会议进入主题发言和分组讨论环节，在为期两天的学术会议上，与会学者围绕早期城市、早期国家和早期文明研究进行了精彩的发言。

(科研处)

第七届中国公共考古·桂林论坛

2019年11月7—8日，由中国社会科学院考古研究所、广西壮族自治区文化和旅游厅、桂林市人民政府主办的第七届"中国公共考古·桂林论坛"在广西壮族自治区桂林市召开。此次论坛的研讨环节共包括1场主题发言及3场专题发言，31位学者围绕遗址保护与城市发展、中国考古新发现及保护利用、城市考古与社会经济融合发展、考古遗址博物馆与公共考古等议题进行探讨和思考。

(1) 遗产保护与城市发展

桂林市文化广电和旅游局局长李滨从桂林山水和历史文化的基本情况，新时代桂林城市发展的目标、桂林在国际旅游胜地建设背景下的文化遗产保护与利用工作方式的探索等几个方面作了题为"寻找桂林文化力量，挖掘桂林文化价值——桂林国际旅游胜地建设背景下的文化遗产保护"的演讲，介绍了桂林文化遗产保护与利用的探索过程。

中国社会科学院考古研究所副研究员彭小军以"寻找失落五千年的古城——湖北沙洋城河遗址的聚落考古收获"为题，介绍了城河遗址考古发现的过程，作为迄今为止发现的规模最大、保存最完整的屈家岭文化墓地，其棺具明确、葬俗独特、随葬品丰富、等级明显，清楚表明屈家岭社会形成了完备而独具特色的墓葬礼仪。

中国社会科学院考古研究所研究员董新林以"世界遗产视角下的辽上京遗址考古新成果"为题介绍了近年来辽上京遗址的发掘情况，如确认辽上京宫城的位置和规模、证明辽上京皇城存在东向中轴线等问题。

安徽省文物考古研究所副研究员王志以"明中都与凤阳的城市发展"为题，介绍了近年来明中都遗址的考古发掘情况，明确明中都皇城内多组主体建筑的布局、结构、工艺和建造过程。

（2）全面展示考古新进展

中国科学院古脊椎动物与古人类研究所研究员高星介绍了雪域高原的重大考古发现——尼阿底遗址。该遗址海拔4600米左右，出土丰富的以石叶技术生产的石制品，对研究早期现代人群迁徙、融合与文化交流具有重要意义。

桂林甑皮岩遗址博物馆副馆长韦军以大岩、塔山、父子岩等遗址多年来丰富的考古发现为依据，利用翔实的考古资料，对桂林盆地旧石器时代晚期—新石器时代—商周时代的文化内涵、发展规律与演变的探索。

辽宁省文物考古研究院研究员熊增珑作了题为"半拉山墓地考古发掘及大凌河中上游地区考古调查"的报告。报告根据地层关系还原了墓地的结构、分区和营建过程。

中国社会科学院考古研究所研究员丛德新作了题为"新疆西天山地区青铜时代考古新收获——以博尔塔拉河流域为中心"的报告。报告系统梳理了近年在新疆博尔塔拉河流域的考古发掘、调查和研究。在博尔塔拉河流域发现了一批青铜时代的遗址和墓葬，获得了关于新疆西天山地区青铜时代考古学文化面貌多方面的重要材料。

吉林大学考古学院教授朱泓作了题为"甑皮岩智慧女神塑像的研制过程——兼谈从颅骨复原容貌的理论与方法"的报告，对采集自甑皮岩遗址保存情况最完好的一男一女两例甑皮岩人颅骨进行的计算机三维容貌复原研究，由此揭开智慧女神容貌复原之谜。

中国社会科学院考古研究所研究员王仁湘作了题为"信仰认同与文明构建：艺术考古启示录"的报告。王仁湘表示，中国史前时代从8000年前就开始的艺术造神运动，将科学融入艺术思维，用艺术建构和传播信仰，将信仰推向广泛认同，信仰成为艺术的灵魂。

陕西省考古研究院助理研究员府邸楠作了题为"神木石峁遗址2018—2019年考古发掘及调查的重要收获"的报告，介绍了近年对石峁遗址皇城台地点的新发现，主要有完备成熟的城门设施，巍峨壮丽的护墙，规模宏大的台顶建筑以及石墙上镶嵌的精美石雕，或已具备"宫城"的性质。

国家文物局水下文化遗产保护中心副研究员丁见祥作了题为"深海考古的发生与发展——从我国首次深海考古调查谈起"的报告。丁见祥介绍了近年在西沙群岛将考古人员运送到400—1000米深的海域调查的工作，这是我国深海考古跨出的实质性的第一步。

（3）城市考古与社会经济融合发展

桂林市文物保护与考古研究院院长周有光以"桂林市城市考古与经济社会融合发展的实践与思考"为题，介绍了近年一些桂林市内的重要考古发现，如靖江王府和王陵、父子岩、东巷、西巷等。

广西文物保护与考古研究所研究员李珍作了题为"广西发现的秦汉城邑及研究"的报告。

李珍表示，广西秦汉时期的城邑建设与岭南地区的广东、海南以及越南都是同时出现和发展并完善的，是秦统一岭南后的产物，在筑城技术和方法上均来源于中原，建筑材料也多采用中原的样式，又因地制宜形成地方的特点。

中国社会科学院考古研究所研究员刘瑞作了题为"秦汉栎阳城的考古发现与思考"的报告。通过对栎阳城遗址进行大规模的考古勘探和联系发掘，先后确定了三座古城。确认三号古城的时代为战国中期至西汉前期，为文献所载的秦汉栎阳的所在，丰富了对栎阳城遗址布局与内涵的认识。

北京市文物研究所研究员刘乃涛作了以"近五年北京市地下文物保护收获与思考"为题的报告。重点回顾了近五年来北京市地下文物保护情况。

中国社会科学院考古研究所研究员郭物以"新疆北庭故城考古新发现及保护展示思考"为题作报告，梳理了北庭故城的考古发现过程。

四川省文物考古研究院研究员刘志岩作了题为"江口沉银遗址的考古发现与保护利用"的报告，江口沉银遗址的考古发掘创新并实践了一套针对浅水域遗址开展水下考古的工作方法，基本上了解了遗址内的文物分布规律，发现了一批重要文物，确认了遗址的性质，证实了张献忠江口战败后沉银的文献记载。

(4) 考古遗址博物馆及考古遗址公园与公众考古

首都师范大学历史学院钱益汇通过考古遗址和考古遗址博物馆应具备的意识、考古遗址类博物馆如何走向公众以及如何让文物活起来几方面出发，指出要做好藏品和遗址内涵的综合研究，围绕藏品和遗址形态，做好符合观众需求的展览，做好特色型教育类课程研发和文创产品开发与利用，为公众讲好遗址背后的历史故事。

考古博物馆遗址及考古遗址公园公共考古的历程是怎样的？甑皮岩国家考古遗址公园王然、广州市文物考古研究院易西兵、西安半坡博物馆张礼智、青海柳湾彩陶博物馆王进先、郑州市大河村遗址博物馆戴建增、甘肃大地湾文物保护研究所张力刚分别结合相应考古博物馆遗址及考古遗址公园的公共考古新探索做了展示。

张忠培先生提出"公众考古从娃娃抓起"。他指出，无论是就一民族来说，还是就一国家而言，抑或是从人类观之，娃娃乃是一民族、一家和整个人类的希望与未来。

跨湖桥遗址博物馆吴健介绍了浙江省文物保护科技项目——跨湖桥遗址潮湿环境综合保护技术效果监测。跨湖桥遗址不同于中国东南沿海地区原有的考古学文化类型，是一种新的发现。其中出土了世界迄今最早的独木舟之一，对研究人类水上交通史具有重要价值。

河北省文物研究所张春长阐述了公众考古实践的历程与思考。他表示公众考古是考古学成熟的标志之一，我国的公众考古学还是初级阶段，探索并完善理论体系还有很长的路要走。

(科研处)

第四届世界考古论坛·上海

2019年12月14日,由中国社会科学院和上海市政府联合主办,中国社会科学院考古研究所、上海市文物局、中国社会科学院—上海市人民政府上海研究院、上海大学承办的"第四届世界考古论坛·上海"在上海大学开幕。来自20多个国家和地区的考古研究机构和高校的400余位学者通过跨文化比较研究,围绕此届论坛主题"城市化与全球化的考古学视野:人类的共同未来"进行探讨。

中国社会科学院院长谢伏瞻,上海市人民政府市长应勇,国家文物局副局长、中国考古学会副理事长顾玉才出席开幕式并致辞。

谢伏瞻在致辞中指出,"世界考古论坛"是中国考古学走向世界的交流平台也是世界文明互鉴的重要舞台,促进了全世界考古资源和文化遗产的保护和利用。此届论坛设立了"新中国考古70周年专场",希望深入总结70年发展历程和经验,探索新时代考古学发展之路。人类社会的发展是一部多元文明共生并进的历史,面对世界百年未有之大变局,如何加强不同文明之间的交流互鉴,是全人类共同面对的重大课题。考古学要积极担负起应有责任,发挥自身优势,以更宽广的视野总结历史、思考未来。希望考古学家们为世界文明的赓续发展提供真知灼见,为推动构建人类命运共同体贡献力量。

应勇表示,城市化与全球化是人类社会发展的大趋势。上海是中国改革开放和发展进步的缩影,也是中国推进城市化建设的生动写照。要坚持以人民为中心,遵循超大城市特点和规律,推进新型城镇化,积极拥抱全球化,着力提升城市能级和核心竞争力,不断提高城市治理体系和治理能力现代化水平。此届论坛以考古学的视野,深入探讨城市化与全球化给人类文明带来的机遇和挑战,展望人类的共同未来,具有十分重要的现实意义。相信各位专家学者的考古发现和研究成果,一定能帮助人们加深对城市化和全球化的认识,为构建人类命运共同体提供新的启迪。

顾玉才提出,文明因交流而多彩,因互鉴而繁荣。城市是文明的重要标志,是全球化的主要载体。城市滋养了人文思想、宗教观念,让人类社会呈现出不同的文化特色。此届论坛以"城市化与全球化的考古学视野:人类的共同未来"为主题,从考古学视角,更加客观地思考城市化和全球化,以古鉴今。中国的大门永远向世界敞开,希望中外学者加强学术交流,推动文化互动,以交流超越隔阂,以共存超越冲突,共同创造平等、和平、可持续发展的美好未来。

美国新墨西哥州大学教授帕特里夏·柯冉认为,全球化展示了贸易和技术如何将世界更紧密地联系在一起。研究人员在美国新墨西哥州的查科峡谷中,发现了来自太平洋的贝壳、中美洲热带地区的大型鹦鹉和可可树、西墨西哥的铜铃,以及数百上千公里外陶工制作的陶器。这些非本地物品都经过了一个调整或更改的过程,以适应新环境。

新西兰奥塔哥大学教授查尔斯·海曼认为,全球化涉及知识传播。研究古代全球化世界海陆通道上的冶金术传播路线，有助于认识丝绸之路的历史作用。从印度、波斯以及地中海出土的陶瓷、铜镜与货币可以看出，中国是全球化的积极贡献者。海上丝绸之路也深刻地促进了内陆的发展。关于丝绸之路的各种研究都强有力地表明，丝绸之路奠定了贯穿整个欧亚大陆第一个全球经济网络的基础，并将东方和西方世界融合在一起。

澳大利亚昆士兰大学名誉教授伊恩·阿什利·里利表示，尽管采取了各种措施，但考古遗存在《世界遗产名录》中的存在感依然不高，导致各国政府往往不够重视考古学。这种态度产生了许多负面影响，比如缺乏对考古遗址的保护、错过了通过文化旅游来发展经济的机会。要改变这一状况，除考古学家积极运作外，更重要的是需要国家或地区的专业机构展开有计划的专门行动。

英国剑桥大学教授伦福儒表示，许多人认为城市化和全球化是近代以来的现象，但实际上从有人类以来，长距离的文化交融一直都是历史的重要内容，城市化、全球化的悠久历史在考古学中得到充分的证明。更重要的是，考古学家发现的人类城市化、全球化历史对当今世界发展也具有非常重要的启示意义。

论坛共收到140多项推荐，其中有效提名116项。美国亚利桑那州立大学教授白简恩获得第四届世界考古论坛终身成就奖。法国国家科学研究中心贝纳妮丝·蓓琳娜等获得10项重大田野考古发现奖和9项重要考古研究成果奖。上海市副市长宗明向白简恩颁发"世界考古论坛终身成就奖"奖章及获奖证书。中国社会科学院副院长兼中国历史研究院院长高翔，全国人大常委会委员、社会建设委员会副主任委员、中国社会科学院—上海市人民政府上海研究院院长李培林，上海市文化和旅游局副局长褚晓波，上海大学党委书记成旦红，土耳其伊斯坦布尔大学教授麦赫迈特·乌兹多安为第四届"世界考古论坛奖·重大田野考古发现奖"的获得者颁发奖章及获奖证书。谢伏瞻院长、应勇市长、顾玉才副局长、伦福儒教授为第四届"世界考古论坛奖·重要考古研究成果奖"的获得者颁发奖章及获奖证书。

（科研处）

古代史研究所

（一）人员、机构等基本情况

1. 人员

截至2019年年底，古代史研究所共有在职人员127人。其中，正高级职称人员36人，副高级职称人员35人，中级职称人员43人；高、中级职称人员占全体在职人员总数的90%。

2. 机构

古代史研究所设有：综合处、先秦史研究室、秦汉史研究室、魏晋南北朝史研究室、隋唐五代十国史研究室、宋辽西夏金史研究室、元史研究室、明史研究室、清史研究室、古代思想史研究室、古代文化史研究室、古代社会史研究室、古代中外关系史研究室、历史地理研究室、古代通史研究室、《中国史研究》编辑部。

3．科研中心

古代史研究所院属科研中心有：中国社会科学院甲骨文殷商史研究中心、中国社会科学院简帛研究中心、中国社会科学院徽学研究中心、中国社会科学院敦煌学研究中心、中国社会科学院中国思想史研究中心；所属科研中心有：中国社会科学院历史研究所内陆欧亚学研究中心。

（二）科研工作

1．科研成果

2019年，古代史研究所共完成专著22种，1071.3万字；论文284篇，350.4万字；研究报告1篇，45万字；古籍整理3种，626.6万字；译著1种，25万字；译文14篇，27.8万字；学术普及读物4种，31.6万字；论文集23种，977万字。

2．科研课题

（1）新立项课题。2019年，古代史研究所共有新立项课题25项。其中，国家社会科学基金课题10项："中国历史上大一统王朝立国70年前后问题研究"（卜宪群主持），"中国历史上的统一及其策略"（郑任钊主持），"中国传统国家制度与治理体系与中国特色社会主义"（卜宪群主持），"秦汉魏晋时期基层吏员研究"（戴卫红主持），"清代官学文献整理与研究"（李立民主持），"东汉三国时期的基层统治与乡村社会研究"（王彬主持），"域外汉籍所见宋代僧人文化认同研究"（纪雪娟主持），"商周青铜器夔纹研究"（苏辉主持），"西周册命铭文文本研究"（刘丽主持），"元代藁城董氏家族研究"（罗玮主持）；马克思主义理论研究和建设工程重大课题1项："中国传统文化中的现代元素"（第一首席专家为高翔）；院重大交办项目子课题1项："中华传统文化的创造性转化与创新性发展的历史经验与中华文明发展"（卜宪群主持）；院青年科研启动基金课题3项："国图馆藏稿钞本日记中气候信息数据整理"（成赛男主持），"中国大陆域外汉籍研究回顾与展望"（纪雪娟主持），"拓跋魏礼制变迁史稿"（刘凯主持）；中国历史研究院学术基金课题5项："中国传统文化中的现代元素"（卜宪群主持），"习近平论历史科学"（卜宪群主持），"古代吉尔吉斯（柯尔克孜）历史文化研究"（李锦绣主持），"大运河历史地理数据库"（张兴照主持），"纪念甲骨文发现120周年图册"（王震中主持）；其他部门与地方委托课题5项："衡阳市委宣传部合作课题"（卜宪群主持），"武威市凉州文化研究院合作课题"（卜宪群主持），"中共河津市党史研究室合作课题"（卜宪群主持），"莆田学院合作课题"（卜宪群主持），"国家博物馆联合培养博士后项目"（卜宪群主持）。

(2) 结项课题。2019年，古代史研究所共有结项课题13项。其中，国家社会科学基金课题13项："《地图学史》翻译工程"（卜宪群主持），"新视域中的唐代社会经济研究"（牛来颖主持），"海岱早期文明的演进及其与中原的互动研究"（王震中主持），"中国礼学思想发展史研究"（王启发主持），"明代服饰研究"（赵连赏主持），"金元全真教宗教认同的建构研究"（宋学立主持），"蒙元时期的'海上丝绸之路'研究"（李鸣飞主持），"战国长城研究"（任会斌主持），"明清沿海地图研究"（孙靖国主持），"辽代五京体制研究"（康鹏主持），"汉代赦免制度研究"（邬文玲主持），"清代中朝边界史探研——结合实地踏查的研究"（李花子主持），"《唐将书帖》看明清时期的南兵北将"（杨海英主持）。

(3) 延续在研课题。2019年，古代史研究所共有延续在研课题23项。其中，国家社会科学基金课题22项："《宋会要》的复原、校勘与研究"（陈智超主持），"中国古文书学研究"（黄正建主持），"山东博物馆珍藏甲骨文的整理与研究"（宋镇豪主持），"晚唐敦煌文士张球与归义军史研究"（杨宝玉主持），"殷墟甲骨钻凿布局研究"（赵鹏主持），"11—12世纪初宋辽夏关系与宋辽政治研究"（林鹄主持），"宋代归明人研究"（侯爱梅主持），"无名组卜辞合集"（刘义峰主持），"汉魏辟除制度研究"（张欣主持），"高丽国王亲朝、世子入质及元丽文化交流研究"（乌云高娃主持），"明清时代六谕诠释史研究"（陈时龙主持），"'丝绸之路'与女真政治文明研究"（孙昊主持），"秦汉颜色观念研究"（曾磊主持），"唐代北庭文书整理与研究"（刘子凡主持），"西周诸侯墓葬青铜器用与族群认同研究"（杨博主持），"北魏礼制变迁研究"（刘凯主持），"唐与外部世界管窥"（李锦绣主持），"金璋的甲骨收藏与研究"（郅晓娜主持），"官文书与唐代政务运行研究"（雷闻主持），"明代中国白银货币化研究"（万明主持），"蜀石经遗文考"（王天然主持），"甲骨学导论"（刘源主持）；马克思主义理论研究和建设工程重大课题1项："历史全视角下的'中国特色'问题研究"（卜宪群主持）。

（三）学术交流活动

1. 学术活动

2019年，由古代史研究所主办和承办的学术会议如下。

(1) 2019年4月24—27日，由中国社会科学院古代史研究所与韩国成均馆大学东亚学术院主办，云南师范大学历史与行政学院承办的"第九届中韩学术年会"在云南省昆明市举行。年会的主题是"东亚历史文化的传承"。中韩两国学者60余人参加了年会。

(2) 2019年8月24—25日，由中国社会科学院学部主席团主办，中国社会科学院古代史研究所承办，中国社会科学院徽学研究中心协办的"2019年中国社会科学论坛（史学）：徽州与明代中国国际学术研讨会"在北京举办。会议的主题是"徽州文书、文献研究""徽州文化研究""徽州与明代的政治、经济与社会研究"等。

(3) 2019年8月29日至9月1日，由中国社会科学院古代史研究所主办，厦门大学国学研究院承办的"首届中国文化研究国际论坛"在福建省厦门市举行。论坛的主题是"中国文化的传承与发展"。

（4）2019年9月6—8日，由首都师范大学历史学院、中国社会科学院简帛研究中心、日本奈良文化财研究所、日本木简学会、韩国木简学会、韩国国立庆州文化财研究所共同举办的"首届中日韩出土简牍研究国际论坛暨第四届简帛学的理论与实践学术研讨会"在北京召开。研讨会的主要议题有"中日韩新出简帛介绍与整理研究前沿""简帛整理的国际统一标准制定与研究""简帛学理论的总结与创新"等。来自中日韩三国的70余位专家学者参会。

（5）2019年9月6—9日，由中国社会科学院古代史研究所与中共武威市委、武威市人民政府共同主办，中国社会科学院敦煌学研究中心、中国社会科学院古代史研究所隋唐五代十国史研究室、中共武威市委宣传部、武威市凉州文化研究院承办的第三届凉州文化论坛暨"交流与融合：隋唐河西文化与丝路文明"学术研讨会在甘肃省武威市召开。会议研讨的主题有"隋唐时期的凉州与河西历史""隋唐河西地区的考古、民族与多元文化""凉州在隋唐时期丝绸之路上的地位""丝绸之路与中西交通""武威文化资源的保护、开发与利用"等。

（6）2019年10月23—24日，由中国艺术研究院、中国社会科学院古代史研究所共同主办，泰安市人民政府承办的"首届泰山国际文化论坛"在山东省泰安市举行。论坛研讨的主要议题有"人类命运共同体构建与国际社会发展""中国道路与国家治理体系建设""国泰民安与泰山文化"等。海内外40余位学者参会。

（7）2019年10月28—30日，由衡阳市人民政府、中国社会科学院古代史研究所、国际儒学联合会、湖南省社会科学院、湖南省社会科学界联合会主办，中共衡阳市委宣传部等多家单位承办的"王船山思想国际学术研讨会"在湖南省衡阳市举办。会议的主题是"王船山思想在哲学、政治学、文学和史学上的价值及其在传播学、文化学上的意义"。80余位学者参会。

（8）2019年10月31日，由中国社会科学院古代史研究所、莆田学院等多家单位联合主办的"第五届（2019）国际妈祖文化学术研讨会"在福建省莆田市举办。研讨会的主题是"妈祖文化与两岸融合发展"。100余位学者参会。

（9）2019年11月1—4日，由中国社会科学院古代史研究所、河北大学主办的"形象史学与燕赵文化"国际学术研讨会在河北省保定市举办。会议的主题是"形象史学与燕赵文化"。40余位学者参会。

2．国际学术交流与合作

2019年，古代史研究所共派遣出访42批74人次，接待来访11批53人次。与古代史研究所开展学术交流的国家有日本、韩国、美国、德国、法国、俄罗斯、蒙古国、吉尔吉斯斯坦、波兰、捷克、斯洛伐克等。

（1）2019年1月13日，古代史研究所古代中外关系史研究室主任李锦绣研究员应日本龙谷大学邀请，赴日本参加龙谷大学世界佛教文化中心召开的座谈会。

（2）2019年1月24日，古代史研究所社会史研究室主任阿风研究员应韩国成均馆大学东亚学术院邀请，参加由该大学主办的"东亚史上私文书研究"国际学术研讨会。

（3）2019年3月3日，根据所级交流协议，日本大谷大学教授浅见直一郎等应邀来古代史研究所访问。

（4）2019年3月18日，古代史研究所秦汉史研究室主任邬文玲研究员应日本奈良文化遗产研究所邀请，参加由该研究所主办的"二〇一八年度第三届国际研讨会"。

（5）2019年3月20日，古代史研究所古代社会史研究室研究员邱源媛等应美国亚洲学会邀请赴美国丹佛参加"2019年度全美亚洲年会"。

（6）2019年5月17日，古代史研究所隋唐五代十国史研究室主任雷闻研究员应专修大学邀请赴日本东京参加由该大学主办的"唐玄宗时期的道教"专题讲座。

（7）2019年5月19日，应日本早稻田大学、大谷大学邀请，古代史研究所所长卜宪群研究员等赴日本东京、京都，对上述两所大学进行学术访问：与早稻田大学就其图书馆藏中国古代史文献，特别是秦汉魏晋南北朝时期的文献情况进行交流探讨；与大谷大学就进一步拓展学术交流方式的可能性方面进行探讨。

（8）2019年5月20日，古代史研究所清史研究室副主任鱼宏亮副研究员应邀赴亚美尼亚埃里温大学参加"赴亚美尼亚埃里温大学中国研究中心讲座团"，开展学术交流。

（9）2019年5月27日，根据古代史研究所与日本大东文化大学签署的所级交流协议，古代史研究所古代中外关系史研究室副主任李花子研究员等应大东文化大学邀请赴该校进行学术交流。

（10）2019年5月28日，古代史研究所古代中外关系史研究室研究员青格力应蒙古国国立大学蒙古学研究所邀请，赴蒙古国参加由该大学主办的"八思巴字750年"国际学术会议。

（11）2019年6月9日，古代史研究所古代中外关系史研究室李锦绣、李花子等6位研究人员，应吉尔吉斯共和国总统办公厅吉尔吉斯斯坦人民历史与文化遗产MURAS基金会邀请，赴吉尔吉斯斯坦开展学术活动。参加"中国与吉尔吉斯斯坦：古丝绸之路开启的友好关系研讨会暨中文史籍中有关吉尔吉斯人记载的整理与研究成果发布会"，并发表演讲。

（12）2019年7月21日，古代史研究所隋唐五代十国史研究室副研究员陈丽萍应法国法兰西学院以及德国明斯特大学邀请，赴法国参加由法兰西学院主办的"中国法律史研究新动向与法国东方文献收藏与研究工作坊"，赴德国参加由明斯特大学主办的"东亚古代法律与社会"国际研讨会。

（13）2019年7月24日，古代史研究所古代中外关系史研究室李锦绣、李花子等6位研究人员，应俄罗斯阿尔泰加盟共和国科学院阿尔泰学科学研究所邀请，赴俄罗斯对西伯利亚古代游牧社会的历史与文化遗产开展学术调查。

（14）2019年8月19日，古代史研究所魏晋南北朝史研究室助理研究员陈志远应英国哥伦比亚大学（英属）和牛津大学邀请，赴英国参加由英属哥伦比亚大学（UBC）与牛津大学旭日佛教研究国际合作部联合主办的"中亚和东亚佛教石刻文献的生产、保存与阅读"国际学术研讨会。

（15）2019年9月3日，古代史研究所徐义华、任会斌、苏辉等3位研究人员应韩国庆尚南道河东郡邀请，赴韩国对新发现的智异山三神峰石刻资料进行考古鉴定。

（16）2019年9月15日，大谷大学校长木越康教授等一行4人来北京进行为期4天的学术访问，参加古代史研究所举办的专题学术演讲，古代史研究所所长卜宪群研究员与相关处室负责人参加。

（17）2019年10月31日，根据中国社会科学院与罗马尼亚科学院的交流协议，罗马尼亚科学院雅西分院考古研究所高级研究员丹努特·阿帕拉西维来访，主要围绕"从日常生活方面看古代东西方的联系"这一主题，与古代史研究所古代中外关系史研究室的相关学者进行交流。

（18）2019年11月1日，古代史研究所古代中外关系史研究室副主任李花子研究员应韩国亚洲和平与历史研究所邀请，赴韩国参加由该研究所主办的"历史认识与东亚和平论坛"。

（19）2019年11月5日，根据中国社会科学院与波兰科学院学术交流协议，波兰科学院考古与人类研究所克拉科夫分所教授哈琳娜·多布勒赞斯卡来中国社会科学院进行学术访问。围绕"欧亚草原游牧民族特别是匈奴民族研究"以及"丝绸之路上的拜占庭货币、玻璃器与中外文化交流"等议题与古代史研究所秦汉史研究室、古代中外关系史研究室、古代文化史研究室、古代通史研究室的相关学者进行交流座谈。

（20）2019年11月18日，古代史所古代中外关系史研究室主任李锦绣研究员应保加利亚索菲亚大学邀请，赴保加利亚参加由该大学举办的欧亚草原中世纪国际学术研讨会"中世纪游牧民与他们的近邻"；应国际科学院联盟邀请，赴法国巴黎参加"第90届国际科学院联盟大会"。

（21）2019年12月1日，根据中国社会科学院与波兰科学院、斯洛伐克科学院的院级交流协议，古代史研究所秦汉史研究室主任邬文玲研究员等赴波兰、斯洛伐克，与波兰科学院、斯洛伐克科学院的相关研究所学者进行学术交流，并收集文献资料。

（22）2019年12月12日，古代史研究所万明、张金奎、赵现海3位研究人员应日本九州大学邀请，赴日本九州地区围绕"明清时期东亚海域史的研究与交流"议题进行学术调查。

（23）2019年12月12日，根据中国社会科学院与韩国庆北大学的学术交流协议，韩国庆北大学历史系主任郑在熏副教授来中国社会科学院进行学术访问。围绕"一菴李器之的燕行与意义"等议题与古代史研究所古代中外关系史研究室的相关学者进行座谈交流。

（24）2019年12月13日，古代史研究所刘源、张翀、杨博3位科研人员应日本岩手大学邀请，赴日本参加由岩手大学主办的"东北亚青铜文化比较研究国际学术研讨会"。

3. 与中国香港、澳门特别行政区和中国台湾开展的学术交流

（1）2019年5月1日，中国社会科学院学部委员、古代史研究所先秦史研究室研究员宋镇豪应台湾政治大学中国文学系邀请，赴台湾担任"2019深波甲骨学与殷商文明学术讲座"的主讲人。

（2）2019年7月17日，古代史研究所秦汉史研究室研究员宋艳萍应台湾中国文哲研究所邀请，赴台北，参加由该研究所主办的"经学史重探（1）——中世纪以前文献的再检讨"第三次学术研讨会。

（3）2019年8月15日，古代史研究所秦汉史研究室助理研究员杨博应香港恒生大学邀请，赴香港，参加由香港恒生大学、香港中文大学共同主办的"第四届简帛医药文献国际会议"。

（4）2019年8月27日，古代史研究所古代通史研究室研究员陈时龙等应台湾"中研院"邀请，赴台北参加由"中研院"明清研究推动委员会主办的"2019中研院明清研究国际学术研讨会"。

（5）2019年9月18日，古代史研究所古代文化史研究室研究员孙晓等应台湾明道大学邀请，赴台湾参加由明道大学与莆田学院共同主办的"2019海峡两岸妈祖文化与地域发展研讨会"。

（6）2019年10月1日，古代史研究所先秦史研究室研究员赵鹏应台湾政治大学邀请，赴台北，参加由政治大学主办的"2019深波甲骨学与殷商文明学术讲座"。

（7）2019年10月12—13日，由中国社会科学院古代史研究所、北京师范大学历史学院古籍所、香港理工大学中国文化学系联合主办，香港理工大学中国文化学系承办的"第十届中国古文献与传统文化国际学术研讨会"在香港召开。会议的主题是"中国古文献与东亚历史文化"。来自海内外近30名专家学者参会。

（8）2019年10月18日，古代史研究所古代文化史研究室副主任刘中玉副研究员等应台湾朝阳科技大学邀请，赴台湾参加由该大学主办的"2019跨域交流与海上丝路文化国际学术研讨会"。

（9）2019年11月22日，古代史研究所秦汉史研究室助理研究员杨博应台湾辅仁大学邀请，赴台湾参加由辅仁大学主办的"第十六届先秦两汉国际学术研讨会"。

（10）2019年12月12日，古代史研究所秦汉史研究室主任邬文玲研究员应香港中文大学邀请，赴香港参加"战国及秦汉时期文献与出土文书的历史考察：2019中国简帛学国际论坛"。

（11）2019年12月17日，古代史研究所先秦史研究室研究员孙亚冰应台湾大学中国文学系邀请，赴台北，在台湾大学中文系作题为"从甲骨实物整理谈甲骨研究应注意的事项"的专题讲座。

（四）学术社团、期刊

1. 社团

（1）中国殷商文化学会，会长王震中。

2019年11月2—4日，由中国殷商文化学会与四川大学、重庆师范大学联合举办的"中心与边缘：巴蜀文化和上古中国高峰论坛"在四川省成都市召开。与会专家学者40余人。

（2）中国先秦史学会，会长宫长为。

2019年7月27—28日，由中国先秦史学会和青海师范大学主办，青海师范大学人文学院、黄河文化研究院承办的"西北早期区域史学术研讨会暨中国先秦史学会第十一届年会"在青海省西宁市举行。会议研讨的主要议题有"新中国成立以来先秦史研究的回顾与展望""西北早期区域历史与民族关系探讨""出土文献与先秦史研究"等。与会专家学者100余人。

（3）中国秦汉史研究会，会长卜宪群。

2019年7月30—31日，由中国秦汉史研究会、赤峰学院、阿鲁科尔沁旗人民政府主办的"中国北方民族历史文化学术研讨会暨第二届乌桓鲜卑文化学术研讨会"在内蒙古自治区赤峰市举办。会议研讨的主要议题有"秦汉至魏晋南北朝时期乌桓鲜卑的经济社会发展与文化变迁""乌桓鲜卑与中原政权的关系"等。与会专家学者近90人。

（4）中国魏晋南北朝史学会，会长楼劲。

2019年8月19—21日，由中国魏晋南北朝史学会指导，政协大同市委员会、山西大同大学主办，政协大同市委员会办公室、山西大同大学云冈文化研究中心、云冈石窟研究院、大同市法学会、大同市图书馆承办的"2019中国大同·北魏文化高峰论坛"在山西省大同市召开。与会专家学者120余人。

（5）中国明史学会，会长陈支平。

2019年6月21—23日，由中国明史学会、山西省社会科学院、山西省政府发展研究中心、大同市人民政府主办，大同市委宣传部、山西省社会科学院历史研究所、大同市人民政府发展研究中心承办的"'一带一路'与山西对外开放学术研讨会暨中国明史学会明史国际学术研讨会"在山西省大同市召开。会议研讨的主要议题有"山西历史上的'一带一路'""明代中外关系""山西融入'一带一路'"。与会专家学者150余人。

（6）中国中外关系史学会，会长万明。

2019年7月11—14日，由中国中外关系史学会、云南大学主办，云南大学历史与档案学院、中共昆明市晋宁区委、昆明市晋宁区人民政府联合承办的"中国中外关系史研究回顾与丝绸之路的互动学术研讨会暨中国中外关系史学会2019年年会"在云南省昆明市召开。会议研讨的主要议题有"中国中外关系史研究的回顾与前瞻""中国中外关系史研究中的学者与学术""三条丝绸之路互动与中外交流""郑和研究"等。与会专家学者100余人。

2. 期刊

(1)《中国史研究》(季刊),主编彭卫。

2019年,《中国史研究》共出版4期,共计120万字。该刊对"中国历史发展道路""唯物史观与历史研究"等栏目进行了调整,新增了"'一带一路'的历史研究""唯物史观视野下的清史研究"栏目及"庆祝中华人民共和国成立七十周年专稿"。该刊全年刊载的有代表性的文章有:裘锡圭的《齐量制补说》,杨振红的《"县官"之由来与战国秦汉时期的"天下"观》,刘进宝的《丝路交流的功能和特征:双向交流与转输贸易》,荣新江的《纸对丝路文明交往的意义》,陈支平的《明代"海上丝绸之路"发展模式的历史反思》,赫治清的《明清易代后的国家治理指导思想》,倪玉平的《清前中期的大国治理能力刍议》,于沛的《世界历史视域下的清前中期大国治理与经济发展的思考》,晁福林的《殷卜辞所见"未(沬)"地考》,张惟捷的《从卜辞"亚"字的一种特殊用法看商代政治地理——兼谈"殷"的地域性问题》,卜宪群的《新中国七十年的史学发展道路》,吴方基的《里耶"户隶"简与秦及汉初附籍问题》,程民生的《宋代的佣书》,马晓林的《蒙汉文化交会之下的元朝郊祀》。

(2)《中国史研究动态》(双月刊),主编卜宪群。

2019年,《中国史研究动态》共出版6期,共计90万字。该刊对"批判与反思"等栏目进行了调整。该刊全年刊载的有代表性的文章有:牛钧鹏、李健胜的《回顾、反思与展望——丝绸之路青海道研究述评》,晋文的《2017—2018年秦汉史研究述评》,赵永磊、卓竞的《研治中国社会经济史之路——访杨际平先生》,瞿林东的《传播·反思·新的前景——新中国70年史学的三大跨越》,杨富学的《回鹘研究70年的成就与展望》,段渝的《70年巴蜀文化研究的方向与新进展》,邹建达、纳彬的《中国古代的边疆开发与文化建设高层论坛述要》,沈培建的《后现代主义及其史观对中国学术研究的负面影响》,本刊编辑部的《史学观澜2018》,吕振纲的《超越历史学传统:融合国际关系及其他领域的朝贡体系研究》,栾成显的《70年来对传统文化认识的反思》。

(五)会议综述

第九届中韩学术年会

2019年4月24—27日,由中国社会科学院古代史研究所与韩国成均馆大学东亚学术院主办,云南师范大学历史与行政学院承办的"第九届中韩学术年会"在云南省昆明市举行。年会的主题是"东亚历史文化的传承"。中韩两国学者60余人参加了年会。

云南师范大学党委副书记、校长蒋永文,中国社会科学院古代史研究所所长卜宪群,韩国成均馆大学东亚学术院金庆浩教授先后致辞。

蒋永文在开幕式致辞中指出，此次会议主题是"东亚历史文化的传承"，具有较强的时代意义和学术价值，有助于拓展和深化东亚历史文化的学术研究。通过此次年会，可以帮助高校师生与国内外优秀学者进行深入沟通和交流，有助于拓宽学术视野，提升学术研究能力。

卜宪群在致辞中指出，年会的主题是"东亚历史文化的传承"，聚焦东亚历史文化的传承与发展，不仅具有重要的学术价值，而且具有很强的现实借鉴意义。从与会学者提交的论文可以看到，大家围绕会议主题，结合传世文献、出土文献、新发现文书、域外典籍，议题涉及东亚古代政治制度、历史典籍、文化传承、宗教传播、学术思想、职官与服制、国家与社会的关系等多个方面，时间上覆盖了从古到今的多个时段，这种跨领域、跨时段的广泛交流，呈现了东亚历史文化传承与发展的多样化、多元化的丰富面貌。

金庆浩在致辞中谈到过去的九年，在中韩两国轮流举行的中韩学术年会已经成为中韩人文学术交流中具有代表性的事例之一。希望通过学术会议，不仅进行学术交流，更建立起友谊的桥梁。

年会上，与会专家围绕"东亚历史文化的传承"这一主题展开研讨交流，具体涉及"秦汉、魏晋时期书籍的普及与东亚社会""东亚视角下的百济官品冠服制""清代普洱茶与茶马古道的兴盛""清代宗学制度的建构与流变""清雍正时期的云南义学建设""东亚部族政治文化研究""朝鲜后期'家座册'的出现及设计""南诏与真腊兴起和孟高棉语民族分布格局的演变"等广泛论题。

（历研）

首届中国文化研究国际论坛

2019年8月29日至9月1日，由中国社会科学院古代史研究所主办，厦门大学国学研究院承办的"首届中国文化研究国际论坛"在福建省厦门市举行。论坛的主题为"中国文化的传承与发展"。来自中日韩三国的40余位学者参加了论坛，并提交会议论文40余篇。

论坛开幕式上，厦门大学副校长邓朝晖、中国社会科学院古代史研究所所长卜宪群、日本东方学会顾问池田知久先后致辞。开幕式由厦门大学国学研究院院长陈支平教授主持。

邓朝晖在致辞中从习近平新时代中国特色社会主义思想"四个自信"的高度对与会代表的中国文化研究表达了良好的祝愿。卜宪群简要介绍了论坛缘起：自2009年起，古代史研究所与日本东方学会已成功举办十届"中日学者中国古代史论坛"，此次正式更名为"中国文化研究国际论坛"，交流主题不再仅限于中国古代史，而是扩展至中国的文学、思想、哲学、宗教、艺术等多方面。卜宪群指出，历史是文化的载体，文化是历史的血脉，此次会议将主题确定为中国文化的传承与发展，研究时段上自先秦、下到当代，研究领域十分广泛。相信随着讨论的展开与深入，与会学者之间一定会彼此启发，不断地碰撞出新的思想火花，产生出既根植于传统文化、又具有鲜明时代性的新思考。

池田知久在致辞中较为详细地追溯了日本东方学会与中国社会科学院古代史研究所的合作渊源，并呼吁现今中国文化研究无论是资料还是方法都到了变革时期，希望学者们携手并肩，为国际性的中国文化研究发展贡献力量。

论坛期间，多位学者发表了主题演讲，同时与会学者进行了分组讨论，内容涵盖极为丰富：思想学术方面，对清代公羊学、战国秦汉儒生的价值观、十三经的逻辑结构、《孝经》释义、《老子》的"自然"观念、元代典籍的修撰等主题进行了探讨；社会经济方面，对秦汉乡里的社会结构演变、秦汉魏晋的户籍赋役制度、宋代的官场酒风等主题进行了讨论；宗教礼制祭祀方面，对社祭的演变及其研究意义、《礼记》篇章的整合、唐代的道观等进行了探讨；中外文化交流方面，对中国哲学的外传、日本对《汉书》的吸收、《世说新语》在日本的传播等主题进行了探讨。

（历研）

第三届凉州文化论坛暨"交流与融合：隋唐河西文化与丝路文明"学术研讨会

2019年9月6—9日，由中国社会科学院古代史研究所与中共武威市委、武威市人民政府共同举办，中国社会科学院敦煌学研究中心、中国社会科学院古代史研究所隋唐五代十国史研究室、中共武威市委宣传部、武威市凉州文化研究院承办的第三届凉州文化论坛暨"交流与融合：隋唐河西文化与丝路文明"学术研讨会在甘肃省武威市召开。30余位学者参加了会议，共提交学术论文26篇。

武威市委常委、市委宣传部部长梁朝阳主持了开幕式，武威市委书记柳鹏、古代史研究所副所长田波分别致辞。此次学术研讨会由一场主题报告和两组讨论会的形式组成，开幕式结束后，古代史研究所研究员黄正建，武汉大学历史学院院长刘安志教授，中国人民大学研究生院副院长刘后滨教授，武威市博物馆副馆长梁继红等分别作了主题发言。分组讨论结束后，古代史研究所副研究员刘子凡、西北师范大学教授潘春辉代表小组作总结发言，古代史研究所综合处处长朱昌荣研究员作大会总结发言。

隋唐时期的武威不仅是维系中央王朝经营河西、西域的重要基地，也形成了具有交流和融汇特色的凉州文化。武威拥有丰富的历史遗迹与旅游资源，在当下弘扬中华优秀传统文化、推进文旅融合、推动"一带一路"建设的大背景下，如何发扬凉州文化的精髓、发掘隋唐史研究视域下的凉州史地研究的亮点，是此次会议讨论的核心。与会专家从隋唐时期的凉州与河西历史，隋唐河西地区的考古、民族与多元文化，凉州在隋唐时期丝绸之路上的地位，丝绸之路与中西交通以及武威文化资源的保护、开发与利用等方面，从不同角度和层面进行了广泛、深入的学术交流和研讨。

（陈丽萍）

第十届中国古文献与传统文化国际学术研讨会

2019年10月11—12日，由中国社会科学院古代史研究所、北京师范大学历史学院古籍所、香港理工大学中国文化学系联合主办，香港理工大学中国文化学系承办的"第十届中国古文献与传统文化国际学术研讨会"在香港召开。此次研讨会的主题为"中国古文献与东亚历史文化"。来自中国社会科学院古代史研究所、香港理工大学、北京师范大学、日本东京多摩大学、韩国釜山大学、韩国东北亚历史财团、马来西亚新纪元大学、香港中文大学、台湾元智大学、澳门大学、澳门城市大学等单位的近30名专家学者出席研讨会。

香港理工大学中国文化学系系主任陈孝荣、中国社会科学院古代史研究所副所长田波、北京师范大学历史学院古籍所所长毛瑞方、香港理工大学中国文化学系讲座教授暨香港孔子学院理事长朱鸿林分别作大会致辞。田波对与会学者表示欢迎和感谢，并指出，"中国古文献与传统文化国际学术研讨会"自2010年至今已成功举办九届，中国社会科学院古代史研究所作为此次研讨会的共同主办方，一直是这项学术活动的积极参与者和推动者，目前已成为古代史研究所最重要的国际学术会议品牌之一。

此届研讨会共提交发表学术论文28篇，与会学者分别围绕"帝制中国与东亚""观念、学术与思想史""出土文物与史料""文献与考据""制度与王权""宗教文献""新考与重探"等议题进行了分组报告和讨论，分享了现有的研究成果，深入交流了研究内容。古代史研究所学者乌云高娃、郑任钊、杨宝玉、曹江红、纪雪娟、孙景超分别提交宣读了学术论文，并与其他与会学者在历史学、文献学、文学等多方面进行了充分的讨论与交流，加深了对古文献与东亚历史文化的认识与了解，有利于推进相关研究的进一步发展。

（纪雪娟）

近代史研究所

（一）人员、机构等基本情况

1. 人员

截至2019年年底，近代史研究所共有在职人员108人。其中，正高级职称人员32人，副高级职称人员31人，中级职称人员31人；高、中级职称人员占全所在职人员总数的87%。

2. 机构

近代史研究所设有政治史研究室、经济史研究室、革命史研究室、民国史研究室、台湾史研究室、近代思想史研究室、近代社会史研究室、近代中外关系史研究室、抗日战争史研究室、近代通史研究室、《近代史资料》编译室、《近代史研究》编辑部、《抗日战争研究》编辑部、Journal of Modern Chinese History（《中国近代史》）编辑部、综合处。

3. 科研中心

近代史研究所院属科研中心有：中国社会科学院台湾史研究中心、中国社会科学院中日历史研究中心；所属科研中心有：中国社会科学院近代史研究所中国近代社会史研究中心、中国社会科学院近代史研究所中国近代思想研究中心。

（二）科研工作

1. 科研成果统计

2019年，近代史研究所共完成专著10种，624.6万字；论文151篇，258万字；学术资料4种，332万字；理论文章11篇，3.3万字；一般文章18篇，8.2万字。

2. 科研课题

（1）新立项课题。2019年，近代史研究所共有新立项课题9项。其中，国家社会科学基金重大课题1项："哥伦比亚大学图书馆藏顾维钧档案整理与研究"（侯中军主持）；国家社会科学基金课题4项："报刊舆论与清末政局研究"（贾小叶主持），"社会史视野下的近代经学研究"（罗检秋主持），"圣经中译本史"（赵晓阳主持），"晚清江海关关税收支情况研究"（任智勇主持）；国家社会科学基金专项课题1项："法国与中国西南边疆（1840—1911）"（葛夫平主持）；国家社会科学基金后期资助课题3项："苏联空军志愿队研究"（陈开科主持），"山东抗日根据地创立与发展研究"（王士花主持），"赫德与晚清外交"（张志勇主持）。

（2）结项课题。2019年，近代史研究所有结项课题即国家社会科学基金课题1项："国民党党史馆藏中共党史资料的收集整理与研究"（金以林主持）。

（3）延续在研课题。2019年，近代史研究所共有延续在研课题22项。其中，国家社会科学基金课题15项："抗战时期国共两党司法比较研究"（胡永恒主持），"台湾统派舆论重阵《海峡评论》研究"（郝幸艳主持），"赴日华人海商与江户时代日本对华观研究"（郭阳主持），"近代日本对南海诸岛的非法侵占及战后中国的接收研究"（李理主持），"晚清日本人来华游记与中国认识研究"（李长莉主持），"战时中英关系史新探（1941—1945）"（张俊义主持），"《中国近代史大辞典》编纂"（王建朗主持），"清政府治理台湾政策研究"（李细珠主持），"面向西方的书写：近代中国人英文著述研究"（李珊主持），"五年运动与1930年代基督教中国化研究"（张德明主持），"20世纪中国的政权鼎革与司法人员变动研究（1906—1956）"（李在全主持），"顾维钧抗战外交档案的整理与研究"（侯中军主持），"蒋经国与国民党大陆政策研究（1972—1988）"（汪小平主持），"近代中国金融风潮中的非常与日常研究"（潘晓霞主持），"美台农业合作与农复会研究（1948—1979）"（程朝云主持）；"抗日战争研究专项工程"课题6项："抗日战争及近代中日关系文献数据平台建设"（李培林主持），"抗日战争史国际合作研究"（王建朗主持），"海峡两岸合编抗日战争史"（王建朗主持），"海外有关中国抗战珍稀史料文献收集与整理"（金以林主持），"'慰安妇'问题研究"（刘萍主持），"日本《战史丛书》翻译工程"（高士华主持）；所重点课题1项："中国近代思想史上的学衡派"（宋广波主持）。

3. 获奖优秀科研成果

2019年，近代史研究所获"第十届（2019年）中国社会科学院优秀科研成果奖"学术资料类二等奖1项：王建朗的《中华民国时期外交文献汇编1911—1949》；获"第十届（2019年）中国社会科学院优秀科研成果奖"专著类三等奖3项：金民卿的《青年毛泽东的思想转变之路：毛泽东是怎样成为马克思主义者的》，彭春凌的《儒学转型与文化新命：以康有为、章太炎为中心1898—1927》，虞和平的《资产阶级与中国近代社会转型》；获"第十届（2019年）中国社会科学院优秀科研成果奖"论文类三等奖3项：葛夫平的《法国与中日甲午战争》，侯中军的《一战爆发后中国的中立问题——以日本对德宣战前为主的考察》，贾小叶的《"新党"抑或"逆党"——论戊戌时期"康党"指涉的流变》。

（三）学术交流活动

1. 学术活动

2019年，由近代史研究所参与组织、主办的学术会议如下。

（1）2019年2月22—23日，由中国社会科学院近代史研究所民国史研究室与台湾政治大学历史学系联合主办的"百变民国：1940年代之中国"青年学者论坛在台北召开。两岸青年学者提交的论文涉及"军事科技与政治""战后复员与行动""战后秩序与审判""学术思想与论述""文化机构与论述""经济开发与接收""政治设计与管理""政治改革与宣传""知识青年与党政""和平交涉与复员"等12个主题。

（2）2019年4月19—21日，由武汉大学历史学院和中国社会科学院近代史研究所中外关系史研究室联合举办的"多元视野下的租界史研究"学术研讨会在武汉大学召开。来自全国各地及日本的40余位学者参加会议。会议的主题是"多元视野下的租界史研究"。

（3）2019年4月27—29日，由中国历史研究院近代史研究所、中国现代文化学会联合主办的"纪念五四运动一百周年"国际学术研讨会在北京举行。来自中国，以及日本、韩国、印度等国科研院校的90余位专家学者参加会议。会议研讨的主要议题有"五四运动的意义""五四人物""五四运动时期的政治文化、学术思想、社会思潮""中国与世界""新时代下如何弘扬五四精神"等。

工作概况和学术活动

(4) 2019年5月11—12日，由近代史研究所《抗日战争研究》编辑部、华南师范大学历史文化学院、华南抗战历史研究中心共同主办的"第六届抗日战争史青年学者研讨会"在华南师范大学召开。会议研讨的主要议题有"抗日战争时期的军事、民众动员、沦陷区域、中共抗战、战时经济、文教、外交"等。

(5) 2019年6月15—16日，由近代史研究所与河南大学主办的"近现代中国国家治理学术研讨"工作坊在河南省开封市举办。40余位专家学者参加会议。会议的主题是"现当代中国国家治理的理论、实践及其得失与镜鉴"。

(6) 2019年6月22—23日，由中国社会科学院近代史研究所、中共绥化市委和黑龙江省委党校主办，中国社会科学院近代史研究所革命史研究室、中共绥化市委党校和中共黑龙江省委党校马克思主义学院承办的"纪念新民主主义革命胜利暨中华人民共和国成立70周年"学术研讨会在黑龙江省绥化市召开。会议研讨的主要议题有"新民主主义革命的若干重大历史事件""社会主义建设时期党的执政经验"等。

(7) 2019年8月17—18日，近代史研究所革命史研究室与兰州大学历史文化学院、文学研究所"北京·当代中国史读书会"联合主办的"中共革命的行动机制"学术研讨会在甘肃省兰州市召开。会议研讨的主要议题有"民主革命时期和社会主义建设初期中国革命的行动机制问题"。

(8) 2019年8月23—24日，由近代史研究所、中国社会科学院历史理论研究所和兰州大学历史文化学院共同主办的"全球化视域下的近代中华文化转型"国际学术研讨会在兰州大学举行。来自海内外高校和科研院所、期刊杂志的86位学者和研究生参加了研讨会。会议的主题是"全球化视域下的近代中华文化转型"。

(9) 2019年8月24日，由中国社会科学院近代史研究所、天津人民出版社有限公司共同主办的第一届"抗战文献数据平台与中学历史学习征文活动暨抗战文献数据平台与中学历史教育"研讨会在近代史研究所召开。

(10) 2019年9月7—8日，由近代史研究所、中日韩三国共同历史研究中方委员会、社会科学文献出版社共同主办的"近代东亚国际关系论坛"在北京召开。来自海峡两岸，以及日本、韩国高校与科研机构的50余位学者出席论坛。论坛的主题是"近代东亚国际关系"。

(11) 2019年9月8—11日，近代史研究所在长春市举办"2019年国家社科基金抗日战争研究专项工程工作推进会"。

(12) 2019年10月19—20日，由近代史研究所《近代史研究》编辑部、上海社会科学院历史研究所主办，上海社会科学院智库建设处协办的"问道于器——中国近代的物质文化与社会变迁"学术研讨会在上海社会科学院召开。会议的主题是"中国近代的物质文化与社会变迁"。

(13) 2019年11月1—5日，由中、日、韩"历史认识与东亚和平"论坛执行委员会联合主办的第18届"历史认识与东亚和平"论坛在韩国首尔举行。来自中日韩三国的专家学者150余人参加了论坛。会议的主题是"纪念三一运动、五四运动爆发100周年——在三一运动的现场思考东亚和平"。

（14）2019年11月9—10日，由近代史研究所经济史研究室和中山大学历史学系（珠海）共同主办的"跨国史视野下的近代中国与世界"青年学者专题研讨会在珠海举行。会议研讨的主要议题有"医疗史"、"东北史"、"中日关系史"和"日本史"。

（15）2019年11月12日，近代史研究所青年读书会举办题为"近代中俄关系史的新方向"研讨会。会议的主题是"近代中俄关系史的新方向"。

（16）2019年11月16日，由近代史研究所中外关系史研究室与湖南师范大学历史文化学院主办的"条约与近代中国社会"学术研讨会在湖南省长沙市举行。会议的主题是"条约与近代中国社会"。

（17）2019年11月30日至12月1日，由近代史研究所《抗日战争研究》编辑部、南开大学历史学院、抗日战争纪念网联合主办的"抗战研究70年：回顾与展望"讨论会在南开大学举行。会议的主题是"抗战研究的回顾与展望"。

（18）2019年12月11—12日，由近代史研究所与复旦大学历史系共同主办中国社会科学院近代史研究所第21届青年学术论坛在复旦大学举办。会议研讨的主要议题有"历史书写与民族主义""历史研究的实证与虚证""论文写作的'格式化'与'个性化'""研究者的'人文关怀'与'社会关怀'""历史研究的'两个定位'""历史学者的'思想自由与问题意识的阐发'"。

2．国际学术交流与合作

2019年，近代史研究所共派遣出访52批94人次，接待来访10批41人次。与近代史研究所开展学术交流的国家有美国、加拿大、澳大利亚、英国、法国、俄罗斯、比利时、日本、韩国、印度、新加坡。

（1）2019年1月4日，近代史研究所邀请美国萨福克大学罗森伯格东亚研究所所长薛龙教授作了题为"张作霖与王永江：北洋军阀时代的奉天政府"的报告。

（2）2019年1月28—30日，近代史研究所《抗日战争研究》编辑部主编高士华编审应邀赴日本早稻田大学参加"历史文献与中日关系"学术研讨会。

（3）2019年2月22日，近代史研究所邀请斯坦福大学东亚图书馆馆长杨继东教授作了题为"斯坦福大学的数字人文学研究进展和学校图书馆的角色"的报告。

（4）2019年3月17—24日，近代史研究所研究员张海鹏应日本冲绳大学邀请赴日本冲绳进行学术交流。

（5）2019年4月9日，近代史研究所邀请剑桥大学历史系教授方德万作了题为"抗日战场以外的中国战时日常"的报告。

（6）2019年4月30日，近代史研究所邀请日本大东文化大学鹿锡俊教授作了题为"西安事变后日本对华新认识的逆转过程——兼论中日战争爆发的心理原因"的报告。

（7）2019年5月28日，近代史研究所邀请美国斯坦福大学胡佛研究所研究员林孝庭作了题为"胡佛档案馆馆藏中的日、韩馆藏与抗战史料介绍"的报告。5月30日，林孝庭研究员又作了题为"困守与反攻：冷战时期的台湾选择"的报告。

(8) 2019年6月9—24日，近代史研究所编审杜继东等赴英国收集一战华工相关的资料。

(9) 2019年6月18日，近代史研究所邀请韩国延世大学国学研究院教授，北京大学人文社会科学研究院邀访教授赵京兰作了题为"新文化运动与'反思性的儒学'——以梁漱溟思想中的'他者性'和'儒教社会主义'为中心"的报告。

(10) 2019年6月24日，近代史研究所邀请美国哈佛大学费正清东亚研究中心主任宋怡明教授作了题为"前线岛屿：冷战下的金门"的报告。

(11) 2019年6月30日至7月18日，近代史研究所研究员张俊义等赴法国、比利时收集研究资料。

(12) 2019年7月9日，近代史研究所邀请韩国高丽大学教授朴尚洙作了题为"建国初期城市基层管理：以北京为中心"的报告。

(13) 2019年7月25日，近代史研究所邀请美国得克萨斯州休斯顿大学历史系教授丛小平作了题为"从'自由'到'自主'：二十世纪中国的社会实践与新词语"的报告。同日，还邀请美国科罗拉多大学历史系魏定熙副教授作了题为"帝国主义与在华英文商业报刊，1850—1895：历史问题与研究空间"的报告。

(14) 2019年9月27日，近代史研究所邀请英国牛津大学教授米德作了题为"战后重建：欧洲与中国的比较"的报告。

(15) 2019年10月8日，近代史研究所邀请美国布兰迪斯大学历史系杭航副教授作了题为"中国海洋史学在美国的演变：趋向跨国与跨学科的视野"的报告。

(16) 2019年10月10—14日，应早稻田大学邀请，近代史研究所所长王建朗研究员、《抗日战争研究》编辑部高士华主编等5人赴日本参加"东亚战争动员的缘起、发展和影响"国际研讨会。

(17) 2019年11月1—5日，应亚洲和平与历史研究所邀请，近代史研究所所长王建朗研究员等12位学者作为中方代表团赴韩国参加中日韩三国联合举办的第十八届"历史认识与东亚和平"论坛。

(18) 2019年11月5日，近代史研究所邀请加拿大维多利亚大学历史系教授陈忠平作了题为"康有为与近代中国及海外华人世界的网络革命"的报告。

(19) 2019年12月1—13日，近代史研究所研究员张丽等赴加拿大进行学术访问。

(20) 2019年12月8—10日，应韩国首尔大学邀请，近代史研究所台湾史研究室主任李细珠研究员赴韩国参加"19世纪东亚地区中日韩三国旧政权比较研究"学术研讨会。

3. 与中国香港、澳门特别行政区和中国台湾开展的学术交流

(1) 2019年1月1日至2月28日，近代史研究所档案馆馆长马忠文研究员应台湾中大历

史研究所邀请赴台湾进行学术交流，为其课题"丁未政潮研究"查阅资料。

(2) 2019年2月21—25日，近代史研究所民国史研究室与台湾政大联合举办"百变民国：1940年代之中国"青年学术论坛，近代史研究所派出罗敏研究员为团长的5位学者参加会议。

(3) 2019年3月1日至4月30日，近代史研究所编审李学通应台湾中大历史研究所邀请赴台进行学术交流，为其课题"抗战时期后方工业"查阅资料。

(4) 2019年5月1日至6月30日，近代史研究所研究员李理等应台湾中大历史研究所邀请，赴台湾进行学术交流。

(5) 2019年5月6—8日，应澳门理工学院中西文化研究所邀请，近代史研究所革命史研究室主任黄道炫研究员、《抗日战争研究》编辑部高士华主编赴澳门参加"澳门与抗日战争"史学论坛。

(6) 2019年5月17—20日，近代史研究所台湾史研究室主任李细珠研究员等应台湾政治大学人文中心邀请，赴台湾参加"一九四九：关键年代"学术研讨会。

(7) 2019年6月4日，近代史研究所邀请台湾"中研院"人社中心研究员瞿宛文作了题为"跨学科方式研究经济发展：以台湾为例"的报告。

(8) 2019年8月1—31日，近代史研究所经济史研究室主任周祖文副研究员应台湾中大历史研究所邀请，赴台湾为其课题"收复东北之后的苏军军票与东北流通券研究"查阅资料。

(9) 2019年9月10日至10月10日，近代史研究所政治史研究室副主任任智勇副研究员应台湾中大历史研究所邀请，赴台湾为其课题"江海关四成洋税的构成"查阅相关资料。

(10) 2019年9月17日，近代史研究所邀请台湾"中研院"人文社会科学研究中心刘石吉研究员作了题为"对台湾学界台湾史研究及当前岛内选举动向的观察"的报告。

(11) 2019年10月7日至12月6日，近代史研究所社会史研究室主任赵晓阳研究员赴台湾为其课题"圣经在台湾地区的翻译和版本"查阅资料。

(12) 2019年10月29日，近代史研究所邀请台湾师范大学历史系教授吴翎君作了题为"跨国史视域下的中美关系——方法与个案考察"的报告。

(13) 2019年11月18—21日，应澳门大学邀请，近代史研究所研究员罗检秋等赴澳门进行学术访问。

(14) 2019年11月26—29日，应澳门大学人文学院历史系邀请，近代史研究所副研究员任智勇赴澳门为其课题"晚清江海关关税收支情况研究"查阅资料。

（四）学术社团、期刊

1. 社团

(1) 中国现代文化学会，会长金以林。

① 2019年4月26日，"中国近代思想文化的继承和发展暨中国现代文化学会成立三十周

年"学术座谈会在北京举行。会议的主题是"中国近代思想文化的继承和发展"。

② 2019年11月29日至12月2日,中国现代文化学会、中国社会科学院近代史研究所思想史研究室、杭州师范大学浙江省民国史研究中心、余杭区章太炎故居纪念馆在杭州共同举办"章太炎和他的时代"学术研讨会。会议的主题是"章太炎的国学、佛学、史学、交往、革命思想"。

(2) 中国中俄关系史研究会,会长季志业。

2019年10月9日,为庆祝中俄建交70周年,由中国中俄关系史研究会和清华大学中俄战略合作研究所共同主办的中国中俄关系史研究会年会暨"东方—俄罗斯—西方:历史与现实"学术论坛在清华大学举行。会议研讨的主要议题有"中俄建交70年""国际视野下的中俄关系史、俄国史研究""全球视野下的中俄角色担当""俄罗斯的东西方观、民间外交与中俄关系、中俄经贸、教育、军事、安全合作""中俄关系的发展历程及其经验"。

(3) 中国孙中山研究会,会长汪朝光。

① 2019年10月12—14日,由中国孙中山研究会主办的孙中山与华中革命运动研讨会暨中国孙中山研究会2019年年会在武汉举行。会议的主题是"孙中山与华中革命运动"。

② 2019年11月12—14日,由孙中山基金会、上海中山学社、台北中山学术文化基金会联合主办,孙中山基金会承办的2019粤台沪"纪念孙中山"学术研讨会在广州召开。研讨会的主题是"中华民族使命与世界未来"。来自海内外的70多位学者参加会议。

(4) 中国抗日战争史学会,会长王建朗。

① 2019年6月15日,由中国抗日战争史学会、陕西师范大学联合主办,陕西师范大学人文社会科学高等研究院、中国社会科学院近代史研究所《抗日战争研究》编辑部、陕西师范大学历史文化学院承办的"战争动员与抗日战争"研讨会在陕西省西安市开幕。来自科研机构及高校的60余位专家学者参加会议。会议的主题是"战争动员与抗日战争"。

② 2019年8月20—21日,由中国抗日战争史学会和台湾中华民族抗日战争纪念协会共同主办的"第三届中华民族抗日战争史与抗战精神传承研讨会"在广西壮族自治区南宁市召开。来自两岸的退役将领、专家学者和教师学生代表等约500人参加会议。会议研讨的主要议题有"抗日战争的历史记忆""抗战历史传承""抗战与台湾""抗战历史的升华"。

(5) 中国史学会,会长李捷。

① 2019年11月15—16日,由中国史学会主办,中山大学历史学系承办的中国史学会会员单位负责人联席会议(2019)在广州召开。会议讨论了2020年中国史学会第十次代表大会筹备工作和相关事项,会员单位进行了工作汇报和经验交流。

② 2019年11月17—20日,中国史学会在珠海召开第六届全国青年史学工作者会议。来自考古、中国古代史、中国近代史和世界史等学科的100余名青年学者参加了会议。

(6) 中国社会科学院台湾史研究中心,理事长朱佳木,主任张海鹏。

2019年9月21—22日,由中国社会科学院台湾史研究中心与陕西理工大学联合主办,中国社会科学院近代史研究所台湾史研究室与陕西理工大学马克思主义学院、历史文化与旅游学院承办的"台湾历史人物与两岸关系"国际学术研讨会在陕西省汉中市举行。来自海峡两岸，以及日本、韩国的学者90余人参加了会议。会议的主题是"台湾历史人物与两岸关系"。

（7）近代史研究所社会史研究中心，理事长虞和平，主任李长莉。

2019年7月26—29日，由中国社会科学院近代史研究所社会史研究中心、近代中国社会史学会联合主办，山西大学历史文化学院、山西大学中国社会史研究中心及山西省历史学会承办的"近代中国的民众、民生与民风暨第八届中国近代社会史国际学术研讨会"在山西省太原市举行。来自国内外60多所高校、科研机构以及《历史研究》等10多家学术期刊和出版单位的150余名学者参加了会议。会议的主题是"近代中国的民众、民生与民风"。

（8）近代史研究所中国近代思想研究中心，理事长耿云志，主任郑大华。

2．期刊

（1）《近代史研究》（双月刊），主编徐秀丽。

2019年，《近代史研究》刊载的有代表性的文章有：黄道炫的《"二八五团"下的心灵史——战时中共干部的婚恋管控》，杨念群的《五四前后"个人主义"兴衰史——兼论其与"社会主义""团体主义"的关系》，胡恒的《清代政区分等与官僚资源调配的量化分析》，王建朗的《中国近代史研究70年（1949—2019）》，王汎森的《启蒙是连续的吗？——从晚清到五四》，黄道炫的《如何落实：抗战时期中共的贯彻机制》，汪朝光的《"行宪"乱局与国民党统治的衰颓——以1948年"行宪国大"为中心的研究》，吴景平的《中国近代金融史研究对象刍议》，王建朗的《2018年中国近代史研究综述》，黄兴涛的《强者的特权与弱者的话语："治外法权"概念在近代中国的传播与运用》，杨天宏的《人类学对历史学的方法启示》，吴义雄的《时势、史观与西人对早期中国近代史的论述》，桑兵的《国学形态下的经学——近代中国学术转型的纠结》等。

（2）《抗日战争研究》（季刊），主编高士华。

2019年，《抗日战争研究》刊载的有代表性的文章有：石户谷哲的《土肥原贤二与华北事变》，萧明礼的《"敌机跳梁"：抗战后期中美空军对日航运空袭（1943—1945）》，卢徐明的《纸张与战争：全面抗战时期四川的纸张紧缺及其社会反应》，赵诺的《中共太行区党委整风运动的历史考察（1942—1945）》，马振波的《战后上海民营轮船业向国民政府索赔问题研究（1945—1948）》，陈海懿的《国联调查团的预演：九一八事变后的中立观察员派遣》，张展的《1941年汪精卫访日与日本内部争执》，宋弘的《全面抗战时期华北八路军士兵的日常卫生》，杨东、李格琳的《中共对华北抗日根据地军政干部叛变的应对处置》，黄道炫的《群众组织有什么用——1944年的一场争论》，金伯文的《〈论持久战〉在中共抗日根据地的阅读与接受》，牛力的《全面抗战时期国立大学教员薪津的演变》，久保亨的《从战时到战后——东亚总体战体制的形成与演变》（袁广泉译）等。

(3) *Journal of Modern Chinese History*（《中国近代史》）（半年刊），主编徐秀丽。

2019年，《中国近代史》（*Journal of Modern Chinese History*）刊载的代表性的文章有：Hans VAN DE VEN's "Wartime Everydayness: Beyond the Battlefield in China's Second World War"（方德万的《战时的日常：中国的第二次世界大战战场之外》），Wen-Hsin YEH's "Writing in Wartime China: Chongqing, Shanghai, and Southern Zhejiang"（叶文心的《战时中国的书写：重庆、上海及浙江南部地区》），Yidan YUAN's "The Moment When Peking Fell to the Japanese: A 'Horizontal' Perspective"（袁一丹的《北平沦陷的瞬间——从"水平轴"的视野》），Daoxuan HUANG's "Disciplined Love: The Chinese Communist Party's Wartime Restrictions on Cadre Love and Marriage"（黄道炫的《受规训的爱：战时中共对干部婚姻爱情的限制》），Fan-sen WANG's "Was the Enlightenment a Continuous Process from the Late Qing to the May Fourth Period?"（王汎森的《启蒙是连续的吗？——从晚清到五四》），Di WANG's "US Attitudes towards China before and after the Washington Conference Based on US Mainstream Media Reports in 1934"（王笛的《华盛顿会议前后的美国对华态度：以美国主流媒体的中国报道为中心》），Xiaowei ZHENG's "Constitutionalist Pu Dianjun and His New Culture Movement"（郑小威的《立宪派蒲殿俊及其倡导的新文化运动》），Larissa PITTS's "Unity in the Trees: Arbor Day and Republican China, 1915-1927"（Larissa PITTS的《树的统一：植树节与民国时期的中国（1915—1927）》），Timothy B. WESTON's "May Fourth in Three Keys: Revolutionary, Pluralistic, and Scientific"（Timothy B. WESTON的《五四的三要素：革命、多元与科学》），Shakhar RAHAV's "Beyond Beijing: May Fourth as a National and International Movement"（Shakhar RAHAV的《北京之外：五四作为一个民族和国际运动》），Jun QU's "How to Study the May Fourth Movement from a Local Perspective"（瞿骏的《如何考察"地方"的五四运动》）。

（五）会议综述

"纪念五四运动一百周年"国际学术研讨会

2019年4月27日，由中国历史研究院近代史研究所、中国现代文化学会联合主办的"纪念五四运动一百周年"国际学术研讨会在北京举行。来自国内以及日本、韩国、印度等国科研院校的90余位专家学者，《人民日报》《光明日报》等新闻媒体参加会议。中国社会科学院副院长、中国历史研究院院长高翔参加开幕式并致辞，近代史研究所所长王建朗研究员致欢迎词。与会代表中国社会科学院学部委员耿云志研究员、日本一桥大学坂元弘子教授致辞。研讨会开幕式由中国历史研究院近代史研究所副所长、中国现代文化学会会长金以林主持。

研讨会分主题报告会及三组分场报告会，中共中央党史研究室原副主任章百家研究员主持主题报告会，浙江大学历史学系桑兵教授、台湾"中研院"近代史研究所黄克武研究员、四川大学历史文化学院罗志田教授、韩国新罗大学人文学院裴京汉教授分别作了题为"五四与新文化运动的分别及联系""近代中国文化转型的内在张力：严复与五四新文化运动""五四前后被'个人解放'遮蔽的个人""东亚史上的五四运动——以五四运动与三一运动之间的关系为中心"的主题报告。在三组分场报告中，与会学者围绕五四运动的意义，五四人物，五四运动时期的政治文化、学术思想、社会思潮、中国与世界，以及新时代下如何弘扬五四精神等展开深入讨论。

与会者认为，五四运动是中国近现代史上具有里程碑意义的重大事件，五四精神是五四运动创造的宝贵精神财富。在学术界，"五四运动"和"五四精神"一直是广受关注的研究课题。五四运动是在世界资本主义进入帝国主义阶段、中国深处半殖民地半封建社会深渊的时代背景下爆发的，是一场以先进青年知识分子为先锋、广大人民群众参加的彻底反帝反封建的伟大爱国革命运动，它为马克思主义在中国的传播开辟了道路，开启了知识青年与工农大众相结合的青年运动方向，为中国共产党成立做了思想上干部上的准备。五四运动虽已过去百年，但其所孕育的以爱国、进步、民主、科学为主要内容的五四精神历久弥新，成为实现中华民族伟大复兴的强大精神力量。

（柴怡赟）

"纪念新民主主义革命胜利暨中华人民共和国成立70周年"学术研讨会

2019年6月22—23日，由中国社会科学院近代史研究所、中共绥化市委和黑龙江省委党校主办，中国社会科学院近代史研究所革命史研究室、中共绥化市委党校和中共黑龙江省委党校马克思主义学院承办的"纪念新民主主义革命胜利暨中华人民共和国成立70周年"学术研讨会在黑龙江省绥化市召开。来自中国社会科学院、中共中央党校、中共中央党史和文献研究院、人民日报社、首都经贸大学、北京科技大学、厦门大学、郑州大学、山东理工大学、湖南邵阳学院、哈尔滨师范大学、哈尔滨理工大学、黑龙江省社会科学院、黑龙江省委党校以及绥化等市县党校的100余名学者出席会议。

四位学者首先作主题报告。近代史研究所副所长金民卿研究员的《中华民族伟大复兴进程中的历史性飞跃》从中华民族伟大复兴中国梦的深刻内涵、三大基础和实现条件，近代以来中华民族艰辛曲折的筑梦历程及其历史转折，中华人民共和国成立是民族复兴进程中的历史性飞跃等三个方面，深刻剖析了中华民族伟大复兴的历史和现实意义。中共中央党校副教授李国芳的《城市在中共革命中的价值》强调了城市对于中共革命成功的重大作用，认为在中共发展壮大的过程中，占有城市是一个重要门槛。《中共党史研究》杂志社副处长吴志军的《回望新世纪以来中共革命史研究的"新学"思潮》对于21世纪以来以新革命史、新政治史、新文化史、新社会史为代表的"新学"思潮在中共革命史研究中的应用和体现进行了回顾和点评。中共绥化市委党校教授佟艳玲在《一切以人民利益为中心，坚定不移走自己的路》一文中强调，立足于一切以人民利益为中心，坚定不移走自己的路，是中国共产党人"初心"与"使命"的原生点。

论文讨论环节，与会学者从不同角度探讨了中国共产党在长期领导新民主主义革命过程中的成功经验。近代史研究所研究员王士花的《抗战时期中共在山东的群众工作》考察了抗战时期中共在山东群众工作的不同阶段和特点，展现了山东根据地群众工作从摸索中不断走向深入的历程。近代史研究所副研究员周斌的《从护工队到人民保安队：党的工人运动对上海解放的作用》通过考察上海地区国民党护工队的消亡、中共领导的人民保安队的兴起以及二者对于城市解放的作用，从工人武装的视角阐释了中共为何能获得工人群众的拥护。黑龙江省社会科学院研究员车霁虹的《东北抗联在全国解放战争中的历史贡献》论述了东北抗联在全国解放战争中的历史贡献。黑龙江省委党校张磊的《深入挖掘、利用好东北抗战史史料》一文对东北抗联史料搜集、整理和利用的现状进行了分析，并探讨了如何利用好抗联史料，提升东北抗联史的研究工作。

与会学者从不同角度对中华人民共和国成立以来的发展历程和基本经验作了梳理。近代史研究所张会芳的《共和国初期对解放前粮棉最高年产量的年代判定之考析》对于解放前粮棉最高年产量标准的提出和确立过程进行了考证，再现了国民经济统计事业蹒跚起步的历史。哈尔滨师范大学教授金兴伟在《中国共产党执政经验研究》一文中提出，中共在领导人民取得新民主主义革命胜利、社会主义革命和建设伟大成就的过程中，其执政经验主要体现于四点：坚定的理想信念、始终坚持以人民为中心、不断推进自我革命、以科学的态度对待马克思主义。

（柴怡赟）

"全球化视域下的近代中华文化转型"国际学术研讨会

2019年8月23—24日，由中国社会科学院近代史研究所、中国社会科学院历史理论研究所和兰州大学历史文化学院共同主办的"全球化视域下的近代中华文化转型"国际学术研讨会在甘肃省兰州市举行。来自北京大学、清华大学、香港中文大学、日本大学、印度尼赫鲁大学、韩国延世大学、河北省社会科学院等高校和科研院所，以及期刊杂志的86位学者和研究生参加了研讨会。与会学者围绕如下几个方面进行深入的交流和讨论。

五四新文化运动再认识成为热点。清华大学秦晖教授的《重论"大五四"的主调，及其何以被"压倒"——新文化运动百年祭（一）》指出新文化运动的转向并非因"救亡压倒启蒙"，巴黎和会与"十月革命"也非转向之因，相反，对此二事意义的强调倒是转向之果。中国人民大学黄兴涛教授的《"新文化"的出版姿态、知识构建与社会传播——1923年〈新文化辞书〉的历史透视》考察商务印书馆这一"中国现代文化的引擎"在表达文化关切、展示文化姿态和建构文化形象等方面的作用。南开大学江沛教授的《技术、政治的合力与五四抗议运动的兴起》，从技术、政治的合力角度探讨现代传媒和新式交通，从社会实效层面去呈现"五四"作为一场运动是如何兴起的。复旦大学教授张仲民的《关于五四新文化运动史研究的再思考》，围绕五四新文化运动与基督教的相关内容展开四个方面的讨论。中国社会科学院近代史研究所副研究员宋广波的《新文化运动与"新红学"——纪念新文化运动100周年和新红学100周年》主要考察了新红学与新文学运动、新思潮运动与新红学、新红学与新的学术范式等三方面的内容。

近代中国思潮演变研究佳作迭出。中国社会科学院历史理论研究所研究员左玉河的《儒家民本思想与中国近代民粹主义》指出中国近代民粹主义的两个思想来源：中国传统思想中的民粹主义和俄国近代民粹主义思想。中国社会科学院近代史研究所研究员郑大华的《从"天下"走向"世界"——近代中国人世界观念的形成与发展》认为，从"天下"走向"世界"，展现了中国近代思想文化告别自我封闭而成了世界思想文化的一部分。南开大学教授王先明的《关于革命史形成、建构与转向的历史思考——兼论"新革命史"问题》认为，中国革命史的兴起和发展，有着自身独特的历史逻辑，它是另一层面上的"革命史"的建构过程。上海师范大学教授周育民的《辛亥张謇论——鼎革之际士人政治伦理的困释》梳理辛亥后张謇提出的"尧舜为天下得人而让"高于"君臣之义"的道德准则，试图为包括自己在内的前清士大夫解脱政治道德的困境。

近代教育及理念研究更加深入。浙江大学副教授张立程的《制度、模式与精神：西南联大的战时工程教育》考察了战时教育政策与西南联大、合作办学、西南联大的工程专业等方面的内容，认为西南联大的工程教育，是战时中国工程教育发展的缩影。

地方经济史、政治史、社会史研究方兴未艾。北京大学教授郭卫东的《清代主要流通外币的转换》分析主要外币在华的流通和普及，"本洋"和"鹰洋"此消彼长的轮替，反映国内外情势的多方变迁。中山大学李欣荣的《仿周公摄政：载沣监国礼节纷争与宣统朝权势新局》认为，载沣在监国中因受制于皇朝政治的君臣位分，继而陷入了亲贵政治的旋涡而无法秉公理政，由此埋下宣统朝政出多门的祸根。

抗战史、革命史研究频现新视角。杭州师范大学教授周东华的《全面抗战初期朱家骅"焦土抗战"思想与实践探究》考察全面抗战初期国民党高层有关"焦土抗战"的认知与分歧、全面抗战时"焦土抗战"的类型与嬗变。

近代学术发展与经史转型备受关注。经学的嬗变和史学的转轨是近代中国学术发展中很重要的问题。北京大学教授欧阳哲生的《中国传统和战观之现代诠释——陈焕章著〈孔教经世法〉的国际观发凡》指出，该书全面介绍了孔教教义，系统阐释儒家的和平观、战争观和睦谊外交之道。复旦大学教授邹振环的《近代中国英语教学史上的曾纪泽》考证了曾纪泽学习英语的时间、口语水平、阅读训练和英文写作、曾学习英语时所使用的教材与读本及相关撰述活动等诸问题。北京师范大学教授李帆的《"遗老"视角下的清代学术史——以罗振玉〈本朝学术源流概略〉为核心的论析》认为，罗振玉的学术成就集中体现了近代中国文史学者的研究特色，即一方面继承和拓展了中国固有的经史之学；另一方面运用西学新知，使之与中国学问相交汇，从而令文史之学在当时获得了极大发展。

（柴怡赟）

第 18 届"历史认识与东亚和平"论坛

2019 年 11 月 1—5 日，由中、日、韩"历史认识与东亚和平"论坛执行委员会联合主办的第 18 届"历史认识与东亚和平"论坛，在韩国首尔召开。来自中日韩三国的专家学者、师生和爱好和平人士 150 余人，参加了和平论坛，围绕"纪念三一运动、五四运动爆发 100 周年——在三一运动的现场思考东亚和平"主题，进行了深入探讨。

中国社会科学院近代史研究所所长王建朗研究员代表中方参会人员在开幕式上致辞。随后，由韩中日代表进行基调演讲。韩国春川教育大学金正仁教授、中国社会科学院近代史研究所侯中军研究员、日本"儿童与教科书全国网络 21 世纪"代表委员铃木敏夫先生，分别进行了题为"三一运动，梦想独立和民主""纪念三一运动及五四运动爆发一百周年——五四运动与中国近代民族主义的发展""日本对在东亚建立和平的美好未来的应对"的主题发言。

论坛共分四场专题报告。第一场主题是"世界体制的变化与东亚的和平体制"。北京大学历史学系教授臧运祜在题为"20 世纪前期中国与东亚国际关系的演变"的发言中，高度概括了 19 世纪中叶到 20 世纪中叶百余年的东亚政局变迁，揭示了近代东亚帝国主义与民族主义的双线发展路径及其与国际大势的相互关联。日方代表安井正和先生在《冷战后世界体系变化和东亚和平体系》中，回顾了冷战后世界体系的变化，指出核武器是冷战的负面产物，只有通过《禁止核武器条约》，走向无核世界，确立世界和平秩序，摆脱冷战时期核大国的力量秩序，才能成为东亚实现真正和平的基础，并就东亚和平体制之路，提出三点建议。韩国圣公会大学教授李南周在《东亚安全环境的变化与新的多边合作》中指出，由于美国霸权的下降和中国的崛起，东亚现在正处在修补旧金山体系还是建立新的合作秩序的十字路口。与会人士还就日本媒体助长国内厌韩反华态度的原因、日韩合并合法性问题、旧金山体制变化、拥核是否正当化以及小规模合作的内涵等方面，进行了互动与交流。

第二场主题是"通过对战争、殖民地统治的清算，创造东亚和平体制"。南京大学教授张生作了题为"日军在南京建立殖民统治面临的外国因素及其影响"的主题发言。张生认为日军在占领南京进行大屠杀，建立殖民统治秩序的过程中，其实一直有美英法等第三方力量的观察和介入，极大地影响了日本在南京的殖民统治策略和模式。韩国亚洲和平与历史研究所研究员韩惠仁在《如何追究殖民地统治责任？》中指出，追究殖民地统治责任的方式，应该从被殖民者的角度开始。日本历史教育者协会的大八木贤治先生在题为"如何看待克服历史认识差异的前景"的发言中，结合在日本主办的第18届东亚青少年历史体验营的经验，就如何接受侵略战争和殖民支配的责任问题进行反思。

第三场主题是"南北和解时代的历史认识与历史教育"。中国首都师范大学教授史桂芳在《中日高中历史教科书关于中日战争的叙述与分析》中，将中日两国高中历史教科书关于中日战争的内容介绍进行比较，揭示了两国历史记忆与历史认识的特征。韩国亚洲和平与历史研究所所长教授李信澈在《真的和平：民相亲，心相通，事共同》中，回顾了韩国为克服历史矛盾而进行的东亚共享历史认知的种种努力，分享了1988年以来朝韩历史对话，以及东亚共享历史认知的努力，并总结了由此得出的经验教训。日本中央大学特任教授河合木夫作了题为"当前的日本历史意识与历史教育的课题——高中教育新科目《历史综合》与小学的新教科书"的报告，介绍了日本高中和小学新的教科书以及历史教程，并指出了日本历史认知和日本历史教育的问题所在。

第四场主题是"共享和平授课实践事例"。韩国首尔永登浦中学教师禹州妍、冲绳和平网络首都圈集会代表柴田建、北京市广渠门中学教师李慧慧，分别以三一运动中的"非常和亲会"、岳麓版高中历史教材中的《五四运动》课、冲绳和平运动为例，分享了共享和平授课的实践经验。

（柴怡赟）

世界历史研究所

（一）人员、机构等基本情况

1. 人员

截至2019年年底，世界历史研究所共有在职人员70人。其中，正高级职称人员19人，副高级职称人员22人，中级职称人员16人；高、中级职称人员占全体在职人员总数的81%。

2. 机构

世界历史研究所设有综合处、日本与东亚史研究室、西亚南亚史研究室、非洲史研究室、拉丁美洲史研究室、俄罗斯中亚史研究室、欧洲史研究室、美国史研究室、太平洋与太平洋国家史研究室、"一带一路"史研究室、全球史研究室、世界古代中世纪史研究室、《世界历史》

编辑部。

3. 科研中心

世界历史研究所设中国历史研究院属科研中心有中国历史研究院中华文明与世界古文明（古埃及、古巴比伦、古印度）比较研究中心；中国社会科学院属科研中心有中国社会科学院加拿大研究中心；所属科研中心有中国社会科学院世界历史所日本历史与文化研究中心。

（二）科研工作

1. 科研成果统计

2019年，世界历史研究所共完成论文47篇，69.4万字；译著1种，33万字。

2. 科研课题

（1）新立项课题。2019年，世界历史研究所共有新立项课题12项。其中，国家社会科学基金一般课题5项："20世纪80年代以来的后殖民史学研究"（张旭鹏主持），"'美国社会主义例外论'研究"（邓超主持），"巴西的日本移民史研究"（杜娟主持），"化学对20世纪世界的战争、发展与环境等方面的影响研究"（李文靖主持），"东北亚视阈下俄日关系与中国因素的历史研究（1701—1917）"（邢媛媛主持）；国家社会科学基金后期资助课题1项："近代日本两党制的构想与挫折研究"（文春美主持）；中国历史研究院学术基金重大课题1项："'一带一路'视阈下中国与南亚国家关系史研究"（孟庆龙主持）；中国社会科学院习近平新时代中国特色社会主义思想研究中心重点课题1项："马克思主义阶级观研究"（罗文东主持）；院青年科研启动基金课题1项："意大利统一以来的政教关系（1870—1948）"（信美利主持）；所级国情调研课题1项："临川中等教育的成功经验"（汪朝光主持）；所交办课题2项："世界历史所简介"（王苏粤主持），"世界历史研究所科研成果目录"（饶望京主持）。

（2）结项课题。2019年，世界历史研究所共有结项课题，即国家社会科学基金课题6项："战后英国英属撒哈拉以南非洲政策研究（1945—1980）"（杭聪主持），"古埃及王权研究"（郭子林主持），"时间史研究"（俞金尧主持），"18—19世纪日俄岛屿问题的历史研究"（李文明主持），"巴勒斯坦民族国家构建的进程与困境研究"（姚惠娜主持），"1930年代美国大平原的土地沙化及其治理研究"（高国荣主持）。

（三）学术交流活动

1. 学术活动

2019年，由世界历史研究所主办和承办的学术会议如下。

（1）2019年5月12日，由世界历史研究所《世界历史》编辑部和华东师范大学历史学系联合主办的"历史记忆与国家认同的构建"跨学科研讨会在上海举行。会议研讨的主要问题有"历史记忆何以建构？""'历史记忆'与历史书写方式""'历史记忆'与国家认同的构建""大战与'历史记忆'"。

（2）2019年5月25日，由世界历史研究所与德国罗莎·卢森堡基金会联合主办的《德国统一史之左翼观点》翻译项目工作坊在北京举行。会议商讨《德国统一史之左翼观点》的翻译出版事宜。

（3）2019年6月1日，由世界历史研究所《世界历史》编辑部主办，浙江师范大学人文学院承办的"第六届世界史研究前沿论坛"在浙江省金华市举行。会议研讨的主要问题有"跨国视野下的移民、毒品控制、物种传播、环境问题与文化交流""全球史视野下的城市化、由城市发展与城市环境治理"。

（4）2019年9月14日，由世界历史研究所《世界历史》编辑部主办，西北大学中东研究所承办的"第三届全国世界史中青年学者论坛"在陕西省西安市举行。全国高校和科研机构的90余位专家学者参加。

（5）2019年9月24日，由世界历史研究所主办的"庆祝中华人民共和国成立70周年暨世界历史研究所建所55周年座谈会"在北京举行。

（6）2019年9月27—29日，由世界历史研究所和西北师范大学历史文化学院联合主办的"2019年世界史学术前沿高端论坛"在甘肃省兰州市举行。论坛研讨的主要议题有"史学理论""国别史""国际政治史""环境史"等。

（7）2019年10月19—20日，世界历史研究所主办的"2019世界史研究高峰论坛"在北京举行。会议的主题是"人类命运共同体视域下的世界历史研究"。会议研讨的主要议题有"如何推动世界历史研究的发展""如何构建世界史学科三大体系"等。

（8）2019年11月4日，由世界历史研究所主办，世界历史研究所伊朗历史与现实研讨小组、世界历史研究所亚洲史学科承办的"伊朗历史与现实研讨小组2019年年会暨海湾危机与中东格局学术研讨会"在北京举行。会议研讨的主要议题有"美国与伊朗在中东的博弈""伊朗与地区格局""伊朗政治与历史""中伊文明交往与'一带一路'"等。

（9）2019年11月12日，由世界历史研究所等单位联合举办的"新书出版座谈暨中日关系研讨会"在北京举行。会议研讨的主要议题有"全球视野下的中日关系"。

（10）2019年11月27日，由世界历史研究所主办的"第三届世界历史研究所青年论坛"在北京举行。会议研讨的主要议题有"政党政治与国家治理""社会建构与历史书写""对外政策与国际交往""边界问题与大国关系"等。

2．国际学术交流与合作

2019年，世界历史研究所共派遣出访19批35人次，接待来访18批21人次（其中，中国社会科学院邀请来访2批3人次）。与世界历史所开展学术交流的国家有亚美尼亚、阿塞拜疆、印度、韩国、日本、以色列、澳大利亚、波兰、德国、保加利亚、希腊、巴西等。

（1）2019年2月7—10日，世界历史研究所汪朝光应邀赴日本参加《中日关系事典》定稿会。

（2）2019年3月10—17日，世界历史研究所刘健、易建平等出访以色列，与以色列奥尔布莱特考古研究所所长马修·亚当斯教授等围绕"古代国家的对外交往和互动关系"等问题进行学术交流。

（3）2019年3月13—17日，世界历史研究所汪朝光应邀赴印度参加"五四运动核心问题的再探讨"国际学术研讨会。

（4）2019年3月26日，世界历史研究所学者与美国弗吉尼亚大学阿兰·梅吉尔教授在北京就"论历史研究中的二元矛盾：偶然性与必然性"问题开展学术交流。

（5）2019年4月1日至6月28日，世界历史研究所朱剑利应邀赴波兰科学院政治学研究所，以波兰语的使用为重点进行学术交流。

（6）2019年5月12—19日，世界历史研究所吕厚量应邀随中国社会科学院代表团对日进行友好访问。

（7）2019年5月21—23日，世界历史研究所汪朝光等与顺访的德国汉堡大学东北欧德意志人历史文化研究所副所长维克多·德宁豪斯教授在北京就"苏联民族政策的'黄金时代'与苏联少数民族（1922—1930年）"议题进行学术交流。

（8）2019年5月31日，世界历史研究所古代中世纪史研究室与顺访的希腊国立雅典大学政治学教授、希腊议会学术委员会委员帕斯卡利斯·基米多利德斯在北京就"欧洲政治思想的起源：埃斯库罗斯悲剧中的政治观念"议题进行学术交流。

（9）2019年6月14—17日，世界历史研究所汪朝光应邀赴韩国延世大学参加"五四运动100周年纪念"国际学术研讨会，作了题为"1919：反帝反殖民族主义的东亚时刻及其历史意义——三一运动和五四运动的比较研究"的发言。

（10）2019年7月21日至9月20日，世界历史研究所王超应邀赴德国波茨坦大学历史系进行访学，收集德国环境史的著作和文献材料，以及德国统一的档案与文献材料。

（11）2019年7月23日，世界历史研究所汪朝光、侯艾君在北京会见土库曼斯坦驻华大使巴拉哈特·杜尔德耶夫及其助手舒赫拉特，就未来世界历史所与土库曼斯坦学术机构的学术合作进行会谈。

（12）2019年7月26日至8月4日，世界历史研究所胡玉娟、孙泓、张炜、吕厚量4人应邀赴日本东京上智大学、名古屋大学高等教育研究院和福冈教育大学访问，就"多元视野下的古代制度研究"问题开展学术交流。

（13）2019年8月4日至10月31日，世界历史研究所文春美应邀赴以色列希伯来大学，以研修希伯来语为主，并就20世纪30年代日本制订的"河豚计划"与以色列学者进行学术交流。

（14）2019年9月1日至10月31日，世界历史研究所张瑾应邀赴澳大利亚弗林德斯大学进行访学。访学的主题为"澳大利亚与英国的人才交流及其人才政策（1950—2000年）"。

（15）2019年9月18—22日，世界历史研究所党委书记罗文东等5人访问亚美尼亚，与亚美尼亚国家科学院东方学研究所所长、著名的土耳其问题专家鲁宾·萨弗拉斯季昂、中国问题专家阿哈弗尼·阿鲁秋尼扬等就"中东国家的内政外交：包括伊朗、土耳其、阿拉伯国家以及高加索地区问题"进行学术交流。

（16）2019年10月12—16日，世界历史研究所所长汪朝光、《世界历史》编辑部任灵兰等5人访问阿塞拜疆，与阿塞拜疆国家科学院历史研究所所长马赫穆多夫教授等就"丝绸之路和中西文化交流"议题进行学术交流。

（17）2019年10月28日至11月3日，世界历史研究所李锐、何风应邀赴保加利亚科学院历史研究所进行学术访问，双方学者就"中国与保加利亚：二战结束至21世纪初现代化尝试中的历史比较"进行学术交流。

（18）2019年11月6—9日，世界历史研究所毕健康应邀随中国社会科学院代表团赴韩国参加第12届中韩人文交流政策论坛。

（19）2019年11月6—13日，世界历史研究所吕厚量随中国社会科学院高级代表团出访希腊，出席"金砖国家人文交流论坛"。

（20）2019年11月10—16日，世界历史研究所汪朝光随中国社会科学院高级代表团出访巴西，参加"金砖国家人文交流论坛"。

（21）2019年11月10日至12月9日，世界历史研究所王晓菊应邀赴日本东京大学法学政治学研究所进行学术访问。交流的领域涉及中日两国的俄罗斯历史研究现状、特点与趋势，俄罗斯历史研究的理论和方法，俄罗斯远东史、西伯利亚史、俄罗斯移民史，以及俄罗斯历史教学、人才培养和国际交流合作等。

3. 与中国香港、澳门特别行政区和中国台湾开展的学术交流

（1）2019年2月21—25日，世界历史研究所汪朝光应邀赴台湾政治大学参加"1940年代之中国青年学者论坛"，并作题为"1940年代中国历史演进的结构分析"的主旨发言。

（2）2019年7月8—21日，世界历史研究所张炜应邀赴台湾大学历史系访学，为国家社会科学基金课题"17世纪英国的社会舆论与政治制度发展演进研究"收集资料。

（3）2019年9月17—19日，世界历史研究所汪朝光应邀赴澳门为"中国近代史、国情和中华优秀传统文化教育"培训班授课。

（4）2019年12月2日，由世界历史研究所和澳门美术协会共同主办，中国历史研究院文献信息部和中国国际文化书院承办的"澳门同胞庆祝国庆牌楼历史图片展"在北京开幕。展览的主题是"庆祝澳门回归祖国20周年"。

（四）学术社团、期刊

1. 社团

(1) 中国世界古代中世纪史研究会，会长晏绍祥。

2019年9月21—22日，中国世界古代中世纪研究会古代史专业委员会在黑龙江省哈尔滨市举行"中国世界古代中世纪史研究会2019年年会"。会议的主题是"1949—2019：中国世界古代史研究70年"。研讨的主要议题有"古代世界的帝国、战争与和平""世界古代史研究回顾与展望""世界古代史研究前沿问题"等。与会专家学者90余人。

(2) 中国世界近代现代史研究会，会长高毅。

① 2019年7月26—28日，中国世界近代现代史研究会在内蒙古自治区通辽市举行"中国世界近代现代史研究会世界现代史专业委员会年会暨学术研讨会"。会议的主题是"全球化与世界现代史热点问题研究"，研讨的主要议题有"学科史与思想史""全球史与海洋史""军事—外交史及国家形象"。与会专家学者90余人。

② 2019年10月19—20日，中国世界近代现代史研究会世界近代史专业委员会与聊城大学历史文化与旅游学院在山东省聊城市联合举行"中国世界近代史研究会2019年年会暨纪念新中国成立70周年学术研讨会"，会议的主题是"新中国成立70年以来的中国世界史学科发展及世界近代史各领域研究课题"。与会专家学者90余人。

(3) 中国非洲史研究会，会长李安山。

2019年11月22—24日，中国非洲史研究会在广东省广州市举行"中国非洲史研究会2019年会暨'一带一路'与非洲历史研究新起点学术研讨会"。会议的主题是"非洲历史、经济、政治、国际关系和中非关系"。研讨的主要议题有"非洲历史研究的理论与方法""非洲历史专题研究""'一带一路'建设与中非经贸合作""大国对非政策与非洲国家外交""非洲政治与国家安全"等。与会专家学者95人。

(4) 中国美国史研究会，会长梁茂信。

2019年7月22—24日，中国美国史研究会在吉林省长春市举行"传承与创新：东北师范大学美国史国际学术研讨会"。会议的主题是"纪念中国美国史研究会创立40周年暨丁则民教授教育与学术思想"和"移民、族裔与美利坚文明"。与会专家学者98人。

(5) 中国日本史学会，会长杨栋梁。

2019年6月15日，中国日本史学会、中国社会科学院—上海市人民政府上海研究院和复旦大学在上海举行"中国日本史学会2019年年会暨建国七十年来日本史研究成果与新时代课题学术研讨会"。会议研讨的主要议题有"建国70年来日本史研究的回顾与总结""新时代日本史研究的理论视角与前沿课题""'人类命运共同体'下的中日关系演进"。与会专家学者90余人。

(6) 中国中日关系史学会，会长王新生。

(7) 中国朝鲜史研究会，会长朴灿奎。

2019年10月19—20日，中国朝鲜史研究会在山东省泰安市举行"中国朝鲜史研究会2019年学术年会"。会议的主题是"朝鲜半岛历史、现状与未来"，研讨的主要议题有"朝鲜半岛古代史""朝鲜半岛近现代史""朝鲜半岛当代史"等。与会专家学者70余人。

(8) 中国第二次世界大战史研究会，会长徐蓝。

2019年6月28—30日，中国第二次世界大战史研究会在黑龙江省哈尔滨市举行"中国第二次世界大战史研究会2019年年会暨学术研讨会"。会议研讨的主要议题有"中国抗日战争问题""欧洲战场""二战对战后世界的影响"等。与会专家学者70余人。

(9) 中国英国史研究会，会长高岱。

① 2019年10月25—28日，中国英国史研究会在安徽省芜湖市举行"中国英国史研究会2019年学术年会"。会议研讨的主要议题有"英国政治与外交""英国社会与文化""英国经济、环境与卫生"。与会专家学者98人。

② 2019年5月11—12日，中国英国史研究会和大连大学历史学院在辽宁省大连市联合举办"英国史研究工作坊学术研讨会"。会议的主题是"维多利亚时代的英国"。与会专家学者30余人。

(10) 中国法国史研究会，会长沈坚。

2019年9月2—7日，中国法国史研究会在上海举行"第十五届中法瑞历史文化国际研讨班"。研讨班的主题是"历史与时间：欧洲与中国之比较研究"。与会专家学者60余人。

(11) 中国拉丁美洲史研究会，会长韩琦。

① 2019年5月11日，中国拉丁美洲史研究会、中国拉丁美洲学会和安徽大学创新发展战略研究院在安徽省合肥市联合举行"第九届中国拉美研究青年论坛"，会议的主题是"'一带一路'视野下中拉合作研讨会"。与会专家学者90余人。

② 2019年11月1—3日，中国拉丁美洲史研究会在陕西省西安市举行第19届年会"'拉美历史上的民族与国家'暨纪念中国拉丁美洲史研究会成立40周年学术研讨会"。会议的主题是"拉美历史上的民族与国家"，研讨的主要议题有"拉美国家的治理能力""拉美民族的形成""拉美民族主义的历史演进""拉美经济民族主义"等。与会专家学者90余人。

(12) 中国苏联东欧史研究会，会长张盛发。

2019年8月17—18日，中国苏联东欧史研究会和黑龙江大学俄罗斯语言文学与文化研究中心联合等单位在黑龙江省哈尔滨市举行"中国苏联东欧史研究会年会暨学术研讨会"。会议研讨的主要议题有"第二次世界大战爆发80周年""共产国际成立100周年的历史回顾""东欧剧变30周年""俄罗斯东欧中亚历史上的重大历史问题研究""中国俄罗斯东欧中亚史研究70年"。与会专家学者70余人。

(13) 中国德国史研究会，会长郑寅达。

2019年10月25日，中国德国史研究会在四川省成都市召开"《德国通史》新书发布暨德国史学术研讨会"。会议围绕《德国通史》编写及多个德国史研究重要课题进行了探讨。与会专家学者30余人。

(14) 中国国际文化书院，院长汪朝光。

① 2019年1月5日，中国国际文化书院第六届院务委员会和顾问委员会联席会议在北京召开。会议的主题是"书院今后的发展"。

② 2019年6月10日，中国国际文化书院与中国社会科学院老专家协会在北京举行"'一带一路'建设研讨会"。会议研讨的主要议题有"'一带一路'倡议及其成就""'一带一路'建设的基本经验""'一带一路'建设与新时代中国周边外交的紧密联系""'一带一路'倡议与构建人类命运共同体有密切联系"。

2．期刊

(1)《世界历史》（双月刊），主编汪朝光。

2019年，《世界历史》共出版6期，共计150万字。该刊全年刊载的有代表性的文章有：张倩红的《历史记忆与当代以色列国家认同的构建》，王立新的《美国国家身份的重塑与"西方"的形成》，周小兰的《"气候—危机"模式再探——以法国无夏的1816年为例》，李宏图的《清除"污名"：约翰·密尔〈论自由〉文本的形成》，黄艳红的《记忆建构与民族主义：近代塞尔维亚历史中的科索沃传奇》，侯建新的《封建地租市场化与英国"圈地"》，杨栋梁的《权威重构与明治维新》，许赛锋的《近代中日关系背景下的"同文同种"表述》，夏继果、王玖玖的《从"哥特神话"到"互动共生"：中世纪西班牙史叙事模式的演变》，刘合波的《史学新边疆：冷战环境史研究的缘起、内容和意义》，王华的《太平洋史：一个研究领域的发展与转向》，张宏宇的《世界经济体系下美国捕鲸业的兴衰》，李昀的《战后初期美国"自由列车"政治动员项目的实施及其影响》。

(2)《世界史研究》英文刊（*World History Studies*）（半年刊），主编汪朝光。

2019年，*World History Studies*（《世界史研究》）共出版2期，共计18万英文字符。该刊全年刊载的有代表性的文章有：董灏智的"Japan's Deconstruction of Traditional Order in East Asia: Theory and Practice"（《日本对东亚传统秩序的解构：理论与实践》），梁茂信的"A Silent Pioneer: Ding Zemin's Contribution to the Discipline of World History in China"（《无声的先驱：丁泽民对中国世界史学科的贡献》），闫伟的"Exploring the Academic Consciousness of the Middle East Research"（《探索中东研究的学术觉悟》），张建华的"A Review and Reflection on the 100-hundred-year Study of Russian History in China"（《中国俄罗斯史研究百年回顾与反思》），冯广宜的"Lan Qi, ed., A History of Central Asia"（《蓝琪编：〈中亚史〉》），陶莎的"Wei Zhijiang: 'Eurasia Regional History Research and the Silk

Road—Mr. Hamashita Takeshi's 10th Anniversary Memorial Anthology for Teaching in Sun Yat-Sen University'"(《魏志江：〈欧亚区域史研究与丝绸之路：滨下武志先生执教中山大学十周年纪念文集〉》)。

（五）会议综述

"历史记忆与国家认同的构建"跨学科研讨会

2019年5月12日，由中国社会科学院世界历史研究所《世界历史》编辑部和华东师范大学历史学系合作举办的"历史记忆与国家认同的构建"跨学科研讨会在上海召开。会议开幕式由华东师范大学历史学系主任孟钟捷教授主持。中国社会科学院世界历史研究所研究员、《世界历史》副主编徐再荣，华东师范大学大夏书院院长沐涛教授分别致辞。

会议第一场的讨论主题是"历史记忆何以建构？"。南方科技大学社会科学高等研究院教授王晓葵阐释了文化记忆及其与"身份认同"之间的关系，并着重讲解了文化记忆的结构形式及其两重作用。复旦大学新闻学院博士后陶赋雯则以人类命运共同体为视域，论述了日本右翼力量对战争记忆的建构。武汉大学新闻与传播学院副教授吴世文以互联网诞生在中国发展的进程中形成的记忆，并就互联网的发展轨迹和两种趋向——全球化和地方化进行了分析。

会议第二场的讨论主题是"'历史记忆'与历史书写方式"。浙江大学历史系教授李娜对集体记忆和公众历史的概念作出阐述。华东师范大学历史学系教授瞿骏则立足于中国近现代史的研究和教学，就中国近代"屈辱的历史"进行了再阐释。

会议第三场的讨论主题是"'历史记忆'与国家认同的构建"。北京师范大学哲学系吴玉军教授提出，历史记忆在诸多方面对于建立国家认同、强化民族凝聚力发挥作用。历史记忆具有选择性的特点。中国社会科学院世界历史所研究员黄艳红则以科索沃为例，对塞尔维亚的民族记忆进行了探寻和分析，呼吁应该对民族全部过去的"元叙事"之片面性有所反思。

会议第四场的讨论主题是"大战与'历史记忆'"。复旦大学历史系教授马建标以第一次世界大战为背景，探索中国的民族精英对"历史"之救国功能的阐释。国内出版的教科书对塑造当时中国青少年的民族意识起到了重要作用的同时，也通过"强化记忆教学法"对反日意识的培育产生了隐形作用。华东师范大学历史学系教授孟钟捷阐述1945年2月的德累斯顿大轰炸所带来的历史记忆。根据德累斯顿大轰炸亲历者、纳粹至统一后的德国当局、其他群体等叙事主体关于这段历史的记忆和叙事书写，由此提出历史记忆的"真实性"问题，并多角度地分析了当代继续记忆这段历史的原因。

（科研处）

第三届全国世界史中青年学者论坛

2019年9月13—15日，由中国社会科学院《世界历史》编辑部主办，西北大学中东研究所承办的"第三届全国世界史中青年学者论坛"在西北大学召开。来自中国社会科学院、北京大学、清华大学、中国人民大学、复旦大学、南开大学、四川大学、武汉大学、德国慕尼黑大学等数十所高校和科研院所的90余位专家学者参加了论坛。开幕式由《世界历史》副主编徐再荣研究员主持，西北大学副校长常江研究员、中国社会科学院原副院长武寅研究员、中国社会科学院世界历史研究所所长汪朝光研究员和西北大学中东研究所原所长黄民兴教授分别致辞。

武寅研究员强调，世界历史研究应在充分借鉴西方史学界研究方法和成果的基础上，培养构建中国特色世界史研究议题和范式的意识。全国世界史中青年学者论坛自创建以来，紧跟时代步伐，不断创新发展，在世界史学科建设和人才培养方面发挥着特有的作用。世界史学科的希望在中青年学者身上，出路在于"鉴他山之石，走自己之路"，既要以正确的心态和方式，借鉴一切可以借鉴的东西，包括西方史学中的精华，同时要凭借自己的不懈探索和大胆实践，走顺应时代发展要求的新路，发掘和弘扬中国传统史学积淀传承下来的优良传统，努力构建中国的史学新体系。汪朝光研究员指出，当前中国的世界史研究已经进入"百花齐放"的时代，其特点是选题新颖，问题明确，史料丰富，语言扎实。历史学需要融合发展，要打破中国史学科和世界史学科之间的藩篱。他强调，中青年学者是我国世界史研究的重要力量，决定着今后研究的发展方向，中青年学者应更好地发挥能力和潜质，踏踏实实做研究。黄民兴教授谈了自己在世界史研究方面的经验和感想。他认为，当代世界史研究在广度和深度方面发展喜人，但是，中青年学者在关注小而细的研究议题的同时，也不应忽视对世界史整体的认识，要有全局的眼光，在整体史观的指导下关注宏观议题。在近现代史研究中，也应关注当前世界发展的最新态势和走向。

论坛的参会论文主要集中于欧美国别史、古代史、国际关系史、亚非拉国别史等四个方向，与会学者分为四个小组进行了讨论，各自介绍了最新研究成果并积极研讨互动。

（科研处）

庆祝中华人民共和国成立70周年暨世界历史研究所建所55周年座谈会

2019年9月24日，"庆祝中华人民共和国成立70周年暨世界历史研究所建所55周年座谈会"在北京举行。中国社会科学院世界历史研究所离退休人员及全体在职人员参加会议。中国社会科学院世界历史研究所党委书记罗文东主持会议。

中国社会科学院世界历史研究所副所长饶望京代表所领导班子发言。他回顾了55年以来世界历史研究所走过的不平凡历程，取得的不平凡成绩。他说，55年来，在中央领导的亲切关怀下，在中国社会科学院党组的坚强领导下，在几辈专家学者的共同努力下，世界历史研究所始终坚持正确的政治方向、学术导向和价值取向，坚持以马克思主义唯物史观为指导，继承和发扬我国史学"经世致用"的优良传统，大力推进世界历史研究工作，加强对外学术交流，积极回应重大理论和现实问题，努力实现中央对中国社会科学院提出的"三个定位"要求，加快构建中国特色世界历史学学科体系、学术体系、话语体系。目前，世界历史已成为一级学科，世界历史研究所已发展成为一个对世界主要国家和地区的历史进行综合性研究的国家级专门学术机构。

世界历史研究所55年来推出了一大批学术成果，据不完全统计，发表学术论文1700余篇，一般文章600余篇，出版专著近400部、译著170余部、工具书50余部，研究领域覆盖世界各国，研究时段涵盖古今，以宏观研究和专题研究见长，代表了中国世界史研究的高水准。涌现出一批学术大家和专业人才，他们或为中国世界史研究的开拓者和领导者，或为世界史学科研究的奠基者和引领者，学术成就蜚声学界。

离退休老干部、在职人员代表也先后发言。最后，罗文东代表所领导班子作总结发言。

(科研处)

2019世界史研究高峰论坛

2019年10月19—20日，由中国历史研究院世界历史研究所主办以"人类命运共同体视域下的世界历史研究"为主题的"2019世界史研究高峰论坛"在北京举办。来自全国十多所高校、科研机构的40余位专家出席会议并发言。会议围绕"人类命运共同体视域"下如何推动世界历史研究的发展、如何构建世界史学科三大体系等重要命题进行了讨论。

论坛由中国社会科学院世界历史研究所党委书记罗文东研究员主持。中国社会科学院原副院长武寅研究员与世界历史研究所所长汪朝光研究员分别致辞。世界历史研究所副所长饶望京出席会议。

武寅表示，世界百年未有之大变局不是一朝一夕所致，而是多年以来世界历史发展演变的结果，探讨这一过程发展的轨迹，从根源上破解时代难题，正是世界史研究的题中应有之义。汪朝光提出，应该把中国历史发展放在世界视野中来观察，同时世界历史研究也应该有中国视角，世界史研究的专家学者在面对大好机遇和国际学术挑战时，应该拥有"一览众山小"、奋发进取的豪情壮志。

论坛分为七场发言，充分展现了中国世界史研究的前沿动态和成果，体现了中国世界史学者对人类命运共同体的现实关怀。七场发言主题分别为：(1) 如何构建世界史学科三大体系；(2) 世界史研究七十年；(3) 欧美国家的历史与史学；(4) 中东、非洲史研究；(5) 世界史中的国际关系研究；(6) 古代史研究；(7) 全球治理与学科创新。与会学者还对人文科学与社会科学的各自属性、微观研究与碎片化研究的界限等进行了讨论。

汪朝光作总结发言。他强调，论坛的两个关键词"人类命运共同体"与"三大体系构建"，可以理解为世界历史研究的目的与方法；三大体系建设的内容是丰富的，体现了进取性和主动性；中国处于世界舞台中心的国际态势，也迫切需要中国的世界史研究同样走向国际舞台，多出成果、出好成果。

（科研处）

中国边疆研究所

（一）人员、机构等基本情况

1．人员

截至 2019 年年底，中国边疆研究所共有在职人员 37 人。其中，正高级职称人员 10 人，副高级职称人员 10 人，中级职称人员 12 人；高、中级职称人员占全体在职人员总数的 86%。

2．机构

中国边疆研究所设有：东北边疆研究室、北部边疆研究室、西南边疆研究室、海疆研究室、中国海洋史研究室、新疆研究室、西藏研究室、国家与疆域理论研究室、编辑部、综合处。

（二）科研工作

1．科研成果

2019 年，中国边疆研究所共完成专著 5 种，228.2 万字；论文 43 篇，论文集 4 种，147.9 万字；研究报告 28 篇，30.4 万字。

2．科研课题

（1）新立项课题。2019 年，中国边疆研究所共有新立项课题 7 项。其中，中宣部委托课题 1 项："俄罗斯政治体制研究"（邢广程主持）；国家社会科学基金课题一般课题 1 项："中俄北极可持续发展合作研究"（初冬梅主持）；国家社会科学基金课题青年课题 2 项："唐鸿胪井刻石及相关问题研究"（朱尖主持），"民国时期中日黄海渔业争端与中国政府的渔权维护研究"（王楠主持）；中国历史研究院重大课题 1 项："清代国家统一史"（邢广程主持）；所重点课题 2 项："边疆农村精准扶贫与社会治理——以云南案例为探讨"（罗静主持），"高句丽大遗址活化研究"（朱尖主持）。

（2）延续在研课题。2019 年，中国边疆研究所共有延续在研课题 6 项，其中，国家社会科学基金课题重大课题 1 项："西藏历史地图集"（孙宏年主持）；国家社会科学基金课题一般课题 2 项："清代'藏哲（锡金）边界'研究"（张永攀主持），"高句丽史上的族群问题研究"（范恩实主持）；国家社会科学基金青年课题 2 项："中国城市行政管理体制改革研究"（王垚主持），"'一带一路'背景下云南茶文化旅游的资源空间结构、地域类型及发展模式研究"（时雨晴主持）；院长城学者资助课题1项："政权建构与族群凝聚"（李大龙主持）。

3. 获奖优秀科研成果

2019年，中国边疆研究所共获奖2项。其中，获"第十届（2019年）中国社会科学院优秀科研成果奖"专著类二等奖1项：范恩实的专著《夫余兴亡史》；论文类三等奖1项：王义康的论文《唐代的化外与化内》。

（三）学术交流活动

1. 学术活动

2019年，由中国边疆研究所主办和承办的学术会议如下。

（1）2019年4月20—21日，由中国社会科学院中国边疆研究所与陕西师范大学中国西部边疆研究院联合主办的"第二届新时代中国边疆学学术讨论会"在陕西省西安市举行。会议研讨的主要议题有"中国边疆学构筑""古代中国边疆研究""中华民族共同体"等。

（2）2019年8月16—18日，"发展中的中国边疆研究——第七届中国边疆研究青年学者论坛"在海南省海口市举行。会议由中国社会科学院中国边疆研究所和海南大学联合主办，海南大学政治与公共管理学院和海南省公共治理研究中心承办。会议研讨的主要议题有"边疆政制""边疆开放与开发""边疆稳定与周边关系""边疆理论与研究"等。

（3）2019年9月10—11日，"第七届中国边疆学论坛"在甘肃省兰州市举行。会议由中国社会科学院中国边疆研究所、甘肃省社会科学院、新疆智库、中国西部开发促进会共同主办。会议研讨的主要议题有"传承与创新：中国边疆学的新视野、新进展"等。

（4）2019年11月15—17日，"中国社会科学论坛（2019）：'一带一路'与东北亚区域开发、合作国际论坛"在吉林省延吉市举行。会议由中国社会科学院学部主席团主办，中国社会科学院中国边疆研究所和延边大学朝鲜韩国研究中心承办。会议研讨的主要议题有"'一带一路'倡议""东北亚各国间交流""东北亚区域开发合作面临的重大问题"。

（5）2019年11月21日，由新疆智库主办的"新疆智库论坛（2019）"在北京举行。会议研讨的主要议题有"深入贯彻第二次中央新疆工作座谈会精神，坚定不移推进新疆社会稳定和长治久安"等。

（6）2019年12月18—20日，受外交部委托，由中国边疆研究所承办的"亚信非政府论坛第三次会议'全方位互联互通'圆桌会议"在重庆市举行。会议研讨的主要议题有"'一带一路'建设有利于促进亚洲相互协作""欧亚地区互联互通能够增进彼此信任"。

2. 国际学术交流与合作

2019年，中国边疆研究所共派遣出访20批24人次，接待来访14批。与中国边疆研究所开展学术交流的国家有俄罗斯、德国、法国、美国、英国等。

（1）2019年2月19—23日，中国边疆研究所所长邢广程等受邀赴韩国参加由韩国仁川大学中国学术院举办的"'一带一路'与东亚细亚交流"学术研讨会。

（2）2019年5月18—27日，朝鲜社会科学院考古学研究所代表团一行8人来华访问，在中国边疆研究所、古代史研究所、考古学研究所进行了学术报告。

（3）2019年5月20—24日，中国边疆研究所海疆研究室刘静烨应缅甸战略与国际问题研究所邀请，参加第三届中缅智库论坛，并赴仰光中国文化中心和中国驻仰光领事馆访问交流。

（4）2019年5月28日至6月1日，中国边疆研究所所长邢广程赴俄罗斯参加第五届中俄智库高端论坛"中国与俄罗斯：新时代的合作暨中俄建交70周年"国际会议，并作题为"中俄关系70年的经验与教训"的发言。

（5）2019年6月2—5日，中国边疆研究所所长邢广程赴俄罗斯出席6月4日在圣彼得堡召开的由俄罗斯科学院欧亚经济一体化、现代化、竞争力和可持续发展等问题科学委员会（俄罗斯科学院，RAS）、俄联邦工贸局、俄罗斯科学院远东研究所等机构主办的第四届中俄商务论坛，出席6月5日在莫斯科召开的由中国外文局与瓦尔代俱乐部联合举办的中俄智库论坛，并作题为"中俄区域经济合作的新思路"的发言。

（6）2019年6月7—11日，中国边疆研究所所长邢广程应邀前往尼泊尔参加由中国社会科学院学部主席团主办，中国社会科学院民族学与人类学研究所、中国社会科学院西藏智库、尼泊尔—中国凯拉斯文化促进会、尼泊尔特里布万大学承办的"中国社会科学论坛及第三届喜马拉雅区域研究国际研讨会"，并作题为"环喜马拉雅区域经济合作的基本思路"的发言。

（7）2019年6月30日至7月2日，中国边疆研究所所长邢广程赴俄罗斯参加"第二届议会制发展国际论坛"，并作题为"中俄人文合作的新机遇"的发言。

（8）2019年8月19—23日，中国边疆研究所东北边疆研究室范恩实应朝鲜社会科学院邀请，就朝鲜半岛最近发现高句丽、渤海历史遗迹情况及相关研究开展学术交流，并实地调研相关历史遗迹。

（9）2019年9月2—11日，根据中宣部交办任务，中国边疆研究所所长邢广程率国务院新闻办公室组织的新疆文化交流团访问德国、法国、英国。

（10）2019年9月29日至10月3日，中国边疆研究所所长邢广程参加在索契举行的俄罗斯瓦尔代国际辩论俱乐部第16届年会，并作题为"新时代下中美俄三边互动及其对世界格局的影响"的发言。

（11）2019年10月11—20日，中国边疆研究所所长邢广程随中国社会科学院国际研究学部学术交流团赴白俄罗斯、德国和希腊进行学术交流及调研，就"一带一路"工业园区和港口建设进行了实地调研。

（12）2019年10月13—27日，中国边疆研究所东北边疆研究室初冬梅随中国社会科学院代表团出访俄罗斯，参加俄罗斯智库培训项目。

（13）2019年10月14—24日，中国边疆研究所书记刘晖春、编辑部李大龙、北部边疆研究室阿拉腾奥其尔前往俄罗斯，与俄罗斯科学院远东分院远东民族历史考古与民族学研究所、远东研究所、东方文献研究所、人类学与民族学博物馆等进行学术交流，达成多项合作意向。

（14）2019年10月20日起，中国边疆研究所北部边疆研究室乌兰巴根赴美国哥伦比亚大学东亚研究所执行中国社会科学院青年学者出国研修项目，为期一年。

（15）2019年11月19—22日，中国边疆研究所新疆研究室许建英赴巴基斯坦参加中巴智库第一次联合学术会议，讨论变化中"一带一路"倡议的动能。

（16）2019年11月26日，俄罗斯科学院院士、远东分院副院长维·拉·拉林以"中国在亚太俄罗斯的存在：迷思与现实"为题作讲座；日本北海道大学斯拉夫－欧亚研究中心岩下明裕教授以"当代边界研究：理论与实践"为题作报告。

（17）2019年12月4—9日，中国边疆研究所新疆研究室许建英随外交部涉疆涉藏代表团前往捷克、荷兰执行外宣任务，在涉疆外宣方面取得良好效果。

（18）2019年12月5—9日，中国边疆研究所北部边疆研究室陈柱赴德国波恩大学参加"德国满学研究"学术研讨会。

3. 与中国香港、澳门特别行政区和中国台湾开展的学术交流

2019年11月28日，中国边疆研究所新疆智库办公室相关人员与台北故宫博物院研究员陈维新在中国社会科学院中国边疆研究所就"帕米尔界图及光绪时期中俄帕米尔界务交涉——以台北故宫博物院现藏外交舆图为例"为题开展学术交流活动。

（四）学术期刊

《中国边疆史地研究》（季刊），主编李大龙。

2019年，《中国边疆史地研究》共出版4期，共计135万字。该刊全年刊载的有代表性的文章有：高福顺的《辽朝在中国古史谱系中的历史定位》，周伟洲的《吐谷浑墓志通考》，崔明德的《高欢民族关系思想初探》，李树辉的《丝绸之路"新北道"中段路线及唐轮台城考伦》，邢广程的《中俄关系70年的多维思考》。

（五）会议综述

中国社会科学论坛（2019）："一带一路"与东北亚区域开发、合作国际论坛

2019年11月15—17日，由中国社会科学院学部主席团主办、中国边疆研究所和延边大学朝鲜韩国研究中心承办的"中国社会科学论坛（2019）："一带一路"与东北亚区域开发、合作国际论坛"在吉林省延吉市举行。大会分为"'一带一路'与东北亚区域合作"和"边疆地区跨国（经济、开发区、旅游）合作"两个分论坛。会议围绕"'一带一路'倡议、东北亚各

国间交流、东北亚区域开发合作面临的重大问题"进行深入的交流和探讨,为边疆地区与周边国家区域合作建言献策。来自中国、韩国、日本和蒙古国的40余位专家学者参会。

会议开幕式由延边大学朝鲜韩国研究中心主任朴灿奎主持。中国社会科学院学部委员、中国边疆研究所所长邢广程,延边大学党委副书记陈铁,韩国国土研究院院长康贤秀在开幕式上分别致辞。蒙古国科学院国际事务研究所首席研究员巴特尔、国土研究院韩半岛东亚研究中心责任研究员李贤珠等进行了主旨发言,围绕东北亚区域合作和边境地区开发合作战略进行了深入的探讨。论坛还围绕"'一带一路'与东北亚区域合作""边疆地区跨国(经济、开发区、旅游)合作"两个主题进行了分论坛研讨,为我国边疆地区与周边国家的区域经济合作与交流建言献策。与会者从中国、韩国与朝鲜三个角度进行了分析与探讨,并依据各国的政策、法律、经济等方向进行了讨论。

会议进一步深入了解了"一带一路"倡议实施的现状,具体分析了东北亚各国间交流及区域合作开发面临的问题,最终提出了东北亚各国在区域合作开发中的具体领域及展望。

(科研处)

亚信非政府论坛第三次会议"全方位互联互通"圆桌会议

2019年12月19日,由中国人民外交学会主办,重庆市人民政府承办的亚信非政府论坛第三次会议在重庆举行。会议的主题是"亚信愿景:建设亚洲命运共同体"。中国社会科学院中国边疆研究所承办"全方位互联互通"圆桌会议。来自中国、泰国、吉尔吉斯斯坦、俄罗斯、韩国、巴基斯坦、哈萨克斯坦、阿塞拜疆等国家的20余位专家学者出席会议。会议围绕"'一带一路'建设、互联互通及亚洲安全与发展"等问题展开深入探讨与交流。

中国社会科学院学部委员、中国边疆研究所所长邢广程主持开幕式并致辞,泰国国会前主席颇钦·蓬拉军、中国人民外交学会副会长李惠来出席开幕式。吉尔吉斯斯坦前外长穆拉特别克·伊马纳利耶夫作主旨发言。

会议期间,各位专家学者主要就"欧亚地区互联互通:合作与挑战"和"欧亚地区互联互通:进程与展望"两个议题展开深度交流与探讨,一致认为,"一带一路"倡议给欧亚各国带来重大机遇。中国已成为推动亚欧互联互通的关键力量。进一步加快中国与欧亚其他国家的互联互通将是"一带一路"建设的关键。

中国社会科学院中国边疆研究所副所长孙宏年用六个关键词友谊、合作、交流、沟通、期待、展望对会议进行了总结发言。

会议进一步增进了亚洲国家对"一带一路"倡议的认识,有助于构建中国与周边学者交流共同体,进一步促进欧亚区域间的互联互通。

(科研处)

历史理论研究所

（一）人员、研究机构等基本情况

1. 人员

截至 2019 年年底，历史理论研究所共有在职人员 27 人。其中，正高级职称人员 8 人，副高级职称人员 6 人，中级职称人员 7 人；高、中级职称人员占全体在职人员总数的 78%。

2. 机构

历史理论研究所设有：马克思主义历史理论研究室、中国史学理论与史学史研究室、外国史学理论与史学史研究室、历史思潮研究室（理论写作组）、中国通史研究室、国家治理史研究室、中华文明史研究室、中外文明比较研究室、海外中国学研究室、《史学理论研究》编辑部、综合处。

3. 科研中心

历史理论研究所院属科研中心有：中国社会科学院史学理论研究中心、中国历史研究院中国历史学学科体系学术体系话语体系研究中心。

（二）科研工作

1. 科研成果统计

2019 年，历史理论研究所共完成专著 9 种，314.7 万字；论文 54 篇，56.5 万字；译文 1 篇，0.9 万字；论文集 4 种，122.5 万字。

2. 科研课题

2019 年，历史理论研究所共有新立项课题 2 项。其中，国家社会科学基金后期资助课题 1 项："范文澜年谱"（赵庆云主持）；中国历史研究院课题 1 项："中国历代治理体系研究"（夏春涛主持）。

3. 获奖优秀科研成果

2019 年，历史理论研究所共获奖 1 项。其中，获"第十届（2019 年）中国社会科学院优秀科研成果奖"专著类三等奖 1 项：夏春涛的专著《天国的陨落——太平天国宗教再研究》。

（三）学术交流活动

1. 学术活动

2019 年，由历史理论研究所主办和承办的学术会议如下。

（1）2019 年 8 月 23 日，由中国社会科学院近代史研究所、中国社会科学院历史理论研究所与兰州大学历史文化学院联合主办的"全球化视域下的近代中华文化转型"国际学术研讨会在甘肃省兰州市召开。学者们就晚清、民国、共和国时期政治、经济、社会、思想等领域文化转型相关问题展开交流和讨论。

（2）2019年10月19—20日，中国社会科学院历史理论研究所与敦煌市人民政府、酒泉市文物局共同举办，敦煌市博物馆承办的第二届丝绸之路与敦煌历史文化学术研讨会在甘肃省敦煌市召开。会议研讨的主要议题有"敦煌出土文献""敦煌遗书""敦煌汉简""莫高窟壁画"等。

（3）2019年10月19—20日，由中国社会科学院历史理论研究所《史学理论研究》编辑部与复旦大学历史学系西方史学史研究中心共同主办，中国社会科学院史学理论研究中心协办的第22届全国史学理论研讨会在复旦大学召开。会议的主题是"当代史学的问题与方法"，研讨的主要议题有"中国马克思主义史学""中国古代史学批判与史学理论""史学理论核心观念""近20年来西方史学理论的新进展"等。

（4）2019年11月16日，由中国社会科学院历史理论研究所海外中国学研究室，中国社会科学院国际中国学研究中心，中国历史研究院中国历史学学科体系、学术体系、话语体系研究中心联合主办的"海外中国学研究"学科建设研讨会在北京召开。会议研讨的主要议题有"海外汉学史与海外中国学史的研究新进展""海外中国学研究学科发展的新成果""海外中国学研究领域在研重大课题信息交流""进一步推动海外中国学研究的思路与举措"。

（5）2019年11月22—24日，由中国社会科学院历史理论研究所和四川师范大学联合主办，四川师范大学历史文化与旅游学院、中国社会科学院历史理论研究所中国史学理论与史学史研究室、四川师范大学中华传统文化学院、《四川师范大学学报》（社会科学版）编辑部承办的"新时代中国史学史研究与中国史学的体系构建"学术研讨会在四川省成都市召开。会议研讨的主要议题有"中国古代史学史的相关问题""晚清民国史学史研究"等。

（6）2019年12月4—5日，由中国社会科学院历史理论研究所主办的"首届青年学术研讨会暨青年工作座谈会"在北京召开。会议研讨的主要议题有"秦汉时期至近现代史的国内史研究""尼日利亚史""日本地域史"等。

2. 国际学术交流与合作

2019年，历史理论研究所共派遣出访5批7人次，接待来访3批3人次。与历史理论研究所开展学术交流的国家有美国、日本、德国、韩国等。

（1）2019年3月26日，历史理论研究所夏春涛、杨艳秋、张旭鹏等与美国弗吉尼亚大学历史系教授阿兰·梅吉尔在中国历史研究院就当代西方史学理论前沿问题开展学术交流活动。

（2）2019年7月19—22日，历史理论研究所赵庆云、徐志民与日中韩共同历史编纂委员会人员在日本东京就"东亚三国共同历史问题"开展学术交流活动。

(3) 2019年7月23日，历史理论研究所夏春涛、杨艳秋、左玉河等与美国罗文大学教授王晴佳在中国历史研究院就"海登怀特与当代历史哲学问题"开展学术交流活动。

(4) 2019年10月24—27日，历史理论研究所张旭鹏与德国汉堡大学汉学系教授傅敏怡在汉堡大学就"现代性与大学教育"等问题开展学术交流活动。

(5) 2019年11月1—6日，历史理论研究所赵庆云与日中韩共同历史编纂委员会人员在韩国首尔再次就"东亚三国共同历史问题"开展学术交流活动。

3. 与中国香港、澳门特别行政区和中国台湾开展的学术交流

(1) 2019年9月18—19日，历史理论研究所左玉河、张德明与澳门理工学院在澳门就"中国口述史规范问题"开展学术交流活动。

(2) 2019年11月26日，历史理论研究所夏春涛、杨艳秋、张旭鹏等与台湾大学历史系副教授秦曼仪在中国历史研究院就"法国当代书籍史研究"等议题开展学术交流活动。

（四）学术期刊

《史学理论研究》（双月刊），主编夏春涛。

2019年，《史学理论研究》共出版4期，共计100万字。该刊全年刊载的有代表性的文章有：姜永琳、普利娅·查柯、张旭鹏、西亚瓦什·萨法里、谢晓啸的《萨义德的〈东方主义〉及其当代价值》，李学智的《"长时段"理论与马克思的唯物史观》，徐国利的《马克思主义史学家对"通史家风"的批判继承——以20世纪上半叶吕振羽、范文澜和翦伯赞的中国通史编纂与理论为中心》，初庆东的《英国马克思主义史学家群体的史学观念与实践——以英国共产党历史学家小组为中心》，于沛的《马克思"世界历史"理论与十九世纪》，张宇龙的《论王锺翰与马克思主义史学》，张云的《东南亚史的编撰：从区域史观到全球史观》，梁民愫的《英国马克思主义史家希拉·罗博瑟姆的女性主义史学叙事》，李政君的《1940年前后顾颉刚古史观念转变问题考析》，王晴佳的《记忆研究和政治史的复兴：当代史学发展的一个悖论》，吴原元的《百年来中国学人的域外汉学批评及其启示》，张一博的《方法·材料·视野：当代西方史学史研究的新趋向》。

（五）会议综述

"海外中国学研究"学科建设研讨会

2019年11月16日，由中国社会科学院历史理论研究所海外中国学研究室，中国社会科学院国际中国学研究中心，中国历史研究院中国历史学学科体系、学术体系、话语体系研究中

心联合主办的"海外中国学研究"学科建设研讨会在北京召开。来自中国社会科学院、上海社会科学院、北京大学、北京外国语大学、华东师范大学、北京语言大学、北京第二外国语大学、北京联合大学、江西教育出版社等高校、研究机构和出版界的二十多名学者参加了会议。与会学者围绕"海外汉学史与海外中国学史的研究新进展""海外中国学研究学科发展的新成果""海

2019年11月,"海外中国学研究"学科建设研讨会在北京举行。

外中国学研究领域在研重大课题信息交流""进一步推动海外中国学研究的思路与举措"四个议题进行深入研讨。

中国社会科学院历史理论研究所党委书记张冠梓从历史理论研究所成立的背景和意义、海外中国学研究室的定位出发,指出,希望研究者可以从不同角度阐述海外中国学研究的最新动态、最新成果和学科建设,为海外中国学的发展注入新动能。

中国社会科学院国际中国学研究中心副主任何培忠表示,海外中国学的研究与我国的命运相连,与我国社会的进步发展相连。开展学科研究,使我们更加坚定中国文化的自信,更加清晰地认识到中华文明的世界性意义。

两位国际中国文化终身奖获得者——北京大学俄罗斯文化研究所所长李明滨和《汉学研究》杂志主编、北京语言大学汉学研究院阎纯德分别进行主旨发言。李明滨强调,俄罗斯汉学研究要视野广阔,不要盲目借用二手资料。阎纯德表示,加强海外中国学研究不仅有利于中华文化"走出去",还有助于推动中国学术走向世界。

中国社会科学院国际中国学研究中心副主任唐磊强调,中国学研究的核心内涵是对国外中国学的再研究和对中国学知识成果进行反向研究。

北京大学历史学系教授欧阳哲生认为,瑞典的艺术史兼汉学家喜龙仁的中国艺术史研究对西方汉学研究有着重要意义,对中国学者的汉学研究也有重要参考价值。

北京外国语大学历史学院教授柳若梅认为,新时代的海外中国学研究要有所突破,要关注中国对国际学术文化的主线,要将国外汉学研究的成果纳入中国学术史发展的主线来考察,要将海外中国学知识纳入各学术领域研究的框架之下。

(科研处)

台湾研究所

（一）人员、机构等基本情况

1. 人员

截至 2019 年年底，台湾研究所共有在职人员 64 人。其中，正高级职称人员 14 人，副高级职称人员 19 人，中级职称人员 18 人；高、中级职称人员占全体在职人员总数的 80%。

2. 机构

台湾研究所设有：综合研究室、台湾政治研究室、台湾经济研究室、台湾选举研究室、台湾社会文化与人物研究室、台美关系研究室、科研合作处、《台湾研究》编辑部、资料室、办公室、人事处。

（二）科研工作

2019 年，台湾研究所共完成论文 51 篇，约 41 万字；研究报告 108 篇，33 万字。

（三）学术交流活动

1. 学术活动

2019 年，由台湾研究所主办和承办的学术会议如下。

（1）2019 年 1 月 15 日，由台湾研究所与台湾《祖国文摘》杂志社学术交流团联合主办的"两岸政策观察论坛"在北京举行。论坛研讨的主要议题有"习近平总书记《在〈告台湾同胞书〉发表 40 周年纪念会上的讲话》的反应""对'九二共识'的台湾民意现状的认识与思考""如何在'九二共识'、反对'台独'共同政治基础上，推选代表性人士开展民主协商""如何促进新形势下岛内统一力量的发展"等。

（2）2019 年 1 月 18 日，由台湾研究所与台湾中华青年发展联合会联合主办的 2019 年第二次"两岸政策观察论坛"在北京举行。论坛的主题是"2020 年台湾选举前景分析"。

（3）2019 年 3 月 24 日，由台湾研究所主办的"新形势下两岸关系发展及国民两党大陆政策走向"研讨会在北京举行。

（4）2019 年 3 月 27—30 日，台湾研究所政治研究室副研究员陈咏江等赴福建宁德参加由全国台湾研究会举办的"第十一届两岸青年学者论坛"。论坛的主题是"维护和平统一前景，探索两制台湾方案"。

（5）2019 年 4 月 1—3 日，台湾研究所所长助理彭维学赴厦门参加由厦门大学台湾研究院等单位举办的"首届新时代两岸关系发展论坛·第六届文厦论坛暨庆祝陈孔立先生九十寿辰学术研讨会"。论坛的主题是"新时代两岸关系：变局与新局"。

（6）2019年4月19—21日，台湾研究所副所长朱卫东及政治研究室主任曾润梅赴武汉参加在华中师范大学台湾与东亚研究中心举办的第二届"国家统一与民族复兴"研讨会。会议的主题是"深化融合发展、推进国家统一"。

（7）2019年5月9—11日，由台湾研究所主办的"新形势下的两岸关系"研讨会在北京举行。

（8）2019年5月14日，由台湾研究所主办的2019年"两岸新锐论坛"在浙江举行。会议的主题是"台湾青年世代的两岸观"。

（9）2019年5月21—24日，台湾研究所台美关系研究室主任汪曙申等赴湖南省岳阳市参加由全国台湾研究会举办的"2019年学术年会"。研讨会的主题是"新时代和平统一的理论与实践"。

（10）2019年6月3日，由台湾研究所主办的"台湾社会民意走向与台海形势"研讨会在北京举行。会议的主题是"2020年台湾'大选'态势及台海局势走向"。

（11）2019年7月30日，由台湾研究所和全国台湾研究会、中华全国台湾同胞联谊会共同主办的第28届海峡两岸关系学术研讨会在广西壮族自治区南宁市举行。研讨会的主题是"深化两岸融合发展，推动祖国和平统一"。

（12）2019年9月21—25日，由台湾研究所与全国台联及闽南师范大学共同举办的第二届"两岸一家亲"学术论坛在甘肃省举行。会议的主题是"习近平总书记'1·2'讲话与祖国和平统一"。

（13）2019年9月23—26日，台湾研究所副所长张冠华及经济室主任吴宜赴广西壮族自治区南宁市参加第十五届桂台经贸文化合作论坛。论坛的主题是"深化融合、促进发展"。

（14）2019年10月22日，由台湾研究所与全国台湾研究会、厦门大学台湾研究院、台湾二十一世纪基金会、台湾中国文化大学社会科学院及浙江省人民政府共同主办的第六届两岸智库学术论坛在浙江省杭州市举行。会议的主题是"把握时代机遇 共谋和平发展"。

（15）2019年11月8—11日，台湾研究所所长杨明杰及台美关系研究室主任汪曙申赴江西上饶参加由全国台湾研究会主办的"2019年两岸高端论坛"。论坛的主题是"台湾2020选举与两岸关系情势评估"。

（16）2019年12月21日，由台湾研究所主办的"岛内社情民意与政局走向"研讨会在北京举行。会议研讨的主要议题有"岛内社会阶层变化与'庶民政治'发展""岛内民众对两岸关系的看法"等。

2．国际学术交流与合作

2019年，台湾研究所共接待来访73批254人次，与台湾研究所开展学术交流的国家有美国、日本、澳大利亚等。

（1）2019年1月16日，台湾研究所所长杨明杰、副所长张冠华等与美国哈佛大学台湾研究小组主任、费正清中国研究中心研究员戈迪温，美国波士顿大学教授、哈佛大学费正清中国研究中心研究员傅士卓等，在北京就"当前岛内政局""两岸关系""中美关系"等议题开展交流活动。

（2）2019年3月28日，台湾研究所科研合作处副处长张华等与日本贸易振兴机构（香港事务所）产业研究员宫下正己，在北京就"两岸关系"等议题开展交流活动。

（3）2019年4月8日，台湾研究所副所长张冠华与全美和统会联合会执行会长何晓慧、全美和统会联合会秘书长吴惠秋等，在北京就"中央对台政策及有关精神"等议题开展交流活动。

（4）2019年6月17日，台湾研究所所长助理彭维学等与美国大华府两岸时事论坛社参访团，在北京就"两岸关系未来发展趋势"等议题开展交流活动。

（5）2019年7月16日，台湾研究所副所长张冠华等与日本东京大学教授松田康博，在北京就"台湾2020年政局走向"等议题开展交流活动。

（6）2019年9月27日，台湾研究所副所长朱卫东等与美国芝加哥和统会会长李红卫及秘书长土业勤，在北京就"两岸关系及中美关系"等议题开展交流活动。

（7）2019年10月16日，台湾研究所所长杨明杰等与美国波士顿学院政治系教授陆伯彬，在北京就"中美关系""两岸关系"等议题开展交流活动。

（8）2019年11月5日，台湾研究所所长杨明杰、副所长张冠华等，与前美驻塔吉克斯坦大使、美国外交政策全国委员会主席艾略特等在北京就"中美关系""两岸关系"等议题开展交流活动。

3. 与中国香港、澳门特别行政区和中国台湾开展的学术交流

（1）2019年1月9日，台湾研究所所长助理彭维学等与台湾辅仁大学教授杨志恒，在北京就"'九合一'选举的影响""台美关系及两岸关系走向"等议题进行学术交流。

（2）2019年3月12日，台湾研究所副所长张冠华等与台湾《工商时报》大陆部主任康彰龙、记者赖莹绮，在北京就"两岸关系现状"等议题开展学术交流活动。

（3）2019年7月2日，台湾研究所所长助理彭维学等与台湾大学政治学系副教授蔡季廷等在北京就"两岸关系未来发展趋势"等议题开展学术交流活动。

（4）2019年7月11日，台湾研究所副所长朱卫东等，与台湾淡江大学国际事务学院院长王高成等，在北京就"目前两岸关系"等议题开展学术交流活动。

（5）2019年8月5日，台湾研究所副所长张冠华等与台湾大学政治系教授张佑宗、金门大学国际暨大陆事务学系教授周阳山、政治大学国际关系研究中心兼任研究员袁易等，在北京就"两岸关系现状""两岸青年交流"等议题开展学术交流活动。

（6）2019年8月12日，台湾研究所政治研究室主任曾润梅等与台湾彰化师范大学李毓峰助理教授，在北京就"当前两岸关系"等议题开展学术交流活动。

（7）2019年8月29日，台湾研究所副所长张冠华等与台湾政治大学经济系教授林祖嘉在北京就"岛内经济"等议题开展学术交流活动。

(8) 2019 年 9 月 4 日，台湾研究所所长杨明杰等与台湾成功大学两岸与华人治理研究中心主任周志杰在北京就"两岸关系"等议题开展学术交流活动。

(9) 2019 年 9 月 16 日，台湾研究所副所长张冠华等与台湾工研院产经中心副主任张超群等在北京就"两岸经贸"等议题开展学术交流活动。

(10) 2019 年 9 月 29 日，台湾研究所副所长张冠华等与亚台青（成都）海峡青年创业园总经理郭宏扬等在北京就"两岸青年融合发展"等议题开展学术交流活动。

(11) 2019 年 10 月 17 日，台湾研究所经济研究室主任吴宜等与广西防城港富味乡油脂食品有限公司副总经理梁金柱在北京就"台商参与'一带一路'建设、跨境劳务合作"等议题开展学术交流活动。

(12) 2019 年 11 月 7 日，台湾研究所经济研究室主任吴宜等与台湾中原大学教授林震岩在北京就"台青与台商"相关问题开展学术交流活动。

(13) 2019 年 11 月 18 日，台湾研究所所长杨明杰、副所长张冠华与台湾联合报大陆新闻中心汪莉绢主任及大陆巡回特派员兼北京特派员王玉燕在北京就"两岸关系"等议题开展学术交流活动。

(14) 2019 年 11 月 20 日，台湾研究所所长杨明杰等与台湾世代智库副执行长张百达在北京就"台湾现状""两岸关系"等议题开展学术交流活动。

(15) 2019 年 11 月 21 日，台湾研究所政治研究室主任曾润梅、副主任王治国与台湾彰化大学助理教授李毓峰在北京就"两岸关系"等议题开展学术交流活动。

(16) 2019 年 11 月 25 日，台湾研究所所长杨明杰等与台湾联合报副总编郭崇伦在北京就"当前两岸关系"等议题开展学术交流活动。

(17) 2019 年 12 月 16 日，台湾研究所所长杨明杰等与原台湾指标调查研究中心总经理、现执行美丽岛电子报民调戴立安在北京就"两岸关系"等议题开展学术交流活动。

(18) 2019 年 12 月 16 日，台湾研究所所长杨明杰等与澳门理工大学名誉教授邵宗海在北京就"两岸关系及国际形势"等议题开展交流活动。

(19) 2019 年 12 月 17 日，台湾研究所副所长朱卫东等与台湾国政基金会特约研究员李华球等在北京就"两岸关系"等议题开展学术交流活动。

（四）学术社团、期刊

1. 社团

全国台湾研究会，会长戴秉国。

2. 期刊

(1)《台湾研究》（双月刊），主编刘佳雁。

2019 年，《台湾研究》共出版 6 期，共计 71 万字。

(2)《台湾周刊》，主编孙雪峰。

2019年，《台湾周刊》共出版50期，共计170万字。

（五）会议综述

第28届海峡两岸关系学术研讨会

2019年7月30日，由台湾研究所和全国台湾研究会、中华全国台湾同胞联谊会共同主办的第28届海峡两岸关系学术研讨会在广西壮族自治区南宁市举行。研讨会以"深化两岸融合发展，推动祖国和平统一"为主题。来自海峡两岸暨香港、澳门的90余名专家学者参加会议。会议围绕"习近平总书记在《告台湾同胞书》发表40周年纪念会上的重要讲话和祖国和平统一前景""台湾政局发展态势研判""新形势下两岸关系的挑战与应对"等议题展开探讨。

开幕式上，中华全国台湾同胞联谊会会长黄志贤致辞表示，当前台海形势复杂严峻，民进党当局始终拒不承认"九二共识"，纵容各种"台独"活动，阻挠限制两岸交流合作，肆意攻击大陆，升高两岸对抗，挟洋自重，勾结外部势力破坏两岸关系。民进党当局的累累恶行，损害了台湾同胞的福祉利益。黄志贤就当前两岸关系提出三点意见：第一，坚决反对和遏制任何形式的"台独"分裂活动；第二，努力促进两岸融合发展与同胞心灵契合；第三，积极展开民主协商与"两制"台湾方案探索。

海峡两岸关系协会副会长孙亚夫致辞表示，当前民进党及其当局正以新的手法固守其"台独"立场、阻挠两岸关系发展，两岸关系前景正经历严峻考验。我们面临的挑战和风险增多，要加强战略思维，保持战略自信，坚持在发展的基础上解决台湾问题的战略思路，坚持和平统一的努力，维护和平统一最基本的条件。

台湾研究所副所长朱卫东指出，大陆追求的不仅是形式上的统一，更重要的是两岸同胞的心灵契合，并由此形塑共同的政治认同。就统一方式而言，和平统一对两岸成本最小，对同胞福祉最大；就统一的内涵看，"一国两制"是对台湾最大的照顾，是务实可行的最佳方案。无论在统一前还是在统一后，"一国"前提下的"两制"都应该具有非常丰富的内涵和巨大的空间，需要两岸通过政治谈判共同充实和发展。

（科研处）

第六届两岸智库学术论坛

2019年10月22日，由台湾研究所与全国台湾研究会、厦门大学台湾研究院、台湾二十一世纪基金会、台湾中国文化大学社会科学院及浙江省人民政府共同主办的第六届两岸智库学术论坛在浙江省杭州市举行。会议研讨的主题为"把握时代机遇 共谋和平发展"。来自海峡两岸多家智库与学术机构的近60位两岸专家学者与会。与会专家认为，尽管当前两岸关系形势和台海局势复杂严峻，但两岸同属一个中国的政治框架不可撼动，推动两岸关系和平发展符合两岸同胞期待，实现祖国统一是不可阻挡的历史大势。

中国社会科学院副院长高翔指出，祖国统一是中华民族复兴的必然要求，两岸关系发展攸关两岸人民福祉与切身利益。在坚持两岸同属一中、反对"台独"的共同政治基础上，推动两岸关系和平发展、深化两岸融合发展是实现祖国和平统一的有效方式与路径。祖国统一是历史大势，任何人、任何势力都难以阻挡。

他指出，民进党当局执政以来，拒不承认体现一个中国原则的"九二共识"，制造两岸对立，台湾究竟是继续充当外部势力遏制中华民族复兴的棋子，还是与大陆携手共谋民族复兴，这是严肃的历史之问。希望两岸智库、学者共担民族和历史责任，积极发挥各自专长，加强彼此交流，创新合作方式，为两岸关系和平发展资政建言。

台湾研究所所长杨明杰在闭幕致辞时，针对如何看清台海形势，提出了以下三点见解。

第一，如何看待现在的风险和如何评价我们的信心的问题。杨明杰指出，全球治理面临各种各样的问题，山雨欲来，中美关系的竞合不仅在贸易、科技、周边地缘政治领域，而且在台湾问题上，表现得日益尖锐复杂。从历史的角度看，任何一个大国，从弱到强的过程中，都伴随着危机。我们自信在于，作为一个有着几千年文明历史的大国，我们对于历史经验的借鉴，对于未来形势的判断，包括在台海形势上的判断，相对可能会更准确。杨明杰所长还指出，目前的中美关系、台海局势、香港局势，正给我们一种倒逼和警醒，使我们更加主动地对发展战略、国家安全进行调整规划。在应对各种风险的过程中，我们也会增加对中美关系的自信，对台海局势的自信，包括对和平统一的自信。

第二，如何看待两岸各自认知差距，不同语境的问题。杨明杰说，有学者在讨论时谈道，祖国大陆对于两岸未来的预期，包括具体的一些概念，在台湾似乎并没有落地。但这种分歧认识的差距并不代表着两岸对"和平统一、一国两制"，有着本质的分歧。其实，这正体现了"和平统一、一国两制"概念正在深入两岸民心。两岸恢复交往40年来，我们所做的一切努力在台湾并没有白费。两岸在制度、经济、文化各个层面的交流增加之后，矛盾问题必然要提出来，这时岛内公众的心理可能会产生抵触甚至是漠视，这是一个必经阶段。如果在这个阶段过分强调双方认识的分歧，实际上有一种误导，会把这种分歧扩大，人为地延长弥补分歧的时间，也会加剧人民心中的裂痕。岛内某股势力正在逆历史潮流而动，阻碍两岸民心的交融。

第三，如何看待将智库研究的成果向社会大众传播的问题。杨明杰所长指出，在一个信息化和网络社会高度发达的社会当中，仍然需要更多理性的声音。所以希望我们能够把此次论坛达成的很多共识，利用各种形式，用大众更能接受的方式传播出去，以期能够有助于两岸关系向前发展。

(科研处)

经济学部

经济研究所

（一）人员、机构等基本情况

1. 人员

截至 2019 年年底，经济研究所共有在职人员 136 人。其中，正高级职称人员 41 人，副高级职称人员 37 人，中级职称人员 43 人；高、中级职称人员占全体在职人员总数的 89%。

2. 机构

经济研究所设有：政治经济学研究室、《资本论》研究室、宏观经济学研究室、微观经济学研究室、公共经济学研究室、发展经济学研究室、中国经济史研究室、中国现代经济史研究室、中国经济思想史研究室、外国经济思想史研究室、经济增长研究室、收入分配研究室、人工智能经济研究室、经济体制改革研究室、《经济研究》编辑部、《经济学动态》编辑部、《中国经济史研究》编辑部、图书馆、办公室、科研处、人事处。

3. 科研中心

经济研究所全国性科研中心有：中国社会科学院全国中国特色社会主义政治经济学研究中心；经济研究所院属科研中心有：中国现代经济史研究中心、欠发达经济研究中心、上市公司研究中心、民营经济研究中心、公共政策研究中心；所属科研中心有：经济转型与发展研究中心、决策科学研究中心。

（二）科研工作

1. 科研成果统计

经济研究所共出版专著 23 种，421.5 万字；皮书 2 种，85 万字；论文集 5 种，97.4 万字；发表顶级和权威期刊论文 37 篇，79.4 万字；核心和 SSCI 论文 121 篇，208.7 万字；一般期刊论文 81 篇，132.6 万字；古籍整理 1 种，375 万字；工具书 1 种，280 万字；教材 1 种，39 万字；译著 2 种，39 万字。

2. 科研课题

（1）新立项课题。2019 年，经济研究所共有新立项课题 11 项。其中，国家社会科学基金课题 8 项："宏观经济稳增长与金融系统防风险动态平衡机制研究"（张晓晶主持），"'156 项'建设工程资料整理与相关企业发展变迁研究"（赵学军主持），"无锡、保定 22

村村庄经济的90年变迁研究（1929—2018）"（赵学军主持），"宏观金融网络视角下的合意杠杆率研究"（张晓晶主持），"中国近代石油进口与埠际运销网络研究（1863—1937）"（常旭主持），"国有企业党组织与建设中国特色现代国有企业制度研究"（张驰主持），"台湾地区财政转型与现代化的经验教训及启示"（范建鏋主持），"民国镇市村落调查资料整理与研究（1930—1933）"（袁为鹏主持）；中国社会科学院学部委员资助课题1项："隐性城乡分割对农村发展的影响"（朱玲主持）；研究所国情调研基地课题2项："无锡'农民转居民'家庭经济情况典型调查数据库"（赵学军主持），"保定农村农业现代化情况典型调查数据"（隋福民主持）。

（2）结项课题。2019年，经济研究所共有结项课题11项。其中，国家社会科学基金课题7项："经济思想史的知识社会学研究"（杨春学主持），"中国近代工厂制度与劳资关系研究"（高超群主持），"中国经济增长的结构性减速、转型风险与国家生产系统效率提升路径"（袁富华主持），"清代的'小差'税关研究"（丰若非主持），"中国城乡居民收入代际传递机制比较研究"（杨新铭主持），"经济转型期技术创新的制度影响因素研究"（吴延兵主持），"人口年龄结构、人力资本与中国创新增长的关系研究"（张鹏主持）；国家自然科学基金课题2项："'债务—通缩'风险与货币财政政策协调的定量研究"（陈小亮主持），"开放资本账户、实际汇率重调与经济增长：基于动态CGE模型的研究"（张莹主持）；所国情调研基地课题2项："无锡'农民转居民'家庭经济情况典型调查数据库"（赵学军主持），"保定农村农业现代化情况典型调查数据"（隋福民主持）。

（3）延续在研课题。2019年，经济研究所共有延续在研课题21项。其中，国家社会科学基金课题20项："实现共同富裕的主要制度安排和路径"（高培勇主持），"国外《资本论》研究新进展"（李连波主持），"互联网情境下科技创业者社会关系网络与融资绩效关系研究"（王泽宇主持），"家庭结构变迁的收入分配效应研究"（邓曲恒主持），"绿色发展理念下多元参与的环境治理体系研究"（张彩云主持），"我国经济中长期增长趋势和国际赶超前景研究（2020—2050）"（武鹏主持），"长期照护服务的供给研究"（王震主持），"异质性经济、结构内生与宏观稳定研究"（郭路主持），"我国医院行业市场机制有效性的实证研究"（付明卫主持），"近代中国市场上的外国银元流通研究（1843—1923）"（熊昌锟主持），"清代中期长江中游粮食流通与市场整合"（赵伟洪主持），"中国财政分权经济增长研究（1949—1965）"（姜长青主持），"以政府职能转变促进经济发展方式转换研究"（胡家勇主持），"中国经济史发展的基础理论研究"（叶坦主持），"中国城市规模、空间聚集与管理模式研究"（张自然主持），"大国战略与新中国交通业发展研究（1949—2014）"（彤新春主持），"社会制度转型背景下的清代华北地区粮价研究"（马国英主持），"中国近代史（1937—1949）"（刘克祥主持），"中华人民共和国经济史（1958—1965）"（董志凯主持），"隋代经济史研究"（魏明孔主持）；国家自然科学基金课题1项："中国产业迈向价值链中高端：理论内涵、测度和路径分析"（倪红福主持）。

3. 获奖优秀科研成果

2019年，经济研究所获"第十届（2019年）中国社会科学院优秀科研成果奖"专著类二等奖2项：黄群慧等的专著《新时期全面深化国有经济改革研究》，杨春学、朱玲的专著《排除农牧民的发展障碍：青藏高原东部农牧区案例研究》；论文类二等奖1项：高培勇的论文《论国家治理现代化框架下的财政基础理论建设》；专著类三等奖1项：魏明孔的专著《中华大典·工业典·陶瓷与其他烧制品工业分典》；论文类三等奖3项：裴长洪的论文《全球经济治理、公共品与中国扩大开放》，袁富华、张平等的论文《突破经济增长减速的新要素供给理论、体制与政策选择》，高超群的论文《中国近代企业史的研究范式及其转型》。

（三）学术交流活动

1. 学术活动

2019年，由经济研究所主办和承办的学术会议如下。

（1）2019年1月22日，2018年度（第二届）"中国社科出版社·经济研究所青年经济学者优秀论文奖"颁奖会在经济研究所举行。

（2）2019年3月30—31日，由中国社会科学院经济研究所、中国社会科学院当代中国研究所、中国社会科学院中国现代经济史研究中心共同举办的"2019年中国现代经济史学科前沿暨新中国成立70周年经济管理创新与发展学术研讨会"在山东省青岛市召开。会议的主题是"中华人民共和国建立70年的成就、经验与道路"。

（3）2019年5月17—18日，由中国社会科学院经济研究所主办，《经济研究》编辑部承办的"经济研究所建所90周年国际研讨会暨经济研究·高层论坛2019"在北京举行。会议研讨的主要议题有"新时代中国特色社会主义政治经济学""中国经济学70年回顾与展望""增长动力转换与高质量发展""基于大国发展道路的中国经济""系统性风险的防范与化解""乡村振兴与扶贫攻坚""改革开放与全球经济""国家创新体系建设"等。

（4）2019年8月23日，由中国社会科学院经济研究所、中国社会科学出版社主办的"《理解中国制造》出版研讨会"在北京举行。

（5）2019年10月19日，由中国社会科学院经济研究所主办，中国社会科学院经济研究所微观经济学研究室承办的"人工智能与产业未来学术研讨会"在北京举行。会议研讨的主要议题有"经济与产业""政策和法律"。

（6）2019年10月29日，由中国社会科学院经济研究所与社会科学文献出版社共同主办的《经济蓝皮书夏季号：中国经济增长报告（2018—2019）》发布会在北京召开。

（7）2019年11月23日，由中国社会科学院经济研究所主办，经济学动态杂志社承办的

"经济学动态·大型研讨会2019"在北京举行。会议的主题是"新中国70年经济建设成就、经验与中国经济学创新发展"。

（8）2019年12月1日，由中国社会科学院经济研究所、经济研究杂志社举办的"全国第十三届马克思主义经济学发展与创新论坛"在郑州大学举办。论坛的主题是"新中国70周年与中国特色社会主义政治经济学的新境界"。

（9）2019年12月8日，由中国社会科学院当代中国马克思主义政治经济学创新智库、全国中国特色社会主义政治经济学研究中心举办的"首届政治经济学前沿论坛暨《政治经济学前沿报告（2019）》发布会"在北京召开。

2．国际学术交流与合作

2019年经济研究所派遣出访52批99人次，接待来访13批22人次。与经济研究所开展学术交流的国家有英国、法国、德国、日本、韩国、印度等。

（1）2019年1月24—26日，经济研究所副研究员孙婧芳赴韩国保健社会研究院参加"第二届包容性福利论坛：中日韩贫困与收入分配国际会议"并发言。

（2）2019年2月1日至4月1日，经济研究所副研究员李成赴法国波尔多政治学院进行学术访问并就"中国的市场化改革、经济增长及结构变迁"等问题开展学术交流活动。

（3）2019年4月2—10日，经济研究所研究员裴长洪一行赴越南、柬埔寨就中资企业及相关研究机构、金融机构如何为"一带一路"建设服务，以及在国外经营的中资企业的现状、存在的问题进行专项调研。

（4）2019年5月23日，经济研究所研究员魏众接受阿尔巴尼亚国家广播电视台采访，介绍新中国成立70周年和改革开放40年的发展历程和中国经济发展等相关情况。

（5）2019年6月1—7日，经济研究所助理研究员刘洪愧赴乌克兰奥德赛国立海事大学进行学术访问并就"中国经济、社会发展经验与实践"等议题开展学术交流活动。

（6）2019年8月4—8日，经济研究所杜创研究员赴新加坡参加"2019《新加坡经济评论》年会"并作题为"声誉、比较绩效与最优竞争程度"的学术报告。

（7）2019年9月4—12日，经济研究所研究员裴长洪一行赴波兰、奥地利并就"中国企业开展国际产能合作的现状"进行专项调研。

（8）2019年10月13—21日，经济研究所研究员苏金花一行赴日本大阪经济大学进行学术访问，就"开展中日经济史比较研究"等议题开展学术交流活动。

（9）2019年10月26日至11月5日，经济研究所研究员王震一行赴英国爱丁堡进行学术访问，并就"中国与苏格兰医疗服务与养老服务融合发展的比较研究"议题进行实地调研。

（10）2019年11月4—8日，经济研究所研究员仲继银、赵志君赴韩国清州大学经济学部、韩国汉阳大学国际学大学院进行学术访问，就"中韩上市公司企业治理问题""两国汇率波动""对外投资和创新发展"等问题开展学术交流活动。

（11）2019年12月11—16日，经济研究所研究员魏众一行赴德国法兰克福大学进行学术访问，就"中国特色社会主义经济学理论的早期形成""中国对外交流史"等议题开展学术交流活动。

3. 与中国香港、澳门特别行政区和中国台湾开展的学术交流

（1）2019年4月17—20日，经济研究所赵学军、隋福民研究员等6人赴澳门科技大学参加了"中国经济建设70年暨澳门回归20年经济发展学术座谈会"，并就"中国70年经济发展建设成就""澳门回归20年经济发展"等议题开展学术交流活动。

（2）2019年8月26—31日，经济研究所所长黄群慧研究员一行12人赴台湾"中华经济研究院"参加"当前两岸经济发展之契机与挑战研讨会"并进行学术访问。

（四）学术社团、期刊

1. 社团

（1）中国《资本论》研究会，会长林岗。

① 2019年7月13日，中国《资本论》研究会在成都举行"中国《资本论》研究会第21届年会"，230位专家学者与会。会议的主题是"《资本论》与新中国70年"。研讨的主要议题有"《资本论》与中国经济""《资本论》的当代价值""新时代改革开放"等。

② 2019年11月10日，中国《资本论》研究会在湖南长沙举行"中国特色社会主义政治经济学论坛第二十一届年会"。会议的主题是"新中国70年：回顾与展望"，研讨的主要议题有"新中国70年经济发展的回顾与展望""中国特色社会主义政治经济学的建设与发展""中国特色社会主义政治经济学若干理论问题研究"等。与会专家学者230人。

（2）中国比较经济学研究会，会长钱颖一。

① 2019年3月24日，中国比较经济学研究会在北京举行"国家治理现代化与社保制度研讨会"，200位专家学者与会。会议研讨的主要议题有"国家治理现代化与社保制度""社保制度政策"等。与会专家学者200人。

② 2019年6月10日，中国比较经济学研究会在北京举行"中国财政部门发展讨论会"。会议研讨的主要议题有"减税政策""国家治理体系与财政税收"等。与会专家学者150人。

③ 2019年10月13日，中国比较经济学研究会在北京举行"中国医疗体系现代化研讨会"。会议研讨的主要议题有"未来中国医疗体制和政策目标""人口老龄化与医疗服务需求"等。与会专家学者150人。

（3）中国经济思想史学会，会长邹进文。

① 2019年6月14—15日，中国经济思想史学会和云南大学经济学院在昆明联合举办"第一届经济思想史和经济史青年学者论坛"。论坛的主题是"新中国七十年来经济思想史和经济史发展"，研讨的主要议题有"新中国改革思想与实践""国民经济学的理论演进与应用实践"

等。与会专家学者 250 人。

② 2019 年 9 月 28—29 日，中国经济思想史学会在上海举行"复兴之路·新中国经济建设思想与实践主题论坛暨上财经济史学论坛"。论坛的主题是"新中国经济建设思想与实践"，研讨的主要议题有"中国经济体制和经济增长""民生发展思想""特区经济体制建设思想""经济学理论创新发展"等。与会专家学者 150 人。

(4) 中国经济史学会，会长魏明孔。

① 2019 年 6 月 12 日，中国经济史学会在清华大学举行"千年中西经济比较研讨会"。会议的主题是"历史 GDP 核算及古代中国的增长"，研讨的主要议题有"历史国民收入核算""东西方古代经济发展脉络及逻辑"等。与会专家学者 40 余人。

② 2019 年 11 月 9—10 日，中国经济史学会在江苏南京举行"第六届全国经济史学博士后论坛"。论坛的主题是"经济发展历程：经验与教训"，研讨的主要议题有"财税及货币"、"工业与手工业"、"家族与地方社会"、"粮食及土地政策"和"企业与经济思想"。与会专家学者 70 余人。

(5) 中国城市发展研究会，理事长洪峰。

① 2019 年 11 月 3—4 日，中国城市发展研究会在河北省石家庄市举办"2019 中国城市创新发展论坛暨中国城市发展研究会第 36 次年会"。论坛的主题是"提高城市创新能力，推动城市高质量发展"。与会专家学者 400 人。

② 2019 年 11 月 19—20 日，中国城市发展研究会在山东省青岛市举办"2019 可持续城市暨国际绿色范例新城研讨会"。会议研讨的主要议题有"城市可持续发展""可持续与绿色发展"等。与会专家学者 100 人。

③ 2019 年 12 月 10 日，中国城市发展研究会在北京召开"中国城市发展研究会第七届第二次会员（代表）会议"。会议决定增补洪峰同志中国城市发展研究会理事长、增补王小青同志中国城市发展研究会副理事长。与会专家学者 420 人。

(6) 孙冶方经济科学基金会，理事长李剑阁。

2019 年 11 月 17 日，孙冶方经济科学奖第 18 届颁奖大会在中国人民大学举行，此次评奖共评出获奖作品著作 1 部、论文 3 篇。

2．期刊

(1)《经济研究》（月刊），主编黄群慧。

2019 年，《经济研究》共出版 12 期，共计约 432 万字。该刊全年刊载的有代表性的文章有：陈云贤的《中国特色社会主义市场经济：有为政府＋有效市场》，李帮喜、刘充、赵峰、黄阳华的《生产结构、收入分配与宏观效率——一个马克思主义政治经济学的分析框架与经验研究》，高培勇、杜创、刘霞辉、袁富华、汤铎铎的《高质量发展背景下的现代化经济体系建设：一个逻辑框架》，裴长洪、刘斌的《中国对外贸易的动能转换与国际竞争新优势的形成》，方福前的《论建设中国特色社会主义政治经济学为何和如何借用西方经济学》，张晓晶、刘学良、王佳的《债务高企、风险集聚与体制变革——对发展型政府的反思与超越》，徐忠、贾彦东的《自然利率与中国宏观政策选择》，谢伏瞻的《论新工业革命加速拓展与全球治理变革方向》，叶初升的《中等收入阶段的发展问题与发展经济学理论创新——基于当代中国经济实践的一种理论建构性探索》，张鹏、张平、袁富华的《中国就业系统的演进、摩擦与转型——劳动力市场微观实证与体制分析》。

(2)《经济学动态》（月刊），主编黄群慧。

2019年，《经济学动态》共出版12期，共计约360万字。该刊全年刊载的有代表性的文章有：陈宗胜、康健的《中国居民收入分配"葫芦型"格局的理论解释——基于城乡二元经济体制和结构的视角》，郭克莎的《适度扩大总需求与产业结构调整升级》，郑新业等的《全球税收竞争与中国的政策选择》，夏斌的《"中国奇迹"：一个经济学人对理论创新的思考》，裴长洪、赵伟洪的《习近平中国特色社会主义经济思想的时代背景与理论创新》，樊纲的《"发展悖论"与"发展要素"——发展经济学的基本原理与中国案例》，高培勇的《理解、把握和推动经济高质量发展》，洪银兴的《改革开放以来发展理念和相应的经济发展理论的演进——兼论高质量发展的理论渊源》，杨春学的《西方经济学在中国的境遇：一种历史的考察》，王国刚、林楠的《中国外汇市场70年：发展历程与主要经验》，蔡昉的《从中等收入陷阱到门槛效应》。

(3)《中国经济史研究》（双月刊），主编魏众。

2019年，《中国经济史研究》共出版6期，共计约245万字。该刊新增了"财政史研究""马克思主义与经济史研究""中国经济史中的白银演化"等栏目。该刊全年刊载的有代表性的文章有：张海鹏的《金融发展要在义利之间取得平衡》，朱荫贵的《抗战时期上海金融市场的运行与特色》，田宓的《"水权"的生成——以归化城土默特大青山沟水为例》，王子今的《宛珠·齐纨·穰橙邓橘：战国秦汉商品地方品牌的经济史考察》，孙大权的《现代"银行"一词的起源及其在中、日两国间的流传》，谢开键的《明清中国土地典交易新论——概念的梳理与交易方式的辨析》，杜恂诚的《论中国的经济史学与西方主流经济学的关系》，万明的《明代白银货币化研究20年——学术历程的梳理》，魏众的《中国改革初期的思想解放、中外交流和理论创新》。

(五) 会议综述

经济研究所建所90周年国际研讨会暨经济研究·高层论坛2019

2019年5月17—18日，由中国社会科学院经济研究所主办，《经济研究》编辑部承办的

工作概况和学术活动

"经济研究所建所 90 周年国际研讨会暨经济研究·高层论坛 2019"在北京举行。

会议开幕式由中国社会科学院副院长、经济所所长高培勇主持。中国社会科学院院长、党组书记谢伏瞻出席并讲话。十二届全国政协副主席、中国金融学会会长周小川到会并致辞。十三届全国政协副主席辜胜阻到会并发言。

高培勇表示,此次会议召开在习近平总书记《在哲学社会科学工作座谈会上的讲话》发表三周年之际,具有重要意义。90 年来,经济所立足国情、以调查研究立所;学术报国,以天下为己任;崇尚学术,以学术为本位;尊重知识,以人才为中心。一部经济所史,就是一部经济所人以自己的研究成果报效祖国和人民的历史,也是一部中国经济学人和中国经济学成长与发展历史的缩影。90 华诞,是经济所发展的重要里程碑,更是经济所人迈向未来的历史新起点。

谢伏瞻表示,90 年来,经济所历经抗战烽火洗礼,伴随新中国的建立与成长,与改革开放同行,特别是党的十一届三中全会之后,在中国经济快速发展和中国经济学理论创新的历史进程中,持续发挥着重要作用,代表了中国经济学研究和发展的主流。谢伏瞻指出,中国特色社会主义进入新时代,世界面临百年未有之大变局。这对我国经济学理论创新乃至我国哲学社会科学发展提出了更高的要求。我们要坚持用马克思主义武装头脑,用习近平新时代中国特色社会主义思想指导哲学社会科学发展;要坚持与时代同步伐,不断发展完善中国特色社会主义政治经济学;要坚持以人民为中心,以学术精品奉献人民;要坚持研究和回答新时代要求,推进经济高质量发展;要坚持用明德引领风尚,进一步弘扬经济所的优良学术传统。

周小川在致辞中指出,90 年来,经济所为推动改革开放大力鼓与呼,在学术界有重大的影响力,在党和国家的重要决策中发挥了积极作用。经济所建所 90 周年是一个新的起点。希望经济所一如既往,以综合性、基础性经济学问题为研究方向,以重大经济理论问题和经济史研究为特色,为构建具有中国特色、中国风格、中国气派的哲学社会科学作出更大贡献。

辜胜阻在发言中指出,创新驱动一定要有技术创新和制度创新"双轮驱动"。要发挥好市场"无形之手"和政府"有形之手"的协同作

2019 年 5 月,"经济研究所建所 90 周年国际研讨会暨经济研究·高层论坛 2019"在北京举行。

用。通过资本市场改革赋能创新发展，推动存量改革与增量改革并重、市场化与法治化并重、规范化和透明化并重；强化上市公司高质量发展、让更多闲钱和长期资金进入股权投资；优化"实业能致富，创新致大富"的环境。

主旨演讲环节，蔡昉在题为"认识中国经济的三个范式"的演讲中指出，判断中国目前经济形势，不要从需求侧看，不能再回到原来的增长率上去判断。未来，在趋同的速度呈现边际效应递减的条件下，中国经济若保持一定的增长速度，必须进行更大力度的改革和开放。

(科研处)

经济学动态·大型研讨会 2019

2019 年 11 月 23 日，由中国社会科学院经济研究所主办，经济学动态杂志社承办的"经济学动态·大型研讨会 2019"在北京举行，主题聚焦"新中国 70 年经济建设成就、经验与中国经济学创新发展"，400 多位学界人士参会。

此次会议旨在全面回顾总结新中国成立 70 年来的实践经验，结合当下的最新实践，归纳中国 70 年发展的基本轨迹、基本经验和基本规律，提出并形成"有用、能用、管用"的研究成果，为世界贡献"听得懂、用得上、有理论、可操作"的中国智慧和中国方案。

经济研究所所长黄群慧在致辞中表示，经过新中国 70 年发展，中国已经在实现中华民族伟大复兴的中国梦征程上迈出了决定性的步伐。中国经济学理论的创新与发展，是扎根于中国的经济建设实践的系统总结，是对贯穿"站起来、富起来到强起来"三个时代内在规律的科学阐释，是对当代中国实践、传统优秀基因和外来先进知识兼容并包的统一体。

中国社会科学院副院长蔡昉在题为"阻断'递减曲线'应对老龄化挑战"的主题演讲中指出，老龄化是世界各国面临的长期、共同、不可逆的趋势。未来，中国应当以提高劳动参与率为出发点，对人口进行全生命周期培训，按照社会回报率延长义务教育年限，提高健康寿命，进行更多再分配和普惠型社会保障，从而阻断"递减曲线"。

中国社会科学院学部委员张卓元在题为"新中国 70 年经济学发展的特点"的主题演讲中指出，新中国经济学 70 年的发展，必须建立在正确掌握基本国情基础上。新中国经济学的任务，就是深刻研究伟大的经济建设实践，对丰富的实践经验作出理论概括，用经济学的范畴概念组合成逻辑严密的体系。

武汉大学原校长顾海良在题为"新中国 70 年社会主义政治经济学发展的'历史路标'"的主题演讲中指出，不断完善中国特色社会主义政治经济学理论体系，是新中国 70 年社会主义政治经济学发展的要求，也是新时代中国特色社会主义政治经济学学科建设的指向。

(科研处)

工业经济研究所

（一）人员、机构等基本情况

1. 人员

截至 2019 年年底，工业经济研究所共有在职人员 85 人。其中，正高级职称人员 22 人，副高级职称人员 25 人，中级职称人员 25 人；高、中级职称人员占全体在职人员总数的 85%。

2. 机构

工业经济研究所设有：工业发展研究室、产业组织研究室、产业融合研究室、新兴产业研究室、能源经济研究室、区域经济研究室、国际产业研究室、企业管理研究室、企业创新研究室、会计与财务研究室、跨国公司研究室、《中国工业经济》编辑部、《经济管理》编辑部、《中国经济学人》（中英文）编辑部、办公室、科研组织处、联络处、信息网络室。

3. 科研中心

工业经济研究所院属科研中心有：中国社会科学院宏观经济研究中心、中国社会科学院管理科学与创新发展研究中心、中国社会科学院中国产业与企业竞争力研究中心、中国社会科学院中小企业研究中心、中国社会科学院西部发展研究中心、中国社会科学院食品药品产业发展与监管研究中心；所属科研中心有：中国社会科学院工业经济研究所能源经济研究中心、中国社会科学院工业经济研究所国家经济发展与经济风险研究中心、中国社会科学院工业经济研究所澳门产业发展研究中心。

（二）科研工作

1. 科研成果统计

2019 年，工业经济研究所共完成专著 19 种，508.4 万字；论文 247 篇，283.4 万字；研究报告 4 种，55.8 万字；论文集 1 种，44.3 万字；教材 1 种，49 万字；理论文章 32 篇，10.5 万字。

2. 科研课题

（1）新立项课题。2019 年，工业经济研究所共有新立项课题 12 项。其中，国家自然科学基金青年课题 1 项："大气污染、公众健康与经济增长：中国环境税路径选择研究"（陈素梅主持）；国家社会科学基金重大课题 2 项："新时代推进民营经济高质量发展研究"（黄速建主持），"包容性绿色增长的理论与实践研究"（李钢主持）；国家社会科学基金重点课题 1 项："新技术革命背景下全球创新链的调整及其影响研究"（张其仔主持）；国家社会科学基金一般课题 1 项："提振民间投资的长效机制研究"（李鹏飞主持）；国家社会科学基金青年课题 3 项：

"企业参与乡村振兴的长效机制研究"（李先军主持），"消费需求引导企业创新研究"（黄娅娜主持），"新一轮科技革命中技术创新的市场选择机制研究"（陈明明主持）；院国情调研重大课题2项："国家高新技术产业开发区科技创新政策落实情况调研"（刘戒骄主持），"我国智能芯片产业链布局与产业安全调研"（刘建丽主持）；所国情调研基地课题2项："天津滨海—中关村科技园调研"（史丹主持），"云南省鲁甸县精准推进脱贫攻坚的模式与经验研究"（肖红军主持）。

(2) 结项课题。2019年，工业经济研究所共有结项课题9项。其中，国家自然科学基金面上课题2项："竞争性国有企业的混合所有制改革研究"（黄速建主持），"中国产业政策理论反思、微观机制解析与实施效果评估：基于中国钢铁工业的研究"（江飞涛主持）；国家自然科学基金应急课题2项："我国经济高质量发展与产业结构调整升级研究"（史丹主持），"我国经济高质量发展与推进创新驱动发展研究"（贺俊主持）；国家社会科学基金重点课题1项："产业升级与环境管制提升路径互动研究"（李钢主持）；国家社会科学基金一般课题1项："中国对外贸易中的隐含资源环境要素流动问题研究"（郭朝先主持）；国家社会科学基金青年课题1项："新兴产业自主技术标准的导入与培育"（邓洲主持）、所国情调研基地课题2项："天津滨海—中关村科技园调研"（史丹主持），"云南省鲁甸县精准推进脱贫攻坚的模式与经验研究"（肖红军主持）。

(3) 延续在研课题。2019年，工业经济研究所共有延续在研课题12项。其中，国家自然科学基金青年项目1项："双重约束下地方政府土地出让行为对中国双重转型的影响研究"（黄阳华主持），国家社会科学基金重大课题1项："稀有矿产资源开发利用的国家战略研究——基于工业化中后期产业转型升级的视角"（杨丹辉主持）；国家社会科学基金重点课题4项："'互联网+'背景下的中国制造业转型升级研究"（李晓华主持），"信息网络技术驱动中国制造业转型路径研究"（王钦主持），"促进能源转型的能源体制革命理论框架与实现机制研究"（朱彤主持），"互联网平台型企业社会责任问题研究"（肖红军主持）；国家社会科学基金一般课题4项："技术集成能力对复杂装备性能的影响"（贺俊主持），"供给侧结构性改革背景下破解中国式产能过剩问题的路径研究"（梁泳梅主持），"京津冀协同发展的阶段效果评价研究"（叶振宇主持），"自然资源资产负债表编制研究"（胡文龙主持）；国家社会科学基金青年课题2项："我国绿色发展的产业支撑问题研究"（渠慎宁主持），"美学经济视角下的休闲农业体验化研究"（邱晔主持）。

3. 获奖优秀科研成果

2019年，工业经济研究所获"第十届（2019年）中国社会科学院优秀科研成果奖"专著类二等奖1项：黄群慧等的《新时期全面深化国有经济改革研究》；专著类三等奖2项：史丹等的《新能源产业发展与政策研究》、吕铁等的《技术经济范式协同转变与战略性新兴产业发展》。

2019年，工业经济研究所获得"中国社会科学院2018年度优秀对策信息奖"组织奖。

（三）学术交流活动

1. 学术活动

2019年，由工业经济研究所主办和承办的学术会议如下。

（1）2019年7月25日，由中国社会科学院和香港中文大学共同主办，工业经济研究所承办的"粤港澳大湾区：协同创新与合作发展学术研讨会"在香港举行。会议研讨的主要议题有"'一带一路'与香港发展新机遇""粤港澳大湾区协同创新和香港国际金融中心建设与大陆合作"等。

（2）2019年9月28日，由工业经济研究所主办的"京津冀协同发展学术研讨会暨京津冀协同发展智库理事会会议"在天津举行。会议的主题是"'十四五'京津冀协同发展的新环境、新思路和新任务"。来自京津冀三地高等院校、科研院所、政府部门的知名专家学者以及媒体单位代表近百人参加了会议。

（3）2019年10月20日，由工业经济研究所主办的"第八届中国工业发展论坛暨'新中国工业70年'学术研讨会"在北京召开。会议的主题是"新中国工业70年"。来自国务院发展研究中心等多个研究机构的学者300余人参加了研讨会。

（4）2019年12月9日，由中国社会科学院主办，中国社会科学院科研局、工业经济研究所、中国社会科学院宏观经济研究中心和社会科学文献出版社共同承办的"2020年《经济蓝皮书》发布会暨中国经济形势报告会"在北京举行。来自科研院所、政府部门的知名专家学者以及媒体单位代表近百人参加了会议。

2. 国际学术交流与合作

2019年，工业经济研究所共派遣出访27批54人次，接待来访2批4人次。与工业经济研究所开展学术交流的国家有韩国、芬兰、俄罗斯、埃塞俄比亚、塞内加尔等。

（四）学术社团、期刊

1. 社团

（1）中国工业经济学会，会长江小涓。

2019年11月2日，由中国工业经济学会主办，福州大学承办，《中国工业经济》《管理世界》等11家单位协办的"中国工业经济学会2019年学术年会暨中国工业70年（1949—2019）研讨会"在福建省福州市召开。来自国内高校及科研单位的专家学者、各大学术期刊相关负责人共300余人参加会议。会议的主题是"中国工业70年发展问题"。

（2）中国企业管理研究会，会长黄速建。

2019年10月19日，由中国企业管理研究会、上海工程技术大学、蒋一苇企业改革与发展学术基金共同主办，上海工程技术大学管理学院承办，中国社会科学院管理科学与创新发展研究中心协办的"'中国管理学 70 年'学术研讨会暨中国企业管理研究会 2019 年年会"在上海召开。

(3) 中国区域经济学会，会长金碚。

2019 年 11 月 16 日，由中国区域经济学会和重庆工商大学共同主办，重庆工商大学长江上游经济研究中心、区域经济研究院和产业经济研究院承办，中国社会科学院西部发展研究中心、重庆区域经济学会、区域经济评论杂志社、改革杂志社与《西部论坛》编辑部参与协办的"2019 年中国区域经济学会年会暨'区域协调发展新征程、新战略、新机制'学术研讨会"在重庆市召开。

2. 期刊

(1)《中国工业经济》（月刊），主编史丹。

2019 年，《中国工业经济》共出版 12 期，共计 360 万字。该刊全年刊载的有代表性的文章有：魏后凯、王颂吉的《中国"过度去工业化"现象剖析与理论反思》，罗鸣令、范子英、陈晨的《区域性税收优惠政策的再分配效应——来自西部大开发的证据》，张三峰、魏下海的《信息与通信技术是否降低了企业能源消耗——来自中国制造业企业调查数据的证据》，谭小芬、李源、王可心的《金融结构与非金融企业"去杠杆"》，张骁、吴琴、余欣的《互联网时代企业跨界颠覆式创新的逻辑》，王桂军、卢潇潇的《"一带一路"倡议与中国企业升级》，孙早、侯玉琳的《工业智能化如何重塑劳动力就业结构》，张辉、闫强明、黄昊的《国际视野下中国结构转型的问题、影响与应对》，黄速建、肖红军、王欣的《竞争中性视域下的国有企业改革》，金碚的《论经济学域观范式的识别发现逻辑》，郭克莎的《中国产业结构调整升级趋势与"十四五"时期政策思路》，黄群慧、余泳泽、张松林的《互联网发展与制造业生产率提升：内在机制与中国经验》，刘秉镰、边杨、周密、朱俊丰的《中国区域经济发展 70 年回顾及未来展望》，金刚、沈坤荣的《中国企业对"一带一路"沿线国家的交通投资效应：发展效应还是债务陷阱》，史丹、李鹏的《中国工业 70 年发展质量演进及其现状评价》。

(2)《经济管理》（月刊），主编史丹。

2019 年，《经济管理》共出版 12 期，共计 380 万字。该刊全年刊载的有代表性的文章有：方红星、楚有为的《自愿披露、强制披露与资本市场定价效率》，焦豪、杨季枫的《政治策略、市场策略与企业成长价值——基于世界银行的企业调查数据》，李政、杨思莹、路京京的《政府补贴对制造企业全要素生产率的异质性影响》，卢洪友、邓谭琴、余锦亮的《财政补贴能促进企业的"绿化"吗？——基于中国重污染上市公司的研究》，胡琰欣、屈小娥、李依颖的《我国对"一带一路"沿线国家 OFDI 的绿色经济增长效应》，程锐的《企业家精神与区域内收入差距：效应与影响机制分析》，陈劲、曲冠楠、王璐瑶的《基于系统整合观的战略管理新框架》，夏清华、黄剑的《市场竞争、政府资源配置方式与企业创新投入——中国高新技术企业的证据》，吴秋生、独正元的《混合所有制改革程度、政府隐性担保与国企过度负债》，黄亮雄、孙湘湘、王贤彬的《反腐败与地区创业：效应与影响机制》，李海舰、李燕的《企业组织形态演进研究——从工业经济时代到智能经济时代》，刘金凤、魏后凯的《城市公共服务对流动人口永久迁移意愿的影响》，李先军的《乡村振兴中的企业参与：关系投资的视角》，刘德谦的《中国旅游70年：行为、决策与学科发展》。

（3）China Economist（《中国经济学人》）（中英文，双月刊），主编史丹。

2019年，China Economist（《中国经济学人》）共出版6期（其中2期为中英文对照，4期为纯英文），共计53万字。该刊全年刊载的有代表性的文章有：谢伏瞻的《论新工业革命加速拓展与全球治理变革方向》，金碚的《论经济学域观范式的识别发现逻辑》，杨志勇的《中国财政70年：建立现代财政制度》，杜志雄、肖卫东的《中国农业发展70年：成就、经验、未来思路与对策》，岳云霞的《中国对外贸易70年：量质并进》，黄群慧的《中国的制造业发展与工业化进程：全球化中的角色》，戚聿东、李颖的《新经济与规制改革》，陈燕凤、夏庆杰的《中国多维扶贫的成就及展望》，凌永辉、刘志彪的《工业化城市化进程中的乡村减贫四十年》，沈扬扬、詹鹏的《中国多维贫困的测度与分解》，王永兴的《中国的经济规模被高估了吗》，魏后凯、刘长全的《中国农村改革的基本脉络、经验与展望》，黄泰岩的《我国改革的周期性变化规律及新时代价值》，原倩的《萨缪尔森之忧、金德尔伯格陷阱与美国贸易保护主义》，罗宏、秦际栋的《国有股权参股对家族企业创新投入的影响研究》。

（五）会议综述

"中国管理学70年"学术研讨会暨中国企业管理研究会2019年年会

2019年10月19日，"'中国管理学70年'学术研讨会暨中国企业管理研究会2019年年会"在上海召开。会议由中国企业管理研究会、上海工程技术大学、蒋一苇企业改革与发展学术基金主办，上海工程技术大学管理学院承办，中国社会科学院管理科学与创新发展研究中心协办。来自国内高校、研究机构、企业、出版媒体等110家单位的240余位与会代表以及上海工程技术大学的近300名师生参加了会议。

中国企业研究会会长、中国社会科学院工业经济研究所研究员黄速建在致辞中阐释了召开"中国管理学70年"学术研讨会的现实意义和理论意义，总结了70年来中国管理学发展的问题导向特征、学习借鉴与持续创新特色以及与学科互动发展特点。他希望与会专家展开深入研讨，为进一步创新管理理论，为新时代中国管理学高质量发展作出自己的贡献。

会议内容分主题报告、期刊论坛和平行分论坛三大部分。在主题报告环节，中国社会科学院经济研究所研究员黄群慧、天津财经大学教授李维安、南京大学教授陈传明、上海工程技术大学教授汪泓、西安理工大学教授党兴华、汕头大学教授徐二明、同济大学教授任浩、山东大学教授徐向艺、天津财经大学教授于立、北京印刷学院教授王关义、中央财经大学教授崔新健、中国社会科学院工业经济研究所研究员李海舰、北京师范大学教授魏成龙、山西财经大学教授杨俊青、上海工程技术大学教授胡斌、江西财经大学教授胡宇辰、上海外国语大学教授范徵、东南大学教授杜运周、中国社会科学院工业经济研究所副研究员江鸿等19位学者依次作了大会主题报告。

在期刊论坛环节,新华文摘杂志社副编审李朱,经济管理杂志社副主编、社长周文斌研究员,南开管理评论杂志社专业主编王迎军教授,外国经济与管理杂志社编辑部主任宋澄宇教授,改革杂志社副总编丁忠兵,经济体制改革杂志社主编蓝定香等就论文发表过程中作者普遍关心的内容展开了阐释,并对参会代表提出的问题作了回应。

分论坛围绕"70年伟大成就与管理学发展""新时代中国管理理论创新研究""高质量发展要求下的管理研究"三个议题展开研讨。与会代表围绕上述议题分享研究成果,展开讨论,点评专家也给出了中肯的建议。

年会共收到会议论文92篇,经过专家评审,甄选出7篇论文作为中国企业管理研究会2019年度优秀论文。其中,优秀论文一等奖1篇,二等奖2篇,三等奖4篇。兰州财经大学教授王学军、辽宁大学教授张广胜、厦门大学教授沈维涛以及中国社会科学院工业经济研究所研究员沈志渔分别为获奖者颁奖。

(科研处)

中国工业经济学会2019年学术年会暨中国工业70年(1949—2019)研讨会

2019年11月2日,"中国工业经济学会2019年学术年会暨中国工业70年(1949—2019)研讨会"在福建省福州市召开。会议由中国工业经济学会主办,福州大学承办,《中国工业经济》《管理世界》等11家单位协办。会议研讨的主要议题为"中国工业70年发展"。来自国内高校及科研单位的专家学者、各大学术期刊相关负责人共300余人参加了会议。

中国社会科学院工业经济研究所所长史丹研究员、华侨大学经济与金融学院院长郭克莎教授、江西财经大学校长卢福财教授、福州大学经济与管理学院周小亮教授分别作了大会主题报告。大会设有四个分论坛,与会人员就相关议题作了发言与交流。

福州大学经济与管理学院副教授蔡乌赶、东北财经大学产业组织与企业组织研究中心副研究员韩超、华中科技大学经济学院副教授王班班、大连理工大学经济管理学院教授原毅军、深圳大学中国经济特区研究中心讲师马丽梅、厦门大学经济学院教授陈勇兵、山东大学经济学院教授余东华、南京大学经济学院博士仲志源等围绕"推动工业企业包容性绿色增长"议题进行了探讨。

南开大学经济与社会发展研究院副教授刘玉海、中央财经大学副教授尹志锋、辽宁大学经济学院博士孙元君、浙江工商大学经济学院讲师诸竹君等围绕"工业企业创新与效率提升机制"议题进行了探讨。西南民族大学经济学院教授单德朋、中国社会科学院工业经济研究所研究员李钢、上海财经大学公共经济与管理学院博士胡浩钰、上海财经大学公共经济与管理学院教授吴一平等围绕"工业企业创新的内在机理"议题进行了探讨。

福州大学经济与管理学院副教授余文涛、山东大学经济学院教授曲创等围绕"平台经济发展模式"议题进行了探讨。首都经济贸易大学工商管理学院博士孔晓旭、东北财经大学产业组织与企业组织研究中心研究员李宏舟、南开大学经济与社会发展研究院教授庞瑞芝等围绕"新经济发展模式与市场治理机制"议题进行了探讨。

大会期间还举行了"中国工业经济学会青年杯"优秀论文评审、中国工业经济学会期刊（内部）工作会议、中国工业经济学会年会优秀论文颁奖、"中国工业经济学会青年杯"优秀论文颁奖等活动。

（科研处）

2019年中国区域经济学会年会暨"区域协调发展新征程、新战略、新机制"学术研讨会

2019年11月16日，"2019年中国区域经济学会年会暨'区域协调发展新征程、新战略、新机制'学术研讨会"在重庆市召开。年会由中国区域经济学会和重庆工商大学共同主办，重庆工商大学长江上游经济研究中心、区域经济研究院和产业经济研究院承办，中国社会科学院西部发展研究中心、重庆区域经济学会、区域经济评论杂志社、改革杂志社与《西部论坛》编辑部参与协办。重庆工商大学校长孙芳城教授和中国区域经济学会副会长兼秘书长陈耀研究员分别代表主办单位致辞。来自政府部门、高等院校、科研机构的300余名专家学者参加了会议。

年会的主题发言分三节进行。第一节，中国区域经济学会会长、中国社会科学院学部委员金碚研究员，国家发展和改革委员会区域开放司原司长赵艾，国务院研究室司长刘应杰等专家学者分别就"区域经济研究视角"、"区域协调发展战略"和"区域经济若干重大现实问题"作了精彩的报告。第二节，中国社会科学院工业经济研究所党委书记兼副所长李雪松研究员，国家发展和改革委员会区域发展战略研究中心主任、中国宏观经济研究院国土开发与地区经济研究所所长高国力研究员，中国区域经济学会顾问程必定研究员分别就"宏观经济形势""新型城镇化""长三角一体化"等议题作了生动的学术报告。第三节，湖北省社会科学院副院长秦尊文研究员、四川师范大学原党委书记丁任重教授、湖南科技大学副校长刘友

金教授、成都市社科联主席杨继瑞教授、河南省社会科学院原院长张占仓研究员、武汉大学经济与管理学院吴传清教授、贵州省委党校（行政学院）副校长汤正仁教授等7位专家受邀作了主题发言。

年会还设了"区域协调发展战略与政策""区域经济理论与实证""城市""产业与公共治理""研究生论坛""学术期刊与作者交流"等6个平行分论坛，共有71名学者在论坛上分享了自己的学术成果。

大会期间召开了第五届理事会工作座谈会，30多位学会会员出席了会议。陈耀副会长兼秘书长代表学会秘书处作了年度工作总结报告，金碚会长为新任副会长颁发聘书并作了总结发言。

（科研处）

农村发展研究所

（一）人员、机构等基本情况

1. 人员

截至2019年年底，农村发展研究所共有在职人员83人。其中，正高级职称人员21人，副高级职称人员23人，中级职称人员22人；高、中级职称人员占全体在职人员总数的80%。

2. 机构

农村发展研究所设有：乡村治理研究室、农村组织与制度研究室、城乡关系与发展规划研究室、农村产业经济研究室、贫困与福祉研究室、农村环境与生态经济研究室、农产品市场与贸易研究室、农村金融研究室、土地经济与人力资源研究室、农村信息化与城镇化研究室、《中国农村经济》与《中国农村观察》编辑部、办公室及科研处。

3. 科研中心

农村发展研究所院属科研中心有：中国社会科学院生态环境经济研究中心、中国社会科学院贫困问题研究中心；所属科研中心有：合作经济研究中心、农村社会问题研究中心、畜牧业经济研究中心。

（二）科研工作

1. 科研成果统计

2019年，农村发展研究所共完成专著9种，217.7万字；论文集6种，239.8万字；译著5种，107万字；调研报告7种，88.2万字；论文135篇，172.3万字；一般文章77篇，约40万字。

2. 科研课题

（1）新立项课题。2019年，农村发展研究所共有新立项课题60项。其中，国家社会科学基金一般课题2项："农民合作社参与农村社会治理的实现机制和路径研究"（赵黎主持），"国家公园体制改革背景下我国自然保护区管理体制研究"（王昌海主持）；国家社会科学基金青年课题2项："农户偏好和行为反应影响农业新技术应用机制的实地研究"（王宾主持），"特大城市边缘区绿色空间布局优化与实施机制研究"（李玏主持）；院国情调研重大课题1项："佛山市农村基层社会治理状况调研"（谭秋成主持）；国情调研院级基地课题1项："'粮改饲'对农户和养殖户生产行为的影响——基于河南省农村调查分析"（刘长全主持）；国情调研所级基地课题2项："湖北神农架林区脱贫退出与乡村振兴衔接调研"（檀学文主持），"湖州市乡村振兴考察与评价"（陈方主持）；中央等部门交办课题6项：中农办交办课题"农村全面建成小康社会重大问题研究"（魏后凯、于法稳等主持），中央深改办交办课题"土地评估研究"（魏后凯、王小映主持），中农办交办课题"提供起草'中央农村工作会议文件'相关材料研究"（魏后凯、苑鹏等主持），中宣部委托课题"'十四五'规划"（谭秋成主持），全国人大委托课题"关于征求全国人大代表对七件法律草案修改意见"（魏后凯、郜亮亮等主持），全国人大委托课题"关于征求《中华人民共和国乡村振兴促进法草案（征求意见稿）》意见"（魏后凯、苑鹏主持）；院党组交办课题4项："未来十五年中国面临的重大农业风险研究"（杜志雄主持），"'十四五'时期城镇化和区域发展战略与政策研究"（魏后凯主持），"'十四五'时期乡村振兴和反贫困战略与政策研究"（魏后凯主持），"全面建成小康社会及'后小康社会'乡村振兴研究"（魏后凯主持）；其他横向课题42项："全国家庭农场监测2019"（杜志雄主持），"中国土地确权问题研究"（杜志雄主持），"榆林市建设陕甘宁蒙晋交界最具影响力城市研究"（魏后凯主持），"构建统一权威的城乡食品药品监管体制"（张海鹏主持），"脱贫攻坚与乡村振兴有机衔接课题研究"（吴国宝主持），"郑州航空港经济综合实验区（郑州新郑综合保税区）乡村振兴规划"（崔红志主持），"中国转基因技术国际竞争力研究与分析"（魏后凯主持），"乡村治理发展战略研究"（魏后凯主持），"新时代木兰溪全流域治水理念及其发展研究"（于法稳主持），"贵州农村产业革命实践研究"（任常青主持），"发展农民合作社、赋予双层经营体制新的内涵研究"（苑鹏主持），"新一轮技术革命背景下的中国城市化战略研究"（苏红键主持），"新时代上海都市农业供给侧结构改革研究"（王昌海主持），"昆明市区域经济发展战略研究"（蔡昉、魏后凯主持），"乡村治理组织体系建设研究"（杨一介主持），"主体功能区生态文明建设评价标准及评价机制研究"（李玏主持），"2018年贫困县退出抽查项目"（吴国宝主持），"'十四五'农村人居环境整治的对策研究"（王宾主持），"脱贫攻坚成效和经验总结"（吴国宝主持），"新时代'潍坊模式'创新提升的路径及对策研究"（于法稳主持），"休闲农业和乡村旅游发展模式分析及推介"（廖永松主持），"城乡融合背景下的农村发展格局研究"（魏后凯主持），"新型职业农民发展指数研究"（郜亮亮主持），"供给侧生产端变化对中国粮食安全的影响"（杜志雄主持），"西藏高原生态经济发展研究"（于法稳主持），"乡村治理研究"（党国英主持），"农村土地经营权登记制度研究"（王小映主持），"完善宅基地管理法制建设研究"（杨一介主持），"全面建成小康社会农村基础设施、社会事业和公共服务短板问题研究"（张瑞娟主持），"开展2019年农业生产性服务业监测分析"（张瑞娟主持），"开展农村经营管理统计指标体系研究工作"（崔凯主持），"农村实用人才数据采集和评价分析"（曾俊霞主持），"2019年改革试验区农村公共服务跟踪评估"（李国祥主持），"城乡融合背景下土地整治助推乡村振兴的机制与模式研究"（李婷婷主持），"三水区乡村振兴改革试点经验启示和建议"（谭秋成主持），"农民合作社需要再合作——供销合作社在引领农民合作社发展中的作用研究"（苑鹏主持），"'十四五'国家粮食安全问题研究"（李国祥主持），"龙港镇城市化研究"（李人庆主持），"国家奶牛产业技术体系任务书"（刘长全主持），"广西土地利用转型环境效应评价技术与调控"（李婷婷主持），"食品安全消费者行为与风险交流策略研究"（全世文主持），"北京市数字乡村分类推进模式与实施路径研究"（崔凯主持）。

（2）结项课题。2019年，农村发展研究所共有结项课题56项。其中，国家社会科学基金重点课题1项："城镇化进程中农户土地退出及其实现机制研究"（刘同山主持）；院国情调研课题1项："健康中国与营造绿色安全环境调研"（于法稳主持）；国情调研院级基地课题3项："河南省农村一二三产业融合发展战略研究"（廖永松主持），"县域医改情况和农村居民健康条件调查"（张延龙主持），"湖州市农地流转租金形成机制研究"（李登旺主持）；中央等部门交办任务6项：中农办交办课题"农村全面建成小康社会重大问题研究"（魏后凯、于法稳等主持），中央深改办交办课题"土地评估研究"（魏后凯、王小映主持），中农办交办课题"提供起草'中央农村工作会议文件'相关材料研究"（魏后凯、苑鹏等主持），中宣部委托课题"十四五规划"（谭秋成主持），全国人大委托课题"关于征求全国人大代表对七件法律草案修改意见"（魏后凯、郜亮亮等主持），全国人大委托课题"关于征求《中华人民共和国乡村振兴促进法草案（征求意见稿）》意见"（魏后凯、苑鹏主持）；院党组交办课题4项："未来十五年中国面临的重大农业风险研究"（杜志雄主持），"'十四五'时期城镇化和区域发展战略与政策研究"（魏后凯主持），"'十四五'时期乡村振兴和反贫困战略与政策研究"（魏后凯主持），"全面建成小康社会及'后小康社会'乡村振兴研究"（魏后凯主持）；其他横向课题41项："全国家庭农场监测2019"（杜志雄主持），"中国土地确权问题研究"（杜志雄主持），"构建统一权威的城乡食品药品监管体制"（张海鹏主持），"脱贫攻坚与乡村振兴有机衔接课题研究"（吴国宝主持），"郑州航空港经济综合实验区（郑州新郑综合保税区）乡村振兴规划"（崔红志主持），"中国转基因技术国际竞争力研究与分析"（魏后凯主持），"乡村治理发展战略研究"（魏后凯主持），"新时代木兰溪全流域治水理念及其发展研究"（于法稳主持），"贵州农村产业革命实践研究"（任常青主持），"发展农民合作社、赋予双层经营体制新的内涵研究"（苑鹏主持），"新一轮技术革命背景下的中国城市化战略研究"（苏红键主持），"新时代上海都市农业供给侧结构改革研究"（王昌海主持），"昆明市区域经济发展战略研究"（蔡昉、魏后凯主持），"乡村治理组织体系建设研究"（乡村治理试点支持工作合作研究）（杨一介主持），"主体功能区生态文明建设评价标准及评价机制研究"（李玏主持），"2018年贫困县退出抽查项目"（吴国宝主持），"'十四五'农村人居环境整治的对策研究"（王宾主持），"脱贫攻坚成效和经验总结"（吴国宝主持），"发展农民合作社、赋予双层经营体制新的内涵研究"（苑鹏主持），"新时代'潍坊模式'创新提升的路径及对策研究"（于法稳主持），"休闲农业和乡村旅游发展模式分析及推介"（廖永松主持），"城乡融合背景下的农村发展格局研究"（魏后凯主持），"新型职业农民发展指数研究"（郜亮亮主持），"西藏高原生态经济发展研究"（于法稳主持），"乡村治理课题研究"（党国英主持），"农村土地经营权登记制度研究"（王小映主持），"完善宅基地管理法制建设研究"（杨一介主持），"全面建成小康社会农村基础设施、社会事业和公共服务短板问题研究"（张瑞娟主持），"开展2019年农业生产性服务业监测分析"（张瑞娟主持），"开展农村经营管理统计指标体系研究工作"（崔凯主持），"农村实用人才数据采集和评价分析"（曾俊霞主持），"2019年改革试验区农村公共服务跟踪评估"（李国祥主持），"三水区乡村振兴改革试点经验启示和建议"（谭秋成主持），"农民合作社需要再合作——供销合作社在引领农民合作社发展中的作用研究"（苑鹏主持），"'十四五'国家粮食安全问题研究"（李国祥主持），"国家奶牛产业技术体系任务书"（刘长全主持），"基于经济效率与绿色发展的我国主要出口水产品研究"（胡冰川主持），"深度贫困地区贫困特点及政策需求"（吴国宝主持），"山东打造乡村振兴齐鲁样板思路与对策研究"（魏后凯主持），"农村集体经济组织研究"（张晓山主持），"中国主要出口水产品竞争力研究"（胡冰川主持）。

3. 获奖优秀科研成果

2019年，农村发展研究所获"中国社会科学院2018年度优秀对策信息奖"组织奖。

（三）学术交流活动

1. 学术活动

2019年，由农村发展研究所主办和承办的学术会议如下。

（1）2019年2月13—14日，由中国社会科学院经济学部、科研局、智库建设协调办公室主办，农村发展研究所承办，中国社会科学出版社、社会科学文献出版社、经济管理出版社协办的"中国社会科学院国家高端智库论坛暨2019年经济形势座谈会"在北京举行。

（2）2019年3月26日，由农村发展研究所主办的"中欧城市农业项目研讨会"在北京举行。来自农村发展研究所、欧洲区域发展和城市规划研究中心等科研机构、高等院校以及国内农业企业的代表共15人出席了会议。与会者就城市农业在土地利用、食品安全、资源有效性、社会融入四个方面的体现展开研讨。

(3) 2019年4月28日，由农村发展研究所、城乡发展一体化智库与社会科学文献出版社联合主办的"中国农村经济形势分析与预测研讨会暨《农村绿皮书（2018—2019）》发布会"在北京举行。

(4) 2019年6月15—16日，由农村发展研究所主办的"深化农业供给侧结构性改革青年论坛"在北京召开。

(5) 2019年7月13—14日，由中国生态经济学学会、农村发展研究所、中国社会科学院城乡发展一体化智库、生态经济杂志社联合主办，贵州大学经济学院承办的"2019中国生态文明建设·贵阳论坛"在贵州省贵阳市举行。

(6) 2019年7月24日，由农村发展研究所、城乡发展一体化智库与中国社会科学出版社联合主办的"《中国农村发展报告（2019）》发布会暨农业农村优先发展高层论坛"在北京举行。

(7) 2019年9月21—22日，由农村发展研究所、江西师范大学和百色学院共同主办的"第三届全国原苏区振兴高峰论坛"在广西壮族自治区百色市召开。

(8) 2019年11月2—3日，由农村发展研究所、江西省社会科学院主办，永修县人民政府协办的"'十四五'规划与农业农村优先发展研讨会暨第十五届全国社科农经协作网络大会"在江西省永修县召开。

(9) 2019年11月18—19日，由农村发展研究所主办的"农村发展与农业生产方式转型国际学术研讨会"在北京召开。中国社会科学院副院长高培勇出席会议并发表演讲，魏后凯所长致辞并作主题报告，杜志雄书记作主题报告及会议总结。来自中国，以及英国、德国、韩国科研机构、高等院校的海内外知名专家约100人参加了会议。会议的主要议题有"发展与反贫困""制度改革与区域发展""土地流转的历史与现状""非农就业与城镇化""可持续发展与食物安全""知识生产与教育""人才与基层组织振兴""农业生产方式转型"等。

2. 国际学术交流与合作

2019年，农村发展研究所共派遣出访22批49人次，接待来访14批47人次。与农村发展研究所开展学术交流的国家有英国、德国、西班牙、荷兰、挪威、瑞典、波兰、新西兰、日本、韩国、菲律宾、肯尼亚、南非等。

(1) 2019年3月13日，日本京都大学农学部伊藤顺一教授到访农村发展研究所，并作"日本农业直接支付制度的实施背景、措施和效果"专题报告。

(2) 2019年3月25—29日，应联合国经社部邀请，农村发展研究所研究员苑鹏赴肯尼亚参加"强化合作社力量在实现可持续发展目标中的作用：成功经验、挑战与未来展望"专家会议，就"社会与团结经济视野下的全球合作社发展——中国实践与中国故事"作主旨发言。

(3) 2019年6月9—22日，根据中国社会科学院与泰国国家研究理事会的合作协议，泰国宋卡皇家大学助理教授维绍·荣伦罗特就"华南地区橡胶农业的管理知识和经济回报"课题来华做学术访问。农村发展研究所研究员胡冰川等分别与维绍·荣伦罗特进行学术座谈。

（4）2019年6月23日，农村发展研究所副所长苑鹏等出席了由中国社会科学院主办的"中国社会科学论坛年会暨'中国发展 世界机遇'国际学术研讨会"，就"中国特色的精准扶贫实践与经验分享"作主旨发言。

（5）2019年7月2日，农村发展研究所所长魏后凯等就"中国农业发展""减贫扶贫经验""中非农业合作"等与外交部中非联合研究交流计划非洲英语国家访华团的15位非洲外宾在北京进行学术交流。

（6）2019年7月28日至8月3日，应日本农林中金综合研究所邀请，农村发展研究所书记杜志雄等赴日本调研土地制度与农地集约化现状。

（7）2019年9月3日，农村发展研究所党委书记杜志雄等在北京就"农村金融有关情况"与日本农林中金综合研究所斋藤真一所长等进行学术交流。

（8）2019年9月23日至10月3日，应哈萨克斯坦国际一体化基金会邀请，农村发展研究所所长魏后凯等赴哈萨克斯坦执行院级中哈农业合作项目调研。

（9）2019年10月6—14日，应德国莱布尼兹转型经济农业发展研究所邀请，农村发展研究所"农业农村现代化的金融服务研究"团队赴德国，就"农业农村现代化的金融服务"进行调研。

（10）2019年10月6—14日，应瑞典斯德哥尔摩环境研究所邀请，农村发展研究所"农业农村绿色发展理论与政策研究"团队赴瑞典，就"农村生态环境治理"进行学术访问。

（11）2019年10月20—28日，应德国维藤大学邀请，农村发展研究所所长魏后凯等赴德国，就"农业生产方式转型和区域协调发展"进行学术访问。

（12）2019年10月21—27日，应韩国农村经济研究院邀请，农村发展研究所"返乡农民工参与现代农业发展研究"团队赴韩国，就"韩国城乡劳动力流动和农村工业化"进行学术访问。

（13）2019年11月3—9日，应日本东京农业大学邀请，农村发展研究所"新型农村集体经济组织研究"团队及"智库建设"团队赴日本，就"新型农村集体经济组织"进行学术访问。

（14）2019年11月17—26日，应菲律宾马尼拉雅典耀大学、印尼政策研究中心邀请，农村发展研究所"2020年后中国减贫战略研究"团队赴菲律宾、印度尼西亚，就"扶贫瞄准与共享发展问题"进行学术访问。

（15）2019年11月20日，农村发展研究所所长魏后凯等在北京就"中德农业农村发展趋势""农村金融及学术合作前景"等与德国莱布尼茨转型经济农业发展研究所所长Thomas Glauben等进行学术交流。

（16）2019年11月24日至12月3日，应日本北海道大学邀请，农村发展研究所"智库建设"团队赴日本，就"日本乡村振兴与增加奶农收入的政策"开展调研。

(17) 2019年12月11日，日本农畜产业振兴机构常务理事安宅倭在北京作题为"日本推动生猪产业稳定发展的政策扶持体系和效果"的学术报告。

(18) 2019年12月13日，农村发展研究所党委书记杜志雄等在北京就"中国与南非农业合作前景"与南非国家农业市场研究院教授Victor Mmbengwa等进行学术交流。

3. 与中国香港、澳门特别行政区和中国台湾开展的学术交流

2019年9月17—18日，农村发展研究所所长魏后凯在北京接受了《中国香港商报》关于土地与农业现代化方面的采访。

(四) 学术社团、期刊

1. 社团

(1) 中国国外农业经济研究会，会长杜志雄。

① 2019年3—8月，中国国外农业经济研究会继续举办学术年会征文活动。2019年的征文主题为"坚持农业农村优先发展——经济转型与政策选择"，下设8个专题。征文活动共收到有效投稿85篇，组织匿名专家对论文进行了学术评价，入选论文作者受邀参加年会论坛并优先安排发言。

② 2019年8月16—18日，由中国国外农业经济研究会、农村发展研究所和西北农林科技大学共同主办，西北农林科技大学经济管理学院承办的"中国国外农业经济研究会2019年会暨庆祝新中国成立70周年学术研讨会"在陕西省咸阳市举行。来自政府机构、科研院所、高等院校的200多名专家学者参加了年会。会议的主题是"坚持农业农村优先发展——经济转型与政策选择"。

(2) 中国城郊经济研究会，会长魏后凯。

① 2019年9月19日，"中国城郊经济研究会2019年第一次会长办公会"在北京举行。会议研究2019年年会、专委会设置、机构改革、民政部年检抽检审计发现问题处置方案等事宜。

② 2019年11月22—24日，"城郊发展70年学术研讨会暨中国城郊经济研究会2019年

2019年8月，"中国国外农业经济研究会2019年会暨庆祝新中国成立70周年学术研讨会"在西北农林科技大学举行。

— 412 —

学术年会"在江西省南昌市召开。会议的主题是"城郊发展70年"。会议由中国城郊经济研究会、农村发展研究所、江西财经大学主办，江西财经大学经济学院承办。来自高校和科研院所以及《中国社会科学》、《经济研究》、《改革》、《中国农村经济》和《当代财经》编辑部的90余人参加了会议。

（3）中国西部开发促进会，会长赵霖。

2019年9月10日，中国西部开发促进会与中国社会科学院中国边疆研究所、甘肃省社会科学院、新疆智库在甘肃省兰州市联合主办了"第七届中国边疆学论坛"。来自国内多地的90余位专家学者参加了会议。会议的主题是"传承与创新：中国边疆学的新视野、新进展"。

（4）中国县镇经济交流促进会，理事长杜志雄。

会长选举工作。2019年11月22日，中国县镇经济交流促进会第五届理事会第7次会议在深圳召开。会议表决选举中国社会科学院农村发展研究所党委书记、副所长杜志雄为中国县镇经济交流促进会会长。

①2019年1月16—17日，"第十四届中国小额信贷峰会"在宁夏回族自治区银川市举办。会议由中国县镇经济交流促进会、中国小额信贷联盟、宁夏东方惠民小额贷款股份有限公司联合主办。会议的主题是"瞄准小微、聚焦三农"。

②2019年5月24日，"第三届中国县镇金融发展论坛暨农村金融科技峰会"在北京举行。会议由中国县镇经济交流促进会和中国村镇银行发展论坛组委会主办。会议的主题是"金融服务乡村振兴、科技助力农村金融"。

③2019年10月18—20日，"第十二届中国村镇银行发展论坛"在湖南省湘西自治州召开。论坛由中国县镇经济交流促进会、中国村镇银行发展论坛组委会主办。会议的主题是"金融精准扶贫"。

④2019年11月22—23日，"第二届中国特色产业经济高峰论坛"在广东省深圳市举办。论坛由中国县镇经济交流促进会和科技创新与品牌杂志社主办。会议的主题是"发展特色产业、助力乡村振兴"。会上发布了《特色产业助力脱贫攻坚：中国实践与政策》研究报告。

（5）中国生态经济学学会，理事长谭家林。

①2019年6月29日，中国生态经济学学会海洋生态经济专业委员会、广东财经大学主办的"2019中国海洋生态经济发展·广州论坛"在广东省广州市举行。

②2019年7月13—14日，由中国生态经济学学会、农村发展研究所、中国社会科学院城乡发展一体化智库、生态经济杂志社联合主办的"2019中国生态文明建设·贵阳论坛"在贵州省贵阳市召开。

③2019年7月27—28日，由中国生态经济学学会生态经济教育委员会主办的"2019中国生态经济建设·恩施论坛"在湖北省恩施市召开。

④2019年11月15日，由中国生态经济学学会提议，北京大学经济学院联合清华大学、

中国社会科学院、中国科学院等十几所高校、科研院所共同发起的"生态经济学学研联盟"在北京成立。

（6）中国林牧渔业经济学会，会长魏后凯。

2019年9月20—23日，由中国林牧渔业经济学会、农村发展研究所联合主办，中国林牧渔业经济学会渔业经济专业委员会、中国林牧渔业经济学会畜牧业经济专业委员会、上海海洋大学经济管理学院、

2019年9月，"中国林牧渔业经济学会2019年年会暨庆祝新中国成立70周年学术研讨会"在上海举行。

中国渔业发展战略研究中心共同承办的"中国林牧渔业经济学会2019年年会暨庆祝新中国成立70周年学术研讨会"在上海举行。来自全国各级林牧渔业主管部门负责人、高校及科研院所的专家学者、期刊媒体及相关领域企业负责人等近300人参加了会议。

年会期间，中国林牧渔业经济学会召开了第四届理事会第四次会议。中国林牧渔业经济学会畜牧业经济专委会召开了第四届理事会第三次会议。

2. 期刊

（1）《中国农村经济》（月刊），主编魏后凯。

2019年，《中国农村经济》共出版12期，共计252万字。该刊全年刊载的有代表性的文章有：陈志钢等的《中国扶贫现状与演进以及2020年后的扶贫愿景和战略重点》，张海鹏的《中国城乡关系演变70年：从分割到融合》，魏后凯的《当前"三农"研究的十大前沿课题》，董新辉的《新中国70年宅基地使用权流转：制度变迁、现实困境、改革方向》，韩磊等的《中国农村发展进程及地区比较——基于2011—2017年中国农村发展指数的研究》，檀学文的《中国移民扶贫70年变迁研究》，黄征学等的《中国长期减贫，路在何方？——2020年脱贫攻坚完成后的减贫战略前瞻》，李小云等的《新中国成立后70年的反贫困历程及减贫机制》，郑振源、蔡继明的《城乡融合发展的制度保障：集体土地与国有土地同权》，夏显力等的《农业高质量发展：数字赋能与实现路径》。

（2）《中国农村观察》（双月刊），主编魏后凯。

2019年，《中国农村观察》共出版6期，共计126万字。该刊全年刊载的有代表性的文章有：阮文彪的《小农户和现代农业发展有机衔接——经验证据、突出矛盾与路径选择》，邓宏图、马太超的《农业合约中保证金的经济分析——一个调查研究》，叶兴庆的《扩大农村集体

产权结构开放性必须迈过三道坎》,张兰兰的《农村集体经济组织形式的立法选择——从〈民法总则〉第99条展开》,钱煜昊等的《中国粮食购销体制演变历程分析(1949—2019)——基于制度变迁中的主体权责转移视角》,丁志刚、王杰的《中国乡村治理70年:历史演进与逻辑理路》,李周的《农民流动:70年历史变迁与未来30年展望》,孙同全、潘忠的《新中国农村金融研究70年》,耿国阶、王亚群的《城乡关系视角下乡村治理演变的逻辑:1949—2019》。

(五)会议综述

中国社会科学院国家高端智库论坛暨2019年经济形势座谈会

2019年2月13日—14日,中国社会科学院国家高端智库论坛暨2019年经济形势座谈会在北京召开。会议由中国社会科学院经济学部、科研局、智库建设协调办公室主办,农村发展研究所承办,中国社会科学出版社、社会科学文献出版社、经济管理出版社协办。中国社会科学院院长、党组书记谢伏瞻出席会议并发表重要讲话;中国社会科学院副院长蔡昉、高培勇,中国社会科学院经济学部主任李扬作主旨报告。

谢伏瞻指出,新中国成立70年来,特别是改革开放40年来,我国取得的成就举世瞩目。当今世界正面临百年未有之大变局,世界经济、政治格局正在发生复杂而深刻的变化。中国特色社会主义进入新时代,我国社会主要矛盾发生变化,但我国仍处于并将长期处于社会主义初级阶段的基本国情没有变,我国是世界最大发展中国家的国际地位没有变,我国发展仍处于并将长期处于重要战略机遇期。

谢伏瞻要求,经济研究工作要在上述这些重大判断的基础上展开,经济学部各研究所和研究人员必须增强责任感和使命感,在研究上再聚焦,把思想统一到中央经济工作会议的精神上来,统一到党中央决策部署上来,把力量凝聚起来,整合各研究所的力量形成合力。

谢伏瞻强调,要充分发挥学部和学部委员在学术研究、学科建设和人才培养方面的独特作用,要打造一流团队、创建知名学派、培育后备人才。院党组和各所要高度重视人才培养,给中青年研究人员提供更多机会,创造有利环境和条件;对那些政治强、学术专、表现好、潜力大、成果多的人才,要加强培养和使用。

中国社会科学院部分学部委员及来自经济学部各研究所、世界经济与政治研究所、亚太与全球战略研究院的多位专家参加会议并作主旨发言。与会学者围绕"世界经济形势与中国发展""经济形势分析与预测""高质量经济发展""城乡融合与绿色发展",以及"货币与财政政策"等议题展开研讨。中国社会科学院职能部门、驻院机构、院直属及主管单位的部分领导,以及承办方农村发展研究所的部分研究人员也参加了会议。

(科研处)

中国农村经济形势分析与预测研讨会暨《农村绿皮书（2018—2019）》发布会

2019年4月28日，由中国社会科学院农村发展研究所、社会科学文献出版社和中国社会科学院城乡发展一体化智库共同主办的"中国农村经济形势分析与预测研讨会暨《农村绿皮书（2018—2019）》发布会"在北京召开。来自中国社会科学院等科研机构、政府部门的专家领导，参加绿皮书写作的研究人员和工作人员，海内外媒体记者参加了会议。

在《农村绿皮书（2018—2019）》发布会环节，中国社会科学院副院长蔡昉对《农村绿皮书：中国农村经济形势分析与预测（2018—2019）》的出版表示祝贺，并指出，"农村绿皮书：中国农村经济形势分析与预测"每年都有一些热点问题、重要问题及新的研究思路与大家分享。同时，蔡昉从制造业比重下降的角度，通过中国与国际比较分析了制约中国"四化"同步的因素，并指出，促进乡村振兴和"四化"同步最核心的内容是提高农业劳动生产率，为此需要加快转移农业劳动力并通过农村土地制度改革和一系列其他改革措施来推动农业适度规模经营。社会科学文献出版社副总编辑蔡继辉肯定了"农村绿皮书"的质量，指出，"农村绿皮书"对我国农业农村经济的发展起到很好的指导和决策参考作用，并建议在下一步的编写中可增加非农产业、不同区域比较及农村人口和社会变迁等内容。李国祥研究员代表课题组发布了《农村绿皮书：中国农村经济形势分析与预测（2018—2019）》的研究成果，总结了2018年中国农业农村经济的特点，对2019年的农业农村经济形势作了展望，并对新型职业农民培育、农村土地制度改革、农村宅基地闲置情况、农地和农房融资担保等热点问题的研究结论进行了总结。

农村发展研究所所长魏后凯在会议总结发言中提出了促进乡村振兴应重视的几个重要问题。他认为，如何积极引导社会资金投入农业以推动资本下乡、如何缓解中等偏下收入组收入增速较低等因素对农村减贫可持续性的影响、如何激活闲置宅基地和农房等农村大量闲置资源、如何解决农业劳动力就业比重与农业增加值比重不匹配、如何缩小城乡财富差距等都是当前值得关注和研究的重大问题。

（科研处）

《中国农村发展报告（2019）》发布会暨农业农村优先发展高层论坛

2019年7月24日，由中国社会科学院农村发展研究所、中国社会科学院城乡发展一体化智库和中国社会科学出版社共同主办的"《中国农村发展报告（2019）》发布会暨农业农村优先发展高层论坛"在北京召开。国务院研究室农村司司长张顺喜，农业农村部农村经济研究中心主任宋洪远，北京市农林科学院院长李成贵，中国社会科学院学部委员、农发所原所长张晓山，农发所原所长李周等领导专家出席此次会议并作发言。会议分别由魏后凯所长和杜志雄书记主持。

在《中国农村发展报告（2019）》发布会环节，中国社会科学院副院长、党组成员高培勇指出，实现农业农村优先发展需要人、财、物协同发力，但三者作用各不相同。高培勇表示，从财政角度出发，需要关注两方面的问题。一是财政在实现农业农村优先发展中的作用定位。财政是最具综合意义的基本政府职能和最具基础意义的制度安排，同时，也是现代国家治理中具有"牛鼻子"效应的基本关系链条。因而，在人、财、物协同推动农业农村优先发展的战略安排当中，财政居于基础和支柱地位。二是农业农村问题在财政工作中的定位。在以国有制财政和城市财政为主要特征的传统二元财政体制下，财政覆盖范围有限，农业农村发展存在一定短板。在新时代的条件下，需要更好地发挥财政在国家治理中的基础和重要支柱作用，通过建立健全公共财政制度，确保农业农村问题在财政工作中的优先地位，从而实现农业农村优先发展。

农村发展研究所所长魏后凯认为，农业农村优先发展是相较于工业发展和城市发展而言，其内涵主要包括两方面。一是将农业农村摆在优先位置，二是在资金投入和政策方面给予倾斜。实现农业农村优先发展需要加强党对"三农"工作的集中统一领导，要充分发挥集中领导特有的顶层设计和统筹协调优势。同时也要深刻意识到农业农村优先发展的艰巨性和长期性，努力实现快补存量、同步增量、融合发展。坚持农业农村优先发展是对"三农"工作作为全党工作重中之重这一方针的坚持和创新，是新时代处理城乡关系的"牛鼻子"，是中国农村改革历史经验的总结和进一步升华，也是实施乡村振兴战略必须坚持的总方针。

在农业农村优先发展研讨会环节，与会专家就当前"三农"形势、深化制度改革、农业农村优先发展等内容展开了讨论。来自"三农"领域的专家以及农村发展研究所、中国社会科学出版社的工作人员以及海内外媒体记者等90余人参加了会议。

（科研处）

"十四五"规划与农业农村优先发展研讨会
暨第十五届全国社科农经协作网络大会

2019年11月2—3日，"'十四五'规划与农业农村优先发展研讨会暨第十五届全国社科农经协作网络大会"在江西省永修县召开。大会由中国社会科学院农村发展研究所、江西省社会科学院主办，永修县人民政府协办。来自中国社会科学院及各省（区、市）社会科学院的专家学者、江西省有关部门的领导干部共计100多人参加了大会。

中国社会科学院农村发展研究所党委书记杜志雄，江西省社会科学院院长、党组书记梁勇，永修县委书记许斌在开幕式上分别致辞。在开幕式上，全国人大常委会委员、社会建设

2019年11月，"'十四五'规划与农业农村优先发展研讨会暨第十五届全国社科农经协作网络大会"在江西省永修县举行。

委员会副主任委员、中国社会科学院学部委员李培林作了题为"关于农村和农民的几个问题"的主旨演讲。中国社会科学院学部委员、农村发展研究所研究员张晓山，清华大学中国农村研究院副院长、农业部农村经济体制与经营管理司原司长张红宇，全国人大农业和农村委员会委员、中国社会科学院农村发展研究所所长魏后凯分别就"农业供给侧结构性改革""乡村产业发展""'十四五'时期我国农业和农村发展"等议题在大会上作了主题报告。

大会分为"农业农村优先发展与现代化""乡村振兴与脱贫攻坚"两个分论坛进行研讨，来自全国社科院系统的专家学者就"现代农业发展""要素配置改革""脱贫攻坚""各地农业农村发展的具体实践"开展了研讨和交流。

在闭幕式上，魏后凯对大会的研讨成果进行了总结，就加强和改善全国社科农经协作网络大会的工作提出了建议，并提出了未来一段时期全国社科院系统"三农"研究学者应当加强合作、协同开展科研攻关的七个重要研究领域。

大会举办期间，还召开了全国社科农经协作网络大会理事会会议和全国社科院系统部分期刊编读交流会。

（科研处）

财经战略研究院

（一）人员、机构等基本情况

1. 人员

截至2019年年底，财经战略研究院共有在职人员78人。其中，正高级职称人员19人，副高级职称人员18人，中级职称人员30人；高、中级职称人员占全体在职人员总数的86%。

2. 机构

财经战略研究院设有：办公室、科研处、财政研究室、税收研究室、财政审计研究室、成本价格研究室、流通产业研究室、国际经贸研究室、服务经济研究室、旅游与休闲研究室、城市与房地产经济研究室、互联网经济研究室、综合经济战略研究部、马克思主义财经科学研究室、《财贸经济》编辑部、China Finance and Economic Review 编辑部、《财经智库》编辑部、学术档案馆办公室。

3. 科研中心

财经战略研究院院（中国社会科学院）属科研中心有：中国社会科学院财政税收研究中心、中国社会科学院旅游研究中心、中国社会科学院城市与竞争力研究中心、中国社会科学院经济政策研究中心；所（财经战略研究院）属科研中心有：服务经济与餐饮产业研究中心、信用研究中心。

（二）科研工作

1. 科研成果统计

2019年，财经战略研究院共完成专著15种，300万字；论文283篇，127.3万字；研究报告96篇，33.6万字。

2. 科研课题

（1）新立项课题。2019年，财经战略研究院共有新立项课题10项。其中，国家社会科学基金重点课题1项："流通业态创新与品质消费双向促进的路径、作用机制与政策研究"（依绍华主持）；社会科学基金青年课题1项："金融服务增值课税的理论探讨与政策选择研究"（杜爽主持）；社会科学基金后期资助重点课题1项："中国服务贸易发展战略研究"（赵瑾主持）；社会科学基金后期资助一般课题2项："预期偏差及其形成机制研究"（钟春平主持），"重塑服务业空间格局：距离、边界与政策的影响"（刘奕主持）；国家自然科学基金面上课题1项："积极财政政策松弛地方政府借款约束的理论机制、趋势预测与管控策略"（何代欣主持）；国家自然科学基金青年课题1项："全球价值链视角下我国区域真实能源生产率与减排路径研究"（闫冰倩主持）；院国情调研重大课题2项："'一带一路'建设进展与问题调研：以中欧班列为例"（夏杰长主持），"旅游助推'一带一路'建设：进展与问题调研"（宋瑞主持）；院青年科研启动基金课题1项："重点公共服务领域央地财政事权和支出责任划分研究"（侯思捷主持）。

（2）结项课题。2019年，财经战略研究院共有结项课题8项。其中，国家社会科学基金重大课题1项："扩大我国服务业对外开放的路径与战略研究"（夏杰长主持）；国家社会科学基金课题5项："全球价值链视角下提升中国制造业海外投资效率研究"（姚战琪主持），"行政审批改革与产能过剩的制度成因"（刘诚主持），"新形势下竞争、产业、贸易政策的综合协调及实现机制研究"（张昊主持），"政府行为与经济增长：比较经济发展视角的解读"（付敏杰主持），"精准扶贫战略下贫困地区农村信息化减贫能力提升研究"（郭君平主持）；国家自然科学基金课题2项："通过结构重组、接入监管与定价机制改革构建中国售电侧市场的理论与实证研究"（冯永晟主持），"内生汇率传递下国际冲击对中国通货膨胀的动态影响：纵向产业结构的 DSGE 模型研究"（汪川主持）。

（3）延续在研课题。2019 年，财经战略研究院共有延续在研课题 16 项。其中，国家社会科学基金重大课题 4 项："现代国家治理体系下我国税制体系重构研究"（高培勇主持），"公共经济学理论体系创新研究"（杨志勇主持），"公共经济学理论体系创新研究"（杨志勇主持），"外部冲击和结构性转换下的中高速增长和中高端发展研究"（汪红驹主持）；国家社会科学基金研究专项课题 1 项："降低发生债务危机风险研究"（何德旭主持）；国家社会科学基金年度课题 11 项："教育阻断贫困代际传递的政策设计与评估研究"（闫坤主持），"人口结构变迁对中国房地产市场的综合影响及应对措施研究"（李超主持），"旅游需求结构与旅游产品创新的动态关系研究"（宋瑞主持），"互联网驱动的产业融合：测度、形成机理与政策监管研究"（黄浩主持），"创业、创新生态系统构建与城市'大众创业、万众创新'战略支持体系研究"（刘彦平主持），"宏观债务与高杠杆的形成机制及对策研究"（冯明主持），"我国中央地方财政事权与支出责任划分的理论与实践研究"（于树一主持），"税收法定视域下的税法确定性问题研究"（滕祥志主持），"社会保险费征管体制改革的最优路径与效果评估"（刘柏惠主持），"中国金融杠杆周期与金融风险的形成机制及对策研究"（张方波主持），"劳动力市场新变化对就业脱贫的影响及路径优化研究"（张彬斌主持）。

3. 获奖优秀科研成果

2019 年，财经战略研究院获"第十届（2019 年）中国社会科学院优秀科研成果奖"专著类三等奖 1 项：何德旭等的《中国金融稳定：内在逻辑与基本框架》；论文类三等奖 3 项：闫坤等的《分税制、财政困境与地方政府转型》，倪鹏飞等的《城市化滞后之谜：基于国际贸易的解释》，李超等的《中国住房需求持续高涨之谜：基于人口结构视角》。

（三）学术交流活动

1. 学术活动

2019 年，由财经战略研究院主办和承办的学术会议如下。

（1）2019 年 1 月 9 日，由财经战略研究院、中国社会科学院旅游研究中心与社会科学文献出版社共同举办的"《旅游绿皮书：2018—2019 年中国旅游发展分析与预测》发布暨研讨会"在北京举行。会议的主题是"中国旅游：新时代，新思考，新探索"。

（2）2019 年 1 月 21 日，由财经战略研究院和中国社会科学出版社联合主办的"中国社会科学院财经战略研究院重大成果发布会"在北京举行。会议发布了由中国社会科学院财经战略研究院与孙中山研究院合作完成的研究成果——《四大湾区影响力报告（2018）：纽约·旧金山·东京·粤港澳》。

（3）2019 年 3 月 22 日，由中国城市百人论坛、财经战略研究院和中国城市经济学会联合主办的"中国城市百人论坛 2019 春季论坛"在北京举行。会议的主题是"建设现代化都市圈——理论与对策"。

（4）2019 年 4 月 20 日，由中国社会科学院、中国科学院、中国工程院共同主办，中国社会科学院—上海市人民政府上海研究院承办的"中国城市百人论坛 2019 春夏研讨会"在上海举行。会议的主题是"长三角一体化：理论与对策"。

（5）2019 年 5 月 15 日，由中国社会科学院城市与竞争力研究中心、驻马店市人民政府主办的"中国城市百人论坛——驻马店会议"在河南省驻马店市举行。会议的主题是"后发地区高质量发展——淮河生态经济带发展路径探索"。

（6）2019 年 6 月 2 日，由中国社会科学院、中国科学院、中国工程院共同主办，中国科学院承办的"中国城市百人论坛 2019 年会"在北京举行。会议的主题是"未来理想城市：生态、智慧和人文"。

（7）2019 年 6 月 24 日，"《中国城市竞争力报告 No.17》发布会"在北京举行。财经战略研究院与经济日报社共同主办。

（8）2019 年 6 月 29 日，由财经战略研究院主办，中国社会科学院财政优势学科平台、中国社会科学院财税研究中心承办，《财贸经济》《财经智库》编辑部协办的"新中国 70 年财政金融协同创新理论研讨会"在北京召开。会议的主题是"新中国 70 年财政金融协同创新"。来自科研机构以及高校的专家学者参加了研讨会。

（9）2019 年 8 月 20 日，由财经战略研究院和倾山投资管理（北京）有限公司联合主办的"新时代中国服务业发展与开放研究成果发布会暨研讨会"在北京举行。100 余位学界、业界代表参加了会议。

（10）2019 年 10 月 26 日，由财经战略研究院主办的"马克思主义财经科学发展论坛（2019）"在北京举行。论坛的主题是"马克思主义财经科学研究 70 年：理论发展与实践探索"。

（11）2019 年 10 月 31 日，由财经战略研究院主办，中国社会科学院旅游研究中心承办的"学术研究的初心使命与创新发展暨中国社会科学院旅游研究中心成立 20 周年学术研讨会"在北京举行。

（12）2019 年 11 月 6 日，由财经战略研究院和东北财经大学联合主办的"财经战略年会 2019：新中国财经理论与实践 70 年"在辽宁省大连市举办。会议的主题是"新中国财经理论与实践 70 年：回顾与展望"，研讨的主要议题有"新中国 70 年财政理论与实践""新中国 70 年金融理论与实践""新中国 70 年贸易经济和服务经济理论与实践"等。来自政府部门、研究机构、高校及媒体的 200 余位嘉宾应邀出席了年会。

（13）2019 年 11 月 12 日，由中国社会科学院学部主席团、联合国人居署、宁波市人民政府共同主办，财经战略研究院、宁波市鄞州区政府承办的"中国社会科学论坛——城市国际论坛"在浙江省宁波市举办。会议研讨的主要议题有"全球新型城市""市政融资""媒体提升城市影响力"。

（14）2019年11月29日，由财经战略研究院与广州市社会科学院联合主办、香港冯氏集团利丰研究中心与澳门科技大学协办的"中国经济运行与政策论坛2019"在广东省广州市举行。会议研讨的主要议题有"'十四五'中国经济高质量发展远景与规划""'十四五'我国区域格局与战略布局""'十四五'的大湾区发展"等。

（15）2019年12月5日，由财经战略研究院主办的"《中国城市营销发展报告（2019）》发布会"在北京举行。

（16）2019年12月6日，"《中国县域经济发展报告（2019）》暨全国百强县（区）报告发布会"在北京举行。会议由财经战略研究院主办，《华夏时报》协办。

2．国际学术交流与合作

2019年，财经战略研究院共派遣出访41批66人次，接待来访6批20余人次。与财经战略研究院开展学术交流的国家有美国、加拿大、英国、德国、希腊、俄罗斯、白俄罗斯、日本、韩国、肯尼亚等。

（1）2019年5月29—30日，财经战略研究院院长何德旭研究员随团出席由中国社会科学院、俄罗斯国际事务委员会主办，中俄战略协作高端合作智库协办的"中国与俄罗斯：新时代的合作暨中俄建交70周年论坛"，并发表题为"着力深化和拓展中俄金融合作"的演讲。

（2）2019年9月24日，联合国第74届大会期间，财经战略研究院研究员倪鹏飞代表课题组与联合国人居署在纽约联合国总部共同发布《深圳故事暨全球城市竞争力报告2018—2019》，并代表课题组作深圳城市建设经验介绍。

（3）2019年10月28日，财经战略研究院研究员倪鹏飞受邀赴加拿大发布《全球城市竞争力报告2019—2020》。

（4）2019年12月1—8日，财经战略研究院副院长夏杰长一行随团赴非洲，参加"治国理政与中非经济社会发展"和"中非携手促进可持续发展"国际研讨会，与来自非洲国家的百余位专家学者展开互动交流。

3．与中国香港、澳门特别行政区和中国台湾开展的学术交流

2019年3月30日至4月4日，财经战略研究院党委书记、副院长闫坤研究员带队赴港，与香港特区政府及工商界代表交流调研，围绕"税费问题""粤港澳大湾区建设"等议题开展学术交流活动。

（四）学术社团、期刊

1．社团

（1）中国市场学会，会长夏杰长。

① 2019年4月13日，由中国市场学会和湖南商学院共同主办的"新中国70年市场体系

建设与市场取向改革研讨会"在湖南省长沙市举行。会议的主题是"新中国 70 年市场体系建设与市场取向改革"。

② 2019 年 10 月 23 日，由中国市场学会和云南财经大学金融学院共同主办的"市场竞争与普惠金融发展专题学术研讨会"在云南省昆明市举行。会议的主题是"市场竞争与普惠金融发展"。

(2) 中国成本研究会，会长何德旭。

① 2019 年 9 月 2 日，中国成本研究会与中国财政科学研究院《财政科学》编辑部在北京联合主办了"降成本：政策效果与未来走向研讨会"。会议的主题是"降成本的政策效果及政策建议"。与会专家学者 20 人。

② 2019 年 12 月 3 日，中国成本研究会联合财经战略研究院邀请国家机关事务管理局财务管理司司长王德同志作"机关运行成本管理创新问题"的专题讲座。

③ 2019 年 12 月 26 日，中国成本研究会在北京召开"中国成本研究会第七届理事会第三次会议暨新中国 70 年成本研究主题研讨会"。会议的主题是对新中国成立 70 年来的成本研究工作进行系统回顾和梳理，并对未来的成本研究工作提出展望和建议。

2. 期刊

(1)《财贸经济》（月刊），主编何德旭。

2019 年，《财贸经济》共出版 12 期，共计约 268 万字。该刊全年刊载的有代表性的文章有：王毅、郑桂环、宋光磊的《中国政府资产负债核算的理论与实践问题》，吕炜、靳继东的《国家治理现代化框架下中国财政改革实践和理论建设的再认识》，赵瑾的《贸易与就业：国际研究的最新进展与政策导向——兼论化解中美贸易冲突对我国就业影响的政策选择》，宋建波、苏子豪、王德宏的《政府补助、投融资约束与企业僵尸化》，曹婧、毛捷、薛熠的《城投债为何持续增长：基于新口径的实证分析》，刁伟涛、傅巾益、李慧杰的《信用利差、违约概率与地级政府债务风险分类测度》，方意、和文佳、荆中博的《中美贸易摩擦对中国金融市场的溢出效应研究》，于海峰、王方方的《构建新时代开放型经济网络体系》，何德旭、冯明的《新中国货币政策框架 70 年：变迁与转型》，杨志勇的《新中国财政政策 70 年：回顾与展望》，刘金全、张龙的《新中国 70 年财政货币政策协调范式：总结与展望》，郭玉清、毛捷的《新中国 70 年地方政府债务治理：回顾与展望》，闫坤、于树一的《新中国政府间财政关系研究 70 年：分级财政从萌芽到兴盛》，夏杰长的《新中国服务经济研究 70 年：演进、借鉴与创新发展》，盛斌、魏方的《新中国对外贸易发展 70 年：回顾与展望》，吕冰洋的《"顾炎武方案"与央地关系构建：寓活力于秩序》，孙国峰、栾稀的《利率双轨制与银行贷款利率定价——基于垄断竞争的贷款市场的分析》，裴长洪、倪江飞的《论习近平新时代中国特色社会主义经济思想的主题》，朱军、寇方超、宋成校的《中国城市财政压力的实证评估与空间分布特征》。

(2)《财经智库》（双月刊），主编何德旭。

2019 年，《财经智库》共出版 6 期，共计 72 万字。该刊全年刊载的有代表性的文章有：隆国强、张宇燕、裴长洪、张燕生、周弘的《改革开放40年与对外经济关系》，李培林、李强、谢立中、张翼、李林的《改革开放40年与中国社会发展》，［法］托马斯·皮凯蒂、杨利、［美］加布里埃尔·祖克曼的《中国资本积累、私有财产与不平等的增长：1978—2015》，李朱的《如何正确认识当前的经济形势和经济政策》，［英］迈克尔·G. 波利特、［英］莱维斯·戴尔的《如何决定竞争性电力市场中的工业电价：借鉴英国经验》，中国社会科学院宏观经济研究中心课题组、李雪松、汪红驹的《加快推动改革开放创新 妥善应对经济下行压力——2019年中国宏观经济中期报告》，中国社会科学院财政税收研究中心"中国政府资产负债表"项目组、汤林闽、梁志华的《中国政府资产负债表 2019》，中国社会科学院宏观经济研究中心课题组、李雪松、汪红驹的《提升增长内生动力 增强经济发展韧性——2019年中国宏观经济秋季报告》，周文、冯文韬的《习近平新时代中国特色社会主义经济思想的时代价值与经济学理论贡献》等。

(3) China Finance and Economic Review（《中国财政与经济研究》，季刊），主编何德旭。

2019年，China Finance and Economic Review 共出版4期，共计30万英文字符。该刊全年刊载的有代表性的文章有：Changhong Pei, Jiangfei Ni, Yue Li's "Approaching Digital Economy from the Perspective of Political Economics"（裴长洪、倪江飞、李越的《数字经济的政治经济学分析》）；Zihao Li, Jun Mao's "Local Governments' Tax Competition, Industrial Structure Adjustment and Regional Green Development in China"（李子豪、毛军的《地方政府税收竞争、产业结构调整与中国区域绿色发展》）；Wei Liu, Yuqiang Cao's "Do Institutional Investors Drive Financialization of Real Sectors?"（刘伟、曹瑜强的《机构投资者驱动实体经济"脱实向虚"了吗？》）；Zhiyong Yang's "China's Fiscal Policies in the Past Seven Decades：Characteristics, Experience and Prospects"（杨志勇的《新中国财政政策70年：回顾与展望》）；Yuqing Guo, Jie Mao's "Local Government Debt Governance in China in the Past 70 Years：Review and Prospect"（郭玉清、毛捷的《新中国70年地方政府债务治理：回顾与展望》）。

（五）会议综述

中国城市百人论坛2019年会

2019年6月2日，由中国社会科学院、中国科学院、中国工程院共同主办，中国科学院承办的"中国城市百人论坛2019年会"在北京举行。年会的主题是"未来理想城市：生态、智慧和人文"。

与会专家学者一致认为——

(1) 城镇化是现代化的必由之路。

全国人大常委会副委员长、民盟中央主席、中国科学院副院长丁仲礼主持会议并发言。

中国社会科学院院长、党组书记谢伏瞻指出，城镇化是现代化的必由之路，城镇化与工业化互融共进，构成现代化的两大引擎。推动城镇化是解决"三农"问题的重要途径，是推动区域协调发展的重要支撑，是扩大内需和促进产业升级的重要抓手，对全面建成小康社会、全面建设社会主义现代化强国具有重要的现实意义和深远的历史意义。

谢伏瞻表示，我国用短短40年时间完成了西方国家200年才完成的城镇化进程，走出了具有中国特色的城镇化之路，这是人类发展史上的奇迹！未来一段时期，城镇化仍然是经济发展的重要推动力，但与过去40年的城镇化有所不同，今后的城镇化是高水平城镇化，其关键是"四化"协同联动。新型工业化是主动力，信息化是融合器，城镇化是大平台，农业现代化是根本支撑。"四化"密切联系、不可分割、相互促进。推进高水平城镇化，实现"四化"协调联动，推动我国经济高质量发展，关键是深化改革。对城镇化问题的研究要坚定不移地以习近平新时代中国特色社会主义思想为指导，以城镇化进程中的重大理论和实践问题为主攻方向，不断推出高水平成果，为推动城镇化高质量发展提供学理支撑，为实现"两个一百年"奋斗目标、实现中华民族伟大复兴的中国梦作出应有贡献。

中国科学院院士、中国工程院院士、清华大学教授吴良镛表示，近年来，在中国特色社会主义进入新时代的重要转折期，国家对城市规划建设管理工作作出了顶层设计和战略安排。在具体的规划实践中，要有综合的观念，加强统筹协调，体现国家意志和国家规划的战略性。党的十九大报告指出，我国社会主要矛盾已经转化为人民日益增长的美好生活需要和不平衡不充分的发展之间的矛盾。这个重大的判断为坚持以人民为中心，实现高质量发展和高品质生活、建设美好家园指明了方向。改革开放以来，我国城镇化进程呈现建设规模大、速度快、涉及面广等特点，由此看来，要自觉发展人居科学，以人为核心，科学建设有序空间和宜居环境，并以融贯综合的思想，突破原有专业分割和局限，初步建立了一套以人居环境建设为核心的空间规划设计方法和实践模式，为建立包括国土空间规划体系在内的国家规划体系提供坚实的科学基础。

(2) 城镇化的发展也是中国经济的全面发展。

城市的经济实际是城市十分重要的核心问题。中国工程院院士、原常务副院长潘云鹤指出，经济智能化转型需要重视以下五个方面：产品的智能化，企业运行智能化，块状经济的网络平台化，城市经济生态的智能化，城市与经济的协同进化。而中国要实现智能城市不但要完成城镇化，而且要完成工业化，同时还要完成城市绿色化以及农村现代化的问题。

中国科学院院士、中国科学院地理科学与资源研究所研究员陆大道表示，信息技术给城市的发展带来了历史的机遇和窗口，同时，信息技术的应用影响了社会经济的空间格局、空间组织的形态和空间组织的内部结构。对此，城市规划应创建以中国北方总部基地、综合性国家科学中心、国家级综合枢纽、以都市圈为抓手引领黄河经济带发展四个方面为主的国家中心城市建设，发展大数据与新一代信息技术、智能制造与高端装备、量子科技生物医药、先进材料、现代物流、医疗康养、文化旅游、产业金融、科技革命等十大重点产业，坚持在前瞻性指引下，逐步实现全面转型，促进城市经济高质量发展。

文创园区建设是新型城镇化的一个重要方面，如何认识文化园区建设、文创园区与新时期城市化发展的关系以及解决建设中存在的问题等都需要进行深入研究。中国社会科学院文化研究中心副主任张晓明表示，目前，是中国城市化转型的关键期，新型城镇化无论在城市发展质量的提升还是在规模和空间布局等方面都急需进一步调整。城市化转型与文化发展要反思城市化发展历史，展望城市化发展愿景，实现城镇化"从硬增长到软增长，再到巧增长"。同时，在城市和文化园区的建设中，文化园区应从传统模式过渡到升级版，真正实现城市与文化园区的可持续发展。

生态城市是现代城市建设的高级阶段。中国工程院院士、清华大学教授钱易认为，生态城市就是可持续发展的城市，是紧凑的、充满活力的、节能的，并且与自然和谐共存的聚居地。城市的规划设计应该以生态文明理念为指导，城市产业要做到节约资源、环境友好，特别要提倡节能减排，包括生产节能、消费节能和第三产业的节能，发展生态产业，形成城市的生态文明新风尚，切实推动生态城市的形成与可持续发展。

来自中国城市百人论坛成员，国内科研机构和高校的专家学者120人参加了会议。会议期间，为"中国城市百人论坛首届青年学者奖"获得者颁奖。

(科研处)

马克思主义财经科学发展论坛（2019）

2019年10月26日，由中国社会科学院财经战略研究院主办的"马克思主义财经科学发展论坛（2019）"在北京举行。论坛的主题是"马克思主义财经科学研究70年：理论发展与实践探索"。财经战略研究院党委书记闫坤主持了开幕式。她指出，当前，学术研究更需要坚持以马克思主义为指导，学习和运用习近平新时代中国特色社会主义思想，为国家发展和改革建言献策。在开幕式上，财经战略研究院院长何德旭、《红旗文稿》杂志社社长顾保国分别致辞。

何德旭指出，在过去的70年里，马克思主义学者们积极融入新中国波澜壮阔的发展和改革历程，推动马克思主义理论与应用研究在中华大地上繁荣昌盛。财经战略研究院自成立之日起，已为马克思主义理论的蓬勃发展输送了大量的专业人才和学术成果，当前的研究重点在于习近平新时代中国特色社会主义思想、中国经济发展与改革成就等重大理论和实践问题。

顾保国指出，新中国成立70年来取得了举世瞩目的伟大成就，哲学社会科学工作者们应抓住时代机遇，在新时代做好习近平新时代中国特色社会主义思想的理论研究和阐释工作，推动不断发展的马克思主义理论更好地解决中国的实际问题，同时把当代中国财经领域的马克思主义成果贡献给世界。

在论坛的研讨环节，与会专家学者围绕会议主题，作了学术分享与交流。

国务院扶贫办全国扶贫宣传教育中心主任黄承伟认为，习近平扶贫重要论述深化了对社会主义建设规律、共产党的执政规律、人类社会发展规律的认识，发展了马克思主义贫困思想的理论命题，丰富了马克思主义反贫困的实现路径和价值追求，为世界反贫困贡献了中国智慧。

中国社会科学院经济政策研究中心主任郭克莎指出，习近平新时代中国特色社会主义经济思想作为马克思主义经济学中国化、当代化的最新成果和中国特色社会主义政治经济学的最新成果，不是静止的、不变的，而是在指导中国经济发展的过程中，随着实践的发展而不断丰富发展。

财经战略研究院研究员宋则对我国全面禁商到全面兴商的70年中经济理论与实践的主线脉络进行了梳理，指出，在新时代要找到公平与效率之间新的均衡点，财税政策需提供有效支撑。

《经济学动态》常务副主编胡家勇分析了二战后13个保持长期经济增长的经济体的五方面共同经验：充分利用世界经济，维护宏观经济稳定，保持较高储蓄率和高投资率，通过市场配置资源，拥有负责、可信和有能力的政府。

南开大学经济学院教授何自力指出，坚持和发展中国特色社会主义政治经济学面临深入研究新时代我国发展新历史方位的内涵和特点、社会主要矛盾的新变化及其对社会生产目的的新要求、生产力发展的新特点和新要求、生产关系的新变化和新特征、我国所处国际环境的新变化及发展趋势等五大紧迫任务。

中国社会科学院马克思主义研究院马克思原理研究部主任余斌从白条输出、知识租权、碳贡赋三方面描述了新帝国主义的主要经济特征。清华大学马克思主义学院副院长朱安东总结了苏东国家银行业过度开放的教训。复旦大学马克思主义研究院常务副院长周文认为我国经济学理论创新还远不能满足高质量发展实践的需要，并提出推动新时代经济学高质量发展的建议。

与会专家一致认为，新中国成立的70年也是持续推进马克思主义中国化的70年；中国特色社会主义理论体系坚持用马克思主义观察时代、解读时代、引领时代，不断赋予马克思主义以新的时代内涵；习近平新时代中国特色社会主义思想将马克思主义中国化的理论和实践引入了新的历史纪元，中国特色社会主义道路、理论、制度、文化将不断发展和完善，将为解决人类问题贡献更多的中国智慧和中国方案。

(科研处)

财经战略年会2019：新中国财经理论与实践70年

2019年11月6日，由中国社会科学院财经战略研究院和东北财经大学联合主办的"财经战略年会2019：新中国财经理论与实践70年"在辽宁省大连市举办。年会的主题为"新中国财经理论与实践70年：回顾与展望"，研讨的主要议题有"新中国70年财政理论与实践""新中国70年金融理论与实践""新中国70年贸易经济和服务经济理论与实践"等。来自政府部门、研究机构、高校及媒体的200余位代表应邀出席了年会。

中国社会科学院副院长、党组成员、学部委员高培勇教授出席会议并在开幕式上致辞。

高培勇对70年来中国财经理论与实践关系的历史逻辑进行了总结，提出要从实质层面探究中国特色新型财经智库对中国经济社会发展发挥的学理支撑和方法论支撑作用，并提出四个基本判断：一是成功的财经实践离不开背后成功的理论支撑；二是成功理论的原产地就在中国，而并非来源于西方经济学和马克思主义经典论述；三是中国的成功背后必然有一系列根植于国情才能生成的特殊因素；四是中国的成功背后一定有我们做对了的经验，需要我们将经验上升到理论层面加以概括。高培勇强调，中国经济学具有实践性、全局性和专业性的特色，并提出，进入新时代，支撑国家治理体系和治理能力现代化的财经理论研究必须具备"时代性"，一方面要契合时代主题，另一方面也要站在时代前沿，用新理论、新思想、新战略从事新问题的研究。

中国社会科学院原副院长、党组成员朱佳木研究员在题为"陈云经济思想的几个要点"的主旨演讲中，阐述了陈云的财经思想和方法论。他说，陈云同志是我国社会主义经济建设的开创者和奠基人之一，为探索我国社会主义建设道路作出了杰出贡献。他的经济思想中核心的基本的内容是超越时代的，他提出的建设和改革都要建立在民生的基础上、经济建设的高速度要建立在按比例和高质量高效益的基础上、搞活经济要建立在宏观控制的基础上、对外开放要建立在以我为主的基础上等观点，至今仍然在经济生活中发挥着广泛而深刻的影响。他用鸟与笼子比喻市场与计划的关系，指出"笼子"可大可小，可以跨省跨地区，甚至可以跨国跨洲，形象地揭示了处理微观经济与宏观经济的要义，对搞好社会主义市场经济具有重要的认识价值。

东北财经大学党委书记夏春玉教授发表了题为"商贸流通70年"的主旨演讲，对改革开放之前30年和之后40年的商贸流通发展进行了回顾。

全国社保基金理事会原副理事长王忠民教授发表了题为"冬天里的一把火：服务以及服务的服务"的主旨演讲，阐述了服务业在经济下行时期的惊艳表现和发展规律。

原内贸部党组成员、总经济师丁俊发研究员发表了题为"供应链管理的历史使命"的主旨演讲，阐述了供应链管理的时代背景、战略内涵和创新模式。

国家统计局原党组成员、副局长许宪春教授发表了题为"中国新经济：作用、特征和挑战"的主旨演讲。他认为，在创新发展理念和创新发展战略的引领下，在一系列政策措施的推动下，新经济正在中国迅速成长，对经济发展和人民生活产生了巨大影响。新经济的快速成长在减轻传统经济的下行压力，促进经济转型升级，推动高质量发展等方面发挥了重要作用。可以预计，新经济对未来中国国民经济发展将产生重要的推动作用。

中国社会科学院学部委员、工业经济研究所原所长金碚研究员发表了题为"关于中国财政贸易的理论思考"的主旨演讲，论述了如何以经济学域观分析范式看待贸易全球化、大国财政与中美贸易摩擦的关系。

财经战略研究院院长何德旭研究员发表了题为"新中国金融70年：回顾与展望"的主旨演讲，对新中国金融70年、改革开放40余年金融取得的巨大成就进行了回顾。

会议期间，来自高校及研究机构的专家学者，围绕"新中国70年财政理论与实践""新中国 70 年金融理论与实践""新中国 70 年贸易经济和服务经济理论与实践"三个重要议题进行了研讨和互动交流。

（科研处）

金融研究所

（一）人员、机构等基本情况

1. 人员

截至 2019 年年底，金融研究所共有在职人员 39 人。其中，正高级职称人员 12 人，副高级职称人员 14 人，中级职称人员 9 人；高、中级职称人员占全体在职人员总数的 90%。

2. 机构

金融研究所设有：货币理论与货币政策研究室、金融市场研究室、结构金融研究室、国际金融与国际经济研究室、法与金融研究室、保险与社会保障研究室、银行研究室、公司金融研究室、金融实验研究室、《金融评论》编辑部和综合办公室。

3. 科研中心

金融研究所院属科研中心有：中国社会科学院投融资研究中心、中国社会科学院保险与经济发展研究中心、中国社会科学院金融政策研究中心；所属科研中心有：中国社会科学院金融研究所房地产金融研究中心、中国社会科学院金融研究所财富管理研究中心、中国社会科学院金融研究所支付清算研究中心。

（二）科研工作

1. 科研成果统计

2019 年，金融研究所共完成专著 6 部，145.1 万字；研究报告 5 部，160 万字；教材 1 部，73.3 万字；论文 170 篇，134.36 万字；皮书 8 部，214.4 万字。

2. 科研课题

（1）新立项课题。2019 年，金融研究所共有新立项课题 4 项。其中，国家社会科学基金青年课题 1 项："去杠杆进程中地方政府债务管控研究"（夏诗园主持）；国情调研重大课题 1 项："中国自由贸易试验区（港）建设跟踪调研"（王力主持）；国情调研所基地课题 2 项："黑龙江老工业基地经济和金融运行分析"（费兆奇等主持），"供给侧结构性改革中的金融支持"（李广子等主持）。

（2）结项课题。2019 年，金融研究所共有结项课题 4 项。其中，国家社会科学基金重点课题 1 项："中国金融体系的系统性风险与金融监管改革研究"（胡滨主持）；国家社会科学基金青年课题 1 项："西方国家金融危机与制度弊端分析研究"（郑联盛主持）；院级国情调研专项课题 1 项:"我国军民融合深度发展研究——基于四川绵阳军民融合实践"(胡滨主持);院级国情调研基地课题 1 项:"互联网金融创新与规范发展调研"(周丽萍主持)。

(三)学术交流活动

2019 年,金融研究所共接待来访 20 人次(其中受院国际合作局委托接待来访 4 次),接待顺访 17 次,包括来自日本、韩国、瑞士、澳大利亚、加拿大等 5 个国家的外宾 74 人次;共出访 17 个团次,累计 25 人次,其中:院级协议项目 1 次、院团 1 次、所级非协议项目 15 次。出访地点涉及日本、澳大利亚、加拿大、赞比亚、南非、肯尼亚、匈牙利、瑞典、韩国、新加坡、波兰等 11 个国家。

(四)学术社团、期刊

1. 社团

中国开发性金融促进会,会长陈元。

2. 期刊

《金融评论》(双月刊),主编胡滨。

2019 年,《金融评论》共出刊 6 期,刊发稿件 50 篇。该刊全年刊载的有代表性的文章有:王国刚的《马克思的货币理论及其实践价值》,马勇、何顺的《货币周期与资产定价:基于中国的实证研究》,李宏瑾的《货币政策两分法、操作(中间)目标与货币调控方式》等。

(五)会议综述

"金融控股公司风险与监管"学术研讨会
暨《中国金融监管报告(2019)》发布会

2019 年 8 月 20 日,由中国社会科学院金融研究所、国家金融与发展实验室联合召开"金融控股公司风险与监管"学术研讨会暨《中国金融监管报告(2019)》发布会,并发布《中国金融监管报告(2019)》。中国社会科学院学部委员、国家金融与发展实验室理事长李扬发表致辞,国家金融与发展实验室副主任、中国社会科学院金融研究所副所长胡滨主持会议并发布研究报告。中国人民银行参事室主任纪敏,中国人民银行宏观审慎局巡视员周诚君,中航资本董事长录大恩、蚂蚁金服副总裁梁世栋、北京大学法学院党委书记、副院长郭雳,北京金控风控部负责人董洪福作点评。

发布会指出,近年来我国金融控股公司发展迅速,综合金融业务规模不断扩大,在满足各类企业和消费者对多元化金融服务需求的同时,提升了服务经济高质量发展的能力。但实践中有一些金融控股公司,主要是非金融企业投资形成的金融控股公司盲目向金融业扩张,使得监管真空现象出现，导致风险不断累积和暴露。2019年7月26日，中国人民银行发布了《金融控股公司监督管理试行办法（征求意见稿）》（以下简称《办法》），向社会公开征求意见。《办法》的出台不仅填补了针对金融控股公司监管的空白，更是当前防范系统性金融风险的重要举措，同时《办法》也正式明确了金融控股公司作为金融机构的法律地位，为综合经营监管探索可行路径。

与会专家从不同角度出发对《办法》作出了解读。第一，相关概念的界定须更加清晰且具有前瞻性。第二，重视风险处置，强化"生前遗嘱"，指出风险处置是《办法》出台的核心原因，现有金融控股公司出现的诸多问题都与风险处置计划缺失有关，建议将资产处置与恢复计划前置到金融控股公司设立审批环节中，通过完善"生前遗嘱"防范和控制潜在风险。第三，避免协同效应与风险隔离之间的潜在冲突，指出金融控股公司的核心优势是协同效应，《办法》对协同效应和风险隔离都作出了相应规定，然而在实践中如何明确界限、处理两者之间的关系尚需进一步厘清。第四，寻找信息、数据共享与加强消费者保护之间的平衡点，指出《办法》对明示授权等消费者保护作出了要求，但在客户的选择权方面需要进一步明确，下一步需要完善金融控股公司内部共享数据的客户授权制度，加强对数据安全领域违法违规行为的连带责任处理。第五，进一步契合国家战略与全球金融治理的需求，指出对金融控股公司的监管应结合"一带一路"、金融"走出去"等国家政策来制定，考虑东道国监管冲突等全球金融治理问题，建议《办法》加强对境外实际控制人的约束，适当放宽参控股境外金融机构的要求。第六，国际经验与中国国情并重，打破路径依赖，指出中国金融控股公司发展的历史情况复杂，在金融科技背景下又有新业态的出现，因此对金融控股公司的监管应打破路径依赖，从监管框架、监管理念、职责分工、监管手段等多维度上开展创新，以适应中国国情。第七，与上位法、其他部门规章的协调，指出《办法》出台将面临一系列与上位法和其他部门规章协调的问题，也可能与现行国有资产管理、上市公司管理等制度存在一些重叠或冲突之处，因此对金控领域的监管有待不断发展成熟。第八，金融控股公司监管呼唤顶层设计，指出金融控股公司监管的核心在于监管协调，而监管协调需要国务院金融稳定发展委员会的统筹和顶层设计，从而实现央行与金融监管部门之间的监管协调、《办法》与其他法律规章的协调、央行与财政国资等部门的协调。

（综合办）

"金融风险防范、创新与可持续发展"学术研讨会

2019年11月11日，由中国社会科学院和澳大利亚麦考瑞大学主办，中国社会科学院金融研究所、国际合作局和麦考瑞大学商学院联合承办的"金融风险防范、创新与可持续发展"学术研讨会在北京举行。中国社会科学院金融研究所副所长胡滨研究员以及澳大利亚麦考瑞大学商学院执行院长史蒂芬·布拉默教授作开幕式致辞。中国社会科学院及澳大利麦考瑞大学的专家学者和学生代表近百人参加了会议并就相关议题进行学术研讨。

会议第一单元围绕"金融周期与风险防范",对中国"Fintech 发展和互联网金融风险"以及"银行业风险"进行了分析,澳大利亚麦考瑞大学商学院副院长维托·莫利卡副教授和风险分析研究中心副主任斯特芬·特鲁克教授分别从"沪港通价格限制的'磁吸效应'"和"系统性金融风险全球监测早期预警"进行研讨。

第二单元聚焦"金融科技与金融创新",中国社会科学院金融研究所法与金融研究室副主任尹振涛副研究员和金融市场研究室董昀副研究员分别就"监管科技的理论与实践"以及"金融科技发展的中国经验"进行研讨,澳大利亚麦考瑞大学金融决策实验室主任阿贝·辛格高级讲师和应用金融系田钢教授先后分享了"金融科技研究和项目概况"以及"监管者在股市中的监督作用"的研究心得。

第三单元关注"可持续发展与相关政策安排",中国社会科学院金融研究室结构金融研究室主任何海峰副研究员、金融实验研究室副主任蔡真副研究员以及公共政策研究中心朱凤梅助理研究员分别就中国"构建大国开放经济绿色金融政策体系""房地产市场风险与长效机制建设""医疗保障制度转型"分享了相关研究成果,澳大利亚麦考瑞大学可持续与环境金融研究中心玛蒂娜·里奈陆艾特教授、健康经济研究中心主任亨利·卡特尔从"环境金融"和"税收优惠对澳大利亚健康保险的影响"进行了研讨。

研讨会增进了中澳两国研究界在金融科技、金融创新、风险防控等领域的相互交流,加深了双方对于可持续发展及相关政策安排的理解与认同,有助于共同实现现代经济金融的高质量发展。

(综合办)

数量经济与技术经济研究所

(一)人员、机构等基本情况

1. 人员

截至 2019 年年底,数量经济与技术经济研究所共有在职人员 66 人。其中,正高级职称人员 21 人,副高级职称人员 16 人,中级职称人员 16 人;高、中级职称人员占全体在职人员总数的 80%。

2. 机构

数量经济与技术经济研究所设有:经济预测分析研究室、大数据与经济模型研究室、绿色创新经济研究室、能源安全与新能源研究室、技术经济研究室、数字经济研究室、信息化与网络经济研究室、创新政策与评估研究室、《数量经济技术经济研究》编辑部、网络信息中心、办公室、科研处。

3. 科研中心

数量经济与技术经济研究所院属研究中心有:中国社会科学院中国经济社会综合集成与预

测中心、中国社会科学院信息化研究中心、中国社会科学院技术创新与战略管理研究中心、中国社会科学院项目评估与战略规划研究咨询中心、中国社会科学院环境与发展研究中心。

(二)科研工作

1. 科研成果统计

2019年,数量经济与技术经济研究所共完成专著7种,179.3万字;论文124篇,140万字;研究报告6种,103.9万字;论文集2种,89.2万字;皮书6种,178.4万字;理论文章20篇,5.5万字。

2. 科研课题

(1) 新立项课题。2019年,数量经济与技术经济研究所共有新立项课题13项。其中,国家自然科学基金课题1项:"宏观大数据建模和预测研究"(汪同三主持);院国情调研重大课题2项:"低碳转型下,地区经济绿色发展的路径选择与差异性研究"(蒋金荷主持),"'淘宝村'促进农村经济增长方式转变的调研"(叶秀敏主持);国情调研院级基地课题1项:"大湘西地区产业现代化路径研究"(李平主持);所级国情调研基地课题2项:"关堤乡历史变迁与经济社会发展调研"(李文军主持),"浙江台州'最多跑一次'调研"(吴滨主持);院学者资助课题1项:"产业技术经济学与人工智能技术经济学"(李文军主持);院青年科研启动基金课题6项:"经济高质量发展背景下的制造业数字化转型及影响研究"(马晔风主持),"信息化推动中国经济高质量发展的靶向路径与政策供给"(左鹏飞主持),"国际竞争新形势下产业链重构新趋势与科技发展新策略研究"(沈梓鑫主持),"基于DEA方法的生产指标权衡分析"(王恰主持),"中国金融CGE模型构建及财政政策应用"(程远主持),"面向高质量发展的多层次资本市场支持企业创新研究"(庄芹芹主持)。

(2) 结项课题。2019年,数量经济与技术经济研究所共有结项课题11项。其中,国家社会科学基金重点课题1项:"中国潜在经济增长率计算研究"(李京文主持);国家社会科学基金青年课题2项:"中国能源效率的多维测度"(陈星星主持),"国家安全视野下水资源管理制度体系研究"(王喜峰主持);国家自然科学基金应急课题2项:"2040中国经济社会发展的需求预测方法研究"(李平主持),"2040重点产业发展对工程科技的需求分析"(王宏伟主持);国家自然科学基金面上课题1项:"面向经济复杂性的行为建模与计算实验及应用研究"(王国成主持);院国情调研重大课题1项:"健全绿色低碳循环发展的经济体系调研——战略路径、保障措施与地区差异性"(张友国主持);院国情调研院级基地课题1项:"湖南省文化创意产业高质量发展研究"(李平主持);所级国情调研基地课题2项:"台州市简政放权'放管服'工作开展情况与经验总结"(吴滨主持),"关堤乡历史变迁与经济社会发展调研"(李文军主持);院学部委员资助课题1项:"宏观经济理论与实践"(汪同三主持)。

(3) 延续在研课题。2019年,数量经济与技术经济研究所共有延续在研课题14项。其中,国家社会科学基金重点课题 3 项："基于异质性多区域动态 CGE 模型的间接税归宿与收入分配效应研究"（娄峰主持），"综合集成模拟实验平台的设计与构建研究"（万相昱主持），"数字经济对中国经济发展的影响研究"（蔡跃洲主持）；国家社会科学基金一般课题 3 项："全球价值链视角下中国装备制造业转型升级与绿色发展耦合研究"（冯烽主持），"基于中国中长期宏观经济计量模型的供给侧结构性改革与需求侧调控关系量化研究"（张延群主持），"经济新常态下国内外产业关联对我国产业结构调整的影响及对策研究"（李新忠主持）；国家社会科学基金青年课题 2 项："人工智能、资本深化、技能溢价与区域不平衡研究"（胡安俊主持），"大众创业对中国经济发展的影响研究"（朱承亮主持）；国家自然科学基金应急课题 1 项："2040 年经济社会发展愿景研究"（李平主持）；国家自然科学基金课题 4 项："中国建设制造强国的行动路径研究"（李金华主持），"实现碳峰值与强度目标的区域低碳发展路径协同优化研究"（张友国主持），"新一代信息技术影响增长动力及产业结构的理论与经验研究"（蔡跃洲主持），"互联网基础设施对中国经济发展及公民政治参与的影响"（郑世林主持）；国家自然科学基金青年课题 1 项："供应链环境绩效的测度方法与协调优化"（陈金晓主持）。

3. 获奖优秀科研成果

2019 年，数量经济与技术经济研究所获"第十届（2019 年）中国社会科学院优秀科研成果奖"专著类三等奖 1 项：张友国的《中国碳排放效率改善的途径及其影响：基于区域和产业视角的分析》；获"第十届（2019 年）中国社会科学院优秀科研成果奖"论文类三等奖 2 项：李平等的《中国生产率变化与经济增长源泉：1978—2010 年》；李金华的《中国国家资产负债表谱系及编制的方法论》。

（三）学术交流活动

1. 学术活动

2019 年，由数量经济与技术经济研究所主办和承办的学术会议如下。

（1）2019 年 9 月 17—18 日，由中国社会科学院主办，数量经济与技术经济研究所承办的"2019（第八届）全球能源安全智库论坛"在北京召开。论坛的主题是"创新与绿色方案"，研讨的主要议题有"'一带一路'倡议的回顾与展望""新能源的电力系统安全""新形势下的中国能源转型""地缘政治"等。

（2）2019 年 10 月 9—10 日，由数量经济与技术经济研究所与中国系统工程学会社会经济系统工程专业委员会共同主办的"中国系统工程学会社会经济系统工程专业委员会第 14 届学术年会（2019）"在河南省开封市举行。会议的主题是"社会经济、国际合作、不确定性"。

（3）2019 年 10 月 26—27 日，由数量经济与技术经济研究所与南京航空航天大学等单位共同主办的"中国技术经济论坛（2019·南京）"在江苏省南京市召开。论坛的主题是"创新发展 70 年：理论、政策与实践"。

2. 国际学术交流与合作

2019年，数量经济与技术经济研究所共派遣出访20批33人次，接待来访4批90人次（其中，中国社会科学院邀请来访2批56人次）。与数量经济与技术经济研究所开展学术交流的国家有美国、加拿大、英国、意大利、葡萄牙、波兰、奥地利、澳大利亚、肯尼亚、乌干达、埃塞俄比亚、日本、韩国、阿联酋、新加坡、孟加拉国、缅甸、老挝等。

（1）2019年3月18—19日，数量经济与技术经济研究所研究员刘强参加在德国柏林举行的全球解决方案倡议主办的"全球解决方案峰会"，并就"世界能源治理的中国方案"作主题发言。

（2）2019年4月22—27日，数量经济与技术经济研究所副研究员万相昱应韩国首尔综合研究生院的邀请，赴韩国首尔进行学术交流。其间，与当地学者就全球经济形势进行学术研讨，分别作了题为"中欧班列与'一带一路'""中国崛起与世界发展机遇"的主题报告。

（3）2019年5月12—19日，数量经济与技术经济研究所副研究员胡安俊参加中国社会科学院青年学者访日代表团赴日本访问。

（4）2019年6月3—6日，数量经济与技术经济研究所所长李平率团访问日本，参加在日本东京举行的"第十三届中日韩三国学术会议"。会议的主题是"老龄化背景下的本国宏观经济现状与政策"。其间，代表团访问了日本三井研究院、日本驹泽大学等机构。

（5）2019年6月27日至7月6日，数量经济与技术经济研究所所长李平率创新工程A类项目"新时代动能转化的机制和效果评价"项目组代表团访问马来西亚、新加坡、澳大利亚等国高校，进行学术访问。代表团以"'一带一路'与创新发展"为主题，分别在马来亚大学中国研究所、新加坡国立大学、澳大利亚昆士兰大学、悉尼大学和墨尔本大学，与外方专家学者围绕创新发展、绿色发展、国际创新合作等开展交流。

（6）2019年7月9—14日，数量经济与技术经济研究所研究员蒋金荷出访葡萄牙亚速尔大学，参加"2019经济模拟和数据科学国际大会"，并就论文《中国区域碳排放效率分析：基于面板数据模型》进行大会交流。

（7）2019年8月5—8日，数量经济与技术经济研究所张涛赴日本东京参加"日本佳能CIGS三边会议"。会议就中、美、日共同关注的经济、安全等问题展开讨论，张涛以"中国高质量发展"为主题作了大会发言。

（8）2019年10月7—16日，数量经济与技术经济研究所所长李平率创新工程项目"能源安全与新能源"团队到波兰、奥地利、阿拉伯联合酋长国参加学术会议，并就"一带一路"与能源等方面与外方专家学者进行交流。主要访问机构有波兰麦克·博伊姆亚洲与全球研究所、欧佩克总部、贝鲁特研究所等。其间，在阿布扎比参加贝鲁特研究所举办的第三届峰会，李平所长和刘强研究员分别作了题为"中国经济增长与产业升级""'一带一路'与中阿合作"的报告。

（9）2019年10月15—29日，数量经济与技术经济研究所李文军执行中国社会科学院与加拿大阿尔伯塔大学协议访问加拿大阿尔伯塔大学。与该大学在经济学、环境与气候变化和代表新兴技术发展方向的人工智能领域的有关学者进行了交流。

（10）2019年10月27日至11月26日，数量经济与技术经济研究所助理研究员王恰执行中国社会科学院与意大利那不勒斯东方大学学术交流协议出访意大利那不勒斯东方大学。出访交流的主题是"可持续发展的方法和应用"。

（11）2019年11月11—25日，数量经济与技术经济研究所胡洁、王宏伟、李文军等执行中国社会科学院智库丝路万里行调研项目出访非洲肯尼亚、乌干达、埃塞俄比亚三国，调研的主题是"'一带一路'基础设施建设投融资相关问题"。

（12）2019年11月16—24日，数量经济与技术经济研究所所长李平率"智库丝路万里行"专题调研项目"中国能源企业对'一带一路'沿线国家投资进展与风险分析"项目组到孟加拉国、老挝、缅甸进行调研，分别与孟加拉国国家工程咨询公司、老挝电力公司、远望集团（缅甸）的专家进行座谈交流。

3. 与中国香港、澳门特别行政区和中国台湾开展的学术交流

（1）2019年8月26—31日，应台湾"中华经济研究院"邀请，数量经济与技术经济研究所研究员娄峰赴台湾参加"当前两岸经济发展之契机与挑战研讨会"，并就"两岸经贸政策模拟分析：基于动态GTAP模型"进行发言。会议由中国社会科学院与台湾"中华经济研究院"联合举办。

（2）2019年9月9—11日，应澳门科学技术协进会邀请，数量经济与技术经济研究所研究员吴滨赴澳门访问调研。此次访问是澳门特别行政区政府和中国科协合作开展的"澳门科技创新成果转化的条件、实力和潜力调研"项目的内容之一。

（四）学术社团、期刊

1. 社团

中国数量经济学会，会长李平。

2. 期刊

《数量经济技术经济研究》（月刊），主编李平。

2019年，《数量经济技术经济研究》共出版12期，共计约350万字。该刊全年刊载的有代表性的文章有：刘思明、张世瑾、朱惠东的《国家创新驱动力测度及其经济高质量发展效应研究》，蔡跃洲、陈楠的《新技术革命下人工智能与高质量增长、高质量就业》，余泳泽、杨晓章、张少辉的《中国经济由高速增长向高质量发展的时空转换特征研究》，辛冲冲、陈志勇的《中国基本公共服务供给水平分布动态、地区差异及收敛性》，曾艺、韩峰、刘俊峰的《生产性服务业集聚提升城市经济增长质量了吗？》，张延群、万海远的《我国城乡居民收入差距的决定因素和趋势预测》，吕延方、崔兴华、王冬的《全球价值链参与度与贸易隐含碳》，胡再勇、付韶军、张璐超的《"一带一路"沿线国家基础设施的国际贸易效应研究》，王修华、赵亚雄的《中国金融包容的增长效应与实现机制》，肖宇、夏杰长、倪红福的《中国制造业全球价值链攀升路径》。

（五）会议综述

2019（第八届）全球能源安全智库论坛

2019年9月17—18日，由中国社会科学院主办，数量经济与技术经济研究所承办的"2019（第八届）全球能源安全智库论坛"在北京召开。来自国际能源宪章、美国、欧洲、亚洲等地的专家学者与一些国家驻华使馆官员60余人参加会议并发表演讲。

论坛以"创新与绿色方案"为主题，就"一带一路"倡议的回顾与展望、新能源的电力系统安全、新形势下的中国能源转型、地缘政治等方面进行了深入探讨。其中，"一带一路"倡议下的产业发展与国际合作，以及"一带一路"对于世界各国能源安全和将成为世界经济新的增长点等方面的作用，得到了与会代表的关注。

此外，在世界能源安全形势面临新问题、新风险的情况下，中国和新兴市场的经济增长前景如何继续拉动世界能源需求的增长，继页岩油气、可再生能源的发展之后，氢能是否能够创造新的能源革命等影响全球能源安全的议题也是与会专家关注的焦点。

（韩胜军）

第十五届中国技术经济论坛

2019年10月26—27日，"中国技术经济论坛（2019·南京）"在江苏省南京市举行。会议的主题为"创新发展70年：理论、政策与实践"。论坛由中国社会科学院数量经济与技术经济研究所、中国技术经济学会、清华大学经济管理学院、重庆大学经济与工商管理学院、国务院发展研究中心管理世界杂志社、南京航空航天大学经济与管理学院联合主办，由南京航空航天大学经济与管理学院承办，江苏省航空航天学会协办。来自国内30余所高校及研究机构的100多位专家学者出席会议。数量经济与技术经济研究所所长李平、南京航空航天大学校领导出席会议并在开幕式上致辞。

生态环境部原总工程师杨朝飞、清华大学经济管理学院教授雷家骕、中国科学院大学公共政策与管理学院副院长刘云教授分别作了题为"加强环境保护，倒逼经济转型""以基于科学的创新的逻辑理解研究型院校所的科技成果转化""中国经济转型与产业创新能力提升"的主旨演讲。管理世界杂志社总编辑李志军还应邀作了专门增加的晚场报告会，即有关期刊选题与用稿的专题讲座。

与会专家学者围绕"技术经济学理论发展与新时代的要求""创新驱动发展与企业发展""市场导向的绿色技术创新体系""城市群可持续发展"等主题进行了讨论。

（韩胜军）

人口与劳动经济研究所

（一）人员、机构等基本情况

1．人员

截至 2019 年年底，人口与劳动经济研究所共有在职人员 43 人。其中，正高级职称人员 8 人，副高级职称人员 14 人，中级职称人员 14 人，高、中级职称人员占全体在职人员总数的 84%。

2．机构

人口与劳动经济研究所设有：人口统计分析研究室、老年与家庭研究室、劳动与就业研究室、健康经济研究室、人口经济研究室、劳动关系研究室、人力资源研究室、中国人口科学杂志社、《中国人口年鉴》编辑部、办公室。

3．科研中心

人口与劳动经济研究所院属科研中心有：中国社会科学院人力资源研究中心、健康业发展研究中心、中国社会科学院老年与家庭科学研究中心；所属科研中心有：中国社会科学院人口与劳动经济研究所迁移研究中心。

（二）科研工作

1．科研成果统计

2019 年，人口与劳动经济研究所出版研究报告 6 种，约 108.6 万字；专著 10 种，220.9 万字；论文集 1 种，约 20 万字；论文 74 篇，约 183.2 万字。

2．科研课题

（1）新立项课题。2019 年，人口与劳动经济研究所共有新立项课题 9 项。其中，国家社会科学基金课题 4 项："全面提升劳动力素质解决就业结构性矛盾问题研究"（曲玥主持），"城乡空巢家庭老年人养老研究"（伍海霞主持），"新经济业态对劳动力需求与就业形态的影响研究"（王永洁主持），"构建合作性劳资关系问题研究——英国经验与中国发展"（周晓光主持）；国家自然科学基金课题 2 项："睡前故事项目与农村寄宿生非认知技能发展"（吴要武主持），"养老金制度与劳动力市场的协调性：中日比较研究"（程杰主持）；院级基地课题 1 项："2019 年内蒙古老年长期照护需求调查研究"（钱伟主持）；所级基地课题 2 项："2019 年基于成都市郫都区'嵌入式'社区居家养老服务问卷抽样调查"（王桥主持），"2019 年江西省奉新制造业企业微观调查"（赵文主持）。

（2）结项课题。2019年，人口与劳动经济研究所共有结项课题7项。其中，自然科学基金面上课题1项："中国刘易斯转折期间的劳资关系治理"（王美艳主持）；国情调研院级基地课题1项："2018年内蒙古老年长期照护需求调查研究"（钱伟主持）；国家社会科学基金课题5项："中国人口—经济分布匹配性与区域均衡发展的路径选择"（蔡翼飞主持），"非正规劳动力市场中最低工资的实施效果研究"（贾朋主持），"流动人口'家庭化'至'稳定化'的发展历程与影响因素研究"（杨舸主持），"户籍制度改革的成本与收益研究"（屈小博主持），"未来劳动力供求总量及结构变化趋势研究"（向晶主持）。

（3）延续在研课题。2019年，人口与劳动经济研究所共有延续在研课题9项。其中，国家社会科学基金课题7项："人口结构变化对中国经济减速的影响和对策研究"（陆旸主持），"我国人口城镇化与土地城镇化协调发展研究"（熊柴主持），"优化人力资本配置研究"（周灵灵主持），"老年人健康状况动态演变研究"（封婷主持），"家庭、家户和家成员范围、关系与功能比较研究"（王跃生主持），"当代中国家庭转变对人力资本发展的影响研究"（牛建林主持），"城乡独居老人养老方式选择与变化研究"（王磊主持）；国家自然科学基金面上课题1项："农村社会保障的经济效应研究：一个系统评估框架"（程杰主持）；院级国情调研重大课题1项："育龄人群生育意愿与生育行为调查研究"（王广州主持）。

（三）学术交流活动

1. 学术活动

2019年，由人口与劳动经济研究所主办和承办的学术会议如下。

（1）2019年4月27—28日，由人口与劳动经济研究所、中国人口科学杂志社与浙江工商大学经济学院举办的"人口、大健康产业与绿色发展"研讨会在浙江省杭州市召开。会议研讨的主要议题有"大健康产业与城市生态文明协调发展研究""大健康产业与卫生服务体系融合发展研究""大健康产业发展与老龄化社会应对策略研究""绿色产业发展的健康贡献评估""劳动力优化配置与乡村绿色发展"。

（2）2019年8月24—25日，劳动经济学会第四届年会在北京召开。年会由劳动经济学会和中国劳动关系学院共同主办，中国社会科学院人口与劳动经济研究所、中国人民大学劳动人事学院、北京师范大学经济与工商管理学院、首都经济贸易大学劳动经济学院、劳动经济研究杂志社和中国劳动杂志社协办。年会的主题是"经济高质量发展中的就业与劳动关系"。

（3）2019年9月6日，人口与劳动经济研究所中国人口科学杂志社与长江养老保险股份有限公司在上海市联合举办"新中国70年：人口变迁与社会保障制度改革"学术研讨会。会议研讨的主要议题有"中国人口老龄化与负增长趋势""人口迁移与经济社会发展的关系""社会保险降费和征收体制改革""养老保障制度改革和养老金相关国际经验借鉴"。

（4）2019年11月5—7日，由中国社会科学院、泛美开发银行和郑州市人民政府主办，人口与劳动经济研究所、中国社会科学院国际合作局、郑州市发展和改革委员会、中国社会科学院—郑州市人民政府郑州研究院承办的"第六届中拉政策与知识高端研讨会"在河南省郑州市召开。会议的主题是"新兴技术在市民数字服务、可持续城市和未来物流中的应用"。

（5）2019年12月12—13日，由人口与劳动经济研究所和南京邮电大学承办，中国社会科学院与欧盟委员会就业、社会事务和包容总司合办的"中国社会科学院—欧盟就业总司国际研讨会（2019）"在江苏省南京市召开。会议的主题是"数字经济时代的人工智能、自动化与就业"，研讨的主要议题有"数字经济和人工智能展望""数字经济背景下就业面临的挑战""数字经济时代的就业政策"。

（6）2019年12月28日，由人口与劳动经济研究所、社会科学文献出版社主办的《中国人口与劳动绿皮书（No.20）——面向更高质量的就业："十四五"时期中国就业形势分析与展望》发布会在北京召开。

2. 国际学术交流与合作

2019年，人口与劳动经济研究所共派遣出访20批37人次，接待来访9批26人次。与人口与劳动经济研究所开展学术交流的国家有日本、英国、德国、澳大利亚等。

（1）2019年3月20—24日，人口与劳动经济研究所助理研究员王新梅赴日本东京参加由一桥大学经济研究所举办的"亚洲家庭金融项目"中日韩国际研讨会。

（2）2019年5月7—13日，人口与劳动经济研究所副研究员王桥赴日本福冈亚洲都市研究所、久留米大学进行学术访问。前往朝仓老年日间照料中心、久留米市大刀洗町失智老人护理中心、福冈县福祉咨询中心就"长期护理保险制度实施现状及政策、评估标准、管理制度"开展调研。

（3）2019年5月19—23日，人口与劳动经济研究所副所长都阳研究员等赴德国埃森莱因－威斯特法伦经济研究所参加"全球问题—整合社会不平等的不同观点"研讨会并发言。

（4）2019年6月3—6日，人口与劳动经济研究所研究员王广州赴日本东京参加第十三次会议中日韩三国学术会议并发言，会议的主题是"老龄化背景下的本国宏观经济现状及政策"。

（5）2019年7月10—14日，人口与劳动经济研究所助理研究员王永洁赴澳大利亚国立大学参加中国经济项目主办的年会并发言。

（6）2019年7月13—18日，人口与劳动经济研究所研究员屈小博等赴澳大利亚蒙纳士大学参加澳大利亚中国经济研究学会举办的第31届年会并发言。

（7）2019年7月23日至8月1日，人口与劳动经济研究所副研究员陈秋霖赴英国、德国进行学术交流，参加由英国医疗局主办的关于养老服务的研讨会并发言，赴德国柏林进行实地调研、参加研讨会并发言。

（8）2019年8月26—30日，人口与劳动经济研究所研究员王广州、牛建林和副研究员伍海霞赴英国南安普顿大学进行学术交流。

(9) 2019年9月7—9日，人口与劳动经济研究所助理研究员华颖赴韩国参加第十五届社会保障国际论坛及其后续研讨会，并就中国医疗保障制度的改革和发展等议题发言。

(10) 2019年9月8—12日，人口与劳动经济研究所党委书记钱伟、副研究员陈秋霖等一行6人赴蒙古国立大学，参加"'一带一路'：城市健康论坛"国际研讨会，围绕人口健康、健康产业政策进行发言。

(11) 2019年9月9日至10月9日，人口与劳动经济研究所助理研究员邓仲良赴葡萄牙科英布拉大学经济学院就经济外部冲击下劳动力市场稳定性的相关主题进行学术交流。

(12) 2019年10月12—20日，人口与劳动经济研究所助理研究员华颖赴德国参加主题为"德国社会保障立法和司法的最新发展"的学术访问和学术调研。与不来梅大学、德国艾伯特基金会等机构的专家学者围绕中德社会保障立法和司法、社会保障改革等议题进行座谈交流。

(13) 2019年11月10—16日，人口与劳动经济研究所党委书记钱伟、副研究员王桥等一行6人赴日本参加在久留米大学召开的"第24届社会经济国际研讨会"，就"人口健康与社会福祉政策"交流研讨。

3. 与中国香港、澳门特别行政区和中国台湾开展的学术交流

(1) 2019年8月26—31日，人口与劳动经济研究所副研究员赵文赴台湾参加"当前两岸经济发展之契机与挑战"研讨会，并就"中国大陆的人口与劳动就业形势"进行发言。

(2) 2019年10月14—19日，台湾"中研院"人文社会科学研究中心主任于若容等3人来人口与劳动经济研究所就双方合作开展的"老年人与子女代际关系"项目协议下的"家庭动态社会调查"工作进行商讨。

（四）学术社团、期刊

1. 社团

劳动经济学会。

2019年8月24日，由劳动经济学会和中国劳动关系学院共同主办的第四届劳动经济学会年会开幕式在北京召开。年会的主题是"经济高质量发展中的就业与劳动关系"。

2. 期刊

(1)《中国人口科学》（双月刊）。

2019年，《中国人口科学》共出版6期，共计108万字。该刊全年刊载的有代表性的文章有：何文炯的《中国社会保障：从快速扩展到高质量发展》，赵建国、周德水的《互联网使用对大学毕业生就业工资的影响》，王广州的《新中国70年：人口年龄结构变化与老龄化发展趋势》，马忠东的《改革开放40年中国人口迁移变动趋势——基于人口普查和1%抽样调查数据的分析》，邓大松、杨晶的《养老保险、消费差异与农村老年人主观幸福感——基于中国家庭金融调查数据的实证分析》，王桂新的《新中国人口迁移70年：机制、过程与发展》，黄燕芬、张志开、杨宜勇的《新中国70年的民生发展研究》。

(2)《中国人口年鉴》（年刊）。

2019年，《中国人口年鉴2018》出版，共计103.4万字。《中国人口年鉴2018》刊载的有代表性的文章有：李静、郭新宇的《中国人力资本发展规模及国际比较研究》，劳动力市场研究课题组的《2017年中国劳动力市场基本情况报告》，汪雁、张丽华的《我国共享经济新就业形态及其对就业和劳动权益实现的影响》，党俊武的《第四次中国城乡老年人生活状况抽样调查报告》，杨慧、张子扬的《改革开放40年我国就业性别差异研究综述》，王博雅、于晓冬的《人力资源开发与管理学科研究综述》。

(3)《劳动经济研究》（双月刊）。

2019年，《劳动经济研究》共出版6期，108万字。该刊全年刊载的有代表性的文章有：都阳的《积极就业政策的新内涵》，李实、岳希明、史泰丽、佐藤宏的《中国收入分配格局的最新变化》，蔡昉的《经济学如何迎接新技术革命？》，张琛、彭超、孔祥智的《中国农户收入极化的趋势与分解——来自全国农村固定观察点的证据》，刘生龙、郑世林的《谁从高等教育扩招中获益更多？——基于广义罗伊模型的实证证据》，敖翔、陈轩、赵忠的《人格特征的代际传递：基于控制点和信任的证据》，杨娟、李凌霄的《户籍融合对流动子女成绩影响的实证分析》，汪鲸、罗楚亮的《父母教育、家庭收入与子女高中阶段教育选择》，朱玲的《乡村废弃物管理制度的形成与发展》，万海远、李庆海、李锐的《房价下跌的消费冲击》，王小林的《新中国成立70年减贫经验及其对2020年后缓解相对贫困的价值》，邓卫广、高庭苇的《外貌与社会资本形成：美貌溢价的再检验》。

（五）会议综述

劳动经济学会第四届年会

2019年8月24—25日，劳动经济学会第四届年会在北京召开。年会由劳动经济学会和中国劳动关系学院共同主办，中国社会科学院人口与劳动经济研究所、中国人民大学劳动人事学院、北京师范大学经济与工商管理学院、首都经济贸易大学劳动经济学院、劳动经济研究杂志社和中国劳动杂志社协办。年会的主题为"经济高质量发展中的就业与劳动关系"。60多家单位的200余名专家学者以及学生参加会议。会议开幕式由中国人民大学劳动人事学院院长、劳动经济学会副会长杨伟国教授主持。中华全国总工会党组成员、经费审查委员会主任李晓钟，中国劳动关系学院党委副书记、校长，劳动经济学会副会长刘向兵研究员分别作年会致辞。

参会学者提出人口快速老龄化带来挑战，人口转变要求经济必须转型升级，大健康产业发展是应对人口老龄化的机遇和手段。

有学者提出,当前我国就业大盘保持稳定,就业形势有所走弱,就业压力在增大,对当前我国政府稳定就业的若干政策措施进行分析,梳理了改革开放40年中国劳动关系的转型发展,强调深化对我国当前劳动关系特征、发展趋势及中国特色治理模式的认知。有学者运用管理学中的工资激励理论与社会学中的交换理论,构建劳资合作共赢的理论模型,并应用合作共赢模型发展古典、新古典经济学家理论,解决经济社会发展难题,实现高质量发展。有学者介绍了我国"一带一路"建设的主要进展,并通过相关数据探讨了在"一带一路"建设中人力资源国际化问题,以及解决这一问题的路径和举措。

年会还设置了八个分论坛,主题分别是"经济高质量发展中的社会保障""人力资源与员工管理创新""新职业、新就业与职业生涯管理""经济高质量发展中的劳动力市场""人力资本与收入分配""新经济下的劳动关系与工会""劳动力匹配与就业质量""研究生论坛"。共有75位学者分别围绕各自论坛主题展开研讨。

(连鹏灵)

"新中国70年:人口变迁与社会保障制度改革"学术研讨会

2019年9月6日,中国社会科学院人口与劳动经济研究所中国人口科学杂志社与长江养老保险股份有限公司在上海市联合举办"新中国70年:人口变迁与社会保障制度改革"学术研讨会。长江养老保险股份有限公司党委书记、董事长苏罡作为主办方代表致辞。会议吸引了来自多所高校和科研机构的100余名专家、学者踊跃参加。会议的主要议题是"中国人口老龄化与负增长趋势""人口迁移与经济社会发展的关系""社会保险降费和征收体制改革""养老保障制度改革和养老金相关国际经验借鉴"。

参会学者基于当前的养老保障三支柱发展现状,建议通过扩大养老保障制度的覆盖面、完善养老金管理的相关税收制度、坚持养老金的市场化运作与专业化管理、加大投资者教育等方式进一步推动中国养老保障制度的改革。通过分析新中国70年以来的人口发展规律,从人口变迁的角度思考和谋划社会保障制度改革的重要问题,进而寻求改革中的关键突破,将为社会保障制度的改革开创新的思路。

(连鹏灵)

第六届"中拉政策与知识高端研讨会"

2019年11月5—8日,由中国社会科学院、郑州市人民政府和泛美开发银行主办,中国社会科学院人口与劳动经济研究所、中国社会科学院国际合作局、郑州市发展和改革委员会、中国社会科学院—郑州市人民政府郑州研究院承办的第六届"中拉政策与知识高端研讨会"在河南省郑州市举行。中国社会科学院副院长、学部委员蔡昉，泛美开发银行知识与行业事务副行长 Ana María Rodríguez-Ortiz，以及河南省地方领导在开幕式上作了主旨演讲。参会的国内外学者、政府官员和企业家们围绕"新兴技术在中国和拉美地区市民数字服务、可持续城市和未来物流中的应用"这一主题展开了细致的讨论，并对应用这些新兴技术所带来的机遇与挑战进行了深入的交流。

研讨会聚集了中国和拉美地区十余个国家的政府官员和专家学者，与会嘉宾分别对数字政府的构成要素、运用数据改进政策制定和提高服务水平、提高智慧城市、韧性城市与水资源管理水平、减少交通运输的碳排放、管理"最后一公里"等话题展开讨论，共同探讨将新技术应用于市民数字服务、可持续城市和未来物流所面临的机遇与挑战。

学者们提出，新兴科技的快速发展给许多行业带来了机遇。数字技术的发展和应用，如物联网、人工智能和机器学习、区块链等，在各行各业掀起了创新浪潮，并正转化为新一轮的工业革命。中国与拉丁美洲和加勒比地区都在经历这场技术变革，并在适应这些变革和利用其所带来的机遇方面取得了进步。中拉双方都在通过采用新技术和推动创新来解决城市化过程中出现的挑战。中国当前正处于快速城市化以及城市群发展的进程中，城市服务的提供水平面临着巨大压力，公共服务方式也面临着巨大挑战。如今，新技术革命的创新成果正在为应对其中一些挑战和创造更加可持续的城市未来提供解决方案。无处不在的物联网传感器可以为全球供应链中的多个物流流程生成信息，人工智能技术可以实现信息实时处理，自动化技术可以自动执行由人工智能作出的决策，这将提高物流效益，进而在这个充满不确定性的世界中提高竞争力。中国与拉丁美洲和加勒比国家都面临着向未来物流转型的任务，都有机会从这场变革中受益，以提高各自的竞争力。在这场技术革命的背景下，如何推动技术创新和应用是中拉双方都面临的问题。这次研讨会的目标就是分享各自在这些领域的经验教训，识别并抓住利用技术革命成果的机会。将有助于拉丁美洲和加勒比国家了解在应用具体干预措施方面的中国经验、中国方案和中国智慧。中国与拉美和加勒比国家都正处于向现代化转型的重要阶段，也都面临着应对全球化逆风、熨平经济波动、转变发展方式、提高潜在增长率、跨越中等收入陷阱等艰巨任务。因此，研讨会对于中国与拉美和加勒比国家都具有针对性，面对相似的机遇和挑战，各国相互交流、取长补短。

（韩润林）

中国社会科学院—欧盟就业总司国际研讨会（2019）

2019 年 12 月 12—13 日，由中国社会科学院和欧盟委员会就业、社会事务和包容总司联合主办的中国社会科学院—欧盟就业总司国际研讨会（2019）在江苏省南京市举行。研讨会由中国社会科学院人口与劳动经济研究所和南京邮电大学承办，中国农工民主党中央人口与资源工作委员会、劳动经济学会和《劳动经济研究》编辑部提供支持。中国劳动学会会长、人力资源和社会保障部原副部长杨志明和欧盟就业总司国际事务部主任卢利斯·普拉茨出席开幕式并致辞。

与会中外专家围绕"数字经济时代的就业和技术展望""人工智能、自动化与数字经济时代的就业挑战""数字经济中的就业政策挑战与应对"三个议题进行了讨论。

专家们认为,数字经济时代的新技术并不会减少总的就业机会,但是将深刻改变就业的结构和面貌。机器人、大数据和人工智能等技术增加了劳动力市场对高技能劳动力和非常规性工作的需求,并减少了对简单重复劳动的需求。平台经济的兴起则使就业形态变得更加灵活、多样和细颗粒化。同时,新技术和新业态有助于释放资源的"配置红利",但有可能拉大群体间的收入差距。总而言之,在数字经济时代,就业的挑战与机遇并存。为了应对挑战、把握机遇,社会保障体系、再分配机制和公共教育供给须予以加强和重构。一方面,税收和社会保障的设计要适应就业碎片化和非标化的特点,提供覆盖广泛而底线牢靠的收入保障。另一方面,应捕捉劳动力市场需求的变化,加大教育投入,兼顾通识教育和有需求的职业教育。

(张 翕)

城市发展与环境研究所

(一)人员、机构等基本情况

1. 人员

截至2019年年底,城市发展与环境研究所共有在职人员44人。其中,正高级职称人员13人,副高级职称人员12人,中级职称人员12人;高、中级职称人员占全体在职人员总数的84%。

2. 机构

城市发展与环境研究所设有:城市经济研究室、城市规划研究室、城市与区域管理研究室、环境经济与管理研究室、土地经济与不动产研究室、可持续发展经济研究室、气候变化经济学研究室、《城市与环境研究》中文期刊编辑部、办公室、科研处、财务室。

3. 科研中心

城市发展与环境研究所院属科研中心1个:中国社会科学院可持续发展研究中心;所属科研中心2个:中国社会科学院城市发展与环境研究所城市政策与城市文化研究中心、中国社会科学院城市发展与环境研究所人居环境研究中心;院重点实验室1个:城市信息集成与动态模拟重点实验室;所级国情调研基地2个:北京市东城区东四街道基地(以社区治理为主要调研主题)、江苏省太仓市城厢镇基地(以韧性社区建设为主要调研主题);智库1个:中国社会科学院生态文明研究智库。城市发展与环境研究所还是中国社会科学院—中国气象局气候变化经济学模拟联合实验室和中国城市经济学会的挂靠管理单位。

（二）科研工作

1. 科研成果统计

2019年，城市发展与环境研究所共完成专著4种，106.3万字；论文76篇，80万字；研究报告9种，336.9万字。

2. 科研课题

（1）新立项课题。2019年，城市发展与环境研究所共有新立项课题7项。其中，国家社会科学基金课题1项："科技创新驱动区域协调发展研究"（王业强主持）；院级国情调研基地课题1项："内陆省区城镇化之江西探索——江西新型城镇化调研"（李恩平主持）；所级国情调研基地课题2项："城市社区养老研究"（孟雨岩主持），"江苏省太仓市城厢镇韧性社区研究"（廖茂林主持）；皮书资助课题3项："应对气候变化报告2019"（庄贵阳主持），"中国城市发展报告2019"（单菁菁主持），"中国房地产发展报告2019"（王业强主持）。

（2）结项课题。2019年，城市发展与环境研究所共有结项课题9项。其中，国家社会科学基金课题2项："中国西部农村电气化及分布式可再生能源发展的政策分析"（张莹主持），"农民工市民化的成本与收益研究"（单菁菁主持）；国家自然科学基金课题1项："基于技术异质性与非期望产出的中国城市生产效率提升路径研究"（王业强主持）；国家重点研发计划课题1项："地球工程的综合影响评价和国际治理研究"（潘家华主持）；院国情调研重大课题1项："健全绿色低碳循环发展的经济体系调研"（庄贵阳主持）；院级国情调研基地课题1项："内陆省区城镇化之江西探索——江西新型城镇化调研"（李恩平主持）；皮书资助课题3项："应对气候变化报告2019"（庄贵阳主持），"中国城市发展报告2019"（单菁菁主持），"中国房地产发展报告2019"（王业强主持）。

（3）延续在研课题。2019年，城市发展与环境研究所共有延续在研课题8项。其中，国家社会科学基金课题6项："气候容量对城镇化发展影响实证研究"（朱守先主持），"大规模棚户区改造与新型社区共同体建设研究"（李国庆主持），"我国参与国际气候谈判角色定位的动态分析与谈判策略研究"（王谋主持），"新型城镇化投融资模式创新及政策研究"（禹湘主持），"气候适应型城市多目标协同治理模式与路径研究"（郑艳主持），"推动'一带一路'倡议与联合国2030年可持续发展议程对接研究"（潘家华主持）；国家自然科学基金课题2项："基于国际金融危机传染的时空机制及对策研究"（武占云主持），"农业转移人口的住房多点配置对其持久性迁移的影响：机制与测度"（董昕主持）。

3. 获奖优秀科研成果

2019年，城市发展与环境研究所获"第十届（2019年）中国社会科学院优秀科研成果奖"论文类三等奖2项：李恩平的论文《城市化时间路径曲线的推导与应用——误解阐释与研究拓展》，单菁菁的论文《农民工市民化的成本及其分担机制研究》。

（三）学术交流活动

1. 学术活动

2019年，由城市发展与环境研究所主办和承办的学术会议如下。

（1）2019年4月23日，由中国社会科学院和湖北省人民政府共同主办、城市发展与环境研究所与湖北省社会科学院共同承办的"长江高端智库对话"活动在湖北省武汉市举行。会议研讨的主要议题有"长江经济带高质量发展""生态文明建设的理论与实践"。

（2）2019年8月29日，由中国社会科学院与新西兰惠灵顿维多利亚大学主办，城市发展与环境研究所与中国社会科学院国际合作局共同承办的"生态文明：建设韧性城市与韧性社会学术研讨会"在北京举行。会议研讨的主要议题有"生态文明的新发展范式""推进韧性社会转型的挑战与机遇""韧性城市建设"。

（3）2019年10月11日，由中国社会科学院生态文明研究智库与《城市与环境研究》编辑部共同主办的"首届中国社会科学院生态文明研究智库学术论坛"在北京举行。会议研讨的主要议题有"习近平生态文明思想""应对气候变化""低碳经济发展"。

（4）2019年10月31日，由中国社会科学院学部主席团与济南市委市政府主办，城市发展与环境研究所、中国社会科学院生态文明研究智库与济南社会科学院共同承办的"中国社会科学论坛（2019年·经济学）：生态文明范式转型——中国与世界国际论坛"在山东省济南市召开。会议研讨的主要议题有"习近平生态文明思想""生态文明经济体系建设""全球生态文明治理体系""中国生态文明建设的理论与实践"。

（5）2019年11月30日，由中国社会科学院生态文明研究智库与江西省社会科学院等单位共同主办的"长江经济带共抓大保护与生态鄱阳湖流域建设论坛"在江西省南昌市举行。会议研讨的主要议题有"长江经济带高质量发展""鄱阳湖流域生态文明建设""区域协调发展"。

2. 国际学术交流与合作

2019年，城市发展与环境研究所共派遣出访25批36人次，接待来访4批49人次。与城市发展与环境研究所开展学术交流的国家有英国、美国、德国、瑞士、加拿大、新西兰、法国、西班牙、俄罗斯、智利、韩国、日本等。

（1）2019年2月24—29日，城市发展与环境研究所助理研究员张莹赴南非参加"关于煤炭未来的国际圆桌会议"及研讨会，作了题为"中国煤炭公正转型的就业影响"主题报告，并就煤炭公正转型、煤炭未来发展等主题同与会专家进行交流。

（2）2019年6月14—29日，城市发展与环境研究所副研究员王谋受联合国气候变化框架公约秘书处及中国生态环境部应对气候变化司邀请，赴德国波恩参加"77国集团+中国"内部协调会和《联合国气候变化框架公约》附属机构第50次会议，主要负责应对措施议题的谈判及磋商工作。

（3）2019年9月28日至10月5日，城市发展与环境研究所研究员陈迎受联合国政府间气候变化专门委员会（IPCC）邀请，赴印度新德里参加"联合国政府间气候变化专门委员会第六次评估报告第三工作组第二次主要作者会议"，并以"中国应对气候变化的政策与行动"为题作了主题报告。

（4）2019年11月27日至12月15日，城市发展与环境研究所副研究员王谋受联合国气候变化框架公约秘书处及中国生态环境部应对气候变化司邀请，赴西班牙马德里参加"联合国气候变化马德里会议"。

（5）2019年12月15—19日，城市发展与环境研究所研究员潘家华赴美国参加由美国科学院与中国科学院联合主办的"推进中美城市可持续发展国际研讨会"，并以"中国可持续发展城市体系的低碳重构"为题作主题报告。

（6）2019年12月15—23日，城市发展与环境研究所研究员单菁菁、王业强，助理研究员武占云受法国圣艾蒂安国立高等建筑学院城市实验室的邀请，赴法国参加由法国巴黎城市化研究所和法国标准化高级委员会共同举办的"2019年中法城市转型与新型城镇化国际会议"，并分别作了题为"中国城市转型中的人口迁移与融合""中国公共住房政策和农业转移人口住房保障""中国城市集聚的空间外部性研究"的报告。

（四）学术社团、期刊

1. 社团

中国城市经济学会，会长潘家华。

2019年12月13—14日，中国城市经济学会在浙江省宁波市主办"中国城市论坛：中国城市发展70年及浙江高质量城镇化之路暨东海半边山文化旅游论坛"。会议的主题是"高质量城镇化""城市公共政策""公园城市"。

2. 期刊

《城市与环境研究》（季刊），主编潘家华。

2019年，《城市与环境研究》共出版4期，共计63万字。该刊全年刊载的有代表性的文章有：潘家华的《范式转型再构城市体系的几点思考》，蔡闻佳、惠婧璇、赵梦真等的《温室气体减排的健康协同效应：综述与展望》，谢伏瞻的《深入贯彻落实习近平总书记重要讲话精神 切实推动长江经济带高质量发展》，李萌、娄伟的《节能减排、能替减排与去能减排的环境效益对比研究》，韩晶、高铭、孙雅雯的《城市群的经济增长效应测度与影响因素分析》，刘建翠、郑世林的《中国工业绿色发展的技术效率及其影响因素研究——基于投入产出表的分析》，渠慎宁的《碳排放分解：理论基础、路径剖析与选择评判》，陈宗兴、蔡昉等的《生态文明范式转型——中国与世界》，潘家华的《循生态规律，提升生态治理能力与水平》，李雪慧、李智、王正新的《中国征收碳税的福利效应分析——基于2013年中国家庭收入调查数据的研究》。

社会政法学部

法学研究所

（一）人员、机构等基本情况

1. 人员

截至 2019 年年底，法学研究所共有在职人员 105 人。其中，正高级职称人员 30 人，副高级职称人员 31 人，中级职称人员 30 人；高、中级职称人员占全体在职人员总数的 87%。

2. 机构

法学研究所设有：法理研究室、法制史研究室、宪法与行政法研究室、民法研究室、商法研究室、经济法研究室、知识产权研究室、刑法研究室、诉讼法研究室、社会法研究室、生态法研究室、网络与信息法研究室、法治战略研究室、法治国情调查研究室、图书馆（院图书馆法学分馆）、《法学研究》编辑部、《环球法律评论》编辑部、办公室、科研组织处、人事处（党委办公室）。

3. 科研中心

法学研究所院属科研中心有：中国社会科学院人权研究中心、中国社会科学院知识产权中心、中国社会科学院台湾、香港、澳门法研究中心、中国社会科学院文化法制研究中心、中国社会科学院国家法治指数研究中心；所属科研中心有：中国社会科学院法学研究所马克思主义法学研究中心、中国社会科学院法学研究所法治宣传教育与公法研究中心、中国社会科学院法学研究所私法研究中心、中国社会科学院法学研究所性别与法律研究中心、中国社会科学院法学研究所欧洲联盟法研究中心。

（二）科研工作

1. 科研成果统计

2019 年，法学研究所共完成中文专著 26 种，1020.7 万字；外文专著 2 种，65 万字；期刊论文 156 篇，184.4 万字；研究报告 9 部，162.7 万字；译著 3 种，142.1 万字；中文论文集 18 种，610.8 万字；皮书 8 种，269.9 万字（含外文皮书一种）。

2. 科研课题

（1）新立项课题。2019 年，法学研究所共有新立项课题 35 项。其中，国家社会科学基金重点课题 1 项："刑法的立体分析与关系刑法学研究"（刘仁文主持）；国家社会科学基金一般课题2项:"公司双重股权结构司法审查标准研究"(夏小雄主持),"打击网络犯罪国际刑事司法协助的理论与实践研究"(刘灿华主持);国家社会科学基金后期资助课题2项:"比较社会保障法"(刘翠霄主持),"论量刑事实的证明"(单子洪主持);院国情调研重大课题2项:"依法治国地方实践状况调研"(谢增毅主持),"协调经济发展与环境保护地方法治建设研究:以粤港澳大湾区为视角"(刘洪岩主持);所级基地课题2项:"基层治理法治化的问题与展望"(陈国平主持),"多元纠纷化解机制研究"(田禾主持);中国法学会重大委托课题1项:"智能化建设与创新社会治理深度融合研究"(周汉华主持);其他部门与地方委托课题25项:中宣部委托课题"互联网环境下图书馆的限制与例外制度研究"(管育鹰主持),最高人民法院委托课题"人民法院基本解决执行难第二阶段第三方评估"(田禾、吕艳滨主持),"人民法院基本解决执行难第三阶段第三方评估"(田禾、吕艳滨主持),司法部委托课题"法治政府建设评估研究"(李洪雷主持),工信部委托课题"网络治理相关问题立法研究"(周辉主持),自然资源部委托课题"欧盟海洋规划管理对南极海洋保护区的启示研究"(岳小花主持),农业农村部委托课题"维权案例信息整理及分析(2019)"(李菊丹主持),"植物新品种保护国际合作规划起草"(李菊丹主持),"渔政执法双重管理体制课题研究"(李洪雷主持),国家互联网信息办公室委托课题"外国网络法跟踪研究"(周辉主持),香港中联办委托课题"香港《基本法》的立法争议与原意解读"(徐斌主持),全国妇联委托课题"预防和制止性骚扰研究"(薛宁兰主持),国家市场监管总局委托课题"跨国企业遵守'一个中国'原则研究"(支振锋主持),"网络平台竞争法律制度比较研究"(姚佳主持),"互联网领域知识产权保护研究"(管育鹰主持),国家广播电视总局委托课题"信息网络传播视听节目管理条例研究"(吴峻主持),国家保密局委托课题"工作秘密与内部敏感信息保密管理基本问题研究"(李洪雷主持);北京市人民政府委托课题"北京市政务公开第三方评估(2019)"(田禾、吕艳滨主持),上海市人民政府委托课题"上海市2019年度政务公开评估"(田禾、吕艳滨主持),湖北省人民政府委托课题"湖北省2019年政务公开第三方评估"(田禾、吕艳滨主持),河南省人民政府委托课题"河南省2019年度政务公开评估"(田禾、吕艳滨主持),武汉市政务服务和大数据管理局委托课题"武汉市2019年度政务公开评估"(田禾、吕艳滨主持),四川省委依法治省办公室委托课题"编写四川法治蓝皮书(2019)"(田禾、吕艳滨主持),山西省委依法治省办公室委托课题"编写山西法治蓝皮书(2019)"(李洪雷主持),重庆市高级人民法院委托课题"重庆司法保障法治化营商环境评估"(田禾、吕艳滨主持)。

(2)结项课题。2019年,法学研究所共有结项课题32项。其中,国家社会科学基金重点课题1项:"社会法总论重大理论问题研究"(余少祥主持);国家社会科学基金一般课题3项:"债权总则编的建构:历史、功能与体系研究"(谢鸿飞主持),"斯拉夫法的历史发展及对社会主义法系形成的影响"(刘洪岩主持),"网络平台治理法律理论构建和应用研究"(周辉主持);国家社会科学基金青年课题2项:"反垄断法法益立体保护研究"(金善明主持),"秦汉刑事证据文明研究"（张琮军主持）；院国情调研所级基地课题 2 项："基层治理法治化的问题与展望"（陈国平主持），"多元纠纷化解机制研究"（田禾主持）；中国法学会课题 3 项："智能化建设与创新社会治理深度融合研究"（周汉华主持），"国家经济安全保障视域下金融犯罪防治与规制研究"（时方主持），"'枫桥经验'理论总结和经验提升"（李林主持）；其他部门与地方委托课题 21 项：中宣部课题"互联网环境下图书馆的限制与例外制度研究"（管育鹰主持），最高人民法院课题"编写出版《法治蓝皮书·中国法院信息化发展报告》（2019）"（田禾、吕艳滨主持），"人民法院基本解决执行难第二阶段第三方评估"（田禾、吕艳滨主持），"人民法院基本解决执行难第三阶段第三方评估"（田禾、吕艳滨主持），"中国近代判例制度及其借鉴意义研究"（张生主持），司法部课题"《法治宣传教育法（专家建议稿）》"（李林主持），工信部课题"网络治理相关问题立法研究"（周辉主持），文化和旅游部课题"全面开放背景下的文化安全制度研究"（周汉华主持），国家民委课题"总体国家安全观背景下反极端主义法律问题研究"（王江博士后主持），农业农村部课题"渔政执法双重管理体制课题研究"（李洪雷主持），国家广播电视总局课题"信息网络传播视听节目管理条例研究"（吴峻主持），国家互联网信息办公室课题"互联网立法热点问题专项支撑服务"（周辉主持），国家知识产权局课题"中国特色植物新品种保护制度理论与实践研究"（李菊丹主持），"标准必要专利的许可和保护研究"（管育鹰主持），"知识产权基本法治中的权利保护规则研究"（张鹏主持），国家邮政局课题"邮政行政处罚裁量使用规则研究"（周辉主持），全国妇联课题"预防和制止性骚扰研究"（薛宁兰主持），陕西省委依法治省办公室课题"编写山西法治蓝皮书（2019）"（李洪雷主持），上海市政府委托课题"上海市政务公开第三方评估（2018）"（吕艳滨主持），北京市政府委托课题"北京市 2018 年政府信息和政务公开第三方评估"（吕艳滨主持），四川省依法治省领导小组委托课题"编写出版四川法治蓝皮书（2019）"（吕艳滨主持）。

（3）延续在研课题。2019 年，法学研究所共有延续在研课题 52 项。其中，国家社科基金课题 19 项："可持续发展与中国民法典立法的价值取向"（渠涛主持），"版权资本运营法律问题研究"（杨延超主持），"人权的普遍性与主体性问题研究"（黄金荣主持），"光绪三十二年《刑律草案》整理与研究"（孙家红主持），"'公平、合理和无歧视'专利许可规则的构建与适用研究"（赵启杉主持），"法律理学研究"（胡水君主持），"认罪认罚处理机制研究"（祁建建主持），"民间规范与地方立法研究"（莫纪宏主持），"知识产权国际保护趋势与中国对策研究"（管育鹰主持），"中国生育福利权制度研究"（冉昊主持），"宪法实施的双轨运作机制研究"（翟国强主持），"期货市场操纵的规制与监管研究"（钟维主持），"司法改革与未成年人司法制度完善研究"（王雪梅主持），"儿童本位的亲子关系立法研究"（薛宁兰主持），"刑法的立体分析与关系刑法学研究"（刘仁文主持），"公司双重股权结构司法审查标准研究"（夏小雄主持），"打击网络犯罪国际刑事司法协助的理论与实践研究"（刘灿华主持），"比较社会保障法"（刘翠霄主持），"论量刑事实的证明"（单子洪主持）；院党组交办委托项目 1 项："民法典编纂"（陈甦主持）；院国情调研重大项目4项："地方法治研究"（李林、莫纪宏主持），"法治国家、法治政府、法治社会一体建设调研"（李忠主持），"依法治国地方实践状况调研"（谢增毅主持），"协调经济发展与环境保护地方法治建设研究：以粤港澳大湾区为视角"（刘洪岩主持）；中国法学会课题6项："民法典编纂与商事通则立法：基于商法'法典化'的视角"（夏小雄主持），"'时代正当性'与中国法治建设——从财产法与社会法的变迁切入"（冉昊主持），"治外法权与晚清法律改革问题关系研究"（高汉成主持），"环境司法实践中侵权类型问题研究"（窦海阳主持），"环境污染的刑事治理问题研究"（张志钢主持），"涉电商平台黑灰产业的刑法规制"（杨学文主持）；司法部国家法治与法学理论研究项目3项："网络共同犯罪的司法认定疑难问题研究"（杨学文主持），"公司治理改革与公司法完善——以股票投票权差异化安排为核心"（夏小雄主持），"环境法典编纂研究——以菲律宾的环境法典化为分析重点"（岳小花主持）；其他部门与地方委托课题19项：全国人大常委会港澳基本法委员会课题"香港居民国家认同研究——超越宪法爱国主义视角"（叶远涛主持），司法部课题"法治政府建设评估研究"（李洪雷主持），自然资源部委托课题"欧盟海洋规划管理对南极海洋保护区的启示研究"（岳小花主持），农业农村部委托课题"维权案例信息整理及分析（2019）"（李菊丹主持），"植物新品种保护国际合作规划起草"（李菊丹主持），国家互联网信息办公室委托课题"外国网络法跟踪研究"（周辉主持），香港中联办委托课题"香港《基本法》的立法争议与原意解读"（徐斌主持），国家市场监管总局委托课题"跨国企业遵守'一个中国'原则研究"（支振锋主持），"网络平台竞争法律制度比较研究"（姚佳主持），"互联网领域知识产权保护研究"（管育鹰主持），国家保密局委托课题"工作秘密与内部敏感信息保密管理基本问题研究"（李洪雷主持）；北京市人民政府委托课题"北京市政务公开第三方评估（2019）"（田禾、吕艳滨主持），上海市人民政府委托课题"上海市2019年度政务公开评估"（田禾、吕艳滨主持），湖北省人民政府委托课题"湖北省2019年政务公开第三方评估"（田禾、吕艳滨主持），河南省人民政府委托课题"河南省2019年度政务公开评估"（田禾、吕艳滨主持），武汉市政务服务和大数据管理局委托课题"武汉市2019年度政务公开评估"（田禾、吕艳滨主持），山西省委依法治省办公室委托课题"编写山西法治蓝皮书（2019）"（李洪雷主持），重庆市高级人民法院委托课题"重庆司法保障法治化营商环境评估"（田禾、吕艳滨主持），国家科学技术名词审定委员会课题"法学名词规范化研究与发布"（李林主持）。

3. 获奖优秀科研成果

2019年，法学研究所获"第十届（2019年）中国社会科学院优秀科研成果奖"二等奖2项：周汉华的论文《论互联网法》，高汉成的论文《大清刑律草案签注考论》；三等奖2项：李洪雷的专著《行政法释义学：行政法学理的更新》，谢海定的论文《法学研究进路的分化与合作——基于社科法学与法教义学的考察》。获中国社会科学院第十届"优秀皮书奖"一等奖1项：《法治蓝皮书：中国法治发展报告No.16（2018）》，"优秀皮书奖"二等奖1项：《法治蓝皮书：中国法院信息化发展报告No.2（2018）》，"优秀报告奖"三等奖1项：《中国政府透明度指数报告（2017）——以政府网站信息公开为视角》。获得中国社会科学院国家智库报告评审委员会颁发的"2019年度优秀国家智库报告"1项：田禾、吕艳滨主编的《中国司法公开第三方评估报告（2018）》。

（三）学术交流活动

1. 学术活动

2019年，由法学研究所主办或承办的主要学术活动如下。

（1）2019年1月20日，由法学研究所、国际法研究所主办的"当前国际法热点问题"研讨会在法学研究所召开。会议研讨的主要议题有"中美经贸摩擦""域外管辖／长臂管辖""外国人旅行自由""国际人权法新动向"等。

（2）2019年3月9日，法学研究所和福建省党内法规实施评估中心在北京联合主办我国首个地方党内法规实施后评估报告专家论证会——《福州市"马上就办，真抓实干"若干规定（试行）》实施后评估报告专家论证会。会议对《若干规定》实施评估报告进行了研讨。

（3）2019年3月19日，由法学所商法室主办的"商法界"圆桌论坛之"科创板注册制实施的法治保障"在北京举行。会议的主题是"科创板注册制实施的法治保障问题"。

（4）2019年3月26日，由中国社会科学院法学研究所商法研究室主办的"商法界"圆桌论坛（二）——"支付清算法律体系建设研讨会"在北京举行。会议研讨的主要议题有"支付参与主体的定位""支付业务法律关系""支付监管立法框架""支付账户定位和备付金"等。

（5）2019年4月12日，由北京市委全面依法治市委员会守法普法协调小组、市委国安办、市委宣传部、市司法局、市法学会联合主办，中国社科院法学所、国际法所协办，法学所法治宣传教育与公法研究中心承办的"4·15全民国家安全教育日专家研讨会"在法学研究所举行。会议研讨的主要议题有"国家安全教育""数据安全""经济安全""人民安全""国家安全法域外适用""中国海外安全利益保护""反恐法"等。

（6）2019年4月23日，由中国社会科学院法学研究所、国际法研究所，国家机关事务管理局公共机构节能管理司联合主办，法学所法治宣传教育与公法研究中心、北京市法学会立法学研究会承办的"《公共机构节能条例》实施十年评估报告专家研讨会"在法学研究所举行。会议研讨的主题是"《公共机构节能条例》若干重要问题及其立法后评估报告"。

（7）2019年4月25日，由中国社会科学院法学研究所主办的第四届中波比较法研讨会在北京举行。会议的主题是"合同法的理论与实践"。

（8）2019年4月27日，由中国社会科学院法学研究所主办的"民法典背景下的公司法改革"学术研讨会在北京举行。会议的主题是"公司法学术研究和实践运作的前沿问题"。

（9）2019年5月18日，由中国法学会网络与信息法学研究会、中国社科院法学所主办，中国社科院文化法制研究中心、中国社科院法学所网络与信息法研究室承办的"第 14 次网络与信息法治圆桌会议暨《网络交易监督管理办法（征求意见稿）》研讨会"在北京举行。

（10）2019 年 5 月 30—31 日，由中国社会科学院法学研究所主办，中国社会科学院国家法治指数研究中心、宁波市江北区人民政府承办的"中国政府透明度及政务公开研讨会（2019）"在浙江省宁波市召开。会上发布了法学所主编的《中国政府透明度（2018）》年度报告、《中国政务公开第三方评估报告（2018）》和《政府信息公开工作年度报告发布情况评估报告（2019）》。

（11）2019 年 6 月 15 日，由中国社会科学院知识产权中心和中国知识产权培训中心联合主办的"商标法律制度完善相关问题"研讨会在北京举行。会议研讨的主要议题有"商标法全面修改重点问题""商标法适用中的实践""商标法与关联制度的理论探讨"等。

（12）2019 年 6 月 19 日，由中国社会科学院法学研究所、国际法研究所和中共深圳市光明区委主办，深圳市光明区纪委监委、中国社会科学院中国廉政研究中心、中国社会科学院法学所国际法所法治战略研究部承办的"全面从严治党主体责任课题研究成果发布会暨全面从严治党智库（深圳·光明）第一届论坛"在北京召开。会议发布了法学所、国际法所法治战略研究部与深圳市光明区联合课题组的成果——《中共深圳市光明区委落实全面从严治党主体责任实施办法（试行）》，并举行了全面从严治党智库（深圳·光明）第一届论坛。

（13）2019 年 7 月 16 日，由中国社会科学院法学研究所主办的《社区矫正法（草案）》专家意见研讨会在北京召开。会议的主题是"《社区矫正法（草案）》的宏观定位、篇章结构、具体法条"。

（14）2019 年 7 月 20 日，由法学研究所参与组建的珠海经济特区法治协同创新中心主办的粤港澳大湾区法治研究课题研讨会在珠海横琴举行。会议的主题是"探索粤港澳大湾区建设进程中的法治保障，推动法治创新"，研讨的主要议题有"内地与港澳规则对接""法治协同和共享法治"等。

（15）2019 年 7 月 28 日，由中国社会科学院法学研究所主办、法学研究所私法研究中心承办的"'一带一路'营商环境、法律风险与法律服务高端论坛（2019）"在北京举行。论坛分设能源矿产类、物流贸易类、信息科技类、文化教育类、工程建设类、银行金融类六个分论坛，研讨的主要议题有"'一带一路'沿线国家营商环境""法律风险等相关问题及解决方案、发展前景"。

（16）2019 年 7 月 29 日，由法学研究所私法研究中心主办的"法适用视角的民法典编纂"研讨会在北京举行。会议研讨的主要议题有"民法典整体立法思维和物权编立法技术""民法典合同编中债与合同相关规范""合同编与物权编规范细节""民法典侵权责任编规范""民法典婚姻家庭编及继承编规范"等。

（17）2019 年 8 月 25 日，由中国法学会网络与信息法学研究会、法学研究所主办，中国社会科学院文化法制研究中心、中国社会科学院法学所网络与信息法研究室、《网络信息法学研究》编辑部承办的"第15次网络与信息法治圆桌会议暨平台责任研讨会"在法学研究所举行。

（18）2019年9月4日，由法学研究所主办的第18届中日比较法研讨会在法学研究所举行。会议的主题是"新技术与法"，研讨的主要议题有"新技术与商法""新技术与民法""新技术与刑法""新技术与诉讼法"等。

（19）2019年9月16—20日，由法学研究所、波兰华沙大学法律与行政学院、雅盖隆大学法律与行政学院、西里西亚大学法律与行政学院共同举办的第五届中波比较法研讨会在波兰举行。会议研讨的主要议题有"中国智慧城市建设中的法律挑战与应对""天秤币的法律属性及其监管原则""人工智能与司法应用"等。

（20）2019年10月13日，由法学研究所、河南省社会科学院主办，中国社会科学院国家法治指数研究中心、郑州市金水区人民法院、国家法治指数（河南）协同创新基地协办的全面依法治国论坛暨实证法学研究年会（2019）在河南省郑州市召开。会议研讨的主要议题有"依法行政与法治评估""法治政府与政务公开""公正司法与司法改革""智慧司法与司法质效""'枫桥经验'与纠纷解决""法治社会与地方法治"等。

（21）2019年10月18日，由法学研究所、国际法研究所、澳门特别行政区教育暨青年局主办，中国社会科学院台港澳事务办公室、中国社会科学院青年人文社会科学研究中心、中国社会科学院法学研究所法治宣传教育与公法研究中心、中国民主法制出版社法律应用分社联合承办的澳门各界青年"爱国·科技·法律"主题交流活动在北京举行。

（22）2019年10月18—19日，由法学研究所主办，法学研究所《环球法律评论》编辑部承办的第二届环法论坛在浙江省杭州市召开。论坛的主题是"人工智能政策与法律——算法治理"。

（23）2019年10月20日，第六届世界互联网大会"网络空间数据法律保护"分论坛在浙江省乌镇举办。分论坛由中国社会科学院主办，中国社会科学院法学研究所承办，中国法学会网络与信息法学研究会、中国信息通信研究院协办。会议研讨的主要议题有"数据安全、个人信息保护与网络法治""数据治理的法治化"等。

（24）2019年11月2—3日，由法学研究所主办的"社会变迁与刑法学发展——庆祝新中国成立70周年学术研讨会"在法学研究所举行。会议研讨的主要议题有"新中国成立70年来我国刑法的回顾""刑法扩张与刑法立法观""罪刑关系与刑罚结构的完善""网络犯罪前沿问题""大数据、人工智能与刑法""刑事一体化与立体刑法学""民刑交叉与行刑衔接问题"等。

（25）2019年11月2—3日，中国社会科学院知识产权中心和中国知识产权培训中心主办的"优化营商环境与知识产权法治完善"研讨会在北京举行。会议研讨的主要议题有"优化营商环境与著作权法治""优化营商环境与商标法治""优化营商环境与知识产权法治完善""优化营商环境与专利法治"。

（26）2019年11月14—15日，由中国社会科学院主办，中国社会科学院法学研究所承办的中国社会科学论坛（法治·2019年）"新时代的中国民法典"在北京举行。来自中国、芬兰、德国、意大利、加拿大、俄罗斯、波兰等国家高校和科研机构的四十余名学者与会研讨。会议研讨的主要议题有"民法典的新发展""民法典中的物权法""民法典中的合同法""民法典中的侵权法""民法和商法的关系""民法与劳动法""民法和环境法的关系"等。

（27）2019年11月16日，由法学研究所主办，法学所国际法所法治战略研究部承办的"新中国法治建设七十年：回顾与展望"学术研讨会在北京举行。会议围绕国家法治发展重要时间节点、着眼国家法治发展重大战略问题，组织法治理论和实践专家开展学术讨论。

（28）2019年11月17日，由法学研究所、国际法所主办，法学研究所马克思主义法学研究中心承办的"国家治理现代化的中国实践"学术研讨会暨学习贯彻党的十九届四中全会精神理论研讨会在北京举行。

（29）2019年12月28日，由中国社会科学院国家高端智库主办，法学研究所、国际法研究所协办，中国社会科学院国家法治指数研究中心承办的国家治理与新型法治智库建设研讨会在北京举行。会议研讨的主要议题有"国家治理与新型法治智库建设""国家治理与地方法治智库建设""地方法治创新与社科院法学研究"等。

（30）2019年12月30日，中共山西省委全面依法治省委员会办公室、中国社会科学院法学研究所在山西省太原市共同举行"2019年《山西法治蓝皮书》"新闻发布会。

主要讲座有——

（1）2019年9月10日，法学研究所、国际法研究所2019年度"创新论坛"第一讲"对赌协议的法律规制"举行。论坛由法学所创新工程"深化商事制度改革的基本方略与实施路径"项目组首席研究员陈洁主讲。

（2）2019年9月17日，法学研究所、国际法研究所2019年度"创新论坛"第二讲"'关系刑法学'初探"举行。此次论坛由法学所创新工程"刑事法治建设与刑法学发展"项目组首席研究员刘仁文主讲。

（3）2019年10月8日，法学研究所、国际法研究所2019年度"创新论坛"第三讲"商标注册预登记制度探讨"举行。论坛由法学所创新工程"创新发展与知识产权法律制度完善"项目组首席研究员管育鹰主讲。

（4）2019年10月15日，法学研究所、国际法研究所2019年度"创新论坛"第四讲"生态文明新时代：从环境法到生态法——一个法哲学分析的路径"举行。论坛由法学所创新工程"生态文明新时代：环境法治的理论创新与实践"项目组首席研究员刘洪岩主讲。

（5）2019年10月29日，法学研究所、国际法研究所2019年度"创新论坛"第五讲"治外法权——从概念到观念"举行。论坛由法学所创新工程"中华法文化精华的传承与借鉴研究"项目组首席研究员高汉成主讲。

2. 国际学术交流与合作

2019年，法学研究所共派遣出访85人次，接待来访91人次，与法学研究所开展学术交流的国家有英国、德国、法国、意大利、芬兰、俄罗斯、匈牙利、美国、加拿大、墨西哥、日本、韩国、印度、泰国等。

(1) 2019年2月6日至7月1日，法学研究所副研究员马可受中国社会科学院2019年度小语种与科研急需人才出访研修资助项目资助，赴英国牛津大学就英国刑事司法中错案的预防和救济制度有关问题开展研究。

(2) 2019年2月9—15日，法学研究所研究员孙宪忠应日本静冈大学地域法实务实践中心邀请，赴日本参加国际学术研讨会，针对中国民法典制定进程等相关问题开展交流活动。

(3) 2019年2月27日至3月4日，法学研究所科研处处长谢增毅研究员应德国维尔道应用科技大学邀请访问德国柏林，参加第二届中德劳动法研讨会，并作题为"中国互联网平台工人的劳动法保护"的发言。

(4) 2019年3月3—6日，法学研究所副所长周汉华赴法国参加联合国教科文组织人工智能高级别会议"人工智能原则：迈向人本主义"。

(5) 2019年3月19—22日，法学研究所国际法研究所联合党委书记、法学所副所长陈国平率领代表团一行4人赴俄罗斯莫斯科，参加由俄罗斯联邦政府立法与比较法研究所举办的"第八届欧亚反腐败论坛"，并访问俄罗斯联邦政府立法与比较法研究所、俄罗斯科学院远东研究所、俄罗斯对外贸易学院等机构。

(6) 2019年6月10—11日，法学研究所所长陈甦研究员率领代表团一行6人赴芬兰参加在赫尔辛基大学举办的"第十届中芬比较法研讨会"。

(7) 2019年6月19—28日，为执行院交办委托"一带一路"法律风险防范与法律机制构建大型调研项目，法学研究所国际法研究所联合党委书记、法学所副所长陈国平率领代表团一行3人赴缅甸、越南、老挝三国进行"一带一路"调研。

(8) 2019年6月25—29日，法学研究所副所长周汉华应新加坡资讯通信媒体发展局邀请，参加智能国家创新周。其间，周汉华参加了智能国家峰会、"工业4.0与数字经济的崛起"创新节及"可被信任的人工智能"座谈会。

(9) 2019年9月16—21日，法学研究所所长陈甦研究员率领代表团一行6人赴波兰参加在华沙大学和雅盖隆大学举行的"第五届中波比较法研讨会"。

(10) 2019年10月19—26日，法学研究所研究员陈欣新赴美国纽约参加第74届联合国大会第三委员会会议。

(11) 2019年10月20—28日，法学研究所研究员李林、翟国强赴秘鲁参加"宪法教学内容和方法：亚洲、欧洲和拉丁美洲的经验"的国际研讨会、国际宪法学协会圆桌会议——"21世纪移民进程的宪法挑战：宪法国家、移民的基本权利及其与接收社会的冲突"和青年宪法学者论坛。

（12）2019年10月28日至11月11日，法学研究所生态法研究室主任刘洪岩研究员一行3人为执行院2019年"智库丝路万里行"专题调研项目"'一带一路'合作中的法律风险防范与标准对接"，先后赴俄罗斯、瑞士、意大利，针对有关中国海外投资中涉及的法律风险防范与标准对接等问题开展学术交流与调研。

（13）2019年10月30日至11月3日，法学研究所诉讼法研究室副主任徐卉研究员和祁建建研究员，应泰国法政大学法学院德国—东南亚公共政策与善治研究中心的邀请，赴泰国参加"亚洲法律改革：问题、挑战与前瞻"国际研讨会并进行学术交流。

（14）2019年11月11—17日，应美国宾夕法尼亚大学当代中国研究中心和亚洲法中心邀请，法学研究所副所长周汉华率领代表团一行3人赴美国参加"监管政策与竞争中立"研讨会及其他学术活动。

（15）2019年11月27日至12月1日，法学研究所研究员熊秋红受邀赴美国，参加由中国人权发展基金会和美国美中关系全国委员会共同主办的"中美司法与人权研讨会"并作主旨发言。

（16）2019年11月27日至12月1日，法学研究所知识产权研究室主任管育鹰研究员、李明德研究员等赴澳大利亚新南威尔士大学史密夫斐尔中国国际商法与国际经济法中心，参加中澳知识产权研讨会，讨论中澳共同关心的知识产权问题。

（17）2019年11月27日至12月26日，法学研究所副研究员金善明在"中国社会科学院—蒙特利尔大学中国研究中心"合作框架下，赴加拿大蒙特利尔大学法学院，与加方有关机构专家学者就"反垄断法实施"有关问题进行交流。

（18）2019年11月28日至12月2日，法学研究所副所长周汉华研究员赴比利时布鲁塞尔，参加由中国网络空间安全协会、中国互联网发展基金会与比利时布鲁塞尔隐私研究中心共同举办的"欧盟—中国数据安全与个人信息保护研讨会"。

（19）2019年12月8—14日，法学研究所国际法研究所联合党委书记、法学所副所长陈国平率领代表团一行6人赴加拿大，参加在蒙特利尔大学召开的中国社会科学院—蒙特利尔大学中国研究中心年度学术会议"新科技与法"，并访问多伦多大学和约克大学。

3. 与中国香港、澳门特别行政区和中国台湾开展的学术交流

（1）2019年3月5—8日，法学研究所研究员刘仁文作为"中国社会科学院学者讲座系列"嘉宾，应邀赴香港中文大学作题为"晚近中国刑法的主要进展及展望"的学术讲座。

（2）2019年5月3—5日，法学研究所副研究员李忠、研究员陈欣新、研究员熊秋红应邀赴澳门，参加由澳门特别行政区教育暨青年局主办的纪念"五四运动"一百周年青年论坛，与澳门法务局、法律界和澳门青年围绕"澳门地区在'一带一路'、'粤港澳大湾区'背景下的法律定位和在法律合作机制中的作用"进行座谈。

(3) 2019年5月28日至6月2日，法学研究所研究员刘仁文赴香港，参加由香港大学法学院主办的"比较法视角下的警察法制"学术研讨会。

(4) 2019年8月4—8日，法学研究所副研究员王天玉应邀赴台湾，参加由台湾大学法学院组织召开的"医师工时国际研讨会"，介绍大陆地区医生工时现状、法律规定与未来发展。

(5) 2019年9月19—23日，法学研究所副研究员祁建建应邀赴澳门科技大学法学院作有关诉讼程序问题的讲座，并开展相关学术交流。

(6) 2019年10月10—12日，法学研究所研究员李洪雷赴澳门，参加由澳门法制研究会主办的"粤港澳大湾区法政论坛暨第八届濠粤法律论坛"，并作题为"国家理论与特区治理"的发言。

(7) 2019年10月23—26日，法学研究所研究员刘仁文应邀参加由澳门大学主办的"全球化语境下澳门的法制改革国际研讨会"，并作题为"打击跨境犯罪与区际刑事司法协作研究——以大湾区为视角"的发言。

(8) 2019年11月11—13日，法学研究所研究员陈欣新应邀赴澳门，参加由外交部与澳门特区政府共同举办的"澳门回归20周年对外法律事务研讨会"。

(9) 2019年11月28日至12月2日，法学研究所副研究员祁建建应邀赴澳门科技大学法学院，就刑事诉讼程序有关问题开展学术交流。

（四）学术社团、期刊

1. 社团

中国法律史学会，会长张生。

2019年11月9—10日，由中国法律史学会主办，吉林大学法学院承办，东北师范大学政法学院、吉林财经大学法学院协办的中国法律史学会成立40周年纪念大会暨2019年学术年会在吉林省长春市举行。会议的主题为"中国历史上立法·司法的技术与文化"。来自中国社会科学院、中国人民大学、中国政法大学、吉林大学、武汉大学、华东政法大学、中央广播电视总台等90余家高校、科研机构、新闻媒体的近300名代表参加纪念大会。

2. 期刊

(1)《法学研究》（双月刊），主编陈甦。

2019年，《法学研究》共出版6期，共计180万字。该刊全年刊载的有代表性的文章有顾培东的《法官个体本位抑或法院整体本位——我国法院构建与运行的基本模式选择》，李林的《新时代中国法治理论创新发展的六个向度》，李忠夏的《合宪性审查制度的中国道路与功能展开》，秦前红、刘怡达的《中国现行宪法中的"党的领导"规范》，季卫东的《人工智能时代的法律议论》，刘飞的《行政协议诉讼的制度构建》，王万华的《行政复议法的修改与完善——以"实质性解决行政争议"为视角》，李宇的《民法典中债权让与和债权质押规范的统合》，陈小君的《宅基地使用权的制度困局与破解之维》，高圣平的《农村土地承包法修改后的承包地法权配置》，王迁的《著作权法限制音乐专有许可的正当性》，崔国斌的《大数据有限排他权的基础理论》，邹海林的《公司代表越权担保的制度逻辑分析——以公司法第16条第1款为中心》，梁坤的《基于数据主权的国家刑事取证管辖模式》，阮开欣的《涉外知识产权归属的法律适用》等。

(2)《环球法律评论》（双月刊），主编周汉华。

2019年，《环球法律评论》共出版6期，共161万字。该刊全年刊载的有代表性的文章有：封丽霞的《大国变革时代的法治共识——在规则约束与实用导向之间》，林鸿潮的《社会稳定风险评估的法治批判与转型》，张翔的《"合宪性审查时代"的宪法学：基础与前瞻》，丁晓东的《用户画像、个性化推荐与个人信息保护》，韩大元的《战争、和平与宪法共识》、刘品新的《论大数据证据》，孙长永的《"捕诉合一"的域外实践及其启示》，王敏远的《透视"捕诉一体"》，崔建远的《不可抗力条款及其解释》，陈自强的《民法典草案违约归责原则评析》，张保华的《抵销溯及力质疑》，管育鹰的《标准必要专利人的FRAND声明之法律性质探析》，钱玉林的《公司法总则的再生》，易军的《法律行为为"合法行为"之再审思》，段晓彦的《物权债权区分论在近代中国的继受——以民初大理院民事裁判为中心》，克里斯托弗·布施的《个性化经济中的算法规制和（不）完美执行》，沈伟伟的《算法透明原则的迷思——算法规制理论的批判》，廖诗评的《国内法域外适用及其应对——以美国法域外适用措施为例》，沈涓的《再论继承准据法确定中的区别制与同一制——以法律关系、连结点和准据法三者的对应性为视角》。

国际法研究所

（一）人员、机构等基本情况

1. 人员

截至2019年年底，国际法研究所共有在职人员34人，其中，正高级职称人员8人，副高级职称人员11人，中级职称人员11人；高、中级职称人员占全体在职人员总数的88%。

2. 机构

国际法研究所设有：国际公法研究室、国际私法研究室、国际经济法研究室、国际人权法研究室、科研与外事管理处、《国际法研究》编辑部；人事处、办公室和图书馆与法学研究所合署办公。

3. 科研中心

国际法研究所院属科研中心有海洋法治研究中心；所属科研中心有：国际刑法研究中心、竞争法研究中心。

（二）科研工作

1. 科研成果统计

2019年，国际法研究所共完成专著2部，66.3万字；译著1部，151.7万字；论文集3部，219万字；研究报告1部，5.8万字；论文35篇，11.8万字；一般文章26篇，7.35万字。

2. 科研课题

（1）新立项课题。2019年，国际法研究所共有新立项课题12项。其中，中国社会科学院重大课题1项："'一带一路'法律风险防范与法律机制构建大型调研项目"（莫纪宏主持）；中国社会科学院国际合作研究课题1项："中澳服务贸易的法律框架及其升级路径研究"（孙南翔主持）；中国社会科学院所级国情调研基地研究课题1项："福贡县经济发展中的法律问题"（黄晋主持）；横向课题9项："深入推进中国特色社会主义宪法理论研究"（莫纪宏主持），"海关法相关法律制度比较研究"（莫纪宏主持），"关于加强行政规范性文件制定和监督管理工作的实践与思考"（黄晋主持），"深圳盐田法院智慧法院建设的探索和创新"（刘小妹主持），"《北京市文明行为促进条例》立法论证"（刘小妹主持），"《联合国关于调解产生的国际和解协议公约》评估"（刘敬东主持），"临时仲裁与机构仲裁接轨与融合问题研究"（刘敬东主持），"中国法律的域外适用对策研究"（刘敬东主持），"生态保护国际案例研究及对我借鉴"（何田田主持）。

（2）结项课题。国际法研究所共有结项课题12项。其中，国家社会科学基金一般课题1项："中国海外投资法律保护机制研究"（刘敬东主持）；另有横向课题11项。

3. 获奖优秀科研成果

2019年，国际法研究所获"第十届（2019年）中国社会科学院优秀科研成果奖"专著类三等奖1项：罗欢欣的专著《国际法上的琉球地位与钓鱼岛主权》。

（三）学术交流活动

1. 学术活动

2019年，由国际法研究所举办的重要学术会议和讲座如下。

（1）2019年1月20日，由中国社会科学院法学研究所、国际法研究所主办的"当前国际法热点问题"研讨会在北京召开。会议研讨的主要议题有"中美经贸摩擦""域外管辖／长臂管辖""外国人旅行自由""国际人权法新动向"等。

（2）2019年3月7日，中国前驻塞尔维亚大使李满长在中国社会科学院国际法研究所作了题为"'一带一路'建设与国际合作中的有关问题"的学术讲座。来自法学研究所、国际法研究所及有关单位的40余位专家学者和在读研究生参加了讲座。

（3）2019年4月8日，"第五届社科仲裁圆桌会议——仲裁与上海国际争议解决中心建设"

在上海政法学院召开。来自中国社会科学院、上海政法学院、对外经贸大学、上海国际仲裁中心、中国国际经济贸易委员会上海分会、上海电气集团、宝钢股份等理论与实务部门的专家参加了会议。

（4）2019年4月10日，由国际法研究所主办的2019年第二季度国际法热点问题研讨会在北京召开。来自最高人民法院、最高人民检察院、外交部、司法部、中央财经大学、对外经济贸易大学以及中国社会科学院法学研究所、国际法研究所等机构的近70位专家学者出席研讨会。会议研讨的主要议题有"国内法域外适用基本理论""部门法的域外适用和海外法律服务"等。

（5）2019年4月19日，由国际法研究所主办，最高人民法院"一带一路"司法研究基地承办的"第二届海事法治圆桌会议"在北京召开。会议研讨的主要议题有"船舶污染损害赔偿责任相关立法和实务问题"。60余名代表参加了会议。

（6）2019年9月7—8日，"金砖国家国际法治论坛"在北京举行。论坛由中国社会科学院国际法研究所主办，中国社会科学院法学研究所法治宣传教育与公法研究中心、中国民主法制出版社法律应用分社、社会科学文献出版社和盈科律师事务所联合承办。来自全国政协、中国社会科学院、社会科学文献出版社、昆明国家级经济技术开发区、上海财经大学、澳门大学，以及印度、葡萄牙、俄罗斯、南非、巴西等国的专家学者共60余人出席论坛。

（7）2019年9月21—22日，由国际法研究所主办，中国社会科学院法学研究所法治宣传教育与公法研究中心、中国民主法制出版社法律应用分社、社会科学文献出版社和盈科律师事务所联合承办的"中国—拉美国家国际法治论坛"在北京举行。来自全国人大、中国社会科学院、社会科学文献出版社、中国民主法制出版社、国际关系学院、北京理工大学、香港大学、中国政法大学以及秘鲁、墨西哥、智利、哥伦比亚、阿根廷、克罗地亚、德国的专家学者共60余人出席论坛。

（8）2019年10月12—13日，由国际法研究所主办，中国社会科学院法学研究所法治宣传教育与公法研究中心、中国民主法制出版社法律应用分社、社会科学文献出版社和盈科律师事务所联合承办的"'一带一路'国际法治论坛"在北京举行。

（9）2019年10月19日，由国际法研究所、阿登纳基金会（德国）和中国人民对外友

2019年10月，"中德仲裁法律圆桌会议：国际营商环境与国际争端解决"国际研讨会在北京举行。

好协会共同主办的"中德仲裁法律圆桌会议：国际营商环境与国际争端解决"国际研讨会在北京举行。来自中国社会科学院、阿登纳基金会（德国）、中国人民对外友好协会、中国最高人民法院、德国黑森州高等法院、德国经济与能源部、中国仲裁法学研究会、清华大学、中国政法大学等机构的专家学者出席研讨会。

（10）2019年10月30—31日，国际法研究所建所十周年"构建人类命运共同体与国际法治"国际研讨会在北京举行。研讨会由中国社会科学院主办，中国社会科学院国际法研究所承办，盈科律师事务所、中国民主法制出版社法律应用分社、社会科学文献出版社协办。来自联合国和WTO有关机构的专家，以及来自中国、美国、英国、法国、德国、巴西、韩国、瑞士、瑞典、俄罗斯、加拿大、匈牙利、澳大利亚、新西兰、塞尔维亚、埃塞俄比亚等近20个国家的120余名专家学者出席会议。

2. 国际学术交流与合作

2019年，国际法研究所共派遣出访29批48人次，接待来访13批约98人次。与国际法研究所开展学术交流的国家有新加坡、韩国、日本、越南、老挝、缅甸、美国、墨西哥、加拿大、秘鲁、阿根廷、法国、意大利、德国、葡萄牙、匈牙利、塞尔维亚、波兰、俄罗斯、瑞士、法国、澳大利亚、新西兰等。

（1）2019年1月10日，国际法研究所所长助理柳华文研究员应约在所内接待了新西兰政务参赞陈雯、二等秘书艾腾墨和政策专员齐兰芳一行的来访。

（2）2019年2月8—11日，国际法研究所所长莫纪宏研究员应亚太法律协会邀请，代表中国法学会出席了在印度首都新德里举行的亚太法律协会第一届人权会议。会议的主题是"国家权力、事业与人权：当代挑战"。

（3）2019年3月19日，日本北海道大学法学研究科吉田邦彦教授在国际法研究所作了题为"对中战后补偿问题及近期研究——民法与国际法（国际人权法）的交错"的学术报告。

（4）2019年3月25日，应中国社会科学院重点建设学科、国际法研究所国际经济法研究室邀请，法国巴黎政治大学Emmanuel Gaillard教授在国际法研究所举办主题为"国际礼让、未决诉讼和既判力：司法原则适用于国际仲裁吗？"的学术报告会。来自最高人民法院国际商事法庭、中国社会科学院国际法研究所、谢尔曼·斯特灵律师事务所等单位共计20余名专家学者参加了报告会。

（5）2019年5月7日，"WTO上诉机制的必要性及WTO改革"学术报告会举行。报告会由中国社会科学院国际法研究所主办，美国大学华盛顿法学院国际与比较法学研究部主任Padideh Ala'i教授担任主讲人。来自美国宾夕法尼亚大学、美国大学、西安交通大学、中国社会科学院的30余位专家学者和研究生参加了报告会。

（6）2019年5月19—31日，中国社会科学院国际法研究所所长莫纪宏研究员率领法学所、国际法所访问团赴塞尔维亚、匈牙利、波兰，调研"'一带一路'法律风险防范与法律机制构建"相关法律问题。

(7) 2019年6月12—18日，国际法研究所副所长、中国社会科学院人权研究中心执行主任、中国人权研究会的常务理事柳华文研究员率中国人权研究会代表团访问德国和爱尔兰，与两国议会和外交部官员、智库和高校领导人及专家学者等就"中国人权法治保障""全球治理体系""构建人类命运共同体"等议题进行交流。

(8) 2019年10月20—26日，中国社会科学院"'一带一路'法律风险防范与法律机制构建"调研项目秘鲁调研组在国际宪法学协会名誉主席、中国社会科学院国际法研究所所长莫纪宏研究员的率领下在秘鲁进行了为期6天的调研活动，调研期间还出席了秘鲁天主教大学法学院百年庆典活动以及国际宪法学协会组织的主题为"移民进程中的宪法挑战"圆桌会议。

(9) 2019年11月1—13日，中国社会科学院"'一带一路'法律风险防范与法律机制构建"调研项目调研组在中国社会科学院国际法研究所所长莫纪宏研究员的率领下在意大利、德国、葡萄牙进行调研活动。调研期间，调研组参加了由意大利国家研究委员会主办的"中意比较法律论坛"和都灵大学主办的"公法：中国视角"研讨会，参加了由德国汉堡大学主办的"中德'一带一路'倡议法律论坛"，与葡萄牙科英布拉大学共同主办中葡"一带一路"国际法治研讨会，并赴知名律师事务所、华人华侨团体、孔子学院等机构深入调研"一带一路"倡议在两国的合作现状与主要问题。

(10) 2019年12月2—4日，中国社会科学院国际法研究所副研究员李庆明、李赞等应俄罗斯联邦科学院院士、俄罗斯联邦政府立法与比较法研究所所长 Khabrieva Taliya Yarullovna 教授的邀请，赴莫斯科参加第九届国际比较法大会、北极国际法论坛，并访问俄罗斯联邦政府立法与比较法研究所，与该研究所人员举行座谈。

3. 与中国香港、澳门特别行政区和中国台湾开展的学术交流

(1) 2019年3月15日，澳门爱国教育青年协会及爱国青年博士智库一行16人访问中国社会科学院法学研究所，中国社科院国际法所所长莫纪宏研究员会见了访问团，并以"《粤港澳大湾区发展规划纲要》与澳门的机遇"为题进行了主题讲座。

(2) 2019年5月4日，应澳门特别行政区政府教育暨青年局邀请，中国社会科学院国际法研究所所长莫纪宏研究员率团赴澳门出席纪念五四运动100周年系列活动。莫纪宏研究员参加了升旗和宣誓仪式，并在2019年青年论坛上作为特邀主讲嘉宾进行了题为"法治与五四精神"的主题报告。

(3) 2019年6月20日，中国社会科学院国际法研究所所长莫纪宏研究员在法学所会见了来访的大湾区航空交流协会主席简浩贤博士。参加会见的还有中国社科院国际法研究所研究员刘小妹。

(4) 2019年10月18日，澳门各界青年"爱国·科技·法律"主题交流活动在北京举行。此次活动由中国社会科学院法学研究所、国际法研究所，澳门特别行政区教育暨青年局主办，中国社会科学院台港澳事务办公室、中国社会科学院青年人文社会科学研究中心、中国社会科学院法学研究所法治宣传教育与公法研究中心、中国民主法制出版社法律应用分社联合承办，系中国社会科学院国际法研究所十周年所庆系列活动之一。来自中国社会科学院、澳门特别行政区教育暨青年局、外交部驻澳门特派员公署、澳门青年联合会、澳门中华学生联合会、清华大学附属中学、中国民主法制出版社法律应用分社等单位的嘉宾及师生代表共计300余人参加了交流活动。

（四）学术期刊

《国际法研究》（双月刊），主编莫纪宏。

2019年，《国际法研究》共出版6期，共计129万字。该刊全年刊载的有代表性的文章有：黄惠康的《国际法的发展动态及值得关注的前沿问题》，赵海乐的《安理会决议后的美国二级制裁合法性探析》，何驰的《"一带一路"倡议与中国国际法话语的构建：以供给国际公共产品为视角》，何志鹏、魏晓旭的《开放包容：新时代中国国际法愿景的文化层面》，刘衡的《论强制仲裁在国际争端解决中的历史演进》，[德]伦纳·库尔姆斯的《中国对外投资与东道国政策》（任宏达译），李庆明的《论美国域外管辖：概念、实践及中国因应》，卜璐的《外国公法在美国法院的效力和适用》，甘勇的《维生素C反垄断案中的外国法查明问题及对中国的启示》，张淑钿的《内地与香港婚姻家事判决认可与执行的二元分化困境及化解》，刘晓红、冯硕的《改革开放40年来中国涉外仲裁法律制度发展的历程、理念与方向》。

（五）会议综述

中国—拉美国家国际法治论坛

2019年9月21日，由中国社会科学院国际法研究所主办，中国社会科学院法学研究所法治宣传教育与公法研究中心、中国民主法制出版社法律应用分社、社会科学文献出版社和盈科律师事务所联合承办的"中国—拉美国家国际法治论坛"在北京举行。全国人民代表大会社会建设委员会副主任委员、中国社会科学院学部委员李培林，中国社会科学院科研局局长马援，社会科学文献出版社社长谢寿光，中国社会科学院法学研究所、国际法研究所联合党委书记陈国平，墨西哥国立自治大学教授赫克托·安都乐·奥罗佩扎·加西亚，盈科律师事务所全球合伙人杨琳出席会议并致辞。来自全国人大、中国社会科学院、社会科学文献出版社、盈科律师事务所、中国民主法制出版社、国际关系学院、北京理工大学、香港大学、中国政法大学、吉林大学、中国劳动关系学院、首都经济贸易大学、南昌大学法学院的领导和专家，以及来自秘鲁、墨西哥、智利、哥伦比亚、阿根廷、克罗地亚、德国的学者共60余人出席论坛。中国社会科学院国际法研究所所长莫纪宏研究员主持开幕式。

秘鲁宪法法院前院长、秘鲁天主教大学法学院凯撒·兰达教授，中国社会科学院拉丁美洲研究所副所长袁东振研究员，中国社会科学院国际法研究所副所长柳华文研究员作论坛主旨发言。

主题研讨中，中外学者分别就中拉合作构建人类命运共同体、中拉人权观与人权保障、"一带一路"倡议与中拉法律交流、国际法秩序维护与中拉合作参与、国际经济秩序变革与中拉合作应对等议题进行深入交流探讨。

2019年是国际法研究中心正式更名为国际法研究所十周年。论坛期间，国际法所还举办了《走向繁荣的国际法学——中国社会科学院国际法研究所十周年所庆纪念文集（2009—2019）》（精装版）揭幕仪式。全国人民代表大会社会建设委员会副主任委员、中国社会科学院学部委员李培林，中国社会科学院科研局局长马援，社会科学文献出版社社长谢寿光，中国社会科学院法学研究所、国际法研究所联合党委书记陈国平，墨西哥国立自治大学教授赫克托·安都乐·奥罗佩扎·加西亚，盈科律师事务所全球合伙人杨琳，秘鲁宪法法院前院长、秘鲁天主教大学法学院凯撒·兰达教授等7位中外嘉宾共同为文集揭幕。

（科研处）

"一带一路"国际法治论坛

2019年10月12日，由中国社会科学院国际法研究所主办，中国社会科学院法学研究所法治宣传教育与公法研究中心、中国民主法制出版社法律应用分社、社会科学文献出版社和盈科律师事务所联合承办的"'一带一路'国际法治论坛"在北京举行。中国社会科学院副院长、学部委员高培勇，中国社会科学院法学研究所、国际法研究所联合党委书记陈国平，韩国公法研究会前会长、韩国岭南大学教授朴仁洙，盈科律师事务所创始合伙人、全球合伙人、全球董事会主席梅向荣，巴西马拉尼昂州检察院检察官、巴西联邦马拉尼昂大学教授柴湾出席会议并致辞。中国社会科学院国际法研究所所长莫纪宏研究员主持开幕式。

2019年10月，"一带一路"国际法治论坛在北京举行。

— 466 —

中国社会科学院国际法研究所副所长柳华文研究员主持论坛主旨发言环节。中联部当代世界研究中心主任、"一带一路"国际智库合作联盟理事会秘书长金鑫以"'一带一路'建设中的法律风险认识与防范"为题,韩国公法研究会前会长、韩国岭南大学教授朴仁洙以"第四次工业革命下的国际合作与法治发展"为题,中国社会科学院西亚非洲研究所副所长王林聪研究员以"中非合作与中国非洲研究院"为题,辽宁大学副校长杨松教授以"'一带一路'倡议下国际投资争议协同治理机制的构建"为题,北京理工大学法学院院长李寿平教授以"现代国际法中的国际合作原则"为题,盈科国际创始合伙人、全球合伙人、全球董事会执行主任杨琳以"法治建设与外国投资"为题,中国社会科学院国际法研究所科研外事处处长廖凡研究员以"国家主权、正当程序与多边主义"为题作主旨发言。

"一带一路"国际法治论坛系国际法研究所十周年所庆系列学术活动之一,来自中国、日本、韩国、印度、巴西、意大利等国高校、科研机构和实务界的50余位专家学者与会研讨。中外学者就"一带一路"与国际法治创新、"一带一路"争端解决与国际商事仲裁、"一带一路"经贸法律风险与防范、"一带一路"法律共同体合作机制等议题展开研讨。

论坛期间,高培勇副院长还参观了由法学研究所法治宣传教育与公法研究中心和中国民主法制出版社法律应用分社联合研发的法律科研助理机器人"小律","小律"用中英双语介绍了中国社会科学院国际法研究所的发展历史和主要贡献,与高培勇副院长"对话"和"互动",生动展示了机器人服务科研工作的广阔前景,展现出现代科技与法律深度结合的无限可能,为"一带一路"国际法治论坛增添了数字智能的风采。

(科研处)

中德仲裁法律圆桌会议:国际营商环境与国际争端解决

2019年10月19日,中国社会科学院国际法研究所、阿登纳基金会(德国)和中国人民对外友好协会共同主办"中德仲裁法律圆桌会议:国际营商环境与国际争端解决"国际研讨会。此次研讨会系国际法研究所十周年所庆系列学术活动之一。来自中国社会科学院、阿登纳基金会(德国)、中国人民对外友好协会、中国最高人民法院、德国黑森州高等法院、德国经济与能源部、中国仲裁法学研究会、清华大学、中国政法大学、对外经济贸易大学、西安交通大学、中国国际经济贸易仲裁委员会、北京仲裁委员会、德国仲裁院、新浪集团以及知名律所的专家学者出席研讨会。

研讨会上午会议议题为"国际营商环境的法治保障"。中国社会科学院国际法研究所国际经济法室副主任黄晋主持开幕式。

中国社会科学院法学研究所所长莫纪宏致开幕词。他表示,中德两国自建交以来,已走过近半个世纪的历程,中德关系从最初的贸易伙伴已提升为"全方位战略伙伴关系"。两国在全球贸易与投资活动中发挥着举足轻重的作用。如何以公平、公正和法治的方法解决跨境纠纷，培育良好的国际营商环境成为两国都十分关切的话题。阿登纳基金会（德国）北京代表处首席代表温泽致开幕词。他指出，中德间密切的经贸往来带来两国相关法律领域，包括国际争端解决法律机制的交流与对话。阿登纳基金会希望能够在这方面作出自己的贡献。中国人民对外友好协会欧亚工作部副主任吕宏伟以"相知无远近，万里尚为邻"形容中德之间的关系，虽然两国在地理上相距遥远，但在很多国际问题上持相同或者相近的看法。中德之间的交流非常密切，合作成果十分丰富，希望通过类似今天的国际研讨会可以使未来中德合作行稳致远。

中国政法大学中德法学院德方副院长 Clemens Richter 主持第一单元"国际营商环境的立法保障"的研讨。中国社会科学院学部委员、全国人大宪法和法律委员会委员孙宪忠就民法典编纂作主题发言。他认为，中国民法典编纂不管从本国自身民法的发展还是从世界各国编纂民法典的经验来看，都具有重要意义，将对国计民生和营商环境产生深刻影响。自2018年8月以来，全国人大常委会对立法核心的部分都进行了第二次审议，还有一些重点的且争议比较大的部分已进行了第三次审议。德国黑森州高等法院院长 Roman Poseck、中国仲裁法学研究会常务副秘书长陈建等分别发言。

清华大学法学院教授陈卫佐主持第二单元"国际商事法庭与国际仲裁"的研讨。最高人民法院第一巡回法庭副庭长、最高人民法院国际商事法庭法官张勇健，世界银行 ICSID 仲裁员、Herrington & Sutcliffe LLP 高级合伙人 Siegfried Elsing，北京仲裁委员会／北京国际仲裁中心副秘书长陈福勇等分别发言。

中国社会科学院国际法研究所国际经济法研究室主任、最高人民法院特邀咨询员刘敬东主持闭幕式。世界银行 ICSID 仲裁员、现 ICSID 撤裁专业委员会主席 Rolf Knieper，中国社会科学院国际法研究所副所长柳华文致闭幕词。

研讨会下午会议议题为"国际投资仲裁裁决的上诉与执行机制"。中国社会科学院国际法研究所国际经济法研究室主任、最高人民法院特邀咨询员刘敬东主持下午会议开幕式。中国国际经济贸易仲裁委员会副秘书长、世界银行 ICSID 仲裁员李虎作开幕致辞。对外经济贸易大学国际商法研究所所长、深圳国际仲裁院理事长沈四宝主持第一单元"国际投资仲裁裁决的上诉机制"的研讨。世界银行 ICSID 仲裁员、现撤裁专业委员会主席 Rolf Knieper，世界银行 ICSID 仲裁员、WTO 上诉机构前主席张月姣，德国经济与能源部国际局投资保护部法务官 Jens Benninghofen，环球律师事务所合伙人任清，对外经贸大学国际商法研究所副所长薛源，新浪集团总法务谷海燕等分别发言。

通商律师事务所高级顾问赵杭主持第二单元"国际投资仲裁裁决的执行机制"的研讨。美国德杰律师事务所中国部执行合伙人陶景洲，北京炜衡律师事务所合伙人、英国皇家特许仲裁协会会员孙佳佳，西安交通大学法学院副教授张生，中国社会科学院国际法研究所国际私法研究室副主任李庆明分别发了言。阿登纳基金会（德国）北京代表处首席代表温泽作闭幕致辞。

他认为在全球化的时代，德国方面已经能够感受到中国的巨大活力，成为全球发展的一个主要动力源。在经济方面，德国与中国携手共进，在安全领域也有密切的磋商，在塑造国际法治秩序方面也希望未来能够共同合作影响国际格局。

中国社会科学院法学所、国际法所联合党委书记，法学所副所长陈国平作闭幕致辞。他指出，在2019年4月第二届"一带一路"国际合作高峰论坛上，习近平主席在主旨演讲中强调中国要通过一系列的措施与机制完善把对外开放事业进一步推向前进，其中有四个方面涉及完善对外开放的法律体制。这实际上是对仲裁事业的发展提出了更高要求。随着经济全球化的发展，东西方的交流不仅限于经济领域，更是扩展到文化方面，在仲裁领域也同样需要中德两国加深仲裁文化的交流。

（科研处）

中国社会科学院国际法研究所建所十周年"构建人类命运共同体与国际法治"国际研讨会

2019年10月30日，中国社会科学院国际法研究所建所十周年"构建人类命运共同体与国际法治"国际研讨会在北京举行，此次国际研讨会是2019年中国社会科学论坛暨人类命运共同体国际法治论坛的重要活动。研讨会由中国社会科学院主办，中国社会科学院国际法研究所承办，盈科律师事务所、中国民主法制出版社法律应用分社、社会科学文献出版社协办。中国社会科学院院党组成员、副院长高培勇，全国人大常委会法制工作委员会副主任许安标，最高人民法院副院长杨万明，世界贸易组织上诉机构前主席张月姣，联合国国际法委员会委员黄惠康，中国法学会副会长、中国国际法学会会长黄进，韩国首尔大学前校长成乐寅，司法部国际合作局局长杜亚玲，盈科律师事务所主任梅向荣，中国社会科学院荣誉学部委员刘楠来，中国社会科学院法学研究所所长陈甦，中国社会科学院国际法研究所所长莫纪宏出席会议并致辞。中国社会科学院法学研究所国际法研究所联合党委书记陈国平主持开幕式。来自联合国和WTO有关机构的专家，以及来自中国、美国、英国、法国、德国、巴西、韩国、瑞士、瑞典、俄罗斯、加拿大、匈牙利、澳大利亚、新西兰、塞尔维亚、埃塞俄比亚等近20个国家的120余名专家学者出席会议。

与会专家学者还围绕"现代国际法基本理论""'一带一路'建设""国际私法新发展""人权法的发展与实践""国际经贸合作""国际法上的个人""空间、海洋法治""国际商事争端解决""监管与发展""可持续发展""国际争端解决""国际贸易争端"等议题展开深入研讨。

与会专家一致认为，尊重和遵循现行国际法秩序，对其中合理有效的制度予以继承和发扬光大是构建人类命运共同体的前提和基础，但面对恐怖主义、难民问题、气候变化、互联网的全球治理等新问题需要各国学者携手创新，共同探讨，拿出新思路新方案。当前，少数国家以自己的价值取向左右国际关系格局，把利益作为核心，导致霸权主义、地区冲突、经贸摩擦，必须加以改造，建立和重塑以和平、发展、平等、尊重人的价值、消除偏见为原则的符合人类命运共同体框架的国际新秩序。此次论坛和国际研讨会的成功举办，是中国社会科学院国际法研究所扎实推进人类命运共同体构建的重要举措，必将凝聚世界范围内的志同道合者一起，为新时代大国外交凝心聚力，建言献策，为构建人类命运共同体思想为指引的国际法治新秩序贡献新的更大的力量。

（科研处）

政治学研究所

（一）人员、机构等基本情况

1. 人员

截至 2019 年年底，政治学研究所共有在职人员 43 人。其中，正高级职称人员 11 人，副高级职称人员 10 人，中级职称人员 14 人；高、中级职称人员占全体在职人员总数的 81%。

2. 机构

政治学研究所设有：马克思主义政治学研究室、政治学理论研究室、政治制度研究室、行政学研究室、比较政治研究室、政治文化研究室、信息资料室、《政治学研究》编辑部、综合办公室。

3. 科研中心

政治学研究所院属科研中心有：中国社会科学院公共管理模拟实验室、国家治理研究智库政治发展研究部；所属科研中心有：马克思主义政治学研究中心、公共管理研究中心。

（二）科研工作

1. 科研成果统计

2019 年，政治学研究所共完成专著 7 种，177 万字；论文 104 篇，104 万字；研究报告 2 种，23.6 万字；学术资料 1 种，25.4 万字；译文 3 篇，4.4 万字；理论文章 5 篇，1.4 万字。

2. 科研课题

（1）新立项课题。2019 年，政治学研究所共有新立项课题 7 项。其中，国家社会科学基金课题 2 项："专业农户崛起与典型农区乡村治理现代化研究"（陈明主持），"推动高质量发展的税务绩效管理：实践发展与理论研究"（负杰主持）；交办委托课题 3 项：农业部生态与资源保护总站的"重度污染耕地种植结构调整与退耕还林还草补贴典型案例剖析"（陈明主持），上海市人大常委会办公厅的"地方人大预算监督权的法律地位及其在提高财政绩效方面的作用"(付宇程主持),四川省三台县人民政府的"三台县乡镇行政区划调整改革调查研究论证评估"(贠杰主持);所国情调研基地课题2项:"人大代表联系群众的实施情况分析"(韩旭主持),"城乡一体化与基层治理研究"(周少来主持)。

(2)结项课题。2019年,政治学研究所共有结项课题8项。其中,交办委托课题6项:院党组交办课题"年轻干部思想状况研究"(房宁主持),国家高端智库交办课题"中国政治学知识体系建设"(房宁主持),中共浙江景宁畲族自治县委宣传部课题"新时代、大赶考——景宁畲族自治县大赶考研究"(陈承新主持),四川省三台县人民政府课题"三台县乡镇行政区划调整改革调查研究论证评估"(贠杰主持),农业部生态与资源保护总站课题"重度污染耕地治理过程中的土地规模经营问题研究"(陈明主持),北京市顺义区编办课题"国际化社区试点建设调研课题"(樊鹏主持);研究所国情调研基地课题2项:"人大代表联系群众的实施情况分析"(韩旭主持),"城乡一体化与基层治理研究"(周少来主持)。

(3)延续在研课题。2019年,政治学研究所共有延续在研课题10项。其中,国家社会科学基金课题6项:"加强社会主义民主政治建设研究"(房宁主持),"中国版'政治发展力指数体系'研究"(房宁主持),"扶贫领域腐败问题及治理研究"(王红艳主持),"新世纪以来我国政治思潮的演进及社会影响"(王炳权主持),"现代化进程中的民主参与与政治制度创新研究"(房宁主持),"明清之际以来的两种'公'的观念及其对近现代中国政治思潮的影响研究"(刘九勇主持);院马克思主义理论研究和建设工程课题3项:新世纪以来中国特色社会主义政治学话语研究(陈承新主持),"韩国的民主转型及对我国政治发展的启示"(陈海莹主持),"日本马克思主义理论动态发展及其现代化研究"(李晓魁主持);院国家治理研究智库课题1项:"中国地方政情调研:现状与改革"(韩旭主持)。

3. 获奖优秀科研成果

2019年,政治学研究所获得"第十届(2019年)中国社会科学院优秀科研成果奖"专著类三等奖2项:房宁等的专著《民主与发展——亚洲工业化时代的民主政治研究》,张树华等的专著《民主化悖论:冷战后世界政治的困境与教训》。

(三)学术交流活动

1. 学术活动

2019年,由政治学研究所主办和承办的学术会议如下。

(1)2019年2月23—24日,由中国社会科学院中国社会科学评价研究院、中国社会科学院政治学研究所公共管理研究中心、中国新闻社旗下财经媒体中新经纬和浙江大学财税大数据与政策研究中心主办,《政治学研究》编辑部协办的"国家治理与财政绩效"论坛在浙江省杭州市举行。

(2) 2019年7月9—11日，由南京大学政府管理学院、中国社会科学院政治学研究所政治文化研究室和南京大学公共事务与地方治理研究中心共同举办的"政治文化、心理与行为研究"工作坊在南京大学召开。

(3) 2019年8月17日，由《政治学研究》编辑部、吉林大学行政学院、吉林大学廉政研究与教育中心共同主办的"新时代中国政治学的知识体系建设"研讨会暨《政治学研究》2019年东北地区中青年作者座谈会在吉林大学召开。来自中国社会科学院、东北大学、东北师范大学、黑龙江大学及吉林大学等单位的40余位学者参加会议。

(4) 2019年9月10日，由中国社会科学院政治学研究所、四川省绵阳市政协主办的"人民政协与地方治理理论与实践研讨会"在四川省绵阳市举行。会议研讨的主要议题有"人民政协协商民主实践与社会主义协商民主理论的建构""政协在地方治理中的空间作用及边界"等。

(5) 2019年9月21日，由《政治学研究》编辑部、云南大学民族政治研究院、云南大学公共管理学院共同举办的"新时代中国政治学的知识体系建设研讨会"暨《政治学研究》2019年西部地区中青年作者座谈会在云南大学召开。来自国内20余所高校和科研机构的近50位专家学者参加了会议。

(6) 2019年10月12日，由中国社会科学院社会政法学部、中国社会科学院政治学研究所、中国政治学会、中信改革发展研究基金会共同主办的"新中国70年政治发展理论与实践"学术研讨会在北京举行。会议科学总结新中国成立70年来中国政治发展的历史道路，探讨中国政治学学科体系、学术体系、话语体系建设的发展经验，准确把握政治学学科建设规律和发展趋势。来自各高校和科研院所的120多名专家学者参加了会议。

(7) 2019年10月26日，由中国社会科学院政治学研究所"政治发展与国家治理"创新组主办的"2019年中国地方创新与基层治理研讨会"在北京召开。来自清华大学、中国人民大学、中共中央党校（国家行政学院）、中央党史和文献研究院、中国社会科学院等高校、科研院所和实务界的专家学者近60人参加了学术研讨会。会议研讨的主要议题有"民主的理论创新和实践发展""基层治理与民主建设""党的建设与基层治理""民主协商与民主监督""城市社区建设与社会组织发展""民主理念与政治话语""新时代的民主政治建设"等。

(8) 2019年11月9日，由中国社会科学院政治学研究所主办，浙江大学公共管理学院承办的"《政治学研究》编委会2019年年会"在浙江省杭州市召开。会议研讨的主要议题有"当代中国国家治理体系与治理能力现代化进程中的政治学学科发展""中国政治学的学术共同体建构""《政治学研究》的建设与发展问题"。

(9) 2019年11月16日，由中国社会科学院政治学研究所主办的第六届（2019）中国地方政府治理与社会治理学术研讨会在北京召开。会议的主题是"新时代地方治理的现代化"。来自清华大学、中国人民大学、中共中央党校（国家行政学院）、中国社会科学院、南京大学、浙江大学、广州大学、深圳市南山区出租屋综管办等知名高校、科研机构及实务界的专家学者

50余人参加了研讨会。

(10) 2019年11月23—24日,由中国社会科学院政治学研究所《政治学研究》编辑部、四川大学国际关系学院共同主办的"中国政治学知识体系建设"学术研讨会在四川省成都市召开。会议的主题是"深入学习、研究党的十九届四中全会精神,推进中国政治学知识体系建设"。来自复旦大学、中山大学、吉林大学、华中师范大学、南开大学、《教学与研究》和《四川大学学报》编辑部、中国社会科学出版社等单位的40多位专家学者参加会议。

2. 国际学术交流与合作

2019年,政治学研究所共派遣出访13批28人次,接待来访6批20人次。与政治学研究所开展学术交流的国家有俄罗斯、日本、德国、奥地利、南非、韩国、新加坡、泰国、柬埔寨、哈萨克斯坦、乌兹别克斯坦等。

(1) 2019年5月28日至6月1日,政治学研究所所长张树华研究员赴俄罗斯莫斯科参加由中国社会科学院、俄罗斯国际事务委员会主办,中国社会科学院中俄战略协作高端合作智库协办的"中国与俄罗斯:新时代的合作暨中俄建交70周年"高端智库论坛。

(2) 2019年6月9—13日,政治学研究所所长张树华研究员应俄罗斯科学院世界经济与国际关系研究所邀请,赴俄罗斯莫斯科参加"普里马科夫报告会",并在"分裂世界中的分裂社会:价值观、身份认同和理想"分论坛发言。

(3) 2019年6月25—30日,政治学研究所党委书记房宁研究员等赴日本开展学术交流。交流的主题是"日本政治参与问题研究"。

(4) 2019年9月2—4日,政治学研究所所长张树华研究员等应俄罗斯历史协会的邀请,赴俄罗斯海参崴参加由俄罗斯历史协会主办的"从历史与现实看中华人民共和国成立七十年以来的中俄关系研讨会"并发言。

(5) 2019年10月17—26日,应奥地利维也纳大学、德国弗莱堡大学和波恩大学邀请,政治学研究所党委书记房宁研究员等五人赴奥地利、德国进行了学术访问。访问的主题是"欧洲政治发展的新特点和新趋势"。

(6) 2019年11月8—11日,政治学研究所行政学研究室主任贠杰研究员赴日本驹泽大学参加由该校主办的"变动时期的东亚政治经济学"国际学术研讨会暨驹泽大学经济学院成立70周年纪念大会。研讨会的主题是"变动时期的东亚政治经济学"。

(7) 2019年12月3日,"治国理政与中非经济社会发展"国际研讨会在南非约翰内斯堡举行。政治学研究所党委书记房宁等作为中国社会科学院学者代表参加。房宁在开幕式上作有关中国政治制度与经济发展关系的主旨发言。

(8) 2019年12月22—28日,政治学研究所党委书记房宁研究员等五人应俄罗斯科学院远东研究所邀请赴俄罗斯莫斯科、圣彼得堡访问。访问的主要议题有"中俄政治学者如何进行学术交流""中俄学者研究的政治现实问题"。

3. 与中国香港、澳门特别行政区和中国台湾开展的学术交流

（1）2019年8月4—9日，政治学研究所政治文化研究室副研究员陈承新应澳门发展策略研究中心邀请赴澳门调研访问。研究的主题是"如何在澳门推进形成符合'一国两制'精神的选举文化"。

（2）2019年9月24日，政治学研究所党委书记房宁研究员等会见了中华人民共和国澳门特别行政区行政公职局高炳坤局长一行，双方就政府综合绩效评估指标体系建设、绩效数据的采集与整合分析等开展交流。

（3）2019年11月21—23日，政治学研究所所长张树华研究员等赴澳门城市大学访问，并作题为"世界政治中的中国、美国与俄罗斯"的学术讲座。

（四）学术社团、期刊

1. 社团

（1）中国政治学会，会长李慎明。

2019年4月20日，由中国政治学会、《政治学研究》编辑部主办，山西大学政治与公共管理学院承办的"中国政治学会2019年会长会议暨中国政治学知识体系建设学术研讨会"在山西大学召开。中国政治学会顾问、副会长、秘书长、副秘书长等众多专家学者，中国社会科学院政治学所分管领导出席研讨会。会议的主题是"中国政治学知识体系建设"。

（2）中国政策科学研究会，会长滕文生。

（3）中国红色文化研究会，会长刘润为。

2. 期刊

《政治学研究》（双月刊），主编房宁。

2019年，《政治学研究》共出版6期，共计150万字。该刊全年刊载的有代表性的文章有：周平的《民族政治学知识体系的构建、特点及取向》，杨光斌的《论政治学理论的学科资源——中国政治学汲取了什么、贡献了什么？》，景跃进的《中国政治学的转型：分化与定位》，王浦劬的《近代中国政治学科的发轫初创及其启示》，李慎明的《政治学研究工作者要为把人民共和国巩固好、发展好作出新贡献——兼论共产党人为什么要旗帜鲜明地讲政治》，周光辉、赵学兵的《政党会期制度化：推进国家治理体系现代化的有效路径》等。

（五）会议综述

"新中国70年政治发展理论与实践"学术研讨会

2019年10月12日，由中国社会科学院社会政法学部、中国社会科学院政治学研究所、

中国政治学会、中信改革发展研究基金会共同主办的"新中国70年政治发展理论与实践"学术研讨会在北京举行。来自各高校和科研院所的120多名专家学者参加了会议。

中国社会科学院副院长蔡昉作题为"总结新中国70年政治建设的经验，推进国家治理体系和治理能力现代化"的致辞。他指出，学者们需从五个方向深入研究，走好中国特色社会主义政治发展之路：一是加强对新中国70年政治发展道路与经验的研究和总结；二是加强对新时代中国共产党政治建设意义与内容的研究；三是加强对国内外两个大局的研究，重点研究世界政治格局与国际政治思潮；四是加强新时代完善国家治理体系、提高国家治理能力等问题的研究；五是加强对"四个伟大"进程中将面临的内外重大政治风险和挑战的研究。

中国政治学会会长李慎明作题为"政治学研究工作者要为把人民共和国巩固好、发展好作出新贡献——兼论共产党人为什么要旗帜鲜明地讲政治"的致辞。他提出三个议题：一是什么是政治和政治学；二是中国特色社会主义政治学研究什么；三是政治学研究工作者要坚定马克思主义信仰、坚定正确政治立场，坚持深入实际、坚持理论与实践相结合，勇于大胆探索和理论创新，为政治学研究作贡献。

中国社会科学院政治学研究所党委书记房宁作题为"继往开来，为人民做好时代的真学问"的致辞，中国政治学的研究水平与时代要求、社会需求以及与党和人民的期待还有相当差距。中国社会科学院政治学研究所作为我国重要的政治学专业研究机构，一直提倡"脚底板做学问"，在国内外进行了大量的调查研究，已然形成政治学所科研工作的一大特色，在一定程度上树立了学术自信。中国政治学发展要以"世界为方法，以中国为目的"，从中国经验中总结、概括出原创性的政治学理论，为全面实现现代化和民族复兴的历史进程、为丰富人类政治学知识体系做出真学问、大学问。

中信改革发展研究基金会理事长孔丹以"正确的政治道路是中国成功的关键"这一论断为题致辞。新中国成立70年来，尤其是改革开放40年以来，中国之所以取得被外界誉为"21世纪最重大的政治事件"的伟大成就，关键在于走正确的政治道路。

1. 关于中国政治学的现实与未来

中国人民大学国际关系学院杨光斌作了题为"改革开放的国家治理：坚持方向、混合至上"的主旨发言。北京大学国际关系学院唐士其作了题为"政治学研究中的科学与人文"的主旨发言。清华大学公共管理学院王绍光作了题为"当西方陈旧的理论遇到中国常新的现实"的主旨发言。中国台湾地区"中央研究院"院士朱云汉作了题为"突破与超越———迈向二十一世纪的中国政治学"的主旨发言。南开大学朱光磊作了题为"对理顺央地职责关系和构建简约高效地方管理体制的几点初步认识"的主旨发言。中国社会科学院学部委员、世界经济与政治研究所所长张宇燕研究员作了题为"全球治理与人类命运共同体建设"的主旨发言。他指出，全球治理需要全球各国的参与，而当前世界的状态是共同利益和冲突利益并存，如何制定一套各国共同遵守的规则即是全球治理,所以国家间常常争夺规则的制定权,同时,国家规模将决定在国际规则中的地位。

2. 关于新中国 70 年来政治学的发展

有学者从学科的经典研究方向爬梳,回顾新中国成立以来西方政治思想研究的时间段与内容,展望了在坚持马克思主义对西方政治思想科研与教学的指导地位前提下,如何进一步加强学科建设基础、提高研究水平的问题。也有学者从探索建设新时代政治学科入手,以新理念、新内容、新方法、新技术全面地剖析政治学学科建设的新路径,如结合大数据等新型科学技术,更新政治学核心议题的解决办法等方式的研究。还有学者从与国际政治学界比较的角度,梳理了中国政治学的起源和发展路径。同时,学者们还讨论了当前中国政治学在本土化任务上的成绩和不足,并以其他社会科学学科的本土化为例,对未来中国政治学的发展方向提出了展望。

3. 关于国家治理与地方治理创新

与会学者聚焦中国国家治理的不同领域,围绕中国治理的时代诉求以及治理理论研究相对滞后的现状,分析中国具体领域治理中的内容与内在深刻的中国逻辑与模式,以期持续构建具有中国特色的国家治理体系与地方实践模式。学者们从政策过程、政策创新、政策试验等角度阐释了公共政策的中国经验,并在中西国家治理方式比较的视野下,论证了中国经验的优势主要体现在政策规划与政策创新的结合,政策规划中府际互动、政商互动等多元互动模式对政策创新的刺激,以及政治调控型政策试验的制度模式等方面,但也指出了中国经验可能存在的问题和应对的方式。

4. 关于行政体制改革与公共管理新发展

与会学者普遍认为,中国行政体制和国家治理体系具有良好的适应能力,在过去数十年实现了"并联式"发展模式,使中国在短短几十年内就消化了西方发达国家历经数百年才解决的问题,形成了党政军群、横穿纵观的治理体制,形成了政府、市场、社会协同治理的良好格局。有学者认为,适应资源配置的合理性、公平性和公正性的需要,要推动各项改革从"外延式"改革到"内涵式"改革的转变,要将理论建设和国家行政体系 改革跟老百姓的基层需求对接起来,要真正触及行政体制的顽疾,要让真正的行政体制运转起来 以发挥有效的社会功能。有学者提出为适应党和国家"五位一体"总体布局对行政体制改革的总体要求,要推动实现从建设型政府、服务型政府向"总体型"政府的转变。

中国政治学会第九次代表大会
暨"新中国 70 年政治建设与政治发展"学术研讨会

2019 年 11 月 3—5 日,由中国政治学会和郑州大学共同主办,郑州大学政治与公共管理学院承办的中国政治学会第九次代表大会暨"新中国 70 年政治建设与政治发展"学术研讨会在河南省郑州市召开。来自中国社会科学院、北京大学、中国人民大学、复旦大学、南开大学、清华大学、郑州大学等70多所高校、科研院所，以及《政治学研究》等学术期刊、出版机构的300多位代表参加会议，郑州大学党委副书记李兴成出席大会并致辞。

大会包括换届大会、大会研讨及分组讨论三个议程。换届大会由中国社会科学院政治学研究所党委书记房宁主持，李慎明再次当选中国政治学会会长，中国社会科学院政治学研究所纪委书记、副所长张永当选学会秘书长。

围绕大会主题"新中国70年政治建设与政治发展"，与会专家学者就中国政治学70年的发展与未来展望，国家治理体系和治理能力现代化，中国政治学学科体系、学术体系、话语体系研究，中国政治学建设与国内政治和国际政治的研究相统筹等议题进行了大会研讨及分组讨论，为构建具有中国特色、中国风格、中国气派的中国政治学学科体系、学术体系和话语体系而努力。与会代表总结了中国政治学70年的发展成绩、历史经验与不足，围绕中国特色社会主义政治学的研究主题、政治学研究工作者的历史使命及提升政治学研究的创新能力等问题进行了探讨。

1. 关于国家治理体系和治理能力现代化

与会代表围绕责任政治建设与国家治理现代化的关系、国家治理现代化是政治现代化的核心、中国政治学要为国家治理体系和治理能力现代化作出独特贡献三个议题进行了讨论。与会代表认为，要正确认识责任政治建设与国家治理现代化的密切关联；国家治理现代化是政治现代化的核心；中国政治学要对国家治理现代化作出独特贡献。

2. 关于民族议题与中国特色政治学"三大体系"建设

与会代表指出，面对全球化之中的众多民族国家，中国政治学建设不仅需要进一步加强对民族国家的民族议题研究，而且需要在中国崛起的背景下，推进中国政治学学科体系、学术体系、话语体系的建构，这既是本土政治发展实践的要求，也是学科理论自我完善的冲动。

3. 关于国内政治和国际政治研究相统筹

当前世界正面临百年未有之大变局，国内政治与国际政治的互动更为频繁，相互作用更为深刻。对中国而言，应该进行怎样的理论准备和实践应对——这是中国政治学必须面对且急需回答的一个重大问题，与会代表对此进行了深入讨论。与会代表认为，导致全球局势动荡和社会生活不安的直接原因在于政治问题，世界政治生态被破坏的根源在西方，这是以美国政治为代表的西方政治治理的失败。与会代表指出，当代世界政治经济格局的变动会导致世界知识生产和知识格局的变动，在此背景下政治学人要敢于承担历史的责任，加强国内政治与国际政治的统筹研究，分析在此背景下中国政治学研究议程的"变"与"不变"，以及中国政治学的知识、理论构建和学科建设的"变"与"不变"，从政治学理论建设层面、政治学学科建设层面展开研究。与会代表认为，中国政治学本土化创新的需求逻辑主要体现在以下四个层面：第一，解释中国政治实践的合法性；第二，供给中国问题的学理阐释和解决方案；第三，提供中国之外或国内外共有问题的学理阐释和解决方案；第四，建构与中国大国地位相称的国际话语权。

（科研处）

民族学与人类学研究所

（一）人员、机构等基本情况

1. 人员

截至 2019 年年底，民族学与人类学研究所共有在职人员 147 人。其中，正高级职称人员 40 人，副高级职称人员 45 人，中级职称人员 46 人；高、中级职称人员占全体在职人员总数的 89%。

2. 机构

民族学与人类学研究所设有：民族理论研究室、民族经济研究室、民族社会研究室、民族文化研究室、民族历史研究室、世界民族研究室、新疆历史与发展研究室、藏学与西藏发展研究室、资源环境与生态人类学研究室、影视人类学研究室、民族语言研究室、民族语言应用研究室、民族语言实验研究室、民族文字文献研究室、《民族研究》编辑部、《民族语文》编辑部、《世界民族》编辑部、《人类学民族学国际学刊》编辑部、图书馆、网络信息中心、办公室、科研处、人事处。

3. 科研中心

民族学与人类学研究所院属科研中心有：中国社会科学院蒙古学研究中心、中国社会科学院中国少数民族语言研究中心、中国社会科学院西夏文化研究中心；所属科研中心有中国社会科学院民族学与人类学研究所羌学研究中心。

（二）科研工作

1. 科研成果统计

2019 年，民族学与人类学研究所共完成专著 19 种，582.9 万字；论文 250 篇，370.4 万字；研究报告 47 篇，19.1 万字；译著 1 种，20 万字；论文集 10 种，322 万字。

2. 科研课题

新立项课题。2019 年，民族学与人类学研究所共有新立项课题 30 项。其中，国家社会科学基金重大委托课题 1 项："同治陕甘回民事件若干重大问题研究"（王延中、李国强主持）；国家社会科学基金重大课题 1 项："21 世纪民族主义的发展及其对未来世界政治走向的影响研究"（周少青主持）；国家社会科学基金重点课题 1 项："少数民族传统文化在乡村振兴中的作用与创新转化研究"（丁赛主持）；国家社会科学基金一般课题2项："基于中国蒙古语的语言学理论创新研究"（曹道巴特尔主持），"生态利益共同体视角下的西南地区民族关系研究"（艾菊红主持）；国家社会科学基金青年课题4项："波斯文《迹象与生命》译注与研究"（陈春晓主持），"产痛和癌痛的社会性与文化意义研究"（方静文主持），"民族志文献"关于元明时期民族交融与认同研究（肖超宇主持），"基于牧民分化和生态补偿的传统牧区乡村振兴路径选择研究"（范明明主持）；国家社会科学基金后期资助课题2项："民族接触与文字变异——朝·满·汉文字对译研究"（邵磊主持），"回鹘鄂尔浑碑文词汇考释"（米热古丽·黑力力主持）；院国情调研课题4项："新时代治藏方略在西藏的实践研究"（于明潇主持），"西藏乡镇政府服务能力建设调查"（王剑峰主持），"科尔沁蒙古族萨满服饰调查研究"（宋小飞主持），"蒙古族萨满教信仰中女性萨满角色的变迁"（宋小飞主持）；横向课题15项："消极的民族意识对铸牢中华民族共同体意识的危害及应对"（王希恩主持），"民族语言调查·云南禄劝彝语东部方言禄武土语"（普忠良主持），"民族语言调查·四川丹巴太平桥乡话"（黄成龙主持），"民族语言调查·西藏日土藏语阿里土语日土话"（龙从军主持），"民族语言调查·四川炉霍藏语康方言炉霍话"（尹蔚彬主持），"民族语言调查·云南昆明白语沙朗话"（王锋主持），"民族语言调查·贵州三都瑶语勉方言广滇土语"（龙国贻主持），"新的社会条件下语言关系与国家认同研究"（黄行主持），"内蒙古区域民族关系现状调查研究"（赵月梅主持），"欧洲民族国家构建与民族分离主义动态"（刘泓主持），"中国人类学民族学研究会门户网站系统开发"（孔敬主持），"海口市琼山区琼台复兴计划之宗亲文化专项研究"（张继焦主持），"中共呼伦贝尔市委员会统一战线工作部鄂伦春、鄂温克、达斡尔的语言语音声学参数数据库、农牧民国家通用语学习系统软件（App）升级整合服务单一来源项目"（呼和主持），"满汉对音嬗变与满汉语标准语音规范化历程研究"（孙伯君主持），"墨脱门巴族岁首年节'丹巴洛萨'"（庞涛主持）。

（三）学术交流活动

1. 学术活动

2019年，由民族学与人类学研究所主办和承办的学术会议如下。

(1) 2019年2月22日，由民族学与人类学研究所、社会科学文献出版社、首都师范大学管理学院联合主办的"《社会保障绿皮书（2019）》发布会暨中国社会保障发展七十年学术研讨会"在中国社会科学院民族学与人类学研究所举行。来自中国社会科学院、社会科学文献出版社、首都师范大学等京内外十几所高校的40多位代表参加了会议。

(2) 2019年7月6日，由中国民族史学会、中国社会科学院民族学与人类学研究所主办，民族学与人类学研究所民族历史研究室承办，《民族研究》编辑部协办的"清代统一多民族国家与中华民族共同体的发展"学术研讨会在北京召开。

(3)2019年7月16—18日，由中国社会科学院民族学与人类学研究所、内蒙古社会科学院、中国人类学民族学学会丝绸之路文化产业专业委员会、内蒙古自治区鄂尔多斯学研究会共同主办，中共鄂尔多斯市委党校、鄂尔多斯市社会科学界联合会、鄂尔多斯应用技术学院、鄂尔多斯职业学院、内蒙古鄂尔多斯学研究会共同承办的"第三届民族地区文化产业发展论坛"在内蒙古自治区鄂尔多斯市委党校举行。来自北京市、云南省、江苏省、湖北省、广东省、宁夏回族自治区的高等院校和研究机构的专家学者共120余人参加论坛。

(4)2019年8月24—25日，由中国社会科学院民族学与人类学研究所主办，青年工作组承办的"第五届民族研究青年论坛"在北京举行。来自中国社会科学院民族学与人类学研究所、中央民族大学、南开大学、中山大学、中国人民大学、内蒙古社会科学院、内蒙古大学等科研机构与高校的58位专家和青年学者参加研讨。

(5)2019年11月2日，由中国社会科学院民族学与人类学研究所、中央民族大学、中国社会科学院西藏智库主办，中国社会科学院民族学与人类学研究所藏学与西藏发展研究室、中央民族大学藏学研究院承办的"中国藏学论坛暨纪念西藏民主改革60周年学术研讨会"在北京召开。来自中国人民大学、中央民族大学、中国社会科学院、北京师范大学、中共中央党校（国家行政学院）、青海师范大学、西藏大学等23家高校及科研机构的专家学者50余人参加研讨会。

(6)2019年12月2—3日，由中国社会科学院民族学与人类学研究所、中国民族古文字研究会与中国社会科学院少数民族语言研究中心联合举办的"'译音对勘'的材料与方法国际学术研讨会"在北京召开。来自日本神户外国语大学、俄罗斯科学院东方文献研究所以及台湾"中研院"语言学研究所、北京大学、中国人民大学、中央民族大学等高校的专家学者参加研讨会。

2. 国际学术交流与合作

2019年，民族学与人类学研究所共派遣出访24批39人次，接待来访6批15人次。与民族学与人类学研究所开展学术交流的国家有美国、日本、英国、俄罗斯、挪威、尼泊尔、波兰、德国等。

(1)2019年6月8—10日，"中国社会科学论坛及第三届喜马拉雅区域国际研讨会"在尼泊尔加德满都举办。研讨会由中国社会科学院学部主席团主办，中国社会科学院民族学与人类学研究所、中国社会科学院西藏智库、尼泊尔—中国凯拉斯文化促进会、尼泊尔特里布万大学尼泊尔与亚洲研究中心联合承办。中国西藏杂志社社长公保、中国社会科学院人类学与民族学研究所所长王延中、中国社会科学院边疆研究所所长邢广程、尼泊尔—凯拉斯文化促进发展协会会长仁增诺布等近60名中尼专家学者参加论坛。

(2)2019年6月15—24日，中国社会科学院民族学与人类学研究所研究员秦永章、副研究员于明潇赴德国、荷兰进行学术访问，其间，访问了慕尼黑大学亚洲研究中心、慕尼黑巴伐利亚科学院，与两国的藏学学者和学术机构进行了座谈交流。

(3) 2019年8月27—31日，民族学与人类学研究所张继焦研究员应邀赴波兰参加国际人类学与民族学联合会（波兰）2019年中期会议，会议的主题是"世界团结"。

(4) 2019年10月2日至2020年1月31日，民族学与人类学研究所副研究员黄晓蕾赴德国莱比锡孔子学院访学。

(5) 2019年10月13—27日，民族学与人类学研究所研究员王剑峰赴俄罗斯参加中国社会科学院2019年"俄罗斯智库的构建模式和运行机制"出国（境）培训项目，赴俄罗斯学习。

(6) 2019年10月27—29日，由中国民族古文字研究会、中央民族大学中国少数民族语言研究院、云南民族大学主办，云南民族大学民族文化学院承办，国家社会科学基金重大项目"南方少数民族小文种文献保护与整理研究课题组"协办的"第九届中国少数民族古籍文献国际学术研讨会"在云南省昆明市举行。来自法国、蒙古国、匈牙利、美国、俄罗斯、日本和中国的共70多位学者出席了会议。

(7) 2019年10月27日至11月3日，民族学与人类学研究所副研究员宁亚芳参加中国社会科学院青年学者访日代表团，赴日本访问，出访的主题是"老龄化与社会政策应对"。

(8) 2019年11月1日至2020年10月31日，民族学与人类学研究所副研究员舒瑜获得"中国社会科学院2019年度科研亟需学科出访研究资助项目"资助，赴美国密歇根大学访学一年。

(9) 2019年12月2—3日，由中国社会科学院民族学与人类学研究所、中国民族古文字研究会与中国社会科学院少数民族语言研究中心联合举办的"'译音对勘'的材料与方法国际学术研讨会"在北京召开。来自日本神户市外国语大学、青山学院大学、俄罗斯科学院东方文献研究所以及台湾"中研院"语言学研究所、台北故宫博物院、中国人民大学、中央民族大学、安徽师范大学、山西大学等高校的50位专家学者参加了研讨，会议研讨的主要议题有"'译音对勘'的材料与方法在汉语方言""民族语以及域外语言对音中的应用""推进译音对勘研究深入发展"等。

3. 国际"合作研究"项目

2019年，民族学与人类学研究所承担的国际"合作研究"项目为"弘扬民族文化产品的意义：基于都市创意产业生态的研究"。这是中国社会科学院与英国经济社会研究理事会／艺术人文研究理事会之间的合作项目。项目主要围绕"国家发展、政策和文化遗产""文化遗产的人类学研究""重大的文化设计、文化产品和文化行为""基于实践的设计研究和商业设计"等议题，开展人类学与设计的跨学科合作研究。

4. 与中国香港、澳门特别行政区和中国台湾开展的学术交流

2019年12月6日，创新工程项目"'一带一路'茶马古道段语言学调查研究"、中国社会科学院民族学与人类学研究所民族文字文献研究室邀请台湾"中研院"语言学研究所研究员林英津作了题为"论根据少数民族语文献复原汉语古籍：以西夏文本《类林·孟陋》为例"的讲座。

(四)学术社团、期刊

1. 社团

(1) 中国民族研究团体联合会，会长王延中。

① 2019 年 6 月 15—16 日，由中国民族研究团体联合会主办，延边大学民族研究院承办的"新时代边疆民族地区全面建成小康社会学术研讨会"在吉林省延吉市召开。来自国内 31 家单位的近 70 位专家学者参加了会议。

② 2019 年 6 月 15 日，中国民族研究团体联合会召开会员代表会议，丁赛秘书长在会员代表大会上报告了 2019 年中国民族研究团体联合会的工作情况，王延中会长针对中国民族研究团体联合会的 2020 年年会的主题与代表们进行了研讨。

③ 2019 年 9 月 24 日，中国民族研究团体联合会党支部在民族学与人类学研究所召开了党支部会议。会议的主题是"党支部党建工作的开展以及民团联 2020 年年会及换届工作部署"。

(2) 中国民族理论学会，会长陈改户。

① 2019 年 7 月 27—28 日，"中国民族理论学会 2019 年学术年会"在青海省海北藏族自治州召开。会议由中国民族理论学会、中国社会科学院民族学与人类学研究所民族理论研究室主办，青海民族大学民族学与社会学学院承办，共收到会议论文 44 篇。来自北京、天津、重庆、黑龙江、湖北、云南、四川、甘肃、新疆、青海等省区市的近百位学者参加了年会。

② 2019 年 12 月 14 日，"中国民族理论学会 2019 年专题会议"在广西壮族自治区百色市召开，承办单位为百色学院。会议的主题是"初心与使命：庆祝中华人民共和国成立 70 周年暨纪念百色起义 90 周年"。

(3) 中国民族学学会，会长王延中。

2019 年 10 月 11—13 日，由中国民族学学会主办，中央民族大学民族学与社会学学院、中国社会科学院民族学与人类学研究所共同承办的"中国民族学学会 2019 学术年会暨'新中国民族学七十周年与民族学中国学派之路'学术研讨会"在北京举行。来自国内 80 多所高校和科研院所的专家学者 180 余人参加了研讨会。

(4) 中国民族史学会，会长方勇。

① 2019 年 1 月 20 日，由中国民族史学会主办，云南大学历史与档案学院承办的"中国民族史学会 2019 年工作会议暨新时代民族史学科建设研讨会"在云南省昆明市召开。会议确定了 2019 年学会工作的主要内容和基本方向，为 2019 年学会工作奠定了基础。

② 2019 年 4 月 13 日，由中国民族史学会主办，中国社会科学院民族学与人类学研究所民族历史研究室承办的"'边疆·民族·历史'第三届青年学者论坛"在北京召开。会议的主题是"多维度视角下的民族史研究"。

③ 2019 年 7 月 6 日，由中国民族史学会、中国社会科学院民族学与人类学研究所联合主

办、民族学与人类学研究所民族历史研究室承办，《民族研究》编辑部协办的"清代统一多民族国家与中华民族共同体的发展学术研讨会"在北京召开。

④ 2019年7月20—25日，由中国民族史学会、云南大学主办，云南大学历史与档案学院承办的"首届民族史青年学者研习营"在云南省昆明市举行。来自全国高等院校的24位研习营学员参加了活动。

⑤ 2019年9月21日，由中国民族史学会主办，云南民族大学云南省民族研究所（民族学与历史学学院）承办的"首届民族史学科建设联席会议"在云南省昆明市召开。会议的主题是"新时代民族史学科的创新发展与'三大体系'建设"。来自全国20余所高校及科研机构民族史学科点的近40位专家参加了会议。

⑥ 2019年9月22—23日，由中国民族史学会主办，云南大学历史与档案学院承办的中国民族史学会"第四届'边疆·民族·历史'青年学者论坛"在云南省昆明市召开。

⑦ 2019年10月26—27日，"中国民族史学会第22届学术年会"在湖南省吉首市召开。会议由中国民族史学会主办，吉首大学历史与文化学院承办。会议的主题是"中国民族史研究70年：创新与发展"。来自全国60余所科研机构与高等院校的120位学者参会，提交论文近百篇。

（5）中国民族语言学会，会长尹虎彬。

① 2019年7月12—14日，"中国民族语言学会描写语言学专业委员会2019年年会暨少数民族语言与少数民族汉语描写研究学术研讨会"在湖南省常德市召开。会议由中国民族语言学会描写语言学专业委员会主办，湖南文理学院国际学院承办。来自多个省区市的近60名专家学者参加了会议。

② 2019年10月12日，"中国民族语言学会汉藏语言文化专业委员会第二届学术研讨会"在陕西省咸阳市召开。会议的主题是"新中国成立70年来的汉藏语言文化研究"。会议由中国民族语言学会主办，西藏民族大学文学院承办。50余位专家学者参加了会议。

③ 2019年10月25—27日，"中国民族语言学会成立40周年学术讨论会"在江苏省徐州市召开。会议由中国民族语言学会主办，江苏师范大学语言科学与艺术学院和《语言科学》编辑部承办。来自全国60多所高校、科研机构以及民族语言文字工作单位的150余位专家学者和研究生参加了会议。会议共收到学术论文120多篇。

④ 2019年11月2—3日，"中国民族语言学会语言类型学专业委员会第三届学术年会"在四川省成都市召开。会议由中国民族语言学会语言类型学专业委员会、中国社会科学院中国少数民族语言研究中心、西南交通大学联合主办，西南交通大学人文学院承办，中国社会科学院民族学与人类学研究所羌学研究中心协办。来自内地与香港、澳门科研院所及高校的70余位专家学者参加了会议。

⑤ 2019年12月4日，"中国民族语言学会民族语文应用专业委员会第二届学术研讨会暨中国民族语文应用首届高端论坛"在北京召开。会议由中国民族语言学会民族语文应用专业委

员会、国家民委中国民族语文应用研究院联合主办,中国社会科学院民族学与人类学研究所民族语言应用研究室承办。来自教学科研单位和科技企业的45位专家学者参加了讨论会。

(6) 中国世界民族学会,会长郝时远。

2019年12月21日,"中国世界民族学会2019年度常务理事会暨多民族国家治理与当前民族问题热点学术研讨会"在北京召开。会议由中国世界民族学会和中央民族大学中国民族理论与民族政策研究院共同主办。来自15个高校与研究单位的学者50余人参加了会议。会议研讨的主要议题有"多民族国家建构""'一带一路'沿线国家民族宗教问题""铸牢中华民族共同体意识""民族主义发展及世界影响""民族地区经济发展的交融性与特殊性问题"。

(7) 中国民族古文字研究会,会长尹虎彬。

2019年10月27—29日,由中国民族古文字研究会与中央民族大学中国少数民族语言研究院、云南民族大学合作主办,云南民族大学民族文化学院承办的"第九届中国少数民族古籍文献国际学术研讨会"在云南省昆明市举行。来自法国、蒙古国、匈牙利、美国、俄罗斯、日本和中国的70多位学者出席了会议。

(8) 中国突厥语研究会,会长黄行。

2019年11月17—19日,"中国突厥语研究会第十四届年会"在北京举行。年会研讨的主要议题有"中国阿尔泰语言及历史文献的基础研究""'一带一路'沿线国家语言文化交流研究""中国阿尔泰语系语言和汉语对比研究""语言翻译与语言教学""语文信息处理研究"等。从事突厥语研究、教学、翻译等工作的专家学者和在京高等院校在校博士后、博士研究生、硕士研究生共40余人出席了会议。

(9) 中国西南民族研究学会,会长那金华。

① 2019年7月16日,中国西南民族研究学会与贵州沿河县政府共同在贵州省沿河土族自治县召开了"'乡村振兴·民族地区文化建设'学术研讨会暨2019年中国西南民族研究学会、常务理事会"。来自国内十余个省、自治区、直辖市的60余位专家学者出席了会议。

② 2019年11月16日,"新中国成立70周年西部民族地区建设发展与乡村振兴文产融合学术交流会"在四川省金川县举行。50余名专家学者参加了会议。会议研讨的主要议题有"改革开放40年与乡村振兴""乡村振兴与文化研究"。

(10) 中国社会科学院中国少数民族语言研究中心,理事长尹虎彬。

2019年11月23日,中国少数民族语言研究中心、中国民族语言学会实验语言学专业委员会与中共内蒙古自治区呼伦贝尔市委统战部在北京共同主办了"鄂伦春、鄂温克、达斡尔语语音声学参数数据库、农牧民国家通用语学习系统软件升级整合服务项目"启动会。

(11) 中国社会科学院蒙古学研究中心,理事长郝时远。

① 2019年3月30日,由中国社会科学院蒙古学研究中心主办,呼和浩特民族学院协办的"民俗文化与'一带一路'国家的民心相通学术研讨会"在内蒙古自治区呼和浩特市举行。会

议的主题是"民俗文化与'一带一路'国家的民心相通"。

②2019年11月21—22日，由中国社会科学院、内蒙古自治区党委和内蒙古自治区人民政府联合举办的"弘扬乌兰牧骑精神理论研讨会"在内蒙古自治区呼和浩特市召开。

（12）中国社会科学院西夏文化研究中心，主任史金波。

（13）美学研究中心，名誉主任孙宏开，主任尹虎彬。

2．期刊

（1）《民族研究》（双月刊），主编王延中。

2019年，《民族研究》共出刊6期，共计120万字。该刊全年刊载的有代表性的文章有：邢成举、李小云和张世勇的《转型贫困视角下的深度贫困问题研究——以少数民族深度贫困村为例》，严庆的《中国民族团结的意涵演化及特色》，潘红祥和张星的《中国民族法治七十年：成就、经验与展望》，乌小花和郝囝的《践行守望相助理念与铸牢中华民族共同体意识——论内蒙古民族团结进步的理论与实践》，李俊杰和罗如芳的《习近平关于少数民族和民族地区同步小康的重要论述研究》，丁赛、王国洪、王经绫和冯伊的《民族地区县域文旅产业发展指标体系的构建和分析》，张爱芹和高春雷的《教育扩展、人力资本对民族地区经济增长的影响》，王伟的《21世纪美国白人极端主义现象研究》，焦开山和包智明的《新时代背景下云南少数民族群体的国家认同及其影响因素》，李占荣的《中华民族的法治意义》，余成普的《多元医疗：一个侗族村寨的个案研究》等。

（2）《世界民族》（双月刊），主编方勇。

2019年，《世界民族》共出刊6期，共计108万字。该刊全年刊载的有代表性的文章有：唐慧云的《种族主义与美国政治极化研究》，路阳的《国际移民新趋向与中国国际移民治理浅论》，王延中、方素梅、吴晓黎和李晨升的《印度对"一带一路"倡议态度的调查与分析》，王经绫的《民族传统文化产业的发展："第三意大利"的发展模式及其对中国的启示》，青觉和朱鹏飞的《从宽恕到宽容：后冲突时代南非社会和解与转型正义之反思——基于开普敦地区的田野调查研究》，蒋俊的《"去族群化"：大屠杀后卢旺达身份政治的重建》，冯定雄的《古希腊作家笔下的埃塞俄比亚人》，韦平的《多元文化主义之后：英国的共同体凝聚政策》，朱君杙的《近年来加泰罗尼亚分离主义运动活跃的动因及走向分析》，黄卫峰的《美国黑白混血儿的种族身份》，严庆和平维彬的《冲突与动荡：以人民的名义——新一波民粹主义对当前世界民族问题的影响》等。

（3）《民族语文》（双月刊），主编尹虎彬。

2019年，《民族语文》共出刊6期。该刊全年刊载的有代表性的文章有：吴福祥的《语义演变与主观化》，杨永龙的《甘青河湟话的混合性特征及其产生途径》，鄢卓和曾晓渝的《壮语"太阳"的地理语言学分析》，戴庆厦的《语言转型与词类变化：以景颇语句尾词衰变趋势为例》，周发成的《动词重叠表互动——羌语支语言的共同创新之一》，施向东的《清抄本〈西番译语〉藏汉对音译例研究》，陆尧和孔江平的《载瓦语声调的声学及感知研究》，翟占国和张维佳的《西北官话中的两声调方言》，侬常生的《泰语的反响型量词》，苏婧的《北京话ABCD 式拟声词的生成机制》等。

(五) 会议综述

新中国民族工作 70 年座谈会

2019 年 2 月 19 日，"新中国民族工作 70 年座谈会"在北京举行。相关单位的领导和民族学与人类学研究所的专家学者参加了座谈会。"新中国民族交融发展 70 年"课题组成员列席会议。会议由民族学与人类学研究所所长王延中研究员主持。王延中首先向中央统战部二局的各位领导莅临指导表示欢迎，对二局长期以来对民族学与人类学研究所工作的关心和支持表示感谢。

民族学与人类学研究所 10 位专家作了专题发言。副所长尹虎彬研究员的发言题目为"文学创作上的民族和国家"，院登峰学者王希恩研究员、郑信哲研究员的发言题目分别是"坚持好中国特色解决民族问题正确道路""城市民族工作还需加强"，民族理论研究室主任陈建樾研究员的发言题目为"重构统一的多民族国家：建国初期中国共产党的思考"，民族文化研究室主任色音研究员的发言题目是"70 年来内蒙古民族工作的成功经验"，民族经济研究室主任丁赛研究员的发言题目是"民族地区扶贫攻坚与经济发展特点"，民族社会研究室主任张继焦研究员的发言题目是"民族经济文化类型：从'传统'向'现代'的转变"，世界民族研究室主任刘泓研究员介绍了世界民族学科的发展历程，民族历史研究室主任彭丰文研究员的发言题目是"历史上的民族交流交往交融与中国的统一多民族国家的形成"，民族语言应用研究室主任、科研处负责人王锋研究员的发言题目是"新时期民族语文工作形势和主要任务"。

会上，中央统战部二局局长马利怀谈了自己的感受。他指出，通过此次座谈会，进一步加深了对民族学与人类学研究所的学术了解，并希望从不同的工作角度，与该所的各个学科和科室加强具体合作。

王延中发言指出，民族学与人类学研究所的科研工作将按照中央统战部要求主动贴近现实，加大合作力度，希望专家们努力以习近平新时代中国特色社会主义思想为指导，加强民族领域重大理论与现实问题研究，加快民族研究学科体系、学术体系和话语体系建设，为促进民族工作的政策创新和制度完善建言出力。

(科研处)

《社会保障绿皮书（2019）》发布会暨中国社会保障发展七十年学术研讨会

2019 年 2 月 22 日，"《社会保障绿皮书（2019）》发布会暨中国社会保障发展七十年学术研讨会"在北京举行。会议由民族学与人类学研究所、社会科学文献出版社、首都师范大学管理学院主办。民族学与人类学研究所所长王延中主持了会议，来自京内外十几所高校的40多位代表参加了会议。

会议分两个阶段。第一阶段为"《社会保障绿皮书（2019）》发布会"。会上，王延中所长介绍了《社会保障绿皮书（2019）》的研创和编撰过程，中国社会科学院副院长高培勇研究员作主题发言，社会科学文献出版社谢寿光社长介绍了《社会保障绿皮书（2019）》编辑出版情况，首都师范大学管理学院副教授龙玉其介绍了《社会保障绿皮书（2019）》总报告的主要内容。第二阶段为"中国社会保障发展七十年学术研讨会"。中国社会保障学会会长郑功成教授、中国社会科学院社会发展战略研究院院长张翼研究员、浙江大学教授何文炯、西南财经大学教授林义、吉林大学教授宋安宝、西北大学教授席恒、中国社会科学院研究员房连泉在会上发言。

（科研处）

社会学研究所

（一）人员、机构等基本情况

1. 人员

截至2019年年底，社会学研究所共有在职人员78人。其中，正高级职称人员17人，副高级职称人员26人，中级职称人员22人；高、中级职称人员占全体在职人员总数的83%。

2. 机构

社会学研究所设有：社会理论研究室、社会调查与方法研究室、家庭与性别研究室、组织与社区研究室、农村与产业社会学研究室、青少年与社会问题研究室、社会发展研究室、社会政策研究室、社会心理学研究室、社会人类学研究室、廉政建设与社会评价研究室、《社会学研究》编辑部、《青年研究》编辑部、办公室、科研处。

3. 科研中心

社会学研究所院属科研中心有：中国社会科学院社会政策研究中心、中国社会科学院中国私营企业主群体研究中心、中国社会科学院国情调查与大数据研究中心和中国社会科学院廉政研究中心；所属科研中心有：社会调查与数据处理研究中心、社会-文化人类学研究中心、社会心理学研究中心、农村环境与社会研究中心、社区信息化研究中心。

（二）科研工作

1. 科研成果统计

2019年，社会学研究所共完成专著21种，370.4万字；论文82篇，116.6万字；译著3种，

722万字；论文集5种，31万字。

2. 科研课题

(1) 新立项课题。2019年，社会学研究所共有新立项课题14项。其中，国家社会科学基金重大课题1项："代际社会学视野下中国新生代的价值观念与行为模式研究"（李春玲主持）；国家社会科学基金重点课题1项："非就业性收入对农村居民收入的补偿性作用及其就业效果研究"（王春光主持）；国家社会科学基金一般课题4项："我国政府主导下的'多元一体'养老服务模式研究"（房莉杰主持），"养老服务平台组织发展模式研究"（王晶主持），"人口福利变迁中的年龄、时期、队列效应研究"（马妍主持），"职业教育促进社会流动机制研究"（刘保中主持）；国家社会科学基金青年课题1项："城市社区中的民意分类与治理匹配机制研究"（刘怡然主持）；国家社会科学基金后期资助课题1项："'伦理文化'——滕尼斯社会理论的思想史基础及其伦理旨向"（张巍卓主持）；院重大社会调查课题3项："中国社会状况综合调查（2019）"（李炜主持），"大学生及毕业生的就业、生活及价值观调查（2019）"（李春玲主持），"社会心态调查——美好生活需要调查（2019）"（王俊秀主持）；国情调研院基地课题1项：宁夏院基地"东中西部差异化发展：东中西部乡村振兴分类推进路径研究"（穆林霞主持）；国情调研所基地课题2项："城乡融合与乡村振兴研究：以江苏太仓为例"（王春光主持），"江村土地八十年"（张浩主持）。

(2) 结项课题。2019年，社会学研究所共有结项课题11项。其中，国家社会科学基金重点课题1项："我国社会心态测量指标研究"（杨宜音主持）；国家社会科学基金一般课题4项："70后、80后、90后代际文化差异与网络参与的关系研究"（赵联飞主持），"社会转型期的职业分层研究"（田丰主持），"物质主义的结构分析及民众物质主义现状调查研究"（李原主持），"中国社会中间阶层发展状况与趋势研究"（李春玲主持）；国家社会科学基金青年课题6项："社会理论传统的重构及其对当代中国的现实意义研究"（陈涛主持），"中等收入群体的发展趋势和消费模式研究"（朱迪主持），"人口变动对队列人口福利的影响及政策回应研究"（马妍主持），"农村社会资本影响老年健康的机制研究"（王晶主持），"要素市场的政商关系研究"（吕鹏主持），"草原生态退化的社会机制与治理模式研究"（荀丽丽主持）。

(3) 延续在研课题。2019年，社会学研究所共有延续在研课题22项。其中，国家社会科学基金重大课题3项："中国社会学的起源、演进与复兴"（景天魁主持），"中国社会质量基础数据库建设"（陈光金主持），"社会心理建设：社会治理的心理学路径"（王俊秀主持）；国家社会科学基金重点课题1项："'新生代'中国私营企业主的构成、态度与行动研究"（吕鹏主持）；国家社会科学基金一般课题7项："农业转型与西部农村公共产品供给机制的社会研究"（荀丽丽主持），"四川藏区乡村社会治理特殊性的人类学研究"（郑少雄主持），"互联网发展背景下中产阶层消费模式研究"（朱迪主持），"社会分层视角下反腐败政策的政治效应研究"（徐法寅主持），"中国股票市场稳定发展的社会机制研究"（杨典主持），"日常生活研究的方法论"（赵锋主持），"社会转型中公益与民情关系的人类学研究"（李荣荣主持）；国家社会科学基金青年课题11项："以西方社会思潮本土化为线索的民国时期的家庭社会学研究"（杭苏红主持），"社会心态视角下主观社会阶层对公众参与的影响与机制研究"（谭旭运主持），"情感劳动作为文化生产模式的社会学研究"（梅笑主持），"城乡环境治理的科技社会学理论与案例研究"（张劼颖主持），"旧城改造与城市基层社会治理研究"（施芸卿主持），"我国网络借贷的地方治理模式研究"（向静林主持），"以社区服务为切入点的城市新熟人社区建构研究"（史云桐主持），"文化符号消费和生产视角下的转型时期阶层分化的文化建构研究"（孟蕾主持），"社会共识形成和作用机制研究"（高文珺主持），"梁漱溟与费孝通乡土重建思想比较研究"（张浩主持），"网络时代的社区参与和社区治理研究"（肖林主持）。

3. 获奖优秀科研成果

2019年，社会学研究所获"第十届（2019年）中国社会科学院优秀科研成果奖"论文类二等奖1项：李培林、朱迪的《努力形成橄榄型分配格局——基于2006—2013年中国社会状况调查数据的分析》；专著类三等奖2项：王俊秀的《社会心态理论：一种宏观社会心理学范式》，张旅平的《多元文化模式与文化张力：西方社会的创造性源泉》；论文类三等奖2项：杨典的《公司治理与企业绩效：基于中国经验的社会学分析》，张丽萍、王广州的《"单独二孩"政策目标人群及相关问题分析》。

（三）学术交流活动

1. 学术活动

2019年，由社会学研究所主办和承办的学术会议如下。

（1）2019年，社会学研究所继续定期举办"费孝通群学讲坛"和"定性研究工作坊"，以期促进社会学的学科发展和学术研究。"费孝通群学讲坛（2019年度）"系列讲座的主题分别是"中国古代'治理'思想探源""乡村振兴与中等收入群体成长""抗日战争与海外华侨社会的变迁：以新西兰为视角""中国和巴西的经济关系：主要特征及其对巴西经济的影响""巴西教育制度与巴西高等学校入学考试：一项与中国高考的对比研究""社会工作专题讲座""区块链专题讲座"。"定性研究工作坊"是由所内青年学者自发组织和开展的学术论坛，以社会学研究所学者为主并针对性地邀请全国相关领域研究者主讲和参与点评。全年共举办两期学术交流活动，主题分别是"社会理论'经典阅读与阐释'"和"日常生活与可持续消费：以水资源、卫生系统、塑料和垃圾为例"。

（2）2019年5月26—27日，由中国社会科学院、全国博士后管理委员会、中国博士后科学基金会主办，中国社会科学院博士后管理委员会、中国社会科学院社会学研究所、中国社会科学院社会发展战略研究院、社会科学文献出版社、中国社会科学院—上海市人民政府上海研究院共同承办的"第十四届中国社会学博士后论坛暨第六届社会学青年论坛"在上海召开。会议的主题是"社会学与全面小康建设"。

（3）2019年7月13日，由中国社会科学院社会学研究所、华东理工大学社会学系联合主办的"2019年县域社会发展论坛：社会学视角下的县域社会研究"在云南省昆明市举行。

（4）2019年7月13日，由中国社会科学院社会学研究所、云南大学民族学与社会学学院联合主办的"后小康社会与社会结构变迁"论坛在云南省昆明市召开。

（5）2019年9月7—8日，由中国社会科学院社会政法学部主办，中国社会科学院社会学研究所承办，北京市陆学艺社会学发展基金会协办的"学科自信：走进世界的中国社会学"学术研讨会在北京召开。

（6）2019年9月28—29日，由中国社会科学院社会学研究所主办，南京市社会科学院、创新型城市研究院承办，南京社会科学杂志社和南京市社会学学会协办的2019年全国社科院系统社会学研究所所长暨青年论坛在江苏省南京市举办。会议的主题是"理论与实践：中国社会现代化的战略研讨"。

（7）2019年10月19—20日，由中国社会科学院社会学研究所、中国社会科学院社会发展战略研究院主办，《社会学研究》《社会》《社会发展研究》《青年研究》《中国青年研究》等学术期刊协办的第五届栗林社会学青年论坛在北京召开。

（8）2019年12月6—8日，由中国社会学会、社会学研究所、中国政法大学社会学院、华中科技大学社会学院、云南大学民族学与社会学学院等单位共同主办的"'魁阁'80周年暨中国社会学恢复重建40周年"学术研讨会在云南省昆明市召开。

2. 国际学术交流与合作

2019年，社会学研究所共派遣出访40批74人次，接待来访12批45人次，含顺访4批4人次。其中，院级出访共计15批35人次，所级出访及外单位组团出访共计25批39人次。与社会学研究所开展学术交流的国家有英国、美国、法国、德国、挪威、丹麦、芬兰、匈牙利、澳大利亚、俄罗斯、阿联酋、阿塞拜疆、巴西、阿根廷、埃塞俄比亚、塞内加尔、坦桑尼亚、日本、韩国、新加坡、捷克、喀麦隆、巴西、印度尼西亚等。

（1）2019年5月10日，社会学研究所所长陈光金率团出访巴西坎皮纳斯州立大学，参加"中国社会科学院—巴西坎皮纳斯州立大学中国研究中心"（以下简称"中国研究中心"）揭牌和签约仪式。"中国研究中心"中方主席、中国社会科学院社会政法学部主任、学部委员李培林研究员代表中国社会科学院为中心揭牌并签约。

（2）2019年6月29日，社会学研究所所长陈光金、家庭与性别研究室吴小英等与英国巴斯大学死亡和社会研究中心主任约翰·特洛耶、英国巴斯大学社会政策和社会科学系副主任瑞奇·卡拉巴、英国布里斯托大学伊恩·唐克斯教授等在北京共同参加"老龄化、临终关怀和社会政策"国际学术研讨会。会议研讨的主要议题有"中国的快速老龄化和社会家庭结构变化所带来的前所未有的挑战和机遇""如何面对自己以及亲友的临终和死亡"等。

(3) 2019年7月3日,社会学研究所所长陈光金等与俄罗斯社会经济科学高等研究院院长Sergei Zuev在莫斯科就"中俄中产阶层课题"进行交流,访问在俄中资企业,在巴库与阿塞拜疆科学院学者就"新兴经济体国家中产阶层的发展状况与社会结构的转变"进行交流。

(4) 2019年8月16日,社会学研究所社会理论研究室何蓉与新加坡国立大学中文系、新加坡莲山双林禅寺、清华大学道德与宗教研究院、加拿大英属哥伦比亚大学佛学论坛的学者在新加坡就"汉传佛教寺院与城市空间结构""日常生活""市民精神生活、交往与互动"等内容进行学术交流。

(5) 2019年8月22日,社会学研究所所长陈光金、《社会学研究》和《中国社会学杂志》编辑梅笑等与英国曼彻斯特大学 *Sociology* 杂志联合主编 Alan Warde 教授、兰卡斯特大学社会流动研究中心 *Mobilities* 杂志主编 David Tyfield 分别在曼彻斯特和兰卡斯特就"国际社会学发展,特别是欧洲社会学发展的最新动态"进行交流。

(6) 2019年9月17日,中国社会科学院学部委员、社会政法学部主任李培林,上海研究院副院长李友梅,社会学研究所所长陈光金等与韩国中央大学社会学系教授申光荣,剑桥大学社会学系教授格兰,日本东北大学社会学系副院长佐藤嘉伦教授、法国国家科学研究中心教授罗兰·鲁洛·伯杰,伦敦经济学院社会学系教授迈克·萨维奇等在上海就"如何发展、建设以人为本的、宜居的'卓越的全球城市'"进行交流。

(7) 2019年9月21日,由社会学研究所参与承办的2019年社会科学论坛——"道路与经验:新中国社会发展70年研讨会"在云南省昆明市举行。会议研讨的主要议题有"社会结构""特大城市与社区治理""社会融合""脱贫问题""社会资本"等。

(8) 2019年10月26日,由社会学研究所主办,社会学研究所社会文化人类学研究中心承办的"构建人类命运共同体:跨文化文明互鉴研讨会"在北京召开。

(9) 2019年11月9日,中国社会科学院学部委员、社会政法学部主任李培林,社会学研究所所长陈光金,副所长王春光等与澳大利亚新南威尔士大学教授李秉勤、韩国保健社会研究院社会政策研究中心研究员金贤京、日本大阪市立大学社会科学系教授五石敬路等在北京就"中日韩三国贫困问题及相关社会政策的新变化和研究新进展"进行交流。

(10) 2019年,社会学研究所新签订的国际合作研究项目有2项,分别是"中国社会科学院—巴西坎皮纳斯州立大学中国研究中心""跨文化分享:中国喀麦隆合作社区生活世界音像志个案研究";取得阶段性成果的国际合作研究项目有2项,分别是:中国社会科学院与保加利亚科学院合作研究项目"后西方社会学的国际化"、中国非洲研究院中非合作研究项目课题"埃塞俄比亚农村发展及中埃农村发展交流需求分析"。

3. 与中国香港、澳门特别行政区和中国台湾开展的学术交流

(1) 2019年4月11日,社会学研究所青少年与社会问题研究室主任李春玲、《青年研究》编辑部主任张芝梅等与台湾"中研院"社会学研究所所长谢国雄等在台北市就"青少年成长历

程研究的不同面向及研究发现"进行学术交流。

（2）2019年6月10日，社会学研究所社会心理学研究室副主任李原在澳门中西创新学院教授《精神健康服务》课程。

（3）2019年6月25日，社会学研究所社会政策研究室退休研究员潘屹在香港参加由香港社会工作人员协会与香港社会服务联会合办的"第九届华人社区社会工作研讨会：从挑战到喜乐"，以及社会学研究所与香港大学社会工作及社会行政学系合办的"转变与创新·建设美好世界：社工专业的未来"2019国际研讨会。

（四）学术社团、期刊

1. 社团

（1）中国社会学会，会长李友梅。

2019年7月13—14日，中国社会学会在云南省昆明市举行2019年学术年会。年会由中国社会学会主办，云南大学民族学与社会学学院承办。年会的主题是"回溯与前瞻：社会学与中国社会变迁"。

（2）中国社会心理学会，会长汪新建。

2019年7月19—21日，中国社会心理学会在吉林省长春市举行2019年学术年会。年会由中国社会心理学会主办，东北师范大学心理学院承办，吉林省心理学会协办。年会的主题是"新时代的中国社会心理服务体系建设"。

2. 期刊

（1）《社会学研究》（双月刊），主编陈光金。

2019年，《社会学研究》共出版6期，共计147万字。该刊全年刊载的有代表性的文章有：陈心想的《社会学美国化的历程及其对建构中国特色社会学的启示》，叶敬忠、吴存玉的《马克思主义视角的农政问题与农政变迁》，李春玲的《改革开放的孩子们：中国新生代与中国发展新时代》，李强的《推进社会学的"社会政策学科"建设》，冯仕政的《学科生态、学科链与新时代社会政策学科建设》，陈宗仕、张建君的《企业工会、地区制度环境与民营企业工资率》，刘子曦、朱江华峰的《经营"灵活性"：制造业劳动力市场的组织生态与制度环境——基于W市劳动力招聘的调查》，张浩的《从"各美其美"到"美美与共"——费孝通看梁漱溟乡村建设主张》，李国庆的《棚户区改造与新型社区建设——四种低收入者住区的比较研究》。

（2）《青年研究》（双月刊），主编陈光金。

2019年，《青年研究》共出版6期，共计102万字。该刊全年刊载的有代表性的文章有：姚建龙的《未成年人法的困境与出路——论〈未成年人保护法〉与〈预防未成年人犯罪法〉的修改》，杨宜音、陈梓鑫、闫玉荣的《"社会人"符号意义的变化——以小猪佩奇的传播为例》，熊春文、丁键的《迈向积极的流动儿童群体文化研究》，涂永前、熊赟的《情感制造：泛娱乐直播中女主播的劳动过程研究》，钟智锦、刘可欣、乔玉为的《为了部落：集体游戏行为与玩家公共参与研究》，田丰、梁丹妮的《中国城市家庭文化资本培养策略及阶层差异》，以及为纪念"《青年研究》创刊40周年"所刊发的谢昌逵的《回忆与期待》，单光鼐的《回顾我在〈青年研究〉的这些年》，吴小英的《再论青年与青年研究：从概念变迁到范式转换》。

（五）会议综述

第十四届中国社会学博士后论坛暨第六届社会学青年论坛

2019年5月26—27日，由中国社会科学院、全国博士后管理委员会、中国博士后科学基金会主办，中国社会科学院博士后管理委员会、中国社会科学院社会学研究所、中国社会科学院社会发展战略研究院、社会科学文献出版社、中国社会科学院—上海市人民政府上海研究院共同承办的第十四届中国社会学博士后论坛暨第六届社会学青年论坛在上海召开。论坛的主题为"社会学与全面小康社会建设"。

开幕式上，上海大学党委副书记、副校长龚思怡，中国社会科学院人事教育局副局长、直属机关党委常务副书记崔建民，中国博士后科学基金会基金管理处处长陈颖，中国社会学会会长、上海研究院副院长李友梅出席开幕式并致辞。全国人大常委会委员、社会建设委员会副主任委员，中国社会科学院学部委员李培林研究员作题为"中国经验与后西方社会学"的主旨发言。随后，中国社会科学院学部委员、历史学部主任王巍教授，上海社会科学院文学研究所所长、上海文化研究中心主任荣跃明研究员，中国社会科学院世界经济与政治研究所国际战略研究室主任、上海研究院战略研究中心副主任薛力研究员分别作了题为"汉代之前的'丝绸之路'——早期文明的交流与互鉴""文化与社会转型""'一带一路'背景下的中国外交"的主题演讲。

该论坛为2019年中国社会科学院博士后系列学术活动，也是中国社会科学院社会学研究所建所40周年纪念系列学术活动之一。参会的博士后和青年学者围绕全面建设小康社会的背景下，社会学的学科担当和历史责任，解决社会治理短板问题，优化社会结构等内容，以文参会，积极回应习近平总书记在党的十九大报告中指出的"2020年全面建成小康社会"奋斗目标。

（科研处）

中国社会学会2019年学术年会"回溯与前瞻：社会学与中国社会变迁"

2019年7月13—14日，由中国社会学会主办，云南大学民族学与社会学学院承办的中国社会学会2019年学术年会在云南省昆明市召开。会议的主题为"回溯与前瞻：社会学与中国

2019年7月，中国社会学会2019年学术年会在云南省昆明市举行。

社会变迁"。

开幕式上，中国社会学会会长李友梅教授回顾了中国改革开放40年来取得的举世瞩目的成就，指出中国当代的社会转型是国内外因素相互影响下多线程互动的复杂进程。李友梅认为，中国社会学的重要任务是要建立一套可以实际地认识当代中国社会变迁和社会转型实践脉络的理论与方法，从而可以真正辨识中国社会变迁和社会转型的实践历程及其独特性。

中国社会科学院社会政法学部主任、学部委员，中国社会学会学术委员会主任李培林研究员首先回顾了新中国成立70年来人民生活水平、工业化与城镇化、人口结构与人口素质、反贫困、社会保障体系等方面取得的举世瞩目的成就。他对中国社会正在发生的深刻转型进行了系统而精辟的总结。李培林指出，中国社会在发展动力与发展资源环境、经济发展面临的困境、劳动力供求关系、贫富差距、老龄化等方面仍存在很大困难。国家综合实力的提升与人民生活水平的持续快速提高才是国家发展的硬道理，是国家制度优越性的根本体现，是决定民心向背的关键所在。李培林呼吁广大同仁更加深入地进行社会调查和科学研究，为中国社会建设贡献新的力量。

开幕式后的主旨学术演讲环节由中国社会学会副会长、中国社会科学院社会学研究所所长陈光金研究员主持。北京大学社会研究中心主任、普林斯顿大学终身教授谢宇以"家庭背景、教育成就与社会流动：中国文化的作用"为题，中国社会学会副会长、北京大学社会学系主任张静教授以"70年与40年：社会组织结构的变化"为题，云南大学西南边疆少数民族研究中心主任何明教授以"魁阁时代社会科学中国化的实践"为题，中国人民大学社会与人口学院院长冯仕政教授以"互联网时代的群体行为与社会治理"为题，中国社会科学院社会学研究所研究员田丰以"岂曰无衣？与子同袍：网络虚拟共同体组织行为的社会学分析"为题分别作了主旨演讲，分享了他们的最新研究成果。

此次年会设有73个分论坛，围绕中国社会变迁、中国人口问题、中国现代社会转型等重要问题展开深入研讨。由中国社会科学院社会学研究所参与主办或协办的论坛共有7个，其中，和华东理工大学社会学系联合主办的"2019年县域社会发展论坛：社会学视角下的县域社会研究"、和云南大学民族学与社会学学院联合主办的"后小康社会与社会结构变迁"论坛、和中国社会学会家庭社会学专业委员会联合主办的"家庭、分层与不平等：70年的变迁"论坛，得到与会专家学者的高度关注，获得了高度评价。

（科研处）

2019年全国社科院系统社会学研究所所长会暨青年论坛

2019年9月28—29日，由中国社会科学院社会学研究所主办，南京市社会科学院、创新型城市研究院承办，南京社会科学杂志社、南京市社会学学会协办的"2019年全国社科院系统社会学研究所所长会暨青年论坛"在江苏省南京市召开。会议的主题是"理论与实践：中国社会现代化的战略研讨"。会议旨在全面回顾、深入总结中国社会现代化的实践经验与理论创新成果，构建中国特色现代化话语体系，为世界现代化理论与实践发展作出应有的中国贡献。同时，以此加强全国社科院系统社会学研究所之间的交流，整合学术资源，促进未来的合作研究。

南京市社会科学院院长叶南客研究员主持了开幕式。江苏省人民政府参事室原主任、江苏省社会学会会长宋林飞教授，中国社会科学院社会学研究所所长陈光金研究员，中国社会科学院社会发展战略研究院院长张翼研究员，中国社会科学院社会学研究所副所长王春光研究员等出席开幕式。宋林飞、陈光金致辞。宋林飞教授、中国社会科学院中国历史研究院历史理论研究所研究员左玉河、南京市社会科学院副院长研究员季文、中国社会科学院社会学研究所研究员何蓉分别作了题为"基本实现现代化的理论与实践探索""从博通之学到专门之学：中国现代学科的创建""城市智库的当代发展：选择与路径""中国传统政治性城市的规划、治理与城市生活：以《洛阳伽蓝记》为案例的社会学考察"的主题报告。

大会共有近40位专家学者发表了学术演讲，围绕"城市治理现代化""中产阶层政治态度""社会保障制度""社会组织""志愿服务""社区治理""乡村治理""农户贫困""智能社会"等话题，进行了广泛深入的探讨和交流，并在演讲后进行了点评和互动。陈光金作会议总结发言。他表示，此次会议将会有力地推动社科院系统的社会学科研队伍更加主动、深入地致力于研究中国社会现代化的经验，研究未来一个时期社会的发展趋势、要求以及需要解决的问题，特别是对一些具有全局性、战略性的问题开展理论和经验研究，有助于为我们国家顺利迈向发展新时代作出应有贡献。

（科研处）

第五届栗林社会学青年论坛

2019年10月19—20日，由中国社会科学院社会学研究所、中国社会科学院社会发展战略研究院联合主办，《社会学研究》《社会》《社会发展研究》《青年研究》《中国青年研究》等学术期刊协办的第五届栗林社会学青年论坛在北京召开。

栗林社会学青年论坛始于2015年，由中国社会科学院社会学研究所发起，旨在推动社会学学科基本建设，促进青年社会学学者的学术交流，论坛秉承朴实、严谨的学术风格，

2019年10月，第五届栗林社会学青年论坛在北京召开。

致力于为国内青年社会学者提供高水平、专业化的学术交流平台，营造自由讨论、敢于批评的学术氛围。开幕式上，来自中国社会科学院、北京大学、清华大学、中国人民大学、浙江大学、上海大学、华南理工大学等科研院所和高校的社会学青年学者作了主旨发言，中国社会科学院研究员何蓉、杨典、葛道顺以及华中师范大学教授符平进行了点评。

论坛还设立了五个分论坛：流动（移民）与劳动过程；社会治理与国家治理；经济与组织；婚姻、家庭与性别；社会心理与文化。来自中国社会科学院、清华大学、北京大学、南京大学、中山大学、武汉大学、上海大学等30多所科研院所和高校的50余位青年学者在论坛上进行了讨论。栗林论坛自公开征稿以来，论坛组委会收到了100余篇选题精致、故事新颖、论证严谨的高水平学术论文。经过论坛学术评议委员会对投稿论文的认真甄选和评审，确定入选论文50余篇。最终由论坛青年学术评议组匿名投票，评出高质量论文6篇。

（科研处）

社会发展战略研究院

（一）人员、研究机构等基本情况

1. 人员

截至2019年年底，社会发展战略研究院共有在职人员33人。其中，正高级职称人员4人，副高级职称人员11人，中级职称人员12人；高、中级职称人员占全体在职人员总数的82%。

2. 机构

社会发展战略研究院设有：办公室、发展战略与政策研究室、社会建设与治理研究室、组

织与制度变迁研究室、社会责任与公共服务研究室、马克思社会发展理论研究室（国家治理研究室）、社会保险与福利政策研究室、国家机关运行保障研究室、志愿服务与社会治理研究室、《社会发展研究》编辑部。

3．科研中心

社会发展战略研究院院属科研中心有：中国社会科学院社会景气研究中心、中国社会科学院国家机关运行保障研究中心、中国社会科学院—乌克兰基辅格里琴科大学中国研究中心、中国社会科学院—格鲁吉亚理工大学中国研究中心、中国社会科学院中国志愿服务研究中心。

（二）科研工作

1．科研成果统计

2019年，社会发展战略研究院共完成专著4种，140万字；论文67篇，104.5万字；研究报告32篇，31万字。

2．科研课题

新立项课题。2019年，社会发展战略研究院共有新立项课题13项。其中，国家社会科学基金重大课题1项："新产业革命背景下社会生产生活方式与社会治理能力建设"（张翼主持）；中央交办课题5项："中国老龄化和养老工作调查"（张翼主持），"国家机关运行保障研究"（张翼主持），"'十四五'期间覆盖社会保障体系研究"（房连泉主持），"社保精算和减税降费研究"（房连泉主持），"社保精算研究"（房连泉主持）；院党组交办课题3项："国家治理视角下的机关事务管理角色定位研究"（张翼主持），"我国政府采购的体制机制现代化研究"（张翼主持），"构建话语体系研究"（张翼主持）；国情调研重大课题4项："城镇化背景下传统村庄发展变迁状况追踪调查及数据库项目"（张翼主持），"企业养老保险负担调查"（张翼、高庆波主持），"珠三角地区劳资矛盾的演变与治理经验"（孙兆阳主持），"城市新型养老模式调查研究"（戈艳霞主持）。

3．获奖优秀科研成果

2019年，社会发展战略研究院获得"第十届（2019年）中国社会科学院优秀科研成果奖"三等奖2项：刘白驹的专著《非自愿住院的规制：精神卫生法与刑法》、张翼的论文《农民工"进城落户"意愿与中国近期城镇化道路的选择》。

（三）学术交流活动

1．学术活动

2019年，由社会发展战略研究院主办和承办的重要学术会议如下。

(1) 2019年3月12日，由中国社会科学院社会发展战略研究院、中国社会科学院国家治理研究智库社会发展部主办的"经世讲堂"(第10讲)在北京召开。

(2) 2019年4月11日,由中国社会科学院—上海市人民政府上海研究院、中国社会科学院社会发展战略研究院共同主办的中非合作与人文交流学术研讨会在上海举行。会议的主题为"中非合作新领域、新动力和新途径"。莫桑比克前总统若阿金·阿尔贝托·希萨诺出席会议。

(3) 2019年4月23日,由中国社会科学院社会发展战略研究院、中国社会科学院国家治理研究智库社会发展部主办的"经世讲堂"(第12讲)在北京召开。

(4) 2019年5月24—27日,由中国社会科学院、全国博士后管理委员会、中国博士后科学基金会联合主办,中国社会科学院博士后管理委员会、中国社会科学院社会学研究所、中国社会科学院社会发展战略研究院和中国社会科学院—上海市人民政府上海研究院共同承办,社会科学文献出版社协办的"第十四届中国社会学博士后论坛暨第六届社会学青年论坛"在上海举行。

(5) 2019年6月19—30日,由中国社会科学院中国非洲研究院主办,中国社会科学院社会发展战略研究院承办的"2019国家治理与社会发展培训班"在北京正式开班。来自南非、尼日利亚、南苏丹等10个非洲国家的25名专家学者参加培训班。

(6) 2019年6月20日,由中国社会科学院社会发展战略研究院、中国社会科学院国家治理研究智库社会发展部主办的"经世讲堂"(第13讲)在北京召开。

(7) 2019年6月22日,由中国社会科学院社会发展战略研究院主办的"中国和南非社会政策研讨会"在北京召开。会议聚焦中国和南非社会发展政策,对中国和南非的社会发展现状以及中国和南非社会发展政策的主要内容,如人口政策、反贫困政策、教育政策、社会保障政策、公共医疗卫生政策等方面展开深入探讨。来自中国和南非的高校、科研院所的30余名专家学者出席了会议。

(8) 2019年6月23—24日,由中国社会科学院主办,中国社会科学院国际合作局、中国社会科学院社会发展战略研究院承办的中国社会科学论坛年会在北京召开。年会的主题为"中国发展、世界机遇"。会议下设"社会发展与社会政策""经济增长与科技创新""'一带一路'与国际合作"三个环节。来自美国、俄罗斯、英国、南非等20多个国家的科学院、知名智库、高端科研机构的近30位代表及知名专家学者参加了会议。

(9) 2019年7月13日,由上海大学社会学院、中国社会科学院社会发展战略研究院合作举办的中国社会学学术年会第六届"特大城市社会治理"论坛在云南省昆明市举行。来自北京、上海、广州、深圳等地的高校与研究机构的专家学者参加会议。

(10) 2019年8月22—25日,由兰州大学西北少数民族研究中心、兰州大学研究生院和中国社会科学院社会发展战略研究院承办的"海峡两岸社会议题研究工作坊"在甘肃省兰州市召开。会议的主题是"转型社会中的乡村与地区发展"。

(11) 2019年10月21日,由中央文明办三局和中国社会科学院社会发展战略研究院共同主办的中国志愿服务研究中心揭牌仪式暨"志愿服务与新时代文明实践"研讨会在北京举行。

（12）2019年11月30日，由社会变迁研究会主办，中国社会科学院社会发展战略研究院、上海大学社会学院、华东师范大学社会发展学院承办的"新中国成立70周年：社会发展与社会治理"论坛在上海召开。

（13）2019年12月5日，由上海合作组织睦邻友好合作委员会和中国社会科学院社会发展战略研究院共同主办的"中国及欧亚地区国家青年学者交流对话会"在北京举行。

2．国际学术交流与合作

2019年，社会发展战略研究院派遣出访18批58人次；接待来访10批92人次。与社会发展战略研究院开展学术交流的国家有美国、德国、法国、日本、南非、英国、泰国、保加利亚、塞尔维亚等。

（1）2019年1月18—26日，社会发展战略研究院研究员张翼等赴南非开普半岛科技大学访问，就青年与社会发展问题进行调研并出席"新时代中非关系：中国南非青年发展学术对话会"。

（2）2019年3月3—6日，社会发展战略研究院研究员房连泉赴缅甸参加由经济合作与发展组织举行的"2019年保险和退休储蓄"圆桌会议，并作题为"中国的私人养老金发展实践"的报告。

（3）2019年4月10—19日，社会发展战略研究院研究员张翼随中国社会科学院代表团访问罗马尼亚、塞尔维亚和保加利亚，围绕"一带一路"建设与"16+1"框架下的合作等进行座谈交流，并出席中国社会科学院与塞尔维亚国际政治经济所、保加利亚外交学院共同举办的学术研讨会。

（4）2019年5月9—14日，社会发展战略研究院副研究员陈华珊赴德国参加第11届中德教授论坛并作关于大数据与网络研究的发言，论坛的主题是"大数据与社会经济研究应用"。

（5）2019年5月13—18日，社会发展战略研究院副研究员寇伟等赴格鲁吉亚理工大学参加中国社会科学院—格鲁吉亚理工大学中国研究中心成立暨揭牌仪式，并出席在格鲁吉亚理工大学举办的"中格合作与人文交流"研讨会。

（6）2019年5月14—19日，乌克兰基辅格里琴科大学教授欧丽卡·亚历山大罗夫娜来社会发展战略研究院访问，就出版中等收入群体学术著作事宜与该院学者交流。

（7）2019年5月20—25日，南非开普半岛科技大学恩赫拉普·恩孔瓦尼·斯托弗菲勒校长一行来华参加中国南非青年发展学术研讨会，并就与中国非洲研究院课题有关问题与社会发展战略研究院学者进行交流。

（8）2019年6月19—28日，社会发展战略研究院研究员房连泉赴法国、立陶宛开展"就业和社会保障政策评估，女性参与高质量就业"交流对话，就中国的就业、社会保障和女性权益平等问题分别在法国和立陶宛发表演讲，并就就业和社会保障等议题进行学术交流。

（9）2019年6月22—26日，来自美国、英国、葡萄牙、俄罗斯、印度、新加坡、南非、越南等国家的30位专家学者来社会发展战略研究院访问，就社会发展与社会政策、经济增长与科技创新、"一带一路"与国际合作等议题与该院学者进行交流。

（10）2019年9月3—13日，社会发展战略研究院研究员李培林、张翼等赴挪威、希腊和英国进行"社会福利、社会发展和社会建设"学术交流访问。

（11）2019年9月22—26日，社会发展战略研究院研究员张翼随中国社会科学院出访团访问澳大利亚，出席由中国社会科学院与澳大利亚人文科学院共同举办的"性别演变"学术研讨会，并赴西悉尼大学就"性别研究"专题进行交流。

（12）2019年10月10日至2020年1月7日，社会发展战略研究院副研究员张盈华赴美国马里兰大学公共政策学院访问，深入了解美国个人退休计划和个人退休账户的运行机理、美国弱势群体的社会保障理念和政策、美国资产型社会特征及对我国养老保险制度改革的借鉴意义。

（13）2019年10月13—20日，社会发展战略研究院研究员张翼、副研究员孙兆阳等赴格鲁吉亚参加中国社会科学院—格鲁吉亚理工大学中国研究中心成立仪式及"中国—格鲁吉亚：推动'一带一路'高质量发展"学术研讨会，赴乌克兰参加中国社会科学院—乌克兰基辅格里琴科大学中国研究中心、中国社会科学院—国立敖德萨海事大学中国研究中心分别举办的"中国—乌克兰：新时代社会发展与社会政策创新"学术研讨会和"'一带一路'倡议的社会发展意义"学术公开课活动。

（14）2019年11月2—6日，社会发展战略研究院副研究员孙兆阳赴阿联酋大学作题为"建国70年来经济发展与产业就业结构转型"学术讲座。

（15）2019年11月7—12日，社会发展战略研究院副研究员余少祥、孙兆阳等赴日本进行学术访问，与久留米大学、九州大学、早稻田大学等学术研究机构和相关社会保障机构就劳动就业与社会保障议题开展研讨。

（16）2019年11月10—18日，社会发展战略研究院研究员葛道顺等赴格鲁吉亚理工大学、乌克兰国立敖德萨海事大学、乌克兰基辅格里琴科大学进行学术讲座。

（17）2019年12月1—6日，社会发展战略研究院研究员张翼、副研究员孙兆阳等赴南非参加由中国社会科学院、中国非洲研究院和南非人文科学研究理事会举办的"治国理政与中非经济社会发展"研讨会。

（18）2019年12月9—14日，应泰国国家研究理事会邀请，社会发展战略研究院研究员张翼等赴泰国参加社会发展战略研究院与泰国国家研究理事会共同举办的"第二届中泰智库论坛"并进行学术访问。

3. 与中国香港、澳门特别行政区和中国台湾开展的学术交流

（1）2019年3月1—4日，社会发展战略研究院副研究员寇伟赴澳门出席"中国近代史、国情和中华优秀传统文化"培训班。

（2）2019年6月10—20日，社会发展战略研究院副研究员寇伟、孙兆阳赴澳门出席"中国近代史、国情和中华优秀传统文化"培训班，讲授相关课程，并就与澳门开展的"澳门产业就业协调发展现状研究"专题进行交流。

(3) 2019年7月22—25日，社会发展战略研究院副研究员寇伟赴香港开展调研工作。

(四) 学术社团、期刊

1. 社团

社会变迁研究会，理事长张翼。

2019年11月30日，由社会变迁研究会主办，中国社会科学院社会发展战略研究院、上海大学、华东师范大学承办的"新中国成立70周年：社会发展与社会治理"论坛在上海召开，来自中国社会科学院、中国人民大学、北京大学、复旦大学等十余所高校和科研院所的近50位专家学者出席论坛。

2. 期刊

《社会发展研究》（季刊），主编张翼。

2019年，《社会发展研究》共出版4期，共计120余万字。该刊全年刊载的有代表性的文章有：刘少杰的《中国现代化的视野扩展与质量提升》，田毅鹏的《社会治理现代化进程中的"传统"与"现代"》，文军的《时空转型中国家治理现代化的诉求困境与未来走向》，林聚任的《点赞之交：城市居民新型网络社交对线下社交网的影响——基于JSNET2014的数据分析》，刘成斌的《后增长理念与集体再造——新型城镇化进程中村庄改制的一种操作逻辑》，李国武的《政治文化如何塑造产业政策？——〈打造产业政策：铁路时代的美国、英国和法国〉评析》，王广州、王军的《中国人口发展的新形势与新变化研究》，梁玉成的《社会资本研究中的双向因果问题探索》。

(五) 会议综述

中国社会科学论坛年会"中国发展、世界机遇"

2019年6月23—24日，由中国社会科学院主办，以"中国发展、世界机遇"为主题的中国社会科学论坛年会在北京召开。会议由中国社会科学院国际合作局、中国社会科学院社会发展战略研究院承办。会议下设"社会发展与社会政策""经济增长与科技创新""'一带一路'与国际合作"三个环节。来自美国、俄罗斯、英国、南非等20多个国家的近30位代表及知名专家学者就"新中国成立70年来的经济增长、社会进步等各方面取得的成就"展开研讨。

中国社会科学院副院长高翔出席会议并致辞。高翔认为，中国发展始终立足自身国情和实践，用几十年时间走完了发达国家几百年走过的发展历程，创造了发展的奇迹。多年来，中国已经成为全球经济增长的重要引擎。"一带一路"倡议提出6年来，在跨国基础设施互联互通、贸易投资便利化、国际产能和装备制造合作等领域，一系列重大项目落地开花，带动了各国经济发展，创造了大量就业机会，正越来越多地惠及世界，为世界发展注入更多新动能。当今世界多极化、经济全球化、社会信息化、文化多样化正深入发展，各国相互联系、相互依存程度空前加深，中国的发展也是世界的机遇。

泰国国家研究理事会秘书长宋斯维莱致辞表示，中国的发展已经进入新阶段，给世界带来巨大的机遇。他们将在科技进步、社会进步、可持续发展、减贫等方面继续学习中国的经验。宋斯维莱认为中国发展的奇迹正在辐射到全世界。中国的发展已经直接或者间接地影响到泰国的经济和泰国的社会，泰国的教育、进出口、投资、科技等都受到中国的影响，中国的发展也给了泰国机会，希望今后两国一起携手并进，彼此学习。

塔吉克斯坦共和国科学院副院长阿卜杜拉赫蒙·穆哈马德致辞认为，选择与中国合作就是选择了更多的发展机遇。谁要是选择与中国做朋友，谁就是选择了与和平的事业做伙伴，谁要是选择了与中国科学技术与经济开展合作，谁就有了更多的机遇去促进社会的繁荣与发展。

互联互通是当今世界发展的金钥匙，哥斯达黎加驻华大使罗德里格斯致辞说，中国正通过"一带一路"同世界分享发展成果和经验。她认为，反对保护主义、维护多边主义对各国发展至关重要。中国发展得益于对外开放，也是维护和促进开放型世界经济的重要力量。"中国在2013年的时候提出了一个新的全球发展的新范式，那就是'一带一路'倡议。对于像我们这样的小国，非常希望能够摆脱保护主义等这样一些困扰，毫无疑问，需要一个多方合作以及自由贸易的平台，这种平台让像我们这样的小国受益匪浅。"

开幕式后，来自中国、美国、俄罗斯、英国、非洲等地的学者作了主旨演讲。

中国社会科学院社会发展战略研究院院长张翼就新中国70年来的发展变化作了主旨演讲；美国哈佛大学国际研究和社会学荣誉教授、费正清中国研究中心前主任怀默霆就中国70年的城乡关系的发展作了详细的分析；俄罗斯科学院远东分院副院长、通讯院士拉林指出中俄两国建立起全面综合的合作伙伴关系，两国的战略关系已经到了一个新的阶段；新南亚论坛主席、印度观察家基金会（孟买）前主席库尔卡尼认为，中国在多个领域都取得了巨大的成就，这对国际社会具有重要的借鉴意义，中国发起的"一带一路"倡议，将进一步推动构建公平、公正、包容、普惠的新型全球化；非洲政策研究所所长、首席执行官彼得·卡戈万加表示，当前中国的发展对世界产生影响，同时世界也在影响着中国，对世界经济来说，占世界人口约五分之一的中国发展本身就是一个重大贡献，中国发起的"一带一路"倡议已经成为人类社会未来发展非常重要的基石，将继续对世界经济发展产生影响；世界粮食奖基金会主席、前美国驻柬埔寨大使肯尼思·奎因介绍了他们在促进世界农业领域发展方面的努力，认为近年来，中国实施了快速而广泛的社会经济发展计划，使越来越多的中国人摆脱了贫困；中国社会科学院农村发展研究所副所长苑鹏就中国精准扶贫的实践和经验作了交流；越南社会科学翰林院中国研究所所长阮春强谈到中国发展与越南经济的对接问题；中国社会科学院城市发展与环境研究所研究员陈迎介绍了2030年议程与中国实现的路径以及"一带一路"倡议怎么和2030年议程对接。

最后,中国社会科学院俄罗斯东欧中亚研究所所长孙壮志致闭幕词。

(科研处)

中国社会学学术年会"特大城市社会治理"论坛

2019年7月13—14日,由上海大学社会学院与中国社会科学院社会发展战略研究院合作举办的中国社会学学术年会"特大城市社会治理"论坛在云南省昆明市举行。来自北京、上海、广州、深圳等地的诸多高校与研究机构的30多位专家学者,围绕新时期我国特大城市社会治理的关键议题展开交流讨论。

在开幕式上,中国社会学会会长、上海研究院第一副院长、上海大学社会学院李友梅教授首先致辞。她肯定了论坛六年来在促进学术交流、提升研究水平方面的进步,同时对如何深化特大城市社会治理的理论思考提出了更高期望。上海大学社会学院院长张文宏教授致辞表示,新时期特大城市社会治理仍然面临诸多关键瓶颈问题,需要跨学科的深入合作,希望论坛能为此作出更多贡献。

7月13日的论坛分为两大单元。中国社会科学院社会学所研究员田丰以长期的田野工作为基础,介绍了深圳"三和"青年群体的生活状况与社会生态,并结合国外经验探讨了这一群体产生的社会条件。华南理工大学公共管理学院教授管兵以"城中村改造中的钉子户问题"为题发言,基于广州猎德村、冼村等基层案例,提出并分析了"钉子户"在多中心治理中的地位问题。中共北京市委党校社会学教研部教授洪小良基于问卷调查数据,报告了北京市农民工城市文化融合状况,探讨了农民工城市文化融合的内在结构。中国社会科学院社会发展战略研究院副研究员汪建华的发言题目是"地方工业发展与劳工政治",他基于珠三角与内地城市的比较,重点讨论了发展与稳定、中央与地方、地方政府与市场主体三对关系。上海大学社会学院副教授金桥基于上海的基层实践案例,提出"边缘创新"概念,认为这是一种着重基层、侧重机制的创新方式,并结合体制惯性与弹性展开自己的分析。

上海大学教授陈新光结合《2018年浦东新区社会治理指数报告》,从指标体系如何科学合理构建的角度提出超大城市社会治理创新的思路;成都市委党校教授陈藻重点介绍了成都市社会治理创新体制的运行模式,并探讨了如何优化推进的思路与建议;上海师范大学副教授冯猛以近年来浦东新区基层社会治理创新历程为分析基础,借助组织社会学视角分析了基层治理的维持与强化等系列问题。

7月14日,论坛继续举行第三、第四单元的发言交流。华东政法大学博士瞿小敏基于"2017年城市化与新移民调查"数据,着重探讨了城市居民诉求表达形式的选择取向及其影响因素,并就如何促进制度化的诉求表达提出了建议。天津师范大学博士刘琳基于"2016年特大城市居民生活状况调查"数据,从阶层、动机两个维度讨论了北京、上海、广州居民的非制度化政治参与行为。上海工程技术大学博士姚烨琳运用上海外籍流动人口调查数据,重点分析了社会融入与流动经历对外籍流动人口居留意愿的影响。上海大学博士研究生苏迪运用2017年调查数据,分别分析了身份融合、文化融合、心理融合和社交融合对城市白领新移民定居意愿的影响。上海财经大学副教授张森从"共有地"概念出发,结合上海社区案例,讨论了社区治理中如何防范各类矛盾冲突的问题。

最后,上海大学社会学院副院长黄晓春对论坛进行了总结。

(科研处)

"新中国成立70周年:社会发展与社会治理"论坛

2019年11月30日,由社会变迁研究会主办,中国社会科学院社会发展战略研究院、上海大学社会学院、华东师范大学社会发展学院承办的"新中国成立70周年:社会发展与社会治理"论坛在上海市召开。来自中国社会科学院、中国人民大学、北京大学、清华大学、复旦大学、上海大学等十余所高校和科研院所的近50位著名专家学者出席了论坛。

中国社会学会会长李友梅,中国社会科学院社会学所所长、社会变迁研究会副理事长陈光金和社会变迁研究会理事长张翼为开幕式致辞。全国人大社会建设委员会副主任委员、中国社会学会学术委员会主任、中国社会科学院学部委员李培林作题为"怎样理解西方新民粹主义的兴起"的主旨演讲。社会变迁研究会副理事长、中国人民大学社会学系教授李路路演讲的题目是"阶层结构变迁与社会治理体系创新"。吉林大学东北振兴研究院院长、中国社会学会学术委员会副主任邴正作题为"多元社会文化结构与中国道路"的演讲。社会变迁研究会副理事长、中共中央党校(国家行政学院)社会和生态文明教研部主任龚维斌演讲的题目是"新中国70年社会组织方式的三次变化"。华东师范大学社会发展学院院长文军作题为"从'物本时代'到'人本时代':新中国70年来社会建设的返璞归真"的主旨演讲。

北京大学张静教授发表了题为"关系、声誉、伦理和身份等级变化——地方性乡村共同体的衰落"的演讲。北京大学教授谢立中和武汉大学教授罗教讲分别阐释了社会变迁背景下马克思主义与功能主义话语体系的关系和社会理论空间转向推动下计算空间社会学的理路与方法。北京大学教授张静、武汉大学教授贺雪峰、南开大学教授宣朝庆、华中师范大学教授符平都围绕乡村问题从不同层面作了报告。中山大学梁玉成教授发表了自己关于国家治理视角下的舆论场域动态演变的看法。中国人民大学教授刘少杰作了题为"当代社会的不确定变迁与社会治理确定性追求的矛盾"的报告。华东师范大学教授卿石松、上海大学教授张海东和山东大学教授宋全成围绕社会阶层人口结构变迁、代际流动和宗教信仰与流动人口的经济融入发表了实证研究结果和相关结论。

吉林大学教授田毅鹏以全球化与地方性为主题发表演讲。复旦大学教授刘欣、中国人民大学教授冯仕政、河海大学教授王毅杰和华中科技大学教授丁建定从不同角度论述了社会治理。安徽大学教授范和生从分层过程完整地梳理了阶层地位变迁的过程与逻辑。华东理工大学教授何雪松从社会学角度分析了中国社会的"分"与"合"。

（科研处）

第二届中泰智库论坛"'一带一路'倡议下的中泰经济合作"

2019年12月10日，中国社会科学院和泰国国家研究理事会共同举办第二届中泰智库论坛。论坛的主题是"'一带一路'倡议下的中泰经济合作"。来自泰国和中国的20余位学者就中泰在减贫上的经验与探索、投资合作上的尝试与建议、人力资源与创新发展上的合作展开研讨。

泰国国家研究理事会泰中战略研究中心主任苏瑞斯特·散纳汤致欢迎词。泰国国家研究院副院长维帕拉·东和中国社会科学院副院长高培勇致开幕词。维帕拉·东副院长认为，在"一带一路"倡议下，泰国和中国的经济合作进一步紧密发展，此次智库论坛也是泰国国家研究院成立六十周年大庆中的重要活动之一。在当前的全球发展态势下，中泰两国面临着相似的发展问题，所以两国应当并肩奋斗、战胜发展的困难。泰方认为，"一带一路"倡议十分有利于本地区乃至世界的发展，尤其是在促进亚欧的互联互通方面，能够加强中泰相互的政治信任，以及建立各方面的紧密合作。中国社会科学院副院长高培勇对泰国国家研究院筹办此次论坛表示了感谢，也对泰国成功举办第14届东亚峰会表示祝贺。他表示，这次峰会的重要成果，即建立和发展最广泛的自由贸易区，在当前世界经济下行、贸易保护主义抬头、单边主义抬头的环境下，这对于各国发展十分重要。

泰国国家经济与社会发展委员会高级顾问吉娜功·罗查娜进行了主旨发言。

在第一个环节中，学者们针对减贫这个议题进行了探讨。泰国博仁大学商业创新与会计学院高级研究员傅帕就泰国收入差距和减贫情况进行了介绍。中国社会科学院社会发展战略研究院院长张翼研究员总结了中国改革开放以来在减贫上的成就。

在第二个环节中，各方学者对中国与泰国的投资合作进行了交流。"战略613"咨询公司总裁常念周针对中泰投资合作的情况进行了介绍。中国社会科学院财经战略研究院副研究员张宇也对中泰在投资合作上的现状和问题进行了分析，并且提出了相应的政策建议。

在第三个环节中，学者们针对中泰在人力资源和创新发展上的合作进行了交流。曼谷北部蒙库科技大学商业与产业发展学院博士那提拉以泰国新的一代在东南亚联盟各国的劳动力市场的竞争力为主题进行了发言。中国社会科学院世界社保研究中心主任郑秉文研究员以中国养老金体系的发展与改革为主题进行了发言。

（科研处）

新闻与传播研究所

（一）人员、机构等基本情况

1. 人员

截至 2019 年年底，新闻与传播研究所共有在职人员 43 人。其中，正高级职称人员 8 人，副高级职称人员 13 人，中级职称人员 14 人；高、中级职称人员占全体在职人员总数的 81%。

2. 机构

新闻与传播研究所设有：马克思主义新闻学研究室、传播学研究室、媒介研究室、网络学研究室、信息室、编辑室（含《中国新闻年鉴》编辑部和《新闻与传播研究》编辑部）、综合办公室。

3. 科研中心

新闻与传播研究所院属非实体研究中心有：新媒体研究中心；所属非实体研究中心有：媒介传播与青少年发展研究中心、传媒发展研究中心、世界传媒研究中心、传媒调查中心、广播影视研究中心；实体中心有：北京新闻与公关发展中心；所属实验室有全球影视与文化软实力实验室、中国舆情调查实验室；所属基地有：国情调研江苏张家港基地。

（二）科研工作

1. 科研成果统计

2019 年，新闻与传播研究所共出版专著 1 种，29.6 万字；蓝皮书 2 种，83 万字；论文 157 篇，125.3 万字；理论文章 15 篇，4.1 万字；一般文章 24 篇，5 万字；工具书 2 种，346.8 万字；论文集 4 种，179.3 万字；编辑出版学术期刊 1 种 12 期，144 万字。

2. 科研课题

（1）新立项课题。2019 年，新闻与传播研究所共有新立项课题 14 项。其中，国家社会科学基金重大课题 1 项："媒体融合中的版权理论与运营研究"（朱鸿军主持）；国家社会科学基金一般课题 1 项："中国特色新闻学学科体系、学术体系和话语体系研究"（季为民主持）；院创新工程社会调查课题 1 项："中国网络民意和舆情调查（2019—2020）"（唐绪军、赵天晓、季为民主持）；中国非洲研究院中非合作研究课题 1 项："建设性新闻与社会发展研究"（唐绪军主持）；院青年科研启动课题 7 项："人工智能技术对媒介传播的影响与对策研究"（孙萍主持），"身份、体验、生产：新时代平台赋能的斜杠青年工作实践研究"（牛天主持）"，"'人类命运共同体'国际传播及其国际话语权提升的研究"（张萌主持），"网络服务提供者的安全保障义务研究"（陈雪丽主持），"当代农村青年网络流行文化研究"（沙垚主持），"'人类命运共同体'海外传播效果研究"（苗伟山主持），"主流媒体的年轻化传播与青少年用户的价值观认同研究"（曾昕主持）；院青年人文社会科学研究中心社会调研课题1项："国际政治议题在青年社群中的多元话语生成、建构与演进机制研究——以中美贸易摩擦议题为例"（牛天主持）；中国社会科学院与澳大利亚社会科学院合作研究课题1项："中澳社交媒体的代际与文化差异比较研究——以微信和WhatsApp的信息分享为例"（孙萍主持）；所级国情调研基地课题1项："张家港新时代文明实践中心试点建设调查与研究"（赵天晓主持）。

（2）结项课题。2019年，新闻与传播研究所共有结项课题5项。其中，国家社会科学基金一般课题2项："我国社交媒体著作权保护研究"（朱鸿军主持），"移动终端谣言传播与社会认同影响及对策研究"（雷霞主持）；院青年学者资助课题1项："国际电视节目本土化与跨文化传播研究"（冷凇主持）；院级重大信息化课题1项："互联网视听舆情智库"（唐绪军主持）；院青年人文社会科学研究中心社会调研课题1项："中国社会科学国际化的现状、困境与发展：以新闻传播学为例"（苗伟山主持）。

（3）延续在研课题。2019年，新闻与传播研究所共有延续在研课题10项。其中，国家社会科学基金特别委托课题2项："媒体社会责任报告制度研究"（宋小卫主持），"中产阶层对舆论场的影响研究"（孟威主持）；国家社会科学基金一般课题3项："中国网络广告发展史（1997—2016）"（王凤翔主持），"冷战时期两岸文宣研究（1949—1991）"（向芬主持），"移动传播的现状、前景及其影响和对策研究"（黄楚新主持）；国家社会科学基金青年课题2项："中国共产党新闻宣传观念变迁与发展路径研究"（叶俊主持），"新时代中国特色新闻学视阈下的乡村实践研究"（沙垚主持）；院级马克思主义理论研究和建设工程重大课题1项："新时代中国特色新闻学理论创新与新闻事业发展研究"（季为民主持）；院级马克思主义理论研究和建设工程课题2项："习近平关于党的新闻舆论思想研究"（唐绪军主持），"马克思主义新闻观的概念、话语与范式研究"（叶俊主持）。

3．获奖优秀科研成果

2019年，新闻与传播研究所获"第十届（2019年）中国社会科学院优秀科研成果奖"工具书类三等奖1项：唐绪军、钱莲生主编的《中国新闻传播学年鉴》（2015年卷）；获第十届"优秀皮书奖"一等奖1项：唐绪军主编的《中国新媒体发展报告No.9（2018）》；获第十届"优秀皮书奖"三等奖1项：季为民主编的《青少年蓝皮书：中国未成年人互联网运用和阅读实践报告（2017—2018）》；获第十届"优秀皮书报告奖"一等奖1项：杨斌艳撰写的《十年来未成年人互联网运用变化趋势》。

（三）学术交流活动

1．学术活动

2019年，由新闻与传播研究所主办和承办的学术会议如下。

（1）2019年6月13—14日，由新闻与传播研究所、中国新闻年鉴社主办，重庆市新闻工作者协会承办的"中国新闻年鉴第38届全国工作会议"在重庆市举行。会议研讨的主要议题有"《中国新闻年鉴》（2018年卷）的编辑出版情况""《中国新闻年鉴》（2019年卷）的供稿工作"。

（2）2019年6月25日，由新闻与传播研究所与社会科学文献出版社联合主办的"《中国新媒体发展报告（2019）》发布会暨新媒体发展研讨会"在北京举行。

（3）2019年8月28日，由新闻与传播研究所、中国社会科学出版社联合主办，南京师范大学新闻与传播学院承办的"《中国新闻传播学年鉴》第四届编辑出版研讨会"在江苏省南京市举行。会议正式发布了《中国新闻传播学年鉴》（2018年卷），并讨论了2019卷年鉴的编撰工作。

（4）2019年8月29日，中国社会科学院新闻与传播研究所国情调研张家港基地在江苏省张家港市举行挂牌仪式。

（5）2019年9月26日，由中国社会科学院社会政法学部、中国社会科学院国家治理研究智库联合主办，新闻与传播研究所承办的"第三届国家治理研究智库高端论坛（2019年）"在北京举行。

（6）2019年10月31日，由人民网、中国社会科学院新媒体研究中心、南京市委宣传部、腾讯公司联合主办的"第三届互联网大数据与社会治理南京智库峰会"在江苏省南京市举行。会议的主题是"推进综合治理　清朗网络空间"。

（7）2019年11月9日，由中国社会科学院学部主席团主办，新闻与传播研究所承办，苏州广播电视总台提供支持的"中国社会科学论坛（2019）——建设性新闻：理念与实践"在北京举行。论坛研讨的主要议题有"建设性新闻的概念、特征、价值"等。

（8）2019年11月27日，由新闻与传播研究所与苏州广播电视总台、苏州大学传媒学院共同组建的"建设性新闻研究中心"在江苏省苏州市举行揭牌仪式，同时举办了苏州广电总台"建设性新闻"案例研讨会。

2019年8月，中国社会科学院新闻与传播研究所国情调研张家港基地在江苏省张家港市举行挂牌仪式。

2. 国际学术交流与合作

2019年，新闻与传播研究所共派遣出访10批13人次，接待来访1批13人次。与新闻与传播研究所开展学术交流的国家有荷兰、肯尼亚、布隆迪、澳大利亚等。

（1）2019年7月15—25日，新闻与传播研究所助理研究员曾国华赴荷兰莱顿参加"国际亚洲学者大会",并作题为"如何通向共同富裕——数字化创业、扶贫和阶层区隔"的发言;而后,曾国华赴阿姆斯特丹大学全球化研究中心进行学术访问。

(2) 2019年7月17—25日,新闻与传播研究所所长唐绪军、研究员殷乐等赴肯尼亚内罗毕晨星大学和布隆迪布琼布尔卢米埃大学参加学术会议并进行学术交流访问。此次出访是执行中国社会科学院中非合作研究项目,课题的名称是"建设性新闻与社会发展研究"。

(3) 2019年9月29日至10月16日,新闻与传播研究所助理研究员孙萍出访澳大利亚,执行2019年中国社会科学院与澳大利亚社会科学院合作研究项目。其间,孙萍赴布里斯班参加互联网学者国际会议并发言,发言的题目是"澳大利亚、中国和印度尼西亚的信息App传播及其文化社会影响";而后,孙萍赴堪培拉大学参加研究团队工作坊,讨论合作研究项目,并在该大学的新闻与媒介研究中心参加内部研讨会,就中国的数字劳动与平台技术发言。

(4) 2019年10月12日至2020年10月11日,新闻与传播研究所副研究员向芬赴美国波士顿大学帕迪全球学院国际关系与政治学系,进行为期一年的访学。访学期间的主要研究课题是"冷战时期两岸文化宣传研究"。

(5) 2019年11月6—9日,新闻与传播研究所研究员季为民受韩国经济人文社会研究会邀请,参加"2019年中韩人文交流政策论坛"并作题为"亚洲文明与当代亚洲的发展"的主题发言。

(6) 2019年12月15—18日,新闻与传播研究所研究员黄楚新应巴基斯坦全球策略研究中心的邀请,赴伊斯兰堡参加"'一带一路'成员国间的跨区域媒体融合国际会议",并作题为"跨区域媒体融合:加强'一带一路'倡议"的发言。

3. 与中国香港、澳门特别行政区和中国台湾开展的学术交流

2019年7月15—23日,新闻与传播研究所助理研究员张萌赴台湾政治大学参加"2019两岸青年传播学者学术交流会",并发表题为"两岸数据新闻实践差异比较研究"的演讲。

(四)学术期刊年鉴

1. 期刊

《新闻与传播研究》(月刊),主编唐绪军,执行主编钱莲生。

2019年,《新闻与传播研究》共出版正刊12期,增刊1期。正刊全年刊载论文83篇,约180万字;增刊刊发了中国社会科学院新闻与传播研究所承办的以"建设性新闻:理念与实践"为主题的中国社会科学论坛(2019)的部分研究成果。在专栏建设方面,该刊根据新闻传播学学科特点,在原有的"马克思主义新闻学"栏目基础上,开辟"特设专栏:新时代·新思想·新探索";为庆祝新中国成立70周年,该刊特辟"新中国新闻与传播学研究70年"专栏。该刊全年刊载的有代表性的文章有:周俊的《马克思主义新闻学研究70年(1949—2019)》,张晓锋、程河清的《中国新闻史研究70年(1949—2019)》,刘涛的《理论谱系与本土探索:新中国传播学理论研究70年(1949—2019)》,林爱珺、张博的《规范建构与学科建设:新中国新闻伦理研究 70 年（1949—2019）》，黄可的《与实践同行：新中国传媒经济研究 70 年（1949—2019）》，刘小燕、崔远航的《话语霸权：美国"互联网自由"治理理念的"普适化"推广》，陈红梅的《情感、阶级和新闻专业主义：美国公共传播危机的话语与反思》，张祥志的《破解信任困局：我国著作权集体管理"信任机制"的法治关注》，彭桂兵、陈煜帆的《取道竞争法：我国新闻聚合平台的规制路径——欧盟〈数字版权指令〉争议条款的启示》，徐剑、刘丛、谢添的《感受公正：媒介形态对公众司法公正判断的影响分析》，罗斌的《传播侵权类型化及其立法体例研究》，卢家银的《论隐私自治：数据迁移权的起源、挑战与利益平衡》，熊炎的《解释警示逆火效应是醍醐灌顶还是火上浇油？》，严三九的《融合生态、价值共创与深度赋能——未来媒体发展的核心逻辑》，何苗的《认知神经科学对传播研究的影响路径：回顾与展望》，聂静虹、林子皓的《比较还是过程：中国当代新闻转型研究的方法论反思》，刘鹏的《用户新闻学：新传播格局下新闻学开启的另一扇门》，施畅的《视旧如新：媒介考古学的兴起及其问题意识》，梁君健的《视觉媒介与中国近代图像新闻中的时空观念——基于对〈点石斋画报〉中日甲午战争图片报道的分析》，刘晓伟的《论"除目"及"除目流布"背后的政治传播》，赵云泽、董翊宸的《中国上古时期的媒介革命："巫史理性化"与文字功能的转变及其影响》。

该刊进一步完善"新闻与传播学术前沿"微信公众号，每月按时推出封面文章和目录篇目，摘录文章精华，推送内容提要。还对期刊评出的优秀论文作者进行访谈，扩大论文的社会影响力。该刊系国家社科基金资助期刊、中国人文社会科学（CECHSS）权威期刊、中文社会科学引文索引（CSSCI）来源期刊、中文核心期刊。

2. 年鉴

《中国新闻年鉴》（年刊），主编钱莲生。

《中国新闻年鉴》（2019 年卷）全书约 200 万字，2019 年 12 月出版。正文内含重要文献、事业发展、学术成果、综合资料四大板块，涵盖 18 编。卷首图片记录了 2018 年党和国家领导人对新闻界的亲切关怀以及重大报道、重要活动、事业发展、友好往来、重要会议等的精彩瞬间。

在栏目设置方面，重要文献板块包括"要文""典章"2 编，事业发展板块包括"综述""中央主要新闻媒体、社团概况""各地新闻事业概况""港澳台新闻传播业概况""新媒体"5 编，学术成果板块包括"高峰论坛""新论""经验与思考""新书""调查"5 编，综合资料板块包括"评奖与表彰""人物""机构""统计""纪事""附录"6 编。

"要文"选摘了党和国家领导人及新闻管理界主要负责人 2018 年对新闻事业的新指示、新要求和新阐释。"典章"选摘了 2018 年度有关部门颁布的法规、发布的部门规章和规范性文件。特别摘录了中共中央印发的《深化党和国家机构改革方案》中关于中央宣传部统一管理新闻出版工作、组建国家广播电视总局、组建中央广播电视总台等内容。"综述"全面反映了 2018 年我国在新闻舆论工作、广播电视业、网络媒体与网络传播等方面取得的新成就。该栏目特别刊发了中宣部新闻局提供的《中国新闻舆论工作 2018 年综述》。"中央主要新闻媒体、社团概况""各地新闻事业概况""港澳台新闻传播业概况"着重记载了中央主要新闻媒体（社团）、各省（区、市）、港澳台地区2018年新闻传播事业的基本情况。"新媒体"记录了部分新媒体机构的概况、经验以及新媒体界年度大事。"高峰论坛"摘选了新闻界部分负责人关于舆论宣传、采编艺术、对外传播、管理创新、媒体融合、经营亮点等方面的专门论述。"新论"摘登了2018年中国新闻业界学界的重要研究成果，包括论文摘编和论点摘编。"经验与思考"记录了新闻传媒人在舆论传播、栏目创新、媒体融合等方面值得借鉴的做法与思考。"新书"整理了2018年新闻传播领域的专业书目，选载了2018年我国公开出版的新闻传播论著的书介。"调查"选摘了能够反映我国新闻传播界实际情况和存在问题的、有代表性的调查报告，分综合调查、媒体调查和调查选介等几个部分。"评奖与表彰"刊发了"第二十八届中国新闻奖"获奖作品篇目。"人物"刊登了本刊新增编委简介、中国新闻界人物简介、2018年新晋升的正高职称人员的名单等。"机构"继续刊登2018年全国新闻宣传管理机构、新闻传播机构（包括通讯社、报纸、广播电视、新闻专业期刊）、新闻社团等的详细名录。"统计"刊发了2018年中国报刊出版和中国广播电视发展的统计数据。"纪事"包括综合、会议、政策法规、经验管理、采访报道、队伍建设、新闻科技以及对外交往与传播等方面的年度大事记。"附录"设"新闻传媒业2018年度回眸""国内外2018年度重要新闻辑览"等子栏目。

（五）会议综述

《中国新闻传播学年鉴》第四届编辑出版研讨会

2019年8月28日，"《中国新闻传播学年鉴》第四届编辑出版研讨会"在江苏省南京市举行。会议由新闻与传播研究所、中国社会科学出版社联合主办，南京师范大学新闻与传播学院承办。来自全国各高校、研究机构、媒体单位的学者共50余人以及南京师范大学新闻与传播学院部分师生出席了研讨会。会上正式发布了《中国新闻传播学年鉴》2018年卷，并讨论了2019卷年鉴的编撰工作。

南京师范大学党委书记胡敏强在会议开幕式上致辞，祝贺《中国新闻传播学年鉴》2018年卷的出版，并预祝此次出版研讨会圆满成功；中国新闻史学会会长、《中国新闻传播学年鉴》编委会副主任委员、清华大学新闻与传播学院常务副院长陈昌凤教授高度肯定了《中国新闻传播学年鉴》四年来取得的成绩，认为该年鉴不仅为新闻传播学科记录了珍贵的学科历史，梳理了学术脉络，绘制了学科地图，而且引导学科走向，为中国新闻传播学的发展作出了重要贡献。

会上举行了第七届（2018年度）全国新闻传播学优秀论文暨《中国新闻传播学年鉴》优秀论文奖（2019）颁奖仪式。中国社会科学院新闻与传播研究所编辑室主任、《中国新闻传播学年鉴》副主编钱莲生编审宣读了获奖名单。

在《中国新闻传播学年鉴》编辑出版研讨会上，钱莲生系统总结了年鉴创办四年来的编撰工作，分别从三大功能、三个层面的对话以及"三个体系"建设等方面介绍了四年来新闻传播学界对《中国新闻传播学年鉴》的期待和编辑部的努力。他表示，2019卷年鉴将进一步加强栏目建设、完善栏目设置、改进编撰手段，希望今后能继续得到编委、特约编委和特约编辑的支持。

研讨会上，与会代表们对《中国新闻传播学年鉴》2018年卷的编辑出版工作给予了充分肯定，热烈探讨了年鉴的内容创新、热点追踪、数字化发展、学术评价等方面，为2019卷年鉴的编纂工作积极建言献策，并表示将一如既往地支持年鉴编纂工作。

（科研处）

国家治理研究智库高端论坛（2019年）

2019年9月26日，由中国社会科学院社会政法学部、中国社会科学院国家治理研究智库联合主办，新闻与传播研究所承办的"国家治理研究智库高端论坛（2019年）"在北京举行，会议的主题为"大数据与国家治理研究：指标构建与数据获取"。中国社会科学院副院长、党组成员高培勇，中国社会科学院国家治理研究智库理事长李培林出席会议并致辞，中国社会科学院新闻与传播研究所党委书记赵天晓主持了论坛开幕式。

高培勇指出，当前，大数据研究已经成为哲学社会科学的重要领域，对国家和社会的治理发挥着日益重要的作用。此届论坛以"大数据与国家治理研究：指标构建与数据获取"为主题，正逢其时，对推动中国社会科学院相关学科深入开展大数据研究、彰显院智库在国家治理体系中的价值定位，以及加快构建中国特色哲学社会科学学科体系、学术体系和话语体系具有重要的现实意义。

李培林在讲话中指出，大数据社会的来临，不但改变了社会生活方式与信息生产方式，而且必将对社会科学的研究带来思维方式与研究范式的转变。各个学科现在都重视大数据的挖掘与应用，但怎样获取数据，整理数据，分析数据，大家都处在探索的过程中，因此很有必要一起交流、讨论，以期形成共识。他提出，网络时代的智库研究要强化问题意识、数据意识和社会责任意识。

此次论坛分为四个单元："意义和价值：国家治理研究指标构建的必要性""国家治理研究的指标体系构建：基于社科院的经验""负责任和创新：指标体系建立的准则""数据获取：指标体系建设所需要的数据支持"。共12位专家学者在各单元作了主题发言。每个单元主题发言后，由评议人点评，与会者提问，大家参与讨论。

新闻与传播研究所所长唐绪军在作本次论坛总结时说，9月24日习近平总书记在主持十九届中央政治局第十七次集体学习时强调，要继续沿着党和人民开辟的正确道路前进，不断推进国家治理体系和治理能力现代化。作为国家治理研究智库的专家学者，我们一定要学会掌握大数据、运用大数据，为推进国家治理体系和治理能力现代化贡献我们的智慧。

来自中国社会科学院的专家学者以及媒体记者近百人参加了论坛。

（科研处）

中国社会科学论坛（2019）"建设性新闻：理念与实践"

2019年11月9日，主题为"建设性新闻：理念与实践"的中国社会科学论坛在北京举行。论坛由中国社会科学院学部主席团主办，中国社会科学院新闻与传播研究所承办，苏州广播电视总台提供支持。来自中国、美国、英国、荷兰、意大利、日本、肯尼亚等国家的专家学者等近百人出席论坛。

中国社会科学院学部主席团社会政法学部副主任李林在致辞中指出，正能量是建设性新闻的学理所在，文化自信是建设性新闻的命脉所在，开放包容是建设性新闻的活力所在。他表示，中国是全球互联网使用大国，构建新闻传播的新技术、新业态日新月异，建设"四全媒体"、推动媒体融合如火如荼。我们要树立和秉持高度的学术自觉，坚持不忘本来、吸收外来、面向未来，在新闻传播学的学科体系、学术体系、话语体系构建上提出中国方案，发出影响全球新闻传播学术界的中国声音。

中国记协党组书记、常务副主席胡孝汉在致辞中指出，以正面报道为主、激人奋进、催人向上一直是我国新闻媒体的重要报道方针。改革开放以来，"民生新闻""帮忙新闻"，乃至"问政节目"等经过了十余年的发展，取得了显著的效果，这些都堪称是建设性新闻的中国经验。

中国社会科学院新闻与传播研究所所长唐绪军在题为"融入建设理念，共筑美好生活"的主旨演讲中，对新闻传播发展的趋势作出了预判，对建设性新闻的基本现状及促成动因进行了探讨。美国弗吉尼亚大学媒体与文化学院助理教授 Karen Mclntvre 认为，建设性新闻是一种日益崛起的新闻形式，将积极心理学运用于新闻生产传播，是更有生产力、以解决方案为导向、面向未来的报道方式。同时，建设性新闻坚守新闻核心功能，强调新闻的社会责任。研讨会上，20余位学界、业界的专家分享了他们关于建设性新闻的研究成果和实践经验。

建设性新闻是新闻报道理念和实践创新的产物，其实践肇始于新闻业遭遇危机与寻求变革之际，其理念脱胎于新闻业寻求角色重塑与价值重构的转型之时。作为一个富有实践影响力、话语阐释力和理论建设力的理念与实践体系，建设性新闻同时也存在理论概念边界不清、实践操作规范不明等问题，有关研究有待进一步深化和拓展。

2019年11月，中国社会科学论坛（2019）——建设性新闻：理念与实践在北京举行。

此次论坛是中国第一次以

建设性新闻为主题开展的国际学术交流。中外建设性新闻研究专家和新闻从业者围绕建设性新闻的理念与实践问题深入交流互鉴，必将促进建设性新闻研究在中国和全球的蓬勃发展。

（科研处）

"建设性新闻研究中心"揭牌仪式暨苏州广电总台建设性新闻案例研讨会

2019年11月27日，由中国社会科学院新闻与传播研究所与苏州广播电视总台、苏州大学传媒学院共同组建的"建设性新闻研究中心"在江苏省苏州市举行了揭牌仪式，同时举办了苏州广电总台"建设性新闻"案例研讨会。来自中国社会科学院、苏州市委宣传部、苏州市广播电视总台、苏州大学以及国内新闻学界的诸多专家出席仪式并参与研讨。

建设性新闻是正在兴起的传统主流媒体在新媒体时代立足公共生活重新定位媒体角色的报道实践和新闻理念。中国社会科学院新闻与传播研究所于2018年年初，开始在苏州广电总台进行了建设性新闻实践的试点。为了进一步探索建设性新闻在推进国家治理体系和治理能力现代化过程中的作用与角色，三家单位决定在苏州大学联合成立"建设性新闻研究中心"。在多位学界专家、学者、广电业内人士的见证下，苏州市委宣传部部长金洁、中国社会科学院新闻与传播研究所所长唐绪军、苏州大学副校长杨一心共同为研究中心揭牌。

苏州市广播电视总台党委书记、总台长、苏州大学传媒学院院长陆玉方表示，中心的成立紧密联系学界和业界，能实现资源的共享，促进建设性新闻实践和研究向纵深发展，有利于学科建设与科研提升。建设性新闻是报道样式也是社会治理的一种媒体力量，符合内在逻辑和外部环境，是主流媒体的必然选择。面对新媒体时代分众化挑战，主流媒体必须有新的作为，为党的新闻舆论工作作出更大贡献。

苏州市委宣传部副部长沈玲认为，建设性新闻研究的部校共建，不仅是传播命题，也是治理命题。建设性新闻实践有助于增进国家治理能力的现代化，推进全媒体主流话语建设。

杨一心指出，要强调建设性新闻的中国经验，突出社会政治参与感；建设性新闻不仅可以为学术研究寻找新的路径、在新时代构建新的学科体系，并且可以辅助政府治理，促进社会长期稳定。

唐绪军指出，建设性新闻能否成为融通中外的标识性概念、建设性新闻在推进国家治理体系和治理能力现代化过程中应该怎样发挥作用、建设性新闻与正面报道有什么不同、建设性新闻与媒体的舆论监督是什么关系——这些问题都是中心下一步应该探索研究的问题。

苏州广电总台副台长吴好通过几个案例对苏州总台建设性新闻实践试点的情况向与会专家作了汇报。随后，数十位学界专家依次发言，就建设性新闻的理论基础、中国语境与在地化发展、建设性新闻与社会治理等议题进行了深入交流与研讨。

（科研处）

国际研究学部

世界经济与政治研究所

（一）人员、机构等基本情况

1. 人员

截至 2019 年年底，世界经济与政治研究所共有在职人员 115 人。其中，正高级职称人员 27 人，副高级职称人员 29 人，中级职称人员 40 人；高、中级职称人员占全所在职人员总数的 83%。

2. 机构

世界经济与政治研究所设有：全球宏观经济研究室、国际金融研究室、国际贸易研究室、国际投资研究室、国际发展研究室、国际政治理论研究室、国际战略研究室、国际政治经济学研究室、马克思主义世界政治经济理论研究室、全球治理研究室、世界能源研究室、国家安全研究室、《世界经济》编辑部、《世界经济与政治》编辑部、《国际经济评论》编辑部、《中国与世界经济》（英文）编辑部、《世界经济调研》编辑部（内刊）、《世界经济年鉴》编辑部以及办公室、科研处、党委办公室（人事处）、资料信息室。

3. 科研中心

世界经济与政治研究所所属非实体研究中心有：国际金融研究中心、全球并购研究中心、世界经济史研究中心、公司治理研究中心、发展研究中心、国际经济与战略研究中心。

（二）科研工作

1. 科研成果统计

2019 年，世界经济与政治研究所共完成专著 10 种，243.6 万字；译著 3 种，88.5 万字；工具书 1 种，139.4 万字；皮书 2 种，69.5 万字；研究报告（含国家智库报告）6 种，85.5 万字；中外文论文 232 篇，227.7 万字；译文 2 篇，2 万字；一般文章 159 篇，50.1 万字；其他文章 4 篇，7.2 万字；理论文章 26 篇，6.2 万字。

2. 科研课题

（1）新立项课题。2019 年，世界经济与政治研究所共有新立项课题 20 项。其中，国家社会科学基金课题 6 项："美国的能源革命、能源战略与中美合作策略研究"（王永中主持），"'一带一路'倡议与中国的国际组织战略研究"（袁正清主持），"巴阿边境部落地区安全研究"（张元主持），"竞争中立原则下的国有企业与产业补贴问题研究"（姚曦主持），"美国人口结构变迁及其对内外政策的影响研究"（赵芮主持），"全球经济治理结构变化与我国应对战略研究"（陈曦主持）；院国情调研重大课题1项："中美贸易争端对我国企业进出口贸易影响调研"（姚枝仲主持）；国情调研研究所基地课题1项："军民融合国家战略下胶州市的发展特色和比较优势研究"（邹治波主持）；院青年科研启动基金课题6项："俄罗斯国家管理的起源与发展"（张誉馨主持），"开放市场下的经济结构转型和出口份额"（崔晓敏主持），"国际贸易规则演进的趋势及中国对策"（苏庆义主持），"修昔底德与国际政治权力理论"（李隽旸主持），"地缘政治、全球石油市场与中国能源安全"（周伊敏主持），"中美金融战情景分析与中国应对策略"（杨子荣主持）；所重点课题6项："多重审慎监管框架下的结构演化与政策协调"（熊婉婷主持），"部落区隔与地区冲突——以巴基斯坦与阿富汗边境地区为例"（张元主持），"中俄经贸合作的障碍：基于俄罗斯政治与经济制度的探讨"（张誉馨主持），"中国国际投资头寸问题研究"（周学智主持），"中国家庭金融资产配置问题研究：基于风险偏好和遗产动机的视角"（侯蕾主持），"页岩繁荣对美国经济的影响研究"（周伊敏主持）。

（2）结项课题。2019年，世界经济与政治研究所共有结项课题8项。其中，国家社会科学基金课题3项："亚太区域一体化美国路线图与亚洲路线图的竞争性和相容性及中国对策研究"（东艳主持），"新安全观视野下新兴国家参与全球治理的制度性权力建构及其路径选择"（任琳主持），"低碳经济下金砖国家产业发展与经济增长模式研究"（马涛主持）；国家自然科学基金课题2项："人民币有效汇率重估及中国对外竞争力再考察——基于GVC视角的分析"（杨盼盼主持），"中国应对'双反'调查的策略研究与政策建议"（宋泓主持）；马克思主义理论研究与建议工程课题3项："马克思主义世界政治经济理论研究室"（欧阳向英主持），"清理西方意识形态影响"（陈国平、李燕主持），"三个体系建设"（陈国平、李燕主持）。

（3）延续在研课题。2019年，世界经济与政治研究所共有延续在研课题26项。其中，国家社会科学基金课题12项："跨境制度匹配、对外直接投资与中国价值链升级研究"（李国学主持），"我国预防腐败体制机制的国际借鉴研究"（彭成义主持），"联盟政治与中美新型大国关系的冲突管控研究"（杨原主持），"TPP对亚太价值链和中国参与亚太价值链分工的双重影响评估研究"（苏庆义主持），"亚投行与现有多边开发机构的竞争性与互补性研究"（刘玮主持），"中国与非洲国家建立合作共赢利益共同体研究"（徐晏卓主持），"'一带一路'建设与全球治理格局演变研究"（姚枝仲主持），"新形势下全球经济治理改革困境及中国方案研究"（徐秀军主持），"制造业升级对我国就业和收入分配格局的影响研究"（宋锦主持），"'修昔底德陷阱'问题研究"（李隽旸主持），"大国关系与东北亚安全"（邹治波主持），"未来30年西方主要国家发展趋势预测"（张宇燕主持）；国家自然科学基金课题2项："企业动态视角下中国内需变动影响出口增长的机制及政策应对研究"（高凌云主持），"基于动态异质面板模型的可再生能源创新驱动政策传导机制及效果评估研究"（董维佳主持）；所重点课题12项："中国的印度洋战略区安全构想"(主父笑飞主持),"泛太平洋战略经济伙伴关系协定与中国的对策"(张琳主持),"中国对外金融资产负债失衡与金融调整"(肖立晟主持),"后起国家走向制造强国的产业路径研究:中国产业可持续发展的一项国际比较"(李毅主持),"BIT、制度非中性与'走出去'战略"(贾中正主持),"基于大宗商品计价的人民币国际化研究"(陆婷主持),"全球公域治理研究"(任琳主持),"中国对外直接投资与经济转型升级"(王碧珺主持),"美国对外援助的国内政治影响"(肖河主持),"基于全球价值链视角的人民币有效汇率"(杨盼盼主持),"全球价值链背景下中国国际分工地位现状及提升对策研究"(苏庆义主持),"新兴国家政党发展研究:以南非为例"(沈陈主持)。

(三)学术交流活动

1. 学术活动

2019年,由世界经济与政治研究所举办的重要学术会议如下。

(1) 2019年4月9日,由中国社会科学院主办,世界经济与政治研究所承办的"中国—葡语国家经贸合作论坛(澳门)成立15周年第三方评估报告评审会"在北京召开。

(2) 2019年4月11日,由世界经济与政治研究所承办的"联合国亚太经社理事会(ESCAP)旗舰报告《2019年亚太地区经济社会概览:超越增长的雄心》发布会"在北京召开。

(3) 2019年4月29日,由中国社会科学院亚洲研究中心主办,世界经济与政治研究所承办的"第九届亚洲研究论坛"在北京召开。论坛的主题是"新形势下的东北亚合作"。

(4) 2019年5月13日,由世界经济与政治研究所举办的"中美经贸关系国际研讨会"在北京召开。

(5) 2019年5月20日,由中国社会科学院学部主席团主办,世界经济与政治研究所、中国社会科学院—上海市人民政府上海研究院承办的"中国社会科学论坛(2019·国际问题)"在北京召开。论坛的主题是"'一带一路'经贸合作:回顾与展望"。

(6) 2019年6月25日,由中国社会科学院和中国日报社主办,世界经济与政治研究所协办的"共建开放型世界经

2019年5月,中国社会科学论坛(2019·国际问题)"'一带一路'经贸合作:回顾与展望"在北京举行。

济国际论坛"在日本大阪召开。

（7）2019年9月25日，由联合国贸易和发展会议主办，世界经济与政治研究所承办的2019年联合国《贸易与发展报告》全球发布会北京站活动在北京举行。

（8）2019年11月19—20日，由世界经济与政治研究所与挪威国际事务研究所共同主办的"第二届中国挪威社会科学、人文与法律研究研讨会"在挪威奥斯陆召开。会议的主题是"全球经济治理"。

（9）2019年12月30日，由世界经济与政治研究所和社会科学文献出版社共同主办的"2020年《世界经济黄皮书》《国际形势黄皮书》发布会"在北京举行。

2．国际学术交流与合作

2019年，世界经济与政治研究所共派遣出访129批224人次，接待来访270多批600余人次。其中，执行院级对外学术交流协议出访10批12人次；执行院级对外学术交流协议的来访学者有6批9人次；执行院智库丝路万里行专题调研项目4批12人次；赴境外长期进修3人次。与世界经济与政治研究所开展学术交流的国家有美国、加拿大、俄罗斯、澳大利亚、英国、法国、德国、日本、韩国、越南、意大利、印度、新加坡、阿富汗、赤道几内亚等。

（1）2019年1月22日，世界经济与政治研究所所长张宇燕研究员等在北京会见委内瑞拉驻华大使伊万·塞尔帕一行，双方就当前委内瑞拉问题进行交流。

（2）2019年3月18日，世界经济与政治研究所所长张宇燕研究员等在北京会见日本经济产业省松尾审议官、小野寺交涉官一行，双方就G20数字经济部长会议以及基于当下贸易形势的贸易投资及数字经济等问题进行交流。

（3）2019年3月25—28日，应柬埔寨发展资源研究所的邀请，世界经济与政治研究所副所长宋泓研究员参加在柬埔寨金边召开的"2019柬埔寨展望会议"。

（4）2019年4月11—20日，世界经济与政治研究所所长张宇燕研究员等随谢伏瞻院长对波兰、德国和意大利进行学术访问。

（5）2019年4月15日，世界经济与政治研究所党委书记赵芮、副所长邹治波等在北京会见美国国会议员助手梅根·赖斯一行，双方就我国改革开放成就、中美经贸关系、朝鲜半岛局势等问题进行交流。

（6）2019年5月2—11日，世界经济与政治研究所所长张宇燕研究员一行应邀参加外交部代表团赴俄罗斯、韩国、日本执行调研宣介任务。

（7）2019年5月16日，世界经济与政治研究所所长张宇燕研究员等在北京会见美国驻华大使馆公使衔参赞马特·默里一行，双方就中美经济关系等进行交流。

（8）2019年5月28日至6月7日，应美国兰德公司和加拿大亚太基金会的邀请，世界经济与政治研究所所长张宇燕研究员等赴美国和加拿大进行学术交流。

（9）2019年6月13日，世界经济与政治研究所所长张宇燕研究员等在北京会见日本财务省财务综合政策研究所中国研究交流顾问田中修一行,双方就中国经济状况以及美中贸易摩擦对中国经济造成的影响等进行交流。

(10) 2019年7月11日,世界经济与政治研究所所长张宇燕研究员等在北京会见法国国际展望与信息研究中心主任、法农科院高级科学家塞巴斯蒂安·让,双方就国际经济形势、国际贸易、中国改革发展等进行交流。

(11) 2019年9月9日,世界经济与政治研究所所长张宇燕研究员、副所长姚枝仲研究员等在北京会见美国国务院首席经济学家莎朗·布朗·赫鲁斯卡一行,双方就中美两国的经贸关系及中美两国经济的现状与发展前景等进行了交流。

(12) 2019年9月10日,中国社会科学院学部委员余永定研究员等在北京会见英国外交部首席经济学家库玛·艾尔一行,双方就中国宏观经济动向、中美贸易摩擦及全球规则体系等进行了交流。

(13) 2019年9月19日,亚洲开发银行研究所所长吉野直行到访世界经济与政治研究所,并发表了题为"Quality Infrastructure and Private Financing by Use of Spillover TAX Revenues"的演讲。

(14) 2019年10月8日,世界经济与政治研究所所长张宇燕研究员等在北京会见美国国会议员助手代表团路易斯安那州共和党联邦参议员的新闻秘书罗伯特·埃弗里一行,双方就国际贸易体制、中美能源合作等进行交流。

(15) 2019年10月10日,世界经济与政治研究所所长张宇燕研究员、副所长宋泓研究员等在北京会见澳大利亚国立大学教授彼得·德里斯代尔一行,双方就中澳两国关系、"一带一路"倡议、RCEP等进行交流。

(16) 2019年10月18日,世界经济与政治研究所所长张宇燕研究员、副所长姚枝仲研究员在北京会见日本亚洲研究所所长深尾京司、研究企画课森永正裕科长一行,双方就中日之间在"一带一路"方面的合作,从美日贸易摩擦看当前中美贸易摩擦和冲突以及未来双方的合作等进行交流。

(17) 2019年10月24日,芝加哥大学教授约翰·米尔斯海默到访世界经济与政治研究所参加"钱俊瑞—浦山讲座",并作了题为"自由主义霸权的兴衰"的演讲。

(18) 2019年11月21—25日,世界经济与政治研究所所长张宇燕研究员率团赴丹麦和捷克进行学术交流。

(19) 2019年12月12日,世界经济与政治研究所所长张宇燕研究员等在北京会见德国经济和能源部经济政策司司长菲利普·斯坦伯格一行,双方就中美贸易战对中国经济带来的影响等进行交流。

(20) 2019年12月16日,世界经济与政治研究所所长张宇燕研究员等在北京会见塞尔维亚国际政治与经济研究所所长布拉尼斯拉夫·乔乔维奇一行,双方就中国与中东欧关系以及未来的合作进行交流。

（21）2019年12月16日，世界经济与政治研究所所长张宇燕研究员等在北京会见俄罗斯科学院世界经济与国际关系研究所副所长罗曼诺夫，双方就未来的合作进行了交流。

开展的国际合作研究项目如下。

（1）受中国—葡语国家经贸合作论坛（澳门）常设秘书处委托，世界经济与政治研究所2019年继续承担的"中国—葡语国家经贸合作论坛（澳门）成立15周年成效与展望第三方评估"项目。

（2）世界经济与政治研究所姚枝仲等执行的中俄合作研究项目"国际贸易体系变革背景下的中国与俄罗斯贸易政策"。

（3）世界经济与政治研究所王永中等执行的中非合作研究项目"'一带一路'建设与中非基础设施合作研究"课题。

（4）世界经济与政治研究所高凌云等执行的"中国与澜湄国家农产品贸易合作政策对话"项目。

（5）世界经济与政治研究所田旭、沈陈执行的教育部中外人文交流专项研究课题。

（6）世界经济与政治研究所熊爱宗等执行的"中国—东盟中心项目"。

此外，世界经济与政治研究所执行院"小语种与科研亟需人才出访研修资助项目"2项，完成中译外项目1项："中国学者的世界观"丛书系列第七辑。

3. 与中国香港、澳门特别行政区和中国台湾开展的学术交流

（1）2019年1月17日，世界经济与政治研究所国际贸易研究室主任东艳研究员等在北京会见日本贸易振兴机构（香港事务所）产业研究院的宫下正己，双方就中日第三方市场合作、中日关系、中美关系、日美关系的前景等进行交流。

（2）2019年4月10日，世界经济与政治研究所国际政治经济学研究室主任徐秀军研究员在北京会见日本贸易振兴机构（香港事务所）产业研究院的宫下正己，双方就中日关系、中美关系、日美关系的前景等进行交流。

（3）2019年7月8日，世界经济与政治研究所国际政治经济学研究室主任徐秀军研究员等在北京会见日本贸易振兴机构（香港事务所）产业研究院的宫下正己一行，双方就中日关系、中美关系、日美关系的前景等进行交流。

（4）2019年7月18日，世界经济与政治研究所副所长宋泓研究员等在北京会见台湾"中华经济研究院"大陆研究所所长刘孟俊、副所长吴佳勋一行，双方就中国大陆经济与改革发展、美中贸易摩擦与中国大陆对外战略等问题进行讨论。

（5）2019年7月24日，世界经济与政治研究所国际发展研究室副主任毛日昇研究员等在北京会见香港科技大学商学院 Albert Park 教授一行，双方就"一带一路""对外投资""中美贸易战""企业竞争力"等进行交流。

（6）2019年9月3—6日，应中国与葡语国家经贸合作论坛（澳门）常设秘书处辅助办公室的邀请，世界经济与政治研究所副所长邹治波研究员一行赴澳门进行学术访问。

（7）2019年9月17日，世界经济与政治研究所全球宏观经济研究室主任张斌研究员等在北京会见台湾"工业技术研究院"产业科技国际策略发展研究所副所长张超群一行，双方就中美摩擦等进行交流。

（8）2019年10月21日，世界经济与政治研究所副所长宋泓研究员等在北京会见了台湾"工研院"产业科技国际策略发展所政策组研究员陈丽芬一行，双方就国际经贸局势改变对祖国大陆产业对外投资的影响以及未来可能发展方向的预判等交换了意见。

（9）2019年12月9—13日，应台湾"中华经济研究院"的邀请，世界经济与政治研究所全球宏观经济研究室主任张斌研究员赴台湾进行学术交流。

（四）学术社团、期刊

1. 社团

（1）中国世界经济学会，会长张宇燕。

① 2019年3月9—10日，由中国世界经济学会、中山大学国际金融学院和上海社会科学院世界经济研究所联合主办，《国际经济评论》、China & World Economy 协办的"中国世界经济学会2019年国际金融论坛"在广东省珠海市召开。论坛的主题是"全球经济不确定性风险上升：国际金融的新形势与挑战"。

② 2019年3月21日，由中国世界经济学会、《国际经济评论》编辑部共同主办的"货币、主权与最优货币区域理论"讨论会在北京举行。

③ 2019年3月23—24日，由中国世界经济学会主办，四川大学经济学院、四川省世界经济学会、四川大学宏观经济研究院承办的"中国世界经济学会国际贸易论坛（2019）"在四川省成都市召开。论坛的主题是"多边贸易体制变革下的中国对外贸易"。

④ 2019年5月28日，由中国世界经济学会、《国际经济评论》编辑部共同举办的"'一带一路'在前南斯拉夫地区经贸合作的成果与经验、机遇与展望研讨会"在北京召开。

⑤ 2019年6月1日，由中国世界经济学会和上海对外经贸大学联合主办的"中国世界经济学会2019国际发展论坛"在上海举行。会议的主题是"'一带一路'与国际发展合作：援助、投资与开发性金融"。

⑥ 2019年8月22日，由中国世界经济学会、《国际经济评论》编辑部共同举办的"我们的邻国阿富汗：不只是帝国坟场演讲会"在北京召开。

⑦ 2019年9月7—8日，由中国世界经济学会主办，广东外语外贸大学经济贸易学院、《国际经济评论》、《世界经济》、China & World Economy 编辑部承办的"中国世界经济学会国际贸易论坛"在广东省广州市召开。论坛的主题是"中国高水平双向开放"。

⑧ 2019年9月11—12日，由中国世界经济学会、联合国贸易与发展组织、南开大学跨

国公司研究中心、经济学院国际经济研究所、国际经济贸易系联合主办的"中国世界经济学会第八届国际投资论坛"在天津市召开。论坛的主题是"全球化新时代的FDI"。

⑨ 2019年9月21—22日，由中国世界经济学会主办，吉林大学经济学院承办的"2019年中国世界经济学会年会暨中国世界经济学会中青年论坛"在吉林省长春市举办。会议的主题是"世界经济发展中的不确定性与中国开放型经济的高质量发展"。

⑩ 2019年10月18—19日，由中国世界经济学会"美国经济论坛"主办，《国际经济评论》编辑部协办，上海外国语大学国际金融贸易学院承办的中国世界经济学会"美国经济论坛首届研讨会"在上海召开。

（2）新兴经济体研究会，会长张宇燕。

① 2019年9月20日，由世界经济与政治研究所主办，国际政治经济学研究室、《世界经济与政治》编辑部承办，新兴经济体研究会协办的"新时代中国国际政治经济学：发展与创新学术研讨会"在北京举行。

② 2019年11月10—11日，由新兴经济体研究会、中国国际文化交流中心和广东工业大学主办，广东省新兴经济体研究会等单位承办的"新兴经济体研究会2019年会暨第7届新兴经济体论坛"在广东省广州市举行。论坛的主题是"制度型开放与'一带一路'高质量发展"。

2．期刊

（1）《世界经济》（月刊），主编张宇燕。

2019年，《世界经济》共出版12期，共计192万字。该刊全年刊载的有代表性的文章有：肖文、薛天航的《劳动力成本上升、融资约束与企业全要素生产率变动》，李月、徐永慧的《结构性改革与经济发展方式转变》，冯志轩、刘凤义的《生态不平等交换、价值转移与发展中经济体环境问题》，方意、陈敏的《经济波动、银行风险承担与中国金融周期》，姚枝仲的《贸易强国的测度：理论与方法》，刘晓光、刘元春、王健的《金融监管结构是否影响宏观杠杆率》，杨盼盼、李晓琴、徐奇渊的《人民币增加值有效汇率及其向不可贸易品部门的拓展》，鞠建东、陈骁的《新新经济地理学多地区异质结构的量化分析：文献综述》，赵婷、陈钊的《比较优势与中央、地方的产业政策》，范子英、王倩的《转移支付的公共池效应、补贴与僵尸企业》，沈国兵、黄铄珺的《行业生产网络中知识产权保护与中国企业出口技术含量》，孟庆斌、侯粲然、鲁冰的《企业创新与违约风险》。

（2）《世界经济与政治》（月刊），主编张宇燕。

2019年，《世界经济与政治》共出版12期，共计216万字。新增了"中华人民共和国成立70周年"专栏。该刊全年刊载的有代表性的文章有：吴心伯的《后冷战时代中美关系研究范式变化及其含义——写在中美建交40周年之际》，罗杭、杨黎泽的《国际组织中的权力均衡与决策效率——以金砖国家新开发银行和应急储备安排为例》，孙吉胜的《中国国际话语权的塑造与提升路径——以党的十八大以来的中国外交实践为例》，蔡昉的《全球化、趋同与中国经济发展》，刘若楠的《权力管控与制度供给——东盟主导地区安全制度的演进》，李滨、陈怡的《高科技产业竞争的国际政治经济学分析》，冯维江、张宇燕的《新时代国家安全学——思想渊源、实践基础和理论逻辑》，门洪华的《"一带一路"与中国—世界互动关系》，曾向红的《欧亚秩序的套娃模式：地区分化及其影响》，王存刚的《中华人民共和国外交的内质与追求》，吴志成、王慧婷的《全球治理能力建设的中国实践》，高奇琦的《全球善智与全球合智：人工智能全球治理的未来》，苏长和的《中国大国外交的政治学理论基础》，张蕴岭的《百年大变局下的东北亚》，杨光斌的《政治思潮：世界政治变迁的一种研究单元》，李滨、陈子烨的《构建互利共赢的国际政治经济学理论》，徐秀军的《经济全球化时代的国家、市场与治理赤字的政策根源》，李晨阳的《关于新时代中国特色国别与区域研究范式的思考》，胡波的《中国海上兴起与国际海洋安全秩序——有限多极格局下的新型大国协调》。

(3) *China & World Economy*（《中国与世界经济》）（英文，双月刊），主编张宇燕。

2019年，*China & World Economy*（《中国与世界经济》）共出版6期，共计约159万英文字符数。该刊全年刊载的有代表性的文章有："Bigger Than You Thought：China's Contribution to Scientific Publications and Its Impact on the Global Economy"／Qingnan Xie，Richard B. Freeman（谢清楠、理查德·弗里曼的《远超你的想像：中国对科技出版的贡献及其对全球经济的影响》），"Inequality of Opportunity in China's Labor Earnings：The Gender Dimension"／Jane Golley，Yixiao Zhou，Meiyan Wang（简·高力、周伊晓、王美艳的《从性别层面探讨中国劳动力收入中的机会不平等》），"Technology Gap，Reverse Technology Spillover and Domestic Innovation Performance in Outward Foreign Direct Investment：Evidence from China"／Jin Hong，Chongyang Zhou，Yanrui Wu，Ruicheng Wang，Dora Marinova（洪进、周崇阳、吴延瑞、王瑞程、多拉·玛莉诺娃的《技术差距、逆向技术溢出与我国对外直接投资创新行为：来自中国的实证分析》），"High-speed Rail and Urban Economic Growth in China after the Global Financial Crisis"／Shujie Yao，Fan Zhang，Feng Wang，Jinghua Ou（姚树洁、张帆、汪锋、欧璟华的《全球金融危机后中国的高铁和城市经济增长》），"Forty Years Development of China's Outward Foreign Direct Investment：Retrospect and the Challenges Ahead"／Bijun Wang，Kailin Gao（王碧珺、高恺琳的《中国对外直接投资发展的四十年：回顾与展望》），"Personal Income Tax Reform in China in 2018 and Its Impact on Income Distribution"／Peng Zhan，Shi Li，Xiaojing Xu（詹鹏、李实、徐晓静的《2018年中国个人所得税改革及其对收入分配的影响》），"Nonlinear Capital Flow Tax：Capital Flow Management and Financial Crisis Prevention in China"／Jiandong Ju，Li Li，Guangyu Nie，Kang Shi，Shang-Jin Wei（鞠建东、黎莉、聂光宇、施康、魏尚进的《非线性资本流动税：中国资本流动管理与金融危机防范》），"What Determines China's Grain Imports and Self-sufficiency？The Role of Rising Domestic Costs and Varying

World Market Prices"/ Wusheng Yu, Tianxiang Li, Jing Zhu（余武胜、李天祥、朱晶的《是什么决定了中国粮食的进口和自给自足？国内成本上升和世界市场价格变化的作用》），"China's Overinvestment and International Trade Conflicts"/ Gunther Schnabl（冈瑟·施纳布尔的《中国的过度投资和国际贸易冲突》），"Can China's Diplomatic Partnership Strategy Benefit Outward Foreign Direct Investment?"/ Churen Sun, Yaying Liu（孙楚仁、刘雅莹的《中国的外交伙伴战略是否有利于对外直接投资？》），"Input Trade Liberalization and the Export Duration of Products：Evidence from China"/ Dinggen Zhou, Jingjing Yang, Mingyong Lai（周定根、杨晶晶、赖明勇的《投入贸易自由化与产品出口期限：来自中国的实证分析》），"Global Imbalance Adjustment：Stylized Facts, Driving Factors and China's Prospects"/ Ming Zhang, Yao Liu（张明、刘瑶的《全球失衡调整：特征事实、驱动因素与中国的前景》）。

（4）《国际经济评论》（双月刊），主编张宇燕。

2019年，《国际经济评论》共出版6期，共计114万字。该刊全年刊载的有代表性的文章有：张向晨、徐清军、王金永的《WTO改革应关注发展中成员的能力缺失问题》，郑秉文的《主权养老基金的比较分析与发展趋势——中国建立外汇型主权养老基金的窗口期》，邹静娴、申广军的《金融危机后"长期停滞"假说的提出与争论》，崔凡、苗翠芬的《中国外资管理体制的变革与国际投资体制的未来》，鲁桐的《竞争中立：政策应用及启示》，张宇燕的《理解百年未有之大变局》，张明、李曦晨的《人民币国际化的策略转变：从旧"三位一体"到新"三位一体"》，蔡昉、张宇燕等的《从中国故事到中国智慧》，廖凡的《世界贸易组织改革：全球方案与中国立场》，姚洋、邹静娴的《从长期经济增长角度看中美贸易摩擦》，刘敬东的《WTO改革的必要性及其议题设计》，宋泓的《中美经贸关系的发展和展望》，桑百川的《外商直接投资动机与中国营商环境变迁》，黄益平、陶坤玉的《中国的数字金融革命：发展、影响与监管启示》，刘守英、王瑞民的《农业工业化与服务规模化：理论与经验》。

（5）《世界经济年鉴2018》（年刊），主编张宇燕。

《世界经济年鉴》2018年卷由世界经济年鉴编辑委员会2019年10月出版发行。该刊共139.4万字。该刊包括如下10部分（含9篇和附录）：①世界经济学；②全球宏观经济学；③国际贸易学；④国际金融学；⑤国际投资学；⑥世界经济统计学；⑦国际发展经济学；⑧国际政治经济学（含马克思主义国际政治经济学）；⑨全球经济治理学；⑩统计数据和关键词索引。各篇分别包括如下栏目："学科综述（年度）""最佳论文""主要图书""主要课题"。2018年卷增设了"改革开放40年40本世界经济学优秀中文图书"，列入"世界经济学"之"主要图书"栏目之中。代表性文献如下：《2017—2018年世界经济形势分析与展望》（姚枝仲），《2017年全球宏观经济学综述》（熊婉婷、崔晓敏、常殊昱、杨盼盼），《2017年国际能源文献综述》（周伊敏、田慧芳、万军、张春宇、魏蔚、王永中），《2017年国际贸易学综述》（张琳、李春顶、东艳），《2017年国际金融学综述》（刘东民、肖立晟、杨子荣），《2017年国际投资学综述》(王碧珺、陈胤默)，《2017年世界经济统计学综述》(刘仕国)，《2017年国际发展经济学研究综述》(孙靓莹)，《2017年国际政治经济学综述》(沈陈)，《2017年马克思主义国际政治经济学综述》(贾中正)，《2017年全球治理学科综述》(吴国鼎)。

（五）会议综述

第九届亚洲研究论坛

2019年4月29日，由中国社会科学院亚洲研究中心主办，世界经济与政治研究所承办的"第九届亚洲研究论坛"在北京召开。论坛的主题为"新形势下的东北亚合作"。来自中国、美国、俄罗斯、日本、韩国、哈萨克斯坦、英国等国的40余位专家学者，紧紧围绕新形势下的东北亚政治、安全、经贸合作以及"一带一路"与各国发展战略的对接等议题展开研讨。

中国社会科学院副院长高翔、韩国高等教育财团事务总长朴仁国出席开幕式并致辞。中联部前副部长于洪君、中国社会科学院学部委员张蕴岭、哈萨克斯坦KIMEP大学校长方灿荣等在会议上作了主旨演讲。

会议客观深入地总结了东北亚合作的历史、现状以及当前存在的问题，详细论述了继续推动东北亚合作的必要性、可行性和新的发展机遇。除主论坛外，会议设了两个平行的分论坛，与会学者从专业研究领域和不同视角对东北亚经贸合作、"一带一路"倡议与各国发展战略如何对接等问题进行了探讨和交流，共同分享了东北亚合作的经验，同时对面临的挑战提出了各自的见解。

（郁艳菊）

2019年中国世界经济学会年会暨
"世界经济发展中的不确定性与中国开放型经济的高质量发展"理论研讨会
中国世界经济学会中青年论坛

2019年9月21—22日，由中国世界经济学会主办，吉林大学经济学院承办的"2019年中国世界经济学会年会暨中国世界经济学会中青年论坛"在吉林省长春市举办。会议的主题为"世界经济发展中的不确定性与中国开放型经济的高质量发展"，主要议题包括"世界经济问题研究中的理论创新和方法论""不确定性下的货币竞争与汇率波动""不确定性与中美大国战略博弈""规则重塑、制度改革与中国开放型经济的高质量发展""不确定性下的经济增长与波动"。来自中国社会科学院、澳大利亚社会科学院等国内外高校及科研单位的300余名专家学者参加了年会。

2019年9月，2019年中国世界经济学会年会暨"世界经济发展中的不确定性与中国开放型经济的高质量发展"理论研讨会　中国世界经济学会中青年论坛在吉林大学举办。

大会设置了两场主旨演讲和10个分论坛汇报两部分。中国世界经济学会会长、中国社会科学院世界经济与政治研究所所长张宇燕研究员，中国人民银行数字货币研究所副所长狄刚研究员，中国世界经济学会副会长、南开大学教授佟家栋，中国金融四十人论坛高级研究员、国家外汇管理局国际收支司原司长管涛研究员，中国世界经济学会副会长、吉林大学经济学院院长李晓教授，澳大利亚社会科学院院士黄有光教授，清华大学教授鞠建东和复旦大学教授韦森分别发表了主旨演讲。10个分论坛包括"中国世界经济学会中青年论坛"，以及"全球经济增长与世界经济理论创新""国际贸易""国际投资""国际金融""新兴市场与发展中经济体""发达经济体""'一带一路'建设""中国开放型经济高质量发展论坛""中美经贸关系"九个平行分论坛。

会议围绕"世界经济发展中的不确定性与中国开放型经济的高质量发展"的主题，就当今世界经济中的理论和现实问题进行了讨论。

（郜艳菊）

新兴经济体研究会2019年会暨第7届新兴经济体论坛

2019年11月9—10日，由新兴经济体研究会、中国国际文化交流中心和广东工业大学共同主办，广东省新兴经济体研究会等单位承办的"新兴经济体研究会2019年会暨第7届新兴经济体论坛"在广东省广州市举行。论坛的主题为"制度型开放与'一带一路'高质量发展"。来自国内外大学、科研机构、社会团体、政府部门、工商企业和新闻媒体的近100名专家学者参加了会议。论坛分为开幕式、专题报告、主旨演讲、主题论坛、分论坛五个环节。

新兴经济体研究会会长张宇燕研究员作了题为"百年变局与新兴经济体研究"的专题报告。

在主旨演讲环节，政治学研究所所长兼新兴经济体研究会副会长张树华研究员、巴西DOCTUM大学高级研究员白华、对外经济贸易大学中国WTO研究院院长屠新泉教授、全球挑战基金会创始人兼主席沃尔特·克里斯特曼和世界经济与政治研究所国际政治经济学研究室主任兼新兴经济体研究会副秘书长徐秀军研究员分别作了主旨演讲。

论坛设有"制度型开放与'一带一路'高质量发展"一个主题论坛和"制度型开放的理论基础与实现途径""新兴经济体的共同发展与开放合作""'一带一路'高质量发展的机遇与挑战""共建'一带一路'的海外利益风险与防范"四个分论坛。与会专家认为，未来全球经济前景依然复杂，发达经济体与新兴经济体走势分化，贸易、投资、金融领域面临的冲击和挑战愈加强烈，在此背景下，促进制度型开放与加强"一带一路"高质量发展具有深远意义。

在"2019年中国新兴经济体研究会年会"上，与会者审议了新兴经济体研究会2019年度工作报告。

（郁艳菊）

俄罗斯东欧中亚研究所

（一）人员、机构等基本情况

1. 人员

截至2019年年底，俄罗斯东欧中亚研究所共有在职人员90人。其中，正高级职称人员25人，副高级职称人员22人，中级职称人员23人；高、中级职称人员占全体在职人员总数的78%。

2. 机构

俄罗斯东欧中亚研究所设有：俄罗斯政治与社会研究室、俄罗斯外交研究室、中亚与高加索研究室、乌克兰研究室、转型和一体化理论研究室、战略研究室、多边与区域合作研究室、俄罗斯经济研究室、俄罗斯历史与文化研究室、俄罗斯东欧中亚杂志社、图书馆国际研究分馆、办公室、科研处。

3. 科研中心

俄罗斯东欧中亚研究所院属科研中心有：中国社会科学院"一带一路"研究中心、中国社会科学院俄罗斯研究中心、中国社会科学院上海合作组织研究中心。

（二）科研工作

1. 科研成果统计

2019年，俄罗斯东欧中亚研究所共完成专著4种，104.2万字；论文117篇，140.4万字；研究报告3篇，1.2万字；译著4种，106万字；译文19篇，22.8万字；学术普及读物4种，2.4万字；内部研究报告54篇，16.2万字；三报一刊理论文章2篇，10.5万字；一般文章26篇，7.8万字；论文集文章29篇，34.8万字；音像资料2种。

2. 科研课题

(1) 新立项课题。2019年，俄罗斯东欧中亚研究所共有新立项课题11项。其中，国家社会科学基金课题2项："上海合作组织命运共同体构建研究"（孙壮志主持），"'一带一路'视域下中俄边民社会交往与互惠的民族志研究"（马强主持）；院重点课题1项："中塔'一带一路'框架下的对接合作研究"（孙壮志主持）；院重大国情调研课题1项："'一带一路'口岸建设与边境地区经济发展"（徐坡岭主持）；青年科研启动基金课题5项："'一带一路'建设背景下欧亚经济联盟与东盟比较研究"（王晨星主持），"俄罗斯东正教旧礼仪派研究"（刘博玲主持），"俄罗斯财政政策及其宏观经济效应研究"（丁超主持），"欧洲一体化进程与欧洲观念的变迁"（鞠豪主持），"苏州工业园区的经验及对中白工业园的启示"（王超主持）；其他部门与地方委托课题2项：当代中国与世界研究院课题"俄罗斯学者眼中的中国治国理政与中俄关系——远东篇"（蒋菁主持），当代中国与世界研究院课题"俄罗斯学者眼中的中国治国理政与中俄关系——联邦篇"（李勇慧主持）。

(2) 结项课题。2019年，俄罗斯东欧中亚研究所共有结项课题9项。其中，院重大课题1项："中国社会科学院国际形势分析年度报告（2019）"（孙壮志主持）；其他部门与地方委托课题8项：外交部委托课题"习主席圣彼得堡经济论坛讲话建议"（庞大鹏主持），教育部委托课题"中俄人文合作：思想互动与文化互鉴"（许华主持），北京第二外国语学院委托课题"俄罗斯远东发展的体制机制创新——实践与启示"（高晓慧主持），广东省委托课题"'一带一路'背景下广东省对俄罗斯务实合作"（徐坡岭主持），外交部委托课题"关于习主席在圣彼得堡国际经济论坛致辞中的几点建议"（徐坡岭主持），外交部委托课题"如何根据中俄新时代全面战略协作伙伴关系要求充实经济合作内涵"（徐坡岭主持），国家开发银行委托课题"亚信金融合作研究"（徐坡岭主持），国家发展改革委委托课题"俄罗斯科技创新体系及中俄高科技领域合作前景"（许文鸿主持）。

(3) 延续在研课题。2019年，俄罗斯东欧中亚研究所共有延续在研课题15项。其中，国家社会科学基金重点课题2项："中亚五国政治与社会稳定的总体评估与发展趋势研究"（孙壮志主持），"中俄关系通史（六卷本）"（李静杰主持）；国家社会科学基金一般课题1项："欧亚全面伙伴关系对'一带一路'倡议的影响与应对研究"（赵会荣主持）；国家社会科学基金青年课题3项："'多速欧洲'与中东欧国家的欧洲化进程研究"（鞠豪主持），"二战爆发前后苏联政治宣传研究（1933—1945）"（陈余主持），"欧洲'难民危机'与民粹主义问题研究"（徐刚主持）；国家社会科学基金冷门绝学研究专项课题1项："捷克历史研究"（姜琍主持）；中国社会科学院中俄合作研究课题1项："中俄学者对苏联历史重大问题的比较研究"（王桂香主持）；列国志课题4项："列国志——阿塞拜疆"（孙壮志主持），"列国志——乌克兰"（何卫主持），"列国志——拉脱维亚"（孙辰文主持），"国际组织志之独联体"（刘丹主持）；其他部门与地方委托课题3项：云南大学民族学一流学科建设项目"'一带一路'沿线各国民族志研究及数据库建设"暨"国家社科基金重大项目'一带一路沿线各国民族志研究及数据库建设'（17ZDA156）"子课题"中东欧和独联体代表性国家民族志研究"（马强主持），新疆智库办委托课题"境外跨界民族对新疆稳定发展的态度调研"（孙壮志主持），新疆智库办委托课题"中亚涉疆舆情月报"（苏畅主持）。

3. 获奖优秀科研成果

2019年，俄罗斯东欧中亚研究所共获奖4项。其中，获"第十届（2019年）中国社会科学院优秀科研成果奖"专著类二等奖1项：孙壮志主编的专著《独联体国家"颜色革命"研究》；论文类三等奖2项：刘显忠的论文《对列宁斯大林在建立联盟问题上分歧的再认识——兼论苏联联邦体制的问题和缺陷》，柳丰华的论文《俄罗斯对乌克兰政策视角下的乌克兰危机》。获"商务发展研究成果奖（2019）"论文类优秀奖1项：徐坡岭的论文《贸易潜力与中俄经贸合作的天花板及成长空间问题》。

（三）学术交流活动

1. 学术活动

2019年，由俄罗斯东欧中亚研究所主办和承办的学术会议如下。

（1）2019年3月23—25日，由俄罗斯东欧中亚研究所主办的"第九届俄罗斯东欧中亚青年论坛"在北京举办。会议的主题是"俄罗斯东欧中亚研究70年：学科构建与方法创新"。

（2）2019年3月28日，由中国社会科学院"一带一路"研究中心与中信改革发展研究基金会联合主办的"'一带一路'：新理念与新实践研讨会暨'一带一路'建设发展报告（2019）新书发布会"在北京举行。会议研讨的主要议题有"'一带一路'国际倡议所承载的新理念及其影响""'一带一路'建设历程中的经验教训""'一带一路'建设面临的新的国内外形势"。

（3）2019年4月1日，由中国社会科学院主办，中国社会科学院国际合作局与中国社会科学院俄罗斯东欧中亚研究所共同承办的"中国社会科学院—俄罗斯远东联邦大学俄罗斯研究中心揭牌仪式暨'中俄地方合作：新规划、新前景'"研讨会在北京举办。会议研讨

2019年4月，中国社会科学院—俄罗斯远东联邦大学俄罗斯研究中心揭牌仪式在北京举行。

的主要议题有"中俄地方各领域合作的现状、前景与存在的问题""'一带一路'倡议与欧亚经济联盟对接""中俄智库合作"。

（4）2019年5月14日，由中国社会科学院与阿塞拜疆国家科学院主办，中国社会科学院俄罗斯东欧中亚研究所、中国社会科学院经济研究所与中国社会科学院丝绸之路研究院联合承办的第二届中阿经济发展与合作研讨会"中国与阿塞拜疆的伙伴关系：新机遇、新挑战"在北京举办。会议研讨的主要议题有"中阿共建'一带一路'""中阿人文交流与文明交流互鉴""中阿地区合作"等。

（5）2019年5月17日，由中国社会科学院俄罗斯东欧中亚研究所主办，中国社会科学院"一带一路"研究中心承办的"'亚洲文明互鉴与人类命运共同体构建'分论坛——共建亚洲命运共同体国际研讨会"在北京举行。会议研讨的主要议题有"共建亚洲命运共同体""共建'一带一路'""亚洲文明交流互鉴新途径"等。

（6）2019年7月6日，由中国社会科学院大学主办，中国社会科学院大学中俄关系高等研究院、中国社会科学院俄罗斯东欧中亚研究所联合承办的"中俄新时代全面战略协作伙伴关系暨纪念中俄建交70周年"国际会议在北京举行。会议研讨的主要议题有"中俄关系70年回顾""新时代中俄全面战略协作新起点""新时代中俄务实合作：走向共赢路上的问题与出路""中俄人文领域的合作：为培育人才，促进文明互鉴"。

（7）2019年10月25日，由中国社会科学院国际合作局和中国社会科学院俄罗斯东欧中亚研究所联合主办的"中国与哈萨克斯坦'永久全面战略伙伴关系'研讨会"在北京举行。会议研讨的主要议题有"中哈双边关系和地区形势""经济与安全合作""'一带一路'与哈'光明之路'新经济政策对接合作"。

2019年7月，"中俄新时代全面战略协作伙伴关系暨纪念中俄建交70周年"国际会议。

（8）2019年10月28—29日，由中国社会科学院主办，中国社会科学院俄罗斯东欧中亚研究所承办的"中国社会科学论坛·第四届中国—中东欧论坛"在北京举行。会议研讨的主要议题有"中东欧国家与欧洲一体化""中国—中东欧国家合作与'一带一路'建设""中东欧新的地缘政治形势与大国关系"。

（9）2019年11月1日，由中国社会科学院俄罗斯东欧中亚研究所与美国研究所联合主办的"新时代中俄美三边关系"学术研讨会在北京举行。会议研讨的主要议题有"大国竞争与三国战略互动的前景""中俄美经济关系""中俄美在国际安全领域的博弈"等。

(10) 2019年11月20—21日，由中国社会科学院"一带一路"研究中心与中国艺术研究院文化战略研究中心共同承办的"上海合作组织：迈向命运共同体"文化交流大会在山西省太原市举行。会议研讨的主要议题有"'上海合作组织命运共同体'的精神内涵""'上海合作组织命运共同体'与文化包容互鉴""'上海合作组织：迈向人类命运共同体'中外文化艺术交流合作案例展示"。

(11) 2019年11月27—28日，由中国社会科学院俄罗斯东欧中亚研究所等单位主办的"第十一届俄罗斯东欧中亚与世界高层论坛"在广东省珠海市举行。会议研讨的主要议题有"2019年俄罗斯东欧中亚地区的政治、经济、外交等方面的热点问题"。

(12) 2019年12月5日，由中国社会科学院"一带一路"国际智库、中国社会科学院俄罗斯东欧中亚研究所联合主办，蓝迪国际智库承办的"中哈'一带一路'国际高级研修班"在北京开幕。研修班旨在加深各位学员对两国国情、政策的全方位了解，为未来两国友好合作与民众间的相互沟通贡献智慧和力量。

2．国际学术交流与合作

2019年，俄罗斯东欧中亚研究所共派遣出访75批129人次，接待来访22批73人次。与俄罗斯东欧中亚研究所开展学术交流的国家有俄罗斯、哈萨克斯坦、乌兹别克斯坦、吉尔吉斯斯坦、塔吉克斯坦等。

(1) 2019年2月19日，俄罗斯东欧中亚研究所所长孙壮志受乌兹别克斯坦外交部邀请参加乌外交部与联合国中亚预防性外交中心共同举办的"中亚互联互通：挑战与新机遇"国际会议。会议研讨的主要议题有"区域合作的现状和前景""中亚各国在各个领域开展合作的具体建议"。

(2) 2019年3月12—13日，俄罗斯东欧中亚研究所所长孙壮志受巴基斯坦全球与战略研究中心邀请参加"上合组织：前景与区域互联互通"的国际研讨会。会议研讨的主要议题有"区域互联互通""一体化""经济振兴""打击恐怖主义"等。

(3) 2019年5月20日，俄罗斯东欧中亚研究所副所长孙力受俄罗斯科学院远东研究所邀请赴俄与俄罗斯科学院远东所、俄罗斯科学院世界经济和国际关系研究所、莫斯科国际关系学院、圣彼得堡大学国际关系学院、圣彼得堡大学经济系的学者进行学术交流、座谈、杂志约稿。

(4) 2019年5月21日，俄罗斯东欧中亚研究所所长孙壮志、俄罗斯政治室主任庞大鹏等受欧亚媒体论坛组织委员会邀请出访哈萨克斯坦，参加第十六届欧亚媒体论坛，与该国的智库专家和政府官员进行学术交流，并实地调研两国共建"一带一路"的成果。

(5) 2019年5月22日，俄罗斯东欧中亚研究所乌克兰研究主任赵会荣受乌克兰汉学家协会邀请参加乌克兰汉学家协会举办的"第三届'一带一路'与中乌战略伙伴关系论坛",与乌克兰科学院东方所、政治学所进行学术交流,访问乌克兰政治经济研究所、中国驻乌克兰使馆和中资机构,交流乌克兰政治经济和外交形势。

(6) 2019年5月27日,俄罗斯东欧中亚研究所所长孙壮志、乌克兰研究室室主任赵会荣受白俄罗斯科学院邀请参加中国社会科学院与白俄罗斯中白工业园举办的"'一带一路'高质量发展与中白工业园建设"论坛,访问白俄罗斯科学院和白俄罗斯国立大学、中国驻白俄罗斯使馆和中资企业。

(7) 2019年5月28日,俄罗斯东欧中亚研究所副所长李进峰受印度观察家研究基金会、巴基斯坦全球与战略研究中心邀请出访印度、巴基斯坦,就上合组织扩员后印度、巴基斯坦的反应与诉求进行专题调研。

(8) 2019年5月28日,俄罗斯东欧中亚研究所俄罗斯政治室主任庞大鹏受俄罗斯国际事务委员会邀请参加第五届中俄智库论坛"俄罗斯与中国:新时期合作",并作了题为"加强中俄合作的政治共识"的演讲。

(9) 2019年5月28日,俄罗斯东欧中亚研究所俄罗斯经济研究室主任徐坡岭受俄罗斯国际事务委员会邀请参加第五届中俄智库论坛"俄罗斯与中国:新时期合作",并作了题为"中俄经贸合作的潜力和障碍"的演讲。

(10) 2019年5月28日,俄罗斯东欧中亚研究所俄罗斯外交研究室主任柳丰华受俄罗斯国际事务委员会邀请参加第五届中俄智库论坛"俄罗斯与中国:新时期合作",并作了题为"中俄'一带一盟'对接合作"的演讲。

(11) 2019年5月28日,俄罗斯东欧中亚研究所俄罗斯历史与文化研究室主任刘显忠受俄罗斯国际事务委员会邀请参加第五届中俄智库论坛"俄罗斯与中国:新时期合作",并作了题为"从中俄交往史看维护良好中俄关系的必要性"的演讲。

(12) 2019年5月28日,俄罗斯东欧中亚研究所战略研究室主任薛福岐受俄罗斯国际事务委员会邀请参加第五届中俄智库论坛"俄罗斯与中国:新时期合作"。

(13) 2019年6月18日,俄罗斯东欧中亚研究所副所长孙力受乌兹别克斯坦"尤克萨里施"全国民族运动邀请赴乌兹别克斯坦进行调研,并与乌方围绕中乌双边合作和"一带一路"倡议落实前景进行会谈。

(14) 2019年9月9日,俄罗斯东欧中亚研究所科研处处长王晓泉受俄中友好协邀请出访俄罗斯,了解俄罗斯地方政府高官、专家及企业家对中俄地方合作取得的成绩与存在的问题的看法,深入调研中国参与远东大开发以及依靠远东丰富的能源资源进行产能转移等情况。

(15) 2019年10月6日,俄罗斯东欧中亚研究所副所长孙力受白俄罗斯国家科学院中白发展分析中心邀请,赴白俄罗斯进行学术调研活动。

(16) 2019年10月15日,俄罗斯东欧中亚研究所中亚研究室主任张宁受俄罗斯独联体研究所邀请赴俄罗斯参加"中亚与俄罗斯：互利共赢合作的前景"国际研讨会，并以"中国的中亚政策"为题发表学术报告。

（17）2019年10月20日，俄罗斯东欧中亚研究所副所长柴瑜受俄罗斯远东联邦大学邀请前往符拉迪沃斯托克参加在俄举办的俄罗斯远东地区高等教育体系建立120周年纪念活动，同时参加在俄罗斯远东联邦大学中国研究中心工作框架下举办的中俄研讨会。会议的主题是"中俄在东北亚的战略协作伙伴关系的发展"。

（18）2019年11月6日，俄罗斯东欧中亚研究所副所长柴瑜受埃里温国立大学邀请出访亚美尼亚出席由该中国研究中心举办的"中国亚美尼亚发展模式研讨会"，并作会议发言。

（19）2019年11月13日，俄罗斯东欧中亚研究所俄罗斯经济研究室主任徐坡岭受俄罗斯科学院世界经济与国际关系所、乌克兰国立外交大学邀请，赴俄罗斯和乌克兰进行学术调研活动。

（20）2019年12月1日，受俄罗斯国际事务委员会邀请，俄罗斯东欧中亚研究所所长孙壮志率代表团访问俄罗斯国际事务委员会、欧亚经济委员会、"瓦尔代"国际辩论俱乐部等机构，围绕"新时代中俄战略协作伙伴关系""中国与欧亚经济联盟经贸协定落实的举措、问题及解决办法""中俄美战略互动的趋势研判及中俄对策"等议题进行研讨交流。

（21）2019年12月20—24日，俄罗斯东欧中亚研究所所长孙壮志受乌兹别克斯坦中央选举委员会邀请，出访乌兹别克斯坦。

3. 与中国香港、澳门特别行政区和中国台湾开展的学术交流

2019年3月14—15日，俄罗斯东欧中亚研究所科研处处长王晓泉受台湾南华大学邀请参加"2019中国大陆研究年会暨习近平新时代影响学术研讨会"，并就"一带一路"建设和俄罗斯东欧中亚研究领域的相关议题进行了交流。

（四）学术社团、期刊

1. 社团

中国俄罗斯东欧中亚学会，会长李永全。

① 2019年11月20日，由中国俄罗斯东欧中亚学会与上海合作组织秘书处、中国艺术研究院联合举办的"上海合作组织：迈向命运共同体文化交流大会暨2019第四届'一带一路'文化艺术交流合作国际学术研讨会"在山西省太原市举行。会议的主题是"上海合作组织人类命运共同体的精神内涵与成员国之间的文化互鉴"，研讨的主要议题有"'上海合作组织人类命运共同体'的精神内涵""'上海合作组织人类命运共同体'与文化包容互鉴""'上海合作组织：迈向人类命运共同体'中外文化艺术交流合作案例展示"。来自中国、俄罗斯、哈萨克斯坦等8个国家的70余名专家学者参会。

② 2019年11月27—28日，由中国俄罗斯东欧中亚学会与北京师范大学、中国社会科学

院俄罗斯东欧中亚研究所联合主办的"中国俄罗斯东欧中亚学会会员大会暨第十一届俄罗斯东欧中亚与世界高层论坛"在广东省珠海市举行。会议研讨的主要议题有"围绕欧亚地区战略态势""俄罗斯政治经济外交形势""俄罗斯东欧中亚地区前沿问题"。

2. 期刊

(1)《俄罗斯东欧中亚研究》（双月刊），主编孙壮志。

2019年，《俄罗斯东欧中亚研究》共出版6期，共计121.3万字。该刊全年刊载的有代表性的文章有：许涛的《丝绸之路经济带视角下的中亚地区文化环境研究》，李静杰的《中俄关系七十年》，于洪君的《从弥足珍贵的互助同盟到代价深痛的全面对抗——关于冷战时代中苏关系演变路径与教训的再思考》，王海运的《中俄军事关系七十年：回顾与思考》，常拉堂等的《中俄海军七十年合作的历史回顾与思考》，刘华芹的《开启中俄经贸合作新时代——中俄（苏）经贸合作七十年回顾与展望》，费海汀的《中国40年来的俄罗斯政治研究》，曾向红的《上海合作组织研究的理论创新：现状评估与努力方向》，孔寒冰的《对当前中东欧研究的几点学术辨析》，阎德学的《帝国理论视域下日本的斯拉夫—欧亚研究》，孙超的《中国俄苏国际问题研究的学术演进和智识革新（1978—2018)》，肖斌的《中国中亚研究：知识增长、知识发现和努力方向》，刘来会的《改革开放以来中国的俄罗斯经济研究》，庞大鹏的《世界政治中的俄罗斯：互动与传导》，付瑞红的《里根政府对苏联的"经济战"：基于目标和过程的分析》，李淑华等的《中俄媒体合作的现状、问题与建议》，赵鸣文的《中俄关系：新时代、新挑战、新发展》，苏畅的《中亚国家社会稳定影响因素探析——基于基础性因素和冲击性因素的综合分析》。

(2)《欧亚经济》（双月刊），主编高晓慧。

2019年，《欧亚经济》共出版6期，共计96.2万字。该刊全年刊载的有代表性的文章有：刘华芹、于佳卉的《世界变局中的中俄经贸合作》，欧阳向英、贾中正的《战略、结构与空间——中美贸易摩擦背景下中俄经济互补性研究》，童伟、马胜楠的《俄罗斯政府稳定运营的财税基础：规模与结构》，张宁的《中国与中亚国家的粮食贸易分析》，刘莹、王维然的《中哈双边贸易对哈萨克斯坦经济的影响》，孔田平的《中东欧经济转轨30年：制度变迁与转轨实绩》，刘作奎的《"一带一路"倡议下中国对巴尔干地区的投资现状及影响——基于实地调研案例分析》，孔寒冰的《起始、剥离与回归——中东欧国家20世纪的两次社会转型》，姜琍的《"16+1合作"和"一带一路"框架内的中国与斯洛伐克经贸合作》，徐刚的《中国与中东欧国家地方合作：历程、现状与政策建议》，鞠豪的《浅谈"16+1合作"的影响因素》，李建民的《浅析中俄北极合作：框架背景、利益、政策与机遇》，王志远的《"冰上丝绸之路"：马克思主义地理学视阈的认知建构》，丛晓男的《俄罗斯北方海航道发展战略演进：从单边管控到国际合作》，易鑫磊的《中俄共建"冰上丝绸之路"：概念、目标、原则与路径》，刘乾的《西方制裁下的俄罗斯北极油气开发》，徐坡岭、黄茜的《地缘与区域生产分工网络对亚美尼亚经济发展的影响》，张聪明的《公司治理：俄罗斯上市公司合规考察》，高际香的《俄罗斯延迟退休的经济与社会效应分析》，李勇慧、倪月菊的《俄罗斯远东超前发展区和自由港研究》，李进峰的《中国在中亚地区"一带一路"产能合作评析：基于高质量发展视角》，赵会荣的《"一带一路"高质量发展与境外经贸合作区建设——以中白工业园为例》，郑维臣的《俄罗斯国际收支结构与宏观经济稳定》，蒋菁的《新时代中俄地方投资合作信任模式初探》，刘遵乐的《中国新疆核心区对外贸易发展新趋势及相关建议——基于"一带一路"背景下的探讨》。

（五）会议综述

第五届中俄智库高端论坛
——"中国与俄罗斯：新时代的合作暨中俄建交70周年"

2019年5月29—30日，"中国与俄罗斯：新时代的合作暨中俄建交70周年"中俄智库高端论坛在莫斯科举行。论坛由中国社会科学院和俄罗斯国际事务委员会主办，中国社会科学院俄罗斯东欧中亚研究所和中国社会科学院中俄战略协作高端合作智库承办，中国俄罗斯友好协会协办。中俄双方智库、媒体、学界，俄方有关部委、实业界、文化界及驻华使团代表共300余人出席论坛。

在论坛开幕式上，原国务委员、中俄友好、和平与发展委员会中方主席戴秉国，中国社会科学院院长、中国社会科学院中俄战略协作高端合作智库理事长谢伏瞻，中国驻俄大使李辉，俄罗斯外交部原部长、俄罗斯国际事务委员会主席伊万诺夫，俄罗斯联邦政府副总理、俄中政府首脑会晤筹备委员会俄方主席阿基莫夫，俄罗斯杜马外交委员会主席斯卢茨基，俄罗斯独联体事务、俄侨和国际人文合作署署长米特罗法诺娃，俄中友好协会主席梅津采夫出席并致辞。中国社会科学院俄罗斯东欧中亚研究所所长孙壮志作大会发言。论坛主要围绕三个主题展开讨论。

（1）建交70年来的中俄关系

2019年正值中俄建交70周年，目前，中俄关系处于历史最好水平，两国在许多重大国际问题上保持一致，相互支持。历经多年发展，中俄关系已经成为最正常、健康、成熟和最有质量的新型大国关系，有力维护了两国安全、主权和利益。中俄全面战略协作伙伴关系一直保持着高水平发展，不仅符合两国和两国人民的根本利益，也符合时代发展潮流。展望未来，中俄关系应更上一层楼，着眼于双边关系发展和世界局势变化，增强战略互信，推动民间交流。

（2）中俄两国在复杂多变国际局势中的战略协作

中俄两国在国际和地区层面拥有广泛的共同利益，中俄全面战略协作伙伴关系具有深刻内涵。近年来，中俄两国领导人高频会见，为中俄关系持续发展提供了强有力的政治保障，引领中俄关系高水平运行。中俄两国都是世界舞台上的重要力量,两国携手并肩,互助共济,充分利用世界经济新常态带来的新机遇,共同应对国际形势新挑战,打造两国牢不可破的发展共同体、利益共同体、安全共同体、责任共同体和命运共同体,成为创建新的国际秩序的中坚力量。中俄携手构建新型国际秩序,坚持世界各国平等参与的原则,努力解决国际体系碎片化的问题,为世界格局的健康发展作出了重要贡献。中俄两国关系发展将拥有光明的前景。

(3)全球化时代中俄经贸合作

中俄两国专家就中俄双边贸易、相互投资、贸易与投资便利化、合作模式、促进机制、金融合作、能源合作等问题展开讨论。新技术条件下中俄两国在欧亚地区拥有共同经济利益,应加快推动"一带一路"与欧亚经济联盟对接。此外,美国对俄实施经济制裁,对华发起贸易战,中俄两国应加强合作,联手应对。

此次,论坛还设立了"中俄能源合作"及"中俄高新技术领域合作"和"中俄人文合作"三个分论坛。论坛期间,中国社会科学院与俄罗斯国际事务委员会联合发布《新时代的中俄农业合作:现状与前景》智库报告,报告成果为进一步发展中俄经贸合作、落实战略对接提供参考。

(郭晓琼)

第十一届俄罗斯东欧中亚与世界高层论坛

2019年11月27—28日,"中国俄罗斯东欧中亚学会会员大会暨第十一届俄罗斯东欧中亚与世界高层论坛"在广东省珠海市召开。会议由中国俄罗斯东欧中亚学会、北京师范大学、中国社会科学院俄罗斯东欧中亚研究所主办。来自教育部、商务部、外交部的相关领导与中国社会科学院俄罗斯东欧中亚研究所、国务院发展研究中心、中国现代国际关系研究院、上海国际问题研究院、北京师范大学、中国人民大学、上海外国语大学、华东师范大学、山东大学、黑龙江大学、四川大学、首都师范大学、哈尔滨师范大学等研究机构和高校的专家学者参加了会议。与会学者围绕欧亚地区战略态势、俄罗斯政治经济外交形势与俄罗斯东欧中亚地区前沿问题三个议题进行了深入的探讨。

在论坛开幕式致辞中,中国俄罗斯东欧中亚学会会长李永全首先明确了俄罗斯东欧中亚研究的重要意义。他指出,新中国70年的外交史有四项重要的内容,一是中苏建交,二是中美建交,三是中苏中俄关系的发展变化,四是"一带一路"建设的开启。这四项内容都与欧亚地区有着密切的关系。站在中国外交的角度,欧亚研究的重要性不言而喻。为搞好欧亚研究,我们需要整合全国的师资力量与科研人才,并打造基础研究与应用研究相结合的学术平台。

北京师范大学副校长周作宇首先对到会的专家学者表示了欢迎。他指出,2019年是新中国成立70周年,也是东欧剧变30周年。面对世界格局的深刻变化,我们应该对欧亚地区进行深入研究。搞好欧亚研究，需要的不仅是学术界的努力，更是学术界和外交战线、金融战线、文化战线同仁的通力合作。唯有如此，才能真正提升中国的国际胜任力。

教育部国际司司长李海对我国和俄罗斯东欧中亚各国的教育合作进行了总结。他认为，过去的教育合作积累了丰硕的成果：对话与合作机制趋于完善，法律文件日益丰富，留学生与高校校际交流也不断增多。在欧亚地区，一股学习汉语的热潮也正在兴起。未来，我们将继续提升交流规模，全面拓展合作空间，同时关注重点领域。在回应国家发展需求的基础上，切实推动中国与这些国家的教育合作。

商务部欧亚司副司长刘雪松总结了欧亚地区共建"一带一路"的进展与挑战。就进展来说，高起点对接、高密度联通、高速度增长、高规模融资与高频度往来是双方合作的关键词。就挑战而言，贸易增长遇阻，自由贸易机制缺失，区域合作推进缓慢，通道建设遭遇瓶颈是合作的主要问题。未来，我们应深挖贸易增长潜力，增强投资增长动力，凝聚金融支持合力，增强风险防控能力，切实推动欧亚地区的"一带一路"建设。

外交部欧亚司参赞刘浩首先阐述了欧亚地区的基本形势。他认为2019年欧亚地区的总体形势稳中向好，政治上基本稳定，经济上总体维持企稳向好的势头，但国际局势演变与大国竞争博弈也在影响该地区。在中国与欧亚地区各国的交往中，元首外交发挥了极为重要的作用。在现有关系的基础上，未来我们将进一步推动中俄关系以及中国与东欧中亚国家关系的深化与发展。

在论坛的第一单元，与会专家就2019年欧亚地区战略态势作了精彩发言。中国社会科学院俄罗斯东欧中亚研究所所长孙壮志对2019年欧亚地区总体形势及其对华关系走向进行了分析。

中国现代国际关系研究院学术委员会主任季志业认为，欧亚地区已进入内部整合的窗口期。一方面，各国政局正进入新的平稳期。而另一方面，美国与欧盟都没有将过多精力投放在这一地区。相对平静的局势为欧亚地区加强内部整合提供了机遇。能否实现整合既取决于俄罗斯的领导力，也取决于各国的国内形势与参与意愿。但对于欧亚地区的整合趋势，中国应持积极态度。中国驻俄罗斯使馆原国防武官、少将王海运重点谈到了俄罗斯对中国的战略价值。中国社会科学院俄罗斯东欧中亚研究所副所长柴瑜对中国的改革开放与"一带一路"的开放性进行了阐释。

在论坛的第二单元，与会学者重点探讨了俄罗斯的基本形势。中国社会科学院俄罗斯东欧中亚研究所的徐坡岭研究员对中俄经贸现状进行了分析。他指出，中俄经贸合作有总量、结构与政策的天花板。但中俄之间不存在"政热经冷"问题。无论是贸易紧密度还是多元化合作机制都表明，两国经贸合作的热度很高。政治互信水平决定经贸合作的可能性与合作空间，但不是经贸合作的直接推动力。因此不应把经贸合作政治化，也不能用政治原则和政治手段解决经贸问题。

中国社会科学院学部委员陆南泉作了题为"新时代中俄关系若干问题分析"的发言。他认为新时代的中俄全面战略合作伙伴关系有着特殊的含义。建立这一关系既受到国际因素的影响，也与两国自身发展形势相关。新时代中俄全面战略合作伙伴关系的出现并非偶然，也不会是一成不变的。由此出发，我们应冷静与理性地认识中俄关系，并寻求巩固与发展中俄关系的可行办法。北京师范大学俄罗斯研究中心主任刘娟谈及了中国中学俄语教学的问题与前景。中国社会科学院俄罗斯东欧中亚研究所研究员庞大鹏分析了2019年俄罗斯在政治观念与制度层面，包括政治思想、社会情绪、宪政体制、联邦制度、选举制度、议会制度和政党制度的新动态。北京师范大学俄罗斯中心学术委员会主任李兴重点阐述了亚欧一体化的话语体系建构，特别是中俄在建构过程中的不同路径与方式。中国社会科学院俄罗斯东欧中亚研究所研究员李勇慧对俄罗斯外交的总体形势和"向东看"政策进行了评述。

在论坛的第三个单元，学者们对俄罗斯东欧中亚地区的前沿问题进行了研讨。首都师范大学的刘文飞教授首先谈到了中俄的文学外交。中国社会科学院俄罗斯东欧中亚研究所研究员高歌作了题为"中东欧政治转型30年"的发言。黑龙江省俄罗斯东欧中亚学会会长刘爽详细介绍了俄罗斯远东经济超前发展区的情况。四川大学国际关系学院副院长李志强对新时代的中俄印三边关系进行了阐释。中国社会科学院俄罗斯东欧中亚研究所研究员赵会荣介绍了中白关系的最新进展与前景。中国社会科学院俄罗斯东欧中亚研究所研究员张弘详细分析了泽连斯基的外交政策。

在闭幕式上，中国俄罗斯东欧中亚学会会长李永全对论坛进行了总结。

（鞠　豪）

欧洲研究所

（一）人员、机构等基本情况

1. 人员

截至2019年年底，欧洲研究所共有在职人员54人，其中，正高级职称14人，副高级职称15人，中级职称15人；高、中级职称人员占全体在职人员总数的81%。

2. 机构

欧洲研究所设有：欧洲经济研究室、欧盟法研究室、欧洲社会文化研究室、欧洲政治研究室、国别研究室、中东欧研究室、欧洲国际关系研究室、《欧洲研究》编辑部、图资信息室、办公室。中国欧洲学会秘书处和世界政治学会秘书处挂靠在欧洲研究所。

3. 科研中心

欧洲研究所院属科研中心有：国际发展合作与福利促进研究中心、西班牙研究中心、中德合作研究中心；所属科研中心有：马克思主义与欧洲文明研究中心、台港澳研究中心。

（二）科研工作

1. 科研成果统计

2019年，欧洲研究所共出版专著2种，59.2万字；译著1种，17.2万字；论文集3部，32.05万字；论文53篇，55.79万字；智库报告16本（中文报告7本，123.35万字；英文报告9本，171.95万字）；皮书1种，35.3万字。

2. 科研课题

（1）新立项课题。2019年，欧洲研究所共有新立项课题12项。所重点课题1项："欧洲发展蓝皮书（2019—2020）"（黄平主持）；习近平思想研究中心重点项目新立项1项（田德文主持）；另有全球院国家高端智库认领课题10项。

（2）结项课题。2019年，欧洲研究所共有结项课题8项。其中，院国情调研重大课题1项："欧盟贸易保护主义新动向与中国的对策"（程卫东主持）；国家社会科学基金课题3项："中东欧国家在'丝绸之路经济带'战略构想中的地位与风险评估研究"（刘作奎主持），"海洋争端国际仲裁的新发展与中国对策研究"（刘衡主持），"城市化进程中欧洲国家的社会住房政策研究"（李罡主持）；列国志海外调研课题4项："克罗地亚"（莫伟主持），"斯洛文尼亚"（蔡雅洁主持），"奥地利"（秦爱华主持），"葡萄牙"（李靖堃主持）。

（3）延续在研课题。2019年，欧洲研究所共有延续在研课题14项。国家社会科学基金课题12项："东西德统一的历史经验研究"（周弘主持），"法国多元文化主义的当代困境及其治理研究"（张金岭主持），"德国在欧盟地位和作用的变化及中国对欧政策研究"（杨解朴主持），"欧洲养老金制度改革及对我国的借鉴意义"（彭姝祎主持），"'一带一路'背景下中国与一体化组织的外交政策研究"（贺之杲主持），"欧洲'选举年'后美欧关系走向及对我影响"（黄萌萌主持），"'一带一路'战略框架下中国与中东欧国家合作模式研究"（孔田平主持），"'一带一路'战略框架下中欧产能合作研究"（杨成玉主持），"欧盟投资法院制度及中国应对研究"（叶斌主持），"后危机时期欧元区金融体系改革及其启示研究"（胡琨主持），"中东欧国家的'中国观'构建研究"（鞠维伟主持），"欧盟的创新系统模式及对我国的借鉴研究"（孙艳主持）。

（三）学术交流活动

1. 学术活动

2019年，由欧洲研究所主办和承办的学术活动如下。

（1）2019年6月20日，由清华大学国家金融研究院主办，中国社会科学院欧洲研究所承办的《社会市场经济：兼容个人、市场、社会和国家》新书发布会在中国社会科学院学术报告厅举行。

（2）2019年9月26—27日，由中国社会科学院欧洲研究所、同济大学政治与国际关系学院等单位举办的"在不确定性中寻找确定性：大变局背景下的中欧关系"国际研讨会在上海举行。

（3）2019年12月17日，由中国社会科学院欧洲研究所、中国欧洲学会与社会科学文献出版社共同举办的《欧洲蓝皮书（2018—2019）》发布会以及欧洲形势年会在北京举行。

（4）2019年12月18日，由中国社会科学院欧洲研究所举办的《中国与匈牙利：变化世界中的双边关系70年》新书发布会在北京举行。

2．国际与地区学术交流和合作

2019年，欧洲研究所共派遣出访90批110人次。与欧洲研究所开展学术交流的国家有英国、德国、法国、匈牙利、塞尔维亚、捷克等。

（1）2019年4月12日，由中国社会科学院、波兰亚洲研究中心、华沙大学波中法律经济研究中心、中国—中东欧国家智库交流与合作网络共同举办的"经济全球化与中欧中波关系研讨会"在波兰首都华沙举办。

（2）2019年4月15日，由中国社会科学院欧洲研究所和塞尔维亚国际政治经济研究所联合主办的"一带一路：六年历程"国际研讨会在塞尔维亚贝尔格莱德举行。中塞学者、使馆代表、智库代表40余人参会。

（3）2019年6月14日，由中国社会科学院欧洲研究所与俄罗斯科学院欧洲研究所共同举办的中国社会科学圆桌会议"中俄比较视角下的欧洲研究"在俄罗斯莫斯科举行。

（4）2019年6月16日，中国—中东欧研究院与匈牙利国家行政大学在布达佩斯共同举办了会议。全国人大常委会委员长栗战书和匈牙利国会主席出席了会议并致辞。

（5）2019年9月4日，由中国社会科学院中国—中东欧国家合作秘书处与斯洛文尼亚外交部共同主办的"第六届中国—中东欧国家高级别智库研讨会"在斯洛文尼亚布莱德举行，来自中国、斯洛文尼亚以及其他中东欧国家的政要学者100余人参加会议。

（6）2019年9月6日，由中国—中东欧研究院和匈牙利雅典娜创新与地缘政治基金会共同举办的"变动世界中的双边关系：中国与部分中东欧国家建交70周年学术研讨会"在匈牙利首都布达佩斯举行，来自中国、匈牙利、捷克、罗马尼亚等国的50余位专家学者参加会议。

（7）2019年9月23日，中国社会科学院中国—中东欧研究院与匈牙利外交与贸易研究所（IFAT）在布达佩斯联合举办了以"中匈建交70周年"为题的学术会议。来自中国、匈牙利两国的100余位学者就70年来中匈政治、经济关系及人文交流等进行研讨。

（8）2019年9月26日，由中国社会科学院中国—中东欧研究院和匈牙利安塔尔知识中心主办的以"'一带一路'倡议之区域维度"为题的国际会议在比利时布鲁塞尔举行。

（四）学术社团、期刊

1. 社团

中国世界政治研究会，会长黄平。

中国欧洲学会，会长周弘。

① 2019 年 5 月 18—19 日，中国欧洲学会在上海举办题为"站在十字路口的欧洲"的学会年会。

② 2019 年 11 月 4—8 日，中国欧洲学会在天津举办题为"经济政策环境不确定下的欧盟"的第九届海峡两岸欧洲研究论坛。

（1）中国欧洲学会欧洲政治研究分会

2019 年 4 月 23 日，中国欧洲学会欧洲政治研究分会在北京举办"中欧关系季度形势研讨会"第一次会议。

（2）中国欧洲学会欧洲法律研究分会

2019 年 12 月 13—15 日，中国欧洲学会欧洲法律研究分会在北京举办主题为"国际争端解决：欧盟与中国方案"的年会。

（3）中国欧洲学会欧洲一体化史研究分会

2019 年 10 月 11 日，中国欧洲学会欧洲一体化史研究分会与中国—中东欧国家智库网络举行"欧盟扩大与西巴尔干发展前景"小型研讨会。

（4）中国欧洲学会英国研究分会

2019 年 11 月 28 日，中国欧洲学会英国研究分会在北京举办《英国蓝皮书：英国发展报告（2018—2019）》发布会暨"英国大选、脱欧前景与转型挑战"研讨会。

（5）中国欧洲学会法国研究分会

① 2019 年 6 月 24 日，中国欧洲学会法国研究分会联合北京大学博古睿研究中心在北京举行的"相互尊重、合作共赢、交流互鉴：纪念中法建交 55 周年国际学术研讨会"。

② 2019 年 8 月 28 日，中国欧洲学会法国研究分会在北京举行"多维视角下的法国局势"学术研讨会暨新版列国志《法国》（第四版）发布会。

③ 2019 年 12 月 14 日，中国欧洲学会法国研究分会在北京召开中国欧洲学会法国研究分会 2019 年会暨法国局势研讨会。

（6）中国欧洲学会德国研究分会

① 2019 年 1 月 8 日，中国欧洲学会德国研究分会在北京举办了"德意志帝国的崛起"报告会。

② 2019 年 3 月 26 日，中国欧洲学会德国研究分会在北京举办了"当前的中欧关系"报告会。

③2019年5月20日，中国欧洲学会德国研究分会在北京举办了"中德关系：合作、竞争与矛盾"报告会。

④2019年11月15—16日，中国欧洲学会德国研究分会在北京举办了"国际专家论坛：战后德国记忆文化建构发展"。

⑤2019年12月12日，中国欧洲学会德国研究分会在北京主办了2019年"德国年终形势研讨会"。

（7）中国欧洲学会意大利研究分会

2019年11月23—24日，中国欧洲学会意大利研究分会在广州举行中国欧洲学会意大利研究分会2019年年会暨"迈向建交50周年的中意关系"研讨会。

（8）中国欧洲学会中东欧研究分会

2019年12月，中国欧洲学会中东欧研究分会在北京举办"中东欧研究向何处去"国际会议。

（9）中国欧洲学会欧洲经济分会

欧洲经济研究分会2019年与中国社会科学院欧洲研究所联合举办6次学术报告会，题目涉及欧洲经济一体化、法国经济、德国经济、意大利经济等。

2．期刊

《欧洲研究》（双月刊），主编黄平。

2019年，《欧洲研究》共出版6期，约计150万字。全年刊载的有代表性的文章有：余南平、黄郑亮的《全球与区域中的国际权力变化与转移——以德国全球价值链的研究为视角》，丁纯、强皓凡、杨嘉威的《特朗普时期的美欧经贸冲突：特征、原因与前景——基于美欧贸易失衡视角的实证分析》，程卫东的《分裂现实的确认、解构与两德统一——从〈基础条约〉到〈统一条约〉的渐变与突变》，赵柯、李刚的《资本主义制度再平衡：全民基本收入的理念与实践》，周弘、金玲的《中欧关系70年：多领域伙伴关系的发展》。

（五）会议综述

"16+1合作"现状及未来走势研讨会

2019年4月8日，由中国社会科学院欧洲研究所、16+1智库交流与合作网络和萨格勒布经济管理学院共同主办的"'16+1合作'现状及未来走势研讨会"在克罗地亚首都萨格勒布举行。活动是配合李克强总理访问克罗地亚并参加"16+1"总理峰会的一次重要配套活动。中国社会科学院副院长王京清、克罗地亚前副总理司马安、克罗地亚经济管理学院院长杜罗·尼亚弗洛以及中国社会科学院欧洲研究所所长、16+1智库交流与合作网络理事长黄平等30位中、克学者和专家出席了会议。

中国社会科学院副院长王京清在开幕式的主旨发言中表示，中国与克罗地亚建交 27 年来，双边关系发展势头良好，两国政治互信牢固，双边贸易规模持续扩大，人文交流活跃。一直以来克罗地亚始终支持并积极参与 "16+1 合作"，作为欧盟成员国，克罗地亚在推动中欧合作方面也起到了积极的作用。王京清还介绍了中国当前扩大对外开放的行动和举措，这些行动和举措表明了中国提高全面对外开放水平的决心。王京清表示，"16+1 合作" 进入了第八个年头，此次在克罗地亚举办的重要智库会议，旨在积极配合即将在克罗地亚举行的 16+1 总理峰会，为未来的 "16+1 合作" 建言献策。

克罗地亚前副总理司马安表示，中国具有 5000 年悠久的历史文化，产生了孔子、孟子、孙子等伟大思想家，给全世界带来火药、纸张等影响深远的发明。今天，中国已经成为世界第二大经济体、世界第一出口大国、欧盟第二大贸易伙伴，出口大量工业品和农产品。中国每年毕业的博士研究生数量位居世界第一，出版了大量的研究成果。中国社会科学院是中国政府的智库，亚洲第一大智库，有 3000 多名研究人员，对中国发展有重要推动作用。他表示，非常欢迎中国社会科学院代表团访问克罗地亚，这会增强中西方之间、中国欧盟之间以及中克之间的相互了解和友谊。中国是唯一启动同欧盟开展次区域多边合作的国家，建立了 "16+1 合作" 框架，通过汇聚思想、人力和资金来推动与中东欧国家的合作。中国正从科技、贸易等领域改变世界，克罗地亚需要抓住机会。

萨格勒布经济管理学院院长尼亚弗洛对与会者来到经管学院参会表示欢迎，并表示作为该学院的联合创立者，愿意同中国积极开展各种合作。他指出，今天迎来了来自中国的知名的专家学者，探讨中克合作和 "16+1 合作"，萨格勒布经管学院也很荣幸参与到 "16+1 合作" 中，愿意通过积极参与这一合作框架，来加强同各国的教育合作与交流。

黄平表示，很荣幸作为中国社会科学院两个重要智库平台的主持者——16+1 智库交流与合作网络、中国—中东欧研究院参加了此次会议，并作为主持方推动此次会议成功召开。中克友好关系历史久远，合作潜力很大，智库交流有很大的合作潜力，过去几年同克罗地亚智库展开了多种形式的合作，促进了民心相通，愿意在未来借助两个平台，继续开展深入合作。

与会学者分别就中国与世界新秩序、中东欧国家如何看待中国发展、中东欧中小型开放经济体的发展道路、"16+1 合作" 八年的成果和影响、中国投资巴尔干的案例分析、中国的务实制度主义外交在推动 "16+1 合作" 中的作用、欧盟外部投资安全审查机制的合法性问题、克罗地亚参与 "16+1 合作" 的活跃度以及 "一带一路" 倡议下的人文交流的多维度视角、中克在多个领域人文交流现状等展开研讨并进行了互动交流。

黄平在会议总结中表示，跨文化交流对推动中克和中欧之间的相互了解非常重要，他本人从事多年的跨文化交流活动，文化不是属于某个人或某个机构，而是全人类共同的财产。文化具有差异性，但文化交流却具有包容性，只要文化之间秉承相互理解、相互包容，就会对双边合作产生积极影响。

（科研处）

"16+1合作"中的中克人文交流圆桌会议

2019年4月10日，由中国社会科学院和克罗地亚杜布罗夫尼克大学共同主办的"'16+1合作'中的中克人文交流圆桌会议"在克罗地亚杜布罗夫尼克举行。克罗地亚前副总理司马安，中国社会科学院副院长王京清，杜布罗夫尼克大学校长尼克萨·布鲁姆、副校长马丁·拉萨尔、桑加·维尔贝卡教授等近30位中、克学者和专家出席了会议。

中国社会科学院副院长王京清就中克人文交流作主旨发言。他指出，此行到杜布罗夫尼克召开人文交流会议是配合中国国务院总理李克强访问克罗地亚并参加16+1总理峰会而举办。中国高度重视与中东欧国家的友好合作关系，双方经贸和投资合作取得长足进步，良好的经贸关系为"16+1合作"注入了新动力。

王京清还详细介绍了中国社会科学院的情况以及社科院两家智库16+1智库网络和中国—中东欧研究院的发展情况。王京清副院长对于中国社会科学院和杜布罗夫尼克大学展开深入交流合作提出了一系列建议：（1）围绕"一带一路"建设展开研究、项目交流和人员往来；（2）利用好社科院的智库平台，加强智库间的常规性合作；（3）利用好中国社会科学院大学的平台，加强双方的教师、学生、学历等领域深入合作。

杜布罗夫尼克大学校长布鲁姆教授热情欢迎王京清副院长率团访问，并表示，杜布罗夫尼克大学愿意就王京清副院长的提议开展系列合作。杜布罗夫尼克大学在经济学等人文学科研究领域有一定的积累，配有本科、研究生教学。该大学负责教学和国际合作的副校长将会进一步与中国社会科学院交流，探讨合作意向，达成具体合作协议。

克罗地亚前副总理司马安表示，文化交流是中克相互了解的重要渠道，中国社会科学院和杜布罗夫尼克大学可就具体的一个项目进行探讨，开展合作，不必寻求大而全，先从小的、具体的合作项目着手。此次李克强总理访问克罗地亚是个很好的契机，双方可就此开展常规化联络并制度化这种合作。中国的发展是个世界奇迹，也给世界发展带来了巨大机遇，克罗地亚乐见中国的发展，并愿意充分利用好"一带一路""16+1合作"等平台，发展对华友好关系。

中国社会科学院欧洲研究所所长、16+1智库网络理事长黄平研究员则对中国社会科学院的具体发展史和中克关系发展进行了梳理，并提出深入发展关系的看法。

会议聚焦"中克人文交流"主题，并对双方今后潜在的合作领域进行了探讨。与会嘉宾就相关问题进行了讨论，并提出了加强中克人文交流的具体看法。

"经济全球化与中欧中波关系"研讨会

2019年4月12日,由中国社会科学院、波兰亚洲研究中心、华沙大学波中法律经济研究中心、中国—中东欧国家智库交流与合作网络共同主办的"经济全球化与中欧中波关系"研讨会在波兰首都华沙举行。中国社会科学院院长谢伏瞻、中国驻波兰大使刘光源、波兰亚洲研究中心主任帕特里西亚、波兰国家银行管理委员会委员卡西米尔察克、波兰前驻华大使霍米茨基等近100位中、波学者和专家出席了会议。

波兰亚洲研究中心主任帕特里西亚代表波兰组织方致欢迎辞,热烈欢迎谢伏瞻院长率团前往波兰,希望中波关系可以在未来充分发挥潜力,更进一步。

中国社会科学院院长谢伏瞻就中波经济合作与全球化发表讲话。他指出,展望未来,中波两国完全可以在共建"一带一路"和波兰政府"负责任的发展计划"之间寻找深化合作的契机,推动双边关系稳步提升。他认为中波可以在四个方面加强合作:第一,深化在基础设施领域的合作;第二,深化在开发性金融领域的合作;第三,深化在科技创新方面的合作;第四,深化在智库领域的交流与合作。

刘光源大使在研讨会致辞时表示,2019年是新中国成立70周年,也是中波建交70周年。2015年和2016年杜达总统和习近平主席成功进行互访之后,两国的关系定位为全面战略伙伴关系。在"一带一路"和"16+1"框架之下,双方的合作成果丰硕,给两国人民都带来了实实在在的利益。中国非常重视波兰在欧洲和在欧盟的重要地位,波兰是中国在中东欧重要的合作伙伴。展望未来,中波合作前景广阔,期望能够在两国元首的引领之下,双方共同努力使两国关系迈上新的台阶。

研讨会聚焦中波经济合作、中欧关系和全球化,与会学者就《外商投资法》、深化基建合作、保障投资安全等方面展开讨论。

(科研处)

"一带一路:六年历程"国际研讨会

2019年4月15日,由中国社会科学院欧洲研究所与塞尔维亚国际政治与经济研究所主办的"一带一路:六年历程"国际研讨会在塞尔维亚首都贝尔格莱德举行。中国社会科学院副院长高培勇,塞尔维亚教育部国务秘书波波维奇,中国驻塞尔维亚大使陈波到会致辞。塞尔维亚国际政治与经济研究所所长乔尔杰维奇,中国社会科学院社会发展战略研究院院长张翼,中国社会科学院大学副校长林维,中国社会科学院欧洲研究所副所长、16+1智库网络副理事长田德文等40余位中塞学者、使馆代表、智库代表出席会议。

乔尔杰维奇所长对高培勇副院长的来访表示热烈欢迎,他赞赏中国提出的"一带一路"倡议和"16+1"合作机制,认为这些合作倡议和机制正当其时,给予塞尔维亚"患难中见真情"般的帮助,相信双方合作在"一带一路"建设的框架下更加牢固。

高培勇指出,中国与塞尔维亚的传统友谊基础牢固,具有高度的政治互信,务实合作成果丰硕。中塞两国早在2009年就建立了战略伙伴关系,并在2016年升级为全面战略伙伴关系。自"一带一路"倡议提出以来,两国在各领域的交流与合作不断深化,充分诠释了两国全面战略伙伴关系的内涵和意义。塞尔维亚是"一带一路"在巴尔干以及中东欧地区建设的重要国家,塞尔维亚近年来政治稳定,经济发展前景乐观,营商环境不断优化。这些有利的条件将会推进"一带一路"倡议在塞尔维亚的建设,同时进一步深化中塞两国的全面战略伙伴关系。

中国驻塞尔维亚大使陈波发言指出,塞尔维亚是首批支持"一带一路"倡议并积极参与共建的国家。6年来,中塞贸易额实现快速增长,增幅达55.7%;中国来塞游客大幅增加,增长超过16倍,2018年已超过10万人次;中资基建项目合同总金额超过50亿美元,累计完成额超16亿美元,中国企业对塞投资从无到有,涌现出斯梅戴雷沃钢厂、博尔钢矿、玲珑轮胎塞尔维亚工厂等一大批重大项目。这些合作既助力了塞经济社会发展,改善民生需求,也为中国企业在欧洲市场上成长、提高综合竞争力提供了广阔平台。

与会代表就"中国改革开放40年的法治成就""中国社会结构在新世纪的变化""'一带一路'合作的机制化""中国对西巴尔干地区的政经影响""塞尔维亚在'一带一路'中的经济机遇与挑战""欧盟投资安全审查机制的合法性问题""六年来中国在巴尔干国家的投资""中国最优与最大城市规模探讨"等主题进行了交流和探讨。

(科研处)

"相互尊重、合作共赢、交流互鉴":纪念中法建交55周年国际学术研讨会

2019年6月24日,为纪念中法建交55周年,中国社会科学院欧洲研究所联合北京大学博古睿研究中心在北京举办"'相互尊重、合作共赢、交流互鉴':纪念中法建交55周年国际学术研讨会"。

会议分上下两个半场。上午研讨在欧洲研究所举行。欧盟驻华代表团大使郁白、法国驻华大使黎想、外交部欧洲司副司长朱京应邀作主旨演讲。郁白大使在发言中强调,中欧之间存在坚实的合作基础,应当在法国、欧盟和中国之间实现继往开来的发展。他还建议中欧双方加强在社会科学、人文科学领域的交流。黎想大使在发言中指出,中法建交55周年以来,中法合作在许多领域都取得实质性的成果,法国愿同中国一起,通过联合国或者欧盟,就多边议题展开对话与合作,并进一步推动中法双边经贸、文化领域的交流。朱京副司长在发言中指出,中法建交55周年以来取得的丰硕成果,在于双方顺应时势、谋求合作、避免波折,并指出中法

双方应该把握住世界多极化、经济全球化、文明多样性的未来趋势，进一步深化双方在经贸、文化领域的合作。

下午研讨会在北京大学博古睿研究中心召开。欧洲跨文化研究院院长阿兰·乐比雄在发言中对跨文化研究的概念，以及目前开展的工作作了介绍。在这之后，北京大学哲学系吴飞教授、北京大学博古睿研究中心高级学术顾问安乐哲、北京大学社会学系渠敬东教授、北京大学社会学系王铭铭教授、云南大学民族学与社会学学院关凯教授、中国人民大学哲学院姚新中教授、中国社会科学院欧洲研究所副所长田德文研究员、中国社会科学院学部委员哲学所赵汀阳研究员先后围绕中欧跨文化议题，从中国哲学、社会学、西方哲学等多个学科和视角展开对话，指出跨文化议题有利于超越欧洲中心论思想，有利于推动中欧文明间对话，是落实习近平主席关于加强中欧文明互鉴讲话精神的重要举措。在总结发言中，欧洲研究所所长黄平研究员指出，一天的讨论扩大了中欧、中法文化交流的广度，深化了双方交流的深度。在中法建交55周年背景下，中欧、中法学者应当继往开来，进一步推动跨文化研究，为推动中欧文明互鉴作出贡献。

(科研处)

第六届中国—中东欧国家高级别智库研讨会

2019年9月4日，第六届中国—中东欧国家高级别智库研讨会在斯洛文尼亚布莱德举行。来自中国、斯洛文尼亚及其他中东欧国家的政要、学者共100多人出席会议。

斯洛文尼亚副总理兼教育、科学和体育部部长耶尔奈伊·皮卡洛，斯洛文尼亚国务秘书多布兰·博日奇，斯洛文尼亚前总统达尼洛·图尔克，第十二届全国人大外事委员会副主任委员、中国社会科学院"一带一路"国际智库顾问委员会主席、中国—中东欧国家智库网络前副理事长赵白鸽，中国—中东欧国家合作事务特别代表霍玉珍，中国国际问题研究基金会副理事长徐坚大使，中国社会科学院欧洲研究所所长、中国—中东欧国家智库网络理事长黄平研究员，布莱德管理学院院长普尔格在会议开幕式上致辞。开幕式由前斯洛文尼亚中国—中东欧国家协调员、现任大使拉什昌主持。

斯洛文尼亚副总理耶尔奈伊·皮卡洛表示，第六届中国—中东欧国家高级智库研讨会对于推动中斯关系以及"中国—中东欧国家合作"具有积极意义。当前，中斯两国在人文交流领域的合作取得了不错的成就，特别是在教育、语言、体育等方面，今后双方还有更多的合作领域有待发展。

斯洛文尼亚国务秘书多布兰·博日奇表示，近年来斯中两国各领域交流合作日益密切。关于"中国—中东欧国家合作"，他提出：一是要遵守欧盟的规定，促进中欧关系发展；二是要坚持创新、可持续发展，将学术和智库等交流层级提高，在电子技术，中小企业，新能源，森林、体育、医疗等领域有待加强；三是必须维持合作的精神和共赢的理念。

斯洛文尼亚前总统图尔克认为，欧盟对于"中国—中东欧国家合作"的确有所担忧和疑虑，同时18国相互理解也在不断增进和强化。"中国—中东欧国家合作"是真正意义上的多边主义实践。在多边主义遭遇挑战的形势下,应找到新的合作亮点,因此他强调:一是寻找并区分现有的需求以及未来的需求;二是注意文化的敏感性,尊重不同的文化;三是重视法律的兼容与对接。此外,"中国—中东欧国家合作"还要考虑在全球形势的大变化下如何在环保、减排等领域作出贡献。

中国—中东欧国家合作事务特别代表霍玉珍大使表示,"中国—中东欧国家合作"已经成为最具活力、最有代表性的跨区域合作机制,取得丰硕成果。她强调,在当前国际形势日趋复杂的情况下,"中国—中东欧国家合作"应强化以下几个方面:一是牢牢掌握发展的大势,推进"中国—中东欧国家合作"向高质量发展;二是深化三方、多方合作,促进中欧关系发展;三是夯实民意基础,提供有力支持。其中,中国—中东欧国家智库交流与合作网络和中国—中东欧国家全球伙伴中心均可发挥不同的积极作用。

中国国际问题研究基金会副理事长,前驻斯洛文尼亚、罗马尼亚和波兰大使徐坚指出,"中国—中东欧国家合作"7年来取得了卓有成效的成果,但还有提高的余地。比如,互动机制可以完善,国别合作赤字的情况应该重视;需要排除外界的干扰,通过合作成就来排除一些怀疑和疑问;此外,还要强化多方合作、取长补短,反对保护主义、单边主义。

中国社会科学院欧洲所所长、中国—中东欧国家智库网络理事长黄平表示,"中国—中东欧国家合作"已经成为多边主义的经典案例,是一个全新的多边主义实践。中国新一代领导人将中欧关系提升至新高度,双方致力于打造中欧和平、增长、改革、文明四大伙伴关系。"中国—中东欧国家合作"本身就是中欧关系的一个有机组成,中东欧也是"一带一路"倡议全覆盖的区域。他指出,越是逆全球化、保护主义盛行,越要增进合作;越是存在挑战,越是坚持开放、多边主义和互利共赢的原则。中国提出了"文明互鉴",文明互鉴强调取长补短,国家不论大小,都要考虑特性。

赵白鸽主任对开幕式上的嘉宾发言进行了总结并表示,图尔克先生强调注意现在的需求和未来的需求非常重要,我们应该积极回答问题,寻找答案。黄平所长强调的多边主义不是口号,而是实际行动,我们要注重政府、企业和个人的联动。中国不只是提供理念,而是有良好的示范,如"一带一路"倡议,中国国际进口博览会等。

开幕式结束后,各国专家学者围绕着"中国—中东欧国家合作与中欧关系""'中国—中东欧国家合作'的创新与可持续""'中国—中东欧国家合作'的前景"等议题展开了深入研讨与交流。

(科研处)

"变动世界中的双边关系":中国与部分中东欧国家建交70周年学术研讨会

2019年9月6日,中国—中东欧研究院和匈牙利雅典娜创新与地缘政治基金会共同举办了"变动世界中的双边关系"：中国与部分中东欧国家建交 70 周年学术研讨会。会上，来自中国与匈牙利、波兰、捷克、罗马尼亚和阿尔巴尼亚等部分中东欧国家的专家学者回顾了中国与中东欧国家关系的发展历程，并就新时代中国与中东欧国家关系发展进行探讨。

中国社会科学院欧洲研究所副所长、中国—中东欧研究院执行院长陈新，匈牙利雅典娜创新与地缘政治基金会主席奇兹毛迪奥·诺贝特致会议开幕词。

中国驻匈牙利大使段洁龙先生在研讨会上发表主旨演讲。致辞说："中国 70 年来的发展成就离不开包括中东欧国家在内的许多国家的支持与帮助，中国愿在相互尊重、平等互利的基础上，继续发展同中东欧国家的友好关系。"

研讨会分为两场分组讨论，来自中国社会科学院欧洲所、中国中国社会科学院俄欧亚所、中国中国社会科学院世经政所、四川大学，以及阿尔巴尼亚、罗马尼亚、捷克、波兰、匈牙利等部分中东欧国家的专家学者围绕中国与部分中东欧国家关系的双边层面和多边维度等议题开展研讨。

(科研处)

西亚非洲研究所（中国非洲研究院）

（一）人员、机构等基本情况

1. 人员

截至 2019 年年底，西亚非洲研究所（中国非洲研究院）共有在职人员 61 人。其中，正高级职称人员 12 人，副高级职称人员 18 人，中级职称人员 21 人；高、中级职称人员占全体在职人员总数的 84%。

2. 机构

西亚非洲研究所设有：政治研究室、经济研究室、国际关系研究室、社会文化研究室、民族宗教研究室、安全研究室、《西亚非洲》编辑室、图书信息室、办公室。

3. 科研中心

西亚非洲研究所院属科研中心有海湾研究中心；所属科研中心有南非研究中心。

（二）科研工作

1. 科研成果统计

2019 年，西亚非洲研究所共完成专著 6 种，223.5 万字；论文 73 篇，76.2 万字；研究报告 9 篇，68 万字；译文 1 篇，2.2 万字。

2. 科研课题

（1）新立项课题。2019 年，西亚非洲研究所共有新立项课题 16 项。其中，国家社会科学基金课题2项:"'一带一路'倡议背景下中东国家再工业化研究"(魏敏主持),"非洲本土化法律问题研究"(朱伟东主持);中国社会科学院习近平新时代中国特色社会主义思想研究中心重点课题1项:"习近平新时代中国特色社会主义思想在非洲的传播研究"(李新烽主持);院青年科研启动基金课题3项:"中国'和平'理念的内涵及其在西非法语国家中的实践"(孟瑾主持),"伊斯兰教中国化问题研究"(戚强飞主持),"中非命运共同体视阈下推进民间人文交流之对策研究"(赵雅婷主持);所重点课题2项:"中东发展报告"(李新烽主持),"非洲发展报告"(张宏明主持);其他部门与地方委托课题8项:外交部课题"非洲讲坛"(李新烽主持),外交部课题"非洲英语国家学者访华团项目"(李新烽主持),外交部课题"中非合作论坛北京峰会成果落实情况中期评估报告"(李新烽主持),外交部课题"'一带一路'与非洲一体化发展国际研讨会"(李新烽主持),国家发改委课题"中国与阿拉伯国家产能与投资合作战略及实施路径研究"(刘冬主持),国家发改委课题"中东局势新变化和美国中东战略调整及我国应对研究"(王林聪主持),自然资源部课题"中非蓝色经济合作路径和重点领域研究"(张春宇主持),天津市课题"非洲'鲁班工坊'建设研究"(吴传华主持)。

(2)结项课题。2019年,西亚非洲研究所共有结项课题8项。其中,所重点课题2项:"中东发展报告"(李新烽主持),"非洲发展报告"(张宏明主持);其他部门与地方委托课题6项:外交部课题"非洲讲坛"(李新烽主持),外交部课题"非洲英语国家学者访华团项目"(李新烽主持),外交部课题"'一带一路'与非洲一体化发展国际研讨会"(李新烽主持),国家发改委课题"中国与阿拉伯国家产能与投资合作战略及实施路径研究"(刘冬主持),国家发改委课题"中东局势新变化和美国中东战略调整及我国应对研究"(王林聪主持),天津市课题"非洲'鲁班工坊'建设研究"(吴传华主持)。

(3)延续在研课题。2019年,西亚非洲研究所共有延续在研课题6项。其中,国家社会科学基金课题1项:"美国对非政策研究"(刘中伟主持);院"优势学科建设"课题1项:"当代中东研究"(王林聪主持);院"重点学科建设"课题2项:"大国与中东关系"(唐志超主持),"非洲社会文化"(张宏明主持);所重点课题2项:"非洲经济"(杨宝荣主持),"非洲国际关系"(朱伟东主持)。

3. 获奖优秀科研成果

2019年,西亚非洲研究所(中国非洲研究院)获"第十届(2019年)中国社会科学院优秀科研成果奖"专著类二等奖1项:唐志超的《中东库尔德民族问题透视》。

(三)学术交流活动

1. 学术活动

2019年,由西亚非洲研究所主办和承办的学术会议如下。

(1)2019年4月15日,由西亚非洲研究所(中国非洲研究院)主办的"非洲学界学习贯彻习近平主席致中国非洲研究院成立贺信精神"座谈会在北京举行。

（2）2019年5月11日，由中国亚非学会主办，湘潭大学法学院、湘潭大学非洲法律与社会研究中心承办的"中国非洲研究70年：回顾与展望学术研讨会"在湖南省湘潭市举行。

（3）2019年6月16日，由西亚非洲研究所与中国社会科学院台港澳研究中心、厦门海沧台商投资区管理委员会共同主办的"大航海时代与21世纪海上丝绸之路海峡两岸学术研讨会"在福建省厦门市举行。

（4）2019年6月19日，由西亚非洲研究所（中国非洲研究院）主办的"中非智库交流与合作座谈会"在北京举行。

（5）2019年8月25—27日，由西亚非洲研究所（中国非洲研究院）承办的"中非智库论坛第八届会议"第二分论坛在北京举行。

（6）2019年9月16日，由西亚非洲研究所（中国非洲研究院）主办的"'一带一路'倡议与非洲一体化发展国际研讨会"在北京举行。

（7）2019年9月21日，由西亚非洲研究所（中国非洲研究院）和延安大学联合主办的"延安精神与中非治国理政经验交流"国际学术研讨会在陕西省延安市举行。

（8）2019年10月10日，由西亚非洲研究所（中国非洲研究院）主办的务虚会在北京举行。会议研讨的主要议题有"非洲形势""中非关系"等。

（9）2019年10月23日，由西亚非洲研究所主办的"第五届中国与土耳其关系国际学术研讨会"在北京举行。

（10）2019年11月20日，由西亚非洲研究所、中国社会科学院海湾研究中心主办的"中东形势暨新时代的中国中东外交学术研讨会"在北京举行。

（11）2019年11月28日，由西亚非洲研究所（中国非洲研究院）、中国亚非学会、中国国际问题研究基金会非洲研究中心联合主办的"非洲形势中的重大现实与热点问题学术研讨会"在北京举行。

（12）2019年12月3日，由中国社会科学院、中国非洲研究院、南非人文科学研究理事会联合主办的"治国理政与中非经济社会发展国际学术研讨会"在南非首都比勒陀利亚

2019年9月，"延安精神与中非治国理政经验交流"国际学术研讨会在陕西省延安市举行。

举行。

(13) 2019年12月6—7日，由中国非洲研究院与非盟委员会联合主办的"中非携手促进可持续发展国际研讨会"在埃塞俄比亚首都亚的斯亚贝巴举行。

(14) 2019年12月9日，由中国非洲研究院和塞内加尔国家行政学院（ENA）共同主办的"中非合作与共建'一带一路'国际研讨会"在塞内加尔举行。

2. 国际学术交流与合作

2019年，西亚非洲研究所共派遣出访53批90人次，接待来访30余批。与西亚非洲研究所开展学术交流的国家有英国、法国、德国、比利时、俄罗斯、日本、韩国、新加坡、泰国、哈萨克斯坦、约旦、阿曼、沙特、阿联酋、卡塔尔、亚美尼亚、土耳其、塞浦路斯、埃及、阿尔及利亚、摩洛哥、埃塞俄比亚、索马里、厄立特里亚、吉布提、苏丹、肯尼亚、乌干达、坦桑尼亚、卢旺达、莫桑比克、刚果（金）、喀麦隆、尼日利亚、科特迪瓦、塞拉利昂、塞内加尔、圣多美和普林西比、加蓬、安哥拉、津巴布韦、纳米比亚、南非、马拉维、多哥等。

(1) 2019年4月22日，西亚非洲研究所科研人员与肯尼亚非洲政策研究所所长、首席执行官彼得·卡戈万加参加在北京举办的"非洲外交与中非关系"主旨演讲及座谈交流活动。

(2) 2019年5月7日，西亚非洲研究所科研人员与马拉维大学董事会主席比利·伽马等一行在北京就"中国与马拉维关系"及双方教育、研究方面的合作开展交流活动。

(3) 2019年5月26日至6月6日，西亚非洲研究所所长李新烽在圣多美和普林西比、加蓬开展学术调研活动。

(4) 2019年6月24日，西亚非洲研究所科研人员与纳米比亚、津巴布韦、尼日利亚、南非等国学者代表在北京就"中非关系""人员交流""学术成果发表""媒体传播"等议题开展交流活动。

(5) 2019年8月4日，西亚非洲研究所科研人员与吉布提执政党总书记、吉政府经济与财政部长伊利亚斯·穆萨·达瓦累一行在北京就"深化吉中关系路径"等议题开展交流活动。

(6) 2019年8月17—27日，西亚非洲研究所党委书记郭红率团在喀麦隆、尼日利亚和科特迪瓦就中非合作等议题开展交流活动。

(7) 2019年8月25日，西亚非洲研究所科研人员与尼日利亚古绍研究所阿里尤·古绍·穆罕默德阁下一行在北京就"加深中非智库对话交流""推进中非联合研究"的议题开展交流活动。

(8) 2019年8月28日，西亚非洲研究所科研人员与多哥高等视听署、多哥新闻报、多哥国家电视台的新闻媒体代表团一行在北京就"中非合作论坛北京峰会成果落实""中非命运共同体""'一带一路'建设情况"等议题开展交流活动。

(9) 2019年9月18—22日，西亚非洲研究所与非洲学者代表团在陕西杨家岭革命旧址、北京知青博物馆、梁家河村开展调研学习交流活动。

(10) 2019年9月19日，西亚非洲研究所与非盟驻华代表处常驻代表拉赫曼·塔拉·穆罕默德·奥斯曼大使及高级政治、和平与安全官员艾利西奥·贝内迪托·贾铭在北京就"访问学者交流""非洲留学生学位学历教育""联合研究项目""建设机制化的中非合作研究"等议题开展交流活动。

(11) 2019年10月22—24日，西亚非洲研究所所长李新烽率团参加在苏丹召开的"苏丹局势研讨会""中苏关系的历史、现状与未来——纪念中苏建交60周年国际研讨会"，并参加中国港湾工程有限公司东非区管中心、中国水利电力对外公司苏丹经理部调研交流活动。

(12) 2019年10月31日，西亚非洲研究所与非洲之角经济与政策研究所所长阿里博士在北京就"经济""社会科学""健康""扶贫""环保""粮食安全""战后重建""可持续性发展"等议题开展合作交流活动。

(13) 2019年11月4日，西亚非洲研究所与贝宁、布基纳法索等11个非洲法语国家的访华团在北京就"中非合作机制的深化合作""中非合作研究""非洲本地的职业技术人才培养""非洲一体化进程""基础设施建设""非洲能源"等议题开展交流活动。

(14) 2019年12月22—26日，西亚非洲研究所副所长王林聪率团参加在阿曼召开的"第四届中国与伊斯兰文明国际研讨会"，并参加交流活动。

（四）学术社团、期刊

1. 社团

(1) 中国亚非学会，会长张宏明。

① 2019年2月19日，中国亚非学会在北京举行"艾平《双洲记：政党国际交往亲历》推介会暨非洲局势报告会"。与会专家学者90余人。

② 2019年5月11日，中国亚非学会在湖南省湘潭市举行"2019年中国亚非学会学术研讨会"。会议的主题是"中国非洲研究70年：回顾与展望"。与会专家学者近120人。

③ 2019年11月28日，中国亚非学会在北京举行"非洲形势中的重大现实与热点问题学术研讨会"。会议研讨的主要议题有"非洲政治生态""经济形势""安全状况""地缘政治""对外关系"等领域出现的新变化、新特点和新趋势。与会专家学者80余人。

(2) 中国中东学会，会长杨光。

① 2019年4月19日，"第三届上海中东学论坛：转型中的中东与新时代中国中东外交学术研讨会"在上海举行。会议研讨的主要议题有"中东变局以来中东国际关系的演进""当今中东热点问题态势及治理""新时代中国特色大国中东外交"。与会专家学者60余人。

② 2019年8月2—5日，中国中东学会在内蒙古通辽市举行"第三届埃及历史与发展问题全国学术研讨会"。会议研讨的主要议题有"古代埃及史研究""近代以来埃及历史与发展问题研究""'一带一路'建设与埃及对外关系（史）研究"。与会专家学者近80人。

③ 2019年9月21—22日，中国中东学会在江苏省南京市举行"2019年中国中东学会年会暨中国与中东各民族的相知和交往学术研讨会"。会议的主题是"中国与中东各民族的相知和交往"，研讨的主要议题有"古代中国与中东关系""中东社会经济发展与'一带一路'""当代国际关系转型中的中国与中东""国别与区域研究"。

④ 2019年12月1日，中国中东学会在上海举行"当代中东国家发展道路研讨会"。会议的主题是"当代中东国家的发展道路"，研讨的主要议题有"中东国家经济与社会发展""政治发展""国际和地区发展环境以及重点国家的发展道路"。

2．期刊

《西亚非洲》（双月刊），主编李新烽。

2019年，《西亚非洲》共出版6期，共计96万字。该刊全年刊载的有代表性的文章有：金良祥的《伊朗与国际体系：融入还是对抗？》，刘中伟的《美非关系中俄罗斯因素的历史嬗变》，金玲的《欧盟的非洲政策调整：话语、行为与身份重塑》，李靖堃的《"全球英国"理念下英国对非洲政策的调整》，刘中民、郭强的《对中世纪伊斯兰社会政教合一传统的历史反思》，张宏明的《"多重关系"交互作用下的中法在非洲关系》，唐志超的《政治游说与社会公关：库尔德移民对欧盟库尔德政策制定的影响》，赵俊的《族群边界、权力介入与制度化——卢旺达族群关系的历史变迁及其政治逻辑》，罗建波的《中国与发展中国家的治国理政经验交流：历史、理论与世界意义》，刘鸿武、林晨的《中非关系70年与中国外交的成长》，范鸿达的《美国特朗普政府极限施压伊朗：内涵、动因及影响》，艾仁贵的《以色列对非洲非法移民的认知及管控》，朴英姬的《深化中国对非投资合作的新动力与新思路》。

（五）会议综述

中国非洲研究院成立大会暨中非合作与人文交流学术研讨会

2019年4月9日，由中国社会科学院主办的"中国非洲研究院成立大会暨中非合作与人文交流学术研讨会"在北京举行。出席成立大会的领导和贵宾有中共中央政治局委员、中央外事工作委员会办公室主任杨洁篪，莫桑比克前总统希萨诺，非盟人力资源和科技委员安杨女士，塞内加尔地方高级行政委员会副主席萨瓦内先生。出席会议的还有来自40余个非洲国家及非盟的驻华使节，中方和非洲40个国家学术机构、智库、政府部门的代表及媒体界人士约350人。

开幕式上，杨洁篪宣读了习近平主席的贺信并发表致辞。杨洁篪表示，习近平主席的贺信充分体现了习近平主席本人和中方对中非关系和中非人文交流的关心和支持，也更加坚定了中非双方要把中国非洲研究院办好的信心和决心。杨洁篪在致辞中说，中非友好渊远流长，近代以来相似的历史遭遇和进程,让中非双方跨越时空阻隔成为好伙伴。新形势下,中非双方致力于携手打造人文交流新增长极,为中非合作提供更深厚的精神滋养,为世界文明多样化作出更大的贡献。中国愿同非洲朋友共同探索互利合作新模式,切实造福中非双方人民。

莫桑比克前总统希萨诺先生在致辞中指出,中国非洲研究院的成立是重要的里程碑事件,能够推动中非关系更上一层楼,具有历史性的意义。希萨诺回顾了中非交往的历程。他表示,中国通过"一带一路"倡议还有中非合作论坛,正在帮助非洲成为更强有力的合作伙伴;中非关系涉及各个领域,并不断加强、加深,使得这些平台也能够达到新的高度。同时,希萨诺也指出,对于中非关系,许多人存在着误解。他以基础设施建设为例,指出非洲有必要建设世界一流的基础设施,以改善互联性。希萨诺非常重视中国的"一带一路"倡议在基础设施建设方面的愿景,并认为中国现在在非洲所做的事情正是非洲大陆所需要的。

安杨委员代表非盟主席法基表达了对中国政府设立中国非洲研究院的赞赏。她认为,中非在人文领域的互相学习有助于进一步促进中非联结。中国非洲研究院的建立必将推动中国和非洲学者的接触,通过非洲人才和技术的进步,来推动非洲的发展。

学术研讨阶段,与会专家学者围绕"'一带一路'倡议与中非经贸合作""中非文明互鉴与人文交流""中非安全合作""构建更加紧密的中非命运共同体"等议题展开学术交流与研讨。

(戚强飞)

"一带一路"倡议与非洲一体化发展国际研讨会

2019年9月16日,由中国非洲研究院(西亚非洲研究所)主办的"'一带一路'倡议与非洲一体化发展国际研讨会"在北京举行。来自非洲10个国家及国内有关部门和研究机构、大专院校的政府官员、专家学者、媒体人士及企业代表等100余人参会。

中国社会科学院副院长、中国非洲研究院院长蔡昉在开幕致辞中表示,非洲一直积极推进一体化运动,寻求非洲统一发展,而非洲自贸区的成立正是非洲一体化的重要表现形式,有着重要意义,中国将"一带一路"倡议与非洲"2063年议程"紧密对接,不断寻找优质合作机会;中国非洲研究院也将为助力中非关系建设、实现中非人文交流、增进互信了解友谊集思广益贡献力量。

非洲社会科学研究发展理事会前副会长、喀麦隆雅温得第一大学教授、非洲知名哲学家恩科洛·福埃教授在开幕致辞中指出,习近平主席提出的"一带一路"倡议与西方对非洲的影响不同,建立在平等对话之上,带来和平、安全与合作,而不是分裂与歧视。他认为,中国在建设中非关系上作出了实质性的贡献,也为促进非洲一体化的融合,走向合作共赢,对抗分裂主义、保护主义作出了示范。

2019年9月，"'一带一路'倡议与非洲一体化发展国际研讨会"在北京举行。

研讨会上，16位专家学者围绕"'一带一路'倡议助推非洲一体化进程""非洲基础设施建设中的中国因素""非洲工业化与中非产能合作"三大议题进行了深度的交流与研讨。

在闭幕式上，尼日利亚拉各斯大学孔子学院讲师章明博士作了总结发言。他指出，中非参会学者一致认同"一带一路"倡议可以促进非洲的工业化和基础设施建设。同时他指出，不解决非洲一体化的问题，就很难达成"一带一路"倡议的目标。非洲政府面临如财务及信任等方方面面的困难，而中国面临的问题则是如何为中非合作打好基础，解决跨文化交流。

中国非洲研究院常务副院长李新烽研究员在总结发言中，通过讲述在华攻读博士学位的非洲姑娘夏瑞福的独特经历，来说明中国与非洲的关系：与西方不同，中国没有给非洲带去战争、参与奴隶贸易，而是带来了和平与发展。李新烽副院长表示，中国非洲研究院将在未来不断贯彻落实习近平主席的指示，发挥好平台作用，为中非合作贡献力量。

（曾　珠）

"延安精神与中非治国理政经验交流"国际学术研讨会

2019年9月21日，"延安精神与中非治国理政经验交流"国际学术研讨会在陕西省延安市举行。研讨会由中国非洲研究院和延安大学联合主办，并得到了全国政协中非友好小组的大力支持。来自非洲11个国家的12名专家学者，以及来自中国非洲研究院、延安大学、延安革命纪念馆等相关机构的中方学者近50人出席研讨会。

全国政协副秘书长、中非友好小组副组长郭军在开幕式上致辞。他指出，当前中非合作发展互有需求和各自优势，合作前景广阔，可以合作共赢、共同发展迎接历史机遇。在此背景下，全国政协成立了中非友好小组，并与非洲国家组织机构和重要人士开展多方式、多层次的友好交流合作。中非友好小组愿与非洲机构密切往来，开展治国理政经验交流互鉴，推动深化各领域务实合作，夯实双方友好的民意和社会基础。

延安大学党委副书记兼马克思主义学院院长田伏虎在致辞中指出，此次研讨会着眼于全球治理体系比较研究，致力于探究延安精神视域下的中非治国理政经验，是彰显延安精神新时代价值的重要理论研讨。

非洲社会科学研究发展理事会副会长福埃教授在开幕式发言中指出，中国借鉴吸取马克思主义的精神内涵，以毛泽东思想、邓小平理论为指导，建设符合自己国情的政治制度和治理模式，也给发展中国家提供了经验借鉴。这表明，人类命运的发展，必须尊重文化、文明和发展道路的多样性。非洲发展还受到很多限制，延安精神的内涵恰恰能够为非洲发展提供思路。

中国非洲研究院常务副院长李新烽在致辞中表示，中非友谊源远流长，有着深厚的革命友谊。2018年，中非合作论坛北京峰会成功举办，中非关系提升至新的历史水平；中国非洲研究院的成立，正是习近平主席在北京峰会上宣布的加强中非交流合作的重要举措之一。中国非洲研究院的成立对于加强中非学术研究，深化中非文明互鉴，推动中非友好合作关系全面深入发展具有重要意义。

开幕式后，中非学者围绕"延安精神与当代中国""延安精神与毛泽东思想在非洲的传播""延安精神与中非治国理政经验交流"三个议题展开了讨论。

(曾　珠)

治国理政与中非经济社会发展国际学术研讨会

2019年12月3日，由中国社会科学院、中国非洲研究院与南非人文科学研究理事会共同主办的"治国理政与中非经济社会发展国际学术研讨会"在南非首都比勒陀利亚召开。来自中国和非洲多国重要学术机构的知名专家、政府部门官员、企业界代表以及媒体人士200余人参加了研讨会。中国非洲研究院常务副院长李新烽主持会议开幕式。中国社会科学院院长谢伏瞻、南非人文科学研究理事会首席执行官克莱恩·苏迪恩和中国驻南非大使林松添等出席开幕式并致辞。

谢伏瞻院长在致辞中指出，新中国成立70年来，中国共产党领导中国人民独立自主、自力更生、艰苦奋斗，创造了世所罕见的经济快速发展奇迹和社会长期稳定奇迹。特别是改革开放40年来，中国不断扩大开放、坚持走和平发展道路并主动融入世界，既发展了自己，也造福于世界。中华民族迎来从站起来、富起来到强起来的伟大飞跃，最根本的是因为中国共产党领导人民建立和完善了中国特色社会主义制度，形成和发展了党的领导和经济、政治、文化、社会、生态文明等各方面制度，不断加强和完善国家治理。中国将以开放的眼光、开阔的胸怀对待世界各国人民的文明创造，分享治国理政经验，开展文明交流互鉴，携手建设更加美好的世界。　谢伏瞻院长表示，2019年是新中国与非洲国家首次建立外交关系63周年。中非双方基于相似的遭遇和共同使命，在过去的岁月里同心同向、守望相助，走出了一条特色鲜明的合作共赢之路。当今世界正处于百年未有之大变局，面对共同的机遇与挑战，中非加强治国理政和发展经验交流借鉴，对于促进中非经济社会共同繁荣发展、拉紧中非人民命运与共的纽带具有重要的意义。

与会的中非专家学者围绕"治理能力建设""城市化""社会政策""产业发展与创新"等议题展开深入研讨，交流治国理政经验，从各自的古老文明和发展实践中汲取智慧，促进中非共同发展繁荣。

研讨会上，中国非洲研究院启动实施"中非治理交流机制"，支持开展中非合作研究、专题培训班、高端研讨会等系列活动，为开展机制性中非学术智库交流开辟新渠道，为中非深化文明互鉴、加强治理和发展经验交流、构建中非命运共同体提供智力支持。

（沈晓雷）

中非携手促进可持续发展国际研讨会

2019年12月6—7日，"中非携手促进可持续发展国际研讨会"在埃塞俄比亚首都亚的斯亚贝巴召开。研讨会由中国非洲研究院和非盟委员会联合主办。来自非洲联盟、联合国非洲经济委员会、联合国贸发会议、联合国环境署、联合国教科文组织等国际机构，中国以及埃塞俄比亚、肯尼亚等十几个非洲国家的政府部门、研究机构等各界人士共计300余人出席研讨会。

中国社会科学院院长谢伏瞻在致辞中指出，中国始终同非洲各国团结一心、同舟共济，在国际风云变幻和时代变迁的考验中结成了休戚与共的命运共同体。在变乱交织的国际新形势下，中非双方共同肩负应对全球发展挑战、构建包容联动的全球发展治理格局的历史使命。中非要加强战略对接，深化中非全面战略合作伙伴关系，加强务实合作，破解发展难题；加强人文交流，深化文明互鉴。

中国驻非盟使团大使刘豫锡在致辞中指出，当今世界面临着百年未有之大变局，可持续发展是人类发展的必由之路，非洲国家需要把握发展的主动权。中国对非合作一贯重视给非洲带来实实在在的成果，推动非洲的经济多元化和工业化进程，在"一带一路"倡议下帮助非洲改善基础设施状况，致力于持续推动非洲经济发展。

非联委员会贸易与工业委员阿尔伯特·穆昌加在致辞中指出，当前全球面临诸多挑战，未来世界的发展依赖于全人类的共同努力。中国和非洲国家可以携手合作，共同推动世界可持续发展。中国倡导的"一带一路"倡议符合非洲国家的关切，特别是在基础设施建设和贸易促进等领域。中国和非洲深化务实合作，有利于帮助非洲国家实现发展。

研讨会共设置了7个议题，分别为"经济转型与发展"、"生态环境保护"、"债务管理"、

"教育、技能发展与社会可持续发展"、"自然资源管理与城市化"、"非洲大陆自由贸易区"和"'一带一路'倡议"。中外专家学者就上述议题开展深入研讨和交流,共同为促进中非合作建言献策。

会议期间,中国非洲研究院启动实施"中非可持续发展交流机制",支持开展中非合作研究、专题培训班、高端研讨会等系列活动,为中非智库交流的机制化开辟了新渠道,并将为构建更加紧密的中非命运共同体提供智力支持。

(刘乃亚)

中非合作与共建"一带一路"国际研讨会

2019年12月9日,由中国非洲研究院和塞内加尔国家行政学院(ENA)共同主办的"中非合作与共建'一带一路'国际研讨会"在塞内加尔国家行政学院举行。来自中塞两国学术机构和政府部门,以及喀麦隆、几内亚等非洲国家的学者和政府部门等各界人士共120余人出席了研讨会。

塞内加尔科学委员会主席阿卜杜莱耶·法勒大使在开幕致辞中回顾了中非关系的历史和取得的成果。他指出,中塞在人文交流方面有着很大的合作空间,"一带一路"是中国与世界沟通的创举,也符合非洲的需求。中非在实现非洲工业化、推动基础设施建设等领域的合作具有巨大潜力,塞方将不遗余力支持中方的"一带一路"倡议。

中国社会科学院副院长、中国非洲研究院院长蔡昉在开幕致辞中表示,"一带一路"倡议已得到包括非洲国家在内的国际社会的广泛认可与参与。塞内加尔是第一个同中国签署"一带一路"合作文件的西非国家,在开拓中非合作新领域方面发挥着重要作用。"一带一路"倡议与非盟2063年议程的融合有助于推动"中国梦"和"非洲梦"早日实现,为建设人类命运共同体作出贡献。

中国驻塞内加尔大使张迅在开幕致辞中表示,"一带一路"倡议是开放包容的合作平台,非洲是"一带一路"倡议的重要延伸地,希望"一带一路"框架下的中非合作能够为非洲国家发展带来红利,实现中非共同发展。

塞内加尔总统特别代表、基建部部长乌玛尔·尤姆在开幕致辞中指出,中国非洲研究院与塞内加尔国家行政学院共同举办此次研讨会,展示了双方合作共建中非命运共同体的决心,有助于推动中非关系再上新台阶。他还感谢中国企业为塞内加尔基础设施等相关领域发展建设所作出的贡献,希望中国企业继续增加在非投资。

中非双方的专家学者分别围绕"基础设施建设""工业发展与科技创新""政策协调与人文交流"等议题进行了研讨交流。

(刘永蓬 郭 佳)

拉丁美洲研究所

（一）人员、机构等基本情况

1. 人员

截至 2019 年年底，拉丁美洲研究所共有在职人员 52 人。其中，正高级职称人员 11 人，副高级职称人员 12 人，中级职称人员 20 人；高、中级职称人员占全体在职人员总数的 83%。

2. 机构

拉丁美洲研究所设有：拉美经济研究室、马克思主义理论与拉美政治研究室、拉美国际关系研究室、拉美社会文化研究室、拉美发展与战略研究室、拉美区域合作研究室、《拉丁美洲研究》编辑部、信息资料室、行政办公室。

3. 科研中心

拉丁美洲研究所所属研究中心有：墨西哥研究中心、中美洲和加勒比研究中心、古巴研究中心、巴西研究中心、阿根廷研究中心。

（二）科研工作

1. 科研成果统计

2019 年，拉丁美洲研究所共完成专著 1 种，21 万字；论文 80 篇，92 万字；研究报告 68 篇，27 万字；译著 2 种，57 万字；黄皮书 1 种，42.5 万字；论文集 2 种，73.5 万字；国家智库报告 1 种，10 万字；学术普及读物 4 种，90.7 万字。

2. 科研课题

（1）新立项课题。2019 年，拉丁美洲研究所共有新立项课题 11 项。其中，国家社会科学基金青年课题 1 项："区域性公共产品视阈下中拉在'一带一路'框架内的金融合作研究"（王飞主持）；院皮书课题 1 项："拉丁美洲和加勒比发展报告 2018—2019"（袁东振主编、刘维广副主编）；院青年科研启动课题 5 项："金融结构与经济增长：比较视野下的拉美"（洪朝伟主持），"巴西国际追逃追赃司法机制研究——中巴比较视角"（刘天来主持），"一带一路框架下中拉绿色金融与科技合作"（史沛然主持），"巴西左翼政府经济发展战略研究"（王飞主持），"结构异质性视角下中拉经贸合作空间、难点与推进路径研究"（郑猛主持）；横向课题 4 项：北京第二外国语学院西欧语学院委托课题"北京市高等学校高水平人才交叉培养计划"（杨志敏、谌园庭主持），国家发展改革委国际合作司委托课题"中拉（美）共建'一带一路'的现实条件与有效路径"（岳云霞主持），中联部研究室委托课题"拉美政党的转型与调整"（王鹏主持），华为公司委托课题"拉美宏观政治经济分析报告"（谌园庭主持）。

— 560 —

(2) 结项课题。2019年，拉丁美洲研究所共有结项课题7项。其中，国家社会科学基金一般课题1项："拉美21世纪社会主义研究"（袁东振主持）；南开大学委托国家社会科学基金重大课题1项："非西方国家政治发展道路研究"子课题五"拉美国家政治发展道路研究"（袁东振主持）；院皮书课题1项："拉丁美洲和加勒比发展报告2018—2019"（袁东振主编、刘维广副主编）；横向课题4项：北京第二外国语学院西欧语学院委托课题"北京市高等学校高水平人才交叉培养计划"（杨志敏、谌园庭主持），国家发展改革委国际合作司委托课题"中拉（美）共建'一带一路'的现实条件与有效路径"（岳云霞主持），中联部研究室委托课题"拉美政党的转型与调整"（王鹏主持），华为公司委托课题"拉美宏观政治经济分析报告"（谌园庭主持）。

(3) 延续在研课题。2019年，拉丁美洲研究所共有延续在研课题即国家社会科学基金一般课题2项："中国与拉丁美洲国家经贸关系研究"（谢文泽主持），"古巴社会主义模式'更新'研究"（杨建民主持）。

（三）学术交流活动

1. 学术交流活动

2019年，由拉丁美洲研究所主办和承办的学术会议如下。

(1) 2019年3月21日，拉丁美洲研究所在北京举行题为"拉美左派实践和地区政治格局新动向"的专题座谈会。

(2) 2019年4月24日，拉丁美洲研究所在北京举办"2019年度拉美左翼与社会主义论坛第一次会议暨拉美左翼与社会治理学术研讨会"。

(3) 2019年5月9日，拉丁美洲研究所和中国社会科学出版社在北京共同举办"《回望拉丁美洲左翼思潮的理论与实践》新书发布会暨拉美地区政治新生态对区域合作的影响研讨会"。

(4) 2019年7月4日，拉丁美洲研究所中美洲和加勒比研究中心综合理论研究室和"构建中拉命运共同体"项目组在北京联合举行题为"当前中美洲地区形势动向"的研讨会。

(5) 2019年7月17日，拉丁美洲研究所在北京举办"2019年度拉美左翼与社会主义论坛第二次会议"，邀请中国社会科学院荣誉学部委员徐世澄研究员作题为"拉美形势与中拉关系"的专题报告。

(6) 2019年7月22日，拉丁美洲研究所在北京召开"2019年度拉美左翼与社会主义论坛第三次会议"，邀请古巴 *Temas* 杂志主编拉斐尔·埃尔南德斯教授作题为"2018—2019年——处于变革进程的古巴"的讲座。

(7) 2019年8月7日，拉丁美洲研究所在北京举办讲座，邀请王淞博士作题为"中国省域参与全球价值链的碳排放效应研究"的报告。

(8) 2019年9月6日，拉丁美洲研究所邀请人民日报拉美中心分社社长陈效卫博士在北京作题为"中资企业走进拉美面临的软硬挑战及应对策略"的讲座。

(9) 2019年9月21—22日,"第三届中拉文明对话研讨会"在江苏省徐州市召开。会议的主题是"中拉70年：相交相知与经验共享"。会议由江苏省人民政府外事办公室、拉丁美洲研究所、中国外文局朝华出版社联合主办，江苏师范大学承办，阿根廷布宜诺斯艾利斯大学和萨尔塔天主教大学、智利大学、墨西哥维拉克鲁斯大学、中国知网和徐州市人民政府外事办公室协办。

(10) 2019年10月16日，拉丁美洲研究所和浙江大学出版社在北京联合举办《拉丁美洲的精神：文化与政治传统》新书发布会及研讨会。

(11) 2019年10月23日，拉丁美洲研究所在北京举办"2019年度拉美左翼与社会主义论坛第四次会议"，就"古巴选举及其影响"进行专题研讨。

(12) 2019年11月20日，拉丁美洲研究所和社会科学文献出版社在北京共同举办"《拉丁美洲和加勒比发展报告（2018—2019）》发布会暨拉美形势研讨会"。会议对拉美的政治、经济、社会新变化及中拉合作新趋势进行探讨。

(13) 2019年11月27日，由拉丁美洲研究所与古巴驻华大使馆共同主办的"2019年度拉美左翼与社会主义论坛第五次会议——纪念菲德尔·卡斯特罗逝世三周年暨'菲德尔·卡斯特罗思想与拉丁美洲'学术研讨会"在北京召开。

(14) 2019年12月10日，拉丁美洲研究所在北京召开"拉美形势研讨会"。

(15) 2019年12月19日，拉丁美洲研究所在北京召开"《中国—拉丁美洲与加勒比地区经贸合作进展报告（2019）》新书发布会暨中拉经贸合作研讨会"。

2. 国际学术交流与合作

2019年，拉丁美洲研究所共派出19批30人次，接待来访62批257人次；组织国际学术研讨会5个，涉外学术座谈会41个。

2019年11月，《拉丁美洲和加勒比发展报告（2018—2019）》发布会暨拉美形势研讨会在北京举行。

(1) 2019年1月25日，智利众议院议长玛雅·费尔南德斯·阿连德率众议院代表团一行5人访问拉丁美洲研究所。双方就"中智外交关系""经贸关系""'一带一路'合作"等议题进行深入讨论。

(2) 2019年3月13日，拉丁美洲研究所举行"大使讲坛"第一讲，邀请墨西哥驻华大使何塞·路易斯·贝尔纳尔以

"墨西哥新政府100天：内外政策与中墨关系"为题发表演讲，介绍了洛佩斯总统的胜选背景，并从政治、经济、外交、社会等方面介绍了新政府的优先政策。

（3）2019年5月8日，拉丁美洲研究所举行"大使讲坛"第二讲，邀请格林纳达驻华大使戴艾美以"地缘政治变化背景下的中国—格林纳达和中国—加勒比地区关系"为题发表演讲。

（4）2019年5月16—31日，拉美经济学科一行5人赴秘鲁和智利进行学术访问。访问学者与两国政府机构、高校、智库、企业、商会和中资机构进行了有针对性的交流，对两国宏观经济形势、产业发展及其参与"一带一路"共建的可行性进行了研究。

（5）2019年5月23日，委内瑞拉多边事务副外长菲利克斯·普拉森西亚一行访问拉丁美洲研究所，并与该所科研人员进行座谈。

（6）2019年6月2—21日，以拉丁美洲研究所"中国在拉美的软实力构建战略研究"创新项目组为主的联合调研组赴阿根廷、巴西和巴拿马进行学术调研。出访团组访问了3个国家的22家高校、智库、政府机构、商会、企业等。

（7）2019年7月23日，博尔赫斯国际基金会会长玛丽亚·儿玉访问拉丁美洲研究所并发表演讲。

（8）2019年8月20日，拉美议会议长豪尔赫·皮萨罗一行拜会拉丁美洲研究所，并与该所学者进行座谈。双方围绕"中拉关系""拉美地区形势""拉美地区一体化"等议题进行了深入交流。

（9）2019年10月9日，巴西驻华大使保罗·瓦莱率巴西使馆代表团访问拉丁美洲研究所，并主讲"大使讲坛"第三讲。瓦莱大使演讲的题目是"博索纳罗政府政策的新变化与影响"。

（四）学术社团、期刊

1. 社团

中国拉丁美洲学会，会长王晓德。

2019年10月19—20日，由中国拉丁美洲学会、中国社会科学杂志社、中国社会科学院拉丁美洲研究所、福建师范大学、巴西圣保罗州立大学、智利安德烈斯·贝略大学、阿根廷科尔多瓦国立大学联合主办，福建师范大学社会历史学院承办的"第八届中拉学术高层论坛暨中国拉美学会学术大会——地区与全球大变局下的中拉关系展望"学术研讨会在福建省福州市召开。来自中国、巴西、智利和阿根廷等国的学者、政府官员及外交官参加了会议。

2. 刊物

《拉丁美洲研究》（双月刊），主编王荣军。

2019年，《拉丁美洲研究》共出版6期，共计101万字。该刊全年刊载的有代表性的文章有：赵本堂的《共建"一带一路"开启中拉合作新愿景》，贺双荣的《新时代中国对拉美的战略及其影响因素》，方旭飞的《拉美左翼对新自由主义替代模式的探索、实践与成效》，郭存海的《中国拉美研究 70 年：机构发展与转型挑战》，［巴西］傅一晨的《巴西及其视域中的"多个中国"：巴西学术界如何理解中国》（贾诗慧译），岳云霞等的《中国拉美经济研究 70 年：基于共词网络的分析》，王学东的《从〈北美自由贸易协定〉到〈美墨加协定〉：缘起、发展、争论与替代》，欧阳俊等的《〈美墨加协定〉的目标、原则和治理机制分析》，廖凡的《从〈美墨加协定〉看美式单边主义及其应对》，孙南翔的《〈美墨加协定〉对非市场经济国的约束及其合法性研判》，万军的《〈美墨加协定〉对北美三国投资的影响》，宋利芳的《〈美墨加协定〉对中墨经贸关系的影响及中国的对策》，［哥斯达黎加］安娜贝尔·冈萨雷斯的《全球紧张局势下中拉贸易与投资需要升级及多元化》（姚晨译），张凡的《中拉关系的问题领域及其阶段性特征——再议中国在拉美的软实力构建》，张芯瑜的《政治学中拉美民粹主义概念辨析及界定》，王鹏的《拉美政治中的"局外人"：概念、类别与影响》，夏立安的《秘鲁贝拉斯科改革失败的原因：基于财产权视角的分析》，杨志敏的《经济单边主义的"复活"及应对——从拉美国家与与美国贸易关系演进的视角分析》，陈岚的《外围国家的自主性模式：拉美"自主性学派"的视角》。

（五）会议综述

第三届中拉文明对话研讨会——中拉 70 年：相交相知与经验共享

2019 年 9 月 21—22 日，"第三届中拉文明对话研讨会"在江苏省徐州市召开，会议的主题是"中拉 70 年：相交相知与经验共享"。会议由江苏省人民政府外事办公室、中国社会科学院拉丁美洲研究所、中国外文局朝华出版社联合主办，江苏师范大学承办，阿根廷布宜诺斯艾利斯大学和萨尔塔天主教大学、智利大学、墨西哥维拉克鲁斯大学、中国知网和徐州市人民政府外事办公室协办，并得到了教育部中外人文交流中心和徐州市人民政府的鼎力支持。来自中国和拉美等国的政府官员、外交官、企业家、学者、记者，以及文化传播机构的代表共计 100 多人参加了研讨会。

会议开幕式由江苏省人民政府外事办公室主任费少云主持，江苏省政协副主席王荣平、墨西哥科阿韦拉州州长里克尔梅、外交部拉美司司长赵本堂、徐州市政府副市长徐东海以及江苏师范大学校长周汝光致开幕词，中国外文局副局长陆彩荣、哥伦比亚驻华大使路易斯·蒙萨尔韦、拉丁美洲研究所副所长王荣军、墨西哥维拉克鲁斯大学校长萨拉·拉德隆·德格瓦拉、教育部中外人文交流中心副主任杨晓春、阿根廷萨尔塔天主教大学副校长阿莱杭德罗·科斯塔斯在开幕式上发表主旨演讲。开幕式环节还有两大亮点。其一，由江苏省人民政府外事办公室、中国社会科学院拉丁美洲研究所、教育部中外人文交流中心和江苏师范大学等 4 家单位共建的"江苏师范大学中拉人文交流研究基地"揭牌成立。其二，发布了国内第一本记录中华人民共和国成立 70 年来中拉人文交流故事的新书《我们的记忆：中拉人文交流口述史》（中文版）。

会议主要聚焦 4 个方面的议题：工业园区建设和发展经验共享、城市发展与治理能力提升、中国的拉美研究和拉美的中国研究以及中国和拉美的形象认知变迁。来自中国、巴西、阿根廷、智利、墨西哥等国家的学者围绕上述议题展开研讨。

在闭幕式上，江苏省人民政府外事办公室副主任刘建东作会议总结并宣布了"2020 年第四届中拉文明对话"的主题。他表示，2020 年是中国发展史上的一座里程碑，中国的百年发展是不断吸收、借鉴和融合世界各国的发展经验而得以成就的，中国的百年发展同样为世界谋求适合本国发展的独特道路贡献了崭新的智慧。为此，"2020 年第四届中拉文明对话"将聚焦"发展互鉴：构建中拉新型交流合作关系"。

（郭存海）

第八届中拉学术高层论坛暨中国拉美学会学术大会——地区与全球大变局下的中拉关系展望

2019 年 10 月 18—20 日，"第八届中拉学术高层论坛暨中国拉美学会学术大会"在福建省福州市举行。会议的主题是"地区与全球大变局下的中拉关系展望"。大会由中国社会科学杂志社、中国拉丁美洲学会、中国社会科学院拉丁美洲研究所、福建师范大学、巴西圣保罗州立大学、智利安德烈斯·贝略大学、阿根廷科尔多瓦国立大学联合主办，福建师范大学社会历史学院承办。来自中国、巴西、智利和阿根廷等国的约 140 名学者、政府官员及外交官参加了会议。

中国拉美学会会长、教育部长江学者、福建师范大学教授王晓德，中共中央对外联络部拉美局局长王玉林，外交部拉美司大使赵宏声，福建师范大学党委副书记叶燊，中国拉美学会副会长、中国社会科学院拉丁美洲研究所副所长王荣军，中国社会科学杂志社副总编辑吕薇洲，巴西圣保罗州立大学教授马尔克斯·科尔德罗，中国拉美学会顾问、前中国驻巴西大使陈笃庆分别致辞。中国社会科学院学部委员、中国拉美学会前会长苏振兴研究员作了大会主题报告。

三个分论坛分别围绕"全球与地区变局下的中拉合作前景""拉美经济及社会特性与中拉发展合作""拉美政治发展与对外关系调整"三个主题进行。来自中国和阿根廷、巴西、智利、墨西哥等国的学者代表从不同的视角展开陈述，参会者还围绕嘉宾发言进行了讨论。与会嘉宾一致认为，当前，拉美国家面临的内外部环境正发生变化，特别是拉美面临经济结构性调整的重要时刻，中国和拉美国家应加强沟通和政策协调，促进发展战略对接，从而推动中拉关系的长期、可持续和稳定发展。

会议期间，中国拉丁美洲学会和中国知网联合发布《中国拉美研究发展报告》。该报告是一份以中国知网大数据为基础系统分析中国拉美研究发展状况的学术报告。统计发现，改革开放以来，中国拉美研究的发文量出现爆炸式增长，研究领域由过去集中于政治和经济领域向社会、人文、体育等更广泛的领域扩展；同时，中国对拉美地区的国别研究已经实现了全覆盖。

（郭存海）

《拉丁美洲和加勒比发展报告（2018—2019）》发布会暨拉美形势研讨会

2019年11月20日，由中国社会科学院拉丁美洲研究所和社会科学文献出版社共同主办的"《拉丁美洲和加勒比发展报告（2018—2019)》发布会暨拉美形势研讨会"在北京举行。会议由该书副主编刘维广主持。来自党政机关、科研院所和新闻媒体的代表约70人参加了发布会。

社会科学文献出版社总编辑杨群在致辞中对"拉美黄皮书"18年来的发展作出总结。他表示，"拉美黄皮书"的编写质量较为突出。这部拉美发展报告对2018年以来拉美地区形势进行了系统的描述和分析，开展了深入的国别研究，专题报告凸显出地区焦点热点问题，为社会贡献了一部生动翔实的拉美年度区域国别研究报告。拉丁美洲研究所副所长、"拉美黄皮书"主编袁东振在致辞中指出，"拉美黄皮书"是拉丁美洲研究所最为重要的学术产品之一，"拉美黄皮书"发布会是拉丁美洲研究所重要的学术活动和国内拉美研究学者重要的交流平台。

皮书主报告、分报告及专题报告的写作者代表依次发言，就2018—2019年拉美地区总体和政治、经济、社会、对外关系形势以及热点问题进行汇报。发言指出，2018年以来，拉美地区总体经济增长缓慢，政府的治理能力存在缺陷，经济社会问题长期得不到解决，政治危机加剧社会不稳定，区域合作呈现新格局，地区热点问题持续发酵。同时，美国加大对拉政策的调整力度，重拾"门罗主义"。中拉关系发展取得新进展，但也面临新的难题和不确定性。政治形势方面，拉美政治格局呈现由"左退右进"到"左右共治"的新格局。社会运动、军队警察、法院、非政府组织等新角色纷纷登上政治舞台。经济形势方面，拉美地区经济复苏曲折、风险凸显。这主要受世界宏观环境的负面冲击与不确定性的影响较大，同时遭受本地区超级大选周期的叠加效应。2019年，拉美地区经济仍将低速增长。社会形势方面，拉美地区的减贫事业进入瓶颈期，收入分配不公亦无明显改善，就业形势萎靡不振。长期以来中间阶层的经济社会需求未得到满足引发愤怒情绪，数量庞大的中下收入阶层甚至沦为随时返贫的脆弱阶层，导致拉美社会集体为权利而斗争。对外关系形势方面，2018年，拉美地区关系出现混乱，一体化进程陷入停滞。特朗普政府实行强硬的"大棒政策"，美拉关系呈现日趋明显的"排他性"，"门罗主义"渐次回归。中拉关系合作进入"深水区"，双方贸易额增速有所放缓。地区热点委内瑞拉问题，主要由于国内政治经济和社会形势持续恶化、执政党执政业绩不佳且化解危机的能力不足，外部条件的变化对危机产生催化作用。

最后，与会学者围绕中拉合作双重主体性、拉美政党"左""右"意识形态界定、委内瑞拉热点等问题展开讨论。

（王　帅）

2019年度拉美左翼与社会主义论坛第五次会议
——纪念菲德尔·卡斯特罗逝世三周年暨"菲德尔·卡斯特罗思想与拉丁美洲"学术研讨会

2019年11月27日，2019年度拉美左翼与社会主义论坛第五次会议——纪念菲德尔·卡斯特罗逝世三周年暨"菲德尔·卡斯特罗思想与拉丁美洲"学术研讨会在北京召开。会议由中国社会科学院拉丁美洲研究所和古巴驻中国大使馆共同主办，中国社会科学院拉丁美洲研究所拉美政治重点学科、政治研究室和古巴研究中心承办。来自中国社会科学院、外交部、古巴驻华大使馆和委内瑞拉驻华大使馆等科研机构、政府部门的60多位专家学者和外交官参加了会议。会议的主题是"菲德尔·卡斯特罗思想与拉丁美洲"。

中国社会科学院拉丁美洲研究所副所长袁东振研究员在开幕致辞中指出，在当前形势下讨论卡斯特罗思想和拉美一体化问题极为重要。拉美地区的政治格局发生重要变化，拉美地区的团结合作也遭遇一些挑战。重温卡斯特罗的思想，可以加深我们对拉美、拉美一体化、拉美未来发展方向和世界发展的认识和了解。

中国前驻古巴大使刘玉琴在大会发言中就卡斯特罗领导的古巴革命带给人们的启示进行了深入分析。刘玉琴指出，古巴政权扎根于人民，得到古巴人民的拥护，但美国对古继续推行以压促变的政策。尽管古巴面临更加严峻的考验，但相信古巴党和政府一定会赢得社会主义革命和建设的伟大胜利。中国社会科学院荣誉学部委员徐世澄研究员在大会发言中，从卡斯特罗在拉美缔造了第一个社会主义国家、支持成立拉美团结、支持拉美左翼和进步力量、发展教科文卫体、促

2019年11月，2019年度拉美左翼与社会主义论坛第五次会议——纪念菲德尔·卡斯特罗逝世三周年暨"菲德尔·卡斯特罗思想与拉丁美洲"学术研讨会在北京举行。

使哥伦比亚实现和平等几个方面阐述了卡斯特罗的主张与贡献。指出，卡斯特罗对古巴、拉美和世界做出了不朽的历史功勋。在大会发言中，拉丁美洲研究所副研究员范蕾围绕"卡斯特罗的革命国际主义思想与实践及其在拉美的影响"的主题发表了自己的看法。范蕾首先陈述了卡斯特罗的国际主义思想，进而通过《哈瓦那宣言》、亚非拉大陆会议等论述了卡斯特罗国际主义思想的实践和对拉美的影响。与会者还就古巴共产党在模式更新进程中的作用、土地改革和美古关系等议题展开了讨论。

中国社会科学院拉丁美洲研究所副所长王荣军研究员致闭幕词。他指出，拉丁美洲研究所将一如既往地支持与古巴使馆的合作。2020 年是中古建交 60 周年，双方都非常重视开展相关庆祝活动，也是双方深度合作的重要契机。

（刘天来）

亚太与全球战略研究院

（一）人员、机构等基本情况

1. 人员

截至 2019 年年底，亚太与全球战略研究院共有在职人员 61 人。其中，正高级职称人员 11 人，副高级职称人员 17 人，中级职称人员 21 人；高、中级职称人员占全体在职人员总数的 80%。

2. 机构

亚太与全球战略研究院设有：亚太政治研究室、国际经济关系研究室、亚太安全与外交研究室、亚太社会文化研究室、区域合作研究室、中国周边与全球战略研究室、大国关系研究室、新兴经济体研究室、周边经济外交研究室、"一带一路"研究室、《当代亚太》编辑部、《南亚研究》编辑部、网络与资料室、科研处、办公室。

3. 社团组织、研究中心

亚太与全球战略研究院牵头成立或挂靠的全国性社团组织有：中国亚洲太平洋学会、中国南亚学会。由亚太与全球战略研究院管理或代管的研究中心有：南亚文化研究中心、澳大利亚、新西兰、南太平洋研究中心、亚太经济合作组织与东亚研究中心、地区安全研究中心、东北亚研究中心、东南亚研究中心。

（二）科研工作

1. 科研成果统计

2019 年，亚太与全球战略研究院共完成专著 6 种，150.8 万字；论文 136 篇，135.5 万字；研究报告 2 部，37.6 万字；译著 1 部，30 万字；论文集 1 部，21.6 万字。

2. 科研课题

（1）新立项课题。2019年，亚太与全球战略研究院共有新立项课题4项。其中，国家社会科学基金课题2项："页岩革命背景下的美国能源权力及其影响研究"（富景筠主持），"'一带一路'框架下中国与斯里兰卡债务合作研究"（许娟主持）；院重大课题1项："'一带一路'若干重大问题研究"（赵奇主持）；国情调研课题1项："中美贸易战背景下的东南沿海劳动密集型产业转移去向调研"（王玉主、张国春主持）。

（2）结项课题。2019年，亚太与全球战略研究院共有结项课题2项，其中，国家社会科学基金一般课题1项："朝鲜领导体制研究"（朴键一主持）；院重大课题1项："积极稳妥推进'一带一路'战略研究"（李向阳主持）。

（3）延续在研课题。2019年，亚太与全球战略研究院共有延续在研课题9项，均为国家社会科学基金课题："建立健全我国海外利益保障体系研究"（王玉主主持），"一带一路与世界经济体系构建研究"（赵江林主持），"气候变化与亚太水资源安全治理研究"（李志斐主持），"后全球金融危机时期新兴经济体国家风险形成机制研究"（李天国主持），"美国'亚太再平衡'战略对中国地缘政治的影响及其应对"（孙西辉主持），"排放权力与巴黎气候大会之后的中国气候战略"（谢来辉主持），"借助'一带一路'构建中国的全球环境治理战略研究"（周亚敏主持），"未来5—10年中国周边安全的风险评估与防范研究"（张洁主持），"'一带一路'在东南亚促进民心相通的路径与举措研究"（周方冶主持）。

（三）学术交流活动

1. 学术活动

2019年，由亚太与全球战略研究院主办和承办的学术会议如下。

（1）2019年3月8日，由亚太与全球战略研究院中国周边与全球战略研究室主办的"'百年未有之变局'与新时代中国外交"研讨会在北京举行。

（2）2019年3月12日，由亚太与全球战略研究院亚太安全与外交研究室主办的"澜湄合作中的非传统安全合作议题"研讨会在北京召开。

（3）2019年9月16日，由亚太与全球战略研究院主办的"澜湄合作中的非传统安全合作国际学术研讨会"在北京举行。

（4）2019年9月17—18日，由亚太与全球战略研究院主办的"东亚峰会与东亚合作国际学术研讨会"在山东省威海市召开。

（5）2019年10月23日，由中国社会科学院亚太与全球战略研究院与日本贸易振兴机构亚洲经济研究所共同主办的"'一带一路'建设与中日第三方市场合作国际学术研讨会"在北京召开。

（6）2019年10月30日，中国社会科学院创新工程重大科研规划项目之九——"'一带一路'

建设若干重大问题研究"项目工作会议在北京召开。

（7）2019年11月15日，"'一带一路'建设与中韩第三方市场合作国际学术研讨会"在北京召开。

（8）2019年11月22日，"新版列国志《印度尼西亚》发布会暨中印尼关系学术研讨会"在北京召开。

（9）2019年11月29日，由亚太与全球战略研究院中国周边战略研究室和"中国周边外交"重点学科承办的"大国战略竞争下的中国外交学术研讨会"在北京召开。

（10）2019年12月10日，亚太与全球战略研究院中国周边与全球战略研究室与华侨大学国际关系学院/华侨华人研究院共同举办"'一带一路'境外舆论环境与中国外交战略"学术研讨会。研讨的主要议题有"国际社会和海外对'一带一路'的看法"以及"境外舆论环境对中国外交的影响"。

2．国际学术交流与合作

2019年，亚太与全球战略研究院共派遣出访82批150人次，接待来访70批111人次。与亚太与全球战略研究院开展学术交流的国家有美国、澳大利亚、朝鲜、蒙古国、日本、韩国、俄罗斯、尼泊尔、印度、阿联酋、卡塔尔、孟加拉国、比利时、马来西亚、新西兰、泰国等。

（1）2019年4月8—11日，亚太与全球战略研究院沈铭辉受邀出访美国参加中美全球经济秩序对话。

（2）2019年5月27—31日，亚太与全球战略研究院钟飞腾、李成日等出访新加坡，对新加坡南洋理工大学拉惹勒南国际研究学院进行学术访问。

（3）2019年6月2—9日，亚太与全球战略研究院董向荣出访朝鲜，参加金日成综合大学的学术会议并进行学术访问。

（4）2019年7月7—13日，亚太与全球战略研究院许利平、王俊生等对澳大利亚国立大学等机构进行学术访问。

（5）2019年9月29日至10月2日，亚太与全球战略研究院郭继光出访蒙古国，参加"蒙中关系当今发展与未来趋势学术研讨会"并作学术访问。

（6）2019年10月10—24日，亚太与全球战略研究院董向荣、郭继光出访日本、韩国、俄罗斯，对日本北海学园、韩国对外经济政策研究院、俄罗斯远东联邦大学等进行学术访问。

（7）2019年11月4—9日，亚太与全球战略研究院院长李向阳等出访韩国济州、首尔，对韩国济州发展研究院进行学术访问，并参加韩国经济人文社会研究会举办的学术会议。

（8）2019年11月11—15日，亚太与全球战略研究院朴键一、李永春出访朝鲜，对朝鲜社会科学院等机构进行学术访问。

（9）2019年11月12—20日，亚太与全球战略研究院副院长叶海林等出访尼泊尔、印度，对中尼友好论坛、印度国家海事基金会等进行学术访问。

(10) 2019 年 12 月 1—5 日，亚太与全球战略研究院王晓玲、屈彩云对韩国延世大学中国研究院等进行学术访问。

(11) 2019 年 12 月 4—15 日，亚太与全球战略研究院钟飞腾、朴光姬等出访阿联酋、卡塔尔、孟加拉国，对上述三国的相关机构进行学术访问。

(12) 2019 年 12 月 8—12 日，亚太与全球战略研究院叶海林、高程赴卡塔尔对多哈研究生研究所等进行学术访问。

(13) 2019 年 12 月 8—13 日，亚太与全球战略研究院董向荣、郭继光对比利时欧亚中心等进行学术访问。

(14) 2019 年 12 月 15—19 日，亚太与全球战略研究院副院长叶海林等出访马来西亚，参加"中马智库论坛"并进行学术访问。

(15) 2019 年 12 月 22—26 日，亚太与全球战略研究院朴光姬、张中元等对日本国际关系论坛等进行学术访问。

（四）学术社团、期刊

1. 社团

(1) 中国亚洲太平洋学会，会长李向阳。

2019 年 8 月 17—18 日，"中国亚洲太平洋学会 2019 年会暨中美战略博弈背景下的'一带一路'建设学术研讨会"在甘肃省酒泉市召开。年会由中国社会科学院亚太与全球战略研究院主办，中共酒泉市委党校和中海外能源集团共同承办。年会的主题是"中美战略博弈背景下的'一带一路'发展方向"，研讨的主要议题有"中美博弈与亚太权力格局重塑""未来一个时期的中国周边环境""亚太经济发展与区域合作""'一带一路'建设进展与挑战"等。近百位专家学者出席开幕式和研讨会。

(2) 中国南亚学会，会长叶海林。

2019 年 10 月 11—12 日，"2019 年中国南亚学会年会暨学术研讨会"在湖南省长沙市举办。年会由中国南亚学会主办，湖南师范大学外国语学院和湖南师范大学南亚研究中心承办。年会的主题为"中国与南亚：对话、发展与共建"。来自全国各地的 190 多名研究南亚问题的知名专家学者出席了会议。

2. 期刊

(1)《当代亚太》（双月刊），主编李向阳。

2019 年，《当代亚太》共出版 6 期，共计约 115 万字。该刊全年刊载的有代表性的文章有：温尧的《退出的政治：美国制度收缩的逻辑》，张一飞的《中国战略文化与"镜子"思维》，赵思洋的《周边需求的视角：古代东亚体系中的区域公共产品》，王金波的《双边政治关系、东道国制度质量与中国对外直接投资的区位选择——基于 2005—2017 年中国企业对外直接投资的定量研究》，成新轩的《东亚区域产业价值链的重塑——基于中国产业战略地位的调整》，谢超的《崛起国如何争取国际支持：兼论中国的发展中国家外交》，王玉主的《中国的国际社会理念及其激励性建构——人类命运共同体与"一带一路"建设》，邓涵的《"峰会年"看澜湄地区制度竞合》，李峰、洪邮生的《微区域安全及其治理的逻辑——以"一带一路"倡议下的"大湄公河微区域"安全为例》，赵可金的《中国边疆开发与周边政治经济学——以内蒙古呼伦贝尔延边开发及其对蒙俄开放为例》。

(2)《南亚研究》（季刊），主编李向阳。

2019年，《南亚研究》共出版4期，共计68万字。除常设栏目外，2019年刊发的栏目还有"'一带一路'专题""缅甸外交""南亚能源"等。该刊全年刊载的有代表性的文章有：刘红良的《论印度对华政策的对冲刚性与合作韧性》，谢超的《观众成本理论的局限及批判：以洞朗对峙中的印度为例》，杨思灵、高会平的《"债务陷阱论"：印度的权力政治逻辑及其影响》，刘晓伟的《"一带一路"倡议下次区域合作机制化限度研究——以"孟中印缅经济走廊"为例》，陈小沁、李琛的《印度加入上海合作组织的影响分析——基于地区公共产品的视角》，王震的《制衡中国？——中美日印在缅甸影响力变迁分析（2010—2018）》，童宇韬的《印度国内政治行为体在领土争端问题上的作用——以印孟陆地边界争端为例》，冯传禄的《近期中印关系发展趋势研判："回归常态"抑或"战略性转向"》，凌胜利、王彦飞的《木桶效应："印太"视域下的印澳合作》，楼春豪的《印度的地缘战略构想与地区基础设施联通政策》，王瑞领的《论莫迪执政以来印度外交政策的调整——基于印度政治发展的视角》，宋丽萍的《印度教特性运动的政治文化解读》。

（五）会议综述

东亚峰会与东亚合作国际研讨会·2019

2019年9月17—18日，由中国社会科学院和东盟与东亚经济研究所共同主办的东亚峰会与东亚合作国际研讨会在山东省威海市举行。研讨会的主题是"从亚太到印太：区域合作的新方向"。来自国内和亚太地区国家的30多名学者参加了研讨。

会议期间，与会学者就以下三个议题展开研讨。(1) 中美贸易战：东亚区域合作的挑战或机遇？ (2) 亚太地区的多元化合作。(3) 亚太V.S.印太：走向何方？与会学者梳理了"亚太"概念下东亚合作的发展历程，从不同视角解读"印太"，试图探索出互利共赢的合作方向。尽管区域合作面临诸多挑战如中美贸易摩擦，但学者们总体上对东亚合作的未来前景依然保持乐观。

关于"中美贸易战：东亚区域合作的挑战或机遇？"，与会专家学者指出，中美贸易战对东亚地区是一个危机，它改变了东亚经济链的外部环境，带来了新的挑战。美国正在进行重大经济调整，特朗普政府采取单边主义和贸易保护主义，无差别加征关税。其战略意图不仅仅是将制造业赶出中国，还要将制造业迁回美国。东亚其他国家可能见证了短期内井喷式的投资增长，但这些国家下一步也将面临美国加征关税，受到美国优先政策带来的危害。不过，东亚的经济合作历来是危机催生型，因此，这次危机也会催生东亚应对外部经济威胁和挑战的内生性合作动力。可以看到，《区域全面经济伙伴关系协定》（RCEP）的谈判进程正在加速，快于以往任何时候，取得最终协议的可能性更大。从这个角度看，中美贸易战实际上有利于东亚合作。

关键的问题是，中国如何在促进东亚合作中发挥引领作用。与会者认为，近一年来，中国对内采取了新的经济开放和改革措施，包括降低关税、扩大外国市场准入、修订《外商投资法》、继续推进自贸试验区的发展等，这些措施为东亚经济体对华投资、打造东亚供应链提供了更好的契机。中国对东南亚、日本等地的投资新进展也加速了东亚内部的产业分工。此外，中国还需积极参与全球治理，尽管目前还不具备能力将资本与劳动力之间的不平衡关系纳入国际合作议程，但不妨在区域合作中加以尝试。从东亚开始，用"一带一路"倡议维护更加自由的地区和国际经济环境。在推进区域合作中，对发展中成员的关注与诉求给予充分考虑，以各经济体的发展水平来区分权利和责任，为推动普惠发展而改善和创新规则。

在讨论中，有学者预测，由于特朗普希望在2020年大选中获得连任，中美之间很可能会在2020年中达成贸易协议。因此，对于东亚其他国家来说，过早"选边站队"不是明智之举。

关于"亚太地区的多元化合作"，与会学者从区域、国别角度出发，探讨了在各种机制之间互动协调下区域合作发展的前景。与会者一致认为：(1) 亚太经济合作组织（APEC）是亚太地区最具代表性、领域最广、级别最高的合作机制。站在新的历史起点上，APEC专门成立后2020愿景（Post-2020 New Vision）小组，以期为后2020愿景合作形成新的顶层方案。后2020愿景将是深化亚太区域合作机制的重要抓手，在多边、双边和区域合作中发挥桥梁沟通和矛盾缓冲的平台作用，对东亚、东北亚、印太区域的合作机制产生溢出效应。展望未来的亚太经济合作，区域经济和地缘政治环境的日趋复杂将带来新的机遇与挑战。(2)《全面与进步跨太平洋伙伴关系协定》（CPTPP）是一个基于规则的协定，为了排除各种贸易阻碍，使贸易更加公开、公平和透明，它对参与国的承诺内容作出了严格规定，这在一定程度上促进了成员国的国内改革。CPTPP在灵活与严格之间的平衡，有利于促进成员国之间互利的经济发展，也减少了贸易摩擦。在当前国际贸易体系面临危机的情况下，CPTPP这种灵活与严格并存的模式可以为WTO提供解决问题的新思路。(3) 中国与东盟有多个合作机制，主要包括"一带一路"倡议，"10+1"合作机制、澜沧江—湄公河合作、经济合作等，这些机制有很多共同点，目标是谋求共同发展。协调中国—东盟多个合作机制的良性互动可以实现资源整合，保持一个开放和包容的市场。但是，中国—东盟合作在全球和区域环境发生变化的情况下也面临挑战。中美贸易战带来了更多不确定性。中国在该地区建立了澜沧江—湄公河合作机制，湄公河下游国家与美国、日本、韩国和印度等国之间建立了各种形式的多边机制，多方利益在湄公河次区域重叠与交叉。这些机制相互竞争,如何与其他合作机制形成良性互动成为亟需解决的问题。解决好机制协调问题,可以防止因项目过多或重叠影响东盟合作的积极性,有助于减少东盟国家对"一带一路"倡议和中国周边外交的疑虑,增进双方政治互信。展望中国—东盟区域合作的未来,有几个问题值得进一步研究:是否可以建立一个基于 BIMP-EAGA 的新机制?中国—东盟合作机制能否以规则为导向?如何有效实现多元框架下的政策协调?

关于"亚太 VS. 印太:走向何方",与会专家学者指出,从经济角度看,"印太"是一个经济链的自然延伸,应该是"亚太+";从地缘角度看,中国的崛起带给地区权力平衡较大的战略压力,美国推动印太战略,强化美日印澳"民主菱形"制衡中国。"印太"主要相关国家的态度具有很大不一致性,各国都从自身利益出发来运用"印太"概念,不同于各国在"亚太"下形成的广泛共识。而且,"亚太"是一个经济合作机制,以东盟为中心,力推区域经济一体化。与亚太合作不同,"印太"从一开始就被美国贴上政治标签,是美国用以对付中国的战略部署,因此,政治的"印太"没有前途,不会为区域的经济和贸易带来多大的实际好处。日本提出的"印太倡议",力图与美国的政治安全"印太"相区别,但需要进一步规划,提出可行性方案。东盟提出清晰的"印太"战略,力图维护东盟的中心地位和作用。其实,从地缘看,东盟的确处在"印太"的地缘连接中心,东盟发挥联结作用有利于区域合作。与会者一致认为,中国反对美国的政治安全"印太",对"亚太+"的合作并不反对。挑战在于"印太"以何为依托;如何取得共识,并开启包容性的合作进程。

(科研处)

"一带一路"建设与中日第三方市场合作国际学术研讨会

2019 年 10 月 23 日,由中国社会科学院亚太与全球战略研究院与日本贸易振兴机构亚洲经济研究所(IDE-JETRO)共同主办的"'一带一路'建设与中日第三方市场合作国际学术研讨会"在北京召开。

在研讨会上,中日两国学者围绕会议主题发表了自己的学术见解。亚太与全球战略研究院研究员王玉主以"澜湄合作机制与中日第三方市场合作"为题阐述了下例相关问题:中国为何倡导澜湄合作机制,中国为何在国内存在诸多发展不充分问题的情况下加大对外投资力度,澜湄合作机制与大湄公河次区域经济合作机制如何对接,等等。日本贸易振兴机构亚洲经济研究所高级主任研究员大西康雄探讨了"一带一路"倡议面临转折的问题。他总结了"一带一路"倡议的发展现状,分析了"一带一路"倡议的影响,并展望中日在"一带一路"框架下的合作前景。亚太与全球战略研究院副研究员张中元着眼于"一带一路"框架下的产能合作与中日第三方市场合作问题,论述了"一带一路"框架下中日推动第三方市场合作的进展,阐述了中日在推进第三方市场合作中产能合作的基础,分析了第三方市场产能合作中中日参与对价值链的影响,并就"一带一路"框架下中日推进第三方市场合作提出几点思考。日方学者丁可研究员关注东亚生产网络的转型与中日第三方市场合作问题,探讨了中日第三方市场合作的切入点,分析了如何从国际分工的角度看待中日第三方市场合作,阐述了东亚生产网络的结构转型,并讨论了中日第三方市场合作的主要领域。

与会学者就研讨会的主题及发言者的观点进行了讨论。亚太与全球战略研究院研究员钟飞腾,副研究员王金波、孙西辉,以及日本贸易振兴机构驻北京办事处的川渊英雄副所长、藤原智生部长、大西康雄研究员和丁可研究员等学者,就相关话题进行了交流。出席学术研讨会的中方代表还有亚太与全球战略研究院科研处长朴光姬研究员、周边战略研究室的博士曲彩云、大国关系研究室的博士田光强以及亚太与全球战略研究院的部分研究生等,日方参会的代表还有日本贸易振兴机构驻北京办事处的刘雪娇女士,驻京丸红(中国)有限公司经济调查总监铃木贵元先生、张培鑫女士,三井物产北京事务所经济研究室研究员安田英明先生,朝日新闻北京总局记者福田直之先生等。

此次研讨会映衬了中日关系持续回暖和不断加强合作的大背景,为两国在"一带一路"框架下加强合作进行了有益的探讨,达成了一些学术共识。

(科研处)

第四届中印智库论坛——亚洲世纪的中印关系

2019年11月28日,"第四届中印智库论坛"在北京开幕。会议的主要议题有"构建中印更加紧密的发展伙伴关系""中印发展战略和发展经验""中印文明交流与互鉴"等。来自中印两国的150名专家学者参加了会议。

中国社会科学院院长谢伏瞻在论坛开幕式上指出,当今世界进入大发展、大变革、大调整的新时期,中国和印度作为重要的发展中国家和新兴市场国家,是世界多极化进程中的重要力量。两国应加强战略合作,维护全球稳定与发展;加强务实合作,为两国共同发展注入强劲动力;增进学术智库交流,助力两国互学互鉴发展经验。

外交部副部长罗照辉在致辞中表示,中印同时崛起是21世纪最重大的历史性事件。双方应超越管控分歧的模式,打破两国关系起伏不定的怪圈,加强双边、多边合作。让合作做加法,分歧做减法,探索一套大国和平相处、共同发展的相处之道。同时,他指出,中印智库论坛是中印两国间层级最高、规模最大的机制化智库交流平台,对增进两国相互了解与合作具有重要意义。

印度世界事务委员会总干事拉加万也认为,在世界经济增长疲软、复苏乏力的当前,中印更应加强在双边和多边体制内的合作,建立多维度合作伙伴关系,促进全球经济发展。

在如何加强两国合作问题上,云南财经大学教授朱翠萍认为,贸易合作取决于经济基础、比较优势、比较竞争力以及经济发展的阶段。中印经济合作有巨大潜力与需求，但现实和潜力之间有巨大鸿沟，实际作为较为欠缺。若要解决中印贸易不平衡的问题，需要进行更多元化的投资。

印度世界事务委员会研究员冈扬·辛格提议，中印可在中小企业、知识经济、环境问题三个领域发力合作。借鉴中国成功的市场自由化经验，开发一系列适应印度环境和需求的政策；签署更多科技创新方面的协议；加大环境领域的合作力度，从彼此身上受益。

与会者认为，目前，国际秩序面临失序风险，在国际秩序层面，中印也应加强合作。亚太与全球战略研究院副院长叶海林指出，中印不能仅靠技术进行改变，应该更有勇气，把自身想法融入现在的世界秩序中，抓住确定因素来发挥力量。

（科研处）

美国研究所

（一）人员、机构等基本情况

1. 人员

截至2019年年底，美国研究所共有在职人员50人。其中，正高级职称人员12人，副高级职称人员13人，中级职称人员18人；高、中级职称人员占全体在职人员人数的86%。

2. 机构

美国研究所设有：美国政治研究室、美国经济研究室、美国外交研究室、美国社会文化研究室、美国战略研究室、《美国研究》编辑部、《当代美国评论》编辑部、办公室、科研处、人事处。

3. 科研中心

美国研究所院属学会和科研中心有：中华美国学会、中国社会科学院世界社会保障制度与理论研究中心；所属科研中心有中国社会科学院美国研究所军备控制与防扩散研究中心。

（二）科研工作

1. 科研成果统计

2019年，美国研究所共完成中文专著1种，27万字；译著1种，70万字；理论文章6篇，1.5万字；权威期刊论文2篇，5.5万字；核心期刊论文24篇，33.8万字；一般期刊论文55篇，50.8万字。

2. 科研课题

新立项课题。2019年，美国研究所共有新立项课题4项，均为国家社会科学基金课题："特朗普政府对台政策及应对研究"（袁征主持），"特朗普政府中东政策研究"（张帆主持），"美国麦卡锡主义倾向研究"（倪峰主持），"新形势下美国问题研究状况调查及发展规划研究"（赵梅主持）。

3. 获奖优秀科研成果

2019 年，美国研究所获"第十届（2019 年）中国社会科学院优秀科研成果奖"三等奖 2 项：王玮的《权力变迁、责任协调与中美关系的未来》，周琪、李枏、沈鹏的《美国对外援助——目标、方法、决策》。

2019 年，美国研究所获得"中国社会科学院 2018 年度院优秀信息对策组织奖"。

（三）学术交流活动

1. 学术活动

2019 年，由美国研究所主办和承办的学术会议如下。

（1）2019 年 5 月 2—4 日，由美国研究所参与主办的"中美知名学者对话"会议在北京举行。

（2）2019 年 8 月 23—24 日，由美国研究所与中国现代国际关系研究院、复旦大学美国研究中心联合主办的"第七届美国研究全国青年论坛（2019）"在上海举行。会议研讨的主要议题有"中美关系最新发展""美国国内政治经济走向""美国外交政策变化"等。

（3）2019 年 8 月 24 日，"加强全国美国研究学界交流协作"专题座谈会暨 2019 年中华美国学会会员大会在上海举行。来自科研院所、高等院校的美国研究学者近百人参加了会议。会议研讨的主要议题有"国内美国研究现状""加强全国美国研究学界交流协作"等。

2. 国际学术交流与合作

2019 年，美国研究所共派遣出访 24 批次 29 人次，接待来访 34 批 89 人次。与美国研究所开展学术交流的国家有泰国、新加坡、美国、朝鲜、英国、韩国、印度尼西亚、比利时、德国等。

（1）2019 年 1 月 9—20 日，美国研究所所长吴白乙、研究员赵梅等前往美国华盛顿、纽约，与知名智库展开深入调研，走访布鲁金斯学会、战略与国际问题中心、传统基金会、美利坚大学等机构，就特朗普政府的外交决策过程、对华政策走向、特朗普政府对朝鲜半岛的政策以及美日同盟等问题进行交流。

（2）2019 年 3 月 22—29 日，美国研究所所长吴白乙、研究员李枏赴朝鲜进行学术交流。

（3）2019 年 4 月 23—27 日，美国研究所研究员樊吉社赴韩国参加"东北亚安全与合作会议"。

（4）2019 年 4 月 29 日至 5 月 2 日，美国研究所研究员李枏赴美国华盛顿参加"中美韩三边会议"，并就"第二次美朝峰会后的半岛局势走向"进行发言。

（5）2019 年 7 月 28 日至 8 月 1 日，美国研究所副研究员王欢赴美国纽约参加题为"回顾历史，展望未来：纪念中美建交四十周年"的中美青年领袖对话会议，并作题为"中美城市治理比较"的主题发言。

(6) 2019年8月26—29日，美国研究所助理研究员俞凤赴印度尼西亚雅加达出席"青年领袖论坛"和"亚太地区青年领袖论坛商务会议"。

(7) 2019年10月14—21日，美国研究所研究员李枬赴美国纽约参加"中美韩三边会议"，并就"第三次美朝峰会后的半岛局势走向"进行发言。

(8) 2019年10月19—26日，美国研究所副研究员魏南枝受国务院港澳事务办公室邀请赴美国纽约参加"第74届联合国大会第三委员会会议"。

(9) 2019年10月29—31日，美国研究所所长吴白乙研究员赴新加坡参加高端智库研讨活动。

(10) 2019年12月9—13日，美国研究所研究员郑秉文赴泰国清迈参加题为"'一带一路'倡议下的中泰经济合作第二届中泰智库论坛"，并就"中泰合作中的社保问题"作主旨发言。

3. 与中国香港、澳门特别行政区和中国台湾地区开展的学术交流

2019年5月19—24日，美国研究所研究员倪峰、袁征等赴台湾地区进行学术交流。其间，走访了淡江大学、国政基金会、"中研院"、台湾大学、二十一世纪基金会、对外关系学会、中兴大学、成功大学、中山大学等学术机构，了解台湾各方对当前中美关系、美国对台政策及两岸关系的认知情况。

（四）学术社团、期刊

1. 社团

中华美国学会，会长黄平。

2019年8月23—24日，中华美国学会在上海举办第七届中华美国学会美国研究全国青年论坛。会议的主题是"变化中的美国与中美关系"，研讨的主要议题有"中美关系最新发展""美国国内政治经济走向""美国外交政策变化"等。

2. 学术期刊

(1)《美国研究》（双月刊），主编吴白乙。

2019年，《美国研究》共出版6期，共计132万字。该刊全年刊载的有代表性的文章有：李莉文的《"逆全球化"背景下中国企业在美并购的新特征、新风险与对策分析》，沈从文、江佳唯的《美国对朝"极限施压"政策的内涵、逻辑与困境》，崔戈的《美国对塞拉利昂的公共外交》，姚云竹的《中美军事关系：从准同盟到竞争对手？》，达巍的《选择国内战略 定位中美关系》，沈镇的《特朗普政府的边境墙政策探析》，李枬的《冷战后美国政府对朝鲜的战争思维探究》，张丽娟、郭若楠的《美国贸易逆差与产业国际竞争力——基于全球价值链分工视角的研究》，韦宗友的《美国对华人文交流的看法及政策变化探究》，焦世新的《美日同盟的机制化与战略转型》，吕晶华、罗曦的《冷战后中美西太平洋军力对比的发展演变》，林利

民的《试析英美"特殊关系"的内涵、实质及其前景》，陈迹的《当代美国政治的"种族化"现象探析》，王希的《威尔逊与美国政府体制研究——〈国会政体〉的写作与意义》，仇朝兵的《特朗普政府的"印太战略"及其对中国地区安全环境的影响》，李恒阳的《特朗普政府网络安全政策的调整及未来挑战》，罗振兴的《特朗普政府对中美经贸关系的重构——基于经济民粹主义和经济民族主义视角的考察》。

(2)《当代美国评论》（季刊），第1—3期主编吴白乙，第4期主编倪峰。

2019年，《当代美国评论》共出版4期，共计64万字。该刊全年刊载的有代表性的文章有：徐英瑾的《试论深度学习技术对人类社会持续发展所造成的风险》，任剑涛的《人工智能与公共拟制》，张一飞的《冷战思维的新科技包装：〈人工智能如何重塑全球秩序〉评析》，庞金友的《大变局时代保守主义向何处去：特朗普主义与美国保守主义政治的未来》，田旭的《美国保守主义的演进与特朗普政府外交政策》，谭安奎的《世俗时代中的保守主义》，任剑涛的《在契约与身份之间：身份政治及其出路》，马涛的《身份政治与当代西方民主的危机》，何怀宏的《从现代认同到承认的政治——身份政治的一个思想溯源》，钟飞腾的《特朗普主义与美国同盟体系的转型》，李枏的《同盟管理的两难困境：以美日韩三边关系为例》，韩献栋的《美韩同盟的运行机制及其演变》，赵纪周、赵晨的《美欧安全关系的"成本收益"分析：新联盟困境的理论视角》。

（五）会议综述

"中美知名学者对话"会议

2019年5月3—4日，"中美知名学者对话"会议在北京举行。会议由中国社会科学院美国研究所和美国耶鲁大学蔡中曾中国研究中心共同举办。中美两国近30名专家学者、（前）政府官员参加了会议。与会者就"全球和地区形势及两国国内因素评估""双边经贸及技术关系前景""双边安全领域管控机制以及国际秩序""多边机制和全球治理"等共同关心的问题交换了意见。与会学者普遍认为，中美关系是当今世界最重要的双边关系之一，两国要加强合作，管控分歧，确保双边关系始终沿着正确轨道向前发展。

关于双边关系总体判断问题，中方认为，中美关系正处于一个历史的关口，中国将继续坚持全球化和全球治理的方向，中美负有大国责任和历史使命，中美关系牵动各国，事关全球稳定，中美良性互动是对全球的保障。美方则认为，美中是"战略竞争者"和"战略合作者"并存的关系。美方欢迎中国的"建设性领导作用"。

关于中美经贸和科技摩擦问题，中方认为，美国对贸易平衡、技术转移和中美投资同样负有义务和责任，美方对中美科技交流的切断措施最终将损害美国利益，希望美方尽早改变科技

"脱钩"的做法。美方也认为，目前美国贸易政策存在保护主义倾向，应当予以批评。

关于安全合作问题，中方认为，原有的战略互信建设机制不应倒退，而应对其进行维护和发展，也应开展中美海洋法、太空、网络等领域的对话。希望美国在南海、台湾和朝核问题中作出积极贡献，坚持南海问题双边谈判，坚持海空相遇安全行为准则，减少台海形势的不确定性，在朝核问题上保持合作。美方同意，要进一步加强对话和高级官员之间的互访，包括军事、民间互访，以求建立更好的互信；需要建立稳健的危机沟通解决机制以应对潜在危机；通过有关协议的谈判，理解对方的战略意图，保证战略稳定性。

关于全球治理和全球秩序，中方认为，当今世界正面临百年未有之大变局，不应抛弃现有国际贸易、金融机制，双方应努力维护以WTO为代表的国际机制的合法性，同时在合作中作出相应的改革。"一带一路"倡议把大量资金转向了实际的基础设施投资，而这种投资会相对稳定，会吸引更多的资金从"热钱"变为长期基础设施投资。"一带一路"倡议还创造了新的国际机制，是中国为全球治理作出的卓越贡献。美方认为，要建立一个可持续的国际秩序，双方都应作出调整和妥协，以求建立一个新的秩序，美中可以找到更加有共同利益的领域进行更好的全球治理。

此次对话在各议题方向中均有新要素、新问题和新思想出现，对应对中美关系短期问题，并为中长期问题早作准备具有重要启示。在智库交流方面，双方都认为人文交流是中美关系的重要组成部分，双方智库学者应进一步加强沟通交流，为推动两国关系健康稳定发展做出积极贡献。

（方锐华）

"加强全国美国研究学界交流协作"专题座谈会暨2019年中华美国学会会员大会

2019年8月24日，由中华美国学会、美国研究所联合主办的"加强全国美国研究学界交流协作"专题座谈会在上海举行。来自国内科研机构、高等院校的美国研究学者近百人参加了会议。会议研讨的主要议题有"国内美国研究现状""加强全国美国研究学界交流协作"等。

中国社会科学院美国研究所陶文钊、现代国际关系研究院袁鹏等知名学者在会上作引导性发言。陶文钊教授在发言中指出，美国挑起的对华经贸摩擦有愈演愈烈之势，在这一过程中，两国仍然是既有合作，又有分歧，但竞争和博弈成为两国关系的新常态。在这个过渡时期，尽量减少和缓解摩擦，管控和弱化竞争，努力维护两国关系的大体稳定还是有可能的。现代国际关系研究院崔立如在发言中强调，当前的中美关系正处在前所未有的历史性转变过程中。

中华美国学会会长黄平对上述专家发言作点评，他指出，中美关系发展今非昔比，未来两国的分歧管控考验两国的政治智慧。中美关系未来的发展如何演变取决于双方战略上如何互动。

在自由发言阶段，与会学者围绕会议议题相继发言并进行了积极的互动。

座谈会后，中华美国学会举办2019年度会员大会。黄平会长主持了年度大会；学会秘书长倪峰作了2018年度工作报告；秘书长主持了新的会费缴纳标准的审议表决，经计票该新的会费标准获得通过。

大会讨论了章程拟修改方案，倪峰秘书长详细介绍了章程拟改动之处。随后，学会尚在筹备阶段的三个分支机构筹备负责人向全体会员作筹备阶段工作报告。拟成立的三个学会分支机构为"中华美国学会青年分会""中华美国学会财经分会""中华美国学会科技分会"。

秘书长倪峰报告2020年学会工作计划，2020年学会将举办换届大会，还将举办一次青年论坛和财经论坛。

美国研究所所长吴白乙在会议总结中指出，未来中美研究的主力在于青年研究学者，学会将一如既往地支持青年学者的科研工作，鼓励青年学者积极参加学会的学术活动，学会每年将举办以青年学者为主体的青年论坛。

（董玉齐）

日本研究所

（一）人员、机构等基本情况

1. 人员

截至2019年年底，日本研究所共有在职人员52人。其中，正高级职称人员14人，副高级职称人员13人，中级职称人员16人；高、中级职称人员占全体在职人员总数的83%。

2. 机构

日本研究所设有：办公室、日本政治研究室、日本经济研究室、日本外交研究室、日本社会研究室、日本文化研究室、综合战略研究室、《日本学刊》编辑部、网络资料室。

3. 科研中心

日本研究所所属科研中心有：日本政治研究中心、中日关系研究中心、中日经济研究中心、中日社会文化研究中心。中华日本学会和全国日本经济学会两个国家一级学会挂靠在日本研究所。

（二）科研工作

1. 科研成果统计

2019年，日本研究所共完成专著2种，40万字；论文集5种，137万字；论文78篇，90万字；蓝皮书2种，80万字。

2. 科研课题

(1) 新立项课题。2019年，日本研究所共有新立项课题即所级国情调研基地课题2项："关于青田县美丽乡村建设情况的国情调研"（刘玉宏主持），"眉山与日本康养产业合作基础研究"（张季风主持）。

(2) 延续在研课题。2019年，日本研究所共有延续在研课题8项。其中，国家社会科学基金重点课题2项："日本'军事崛起'与我国对策研究"（吴怀中主持），"自民党体制转型研究"（张伯玉主持）；国家社会科学基金青年课题2项："战后日本供给侧结构性改革经验与教训研究"（田正主持），"日本印太战略研究"（朱清秀主持）；国家社会科学基金后期资助课题2项："日本泡沫经济再考"（张季风主持），"美国对琉球政策历史演变的研究（1945—1969）"（陈静静主持）；"登峰战略"资助课题2项："优势学科日本政治"（杨伯江主持），"重点学科日本经济"（张季风主持）。

3. 获奖优秀科研成果

2019年，日本研究所获"第十届（2019年）中国社会科学院优秀科研成果奖"论文类二等奖1项：杨伯江的论文《战后70年日本国家战略的发展演变》；三等奖2项：张季风的论文《重新审视日本"失去的二十年"》，吕耀东的论文《论日本政治右倾化的民族主义特质》；优秀皮书奖一等奖1项：杨伯江的研究报告《日本蓝皮书：日本研究报告（2018）》；优秀皮书报告奖二等奖1项：吴怀中的研究报告《日本国家政治的范式变异与战略转型》。

（三）学术交流活动

1. 学术活动

2019年，由日本研究所主办和承办的学术会议如下。

(1) 2019年3月17日，由日本研究所中日社会文化研究中心、日本文化研究室联合主办的"日本文化读书会第十七次会议：中世日本天皇的正统性与即位仪式"研讨会在北京举行。

(2) 2019年3月19日，由日本研究所日本政治研究中心主办的"日本政治形势与中日关系座谈会暨汪婉特约研究员致聘仪式"在北京举行。

(3) 2019年3月26日，由日本研究所中日关系研究中心主办的"2019年第一季度日本热点问题研讨会"在北京举行。

(4) 2019年4月23日，由日本研究所《日本学刊》编辑部举办的第四届"日本研究论坛"在北京召开。

(5) 2019年4月27日，由日本研究所日本社会研究室与中日社会文化研究中心共同举办的学术报告会在北京举行。南开大学日本研究院教授李卓作了题为"天皇退位：千年皇室传统的回归"的学术报告。

(6) 2019年5月7日，由日本研究所、社会科学文献出版社及中日社会文化研究中心联合主办的"登峰战略——平成日本研究"系列成果推介暨日本改元学术研讨会在北京举行。

（7）2019年5月12日，由中国社会科学院主办，中国社会科学院日本研究所承办的中国社会科学论坛——"全球变局下的中日关系：务实合作与前景展望"国际学术研讨会在北京举行。

（8）2019年5月14日，由日本研究所、中日经济研究中心联合主办的"日本经济形势及热点"学术报告及研讨会在北京举行。

（9）2019年6月21日，由北京市中日文化交流史研究会与中国社会科学院日本研究所日本社会研究室、中日社会文化研究中心共同主办的"东亚联盟论与东亚联盟运动"学术报告会在北京举行。

（10）2020年7月23日，由日本研究所日本政治研究中心主办的"参议院选举后日本内外政策动向学术研讨会"在北京举行。

（11）2019年8月6日，由日本研究所主办的首届"日本研究高端论坛"在北京举行。

（12）2019年8月6日，由日本研究所《日本学刊》编辑部主办的《日本学刊》增刊"2018年度日本研究优秀论文"发布会暨《日本文论》创刊推介会在北京举行。

（13）2019年9月15日，由日本研究所《日本学刊》编辑部举办的第二届"日本研究青年学者论坛"在北京举行。

（14）2019年9月21日，由日本研究所主办，社会学研究所协办的"老龄化背景下的中日家庭变迁与社会支持"国际学术研讨会在北京召开。

（15）2019年10月7—8日，由日本研究所、南阳师范学院联合主办的"中日人文对话——神话传说国际学术研讨会"在河南省南阳市举行。

（16）2019年10月12日，由日本研究所、中国社会科学院—上海市人民政府上海研究院联合主办的"中日马克思主义研究高端对话"在上海举行。

（17）2019年10月13日，由日本研究所、中国社会科学院马克思主义理论学科建设与研究工程领导小组、中国社会科学院—上海市人民政府上海研究院联合主办的"第七届日本马克思主义研究论坛"在上海举行。

（18）2019年10月15日，由日本研究所、中日经济研究中心联合主办的"日本形势与中日关系"学术研讨会在北京举行。

2019年9月，"老龄化背景下的中日家庭变迁与社会支持"国际学术研讨会在北京召开。

(19)2019年10月19日,由日本研究所、中华日本学会、社会科学文献出版社主办的"《日本蓝皮书》工作会议暨2020选题讨论会"在北京举行。

(20) 2019年11月1—2日,由日本研究所、全国日本经济学会联合主办的"中日韩首都圈发展战略"国际学术研讨会在北京举行。

(21) 2019年12月6日,由日本研究所日本社会研究室、中日社会文化研究中心联合主办的"2019年日本社会热点问题研讨会"在北京举行。

(22) 2019年12月24日,由日本研究所、社会科学文献出版社联合主办的"《日本文论》总第二辑推介会"在北京举行。

2. 国际学术交流与合作

2019年,日本研究所共派遣出访19批51人次,接待来访64批250余人次。与日本研究所开展学术交流的国家有日本、韩国、印度尼西亚、泰国等。

(1) 2019年2月27日,韩国外国语大学国际研究学院院长黄载皓访问日本研究所,并与中日关系研究中心专家学者就"美朝领导人会谈""日韩关系""中韩合作"等议题进行座谈。

(2) 2019年4月15—19日,日本研究所所长杨伯江率日本研究所综合调研团一行6人赴日本,就"中日关系"进行政策调研和学术交流。代表团先后走访首相官邸、国会议员会馆、外务省、经济产业省等日本政府部门及日本国际问题研究所等多家智库机构。

(3) 2019年6月3—7日,日本研究所"日本政治体制转型及政局变动"与"当代日本国家安全战略研究"创新课题组一行4人赴日本调研"日本政局及中日安全关系"。

(4) 2019年6月24—28日,日本研究所所长杨伯江等参加中国社会科学院代表团,在日本大阪出席"共建开放型世界经济国际论坛"国际会议。

(5) 2019年6月24—29日,日本研究所"日本社会问题与社会治理"创新项目组一行5人赴日本调研"日本少子老龄化"等问题。

(6) 2019年7月1—7日,应中国社会科学院邀请,由日本东京大学、早稻田大学、日本国际问题研究所、亚洲经济研究所等高校和智库的10名专家组成的青年学者代表团访问北京市和甘肃省,日本研究所负责具体接待工作。

(7) 2019年8月18日,以众议院议员、公明党代理干事长兼国际委员会委员长远山清彦为团长的日本众参两院跨党派年轻议员代表团到访日本研究所,与该所所长杨伯江等进行座谈交流。

(8) 2019年9月4日,日本防卫研究所地域研究部中国研究室室长门间理良、三等陆佐岩本广志以及日本驻华使馆空军武官岩切主税3人到访日本研究所,与该所所长杨伯江等就"中日关系"进行座谈。

(9) 2019年9月17日,日本三菱UFJ银行首席战略分析师关户孝洋、三菱UFJ银行北京分行调研室室长石洪等一行到访日本研究所,与该所所长杨伯江等就"汇率变动""全球货币政策""中日经济"等议题进行座谈。

(10) 2019年9月17日，日本研究所日本社会研究室邀请日本著名社会学家、东京大学名誉教授上野千鹤子来所，举办题为"日本超高龄社会的现状与课题"的专题讲座。

(11) 2019年10月14—18日，日本研究所副所长王晓峰率"日本外交战略与中日关系研究"与"新时代中国对日国际战略传播研究"创新课题组一行6人赴日本关西地区就"中日关系"等专题进行调研。

(12) 2019年12月1—7日，日本研究所所长杨伯江率"一带一路"东南亚沿线国家调研团一行5人，赴印度尼西亚和泰国，就"日本与东南亚关系""日本对外经济及援助政策在东南亚实施情况""中日在'一带一路'框架中的合作竞争关系"等议题进行调研及学术交流。

(13) 2019年12月11日，日本经济同友会访华团到访日本研究所，与该所所长杨伯江等就"中国经济发展""中日经济合作""中美贸易摩擦"等议题进行座谈。

（四）学术社团、期刊

1. 社团

(1) 中华日本学会，会长李薇。

① 2019年7月23日，由中华日本学会、中国社会科学院日本研究所和社会科学文献出版社联合主办的"《日本蓝皮书：日本研究报告（2019）》发布会暨参议院选举后日本内外政策动向学术研讨会"在北京举行。会议对2018年度日本各领域形势进行了回顾，特别是围绕国际大变局背景下日本的选择与应对，重点就"日本经济社会改革与发展""皇室及自民党重大动向""战后外交总决算""广域经济合作构想""安全防卫政策""中美日关系""中日关系"等进行了探讨和分析。

② 2019年11月8—9日，由中华日本学会主办，中国社会科学院日本研究所、南开大学日本研究院联合承办的"中华日本学会2019年年会暨'回望日本平成时代'学术研讨会"在南开大学举行。来自全国36家单位的130多位专家、学者参加了会议，提交学术论文57篇。会议的主题是"回望平成、前瞻令和"，会议研讨的主要议题有"平成30年来日本的发展变化""日本的政治、经济、外交安全、国家战略"。

(2) 全国日本经济学会，会长尹中卿。

① 2019年5月28日，由全国日本经济学会、中国社会科学院日本研究所和社会科学文献出版社联合主办的"《日本经济蓝皮书：日本经济与中日经贸关系研究报告（2019）》发布会暨学术研讨会"在北京召开。

② 2019年6月15—16日，由全国日本经济学会主办，四川省眉山市人民政府、中国社会科学院日本研究所联合承办的"全国日本经济学会2019年年会暨'中日康养产业发展与合作'学术研讨会"在四川省眉山市举办。会议研讨的主要议题有"中日康养产业发展与合作""全球变局中的日本经济及产业转型""中日经济关系与第三方市场合作""对外经济关系

及地区经济社会发展"等。

2. 期刊

《日本学刊》（双月刊），主编高洪（代）。

2019年，《日本学刊》共出版6期，共计102万字。该刊全年刊载的有代表性的文章有：杨伯江的《新时代中美日关系：新态势、新课题、新机遇》，包霞琴、崔樱子的《冷战后日美同盟的制度化建设及其特点——兼论日本在同盟中的角色变化》，归泳涛的《"灰色地带"之争：美日对华博弈的新态势》，李卓的《天皇退位的历史与现实》，疏震娅的《关键日期视角下的钓鱼岛领土主权争端分析》，高洪的《日本确定"令和"年号过程中的政治因素探析》，吴怀中的《美国学界对日本安全政策的理论研究——兼论沃尔兹的新现实主义预言是否终将实现？》，张宇燕等的《全球变局下的中日关系》等。

2019年6月，全国日本经济学会2019年年会暨"中日康养产业发展与合作"学术研讨会在四川省眉山市举办。

（五）会议综述

中国社会科学论坛
——"全球变局下的中日关系：务实合作与前景展望"国际学术研讨会

2019年5月12日，由中国社会科学院主办，中国社会科学院日本研究所承办的中国社会科学论坛——"全球变局下的中日关系：务实合作与前景展望"国际学术研讨会在北京举行。来自中日两国政界高官、中日关系研究领域一流学者及智库、媒体代表共计150余人参加了会议。中国前国务委员戴秉国、日本前首相福田康夫、中国社会科学院院长谢伏瞻、日本驻华大使横井裕出席了开幕式，并致辞或发表主旨演讲。日本国际协力机构理事长北冈伸一、日本政策研究大学院大学校长田中明彦、日本外务省前副大臣山口壮、中国社会科学院日本研究所所长杨伯江、中国社会科学院世界经济与政治研究所所长张宇燕等发表学术演讲。与会中日两国学者在"中日务实合作路径探索与前景展望"的主题框架下进行了四个单元的综合讨论，内容主要包括"中日第三方市场合作""中日政治安全关系""中日社会文化民间交流""中日在国际地区事务中的沟通协调"等。

（科研处）

"中日人文对话——神话传说国际学术研讨会"

2019年10月7—8日，由中国社会科学院日本研究所、南阳师范学院联合主办的"中日人文对话——神话传说国际学术研讨会"在河南省南阳市举行。来自中日两国的60余位专家学者围绕中日神话、神话与文化、两国人文交流等议题展开了讨论。全国政协民族和宗教委员会主任、中国社会科学院原院长王伟光在开幕式上致辞。

中日两国学者从神话传说入手，探讨了两国文化特点、交流传承及文明特色，回顾了两国悠久的文化交流史。南阳师范学院文史学院教授韩国良、桐柏县盘古文化研究会会长高瑞远、桐柏县文化馆馆长李修对等当地文史研究者分别就盘古文化的内涵、在当地的传承及保护现状等作了介绍。中国社会科学院民族文学研究所研究员王宪昭在基调演讲中系统阐释了盘古神话在中国各民族间的动态传承及影响。日本皇学馆大学校长河野训梳理了日本创世神话中的天神谱系及与神社间的关系等。立命馆大学名誉教授川岛将生从日本各地的传统祭礼中考察了中国文化的影响。

（科研处）

中日马克思主义研究高端对话

2019年10月12日，由中国社会科学院日本研究所、中国社会科学院—上海市人民政府上海研究院联合主办的"中日马克思主义研究高端对话"在上海举行。来自中国社会科学院日本研究所、马克思主义研究院，上海大学，清华大学，日本一桥大学，日本关东学院大学等中日研究机构的90余位专家学者参加了会议。

中国社会科学院日本研究所所长杨伯江在致辞中指出，日本研究所自2013年起连续举办六届"日本马克思主义研究论坛"，获得了良好学界评价和社会反响，并开始显现一定的国际影响力。全国政协民族和宗教委员会主任、中国社会科学院原院长王伟光作了讲演，对中华人民共和国成立70年来马克思主义中国化的根本经验和基本规律展开了论述。中国社会科学院马克思主义研究院副院长辛向阳作了题为"'两个必然'和三个为什么？"的报告。与会中日学者围绕两国在马克思主义研究的历史、现状、问题意识等议题展开了交流和讨论。

（科研处）

和平发展研究所

（一）人员、机构等基本情况

1. 人员

2019年，和平发展研究所共有在职人员9人。

2. 机构

和平发展研究所设有：发展政治室、经济室、安全室、人物室、信息资料室、综合办公室。

（二）科研工作

1. 科研成果统计

2019年，和平发展研究所完成专题报告34篇，39万字；一般文章64篇，49万字。

2. 科研课题

结项课题。2019年，和平发展研究所完成"中美贸易摩擦"相关课题研究的3个子课题："美国出口管制研讨"（廖峥嵘主持），"中美贸易摩擦对中国经济的影响"（廖峥嵘主持），"中美贸易摩擦对中美关系的影响"（廖峥嵘主持）。

（三）学术交流活动

2019年，由和平发展研究所举办的主要学术活动如下。

（1）2019年4月16日，由和平发展研究所主办的"中美贸易摩擦：影响评估与前景展望研讨会"在北京召开。会议的主题是"中美贸易关系的未来走势"，研讨的主要议题有"中美脱钩论""贸易摩擦的战略应对""美国贸易政策的不确定性""贸易摩擦对就业的影响"等。

（2）2019年7月9日，由和平发展研究所主办的"中美经贸博弈与国际秩序"专题研讨会在北京召开。会议的主题是"构建安全共同体：平等、公平、正义"，研讨的主要议题有"国际安全秩序及其发展趋势问题""地区安全合作问题""亚太安全秩序与合作问题"等。

（3）2019年10月21日，由和平发展研究所主办的"应对中美贸易摩擦新形势研讨会"在北京召开。会议的主题是"中国认真履行国际义务，有理有力反击美国霸凌"，研讨的主要议题有"中美贸易摩擦以来美国涉嫌违背WTO规则"等。

（四）学术期刊

《和平发展观察》（不定期刊），执行主编廖峥嵘。

2019年，《和平发展观察》共出版8期，共计5万余字。该刊全年刊载的有代表性的文章有：陈炳才的《人民币国际化需要新路径》，廖峥嵘、刘江的《简议WTO改革与中国》、《中美战略竞争与全球经济格局变化趋势》，唐志超、魏亮的《海湾安全局势持续恶化及中国的对策》等。

马克思主义研究学部

马克思主义研究院

(一) 人员、机构等基本情况

1. 人员（含中特中心）

截至2019年年底，马克思主义研究院共有在职人员135人。其中，正高级职称人员30人，副高级职称人员39人，中级职称人员50人；高、中级职称人员占全体在职人员总数的88%。

2. 机构

马克思主义研究院设有：马克思主义原理研究部（下设马克思主义基本原理研究室、马克思恩格斯思想研究室、列宁斯大林思想研究室、思想政治教育研究室）、马克思主义中国化研究部（下设毛泽东思想研究室、中国特色社会主义理论体系研究室、党建党史研究室、马克思主义无神论研究室）、马克思主义发展研究部（下设马克思主义发展史研究室、经济与社会建设研究室、政治与国际战略研究室、文化与意识形态建设研究室）、国际共产主义运动研究部（下设国际共产主义运动史研究室、当代世界社会主义研究室、当代世界资本主义研究室）、国外马克思主义研究部（下设国外左翼思想研究室、国外共产党理论研究室、西方马克思主义研究室）、《马克思主义研究》编辑部、《国际思想评论》《世界政治经济学评论》编辑部、《马克思主义文摘》编辑部、《马克思主义理论研究与学科建设年鉴》编辑部、信息网络室、办公室、科研处、人事处（党办）。

3. 科研中心

马克思主义研究院院（中国社会科学院）属科研中心有：中国社会科学院习近平新时代中国特色社会主义思想研究中心、中国社会科学院中国特色社会主义理论体系研究中心、中国社会科学院世界社会主义研究中心、中国社会科学院马克思主义经济社会发展研究中心、中国社会科学院科学与无神论研究中心、中国社会科学院国家文化安全与意识形态建设研究中心、中国社会科学院马克思主义经济社会发展研究中心。

(二) 科研工作

1. 科研成果统计

2019年，马克思主义研究院共完成专著24种，591万字；论文304篇，264万字；理论文章96篇，32.2万字；译著1种，35万字；译文11篇，8.8万字；教材2种，78.7万字；

论文集 2 种，79.5 万字；皮书 1 种，25 万字；年鉴 1 种，137.8 万字。

2. 科研课题

（1）新立项课题。2019 年，马克思主义研究院共有新立项课题 10 项。其中，中央马克思主义理论研究和建设工程重大课题、国家社会科学基金重大课题 1 项："新形势下所谓的激进社会群体研究"（姜辉主持）；国家社会科学基金课题 5 项："金融危机后西方左翼学者的当代资本主义批判研究"（雷晓欢主持），"马克思精神生产理论与全媒体时代主流意识形态的建构研究"（梅岚主持），"基本公共服务均等化及其实现机制研究"（刘志昌主持），"列宁党的政治建设思想及其当代价值研究"（樊欣主持），"提升机关党支部建设质量研究"（戴立兴主持）；国情调研课题 4 项："高校马克思主义学院师生'巩固马克思主义在意识形态领域指导地位'做法与困难调研"（刘志明主持），"发挥'一带一路'建设中'人文交流门户区'的作用与宁波率先建成高水平全面小康社会调研"（贾朝宁主持），"山民与自然共生共荣的探索与奋斗——滇黔桂石漠化连片贫困山区的脱贫攻坚与乡村振兴建设"（李瑞琴主持），"实施乡村振兴战略的绩溪实践"（张小平主持）。

（2）结项课题。2019 年，马克思主义研究院共有结项课题 7 项。其中，国家社会科学基金课题 6 项："马克思主义发展史视域中的马克思主义经典著作研究"（桁林主持），"习近平总书记关于中国道路系列重要论述研究"（吴波主持），"马克思主义无神论中国化研究"（习五一主持），"全球正义视阈下的道德距离问题研究"（刘曙辉主持），"美国垄断资产阶级统治全球手段研究"（王静主持），"马克思的辩证法与黑格尔的辩证法之比较"（唐芳芳主持）；国情调研课题 1 项："发挥'一带一路'建设中'人文交流门户区'的作用与宁波率先建成高水平全面小康社会调研"（贾朝宁主持）。

3. 获奖优秀科研成果

2019 年，马克思主义研究院获"第十届（2019 年）中国社会科学院优秀科研成果奖"三等奖 5 项：辛向阳的专著《17—18 世纪西方民主理论论析》，金民卿的专著《青年毛泽东的思想转变之路：毛泽东是怎样成为马克思主义者的？》，刘淑春等的专著《欧洲社会主义研究》，程恩富、余斌的论文《论马克思主义的科学整体性研究——围绕"四个哪些"的阐述》，李慎明的论文《关于"依法治国"十个理论问题的思考——学习习近平总书记系列讲话精神和党的十八届四中全会精神的体会》。

（三）学术交流活动

1. 学术活动

（1）2019 年 4 月 12—14 日，由中国社会科学院马克思主义理论学科建设与理论研究工程领导小组主办，马克思主义研究院承办的"第六届中国社会科学院毛泽东思想论坛"在北京召开。会议的主题是"毛泽东思想与新中国 70 年"。

(2) 2019年5月31日至6月2日，由马克思主义研究院、浙江工商大学、中国科学院大学马克思主义学院主办的"第六届执政党建设理论与实践论坛"在浙江省杭州市举行。论坛的主题是"执政70年党建经验启示与高校党建研究"。

(3) 2019年6月1日，由马克思主义研究院、贵州省社会科学院、遵义师范学院主办的"第七届国际共产主义运动论坛"在贵州省遵义市举行。会议的主题是"新中国70年与国际共产主义运动研究"。

(4) 2019年6月22—23日，由中国社会科学院马克思主义理论学科建设与理论研究工程领导小组主办，马克思主义研究院、中国社会科学院科学与无神论研究中心、中国无神论学会、新疆师范大学马克思主义学院承办的"第七届科学无神论论坛"在新疆维吾尔自治区乌鲁木齐市召开。会议的主题是"弘扬科学无神论精神，铸牢中华民族共同体意识"。

(5) 2019年6月28—29日，由马克思主义研究院、深圳大学主办的"当代中国思想文化与新中国70年学术研讨会"在广东省深圳市举行。会议的主题是"当代中国思想文化与新中国70年"。

(6) 2019年7月7—9日，由马克思主义研究院、北京高校中国特色社会主义理论研究协同创新中心（中国政法大学）、内蒙古师范大学马克思主义学院主办的"2019年全国马克思主义基本原理学术研讨会"在内蒙古自治区呼和浩特市举行。会议的主题是"新中国70周年与马克思主义基本原理的科学运用"。

(7) 2019年7月17—19日，由马克思主义研究院、大连理工大学主办的"第十届马克思主义中国化学术论坛"在辽宁省大连市举行。会议的主题为"马克思主义中国化与新中国70年"。

(8) 2019年7月20日，由马克思主义研究院、中国社会科学院习近平新时代中国特色社会主义思想研究中心、中国社会科学院中国特色社会主义理论体系研究中心主办的"第十二届全国马克思主义院长论坛：马克思主义研究70年"在北京召开。会议的主题为"马克思主义研究70年"。

(9) 2019年9月27—29日，由中国社会科学院马克思主义理论学科建设与理论研究工程领导小组、中国社会科学院马克思主义研究学部等单位主办，西南大学马克思主义承办的"第八届全国马克思主义经济学论坛暨第九届全国马克思主义经济学青年论坛"在重庆市召开。会议的主题为"新中国成立70周年与马克思主义政治经济学的发展和重要贡献"。

(10) 2019年9月28—30日，由马克思主义研究院和成都理工大学主办的"庆祝新中国成立70周年暨强国时代高峰论坛"在四川省成都市召开。会议的主题为"习近平新时代中国特色社会主义思想""新中国成立70周年的历史与成就、理论与实践""新中国成立70年来马克思主义中国化的发展""新中国成立70年来对世界社会主义发展的伟大贡献"。

(11) 2019年10月12—13日，由马克思主义研究院、哈尔滨工程大学主办的"2019年全国思想政治教育学术研讨会"在黑龙江省哈尔滨市举行。会议的主题为"新中国70年思想政治教育的理论与实践"。

(12) 2019年11月5—6日,由马克思主义研究院、中国矿业大学主办的"第六届全国国外马克思主义研究论坛"在江苏省徐州市举行。会议的主题为"国外马克思主义研究70年"。

(13) 2019年11月15—17日,由马克思主义研究院、山东理工大学主办的"习近平新时代中国特色社会主义思想论坛"在山东省淄博市举行。会议的主题为"新中国成立七十周年与习近平新时代中国特色社会主义思想研究"。

(14) 2019年12月7日,由中国社会科学院马克思主义理论学科建设与理论研究工程领导小组主办,马克思主义研究院、辽宁师范大学、大连市社会科学界联合会承办的"中国社会科学院第七届科学社会主义论坛"在辽宁省大连市召开。会议的主题为"科学社会主义与中国特色社会主义研究70年"。

2. 国际学术交流与合作

2019年,马克思主义研究院共派遣出访14批44人次,接待来访10批。

(1) 2019年2月22日,马克思主义研究院副院长金民卿接待塞浦路斯劳动人民进步党干部考察团一行12人,双方就习近平新时代中国特色社会主义思想进行了深入交流。

(2) 2019年6月25—26日,由中国社会科学院马克思主义研究院与越南社会科学翰林院、老挝国家社会科学院联合主办的"第七届社会主义国际论坛"在辽宁省大连市举行。论坛的主题是"新时代党的建设与社会主义新发展"。来自中国、越南、老挝、朝鲜的共150余位专家学者参会。

(3) 2019年6月26日至7月3日,马克思主义研究院副院长贾朝宁率团赴澳大利亚进行学术交流,与国家电网境外控股公司等单位就"新形势下如何加强境外单位党建工作"进行调研。

(4) 2019年8月21—30日,习近平新时代中国特色社会主义思想研究中心执行副主任龚云率团前往波兰、罗马尼亚、匈牙利进行学术交流,拜访东欧左翼政党及相关机构,调研习近平新时代中国特色社会主义思想的对外传播情况。

(5) 2019年9月22—28日,马克思主义研究院副院长辛向阳率团赴日本,与当地马克思主义理论研究机构及相关单位进行学术交流,了解日本学界的相关研究成果,宣介新中国成立以来马克思主义中国化理论成果特别是习近平新时代中国特色社会主义思想。

(6) 2019年10月13—16日,朝鲜社会科学院副院长李惠正率团访问中国社会科学院,并于10月14日到访马克思主义研究院。马克思主义研究院副院长辛向阳研究员主持接待工作,双方就两国的党建工作比较与未来的学术交流合作进行座谈。

(7) 2019年10月13—27日,马克思主义理论创新智库贺新元赴俄罗斯参加"俄罗斯智库的构建模式和运行机制"培训项目。

(8) 2019年10月23—31日,马克思主义研究院党组成员、马克思主义研究院院长姜辉率团赴墨西哥、古巴进行学术交流,与当地学术机构、专家学者就中国与拉美的合作发展前景进行座谈交流。

（9）2019年11月1—2日，由中国社会科学院主办，中国社会科学院世界社会主义研究中心、习近平新时代中国特色社会主义思想研究中心、马克思主义研究院等单位承办的"第十届世界社会主义论坛"在北京召开。论坛的主题是"新中国七十年与世界社会主义"。近30位外国学者和200余位中国学者出席会议。

（10）2019年11月16—23日，马克思主义研究院党委书记樊建新率团赴澳大利亚、新西兰进行学术交流，与澳大利亚共产党、新西兰新共产党等就"习近平新时代中国特色社会主义思想"及"当前国际形势下中澳、中新关系"等主题进行座谈。

（11）2019年12月5—16日，马克思主义研究院副院长辛向阳率团赴捷克、奥地利、德国进行学术交流，与中东欧前政要、左翼机构及其他学术机构就习近平新时代中国特色社会主义思想的传播情况进行交流，并赴我国驻外使馆宣讲党的十九届四中全会精神。

（四）学术社团、期刊

1. 社团

(1) 中国历史唯物主义学会，会长侯惠勤。

2019年11月8—10日，中国历史唯物主义学会和天津大学在天津联合主办"当代中国马克思主义的哲学坚守与创新理论研讨会暨中国历史唯物主义学会2019年年会"。会议的主题是"当代中国马克思主义的哲学坚守与创新"，研讨的主要问题有"新时代如何坚守马克思主义哲学""中国道路与历史唯物主义的关系""习近平新时代中国特色社会主义思想对历史唯物主义的创新发展""构建中国制度与中国治理的话语体系"等。与会专家学者300人。

会议期间，召开了第八届会员代表大会，选举产生了中国历史唯物主义学会第八届理事会。

(2) 中华外国经济学说研究会，会长程恩富。

2019年11月1—3日，中华外国经济学说研究会和安徽工业大学在安徽省马鞍山市联合主办了"中华外国经济学说研究会第27届学术年会"。会议的主题是"外国经济学说与新时代中国特色社会主义经济思想研究"，研讨的主要问题有"用马克思主义经济学引领西方经济学研究""当代西方经济学说前沿理论研究"等。与会专家学者100人。

(3) 中国政治经济学学会，会长程恩富。

2019年6月1—2日，中国政治经济学学会和上海财经大学海派经济学研究中心在北京联合主办了"中国政治经济学学会第29届学术年会"。会议的主题是"中国马克思主义经济学：70年回顾与展望"，研讨的主要议题有"马克思主义经济学中国化的历程与经验""70年来马克思主义经济学在中国的创新发展""习近平新时代中国特色社会主义经济思想研究""中国特色社会主义政治经济学的学术发展与政策研究""中国走向世界舞台中心的政治经济学阐释""马克思主义政治经济学的方法、范畴、话语、原理、体系的发展变化""当代垄断资本主义政治经济学的基本理论探讨""中外政治经济学对西方经济学的科学批判、借鉴与超越"等。参会专家学者90人。会议期间，该学会召开了第七届会员代表大会，选举产生了中国政治经济学学会第七届理事会。

（4）中国无神论学会，理事长樊建新。

2019年10月26—27日，中国无神论学会、中国社会科学院科学与无神论研究中心、中共天台县委和中共台州市委党校在浙江省台州市天台县联合主办"中国无神论学会2019年学术年会"。会议的主题为"马克思主义无神论：新中国·新时代"，研讨的主要议题有"马克思主义无神论在新中国的发展历程""马克思主义无神论在新时代的使命""科学无神论、乡风文明与社会治理"。与会专家学者80人。会议期间，该学会召开了理事会会议，推选樊建新为新一届理事会理事长。

2. 期刊

（1）《马克思主义研究》（月刊），主编姜辉。

2019年，《马克思主义研究》共出版12期，共计312万字。该刊对"经济学""哲学与文化""政治与社会"等栏目进行了调整，新增了"习近平新时代中国特色社会主义思想""马克思主义基本原理""马克思主义中国化""马克思主义发展史""世界马克思主义与社会主义""意识形态与社会思潮辨析"等栏目。该刊全年刊载的有代表性的文章有：谢伏瞻的《时代精神的精华 伟大实践的指南》，姜辉、李正华、宋月红的《接续推进伟大事业 不断开辟复兴道路——新中国70年的奋斗历程、辉煌成就与历史经验》，程恩富、鲁保林、俞使超的《论新帝国主义的五大特征和特性——以列宁的帝国主义理论为基础》，朱佳木的《用党的初心校准改革开放的实践》，李济广的《公有权、公有制：中国特色社会主义政治经济学的起点与主线》，韩庆祥、刘雷德的《论新时代"历史方位"的鲜明标志》，辛向阳的《列宁〈国家与革命〉的基本思想与新时代的国家与革命》，项久雨的《五四运动与马克思主义在中国传播的特点及规律》，熊秋良的《五四知识分子对"劳工神圣"的认知与实践》，田克勤、田天亮的《准确把握习近平新时代中国特色社会主义思想的内在逻辑》，王立胜的《重视社会主义生产目的：新中国70年的理论探索》，胡媛媛、王岩的《意识形态安全视阈中的"普世价值"思潮批判》，王伟光的《唯物史观大的"历史时代"与习近平新时代中国特色社会主义思想》，田心铭的《新中国70年历史性变革的内在逻辑》，李昀柏、姜迎春的《新中国70年来中国共产党凝聚政治共识的实践历程与重要经验》，黄蓉生、颜叶甜的《新中国70年党的思想政治教育的发展历程》，骆郁廷的《"小我"与"大我"：价值引领的根本问题》，张雷声的《关于理论逻辑、历史逻辑、实践逻辑相统一的思考——兼论马克思主义整体性研究》，吴家华的《唯物辩证法是深刻领会习近平新时代中国特色社会主义思想的根本方法》，陈曙光的《科学评价新中国历史的方法论原则》。

（2）*International Critical Thought*（《国际思想评论》）（英文，季刊），主编程恩富、[美]

大卫·斯维卡特、[法]托尼·安德烈阿尼。

2019年，《国际思想评论》共出版4期，共计60万英文字符。该刊全年刊载的有代表性的文章有：姜辉的《我们依然处在马克思主义所指明的历史时代》，朱佳木的《新时代中国改革开放航向的校准》，程恩富、詹志华的《历史唯物主义视角下历史人物评价问题新探——兼论"广义历史创造者"概念》，吴宣恭的《中国改革开放的成就、问题与进一步的改革方向》，余斌的《西方诞生的马克思主义为何在东方的中国取得成功？》，[美]詹姆斯·皮特拉斯、[加拿大]亨利·费尔特迈耶的《丧钟为谁而鸣？——全球金融危机中的资本与劳动》，[美]威廉·罗宾逊、约瑟夫·巴克的《野蛮的不平等：资本主义危机和过剩人口》，[美]杰克·纳斯马斯的《2008年至2018年美国新自由主义政策的危机与回归》，[美]卡里姆·西迪基的《"一带一路"：促进贸易和经济的中国大规模基础设施投资计划述评》，[美]达伦·欧拜恩的《民粹主义的兴起、新自由主义与新保守主义全球化计划的终结与人权之战》，[美]奥托卡·鲁班的《罗莎·卢森堡对无产阶级大众自发性和创造性的阐释：理论与实践》，[法]雅格·比岱的《马克思主义与当今南欧的左翼民众主义》，[澳大利亚]汤姆·格里菲思的《古巴社会主义：二十一世纪社会主义的更新与争论》，[芬兰]富兰克林·欧本—欧杜姆的《经济周期、经济危机、资源掠夺与驱逐》，[澳大利亚]安德鲁·米尔纳的《马克思主义理论中的阶级与阶级意识》，[希腊]乔治·伊克罗玛吉斯、约翰·米尼奥斯的《希腊经济危机中的工人阶级与中产阶层：共同反对新自由主义战略的同盟吗？》，[巴西]丹尼尔·宾的《历史性资本主义中的剥夺：制度的扩张还是衰竭？》，[匈牙利]安娜玛丽亚·阿特纳的《优势的积累与稀缺的消除：对新古典方法的批评》，[墨西哥]尤金·果戈尔的《拉雅·杜娜叶夫斯卡娅与马克思主义人文主义哲学》，[法]托尼·安德烈阿尼的《评简·迪洛内著〈中国现代化与发展的轨迹〉》。

（3）World Review of Political Economy（《世界政治经济学评论》）（英文，季刊），主编程恩富。

2019年，《世界政治经济学评论》共出版4期，共计48万英文字符。该刊全年刊载的有代表性的文章有：张衔的《评森岛通夫对马克思经济学的理解》，赵峰、马慎萧的《金融化时代的金融资本与职能资本的竞争与合作：基于美国金融化的理论与经验的分析》，张嘉昕、王庆琦的《新时代中国金融业推进改革开放和服务实体经济研究》，余斌的《计量经济学批评》，[美]迈克尔·哈德逊的《西方金融资本主义之路：依靠债务"创造财富"》，[美]塞勒斯·宾的《全球化的幽灵：马克思、葛兰西与断裂的时空》，[英]保罗·考克肖特的《马克思有劳动价值论吗？》，[英]卡尼姆·斯蒂奎的《英国的政府债务与财政赤字：一个批判的视角》，[日]萩原伸次郎的《为什么2008—2009年世界经济危机以大衰退结束？——对大萧条与大衰退的批判性对比分析》，[日]大西广的《基于边际法则对劳动价值论的证明》，[印度]罗马尔·科尼亚的《论基于边际法则的劳动价值论》，[希腊]莱夫特里斯·泰索尔菲迪斯、阿奇莱阿斯·特史密斯、迪米特里斯·帕特尼迪的《1964年—2015年美国经济的非生产性活动的变化：事实、理论与实证》，[加拿大]拉桔·达斯、艾希莉·陈的《理解资本主义对童工的侵犯：一个理论框架》，［德］阿恩·海泽、艾莎·瑟夫纳茨·卡恩的《福利国家与自由民主：一个政治经济学的分析》，［英］保罗·考克肖特的《马云的计算机计划是否是可行的？》，［德］理查德·康奈尔、恩斯特·赫尔佐克的《垄断资本的碎片化理论》，［俄］奥列格·考莫莱芙的《资本外流与处于核心——外围体系中俄罗斯》，［墨西哥］米格尔、荷西、霍苏埃的《第五波康德拉季耶夫长波周期下的资本主义动态、数字技术和产业：从过去看现在和未来》。

(4)《马克思主义文摘》（双月刊），主编姜辉。

2019年，《马克思主义文摘》共出版6期，共计120万字。该刊在原有栏目之外，还有针对性地设置了专题栏目："纪念改革开放40周年"（第1期）、"世界社会主义"（第1期、第2期）、"庆祝新中国成立70周年"（第3期、第5期、第6期）、"纪念五四运动100周年"（第4期）。该刊全年刊载的有代表性的文章有：习近平的《辩证唯物主义是中国共产党人的世界观和方法论》，黄坤明的《映照中国共产党人初心使命的指导思想》，谢伏瞻的《新时代继续推进改革开放的纲领性文献》，王京清的《中国哲学社会科学70年的发展历程与经验启示》，姜辉的《中国特色社会主义进入新时代的重大意义》，李慎明的《科学判定当今世界所处的时代方位》，程恩富等的《新帝国主义的五大特征和特性》，辛向阳的《新时代中国马克思主义需要回答的三个重大问题》，李崇富的《作为科学社会主义新形态的中国特色社会主义》，侯惠勤的《马克思的宝贵精神遗产探要》，陈先达的《马克思主义哲学是大智慧》，张雷声的《马克思主义理论学科在改革开放中前行》，卫兴华的《我国基本经济制度的确立和完善》，朱佳木的《如何总结和研究新中国70年历史经验？》，刘润为的《红色文化是文化自信的根本支撑》，何毅亭的《习近平新时代中国特色社会主义思想与四十年改革开放》，金冲及的《五四运动百年祭》，季正聚的《科学认识十月革命的几个重要问题》，刘淑春、佟宪国的《驳所谓斯大林和希特勒共谋挑起二战的谬论》，轩传树、冷树青的《试析21世纪世界社会主义发展的新态势》等。

(5)《科学与无神论》（双月刊），主编杜继文。

2019年，《科学与无神论》共出版6期，共计65万字。该刊全年刊载的有代表性的文章有：朱晓明的《以思想认识的新飞跃，承担起新时代无神论事业的使命和任务——在中国无神论学会第五次会员代表大会上的报告（摘要）》《认识宗教的"两重属性"，把握关键在"导"的内在依据》《民主改革奠定了西藏发展进步的制度基础和政治保障》，加润国的《贯彻习近平新时代中国特色社会主义思想，加快构建马克思主义无神论学科》《高度重视宗教领域意识形态工作》，叔贵峰、张笑笑的《马克思主义实践无神论的理论实质探考——从恩格斯致伯恩斯坦的一封信谈起》，尹海洁、夏志军的《有机马克思主义的神学本质探析》，杜继文的《关于我国宗教学的马克思主义研究——为任继愈先生逝世10周年和〈科学与无神论〉杂志创刊20周年而作》，田心铭的《我国宪法是否赋予了公民宣传无神论的自由？》，张新鹰的《加强宗教工作领域的意识形态阵地建设》，申振钰的《〈科学与无神论〉杂志的历史功绩——献给本刊创办二十周年》，邢国忠的《十八大以来中国特色社会主义宗教理论的坚持与发展》等。

（6）《世界社会主义研究》（月刊），主编李慎明。

2019年，《世界社会主义研究》共出版12期，共计180万字。该刊新增了"中华人民共和国成立70周年"专栏、"习近平五四重要讲话精神学习"专栏、"百年未有之大变局与中国共产党的领导"专栏、"人类命运共同体"研究笔谈等栏目。该刊全年刊载的有代表性的文章有：李慎明的《赢得未来发展重要战略机遇期的中国理念、中国方案》《妥善应对美国挑起的中美贸易战》，王京清的《习近平外交思想的世界意义》，姜辉的《中国特色社会主义进入新时代在人类社会发展史上的重大意义》，王伟光的《论马克思主义中国化的根本经验和基本规律——纪念中华人民共和国成立70周年》，朱佳木的《研究当代中国史离不开对世界社会主义史的研究》，侯惠勤的《坚持辩证唯物主义世界观与改造世界观》，梅荣政的《坚定不移推进党的伟大自我革命》，辛向阳的《科学社会主义视野下百年未有之大变局》，张云声的《共产党要经得起市场经济负面作用的考验——党内多发贪腐案件引起的思考》，《世界社会主义动态》编辑部的《世界格局、"一带一路"与构建人类命运共同体——第九届世界社会主义国际论坛综述（上、下）》等。

（五）会议综述

第七届社会主义国际论坛：新时代党的建设与社会主义新发展

2019年6月25—26日，由中国社会科学院马克思主义研究院与越南社会科学翰林院、老挝国家社会科学院联合主办，大连理工大学马克思主义学院、中国社会科学院马克思主义研究院国际共运研究部承办的"第七届社会主义国际论坛：新时代党的建设与社会主义新发展"在辽宁省大连市举行。论坛的主题为"新时代党的建设与社会主义新发展"。来自中国社会科学院、越南社会科学翰林院、老挝国家社会科学院、老挝国家政治行政学院、朝鲜社会科学院、上海社会科学院、山东大学和大连理工大学等60多家研究机构和高校的130余位专家学者与会并进行了交流。

中国社会科学院马克思主义研究院党委书记、副院长樊建新指出，加强党的建设是社会主义国家执政党固本强基、继往开来的重要历史经验。他指出，巩固传统友谊、加强交流互鉴是社会主义国家面向未来的必然选择，在机遇与挑战并存的经济全球化时代，社会主义国家唯有团结互信，同舟共济，不断提升、拓展社会主义发展的历史高度、深度与广度，才能共同推进21世纪世界社会主义的发展振兴。

越南社会科学翰林院副院长范文德提出，建设纯洁、强大、政治过硬的执政党是越南共产党确定的关键任务。发扬社会主义民主是越南共产党发挥全民族力量的重要内容，民主不仅是社会主义制度优越性的具体表现，而且是推动国家快速持续发展的目标和动力。他指出，论坛的成功举办不仅产生了许多有价值的政策启示，促进了马克思主义理论研究，而且秉承友好、科学的精神把来自越南、中国、老挝和朝鲜的研究人员团结起来，解决现实中的问题，实现提供政策建议的目标，进而实现马克思提出的解放全人类的长远目标。

朝鲜社会科学院社会政治研究所所长徐成日指出，朝鲜劳动党把党的建设视为一个基本问题，把加强党的建设置于优先地位。朝鲜劳动党在党的建设中强调确保思想和领导力的继承性，目的是确保以领袖为中心的全体党员在思想、目的和行动上的统一，主要内容是让忠于领袖思想和领导的人成为继承领袖事业的接班人，巩固其组织和思想基础，建立自己的领导体系。

老挝参会代表指出，老挝人民革命党在国家各领域工作的执政领导是老挝革命的根本问题，是老挝革新开放事业取得胜利、社会主义人民民主制度存在和发展的基本保障。老挝人民革命党建设和不断完善党的组织形式、规则、原则，制定了"五项基本原则"和"三大建设方针"，提出建设坚强和善于全面领导的"四强五全"党支部，建设廉洁、稳固、坚强的党。老挝人民革命党在执政能力建设中的理论创新与发展经验，就是创造性地将马克思列宁主义运用于民族民主革命和发展国家事业中，制定各个时期的战略和政策。

（洪晓楠）

第十二届全国马克思主义院长论坛：马克思主义研究70年

2019年7月20日，"第十二届全国马克思主义院长论坛：马克思主义研究70年"在北京召开。论坛由中国社会科学院马克思主义研究院、中国社会科学院习近平新时代中国特色社会主义思想研究中心、中国社会科学院中国特色社会主义理论体系研究中心联合主办。来自全国约100所高校和科研机构的260多位专家学者参加了论坛。中国社会科学院院长、党组书记谢伏瞻出席开幕式并致辞。中国社会科学院副院长、党组副书记王京清，全国人大教科文卫委员会委员、教育部社会科学委员会副主任顾海良，中国社会科学院原副院长、世界社会主义研究中心主任李慎明作主题报告。中国社会科学院党组成员、当代中国研究所所长、马克思主义研究院院长姜辉主持开幕式，中国社会科学院马克思主义研究院党委书记、副院长樊建新主持了上午的大会发言，中国社会科学院马克思主义研究院副院长辛向阳作了大会总结。

马克思主义深刻揭示了人类社会发展的客观规律，新中国的伟大成就展现了马克思主义科学真理的伟大力量和生命力。谢伏瞻指出，马克思主义一经问世就如壮丽的日出照亮了人类探索历史规律和寻求自身解放的道路。中国共产党自诞生之日起，就始终高扬马克思主义伟大旗帜，不断推进理论创新和实践创新。高扬马克思主义伟大旗帜，就要坚持马克思主义基本原理同时代特征和当代中国实际相结合，最重要的就是坚持以习近平新时代中国特色社会主义思想为指导，不断开辟马克思主义中国化新境界。广大哲学社会科学工作者，特别是从事马克思主义研究的专门机构，要自觉肩负起开辟21世纪马克思主义发展新境界的历史重任，为丰富和发展21世纪马克思主义作出应有的贡献。王京清指出，习近平新时代中国特色社会主义思想是21世纪马克思主义的科学理论形态，要为发展21世纪马克思主义作出新贡献，需要在不断深化对马克思主义"真经"研究的同时，根据时代和实践发展要求，不断赋予21世纪马克思主义以新的时代内涵，与时俱进地发展马克思主义，从马克思主义真理和道义制高点上，为解决人类问题贡献中国智慧和中国方案，扩大当代中国马克思主义的世界影响。顾海良指出，新中国成立之初，马克思主义关于过渡时期的理论在中国社会主义改造过程中得到创造性运用和发展，形成了具有显著中国特点的生产资料社会主义改造和革命道路。马克思主义科学原理和科学精神在中国社会主义革命、建设和改革实践中的运用和发展，为后来中国特色社会主义理论的产生奠定了重要基础，是中国特色社会主义道路的逻辑起点。李慎明通过回顾中华人民共和国成立70年以来马克思主义理论研究的进程，强调了理论建设的作用及其重要性，指出新时代的理论建设要把坚持和发展马克思主义高度有机地统一起来，坚持为绝大多数人服务的根本原则，坚持百花齐放、百家争鸣这一繁荣发展我国哲学社会科学的重要方针，要培养一批立场坚定、功底扎实、经验丰富的马克思主义学者。姜辉指出，新中国70年的辉煌历程和伟大胜利，就是马克思主义在中国的伟大胜利，也是马克思主义在不断创新发展中充分展现巨大生命力的最好证明。深入研究这一伟大历史创造及其辉煌成就的历史逻辑、理论逻辑、实践逻辑，深入研究马克思主义中国化的历史进程和基本规律，深入研究21世纪马克思主义创新发展的新特点、新问题，深入研究当代中国马克思主义的时代意义、理论意义、实践意义、世界意义，为推进马克思主义中国化、时代化、大众化，发展当代中国马克思主义、21世纪马克思主义贡献智慧和力量，正是举办这次全国马克思主义院长论坛所希望达到的目的。

（张　伟）

第十届世界社会主义论坛：新中国七十年与世界社会主义

2019年11月1—2日，由中国社会科学院主办，中国社会科学院世界社会主义研究中心、习近平新时代中国特色社会主义思想研究中心、马克思主义研究院等单位承办的"第十届世界社会主义论坛：新中国七十年与世界社会主义"在北京召开。论坛的主题为"新中国七十年与世界社会主义"。来自全国宣传文化系统、科研单位、高校的200余位专家学者出席了论坛。参加此届论坛的还有原民主德国总理、德国左翼党名誉主席汉斯·莫德罗，俄罗斯联邦共产党中央委员会副主席诺维科夫，越南社会科学院副院长、研究生院院长范文德，匈牙利工人党主席蒂莫尔·久洛，纳米比亚驻华大使伊莱亚·乔治·凯亚莫，法国共产党全国委员会委员博卡拉等来自德国、俄罗斯、越南、匈牙利、纳米比亚、法国、意大利、美国、古巴、巴西、老挝、日本等国家的近30位专家学者。与会专家学者对中国特色社会主义道路和世界社会主义

2019年11月，"第十届世界社会主义论坛：新中国七十年与世界社会主义"在北京举行。

运动进行了回顾与思考，探讨了新中国与世界社会主义运动相互影响、习近平外交思想的世界意义等论题。

（1）关于中国特色社会主义道路的回顾与思考

如何看待70年来中国取得的伟大成就、如何看待中国特色社会主义道路是与会学者非常关注的问题。中共中央组织部原部长张全景指出，中国的社会主义道路越走越宽广，根本原因正如习近平总书记指出的，中国共产党始终牢记全心全意为人民服务的根本宗旨，以坚韧不拔的意志和无私无畏的勇气战胜前进道路上的一切艰难险阻。

中央马克思主义理论研究和建设工程咨询委员会主任徐光春从四个方面解读了中国特色社会主义道路：第一，中国特色社会主义道路是继承性和开创性的有机统一；第二，中国特色社会主义道路是中国共产党人坚持把马克思主义与中国实际相结合，独立思考和大胆创新的结果；第三，中国特色社会主义道路坚持以人民为中心，深化了对人类社会发展规律、社会主义建设规律和共产党执政规律的实践探索和思想认识，既体现了社会发展的目的性，又体现了社会发展的规律性；第四，中国特色社会主义道路是自主性和开放性的统一。

中共中央政策研究室原副主任郑科扬指出，中国特色社会主义奇迹是坚持马克思主义中国化发展创新的必然成果：第一，坚持以马克思主义的态度对待马克思主义，用科学的态度对待科学；第二，坚持在马克思主义中国化过程中，贯彻执行"实践—认识—再实践—再认识"的认识路线；第三，坚持马克思主义中国化的全部活动以人民为中心，这是我们党推进马克思主义中国化的智慧之基、力量之源、胜利之本。

中国社会科学院原副院长朱佳木指出，中国特色社会主义就是科学社会主义理论逻辑和中国社会发展历史逻辑的辩证统一，是植根中国大地、反映中国人民意愿、适应中国和时代发展进步要求的科学社会主义，是中国处于社会主义初级阶段所实行的科学社会主义。在以习近平同志为核心的党中央领导下，我们将会一如既往地警惕和纠正超越社会发展阶段的错误观念，也会坚决抵制抛弃社会主义的各种错误主张，不断建设相对资本主义更有优越性的社会主义。

伊莱亚·乔治·凯亚莫认为，中国通过促进贸易和基础设施投资等，造福于发展中国家人民，有助于实现各国的发展。中国的社会经济转型是中国领导人以人民为主导的决策结果。巴西圣保罗州立大学政治和经济系教授艾拿度·多斯·桑托斯指出，中国的发展道路会给其他国家带来启发，尤其是对于非资本主义国家而言。中国并未按照西方国家所设计的新自由主义道路来走。中国成功避免了落入崛起国家（如19世纪末的德国）必然会发起战争的陷阱。蒂莫尔·久洛认为，新中国成立的70年是中国特色社会主义取得胜利的历史见证。中国特色社会主义已经成为西方自由主义社会政治发展模式之外的一种现实选择。

（2）关于世界社会主义运动的回顾与思考

当今，尽管中国的发展给世界社会主义运动注入了生机和活力，但"资强社弱"的整体态势仍客观存在。与会专家围绕世界社会主义运动的历史与发展、新自由主义、经济全球化、共产国际、左翼运动等论题进行了分析与讨论。

中国社会科学院党组成员、当代中国研究所所长、马克思主义研究院院长姜辉认为，中国特色社会主义进入新时代，实践创新和理论创新都达到了前所未有的高度，马克思主义中国化实现了新飞跃，以不可辩驳的事实彰显了科学社会主义的鲜活生命力，使世界范围内两种意识形态、两种社会制度的历史演进及其较量发生了有利于马克思主义、社会主义的深刻转变。新时代中国特色社会主义以巨大的成功发展了自己，也造福了世界，在世界和平发展和人类进步事业中发挥更加积极的作用，在人类社会发展史上书写了浓墨重彩的一笔，具有重大而深远的历史意义。

汉斯·莫德罗认为，今天谈论世界社会主义，不能指望一种放之四海而皆准的模式。然而，要承认在探索社会主义前景的答案时，中国特色社会主义是一个重要楷模。

诺维科夫指出，当今，新自由主义是资本主义的主要意识形态，而且这种意识形态比19世纪的自由主义更粗鄙。时至今日，非常明显的是资本主义制度已完全停滞不前。世界上对社会主义的兴趣在不断提升。中华人民共和国成立70年来取得了令人瞩目的成就，提升了人们对社会主义的兴趣。

艾拿度·多斯·桑托斯认为，世界社会主义运动的兴起取决于人们理解和适应这些变化的能力。中国之所以能够以不同于其他社会主义国家的新方式崛起，因为其选择了适应其独有的（历史和文化）特色来促进经济和社会发展的道路。

（3）关于新中国与世界社会主义运动的相互影响

新中国的成立在世界社会主义运动中乃至世界历史上是重大的历史事件。中国革命曾受到共产国际的支持与帮助，是世界社会主义革命的重要组成部分。新中国的成立壮大了世界社会主义阵营，鼓舞了世界上同样饱受帝国主义压迫的民族为独立而进行斗争。新时代，中国特色社会主义的成功实践为世界社会主义运动的发展提振了信心。

中国社会科学院原副院长、世界社会主义研究中心主任李慎明从战略机遇期的角度探讨了中国发展对世界及世界社会主义运动的影响。他认为，从国际看，中国发展仍然处于战略机遇期的客观条件有以下五个。第一，2008年以美国为首的西方世界爆发的国际金融危机和世界范围内的贫富两极分化，资本主义生产全球化与生产资料私人占有之间的矛盾进一步激化。第二，哪里有压迫，哪里有剥削，哪里有分化，哪里就有觉醒、反抗和斗争。第三，世界上不同类型的"反面教材"对中国特色社会主义的深刻警示与昭示。第四，人类第四次科技革命已经拉开帷幕，在资本主义制度下，高新科技的发展只会进一步加剧世界范围内的贫富两极分化。第五，中国特色社会主义克服艰难险阻，巍然屹立于世界民族之林。

意大利《21世纪的马克思》主编安德烈·卡托内认为，中国革命的胜利在团结各国进步力量、反对帝国主义侵略、保卫世界和平、促进国际共产主义运动发展中发挥了重要作用。

与会学者一致同意，中国共产党和中国特色社会主义的成功实践，使世界社会主义运动和各国共产党及左翼力量受到了鼓舞、看到了希望。中国共产党和世界各国共产党及左翼力量对马克思主义和社会主义建设规律的认识不断加深，并在独立自主地探索适合本国国情的社会主义道路基础上，加强交流、增强团结、相互借鉴、相互支持，共同推进21世纪世界社会主义运动的新发展，必将使世界社会主义运动走出低谷、使科学社会主义在21世纪再次焕发出勃勃生机。

（4）关于习近平外交思想的世界意义

习近平外交思想具有丰富的内涵与外延，是新中国70年外交工作理论与实践的智慧结晶，系统思考了"建设一个什么样的世界、怎样建设这个世界"等重大课题，为世界和平、发展、稳定、繁荣贡献了中国智慧、中国方案。

中国社会科学院副院长、党组副书记王京清指出，习近平外交思想是马克思主义国际关系理论的重大创新成果，是新中国70年外交工作理论与实践的智慧结晶，也是中国对全人类的重要思想贡献。为应对摆在全人类面前的严峻挑战，习近平外交思想给出了推动构建人类命运共同体的答案；为应对国际风云变幻，习近平外交思想坚持以中国特色社会主义为根本，坚定走中国道路；为应对如何推动全球治理的问题，习近平外交思想提出了各国共商合作；为应对如何为人民谋幸福、为民族谋复兴、为世界谋大同，习近平外交思想关注了全人类的共同命运，向世界展现出积极向上的力量，给复杂多变的国际局势带来了稳定和信心。

安德烈·卡托内认为，世界正处于"十字路口"，老路已走不通。习近平外交思想思考的是人类命运共同体，是普遍主义的，而不是特殊主义的。在新时代，我们迎接中国发展的新阶段，倡导世界人民、工人运动以及所有真正的民主和进步力量逐步远离帝国主义全球化危机。"一带一路"倡议提供给共产主义国际主义一个具体的实践方案，有助于实现复兴共产主义国际主义的伟大理想。这是一项为整个国际工人运动带来巨大潜力和发展的倡议。

古巴哈瓦那世界经济研究中心全球金融趋势部副主任格雷蒂斯·佩德拉萨认为，与中国"一带一路"倡议有关的商业交易已扩展到拉丁美洲及加勒比海地区，这将为双边经济关系带来根本性的变化。在中美战略矛盾日益加剧之际，"一带一路"在拉丁美洲和加勒比海地区的扩展，可以为该地区创造新的发展机遇发挥极为重要的作用。

与会学者一致认为，"一带一路"倡议至关重要，满足了对商业合作、国际投资和世界经济体系的要求。"一带一路"不仅有利于中国，而且可以实现参与各国的共同成长和发展。

（石　重）

当代中国研究所

（一）人员、机构等基本情况

1. 人员

截至 2019 年年底，当代中国研究所共有在职人员 86 人。其中，正高级职称人员 15 人，副高级职称人员 18 人，中级职称人员 23 人，高、中级职称人员占全体在职人员总数的 65%。

2. 机构

当代中国研究所设有：办公室、科研办公室、第一研究室（政治史研究室）、第二研究室（经济史研究室）、第三研究室（文化史研究室）、第四研究室（社会史研究室）、第五研究室（外交史及港澳台史研究室）、第六研究室（理论研究室）。其中办公室下辖秘书档案处、人事保卫处、财务处、行政管理处和老干部工作处 5 个处级单位，负责管理服务中心。科研办公室下辖学术处、宣传教育处、图书资料室、信息中心和《当代中国史研究》编辑部 5 个处级单位。

3. 科研中心

当代中国研究所院属科研中心有：中国社会科学院"陈云与当代中国"研究中心；所属科研中心有：当代中国政治与行政制度史研究中心、当代中国文化建设与发展史研究中心、"一国两制"史研究中心、新中国历史经验研究中心。

（二）科研工作

1. 科研成果统计

2019 年，当代中国研究所共完成论文集 3 种，123 万字；专著 25 种，564 万字；工具书 10 种，187 万字；论文 142 篇，109 万字。

2. 科研课题

（1）新立项课题。2019 年，当代中国研究所共有新立项课题 6 项。其中国家社会科学基金一般课题 1 项："国有企业发展与改革口述历史搜集、整理与研究"（邱霞主持）；院马克思主义理论研究和建设工程重大课题 2 项："中国共产党百年社会治理历史进程和经验研究"（吴超主持），"中国共产党解决农村绝对贫困问题的路径与经验"（王爱云主持）；中国社会科学院习近平新时代中国特色社会主义思想研究中心重点课题2项："习近平总书记关于脱贫攻坚重要论述研究"（武力主持），"习近平总书记关于总体国家安全观重要论述研究"（任晶晶主持）；院国情调研重大课题1项："贫困地区持续增收致富调查研究"（武力主持）。

（2）结项课题。2019年，当代中国研究所共有结项课题3项。均为国家社会科学基金课题："当代中国社会治理史研究"（吴超主持），"国家治理现代化进程中的治安治理研究"（钟金燕主持），"国外当代中国社会史研究评析"（王爱云主持）。

（3）延续在研课题。2019年，当代中国研究所共有延续在研课题8项。均为国家社会科学基金课题："西藏和平解放研究"（宋月红主持），"延安时期中国共产党干部教育与实践研究"（张忠山主持），"'一带一路'倡议视阈下中国文化软实力的提升路径研究"（王蕾主持），"国有文化企业改革的逻辑与路径"（潘娜主持），"口述历史的搜集整理与国史研究"（姚力主持），"可行能力视角下深度贫困地区精准脱贫长效机制研究"（金英君主持），"新中国成立党领导哲学社会科学文献整理与研究（1949—1966）"（储著武主持），"节约运动与新中国国家建设研究（1949—1965）"（孙钦梅主持）。

（三）学术交流活动

1. 学术活动

2019年，由当代中国研究所主办和承办的学术会议如下。

（1）2019年5月18—19日，由当代中国研究所、中国社会科学院马克思主义当代中国史理论论坛组委会和山东第一医科大学（山东省医学科学院）联合举办的第七届马克思主义当代中国史理论研讨会在山东省泰安市举行。会议的主题是"新中国70年：历史经验与研究方法"。

（2）2019年9月7—8日，由当代中国研究所主办的第四届当代中国史国际高级论坛在北京举行。会议的主题是"现代化视野下的新中国70年"。来自美国、俄罗斯、白俄罗斯、英国、荷兰、比利时、澳大利亚、越南等国，以及中央党史和文献研究院、中共中央党校（国家行政学院）、中国人民大学、北京大学等单位的40位学者提交论文并参加会议。

（3）2019年9月21—22日，由当代中国研究所、河北省社会科学院、国史学会联合主办的第十九届国史学术年会在河北省石家庄市举行，会议的主题是"新中国70年成就与经验"。

2. 国际学术交流与合作

2019年，当代中国研究所共派遣出访9批20人次，接待2批2人次。与当代中国研究所开展学术交流的国家有墨西哥、古巴、澳大利亚、俄罗斯、白俄罗斯、越南等。

出访——

（1）2019年1月6—20日，应德国不来梅应用科技大学邀请，当代中国研究所叶张瑜赴德国不来梅和柏林参加期刊数字化转型与媒体整合培训班。

（2）2019年6月17—26日，受白俄罗斯科学院经济研究所和俄罗斯科学院远东研究所邀请，当代中国研究所副所长李正华一行 5 人访问白俄罗斯和俄罗斯。访问白俄罗斯期间，分别与白俄罗斯国家科学院经济研究所、白俄罗斯国立科技大学孔子学院、白俄罗斯国家科学院信息分析与战略研究所等机构的专家学者举行会谈，签署《中国社会科学院当代中国研究所与白俄罗斯国家科学院经济研究所学术合作协议》。访问俄罗斯期间，分别与俄罗斯国立师范大学、俄罗斯科学院远东研究所、莫斯科国际关系学院的专家学者举行座谈交流。

（3）2019 年 8 月 1—12 日，应悉尼科技大学、蒙纳士大学、阿德莱德大学、昆士兰大学邀请，当代中国研究所副所长武力访问澳大利亚进行学术交流和参加国际会议，增强中澳学术界的相互了解和学术交流，增进澳大利亚学术界对新中国成立 70 年来发展历程与成就的了解。

（4）2019 年 9 月 23—26 日，应越南社会科学翰林院中国研究所邀请，当代中国研究所副所长李正华等访问越南，参加由中国驻越南大使馆与越南社会科学翰林院共同举办的"庆祝新中国成立 70 周年——社会主义现代化建设成就与经验"研讨会。

（5）2019 年 10 月 23—31 日，中国社会科学院党组成员、当代中国研究所所长兼马克思主义研究院院长姜辉研究员一行 6 人对墨西哥和古巴进行学术访问。其间，访问墨西哥学院、墨西哥国立自治大学、古巴科技环境部、古共中央党校等机构，宣介新中国成立 70 年以来所取得的经济社会发展成就，并围绕新时代中国发展与中拉合作等问题，与上述国家的学术智库机构负责人及专家学者进行交流研讨。

来访——

（1）2019 年 4 月 23 日至 5 月 3 日，俄罗斯科学院远东所政治研究与预测中心主任安德烈·维那戈拉多夫研究员履行当代中国研究所与俄罗斯科学院远东研究所的双边学术交流协议进行访问，就中国内外政策、社会科学等相关问题与当代中国研究所、马克思主义研究院、政治学研究所、中国特色社会主义理论体系研究中心的有关学者座谈交流。

（2）2019 年 5 月 27 日至 6 月 3 日，俄罗斯科学院远东所中国近代史研究中心高级研究员斯米尔诺夫履行当代中国研究所与俄罗斯科学院远东研究所的双边学术交流协议进行访问，以"中国改革与现代化政策的思想基础：起源、演变、对苏联教训的借鉴、发展趋势"为主题进行座谈，开展学术交流。

3. 与中国香港、澳门特别行政区和中国台湾开展的学术交流

（1）2019 年 3 月 1 日至 4 月 1 日，应台湾"中研院"近代史研究所邀请，当代中国研究所研究员罗燕明访问台湾，为中华思想通史之台港澳地区思想史课题收集境外研究资料。

（2）2019 年 6 月 30 日至 7 月 6 日，应台北市杂志商业同业公会的邀请，当代中国研究所周进一行 2 人随中国社会科学杂志社、中国期刊协会代表团赴台北参加"两岸期刊研讨会暨期刊展"。

（3）2019 年 9 月 17—20 日，应澳门理工学院中西文化研究所邀请，当代中国研究所所社会史研究室姚力等赴澳门参加了由澳门理工学院中西文化研究所和中华口述历史研究会联合举办的"国际视野下的口述历史规范化问题"学术研讨会暨中华口述历史研究会第八届学术年会。

（四）学术社团、期刊

1. 社团

中华人民共和国国史学会，会长朱佳木。

（1）2019年6月3—4日，中国社会科学院和中华人民共和国国史学会与陈云纪念馆、河南科技大学、中国一拖集团有限公司在河南省洛阳市联合主办第十三届"陈云与当代中国"学术研讨会。

（2）2019年6月13日，中国社会科学院"陈云与当代中国"研究中心中华人民共和国国史学会在北京召开"纪念陈云同志诞辰114周年座谈会"。

（3）2019年6月20日，中华人民共和国国史学会在河北省易县举行第十一届"当代狼牙山镇教育奖助基金"颁奖仪式。

（4）2019年8月12日，中华人民共和国国史学会等单位在山东省日照市举办第九期"中华人民共和国史高级研修班"。

（5）2019年9月21—22日，中华人民共和国国史学会与当代中国研究所、河北省社会科学院联合主办第十九届国史学术年会。会议的主题是"新中国70年成就与经验"。

（6）2019年10月13日，中华人民共和国国史学会在北京召开"学习习近平主席'国庆70周年'大会重要讲话座谈会"。

2019年10月，中华人民共和国国史学会"学习习近平主席'国庆70周年'大会重要讲话座谈会"在北京举行。

2. 期刊

《当代中国史研究》（双月刊），主编张星星。

2019年，《当代中国史研究》共出版6期，共计120万字。该刊在2019年第5期以扩版专刊的形式，集中展现了新中国成立70年的光辉历程、伟大成就和宝贵经验。该刊全年刊载的有代表性的文章有：姜辉的《中国社会主义70年对科学社会主义的重大贡献》，朱佳木的《新中国的70年是为中华民族伟大复兴而奋斗的新长征》，齐德学的《新中国和平与安全的钢铁长城》，柳建辉的《新中国成立以来中国共产党应对困难和风险挑战的重要启示》，于沛的《国史是坚定民族历史自信的必修课》，高正礼、刘丹丹的《新中国成立以来中国共产党对我国发展历史方位的研判》，李正华的《新中国政治体制改革和政治文明建设》，武力、李扬的《新中国70年的经济发展与体制改革》，郑有贵的《问题视域下新中国70年"三农"的转型发展》，张星星的《中国特色强军之路的接续探索和历史统一》等。

（五）会议综述

中国社会科学院第七届马克思主义当代中国史理论研讨会

2019年5月18—19日，为庆祝中华人民共和国成立70周年，纪念习近平总书记关于哲学社会科学工作的"5·17"重要讲话发表3周年，中国社会科学院马克思主义当代中国史理论论坛组委会、中国社会科学院当代中国研究所、山东第一医科大学（山东省医学科学院）在山东泰安联合举办主题为"新中国70年：历史经验与研究方法"的第七届马克思主义当代中国史理论研讨会。

中国社会科学院原副院长、中华人民共和国国史学会会长、论坛主席朱佳木致开幕词并作了题为"加快构建马克思主义当代中国史的学科体系"的主旨报告。来自全国高等院校、科研机构的专家学者和有关部门负责人、媒体记者近百人出席开幕式。

朱佳木在主旨报告中首先指出，在迎接新中国成立70周年和习近平总书记"5·17"重要讲话发表3周年之际，马克思主义当代中国史理论论坛举办第七届研讨会具有特别的意义。要通过这次会议，进一步推动国史编研，加快构建马克思主义当代中国史学科体系，用实际行动庆祝新中国成立70周年，纪念习近平总书记"5·17"重要讲话发表3周年。

随后，朱佳木就加快构建马克思主义当代中国史学科体系的有关问题，阐述了自己的意见。要通过构建马克思主义指导的当代史学科体系，更加有针对性地开展当代史编研，进一步增强当代史编研的说服力、战斗力，从而更好地担负起反对和抵制历史虚无主义思潮，引导人们正确认识新中国历史，牢固树立正确的历史观、民族观、国家观，更加坚定中国特色社会主义信念信心的任务；更加有针对性地开展当代史的经验研究，进一步确立科学总结历史经验的方法，从而更好地担负起全面深入总结新中国成立70年的历史经验和教训，为中国特色社会主义事业提供智力支持的任务。

朱佳木最后强调，当代史编研与中国特色社会主义的发展之间具有极其密切的内在关系。要抓住新中国成立70周年、当代史备受关注的机遇，力争当代史学科体系建设在已有基础上更上一层楼，为中国特色社会主义事业作出新贡献。

（国 实）

陈云与新中国七十年——第十三届"陈云与当代中国"学术研讨会

2019年6月3—4日,为迎接新中国成立70周年,缅怀陈云同志为新中国建设作出的杰出贡献,中国社会科学院"陈云与当代中国"研究中心、中华人民共和国国史学会、陈云纪念馆、河南科技大学、中国一拖集团有限公司在河南省洛阳市联合举办了主题为"陈云与新中国七十年"的第十三届"陈云与当代中国"学术研讨会。

研讨会开幕式上,陈云同志长子、第十二届全国政协副主席陈元应邀就中美贸易战等问题作了报告。中国一拖集团有限公司党委书记、董事长黎晓煜和河南科技大学校长孔留安分别致欢迎辞,中国社会科学院原副院长、中华人民共和国国史学会会长、"陈云与当代中国"研究中心理事长朱佳木致开幕词,国史学会副会长、国防大学原副政委李殿仁发表讲话。陈云同志的子女和入选论文作者及有关部门负责人、媒体记者近百人出席了开幕式。

陈元指出,洛阳拖拉机厂是我国"一五"计划建设的156个重点项目之一,在国家发展和农业现代化建设中作出了重要贡献。"陈云与新中国七十年"研讨会在这里召开,具有特殊的象征意义。随后,陈元就当前中美贸易战的一些问题向与会者作了报告。

朱佳木在开幕词中表示,习近平总书记在纪念陈云同志诞辰110周年座谈会上的讲话中指出:"陈云同志为确立社会主义基本经济制度、建立独立的比较完整的工业体系和国民经济体系做了大量卓有成效的工作,为探索我国社会主义建设道路作出了杰出贡献。"事实充分说明,陈云作为以毛泽东同志为核心的党的第一代中央领导集体重要成员和全国财经战线主要领导人,创造性地执行党中央关于社会主义工业化的路线、方针、政策,在主持制定和组织实施第一个五年计划的过程中,成功解决了一系列矛盾,为使我国建立独立、完整的工业体系发挥了独特的不可替代的作用。

朱佳木指出,我们回顾和研讨陈云同志为新中国建设立下的丰功伟绩,就是要沿着无数前辈开辟的道路,在以习近平同志为核心的党中央带领下,为把我国早日建成伟大的社会主义现代化强国而继续奋斗。

2019年6月,"陈云与新中国七十年"——第十三届"陈云与当代中国"学术研讨会在河南省洛阳市举行。

李殿仁指出，陈云同志在党的建设和经济建设方面的独到建树和思想，尤其是处事稳重的高尚品格，格外值得我们学习和研究。这对于当前开展具有许多新的历史特点的伟大斗争，对于保持我们的坚定立场、清醒头脑、战略定力，坚持稳中求进，都具有重要现实意义和深远历史意义。

来自中国社会科学院、中央党史和文献研究院、中国政法大学、南开大学等20多家单位的60余位专家学者和在校研究生，围绕陈云与新中国建设等问题，进行了分组讨论，9位论文作者作了大会发言。最后，朱佳木主持了闭幕式。三个小组的代表分别汇报了分组讨论的情况，中国社会科学院当代中国研究所原副所长、"陈云与当代中国"研究中心秘书长张星星作了会议学术总结。

（国　实）

纪念陈云同志诞辰114周年座谈会

2019年6月13日是伟大的无产阶级革命家、政治家，杰出的马克思主义者，中国社会主义经济建设的开创者和奠基人之一，党和国家久经考验的卓越领导人陈云同志114周年诞辰日。为缅怀他在社会主义革命、建设、改革各个历史时期的丰功伟绩，中国社会科学院和中华人民共和国国史学会的"陈云与当代中国"研究中心在北京联合召开了纪念座谈会。陈云同志长子、"陈云与当代中国"研究中心顾问、第十二届全国政协副主席陈元，中央组织部原部长张全景，国家安全部原部长许永跃，国史学会的副会长、国防大学原副政委李殿仁，中央党史研究室原副主任张启华，"陈云与当代中国"研究中心副理事长、军事科学院军事历史研究部原副部长齐德学等领导同志出席会议。陈云同志的子女和亲属，陈云同志生前老部下的后人，国史学会和研究中心的常务理事、理事，国史学会各分会的领导，以及陈云同志生前战斗、工作过的地方的代表，中国社会科学院大学国史系的部分博士研究生和媒体记者七十余人也出席了会议。会议由国史学会会长、中国社会科学院原副院长、"陈云与当代中国"研究中心理事长朱佳木主持。

在座谈会上，"陈云与当代中国"研究中心副理事长董志凯研究员、上海唯实文化研究所所长徐建平研究馆员、当代中国研究所政治史研究室副主任张金才研究员、当代中国研究所吴超副研究员等，分别作了题为"学习陈云关于引进消化吸收创新的思想要领""办好唯实研究所　全力推进陈云思想生平研究事业""邓小平、陈云与改革开放初期的国民经济调整""'要把电子工业搞上去'——学习陈云与电子工业部同志谈话的启示"的发言。

朱佳木在主持会议时，回顾了过去一年来研究中心和其他单位在研究、宣传陈云思想生平工作中取得的新进展。

朱佳木最后指出，要充分抓住和用好新中国成立70周年大庆的机遇，一如既往地研究陈云、宣传陈云、学习陈云，发扬陈云的革命精神、求实精神、斗争精神、学习精神，在习近平新时代中国特色社会主义思想指引下，把陈云研究和宣传事业推上新的台阶。

（国　实）

现代化视野下的当代中国70年——第四届当代中国史国际高级论坛

2019年9月7—8日，为庆祝中华人民共和国成立70周年，由中国社会科学院当代中国研究所主办的第四届当代中国史国际高级论坛在北京会议中心举办。论坛主题为"现代化视野下的当代中国70年"。中国社会科学院副院长、党组副书记王京清出席开幕式并讲话。中国社会科学院党组成员、当代中国研究所所长姜辉致开幕词。中共中央党史和文献研究院学术和编审委员会主任陈理，中共中央党校（国家行政学院）副校（院）长谢春涛，中国社会科学院原副院长、原党组副书记李慎明，中国社会科学院原副院长、当代中国研究所原所长朱佳木等领导出席开幕式并致辞。中国社会科学院当代中国研究所副所长李正华主持开幕式。

王京清指出，新中国70年历史，尤其是改革开放40多年历史充分证明，中国特色社会主义发展道路符合中国国情、适应中国社会、解决中国问题，是完全正确的。中国特色社会主义发展道路具有内涵极为丰富、特色极为鲜明、实践极为成功、历史极为深厚、影响极为深远、前景极为美好等六大特征。中国特色社会主义发展道路是实现民族复兴之路、国家富强之路、人民幸福之路，从根本上解决了在中国这样一个经济科技相对落后的国家建设社会主义现代化强国的历史性课题。在当代中国，只有坚持走中国特色社会主义发展道路，才能实现建设社会主义现代化强国的奋斗目标，才能实现全面建成小康社会以及中华民族的伟大复兴。

姜辉在致辞中指出，新中国70年发展史，就是中国共产党领导全国各族人民不断探索社会主义现代化道路、不断创造辉煌成就的历史。中国社会主义现代化建设，是人类社会现代化的普遍规律和中国建设发展特殊规律的有机统一。中国这个世界上最大的发展中国家实现了全面现代化，是人类历史上前所未有的大变革，其意义和影响是世界性的。

谢春涛指出，中国特色社会主义现代化道路，具有坚持中国共产党的领导、立足社会主义初级阶段的基本国情、始终坚持以经济建设为中心、把

2019年9月，"现代化视野下的当代中国70年——第四届当代中国史国际高级论坛"在北京举办。

马克思主义作为指导思想、不断推进改革开放、统筹推进"五位一体"总体布局等六个方面主要特征。

陈理指出，中国社会主义现代化建设，既注意加快发展又注意保持自身独立性，拓展了发展中国家走向现代化的途径，给世界上那些既希望加快发展又希望保持自身独立性的国家和民族提供了全新选择，为解决人类问题贡献了中国智慧和中国方案。

李慎明指出，中国共产党高度重视培养一代又一代可靠的无产阶级革命事业接班人，这是我们中国社会主义革命、建设与改革事业取得辉煌成就的根本保障。党的十九大把习近平总书记党中央的核心、全党的核心地位写入党章，这是历史和人民的共同选择、郑重选择、必然选择，是党和国家之幸、人民之幸、中华民族之幸。

朱佳木指出，新中国成立70年来，中国在国家发展目标、经济建设、政治建设、国际问题和对外关系等方面的具体提法、方针政策虽有变化，但贯穿其中的核心思想、理念始终没有变化。只有了解新中国成立70年来的变与不变，才能深刻理解新中国成立70年来为什么会有这么大的进步等问题。

当代中国研究所副所长武力主持闭幕式，李正华作会议学术总结。当代中国出版社总编辑曹宏举在会议开幕式上作了《新中国70年》等主题图书的新闻发布。

（国　实）

第十九届国史学术年会

2019年9月21—22日，为全面、系统、深入地研究和总结新中国成立以来的成就和经验，以"新中国70年成就和经验"为主题的第十九届国史学术年会在河北省石家庄市召开。此届年会由中国社会科学院当代中国研究所、河北省社会科学院和中华人民共和国国史学会共同主办。

当代中国研究所党组成员、副所长武力在致辞中指出，2019年是新中国的70华诞，在这70年的风雨历程中，中华民族走出了一条不同寻常、可歌可泣的发展道路，几代中国人为了实现现代化的目标和理想，为了实现国家的繁荣与强大付出了艰苦卓绝的努力。中国人民不论在理论还是在实践层面的艰辛探索，都在世界现代化进程中留下了浓墨重彩的一笔。新中国成立70年来是不断实践、丰富和发展马克思主义的70年。在摸索和前进的过程中，既有辉煌的成就，也有需要总结的经验和教训，还有不断面临的各种新的问题和挑战。新中国以其举世瞩目的成就证明了社会主义制度的生命力和优越性，中国共产党和中国人民从国情和实际出发，在广泛吸收其他国家和民族经验教训的基础上，走出了一条中国特色的社会主义现代化道路，真正用实践证明了现代化路径的多元性，证明了社会主义的优越性。这是中国发展道路极其宝贵的价值所在。

河北省社会科学院院长、党组书记，河北省社会科学界联合会第一副主席康振海在欢迎辞中说，经过70年的伟大实践，我国发生了翻天覆地的变化，各项事业取得了举世瞩目的成就，尤其书写了经济发展的"中国震撼"。我们用几十年的时间走过了西方发达国家几百年走过的现代化历程，实现了从落后时代到大踏步赶上时代、引领时代的历史性跨越，迎来了从站起来、富起来到强起来的历史性飞跃，其中的经验和教训确实需要我们国史研究者进行全面、系统、深入的研究和总结。

中共河北省委宣传部副部长、省文明办主任吕新斌在致辞中表示，站在新的历史起点上，回顾新中国成立70年来不平凡的伟大征程，梳理70年来的辉煌成就、总结成功经验、展望社会发展的美好前景，是当前社科理论界的一项重大任务。会议围绕70年来我国政治、经济、文化、历史、思想观念、社会结构、生态环境、日常生活等方面的变迁，进行多层面、多角度的分析、探讨、总结、反思，提出富有创建性和启发性的观点，这充分展现了我们社科工作者的历史使命与时代担当。

中国社会科学院原副院长、当代中国研究所原所长、国史学会会长朱佳木在题为"新中国的70年是为中华民族伟大复兴接力奋斗的70年"的演讲中指出，习近平同志在纪念长征胜利80周年时说过："每一代人有每一代人的长征路，每一代人都要走好自己的长征路。"新中国成立70年来的三代人，围绕中华民族伟大复兴这个大目标，一代又一代地坚持和发展社会主义，一代又一代地努力进行工业化和现代化建设，一代又一代地勇敢捍卫国家领土完整、维护国家主权和安全，坚定支持和推动人类进步与和平事业，构成了共和国发展史的三条主线。新中国成立至今发生的翻天覆地的变化正是这三代人为实现中华民族伟大复兴而接力奋斗的结果。当前，以习近平同志为核心的党中央正带领全国各族人民在新的长征路上继续奋斗。中华民族是世界上最能吃苦耐劳的民族，也最有反侵略、反封锁、反制裁的资格和经验，只要我们不忘记走过的过去，不忘记为什么出发，任何困难都阻挡不了我们前进的步伐。到21世纪中叶，富强民主文明和谐美丽的社会主义现代化强国一定会建成，中华民族伟大复兴的目标也一定会实现。

来自中央机关、高等院校、科研机构等的80余名入选论文作者和国史学会代表围绕会议主题进行了深入研讨。

（国　实）

信息情报研究院

（一）人员、机构等基本情况

1. 人员

截至2019年年底，信息情报研究院共有在职人员39人。其中，正高级职称人员5人，副高级职称人员 10 人，中级职称人员 17 人；高、中级职称人员占全体在职人员总数的 82%。

2. 机构

信息情报研究院设有：《要报》总编室、国际编研室、经济编研室、社会政法编研室、文史哲马研编研室、要情编研室、总体国家安全观研究室、期刊编研室、综合处。

3. 科研中心

信息情报研究院院（中国社会科学院）属科研中心有中国社会科学院国际中国学研究中心院；院（信息情报研究院）属科研中心有当代理论思潮研究中心。

（二）科研工作

1. 科研成果统计

2019 年，信息情报研究院共完成专著 6 种，192.4 万字；论文 19 篇，10.5 万字；研究报告 4 篇，67.4 万字；译文 1 篇，0.8 万字；学术普及读物 1 种，12 万字；工具书 1 种，55 万字。

2. 获奖优秀科研成果

2019 年，信息情报研究院获得中国社会科学院创新工程 2019 年度重大科研成果奖 1 项：蔡昉、[英]皮特·诺兰主编的《"一带一路"手册》（英文版）；获得中国社会科学院 2019 年度优秀智库报告奖 1 项：王灵桂、徐超的研究报告《全球治理变革与中国选择》。

2019 年，信息情报研究院获得"中国社会科学院 2018 年度优秀对策信息组织奖"。

（三）学术交流活动

1. 学术活动

2019 年，由信息情报研究院主办和承办的学术会议有——

（1）2019 年 3 月 30 日，由信息情报研究院、福建师范大学联合主办，信息情报研究院《国外社会科学》编辑部、中国社会科学院国际中国学研究中心、福建师范大学马克思主义学院共同承办，《福建师范大学学报》编辑部、《理论与评论》编辑部一起协办的"新中国 70 年：海外中国研究学术研讨会"在福建省福州市举行。会议的主题是"海外对 70 年来新中国政治、经济、文化、社会等各领域的研究"。

（2）2019 年 4 月 25 日，中国社会科学院国家全球战略智库配合参与筹办的"第二届'一带一路'国际合作高峰论坛"之"智库交流"平行分论坛在北京举行。分论坛的主题是"共享人类智慧，共促全球发展"。

（3）2019 年 5 月 15—22 日，由中国社会科学院主办，中国社会科学院国家全球战略智库承办的"亚洲文明对话大会"智库分论坛在北京举行。分论坛的主题是"亚洲文明互鉴与人类命运共同体构建"。

（4）2019 年 6 月 17 日，由中国社会科学院国家全球战略智库、英国剑桥大学耶鲁科学院中国中心等单位联合举办的《"一带一路"手册》英文版发布会在英国剑桥大学举行。

（5）2019年7月4—6日，由信息情报研究院《国外社会科学》编辑部、内蒙古大学、全国当代国外马克思主义研究会、《学习与探索》杂志社、国家社会科学基金重大项目"21世纪世界马克思主义发展现状与前景研究"课题组共同主办的第二届全国"21世纪世界马克思主义论坛"在内蒙古自治区呼和浩特市举行。会议研讨的主要议题有"国外马克思主义""中国化马克思主义""国外马克思主义＋中国化马克思主义"等。

（6）2019年11月5—6日，由国务院新闻办公室主办，中国社会科学院承办，新华通讯社研究院、中国社会科学院国家全球战略智库和上海市人民政府新闻办公室共同协办的"第二届中国国际进口博览会虹桥国际经济论坛'70年中国发展与人类命运共同体'"分论坛在上海举行。

（7）2019年11月7日，由中国社会科学院、韩国经济人文研究会联合主办，中国社会科学院信息情报研究院、韩国经济人文研究会人文政策特别委员会共同承办的"第12届中韩人文交流政策论坛"在韩国世宗市举行。会议的主题是"人类文明和谐共生：中韩的作用"。

（8）2019年12月7日，由中国社会科学院国家全球战略智库、柬埔寨皇家科学院国际关系研究所联合承办的首届中柬智库合作论坛在柬埔寨暹粒举行。

2．国际学术交流与合作

2019年，信息情报研究院共派遣出访19批33人次，接待来访8批619人次。与信息情报研究院开展学术交流的国家有英国、韩国、卡塔尔等。

（1）2019年1月18—22日，信息情报研究院邀请耶鲁大学教授葛维宝等来自新加坡、日本、英国、瑞典、俄罗斯、澳大利亚、葡萄牙、印度尼西亚的30名学者来北京参加"亚太安全：风险与管控"国际论坛。

（2）2019年3月13—16日，信息情报研究院党委书记、院长王灵桂赴泰国参加国际会议，并进行学术访问。

（3）2019年5月5—8日，信息情报研究院党委书记、院长王灵桂赴布鲁塞尔参加"'一带一路'六周年：迈向更高质量发展"研讨会。

（4）2019年5月14—23日，信息情报研究院邀请阿富汗的萨达特·曼苏尔·纳德里、尼日利亚的查尔斯·奥克丘库·奥努奈居、文莱的布鲁诺·杰丁、老挝的尚塔康·西马拉旺等来自以色列、泰国、新加坡、埃及、韩国、美国、阿塞拜疆、马来西亚、吉尔吉斯斯坦、文莱、老挝等国的代表共128人来北京参加"亚洲文明对话大会"，并出席"亚洲文明对话大会"智库分论坛——"亚洲文明互鉴与人类命运共同构建"。

（5）2019年5月20—25日，信息情报研究院教授黄永光赴亚美尼亚国立埃里温大学中国研究中心进行学术交流。

（6）2019年5月28日至6月1日，信息情报研究院研究员张树华赴俄罗斯参加高端智库论坛。

(7) 2019年6月2—7日，信息情报研究院编审汪权赴哈萨克斯坦阿里法拉比国立大学进行学术访问。

(8) 2019年6月8—14日，信息情报研究院研究员张树华赴俄罗斯参加学术会议，并在俄罗斯科学院普里马科夫世界经济与国际关系研究所进行学术访问。

(9) 2019年6月16—20日，信息情报研究院党委书记、院长王灵桂等赴英国剑桥大学参加《"一带一路"手册》英文版发布会。

(10) 2019年7月10—13日，信息情报研究院研究员朴光海赴韩国进行学术访问。

(11) 2019年8月21—30日，信息情报研究院副研究员景向辉赴波兰、罗马尼亚、匈牙利进行学术交流。

(12) 2019年9月23日至12月14日，信息情报研究院副研究员杨莉赴葡萄牙英布拉大学进行访学。

(13) 2019年10月31日，信息情报研究院邀请来自俄罗斯、匈牙利、美国、法国、德国、日本、新西兰、意大利、巴西、古巴、老挝等国的代表共25人来北京参加"第十届世界社会主义论坛"。

(14) 2019年11月4—9日，信息情报研究院邀请来自保加利亚、摩洛哥、以色列、印度、越南、泰国等国的代表共300人左右参加第二届中国国际进口博览会虹桥国际经济论坛智库分论坛——"70年中国发展与人类命运共同体"。

(15) 2019年11月6—9日，信息情报研究院纪委书记、副院长王素琴等赴韩国参加2019年中韩人文交流政策论坛。

(16) 2019年12月6—9日，信息情报研究院党委书记、院长王灵桂等赴柬埔寨参加第一届"中柬合作论坛"。

(17) 2019年12月12—16日，信息情报研究院党委书记、院长王灵桂赴卡塔尔参加第19届多哈论坛。

3. 与中国香港、澳门特别行政区和中国台湾开展的学术交流

(1) 2019年1月22—30日，信息情报研究院副研究员唐磊赴香港进行调研。

(2) 2019年11月21—22日，信息情报研究院研究员唐磊赴澳门进行学术访问。

（四）学术期刊

(1)《国外社会科学》（双月刊），主编王灵桂。

2019年，《国外社会科学》共出版6期，共计156万字。该刊全年刊载的有代表性的文章有：佟德志、程香丽的《当代西方协商系统理论的兴起与主题》，李静松的《社会学视域中的农业与食物研究：一个分支学科的形成及其问题意识的演进》，[美]曼纽尔·卡斯特尔的《权

力社会学》（贺佳、刘英译），赖海榕、林林的《民族认同及其塑造——读安东尼·史密斯的〈民族认同〉》，李包庚、杜利娜的《"塔克－伍德命题"批判：基于马克思主义正义观视角》，郑承军、陈伟功的《论资本主义的未来：马克斯·舍勒与卡尔·马克思》，成龙的《海外视域中的中国特色社会主义研究》，李雪梅的《〈毛泽东选集〉海外传播的历程及启示》，焦佩的《70年以来日韩学界的中国观变迁》，陈世华的《大数据传播研究的政治经济学批判》，任晓的《全球国际关系学与中国的进路》，章立明、周东亮的《印度汉学研究的百年流变及前景展望（1918—2018)》，于芳的《德国智库涉华研究的现状、问题及启示（2005—2018)》，王灵桂、徐轶杰的《亚洲文明的历史性贡献与新时代亚洲文明观的构建》。

（2）《第欧根尼》（半年刊），主编王灵桂。

2019年，《第欧根尼》共出2期，共计32万字。该刊全年刊载的有代表性的文章有：［美国］伊丽莎白·克洛斯·特劳戈特的《语言学：关于语言能力及其功能的研究》（萧俊明译），［日本］佐佐木健一的《古日语中的"心灵"：关于其存在的原始理解》（杜娟译），［法国］达米安·埃拉尔特的《在文化迁移扩大之后：作为区域研究之更新的"迁移研究"》（贺慧玲译），［法国］萨拉·菲拉－巴卡巴迪奥的《"黑人研究"与"文化研究"间存在天然的渗透性吗？》（贺慧玲译），［法国］瓦莱尔－玛丽·玛尔尚的《瓦莱里奥·阿达米：一种哲学视角》（彭姝新译），［荷兰］贾尔斯·斯科特－史密斯的《跨大西洋主义：一个日渐式微的范式？》（萧俊明译），［英国］彼得·伯克的《文化史与其邻近学科》（萧俊明译），［法国］菲利普·普蒂尼亚、［法国］若瑟莉娜·斯特雷夫－弗纳尔的《文化差异的社会定位——族性理论的贡献》（马胜利译），［法国］苏珊·巴德利的《翻译：研究领域和文化研究模式》（马胜利译）。

（3）《高丽亚那》（中文版）（季刊），主编朴光海。

2019年，《高丽亚那》（中文版）共出4期，共计40万字。该刊全年刊载的有代表性的文章有：［韩国］李志暎的《时代精神与跨媒体艺术革命》，［韩国］李晓源的《历史故事片的虚与实》，［韩国］郑德贤的《文化全球化：往昔与当今》，［韩国］金芝英的《打开近代之门的新女性》。

（五）会议综述

"亚洲文明对话大会"智库分论坛
——"亚洲文明互鉴与人类命运共同体构建"

2019年5月15—22日，由中国社会科学院主办，中国社会科学院国家全球战略智库承办的"亚洲文明对话大会"智库分论坛在北京举行。分论坛以"亚洲文明互鉴与人类命运共同体构建"为主题，旨在挖掘智库在亚洲文明交流互鉴与人类命运共同体构建过程中的独特作用，在"和而不同、求同存异"的基础上加强思想交流，探讨构建人类命运共同体的路径。来自亚洲主要国家和地区以及非洲、欧洲、美洲、大洋洲等地区、国家，涵盖哲学、文学、艺术、经济、技术等多个学科领域的中外智库学者及国际组织成员的120余人参加了会议。分论坛与60余家境外知名智库代表签署了《亚洲文明交流互鉴建设智库伙伴关系意向书》，发布了新书《周边命运共同体建设：挑战与未来》、报告《亚洲文明互鉴和人类命运共同体建设研究报告》；同时，还设立了首批联合研究项目。

2019年5月，"亚洲文明对话大会"智库分论坛在北京举行。

（综合处）

首届中柬智库合作论坛

2019年12月7日，由中国社会科学院国家全球战略智库、柬埔寨皇家科学院国际关系研究所联合承办的首届中柬智库合作论坛"中柬迈向命运共同体的全面战略伙伴关系：我们共同成长"在柬埔寨暹粒举行。来自中柬及东盟国家的近百位学者出席了此次论坛，就中柬进一步深化合作等议题开展了学术研讨。来自中、柬、新、泰、印尼等国的专家学者围绕中柬政治和安全合作、经济合作、文化合作与交流等议题进行了发言和交流。中国社会科学院副院长、党组成员高培勇出席论坛，并作主旨发言。此次论坛是《关于打造亚洲智库交流合作网络的行动计划》签订以来的首次活动，标志着中柬双方智库合作进入了新阶段。

（综合处）

中国社会科学评价研究院

（一）人员、机构等基本情况

1. 人员

截至2019年年底，中国社会科学评价研究院共有工作人员25人，其中正高级职称人员4人，副高级职称人员5人，中级职称人员8人；高、中级职称人员占全体在职人员总数的68%。

2. 机构

中国社会科学评价研究院设有：综合办公室、评价理论研究室、机构与智库评价研究室、期刊与成果评价研究室、人才与学科评价研究室、评价数据研究室、公共政策评价研究室、评价成果编辑部和科研诚信管理办公室。

（二）工作概况

1. 加强党的政治建设，牢固树立马克思主义阵地意识

2019年，中国社会科学评价研究院认真贯彻落实习近平总书记对推进中央和国家机关党的政治建设作出的重要指示精神、《中共中央关于加强党的政治建设的意见》以及《中共中国社会科学院党组关于落实〈中共中央关于加强党的政治建设的意见〉的实施方案》，提高运用党的创新理论指导实践、推动工作的能力，将中国社会科学评价研究院建成马克思主义的坚强阵地。2019年年初，中国社会科学评价研究院制定了《中国社会科学评价研究院关于强化思想政治建设工作的实施意见》等三个文本，推进中国社会科学评价研究院政治建设工作的规范化和制度化，以确保评价工作遵循正确的政治方向、学术导向和价值取向。

2. 切实履行全面从严治党主体责任和监督责任

（1）以思想政治学习为抓手，落实全面从严治党主体责任和监督责任。中国社会科学评价研究院高度重视理论学习，领导班子成员带头讲党课多次，引领形成良好的理论学习氛围，深入学习新时代中国特色社会主义理论、中共十九届四中全会精神以及习近平总书记系列重要讲话精神。2019年6月，中国社会科学评价研究院深入开展"不忘初心、牢记使命"主题教育，进一步引导党员干部坚定"四个自信"、增强"四个意识"，把中央要求、中共中国社会科学院党组部署与评价院三大评价体系建设工作紧密结合起来，切实将履行全面从严治党主体责任和监督责任落在实处，确保在各项评价工作中始终坚持意识形态导向和正确的学术导向等。

（2）严肃党内政治生活，坚持正确选人用人导向。中国社会科学评价研究院以加强党内政治生活建设为抓手，坚持民主集中制，认真贯彻"集体领导、民主集中、个别酝酿、会议决定"的基本原则，严格落实"三会一课"、民主评议党员等各项制度，领导干部示范带头作表率，切实加强党员干部的教育和管理，推动党内政治生活规范有序。2019年8月领导班子召开了专题民主生活会，各支部分别召开了组织生活会，"三重一大"事项均经院长办公会、党委会等集体审议，坚持正确的选人用人导向，树立规矩纪律意识，打造忠诚干净担当的干部队伍。2019年迄今已召开27次党委会、17次院长办公会。2019年度，培养入党志愿者3名，引进应届毕业博士毕业生3名，引进博士后人员2名，招录管理岗位人员1名，接受军转干部1名，选拔处室负责同志3名。

（3）严格遵守廉洁自律规定，扎紧制度"笼子"。严格遵守党员干部廉洁自律各项规定，

推动中国社会科学评价研究院形成良好的党风廉政建设局面。中国社会科学评价研究院认真贯彻中央八项规定精神，扎紧制度"笼子"，不断健全完善各项工作规章制度，包括内部工作制度、财务管理制度等，班子成员带头执行制度规定，用制度管人。在职称评审、人才引进，尤其是在数据库设备招标采购等重大决策和工作中，均很好地贯彻了集中决策和全程监督等制度。

(4) 深入开展"不忘初心、牢记使命"主题教育。认真开展"不忘初心、牢记使命"主题教育，中国社会科学评价研究院围绕政治建设、纪律建设、作风建设等方面内容，深入查摆问题22条。中国社会科学评价研究院领导班子针对问题精准定位，分别制定整治整改措施，逐项分解落实到各班子成员及相关党支部，认真分析原因，督查落实整改情况，狠抓问题整改落实，确保了问题整改到位，评价体系等工作取得突破性进展。特别是在主题教育"回头看"过程中自加压力、新增任务，启动中国社会科学评价研究院"两委"换届工作，跟进抓好思想政治学习，强化作风和纪律建设，实现了主题教育促进业务工作的目标要求。

(5) 加强基层组织建设，推进党建工作规范化。健全和完善党委、党支部、党小组、纪检组织机制，重点加强党支部建设，使各项党建工作逐步走向规范化，党的组织优势、组织功能、组织力量得到有效加强。2019年5月实施党支部增补选工作，11月启动党委换届选举工作。中国社会科学评价研究院推荐党支部书记、党委成员、纪检委员参加各类培训，发挥支部书记等的主观能动性，提高业务能力，把基层党组织建设成为落实全面从严治党、加强党的建设的坚强阵地。中国社会科学评价研究院开展了党课、支部"结对子"、红色基地参观学习等形式多样的党建活动，并引领工青妇等发挥在组织群众、宣传群众、教育群众、引导群众中的作用。

3. 三大评价体系建设工作取得显著成效

(1) 以创新工程为抓手，在三大评价体系建设中履行职能。中国社会科学评价研究院在中国社会科学院加快构建中国特色哲学社会科学"三大体系"的基础上，以创新工程为抓手，加快"三大体系"的评价体系构建工作，切实履行"制定标准、组织评价、检查监督、保证质量"定位和学术发展导向的职责。中国社会科学评价研究院围绕"学科体系、学术体系、话语体系"三大体系评价构建，制定《2019年度创新工程科研工作计划》，在特色评价工作、全球智库评价、评价理论研究、人才评价及相关公共政策等领域取得了一定成果。此外，及时完成中共中国社会科学院党组和有关部委的委托交办任务，推进人才评价研究基地、营商环境评价研究基地等基地建设，加强哲学社会科学科研诚信体系建设。

(2) 研究室凝心聚力，科研成效凸显。开展评价理论研究。新时代对评价工作提出了新的时代命题和评价理论创新的要求，中国社会科学评价研究院加强基础理论研究，推进理论创新、实践创新和方法创新，加快评价学科建设。中国社会科学评价研究院推动《评价学概论》等教材的框架体系设定及研究，完成《学科评价研究综述及文献资料汇编》等基础性成果。

开展特色期刊评价项目。2019年中国社会科学评价研究院重点开展了特色期刊评价，从期刊个案出发，基于相关学术评价理论，采用社会学社会调查法，关注期刊特性与共性发展的路径，总结归纳学术期刊发展的做法、特点，了解人文社科类期刊发展的特色等。同时，中国社会科学评价研究院积极推动全国知识管理标准技术委员会"期刊评价导则"进入送审阶段，协同科研局制定院创新工程科研考核期刊目录。中国社会科学评价研究院还于2019年10月在苏州大学召开了"社科评价日"暨期刊评价专家委员会主任委员年会，并于11月22日在北京召开第六届全国人文社会科学评价高峰论坛。

开展全球智库评价项目。2019年，中国社会科学评价研究院在"全球智库综合评价AMI指标体系"框架下开展了第二轮"全球智库评价项目"，进一步梳理全球主要智库近4年来的发展概况，深化对全球智库全面客观的综合评价，并结合"一带一路"等热点问题对全球智库布局进行深入探讨。2019年11月8日，中国社会科学评价研究院召开第二届中国智库建设与评价高峰论坛，发布了《全球智库评价研究报告（2019）》。认真总结中国智库建设的实践，深化智库评价中国标准的研究，推动全国知识管理标准技术委员会"智库评价导则"进入送审阶段。

开展公共政策评价项目。中国社会科学评价研究院开展公共政策评价基础研究，推进公共政策评价理论与实践理论框架与写作，实施经济社会高质量发展的文献调研，完成《营商环境评价资料汇编》，不断拓展公共政策评价广度和深度。特别是以中央网信办"互联网正能量综合评价指数指标体系"项目为抓手，完成"五个一百网络正能量综合评价指数指标体系研究报告"，定期向国务院参事室提交全球智库涉华热点问题研究报告。

启动人才评价相关研究项目。中国社会科学评价研究院梳理国内外关于人才评价的有关理论，以国情调研基地为依托，探索开展人才发展评价指标体系研究，与中组部、人社部、江西省委宣传部对接相关评价工作，并开展了专业技术人才评价指标体系、人才政策评价指标体系等实践探索，丰富人才评价的学术积累。

4. 科研诚信建设工作取得阶段性进展

2019年年初，中国社会科学评价研究院成立哲学社会科学科研诚信管理办公室，召开全国哲学社会科学科研诚信联席会议，审议通过《全国哲学社会科学科研诚信建设联席会议章程》《全国哲学社会科学科研诚信建设实施办法》等；在2019年5月16日中国社会科学院等7部委联合印发《哲学社会科学科研诚信建设实施办法》，2019年9月25日中国社会科学院会同科技部、中宣部等20部委联合印发《科研诚信案件调查处理规则（试行）》的大背景下，加强科研诚信建设调研与宣传，编撰《科研诚信法律法规汇编》《哲学社会科学科研不端的典型案例汇编》《科研诚信的先锋代表人物案例汇编》等；7月和11月联合直属机关党委召开学风与道德建设论坛；配合数字社科院建设，推进全国哲学社会科学科研诚信管理系统工作。

5. 强化科技支撑

扎实推进评价数据库建设项目。2019年，中国社会科学评价研究院继续实施中国人文社会科学引文数据库建设项目，该项目中的"引文库项目"共计四包和"引文规范管理系统"平台的招标建设工作已经完成，为开展期刊评价等夯实了评价数据基础。全球智库数据库、英文期刊数据库项目正在按计划推进。在评价数据领域，中国社会科学评价研究院积极与国内国际知名学术出版商、数据公司开展联系，寻找数据增值点。

加强学科建设，制定学科建设发展规划。评价体系建设工作取得突破，中国社会科学院研究生院批复同意在人力资源管理学科下设立评价方向，开展招生培养工作。中国社会科学评价研究院加快研究室建设，组建评价理论研究室、人才与学科评价研究室、公共政策评价研究室，完成部门人员配置。

加强制度组织建设，加强管理，强化在职称评审工作、岗位分级定级、人员聘用以及薪酬调整等工作的制度约束；编辑出版《工作月报》《评价通讯》，扩大外宣工作；扎实开展学者论文检索引证评价服务工作，推进人才中介服务工作有序开展，扩大在院内外的影响力。

6. 扩大学术交流

中国社会科学评价研究院与中央部委、地方社会科学院、高校、期刊编辑部等建立广泛的学术联系。在国际合作局的指导下，中国社会科学评价研究院学者赴德国、法国、荷兰、挪威、比利时、日本等国进行学术访问，与十余家学术智库建立学术联系。

在国际国内合作方面，中国社会科学评价研究院联合泰勒弗朗西斯合作开展社科研究前沿状况分析，并开展国际审稿人培训。与中央网信办、国务院参事室、中宣部、人社部、教育部、中共江西省委宣传部等开展了形式多样的战略合作，与国家市场监督管理总局、北京市信访办、北京市高级人民法院等开展了委托课题研究合作，提升了中国社会科学评价研究院在评价界的影响力。

7. 推动文化软实力建设，提升凝聚力

制度建设、文化建设、行为准则等对推动文化软实力建设至关重要。中国社会科学评价研究院出台各项管理规章制度，加强科研、人事、考勤等管理。中国社会科学评价研究院组织开展形式多样的活动，如工青妇联合举办棋牌活动、广播操、羽毛球、乒乓球、门球等群体性活动，并在一些比赛活动中取得优异成绩，将全体人员凝聚在党旗下。离退休老干部工作稳步推进，离退休人员在政治方向、参与科研等方面均保持了良好风貌。2019年中国社会科学评价研究院还着力开展了职工高度关注的东坝住房分配、公租房租赁、职称评审、申请科研经费"放管服"试点等工作，进一步增强归属感，形成合力，促进中国社会科学评价研究院党建、科研大发展，形成忠诚、敬业、奉献的价值观，团结、创新、开放的文化理念，以及公平、公正、公开的行为准则。

（三）会议综述

2019年经济学学科建设与期刊发展学术研讨会

2019年6月2日，中国社会科学评价研究院与集美大学联合主办的2019年经济学学科建

设与期刊发展学术研讨会在厦门市集美大学召开。中国社会科学评价研究院院长荆林波、集美大学党委书记沈灿煌、集美大学校长李清彪、中国社会科学杂志社常务副总编辑王利民、管理世界杂志社副总编辑尚增健、《世界经济》编辑部主任孙杰、《经济研究》编辑部研究员唐寿宁、《财贸经济》编辑部副主任王振霞等专家学者受邀出席研讨会，并在会上进行发言和交流。集美大学财经学院院长梁新潮主持研讨会。研讨会研讨主题为经济学学科建设与期刊办刊经验，有利于推进中国经济学研究的规范化、现代化和本土化，更好地服务中国经济学学科建设，同时反思拓展期刊功能的探索实践，凝练期刊建设经验，对促进我国期刊发展具有重要意义。

（综合办公室）

马克思主义学科期刊评价专家委员会2019年工作会议

2019年10月26日，马克思主义学科期刊评价专家委员会2019年工作会议在江苏省苏州市召开。中国社会科学评价研究院院长荆林波、副院长姜庆国，国防大学政治学院何怀远教授，《思想理论教育导刊》副主编查朱和，《中国特色社会主义研究》编辑部主任赵英臣，北京科技大学马克思主义学院教授彭庆红，南京信息工程大学马克思主义学院教授张天勇以及马克思主义学科期刊评价专家委员会委员及特邀嘉宾等专家学者参加了会议。会议由苏州大学马克思主义学院承办，马克思主义学科期刊评价专家委员会主任、苏州大学任平教授主持，苏州大学党委副书记邓敏到会祝贺并致辞。与会专家委员们交流了学习运用习近平总书记在中华人民共和国成立70周年大会上的重要讲话精神指导期刊评价的体会。理论界、学术界要以大局意识、责任意识、担当意识更好地推进学术理论的创新，进一步明确学术评价的发展方向，明确评价目标与规划，创新评价体系，引导马克思主义理论学科的学风向着优良的方向发展，引导大家坚持理论联系实际，推出具有原创性的成果，坚持用马克思主义立场、观点、方法研究中国实际问题，通过评价构建马克思主义理论学科发展的良好学术生态与氛围。会上，专家们还集中讨论了专家委员的调整办法。

（综合办公室）

第二届中国智库建设与评价高峰论坛

2019年11月8日，由中国社会科学评价研究院主办的第二届中国智库建设与评价高峰论坛在北京举行。来自中宣部、中国社会科学院、中共中央党校（国家行政学院）、中国科学院、国防大学、部委所属专业性智库、各省市级地方社会科学院和党校行政学院以及各高校智库、企业智库、社会智库的200余名智库专家学者出席论坛。开幕式由中国社会科学评价研究院院长荆林波主持。中国社会科学院副院长、党组成员、学部委员蔡昉，全国哲学社会科学工作办公室主任姜培茂等致辞。论坛发布了《全球智库评价研究报告（2019）》。这份研究报告是自2015年中国社会科学评价研究院首次发布全球智库评价报告后，再一次对全球智库开展评价研究的学术成果。发布环节后，来自各级各类智库及研究机构的相关从业者分别就"智库国际化建设的经验与启示""通过'一带一路'研究看智库对策能力建设"进行研讨。其后的闭门研讨会上，与会者围绕"智库的对外传播""智库的话语体系建设"展开交流。

（综合办公室）

二　院职能部门及党务部门工作

办公厅

2019年，在中共中国社会科学院党组的正确领导下，办公厅认真学习贯彻习近平新时代中国特色社会主义思想和党的十九大精神，扎实开展"不忘初心、牢记使命"主题教育，树牢"四个意识"、坚定"四个自信"、践行"两个维护"、做到"四个服从"，紧紧围绕全院中心工作，全面履行院党组参谋助手、全院综合服务和运转管理枢纽、重大决策总督办的职责，按照"一三三五一"的工作思路，开拓进取、扎实工作，各项工作取得新成绩。

（一）圆满完成全院性重大工作任务

1. 扎实做好学习宣传贯彻习近平新时代中国特色社会主义思想和党的十九届四中全会精神相关工作。按照院党组要求，将学习贯彻习近平新时代中国特色社会主义思想和党的十九届四中全会精神作为首要政治任务，会同直属机关党委做好院党组中心组理论学习服务工作，着力在深化、消化、转化上下功夫。起草《在党的十九届四中全会传达学习会上的讲话》《在中国社会科学院2019年度工作会议暨全面从严治党加强党的建设工作会议上的讲话》，修订《习近平总书记关于哲学社会科学重要论述摘编》，修改《中共中国社会科学院党组关于贯彻落实〈中共中央关于加强党的政治建设的意见〉的实施方案》等文稿，推进学习宣传活动不断走向深入。

2. 坚决贯彻落实习近平总书记重要讲话和重要指示批示精神。全力做好院党组传达学习贯彻中央精神特别是习近平总书记重要讲话和重要指示批示精神工作，围绕进一步贯彻落实习近平总书记"5·17"重要讲话和致中国社会科学院三封贺信精神积极开展调研活动，做好学习贯彻习近平总书记重要讲话、指示批示各项任务的督办落实工作。组织院党组会议、院党组扩大会议学习传达习近平总书记重要指示批示和党中央重大决策部署39次，起草《在纪念习近平总书记在哲学社会科学工作座谈会上重要讲话发表三周年大会上的讲话》，起草、修改报送《中共中国社会科学院党组关于中国社会科学院大学有关工作情况的汇报》《关于中国非洲研究院组建进展情况的汇报》《关于中国历史研究院组建工作情况的报告》等十余篇文稿。建立专题督办台账，及时跟踪情况，对10项中国社会科学院贯彻落实习近平总书记重要指示批示工作和贯彻落实中央领导同志指示批示情况开展专门督查，对44项院党组相关决策部署进行跟踪督办，起草报送《中共中国社会科学院党组关于贯彻落实习近平总书记重要指示批示工作"回头看"的情况报告》。

3. 圆满完成庆祝中华人民共和国成立70周年相关工作。认真做好治安维稳、值班值守、文稿起草、舆论引导、正面宣传、保密检查等工作。接待上级部门检查20余次，组织内部自查30余次，圆满完成新中国成立70周年安全保卫和值班保障任务。起草《新中国成立70年哲学社会科学发展成就》《新中国70年经济与经济学发展》等院领导讲话、致辞、理论文章40余篇。加强舆论引导，营造积极奋进的舆论环境，协调院领导、专家学者接受主流媒体专题采访20余次，组织院属媒体全方位、立体化展现新中国成立70年来哲学社会科学发展的辉煌成就，营造庆祝新中国成立70周年的浓厚氛围。

4. 认真做好以"三大体系"建设为中心的专题调研、文件起草和会务统筹工作。聚焦"三大体系"建设特别是学科体系和人才队伍建设，随同院领导到分管学科片调研6次，深入研究所和相关职能部门开展专题调研11次，大范围、多层次听取研究单位及科研人员意见建议，梳理院领导部署要求，总结调研单位意见建议，全面掌握全院科研进展，为院党组决策提供服务。制定以"三大体系"建设为主题的《中国社会科学院2019年暑期专题研讨班工作方案》，起草《关于"三大体系"建设的几个重要问题》《在2019年度暑期专题研讨班上的讲话》《在2019年暑期专题研讨班上的总结讲话》等文稿十余篇，积极做好暑期专题研讨班的各项基础材料准备和会务统筹工作。

5. 全力配合中央巡视组开展巡视工作。中央第十五巡视组对院党组开展巡视，这是党中央交办的重大政治任务。按照院党组部署，牵头负责联络协调、文件材料服务保障工作，坚决做到凡事有交代、件件有着落、事事有回音。制定《中国社会科学院保障中央巡视工作手册》，筹办巡视见面沟通会、巡视工作动员会，接待中央巡视组到院相关单位延伸巡视30余次，赴驻地协调报送巡视调阅材料100余份，配合相关单位查阅档案文件7000余件，起草《在中央巡视组专项巡视中国社会科学院工作动员会上的讲话》《中国社会科学院党组工作汇报》《近年来中国社会科学院主要工作情况》《中国社会科学院意识形态工作责任制落实情况专题报告》等专项汇报稿十余份。配合中央巡视组驻地工作，认真组织巡视谈话100余人次，积极协调实地核查工作，服务保障驻地日常运转。组织立行立改事项专项整改领导小组会议5次、动员部署会1次，牵头拟定《立行立改事项专项整改方案》，上报《中国社会科学院党组关于立行立改事项的整改情况报告》，推进落实秘书管理整改、用车整改、办公用房整改事项，坚决做到边巡边改、即知即改、立行立改、全面整改。

6. 积极配合中国历史研究院组建工作。筹办"新时代中国历史研究"座谈会暨中国历史研究院挂牌仪式期间，积极协调院领导和相关部委领导现场实地调研6次，沟通基建办、服务中心和会议公司，做好各项保障工作，圆满完成党中央交办任务。起草《中共中国社会科学院党组关于学习贯彻落实习近平总书记致中国历史研究院成立贺信精神的情况报告》等文稿,协助中国历史研究院举办"学习习近平总书记关于历史科学重要论述理论研讨会"等多项学术研究活动,周密配合组织机构完善、公文流转等工作。

7. 全面启动"数字社科院"项目建设。开展院信息化专项调研,形成《2019年院属单位信息化建设需求调查报告》。与浪潮集团有限公司签署战略合作协议,成立"数字社科院"项目推进领导小组、工作小组,确定了《"数字社科院"项目工作机制》《信息化顶层设计及应用架构设计方案》,配合浪潮集团全面启动"数字社科院"项目建设,对院内22个单位以及中科院、科技部等进行了实地调研。组建"安可"项目小组,圆满完成院"安可"试点项目建设任务,制定《中国社会科学院安可替代工程实施方案》,部署3家试点单位安可设备近400台,处置300余人次的维护维修,向中办报送信息化替代工作方案,按计划三年完成替代工作。印发《关于印发〈中国社会科学院信息化管理办公室职责〉的通知》,启动"中国社会科学院'十三五'(2016—2020)信息化规划修订及实施方案设计"工作,制定社科云建设、保密网建设、协同办公系统等方案,完成13个信息化项目通过结项验收,加强在建项目的监督检查与中期管理。

(二)全面履行院党组参谋助手、全院综合服务和运转管理枢纽、重大决策部署总督办的职责

1. 充分发挥院党组参谋助手作用。围绕全院中心工作深入调研,了解研究所(院)、基层和干部职工对院出台重大决策部署的看法和意见建议,注重围绕全局思考谋划工作思路和举措,为院党组科学决策提供咨询服务和支撑。2019年,组织起草院党组交办的指导和反映中国社会科学院全局性工作的重要文件、文稿30余篇,起草主要院领导重要文稿40余篇,向中央报送多份报告、资料、说明、意见建议等,修改《中共中国社会科学院党组工作规则》《中共中国社会科学院党组及院属单位党组织重大事项请示报告清单及实施办法》《中共中国社会科学院党组深入贯彻落实中央八项规定及其实施细则精神的实施办法》等重要文件。筹办2020年度院工作会议前期调研座谈会8场,深入院属各单位开展专题调研17次。

2. 切实履行全院综合服务和管理运转枢纽职责。牢固树立"服务院党组、服务科研"思想,创新工作协调机制和服务方式,确保日常工作运转高效有序、任务完成坚决彻底。圆满完成院工作会议、暑期专题研讨班、院党组会、院务会、院务工作碰头会等重要会议活动组织协调和服务保障工作,细化制定《办文工作规范和流程》,办理院内外文件5700余件,编发公文930余件,编发会议纪要、通报160余期。扎实推进会议精简,改进会风文风,严格控制会议活动规格、规模,减轻科研单位和研究人员负担,切实做到为"基层"减负、为"实干"赋能。

3. 强化院重大决策部署总督办职责。改进督查工作方式方法,综合运用走访调研、交流

座谈、听取意见等方式,提升督查工作针对性,制定贯彻落实院党组决策部署情况年度评价工作的实施办法,保证院重大决策部署和各项工作任务落地见效。对列入督查工作台账的662项工作任务进行了督办和结果审核。严格控制督查检查总量和频次,坚决清理规范督查检查事项,全面统筹优化督查检查工作。

(三)日常管理工作运转有序

1. 国家安全工作。建立健全院国家安全组织体制机制,起草全院关于加强国家安全工作实施意见和年度工作要点,明确院属单位国家安全主体责任,扎实有序推进国家安全人民防线建设。牵头完成中央国安办、中宣部等上级部门交办任务。做好政治纪律建设督办工作,强化违纪风险点实时监控。

2. 保密工作。积极做好国家保密局开展进驻式检查工作,制定《迎接国家保密局进驻式检查工作方案》《保密检查目录、工作要求及责任单位》,制定《中国社会科学院计算机保密管理规定》等文件,组织开展全院计算机网络保密检查工作和院属单位保密自查工作培训。配合国家保密局完成对院属17家单位的检查,根据检查结果制定《关于国家保密局保密检查意见的整改方案》,全面督促整改落实。组织全院800余人参加保密轮训教育,配备近500台保密设备,为院属单位保密工作创造良好条件。

3. 机要档案管理工作。大力提升机要文件管理规范化水平,确保院机要文件的绝对安全和渠道畅通,向院领导传阅文件2万余件,收发中办、国办文件4万余件和涉密文件资料3.8万余件,接待档案查询580人次2.6万余件,集中销毁1500袋文件资料。有序推进档案数字化整理和档案查询系统升级改造,优化、完善和改革机要文件管理制度,全面提高了全流程管理与闭合管理效率。

4. 新闻宣传工作。持续探索体现中国社会科学院特色的新闻宣传工作方式方法,制定《中国社会科学院2019年重大事项新闻宣传报道计划》,把牢舆论导向,密切监测舆情,印发《2019年重要时间节点舆情引导处置方案》,传达宣传口径131条,妥善处置相关舆情9起,协助处置院属媒体违反宣传纪律6起。发挥新闻宣传的桥梁纽带作用,协助全院开展宣传报道活动15次,切实提升新闻宣传工作水平。

5. 保卫、值班工作。圆满完成重大节日、全国"两会"的安保、值班工作,特别是新中国成立70周年庆祝活动等重点时段,全厅50余人次参与值班。加强院部环境治理,严格治安管控,强化车辆出入及停放管理,确保院部环境安全有序。全年接待上级部门检查20余次,组织内部自查30余次,办理临时出入证件495个,接待登记来访人员近2万人次,受理各类车辆进出11700余次。认真完成全年24小时值班工作。

6. 完成《中国社会科学院年鉴》(以下简称"《院年鉴》")编辑工作。院年鉴与院史工作处克服任务重、时间紧、人手少等各种困难,高质量圆满完成各项工作。

（1）高质量完成《院年鉴》2018年卷编辑工作和2019卷年鉴征稿工作。院年鉴处在编辑工作中始终坚持正确的政治方向和学术导向，始终遵循党中央精神和院党组精神，讲政治、讲大局、讲导向，认真审核、严格把关，围绕"质量为王"这个"核心"，按照"精选精编出精品"的标准，努力做到7个"精心"。其一，精心制定征稿大纲。在征稿大纲中新增加了"我院学习党的十九大精神""庆祝我院建院40周年专题"等特辑和"打造创新工程升级版及精品工程工作""创新工程工作和新型智库建设工作""创新工程及精品工程工作和高端智库建设工作"等年度专题，记录和反映中国社会科学院和院属各单位在创新工程方面和新型智库建设方面所采取的新机制新举措和取得的新成果，记录和反映中国社会科学院在"三大体系"建设方面迈出的新步伐。其二，精心准备征稿系列文件。修订了《〈院年鉴〉条目撰写要求》《〈院年鉴〉语言文字体例规范》等系列征稿文件。其三，精心开展征稿工作。其四，用学术精神和科研作风精心编辑稿件。其五，精心进行校对和统稿工作。其六，精心落实领导审阅意见。其七，精心与出版社对接。通过以上环节，确保了《院年鉴》导向正确、中心突出、真实准确、质量第一。

（2）圆满完成了中宣部舆情局交办的《中国社会科学院2017年概况》的供稿任务，受到中宣部有关领导和部门的肯定。

（3）高效率高质量完成了向中央巡视组提供《中国社会科学院及院属各单位基本情况》稿件的任务。

（4）精心完成院史展改版方案。院年鉴处于2019年4月至5月陆续调研了中国科学院院史馆、中国工程院院史馆、新华社历史陈列馆、清华大学校史馆、中国人民大学博物馆、北京师范大学形象陈列馆、北京外国语大学校史馆和妇女儿童博物馆等8家展馆，草拟了中国社会科学院院史展改版方案，呈报厅领导审定。

（5）为国内外院内外参观者提供参观服务30余次。

（6）继续拓展推动《大家雅事》的约稿组稿工作和编辑出版工作。

（7）为院内外有关部门提供院年鉴及院史资料审稿、写作指导及查询服务数十次。

7. 其他日常工作。完成全国人大代表意见建议、全国政协委员提案答复工作，完成计划生育、科技统计、团体无偿献血、电子邮件群发审核、电话号码本编印等工作，完成院领导活动安排及服务保障、院领导办公用房设置维护及院领导国有资产的管理、所局正职领导干部离京审批备案工作。

（四）办公厅自身建设成效显著

旗帜鲜明讲政治，严守政治纪律、政治规矩，在思想上、政治上、行动上同以习近平同志为核心的党中央保持高度一致，在工作上向高标准看齐，在作风上向"严"和"实"看齐，突出抓好思想建设、效能建设、制度建设、能力建设、队伍建设，着力打造一支团结紧张、严肃活泼、工作高效、凝聚力强的办公厅团队。

1. 提高政治站位,着力建设"政治机关""模范机关"。坚持把党的政治建设摆在首位,树牢"四个意识"、坚定"四个自信"、坚决做到"两个维护",善于从政治上谋划、推动工作。扎实开展"不忘初心、牢记使命"主题教育,以学习贯彻习近平新时代中国特色社会主义思想为主线,聚焦主题教育目标任务和重点措施,持续深入推进政治理论学习"往深里走、往心里走、往实里走"。研究制定主题教育工作方案,列出重要研读书目和学习研讨专题,坚持"精准"教育,在学习对象上既体现全体党员,又突出领导干部;在学习内容上既体现"规定动作",又突出"自选动作";厅领导班子带头学、处室负责同志跟进学、党员干部全员学,建设"学习型机关"的风气浓郁。在夯实学习教育成效、务实开展调查研究、切实检视突出问题的基础上,"真刀真枪"解决问题,以主题教育为契机破除思想痼疾,建立长效制度机制。主题教育期间,由办公厅牵头负责的7项专项整治任务,整改落实率达到100%;由办公厅牵头的7大类13项问题22条整改措施,明确责任处室、路线图,实行问题整改工作与日常业务工作有机融合,整改启动率达到100%。

2. 加强党风廉政建设,持续深入改进作风。厅领导班子带头落实党风廉政建设主体责任,全面落实从严治党要求,强化跟踪督导,落实院纪律建设督办小组例会决定事项。认真召开"不忘初心、牢记使命"专题民主生活会和组织生活会,组织全厅党员学习《中国共产党章程》《关于新形势下党内政治生活的若干准则》《中国共产党纪律处分条例》《党的十九大以来查处违纪违法党员干部案件警示录》,严肃党内政治生活,发扬自我革命精神,认真开展批评与自我批评,批评"有辣味","红脸""出汗",坚决克服党内政治生活庸俗化、随意化、平淡化,营造风清气正的政治生态。

3. 加强人才队伍建设,夯实服务基础。倡导能干事、干成事的风气,树立"有为才有位"的思想,坚持"工作实绩优先、群众认可、老中青兼顾"的原则,择优选拔干部。通过人才引进、借调、实践锻炼等方式增强干部队伍力量,加大内部人员工作岗位交流力度,促进年轻干部的成长、成才。

4. 完善厅内制度建设,提升工作效能。适应新时代新形势要求,以制度建设为重点,全面梳理办公厅出台的全院性规章制度,提高"立改废"工作质量,制定《办公厅工作人员守则》《办文工作规范和流程》《办会工作规范和流程》《值班人员工作规则》,增强制度的系统性和执行力,使讲政治、讲大局、守规矩、讲奉献、重服务、勤思考、善做事成为每个人的行为规范。

5. 优化工作流程建设,提高工作效率。严把办文办会办事的政治关、质量关、时效关,力争"办文办成精品、办会办成样板、办事办得圆满"。进一步规范办公厅承担的全院重要会议工作规程优化工作运转流程,提高机要文件全流程管理与闭环管理能力,消除工作运转症结,提高工作质量效率,确保国家秘密绝对安全。及时召开厅务会,点评各项工作中存在的问题，做到即知即改，立行立改，强化细节管理和细节服务。修改完善印发《办公厅各处室职责》，明确岗位职责，细化工作流程，规范操作标准，以服务院党组、服务研究所、服务科研人员为出发点，自觉把忠诚、干净、担当作为价值追求，弘扬求真务实之风。

科研局／学部工作局

2019年是中华人民共和国成立70周年和党的十九届四中全会胜利召开之年，也是中国社会科学院全面加强"三大体系"建设、打造创新工程升级版的开局之年。在院党组的正确领导下，科研局深入学习习近平新时代中国特色社会主义思想，认真贯彻落实党的十九大和十九届二中、三中、四中全会精神，扎实开展"不忘初心、牢记使命"主题教育，按照院年度工作会议、暑期工作会议的部署，锐意进取，勇于创新，努力工作，在科研管理、国家高端智库建设、创新工程管理、话语体系建设、体制机制改革、院际科研合作等方面取得了新成绩，各项工作迈上新台阶。

（一）认真贯彻落实党中央和院党组的决策部署，将研究阐释习近平新时代中国特色社会主义思想作为重大科研任务，将重大理论和现实问题研究作为科研主攻方向，积极服务中国特色社会主义建设

设立系列院重大科研项目，深入研究阐释习近平新时代中国特色社会主义思想和党的十九届四中全会精神，推出一批高质量研究成果。组织实施《中国社会科学院重大科研项目（2019—2022）工作规划》，设立"习近平新时代中国特色社会主义思想研究""中国和平发展与构建人类命运共同体研究""推进国家治理体系和治理能力现代化研究"等15个重大科研项目，由院领导牵头，整合全院研究力量，开展跨学科、跨单位、综合性、持续性研究；组织专家学者研究出版并会同中宣部出版局专门发布"习近平新时代中国特色社会主义思想学习丛书"（12册），这套丛书被认为是"我国学术界研究阐释习近平新时代中国特色社会主义思想最为系统全面的成果之一"；《中国社会科学》刊发的《"习近平新时代中国特色社会主义经济思想"笔谈》、《经济研究》刊发的《构建和发展中国特色社会主义政治经济学的三个重大问题》等文章入选中宣部第三届"期刊主题宣传好文章"。

整合科研力量，优化学科设置，夯实习近平新时代中国特色社会主义思想研究的学科基础。设立马克思主义研究院"习近平新时代中国特色社会主义思想研究部"，全面系统研究习近平新时代中国特色社会主义思想；完善院"五位一体"战略研究学科布局，调整原城市发展与环境研究所职能定位和研究方向，成立生态文明研究所，着力加强习近平生态文明思想研究；设立经济体制改革研究室、数字人文宗教与舆情研究室，贯彻落实中央关于全面深化改革、加强意识形态工作等方面的指示精神；积极筹备建设人类命运共同体研究中心、宏观经济

研究中心、人工智能研究中心，重点扶持"一带一路"研究中心等重大问题研究中心建设。

搭建学术传播平台，发挥中国社会科学院学术引导力。会同相关部门和研究单位召开"纪念习近平总书记在哲学社会科学工作座谈会上重要讲话发表三周年大会"，召开"学习贯彻习近平总书记致中国历史研究院成立贺信精神系列座谈会"，召开"非洲学界学习贯彻习近平主席致中国非洲研究院成立贺信精神座谈会"，举办"亚洲文明互鉴与人类命运共同体构建论坛"，产生重要学术影响和国际影响。围绕党和国家中心工作，围绕重大理论和现实问题，组织召开"2019年经济形势座谈会""中美经贸摩擦问题与出路""中俄智库高端论坛"等院级高端智库论坛40余场。围绕国家现实需要，组织专业化智库开展配套服务工作20余项，在服务"第二届'一带一路'国际合作高峰论坛"等重大外事活动中发挥了重要作用。

组织协同院属单位和研究智库深入研究新时代重大理论和现实问题，推出一系列具有决策影响力、社会影响力和国际影响力的成果。一年来，推进落实习近平总书记重要批示项目4项，落实中办、国办、中财办、国安办、中宣部、中央网信办、国家高端智库理事会、国家发改委、国家卫计委和财政部等部门交办的重大研究任务50余项；推进完成国家社会科学基金委托项目3项、重大项目10项，承接国家高端智库理事会重点研究选题65项。定期组织开展季度经济形势分析报告工作和承担国务院研究室有关舆情收集工作，及时为党和国家提供高质量对策研究成果。围绕经济社会发展热点问题，组织完成中国社会科学院国家高端智库《研究专报》45篇、《信息专报》12篇、《简报》8篇。在重大理论、政策问题上积极发声。一年来，科研局组织专家学者20余人次刊发重要评论文章，《人民日报》刊发的谢伏瞻院长署名文章《美国制造经贸摩擦无理无据》等成果产生很大影响。

（二）按照院党组的统一部署，组织举办庆祝中华人民共和国成立70周年系列学术研究和宣传活动

组织完成年度重大科研出版项目——中国社会科学院"庆祝中华人民共和国成立70周年书系"（以下简称"书系"）。书系从"国家发展建设史"和"国家哲学社会科学学术研究史"两个维度全面系统回顾我国在中国特色社会主义建设过程中所取得的伟大成就，系统梳理中国特色哲学社会科学的学术发展历程。书系首批13册图书于2019年国庆节前夕正式出版发行并举行发布座谈会，在社会和学界引起很大反响。

组织院属各单位围绕"新中国成立70周年"主题举办系列专题学术研讨会议和论坛。举办"中国社会科学院庆祝中华人民共和国成立70周年学部委员座谈会""新中国法治建设与法学发展70周年学术研讨会""新中国70年成就和经验——第十九届国史学术年会"等25场学术活动，对新中国成立70年来学术发展、国家建设、社会治理等方面的成就和经验进行系统回顾总结。邀请学部委员畅谈治学经验，寄语新时代，组织制作中国社会科学院学部委员庆祝新中国成立70周年访谈系列节目《共和国学人》在中国社会科学网、"学习强国"等媒体平台

推出。

组织院属出版社围绕"新中国成立70周年"策划出版重点主题图书。《中国经济发展的世界意义》《中华人民共和国简史（1949—2019）》《新中国70年》，以及"中华人民共和国史研究丛书（第二版）"等一批主题图书的出版发行，发挥了舆论传播"定音鼓"的作用。组织院属期刊推出的"新中国成立70周年"专栏、专刊，《中国社会科学》"新中国哲学社会科学70年"专题，《当代中国史研究》"庆祝新中国成立70周年"专刊，入选中宣部优秀选题引导项目。

与中央有关部门紧密配合，做好"伟大历程 辉煌成就——庆祝中华人民共和国成立70周年大型成就展"图片及实物展品的布展工作。完成中宣部组织的"书影中的70年·新中国图书版本展"的展品审核工作。与中国新闻出版研究院等单位合作开展"新中国成立70年来最值得对外译介推广的百种图书"评选活动。组织院属期刊参加中国期刊协会主办的"庆祝中华人民共和国成立70周年精品期刊展"，展示中华人民共和国成立70年来哲学社会科学的重要成就。

（三）着力推进学科布局调整工作，加强话语体系和科研诚信建设，加快构建中国特色哲学社会科学"三大体系"

牵头完成全院近25年来最大规模的学科调整工作。先后开展专题调研30余次，会同分管院领导、相关职能部门大范围、多层次听取研究单位及科研人员意见建议，形成近20期《工作简报》；组织全院37个研究单位330个研究室对自身学科建设状况进行"全面体检"，结合各研究单位提交的学科调整方案，形成《学科与人才建设调查分析报告》，全面客观地反映和评价了全院学科人才建设现状；组织院党组成员、学部委员和院高评委成员，分学部审议各研究单位学科评估报告及学科建设方案，为学科调整提出权威评价意见。

制定《中国社科院学科（研究室）调整工作方案》，发布《中国社会科学院学科（研究室）名录》，按照"撤、改、并、建、留"的方式，对既有的学科结构和学科布局进行优化调整，涉及新建及调整更名院所级研究单位共5个，所级层面共撤销研究室24个，新建53个，调整更名62个。会同人事部门研究出台《中国社会科学院关于加强学科与人才建设的指导意见》，对全面提升我院学科与人才建设整体水平做出长远规划，为全面优化和完善学科结构奠定坚实基础。

推进"登峰战略"学科资助计划的中期检查，加强创新工程"学者资助计划"管理工作。完成2020年度学者资助计划评审工作，下年度拟立项学部委员（荣誉学部委员）资助计划项目3项，资深学者带头人资助项目7项，基础研究学者资助项目14项、青年学者资助项目10项。

按照党和国家机构改革要求，完成全国哲学社会科学话语体系建设协调会议成员单位调整工作，建立与8家成员单位的协调工作机制。组织召开2019年度话语体系建设协调会议成员单位工作会议，系统总结过去五年话语体系建设工作的主要成绩，讨论研究机构改革后各成员单位分工和工作规划。组织召开第三届中国哲学社会科学话语体系建设·浦东论坛，围绕"文学理论话语体系建设"主题开展学术研讨，进一步将浦东论坛打造成为具有引领作用的当代中国话语体系建设学术交流平台。国家社会科学基金特别委托项目"哲学社会科学话语体系建设"完成结项。

组织开展院第十届优秀科研成果奖评奖工作，充分发挥院成果评奖的学术导向和示范引领作用。经严格评审，遴选出优秀科研成果128项，其中一等奖3项，二等奖28项，三等奖97项。《近代汉语词典》《论语还原》《第一哲学的支点》《二里头（1999—2006）》《中华民国时期外交文献汇编（1911—1949）》《新时期全面深化国有经济改革研究》《中国国家资产负债表》《从人口红利到改革红利》《构建"一带一路"需要优先处理的关系》等一批重大基础理论与现实问题优秀研究成果获奖。

进一步加强学风教育和科研诚信建设，积极营造风清气正的学术生态。会同中国科协、教育部、中科院等单位在人民大会堂联合举办2019年度全国科学道德和学风建设宣讲教育报告会。严格执行我院创新工程和科研管理制度中关于科研诚信建设的有关规定，将科研诚信作为院属单位和工作人员进入创新工程的准入条件。在《中国社会科学报》和中国社会科学网刊登《中国社会科学院学术期刊声明》，强调中国社会科学院学术期刊不收取任何形式的版面费、审稿费，不发"人情稿""关系稿"，坚决抵制存在学术不端问题的稿件，在学术界、期刊界产生了良好反响。强化第三方监督机制，主动邀请纪检部门参加各类评审会议，对评审工作进行全程监督。

（四）以人文基础理论研究为学术支撑，以重大理论与现实问题研究为主攻方向，设立一批重点研究项目，推出一批高质量研究成果

围绕中华传统文化传承与发展、防范化解重大风险研究、扶贫脱贫问题研究、生态文明建设研究、社会保障研究、人口与劳动政策研究、社会治理研究、中美关系研究、"一带一路"跟踪研究等议题，院属36家研究单位设立316项创新工程项目开展研究。2019年度新立项目74项，其中新立A类项目3项，B类项目71项。完成了一批高质量研究成果，院遴选26项重大科研成果作为创新工程年度重大成果进行集中发布，《洛阳盆地中东部先秦时期遗址：1997—2007年区域系统调查报告》《殷墟书契四编》《简明中国文学史读本》《道家与道教思想简史》《现代化经济体系理论大纲》《丝绸之路经济带建设与中国边疆稳定和发展研究》《新产业革命与欧盟新产业战略》《大国经略非洲研究（上、下）》《稳妥推进"一带一路"：理论与实践》《中国荒漠化治理研究》等入选。《光明日报》《中国社会科学报》等媒体进行集中报道。

深入贯彻落实习近平总书记关于大兴调查研究之风的重要指示精神，围绕新形势下的国情、世情、党情，在马克思主义研究、经济发展方式转变、贸易摩擦、精准扶贫、精准脱贫、

社会治理等党和国家发展建设的重要领域设立 97 项国情调研项目。推出国情调研特大项目"精准扶贫精准脱贫百村调研"的最终成果"精准扶贫精准脱贫百村调研丛书"。以 12 个院级基地为平台，对兼具地方特点和全国意义的重要问题开展深度调研，为中央决策和地方发展服务，取得了一批高质量成果。完成第二轮（2019—2023）研究所国情调研基地设立工作，共设立 55 个研究所国情调研基地。

（五）深化院际科研合作，推动理论与实践结合，服务国家经济社会发展

巩固落实院级科研合作协议 10 项，拟定院省科研合作协议 2 项。与地方政府合作举办高层次学术论坛，服务地方建设发展，与湖北省人民政府等共同主办"长江高端智库对话"、第六届中俄经济合作高层智库论坛、第七届中国—南亚东南亚智库论坛、第十二届中国—东盟智库战略对话论坛、第四届世界妈祖文化论坛等年度系列论坛。与外交部、教育部、文化和旅游部、山东省人民政府共同创建尼山世界文明论坛。与贵州省社会科学院、四川省社会科学院等单位合作主办第七届"后发赶超"论坛、第三届全国社会科学青年论坛。

积极开展院际合作项目研究，为地方发展献计献策。根据院际科研合作协议要求，组织协调城市发展与环境研究所、经济研究所、欧洲研究所、农村发展研究所、数量经济与技术经济研究所等单位开展合作项目研究，服务东部和西部地区经济社会发展。继续与上海市人民政府、郑州市人民政府共同协调组织上海研究院、郑州研究院围绕城市高质量发展规划、区域经济一体化、生态文明建设、文化旅游、社会救助与社会护理等问题开展研究，为上海、郑州两市的改革发展创新工作提供了有力的理论支撑。

（六）打造精品学术传播平台，为"三大体系"建设提供坚实支撑

围绕宣传阐释习近平新时代中国特色社会主义思想、中国特色社会主义和中国梦、经济发展新常态和结构性改革、社会主义核心价值观等主题，做好主题图书的出版策划和审核把关工作。贯彻落实《图书、期刊、音像制品、电子出版物重大选题备案办法》，全年审核院属出版社 7156 种选题，核发新书号 4900 多个，向上级主管部门送审院属出版社重大出版选题书稿 90 多部。完成中宣部交办重大选题审读任务共 14 部。

做好各类学术出版资助项目的评审立项工作。全年共立项学术出版资助文库项目 67 项、皮书项目 40 项、中国社会科学博士后文库项目 35 项、博士学位论文文库项目 6 项、中译外项目 9 项、外文期刊项目 13 项、国家智库报告项目 38 项，资助经费 2900 多万元。与荷兰博睿学术出版社举办"中国经典学术著作在国际传播中的机遇和挑战"论坛，向外方宣传推介优秀著作。

围绕发挥学术期刊、学术年鉴在"三大体系"建设中的作用。截至 2019 年年底，全院共持有国内统一连续出版物号（CN）的报刊 107 种，其中学术期刊 87 种。《文献与数据学报》2019 年 3 月正式创刊，《历史评论》创刊获得国家新闻出版署批复，计划于 2020 年 1 月出版

创刊号。《中国非洲学刊》《中国志愿服务研究》《马克思主义哲学》《经济思想评论》等学术期刊进入申办流程。根据南京大学2019年3月发布的CSSCI报告，全院56种期刊入选来源期刊，新增2种——《劳动经济研究》和《西亚非洲》；8种期刊入选扩展期刊，新增3种——《城市与环境研究》、《社会发展研究》和《中国文学批评》。举办2019年全院学术期刊工作会议暨主编培训班，主办"加强学科建设：构建学术年鉴评价体系研讨会暨首届年鉴主编论坛"，围绕学术刊物如何助力"三大体系"建设进行交流讨论，形成广泛共识。

坚持一手抓积极引导发展，一手抓严格规范管理，深入推进社团中心管理工作。完成修订《中国社会科学院学术社团管理办法》。落实《关于做好全面推开全国性行业协会商会与行政机关脱钩改革工作的通知》要求，协调中国社会科学院主管的3家社团（中国开发性金融促进会、中国西部开发促进会和中国县镇经济交流促进会）制定脱钩实施方案，向民政部报送中国社会科学院整体脱钩方案。组织开展2019年度中心检查评价工作，资助81家社团专项经费403万元。

（七）突出创新引领，推进"放管服"改革，深入实施创新工程升级版

稳步推进实施《中国社会科学院关于实施精品工程打造创新工程升级版方案》，按照"巩固阵地、强化功能、创新机制、打造精品"的总体要求，深化创新工程管理体制机制改革，落实科研管理领域"放管服"要求。

突出创新工程导向和抓手功能，强化绩效考核要求，在单位管理、岗位管理、科研人才经费管理中突出创新工程的"指挥棒"作用。系统梳理创新工程相关制度体系，对相关制度文件进行及时修订完善，突出政治导向要求，将落实重大约稿任务作为科研单位绩效考核的重要内容，适当增加"三报一刊"重要理论文章的评价分值。加强理论外宣工作导向，调整部分创新考核指标。制定完善《中国社会科学院创新工程研究单位科研绩效考核期刊名录》，简化院所科研绩效考核流程。

突出质量导向，加强对研究单位执行《创新工程年度科研工作计划》的检查，院党组分学部听取各单位关于2019年度科研工作计划的报告，督促研究单位严格按照年度计划实施研究方案。组织开展创新工程绩效考核及准入考核的抽查，将创新工程专项检查纳入院内巡视工作内容。突出责任导向，认真落实中央关于科研"放管服"的有关精神和我院工作要求，协同院职能部门共同研究制定我院落实方案，优化完善规章制度和工作机制，扩大研究所和科研人员自主权。在中国历史研究院院部、历史理论研究所、中国非洲研究院等单位建设过程中给予及时的政策指导，解决创新工程相关配套协同问题。

（八）加强智库体制机制建设，提升智库为党和国家科学决策及重大部署提供学术支撑的能力

积极发挥中国社会科学院国家高端智库办的综合协调职能，探索建立重大现实问题分析

集体研判机制以及智库管理和保障机制，整合优势科研力量协同攻关，更好地发挥决策咨询等智库功能。完善专业化智库沟通机制，定期召开智库例会讨论重大理论现实问题和智库建设工作。完善院高端智库人才和成果激励机制，推进专业化智库换届选举和备案工作；积极推进高端智库认领课题或应急交办任务后期资助工作，完成专业化智库成员单位及非成员单位后期资助 30 余项，加大对不宜公开发表成果的后期资助力度。改革智库《研究专报》选题制度，建立智库专项选题约稿机制，提升智库内刊的综合影响力。

（九）加强学部建设，夯实工作基础，进一步发挥学部委员作用

学部工作局会同中国社会科学院大学举办"学部委员进校园"系列活动，邀请学部委员围绕当前形势与政策热点问题举行讲座。蔡昉、朱玲、潘家华、汪同三、金碚、李林、张晓山等七位学部委员应邀讲座，受到了广大大学生的欢迎。

组织开展学部调研，助力地方经济社会发展。2019 年 8 月，院长谢伏瞻带队，19 名学部委员组成学术调研组赴黑龙江开展学术调研，围绕全面深化改革、加快振兴东北老工业基地、提高国家边疆地区治理体系和治理能力现代化水平等重大问题进行访谈调研。协助组织学部委员开展国情调研和国际调研，为学部委员参加各类学术会议和论坛提供服务。协助开展国情调研基地项目"鸡西市转型发展报告"，为西部精准扶贫和转型升级出谋划策；协助相关学部开展"日本经济三十年"学术调研、"社会发展与社会福利——希腊、挪威、英国三国主题访问"、"'一带一路'工业园区和港口建设与中白、中欧关系发展前景——白俄罗斯、德国、希腊三国主题调研"，协助组织学部委员参加世界政治经济学学会年会等国际会议。

支持经济学部主办"中国社会科学院国家高端智库论坛暨 2019 年经济形势座谈会"，国际学部主办"《中国社会科学院国际形势分析年度报告》发布会暨中国社会科学院国际问题研究年度会议"，支持各学部主办和参加"中美经贸摩擦问题与出路"、"宏观经济形势座谈会"和"共建开放型世界经济国际论坛"等重要学术会议和学术论坛。

组织学部委员和荣誉学部委员体检、问诊以及眼科检查，共有来自北大医院、宣武医院、阜外医院、北京军区总医院等 7 家医院的 20 多位专家为院学部委员和荣誉学部委员进行健康筛查，为近年来规格最高、科目最齐全、医院支持力度最大的体检活动，获得学部委员和荣誉学部委员的一致好评。

（十）自觉用习近平新时代中国特色社会主义思想武装头脑，扎实推进"不忘初心、牢记使命"主题教育，正视问题，从严整改，全局主题教育取得显著成效

按照《中国社会科学院开展"不忘初心、牢记使命"主题教育的实施方案》要求，深入学习贯彻习近平新时代中国特色社会主义思想，提高政治站位，开展调查研究，正视存在问题，从严整改落实，提升科研管理水平，达到了理论学习有收获、思想政治受洗礼、服务科研求实

绩、实干创新强作风、清正廉洁作表率的目标要求。

组织学习《习近平关于"不忘初心、牢记使命"重要论述选编》和《习近平新时代中国特色社会主义思想学习纲要》，学习习近平总书记关于哲学社会科学系列重要讲话精神、指示批示以及致我院贺信精神，在学懂弄通上下功夫。围绕党的建设与全面从严治党、理想信念与宗旨性质、担当作为、政治纪律和政治规矩、党性修养与廉洁自律等5个专题开展研讨，蔡昉副院长、马援局长带头为党员同志讲党课。

结合学科人才队伍建设、社团管理、出版管理工作，开展调查研究。协调配合院党组成员赴研究所调研20余人次，召开调研座谈会十余场，覆盖全院近40个研究单位；组织协调"院长接待日"座谈会，分管院领导与来自不同单位的干部群众十余人次进行交流谈话；局总支成员带头深入当代中国研究所、西亚非洲研究所所、哲学研究所、法学研究所、中国社会科学出版社、社会科学文献出版社等单位，与专家学者、一线出版编辑座谈交流，对接科研需求、管理需求、出版需求，查找薄弱环节，解决实际问题。

通过召开座谈会、实地调研、与党员干部谈心谈话、召开支部会议等方式，面对面听取意见和建议，查摆自身不足、查找工作短板。科研局总支召开对照党章党规找差距专题民主生活会，局总支成员正视存在问题，逐一对照、全面查找违背初心和使命的差距。在此基础上，局总支梳理出3个方面7个类别20项问题，形成主题教育调研检视问题清单，并全部完成整改。通过主题教育活动，全局党员干部凝聚思想共识、强化责任担当，进一步巩固了机关党建与科研管理相互促进的良好局面。

主题教育期间，科研局积极配合中央指导组有关工作，抽调局内4人参与指导组工作，按照要求多次提供相关材料。

（十一）加强局内制度建设、队伍建设和作风建设，努力打造一支勤勉敬业的科研管理队伍

健全局长办公会、局务工作例会、局专题会等会议制度和议事规则，规范各项科研管理工作流程。全年共召开局长办公会议10次，局务例会25次，局专题会议百余次。完成各项院内文稿的起草、整理和报送工作，提交院党组会议、院务会议、院长办公会议审议议题共计31项，均通过审议并有效落实。

优化整合处室人员结构，调整部分人员岗位，引进优秀人才，2019年共引进5人，调出3人。积极配合我院干部挂职工作需要，安排挂职干部承担重要工作任务，培养锻炼挂职干部。鼓励干部间交流学习，打破处室划分，形成各专项工作小组，完成院交办各项专题任务，培养工作"多面手"，形成优势互补的良好工作局面。

加强机关党建工作，完成局总支和支部换届改选，选举产生新一届党总支委员及新一届支部委员；推荐第一党支部作为中央国家机关党建工作试点，探索机关党建新经验。

坚持局总支"双周学习"制度和青年学习制度，全年开展"双周学习"近10次，邀请研究所领导、院内知名专家学者就国内外形势变化、我国经济及外交政策、中国特色社会主义理论体系、党的十九届四中全会精神等主题讲授专题报告，开阔全局同志视野。以青年工作组为主力军，组织开展"重温五·四路"主题党日活动。开展青年学习交流会12次，由局内青年同志围绕自身专业领域、工作心得、兴趣爱好作主题讲座。关注青年同志成长，以"六个一"为抓手开展青年学习活动，把专业研究与科研管理相结合，全面提升青年同志的各方面素质，为科研管理工作培养后备人才。

加强科研管理队伍建设，组织院属各单位科研管理部门负责同志参加科研管理培训班，通过专题业务培训，深入研讨如何加快中国社会科学院"三大体系"建设，如何更好完成学科调整、研究所学术委员会换届、创新工程年度考核等各项科研组织及管理工作。组织科研管理系统代表赴广西壮族自治区百色市及部分所属县开展国情考察活动，围绕"边贸城市发展跨境经济与兴边富民"主题进行深入调研。

完成局工会选举，推选出新一届局工会主席、副主席。积极响应院工会发起的支援贫困地区号召，为陕西省丹凤县竹林关镇建立图书馆捐书百余册。积极配合院职工住房配售工作，为局内12名职工完成住房配售。积极组织职工参加院工会、院妇工委组织的各项活动，在羽毛球比赛、门球比赛、国庆诗朗诵比赛、摄影展等活动中取得较好成绩。

加强局信息化建设，配合办公厅做好"数字社科院"科研管理模块需求调研工作。规范公文办理程序，提高办文办事效率。2019年共受理公文1130件；局发文号160个、院发文号25个、发函号48个；完成机要文件110件、院内文件409件的传阅借阅保管。整理完成2018年度文书档案共72盒1583件。积极配合做好国家保密局、院保密办对科研局保密管理情况实地检查，修订《科研局保密工作制度》，组织开展保密宣传教育和培训。认真落实考勤制度，强化工作纪律。按年度相关经费预算核拨科研专项业务经费，协助办理创新工程科研管理相关经费审批，落实项目拨款计划。高质量完成局内日常经费管理、局内外网站日常运维、网络安全、信息保密、治安防火、维稳和综合统计等相关工作。

人事教育局

2019年，在院党组坚强领导下，人事教育局全体干部紧紧围绕"不忘初心、牢记使命"主题教育要求，自觉用习近平新时代中国特色社会主义思想武装头脑、指导实践、推动工作，认真贯彻落实新时代党的组织路线，聚焦"出顶尖人才、出顶尖成果"，严明标准导向，严密组织程序，严抓素质培养，持续深化体制机制改革，着力构建导向明确、有效管用、简便易行的选人用人机制，为加快构建中国特色哲学社会科学"三大体系"提供有力组织保障和人才支持。

（一）坚决贯彻以习近平同志为核心的党中央决策部署

1. 深入学习贯彻习近平新时代中国特色社会主义思想。牢牢把握学习贯彻习近平新时代中国特色社会主义思想这一根本任务，作为局领导班子和全局同志日常学习的主要内容，通过读书班、支部学习、自学、集体研讨等方式原原本本学习了《习近平新时代中国特色社会主义思想学习纲要》《习近平"不忘初心、牢记使命"重要论述选编》等材料，学习贯彻习近平总书记在出席庆祝中华人民共和国成立70周年系列活动时的讲话等系列重要讲话的精神。通过学习，提高了全局同志学习习近平新时代中国特色社会主义思想的自觉性、能动性，既深化了对党的初心和使命的认识，坚定了理想信念，强化了宗旨意识，也深化了对习近平总书记成为党中央的核心和全党的核心历史必然性的认识。

2. 深入开展"不忘初心、牢记使命"主题教育。围绕"不忘初心、牢记使命"主题教育的总要求，扎实开展理论学习、调查研究、检视问题、整改落实工作。通过学科和人才队伍建设调研、优秀年轻干部队伍建设调研等，基本摸清了干部人事工作中面临的突出问题，基本掌握了研究所的需求，进一步厘清了工作思路，明确了努力方向。在整改落实过程中，弘扬真抓实干作风，持续改进工作，对发现的问题努力做到边查边改、即知即改、立行立改，帮助研究所解决了许多实际困难；对需要深入研究、一时难以解决的问题，制定专项整改方案，制定整改的时间表、路线图和责任书，切实将整改成效体现到以科研为中心的各项工作中，转化为加快构建中国特色哲学社会科学"三大体系"的实际行动，转化为建设哲学社会科学人才高地的有效举措。

3. 出台哲学社会科学职称制度改革意见。根据中共中央办公厅、国务院办公厅《关于深化职称制度改革的意见》精神，我院和人社部联合印发《关于深化哲学社会科学研究人员职称制度改革的指导意见》，从完善评价标准、落实分类评价、创新评价机制、改进管理与服务等方面提出了一系列改革措施，为促进优秀哲学社会科学研究人才脱颖而出提供了制度保障。文件出台后，一方面组织院属单位认真学习，另一方面通过《人民日报》《中国社会科学报》等媒体刊发文件全文、新闻通稿、答记者问，并组织领导干部、专家学者撰写理论文章和学习体会，赢得了广泛好评。

4. 深入贯彻落实中央全面深化改革的战略部署。一是按照中共中央组织部、中央编办《关于规范事业单位领导职数管理的意见》，积极寻求中央编办支持，规范院属事业单位领导职数设置和管理，进一步加强我院干部队伍建设。二是按照中央关于全面推行机构编制实名制管理的重要部署，积极推进我院机构编制实名制工作，组织院属事业单位报送机构编制实名制信息，完善机构编制台账。三是贯彻落实国有企业薪酬管理改革要求，积极推动我院企业工资总额决定机制改革，印发《中国社会科学院所属国有企业工资总额管理办法》，从2019年1月起全面实施企业工资总额预算管理。

5. 积极完成中央部委交办各项任务。一是出色完成了第五批全国干部学习培训教材中第一本——《新时代 新思想 新征程》的编写工作，王京清同志出席中组部教材编写工作总结会议并作经验介绍；圆满完成了习近平新时代中国特色社会主义思想课程体系和教学大纲统稿论证工作，中组部已将课程体系和教学大纲正式印发全国；牵头完成了习近平新时代中国特色社会主义思想全国好课程评审工作，中组部专门致函表达感谢。二是受中组部委托，组织专家开展调研，撰写《加强党政领导班子政治建设调研报告》，为研究制定全国党政领导班子建设规划提供参考。三是根据中组部部署，起草《中国社会科学院事业单位领导人员队伍建设情况分析报告》，探索改进和完善我院干部队伍建设的有效举措和实现路径。四是受人社部委托，组织开展改革完善事业单位工资福利制度征文评审工作。

（二）积极推进人事人才管理体制机制改革

1. 制定了人才建设规划。开展学科和人才队伍建设情况调研，一是对全院人才队伍建设的成效和面临的问题进行了研判，找准了学科人才队伍建设的薄弱环节和努力方向，撰写调研报告《中国社科院人才队伍建设情况》《关于进一步加强和改进人事人才工作的报告》。二是与科研局共同完成《中国社会科学院关于加强学科与人才建设的指导意见》，从全局和战略的高度推进全院学科体系和科研人才队伍建设，创新科研和人才管理体制机制。三是研究实施院重点人才支持计划。研究起草了《中国社会科学院重点人才支持计划》及其实施方案，拟实施领军人才支持计划、教学名师支持计划、青年拔尖人才支持计划、学术新秀支持计划4类与国家重大人才工程相衔接并具有中国社会科学院特色的重点人才支持计划，同时设立院杰出青年英才奖。

2. 推进了机构编制调整。一是全力做好中国历史研究院和中国非洲研究院组建工作，做好中国历史院院部和研究所职能划分、内设机构和岗位设置核定以及相关人员划转工作，为考古研究所加挂"中国考古博物馆"牌子；落实中国非洲研究院机构设立、编制核定、领导干部配备等机构编制报批事宜。二是推进机构编制备案制管理试点，调整有关研究单位人员编制，统筹用好编制资源，保障优先发展和急需重点扶持的学科建设需要，推动设立中国社会科学院生态文明研究所和国家哲学社会科学文献中心，加强院巡视工作领导小组办公室建设等。

3. 优化了各类岗位设置。一是出台《中国社会科学院事业单位内设机构和岗位设置管理办法（试行）》，将研究单位高级专业技术岗位比例均提高至55%以上，提高正、副、中级岗位中高等级岗位比例，拓宽专业人员的发展空间；提高研究单位管理岗位总体比例，规范完善管理五、六级岗位设置，行政管理部门中专业性较强的岗位设置为专业技术岗位，拓展管理干部的职业发展渠道。二是研究制定《关于正局级以上领导人员岗位聘用工作的暂行规定》，将正局级以上领导人员聘至管理岗位，不再占用所在单位高级专业技术岗位，拓宽了高层次人才队伍职业发展的空间。三是向人社部申请参加专业技术一级岗位设置试点，提出具体意见和建议。

4. 加强了干部队伍建设。一是开展优秀年轻干部调研，建立《中国社会科学院优秀年轻干部人才库》，坚持把优秀年轻干部培养与党校进修、挂职锻炼等紧密结合，多渠道培养优秀年轻干部。二是加强领导班子建设。通过年度考核、优秀年轻干部调研、院内巡视、专题调研等，突出差异化考核，对领导班子的整体结构、运行状况和领导干部履职情况进行调研、做出评估，掌握干部队伍的"活情况"；对考核排名靠前、敢抓敢管的领导班子和干部表彰奖励、提拔重用，对排名靠后、工作不力的领导班子和干部约谈提醒、调整岗位。三是完善干部实践锻炼，通过安排设计多层面、多渠道的干部实践锻炼项目，为干部健康成长搭建宽领域、全方位的培养锻炼平台。四是研究制定了《事业单位管理五级及以下岗位人员聘任办法》《机关职能部门岗位设置与选拔聘用办法》，对研究所和院机关职能部门管理岗位的分类、名称、选拔聘任的程序等进行规范，提高管理五、六级岗位使用效能，拓宽管理干部发展空间。

5.完善了人才管理体制。一是完善了人才引进机制。研究制定《中国社会科学院事业单位人才引进工作管理办法》，对人才引进工作各类文件进行整合，将一般性人才引进的权限下放给研究所，支持院属单位依法依规自主做好人才引进工作。二是支持科研人员依规兼职。研究制定《中国社会科学院工作人员兼职管理试行办法》，支持院内工作人员在履行好岗位职责前提下，适度开展与学术研究相关的兼职并取得合法报酬。三是调整专业技术职务评聘结果认定方式，落实"放管服"。副高级以下任职资格评审及三级以下专业技术岗位人员聘用结果经所在单位认可即可使用，给予研究单位更大自主权。四是修订完善了《中国社会科学院公派留学管理办法》，废除了"非因创新任务连续出国3个月以上不能聘至创新岗位"条款，进一步调动了科研人员出国进修、访学的积极性。

（三）加强管理干部队伍建设

1.加强干部的调整备案。一是加强所局领导考察调整。根据院党组部署，对部分单位所局领导干部进行了考察和调整，共调整了62名所局级干部，其中，提拔任职31人（提任正局级11人，副局级领导20人），进一步使用3人，平级交流16人，到龄免职10人，外调干部2人。二是加强处室干部审批备案。全院审批备案处级干部、研究室正副主任及科级以下干部共209人。其中：调整处级干部72人、研究室主任、副主任90人、管理七级及以下干部47人。

2.加强干部的管理服务。一是配合中组部对院党组成员进行年度考核测评，协助中组部做好院党组选人用人"一报告两评议"工作，做好中管干部个人有关事项报告填报和中管干部兼职、因私出国（境）等管理。二是加强所局级领导干部日常管理，做好所局级领导人员因私因公出国（境）审批和干部人事档案的日常管理工作，积极推进干部人事档案数字化工作。三是做好领导干部个人事项集中填报工作，随机抽查119人，重点查核69人；研究制定《关于严格执行领导干部个人有关事项报告制度的几点提示》，引导服务干部学者，强化纪律意识，减少漏报、瞒报情况发生。四是开展了"所局级领导干部配偶、子女及其配偶违规经商办企业"专项整治工作，211名所局级领导干部对配偶、子女及其配偶违规经商办企业情况进行了自查自纠。

3. 加强干部的考核监督。一是配合做好中央巡视工作。协助安排谈话，向中央巡视组提供《中国社会科学院选人用人工作情况报告》、各类人员名册、干部人事档案等材料，得到了中央巡视组和选人用人组的认可。二是组织开展所局级领导班子和领导干部考核测评。对全院54个单位领导班子和173名领导干部进行了民主测评，与所局级干部、党委委员和内设机构主要负责人开展了个别谈话。三是开展干部经常性考察和试用期满考核。完成了2018年提任的10名所局级干部的试用期满考核。四是组织完成了全院年度考核工作。全院共有54家单位完成考核工作，评选出优秀正局级干部18人、优秀副局级干部14人。对全院53家单位617名考核优秀人员奖励进行审核。

（四）加强专业技术人才队伍建设

1. 做好人才的引进接收。一是优化完善人才引进制度。研究制定《关于进一步规范副局级以上领导干部指导的学生及博士后研究人员引进工作的若干意见》，对副局级以上领导干部指导的学生及博士后研究人员留院工作办法进行调整，允许合规引进优秀急需人才。二是注重提高人才引进质量。组织开展好人才引进院级专家评审，引进编制内各类优秀人才199名，其中研究人员115人，绝大多数来自国内外知名高校。接收军转干部12人。三是加大高层次人才引进力度。面向社会公开招聘5名高层次人才，在职称、岗位、经费、户口、住房等方面提供支持保障。四是注重发挥博士后人才"储备库"和"蓄水池"功能。新招收进站博士后167名，博士后出站221人，出站博士后留院工作26人，培养和造就有潜力的后备人才队伍。

2. 优化人才的培养使用。一是系统开展理论教育培训。按照分级分类、突出重点、全员覆盖的原则，抓好全院人员的基本理论、党性教育、专业化能力和业务知识培训，先后举办所局级干部任职能力培训班、中青年科研骨干培训班、新入院人员培训班等21个班次，累计培训干部2500余人次。二是注重强化实践磨炼。选派80余名优秀干部学者和青年学者，到中西部地区、贫困地区、国家部委、驻外使领馆及我院职能部门挂职锻炼，增强为人民做学问、为人民根本利益服务的宗旨意识，帮助干部人才弥补知识弱项、能力短板、经验盲区，全面提高适应新时代、实现新目标、落实新部署的能力。三是促进开阔国际视野。对公派留学管理办法进行修订完善，调动科研人员出国进修访学的积极性，提高干部学者的国际化水平。四是推荐专家建言献策参政咨询。推荐17人作为国务院学位办第八届学科评议组成员人选，做好国务院参事、中国经济社会理事会、中国红十字会总会理事会人选推荐工作。五是做好专家联系服务。落实中央领导和我院领导看望专家活动，推荐专家参加中央部门举办的各类休假、团拜、慰问等活动。组织开展健康大讲堂、高层次专家健康体检、专家问诊、发放医药箱等关爱专家身心健康系列活动。

3. 加大人才激励力度。一是顺利完成职称评审和岗位分级聘用工作。75人晋升正高级职称，209人晋升副高级及以下职称，48人晋升专业二级岗位，充分发挥高级职称和岗位对专家学者的激励作用。二是做好专家推荐工作。全院40人入选享受国务院政府特贴专家，4人被评为国家"万人计划"青年拔尖人才，8人入选百千万工程国家级人选；2人获得全国民族团结进步模范个人荣誉。向中宣部推荐文化名家暨"四个一批"人选16人，青年拔尖人才25人，青年英才人选12人。三是组建高教系列正高级专业技术资格评审委员会并开展首次评审，提升高教系列人才评价的针对性、科学性和专业性。组建历史理论所副高级专业技术资格评审委员会，完成经济所等16家单位副高级专业技术资格评审委员会届中调整备案。四是做好"西部之光"等访问学者接收培养工作，为西部地区培养哲学社会科学领军人才。

4. 完善博士后培养管理。一是完善博士后科研经费保障机制，启动实施中国社会科学院博士后创新项目，35家院属研究单位80个博士后课题组获得1100万元科研经费资助。二是打造"中国社会科学博士后文库"品牌，共评选出35部书稿，淘汰率达80%。三是组织中国博士后科学基金申报，41人共获得264万元资助。四是争取"国家资助博士后"招收指标达100个，配套资助经费1600万元，在人文社会科学领域位列第一。五是举办博士后论坛。支持工业经济研究所举办"第二届全国区域经济学博士后论坛"，资助社会学研究所等3家单位举办3场博士后学术论坛。六是规范博士后管理。修订了《中国社会科学院博士后工作办事指南》，对院属单位博士后经费管理及进站考核工作进行了检查规范，将研究所在编人员和博士后的户籍进行分类管理。

5. 营造良好人才环境。一是组织重要活动，向全国科技进步先进个人、全院离退休老同志等发放新中国成立70周年纪念章296枚，组织完成副部级以上干部、全国政协委员等国庆观礼活动。二是持续开展关爱专家健康系列活动，为270余位在职二级专家和所局级干部发放应急医疗箱，举办2次高层次专家健康体检活动、2次高层次专家健康义诊活动、3期"健康大讲堂"活动。三是印发《中国社会科学院关于专家学者及干部住院探望、去世慰问工作的意见》，做好知名专家重大事项报告和慰问工作，努力营造关心人才、关注人才、关爱人才的良好环境。四是完成了院属57家单位申购东坝职工住宅人事信息的审核工作，最大限度维护了公平公正，得到了方方面面的认可。

（五）加强人事教育局自身建设

1. 加强党的建设。完成了人事教育局党总支、党支部调整、增补工作，认真落实"三会一课"等基本制度，扎实开展主题党日活动。按照"不忘初心、牢记使命"主题教育的部署，通过个人自学、集中学习、专题辅导、集体交流等，深入学习贯彻习近平新时代中国特色社会主义思想，努力在学懂弄通做实上下功夫，打牢党员干部的思想政治基础。对照党章党规标准检视问题，充分听取干部职工意见，召开了专题民主生活会，开展批评和自我批评。

2. 改进工作作风。通过设置意见箱、专题会议等各种渠道和方式，广泛听取群众意见，作为人事教育局查摆问题、整改落实、改进作风的主要依据。加强干部业务能力培训，健全规章制度、规范办事流程，强化宗旨意识、服务意识、效率意识，保证作风建设的有效性、规范性和长期性。

3. 补充工作力量。新引进应届毕业生1人，从院内调入工作人员1人，借调工作人员1人。

4. 完成人事档案和文书档案的清查归档工作。按照干部人事档案审核要求，对局内处级及以下干部人事档案逐卷进行了清查，更新了《干部任免审批表》。完成了2018年3290件文书档案的归档。

5. 推进信息化建设。积极推进人事系统信息化建设，实现职工信息"一次生成、多方复用、一库管理、互认共享"，保障数据信息的实时性、有效性，减轻研究所和科研人员的负担。积极推进"互联网＋职称"，全面试行职称申报系统，减少参评人员信息填写量，提高信息准确度，优化评审服务。

国际合作局

2019年，国际合作局深入学习贯彻宣传习近平新时代中国特色社会主义思想和党的十九大和十九届二中、三中、四中全会精神，贯彻落实习近平总书记在哲学社会科学工作座谈会、中央外事工作会议、全国宣传思想工作会议上的重要讲话精神，坚持正确的政治方向和学术导向，坚持道路自信、理论自信、制度自信、文化自信，服务大局、服务科研，完善外事管理，加强队伍建设，实施"走出去"战略呈现新气象、迈上新台阶。

截至12月底，国际合作局共审批出访项目1414批2731人次，邀请来访项目234批1945人次，使馆约见279批663人次。办理护照480本，签证1787人次，出境证明651人次，港澳通行证161本。新签、续签17个对外交流合作协议和备忘录。

（一）发挥学术优势，服务国家对外工作大局

2019年，国际合作局在中共中国社会科学院党组领导下，从全局高度精心筹划和组织对外交流活动，服务国家对外工作大局的水平进一步提升。

1. 配合高访组织重大智库人文交流活动。6月15日，中国国家主席习近平和塔吉克斯坦总统拉赫蒙见证中国社会科学院与塔吉克斯坦科学院签署交流合作协议。11月11日，中国国家主席习近平和希腊总理米佐塔基斯见证中国社会科学院与希腊阿卡特立尼·拉斯卡利德斯基金会签署关于合作设立中国研究中心的协议。配合中国国家主席习近平访俄，5月29—30日，中国社会科学院与俄罗斯国际事务委员会在莫斯科共同举办"中国和俄罗斯：新时代的合作"智库论坛。配合中国国家主席习近平出席G20峰会，6月25日，中国社会科学院与中国日报社在大阪共同主办"共建开放型世界经济国际论坛"。配合中国国家主席习近平访问希腊，11

月8日,中国社会科学院与中国日报社、希腊阿卡特立尼·拉斯卡利德斯基金会在比雷埃夫斯共同举办"'一带一路'建设高质量发展与中希合作"学术研讨会。配合国务院总理李克强访问克罗地亚,4月8日中国社会科学院与萨格勒布经济管理学院在萨格勒布举办"'16+1合作'现状及前景"研讨会、4月10日与杜布罗夫尼克大学在杜布罗夫尼克举办"'16+1合作'中的中克人文交流"研讨会。5月23日,全国人大常委会委员长栗战书和匈牙利议长克韦尔见证中国社会科学院与匈牙利国家行政大学签署合作备忘录。

2. 全力办好非洲研究院。4月9日,中国非洲研究院成立大会在北京召开。国家主席习近平致贺信。中共中央政治局委员、中央外事工作委员会办公室主任杨洁篪出席大会并致辞。莫桑比克前总统希萨诺、非盟人力资源和科技委员安杨等出席成立大会。12月,中国社会科学院院长谢伏瞻率团访问南非、埃塞俄比亚,分别出席中国非洲研究院与南非人文社科理事会、非洲联盟委员会共同举办的"中非治国理政经验与经济社会发展研讨会""中非携手促进可持续发展研讨会",与南非国家人文社会科学研究所、联合国非洲经济事务委员会签署交流协议;中国社会科学院副院长蔡昉率团访问塞内加尔,出席中国非洲研究院与塞内加尔国家行政学院共同举办的"中非共建'一带一路'研讨会"。院领导访问非洲期间,围绕可持续发展、治国理政经验交流、共建"一带一路"三大主题,宣布由中国非洲研究院支持启动三项中非交流机制;在机制下举办有影响力的论坛,支持开展系列合作研究,举办专题培训班等,打造中国非洲研究院对中非人文交流的引领力。

3. 着力构建中国社会科学院海外中国研究中心网络。2017年以来,中国社会科学院积极推进与海外合作机构共建海外"中国研究中心"。2018年、2019年,国家主席习近平已先后3次与外国领导人共同见证中国社会科学院在海外共建中国研究中心协议签署。目前中国社会科学院已与11家海外合作机构签署共同设立中国研究中心协议,海外中国研究中心网络已现雏形。依托海外中国研究中心渠道,通过组织开展专题研讨会、系列学术讲座、青年学者征文、中国研究图书赠予与展示、开展海外出版合作等活动,宣介中国道路、中国经验,讲好中国故事。2019年下半年,在中国社会科学院海外中国研究中心重点推出新中国成立70周年主题系列活动,包括"庆祝中华人民共和国成立七十周年图片展"、海外青年学者征文、主题讲座等,增进当地知识界以及青年学生对中国政治、经济、外交、社会等各方面的了解与认识,积极展现中国文明发展进步大国形象。

4. 新形势下积极开展对美欧高端智库交流。4月11—20日,中国社会科学院院长谢伏瞻率团访问波兰、德国和意大利,出席中国社会科学院与三国重要智库举办的5场学术研讨会,会见欧方前政要、政府高官及知名专家学者,就全球化与全球治理、中欧关系和"一带一路"等专题进行广泛深入的交流,取得"解疑释惑、增进共识"的良好效果。5月2—4日,中国社会科学院美国研究所与美国耶鲁大学蔡中曾中国研究中心在北京钓鱼台联合举办"中美知名学者对话"会议。1月17—18日,以中美建交40周年为契机,中国社会科学院美国研究所与美国卡特中心和美国凯特林基金会等机构在美国佐治亚州亚特兰大市联合举办"中美关系40年：回顾过去、展望未来"国际学术研讨会，美国前总统卡特等出席。5月13日，中国社会科学院世界经济与政治研究所在北京举办"中美经贸关系"国际学术研讨会，中美高端智库代表百余人出席。5月底，中国社会科学院世界经济与政治研究所代表团访美，与美国兰德公司、美国米尔肯研究所、美国斯坦福大学胡佛研究所等多家知名智库深入交流。

5. 接待外国元首来中国社会科学院访问演讲。4月28日，塔吉克斯坦共和国总统埃莫马利·拉赫蒙访问中国社会科学院，发表演讲并出席《历史倒影中的塔吉克民族》中文版发布会。9月11日，哈萨克斯坦共和国总统卡西姆若马尔特·克梅列维奇·托卡耶夫来华国事访问期间，到访中国社会科学院并发表演讲。

（二）进一步提升对外学术和智库交流水平

1. 国际学术会议精彩纷呈。一年来，全院立项举办国际会议70余项。其中，在"中国社会科学论坛"和"中国社会科学院高端智库论坛"平台共举办国际研讨会19个，涉及经济、社会、法律、历史、文学、马克思主义、国际关系等各个领域。欧洲研究所、民族学与人类学研究所分别在俄罗斯、尼泊尔等成功举办论坛、研讨会。院重点支持举办了一系列专题国际研讨会，包括"第十届世界社会主义论坛""第六届世界互联网大会法治分论坛""亚信非政府论坛第三次会议'全方位互联互通'圆桌会议"等。

2. 国际智库交流进一步深化。亚洲文明对话大会期间，5月15日，中国社会科学院在北京主办"亚洲文明互鉴与人类命运共同体构建"分论坛。9月3日，在"中国—中东欧国家合作"框架下，由外交部支持中国社会科学院在斯洛文尼亚布莱德举办"第六届中国中东欧高级别智库研讨会"。11月5—6日，在第二届中国国际进口博览会的虹桥国际经济论坛框架下，由国务院新闻办主办，中国社会科学院承办的"70年中国发展与人类命运共同体"分论坛在上海召开。着力办好国家层面双边机制性系列高端论坛、研讨会，包括5月29—30日在莫斯科与俄罗斯国际事务委员会共同举办中俄智库论坛，11月28—29日在北京与印度国际事务委员会合作举办中印智库论坛，11月22—23日在上海与韩国教育部在中韩两国人文交流机制下举办中韩人文学论坛，11月5—8日在郑州与泛美开发银行共同举办中拉政策与知识高端研讨会等。12月12日，在南京与欧盟委员会就业、社会事务和包容总司共同举办"数字经济时代的人工智能、自动化与就业研讨会"。

3. 对外培训收效显著。6月，中国非洲研究院主办，中国社会科学院社会发展战略研究院承办"国家治理与社会发展培训班"；9月，中国非洲研究院举办两期"治理能力建设研修班"。8—9月，国际合作局与中国社会科学院研究生院联合举办周边及发展中国家青年学者培训项目暨第八期"中国社会科学院经济发展问题国际青年学者研修班"。在丝绸之路研究院工作框架下，于9月举办第三届"'一带一路'建设与能源互联"国际研修班，12月举办"中哈共建'一带一路'"国际研修班等,为"一带一路"建设提供智力支持和人才支撑。

4. 与重要国际组织合作取得新进展。3月,在首届东亚社会学大会上,社会发展战略研究院院长张翼研究员、社会学研究所副所长王春光研究员被推选为东亚社会学学会首届委员会中方委员;5月,中国地方志指导小组办公室党委书记冀祥德被推选为国际图书馆协会联合会地方文献与家谱专业组常务委员;7月,中国社会科学院法学研究所研究员李林被推选为国际法哲学和社会哲学协会执委;9月,世界经济与政治研究所所长张宇燕研究员受邀担任2019—2020年世界经济论坛全球未来理事会国际贸易与投资委员会委员;11月,中国社会科学院历史研究院纪委书记李文亮被推选为国际儒学联合会第六届理事会副理事长。

5. 国际合作研究项目扎实推进。在院级对外学术交流平台下,中国社会科学院与俄罗斯、美国、英国、澳大利亚、法国、捷克、保加利亚、印度、日本等国相关机构,启动或继续实施28项国际合作研究项目,合作研究项目内容进一步深化,领域进一步拓展。

6. 加大海外专项调研项目支持力度。自2018年起,国际合作局组织实施中国社会科学院"智库丝路万里行"大型专题调研项目,发挥中国社会科学院作为国家级综合性高端智库优势,为共建"一带一路"提供智力支持。2019年,国际合作局组织开展第二轮项目,经院属单位申报和专家评审,对10家院属研究单位的21项专题调研课题在"智库丝路万里行"项目下予以资助。课题组深入"一带一路"沿线国家调研,掌握一手情况和材料,形成一系列调研报告和政策建议报告。继续实施"修订《列国志》国际调研与交流项目""撰写《列国志》新增书目国际调研与交流项目",5家研究单位12项国际调研与交流项目获得资助,进一步促进国别研究,打造列国志精品力作。

7. 对外学术翻译出版资助工作稳步推进。《中国社会学杂志》《中国与世界经济》《中国经济学人》《中国考古学》《人类学民族学国际学刊》等14种外文期刊得到资助,8种学术著作得到院翻译出版资助。

8. 出国(境)培训和交流项目深受好评。根据国家外专局批准的中国社会科学院2019年度出国(境)培训计划,国际合作局于10月组织实施为期15天的"俄罗斯智库的构建模式和运行机制"赴俄培训项目,培训效果得到参训人员及所在单位高度肯定。22个智库建设相关院属单位的24位科研和管理人员参加培训。承担政府间中日青年交流项目,2019年组织2批社会科学青年学者访日,围绕日本老龄化问题的社会对策、生态环境保护开展学术交流,院属单位的50位科研和管理人员往访。

9. 多渠道培养国际化学术和智库人才。利用中国社会科学院与国外合作伙伴机构交流渠道,派遣中国社会科学院学者长期出访研修。组织实施2019年度"中国社会科学院小语种与科研急需人才出访研修资助项目",15个研究所申报的出访研修项目获得资助。组织实施2019年度哈佛燕京项目。继续开展创新工程"与国际知名智库交流平台项目",完成对学者调研访学成果的后期资助。

(三)积极开展与中国台湾、香港、澳门地区的交流,发挥学术纽带作用,服务国家和平统一大业

1. 与中国台湾、香港、澳门地区学术交流稳步开展。一年来,中国社会科学院对台港澳访问交流总量：225批455人次。其中访台湾：77批136人次；访香港：54批89人次；访澳门：66批112人次。台湾邀请来访：13批36人次,港澳邀请来访：15批82人次。

2. 以海峡两岸交流基地为平台扩展对台学术交流。以中国社会科学院台港澳研究中心与厦门市石室书院在厦门海沧区石室书院设立的国家级海峡两岸交流基地为平台,中国社会科学院西亚非洲研究所、哲学研究所分别主办"大航海时代与21世纪海上丝绸之路海峡两岸学术研讨会""第二届海峡两岸人文学论坛",共有百余位台湾学者与会。

3. 依托香港中国学术研究院深化与港学术交流。香港中国学术研究院认真履行组织研究、促进交流、建言献策、服务香港四大职能。2019年举办研讨会、香港大学生国情国史研修夏令营、香港中学历史教师暑期国史研究班等学术交流活动。6月5日,中国社会科学院副院长高翔访问香港期间视察香港中国学术研究院。7月24日,中国社会科学院副院长蔡昉赴港出席由中国社会科学院和香港中文大学共同主办,香港中国学术研究院承办的"粤港澳大湾区：协同创新与合作发展学术研讨会"。

4. 发挥中国社会科学院学术优势与台港澳学术机构开展高水准交流活动。4月1—3日,中国社会科学院院长谢伏瞻赴香港出席"第四届空中丝绸之路国际论坛"并致辞。5月21—23日,中国社会科学院副院长王京清赴香港出席香港廉政公署第七届国际会议并与白韫六专员会谈。6月2—6日,中国社会科学院副院长高翔赴澳门和香港访问,中国历史研究院与澳门科技大学签署了学术交流协议书。10月25日,国务院港澳办复函中国社会科学院,同意中国社会科学院中国历史研究院与澳门科技大学共同在澳门设立"中国历史研究院澳门历史研究中心"。12月16日,经国务院港澳办批准,中国社会科学院与澳门大学签署《中国社会科学院和澳门大学合作框架协议》。2019年中国社会科学院先后在香港、澳门特区及台湾地区举办8次大中型学术会议,涉及社会、文化、经济、历史、哲学等多个领域,包括"同遭苦难并肩抗战：中华民族抗日战争史研讨会""当前两岸经济发展之契机与挑战学术研讨会""2019中国经济运行与政策国际论坛""第四届百变民国：1940年代之中国学术研讨会""台湾历史人物与两岸关系国际学术研讨会"等。

(四)提高管理工作水平

1. 健全管理规章制度。修订完善《国际合作局关于改进管理工作的办法(试行)》,明确审批职责分工,规范接办公文流转时限、流程、具体要求和奖惩措施等管理细节,进一步提高和改进管理工作,把握政策刚性和时间刚性,做到意识提升、制度提升、能力提升。编制《外

事审批管理指南》，收录因公出国（境）、国际会议、合作研究、接受境外资助、与驻华使馆和国际组织机构交往活动、与境外非政府组织开展活动等相关规定，促进学习和执行外事管理制度。

2. 认真履行纪律建设职责。落实《中国社会科学院职能部门纪律建设监督责任清单》（以下简称《清单》）任务，按期在院纪律建设督办小组会议上汇报《清单》职责履行情况，认真落实纪律建设督办小组会议指示事项。认真执行中国社会科学院《关于进一步规范因公临时出国管理的规定》《关于进一步加强因公出国（境）管理的意见（修订版）》《因公临时出国经费管理办法》等各项外事管理制度。开展2019年度因公出国（境）、国际会议及与境外非政府组织交往情况抽查工作。

3. 加强外事干部能力建设。2月，举办中国社会科学院2019年外事管理工作专项会议，学习传达中央对外工作方针政策，中国社会科学副院长高翔作加强外事管理专题报告，院属各单位主管外事工作领导出席。12月，举办中国社会科学院2019年度外事管理工作培训班，提升一线外事管理干部业务素质和管理水平。在日常外事管理工作中，高度重视对外交往政治纪律、外事纪律和保密纪律教育。

（五）加强党的建设和作风建设

1. 严格履行全面从严治党主体责任。按照院党组工作部署，深入学习贯彻习近平新时代中国特色社会主义思想和党的十九大精神，在全体党员中增强"四个意识"、坚定"四个自信"、做到"两个维护"。6—8月，扎实开展"不忘初心、牢记使命"主题教育，贯彻落实"守初心、担使命、找差距、抓落实"总要求，坚持把主题教育各项重点措施与服务大局、服务科研，促进加快构建中国特色哲学社会科学"三大体系"相结合，与中国社会科学院对外学术交流工作相结合，推动主题教育取得实实在在成效。主题教育期间，国际合作局开展全体党员集中学习研讨10次，总时长5天；专题培训1次，共3天；专题辅导报告会1次；党员代表参加院内专题学习50余次。

2. 坚持不懈抓好党风廉政建设。局领导班子带头严格自律，秉公用权，坚决贯彻中央八项规定精神，持续深入改进学风、文风和工作作风。按照主题教育整改要求，组织国际合作局党员干部结合自身工作职责，深入思考如何做好本职工作，撰写书面材料，开展批评与自我批评，提高思想认识和工作水平。向院属各单位发放征求意见函，并围绕改进管理、服务科研、工作团队担当作为等方面赴相关研究所调研，制定和完成整改措施。认真落实"放管服"，克服官僚主义、形式主义，提高外事管理效率和水平。9—11月开展中央巡视工作期间，全面配合中央巡视组，按照巡视工作要求，进一步加强党建和外事管理工作。

3. 切实发挥党组织战斗堡垒作用。高度重视发挥基层党组织战斗堡垒作用，认真制定党总支和党支部年度工作计划，各项工作任务明确责任主体，定期汇报检查。加强党支部思想建设，组织主题党日活动2次；认真落实"三会一课"制度，2019年召开7次党总支会议，14次党支部会议，党总支书记、支部书记分别讲党课3次。顺利完成党总支、党支部委员会换届工作。

财务基建计划局

2019年，财务基建计划局（以下简称"财计局"）在院党组正确领导下，以习近平新时代中国特色社会主义思想为指引，深入领会党的十九大和十九届二中、三中、四中全会精神，全面贯彻习近平总书记致我院建院40周年、中国历史研究院和中国非洲研究院成立三封贺信精神，带领全体同志树牢"四个意识"、坚定"四个自信"、坚决做到"两个维护"，特别是在与原基建办合并的情况下，以稳中求进为工作总基调，以加快构建中国特色哲学社会科学"三大体系"为使命，以解放科研生产力和激发科研人员创新活力为导向，凝心聚力，守正创新，努力为全院各项事业发展提供高质量财务基建和房产资产保障，各方面工作取得重要进展。

（一）提高政治站位，把理论武装和从严治党摆在首要位置

1. 把学习习近平新时代中国特色社会主义思想贯穿全年始终。一年来，全局干部系统学习《习近平新时代中国特色社会主义思想三十讲》《习近平新时代中国特色社会主义思想学习纲要》等书目，邀请有关专家进行3场专题报告，组织13次集中学习。7月31日至8月2日，举办了全局学习贯彻习近平新时代中国特色社会主义思想专题研讨班，全面贯彻习近平总书记"5·17"重要讲话和致中国社会科学院三次贺信精神，紧扣"不忘初心、牢记使命"主题教育要求，聚焦谢伏瞻院长在院暑期专题研讨班上的讲话精神和院党组工作部署，得到干部职工一致好评。

2. 及时把党中央决策部署和院党组工作要求传达到每一位同志。局领导班子全年开展中心组学习21次，召开全体干部职工专题传达会议6次，局领导在会上先后传达了习近平总书记有关重要讲话精神、"不忘初心、牢记使命"主题教育要求、中国共产党第十九届中央委员会第四次全体会议精神等重要文件，干部职工通过学习交流，及时掌握了中央有关精神和院党组要求，为推动全局各项工作实现高质量发展奠定了思想基础。

3. "不忘初心、牢记使命"主题教育取得实效。主题教育期间，每周进行党员集中学习，党员干部重点对照《中国共产党党章》《关于新形势下党内政治生活的若干准则》《中国共产党纪律处分条例》等查摆自身问题和不足。全局明确了15项整改的问题，截至2019年年底已解决12项。领导班子召开了高质量的专题民主生活会，认真开展批评和自我批评，达到了"理论学习有收获、思想政治受洗礼、干事创业敢担当、为民服务解难题、清正廉洁作表率"的预期目标，获得院主题教育第三指导组的充分肯定。

4．着力推进党总支和各党支部标准化建设。局领导班子把党建工作摆在重要议事日程。3名局领导分别在全局或所在党支部讲了党课。严格按照有关条例督促各党支部规范"三会一课"、党员领导干部参加组织生活、党员活动日、民主评议等党内政治生活制度，并做好相关材料的记录、收集、整理、存档工作。进一步完善党费收缴台账，严格做好缴费登记工作，保证账目清晰。利用新中国成立70周年等重要时间节点，对退休老党员、困难党员进行走访慰问。

（二）强化使命担当，做好历史研究院办公楼前期设计和装修改造工程

1．科学规划办公楼功能布局。中国历史研究院是党中央交给中国社会科学院的重大政治任务。办公楼前期功能设计和装修改造是组建工作的重要组成部分。自2018年年底功能设计启动后，财计局相关人员加班加点、多措并举，通过召开协调会议、印发需求通知、实地走访调研等形式，精准测算各单位使用面积，科学规划办公区域功能布局，经过与设计单位反复勘察和充分论证，于2019年3月圆满完成了中国历史研究院办公楼前期功能设计方案，得到院领导一致肯定。

2．全力以赴做好装修改造工程。项目建设过程中，中央政治局委员、中宣部部长黄坤明同志曾亲临现场指导。副院长高翔和秘书长赵奇全程指挥，先后召集推进会25次、领导小组会30次，召开各类专题会百余次。相关参建人员在规划标准高、建设工期紧、施工难度大等客观条件下，与施工单位中建集团八局通力合作，于中央设定的期限内全部完工，并通过北京市住建委验收。整个工程做到了质量上安全、优质、高效，观感上精细、精美、精致，实际工期仅用170天，比招标合同工期535天提前365天，压缩进度68%，向党中央和院党组上交了一份满意的答卷。12月9日，院领导集体视察项目现场后给予高度评价。

3．积极协调购买地下二层停车场。财计局积极与国家发改委、财政部、国管局和北京市有关部门沟通，就购买历史研究院地下二层停车场的建设资金、产权移交、购房方式等事宜进行协调，最终确定以非公开转让形式购置。

4．协助做好搬迁和办公用房腾退。财计局积极协助历史研究院及6个研究所做好办公设备购置、公务用车配备、搬迁入驻、可移动文物保护，以及接收国学中心资产等工作。同时，就搬迁腾退的13345.33平方米办公用房使用情况进行调研，制定《院属相关单位办公用房调整方案》。

（三）完善制度体系，提升全院财务基建和房产资产治理效能

1．积极探索适应新时代哲学社会科学发展的财务治理体系。财计局研究制定了《中国社会科学院关于贯彻落实〈中共中央 国务院关于全面实施预算绩效管理的意见〉的实施方案》。该实施方案是基于落实中央关于科研经费"放管服"改革和加快构建中国特色哲学社会科学而完成的具有"四梁八柱"性质的创新性工作制度，得到财政部的表扬。此外，经过反复论证，

从全院 46 家预算单位上报的 5000 条绩效目标和指标信息中，提炼出哲学社会科学领域预算绩效管理指标体系，涉及 8 大类共性指标和 7 大类个性指标，含 327 个三级绩效指标。这些指标已被纳入财政部社会科学领域预算绩效管理的指标库进行试点，为推动全国哲学社会科学研究预算绩效改革作出了贡献。

2．加快构建有利于"三大体系"建设的制度保障体系。财计局把加快构建内容科学、程序严密、配套完备、运行有效的财务基建和房产资产制度体系作为全年重点工作。一方面，对有关制度和规范性文件进行全面清理，修改或废止了一些不符合上位法、不适应构建"三大体系"建设需要制度，编辑了《科研经费"放管服"有关文件汇编》《院机关内控手册》等 2 部系统性基础制度汇编。另一方面，根据事业发展需要，修订和完善全院性工作制度和规定，目前已完成或正在起草的有《关于中国历史研究院做好可移动文物管理和搬迁工作的规定》《关于加强全院基本建设（修缮）项目监督管理的规定（试行）》《关于订（赠）阅我院报纸图书若干规定》《机关离退休老同志异地就医相关规定》等 13 项，这些制度得到相关部门和科研人员的一致好评。

3．围绕提升全院财务基建和房产资产治理体系和治理能力开展调查研究。针对广大科研人员反映的"放权"不够彻底、"管理"不够到位、"服务"不够周到等问题，局领导班子成员结合主题教育带头开展调研，每位领导围绕分管领域确定调研题目，赴中国科学院、教育部及院属单位调研 6 次，开展问卷调查及座谈会十余次，梳理出财务预算管理、科研经费"放管服"、房产资产管理、基建项目管理等 5 个业务领域存在的 10 个突出问题，形成了 5 篇累计 7 万字的指导推动全局工作的调研报告及相应制度成果。

（四）释放改革活力，推动科研经费"放管服"改革落地落实

1．启动科研经费"放管服"改革试点工作。在高培勇副院长的直接指导下，财计局起草了《关于赋予研究所（院）和科研人员科研经费若干项目管理权限改革试点的意见》（以下简称《改革试点的意见》）初稿。随后，院领导先后主持召开 5 次专题讨论会，同时又先后向财政部科教司、全国社科规划办、驻院纪检监察组和 7 个职能部门、6 个院属单位征求意见。院务会于 10 月 21 日正式通过该《改革试点的意见》，主要内容涉及横向课题经费实行"包干制"，在"专项科研业务费"中设立研究所（院）统筹安排的绩效经费，院拨纵向课题经费中劳务费、专家咨询费等不设比例限制，科研设备自主采购管理和处置，自主编制预算，等等。

2．建成全院财务管理信息化平台。该平台已于 11 月 22 日通过了项目验收，12 月下旬向信管办提交结项申请。在平台建设过程中，财计局共召开项目例会、需求调研会、内部测试会等 65 场，组织培训 32 次，累计 1400 余人参加。截至 11 月底，共有 49 万人次登录平台，5 万人次登录财务服务 App，平台数据量达 27 万多条。目前，已有 46 家单位启用了工资模块，

80家二级预算单位和学会启用了财务核算模块，48家单位启用了项目库、资金到账、课题管理模块，26家单位启用了资产模块，10家单位启用了事前审批模块。

3. 全面推行科研财务助理制度。截至2019年年底，已有23家院属单位聘用43名科研财务助理，财计局于9月下旬对科研财务助理开展了财务报销、预决算编制、票据整理等业务工作的全方位培训，并及时就他们工作中遇到的问题进行业务指导。这一制度的推广实施得到研究院所的好评，为科研人员集中精力、心无旁骛做好学术研究提供了高效服务。

（五）注重科学管理，为全院科研和行政提供坚实条件保障

1. 优化预算支出，确保全院经费稳步增长。在全国财政收入增速放缓、财政部提出"要过紧日子"的大背景下，积极做好预算申报的科学化精细化管理。通过科学配置资源、及时调剂经费、加强预算执行等方式统筹确保了创新工程、智库建设、亚洲文明对话论坛、虹桥经济论坛等重大科研项目和历史研究院、东坝职工住宅等重点基建项目的稳定支出，为全院扎实推进"三大体系"建设提供了坚实保障。

2. 强化预算管理，提升资金使用效益。为进一步提升预算编制的科学性、合理性、效益性，财计局组织第三方评审机构对全院104个项目进行了预算评审，涉及资金5.46亿元。为做好2020年预算编制工作，下半年先后与42家预算单位负责同志和财务人员，就履行预算主体职责、做好预算编报、确保预算执行等进行"一对一"式沟通。以上工作得到财政部充分肯定，为保障全院科研经费持续稳定增长奠定了基础。

3. 加强督促督查，确保资金安全运行。财计局多次与工商银行、建设银行进行利率协商，确保全院有限资金实现最大收益。上半年重点完成2018年度院本级及二级预算单位银行账户年检。下半年，在院属单位开展防治"小金库"自查自纠工作，重点排查信息化建设等专项经费的违规使用问题；积极协助人事局完成对有关单位博士后日常经费的检查。

4. 合理安排支出，保障机关职能高效运转。2019年院机关财务核算资金来源总量16.51亿元，累计支出7.44亿元。先后完成机关职能局各类经费审核、报销和记账工作；发放在职、离退休和外聘人员工资累计11084人次，发放院外劳务接近4000人次；审核在职和离退人员药费报销累计1850余人次，支付医药费951万元；办理换汇手续以及回国用汇核销审核、退汇手续254笔，使用外汇额度825万元；完成院机关职工住房公积金和社保基数核定、缴纳工作，申报个人所得税6769人次。

5. 提升服务质量，做好22家被委派（代理）单位的财务运维。全年为22家院属单位完成预决算编报和财务分析、财务核算、纳税申报、工资调整发放及各类报表统计、配合审计等工作。根据新政府会计制度核算要求，对多年来的项目资金结转、往来款项、在建工程、固定资产等票据进行重新梳理。按季度或不定期帮助被委派（代理）单位规范业务流程、降低内控风险。

6. 增加有效供给，最大限度缓解职工住房矛盾。做好院分房委员会日常联络、政策沟通、答疑解惑等工作，审核、报送近1300份职工住房申报材料，签订900多份住房腾退协议，顺利完成东坝职工住宅配售，积极协调国管局返还20%的东坝职工住宅，广大干部职工对此给予高度评价。此外，还最大限度增加职工住房有效供给，争取到国管局配售配租职工住宅38套，配售老旧住房37套。全年累计审核职工住房档案信息、住房补贴信息4000余条。有效保障新入院职工、西部之光、博士后等各类引进人才周转用房150余人次。

7. 严格履行程序，加强政府采购和各类资产管理。认真完成各类资产数据统计和产权登记工作，审核并办理院属有关单位的资产购置、处置手续。全年处置资产4110.76万元，办理机关资产入账审核2519项，合计金额310万元。审核并备案院属各单位政府采购计划1500项，合计金额17685.4万元。审核并备案院属各单位政府采购执行情况1198项，合计金额11797.6万元。全院资产管理绩效评价结果受到国管局通报表扬。财务部和国资委先后通报表扬了全院的国有企业财务会计决算、国有企业经济效益月度快报和企业国有资产统计等工作。

（六）严控质量安全，为助力"三大体系"建设打造精品廉洁工程

1. 东坝住宅项目主体顺利封顶。东坝住宅项目是全院干部职工关心的民生大事，总建筑面积约22万平方米，其中地上11.8万平方米，地下约10万平方米。财计局与施工单位精心组织、多方协调，克服各种检查政策和北京市重大活动对工程进度的影响，于8月顺利完成12栋住宅和2栋配套建筑的主体结构封顶。该工程获得"结构长城杯"，并被国家质量协会评为"文明工地示范单位"。

2. 积极推进办公区装修改造。全年共完成招标施工项目11个，跨年度项目2个，涉及经济片办公楼综合维修改造、院部电力增容工程、社科会堂修缮改造、图书馆部分楼层改造、民族学与人类学研究所办公楼改造、王府井大街27号院整体改造等，投资额累计6.2亿元。院1号楼消除安全隐患方案通过院务会审议，2020年年初完成施工招标。

3. 高质量完成老旧小区改造。全年共完成8个老旧小区改造，涉及职工户数2059户，面积约17万平方米，总投资约2亿元，实现全过程无违章、无投诉、无事故，得到广大干部和科研人员的一致好评，收到居民感谢信、表扬信十余封。部分项目被国管局评为示范工程。

（七）聚焦保值增值，实现全院房产资产配置效益更好更优

1. 开展办公用房核查清查。对全院56家单位房产信息及21名离退休省部级领导干部、194名所局级领导干部办公用房使用情况逐一清查，统计汇总数据2000余条，形成了院《办公用房清查报告》。清查工作对摸清办公用房底数、实施办公用房调整和加强日常管理提供了

基础信息。

2. 加强租赁项目日常监管。完成与院属15家地下空间（普通地下室和人防工程）管理使用单位签订《地下空间安全使用协议书》，加强和规范利用地下空间的安全责任。收缴房产租赁项目租金1500余万元，与相关承租单位开展续租谈判工作，妥善处置房产租赁中各类纠纷和突发事件十余起。

3. 协助院属单位实施公务用车制度改革。全年审核并批复语言研究所、数量经济与技术经济研究所、工业经济研究所及历史理论研究所4家单位的公务用车制度改革实施细则。已有40家事业单位参加了公务用车制度改革。

4. 推进院属企业公司制改革。定期向财政部、国资委报送企业财务会计决算报表、国有资产统计报表、月度财务快报等。完成院属企业产权登记，并转发财政部审核通过的14家企业产权证。召开院属企业改革发展座谈会，推动公司制改革。向10家企业开展总体状况调查和"僵尸企业"摸底调查，形成《关于我院企业情况的报告》《注销"僵尸企业"有关事项的报告》等。

（八）夯实队伍基础，提升全院财务资产管理人员的综合素质

1. 提升财会人员业务素质。财计局坚持努力培养打造一支"知识新颖、业务精干、遵纪守法、爱岗敬业"的财会队伍，全年组织各类业务培训班8个，累计培训600余人次，内容设计新政府会计制度、预算编报、经费"放管服"改革、决算编报、财务管理制度等。广大财会人员通过培训，提升了政策素养和业务技能。

2. 举办全院资产管理培训班。财计局举办了全院国有资产管理工作培训班，院属单位负责资产管理的干部110余人参加培训。培训班深入学习资产管理的政策法规，总结交流院属有关单位加强资产管理的经验做法，并就做好资产管理和政府采购工作提出建议。

3. 开展全局信息化工作培训。10月30日至11月1日举办了全局信息化培训班，邀请专家分别作了题为"信息技术与安全"和"财务信息化发展"的报告，各处室分别围绕各自工作领域的信息化建设情况作了交流发言。

离退休干部工作局

2019年，在院党组的领导下，离退休干部工作局以习近平新时代中国特色社会主义思想为指导，以习近平总书记关于老干部工作重要论述和全国老干部局长会议精神以及院党组的部署为重要遵循，围绕中心，服务大局，把精准理念贯彻落实到"三项建设""两项待遇"中，不断加强离退休干部工作人员队伍建设，深入细致地做好服务管理工作，使全院老同志有作为、有进步、有快乐。

(一) 学习贯彻习近平新时代中国特色社会主义思想，加强离退休干部政治建设、思想建设和党支部建设

1. 加强政治建设。组织全院老同志学习习近平新时代中国特色社会主义思想，引导老同志树牢"四个意识"、坚定"四个自信"、坚决做到"两个维护"，自觉在思想上、政治上、行动上同以习近平同志为核心的党中央保持高度一致；履行意识形态主体责任，制定《微信公众号运营管理办法》《老年协会微信群自律公约》，在老年科研评审、"社科讲堂"、老年协会活动中严把政治方向关。

2. 加强思想建设。举办4次离退休干部大讲堂，先后邀请专家学者作题为"学习'两会'精神辅导报告"，"新时代：改革再出发"，"新时代、新思想、新征程"和"中共十九届四中全会精神学习辅导报告"的讲座；开展庆祝新中国成立70周年系列活动，看望并向离休干部、劳模、突出贡献老专家颁发新中国成立70周年纪念章，组织院属单位召开"我看新中国成立70周年新成就"座谈会和庆祝新中国成立70周年暨人口老龄化国情教育知识竞赛，推荐全国离退休干部先进个人1人，评选我院离退休干部先进个人10人，举办庆祝新中国成立70周年文艺演出、离退休干部摄影书画作品展览和诗歌朗诵会。

3. 加强和改进党支部建设。举办离退休干部党支部书记"不忘初心、牢记使命"培训班，直属机关党委领导介绍院党建工作情况，专家作习近平新时代中国特色社会主义思想学习辅导报告，研讨交流加强离退休干部"三项建设"的好做法和好经验；组织离退休干部党支部书记参加中组部老干部局和中央国家机关工委组织的5场报告会；组织引导院直机关离退休干部党支部开展"不忘初心、牢记使命"主题教育和"我看新中国成立70周年新成就"活动。

(二) 做好老年科研工作，发挥离退休专家学者的独特优势

1. 完成后期资助工作。对56位离退休专家学者在2018年度"四报一刊"、《要报》和有关学术期刊上发表的理论文章、对策研究报告和学术论文等89项成果给予22万元后期资助。

2. 严格规范老年科研评审管理。完成2019年度老年科研基金资助项目评审工作，批准科研项目11项、学术出版资助项目30项，27项成果获得第八届中国社会科学院离退休人员优秀科研成果奖。进行了2020年度老年科研基金科研项目与出版资助项目评审工作，专家评审通过科研项目17项、学术出版资助项目38项。

3. 推荐精品力作参评院奖。推荐老专家的成果参加第十届院优秀科研成果奖评审，其中2项获二等奖、4项获三等奖。

4. 组织"社科讲堂"。与近代史研究所合作，和首都图书馆联合组织10场"社科讲堂——中国近代社会文化生活"主题系列讲座。编辑《文明探源：考古十讲》讲座文集。

5. 出版《皓首丹心：中国社会科学院老专家风采》。收入全院 124 位老专家离退休后继续为国家甘于奉献的先进事迹，向新中国成立 70 周年献礼。

（三）以人为本、服务为先，不断提升老同志的幸福感

1. 落实离退休干部生活待遇。做好有关专项经费的核准发放工作。全年发放长征基金、高龄补助、离休干部护理费、老红军补助经费共计 4894.81 万元，核查院属单位各项经费发放标准，确保有关经费按时足额发放；考察 7 家养老机构，实地调研太阳宫宿舍区周边的居家养老机构，组织老同志参观养老社区，编印《高龄老人照护记》，为 15 位老同志开具入住燕达养护中心介绍信；组织收看人口老龄化国情教育大讲堂讲座。

2. 精准走访慰问。元旦、春节、七一、老年节走访院老领导、离休干部、劳模、老专家、离退休干部党支部书记、老年协会和活动站负责人、困难老同志以及住养老院的老同志，共 352 人，把院党组和院领导的关怀送到老同志心坎里。

3. 做好离退休人员"两困"补助工作。落实 2018 年"两困"补助 173 人，共计 65.97 万元，其中生活困难 114 人，补助 16.37 万元；医疗特殊困难 59 人，补助 49.60 万元。

4. 做好院直机关离退休人员服务工作。春秋季分别组织老同志参观北京行政副中心规划展、到密云党校集体学习；协助做好离退休部级领导秘书（联络员）、办公室、用车整改落实工作；组织春秋季专项体检；妥善处理去世老同志后事。

（四）丰富离退休人员的精神文化生活，不断提升老同志的获得感

1. 组织开展特色文体活动。举办离退休干部新春团拜会，副院长、党组副书记王京清，秘书长、党组成员赵奇出席活动；举办第 31 届老年运动会，参赛老同志 1400 余人次，院长、党组书记谢伏瞻和副院长、党组成员蔡昉看望参赛老同志；春秋季分别组织 121 名、174 名老同志赴安徽天悦湾旅居康养基地及山西健康休养，为老同志快乐安全出行提供周到服务。

2. 加强老年文体平台建设。举办全院老年协会和阵地建设培训班；加大老年协会培训学习力度，提高协会活动质量；制定安全应急预案，加强活动安全管理；为协会和活动站增添硬件设施，投入近 30 万元维修改造部分活动站。

3. 指导老年协会和宿舍区活动站开展丰富多彩的活动。老年学术协会举办研讨会，老有所为作贡献；文体协会加强自我管理，开展丰富多彩的文体活动；成立老年台球协会；活动站管理有序，开展迎新春茶话会、庆祝新中国成立 70 周年歌会、健康讲座、趣味运动会等活动。

（五）加强组织领导和责任落实，用心用情用力做好工作

1. 加强组织领导与业务指导。召开院离退休干部工作领导小组会议，审议离退休干部工作重要事项；举办全院离退休干部工作会议，总结工作经验，表彰年度达标单位，提出工作要

求；坚持联系片制度，召开老干部工作人员交流座谈会，精准指导服务；落实离退休干部工作监督主体责任，进行离退休干部工作目标管理考核，评选先进单位。

2. 加强老干部工作人员队伍建设。举办全院离退休干部工作人员培训班，学习领会习近平总书记有关离退休干部工作重要论述，掌握有关政策，明确做好新时代离退休干部工作任务。

3. 加强局自身建设。进行党总支和党支部换届选举，开展"不忘初心、牢记使命"主题教育，把学习教育、调查研究、检视问题、整改落实贯穿主题教育全过程；组织青年参观"伟大历程、辉煌成就"庆祝新中国成立70周年大型成就展；落实督查督办和纪检巡视工作任务；严格执行各项会议制度，坚持"三会一课"制度，完善老干部工作规章制度及离退休人员基础数据；编发《离退休干部工作简讯》《老年科研》，创办"贡院秋韵"微信公众号，举办"不忘初心、牢记使命"离退休干部主题教育系列活动图片橱窗展；获得院诗歌朗诵比赛组织奖、原创奖和表演三等奖。

直属机关党委（直属机关纪委审计室）

2019年，直属机关党委在中央和国家机关工委、院党组的领导下，以习近平新时代中国特色社会主义思想为指导，认真贯彻落实习近平总书记在中央和国家机关党的建设工作会议上的重要讲话精神，聚焦全面从严治党，以党的政治建设为统领，全面提升全院党的建设质量，全面加强全院党的政治、思想、组织、作风、纪律和制度建设，确保始终坚持正确的政治方向、学术导向和价值取向，较好地完成了各项工作任务，为深入推进"三大体系"建设，加快构建中国特色哲学社会科学提供了坚强的政治保证。

（一）以党的政治建设为统领，树牢"四个意识"、坚定"四个自信"、坚决做到"两个维护"

1. 明确细化责任，进一步完善党对哲学社会科学工作全面领导的制度机制。根据院党组部署，制定印发《中共中国社会科学院党组落实全面从严治党主体责任清单》，明确党组24项职责、党组书记和党组成员各5大类工作职责，要求院属各单位党委参照制定本单位主体责任清单，进一步增强管党治党意识、明确细化管党治党责任，中央和国家机关工委《简报》第53期对《清单》情况进行了全面介绍。制定《关于贯彻落实〈关于加强和改进中央和国家机关党的建设的意见〉的实施方案》等文件，不断完善保障"两个维护"的制度机制。为贯彻落实十九届中央巡视整改要求，推动全面从严治党向纵深发展，修订完善《关于落实全面从严治党切实加强党的建设的意见》及其《实施细则》，体现中央最新精神和最新要求，更好指导工作。

2. 认真组织协调，推动"不忘初心、牢记使命"主题教育扎实开展。直属机关党委承担院党组主题教育领导小组办公室职责,协助院党组在全院认真开展主题教育。主题教育期间,院党组成员共开展专题调研31次,讲党课10次,召开调研座谈会近20场,"院长接待日"接待来访干部群众40余人次,在"三报一刊"上发表文章13篇。院属各单位党委理论学习中心组共学习297次,全体人员集体学习346次,参加学习贯彻习近平新时代中国特色社会主义思想专题培训3349人次,在"三报一刊"上发表文章107篇;领导班子开展专题调研538次,讲党课159次;共检视问题770个,已整改309个。把主题教育各项重点措施与加快构建中国特色哲学社会科学"三大体系"相结合,将调研检视出来的6个方面22个类别66项问题细化分解,并提出162项整改措施,明确牵头单位和责任单位,按照问题情况确立即知即改、限时完成和中长期任务三类,要求对照清单逐项认领整改。协助院党组开好专题民主生活会。成立8个院党组主题教育指导组,加强对院属各单位主题教育的全程监督指导。认真开展整改落实情况"回头看",确保全院主题教育取得明显成效。中央广播电视总台《新闻联播》、《人民日报》、《光明日报》、中央主题教育领导小组办公室简报等都对中国社会科学院主题教育成效进行了宣传报道,直属机关党委的工作得到中央第十四指导组充分肯定。按要求认真指导中国社会科学院大学开展第二批主题教育。

3. 严格责任抓落实,深入开展党的政治建设重点督查反馈意见的整改工作。根据中央和国家机关工委推进党的政治建设重点督查反馈意见,按照院党组特别是院长、党组书记谢伏瞻同志的指示要求,制定中国社会科学院《贯彻落实中央和国家机关工委推进党的政治建设重点督查反馈意见的整改实施方案》,逐条对照检查工委反馈意见中指出的突出问题,梳理出5个方面共21项整改任务,制定了90项整改措施,明确牵头单位、责任单位和完成时限;形成《关于贯彻落实中央和国家机关工委推进党的政治建设重点督查反馈意见的整改情况报告》,报工委。结合"不忘初心、牢记使命"主题教育,通过自查自纠,扎实整改,建章立制,积极构建我院加强党的政治建设的长效机制。

4. 强化内外监督,积极配合中央巡视和深入开展第二轮院内巡视。9月11日至11月25日,十九届中央第十五巡视组对中国社会科学院开展常规巡视,直属机关党委积极配合中央巡视组进驻工作,指派专人前往中央巡视组驻地开展全天候接访,截至11月20日,共收到中央第十五巡视组移交信访举报材料46件。按照要求及时向中央巡视组提交中国社会科学院全面从严治党、主题教育、党风廉政建设和纪律检查等方面的材料并完成有关组织协调工作。同时,加强内部监督,充分发挥院巡视办工作职能,于4月4日启动第二轮院内巡视工作,协调具有较强的组织人事、纪律检查、财务审计、党务党建等丰富经验的24名同志组成4个巡视组,采取"一拖三"形式对院属12家单位党组织开展政治巡视。4个巡视组共提交巡视工作报告12份、专项报告2个。11月18日,院长、党组书记、巡视工作领导小组组长谢伏瞻同志主持召开巡视工作领导小组会议,专门听取巡视工作汇报,研究巡视反馈及整改等有关情况。同时,院巡视工作领导小组成员分别参加12家被巡视单位反馈会议,对抓好巡视整改提出要求。

5. 牢记职责使命，助力脱贫攻坚成效显著。认真履行党中央要求的全面打赢脱贫攻坚战职责，发挥扶贫特色优势，组织专家开展专项调研和培训，不断增加扶贫资金，推广使用"公益社科院"扶贫平台，动员全院职工以购买定点扶贫县农产品的方式，累计助力消费扶贫219.5万元。印发"关于向陕西省丹凤县捐赠图书的倡议"，组织全院职工向在丹凤县挂职干部牵头建立的乡村公益图书馆捐书。2019年，陕西省丹凤县和江西省上犹县脱贫工作成效显著，帮扶工作受到当地干部群众一致好评。

（二）强化党的创新理论武装，持续推动习近平新时代中国特色社会主义思想的学习贯彻和研究阐释往深里走、往心里走、往实里走

1. 做好服务保障，发挥党组理论学习中心组示范带动作用。根据中宣部、中组部等有关部门要求，结合实际制定中国社会科学院《2019年度党组理论学习中心组学习方案》和《"不忘初心、牢记使命"主题教育党组理论学习中心组学习方案》，全年组织开展"学习习近平总书记关于意识形态工作的重要论述""坚持以习近平新时代中国特色社会主义思想为指导，加快构建中国特色哲学社会科学""学习贯彻党的十九届四中全会精神"等14次专题学习；起草学习体会文章并在《求是》《机关党建研究》杂志等主流媒体上发表，做好学习成果宣传工作。把主题教育期间院党组理论学习中心组带头开展专题学习研讨、党组成员带头讲党课（一共开展了6次专题集体学习研讨，党组成员在全院讲党课12次）等做法进一步优化强化，督促院属各单位党委中心组紧密结合业务工作分专题、分领域深入学习习近平新时代中国特色社会主义思想，不断增强学习的针对性和有效性，深化党的创新理论武装。

2. 抓好"关键少数"，分主题开展所局级领导干部读书班。2019年开展了3次共计500余人次的所局领导干部读书班。5月6—16日，举办学习贯彻习近平新时代中国特色社会主义思想所局级领导干部读书班，院党组成员、副秘书长、副局级以上领导干部约180人分两期参加读书班学习。7月15—19日，举办所局级领导干部暑期专题研讨班，按照主题教育有关要求，结合加快构建中国特色哲学社会科学"三大体系"，深入学习研讨。12月16—20日，举办学习贯彻党的十九届四中全会精神所局领导干部读书班，对全院所局级领导干部进行培训，将学习贯彻习近平新时代中国特色社会主义思想和党的十九届四中全会精神引向深入。

3. 管好"绝大多数"，分类别对党员干部进行教育培训。组织全院在职职工开展为期3天的学习贯彻习近平新时代中国特色社会主义思想集中培训，采取专家辅导、自学和研讨交流相结合的方式，全院共3300余名职工参加，基本实现全覆盖。举办党支部书记培训班、青年骨干读书班、新党员和入党积极分子培训班等，将学习贯彻习近平新时代中国特色社会主义思想作为主要内容，引导干部职工在思想上、政治上、行动上同以习近平同志为核心的党中央保持高度一致。同时，通过举办"不忘初心、牢记使命"主题教育专题党课报告会、"时代楷模"——古浪县八步沙林场治沙造林先进事迹报告会，组织干部职工参加中央和国家机关学习

贯彻习近平新时代中国特色社会主义思想专题辅导讲座,参观"伟大历程 辉煌成就——庆祝中华人民共和国成立70周年大型成就展"等系列活动,不断强化提升干部职工的理论修养和政治素养。

4.落实中央最新要求,深入学习贯彻党的十九届四中全会精神。印发中国社会科学院《学习宣传贯彻党的十九届四中全会精神的工作方案》和《学习贯彻党的十九届四中全会精神宣讲工作的通知》,成立由院长、党组书记谢伏瞻担任团长,院党组成员担任团员和部分所局领导参加的宣讲团。11月19日,举办中国社会科学院学习贯彻党的十九届四中全会精神首场宣讲报告会,谢伏瞻同志作宣讲报告。11月29日,王京清同志宣讲党的十九届四中全会精神。宣讲团成员根据工作安排,分别到分管单位和领域宣讲党的十九届四中全会精神,院内专家学者深入解读党的十九届四中全会《中共中央关于坚持和完善中国特色社会主义制度、推进国家治理体系和治理能力现代化若干重大问题的决定》重要内容,推动全院宣讲工作广泛开展。

(三)压紧压实管党治党主体责任,进一步加强和规范基层党组织建设

1.认真筹划准备,胜利召开中共中国社会科学院直属机关第四次代表大会。在中央和国家机关工委、院党组的坚强领导下,经过5个多月的精心准备,12月13日,中共中国社会科学院直属机关第四次代表大会胜利召开。谢伏瞻出席会议并讲话,中央和国家机关工委副书记吴汉圣出席会议并讲话,王京清主持会议并代表直属机关第三届委员会作工作报告,全院199名代表参加会议。大会选举产生中共中国社会科学院直属机关第四届委员会委员21名,直属机关纪律检查委员会委员11名。直属机关党委第一次全体会议选举产生常委9名,选举王京清同志为直属机关党委书记,王晓霞同志为常务副书记,孙建廷、王素琴同志为副书记。直属机关纪委第一次全体会议选举孙建廷同志为书记、王海峰为副书记。新一届直属机关党委和纪委的成立,为全院在新时代实现党的建设高质量发展奠定了坚实基础。

2.严格督促监管,推动院属单位党组织做好按期换届工作。把院属单位党组织按期换届作为党建调研检视的主要问题之一,立行立改,建立工作台账,督促到期换届。主题教育期间,向相关单位印发《关于严格落实党组织到期换届工作的通知》,严格监督整改。目前办公厅、科研局、国际合作局、离退休干部工作局、驻院纪检监察组、人口与劳动经济研究所、当代中国研究所、亚太与全球战略研究院、美国研究所、信息情报研究院、服务中心、郭沫若纪念馆等12个单位完成了换届工作,中国社会科学杂志社、世界历史研究所、中国社会科学评价研究院等3个单位正在进行换届工作;哲学研究所、经济研究所、城市发展与环境研究所等3个单位因为班子未配齐等尚未启动换届工作。下一步将持续推动有关单位党组织完成换届工作。

3.夯实基层党组织根基,建强抓实党支部。认真贯彻落实《中国共产党支部工作条例(试行)》,并请中央组织部有关同志给全院在职党支部书记和党办主任共300多人作专题辅导报告。开展党支部调研,总结经验,查找不足,谢伏瞻同志在世界经济与政治研究所国家安全

研究室党支部建立联系点，指导支部建设工作，王京清同志到中国社会科学评价研究院第二党支部深入调研"解剖麻雀"；对各单位基层党支部基本情况进行全面摸底，建立支部换届工作台账，严格督促院属单位党组织落实好支部到期换届工作，目前全院 529 个党支部中，超过应换届时间满一年且目前仍未启动换届的职工（包括在职和离退休）党支部有 6 个，其中在职党支部 2 个，离退休党支部 4 个。当前，正在督促相关单位做好基层党支部换届工作，力争年底前全部落实到位。选取职能部门、研究所和企业 3 种类型共 6 个党支部作为规范化标准化建设试点。对全院 113 家社会组织党组织中存在的软弱涣散情况进行集中整顿。

4. 提升组织力和战斗力，进一步加强党员教育管理和发展工作。认真贯彻落实《中国共产党党员教育管理工作条例》，起草完成《中国社会科学院关于贯彻落实〈2019—2023 年全国党员教育培训工作规划〉的实施方案》。协调中组部、中央和国家机关工委为中国社会科学院增加 100 名党员发展名额，主要用于中国社会科学院大学发展学生党员，积极做好在科研骨干中发展党员工作。认真落实 2019 年党员发展计划，全年共计发展党员 654 名，其中学生党员 610 名。开展高知识群体摸底情况统计工作，完成《关于对中国社会科学院高知识群体摸底工作的情况汇报》并报送有关部门。完成党员和党组织信息采集更新、2019 年度党内统计和党费收缴使用管理工作。

（四）明道德正风纪，推动哲学社会科学领域良好学术生态和我院监督执纪工作取得新成效

1. 强化核心价值引领，举办第二届全国哲学社会科学道德和学风建设论坛。11 月 27 日，在北京举办第二届全国哲学社会科学道德和学风建设论坛。向全国发起"恪守学术道德、弘扬优良学风、践行科研诚信"的倡议，号召全国哲学社会科学工作者坚持正确方向，坚守学术理想；立足中国实践，构建中国理论；弘扬优良学风，奉献学术精品；遵守学术规范，坚守道德底线；抵制学术不端，捍卫学术尊严；提升道德修养，引领社会风尚。来自中央文明办、北京市、地方社会科学院等单位的领导和专家以及媒体代表共约 260 人围绕三个分论坛主题展开讨论。论坛在全国哲学社会科学界引发良好反响，《科技日报》、中国社会科学网、《中国社会科学报》、北京卫视等对论坛进行了报道。

2. 突出党建工作特色，联合举办全国社会科学院系统党建工作论坛。10 月 23 日，由直属机关党委与山东社会科学院联合主办的社会科学院系统党建工作论坛在山东省济南市举办。社会科学院系统的专家学者和党务工作者围绕加强党的建设进行深入研讨，互相交流各单位党建工作经验。来自全国 28 个省级社会科学院、山东省 3 个市级社会科学院的专家学者和党务工作者，相关单位和媒体记者 150 人参加会议。论坛的举办为在哲学社会科学领域加强党的领导，提升党的建设质量，提供了更加宽广的思路和更丰富的经验借鉴。

3. 正向引导和反面警示相结合，进一步提升党员干部纪律规矩意识。把牢政治方向，在

全院纪检干部中做好党的十九届四中全会、中央纪委三次全会精神学习；制定《中国社会科学院2019年全面从严治党和党风廉政建设工作主要任务分解》，明确各单位特别是牵头单位落实中央纪委三次全会确立的年度任务。按照谢伏瞻同志批示要求，第一时间在全院纪检干部范围传达学习中央和国家机关所属企事业单位警示教育大会精神并纳入全院纪检干部培训计划。开展"法规纪律应知应记"教育，印制折页向全院发放。通过"社科清风苑""打铁匠"等微信平台和工作群，宣传党的创新理论、通报典型案例、报道纪检工作动态、介绍专家学者观点、传播党风廉政建设正能量。2019年以来"社科清风苑"微信平台共推送信息30余篇。

4. 严格管控整治，强化中央八项规定及实施细则的贯彻执行。开展落实中央八项规定精神专项整治，全院55个研究单位、直属单位和职能部门均按要求完成自查自纠，对个别单位办公用房超标和个别研究人员访学期间未经报备改变行程、未严格按照审批时间出入境等问题，进行了严肃处理。将贯彻落实中央八项规定精神、整治"四风"作为院内开展政治巡视的重点内容；在节假日等重要节点向广大干部职工推送廉洁过节提醒。根据中央第十五巡视组关于离退休院领导和免职未退院领导办公用房、专兼职秘书、用车等问题的整改要求，办公厅、人事教育局、财务基建计划局、离退休干部工作局、服务中心等相关单位根据责任分工，对有关情况逐人逐项甄别，列出中央文件政策依据，提出具体整改建议和服务保障措施，于11月15日前完成整改任务。

5. 抓早、抓小、抓经常，强化执纪效果和日常监督。2019年以来，结合信访举报和问题线索处置工作反映的情况和问题，共计约谈院属单位纪委书记30余人次，并与新任纪委书记进行谈话，提出工作要求；坚持抓早、抓小、抓经常，运用监督执纪"四种形态"处理共计23人次，其中运用诫勉谈话、批评教育、提醒谈话处理22人次，第一种形态占96%，"红脸""出汗"成为常态。全年受理信访举报123件，了结85件，了结率69%；为全院处室干部选拔任用、"两委"换届等工作提供廉洁意见289人次，派出52人次对专业职称评审、科研成果评奖、人才引进等工作进行现场监督，为哲学社会科学人才队伍建设提供有力的纪律保证。

6. 强化审计监督，加强财经纪律建设。完善内部审计制度体系，制定《中国社会科学院内部审计工作规定》，成立中国社会科学院内部审计工作领导小组，建立健全中国社会科学院领导干部经济责任审计工作联席会议制度。督促落实审计整改工作，8家单位2018年财务收支审计项目的整改、复改工作全部完成，涉及审计整改问题8类86个，问题金额333.73万元；20家单位中17家2018年领导干部经济责任审计项目的整改、复改工作已完成，涉及审计整改问题8类170个，问题金额552.63万元。抓好领导干部经济责任审计，2019年领导干部经济责任审计金额共计15.62亿元。分别对院扶贫办驻丹凤县、上犹县的扶贫账户管理和使用情况进行专项审计，审计金额3955.75万元，审计发现问题7类30余个，问题金额220.83万元。通过规范内部审计制度，压实审计整改责任，有效强化了审计监督，进一步规范了财经纪律。

（五）注重思想和政治引领，推动统战群团和工会妇女工作在党的领导下取得新成绩

1. 加强政治引领，扎实做好统战工作。加强统战成员数据库建设，动态更新中国社会科学院统战成员基本信息，维护档案管理系统，完善院统战成员数据库。开展走访调研，加强与有关部委、北京市、高校等有关部门的联系合作，进一步为中国社会科学院统战工作夯实和开辟工作平台。积极开展中国社会科学院人大代表、政协委员履行职能的组织协调和服务工作，做好民主党派、无党派和侨务工作，充分发挥统一战线人才荟萃、智力密集、联系广泛等独特优势，突出统战工作效能。

2. 丰富职工活动，深入推进工会工作。举办全院工会干部培训班，提升基层工会干部综合素质，院属单位工会和妇工委干部约 90 人参加。组织职工参加中央和国家机关职工运动会，举办院第十一届羽毛球团体赛，来自 37 家院属单位的 45 支球队参赛；举办院第二届"社科出版"杯联赛，全院 8 支球队、130 余人报名参加历时 5 周的 18 场比赛；举小新中国成立 70 周年"颂歌献祖国"诗歌朗诵会，全院 370 多名职工参加演出；举办单身青年联谊会，来自中国科学院、中国工程院、国家税务总局、新华通讯社、国家海关总署等单位的 300 余名单身青年男女参加。通过举办各类活动和讲座培训，丰富了职工生活，进一步增强了凝聚力。

3. 引导积极向上，重视做好青年工作。组织召开学习贯彻习近平总书记在纪念五四运动 100 周年大会上重要讲话青年座谈会，院属各单位青年代表共 35 人参加座谈。督促院属各单位成立青年理论学习小组，加强青年理论武装，举办马克思列宁主义经典著作青年读书班，承办"青年学习汇"第七期中央和国家机关青年理论学习分享交流活动；完成创先争优推荐，中国社会科学出版社重大项目出版中心（智库成果出版中心）团支部获得"全国青年文明号"称号。联合举办第十六届全国大学生"挑战杯"竞赛，共承担 530 多件哲学社会科学类作品的评审工作；完善"智慧团建"系统，完成全院团员和团干部信息录入、接转工作；完善青年社会调研项目管理办法，更好支持全院广大青年学者深入开展社会调研项目。

4. 关爱"半边天"，认真开展妇女活动。开展纪念"三八"国际劳动妇女节活动，邀请专家为 260 余位女职工代表做职场礼仪报告；推荐院优秀女科研人员获全国三八红旗手荣誉称号；推荐院优秀女干部参加中央和国家机关工委职工风采展示活动；开展特困残疾子女家庭帮扶，向中央和国家机关妇工委申请 4.2 万元，帮扶院属 11 个单位 15 名有残疾和重病子女职工家庭；开展院在职职工残疾子女（无证）家庭、单亲困难家庭、援藏援疆干部家庭和国家扶贫工作重点县挂职干部家庭的帮扶慰问活动，慰问院属 17 个单位 25 个家庭，发放 7.8 万元帮扶金。推动妇女／性别研究工作取得新成果，开展女职工专项体检，关心女职工身心健康。

5. 排忧解难，积极为职工办好事实事。严格按照规定和程序，精心部署安排，多方配合齐心协力、克服困难，圆满完成了东坝 1032 套职工住宅配售工作，实现了把事关职工切身利

益的好事办好的目标，受到干部职工的一致好评。积极联络各方资源，构建长效保障机制，扎实做好职工子女入学工作，切实解决职工子女入学问题，达到了让干部职工满意的预期目标。谢伏瞻同志、王京清同志分别作出重要批示，对直属机关党委工作予以充分肯定和表扬。

（六）注重锤炼忠诚干净担当的政治品格，党务干部队伍建设迈出新步伐

1．梳理职能，优化调整内设机构。全面梳理直属机关党委工作职责、任务和人员分工，将组织处与院党校办公室合署，直属机关纪委纪律监督室与院信访办公室合署，新设立巡视工作处，科学调整岗位设置和人员配置，进一步建立健全直属机关党委工作体制机制，充分发挥直属机关党委的整体活力。

2．以老带新，助推青年成长成才。直属机关党委领导班子成员每人负责联系分管处室内3名至5名40岁以下青年干部，定期交流想法意见，指导业务工作，帮助青年干部成长发展。健全直属机关党委"青年学习沙龙"制度，定期组织40岁以下青年开展学习研讨活动，畅谈学习体会，交流工作经验、分享生活乐趣，锻造团结向上的青年干部队伍。

3．打铁必须自身硬，严明党的各项纪律。严格落实党内生活各项制度，以党支部为单位认真开展各项活动，引导党员干部增强组织和纪律观念，自觉遵循工作程序，严格执行请示报告制度，锻造忠诚可靠的党建工作队伍。

4．实践和理论结合，提升业务研究能力。通过完成院领导交办委托课题、全国党建研究会及其机关专委会、科研院所专委会等课题，同时鼓励开展与所学专业相关的研究课题，努力提升干部队伍的业务研究能力，推动机关党建工作不断取得新成绩。

三　院直属单位工作

中国社会科学院大学（研究生院）

（一）基本情况

截至 2019 年年底，教职工 543 人，其中，在职教职工 404 人，正高级职称人员 41 人，副高级职称人员 99 人，中级职称人员 147 人；高、中级职称人员占全院在职人员总数的 71%。专任教师 249 人，包括教授 43 人、副教授 92 人、讲师 114 人。院所属的 42 个教学系有指导教师 1619 人，其中，博士生导师 603 人，硕士生导师 925 名（不含专硕导师 307 名）。

中国社会科学院大学（研究生院）设管理机构 16 个、教学机构 17 个、教辅机构 3 个。管理机构：校办公室（党委办公室）、党委组织部（人事处）、宣传统战部、团委、纪委办公室、教务与科研处、研究生工作处、本科生工作处、学位办公室、招生与就业处、国际交流与合作处、财务处、后勤处、保卫处、综合协调办公室、基建处。教学机构：马克思主义学院、人文学院、经济学院、政法学院、管理学院、考古与文博学院、媒体学院、国际关系学院、公共外语教研部、体育教研部、计算机教研部、国际教育学院、工商学院、公共政策与管理学院、文法学院、继续教育学院、东盟学院。教辅机构：图书馆、网络中心、学报编辑部。

固定资产值 83415.01 万元，教育经费投入 75142.48 万元，其中，财政拨款 44539.74 万元，自筹 30602.74 万元。2019 年度收入合计 78755.27 万元，其中，财政补助 39108.35 万元，上级补助 197.82 万元，事业收入 37187.19 万元，其他收入 2261.91 万元。

截至 2019 年年底，在校本科生 2275 人，其中，西三环学区 1112 人，良乡校区 1163 人。在校研究生 4701 人，科学学位研究生 2766 人，其中，博士研究生 1821 人，硕士研究生 945 人；专业学位研究生 1935 人。

港澳台学生 37 名，其中，博士研究生 24 名、硕士研究生 13 名；外国留学生 16 人，其中，博士研究生 13 人，硕士研究生 1 人，进修生 2 人。

另有非学历教育课程进修班在校生 5302 人，其中，课程班 3029 人、高级课程班 2273 人。

（二）招生就业及教学管理工作

1. 招生就业工作

2019年招录本科生397人，高考成绩本科平均录取分为621分，理科平均录取分为632分；北京地区提档线文科为625分、理科为643分。共招录研究生1640人，其中，科学学位研究生812人（博士研究生482人，硕士研究生330人），专业学位研究生828人。硕士研究生统考报名4805人，录取1158人（含接收推免生99人）。博士研究生报名3798人，录取482人。专业学位研究生共招生830人，其中，工商管理硕士研究生156人，公共管理硕士研究生146人，社会工作硕士研究生65人，税务硕士研究生55人，金融硕士研究生83人，文物与博物馆硕士研究生60人，汉语国际教学硕士研究生36人，法律硕士研究生229人［其中法律硕士研究生（非法学）193人，法律硕士研究生（法学）36人］。

2019年，共有毕业生2333人，其中本科毕业生1080人，博士毕业生340人，硕士毕业生913人。截至2019年年底，已落实毕业去向1983人，总体就业率为85%。2019年组织的就业指导类活动主要包括：①举办就业力培训讲座5场；②介绍简历制作，群面、个面面试技巧等；③组织公务员招聘考试、事业单位招聘考试、教师资格考试等培训9场；④通过网站和微信公众号，提供就业信息2000多条；⑤组织毕业生参加宣讲会、招聘会20余场；⑥加强校友和学校的联系，组织校友讲座和校友单位招聘会4场。

2. 学位授予与学科专业设置工作

经2019年6月中国社会科学院大学（研究生院）学位评定委员会第十届第七次会议审议决定，授予351人博士学位（其中科学学位博士349人，同等学力博士2人），授予1049人硕士学位（其中科学学位硕士296人，专业学位硕士646人，同等学力硕士107人）。至此，中国社会科学院大学（研究生院）共授予博士学位5847人、硕士学位7174人，硕士专业学位5981人。经2019年中国社会科学院大学学位评定委员会第一届第三次会议和第四次会议审议决定，共授予本科学位1077人。在学科建设方面，研究生院设置6个学科门类，16个博士学位一级学科、18个硕士学位一级学科，115个博士学位二级学科（含24个自主设置的博士学位二级学科）、120个硕士学位二级学科（含24个自主设置的硕士学位二级学科），有北京市重点学科建设5个。

3. 教学与教学管理工作

2019年，良乡校区共开设本科生课程440门、673个课堂，其中有105门采取教学团队的模式授课；西三环学区共开设本科生课程109门、146个课堂；全校共开设研究生课程1145门，其中公共必修课13门，公共选修课70门，学部基础课11门（各学部负责），专业课及专业基础课864门（各教学系负责），专业学位硕士生课程187门。春季学期，全校共安排本科课程期末考试223场次。其中，良乡校区共安排111门课程148场次，其中开卷考试36门课程

36 场次，闭卷考试 75 门课程 112 场次；西三环学区共安排考试 75 场次，共涉及课程 60 门，其中开卷考试 19 门课程 20 场次，闭卷考试 41 门课程 55 场次。教务处采取集中检查与日常巡查相结合的方法，加强对课堂教学的日常管理和监督检查，有效地维护了教学秩序。

本科教学评估针对上学期课程进行，涉及良乡校区本科课程 185 门、257 个课堂，任课教师 234 位。学生应评 13961 人次，实评 13933 人次，实评人次占应评人次的 99.98%。网上评估结果显示，课堂评估成绩为"优"和"良"的课程比例较大，其中评估成绩为"优"的课程占所有课程的 88.74%。西三环学区涉及课程 101 门，任课教师 78 位。学生应评 4358 人次，实评 4251 人次，实评人次占应评人次的 97.54%。网上评估结果显示，课堂评估成绩绝大多数为"优"及"良"，其中评估成绩为"优"的比例为 93.47%。

研究生课程方面，通过学生问卷调查、院领导听课、学术秘书听课、学生座谈会、线上评估等方式，对开设的公共课、专业基础课和选修课进行了教学质量评估。2018—2019 学年评估了 83 门课程的 391 位老师，合格率是 100%，90 分以上的达到 99%，并评选出优秀教学奖教师 6 名。

截至 2019 年 6 月 28 日，全校本科生符合申请转专业条件的学生中共有 75 人申请转专业，其中 2017 级学生中申请转专业的 9 人，2018 级学生中申请转专业的 66 人。经转入学院最终审核，有 71 名学生成功转专业，其中转入 2018 级各专业的有 52 名学生，转入 2019 级各专业的有 19 名学生。同时，根据实际情况教务处对转专业制度进行了补充修订，增加了转专业后申请退回原专业学习的条款。

结合《教育部关于一流本科课程建设的实施意见》，为着力打造一大批具有高阶性、创新性和挑战度的线下、线上、线上线下混合"金课"，同时也为积极申报国家级和北京市一流课程建设"双万计划"做好准备，已立项建设 8 门在线开放课程和 25 门混合式核心课程建设项目。

4. 优秀博士学位论文评选工作

2019 年，中国社会科学院大学（研究生院）评选表彰了 12 篇"2019 年中国社会科学院大学（研究生院）优秀博士学位论文"的作者、导师及相关教学系。"中国社会科学院大学（研究生院）优秀博士学位论文"评选工作始于 2004 年，16 年来共有 152 篇博士学位论文被评为"中国社会科学院大学（研究生院）优秀博士学位论文"。截至 2019 年，中国社会科学院大学（研究生院）有 4 篇博士学位论文获北京市优秀博士学位论文，10 篇获全国优秀博士学位论文。

5. 博士后管理工作

2019 年，博士后科研流动站博士后研究人员出站 3 人、进站 3 人、在站 19 人。

（三）研究生教育管理工作

2019 年，学校大力繁荣校园文化，创新校园文化品牌：为研究生毕业生精心准备毕业纪念册，表达学校对毕业生的离别嘱托、殷切盼、谆谆教导；为研究生精心准备一台文艺晚会，用歌舞、戏剧、小品等形式多样的节目彰显社科学子的青春风采，深刻诠释师生情、爱校情、家国情；挖掘学生身边的榜样力量，树立榜样人物，号召在校研究生立鸿鹄志，做奋斗者；研究生同学推出原创歌曲《小院》，表达浓浓爱校情怀；推出代表研究生形象的卡通人物，创新思想政治教育宣传方式。举办首届"人文之光"杯团体羽毛球赛，以活动为平台，搭建校友、老师和研究生沟通的桥梁，弘扬研究生院建院之初社科学子艰苦奋斗、顽强拼搏的精神；开展平西抗日纪念馆研究生主题党日活动，非物质遗产进校园、北京大学生读书节等活动，充分发挥文化育人的功能，促进思想政治工作的有效落实和落地。

2019年，完成研究生国家奖学金、学业奖学金评审及发放工作，其中46名博士研究生、47名硕士研究生获得2018—2019年度国家奖学金；235名博士研究生、326名硕士研究生获得2019级新生奖学金；848名研究生获得2018—2019年度良乡校区二、三年级奖学金；西三环学区159名学生获得基础奖学金，139名学生获得2018—2019年度学业奖学金。为了解决研究生在读期间因家庭经济困难或其他特殊原因而产生的临时生活困难，完成家庭经济困难研究生资助工作。按照等级实行梯度差异困难补助329名研究生。46名研究生获得中国社会科学院研究生院求职补贴，27名研究生成功申报北京市人力资源和社会保障局2019年应届毕业生一次性求职创业补贴。2019年积极做好评优推优工作，60名研究生获得2019年北京市优秀毕业生称号，3名研究生荣获2019年北京市三好学生称号，1名研究生荣获北京市优秀学生干部称号。

（四）本科生教育管理工作

中国社会科学院领导和学校高度重视大学生思政工作。谢伏瞻、王京清、蔡昉、高培勇等纷纷来到学校，指导学校思政工作或登上讲台给社科大学子上思政课，为加强学生思政工作提供了强有力的保证。与马克思主义学院、教务处、科研处一起，积极落实学部委员、学校领导为学生讲授思政课。学校领导多次主持召开"学生思政工作座谈会"，指导思政工作，听取思政工作意见，解决思政工作困难，加强思政工作队伍建设。目前"学部委员讲形势与政策"课、学校领导上思政课系列活动已被打造成思政课品牌，受到学生的普遍欢迎。及时评定发放国家、学校各类奖助学金，共计发放奖学金1784200元，其中国家奖学金27人（216000元，8000元／人），国家励志奖学金86人（430000元，5000元／人），新生奖学金219名（438000元），学生各类奖学金（1138200元）。及时完成国家助学金的评定发放工作及补发工作，共计发放助学金1407450元，共有313名困难生获得国家助学金一等奖，72名困难生获得国家助学金二等奖。根据财政部、教育部相关政策要求，对2018年春季助学金、2019年秋季助学金进行了补发工作，合计补发127950元。做好助学贷款和其他帮扶工作，保证经济困难学生顺利完成学业。共有132名在校生申请了生源地贷款，贷款金额为874250元；62名在校生申请了校园地贷款，贷款金额为 338900 元。

对所有在籍在校学生发放物价月补贴累计 1763402 元；为 343 名困难学生进行了学费减免，减免金额共计 298400 元；发放饮水、洗澡、电话补贴，合计发放金额 108040 元；为 133 名困难生发放寒假返乡路费补贴 96800 元；对困难学生暑期社会实践给予资助，受助学生共计 14 人。

（五）继续教育工作

非学历教育课程进修班结业 1279 人。非学历教育课程进修班招生 3117 人，其中，课程班 1960 人、高级课程班 1157 人。

2019 年，继续教育学院不断探求课程教学模式的创新。严格执行中共中国社会科学院党组对授课教师政治导向和学术要求，随时掌握学生思想动态，突出教学内容重点。开展学院与企业之间、教师与学生之间、理论课程与社会实践课程的深度合作，在提高学生理论知识的同时，更加注重实践能力的培养。

（六）科研工作情况

1. 新立项课题。2019 年，中国社会科学院大学（研究生院）共有新立项课题 26 项。其中，国家社会科学课题 11 项："高校思想政治理论课与党校理论教育党性教育比较研究"（秦国伟主持），"秦汉边疆思想研究"（袁宝龙主持），"共同犯罪评注"（何庆仁主持），"地方自治对西欧暴力型民族分离主义运动的遏制与隐性支持机制研究"（刘力达主持），"大数据时代京津冀区域政府信息资源整合与共享模式研究"（蒋敏娟主持），"一体化战略视阈下媒体融合的现实困境与实现路径研究"（漆亚林主持），"互联网医疗平台上的医患关系研究"（苏春艳主持），"传播犯罪的趋势、类型及立法司法研究"（罗斌主持），"新时代加强党的全面领导理论与实践研究"（柴宝勇主持），"大数据视角下代际差异对文化消费需求的影响研究"（刘慧主持），"周代雅乐与中国传统艺术观念的形成研究"（赵玉敏主持）；教育部人文社会科学研究课题 7 项："新时代社会公德状况跟踪调查及建设机制研究（2006—2016）"（王维国主持），"《朝花夕拾》研究"（丁文主持），"社交媒体使用对我国未成年人的负面影响及对策研究"（杜涛主持），"共同犯罪本质的规范理解研究"（何庆仁主持），"制度逻辑、文化资源与组织身份重塑：基于故宫的纵向案例研究"（苏雪梅主持），"后电影语境下奇观影像的话语构建与价值审视研究"（黄媛媛主持），"世界贸易组织（WTO）裁判机构的困境与中国方案研究"（李晓玲主持）；共青团中央课题 1 项："未成年人网络空间权益保护机制研究"（林维主持）；江苏省哲学社会科学规划课题 1 项："江苏简牍史"（张梦晗主持）；中国社会科学院科研课题 6 项："校园套路贷调研"（李卫红主持），"中国特色社会主义脱贫攻坚战研究"（刘慧主持），"习近平总书记关于党的建设和组织工作的重要论述研究：基于领导力视角的分析"

(蔡礼强主持),"湖北省英山县融媒体建设情况调研"(张树辉主持),"英山县现代公共文化服务体系建设情况调研"(张树辉主持),"安顺市西秀区产业结构转型升级研究"(任朝旺主持)。

2. 结项课题。2019年,中国社会科学院大学(研究生院)共有结项课题39项。其中,中国法学会部级法学研究课题1项:"个人所得税法改革中纳税人基本权利的实现与保障"(汤洁茵主持);校级科研课题38项:"高校学生社会实践工作评价体系构建初探"(漆光鸿主持),"我国房地产市场健康发展长效机制研究"(胡吉亚主持),"中国与'一带一路'沿线国家贸易与投资潜力研究"(王微微主持),"模糊理论在投资决策中的应用"(杜玉琴主持),"在线教学平台的数据可视化分析研究"(吴蓓主持),"足球空气动力学特性的不确定度量化分析——基于混沌多项式展开模型"(张旋主持),"滑雪运动对大学生社会化进程促进的研究"(顾克娟主持),"利用大数据技术结合机器学习方法分析教务数据"(鞠文飞主持),"MOOC背景下视频优化设计方案研究"(张戈主持),"由《菜根谭》译史看中国文化外译"(管宇主持),"高等学校公众英语演讲学习者思辨能力发展研究"(刘禹主持),"大学英语四级听力新题型应试策略"(熊文莉主持),"新媒体背景下的公众风险认知研究——基于微博评论大数据"(李璐主持),"嵌入式治理下北京市养老服务驿站研究"(周悦主持),"'后期至上'在综艺节目中的创作指涉与理论纠偏"(黄媛媛主持),"行政举报诉讼原告资格的构造"(伏创宇主持),"消费升级与开放性消费生态的构建及机制研究"(刘慧主持),"爱国动漫与二次元民族主义研究"(赵菁主持),"伦理幸福与沉思幸福的关系"(李涛主持),"基于全景拼接的铁路环境异物自动检测方法"(蒋欣兰主持),"'网络化病人':互联网对患病行为的影响研究"(苏春艳主持),"税法上的不确定概念——具体化与司法审查"(汤洁茵主持),"共同犯罪本质的规范理解"(何庆仁主持),"北京市住房保障体系研究"(胡吉亚主持),"经典的形成与阐释——以《从百草园到三味书屋》为例"(丁文主持),"大学生自主创业行为影响因素分析"(祝军主持),"探索建立创新创业教育体系提升本科生创新创业能力——以中国社会科学院大学为例"(张洪磊主持),"供给侧结构性改革背景下的养老保险制度重构"(郭磊主持),"整体性治理视阈下京津冀协同发展的现状评估及影响因素研究"(蒋敏娟主持),"海外中国特色社会主义话语结构研究"(孙帅主持),"我国共享型旅游住宿业面临的机遇、挑战与对策研究"(任朝旺主持),"基于深度学习的行为识别"(盖赟主持),"梁启超与新文化运动时期的文化保守派"(魏万磊主持),"对人文社会研究机构复合型人才管理的初步探索"(王亮主持),"北京城区步道建设的问题与对策"(刘潇潇主持),"创业教育"(赵燕主持),"反腐败斗争中如何践行监督执纪'四种形态'"(周兴君主持),"供给侧结构性改革背景下中小企业转型发展研究"(杨小科主持)。

3. 延续在研课题。2019年,中国社会科学院大学(研究生院)共有延续在研课题45项。其中,国家社会科学基金课题13项:"医疗卫生制度与改革的国际比较研究"(梁金刚主持),

"中德诚信价值观教育比较研究"（向征主持），"海外中国特色社会主义研究评析"（孙帅主持），"中国网络内容治理与监管的现实问题与历史成因研究"（杜智涛主持），"世界社会主义与资本主义前途命运暨当代国际形势研究"（王伟光主持），"患者隐私权法律保护研究"（龚赛红主持），"'互联网+'背景下旅游共享经济发展路径及其风险管控研究"（任朝旺主持），"'文化研究'的中国化研究"（孟登迎主持），"在健康社会决定因素框架下构建我国儿童健康行为测量指标体系"（周华珍主持），"人口老龄化与中国特色城市社区养老服务体系建设研究"（赵一红主持），"美国太平洋商业扩张与太平洋国家身份建构研究（1783—1900）"（王华主持），"新时代中国特色文艺理论基本问题研究"（张江主持），"新时代中国特色美学基本理论问题研究"（高健平主持）；国家重点研发计划重点专项课题4项（含子课题3项）："内外贯通的审判执行与诉讼服务协同支撑技术研究"（林维主持），"跨层级法院案件管辖权识别预警关键技术与协同综合服务平台应用示范研究"（方军主持），"面向跨域立案的法律与司法业务知识库构建"（刘晓春主持），"'一人多案'的法律理论和业务模型"（李静主持）；教育部人文社会科学研究课题1项："基于大数据技术分析民众对党的十九大精神的舆情认知研究"（盖赟主持）；北京市社会科学基金课题5项："整体性治理视阈下京津冀协同发展评估及影响因素研究"（蒋敏娟主持），"供给侧结构性改革与北京市养老金—养老服务供需平衡研究"（郭磊主持），"北京市儿童健康保障体系的构建与完善路程研究"（庄琦主持），"中国传统法律文化中的治理规范研究"（马岭主持），"参与视野下首都社会主义核心价值观有效传播机理研究"（向征主持）；最高人民检察院检察理论研究课题1项："认罪认罚从宽程序中的量刑建议制度研究"（李卫红主持）；司法部国家法治与法学理论研究课题1项："刑事政策与公共政策的关系"（李卫红主持）；中国法学会部级法学研究课题3项："检察机关提起反垄断公益诉讼问题研究"（谭袁主持），"金融交易课税的理论探索与制度建构——以金融市场的稳健发展为核心"（汤洁茵主持），"传统中国社会秩序结构分析——以法律文化之视角"（马岭主持）；司局级课题3项："WTO上诉机构成员遴选法律问题研究"（李晓玲主持），"青年群体构成及阶层变化研究——基于2012—2016年CLDS调查数据"（梁金刚主持），"共青团凝聚青年社会组织路径研究——基于嵌入性治理理论"（周悦主持）；中国社会科学院项目14项："山片蟠桃实学思想研究"（李晓东主持），"精准扶贫机制创新研究：以广西三江安马村为例"（赵燕主持），"精准扶贫精准脱贫百村调研——以湖南花垣县十八洞村为例"（刘艳红主持），"加快建立中国特色医疗保障制度调研"（薛在兴主持），"中国社会科学院研究生院'马克思主义理论话语权建设研究'"（张政文主持），"中国社会科学院大学思想政治系列职称评定方案"（张政文主持），"新时代网络舆论的形成机制与治理模式研究"（杜智涛主持），"中国社会组织报告（2016—2017）"（黄晓勇主持），"少数民族地区农村基层选举情况调研"（赵凡主持），"高层次海外人才引进政策的实施现状和评价研究——以北京市新侨创新创业基地为例"（何辉主持），"供给侧结构性改革背景下中小企业转型路径及策略研究"（杨小科主持），"研究生院荥经基地"（董礼胜主持），"研究生院柳东新区基地"（张苑洺主持），"贵州省安顺市西秀区新型城镇化建设研究"（任朝旺主持）。

（七）国际学术交流与合作

2019年，中国社会科学院大学（研究生院）派出学生赴海外学分项目及短期交流项目共计299人次，其中本科生197人次、硕士研究生81人次、博士研究生21人次。其中参加一学期及以上海外培养学分项目46人，留学基金委项目派出16人。

教职工出访42批次，接待来访19批次，共涉及148人次；聘请长短期外国专家28人次；中国社会科学院经济发展问题国际青年学者研修班共招收了来自29个国家的30名学员。

（八）图书馆概况

良乡校区图书馆建筑面积为10700平方米，望京校区图书馆建筑面积为2000平方米。藏书总量约49.5万册。其中，中文图书约38.47万册，外文图书约5万册，中外文过刊约6万册。

2019年，全年中外文入藏总量为29291册，其中新购中文图书27638册、外文图书1653册，接收中外文赠书980册；全年订购中文期刊1093种，中文报纸76种，外文期刊77种，新增期刊合订本1854册；新增我院博硕士学位论文1400篇。此外，可供学生使用的数据库有219个。

全年接待读者超过53万人次，较2018年增长34%，再创历史新高。信息检索中心共接待读者54755人次，参考工具书阅览室接待读者9915人次，研讨室预约使用4339次，均比2018年同期有显著增长。全年接待借还书总人次为60888，借还书总量为182060册次。自助打印、复印服务使用人次为20923，打印、复印总量为150349页；自助寄存柜使用次数为16081；图书馆网站访问次数108454次；VOD点播12116次。笃学讲堂全年共举办各类活动95场次，接待人数4819人，其中学术讲座29场，图书馆信息素养专项培训和电子资源讲座24次，配合校内其他部门组织各类典礼和相关活动17场。

（九）学术期刊

2019年，《中国社会科学院研究生院学报》共刊发文章85篇，130万余字，被《新华文摘》、《中国社会科学文摘》、中国人民大学复印报刊资料等国内权威社科类期刊全文转载、摘编文章20余篇。为进一步加强编辑队伍建设，着力提高刊物质量和影响力，经校长办公会讨论通过，学报编辑部经过层层选拔聘请10名教师为兼职编辑，其中正高级职称人员6人，副高级职称人员1人，讲师3人。兼职编辑研究领域涵盖文、史、哲、法、社会学等诸多学科领域。以"中国社科院研究生院学报"微信公众号为平台，坚持定时推送刊物最新目录、摘要、精品文章及相关资讯，拓展了期刊的传播范围，提高了期刊文章的传播速度。2019年微信公众号推送文章28篇，点击量为25980次，粉丝人数2019年增长6000余人。经国家哲学社会科学文献中心评选，《中国社会科学院研究生院学报》获评2018年国家哲学社会科学文献中心学术期刊数据库综合性人文社会科学学科最受欢迎期刊。

（十）会议综述

中国社会科学院院长谢伏瞻调研中国社会科学院大学

2019年3月22日，中国社会科学院院长、党组书记谢伏瞻到中国社会科学院大学调研。谢伏瞻来到校史馆，详细了解中国社会科学院研究生院、中国社会科学院大学的建校与发展历程、办学体制与办学模式、师资建设与人才培养等各方面情况。随后，谢伏瞻参观了图书馆阅览室和学生宿舍，实地了解学校教学环境与学生生活条件；与学生面对面交谈，了解大家的思想动态；与马克思主义学院2018级本科生们共上思政课，了解学校思政课教育情况；步入学生食堂，与同学们共食一餐饭。座谈会上，谢伏瞻听取了中国社会科学院大学临时党委书记张政文的工作汇报和在校师生代表的发言，并作总结讲话。谢伏瞻强调，办好中国社会科学院大学，是党中央交给中国社会科学院的政治任务，责任重大，使命光荣。调研结束，谢伏瞻院长和高培勇副院长来到校南侧花园，参加义务植树活动。

"如何在中国社科院做学问"专题报告会

2019年10月9日，中国社会科学院副院长、党组成员、学部委员、博士生导师高培勇在中国社会科学院大学作专题报告。高培勇围绕"如何在中国社科院做学问"的主题展开深入的探讨。中国社会科学院大学校长张政文主持报告会。在专题报告会上，高培勇围绕认识中国社会科学院，要致力于做真正的学者、做真正的专家、做真正的学问、做富有影响力的学问以及要立足于为人民做好学问，以学术报国等几个方面的问题与大家分享了自己的体会。专题报告会后，高培勇与现场师生进行了互动问答，耐心细致地解答了学生提出的问题。

学习贯彻党的十九届四中全会精神宣讲报告会

2019年11月29日，"中国社会科学院大学学习贯彻党的十九届四中全会精神宣讲报告会"在北京举行。中国社会科学院副院长、党组副书记、中国社会科学院大学党委书记王京清作宣讲报告。中国社会科学院大学党委副书记、副校长、研究生院院长王新清主持报告会。王京清围绕《中共中央关于坚持和完善中国特色社会主义制度 推进国家治理体系和治理能力现代化若干重大问题的决定》(以下简称《决定》)的意义、学习《决定》内容的体会以及如何贯彻落实党的十九届四中全会精神三个方面为与会师生详细讲述了党的十九届四中全会精神。与会师生一致表示,王京清同志的报告思想深刻,内容丰富。要深入学习贯彻党的十九届四中全会精神,把学习党的十九届四中全会精神和实际工作、专业学习结合起来,努力把中国社会科学院大学建设成为具有中国特色的社会主义一流文科大学。

中国社会科学院图书馆(调查与数据信息中心)

(一)人员、机构等基本情况

1. 人员

截至2019年年底,中国社会科学院图书馆共有在职人员86人。其中,正高级职称人员2人,副高级职称人员25人,中级职称人员34人,高、中级职称人员占全体在职人员总数的71%。

2. 机构

中国社会科学院图书馆设有:办公室、人事处(党委办公室)、科研处、项目与资产管理处、文献中心建设部、数字资源部、综合集成实验室、《文献与数据学报》编辑部(文献信息研究室)、网站运维部、网络安全与信息化建设部、智库服务与工具书管理部、采编部、期刊部、典藏部、文库管理部、古籍管理部。

3. 科研中心

中国社会科学院图书馆院属科研中心有中国社会科学院互联网发展研究中心。

(二)业务工作

1. 推进国家哲学社会科学文献中心建设

中国社会科学院图书馆深入学习贯彻习近平新时代中国特色社会主义思想,扎实推进国家哲学社会科学文献中心建设,不断完善功能,扩充更新数据、提升国际影响力,取得了丰硕成果。

国家哲学社会科学文献中心各项功能进一步完善。完成国家哲学社会科学文献中心App项目、国家哲学社会科学文献中心(一期)门户网站项目、国家哲学社会科学文献中文期刊资源扩充项目、海量库(一期)项目结项整改工作。完成国家哲学社会科学文献中心与学习强国对接页面及功能升级改造工作。分别完成国家哲学社会科学文献中心门户网站及其子库国家哲学社会科学学术期刊数据库的升级改造需求方案及硬件扩容采购工作,为下一步发展奠定基础。

国家哲学社会科学文献中心持续开展资源扩充与数据更新。国家哲学社会科学学术期刊数据库最为重要子库不断扩充期刊资源，2019年，新增上线数据138万篇、新签约期刊37种，外文OA期刊完成2017—2018年130余万篇外文OA期刊论文全文及元数据更新，科研成果数据库完成2018年9216条成果数据更新并启动2019年数据更新工作。截至2019年年底，国家哲学社会科学文献中心上线数据超过1830万条，上线中文期刊2081种，累计下载量超过3000万。

国家哲学社会科学文献中心用户规模持续扩大，影响力持续提升。截至2019年年底，该中心服务的海内外用户遍布100多个国家和地区，个人用户超过300万人，机构用户超过5万家；持续为全球398名汉学家提供数字资源服务。2019年度，通过举办和参加国内外各类活动，如举办国家哲学社会科学文献中心成果发布会，出席北美东亚图书馆协会年会、第39届欧洲汉学图书馆员协会年会，参展第九届中国数字出版博览会，参加"2019年BIBF数字资源永久保存研讨会"、"学习强国"学习平台数字内容资源合作签约仪式等，国家哲学社会科学文献中心国际影响力进一步提升。同时也吸引了海内外用户到访，2019年度接待51批近500人次参观国家哲学社会科学文献中心技术运行中心。

2. 推进习近平新时代中国特色社会主义思想文库建设

习近平新时代中国特色社会主义思想文库自2018年5月17日建成以来，不断扩充学习研究宣传习近平新时代中国特色社会主义思想及党的重大理论文献，丰富文库藏书，满足读者需求。截至2019年年底，文库收藏习近平总书记在党的十八大以前撰写的论文108篇、习近平总书记专著（含主编）21部、习近平总书记讲话单行本74种、研究阐释习近平新时代中国特色社会主义思想的中外文图书2046种3910册、相关期刊和画报988期、重要理论宣传类报纸6种8388期，为学习研究宣传习近平新时代中国特色社会主义思想提供了文献资源支撑。随着文库影响力日益增强，接待了最高人民法院图书馆、审计署、财政部、中共中央组织部、中共中央党史和文献研究院、中宣部宣传舆情中心、全国哲学社会科学工作办公室、中共中央党校图书馆、甘肃省社会科学院、中共浙江省委党校图书馆、南京图书馆、国防大学图书馆以及日本国会图书馆、韩国国会图书馆、亚洲文明对话大会外宾、普林斯顿大学图书馆东亚图书馆、华盛顿大学东亚图书馆等国内外单位调研参观56批886人。

习近平新时代中国特色社会主义思想文库数字化项目进展顺利。建成后的平台包含思想理论、思想之路、领袖风采、研究阐释等14个功能模块内容。截至2019年年底，资源涵盖文库收藏的习近平总书记撰写或主编的22本图书、109篇期刊文章及所在期刊、67本讲话单行本、75本年鉴、7本方志、1747本相关图书、40078版报纸，集成了新华社等发布的篇贺信函电及其他讲话1099份，以及中国社会科学图书馆未收录的习近平总书记发表的期刊文章209篇、中国社会科学院习近平新时代中国特色社会主义思想研究中心的文献成果147篇、研究阐释类期刊文章23710篇。

3. 重视网络安全和信息化工作

中国社会科学院图书馆强化网络安全意识，扎实做好网络安全和信息化建设工作。一是做好网络链路、机房、托管服务器、卫星电视、国家哲学社会科学文献中心和海量库、邮件系统和远程访问系统等在重点时期和节假日期间重保工作及日常运维。二是为中国社会科学网提供技术支持。三是为全院年度工作会议和名优会等重要会议提供视频直播保障。四是开展全院"网络安全为人民、网络安全靠人民"主题的网络安全宣传周活动,提升科研人员网络安全意识。五是为满足读者无线网络使用需求,完成图书馆楼无线网络搭建。六是顺利推进有关信息化项目,如安全威胁感知、WEB应用入侵检测与防御告警项目通过结项,电子邮件系统安全加固项目通过初步验收并上线试运行。七是配合开展国家政务信息共享相关工作。八是为院属各学科片信息化建设提供技术支持保障,开展各学科片机房环境及网络设备巡检,配合院内有关单位开展网络接入、网络故障排查、网络规划等工作,确保网络通畅。

4. 加强数字资源建设与服务

中国社会科学院图书馆助力科研,努力将数字资源建设与服务工作做到实处。为科学研判全院数字资源利用情况,完成了《2018年年度数字资源使用统计报告》,同时也为数据库的引进工作提供了翔实依据。2019年,图书馆严格执行"所里提需求、馆里决策、人文公司代理"的资源订购流程,面向全院开展数据库引进和使用需求调研,在调研基础上,结合资源的出版来源、资源数量、平台功能、使用统计等,完成新增数字资源评估报告,形成了续订数据库需求清单和新增数据库需求清单,经图书馆决策后由人文公司代理采购。截至2019年年底,共引进数据库111个,整合开放资源库96个。图书馆在利用本馆微信公众号、图书馆网站、电子邮件等积极宣传推介的基础上,编制《数字资源使用手册》并向院属研究单位各研究室等发放,根据研究人员不同需求开展线下和线上数字资源使用培训,采用QQ群、微信群和面对面服务等方式向读者答疑解惑,提高了科研人员关于数字资源使用的满意度,为哲学社会科学研究提供优质的数字资源保障。

5. 优化纸本资源建设和服务

中国社会科学院图书馆为对部分书库、阅览室进行了装修改造,对各类纸本资源进行了有效整合。2019年分别完成了外文图书调至图书馆楼七层、中文书库图书调至图书馆楼六层、期刊阅览室调至图书馆楼十三层、部分古籍临时迁至图书馆楼二层的文献"搬家"工作,在中文书库增设置马克思、恩格斯、列宁、斯大林、毛泽东著作专区,编制中国社会科学院科研成果文库工作方案等工作。同时,为便于顾颉刚文库、方志库和民国期刊等纸本文献管理,调整了上述文献的管理部门。

2019年,中国社会科学院图书馆积极做好纸本文献的采访、交流交换和捐赠等工作。在纸本文献采访方面,为最大化满足研究人员对于纸本资源的使用需求,引进中文期刊1398种、外文期刊769种;订购中文普通图书12152册、外文普通图书4289册,为习近平新时代中国特色社会主义思想文库采选图书367册,为领导采购图书240册。在国际书刊交流交换方面,续订26种280份交流交换期刊,向国境外40余家机构邮寄交流交换期刊2198册。在图书捐赠方面，向陕西丹凤、江西上犹邮寄图书2185册，向"学习强国"学习平台支援图书300册。

2019年，图书馆面向院内读者继续实行服务全部免费，接待到馆读者9184人次，办理读者卡210余人次，注销读者卡310人次，办理图书外借10555册次、返还10918册次、续借253册次，复印期刊报纸4233张，查阅过刊410册，扫描资料442页，提供代查代检服务41人次79件、专题查询7人次等，接待各类参观约60批900人次，积极为院内研究人员接受采访提供拍摄场地。

6. 开展实验室后期资助评审、网络舆情监测与分析

2019年，中国社会科学院图书馆开展2019年院属实验室内容建设评审及后期资助的相关工作。不断完善实验室后期资助管理流程和规范，修订了《中国社会科学院综合集成实验室后期资助申请书（模板）》文档和实验室评估指标及绩效评审标准。对社会心理与行为实验室、中国舆情调查实验室、社会保障实验室、经济社会发展综合集成实验室、中国社会发展综合指标实验室、城市信息集成与动态模拟实验室等6家实验室完成2018—2019年度院属实验室后期资助评审。据不完全统计，2019年度6家受资助实验室产出成果丰硕，主要包括数据库1个、计算机软件1个，皮书3部，专著7部，研究报告集1部，要报6篇，研究报告、调查报告、论文等92篇，《快讯》50期，会议14场。

此外，中国社会科学院图书馆还围绕"党的十九大以来的热点和焦点问题"，按照中国社会科学院相关要求，关注网络焦点事件和意识形态领域重要话题，开展网络舆情监测与分析。截至2019年年底，完成了《舆情简报》、《舆情专报》和《舆情监控报告》等28期14万余字；重点监测国内外热门主题80个，涉及超124万条媒体数据，并按季度整理汇总形成舆情监测报告。

7.《文献与数据学报》成功创刊

2019年3月，中国社会科学院图书馆和社会科学文献出版社共同主办的中文学术期刊季刊《文献与数据学报》成功创刊。刊物筹建阶段，图书馆充分整合和调动院内外人才资源，组建主编团队，成立首届编委会，编辑部紧扣"三大体系"建设、"一带一路"倡议等学术热点组稿，出版发行了第一期刊物。创刊初期，为保障办刊质量，编辑部积极发挥外聘专家和编委作用，通过约稿、自由投稿和作为学术会议媒体支持单位等多种途径，积极推进期刊出版工作。2019年，《文献与数据学报》出版发行4期，刊登了图书情报与数据领域理论研究、技术方法、前沿动态等方面的学术研究成果，追踪和报道了大数据时代图书情报领域的最新研究进展与学科发展前沿。

（三）科研工作

1. 科研成果统计

2019年，中国社会科学院图书馆共完成专著2种，44.5万字；论文5篇，7.3万字；工具书1种，48万字。

2. 科研课题

（1）新立项课题。2019年，中国社会科学院图书馆共有新立项课题2项。其中，所国情调研基地课题2项："永泰县文化遗产保护与传承情况调研"（王岚主持），"宁夏图书馆系统助力'一带一路'、'乡村振兴'等国家战略情况调研"（杨齐主持）。

（2）结项课题。2019年，中国社会科学院图书馆共有结项课题2项。其中，中国社会科学院研究所国情调研基地项目2项："永泰县文化遗产保护与传承情况调研"（王岚主持），"宁夏图书馆系统助力'一带一路'、'乡村振兴'等国家战略情况调研"（杨齐主持）。

3. 获奖优秀科研成果

2019年，中国社会科学院图书馆获"第十届（2019年）中国社会科学院优秀科研成果奖"专著类三等奖1项：蒋颖的《人文社会科学领域文献计量学研究》。

（四）学术交流活动

1. 学术活动

2019年，由中国社会科学院图书馆主办和承办的学术会议如下。

2019年5月16日，由中国社会科学院图书馆主办的国家哲学社会科学文献中心成果发布会在北京举行。发布会总结了国家哲学社会科学文献中心的建设成果，发布了《国家哲学社会科学文献中心学术期刊数据库用户关注度报告（2018年）》及国家哲学社会科学文献中心App。

2. 国际学术交流与合作

2019年，中国社会科学院图书馆共派遣出访5批14人次，接待来访13批139人次。开展学术交流的国家有美国、日本、科威特等。

（1）2019年3月19—23日，中国社会科学院图书馆馆长王岚一行赴美国丹佛参加北美东亚图书馆协会中文资料文献委员会特别会议和2019年美国亚洲研究协会／北美东亚图书馆协会年会。会议期间，王岚在北美东亚图书馆协会中文资料文献委员会特别会议上作"中国人文社会科学期刊开放获取平台建设探索"主题发言。

（2）2019年5月12—19日，期刊部工作人员于爱玉参加中国社会科学院青年学者访日团，赴日本进行访问。

（3）2019年5月14—18日，中国社会科学院图书馆典藏部主任张杰等5人赴日本访问日本图书馆协会、京都大学图书馆、早稻田大学图书馆、大阪大学图书馆和京都博物馆、东京博物馆，进行图书馆业务工作和博物馆建设工作交流。

（4）2019年5月17日，中国社会科学院图书馆馆长王岚等接待菲律宾国家图书馆副馆长詹尼佛·布蕊·迪马萨卡女士、老挝国家图书馆馆长甘塔马利·杨努沃恩女士、尼泊尔国家图书馆馆长普兰萨德·梅纳利先生、亚美尼亚国家科学院基础科学图书馆科学顾问提格兰·扎尔加利安先生四位亚洲文明对话大会代表来访。

（5）2019年6月9—13日，中国社会科学院图书馆纪委书记、常务副馆长何涛一行应文化和旅游部国际交流与合作局组织，随团赴科威特出席第三届中国与阿拉伯国家图书馆及信息领域专家会议。何涛在会议上作了"沟通交流、共建共享，进一步促进中阿学术资源合作交流"主题交流。

（6）2019年8月19日，中国社会科学院图书馆馆长王岚等接待加拿大不列颠哥伦比亚大学亚洲图书馆中文部主任刘静、加拿大维多利亚大学图书馆东亚研究馆员刘颖等来访。

（7）2019年8月20日，中国社会科学院图书馆馆长王岚等接待加拿大多伦多大学总馆长拉瑞·埃尔福德和该校东亚图书馆馆长乔晓勤来访。

（8）2019年8月21日、29日、30日，中国社会科学院政治学所接待的院协议外宾泰国马哈沙拉堪大学学者米苏万到访中国社会科学院图书馆。

（9）2019年8月22日，中国社会科学院图书馆馆长王岚接待哥伦比亚大学东亚图书馆馆长程健来访。

（10）2019年8月23日，中国社会科学院图书馆馆长王岚等接待美国加州大学伯克利分校东亚图书馆馆长周新平、美国加州大学伯克利分校教授何剑叶来访。

（11）2019年8月27日，中国社会科学院图书馆馆长王岚等接待美国普林斯顿大学东亚图书馆中文部主任邵玉书来访。

（12）2019年8月30日，韩国国会图书馆采编与交换部金英浩先生一行3人到访中国社会科学院图书馆。

（13）2019年9月3—7日，中国社会科学院图书馆馆长王岚一行赴挪威奥斯陆参加2019年欧洲汉学图书馆员协会年会暨第39届欧洲汉学图书馆员协会年会。王岚在年会上作了"专业图书馆推进开放获取的战略与实践研究——以国家哲学社会科学文献中心为例"专题发言。

（14）2019年9月23日，中国社会科学院图书馆馆长王岚等接待2019年非洲国家治理能力研修班约60位外宾参观。

（15）2019年10月14日，中国社会科学院图书馆馆长王岚等接待朝鲜社会科学院院长李慧正女士一行参观。

（16）2019年10月18日，中国社会科学院图书馆党委书记、馆长王岚等接待发展中国家治国理政总统顾问研讨班、菲律宾经济发展与社会政策研修班的约50名外宾参观。

（17）2019年11月21日，中国社会科学院图书馆馆长王岚等与爱思唯尔集团全球副总裁夏尔曼索罗伯先生等一行5人进行业务座谈。

（五）学术社团、期刊

1．社团

中国社会科学情报学会，理事长庄前生。

2019 年 11 月 23—24 日，中国社会科学情报学会在天津市举行中国社会科学情报学会 2019 年学术年会，会议的主题是"新时代社科情报学能力建设与创新路径研究"，研讨的主要议题有"社科情报学的前沿热点、理论发展、技术方法、工作实践"等。来自全国高校系统、社会科学院系统、党校系统、部队系统、新闻系统等从事社科情报理论研究和实践工作的有关专家学者及会议代表出席大会。

2. 期刊

《文献与数据学报》（季刊），主编王岚。

2019 年，《文献与数据学报》共出版 4 期，共计 80 万字。

（六）会议综述

国家哲学社会科学文献中心成果发布会

2019 年 5 月 16 日，在习近平总书记在哲学社会科学工作座谈会上的重要讲话发表 3 周年之际，国家哲学社会科学文献中心成果发布会在中国社会科学院举行。中国社会科学院副院长、党组副书记王京清，全国哲学社会科学工作办公室主任姜培茂，中宣部宣传舆情研究中心副主任郭晓军等领导出席发布会并致辞。中国社会科学评价研究院院长荆林波、中央党校（国家行政学院）图书和文化馆馆长谢煜桐、中国图书进出口（集团）总公司总经理张纪臣、国防大学图书馆馆长杜福增、最高人民法院图书馆馆长胡从玉等出席会议并讲话。中国社会科学院图书馆党组书记王岚主持会议并发布了《国家哲学社会科学文献中心学术期刊数据库用户关注度报告（2018 年）》。

发布会总结了国家哲学社会科学文献中心的建设成果。近 3 年来，国家哲学社会科学文献中心资源内容不断丰富，资源总量已达 1700 余万条。其中，国内优秀哲学社会科学学术期刊超过 2000 种，论文超过 1000 万篇。功能日益完善，个人用户通过简单注册，单位用户成为机构用户，就可以在线阅读和免费下载所有内容。社会影响力持续提升，个人用户数量超过 100 万人，国内外机构用户数量超过 14000 家，不仅服务了国内重要的社科研究机构，而且走进了重要国际组织和国外知名高校，用户遍及亚洲、欧洲、北美及共建"一带一路"30 多个国家，受到广泛欢迎。

《国家哲学社会科学文献中心学术期刊数据库用户关注度报告（2018 年）》显示：基于国家哲学社会科学文献中心学术期刊数据库 2018 年度的用户使用数据，以在线阅读量与下载量为基础设计"关注度指数"，重点统计分析了最受用户关注的期刊。此外，报告还分析了最受欢迎的论文以及学科关注情况、不同地区使用情况和机构用户使用情况等。

发布会还发布了国家哲学社会科学文献中心 App。利用 App，用户可以随时随地直接在手机、平板电脑等移动终端同步使用国家哲学社会科学文献中心的学术资源，更加方便快捷。

（文献中心建设部）

国家哲学社会科学文献中心参展第九届中国数字出版博览会

2019年8月21—25日，中国社会科学院图书馆应邀参加了第九届中国数字出版博览会。通过现场展示国家哲学社会科学文献中心、参加系列相关活动及接待北美高校图书馆到访等，国家哲学社会科学文献中心影响力进一步提升，为后续发展奠定了良好基础。

展会期间，中国社会科学院图书馆在新国展数字出版展区，搭建了国家哲学社会科学文献中心主展区。主展区面积66平方米，由滚动大屏、灯箱和体验区组成。国家哲学社会科学文献中心宣传片通过两块LED大屏滚动播放。国家哲学社会科学文献中心建设成绩，特别是推进海外传播的成绩及习近平新时代中国特色社会主义思想文库建设成绩则通过6个灯箱展示。设立的现场体验区，为观众体验国家哲学社会科学文献中心提供了便利。同时，与中国图书进出口（集团）总公司联合在其图书展区设立了分展位，开展了"扫码下载App，赠送宣传品"的活动。

展会期间，中国社会科学院图书馆参加了相关系列活动。8月18日，参加"2019年BIBF数字资源永久保存研讨会"，与海外30多位高校的图书馆馆长和业务负责人就数字资源永久保存现状、发展等问题进行了沟通交流。8月20日，参加了BIBF开幕式，获得中图公司授予国内"最佳合作伙伴"奖。8月21日，参加了中宣部宣传舆情中心举办的"学习强国"学习平台"数字内容资源合作签约仪式"，成为第一批签约单位，持续为"学习强国"学习平台建设提供国家哲学社会科学文献中心学术期刊数据库内容。8月23日，出席第九届中国数字出版博览会举行荣誉推介活动及授牌仪式，国家哲学社会科学文献中心荣获"国际合作奖"。

展会期间，国家哲学社会科学文献中心接待了中国社会科学院秘书长赵奇和中宣部出版局副局长王志成等。人民大学出版社、外语教学与研究出版社、中信出版社、武汉大学出版社、中国传媒大学出版社、南京师范大学文创园、中华医学会等单位均被国家哲学社会科学文献中心优质、开放、公益的学术资源吸引，希望就图书资源、学术期刊资源进行合作。其中，伊朗中国研究国际基金会出版社提出，希望在伊朗境内共同推广国家哲学社会科学文献中心优秀学术资源。此外，还接待了公众参观交流。

展会期间，加拿大哥伦比亚大学东亚图书馆、多伦多大学图书馆及东亚图书馆，加州大学伯克利分校东亚图书馆，普林斯顿大学东亚图书馆等机构的多位海外代表分批到访中国社会科学院图书馆。他们对国家哲学社会科学文献中心提供开放公益的优质学术资源给予赞扬和欢迎，对中国社会科学院图书馆改造后的馆舍环境、馆藏文献表示称赞，希望能够在学术交流、人员交流、文献服务等方面开展合作交流。

中国社会科学院领导高度重视此次展会活动，中国社会科学院图书馆精心组织，进一步推动了国家哲学社会科学文献中心海内外宣传推广，提高了国家哲学社会科学文献中心的社会影响力，加深了与海内外同行的沟通交流，取得了良好效果。中国社会科学院图书馆将认真总结参展工作，梳理有关单位和到访机构提出的合作需求及建议，归纳个人用户反馈的试用意见，进一步加快推进国家哲学社会科学文献中心建设。

（文献中心建设部）

中国社会科学院图书馆国情调研基地在福建永泰设立

2019年7月28日，中国社会科学院图书馆国情调研基地在福建省永泰县爱荆庄设立。中国社会科学院图书馆党委书记、馆长王岚和福建省永泰县县长雷连鸣分别致辞并共同为基地揭牌。

中国社会科学院图书馆党委书记、馆长王岚在致辞中强调，作为我国古村落保护发展的典范，永泰县十余年里一直默默践行着习近平总书记《〈福州古厝〉序》有关精神，不断解放思想、实事求是，创造了独具特色的古建筑、古村落保护与发展的新模式，取得了卓越成绩，令人钦佩。作为全国最大的哲学社会科学专业图书馆、国家哲学社会科学文献中心和"学习强国"参建单位，中国社会科学院图书馆认真贯彻落实习近平总书记"5·17"重要讲话精神和三次致中国社会科学院贺信精神，积极响应党中央"大兴调查研究之风"的要求，结合自身优势，努力在我国文化建设方面开展深入调研。经过慎重选择，我们与永泰县合作，建立国情调研基地，在讲好永泰故事，积极探索保护、研究、活化传统村落，唤醒人们对传统村落独特价值和多元功能的重新认识，抢救文物，记住乡愁，助力乡村振兴发展等方面发挥作用。希望以国情调研基地揭牌为契机，双方加强交流与合作，互利共赢，共同为贯彻落实党的十九大精神、践行习近平新时代中国特色社会主义思想打开新的工作局面。

永泰县委书记陈斌致辞表示，通过共建国情调研基地，引进智库智力，深挖古村落古庄寨历史精华，切实将庄寨打造成智库成果转化、科研人员教学实践以及永泰旅游品牌宣传推介、传统文化挖掘传承的平台阵地，为永泰乡村振兴注入生机与活力。

揭牌仪式结束后，王岚一行还出席了福州古厝保护与文化传承论坛之"记忆·乡愁"传统村落保护与发展专题论坛。

（甘大明）

中国社会科学情报学会2019年学术年会

2019年11月23—24日，中国社会科学情报学会2019年学术年会在天津市召开。会议以"新时代社科情报学能力建设与创新路径研究"为主题，由中国社会科学情报学会、中国社会科学院图书馆（国家哲学社会科学文献中心）主办，南开大学商学院信息资源管理系承办，得到了《情报资料工作》和《文献与数据学报》的支持，吸引了全国高校系统、社科院系统、党校系统、部队系统、新闻系统等从事社科情报理论研究和实践工作的专家学者等出席会议。

开幕式期间，中国社会科学院图书馆党委书记、馆长王岚，南开大学副校长、中国科学院院士陈军出席大会并致辞。中国社会科学情报学会副理事长王世伟主持开幕式活动。

年会期间，16位专家围绕社科情报学的前沿热点、理论发展、技术方法、工作实践等作了大会报告。中国社会科学情报学会常务理事、华中师范大学副校长夏立新的题为"新时代社科情报学研究的新挑战、新举措"的报告，中国社会科学情报学会副理事长、南京大学信息管理学院院长孙建军的题为"需求与能力导向的人文社科大数据研究与实践"的报告，把握前沿热点，面向未来发展。会议有三个情报学理论研究的报告，分别是南开大学商学院信息资源管理系教授于良芝和王芳的题为"图书馆情报学研究的实践转向""情报学理论的应用、创新与学科知识贡献"的报告，周军教授的题为"关于认知情报学研究的进展"的报告。技术发展与应用也是年会关注的内容。中国社会科学情报学会常务理事、学会数字人文专业委员会副主任、武汉大学信息管理学院教授王晓光作了题为"建设面向数字人文的研究基础设施：方向与路径"的报告，中国社会科学情报学会常务理事、南京农业大学人文社科处处长黄水清作了题为"新时代人民日报分词语料：语料库构建与性能测评"的报告。会议的很多报告密切结合图书情报工作实践。王世伟总结了自己进行智库咨询研究的丰富经验，作了题为"图情决策咨询科研与智库成果的选题与撰写方法"的报告；中国科学院大学图书情报与档案管理系主任、《文献与数据学报》执行副主编初景利作了题为"图书情报专业毕业生的职场竞争力"的报告。中国社会科学院图书馆文献中心建设部副主任赵以安，中国社会科学情报学会常务理事、中共中央党校（国家行政学院）图书和文化馆技术保障室主任郑光辉，中国社会科学院经济研究所图书馆馆长、科研处处长王砚峰介绍了各自单位的实践工作，报告分别以"国家哲学社会科学文献中心最新进展""全国党校系统图书馆业务发展特色概述""社会科学研究机构图书馆的特质和定位"为题。中国社会科学情报学会常务理事、《情报资料工作》编辑部副主编徐亚男和《文献与数据学报》编辑部孔青青介绍了学会学报《情报资料工作》以及学会支持的期刊《文献与数据学报》的办刊宗旨、发展状况。作为图书情报行业的上游产业，中国社会科学情报学会常务理事、中国人民大学书报资料中心原主任武宝瑞，社会科学文献出版社副社长谢炜介绍的数字环境下期刊融合与图书出版的研究引发了大家的关注，跨行业合作已经成为大家的共识。

年会期间，为贯彻落实党的十九届四中全会精神，开设了专家研讨环节。初景利、王世伟、武宝瑞、夏生平、周军、黄水清、郑清文等7位专家围绕党的十九届四中全会精神在图书情报领域的贯彻落实及互联网和大数据环境下图书情报事业在推进国家治理体系和治理能力现代化等方面的作用进行研讨。

年会期间，还举办了赠书仪式。中国社会科学情报学会常务副理事长兼秘书长蒋颖代表图书馆·情报与文献学名词审定委员会将《图书馆·情报与文献学名词》一书赠予南开大学商学院和与会代表。王砚峰代表中国社会科学院经济研究所图书馆向南开大学商学院赠送了两本图书，表达对南开大学百年校庆的祝贺。南开大学商学院副院长李月琳代表商学院接受赠书。

（中国社会科学情报学会秘书处）

中国社会科学杂志社

（一）人员、机构等基本情况

1. 人员

截至2019年年底，中国社会科学杂志社共有编制内在职人员53人。其中，正高级职称人员11人，副高级职称人员11人，中级职称人员20人，高、中级职称人员约占全社编制内在职人员总数的79%。另有聘用制人员229人。

2. 机构

中国社会科学杂志社设处级机构18个。其中采编业务部门12个，分别为马克思主义理论部、哲学部、社会科学部、文学部、史学部、国际部、对外传播中心、新刊编辑部、《中国社会科学报》编辑中心、《中国社会科学报》新闻中心、社科网采编中心、网络安全与新媒体中心；业务支撑部门3个，分别为总编室、研究室、事业发展部；行政管理部门3个，分别为办公室、人事处（党办）、财务资产部。

（二）刊报网编辑工作

1.《中国社会科学》（月刊），总编辑张江。

2019年，《中国社会科学》共出版12期，总发稿量117篇文章。

围绕马克思主义基础理论研究，刊发了萧诗美、肖超的《马克思论所有权的自由本质和自我异化》，邹诗鹏的《马克思的社会存在概念及其基础性意义》，吴晓明的《唯物史观的阐释原则及其具体化运用》，项久雨的《新时代美好生活的样态变革及价值引领》等重要文章。

围绕习近平新时代中国特色社会主义思想专题研究阐释，刊发了黄瑶的《论人类命运共同体构建中的和平搁置争端》，唐世平的《国际秩序变迁与中国的选项》，陈进华的《治理体系现代化的国家逻辑》，王浦劬、汤彬的《当代中国治理的党政结构与功能机制分析》等重要文章。

着力办好"构建中国特色哲学社会科学"专栏，刊发的文章有：周雪光的《寻找中国国家治理的历史线索》，邓小南的《信息渠道的通塞：从宋代"言路"看制度文化》，罗祎楠的《中国国家治理"内生性演化"的学理探索——以宋元明历史为例》，江小涓、罗立彬的《网络时代的服务全球化——新引擎、加速度和大国竞争力》，王岩、陈绍辉的《政治正义的中国境界》，谢伏瞻的《加快构建中国特色哲学社会科学学科体系、学术体系、话语体系》，刘作翔的《当代中国的规范体系：理论与制度结构》等。

精心组织策划了庆祝新中国成立70周年专栏，刊发的文章有：谢伏瞻的《新中国70年经济与经济学发展》，张文显的《在新的历史起点上推进中国特色法学体系构建》，张福贵的《当代中国文学研究话语体系的建构》，于沛的《历史科学与中国特色社会主义》，杨光斌的《以中国为方法的政治学》等。

2019年，《中国社会科学》编发的文章《"习近平新时代中国特色社会主义经济思想"笔谈》在第三届"期刊主题宣传好文章"推荐活动中入选为推荐文章。《中国社会科学》申报的选题策划入选中宣部开展的"庆祝新中国成立70周年"期刊主题宣传优秀选题资助项目。2019年孙冶方经济科学奖第18届（2018年度）获奖作品中，获奖的三篇论文皆发表于《中国社会科学》，获奖篇目为《典与清代地权交易体系》《论国家治理现代化框架下的财政基础理论建设》《中国资源配置效率动态演化——纳入能源要素的新视角》。

2.《中国社会科学报》（周一、周二、周三、周四、周五出版），总编辑张江。

2019年，《中国社会科学报》全年共出版242期，每周44个版。

《中国社会科学报》在主报头版头条持续开设"在习近平新时代中国特色社会主义思想指引下——新时代新作为新篇章"专栏。深入阐释习近平总书记在宣传思想工作、党和国家监督体系、社会主义意识形态、加强学校思政课教师队伍建设等方面的重要论述，持续深入宣传习近平新时代中国特色社会主义思想。

报纸深入宣传阐释习近平总书记庆祝中华人民共和国成立70周年系列重要讲话精神，连续多日在主报刊发多个"学习习近平总书记在庆祝中华人民共和国成立70周年期间的系列重要讲话精神"专题版面；刊发的文章有：曲青山的《新时代新长征的宣言书——学习习近平总书记庆祝中华人民共和国成立70周年系列重要讲话精神》，许耀桐的《党的群众路线70年的发展——学习习近平总书记在庆祝中华人民共和国成立七十周年大会上的重要讲话》，王冠丞的《为乡村振兴提供坚强政治保证》，林祖华的《从新中国70年历史中汲取力量》，谢伏瞻的《新中国70年经济与经济学发展》等。

报纸持续贯彻落实习近平总书记致中国社会科学院成立40周年贺信精神，推动哲学社会科学"三大体系"建设。刊发了谢伏瞻院长的《加快构建中国特色哲学社会科学学科体系、学术体系、话语体系》。在报纸持续开设"三大体系"建设专栏，刊发了系列报道45篇，从宏观层面论述了"三大体系"建设的重大意义、关系、成就等，从学术体系、话语体系等视角阐述了它们的完善机制、评价标准和发展方向，从学科层面介绍了各学科在"三大体系"建设过程中所取得的成就、经验和发展方向。

报纸在主报头版头条和院刊开设"深入开展'不忘初心、牢记使命'主题教育"专栏,深入学习贯彻宣传阐释习近平总书记关于主题教育的系列重要讲话精神,持续深化主题教育宣传效果。

报纸深入宣传阐释习近平总书记致中国社会科学院中国历史研究院成立贺信精神。编发了陈之骅的《殷切的期望 崇高的使命——学习习近平致中国社会科学院中国历史研究院成立的贺信感言》,刘庆柱的《历史紧密服务于国家发展——深入学习习近平致中国社会科学院中国历史研究院成立的贺信精神》,于沛的《新时代呼唤中外历史重大理论问题研究——深入学习习近平致中国社会科学院中国历史研究院成立的贺信精神》,马敏的《通古今之变化 发时代之新声——深入领会习近平致中国社会科学院中国历史研究院成立的贺信精神》等文章。

报纸深入宣传阐释习近平总书记致中国社会科学院中国非洲研究院成立贺信精神。在主报头版头条刊发《习近平向中国非洲研究院成立致贺信》《中国非洲研究院在北京成立 杨洁篪宣读习近平主席贺信并致辞》等重要稿件,并采写《谢伏瞻主持召开中国社会科学院党组会议 传达学习贯彻习近平主席致中国非洲研究院成立贺信精神》《中国非洲研究使命光荣任重道远》《开创中非研究工作新局面》等多篇报道,多层次、立体化展示学界学习习近平总书记贺信精神的高涨热情。

3. 《中国社会科学评价》(季刊),主编孙麾。

2019年,《中国社会科学评价》共出版4期,约90万字,总发稿量59篇。有代表性的文章有:朱孝远的《中国世界史阐释学的构建:路径与方法》,李培林的《改革开放四十年我国阶级阶层的变化》,谢天振的《"创造性叛逆":本意与误释——兼与王向远教授商榷》,李文珍的《中国社会学:从本土化尝试到主体性建构——社会学长江学者十人谈》,杨光斌的《发现真实的"社会"——反思西方治理理论的本体论假设》,李路路、张文宏、胡荣、文军的《改革开放以来中国社会学得与失——现代化、社会资本、理论与学科》,吴晓明的《以唯物史观引领"三大体系"建设》,陈恒的《在开放的视野中构建中国特色哲学社会科学学术体系》,南帆的《探求中国文学理论的民族文化特征》,[加拿大]阿米塔·阿查亚、[英]巴里·布赞的《迈向全球国际关系学:国际关系学科百年反思》(张发林译)等。

4. 《中国文学批评》(季刊),主编张江。

2019年,《中国文学批评》共出版4期,约94万字,总发稿量72篇。有代表性的文章有:张志忠的《以神奇的想象促成精神创化——莫言创作的经验与启示》,欧阳友权、张伟颀的《中国网络文学批评20年》,陈定家的《网络文学:出海热的冷思考》,刘旭光的《得意、会心与皆大欢喜:论中国文艺的阐释路径》,李斌的《有关郭沫若的五个流言及真伪》,方维保的《茅盾的民族主义与〈子夜〉的叙述伦理》,王宁的《钱中文的俄苏文学和文论批评》,胡亚敏的《当代文学体裁流变新探》,李师东的《〈人世间〉:现实主义的新高度》,梁晓声的《"人在现实中应该是怎样的"——关于〈人世间〉的补白》,黄鸣奋的《超身份:中国科幻电影的信息科技想象》等。

5.《中国社会科学文摘》(月刊),主编李红岩。

2019年,《中国社会科学文摘》共出版12期,共计296万字,总发稿1342篇。

有代表性的文摘有:张江的《"理""性"辨》、黄群慧的《改革开放40年中国的产业发展与工业化进程》、于沛的《与时代同行:中国史学理论研究40年》、徐勇的《基于中国场景的"积极政府"》、谢伏瞻的《全方位理解改革开放 坚持改革开放不动摇》、朱孝远的《中国世界史阐释学的构建:路径与方法》、谢伏瞻的《加快构建中国特色哲学社会科学学科体系、学术体系、话语体系》、张江的《阐释逻辑的正当意义》、孙正聿的《构建当代中国马克思主义哲学学术体系》、王利明的《民法典编纂与中国民法学体系的发展》、吴晓明的《马克思主义中国化与新文明类型的可能性》、谢伏瞻的《新工业革命将重塑国家间竞争格局》等。

6. Social Sciences in China (《中国社会科学》英文版,季刊),主编张江。

2019年,Social Sciences in China 共出版4期,发表论文43篇。其中单篇论文21篇,专题论文23篇。有代表性的文章有:Liu Wei, "Breakthroughs on Fundamental Issues of Socialist Political Economy in China's Economic Reform"; Zhang Hui, "A Community of Shared Future for Mankind—The Contemporary Development of the Social Foundations Theory of International Law"; Cai Fang, "The Logic of the Successful Experience of China's Reform"; Zhang Jiang, "Distinguishing between Li and Xing"。

7.《国际社会科学杂志》(中文版,季刊),主编王利民。

2019年,《国际社会科学杂志》(中文版)共出版4期,共计68.9万字。该刊全年刊载的有代表性的文章有:北京工业大学大栅栏课题组(李阿琳)的《空间中的行动:大栅栏院落空间与社会关系的调整》、刘可强的《文化资产规划中的多样性与社群:以台北宝藏岩为例》、陈育贞、李慈颖的《文化遗产保存的草根行动和里邻复兴:宜兰旧城案例》、穆什塔克·H.汗的《转型治理中的制度:对非洲的教训》(邵文实译)、穆罕默德·吉兹、拉比·内梅、罗法伊达·埃尔奥特的《欺诈:审计师的责任还是组织文化》(王爱松译)、B.盖伊·彼得斯的《治理:关于五个论点的十点想法》(邵文实译)、马丁·琼斯的《治理的大力推进与失败的实际情况:以20年来的经济发展为例》(王爱松译)、乔治·舒尔曼的《再论平等》(张大川译)、詹妮·佩拉贝的《社群主义的平等:按对群体认同的贡献分配》(曲云英译)、海伦·佩里维耶和雷雅娜·塞纳克的《新自由主义的新精神:平等与经济繁荣》(龚华燕译)。

8.《中国社会科学内部文稿》(双月刊),主编孙麾。

2019年,《中国社会科学内部文稿》共出版6期,总发稿64篇。该刊全年刊载的有代表性的文章有:万相昱、蔡跃洲的《数据驱动的社会科学研究新范式》、马瑞映的《整体性历史阐释的方法论趋势》、仇华飞的《实施"巧战略":引导中国力量为巩固美国的规则制定权服务》、蔡宏波的《美国不是赢家——美国主流学界关于中美贸易战文献综述》、张萍的《我国环境保护的社会动员模式及其问题》，李石的《"过度医疗"与社会分配》，李延均的《防范"一带一路"低效配置资源风险》，段文灵、栗治强的《20年来军队网络思想政治教育研究及应用的回顾与前瞻（1998—2018）》，文宏的《人民获得感：基于对政治认同的影响逻辑分析》，孙珠峰的《美国的家族政治及其生成逻辑》。

9. 中国社会科学网，总编辑李红岩。

2019年，中国社会科学网围绕中央网信办工作部署和中国社会科学院"三大体系"建设中心工作，始终坚持学习宣传贯彻习近平新时代中国特色社会主义思想这个首要任务，切实做好学习贯彻党的十九届四中全会精神与马克思主义理论研究和建设工程网上传播，结合党和国家重大宣传主题，依托中国社会科学院和中国社会科学杂志社优质学术资源，积极开展理论创新成果的学理阐释与网上舆论宣传工作，唱响思想理论主旋律，在杂志社刊报网一体化工作格局中，切实加强高品质学术骨干网传播平台建设，不断提升马克思主义学术立网、高效生产机制强网、积极创新服务办网、严格规范制度管网能力，为杂志社学术全媒体融合发展作出贡献。

围绕党和国家重大宣传主题与中国社会科学院"三大体系"建设中心工作，截至2019年12月底，全网发布文章128600篇，手机版发布文章54154篇，原创32824篇，PC端总阅读量超7800万PV，累计PV超7.5亿。

新建频道栏目3个，新建子网站2个。组织策划上线17个重大专题，制作微视频127个、音频22个、H5 118个、图解等作品88个。被全网推送作品共85篇（个），其中理论文章79篇、微视频5个、图解1个。

积极应用新技术手段，有效打造集社科网微博、微信、今日头条、一点资讯等为一体的新媒体传播矩阵。截至2019年12月，"中国社会科学网"微信公众号订阅量达18.4万。"中国学派"微信公众号订阅量达6.4万。"中国社会科学网"今日头条号粉丝量达到35万。"中国社会科学网"新浪微博粉丝量达10.5万。在平台拓展方面也进行了多种尝试，新入驻百家号、喜马拉雅FM、"学习强国"等平台。"中国社会科学网"百家号粉丝量达到30.6万，被百家号评为"2019年度影响力政务新媒体"。在喜马拉雅FM共发布音频节目302个。在"学习强国"发布稿件892篇。通过聚合丰富的优质学术内容，依靠新媒体推广渠道，实现全媒体、全天候信息发布，实现刊、报、网全面融合。

积极参加中央网信办2019年度优秀网络评论推荐活动，1篇理论文章获得2020年中央网信办秘书局"2019年度优秀网评作品奖"。

积极参加中国社会科学院"数字社科院"建设工作，中国社会科学杂志社高术采编系统、流媒体系统、报刊订阅平台系统及中国社会科学网主网站等项目，认真做好迁移上云前的准备工作。

组织完成中国非洲研究院网站建设、院官网改版、中国社会科学网子网站改版等建设项目，为社内网络平台和院属各所局子网运维提供了重要技术支持。

（三）科研工作

1. 科研成果统计

2019年，中国社会科学杂志社编辑人员撰写并发表文章24篇，参与撰写并出版学术专著3部。

2. 科研课题

（1）新立项课题。2019年，中国社会科学杂志社共有新立项课题3项。其中，院国情考察课题1项："学术媒体与融通中外的话语体系建设"（吕薇洲主持）；国家社会科学基金青年课题1项："当代西方自然主义声音理论研究"（张聪主持）；国家社会科学基金后期资助课题1项："清代地方司法运作中的省县互动——以省例为中心"（徐鑫主持）。

（2）结项课题。2019年，中国社会科学杂志社共完成课题结项2项。其中，院国情考察课题1项："学术媒体与融通中外的话语体系建设"（吕薇洲主持）；国家社会科学基金后期资助课题1项："共产国际与中国苏维埃政权"（耿显家主持）。

（3）延续在研课题。2019年，中国社会科学杂志社共有延续在研课题2项。其中，国家社会科学基金青年课题1项："现代性视阈中的马克思与齐美尔货币理论比较研究及其当代社会意义研究"（李凌静主持）；国家社会科学基金后期资助课题1项："北朝婚姻形态与皇权政治"（张云华主持）。

（四）学术交流活动

1. 国内学术会议

2019年，由中国社会科学杂志社主办国内学术会议如下。

（1）2019年3月9日，由《中国社会科学》编辑部与复旦大学世界经济研究所共同主办的"以平衡发展促进内需 实现高质量发展"研讨会在上海召开。会议的主题是"中国经济不平衡发展面临的瓶颈、挑战和重点任务"。

（2）2019年3月16日，由《中国社会科学》编辑部与中山大学岭南学院共同主办的第一届（2019）金融学术前沿研讨会在北京召开。来自中国人民银行、中国人民大学、中山大学、对外经济贸易大学、中央财经大学、上海财经大学、厦门大学、东南大学的十余位专家学者与会。会议研讨的主要议题有"如何促使金融服务实体经济、健全现代金融企业制度""完善多层次金融市场体系""构建现代金融监管框架、防控系统性金融风险"等。

（3）2019年3月17日，由中国社会科学杂志社新刊编辑部主办的"'三大体系'建构中的文学批评——《中国文学批评》创刊四周年座谈会"在北京举行。会议的主题是"如何在'三大体系'建构中发挥引领作用，办出一流刊物"。

（4）2019年4月12—14日，由《中国社会科学》编辑部与山东大学哲学与社会发展学院承办的"中国哲学论坛·第四届中国社会科学青年哲学论坛"在山东大学召开。论坛的主题是"哲学与生活：当代哲学前言问题研究"。来自清华大学、复旦大学、南京大学、浙江大学、山东大学等高校和科研机构的30余位青年学者参加会议。

（5）2019年4月13日，由中国社会科学杂志社、复旦大学哲学学院主办，《学术月刊》协办的"阐释的公共性本质学术研讨会"在复旦大学召开。

（6）2019年4月14日，中国社会科学杂志社2019年学术动态与网络舆情研讨会在福建省福州市召开。会议由中国社会科学杂志社、福建师范大学共同主办。会议的主题是"深化唯物史观研究 抵御历史虚无主义"。

（7）2019年4月21日，由中国社会科学杂志社主办，南京大学哲学系、南京大学马克思主义社会理论研究中心承办，主题为"21世纪马克思主义哲学的研究进路"的"首届马克思哲学青年学术论坛"在南京大学召开。来自中国社会科学院、北京大学、清华大学、中国人民大学、复旦大学、吉林大学、南开大学等科研机构和高校的近30名青年学者与会。会议研讨的主要议题有"马克思哲学基础理论研究""马克思哲学品格的当代意义""马克思主义哲学的理论原创性与方法创新""中国理论的建构与马克思主义哲学的使命""马克思哲学研究的世界眼光"等。

（8）2019年4月26—28日，由《中国社会科学》编辑部和江苏师范大学语言科学与艺术学院联合举办的"第八届中国语言学研究方法与方法论问题学术讨论会"在江苏师范大学召开。会议的主题是"新时代中国语言学的创新之路"，研讨的主要议题有"'语言学＋'视野下的跨学科研究""人工智能时代的语言学研究""从文字演进看思想史""全球化进程中的中国语言学"等。

（9）2019年5月18日，中国社会科学杂志社、同济大学联合主办，同济大学中国战略研究院、同济大学政治与国际关系学院承办的第三届中国战略论坛——"走向命运共同体的文明互鉴"学术研讨会在同济大学举行。来自中国社会科学院、同济大学、复旦大学、济南大学、中国政法大学等科研机构和高校的专家学者参加会议。会议研讨的主要议题有"中国—世界互动与人类命运共同体""国家治理现代化与人类命运共同体构建""全球治理转型与新型国际关系""人类命运共同体构建与中国战略作为"等。

（10）2019年6月1—2日，中国社会科学杂志社与浙江大学哲学系共同举办"语言、认知与心灵"学术研讨会。来自中国社会科学院、北京大学、清华大学、中国人民大学、复旦大学、中山大学、南京大学、南开大学、厦门大学、武汉大学、山西大学、江苏师范大学、四川外国语大学等科研机构和高校的20余位专家学者参会报告。会议研讨的主要议题有"哲学与认知科学的交叉融合""逻辑与认知的相互关联""语言与认知的计算面向和哲学反思"。

（11）2019年6月15—16日，由中国社会科学杂志社和中山大学主办的第五届法学前沿论坛在中山大学举行。论坛的主题是"新中国70年法学理论的再深化"。来自北京大学、清华大学、中国人民大学、上海交通大学、中国社会科学院等近20所高校及科研院所的50余位知名专家学者参加论坛。

（12）2019年8月24日，由中国社会科学杂志社主办的"加快构建中国特色哲学社会科学学术体系"专题研讨会在北京举行。来自北京大学、清华大学、中国人民大学、复旦大学、美国斯坦福大学等高校和科研机构的专家学者参加了会议。

（13）2019年9月6日，由中国社会科学杂志社和北京大学儒学研究院共同主办的"中国阐释学的建构及其可能途径"学术研讨会在北京大学举行。来自中国社会科学院大学、北京大学、清华大学、中国人民大学、北京师范大学、天津社会科学院等高校和科研机构的专家学者参会。会议研讨的主要议题有"中国阐释学的思想资源、概念界定、发展路径"等。

（14）2019年9月26—28日，由《中国社会科学》编辑部、华中师范大学马克思主义学院和湖北省伦理学学会联合主办的"第四届中国社会科学伦理学专家高端论坛"在华中师范大学召开。来自全国十余所高校和科研院所的30余位知名专家学者参加。论坛的主题是"技术时代的伦理：困境与抉择"，研讨的主要议题有"技术时代与'人'的再发现""技术时代的新伦理问题""技术时代的人工智能伦理问题""技术时代的信息技术伦理问题""技术时代的社会治理问题""技术时代的科技伦理学""技术时代的生命科学伦理问题"。

（15）2019年10月26日，以"公共价值与美好生活"为主题的第十九届马克思哲学论坛在陕西师范大学召开。论坛由中国社会科学杂志社主办，陕西师范大学哲学与政府管理学院承办。来自中国社会科学院、北京大学、清华大学、中国人民大学、复旦大学等高校和科研机构，以及人民出版社、《新华文摘》等学术期刊和学术机构的150余位专家学者参加了论坛。会议研讨的主要议题有"公共性与公共价值""新时代美好生活及其建构""经典马克思主义理论及其当代发展""马克思主义哲学及其中国化""全球化与人类命运共同体"等。

（16）2019年11月2日，由中国社会科学杂志社、中国社会科学院古代史研究所、中国殷商文化学会、四川大学、重庆师范大学联合主办的"中心与边缘：巴蜀文化和上古中国"高峰论坛在四川大学历史文化学院开幕。

（17）2019年11月8—10日，由中国社会科学杂志社与南京大学历史学院联合举办的"文明探源与古史重建理论的百年反思"学术研讨会在南京大学召开。会议研讨的主要议题有"文明探源中考古学的理论与方法""疑古和释古理论与方法上的反思""文献、考古与古史重建的关系"等。

（18）2019年11月10日，由《中国社会科学》编辑部与复旦大学可持续发展研究中心联合举办的"效率、生产率与经济高质量发展"学术研讨会在复旦大学召开。会议从效率和生产率角度，探讨当前经济发展过程中的问题，为实现中国经济高质量发展提供研究支持。

（19）2019年11月22日，"互文 场域 叙事'讲好中国故事'话语传播高峰论坛"在华侨大学厦门校区举办。论坛由《中国社会科学报》编辑部、华侨大学新闻与传播学院、福建日报社东南网、北京外国语大学国际新闻与传播学院、华侨大学社会科学研究处、华侨大学党委宣传部联合主办,海峡两岸传播创新研究中心、华侨大学海外华文媒体研究中心承办。来自中国社会科学院、纽约州立大学、清华大学、厦门大学、北京外国语大学、华侨大学等高校、研究机构的30多位专家学者及业界人士参加会议。会议的主题是"新时代背景下如何讲好中国故事"。

(20) 2019年11月29日,第八届全国人文社会科学期刊高层论坛在海南省海口市举行。论坛的主题是"中国特色哲学社会科学学术体系构建与人文社会科学期刊"。论坛由中国社会科学杂志社、海南省社会科学院、海南大学共同主办,海南大学法学院、《南海学刊》编辑部承办。来自全国各省市区社科院、社科联及高校人文社会科学期刊的近百位专家学者参加了论坛。

(21) 2019年12月1日,由中国社会科学杂志社主办的题为"阐释的限度"的"第二届中国阐释学三亚论坛"在海南省三亚学院召开。来自中国社会科学院、南京大学、上海财经大学、北京大学、复旦大学、北京师范大学、中国社会科学院大学等单位的20余位专家学者参加。论坛旨在深化阐释学基本理论问题的研究,推进当代中国阐释学话语体系的构建。

(22) 2019年12月4日,由中国社会科学杂志社、中国文学批评研究会主办,深圳大学美学与文艺批评研究院、《中国文学批评》编辑部承办的新时代中国文论的阐释走向——第六届"当代中国文论:反思与重建"高端学术论坛在深圳大学举办。

(23) 2019年12月21—22日,由中国社会科学杂志社和云南大学主办的第七届中国社会科学跨学科论坛在云南省昆明市召开。论坛的主题是"多学科视域下的协调发展",研讨的主要议题有"东中西部区域经济协调发展""协调发展中的法学回应""城乡协调与社会发展"等。

(24) 2019年12月22—23日,由中国社会科学杂志社哲学部和中国社会科学院-上海市人民政府上海研究院联合举办的"哲学研究中的逻辑与方法"研讨会暨第二届全国哲学院系院长系主任座谈会在上海研究院召开。来自北京大学、中国人民大学、北京师范大学、南开大学、南京大学、浙江大学、中山大学、四川大学等高校的哲学院(系)的院长(主任)等共20余人参加会议。

(25) 2019年12月28日,由中国社会科学杂志社主办的首届中国社会科学心理学专家论坛在北京召开。会议的主题是"现代心理学发展对人文社会科学的影响"。

2. 国际学术会议

(1) 2019年10月19—20日,以"地区与全球大变局下的中拉关系展望"为主题的第八届中拉学术高层论坛暨中国拉美学会学术大会在福建省福州市召开。会议由中国社会科学杂志社、中国拉丁美洲学会、中国社会科学院拉丁美洲研究所、福建师范大学、巴西圣保罗州立大学、智利安德烈斯·贝略大学和阿根廷科尔多瓦国立大学联合主办,福建师范大学承办。来自中国、阿根廷、巴西和智利等国的130多位学者及外交官与会。论坛研讨的主要议题有"全球与地区变局下的中拉合作前景""拉美经济及社会特性与中拉发展合作""拉美政治发展与对外关系调整"等。

（2）2019年11月12日，由中国社会科学杂志社、德国波恩应用政治研究院联合主办，华东政法大学承办的"促进中德合作、共筑美好世界——第七届中德学术高层论坛"在上海召开。

3. 国际学术交流

（1）2019年1月31日，李凌静作为访问学者赴美国维思里安大学访学。

（2）2019年4月25日至5月4日，应英国爱丁堡皇家学会、奥地利维也纳大学、德国图宾根大学邀请，中国社会科学院原副院长张江率团访问英国、奥地利、德国，就"文学理论重要议题与当代阐释学理论构建"开展学术交流。

（3）2019年6月8—13日，中国社会科学杂志社柯锦华赴埃及参加"第七届世界文化发展论坛"。

（4）2019年8月2日，中国社会科学杂志社梁华赴美国执行2019—2020学年度中美富布赖特研究学者项目。

（5）2019年11月1—5日，中国社会科学杂志社副总编辑吕薇洲赴美国拉斯维加斯参加中宣部组团、中国期刊协会组织、国际期刊联盟举办的"第四十二届世界期刊大会"。

（6）2019年11月1—13日，应意大利国家研究委员会、德国汉堡大学和葡萄牙科英布拉大学邀请，中国社会科学杂志社李树民、刘鹏前往意大利、德国和葡萄牙，在都灵大学召开中意学术双年会。

（7）2019年11月17—24日，中国社会科学杂志社柯锦华赴英国、保加利亚执行智库间交流及"一带一路"框架下中欧合作专题调研任务。

4. 与中国香港、澳门特别行政区和中国台湾开展的学术交流

（1）2019年3月25—27日，中国社会科学杂志社李红岩赴澳门参加"2018年度中国历史学研究十大热点"发布会。

（2）2019年5月6—8日，中国社会科学杂志社耿显家赴澳门参加"澳门与抗日战争"史学论坛。

（3）2019年5月30日至6月1日，中国社会科学杂志社林跃勤赴澳门参加"2019澳门回归二十周年社会经济与对外关系发展研讨会暨澳门城市大学新书发布会"。

（4）2019年6月30日至7月6日，中国社会科学杂志社李琳、冯建华、郑飞三人赴台湾参加中国期刊协会举办的2019年"第九届两岸期刊研讨会暨期刊展"。

（5）2019年9月4—7日，由澳门基金会、中国社会科学杂志社、澳门大学、澳门理工学院、澳门科技大学及暨南大学联合举办的"第六届澳门学国际学术研讨会暨第五届澳门人文社

会科学研究优秀成果颁奖礼"在澳门召开。研讨会的主题是"澳门学与澳门民间文化"。

(6) 2019年9月17—20日，中国社会科学杂志社张云华赴澳门参加"国际视野下的口述历史规范化问题"学术研讨会。

（五）会议综述

"加快构建中国特色哲学社会科学学术体系"专题研讨会

2019年8月24日，中国社会科学杂志社在北京召开"加快构建中国特色哲学社会科学学术体系"专题学术研讨会。来自多所高校、科研单位不同学科的数十位知名专家学者就各学科领域的学术体系建设及相关问题进行深入研讨，从马克思主义、哲学、政治学、经济学、法学、社会学、文学、历史学、新闻学等各个学科视角深化理论思考，为加快中国特色哲学社会科学学术体系的构建和学科布局提供强有力的学理支撑和智力支持。

注重学科交叉　创新学术体系

中国社会科学杂志社总编辑张江指出，中国特色哲学社会科学学术体系建设、学科体系建设，需要特别重视学科交叉。一方面是自己学科内部的交叉；另一方面是与其他学科的交叉。要重视人文学科的交叉，特别是一些基本学科的交叉和融合，在人文学科的建设上非常重要。各学科的分离，特别是与基础学科、基础研究的分离，学科研究与基本逻辑规则的分离，使这个学科难免混沌。要重视人文学科和自然科学的交叉。不要把自然科学与精神科学对立起来。自然科学有很多方法、很多思维方式，值得认真对待。希望我们重视学科交叉，引领学术前沿，用中国智慧做有思想的学问。

以唯物史观引领"三大体系"建设

复旦大学哲学院教授吴晓明认为，构建中国特色哲学社会科学学术体系，是时代提出的重大任务，它需要学术本身的决定性转折，也需要唯物史观的引领。党的十九大报告作出历史性的判断：中国特色社会主义进入了新时代，这是一个新的历史方位或时代坐标。对应于时代的伟大转折，中国学术也要经历一个转折，它将从长期以来的"学徒状态"中摆脱出来，并开始获得它的"自我主张"。而唯物史观对构建中国特色哲学社会科学具有重要的意义和引领作用，因为唯物史观在强调学术的同时，要求学术能够把握时代和切中现实，这理应成为我们进行学术体系建设的基本出发点。

厘清西方学术源流　构建中国学术体系

清华大学政治学系教授应星认为，构建中国特色哲学社会科学学术体系，离不开如何处理与西方社会科学学术体系关系的问题。我们不可能完全抛开西方的相关学术体系，而是需要对其加以借鉴并为我所用。应星教授以辨析比较历史分析的渊源和流变为例，概括了其对建构中国学术体系的四点启发：第一，重返经典理论，对西方的经典需要进行认真、完整、系统的解读；第二，直面历史的复杂性；第三，破除方法主义的迷信；第四，跨越学科界限，甚至包括中西之间的人为界限。只有这样，我们才有力量和勇气去面对这个伟大的时代，才能够提出我们真正的话语体系。

经济思想史研究助推经济学学术体系构建

上海财经大学经济学院教授程霖认为，从经济学演进史来看，每次学术体系的系统性重构都离不开对历史上经济学说思想的回顾、整理、评判和吸收。从这个意义上说，中国经济学学术体系的构建，离不开经济思想史尤其是中国经济思想史研究的支撑。基于中国经济思想史研究，中国经济学学术体系构建需要坚持三个原则：第一，古今贯通原则；第二，时代同行原则；第三，中外融通原则。

在中西对话中彰显中国特色

北京大学法学院教授苏力认为，中国特色哲学社会科学学术体系，本质上是文明之间的交流和较量，以及在这个过程中能不能存活、能不能发展、能不能发展得足够强大以至对世界有足够文明吸引力和召唤力的问题。中国特色哲学社会科学是一种在特定地理、历史和文明条件下的生存者基于特定理论视角下的叙述，它不能仅仅停留于描述中国古代或今天的某个做法。也许一开始，个别人只能在这个层面研究，但不能停留于此，不能完全"自言自语"、关起门自己"称大王"。要注重中国经验，要有效吸纳和解说中国经验。还应在现代社会条件变化下，注意社会科学导向。社会科学要注意吸纳融合人文研究的成果，人文学科也要注意吸纳社会科学的方法、理论研究成果。

推动学术专业化进程 发展学术共同体

美国斯坦福大学社会学系教授周雪光谈道，学术研究通常是一个自下而上、内生性发展的过程，其推动力主要来自学者各自的学术活动和创造性思维、知识逐步积累、学术争鸣和同行评议等机制。知识积累需要在学术文献中经过去粗取精、去劣存优的过程，经历学术发表的筛选、甄别、评判的过程，这通常是在学术共同体中完成的。建立内在有机联系、良性互动的学术共同体尤为重要，即同一学术领域中的学术同仁，通过一系列学术活动，逐渐建立共同认可的学术标准、学术品位和行为规范，形成学者间的内在凝聚力和约束力。

整体思维和人类视野推动"三大体系"建设

吉林大学哲学社会科学资深教授张福贵认为，"三大体系"建设的重要性毋庸赘言，但如何理解"三大体系"的内涵更是我们应该首先思考的重要问题。在这一体系的建构中，应该考虑将横向的思想资源也作为我们的思想资源之一，或者作为参照。要想让中国特色哲学社会科学学术体系产生世界性影响，其内涵必须包含人类意识。总之，构建中国特色哲学社会科学"三大体系"，我们要做的工作不是简单地将政治概念套用到学术研究之中，而应从学术研究中阐释政治逻辑和政治理念，这是党和国家赋予我们这些专业知识分子的岗位责任，我们一定要坚守岗位，完成这一职责任务。

学术体系构建需要开放的视野

上海师范大学副校长陈恒教授就学科体系、学术体系、话语体系的建设谈了他的看法。他强调学术体系构建要突破零和思维。我们今天讨论加快构建中国特色哲学社会科学，并不是要全面否定西方的学术体系，也不是要取代西方已有的学术体系，而是在植根当代中国发展经验的基础上，提出中国特色、中国风格、中国气派的学术体系、原创思想。这些学术体系、原创思想不仅能解释中国的变化和发展，而且能解释世界的变化和发展，是对人类认识世界改造世界基本规律的判断和把握，是对人类文明多样性、发展模式异质性的尊重和理解，终将为世界上大多数国家的哲学社会科学工作者所接受。

考虑到哲学社会科学的生成机制，有必要更加充分地认识学术出版对于"三大体系"建设的意义。中西方学术发展史都表明，一门学科、一种理论，或者一个重要的思想观念、学术范畴的出现并为社会所认可和接受，往往离不开学术刊物等学术出版平台的支撑。我们的出版不能仅仅是关起门来自娱自乐，更应该面向全世界学者，吸引他们自愿到中国来出版他们的作品。如果中国的出版社既能"请进来"又能"走出去"，真正成为中外知识交流、汇通与融合的中枢，那么中国的学科体系、学术体系、话语体系的构建就会更加容易实现。

多维度构建新闻传播学术体系

中国人民大学新闻学院教授胡百精认为，学术创新首先要明确当下的历史方位，标划向上升进的逻辑和现实起点。自"五四"和新文化运动始，学界惯以"古—今—中—西"十字路口的说法比拟中国思想和学术的历史处境。百年倏忽而过，向西的维度持续铺展，以至常有人发出西学"话语霸权"之叹，而向中、向今、向古的维度则有待进一步深究和开拓。

在向中的维度，以中国问题为起点，不是走学术封闭的老路。我们所欲构建的中国特色新闻传播学术体系并非独占世界一隅的单向努力，而应具有普泛的全球解释力，促进多元文明交往与人类命运共同体培育。

在向今的维度，随着后工业、信息化、网络革命的到来，现代大学的知识生产观念和机制主张多学科建立"多层次、多边化、多形态、多节点"的连接，实现复杂场景下的对话、合作与协同增益。循此原则和路径，学科主体性不再表现为独善其身的能力、自恃自足的价值、专属的领地和边界，而恰为进入多元学科生态、向关联学科敞开、助益融合创新的必要性与可能性。

至于向古的维度，即补足、拓展中国新闻传播学术体系的历史面相，开掘和转化中国传统传播思想、近现代化新闻舆论思想的学术价值。重返传统不是单纯"复古"或"招魂"——把古人拉到现在来改造，也不是回头扮演古人。在如何面对中国传统思想的问题上，徐复观的建议是，"要在时间之流中，弄清楚它们的起源、演变、在当时的意义及在现代的意义"。

（张云华　武雪彬　徐鑫等）

第八届中拉学术高层论坛暨中国拉丁美洲学会学术大会

2019年10月19—20日，第八届中拉学术高层论坛暨中国拉美学会学术大会在福建省福州市举行。年会的主题是"地区与全球大变局下的中拉关系展望"。会议由中国社会科学杂志社、中国拉丁美洲学会、中国社会科学院拉丁美洲研究所、福建师范大学、巴西圣保罗州立大学、智利安德烈斯·贝略大学和阿根廷科尔多瓦国立大学联合举办，由福建师范大学历史文化学院承办。来自中国、阿根廷、巴西和智利等国的130多位学者及外交官参会并发言。

论坛由开幕式、主题报告、分论坛、交流大会和闭幕式组成。其中，分论坛分别围绕"全球与地区变局下的中拉合作前景""拉美经济及社会特性与中拉发展合作""拉美政治发展与对外关系调整"三个主题进行。

论坛的开幕式和主题报告由中国拉丁美洲学会副会长、北京大学拉美研究中心主任董经胜教授主持。中国拉美学会会长、教育部长江学者、福建师范大学教授王晓德，中共中央对外联络部拉美局局长王玉林，外交部拉美司大使赵宏声，福建师范大学党委副书记叶燊，中国拉美学会副会长、中国社会科学院拉丁美洲研究所副所长王荣军，中国社会科学杂志社副总编辑吕薇洲，巴西圣保罗州立大学教授马尔克斯·科尔德罗，中国拉丁美洲学会顾问、中国前驻巴西大使陈笃庆先后致辞。

王晓德指出，中拉学术高层论坛在促进中国与拉美国家学术交往上起着越来越重要的桥梁作用，同时促进了中国与拉美国家之间文化上的相互理解和认知。中拉关系近些年来出现了良好的发展势头，中国提倡的人类命运共同体理念在拉美受到越来越多的关注，"一带一路"倡议正在全面延伸至拉美，中国与拉美国家之间的贸易总额在不断攀升，人文交流也在日益广泛和深入，中拉之间有着广泛深入发展的良好前景。

王玉林从政党合作、政党施政的角度阐述了中拉关系。他分析了中拉关系的现状，阐述中国共产党的对外交往工作方针、政策等情况，介绍中国共产党与拉美各国各政党的交流和联系，强调中国共产党重视与各国智库、民间团体等的交往。他梳理了中国共产党在不同时间节点与拉美交流的重要事件，总结了中拉之间的交往历程。

赵宏声表示，中拉同为发展中国家，发展是第一要务，我们在各自发展议程上比较优势和合作潜力巨大，完全可以在相互尊重、合作共赢的基础上，推动实现可持续增长和共同发展。要进一步以"一带一路"倡议和"三共五通"理念引领中拉合作。以相互尊重、平等互信提升战略水平；以互利惠民、合作共赢拉紧利益纽带；以互学互鉴、共谋进步带动创新发展；以开放包容、兼容并蓄促进中拉合作。"大变局""新时代"给中拉关系提出了不少新课题、新任务，这就需要更深入细致的拉美和中拉关系研究，需要更多有价值的研究成果转化成促进中拉关系的行动力。

王荣军表示，应高度重视在已经变化且在继续发生变化的国际格局下中国与拉美关系发展面临的机遇和挑战。他指出，"大变局"这个词带有鲜明的中国特色，但无论是中国学者还是拉美学者，都感受到也会关注地区和全球局势正在发生的重大变化。他认为，对理解大变局对于中拉关系的影响而言，应注意以下三个方面的问题。一是世界主要国家实力对比的变化以及大国竞争的回归。二是科技进步尤其是信息化和数字经济快速深入发展带来的巨大变化和不确定性。三是国际多边体系进入重构过程。在变局下如何可持续发展，共享发展，如何实现国家治理现代化，以符合各国实际国情的标准来实现真正的良治和善治，对于中国和拉美来说，这些问题都意义重大。

吕薇洲指出，中国和拉美相似的发展阶段、相同的发展任务、相近的发展理念使得其关系越来越紧密。政治上深化互信、经贸上扩大合作、人文上互学互鉴、国际事务中密切配合，逐步形成了全方位、宽领域、多层次的合作伙伴关系。中拉学术高层论坛的成功举办为中拉人文社会科学的交流提供了重要的平台，为中拉互利合作格局的形成提供了智力支持，为中拉关系的全面发展发挥了积极作用。

马尔克斯·科尔德罗指出，中国与巴西的关系在近些年得到发展，"一带一路"倡议也增进了两国互信和合作，为中拉经贸、互通协作打开了未来之门。中国务实合作的理念对中巴关系、中拉关系都有着重大意义，也会为两国发展带来新的方向。

中国社会科学院学部委员、中国拉美学会前会长苏振兴研究员作了主题报告。苏振兴指出，新兴经济国家与西方老牌发达国家的经济差距不断缩小，发展中国家的分量上升，中国与南美洲国家的发展潜力巨大。经济结构的不断调整、升级是不断发展的动力。应该在新的形势、新的思维下研究中拉关系。

（刘天来）

第十九届马克思哲学论坛——公共价值与美好生活

2019年10月26—27日，以"公共价值与美好生活"为主题的第十九届马克思哲学论坛在西安市召开。会议由中国社会科学杂志社主办，陕西师范大学哲学与政府管理学院承办。与会学者围绕"公共性与公共价值""新时代美好生活及其建构""经典马克思主义理论及其当代发展""马克思主义哲学及其中国化""全球化与人类命运共同体"等议题展开讨论。

聚焦基础理论和现实问题

中国社会科学院原副院长、中国社会科学杂志社总编辑张江在致辞中表示，哲学是时代的回响。在人类历史实践的长河中，哲学始终位于激流深处推波助澜，其真正使命是探索社会变迁的内在逻辑与规律，为文明的发展提供借鉴与参考。真正的哲学家从来都将认识人类

2019年10月，以"公共价值与美好生活"为主题的第十九届马克思哲学论坛在西安市召开。

命运作为自己全部学术活动的出发点，力图通过对社会现实、社会关系和社会形态的反思，通过对人和自然关系的反思，总结出具有普遍意义的结论。此次论坛主题"公共价值与美好生活"与历史进程中人的全面发展和人类文明的全面提升紧密相连。立足新时代中国特色社会主义理论探索和伟大实践，面向当代世界和中国社会现实，回应愈益复杂、艰深的时代难题，是中国马克思主义哲学研究的使命与应有的担当。

《新华文摘》总编辑喻阳表示，中国特色社会主义进入新时代，经济社会的迅猛发展成为牵引美好生活的根本动力。哲学研究者要不断探索时代发展提出的新课题，进一步加强对马克思哲学的研究，在马克思主义哲学学术性与思想性的统一中确立研究方向和研究路径，推动马克思主义哲学更加深入、全面、精准地指导现实。与此同时，应加强国内国际对话、交流，推动马克思主义哲学中国化，为构建中国特色哲学学科体系、学术体系、话语体系而努力。

围绕马克思哲学史和马克思主义中国化的问题，中国社会科学院研究员冯颜利、上海财经大学教授张雄、南京大学教授唐正东、中山大学教授马天俊、中国人民大学教授郝立新都提出了自己的见解。他们认为，当代中国马克思哲学研究不能是对经典作家作品和党的纲领文献的简单重复，而是要勇于批判性地面对自身学术传统，立足当代中国与世界发展实际，加强对当代中国与人类社会重大理论问题、重大现实问题的解剖以及对古今中外重大历史经验的提炼研究，对经典马克思主义和中国化马克思主义做贯通性的思想史和学术史研究。南开大学教授王南湜以"决定论"和"能动性"的双重变奏对马克思哲学史及其中国化历程作了深刻的阐释和展望。清华大学教授夏莹结合区块链、人工智能等热点，对新资本形态的特征及其内在矛盾作了探索性的揭示。

立足当代发展实际

吉林大学教授孙利天表示，人民对美好生活的向往是今天中国发展强大的主观精神力量。华侨大学教授王福民从多角度挖掘了美好生活的丰富意涵。复旦大学教授吴晓明认为，要以开启一种新的文明形态的高度来理解中华民族伟大复兴、新时代的美好生活。

华东师范大学哲学系主任陈立新提出，中国特色社会主义成功实践所形成的中国经验，可以提炼为一般性的理论成果，为当今全球发展和全球治理提供中肯的替代性方案与方向引导。中国共产党紧密结合新的时代条件和实践要求，深化了对共产党执政建设、社会主义建设规律、人类社会发展规律的认识，构成了具有世界历史性意义的中国经验。中国特色社会主义通过以劳动为原则导向的"有原则高度的实践"，科学回答了"什么是社会主义、怎样建设社会主义"的根本性问题，推进了对社会主义建设规律的认识。

在公共性的理论视域中，传统的全球治理体系有着明显的形式公共性特点。黑龙江大学马克思主义学院教授高云涌认为，作为全球治理的中国方案，人类命运共同体的构建过程是在传统的全球治理体系的基础上，通过各主权国家的共商共建共享，将形式公共性逐渐改造为实质公共性的过程。正是基于对公共合法性、公共合理性和公共正义性的追求，人类命运共同体的构建才能真正推动国际秩序和全球治理体系朝着更加公正合理的方向发展。

陕西省社科联主席甘晖提出，哲学社会科学工作者使命崇高、责任重大，必须立足中国现实，植根中国大地，积极为党和人民述学立论、建言献策。世界处于百年未有之大变局，中国提出的"一带一路"倡议，给中国和世界各国合作发展提出了一个全新理念，为人类社会的发展开拓了全新的空间。构建人类命运共同体的探索和实践，为中国哲学社会科学的发展提供了新视角，开拓了新境界。新的现实需要新的理论、新的概念。中国哲学社会科学工作者要有坚定的自信、高远的志向，从中国出发、从实践出发、从问题出发，放眼世界，把自己的工作与国家的命运紧密联系起来，用自己的研究创造为中国特色社会主义伟大实践和人类命运共同体构建提供真正的、有价值的理论支撑。

陕西师范大学副校长党怀兴表示，新的历史条件下，时代赋予马克思主义研究者的责任和使命可以归纳为以下几点：理解人类文明范式深刻转型和价值观的深刻变革，坚持、运用马克思主义哲学的理论立场、观点和方法，有效拓展新时代人类共同价值与美好生活追求的新话语，探讨社会主义核心价值观在美好生活建设过程中的作用，研究如何构建公正的社会经济政治发展秩序。

（陆　航　薛　刚　王志强）

第八届全国人文社会科学期刊高层论坛

2019年11月29日，第八届全国人文社会科学期刊高层论坛在海口市举行。论坛由中国社会科学杂志社、海南省社会科学院、海南大学共同主办，海南大学法学院、《南海学刊》编辑部承办。来自中国社会科学院和地方社科院、社科联以及高校人文社会科学期刊的近百位专家学者围绕"中国特色哲学社会科学学术体系构建与人文社会科学期刊"这一主题进行了深入研讨。

2019年11月，第八届全国人文社会科学期刊高层论坛在海口市举行。

中国社会科学院秘书长、党组成员赵奇，海南省社科联党组书记、主席、海南省社会科学院院长钟业昌，中共海南省委宣传部副部长张怀海，中国科学院院士、海南大学校长骆清铭出席论坛开幕式并致辞。

赵奇在致辞中指出，人文社会科学期刊是重要的学术成果发布平台，人文社会科学期刊高质量的发展，对大力推动中国特色哲学社会科学学术体系建设意义重大。要充分认识人文社会科学期刊的高质量发展对中国特色哲学社会科学学术体系构建的重要作用；要紧紧围绕"三大体系"建设，加强议题设置策划能力，不断增强人文社会科学期刊的学术引领力与影响力；要以数字化为期刊创新发展的新动能，大力推进数字化研究、数字化传播和数字化平台建设。

钟业昌认为，人文社会科学期刊应发挥学术引领作用，围绕"三大体系"建设这一中心目标，把握导向、引领方向、敢于担当、善于创新，为繁荣发展新时代中国特色哲学社会科学作出贡献。张怀海表示，此次论坛围绕中国特色哲学社会科学学术体系构建与人文社会科学期刊展开研讨，对推动中国特色哲学社会科学学术体系构建和我国人文社会科学期刊发展具有重要意义。骆清铭表示，人文社会科学期刊是发布学术成果、鼓励学术创新的重要平台，对推动构建中国特色哲学社会科学学术体系具有重要作用。

推动构建中国学术体系

江海学刊杂志社总编辑韩璞庚对学术期刊如何推动中国学术体系构建发表了看法。他表示，学术理论期刊作为国际学术交流的媒介和平台，应辩证分析西方学术成果和学术话语的优势与劣势，在借鉴吸收西方学术话语优势的基础上，构建中国自己的学术话语体系，打破西方学术话语垄断和西方学术话语崇拜。

《新华文摘》原总编辑张耀铭认为，在"双一流"建设的背景下，一流学术期刊应努力成为推动"双一流"建设的重要平台。具体而言，一是注重名栏建设，推动学科发展；二是策划专题研究，促进学科融合；三是引领学术研究，提高学术质量；四是召开高端论坛，扩大期刊影响力。

江汉论坛杂志社社长陈金清认为，人文社会科学期刊要更多地推出充分阐释中国道路、具有学理支撑、说理透彻的论文，要用中国理论解读中国道路、中国制度、中国实践，要在实践基础上构建具有中国特色、中国风格、中国气派的哲学社会科学话语体系。

增强学术引领力与影响力

南京大学中国社会科学研究评价中心主任王文军提出，应堵疏结合、尊重国际惯例，建设面向国际的中文人文社会科学高端学术期刊群。《中州学刊》社长李太淼建议，学术期刊要充分发挥主编、编辑积极性，推进学术创新，着力刊发具有创新价值的精品力作，主动开展有关活动，加强内部制度建设，为学术创新提供制度保障。《社会科学研究》杂志社社长何频提出，综合性学术期刊应一方面围绕前沿性、前瞻性学术问题，组织多学科、多视角研讨；另一方面从实践中挖掘新材料，对于实践中的重大问题，提出议题，组织多学科专题研讨与深入研究，增强人文社会科学期刊的学术引领力与影响力。

推进数字化平台建设

中国学术期刊（光盘版）电子杂志社有限公司总经理刘学东表示，在智库型期刊发展过程中，大数据能够聚合恰当作者，推动构建学术共同体，协创重大专题。网络平台也可将大数据资源转化为专业化的服务。在推进国家治理体系、治理能力现代化和加强中国特色新型智库建设的历史性机遇期，在大数据、网络平台迅速发展的大背景下，智库型期刊大有可为。

《自然辩证法通讯》主编胡志强认为，传统人文社会科学期刊的办刊模式建立在学科基础上，但在学科交叉的背景下，刊物如何组织、评价文章就需要进行新的探索。《清华大学学报》常务副主编仲伟民分析了新文科建设对人文社会科学期刊的影响，认为这在某种程度上为综合性学术期刊开拓了一片新天地，而数字化技术为综合性学术期刊提供了转型的可能。《社会科学战线》杂志社主编陈玉梅在谈及学术期刊与新兴媒体的融合问题时提出，作为学术传播平台、学术思想阵地、学术发展载体，评价学术期刊归根结底要看其传播能力。因此，推动学术期刊与新兴媒体融合，拓展传播渠道，推动学术传播，是学术期刊当下的发展之道。

中国社会科学杂志社副总编辑李红岩主持闭幕式，并作总结发言。

（范利伟）

第六届"当代中国文论：反思与重建"高端学术论坛

2019年12月4日，由中国社会科学杂志社、中国文学批评研究会主办，深圳大学美学与文艺批评研究院、《中国文学批评》编辑部承办的新时代中国文论的阐释走向——第六届"当代中国文论：反思与重建"高端学术论坛在深圳大学举办。深圳大学党委书记刘洪一在会上致辞。

促进阐释学与文学的结合

北京大学教授王一川提出，应以语言艺术特色激活中国文学的兴辞特性，由此思考文学作为"文"所具有的中国古典传统渊源，以及它与古典历史学和哲学等人文传统的内在联系，进而在兴辞中创造人文之心。既要看到语言，又要看到语言艺术中凝聚的人生体验。

中国社会科学杂志社副总编辑王兆胜反思了当下散文研究中的概念化误区。他认为，这种误区导致研究者缺乏对作品的感悟，没有将作品内化于心。研究散文的理念与方法应当进行革新，散文是无所不包的文体，更具有开放性和包容性；散文自然平淡，散文的"散"既不表现在形上，也不表现在神上，而表现为心的自然、悠然和超然。我们要走出人的文学，对天地万物有所敬畏。理论只是一个参照系，不能把理论概念化和神化。

中国社会科学院哲学研究所研究员尚杰通过探索理解的边界，描绘了文学与阐释学、哲学合作的广阔前景。他认为，中国传统文论注重对意象而非抽象概念的领会，现代西方哲学对理解的可能性进行质疑，在某种程度上是抵抗语言的，从而照亮了不可说之物，拓宽了理解的边界。对不可说之物的思考既属于哲学，又与传统哲学大异其趣，带有文学性。

山东大学教授谭好哲认为，文学形象的存在总是语境化的，语境是形象存在的基础，是意义赋予的客观依据，因而也是文学意义阐释的必由路径。文学意义的阐释要以对存在于作品之中的艺术化语境的分析为主要对象，同时文学创造语境与审美接受语境也不应忽视。

华南师范大学教授段吉方以"公共阐释论"为核心，考察了阐释学文论在中国的影响。阐释学文论是最切近于文学批评与理论的观念研究，在中国文论和美学中具有深刻的思想渊源，可以帮助我们建构当代中国文论话语体系。但是，它也存在被强制阐释的现象，需要我们对阐释学的基本概念、内涵、理论运用方式等进行更好的把握。

建构新时代的中国阐释学

香港城市大学教授张隆溪认为，应坚持以中国话语为主干，以古典阐释学为资源，以当代西方阐释学为借鉴，在中文语境中用中国材料建立中国阐释学。中国学者理应为普遍阐释学的发展贡献中国智慧。

复旦大学教授陆扬总结了以艾柯、罗蒂、卡勒和张江为代表的四种阐释模式，分别名之为小说家、哲学家、批评家和理论家的阐释模式。他认为，小说家阐释有其文本边界，哲学家阐释是一个不断进取的过程，批评家阐释力图将作品文本与叙事、修辞、意识形态等勾连起来，理论家阐释则必须具有公共性。

深圳大学教授高建平追溯了文本生产与阐释理论的起源，认为文本形成后有了自己的命运，会被误读和扭曲，但文本是人创作的这个事实却被遗忘了。在阐释中，理性与感性相辅相成，理性要建立在感性之上，建立在人与人之间的移情之上。意义生产的过程是人带着自己的意义来表达，从根本上讲，文本背后还是人的存在。

广州大学教授陶东风认为,公共阐释交往理论是对强制阐释论的突破。阐释的边界是在历史中建构起来的,文本进入阐释中,其意义已经不再是自在的,需要对阐释的公共规则进行社会学的反思。阐释是社会生活的一部分,与权力、利益捆绑在一起,是多样性的、带有冲突性的,社会空间越是开放包容,就越不容易产生强制阐释。阐释要注意其发生的语境,对不同历史和社会语境进行深层次分析。

上海大学教授曾军认为,文本的字面意义、隐喻意义、结构意义、情境意义等都是意义生产的变量。在当代,基于大数据的数字人文研究方法被引入人文科学研究,从而为全面把握文学阐释的诸多倾向和影响因素、辨析不同时期文学阐释的共识以及进行作为总体的文学研究提供了可能。

李红岩提出,张江教授关于文论以及阐释学的系列主张,建立在对20世纪中期以来西方以诗学为核心的思想潮流的深刻反思之上,由此出发而深入中国古典的阐释学资源,先后提出了强制阐释论、公共阐释论、阐释逻辑论以及阐释的正态分布理论,并开始向阐释心理学的面向延展,进而建立起新时代中国阐释学的基本理论架构。这种系统性的理论建构,对于以中国理论阐释中国实践、将"三大体系"建设具体化,其意义与价值是不言而喻的。

(杂志社)

服务中心

2019年,服务中心深入学习习近平新时代中国特色社会主义思想和党的十九大精神,认真贯彻落实习近平总书记"5·17"重要讲话和致中国社会科学院三次贺信精神,紧紧围绕服务保障"三大体系"建设这个中心任务,求真务实,真抓实干,顺利完成物业、交通、综管、餐饮、会议、医疗、文印等各项服务保障工作,为科研工作的顺利进行和"三大体系"的加快构建作出了积极贡献。

(一)党建工作扎实推进

1."两委"换届工作顺利完成。"两委"换届工作是服务中心政治生活中的一件大事。三年多来,由于中心领导班子不健全、机关党委不健全,换届工作受到了广大干部职工的广泛关注。2019年,机关委员会认真总结了五年多来党的建设工作"把首要任务放在政治建设上,确保广大党员干部忠诚可靠;把内在要求放在思想建设上,确保理想信念坚定纯洁"等六项工作的做法和取得的成效,也凝练和概括了新一届机关委员会应该遵循的"落实全面从严治党要求第一责任人不能缺;调动广大党员干部职工积极性的激励措施不能少"等六条经验和启示,对五年多来党的建设工作进行了全面总结和回顾。

2."不忘初心、牢记使命"主题教育取得实效。按照院党组的统一部署和要求,成立了主题教育领导小组,制定了实施方案,明确了重点工作,提出了具体要求。围绕开展好主题教育活动"要紧贴服务保障工作实际、要把存在的问题找准摸清、要把整改落实这个核心贯彻始终"的要求,全体党员、干部,特别是处级以上干部在学习习近平新时代中国特色社会主义思想上有了新高度,在后勤服务保障工作中率先垂范,在探索服务保障工作与"三大体系"建设相适应的新思路、新方法上有了新作为。为突出主题教育实践性,坚持边学边查边改,从"大"处着眼、从小事做起,横向调研找差距、纵向走访找问题,共调研、走访院内外68家单位,检视问题工作38项,其中,31项工作已整改完毕,7项中长期工作已列出时间表,限期整改,全面整改落实工作持续进行。

3. 党建工作制度化、规范化、标准化水平进一步提高。统一印制了服务中心党员理论学习手册。把《服务中心关于落实全面从严治党切实加强党的建设的意见》、党委理论学习中心组学习制度、2019年度中心机关党委工作计划及学习计划等内容作为标准,印制成册,全体党员人手一本,使各党支部和党员对中心党的建设的各项工作内容、目标任务、具体要求了然于心,从理论学习、制度落实、工作重点等方面统一落实有关组织生活制度,带动从严治党工作统一开展、标准规范、整体推进。

4. 党风廉政建设为中心各项工作提供了坚强保证。中心按照"谁主管,谁负责,一级抓一级,层层抓落实"的要求,多措并举地贯彻党风廉政建设工作。从"坚持以党的政治建设为统领,树牢'四个意识'、坚定'四个自信'、坚决做到'两个维护',落实全面从严治党战略部署,压紧压实管党治党政治责任"等五个方面认真贯彻《服务中心2019年全面从严治党和党风廉政建设工作主要任务分解》,使党风廉政建设工作问题有人领、责任有人负、塞责有人究,认真落实"一岗双责"。制定《中共服务中心机关委员会履行全面从严治党主体责任清单》,切实把新时代全面从严治党要求落到实处。坚持实行"三重一大"集体决策办法,以民主集中制为抓手,规范领导班子决策程序;认真落实领导干部述责述廉制度,落实党员领导干部收入申报、个人重大事项报告、外出请销假和民主生活会制度等,进一步健全完善领导干部"廉政档案"。重点推进党纪教育工作,认真学习《中国共产党章程》《中国共产党纪律处分条例》等党规党纪;传达贯彻十九届中央纪委三次全会精神和中央国家机关纪检监察工委《关于5起违反中央八项规定精神问题的通报》等;开展"坚守初心 勇担使命 永做奋进作为实干担当的后勤人"党课教育,收看《叩问初心》宣传教育片等,充分发挥警示、震慑、教育的作用,做到防患于未然。营造遵规守纪、风清气正的良好氛围,党员干部的遵章守纪、廉洁自律意识得到不断增强。

(二)改革创新与时俱进

1. 在探索构建具有我院特色的物业管理模式上有了新突破

(1)物业管理中心积极推进宿舍小区目标责任制管理,在国家出台物业、供暖费改革后,在收费困难、经费不足的新情况下，积极探索新的管理模式，赋予小区负责人一定的自主管理权、人事权，以对服务目标、维修目标、安全目标、人员管理目标、经费管理目标的落实，对目标责任人定期考核，强化了控制支出、实现了减员增效、提高了物业服务收费率。

（2）按照院领导的工作部署，完成了党校专业楼整体设备设施、资产、管理、服务工作的移交，为社科大扩大招生提供了保障，在移交过程中主动消化各类问题，特别是在人员解聘上做了大量的工作。

（3）以住宅小区危改为契机，对昌运宫、皂君庙、塔院、干面具备停车收费条件的小区实行停车收费管理。

2. 在巩固机关食堂自助餐改革成果上有了新作为

（1）制定并落实了巩固机关食堂改革成果具体工作方案，持续改进就餐质量、就餐环境和就餐场地；组织召开了"巩固自助餐改革成果研讨会"，倾听广大干部职工对自助餐改革后的意见和建议，搭建了服务无止境、健康乐无忧、畅享新时代美好生活的餐饮 App 服务平台。同时，提出了"众口可调"的服务口号，通过在品种和花样上下功夫，满足不同口味需求，让每个就餐人员到餐厅以后都有一种到家的感觉。

（2）为了缓解大厅就餐位紧张的局面，7月12日，完成了东餐厅升级改造工作，增加了60人就餐位，初步缓解了午餐餐位紧张现象。

（3）打造品牌形象，推出精特小吃。为不断提升院部餐厅服务质量，增加花色品种，更好地贯彻"健康美食、服务科研"的服务理念，院部餐厅先后推出多个特色风味小吃品牌，受到广大就餐人员的欢迎。

（4）改造设备提升服务。为保证菜品的温度，对自助餐台进行了改造，增加了四组加热设备，保证了菜品的温度和品质。

（5）积极参加国管局组织的健康食堂评比，经专家初审、现场考评等，机关食堂获得"中央国家机关健康示范食堂"的荣誉称号，为院赢得了荣誉。

3. 在拓展服务项目上有了新举措

（1）物业管理中心讲政治、识大体、顾大局，克服种种困难，于2019年9月1日正式接手安定路26号楼的物业管理服务工作。同时，开展楼道清理、环境整治、自行车棚建设等工作，在短短一个月的时间内就得到了住户的认可，并收到多位住户的表扬信。

（2）太阳宫宿舍裙房已经改造成为集体宿舍，2019年11月，受财务基建计划局委托，物业管理中心正式接手太阳宫宿舍裙房物业管理工作。

（3）持续拓展医疗服务项目。在春季体检中增加了甲状腺B超、T3、T4、糖化血红蛋白检查项目；妇科专项体检增加了HPV检查项目；每月增加2—3次心血管全国知名专家出诊；每月一次内分泌全国知名专家义诊；邀请北京同仁医院口腔科主任每周三出诊，在口腔科原有服务项目的基础上，增加了种植、牙周手术、牙齿美学修复等口腔科诊疗项目。

(4) 贴心服务开通外卖服务平台。院部餐厅2019年4月开通线上主副食外卖"预定平台",通过手机就可以预定餐厅外卖食品。同时,按照约定时间将食品送到指定房间,使更多人感受到"互联网+"服务模式,通过点滴服务践行服务科研理念。

(5) 根据信息情报研究院的反馈意见,修订涉密文件流转程序,及时建立情报院《要报》印制保障小组,缩短了印发时间,规范了工作流程,受到了相关单位的好评。

(6) 根据院领导的指示,为满足全院职工实际需求,开办了理发室,共接待理发服务1020人次。

(三) 重要任务重点推进

一是关于服务中心近期工作的几点考虑(设想),根据院领导批示要求,通过组织调研、积极沟通、多方协调,启动了做好早餐自助准备工作;借助国际片"物业+行政"的管理经验,实行"物业服务+其他服务+责任人模式"等20条落实措施。二是关于历史研究院的建设工作,在任务重时间紧,各方沟通协调工作比较复杂的情况下,抽调精干力量,上下齐心、加班加点、不折不扣地如期完成了院党组交办的保洁拓荒及会议保障工作。三是高标准、严要求地完成了接待塔吉克斯坦总统等重大外事活动、重要学术交流、各类论坛演讲会议的服务工作。

(四) 日常工作稳中求进

1. 顺利完成了庆祝新中国成立70周年庆典活动相关工作。物业管理中心配合相关部门在科研楼楼顶架设转播设备并协助安装,完成了活动期间的水、电、电梯等设备的运行工作;将院部花园的走廊及门球场的座椅进行了翻新改造,对国际片办公区长势茂盛的树木进行了修剪。综合管理处组织召开了"2019年爱国卫生工作会议暨环境整治培训班";开展了创建北京市控烟示范单位活动,被北京市授予"北京市控烟示范单位"称号;组织开展周末卫生大扫除活动11次,对档案楼排气系统进行维修,解决了多年卫生间返臭异味无法根治的问题;精心布置花坛,营造隆重的重大节日氛围;组织全院干部职工参加植树活动,共植树260余株,平整绿地400余平方米,维修花园4000余平方米。

2. 供暖、环保、安全都提高了标准,为达到新标准,物业管理中心加班加点,努力奋战,所有锅炉房全部通过验收,确保了如期供暖。

3. 截至2019年9月底,物业管理中心完成院部维修1263次,院外办公区及宿舍区维修3631次;完成房产处下单维修项目6个。2019年收取宿舍区物业费率达80%,这一收费率在中央国家机关小区物业管理中处于比较高的行列。2019年度供暖季比2018年度能源消耗降低了40万元。

4. 交通服务中心针对地库路面湿滑、进出口门锁破损、洗车室设备老旧,存在安全隐患等问题，先后完成了地库防滑车道铺设，地库出入口、休息候车室门禁安装，洗车房硬件升级改造等工作；推出管家式"私家车定制服务"，吸引了广大职工的广泛关注和积极参与；2019年车辆共出动1.8万余次，安全行驶里程80余万公里。

5. 2019年4月，院部餐厅与北京新素代科技有限公司合作，共同开启了"低碳就餐、绿色生活——社科人光盘在行动"活动，既弘扬了餐桌文明新风，又倡导了"低碳就餐、绿色生活"理念。结合"不忘初心、牢记使命"主题教育，成立慈善义工服务队，为倡导良好的社会风气作出积极贡献。面对肉价上涨，提前预判，增加肉食库存，平抑食材成本。全年接待就餐人员近50万人次。

6. 会议服务部在日常工作中，做到管理制度化、规范化、程序化、标准化，使各项工作有章可循。完成各项会议接待任务1220个，参会人员40800人次。

7. 2019年社科文印部完成文件资料印刷50万册，自主印刷业务量达到80%左右，印刷直接成本下降30%以上。全年员工累计加班1500小时，完成了大量急件排版、印刷工作。

8. 医务室完成全院春季健康体检1630人次，秋季妇科专项体检1442人次；完成院内重要活动、会议的医疗保健工作30次。

9. 中心机关各处室，修订完善中心规章制度；规范了办公秩序、文件管理、印章管理、集体户口管理等工作；建立了外联长效机制；组织中心各部门梳理在编及外聘职工及岗位使用情况并编写岗位职责说明，掌握中心人员情况及岗位使用一手材料，在此基础上，对各部门外聘职工有关聘用进行审核，以加强对中心外聘人员及岗位使用的内部控制；积极争取院相关领导及职能部门的支持，推动中心人才队伍建设，选拔任用了3名处级干部，晋升了2名管理七级人员，晋升了2名工勤人员，接收安置了2名军转干部，启动了2名应届毕业生引进工作；国有资产、财务预算、政府采购、内部控制等经济管理工作顺利推进。

10. 在保质保量完成日常服务保障工作的基础上，按时足额完成了院里交给服务中心的260万元上交任务。

（五）安全工作得到有效保障

以做好新中国成立70周年安保工作为重点，以迎接国家保密检查为契机，先后开展了防火安全主题教育、消防知识培训（演练）、交通安全宣传、上保密党课、保密普查等活动。通过学习文件和法律法规，大家政治意识、大局意识、保密意识、安全意识、责任意识等得到了提高；按照"谁主管、谁负责"的原则，中心与各部门主要负责人签订了《服务中心安全管理工作责任书》，进一步明确了岗位职责，确保安全措施落实到每个部门、每个岗位、每个人员、每个环节，有效地防止了安全责任事故的发生；突出安全重点，加强安全督查。一是经常检查日常水电安全。二是重点检查国际片、老旧小区等消防重点区域。三是跟踪检查，把安全隐患消除在萌芽状态，确保万无一失。

郭沫若纪念馆

（一）人员、机构等基本情况

1. 人员

截至 2019 年年底，郭沫若纪念馆共有在职人员 13 人。其中，正高级职称人员 2 人，副高级职称人员 2 人，中级职称人员 5 人，高、中级职称人员占全体在职人员总数的 69%。

2. 机构

郭沫若纪念馆设有：办公室、文物与陈列工作室、研究室、公众教育与资讯中心。

（二）科研工作

1. 科研成果统计

2019 年，郭沫若纪念馆共完成：年鉴 1 种，73.8 万字；论文 17 篇，20 万字。

2. 科研课题

延续在研课题。2019 年，郭沫若纪念馆有延续在研课题 1 项，即国家社会科学基金一般课题"郭沫若翻译作品版本演变研究及语料库建设"（张勇主持）。

（三）学术交流、展览宣传活动

1. 专题展览、公众教育及宣传活动

2019 年 4 月，郭沫若纪念馆在西院展厅举办"东风第一枝——郭沫若与邯郸东风剧团"展。

2019 年，由郭沫若纪念馆主办或联合主办的展览及文化活动如下。

(1) 2019 年 2 月 8—24 日，在郭沫若纪念馆西院展厅举办"郭沫若的历史剧世界展"。

(2) 2019 年 4 月 9—12 日，郭沫若纪念馆配合埃及苏伊士运河大学郭沫若中心"郭沫若文化周"活动，在埃及举办"庆祝中华人民共和国成立 70 周年特展：郭沫若与世界文化遗产周口店"。

（3）2019年4月10日至5月10日，在郭沫若纪念馆西院展厅举办"东风第一枝——郭沫若与邯郸东风剧团"展。

（4）2019年5月15日，郭沫若纪念馆等"8+"名人故居纪念馆联盟联合推出的"连接传统与未来的名居名人名剧展""为了民族文化的繁荣——文化名人与文化自信展"在郭沫若纪念馆"5·18国际博物馆日"会场活动中开幕。展览持续在北京君诚双语学校、杭州低碳科技馆、宁波科技探索中心、长春市博物馆、永定河博物馆、镇江市博物馆、西城区图书馆进行巡展。

（5）2019年8月30日至9月15日，在郭沫若纪念馆西院展厅举办"冈崎嘉平太与中日关系展"。

（6）2019年10月13—15日，应澳大利亚塔斯马尼亚英文学校邀请，"郭沫若与现代中国展"在澳大利亚举办。

（7）2019年11月，在郭沫若纪念馆西院展厅举办"甲申三百年祭——反腐倡廉话甲申展"。

（8）2019年12月15—25日，在郭沫若纪念馆西院展厅举办"片纸群贤——邮票上的共和国英杰展"。

2. 国际学术交流与合作

2019年，郭沫若纪念馆共派遣出访5批8人次，接待来访230余人次。

（1）2019年4月9—14日，郭沫若纪念馆、郭沫若中国研究中心副研究员李斌、馆员陈瑜组成"郭沫若文化周"学术访问团出访埃及，与苏伊士运河大学孔子学院合作举办首届"郭沫若文化周"系列学术文化交流活动。活动包括与苏伊士运河大学领导座谈，举办"郭沫若与中国文化"讲坛、"郭沫若的学术世界"学术沙龙、"庆祝中华人民共和国成立70周年特展：郭沫若与世界文化遗产周口店"以及"第二届郭沫若杯中国现代诗歌朗诵比赛"。

（2）2019年8月26—31日，郭沫若纪念馆研究员李斌受澳门大学中国语言文学系邀请，赴澳门大学进行访学交流，并作了题为"《女神》与五四的时代精神""郭沫若书信中的当代中国"的学术报告。

（3）2019年10月11—17日，郭沫若纪念馆研究员张勇、馆员徐萌赴澳大利亚塔斯马尼亚霍巴特举办"郭沫若与现代中国展暨学术讲座"。

（4）2019年10月27日至11月3日，应公益财团法人中日友好会馆邀请，郭沫若纪念馆馆员程雅宁参加中国社会科学青年学者访日代表团赴日本东京、秋田，进行主题为"老龄化的社会对策"的交流访问。

（5）2019年10月30日至11月4日，郭沫若纪念馆副研究馆员赵欣悦、馆员王静赴突尼斯迦太基大学高等语言学院参加"第一届中突智库国际论坛：从迦太基到北京 重走丝绸之路"。

（6）举办国际友好文化主题展览

① 2019年8月30日，为庆祝中华人民共和国成立70周年、《中日和平友好条约》缔结

40周年和冈崎嘉平太诞辰120周年，郭沫若纪念馆与清华大学日本研究中心联合举办"中日友好饮水思源系列展：冈崎嘉平太与中日关系"。日本驻华大使馆公使堤尚广等国际友人出席开幕式并参观展览。

② 2019年9月22日，郭沫若纪念馆与北京语言大学国别与区域研究院中罗人文交流中心共同举办"庆祝中华人民共和国成立70周年、中罗两国建交70周年特展——爱国文化名人潘龄皋先生书法展"。

（四）学术社团

中国郭沫若研究会，执行会长蔡震。

（1）2019年7月13—14日，由中国郭沫若研究会主办的"郭沫若与新中国"学术研讨会暨中国郭沫若研究会第七次会员代表大会在山东大学威海分校举行。

（2）2019年11月30日至12月1日，由中国鲁迅研究会、中国郭沫若研究会、中国茅盾研究会主办的"鲁迅、郭沫若、茅盾研究"学术研讨会在青岛大学举办。

（五）会议综述

"郭沫若与新中国"学术研讨会暨中国郭沫若研究会第七次会员代表大会

2019年7月13—14日，"郭沫若与新中国"学术研讨会暨中国郭沫若研究会第七次会员代表大会在山东省威海市举行。会议由中国郭沫若研究会、郭沫若纪念馆主办，山东师范大学文学院、山东大学（威海）文化传播学院承办。来自中国社会科学院、北京大学、四川大学等30余所高校和科研机构的历史学、文学、哲学等不同专业的60余位学者参加了会议。

中国社会科学院研究生院教授张恩和认为，一个社会的转型必然体现为思想的转型，在我国向现代社会转型之初，郭沫若和很多知识分子站在历史潮头，呼吁并推动这一转

2019年7月，"郭沫若与新中国"学术研讨会暨中国郭沫若研究会第七次会员代表大会在山东大学威海分校举行。

型。山东师范大学文学院教授魏建表示，郭沫若及创造社作家在五四文学革命中发挥了重要的作用，但已有的文学史叙述对郭沫若认识不足，忽视了他对中国新诗诗体的全方位探索。中国社会科学院郭沫若纪念馆研究员蔡震认为，诗人的创作活动总是要置于一定的文化语境中，新中国成立后的文化语境让郭沫若的创作出现了新的变化和特点，他的诗歌创作大多描写现实生活的方方面面。

北京师范大学历史学院教授张越认为，新中国成立后，中国马克思主义史学居主导地位已成必然之势，郭沫若作为公认的中国马克思主义史学的创立者之一、新中国文化思想领域的重要人物，是确立中国马克思主义史学主导地位多项举措的重要决策者，对中国马克思主义史学在新中国成立后的走向产生了重要影响。四川大学历史文化学院教授彭邦本介绍了郭沫若在上古历史传说研究方面的成就。

中国社会科学院郭沫若纪念馆研究员李斌认为，目前，针对郭沫若在新中国成立后所取得的学术成果，学界的研究还稍显薄弱，还有大量郭沫若的档案、手稿、往来书信等文献史料亟待收集和整理。四川大学教授曾绍义认为，郭沫若的贡献是无可争议的，研究郭沫若需要有整体性的视野。郭沫若纪念馆原馆长郭平英在会上展示了郭沫若在新中国成立后的多幅具有重要历史意义的书法作品，引导与会学者通过"读图"的方式去感知郭沫若与新中国文化建设的深刻关联。

会议期间，中国郭沫若研究会召开第七次会员代表大会，选举了研究会新一届负责人。

（李　斌）

"鲁迅、郭沫若、茅盾研究"学术研讨会

2019年11月30日至12月1日，由中国鲁迅研究会、中国郭沫若研究会、中国茅盾研究会主办，陕西师范大学人文社会科学高等研究院、山东师范大学文学院、青岛大学文学院承办的"鲁迅、郭沫若、茅盾研究"学术研讨会在山东省青岛市召开。来自中国社会科学院、四川大学、厦门大学等科研机构和高校的40余位专家学者出席了会议。

在大会主题发言中，中国郭沫若研究会会长、中国社会科学院郭沫若纪念馆研究员蔡震论述了郭沫若与内山完造和内山书店的史料新见；中国茅盾研究会会长、上海戏剧学院院长杨扬探讨了茅盾对中国作家协会的发展作出的贡献；山东师范大学文学院教授魏建介绍了1927年郭沫若与茅盾的联系；郭沫若纪念馆研究员李斌从"做学问的革命家"的角度介绍了郭沫若的治学目的与成就；陕西师范大学教授钟海波从女性主义的视角对《虹》的思想意蕴进行了细致分析；青岛大学教授吕周聚将《子夜》放置于人性视野中进行重读；四川大学教授陈思广考察了小说《子夜》的版本流变情况；河北大学教授阎浩岗重释《腐蚀》；上海师范大学教授黄轶从《呐喊》的三套话语系统看五四新启蒙话语的确立；厦门大学教授苏永延则从《汉文学纲

要》出发，探讨鲁迅的文学史观。主题发言结束后，青岛市作协主席高建刚介绍并推介了青岛市古遗址文化与老城区名人文化故居。

在分组讨论中，40余位学者围绕鲁迅、郭沫若、茅盾的思想、人际交往、文学作品等展开深入讨论，并就如何将学术研究做好、做实、做新等问题提出了诸多见解。

浙江传媒学院文学院教授赵思运在分组讨论总结中指出，此次会议真正做到了鲁、郭、茅三军会合，促进了三者的互动研究，避免了学科过度细化的弊端，并针对此次会议体现的学科新动向进行了评议，同时指出目前研究存在的问题。

（李　斌）

四　院直属企业工作

中国社会科学出版社

2019年，既是中国社会科学出版社从数量规模型向质量效益型转型发展的关键之年，又是该社启动公司制改制、开启改革创新新征程的破局之年。一年来，全体员工在中共中国社会科学院党组的正确领导下，以习近平新时代中国特色社会主义思想为指导，以习近平总书记"5·17"重要讲话精神和致中国社会科学院三次贺信精神为根本遵循，扎实抓好"不忘初心、牢记使命"主题教育，认真落实中宣部《图书出版单位社会效益评价考核试行办法》有关要求，坚持正确的政治方向和出版导向，坚持两个效益统一，坚持高质量发展，稳步推进各项事业再上新台阶。

（一）人员、机构等基本情况

1. 人员

截至2019年年底，中国社会科学出版社共有在职人员223人。其中，正高级职称人员17人，副高级职称人员15人，中级职称人员60人，高、中级职称人员占全体在职人员总数的41%。

2. 机构

中国社会科学出版社设有：马克思主义理论出版中心、哲学宗教与社会学出版中心、历史与考古出版中心（剑桥项目办公室）、文学艺术与新闻传播出版中心、政治与法律出版中心、经济与管理出版中心、国际问题出版中心、重大项目出版中心（古籍工作室）/智库成果出版中心（中社智库研究院）、年鉴与文摘分社、大众分社（教育分社）、数字出版中心、国际合作与出版部、总编室（校对科）、质检部、出版部、营销中心、物流部、办公室、信息中心、人力资源部、党群工作部、财务部。另有社科书店和3家子公司。

（二）出版工作

1. 坚持以习近平新时代中国特色社会主义思想为指导，加强党的政治建设和思想建设

中国社会科学出版社坚持把党的政治建设摆在首位，认真开展"不忘初心、牢记使命"主题教育。严格按照习近平总书记在"不忘初心、牢记使命"主题教育工作会议上的重要讲话精

神和《中国社会科学院开展"不忘初心、牢记使命"主题教育的实施方案》要求，聚焦"守初心、担使命，找差距、抓落实"的总要求，紧密结合出版社工作实际，坚持把学习教育、调查研究、检视问题、整改落实贯穿始终，进一步营造风清气正的出版环境。

2. 坚持正确的政治方向和出版导向，严把图书政治关

根据《中共中国社会科学院党组关于加强党的意识形态工作，建设马克思主义坚强阵地的意见》精神，中国社会科学出版社结合工作实际，制定意识形态工作责任实施细则，严抓落实，努力提高编校人员政治把关能力。制定发布《关于进一步加强编辑出版工作政治纪律和社会效益考核的规定》，建立终审碰头会制度，定期召开编校检人员会议，及时传达中宣部等有关主管部门的政策精神，切实把好选题和书稿内容政治关。坚持马克思主义的指导地位，切实把意识形态责任制贯彻到学术出版的全过程。坚持做到意识形态监督前置。严格执行信息发布管理制度，加强对报告会、研讨会、讲座、图书发布会的意识形态监督，加强对会议活动的申报管理，加强对参会专家、作者的发言及会议活动的新闻报道等进行前置把关和发布前审核。

3. 高度重视、精心策划主题出版，弘扬主旋律，传播正能量

"习近平新时代中国特色社会主义思想学习丛书"（12卷）出版发行后，在全社会引起重大反响。2019年4月8日，新华社刊发通稿，中央电视台《新闻联播》作为要闻在第2条播出，人民日报（含人民网）、新华网、《求是》、《光明日报》（含光明网）等重要中央新闻媒体纷纷头条转发，"学习强国"、求是网、新华社App等上千家报网平台跟进，引起广泛关注，并入选中宣部2019年主题出版重点出版物，上线到"学习强国"、新华书店网上商城、易阅通、咪咕、掌阅等十多家网络传播平台，并在各平台设置的专栏中向广大干部群众展示。中国社会科学院院长谢伏瞻为"丛书"撰写的序言在《人民日报》2019年4月16日第20版头条刊发。该丛书很好地满足了各界进一步研究阐释宣传习近平新时代中国特色社会主义思想的需求。

由中国社会科学院院长谢伏瞻任总主编的"中国社会科学院庆祝中华人民共和国成立70周年书系"（30卷）已出版23卷。该书系由中国社会科学院集30多个研究院所、数百位专家学者之力，共同参与编撰而成。丛书分国家发展建设史和哲学社会科学学术研究史两个系列，全面回顾总结新中国成立70年来中国特色社会主义建设在思想理论、经济、社会、法治、文化、外交等方面所取得的巨大成就，系统梳理中国特色哲学社会科学部分重点学科的学术研究史，是中国社会科学院，也是该社向新中国成立70周年献上的一份厚礼。

持续出版坚持"四个自信"，阐述中国道路，讲述中国故事的优秀主题图书。2019年出版了王伟光主编的《大的历史时代与中国特色社会主义新时代》，蔡昉著《中国经济发展的世界意义》，姜辉等主编的《新中国70年与当代中国马克思主义发展：全国社会科学院系统中国特色社会主义理论体系研究中心第二十四届年会暨理论研讨会论文集》，朱佳木著《改革开放与中国当代史》，李培林等著《大变革：农民工和中产阶层》，韩庆祥著《中国道路及其本源意义》，李林著《中国法治变革》，黄群慧著《理解中国制造》，房宁、唐奕著《治理南山：

深圳经验的南山样本》，程恩富、胡乐明主编的《当代国外马克思主义经济学基本理论研究》等众多讲述中国故事、传播中国声音的优秀主题图书。

4. 围绕加强"三大体系"建设，推出标志性出版成果

由中国社会科学院院长谢伏瞻担任编委会主任并作序的"当代中国学术思想史丛书"（20卷）出版发布。丛书覆盖10多个学科，自2008年启动，前后历时10多年，被誉为"国内唯一系统完整地展现当代中国哲学社会科学学术思想发展史的大型丛书"。丛书序言发表于《光明日报》2019年12月31日第6版头条。由原副院长张江教授主编的《当代中国文学批评史》（共10卷）推出第一批6卷，对建构"中国特色社会主义文学理论话语体系"、繁荣发展中国文学研究有重要意义。

服务创新工程和加快"三大体系"建设的战略部署，做好中国社会科学院优秀科研成果的出版。2019年度承担各种创新工程资助项目112项。其中创新工程学术出版资助34项，如"今注本二十四史"（《三国志》等7种98册）、《二里头考古六十年》、《中国古代思想与礼学研究》、《归善斋〈尚书〉八训章句集解》等。另有国家智库报告38项、中国社会科学博士后文库16项、中国社会科学年鉴18项获创新工程学术出版资助。在中国社会科学院科研局发布的2019年度创新工程重大科研成果中，中国社会科学出版社有7项出版成果入选。

5. 专守学术出版，不断推出社科精品力作，原创学术经典的品牌影响力持续提升

进一步推进重大项目出版。"中国哲学典籍大全"交稿39种，出版11种。"今注本二十四史"完成第一批7种98册的编辑工作。"剑桥史"系列2019年新版《新编剑桥世界近代史》11卷（其中第5卷为新出），并入藏习近平总书记办公室书架。中国社会科学博士文库新入选23种。中国社会科学博士后文库新入选16种。老学者文库新入选13种。"中国社会科学年鉴"2019年度出版15种，新增《中国历史学年鉴》、《中国社会发展年鉴》和《茅盾研究年鉴》也即将入列，"中国社会科学年鉴"系列规模已达30种。"简明读本"系列新出版《简明中国文学史读本》。其他优秀原创出版品牌如社科学术文库、当代中国学者代表作文库、学部委员文集等也持续推进。

抓好重点丛书和重点新书的出版。"新时代经济问题研究丛书"出版6种；"中国民族地区经济社会调查报告"系列新出10种；"经济所人文库"已出版37种；"东北古代方国属国史"研究丛书出版6种。

众多项目和图书获得国家出版基金资助、中国社会科学院优秀科研成果奖等重要资助和奖项。《中国经济发展的世界意义》入选"十三五"国家重点出版物出版规划。"理解中国丛书"、"清代诗文研究丛书"、《群学的创立》（《中国社会学史》第一卷）入选国家出版基金资助项目。《侍卫制与清代中枢政治》等48种图书入选全国哲学社会科学工作办2019年"国家社科基金后期资助项目"，入选率达42.85%。在"第十届（2019年）中国社会科学院优秀科研成果奖"中，中国社会科学出版社出版的图书共26项获奖，占获奖总数的40%。在"第五届郭沫若中国历史学奖"中，共42种著作获奖，中国社会科学出版社出版的著作占10种。《中国经济发展的世界意义》获得"2019年度中国好书奖"。《世界佛教通史》（14卷）、《中国的价值观》、《留学生群体与民国的社会发展》等40多种图书分获各省级哲学社会科学优秀成果奖特等奖和一等奖。《文明以止：上古的天文、思想与制度》《中国考古学·三国两晋南北朝卷》获"2018年度全国文化遗产十佳图书奖"。《中国古代舆地图研究》获"2018年度全国文化遗产优秀图书奖"。这些获奖情况从一定程度上反映了中国社会科学出版社重要的学术影响力和社会影响力。

6. "中社智库"品牌佳作迭出，服务党和国家新型智库建设的功能更加凸显

2019年新增国家智库报告50种，地方智库报告12种，年度报告12种，智库丛书60余种。紧密配合国家重大活动和主场外交的需求，优质高效地推出一大批"一带一路"专题图书，如国家发改委主编的《城市可持续发展》《"一带一路"城市可持续发展案例研究》，中国社会科学院院长谢伏瞻任编委会主任的《"一带一路"年度发展报告（2018）》，等等。"粤港澳大湾区研究系列"初步成形，2019年推出《粤港澳大湾区影响力指数报告》《四大湾区影响力报告》等多种。"中国—中东欧研究院丛书"共16种，已出版9种。蔡昉、彼得·诺兰共同主编的《"一带一路"手册》（英文版）在英国发布，该书中英文版被送上"第二届'一带一路'高峰论坛"，受到与会嘉宾和媒体的关注。《中国与白俄罗斯：在"一带一路"建设中相伴而行》一书在谢伏瞻院长2019年5月出访白俄罗斯期间被作为礼物赠予客人。《中国和希腊的全面战略伙伴关系：现状、前景及政策建议》于习近平主席对希腊进行国事访问前夕在希腊发布。中国社会科学出版社与中国非洲研究院共同打造的"2019年中国非洲研究院文库智库系列"随谢伏瞻院长出访非洲。蔡昉主编的《中国智慧》被评为2019年"第一财经/摩根大通年度金融书籍"。《中国共产党贫困治理的实践探索与世界意义》一书入选《光明日报》和南京大学联合评选的CTTI来源智库2019年度优秀成果。"中社智库系列"产品已成为中国社会科学出版社图书生产的重要板块，有力提升了中国社会科学出版社出版品牌的影响力。

7. 发挥哲学社会科学出版优势，扎实推进学术"走出去"工作，讲好中国故事，传播中国声音

"走出去"图书已形成"理解中国""中国制度""简明中国""当代中国学术思想史"四大系列14个语种的出版矩阵。"习近平新时代中国特色社会主义思想学习丛书"英文版已签约3种，其中韩文、孟加拉文、印地文、尼泊尔文四语种签约全套12本，韩文版入选2019年"经典中国"7种，尼泊尔文、印地文、孟加拉文入选2019年"丝路书香"2种。"理解中国"系列成为中国学术"走出去"、讲述中国故事的知名品牌，已出版中文版20种，签约外文版70种，已出版外文版29种。中国社会科学出版社积极拓展与港澳地区的合作出版，与香港三联书店、香港中华书局先后合作出版繁体字版《简明中国文化读本》《简明中国历史知识手册》《中国历史年表》等。其中《简明中国历史知识手册》《中国历史年表》将成为香港中小学生的指导教材。《简明中国近代史读本》与香港中华书局签订繁体版协议。在《中国图书海外馆藏影响力研究报告》中，中国社会科学出版社连续多年位列前三，多次位列第一，英文图书2019年位列第三。在2019年6月召开的"中国图书对外推广计划"工作小组第14次会议上，中国社会科学出版社获得"走出去"工作特别贡献奖。

8."鼓楼新悦"等大众出版品牌声名鹊起

大众出版品牌"鼓楼新悦"自2018年创办以来，以"学术的大众化"和"提供有趣的智识生活"为主旨，致力于出版高端学术普及读物，已形成人文科普书系、全球史书系、非虚构文学书系三条稳定产品线。《疫苗的史诗：从天花之猖到疫苗之殇》《从投石索到无人机：战争推动历史》《六千零一夜：关于古埃及的知识考古》等新书进入全国各大书店的重点推荐目录，销售良好。2019年多部作品获奖，如《吃，是一种公民行为》入围"第11届傅雷翻译出版奖"；《当代弗兰肯斯坦：误入歧途的现代科学》获"2019书业年度评选·翻译奖"；《文化的演进》获"2019年度中国外语非通用语优秀科研成果"（译著类）一等奖，并入围当当网与人文社科联合书单联合评选的"2018人文社科年度好书"；《自行车的回归：1817—2050》获"《晶报·深港书评》2018年度（非虚构类）十大好书"；等等。

9. 融合出版取得新进展

2019年，中国社会科学出版社加工电子图书1662种，累计加工入库电子图书17220本，近3年的纸电同步率达到95%。与亚马逊、掌阅、阅文、喜马拉雅、咪咕等主流新媒体平台深化数字产品推广合作，首次开发的有声书产品《拉美西斯——埃及最伟大的法老王》已录制35集，上线2个月累计播放次数超过3万次。"中国社会科学文库""中国社会科学年鉴数据""中国近代影像资料库"等数据库产品上线1年多以来，已累计开通600余家机构用户，在西安、大连、天津、上海等地高校开展了一系列路演推广活动，知名度和影响力显著提升。

10. 加强制度建设和生产流程管理，推动高质量发展

加强制度建设，强化出版管理。制定发布《关于进一步加强编辑出版工作政治纪律和社会效益考核的规定》《编校生产各岗位职责管理规定》《关于图书生产流程的若干规定》《图书质检管理规定》《书号实名申领管理规定》《学术著作体例规范》《学术年鉴体例规范》《横向课题管理实施细则》《国情考察项目管理办法》，编印《编辑工作手册》（2019版），进一步加强图书选题及书稿三审的管理，明确相关责任及处罚，从制度上保证出版活动始终坚持正确的政治方向和学术导向。

严把选题和书稿内容质量关。严格实行"三审三校"制度，加强专业审稿，要求三审环节中保证至少有一个环节做到专业审稿。增加申领书号前总编辑审读重要书稿内容和三审意见的环节，增加社长选题把关和重要书稿终审环节，在制度上强化把关。严格履行《图书、期刊、音像制品、电子出版物重大选题备案办法》，要求编辑做到在政治把关上不糊涂、不含糊、不松懈。

进一步加强图书质量检查工作。2019年新修订并发布《图书质检管理规定》，进一步加强

图书质量检查工作。

加强印制管理。严格做好图书付印前的质量检查工作，加强对印刷生产的时间及质量管理，做好下厂监督生产工作，保证图书的生产时间并随机查看生产废料的处理情况，确保印制质量和财产安全。提高图书成本预估的准确性及结算数据的及时性。加强对供应商的准入审核及日常管理工作，加强对封面设计、排版公司及数码印刷厂的管理，严防文件意外泄露，加强图书生产中相关数据的安全保障工作。

11. 进一步加强营销宣传工作，图书销售收入继续保持增长态势

营销工作奋力克服库房搬迁造成的延误，实现营销收入稳中有升。大力践行"营销引领发行"的理念，打破发行、馆配、网络、宣传、数据库的界限，引入集交流访问、宣传推广、纸书馆配和数据库销售"四位一体"的营销方法，形成岗位之间的联动协作，加大对大客户潜力的发掘力度，加强数字产品销售和海外推广。

加强宣传工作，品牌影响力持续扩大。举办图书发布、出版座谈、学术研讨、产品宣讲、业务推广等各类活动50余场次。相比2018年，重要会议多，影响范围更广。

社科书店不断强化特色定位，提升服务质量，"两个效益"稳步上升。全年举办主题、专题书展20余次。依托中国社会科学院丰厚的学者资源，举办"贡院学人沙龙"活动150余场次，举办"社科讲堂"7期，产生了较大影响力。扶持三个公益读书会——"知止读书会"、"缘起读书会"和"知与行读书会"，定期在书店举办活动。积极开展网络营销。提升"定制配送"服务水平。继续获得北京市实体书店扶持基金，并获得"北京特色书店"奖项。

12. 进一步规范财务管理，提高库房和物流管理水平

加强财务制度建设，加大制度执行力度，提升财务管理水平。修订《业务招待费管理办法》《差旅费管理办法》《发票管理办法》《固定资产处置管理办法》，设计专项经费和课题经费核算方案及财务专人专管配套流程，设计图书代管库存管理方案和第三方代管库存完整入库流程，完善印厂直发图书处理方式、图书入库核验手续、选题终止的业务办理要求和财务核算方案，规范认款流程、支付流程、报销流程的标准化操作要求。加大制度执行力度，完善资金收支审核标准。加强财务制度宣讲培训工作，提升全社职工财务规范意识。认真做好日常财务核算工作，加强对各项业务的管理与监督，编制各种会计报表，对财务运行状况进行数据整理分析。加强对资产的有效管理，规范资产运用程序，确保资产的完整、安全、保值增值。推进历史图书生产成本归集，解决财务数据与企业科学考核不匹配的问题，提升财务管理水平。

顺利实现库房搬迁，物流管理水平进一步提高。2019年3月，因通州库房周边外单位仓库着火，中国社会科学出版社库房被连带停电停业，并被地方政府要求限时腾退搬迁。时值图书发货高峰期，库房停业严重影响了图书生产经营活动的开展。面对突发情况，赵剑英社长一方面亲自带领社领导班子和相关部门同志进行多方考察；另一方面克服重重困难，反复与地方各级政府和当事企业主沟通协商。在中国社会科学院院长谢伏瞻和中国社会科学院秘书长赵奇的大力支持和亲自协调下,历时近50天,顺利完成库房搬迁任务。新库房迁至河北固安,由中国社会科学出版社自管变为交由宏贤达公司托管,库房和物流管理进一步规范化。

推进废旧库存图书处理。中国社会科学出版社多次向院领导请示汇报,积极与院有关职能部门沟通协商,推进库存积压图书(包括过期和长期不动销图书)的报废处理工作,解决历史遗留问题。在中国社会科学院院领导的大力支持下,目前此项工作已接近尾声。滞销图书全面盘点工作和网上公开招标工作已完成。

13. 进一步加强队伍建设,深化绩效考核改革

加强队伍建设。加强对新入社编辑的培训,举办"外编外校培训会"。进一步加强对外编外校的登记、认定和管理工作。启动社领导班子成员和中层干部选拔工作。重大项目/智库成果出版中心获得"中央和国家机关青年文明号"和中国出版传媒商报"出版百强团队"称号。在2019年12月25日发布的"第十三届韬奋出版奖"公示名单中,中国社会科学出版社党委书记、社长赵剑英入选,成为30位获此殊荣的出版人之一。

进一步深化绩效考核改革。按照中宣部《图书出版单位社会效益评价考核试行办法》,制定发布中国社会科学出版社《出版中心社会效益评价考核指标和评分标准》,修订图书效益提成办法,制定《市场类选题图书管理办法》。配合人事教育局开展工资总额改革调研,制定中国社会科学出版社工资总额预算方案。

推动公司制改制。拟定《公司制改制工作方案》,进一步完善符合文化企业特点的现代企业制度。

14. 加强党建、纪检和工青妇、老干部工作

坚持全面从严治党,加强党的建设。开展"不忘初心、牢记使命"主题教育。开展在职党支部、离退休党支部换届选举及重新划分工作;抓党支部建设,积极发展新党员;积极参与地区街道组建的党建工作协调委员会。加强党员教育管理,配发学习材料,下载"学习强国"学习平台,组织观看《建党伟业》、参观"不忘初心、牢记使命"中央和国家机关定点扶贫工作展。

推进落实纪委监督责任。制定《中国社会科学出版社2019年度党风廉政建设工作任务分解》,领导班子成员及各部门负责人签订责任书,狠抓责任落实。以"不忘初心、牢记使命"主题教育为契机,紧盯重要节点和重要领域,开展贯彻中央八项规定精神的宣传教育和警示教育。对2018年7月以来违反中央八项规定精神的问题进行全面排查,未发现违反八项规定精神的问题。加强对出版各环节的监督把关,切实发挥纪委监督制约作用。

做好工会工作。开展跳绳比赛、健步行等群众性文体活动。积极推进员工福利的提高与落实。走访慰问患病职工和家庭困难职工。

加强共青团和青年工作。召开青年工作会,举办改革·创新·发展主题演讲比赛;开展

纪念五四运动100周年主题活动——"青春五月·集体跳绳比赛"和"库房做贡献,青年展风采";举办庆祝新中国成立70周年"我和我的祖国"歌咏会;举办青年文明号授牌仪式,表彰重大项目出版中心(智库成果出版中心)获得"2017—2018年度中央和国家机关青年文明号"称号。

抓好妇女工作。组织单身职工参加中国社会科学院的联谊活动;开展"艾草飘香——端午节自制香包"活动。

抓好老干部工作。召开离退休老同志新春团拜会。社领导班子亲自带队,走访慰问离退休老同志。举行"庆祝中华人民共和国成立70周年纪念章"颁发仪式。为29位老同志登记、变更医疗单位,方便老同志就医。

15. 加强安全、保密、信息化和后勤保障工作

加强安全和保密工作。加强日常安全管理,做好国庆70周年系列活动期间,出版社办公区域安全管理。坚持党管保密,增强保密意识,安排专人负责机要文件传输和管理。做好迎接国家保密局进驻式保密检查有关工作。做好网络平台信息发布保密审查工作。

加强信息化建设。制定《网络信息安全管理制度》、《信息办公设备及网络管理制度》和《信息化标准管理制度》。严格执行信息发布管理制度,做到所有信息先审后发。赴青岛海思科公司和当地企业机房进行调研,对ERP长期运维建设达成优惠共识。制定机房升级改造方案。做好ERP与宏贤达公司物流系统对接工作和其他信息化服务保障工作。

做好后勤保障工作。加强文件、印章、法务、外事、采购、资产管理工作;加强会议、交通、医疗服务;做好消防中控维保和高压配电室维保工作;与中国社会科学院美国研究所、中国社会科学院财计局协调院内地面修缮事宜;加强后勤服务,办好职工食堂,对基础设施进行改造,强化食堂消防安全巡查工作,提供良好的就餐环境。

(三)学术交流活动

1. 学术活动

2019年,由中国社会科学出版社主办、承办或参与主办、承办的学术会议如下。

(1) 2019年1月21日,由中国社会科学院财经战略研究院和中国社会科学出版社联合主办的"中国社会科学院财经战略研究院重大成果发布会"在北京举行。会议发布了由中国社会科学院财经战略研究院与孙中山研究院合作完成的研究成果——《四大湾区影响力报告(2018):纽约·旧金山·东京·粤港澳》。

(2) 2019年2月13日,"国家社科基金重大招标项目暨中国社会科学院重大课题《剑桥古代史》《新编剑桥中世纪史》翻译工程编委会议"在北京召开。编委会成员武寅、于沛、侯建新、郭小凌及中国社会科学出版社社长赵剑英、总编辑魏长宝等参加会议。

(3) 2019年4月9日,由中国社会科学院主办,中国社会科学出版社协办的"习近平新

时代中国特色社会主义思想学习丛书"出版座谈会在北京举行。中国社会科学院院长、党组书记、学部主席团主席谢伏瞻，中央宣传部副部长梁言顺，人民日报社副总编辑张首映出席会议并讲话。会议由中国社会科学院副院长、党组成员蔡昉主持。中国社会科学院副院长、党组成员高培勇，中央纪委国家监委驻中国社会科学院纪检监察组组长、中国社会科学院党组成员杨笑山，中国社会科学院秘书长、党组成员赵奇，中国社会科学院原副院长、社会政法学部主任李培林出席会议。出席座谈会的领导及专家学者围绕丛书的创作主旨、主要特点、理论创新、学术意义等议题发言。

(4) 2019年5月7日，"中国图书对外推广计划"工作小组第14次工作会议在黑龙江省哈尔滨市召开。会议总结了2018年的工作，全面部署了2019年的工作，并对表现突出的8家成员单位进行了表彰，特授予中国社会科学出版社"走出去"工作特别贡献奖。会议期间，中国社会科学出版社社长赵剑英以"发挥哲学社会科学出版优势 讲好中国故事 传播中国声音"为题进行了主题发言。

(5) 2019年7月24日，由中国社会科学院农村发展研究所、中国社会科学院城乡发展一体化智库、中国社会科学出版社共同主办的"《中国农村发展报告（2019）》发布会暨农业农村优先发展高层论坛"在北京举行。中国社会科学院副院长、党组成员高培勇出席并致辞，中国社会科学出版社党委书记、社长赵剑英代表出版方致辞。中国社会科学院农村发展研究所所长魏后凯在会上发布主报告，农村产业经济研究室副主任韩磊代表课题组发布《中国农村发展指数》。

(6) 2019年8月22日，"《习近平新时代治国理政的历史观》发布会"在北京举行。中国社会科学院秘书长、党组成员赵奇出席并讲话。中国社会科学出版社社长赵剑英作为出版方致辞。中国社会科学院古代史研究所所长卜宪群、中共中央党校（国家行政学院）一级教授韩庆祥等参加活动。

(7) 2019年8月23日，由中国社会科学出版社主办的"《简明中国文学史读本》新书发布会"在第26届北京国际图书博览会上举行。中国社会科学出版社社长赵剑英代表出版方致辞。该书主编、中国社会科学院文学研究所所长、学部委员刘跃进作主题发言。清华大学人文学院教授马银琴，北京大学中文系教授张剑等先后发言。

(8) 2019年8月23日，"《理解中国制造》发布会"在北京举行。中国社会科学出版社社长赵剑英代表出版方致辞。该书作者、中国社会科学院经济研究所所长黄群慧介绍了该书的相关情况。中国社会科学院学部委员汪同三、华侨大学经济与金融学院院长郭克莎、国务院发展研究中心公共管理研究所所长李建伟、中国社会科学院工业经济研究所副所长李海舰、中国社会科学院经济研究所副所长张晓晶出席活动并发言。

(9) 2019年9月25日，中国社会科学院在北京举办"《庆祝中华人民共和国成立70周年书系》出版发布座谈会"。中国社会科学院副院长、党组成员蔡昉出席并致辞；中国社会科学院秘书长、党组成员赵奇主持座谈会。"书系"编撰工作领导小组成员、编撰工作委员会成员、协调工作小组成员、各册图书主编和主要参与者以及 30 多家媒体的记者参加座谈会。受中国社会科学院院长、党组书记、《书系》编撰工作领导小组组长谢伏瞻委托，蔡昉作出版发布会致辞。

（10）2019 年 10 月 29 日，由中国社会科学出版社和中共杭州市萧山区委、区人民政府联合主办的"首届中国哲学家论坛暨当代中国哲学形态研讨会"在浙江省杭州市召开。全国政协常委、民族和宗教委员会主任，中国社会科学院原院长、党组书记，中国辩证唯物主义研究会会长王伟光出席会议并讲话，中国社会科学出版社党委书记、社长赵剑英，萧山区人民政府党组书记、代区长章登峰出席会议并分别代表主办单位致辞。

（11）2019 年 10 月 31 日，由中国社会科学出版社主办的"'当代中国文学批评史'丛书发布会暨中国文学批评 70 年学术研讨会"在北京召开。中国社会科学院原副院长、中国社会科学杂志社总编辑张江教授作会议主题发言，中国社会科学院大学校长张政文教授主持会议，中国社会科学出版社党委书记、社长赵剑英致辞。

（12）2019 年 11 月 5 日，"2019 年中国社会科学院国家智库报告评审会"在北京召开。中国社会科学出版社社长赵剑英介绍了 2019 年国家智库报告出版情况。参加评审会的专家有中国社会科学院财经战略研究院党委书记闫坤、中国社会科学院西亚非洲研究所所长李新烽、中国社会科学院法学研究所副所长周汉华、中国社会科学院人口与劳动经济研究所副所长都阳等。

（13）2019 年 11 月 15 日，由中国社会科学院科研局和中国社会科学出版社联合主办的"加强学科建设：构建学术年鉴评价体系研讨会暨首届年鉴主编论坛"在北京举行。中国社会科学院党组成员、当代中国研究所所长、马克思主义研究院院长姜辉，中国社会科学院秘书长、党组成员赵奇出席会议并致辞，中国社会科学院科研局局长马援，中国社会科学出版社社长赵剑英出席会议并讲话。会议研讨的主要议题有"学术年鉴如何助力学科体系、学术体系、话语体系建设""如何推动学科建设、如何推动建立学术评价体系"等。来自中国社会科学院等科研院所和高校的学术年鉴主编和编辑部主任 40 余人参加会议。

（14）2019 年 11 月 26 日，由湖北省社会科学院、中国社会科学出版社、中国社会科学院农村发展研究所共同主办的"深入学习贯彻党的十九届四中全会精神 推进乡村社会治理体系和治理能力现代化研讨会暨《湖北农业农村改革开放 40 年（1978—2018）丛书》出版座谈会"在北京举行。中国社会科学出版社党委书记、社长赵剑英，中国社会科学院农村发展研究所党委书记、副所长杜志雄出席会议并代表主办方致辞。中国社会科学院学部委员、农村发展研究所研究员张晓山，湖北省政协常委、文史委副主任宋亚平作主题发言。

（15）2019 年 11 月 29 日，中国社会科学出版社在北京召开"《当代中国学术思想史》丛书出版座谈会暨编委会会议"。中国社会科学院院长、党组书记谢伏瞻出席并讲话。中国社会科学院副院长、党组成员高翔主持会议。中国社会科学院原副院长李培林出席会议。

（四）国际学术交流与合作

（1）2019年4月22—26日，中国社会科学出版社社长赵剑英等出访日本，了解日本图书市场情况，走访驹泽大学、明治大学、科学出版社东京株式会社、东京大学出版会、早稻田大学，旨在开拓中国学术图书"走出去"日文版图书市场，加强中国社会科学出版社主题图书、智库图书的宣传推广工作。

（2）2019年4月22—28日，中国社会科学出版社总编辑魏长宝带队赴伊朗参加"第32届德黑兰国际书展"。由中国社会科学院组织近百位专家编写的"习近平新时代中国特色社会主义思想学习丛书"在书展中国主宾国展台亮相。中国社会科学出版社参展图书近80种，书展结束后，展品由中国图书进出口（集团）总公司代为捐赠给伊朗德黑兰大学，赠送图书50余种。

（3）2019年5月15日，泰勒·弗朗西斯集团全球图书董事总经理Jeremy North、全球科研服务总裁Leon Heward-Mills、首席产品官Paul Tuten、亚太区期刊编辑总监Lyndsey Dixon、中国区图书出版主管孙炼以及中国区期刊出版人丁海珈一行6人到访中国社会科学出版社，社长赵剑英等参加了会谈。

（4）2019年5月17日，亚洲文明对话大会分论坛"学术出版的中国故事"学术座谈会在中国社会科学出版社举办。总编辑魏长宝等出席会议。

（5）2019年6月17日，由中国社会科学出版社、中国社会科学院全球战略智库、剑桥大学耶稣学院中国中心、泰勒弗朗西斯集团共同主办的"《"一带一路"手册》（*Routledge Handbook of the Belt and Road*）新书发布会暨'一带一路'倡议研讨会"在英国剑桥大学耶稣学院举行。中国社会科学出版社社长赵剑英，泰勒弗朗西斯集团全球图书业务总裁Jeremy North分别代表中外出版方致辞。

（6）2019年6月28日至7月24日，中国社会科学出版社选派国际合作与出版部编辑赴法国分社短期工作。在法期间选派编辑与多家学术、出版机构开展交流，与中国驻法国大使馆文化处、教育处建立联系，并代表中国社会科学出版社向波尔多政治学院图书馆捐赠了"习近平新时代中国特色社会主义思想学习丛书"、中国政治学期刊、《"一带一路"手册》等一系列近年的新出版物约50种。

（7）2019年8月21日，在"第二十六届北京国际图书博览会（BIBF）"开幕当天，中国社会科学出版社、泰勒弗朗西斯集团－罗德里奇学术出版社、中国非洲研究院战略协议签署仪式在北京举行。

（8）2019年8月21日，在"第二十六届北京国际图书博览会（BIBF）"上，中国社会科学出版社与波兰马尔沙维克出版集团就《中国经济改革的大逻辑》《中国的民主道路》《中国的社会巨变和治理》《"一带一路"手册》《四十不惑：中国改革开放发展经验分享》波兰语版签署了合作出版协议。

（9）2019年8月21日，在"第二十六届北京国际图书博览会（BIBF）"上，中国社会科学出版社和东方知识出版社有限公司签署了《郑和与非洲》阿文版协议。

（10）2019年8月22日，由中国社会科学出版社主办的"习近平新时代中国特色社会主义思想学习丛书"多语种签约翻译启动仪式暨《构建新时代中国特色社会主义政治经济学》发布会在北京召开。中国社会科学出版社社长赵剑英代表主办方致辞，中国出版协会常务副理事长邬书林和中国社会科学院国际合作局局长王镭应邀在大会上发表讲话。

（11）2019年8月22日，中国社会科学出版社与印度、尼泊尔、埃及、阿尔及利亚、黎巴嫩等多个国家的出版机构在北京举行《"一带一路"手册》多语种合作签约仪式。

（12）2019年12月19日，由中国社会科学出版社协办的第三届国际新闻出版合作大会分论坛——学术出版"走出去"立体化格局建设研讨会在山东省泰安市召开。德国ibidem出版社、波兰马尔沙维克出版集团、乌克兰赫尔维提卡出版社、哈萨克斯坦阿里法拉比民族大学出版社、印度GBD图书公司、北京外国语大学、西安外国语大学的代表参加了研讨会。

社会科学文献出版社

2019年，在院党组的正确领导下，社会科学文献出版社以习近平新时代中国特色社会主义思想及党的十九大与十九届二中、三中、四中全会精神为根本指引，始终把社会效益放在首位，实现社会效益与经济效益相统一，加强全面从严治党，以"不忘初心、牢记使命"主题教育为引领，切实构建社会科学文献出版社高水平治理体系，以"数据、流量、平台"为抓手，推动生产经营指标平稳发展，真正实现社会科学文献出版社的高质量发展、高水平治理，把社会科学文献出版社打造成为中国最具影响力的学术出版机构，为中国社会科学院哲学社会科学"三大体系"建设提供支撑和服务平台。

（一）主要工作情况

1. 全面加强从严治党，切实推动"不忘初心、牢记使命"主题教育

2019年，社会科学文献出版社机关党委进一步以习近平新时代中国特色社会主义思想为指导，全面贯彻落实党的十九大、十九届四中全会精神，坚定不移把党的政治建设摆在首位。以开展"不忘初心、牢记使命"主题教育和中央巡视组意识形态工作核实为契机，进一步全面加强意识形态阵地建设。在主题教育中，机关党委带头学习并积极开展讲党课活动，机关党委委员和支部书记在支部、分管部门、青年等不同范围开展了18次讲党课活动，为将社会科学文献出版社建设成为坚强的马克思主义学术出版阵地提供坚实的思想保证。12月2—4日，社会科学文献出版社召开了深入学习党的十九届四中全会精神暨2019—2020年度工作会，以高水平治理、高质量发展为目标，落实2020年各项工作。

2019年10月社会科学文献出版社完成党支部换届工作，要求业务部门"一把手"担任党支部书记，业务骨干担任支委委员，推动党支部建设高质量发展。八个党支部继续加大与各自共建支部的交流合作。社会科学文献出版社市场营销党支部入选中央和国家机关党支部标准化规范化建设试点单位。

2. 严把政治关，落实意识形态责任制

社会科学文献出版社一直以来高度重视意识形态相关工作，强调抓好党的意识形态工作，是社机关党委的首要政治任务和"一把手"工程。2019年，坚持将党的意识形态工作贯彻落实到学术出版全过程：严把选题政治关，对选题策划前端加强意识形态管理工作；加强各部门、各环节的把关意识和责任，发布并落实《关于进一步严肃选题论证程序、提高选题论证质量的通知》；制定并完善《关于进一步加强我社网络媒体管理工作的规定》《出版社成果推广管理办法》等制度，加强学术成果发布与传播意识形态监督管理；全年召开四次意识形态专题培训和讲座，高度重视对从业人员思想理论和意识形态素质建设。

3. 生产经营指标保持平稳，着力打造主题出版类精品力作

2019年，在中宣部加强对书号的控制和管理，在书号总量有限、发展受到极大制约的情况下，社会科学文献出版社继续保持了平稳的发展态势。2019年，全年共出版图书2469种，同比下降7%，其中新书1966种，同比下降5%，再版重印503种，同比下降12%。新书出版字数约6.58亿字，同比下降8%；造货码洋5.01亿元，同比下降7%。出版皮书460种，造货码洋同比增长9%。数据库营销1849.1万，同比下降8%；电子书销售361万，同比增长60%。2019年社会科学文献出版社共组织208场学术成果发布活动，其中皮书系列新闻发布会185场，在全国各地共举办读者沙龙40余场，培育35万粉丝规模的自媒体矩阵，在公共媒体报道社会科学文献出版社学术成果发布信息相关新闻达上万条，累计收获各类媒体图书年榜21次，几乎覆盖全国各类主流图书评选。2019年，社会科学文献出版社营业总收入达3.42亿元，较2018年增长8.6%；净利润1900万元，较2018年增长10.44%。

2019年，社会科学文献出版社积极服务院科研工作，入选院内大型学术出版项目3项，一般资助项目17项，老年学者文库12项，博士后文库8项，共完成出版院创新工程项目53种。社会科学文献出版社《中国抗日战争史》等4个项目入选国家出版基金项目；《英藏敦煌社会历史文献释录》（第十七卷）等2个项目入选古籍整理出版资助项目；《黑龙江通史》增补入选"十三五"国家重点出版物出版规划项目；《宋代宰相制度考论》等68个项目入选国家社科基金后期资助项目；皮书数据库入选国家新闻出版署"数字出版精品遴选推荐计划"；《如果故宫会说话》获得北京宣传文化引导基金资助。在第七届中华优秀出版物奖评选中，谢寿光社长的《大数据时代的学术出版》获出版科研论文奖，《中国古代都城考古发现与研究》《两岸新编中国近代史》获图书提名奖；在第十届（2019年）中国社会科学院优秀科研成果奖奖项中，19项成果由社会科学文献出版社出版。中共中央党校（国家行政学院）马克思主义理论研究丛书、改革开放研究丛书在中宣部举办的"伟大历程 辉煌成就——庆祝中华人民共和国成立70周年大型成就展"中全套展出。

4. 进一步加强专业化发展，以分学科编委会为抓手全面落实专业化路径

2019年，为适应在新发展阶段的工作要求，做好各学科图书选题论证、规划工作，优化图书选题结构，进一步提高图书产品内容质量、编校质量，提升社会科学文献出版社图书品牌形象，更好地服务于院"三大体系"建设，切实推动出版社专业化发展，社会科学文献出版社对照院学部设置，建立了7个分学科编辑工作委员会、5个分专项项目委员会，对各类选题、项目进行严格的专业把关。

5. 进一步推进学术资源建设工程向纵深整合

2019年，社会科学文献出版社大力推动学术资源建设和学术出版规范建设，全年先后在陕西省、四川省、江苏省、贵州省和浙江省组织27场学术知识服务宣讲互动座谈，涉及学术科研机构38家。在重庆西南政法大学举办了第三届学术资源建设基地工作会议及第八届人文社会科学集刊年会，以"学术集刊与学术诚信建设"为主题，发出学术集刊共同体学术诚信倡议函，从学术出版、数字出版、国际出版角度拓展学术传播的维度和方向。

6. 数字出版业态成果显著，融合发展项目稳步推进

社会科学文献出版社数字出版业务深入贯彻融合发展战略，以销售目标为导向，整合资源、打造平台，取得了突出的社会效益与经济效益，全年总体数字出版业务收入超过3000万元。皮书数据库已成为国内最专业的智库报告出版传播平台之一，内容规模达43.9亿字，与上海财经大学、首都经济贸易大学特大城市经济社会发展研究院等5家一流智库机构达成资源合作，入库《数据与决策》系列、《中国宏观经济形势分析与预测》系列等优质智库报告近200篇，成功入选国家新闻出版署2019年度首批数字出版精品遴选推荐计划。国别区域与全球治理数据平台（CRGG）内容规模达30亿字，已成为国别区域研究领域不可或缺的研究平台。

在融合发展项目方面。学术科研平台以"打造精品"为目标，重点开展中华文化发展智库平台、大运河文化带数据库等专题类数据平台建设。其中，中华文化发展智库平台入选"2019年度中国智库索引（CTTI）智库最佳实践案例"。

7. 助推中国学术"走出去"，国际出版业务取得新进展

2019年，社会科学文献出版社国际出版平台建设进一步完善，逐渐成为服务社会科学文献出版社、服务作者、服务学术出版的多功能平台。全年入选国家重点工程及项目共45种。社会科学文献出版社与云南大学共同策划优秀著作外译项目，集结了35位有影响力的云南大学作者的优秀著作，与海外知名出版机构合作出版该著作的英文版。被商务部等部委联合认定为"2019—2020年度国家文化出口重点企业"，"中国人文社科学术交流平台"被认定为"2019—2020年度国家文化出口重点项目"。

8. 进一步加强皮书的专业化和精细化管理，优化皮书结构，全面提升皮书的质量和影响力

第二十次全国皮书年会（2019）在黑龙江省哈尔滨市召开。中国社会科学院院长、党组书记谢伏瞻出席会议并发表重要讲话,社会科学文献出版社进一步完善皮书研创规范和评价标准,加强皮书专业化和精细化管理,强调提质控量,将皮书控制在500种以内,并由社领导挂帅加大对院属皮书,如《经济蓝皮书》《社会蓝皮书》的研讨、把关力度。全年组织专家评审12次,评审皮书申请项目180个,通过率仅为43.90%,皮书准入评审机制为从源头上控制皮书选题质量提供了保障。同时,加大研究主题过窄、研究价值不大,以及内容质量一般的皮书的淘汰力度,公布第四批淘汰皮书名单,共162种皮书退出皮书系列。

9. 以皮书研究院和博士后科研工作站为依托,加大科研与学术出版的融合力度

2019年,社会科学文献出版社继续坚持打造研究型出版机构的理念,加大科研与学术出版的融合力度,以科研带动学术出版的深度发展。出版社先后出版了《中国智库名录》《中国智库成果名录》,设立了"中国智库评价""中国人文社会科学学术评价"等课题,通过机构的评价,了解学术前沿,提升学术出版的质量和影响力。

当前,社会科学文献出版社已成功申请立项的国家社会科学基金项目共计9项,重点项目3项,分别为"中国学术图书质量分析与学术出版能力建设""中国新型智库调查、评价与建设方略研究""知识服务升级背景下的学术出版能力评价研究"。一般及青年项目6项,涉及新闻传播学、应用经济学、语言学、政治学和中国文学5个学科。其中,重点项目"中国学术图书质量分析与学术出版能力建设"开创了学术出版研究的新篇章。

2019年,社会科学文献出版社博士后科研工作站招收3名博士后;共组织4场博士后出站答辩会,5名博士后参加出站答辩并顺利办理出站手续。

10. 全面服务,助力中国社会科学院学术期刊出版传播

2019年,社会科学文献出版社继续为中国社会科学院学术期刊提供全方位服务,包括期刊排版、印制、发行,以及赠刊寄送、宣传推广、信息化建设、会议服务以及视频拍摄服务等。在全国期刊行业销售大幅下滑的背景下,全年共承印发行中国社会科学院学术期刊80种500余期,销售总册数近100万册,全年上缴期刊款预计税后1600余万元。此外,社会科学文献出版社还积极协助院内单位创办新刊。目前与中国社会科学院图书馆共同主办的《文献与数据学报》已经出刊,《中国志愿服务研究》《中国非洲学刊》正处在申办过程中。

11. 集刊品牌影响力进一步凸显

2019年,全社集刊稳步发展,数量有了较大提升。社会科学文献出版社集刊总种数共计397种,年度出版193种,其中34种集刊被CSSCI收录,位居全国出版社之首。集刊出版及评价进一步规范、精细,学者交流注重专业化。《SSAP学术集刊手册——编撰、出版和评价指南》(2019)改版升级、投约稿系统培训进一步展开。评审推选出90种名录集刊22种优秀集刊。2019年10月,社会科学文献出版社在重庆举办了第八届人文社会科学集刊年会,来自中国社会科学院、各大高校及其他科研机构的230余位专家学者,围绕"学术集刊与学术诚信建设",推动学术界形成注重诚信的优良学风,促进学术集刊的全面发展。"基于学术出版规范的人文社会科学开放存取平台"项目进入具体实施：平台主服务端口和集刊数据库已经完成并开始提供服务；OA 与预出版数据库完成招标，并已进入上线前的最后调整阶段；文集库和投约稿平台三期的需求已经完成制定，2019 年年底亦启动建设。

12. 落实人力建设工程，积极开展群团活动

2019 年，社会科学文献出版社制定完善《社会科学文献出版社干部梯队建设指导意见》，突出选人用人政治关，明确领导干部政治素质、行为表现以及意识形态工作为重要考核内容，实行意识形态问题"一票否决制"，并明确内容部门负责人需有一人为党员。与院人事局共同举办"专业技术人才知识更新工程 2019 年全国学术出版单位高质量发展高级研修班"，深受业内欢迎，受到人力资源和社会保障部好评。

工会、团总支、妇工委积极开展各类活动，总编辑讲座、中日韩青少年夏令营深入推进、"小海豚"夏令营再出发等成为社会科学文献出版社群团活动的新亮点。积极参加中国社会科学院庆祝新中国成立 70 周年诗歌朗诵比赛并获三等奖，合唱团为此次比赛献唱，获得好评。

（二）会议综述

第九届中国学术出版年会

2019 年 1 月 8 日，由社会科学文献出版社、中国新闻出版研究院和百道网联合主办的"第九届中国学术出版年会暨社会科学文献出版社经销商大会"在北京举行。年会的主题为"新时代的学术出版：学术诚信与出版者的责任"。中国社会科学院科研局局长马援，美国两院院士、台湾"中央研究院"院士谢宇，华东师范大学历史系终身教授、国际冷战史中心主任沈志华，中国社会科学院欧洲研究所所长黄平，社会科学文献出版社社长谢寿光，中国社会科学院评价研究院院长荆林波，Taylor & Francis 出版集团中国期刊出版人丁海珈等专家学者出席会议并作主题演讲。会议由中国社会科学院知识产权中心教授，中央电视台特约评论员杨延超主持。

中国社会科学院科研局局长马援认为科研诚信建设是学术之本，是系统工程，出版者在科研诚信若干环节和领域里起着至关重要的作用。社会科学文献出版社社长谢寿光主认为学术伦理是一套规范体系，任何一个学术出版人应该是尊重学术的，对学术怀有敬畏之心，要尊重学者，扮演好"最后的守门人"的角色。

第二十次全国皮书年会（2019）

2019 年 8 月 9 日，第二十次全国皮书年会（2019）在黑龙江省哈尔滨市开幕，会议由中国社会科学院主办，社会科学文献出版社、黑龙江社会科学院共同承办。中国社会科学院院长谢伏瞻，黑龙江省委书记、省人大常委会主任张庆伟，黑龙江省委常委、省委秘书长、办公厅主任张雨浦，黑龙江省委常委、宣传部部长贾玉梅，全国人大常委会委员、社会建设委员会副主任委员、中国社会科学院原副院长李培林，中国出版协会常务副理事长邬书林，中国科学技术部二级专技、国际欧亚科学院院士、中国科学中心秘书长赵新力，中国社会

第二十次全国皮书年会（2019）在哈尔滨召开。

科学院科研局局长马援，全国哲学社会科学工作办公室主任姜培茂，中宣部出版局副局长许正明，黑龙江省社会科学院（省政府发展研究中心）党委书记周峰、院长董伟俊，社会科学文献出版社社长谢寿光、总编辑杨群等领导出席会议。出席年会的还有来自中国社会科学院相关院所、地方社会科学院、高校、科研院所、社会智库等机构的领导和全国皮书课题组代表、相关领域研究专家以及媒体代表共计500余人。会议开幕式由中国社会科学院副院长蔡昉主持。

中国社会科学院院长谢伏瞻在讲话中指出，加快构建中国特色哲学社会科学学科体系、学术体系、话语体系，是时代发展的迫切要求，是当代中国伟大实践的迫切要求，是新时代我国哲学社会科学的职责任务。广大哲学社会科学工作者要自觉肩负起加快构建中国特色哲学社会科学"三大体系"的崇高使命，奋力书写新时代哲学社会科学的壮丽篇章。新时代进一步做好皮书的研创出版，要坚持正确的政治方向、学术导向和价值取向，坚持以研究回答新时代重大理论和实践问题为主攻方向，坚持把质量作为皮书的生命线，坚持皮书的数字化和国际化发展方向。希望同志们讲政治、勤思考、敢担当、善作为，推动皮书产业在新时代有新气象、新作为，为繁荣中国学术、发展中国理论、传播中国思想，为实现"两个一百年"奋斗目标、实现中华民族伟大复兴的中国梦作出更大贡献。

第八届人文社会科学集刊年会（2019）

2019年10月25—27日，由社会科学文献出版社与西南政法大学联合主办的第八届人文社会科学集刊年会于重庆召开。年会以"学术集刊与学术诚信建设"为主题。中国社会科学院秘书长、党组成员赵奇，西南政法大学党委副书记吴钰鸿，社会科学文献出版社社长谢寿光，贵州省社会科学院院长吴大华等以及来自集刊的代表、媒体记者200余人出席会议。年会开幕

式由社会科学文献出版社副总编辑童根兴主持。

中国社会科学院秘书长、党组成员赵奇在发言中就加强学术诚信建设，推动学术集刊高质量发展谈了自己的意见。他指出，要充分认识学术集刊的发展对创建学术品牌、推动学术诚信建设的重要作用。要加强学术共同体建设，推动学术诚信意识成为广泛共识。要进一步提高学术集刊的出版质量，不断扩大学术集刊的影响力。要推动学术研究的细分化和专业化，推动前沿学科和交叉学科的发展。

中国人文科学发展公司

（一）人员、机构等基本情况

1. 人员

截至 2019 年年底，中国人文科学发展公司现有人员 25 人。其中，在编在岗人员 10 人，机关聘用人员 15 人（不含所属企业聘用人员）。在编在岗人员中，局级干部 2 人，处级干部 5 人，科级以下干部 2 人，工人 1 人。

2. 机构

中国人文科学发展公司设有：办公室、财务部、进口图书部、中文图书部、电子资源部。

公司所属院党校密云校区（密云绿化基地）、院党校北戴河校区（北戴河培训中心）、社科博源宾馆有限公司（王府井访问学者公寓）、社会科学成果开发中心、中国经济技术研究咨询有限公司、北京人文科工系统集成技术有限公司、三河市学者之家文化艺术咨询服务有限公司、三河市哲社企业信息咨询有限公司、北京社科光大经贸公司、北京社科玉泉营建材市场有限公司、北京维尔卡姆实业总公司、北京安信捷办公用品销售中心等 12 个企事业单位。

公司设总经理（党总支书记）1 人，副总经理 3 人。

3. 主要任务

公司主要业务有三大块：一是全院图书采购总代理、信息化建设任务；二是公司所属单位有关经营性资产的经营管理任务；三是院内各类会议培训服务保障任务。

4. 财务状况

中国人文科学发展公司实行的是院财务会计代理制，中国社会科学院对公司及所属企业派出会计，公司负责出纳人员管理。2019 年度向中国社会科学院上缴 900 万元。

（二）工作情况

1. 进一步强化政治思想建设

一是狠抓政治建设。中国人文科学发展公司坚持思想建党、理论强党，健全了理论学习中心组学习机制，积极参加和组织开展全员培训，推动学习形式创新，及时跟进学习了习近平总书记2019年10月1日在庆祝中华人民共和国成立70周年大会上的讲话精神、党的十九届四中全会等最新精神。认真学习贯彻落实《中共中国社会科学院党组关于贯彻落实〈中共中央关于加强党的政治建设的意见〉的实施方案》《中共中国社会科学院党组关于贯彻落实〈关于加强和改进中央和国家机关党的建设的意见〉的实施方案》，凸显了党的政治建设的根本性地位；认真贯彻落实《县以上党和国家机关党员领导干部民主生活会若干规定》，严格落实公司党组织民主生活会各项制度，强化了党内政治生活的严肃性。

二是狠抓习近平总书记在哲学社会科学工作座谈会上的重要讲话精神、三次致中国社会科学院贺信精神及院党组决策部署学习落实。

三是狠抓意识形态工作。中国人文科学发展公司始终把意识形态工作作为一项政治任务，进一步树牢"四个意识"、坚定"四个自信"，坚决维护习近平总书记党中央的核心、全党的核心地位，坚决维护党中央权威和集中统一领导，把"两个维护"落实到党对公司全面工作的坚强领导上，落实到不折不扣贯彻执行党中央和院党组的各项决策部署上，增强了为繁荣发展中国哲学社会科学事业作贡献的自觉性。

四是扎实完成了"不忘初心、牢记使命"主题教育。中国人文科学发展公司认真学习贯彻中央和院关于主题教育的一系列指示精神和通知要求，党总支把主题教育作为公司一项重大的政治任务，加强组织领导，牢牢把握主题教育的主线、总要求和四个重要措施，把"改"字贯穿始终，狠抓整改落实。

五是狠抓党风廉政建设。以院党组巡视为契机，在巡视期间，围绕重点开展政治巡视，根据院巡视组指出的立行立改的问题，及时进行了纠正，促进了公司党风廉政建设。中国人文科学发展公司结合主题教育专项整治工作，认真贯彻落实中共中央纪委办公厅有关文体精神，持之以恒正风肃纪、整治"四风"，修订完善了《中国人文科学发展公司党总支关于全面落实院党组贯彻落实中央八项规定细则的实施办法》，增强了执行中央八项规定精神的自觉性和制度约束。根据公司工作性质，在公司开展了"树立大服务意识、提升服务质量"活动，进一步树牢了公司服务保障社科"三大体系"建设思想；认真纠正作风不够扎实的问题，以文件落实文件、以会议落实会议的问题得到有效控制。先后深入院分管领导、机关职能部门科研院所、密云北戴河校区、公司一线单位进行走访、召开座谈会十余次，发放调查问卷300余份，找到了公司发展中存在的问题，并进行了整改。

2. 进一步强化基层党组织建设

一是深化学习，提高政治站位。中国人文科学发展公司认真学习贯彻习近平总书记关于全面从严治党重要论述精神及在中央和国家机关党的建设工作会议上、在全国国企党建会议上的重要讲话精神，进一步提高党建工作在公司建设中的政治站位，压实了党总支抓党建主体责任、基层党组织书记抓党建第一责任、政治责任。

二是夯实了党的基层组织根基。针对院巡视组巡视提出的主题教育对照党章党规自查等方法检视出来的以及"三会一课"落实不到位，存在活动不够经常、质量不够高等问题，公司党总支着力规范党支部建设入手，组织学习了《中国共产党支部工作条例》《党员教育管理工作条例》，探索公司党支部建设标准化、规范化，加强党员教育管理，提高了抓党建的能力，并结合主题教育狠抓各项制度落实。

三是严格落实民主集中制原则和"三重一大"制度。强化议事决策和管理运行机制，坚持群众路线、坚持民主集中制、坚持依法决策、坚持责任追究的办事原则，做到执行有政策、决策有依据，提高了决策的科学性和严谨性。

四是在廉洁自律上作表率。在执行中央八项规定精神、六大纪律等方面，领导班子成员坚持以上率下，为大家树好形象、做好表率。严格党内政治生活，坚持民主集中制，开展批评自我批评，善于征求大家的意见和建议，敢于"揭短亮丑"，敢于解剖自己的问题及不足，能够做到讲政治、顾大局，着眼全局。

3. 进一步强化"服务保障、经营创收"

一是圆满完成了望京校区房屋清退工作。面对清退工作任务重、时间紧、难度大、要求严等错综复杂的严峻形势，公司加强组织领导，团结协作，凝心聚力，担当作为，攻坚克难；坚持法、理、情的融合，在院分管领导强有力的支持下、在中国社会科学院大学和院职能部门的帮助下如期完成清退任务，经受住了综合检验。

二是燕郊"学者之家"项目有了突破性进展。燕郊"学者之家"项目近几年来经过坚持不懈的努力，不断修正功能定位、规划设计方案，积极与项目地有关部门协调，目前燕郊规划委员会已审议通过了总体规划方案。哲社公司股权捐赠，三方已正式签署《股权捐赠协议》，工商部门正在审核办理。

三是研究上报《人文公司改制预案》。中国人文科学发展公司认真贯彻中国社会科学院院属企业改制专题会议精神，根据中央文化体制改革和发展工作领导小组《关于加快推进国有文化企业公司制股份制改革有关工作的通知》，财政部、中宣部《关于印发〈中央文化企业公司制改制工作实施方案〉的通知》等系列国有企业改制文件精神，在学习领会、调查的基础上，研究上报了《中国人文科学发展公司由全民所有制企业改制为国有独资的有限责任公司预案》，为更好地适应市场经济发展要求提供了依据。

四是完成"服务保障、经营创收"工作。完成了院所局主要领导干部培训班、暑期专题培训班、院所各类会议、培训班的服务保障任务，共接待培训班 78 批 7079 人次（不含院外）；玉泉营建材市场、成果中心积极开拓经营项目取得了新进展；图书总代理工作在多方支持下、在中国人文科学发展公司的积极协调下，已基本走上了"合规合法"轨道，2019 年完成了院赋予 4807.80 万元的图书采购代理任务；完成信息化建设招标项目 9 个、金额 690 万元；完成上解 900 万元；收回了建外餐馆；结合国庆进行了安全大排查，加强网络运维、值班工作，确保安全稳定。

4．其他方面

加强了工会、青年、妇联等群众工作。针对职工最关心、最现实的困难问题，着眼于公司长远发展，努力营造"拴心留人"的软环境；加强了对职工管理教育，修订完善了聘用职工管理措施，把职工培养教育纳入中心组学习计划，增加了聘用职工的工资待遇，提高了大家的工作积极性。

10月初，公司参加院工会、团委、妇工委主办庆祝中华人民共和国成立70周年"颂歌献祖国"诗歌朗诵会取得第二名，并对参赛职工卞雨萌及其组织保障人员进行了通报表彰和奖励，激发了职工积极向上的好风气，提高了公司的凝聚力。

五　院代管单位工作

中国地方志指导小组办公室（国家方志馆）

（一）人员、机构等基本情况

1. 人员

截至 2019 年年底，中国地方志指导小组办公室共有在职人员 44 人。

2. 机构

中国地方志指导小组办公室（国家方志馆）设有：方志处、年鉴处、规划处、信息处、科研处、期刊处、人事处（机关党委办公室）、秘书处、行政处、国家方志馆馆藏部、国家方志馆综合部。

（二）科研工作

1. 科研成果统计

2019 年，中国地方志指导小组办公室共完成论文 10 篇，12 万字；研究报告 1 篇，2 万字；学术普及读物 1 种，28.9 万字；论文集 2 种，95.3 万字。

2. 科研课题

延续在研课题。2019 年，中国地方志指导小组办公室共有延续在研课题即国家社会科学基金资助课题 5 项："中国抗日战争志"（冀祥德、邱新立主持），"元代文人会社与文学演变关系研究"（谷春侠主持），"抗战期间古典文学学科论述研究"（程方勇主持），"哈佛燕京图书馆藏善本方志舆图整理与研究"（张英聘主持），"清代地方道制研究"（周勇进主持）。

（三）工作会议和学术交流

1. 工作会议和调研

2019 年，由中国地方志指导小组办公室主办和承办的重要工作会议以及参与的重要调研如下。

（1）2019 年 1 月 4 日，由中国地方志指导小组办公室主办的全国信息方志与数字方志建设工程工作研讨会在广东省珠海市举行。会议研讨的主要议题有"国家数字方志馆项目建设方案的建设内容、实施方案、系统架构图、技术要求""中国方志网拟改版设计方案的栏目设置、功能定位、框架结构、设计风格""地方志统计平台设计表的功能定位、要素名称、数值分析应用"。

（2）2019年1月5日，新时代的方志学与历史学理论研讨会在广东省珠海市举行。研讨会的主题是"新时代方志学与历史学的发展"，研讨的主要议题有"新时代方志学学科建设内容研究""方志学与其他相关学科关系研究""中国史学理论研究的回顾与展望""西方史学理论的引入与回响""史学研究视角、范式、工具的更新"等。

（3）2019年6月16日，中国社会科学院副院长、中国地方志指导小组常务副组长高翔到福建省漳州市调研福建省地方志工作，并召开座谈会。

（4）2019年6月18日，中国社会科学院副院长、中国地方志指导小组常务副组长高翔到安徽省合肥市调研安徽省地方志工作，并召开座谈会。

（5）2019年6月26日，由中国地方志指导小组办公室主办的全国地方志工作专题调研座谈会在江苏省苏州市召开。中国社会科学院副院长、中国地方志指导小组常务副组长高翔出席座谈会。会议介绍各地地方志事业发展尤其是"两全目标"推进工作中的困难与问题，并就下一步工作提出意见与建议。

（6）2019年8月9日，中国社会科学院院长、党组书记，中国地方志指导小组组长谢伏瞻在黑龙江省哈尔滨市调研座谈，听取黑龙江省地方志工作汇报并讲话。

（7）2019年8月12日，全国地方志系统精准扶贫工作座谈会暨志鉴出版资助工程成果出版座谈会在四川省泸州市召开。

（8）2019年8月14—16日，2019年全国地方志系统信息化工作研讨会在江西省吉安市举行。会议总结一年来全国地方志系统信息化成绩。各省地方志工作机构的代表汇报本单位信息化建设的特色、亮点和经验，围绕当前地方志信息化工作中普遍存在的经费不足、人才短缺等问题进行交流。

（9）2019年10月12日，中国社会科学院副院长、中国地方志指导小组常务副组长高翔到吉林省调研地方志工作，并召开座谈会。座谈会围绕加强对地方志工作的认识，狠抓"两全目标"推进、志书质量、队伍建设和资源开发利用等情况展开讨论。

（10）2019年10月28日至11月2日，2019年全国地方史志期刊经验交流会议在广西壮族自治区桂林市举办。会议讨论了各地地方志期刊的工作形势和任务，交流办刊经验与问题。

（11）2019年11月4日，中国名镇志、中国名村志文化工程学术委员会评审会议在北京市召开。与会专家评审了15部第四批中国名镇志丛书和11部第三批中国名村志丛书志稿，将两批志稿列入中国名镇志丛书、中国名村志丛书。

（12）2019年11月20—22日，全国方志馆建设经验交流会在山东省东营市召开。会议介绍各地方志馆建设经验，并围绕方志馆建设经验等主题进行交流。

(13) 2019年12月10—11日，第四届全国名镇论坛暨第四批中国名镇志丛书出版座谈会在湖南省湘西州召开。会议报告中国名镇志文化工程2019年度工作情况，介绍《里耶镇志》编纂经验。

(14) 2019年12月11—12日，国家方志馆分馆建设研讨会在黑龙江省黑河市举办。会议分析了当前国家方志馆分馆建设面临的形势与问题，讨论了国家方志馆分馆建设和黄河分馆、知青分馆建设问题。

(15) 2019年12月28日，第三届全国名村论坛在重庆市召开。会议报告了中国名村志文化工程2019年度工作情况，介绍中国名村志丛书编辑出版常见问题，交流名村志编纂经验。

(16) 2019年12月28日，中国抗日战争志研讨会在重庆市召开。中国抗日战争志子课题组和地方抗战志项目代表分别汇报抗日战争志编纂进展情况，介绍编纂经验。会议就中国抗日战争志文化志及社会志的编纂问题进行讨论。

2. 国际学术交流与合作

2019年，中国地方志指导小组办公室共派遣出访3批13人次。与中国地方志指导小组办公室开展学术交流的国家有埃及、日本、塞尔维亚等。

(1) 2019年4月9—12日，中国地方志指导小组秘书长、中国地方志指导小组办公室主任冀祥德率中国地方志学术交流团一行3人赴埃及伊斯梅利亚参加"郭沫若文化周"系列学术文化交流活动。

(2) 2019年6月3—7日，中国地方志指导小组办公室党组书记高京斋率中国地方志学术交流团一行6人赴日本国立国会图书馆、东京大学等机构交流访问，就方志、年鉴资料收藏问题进行交流。

(3) 2019年8月20—26日，中国地方志指导小组秘书长、办公室主任冀祥德，中国地方志指导小组办公室副主任邱新立率领中国地方志文化交流团一行4人赴塞尔维亚、希腊，参加第85届世界图书馆与信息大会及其卫星会议。

3. 与中国香港、澳门特别行政区和中国台湾开展的学术交流

2019年11月24—30日，中国地方志指导小组办公室党组书记高京斋率领中国地方志文化交流团一行6人赴台湾地区开展工作和学术交流，了解台湾地区中华传统文化保护、传承情况，方志编修、保存及利用情况，与台湾图书馆、台北故宫博物院等机构场馆就今后两岸合作弘扬中华传统文化进行深入探讨。

（四）学术社团、期刊

1. 社团

(1) 中国地方志学会，会长李培林。

① 2019年1月4日，中国地方志学会专家顾问委员会座谈会在广东省珠海市举行。会议

讨论了《全国地方志事业发展规划纲要（2015—2020年）》完成情况、三轮修志启动、新《规划纲要》编制、一统志编修、中国地方志学会专家顾问委员会工作安排等问题。

② 2019年7月16—17日，由中国地方志指导小组办公室、中国地方志学会主办的第二届方志文化国际学术研讨会暨第九届中国地方志学术年会在湖南省长沙市召开。会议研讨的主要议题有"地方志及家谱收藏、研究、利用情况""方志文化传播""方志学学科建设""方志资源数据库建设"等。140余位国内外专家学者参加会议。

③ 2019年12月23—24日，中国地方志学会第六届理事会第二次会议在海南省儋州市召开。会议讨论了《全国地方志事业发展规划纲要（2021—2025年）》（征求意见稿），并就各地学会工作和开展活动情况进行交流。

中国地方志学会设有分会：

中国地方志学会年鉴分会，会长冀祥德。

2019年11月3—4日，2019年全国年鉴研讨会暨中国地方志学会年鉴分会年度会议、第三届全国年鉴论坛在山西省晋中市举行。会议介绍了第六届全国地方志优秀成果（年鉴类）评审工作，研究通过了年鉴分会部分理事、常务理事调整和年鉴分会副会长任免事项。各省级地方志工作机构年鉴工作分管领导、年鉴部门负责人、年鉴分会副会长、常务理事、理事，第三届全国年鉴论坛论文作者180余人参会。

2．期刊

（1）《中国地方志》（双月刊），主编邱新立。

2019年，《中国地方志》共出版6期，共计21万字。该刊新增了"新方志70年""方志理论""专题研究"栏目。该刊全年刊载的有代表性的文章有：谢伏瞻的《高举习近平新时代中国特色社会主义思想伟大旗帜 努力开创新时代地方志事业高质量发展新局面——在2019年全国地方志机构主任工作会议暨第三次全国地方志工作经验交流会上的讲话》，黄建安的《论"村落终结"时代的村志编纂》，范晓婧的《民国县志中关于全面抗日战争的文本书写》，陈时龙的《孔尚任的方志编纂思想》，王书林的《左图右史 图史相因——〈河南志〉对唐宋洛阳城研究价值的再认识》，巴兆祥、李颖的《基于〈中国地方志〉计量统计的方志学科知识体系构建研究（1994—2018）》，封磊的《清中叶陕西底层民众的生命、生计与生活——基于嘉庆朝内阁刑科题本与方志的互证性研究》等。

（2）《中国年鉴研究》（季刊），主编冀祥德。

2019年，《中国年鉴研究》共出版4期，共计34万字。该刊新增了"学术年鉴视窗"栏目。该刊全年刊载的有代表性的文章有：牟国义、沈萌溦的《〈列国岁计政要〉与近代西方年鉴译介》，杨永成的《15—19世纪英国年鉴的演变发展及其在世界的传播》，周慧的《县级年鉴全覆盖的难点与对策》，杨富中的《试论地方综合年鉴条目编写》，陈洪毅的《机构改革与地方综合年鉴框架创新探究》，雷卫群、陈晓婧的《试论省级综合年鉴的功能细化问题——28

部省级综合年鉴功能分析》，王韧洁的《国外年鉴特点述论》，姜阿平的《论学术共同体视角下的学术年鉴功能演化》，谌倩的《关于智慧年鉴的思考和探索》等。

（五）会议综述

第二届中国地情论坛暨全国地方志"一体两翼"工程成果发布会

2019年3月26日，由中国地方志指导小组办公室主办的第二届中国地情论坛暨全国地方志"一体两翼"工程成果发布会在北京市举行。中国地方志指导小组秘书长、中国地方志指导小组办公室主任冀祥德，中国社会科学院科研局副局长王子豪出席会议并讲话。中国地方志指导小组办公室副主任邱新立出席会议并主持开幕式。来自各省（自治区、直辖市）地方志机构主要负责人，"一体两翼"工程撰稿人、联络员及特邀专家学者等150余人与会。会议发布了"一体两翼"工程成果，包括《中国地情报告（2018）》《中国方志发展报告（2018）》《中国年鉴发展报告（2018）》的总报告，以及乡村振兴、区域发展战略、改革开放、精准扶贫、生态文明、社会治理方面的研究成果，地方志社会需求度调查报告研究成果和部分省年鉴发展报告研究成果。

（刘淑颖）

全国地方志系统"两全目标"工作调度会议暨中国名镇志、中国名村志丛书编纂业务培训班和中国影像志研讨会

2019年6月26日，全国地方志系统"两全目标"工作调度会议在江苏省苏州市召开。中国社会科学院副院长，中国历史研究院党委书记、院长，中国地方志指导小组常务副组长高翔出席会议并讲话。江苏省委常委、苏州市委书记周乃翔出席会议并致辞。云南省副省长李玛琳出席会议并作典型经验发言。中国地方志指导小组秘书长、中国地方志指导小组办公室主任冀祥德主持会议。江苏省政府副秘书长、办公厅主任兼参事室主任谢润盛，苏州市副市长王飏，吴江区委书记王庆华出席会议。各省级地方志工作机构主要负责人，"两全目标"推进较慢的省直部门分管领导、地方党委或政府分管领导以及地方志工作机构主要负责人，中国名镇志、名村志文化工程部分省级联络员，《中国影像方志》脚本审核工作联络员，《中国影像志·名镇名村》系列所在镇村有关人员参加会议。会议通报了全国地方志系统2019年第一季度"两全目标"工作推进情况；就"两全目标"推进过程中的困难和问题举办工作座谈会；云南省、江苏省及苏州市等地介绍做好地方志工作和实现"两全目标"的经验做法。

（刘淑颖）

第四次全国地方志工作经验交流会

2019年7月17日,第四次全国地方志工作经验交流会在湖南省浏阳市召开。中国地方志指导小组秘书长、中国地方志指导小组办公室主任冀祥德出席会议并讲话。湖南省地方志编纂委员会党组成员、副主任邓建平,长沙市政协副主席文丽霞,浏阳市委副书记、市长、市地方志编纂委员会主任吴新伟出席会议并致辞。中国地方志指导小组办公室副主任邱新立主持会议。各省级地方志工作机构分管领导及成绩突出、典型的县级地方志工作机构主要负责人共100余人参加会议。会议全面总结新方志编修以来全国县级地方志工作的历史与现状。参会代表围绕"地方志资源开发利用""地方志工作开拓创新""修志编鉴"等方面的经验展开讨论,总结交流党的十八大以来县级地方志工作取得的成绩和经验,研究分析存在的困难和问题。

(刘淑颖)

2020年全国省级地方志机构主任工作会议暨全国地方志事业发展规划研讨会

2019年12月30日,中国地方志指导小组办公室主办的2020年全国省级地方志机构主任工作会议暨全国地方志事业发展规划研讨会在北京召开。中国社会科学院院长、中国地方志指导小组组长谢伏瞻出席会议并讲话,中国社会科学院副院长、中国地方志指导小组常务副组长高翔主持会议开幕式并作总结讲话。中国地方志指导小组秘书长、中国地方志指导小组办公室主任冀祥德出席会议并作全国地方志工作报告。中国地方志指导小组办公室党组书记高京斋,中国地方志指导小组办公室副主任邱新立,中国地方志指导小组办公室纪检组组长、中国地方志指导小组办公室副主任叶聪岚出席会议。各省、自治区、直辖市、新疆生产建设兵团和副省级城市地方志工作机构主要负责人,国务院部委局志鉴机构、中央军委党史军史工作领导小组办公室负责人,2018年卷中国精品年鉴所属省份地方志机构分管年鉴工作的领导,2018年卷中国精品年鉴编纂单位主要负责人,中国地方志指导小组办公室、方志出版社各部门负责人及媒体记者近150人参加会议。会议的主题是"以习近平新时代中国特色社会主义思想为指导,全面总结2019年全国地方志工作,安排部署2020年任务,科学谋划未来五年的发展思路,进一步统一思想、凝聚共识,坚决打赢'两全目标'攻坚战,统筹推进新时代地方志事业发展规划"。与会代表围绕"2019年全国地方志工作报告和《全国地方志事业发展规划纲要(2021—2025年)》(征求意见稿)"进行讨论。会议认为,2019年中国地方志指导小组及其办公室充分发挥统筹规划、示范引领作用,各级地方志机构多措并举,抓重点、破难点、出亮点,全国地方志工作成绩突出,2020年工作目标明确,规划科学。

(刘淑颖)

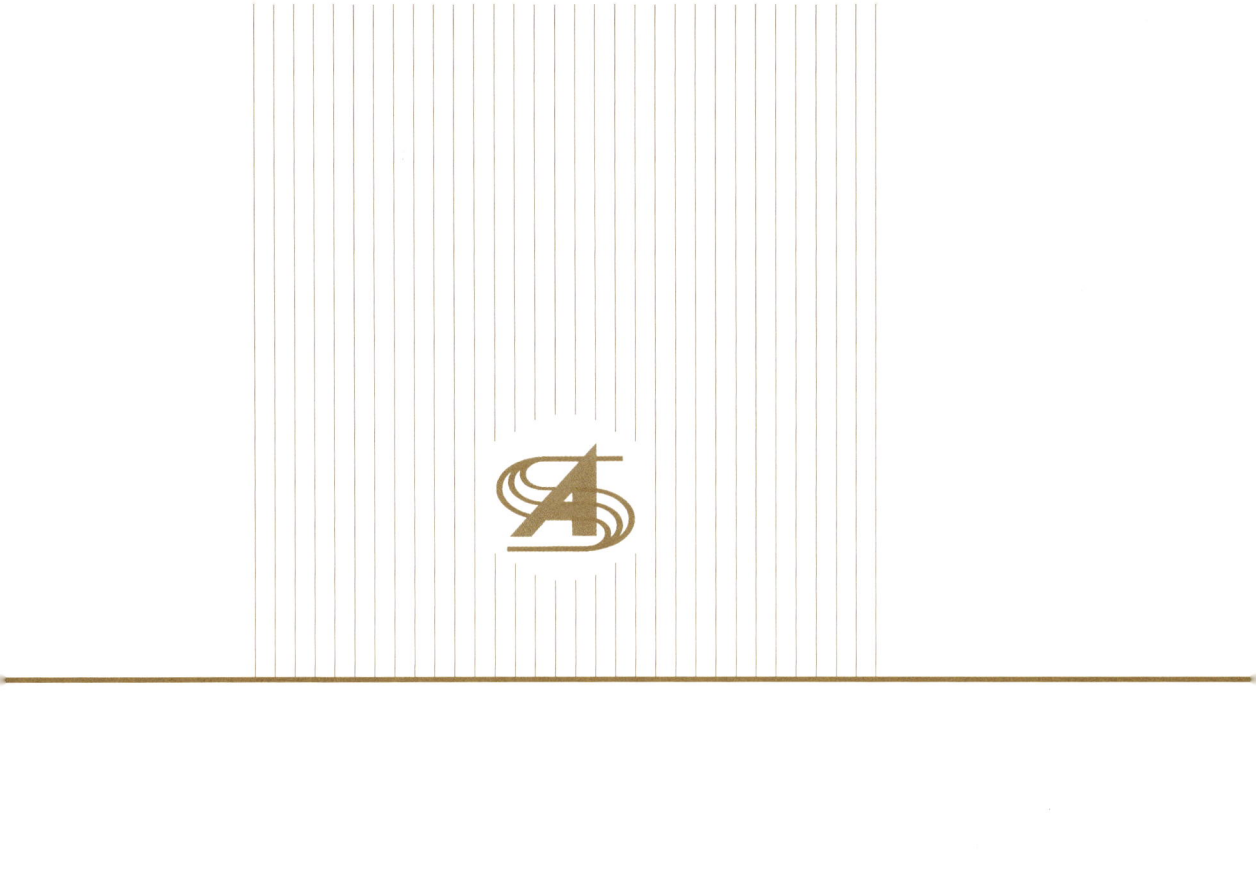

科研成果

文学哲学学部

文学研究所

《简明中国文学史读本》

刘跃进（研究员）主编

专著　609千字

中国社会科学出版社　2019年6月

该书共分九编，吸收了新时期以来中国文学史研究的最新成果，从先秦写到1949年，将文学人物、作品、活动放在具体时代和社会生活中去体会和把握，帮助读者捕捉各个时期文学作品和文学人物的思想和情感，真实还原文学思想的时代脉搏，体现了鲜明的唯物史观和实践史观。其特点有以下两个：一是反映新研究成果，二是反映多民族、不同阶层的文学。

《说把字句》

张伯江（研究员）

专著　130千字

学林出版社　2019年10月

该书系统评述汉语"把"字句研究中的种种句法和语义问题。全书分两大部分展开，上篇"把字句的组成和句法结构问题"讨论了把字句各个组成成分的特点、成分之间的制约关系，把字句的句法变换，把字句的生成方式；下篇"把字句的语义和语用问题"讨论了主语的意志性、宾语的有定性、动作的结果性、句式的处置义、把字句的语用特点。

《全元词》（全三册）

杨镰（研究员）主编

专著　1200千字

中华书局　2019年11月

该书始终围绕"全""元""词"三个核心来编纂，是元词总集的版本。该书收罗了有元一代现存的全部词作，凡300多位元代词人的4000余首词。全书以作者为条目，条目下标示作者存词数目、作者小传，以作者所处时代的先后为序，以人系词。词作末尾附有文献出处，如有异文，则出校记。书末附词人索引与词牌名索引二种，以便读者检索。

《戊戌谈往录》

陆建德（研究员）

专著　180千字

北京出版社　2019年5月

辛亥革命成功，很大程度上得益于四川保路运动。以往学界对保路运动的研究过于依赖反对铁路国有的宣传材料，而忽略了成都绅商争夺地方财权的动机。该书试图揭示运动的部分真相，并指出，地方分离主义势力与清廷必要的集权行为形成冲突，最终导致局面失控。自此之后，地方势力坐大；而所谓的共和，掩盖不了国家已接近分裂的事实。作者认为，辛亥革命研究应该引入新的视角，尤其应该重视列强如何利用内乱加强对中国的控制。该书还对晚清社会的腐败现象有所关注。

《天国之痒》

李洁非（研究员）

专著　582千字

人民文学出版社　2019年3月

该书共分为6卷，每一卷形成专题性质的研究论述，为读者呈现出一个立体鲜活的"太平天国"。作者基于迄今国内外太平天国研究成果，从中力避某些局限或偏颇，探析历史本来样貌，撷集上谕、奏折、情报、个人回忆录、亲历见闻等，多层次、多角度地呈现太平天国的兴衰，进而深入发掘出时代精神与历史流变走向。作者对迄今涉及太平天国的中外史家、学者的几乎所有重要的论述及史料都有涉猎与研判，且尤为擅于对历史情境和历史人物进行鞭辟入里的解读。

《红楼梦皙本研究》

刘世德（研究员）

专著　480千字

社会科学文献出版社　2019年11月

该书是一部研究《红楼梦》皙本的专著，作者对《红楼梦》皙本进行了全面、深入的研究。该书第一次指出书中第23回保存着作者曹雪芹所写的《红楼梦》初稿的文字，这一点是作者的新发现，其论据是有说服力的。

"皙本"是"皙庵旧藏本"的简称，即有些学者所说的"郑藏本"或"郑本"。在《红楼梦》皙本首页前两行的下端，钤有藏书印章三枚，自上至下，依次是"北京图书馆藏"（阳文）、"长乐郑振铎西谛藏书"（阳文）、"皙庵"（阴文）。这也反映了皙本的三位藏主收藏此书的前后顺序：皙庵至郑振铎，再至北京图书馆。

《报刊香港》

赵稀方（研究员）

专著　350千字

三联书店（香港）有限公司　2019年7月

无论是进行什么领域、什么层面的学术研究，报刊都是不可或缺的第一手文本材料。作者指出：现代报刊一方面是历史材料，另一方面也是一种历史建构。该书作者查阅无数内地与香港的图书馆馆藏，以探索香港文学的前生今世，旨在梳理香港文艺报刊的脉络，同时研究这些报刊如何呈现香港，从而对香港报刊文学史进行深入的剖析。

《文学瞽论》

吴子林（研究员）

专著　465千字

黄山书社　2019年11月

该书为"中国文学理论与批评丛书"之一，内容包括文学理论概述、文学理论的基点、文学理论的特征、文学理论的灵魂等几个方面的内容。作者从社会现实、历史文化、地域特征等诸多方面，运用批评与反思的方式阐释了文学研究者要具备的见识、境界与修养，具有较高的方法论价值。

《国家文化战略研究》

刘方喜（研究员）等

专著　300千字

上海大学出版社　2019年4月

该书将有关文化战略方面的基础理论探讨与具体的实证研究充分结合在一起，并重视多学科交叉研究。该书提出，中国文化产业应实施在先进理念引导、夯实产业发展根基、保护文化传统的基础上实现"弯道超车"的跨越式发展战略。该书还揭示了我国当前整体文化产业布局中比较突出的结构性问题：地方政府在发展文化产业时对教育、交通等地缘性因素不够重视；文化产业界对技术开发的忽视；文化产业链的构建存在着明显的轻剧本质量、重周边产品开发的现象。针对这些现实问题，该书多篇文章强调了知识界介入文化产业领域批评的重要性。

《文本秩序：桓谭与两汉之际阐释思想的定型》

孙少华（研究员）

专著　360千字

中华书局　2019年4月

该书选择以"文本秩序"为切入点，将桓谭与两汉之际对经典文本的阐释方式揭示出来，甚具典型意义。作者认为，文本秩序与社会秩序具有密切的联系，甚至从一定程度上说，文本秩序是社会稳定程度的反映。由此出发，作者考察了桓谭与两汉之际的学术背景、古今文经学的争辩以及桓谭的史学、音乐、政治、军事、文学等思想。

《小说如何切入现实》

徐刚（副研究员）

专著　280千字

团结出版社　2019年11月

该书是"北京青年文艺评论丛书"之一。该书梳理研究了大量的文学个案、作家作品现象，并且是在与当代中国现实的联系中来考察它们的精神特征与艺术品质，从乡村与城市两个大类上来加以区分，现实感很强。该书也可以被看作一个有一定联系和规划的批评文集，是作者在较为开阔的视野中的一些总体性思考，即在散见的现象中思考总体性，或以总体性视野来思考各种个案。

《从批评到大众批评》

贾洁（助理研究员）

专著　201千字

中国社会科学出版社　2019年9月

该书是关于马克思主义文艺批评理论研究的专著。上篇"精英批评研究"明确了马克思主义批评家的任务，解析了马克思主义文艺批评的策略，论述了突破西方文化影响焦虑的方法，从美学角度探讨了唯物主义的伦理学理论，并批判西方自由人文主义的悲剧观、无利害性观点和延续性观点。下篇"大众批评研究"是结合时代发展作出的理论思考，侧重研究如何保持日兴月盛的大众传媒社会的多元和理性发声。作者提出的构建批评言论信用体系的方案,是推动社会主义社会的思想民主建设的尝试,旨在让大众拥有张弛有度、止于至善的言说能力,达到自治进而自由的言论状态,从而推动社会的总体性进步。

《咏鸟诗词与中国唐宋文化转型》

王莹(研究员)

专著 46千字

德国兰伯特学术出版社 2019年9月

该书是一部从唐宋咏鸟诗词入手,研究唐宋文化转型的融合文学史、文化史、思想史的学术著作。咏鸟诗词中呈现的鸟的形象在唐宋时期经历了一系列的转型,上古时期鸟的形象是作为一种古代原始信仰和图腾崇拜的象征而存在,而唐宋时期的诗词中所表现的鸟类形象,则从神话的鸟的形象发展到有翼生物的整个谱系,唐宋这两段特定历史时期所产生的咏鸟诗词,都具有文化裂变与再融合的特征,从唐宋咏鸟诗词中的鸟的形象可以窥见中国唐宋时期的文化变迁。

《南中国海研究文录:近代文学的连通地气与吸纳西风》

李思清(副研究员) 龙其林(教授)

冷川(副研究员)

专著 100千字

中国社会科学出版社 2019年8月

该书论题涉及西学东渐、天主教及新教传教士来华、19世纪华南地区的中英文报刊、20世纪上半叶的民族主义等。作者以具体而微的人物个体、文本个案或典型事件为聚焦点,借助报刊、档案等原始史料或代表性文学作品之分析,试图从一个较长的历史脉络中考察近代以来的中西文化相遇与碰撞。作者认为,从天主教及新教传教士来华到印刷出版业的新变,以及西学、新学读物在19世纪下半叶的大量出版流通,再到20世纪上半叶"五卅""沙基""万县事件"中的民族主义思潮崛起,这段漫长而坎坷的中西相遇史与交涉史值得我们一再回眸和咀嚼。

《李笠翁曲话》

杜书瀛(研究员)评注

专著 140千字

中华书局 2019年1月

该书是作者对《李笠翁曲话》进行重新编辑并予注释评析的著作。该书与曹聚仁《李笠翁曲话》的不同之处在于,除了摘取《闲情偶寄》之《词曲部》和《演习部》全篇之外,还增加了《声容部》中与戏曲问题相关的论述——即其《习技第四》之"文艺""丝竹""歌舞"三款,也即其阐述演员的选拔和教育以及演员自身修养等内容。该书的评析部分,是作者对李笠翁戏曲美学的全面而详细解读,是他数十年研究心得的呈现,无异于一篇篇简短的学术论文。

《四重证据法研究》

杨骊(副教授) 叶舒宪(研究员)编著

专著 300千字

复旦大学出版社 2019年1月

传统国学的取材范围以文献为主(一重证据),而该书以四重证据法为研究对象,基于当代跨学科研究潮流,旨在融合国学考据学方法与西方社会科学方法,强调从二重证据（出土文字）、三重证据（非文字的口传文化与仪式民俗等）和四重证据（出土的遗址、文物及图像）整合而成的"证据链"和"证据间性"视角，重新进入历史和文化研究，强调人类学研究的口传与非物质文化遗产、考古学和艺术史的新发现图像资料等对于重建无文字的大传统、大历史和文字书写的小传统、小历史之间关系的知识创新意义。

《文学人类学新论·学科交叉的两大转向》

唐启翠（副教授） 叶舒宪（研究员）编著

专著 350千字

复旦大学出版社 2019年1月

该书解答了文学与文化人类学这两个专业是如何在20世纪后期发生交叉融合，并逐步形成一门新兴交叉学科，文学的主观虚构和想象与人类学的客观取向与科学方法有没有相互对接和互补的可能这两个问题。作者着眼于当代学术发展跨学科大潮流，分别梳理出两大学科转向的态势，即文化人类学的人文（文学）转向和人文学科的人类学转向（文化转向），阐明当今人文社会科学各个学科都与文化人类学发生交叉的普遍趋势，从而揭示文学人类学这门新学科的理论建构意义和学术史意义。

《玉石神话信仰与华夏精神》

叶舒宪（研究员）

专著 570千字

复旦大学出版社 2019年1月

该书详细介绍了中国古代玉石神话信仰与华夏精神之间的承续渊源，致力于本土视角的文学人类学理论建构，以中国文明发生为理论创新个案，通过考古新发现的史前玉文化8000年脉络，提出玉石神话信仰奠定华夏文明核心价值，用新材料、新方法讲述以往所未知的中国模式和中国故事。

《玉石里的中国》

叶舒宪（研究员）

专著 100千字

上海文艺出版社 2019年7月

该书主旨是用玉文化解说中国之所以为中国。经由考察玉文化的生发路线，呈现华夏文明地域之广博，历史之悠长，使读者领略中国文化的博大与深邃；通过解码玉文化所构成的中国文化奇观，彰显这个古老文明的独特风貌和信仰的文化底蕴。全书借助田野考察、考古遗址、文物器具、文字文本等诸多方面，结合考古新发现的生动案例，应用物质文化研究的新成果，详细梳理了华夏文明万年大传统中所谓玉石"基因"的传承，给出玉石在中国历史文化中的独特象征意义，与时俱进地更新我们对中国的整体性认知，尽力向读者呈现"以往所未知的中国故事"。

《亥日人君》

叶舒宪（研究员）

专著 160千字

陕西师范大学出版社 2019年6月

该书为"中国文学人类学原创书系"（34册）系列丛书之一。全书共7章，主要从中国生肖文化中的猪、原始宗教中的猪、神话传说中的猪、汉语汉字中的猪文化编码、饮食文化中的猪、民俗文化中的猪等方面，系统梳理、探讨猪与中国文化的特殊关系，以文学人类学的理论视角，对生肖神话与文化编码的诸多关键问题作出新阐释。

《青草绿了又枯了：寻找战火中的父辈》

严平（研究员）

专著　260千字

人民文学出版社　2019年8月

该书聚焦抗敌演剧队，根据新发现的第一手史料还原全面抗战时期抗敌演剧队宣传抗战、共御外侮的壮丽史诗。作者爬梳史料，钩沉往事，又访谈有过同样演剧经历的黄永玉，还原了漫天硝烟中一群年轻人热血抗战的故事，写尽了大时代小人物的命运沉浮。

《1938：青春与战争同在》（增订版）

严平（研究员）

专著　250千字

人民文学出版社　2019年10月

1937年，抗日战争全面爆发，中华民族面临空前的危机。一群来自祖国四面八方的热血青年荣高棠、荒煤、杨易辰等组成北平学生移动剧团，跨越北京、天津、山东、河北等地，长达20000多里，历时一年多，举行了上百场演出。该书是一本尘封了70余年的北平学生移动剧团团体日记，记录了一群爱国学子在烽火连天的抗战岁月的青春往事，描写了他们放声歌唱的激情岁月，刻骨铭心的爱情故事，更有血与火洗礼下的时代印迹，大时代变动中的人心沉浮，以及那本发黄了的日记本上留下的那些饱含着泪与痛、笑与美的青春记忆。老照片，新视角，为读者呈现了一部可歌可泣的青春史诗。

《新活力与新实力："80后"文学现象观察》

白烨（研究员）

专著　260千字

长江文艺出版社　2019年8月

该书就"80后"文学现象的发生与发展、"80后"写作群体的优长与局限、多位较有代表性的"80后"作者及其作品等进行了概要的扫描和精到的评说。"倾向言说"、"创作评论"和"序跋之页"等栏目，从不同角度和侧面报告了"80后"在21世纪的长足崛起、写作状态及新异风采。作为"韩白论争"等一系列事件的当事人，作者较早介入并长期关注"80后"。因此，该书评介"80后"文学具有相当的内在性和系统性，为文坛内外了解"80后"以及"80后"群体反观自身所必读和必备。

《中国艺术：从古代走向现代》

高建平（研究员）

专著　342千字

中国文联出版社　2019年5月

该书收录了作者近30年来有关艺术理论的重要文章，并依照一直贯穿其中的学理线索加以统合，呈现出以探讨绘画艺术为主的整体面貌。全书分为四个部分：第一部分探讨线性美；第二部分由线性进而思考动作性；第三部分进入艺术创作的心理学和社会学层面，讲意、气和韵，以及隐逸精神在艺术发展中所起的作用；第四部分涉及一些相关的其他艺术问题，如传统与现代、仿作等，并收入作者早年有关《乐记》和"美"之源的两篇文章。该书以中国传统书论、画论为根基,且不离作者深厚的西学底蕴,从哲学美学的角度,对中国传统艺术的现代意义作了进一步的思考。

《当代中国文学批评观念史》

高建平(研究员)等

专著 250千字

中国社会科学出版社 2019年10月

该书系统梳理了从新中国成立到2016年当代中国文学批评观念的发展情况。书稿按"史"的顺序,提炼出"现实主义文艺理论体系"的建设与深化、困境与复兴的线索,深入分析了"文艺批评与文艺意识形态建设""科学方法论在文学领域的历险""文学是人学"等具有标识性、在中国文学批评史上具有重要意义的问题,并作出客观评价。

《当代中国文艺理论研究(1949—2019)》

高建平(研究员)主编

专著 960千字

中国社会科学出版社 2019年11月

新中国成立70年来,文学理论在不同的历史时期、在中国人的社会和文化生活中起过极其重要的作用。从新中国成立初年的一些文艺论争对当时的政治走向的影响,到"文化大革命"期间文艺进入思想文化领域的核心地带的状况,到改革开放初期文艺对推动意识形态转型的重大意义,再到21世纪头十年文艺学研究在当代社会文化建设中所扮演的角色,该书都做了认真的研究。作者以问题为纲,选取21个70年来文艺学论争的中心问题进行专题探讨,努力做到以论带史,以论见史,深入这些论争的内部进行资料的梳理并提出见解。

《新理性精神与当代文论建设》

钱中文(研究员)

专著 435千字

黄山书社 2019年10月

该书为"中国文学理论与批评丛书"之一。在今天全球化的语境中,西方的文化思潮一波又一波地冲击着我们。作为人文知识分子,在吸收西方合理的思想成果的同时,应该建立起自己特有的主体立场,不能随波逐流。有鉴于此,作者提出"新理性精神"文学论,从四个方面探讨了"新理性精神"的内涵。它以现代性为指导,以新的人文精神为内涵与核心,倡导在人与人之间、学术探讨之中确立一种交往对话的关系。这是一种新的文化、文学艺术的价值观。

《寻找亚洲:创造另一种认识世界的方式》

孙歌(研究员)

专著 240千字

贵州人民出版社 2019年9月

该书记录了作者迄今为止"寻找亚洲"的全部过程。从思索亚洲意味着什么,到从东亚的历史与现实中去寻找认识亚洲的方法,再到对跨文化的新的普遍性的寻求,最后落脚对一种新的认识世界的方式,即亚洲原理的寻找,是极具原创性的思想锤炼,同时也是一种全新的创造,创造有别于西方中心论、中国中心观的全新认识论。

《水浒传稀见版本汇编》

刘世德（研究员）　程鲁洁（副编审）编
古籍整理　48册
国家图书馆出版社　2019年9月

《水浒传》是古代小说中版本系统最复杂的一部小说，各个版本的差异及出现的先后也是学者长期研究的课题，由于《水浒传》不少版本都是孤本，又分散于国内外各图书馆，因此更为研究增添了难度。该书将分散于海内外的《水浒传》稀见版本汇集起来，供学者和爱好者阅读研究。第一辑收录繁本系统中的嘉靖残本、石渠阁补序本、芥子园刊本、日本无穷会藏本、郁郁堂刊本等全本与残本。

《礼记正义》

（汉）郑玄 注　（唐）孔颖达 正义
郜同麟（副研究员）点校
古籍整理　1746千字
浙江大学出版社　2019年10月

该书以北京大学出版社《影印南宋越刊八行本礼记正义》为底本进行点校。《礼记》是中国儒家文化的主干典籍，是中华传统文化的重要载体。《礼记正义》是唐代孔颖达奉敕编撰的五经正义中的一种，是唐代儒家文献大整理的重要成果，是《十三经注疏》中的一种。北京大学出版社影印的日本足利学校藏越刊八行本《礼记正义》是目前公认的好的《礼记正义》的刻本，2014年影印回国至今，尚无以此本为底本进行点校的出版物问世。

《李贽全集续编·阳明先生道学钞》

（明）李贽 编　李超（编审）
郭道平（助理研究员）整理
古籍整理　230千字
首都师范大学出版社　2019年10月

李贽（1527—1604年），汉族，福建泉州人。明代官员、思想家、文学家，泰州学派的一代宗师。李贽一生对王阳明推崇备至，故而倾其心血编著了《阳明先生道学钞》并附《阳明先生年谱》。该书选取阳明全书中的重要篇目，对年谱略作删减，比较完整地还原了古籍原貌，并加以圈点评论，表现了李贽对阳明学的理解与领会。

《弗洛伊德的美学：心理分析与艺术研究》

高建平（研究员）译
（［美］杰克·斯佩克特著）
译著　350千字
河南大学出版社　2019年11月

该书对弗洛伊德的生平与他的理论的关系、他的美学观以及他对艺术的思考等进行了深入的研究。作者全面分析了弗洛伊德的美学，它产生的理论依据，与弗洛伊德个人的关系，以及这种美学的影响。其理论视野范围之广，对弗洛伊德美学观、艺术观分析论述之深，为中国学术界研究当代美学和艺术提供了有益的参考。

《文学传记：柯勒律治的写作生涯纪事》

王莹（研究员）译　（［英］柯勒律治著）
译著　355千字
中国画报出版社　2019年4月

该书为英国文学巨擘柯勒律治的经典著作，自1817年问世至今，几乎每年在英语世界都有各种版本的重印，200余年来一直受到世界各国读者追捧。书中对于诗歌的本质、文艺作品的评价标准、想象与幻想的区别等诸多亘古不衰、言说不尽的话题都有精深的论述，同时对于英国文学中的巨匠华兹华斯、骚塞以及世界哲学巨擘亚里士多德、康德等人的创作思想有独到精辟的见解。该书内容横跨历史与现实、科学与人文，并从融合多国文化的世界视野对文学、文化现象及历史、哲学进行探究，成为一部独特的理论文本。

《易经》

王莹（研究员）译

译著（中译英） 90千字

德国兰伯特学术出版社 2019年4月

该书是《易经》的新英译本。《易经》是一部中国古代哲学著作，以阴阳二元论为基础，论证和描述事物的运行规律。对它的研究和阐释始终处于中国学术的核心地位。它产生于2000多年前，构建了一个完整的哲学体系，问世后成为中国人观察宇宙和生命的理论基础。在形成中国文化特色，提升中国文化内涵方面，始终发挥着不可替代的作用。中国漫长的文明史上，作为"群经之首"的《易经》是对中国文化影响最深远的经典著作之一。

《定义邪典电影》

李闻思（助理研究员）译

（[英]马克·扬克维奇等主编）

译著 219千字

上海译文出版社 2019年5月

该书是对全球有代表性的邪典电影的一次集中探讨。包括如何界定邪典电影，是谁在运用什么样的文化规则来界定，作为一种具有对抗性的电影类型其洞察力如何、又与主流电影之间形成了怎样的张力，以及邪典电影的分类和体系化进程。作者试图在邪典电影和电视节目成为当代文化的核心之一时，推动对邪典电影的研究。

《中华人民共和国成立70周年优秀文学作品选·文学评论卷》

白烨（研究员）主编

论文集 460千字

北京十月文艺出版社 2019年10月

该书编选工作坚持"二为"方向，贯彻"双百"方针，从当代文学评论发展的实际出发，兼顾不同创作风格、不同地区（包括港澳台）和不同作家的作品，遴选出的均是经过时代淬炼与读者检验、兼具经典性和文献性的文学佳作，全面准确地反映出了70年来文学评论发展的风貌，呈现出了这一文学体裁在艺术上的高峰走线。

《共和国文学记忆：1949—2019》

白烨（研究员）主编

论文集 270千字

湖南电子音像出版社 2019年9月

该书为"共和国记忆"丛书之一。书中遴选共和国成立70年来在人民群众中产生过深远影响的100部文学作品，讲述作品创作背后的故事，每个故事配有作品手稿或首版的期刊、图书的封面图片。通过介绍这些作品的艺术成就、社会影响和现实意义，反映共和国70年来的重大历史事件和重要历史人物，展现共和国 70 年的社会风貌、时代发展和伟大成就。

《不成样子的扯淡》
李建军（研究员）
论文集　150 千字
广东人民出版社　2019 年 1 月

该书收文 20 篇，主要探讨了关于文学批评的理念、文学创作和文学批评在当下的境遇、批评家的精神气质和伦理责任，并无情抨击了当下文学批评风气的庸俗。作者态度坦诚，风格鲜明，见解独到，当代诸多作家如莫言、余华、贾平凹、刘震云等都在其犀利的批评之列，表现了一位批评家的责任和担当。

《神话中国：中国神话学的反思与开拓》
谭佳（研究员）主编
论文集　380 千字
生活·读书·新知三联书店　2019 年 4 月

该书是一批中国优秀的神话学学者的精研之作。它以文集的形式，专著的编辑方法呈现，旨在浓缩这批学者"数十年磨一剑"的研究精华，体现出中国神话学界当下的水准，以及人文研究领域的开拓性思考。全书按学科的内在逻辑来分章节，在编排上附有每位作者的神话研究观点总揽、佳作介绍，并由其推荐该领域数种重要的文献，以便让专业学者、有兴趣的读者深入了解中国神话学的前沿风貌。

《间文化·泛文学·全媒介》
金惠敏（研究员）　王福民（研究员）主编
论文集　376 千字
中国社会科学出版社　2019 年 4 月

该书以间文化、泛文学、全媒介为关键词，探讨当前文学和文化理论中的重大问题。作者认为，"间文化"既承认文学的民族性，也认为民族性不是一个自我封闭的概念，而是一个自我呈现且呈现于他人的交流和对话的概念。"泛文学"要求回到文学的原初状态，承认其社会性、人民性和能动性，因为文学原本就流淌在生活的血脉之中。"全媒介"是媒介发展的当代现实，媒介无处不在，媒介无所不（替）代（如人工智能），其中的理论意义虽有待更深入的阐发，但一种对媒介研究和美学研究传统范式进行革新的召唤则是清晰而有力的。

《马克思主义文艺理论研究（第 6 辑·2016）》
丁国旗（研究员）主编
论文集　360 千字
中国社会科学出版社　2019 年 3 月

该书收录了 2016 年度全国范围内公开发表的马克思主义文艺理论研究方面学术水平较高和具有代表性的文章，反映了该年度马克思主义文艺理论研究的基本面貌和总体水平。主要内容包括"新时代文艺理论研究""用文艺弘扬中国精神""文艺精品和艺术生产机制创新""用重要讲话指导文艺工作推动我国文艺事业实现新的大发展""西方马克思主义文学批评的'大众'范畴""卢卡奇话语在马克思主义文论本土化中的意义与问题""走向'文化唯物主义'之路——雷蒙·威廉斯与马克思主义文论的关键时刻"等。

《新中国民俗学研究 70 年》

叶涛（研究员）主编
施爱东（研究员）
毛巧晖（研究员）副主编
论文集　376 千字
中国社会科学出版社　2019 年 9 月

该书为"中国社会科学院庆祝中华人民共和国成立 70 周年书系"（共 5 册）之一。民间文学和民俗学兴起于新文化运动，是一场"眼光向下"的学术革命。1949 年之后，劳动人民当家作主，民间文学作为劳动人民的集体创作、民众智慧的思想结晶，在人民概念的形成、集体与传统的界定、民族精神的提炼等基本问题上贡献卓著，对于现代民族国家的形成发挥了重要作用。1978 年以来，民俗学的复兴进一步加快了民族国家话语体系的理论建构，在社会主义精神文明建设、和谐社会建设、非物质文化遗产保护、传统文化复兴、村落保护、乡村振兴等方面均有杰出贡献。该书梳理研究了新中国民俗学研究的发展历程。

《思想第三世界》

高士明（教授）　贺照田（研究员）主编
论文集　360 千字
台北人间出版社　2019 年 11 月

该书为《人间思想》第 10 辑。该书指出，不论是"一带一路"倡议，或是便携通信技术的发展，还是物联网与大数据商务的推进，中国发展的问题都必然与全球南方和国际秩序的变化产生关联，乃至造成关键性的影响。作为一个有幸在全球结构转移过程中扮演关键角色的国家，中国不论愿意与否，都必须接受考验，认真思考自己与全球南方的关系，交出一份令人信服的答卷。我们相信，从第三世界到全球南方的集结，尽管多受顿挫，但就其历史与现实——从政治结盟重构地缘政治的板块，到援助合作改变资本市场的体质——都饱含去殖民的精神。在中国深入世界、改变世界的当前，我们更需要对其历史实践以及精神内涵予以关注和反思，作为反求诸己的前提。"思想第三世界"这个专题，正是一次这样的尝试。

《作为方法的五十年代》

贺照田（研究员）　高士明（教授）主编
论文集　330 千字
台北人间出版社　2019 年 11 月

该书为《人间思想》第 11 辑。该书认为，中国共产党建立中华人民共和国的历史可谓大起大落，一方面，1949—1956 年被认为是中国共产党历史的黄金时段；另一方面，1957 年的"反右"、1958—1960 年的"大跃进"则被认为是中国共产党犯了严重错误的时段。这样一种大起大落的历史应该怎样理解？中间蕴含了哪些经验和教训？有没有可能成为今天知识和思想的资源？怎样的认识方式能把 20 世纪 50 年代中国共产党的大起大落有效转化为知识和思想的资源？——这是该书核心探讨的主题。

《外国美学》第 31 辑

高建平（研究员）主编
论文集　230 千字

江苏凤凰教育出版社 2019年12月

该书坚持马克思主义指导，学风严谨、信息量大、覆盖面广，古典美学和当代美学并重，中国学者的研究性论文与外国美学重要论文的翻译并重，专论与研究信息介绍并重，哲学美学与各门类艺术美学并重。主要内容包括国外古代和现当代美学的研究论文、研究动态，国外学者首次发表的论文及经典性论文或重要论著选段的译作。该辑内容包含德国美学、日本美学、经典选译等。

民族文学研究所

《回到声音：听觉文化视角的〈格萨尔〉说唱音乐传承实践》

杨霞（丹珍草）（研究员）
论文 13千字
《西藏研究》2019年第2期

《格萨尔》史诗说唱音乐是藏族民间说唱、口头歌、唱腔曲调三位一体的艺术传承表述方式，是承继了藏族民间口耳相传的原生性"声音"形态的说唱音乐，因其拥有体量庞大的说唱音乐而被称为"巨型的音乐诗剧"。该文指出，无论是"单诗行同曲体"，还是"多诗行异曲体"，在《格萨尔》史诗说唱中都有更加多样性的呈现，并混融存在。"视觉中心主义"的"读图时代"将人们带入单一的理性塑造中，过分主导"看""被看"的书面语传统，消解了人类听觉无可替代的特殊性，忽略了语言本身的口语之美、聆听之美，从而也桎梏了人们对口耳相传的口头诗歌想象力、创造力和审美力的领略。"回到声音"让我们重新思考《格萨尔》史诗说唱音乐及其背后的听觉文化意义。无论是宣叙调"音乐的演讲"，还是朗诵调"说话的音乐"，通过声音感知，以及听觉文化维度的研究和音乐民族志方法的探寻，无疑可以为格萨尔文化遗产保护和创新发展提供新的认知方式和文化研究的新维度。

《作为认识论和方法论的口头传统》

朝戈金（研究员）
论文 15千字
《内蒙古社会科学（汉文版）》2019年第2期

在人类媒介的发展历史中，语言、文字、印刷术、互联网分别代表着几个重要阶段。在人文学术领域，口头传统关涉人类认识世界和呈现世界的方式，是人类观念传承和知识传递的过程和结果。该文探讨口头传统及其与人类活动最具广泛性和多样性的内在关联，不但具有认识论价值，而且具有方法论意义。

《何以原生态？——对全球化时代非物质文化遗产保护的反思》

姚慧（副研究员）
论文 13千字
《文艺研究》2019年第5期

该文指出，对应于中文语境"原生态"一词的"本真性"（authenticity）早在2011年就被联合国教科文组织相关决议规定禁用或慎用。而在中国音乐界，"原生态"仍被作为代表着非遗保护方向的标准词汇广泛使用。"原生态民歌"从"民歌"到"唱法"

在一定意义上经历了一个被建构的过程,更经历了语境化、去语境化与再语境化的过程。城市与农村经济发展水平和各方立场的不同步,造成"原生态民歌"登上大众传媒后,歌手与学者在诉求上亦存在根本差异。该文认为,有必要对"原生态"现象及其透射出的非物质文化遗产保护与文化多样性问题进行深度反思。

《积极的多样性——文化多元主义的超越与少数民族文学的愿景》

刘大先（研究员）

论文　13千字

《南京社会科学》2019年第5期

该文指出,"少数民族文学"与"少数族裔文学"不同,它源于社会主义"人民共和"理念的"文学的共和",是从平等理念而来的文化多样性,在塑造中国形象、凝聚中国精神、传递中国价值中发挥了有效的作用。这种社会主义文化多样性在20世纪80年代之后逐渐被自由主义的文化多元主义所取代,潜在地有将文化差异本质化和静态化的倾向,反倒背离了文化的能动性和创造性,进而带来了分离主义与认同撕裂的风险。基于现实语境的变化,该文认为,需要对文化多元主义进行反思,并推动一种积极的、流动的多样性,而不是被动的、消极的多样性。

《〈诗镜〉文本的注释传统与文学意义》

意娜（副研究员）

论文　15千字

《文学遗产》2019年第5期

藏族《诗镜》迻译自梵文,后成为藏族文学的"创作指南"。它在数百年间经历了反复的翻译、解释、诠释和语内翻译过程,形成流传至今形式多样、为数众多的不同注疏版本,积淀为极具特征的"《诗镜》学统"。该文指出,《诗镜》学统具有如下特征:跨越梵藏语际和跨越古今的"双跨性",与佛教思想体系形成重叠互渗的"互文性",以及由于语言本身就处于永恒变化之中,再加上源于原典作者和注释者之间多重"视域差"造成的"未定性"。藏族《诗镜》历经多重重构,在经典文学文本之外,兼具历史文本、文化文本等属性,并在藏族文人模仿和践行过程中逐渐内化为藏族文学观念的"因子",大大超越了原典的意涵,进而成为充满张力的开放体系。

《赫哲族〈长虫兄妹〉的神话学分析》

王宪昭（研究员）

论文　11千字

《满语研究》2019年第1期

《长虫兄妹》是赫哲族神话的代表之一,其叙事内容完整,结构清晰,表现出良好的口头叙事特征。该文指出,"长虫兄妹"作为一个特定名称,具有丰富的文化内涵,其所表现"蛇"的形象可能源于原生性创作,也可能受到萨满文化或图腾崇拜的影响。该神话叙事的众多母题蕴含着大量历史文化记忆,保留了古老的原始神话思维和民俗信仰,并表现出民间口头传统对教育功能的追求与创新。

《以口头传统作为方法：中国史诗学七十年及其实践进路》

巴莫曲布嫫（研究员）

论文　10千字

《民族艺术》2019年第6期

　　该文以"机构—学科"为视角，以中国社会科学院民族文学研究所在该领域的知识生产和学术治理为主线，同时结合世纪之交的学术反思、文本观念的革新、理论方法论的拓展以及研究范式的转换，勾勒出少数民族民间文学研究的大致轨辙和学科建设的若干相面，从而超越对史诗本身的研究，探讨"以口头传统为方法"的学科化发展进程，从本体论、认识论及方法论层面深拓少数民族文学传统的学术空间。

《试析西藏"异常诞生"母题故事的民俗文化内涵》

李连荣（副研究员）

论文　10千字

《西藏研究》2019年第6期

　　"异常诞生"作为核心母题的故事类型群，具有在全世界诸多民族中普遍传承的特点。西藏"异常诞生"母题的故事，包括无生物界的岩石、生物界的动植物、三界诸神以及人与动物交合生人等，存在多种"异常诞生"的现象。该文指出，西藏此类故事中展现的"卵生人"、"牛生人怪"以及"三界诸神生人"等特点，不仅反映了藏族认识自然与人类自身的特质，同时也展示了藏族采用、接受和融合多种文化的能力。尤其值得指出的是，西藏"异常诞生"母题的故事，涉及民族文化英雄（如格萨尔王）的神奇诞生，具有独特的民俗文化内涵。

《联合国教科文组织保护非物质文化遗产的事件史考述——基于〈建议案〉和〈"代表作"计划〉的双线回溯》

朱刚（副研究员）

论文　12千字

《青海社会科学》2019年第6期

　　在联合国教科文组织保护非物质文化遗产的历史进程中，1989年出台的《保护民间创作建议案》和1997年启动的《"宣布人类口头和非物质遗产代表作"计划》可谓两条既平行又相互交织的工作进路。该文旨在从学术史回溯的角度，更为精当地勾连20世纪70年代至2003年《公约》出台这一历时性脉络中各种关联性事件，并为基于中国非遗保护工作而开展的学术史研究提供概念工具更变和实践方略演替的系统参照。

《民研会：1949—1966年民间文艺学重构的导引与规范》

毛巧晖（研究员）

论文　11千字

《中央民族大学学报（哲学社会科学版）》2019年第1期

　　第一次"文代会"确立了解放区文艺在全国文艺界的领导位置，延安时期"为人民大众"的文艺样式与实践活动在全国范围内推广。该文通过对"中国民间文艺研究会"（简称"民研会"）成立及其所组织的民间文艺资料收集与整理、创办《民间文艺集刊》《民间文学》以及编辑相关丛书等学术脉络、学术沿承的梳理、总结，阐述了它对

1949—1966年民间文艺"多民族格局"的建构以及民间文学基本话语"人民性""思想性"等形成的导引与规范。

《满族说部"窝车库乌勒本"研究》

高荷红（研究员）

专著　371千字

中国社会科学出版社　2019年5月

该书重点分析满族说部极为重要的一类"窝车库乌勒本"，其现有文本有《尼山萨满》《天宫大战》《奥克敦妈妈》《恩切布库》《西林安班玛发》《乌布西奔妈妈》。该书指出，《尼山萨满》《天宫大战》《乌布西奔妈妈》不同程度地保留了满文或汉字满音。从文类论，《尼山萨满》为传说，其他五部为史诗。作为创世史诗，《天宫大战》讲述以阿布卡赫赫为代表的300女神战胜了恶神耶鲁里后确立了天庭秩序；其余四部英雄史诗的主人公或为神祇或系半人半神降临人世间，他们参与人间秩序的确立，创制了诸多影响后世的规约。作为讲述者或整理者，与富育光有关的满族说部文本22部，其文本或隐或显地带着个人特质。

《格萨尔史诗当代传承实践及其文化表征》

杨霞（丹珍草）（研究员）

专著　246千字

中国社会科学出版社　2019年4月

该书以格萨尔史诗说唱与藏族传统文化传承方式为出发点，以格萨尔石刻、格萨尔藏戏、格萨尔作家文本、格萨尔唐卡、格萨尔说唱音乐为主要研究对象，阐述分析随着历史语境的变化，格萨尔史诗在传承和流变中如何不断丰富和发展。该书指出，在藏族民间社区，格萨尔史诗不仅传承着民族民间传统文化，参与民俗生活事项，并成为社会教化、艺术创新和民族文化心理的表征，还在于其通过多样化表征意义的探究，挖掘藏文化系统和史诗文化系统建构中所浸润的民族文化元叙事和元语言思维。格萨尔史诗的多样化传承，虽然依托于各种不同的载体和媒介，却不仅仅停留在对史诗某个人物形象的造型以及符号、色彩的展示和说明上，而是呈现出鲜明的民间性、宗教性、世俗性、神圣性相互交织的特征，蕴含了格萨尔史诗说唱艺人、格萨尔文本等其他形式所无法承载的民族文化心理信息，实现了传统与现代的熔铸，满足了审美接受者、民众信仰者对古老史诗与民族文化的崇敬与期待，折射出格萨尔史诗文化的民间影响力。

《中国神话人物母题（W0）数据目录》

王宪昭（研究员）

工具书　1490千字

中国社会科学出版社　2019年1月

该目录对应的是《中国神话母题W编目》（中国社会科学出版社2013年版）中的"W0神与神性人物"，将原来的母题层级由3级扩充为6级，从数据深度和广度上更好地与后期数据库建设进行了衔接。这些母题基于对中国各民族26000余篇神话文本的分析，这些母题在中国神话人物叙事中具有较强的涵盖性。该书正文为"母题编目图表"，包括中国神话人物母题的"W编码"、"母题描述"和"关联项"三个部分，完成了非结构性文本资源的系统数据呈现。该书试图通过相关模型的搭建，与后期数据库结合，实现对神话叙事的计量分析方面的探索，为神话比较研究、神话系统性研究和神话类型学分析研究等提供了理论依据和实例参考，也为建构中国多民族神话人物知识图谱提供了基础。

外国文学研究所

《荷马之志：政治思想史视野中的奥德修斯问题》

贺方婴（研究员）

专著　180千字

华东师范大学出版社　2019年5月

对一个真正的王者来说，"美好的东西"除了是"美的"政治体，不会是别的什么东西。然而，对一个政治体来说，何谓"美好"或"佳"呢？该书作者将这个问题称为"奥德修斯问题"。该书围绕"奥德修斯问题"展开，以古希腊肃剧形式结构全书，首先是序幕，接着主体部分是一场和第二场，后是突转，颇具戏剧性。作者在序幕、一场和第二场，贴近史诗叙事的脉络，带领读者深入细读《奥德赛》，对比了失序的城邦（伊塔卡）、虔敬的城邦（皮洛斯）、欲望的城邦（斯巴达）和技术的城邦（费埃克斯），而后一部分突转，可以视为作者全部研究的升华——将"奥德修斯问题"置于现代欧洲政治思想史中考察，这也是全书画龙点睛之笔。该书从古典、近代和当代三个维度，分别探讨了"奥德修斯问题"在柏拉图的对话作品、维柯的《新科学》、近代乌托邦思想以及施米特的《大地的法》中的呈现，确立荷马史诗《奥德赛》的政治哲学品质及其思想史上的重要意义和典范位置。

《希腊神话历史探赜：神、英雄与人》

唐卉（副研究员）

专著　404千字

复旦大学出版社　2019年7月

该书指出，由神灵、英雄与凡人构成的希腊神话是一个多元的世界，人格化的神灵、神格化的英雄以及卑微如草芥的凡人在变幻无常的命运面前都展现出柔弱的一面。希腊神话如此鲜活，某种程度上，它是一部希腊早期历史的真实写照；传承者对所有的故事深信不疑，在他们眼中神话就是历史。该书从字母A的含义和奥林波斯诸神开始展开探讨，及至赫西俄德的神话意识与五时代循环历史观、史学之父希罗多德的神话信仰等，解读希腊神话和历史中神、英雄与人之间的演绎生成史，探寻希腊历史中的神话烙印。该书补足了从文学人类学视角对西方文明之源作神话历史研究的空缺，表明大小传统划分和四重证据的研究范式同样适合考察西方文明。

《百年外国文学研究评述》

陈众议（研究员）

论文　8千字

《外国文学动态研究》2019年第5期

该文点面结合，梳理了外国文学学科的百年历程，强调格物致知，信而有征；厘清源流，以禅发展。作为学科发展的基础工作，学科史因而也是行之有效的文化积累工程。通过尽可能竭泽而渔式的梳理，即使不能见人所未见、言人所未言，至少也可将有关历史（包括研究家的立场、观点和方法）总结整理、传之后世。该文历数了党的十八大以来学科发展的可喜景象，同时也指出了不足和亟待改进之处。

《布尔什维克与普希金崇高地位之确立——纪念普希金诞辰220周年》

吴晓都（研究员）

论文　10千字

《文艺理论与批评》2019年第3期

今天的读者对普希金在俄苏文学史上神圣而崇高的地位已经习以为常，可能不会想到，150余年前，普希金虽然已是俄国最著名的诗人之一，但他还没有这样崇高的文化地位。那么，普希金这种文化地位是如何形成的？在近200年的普希金接受史上发生过怎样的情况？他的声誉在他去世后经历了哪些曲折而最终重至辉煌的？——该文对这些问题进行了系统阐释。

《辜鸿铭在英国公使馆的"身份"考》

程巍（研究员）

论文　22千字

《人文杂志》2019年第7期

辜鸿铭是中国近现代史上少有的其思想与言论为欧美人和日本人所注意的学者，不过他的生平却形同迷雾，尤其是其早年经历，至今尚未有一部完整的辜鸿铭年谱。该文考证辜鸿铭1879—1881年受聘为英国驻华全权公使威妥玛的"private secretary"的史实，探讨这一"private secretary"究竟是什么身份，并说明1879—1881年名义上依然是"大英子民"的辜鸿铭尚处在对中国的"不稳定的国家认同"状态，之后，经过种种经历的叠加，他最终"重新变成了一个中国人"。

《土地、财富与东方主义：弗朗索瓦·贝尔尼埃与十七世纪欧洲的印度书写》

梁展（研究员）

论文　49千字

《外国文学评论》2019年第4期

自萨义德《东方主义》发表以来，"东方主义"作为一个指称西方从18世纪开始对印度等东方被殖民国家的想象性与歪曲性描述的术语逐渐流行开来，然而，在东方主义话语生成之前，欧洲旅行者是如何描述东方的？他们笔下的东方与传统意义上被认为是起源于西欧的启蒙思想有着怎样的关联？该文在分析17世纪法国医生、哲学家和旅行家弗朗索瓦·贝尔尼埃的思想及其《大莫卧儿帝国旅行记》的基础上指出，在启蒙运动之前，欧洲人的东方书写对西方中世纪的经济政策和政治制度起着批判和镜鉴的作用，贯穿其中的自然、伦理和政治思想同时成了18世纪全球启蒙思想的重要组成部分。在此意义上，启蒙运动并非欧洲独特的发明，而是伴随印度洋贸易的东西文化交流的产物。

《帝国时代的罪与罚：夏目漱石的救赎之"门"》

邱雅芬（研究员）

论文　20千字

《外国文学评论》2019年第1期

该文指出，夏目漱石的《门》是由个人叙事与国家叙事共同建构起来的勾绘日本殖民扩张时代之"罪恶"与"救赎"的文本。有关宗助夫妇的"个人叙事"构成明线,"国家叙事"构成暗线,明暗双线共同指向罪恶与救赎的主题。从《论语》《菜根谭》《碧岩录》等中国传统儒释道经典中,夏目漱石寻求着"救赎"之路,尤其表现出对禅宗的浓厚兴趣。

《马克思、布兰维里耶与生物学种族主义——论福柯"胜利者史学"的谱系》
张锦(副编审)
论文 40千字
《外国文学评论》2019年第1期

该文以福柯与马克思之间的对话关系为理论思考的前提,即福柯如何在反思权力的财产和经济学功能性中发展出了一种对权力问题的非商品和非经济研究,指出福柯以非经济的权力关系为理论模型,以历史的考古和谱系分析为方法和目的,进而利用种族战争话语的出现和发展,对英法国内战争史尤其是法国历史和历史学家进行了历史—政治范式回顾。在福柯的这种回顾与分析中,可以看出欧洲国内战争的胜利者/失败者这种可以流动和变换位置的"胜利者史学"逻辑怎样经由二元图式被转化为一元图式甚至被转化为殖民逻辑,而福柯的分析正是要迎回对这一史学谱系的政治—历史范式的解读,进而实践历史书写曾有的能动性。

《布尔迪厄的"三位一体"——福楼拜、波德莱尔与马奈在布尔迪厄文论构建中的范式协同和互补作用》
刘晖(研究员)
论文 13千字
《国外文学》2019年第3期

布尔迪厄以福楼拜、波德莱尔和马奈为个案研究对象,阐明他们如何推动了19世纪下半叶法国文学场和艺术场的自主并创立了"艺术的法则"。他的范例选择绝非偶然,可能是看到了三个现代派文艺先锋在其文论中起到范式协同和互补的作用。他们创造的现实主义的形式主义是布尔迪厄眼中真正的"介入艺术"。该文试图说明布尔迪厄如何构建来自福楼拜的"无意识诗学"、来自波德莱尔的"作者阅读"和关于马奈的"配置主义美学"并使之一体化,实现文学作品与艺术作品的生产与接受原则的整合。简而言之,分析者要"采用作者的观点",通过社会历史研究重构艺术家的习性。

《叶芝心/眼里的中国》
傅浩(研究员)
论文 15千字
《外国文学》2019年第4期

该文基于文本分析和相关取证,尝试解说叶芝三首抒情诗《他的不死鸟》、《踌躇》(之六)和《天青石雕》中有关中国的部分,指出:其一疑似取材于有关杨玉环或王嫱的传说故事;其二或许与《诗经》中《采薇》一篇有关;其三则不仅得灵感于中国文物实物,而且涉嫌借鉴白居易诗作。作者通过详细考证各诗本事来源,仔细比较其中所涉中国元素的本义与叶芝的再现表述,说明叶芝的想象发挥其实是基于误读臆解,同时对某些叶芝学者运用不当论据得出的不正确的说法也有所驳正。

《西方文论关键词 如画》
萧莎（副研究员）
论文 15千字
《外国文学》2019年第5期

该文指出，"如画"作为一种美学观念或者说审美理想，在17世纪的意大利和荷兰风景画创作中萌芽。18世纪，它被英国艺术家移植到本国风景描绘中；同时，基于英国风景美学家吉尔平、普莱斯、奈特等人的理论阐述，"如画"演化为一种观看和描绘自然风景的"标准"方式，在英国风景艺术创作中居于主导地位。19世纪，以华兹华斯和透纳为代表的英国艺术家开始在创作中突破"如画"法则，而批评家罗斯金则通过《现代画家》对"如画"美学体系进行了历史批判和总结。该文认为，"如画"艺术实践和理念在英国的兴衰，记录了英国风景艺术从追求理想美到表达真实美，再到表现人性高尚之美这一美学观念更迭的过程，是英国新古典主义时代到维多利亚时代社会趣味变革的缩影。

《佛陀相好庄严与上古神兽——基于〈神通游戏〉佛陀三十二相、八十随好的梵汉对勘及研究》
张远（副研究员）
论文 12千字
《世界宗教研究》2019年第5期

该文以《神通游戏》的梵本和汉译本为依据，在准确把握佛陀相好庄严原意的基础上将之与中国上古神兽的记载进行比较文化的解读。该文论述由以下五节串连而成：第一节，交代论文的构想、轮廓与研究方法；第二节，概述《神通游戏》梵本和汉译本情况；第三节，根据《神通游戏》现已刊行的三个梵语校勘本和现存的两个古代汉译本及一个古代汉译编译本对佛陀三十二相、八十随好当中与动物相关的内容进行逐句的梵汉对勘，并提供白话翻译；第四节，考察文献记载中的佛陀形象与中国先圣和上古神兽书写之间的异同，并解读其中蕴含的文化元素；第五节，结论，总结全文要点。

语言研究所

《汉语篇章语法研究》
方梅（研究员）
专著 240千字
社会科学文献出版社 2019年5月

该书为"中国社会科学院文库·文学语言研究系列"之一。全书共12章，内容包括：篇章语法与汉语篇章语法研究、行为指称形式与话题结构、指示词单双音节形式的功能差异、零形主语小句的句法整合功能、"无定NP主语句"的话语功能、饰句副词及其篇章功能、言说类元话语的篇章功能、语篇衔接与视角表达、从传信表达到模棱语、句际关联模式与句法整合、依附性小句的语体差异、话本小说叙事传统的影响。该书将话语功能语言学的理念和方法系统地运用到对汉语的分析之中，为相关汉语事实的认识和解释提供了新的视角；发掘以往关注较少的语言事实，探讨共时层面特定语体中的形义关系及浮现现象，将研究视野扩大到真实语篇，是篇章语言学理论与汉语事实相结合的成功范例。

《老年语言学发端》
顾曰国（研究员）
论文　18千字
《语言战略研究》2019年第5期

该文指出，长期以来，老年语言现象很少有人关注。人口老龄化加快，以老年语言为研究对象的老年语言学迫在眉睫。该文认为，老年语言学研究老年人语言与身脑心衰老相关的负增长现象，老年语言现象可分为两大类四个子类。（1）无损类，包括老年语常和语误。（2）有损类，包括语蚀和语障。老年人群中超康健和成功老龄人直至临终保持语言无损；通常老龄人随着增龄语言由无损衰变到有损；智退老龄人因疾病导致语蚀和语障，甚至失语。跟语言状态直接相关的是老年人身脑心健康状态。该文通过梳理相关研究，对老年身脑心与四个子类的关系逐一作了阐释，并引用作者研制的老年多模态语料库的真实语料对部分关键点作了实证演示。此外，该文还讨论了老年语言学研究方法论。

"Fricative Vowels as an Intermediate Stage of Vowel Apicalization"（《擦化元音作为元音舌尖化的中间状态》）
胡方（研究员）　凌锋（副教授）
论文（英文）　30千英文字符
Language and Linguistics（《语言暨语言学》）2019年第1期

舌尖化对于理解汉语音系具有重要意义。该文通过研究吴语苏州方言的擦化元音的发音特点与声学特性发现，元音擦化是音变的动因。苏州方言的擦化元音在语图上可见摩擦噪声，比相应的普通高元音的谐噪比显著降低。声学研究揭示擦化元音拥有较大的第一共振峰值与较小的第二共振峰值，在声学元音图中位于前高元音与舌尖元音之间的位置。发音研究则发现擦化元音的发音涉及更多的舌叶特点。研究显示，清晰的发音与声学区别在构建元音的音位对立上具有更重要的作用，元音所带有的摩擦性成了一种冗余特点。该文通过实验语音学细节解释了擦化元音是元音舌尖化音变的中间状态，对于用实验的方法研究共时音变与历时音变具有启发性。

《中国方言区英语学习者元音习得类型研究》
贾媛（研究员）
专著　170千字
中国社会科学出版社　2019年5月

英语语音教学与研究，是诸多国家语言教学研究领域中的热点问题。中国有数亿的英语学习者，受各地方言和普通话的影响，中国英语学习者发音普遍存在"方言味"和"中国腔"的问题。该书旨在切实考察中国方言区英语学习者的发音问题，探究偏误产生的语言和心理机制，重构中国的英语学习者从"方言"、"普通话"到"英语"学习的"言语链"。作者在构建了大规模方言区英语学习者语音库的基础上，采用实验语音学的研究方法，系统地考察了不同地区英语学习者的元音发音特征，从类型学角度归纳和总结英语学习者元音的习得偏误，并采用二语习得相关理论，解析偏误产生的机制以及与母语和普通话之间的对应关系。

《"本、元"类副词的演变》

李明（研究员）

论文　15千字

《历史语言学研究》第13辑　商务印书馆2019年10月

该文讨论古汉语中有"本来""原来"一类追究原委意味（文中称为追原义）的副词的演变。作者认为，基于后来的情况与之前有无变化，这些副词可分为［＋对比］与［－对比］两种用法。追原义源于时间义"之前"。这个时间义，一方面可以发展为兼有篇章连接作用的用法；另一方面又可以发展为具有人际交流功能的语气副词。

《新中国语言文字研究70年》

刘丹青（研究员）主编

专著　463千字

中国社会科学出版社　2019年11月

该书全面回顾了中华人民共和国成立70年以来中国语言文字研究的发展历程，主要关注汉语言文字学以及相关理论研究和应用研究。作者梳理了推动中国语言文字研究的社会因素、文化因素和学术渊源，尤其是党和国家对语文工作的高度重视和改革开放事业对语言文字研究的巨大推动作用；总结了语言文字研究事业发展繁荣的重要经验；记述了70年来中国语言学领域的重要学术事件和各种学术平台、园地建设发展过程；介绍了对各个领域的研究产生重要影响的主要著作和论文。该书绪言部分对70年语言文字研究的伟大成就作了总体性概括。

《汉语中的库藏裂变》

刘丹青（研究员）

论文　18千字

《语言教学与研究》2019年第5期

库藏裂变是在作者创设的库藏类型学框架下所提出的概念，指同一来源的几个功能单位经过演变分化在母语人心理上被识别为不同且无关的要素，即不再是同一要素的不变同体。该文用汉语不同层级的个案，展示库藏裂变是语言中一种重要的历时动态现象，存在于从小到大所有层面各级单位上，并且可以用共时的语言测试来判定。该文认为，库藏裂变的后果一般有两种：一种是裂变出的新单位自身形成语言库藏中新的仓位；另一种是裂变出的新单位进入语言库藏中现存的一个仓位，即发生库藏聚变。

《谈谈功能语言学各流派的融合》

沈家煊（研究员）

论文　15千字

《外语教学与研究》2019年第4期

该文指出，广义的功能语言学，包括狭义的功能语法、语用学、语言类型学、语法化研究、认知语法、篇章分析以及最近的互动语言学等，融合的途径应以问题为导向，立足母语和汉外比较。作者认为，功能语言学不是只讲功能和意义，语言的形式和意义是一体的，在语言学领域里，如果不依据形式的区别，讲意义或概念的区别没有多大意义。不必坚持形式主义，但是一定得坚持形式。从方法论上讲，"简单原则"凌驾于不同学派之上。要回答汉语究竟有哪些形式手段来实现传情达意的问题，需要用现代语言学的眼光对中国传统语言研究中的一些重要概念加以重新阐释。

《说四言格》

沈家煊（研究员）

论文　20千字

《世界汉语教学》2019年第3期

　　该文指出，缩放型四言格是汉语骈偶性的体现，骈文对言来自对话，是语言的本源，其特点是"把类似性添加在邻接性之上"。作者认为，讲汉语语法，要先讲骈文对言，弄清它的性质和成因。从"大语法"着眼，四言格是汉语的语法形式，四言格式化是汉语的语法化。印欧语语法以主谓结构为主干，以"续"为本；汉语大语法是以对言格式为主干，以"对"为本。四言格之所以是"四"，是二二式，一是因为汉语每个字在形音义用上等价，二是因为数字中唯有4这个数既是"2+2"又是"2×2"，两者结合满足对言明义完形的要求。

　　以往认为汉语的互文、回文、顶真只是修辞现象，对此，该文重新加以审视和阐释，说明汉语的组织具有互文性、可回文性、顶真递系性，并讨论了汉语的对称构造和动态构造原理。

《名词时体范畴的研究》

王灿龙（研究员）

论文　15千字

《当代语言学》2019年第3期

　　该文指出，语言表达中，不仅动词有时范畴和体范畴的问题，名词也有自己的时体特征。名词时体范畴的研究是最近二三十年来的一个热点话题。该文重点介绍了国外关于名词时范畴和体范畴的重要研究成果。作者从名词时体范畴角度对"是"字判断句的相关研究发现，"（一）个"有时用于"是"字判断句中，旨在突出主观小量，由此充分验证了前人关于"（一）个"表达较强烈主观性的论断。

《先秦〈乐经〉的成立及其检讨》

王志平（研究员）

论文　59千字

《传统中国研究集刊》第21辑　上海社会科学院出版社　2019年10月

　　该文指出，先秦古《乐经》只是非实体的口述经典，并未系统成文；其内容是有关上古歌舞乐律等技艺之传授，本来难学难记；由于春秋战国礼崩乐坏，古乐为新声取代，以致最终失传。汉代元始《乐经》尝试复古，但时过境迁，终究只能开新。该文从新出文物和文献角度对先秦六经之一的古《乐经》以及汉代元始《乐经》等与其他经学文献之密切关系作了新的学术考察和专题研究，其中关于河南省博物馆藏乐律残石与元始《乐经》之关系研究为此前所未见。

《中古译经中的叹词和应答引导语》

赵长才（研究员）

论文　20千字

《历史语言学研究》第13辑 商务印书馆 2019年10月

该文以东汉29种以及魏晋南北朝（包括隋）66种汉译佛经为基本语料，考察中古汉译佛经里叹词和应答引导语的使用情况，并将其与同期本土文献进行比较，在此基础上建立了中古译经叹词和应答引导语的表达系统。作者对中古汉译佛经叹词和应答引导语作了全面描写和梳理，并将其与上古汉语及中古时期本土文献进行比较，发掘了中古译经叹词和应答引导语系统的显著特色。作者认为，叹词和应答引导语系统在中古译经中所体现出的特点，应该是译经语料口语性强的具体表现，它比同时期接近口语的一些本土文献更能反映中古时期汉语的实际面貌。该文还进一步探讨了从上古到中古时期汉语叹词和应答引导语的变化趋势及原因。

哲学研究所

《新中国哲学研究70年》

王立胜（研究员）主编

编著 442千字

中国社会科学出版社 2019年12月

该书为"中国社会科学院庆祝中华人民共和国成立70周年书系"之一。该书对新中国成立70年来哲学学科的发展历程和包括马克思主义哲学、中国哲学、西方哲学、东方哲学、逻辑学、伦理学、美学和科学技术哲学等在内的各分支学科的研究状况进行了系统梳理和总结，认为，新中国成立70年来，中国的哲学工作者坚持"不忘本来、吸收外来、面向未来"的基本原则，围绕重大的现实问题和理论问题展开思想论争，有力地推动了马克思主义哲学中国化、时代化和大众化，形成了完整的学科体系。该书史记结合，资料翔实，论述客观公正，对构建中国特色哲学学科体系、学术体系和话语体系具有重要的借鉴意义。

《新时代中国特色社会主义思想研究》

王立胜（研究员）

专著 200千字

济南出版社 2019年1月

该书为"中国社会科学院当代中国马克思主义政治经济学创新智库文库"系列丛书之一。该书从"新时代"这一论断的内涵、如何理解中国特色社会主义进入了新时代、关于"中国特色社会主义进入新时代"的理性思考、社会主义初级阶段主要矛盾的新判断、认识和把握"社会发展阶段性特征"等重要课题入手，对习近平新时代中国特色社会主义经济思想进行了阐述、总结。作者围绕中国特色社会主义进入新时代的内涵、依据和意义，社会主义初级阶段主要矛盾变化的判断依据、提出过程、基本内涵和重大意义等当前理论热点问题展开论述，以政治经济学的眼光和视野，深入解读新时代中国特色社会主义思想之"新"。

《毛泽东方法论导论》

李景源（研究员） 李为善（研究员）等

专著 361千字

中国社会科学出版社 2019年4月

该书为再版图书，为纪念毛泽东同志诞

辰一百周年而作。该书认为，从哲学方法论的高度提出和解决问题是毛泽东哲学思想整个体系的鲜明特征。毛泽东的哲学观和方法论思想不仅体现在他的专门哲学著述中，而且贯穿在他的全部著作中，包括政治、军事、经济、文化、党建等方面的著作，因而也体现在他领导中国革命和建设的全部实践活动中。在毛泽东的带动下，把哲学作为认识问题的方法论已成为中国共产党人的优良传统。该书指出，马克思主义哲学永不枯竭的生命力，就在于它的实践性，它内在地要求同各国具体实践相结合。毛泽东哲学思想是这一普遍原理和中国革命实践相结合的产物，而毛泽东哲学思想中最富有创造性的部分，就是把马克思主义哲学变为在实际斗争中起指导作用的方法论体系，这一方法论在今天仍有着重大的理论指导意义，有助于更好地揭示马克思主义哲学发展演化的趋势，揭示哲学理论向方法论转化的规律性。

《马克思之后的政治哲学思想：从恩格斯到"后马克思主义"》

欧阳英（研究员）

专著　490 千字

中国社会科学出版社　2019 年 1 月

该书认为，马克思之后的政治哲学思想与马克思政治哲学思想之间既有深刻的内在联系，又有区别，马克思之后的政治哲学思想研究是可以独立成篇的。该书力求通过史论结合和尊重文本的方式，对马克思之后的马克思政治哲学思想的变化与发展展开深入的剖析，从而使人们更加清晰地理解马克思政治哲学思想在马克思之后真实的历史发展轨迹，以及思想内容的变化。该书认为，从宏观上看，马克思之后的政治哲学思想有两条大的发展主线：一条是由恩格斯开启，以实践为导向的思想发展之路；另一条是由卢卡奇、柯尔施和葛兰西开启，以思辨为导向的理论发展之路。

《一神论的影子：哲学家与人类学家的通信》

赵汀阳（研究员）　[法]阿兰·乐比雄（教授）著

王惠民译　136 千字

中信出版社　2019 年 4 月

在该通信集中，两位作者以跨文化论辩的形式，深入细致地探讨了一神论形塑的西方思想模式及其对现代性的影响，并延伸探讨了中西文化从分化到融合的可能性。作者用悲天悯人的善心来看待政治、伦理，试图寻找可以彼此理解的文化。书中的主要争论包括：利玛窦的"一神与众神"问题、后现象学的跨主体性、形而上的永恒性与完满性、孔子的"天何言哉"命题、非宗教的超越性、箕子的"神意投票"理论等前沿问题。一神论是导致中西文化差异的根本问题，自利玛窦以来被确定为中西文化的最大差异点，中西文化的互相不理解甚至冲突都与此有关。一神论也是关于世界、生活和历史的具诗意的传统解读之一，但在当下的语境中，一神论和普遍主义的结合对文化多样性越来越是一种威胁。

《历史·山水·渔樵》

赵汀阳（研究员）

专著　100 千字

生活·读书·新知三联书店　2019年10月

该书提出理解中国古代文明的密码或关键意象是：历史、山水和渔樵。三者之间有着内在关联：青山是观察青史的时间尺度，山水是历史与渔樵的联系方式，渔樵通过谈论历史之事而反思历史之道——历史问题是三者之轴心。作者尝试进行一项关于"渔樵"和"山水"的意象研究。"渔樵耕读"属于构成中国古代文明根基的基本意象，象征着这个文明的最小存在模型。从渔樵的"山水时间尺度"去看历史，纷纷之人事沉浮于滔滔之时间中，更具一种沧桑感。渔樵没有写作历史，但渔樵的论古方式提示了一种历史哲学。作者试图论证"渔樵史学"，认为虽然在学术性、丰富性和可信性上远远不及以司马迁为代表的太史公传统，但渔樵的论古方式提示了一种不可替代的、有着形而上深度的历史方法论，尤其与一种文明的生死问题密切相关。作者以一种"哲学与诗"的方式来论述他的历史哲学以及他对中国文明的基本理解：中国文明的精神基因是历史，历史即是中国人的信仰，这是中国文化与其他宗教文明最大的不同之处。

《道教身体观：一种生态学的视角》

陈霞（研究员）

专著　235千字

中国社会科学出版社　2019年10月

人的身体是人与生俱来、自然拥有的，具有唯一性、神圣性和极高的不可取代的价值。道教追求"长生久视"，特别看重身体，并发展出深刻的关于身体的思想以及提升生命质量的养生实践，提出了"贵以身为天下，若可寄天下""两臂重于天下""天地大人身，人身小天地""天地宇宙，一人之身""身国同构""身国同治""我命在我不在天"等观点，围绕着身体来思考个体、社会与自然之间的关系。该书从生态学的视角梳理和阐释道教身体观，并对当代的自然生态思想、政治生态思想、社会生态思想、人类中心主义、生态女性主义等议题进行回应。作者认为，应对危机也会带来契机，当人们从道教中寻找智慧时，道教也在从其他文化中汲取营养，以便更有效地回应当代的全球问题，为自己赢得新的发展机遇，焕发生机和活力。

《马克思主义哲学中国化的历史形态与借鉴》

吴元梁（研究员）　李涛（副研究员）

徐素华（研究员）等

合著　419千字

中国社会科学出版社　2019年9月

该书为"中国社会科学院文库·哲学宗教研究系列"之一。该书对作为马克思主义哲学中国化理论来源的和在马克思主义哲学中国化历史进程中形成的一系列重要理论形态进行了系统研究，包括马克思主义哲学的"原生形态"——马克思和恩格斯的哲学思想，对马克思主义哲学中国化产生过重要影响的俄国和苏联的马克思主义哲学形态，毛泽东哲学思想和中国特色社会主义理论体系哲学思想。同时，该书从历史语境、思维特征、翻译视角、研究范式等方面，对当代海外马克思主义中国化研究的相关成果进行了梳理和概括，从而为探索奠基于改革开放40

年来我国马克思主义哲学研究之上的，构建马克思主义哲学中国化的当代形态这一理论任务提供思想基础和借鉴。

《代际义务的论证问题》

甘绍平（研究员）

论文　25千字

《中国社会科学》2019年第1期

该文认为，当代人对于未来人所应遵守的道德规范或所应承负的道德责任，既不能通过自然情感（因为未来人离我们十分遥远），也无法凭借理性合约（因为未来人不可能同我们当代人签订任何对等约束的契约）获得辩护。那么，当代人对遥远的、与我们没有直接血缘关系、同我们无法签订对等契约的未来人所应承担的这样一种单方面的保护责任，可以通过以下理据得到论证：第一，人的社会属性决定了当代人不可能完全排除对后代人生存与福祉的道德关切与伦理顾及；第二，当代人上接前辈下连后代所构成的世代链条序列以及在其基础上形成的代际传承的观念，也决定了当代人有义务将前辈在物质与精神上的馈赠和财富完好无损地传递给后代；第三，后代人作为人类大家庭中的一员，理应享有作为人所应拥有的生存与追求幸福的权利。这三个方面的内容以人的社会属性为核心构成了一个层层递进的逻辑论证与推演脉络。作者同时指出，在代际义务中公正原则也是重要的分析与阐述支点，代际伦理为公正这一伦理学重大原则的理论特质和现实具体化提供了一个展现机会。

《论汉简〈老子〉对于认识〈老子〉王弼注本的意义》

任蜜林（研究员）

论文　10千字

《哲学研究》2019年第2期

该文认为，现在流行的《老子》王弼注本，学界早已认识到其底本绝非王弼本人所使用的原本。马王堆帛书、郭店竹简等《老子》的发现都对我们认识这一问题提供了证据。北大汉简《老子》的发现又为我们研究这一问题提供了新的契机。通过比较，可以发现《老子》王弼注本与汉简本在很多地方有着相同之处。就义理方面讲，汉简《老子》在"道"与"天地"及"万物"关系方面、"道"与"万物之始"关系方面以及"下德"的方面都为我们了解王弼注本提供了新的认识，但这并不意味着王弼注本与汉简本源于同一版本系统。该文通过王弼注本与汉简本的比较，一方面说明汉简本并非后人伪作；另一方面对重新认识王弼注本及其思想也有重要意义。

《"永恒"与"背后世界"：拟尼采与克尔凯郭尔的对话》

王齐（研究员）

论文　12千字

《哲学研究》2019年第2期

该文认为，尼采曾把那些认为在我们生活的现实世界背后存在着一个更完满的世界的人称为"背后世界论者"，他们因"痛苦和无能"，经"致命的一跃"达到终极的疲惫。这个"跳跃"的意象很容易让人联想到克尔凯郭尔的信仰学说。但是，克尔凯郭尔通过揭示"道成肉身"原则的存在论意义，把"神步入时间"转变成"永恒真理在时间中生成"的哲学命题。对于生存者来说，永恒不在身后，永恒就是未来，他要在时间中与永恒真理建立关系。这个认识突破了古希腊"回忆说"所蕴含的永恒真理在我们身后的认识，凸显了个体在时间中面向未来生存的意义。相比之下，尼采经历了从宣扬艺术形而上学到批判"背后世界论"的思想历程。他最终提出了"相同者的永恒轮回"的思想，其中蕴含的极度张扬生命意志的"生命形而上学"实际上就是支撑着尼采的"背后世界"。

《因果理论：上向因果性与下向因果性》

黄益民（研究员）

论文　18千字

《哲学研究》2019年第4期

该文在心灵因果排除的哲学背景下探讨和研究上向因果性和下向因果性的存在问题。一般认为，上向因果性与下向因果性对于人类的认知和道德等方面的能动性具有不可或缺的重要性；而心灵因果排除论证是当前心灵哲学中最广泛争议的课题之一。我国学者钟磊近期提出了一个新的观点，认为上向因果性以及下向因果性是否存在依赖于具体的因果理论。该文检验并批评了钟磊给出的相关论证，并争辩说，在所有三种不同的因果理论框架下，上向因果性都存在，而下向因果性都可能存在。这些结果对我们更好地理解心灵因果排除问题及其平行主义解决方案具有启发意义。

《新中国70年马克思主义伦理思想研究》

孙春晨（研究员）

论文　9千字

《道德与文明》2019年第4期

该文认为，马克思主义伦理思想研究是新中国伦理学学科建设的起始点，冯定、李奇、周原冰和罗国杰是中国马克思主义伦理学学科的奠基者和开拓者，他们为新中国马克思主义伦理思想研究和马克思主义伦理学学科建设做出了不懈的努力和艰辛的探索。改革开放以来，中国的伦理学者从解读马克思、恩格斯的经典文献入手，以研究马克思主义伦理思想发展史为突破口，由史入论、以史融论、史论结合，在马克思主义思想研究诸领域取得了丰硕成果。面对新时代道德文化建设的迫切需要，中国伦理学人理应对自己提出更高的学术追求，将马克思主义伦理思想研究推向新境界。

《系统掌握新时代的科学思想方法与工作方法》

冯颜利（研究员）

论文　9千字

《马克思主义研究》2019年第7期

该文认为，习近平新时代中国特色社会主义思想是坚持和运用辩证唯物主义和历史唯物主义的典范，处处闪耀着马克思主义真理光辉，蕴含着新时代丰富的思想方法和工作方法。《习近平新时代中国特色社会主义思想学习纲要》第19章从"把马克思主义哲学作为看家本领""坚持实事求是""提高科学思维能力""保持战略定力""坚持问题导向""重视调查研究""发扬钉钉子精神""依靠学习走向未来"八个方面，集中阐述了习近平新时代中国特色社会主义思想贯穿的思想方法和工作方法，为我们认识世界、改造世界提供了科学的方法论指引，具有重要的方法论意义。掌握习近平新时代中国特色社会主义思想中的思想方法和工作方法，关键在于认识到习近平新时代中国特色社会主义思想包含着丰富的思想方法与工作方法，自觉坚持问题导向与战略定力的有机统一，自觉坚持科学思维与世界眼光的高度统一。

《"三代"与中国文明政教传统的形成》

张志强（研究员）

论文　13 千字

《文化纵横》2019 年第 6 期

何为"中国"？中国的国家、政治、文明形态有何特殊性？这是理解当今中国绕不开的话题。该文作者直面夏商周断代的争议问题，选择从中国经史传统的解读方式出发，揭示了以"三代"为中国文明历史开端的思想史内涵。这种解读视角跳出了考古学、政治学界争论的局限性，既从"历史"出发，也从"理念"出发，专注于探讨"三代"为文明史贡献的理论意义。作者认为，"三代"的历史，构成了儒家价值形成的历史前提。"三代"创立的王朝政治形态、天下秩序和"天下一家"的价值理念决定了中国文明的根基和基本走向。经过历代儒家的发展，"三代"的政治思想最终形成一套高度成熟的、以政治为中心进行的信仰建构模式，也就是中华政教传统。正是在这个过程中，以"大一统"为理想的、作为"天下"国家的"中国"，与西方学界定义的现代领土国家相比，在立国原理和政治信仰上有着本质区别，并在历史的漫漫长河中延续至今。

世界宗教研究所

《中国宗教学 40 年（1978—2018）》

卓新平（研究员）主编

专著　400 千字

中国社会科学出版社　2019 年 1 月

该书叙述了中国宗教学从改革开放到 2018 年 40 年的学科发展史，也是对中国宗教学研究的一个总结。该书稿涵盖了宗教学理论研究、佛教研究、道教研究等 40 年的学科综述。

《中国本土宗教研究》（第二辑）

王卡（研究员）　汪桂平（研究员）主编

专著　272 千字

社会科学文献出版社　2019 年 1 月

该辑刊包括"名家论坛""经典解读""历史钩沉""田野调查""研究动态"五个栏目。该书对中国本土宗教发展史上的教派传承、道经问题、道教科仪、民间宗教和神仙信仰等多方面内容进行了探讨与研究。

《新中国民俗学研究 70 年》

叶涛（研究员）主编

专著　376 千字

中国社会科学出版社　2019 年 9 月

该书认为，民间文学和民俗学兴起于新文化运动，是一场"眼光向下"的学术革命。1949年之后，劳动人民当家作主，民间文学作为劳动人民的集体创作、民众智慧的思想结晶，在人民概念的形成、集体与传统的界定、民族精神的提炼等基本问题上贡献卓著，对于现代民族国家的形成发挥了重要作用。1978年以来，民俗学的复兴进一步加快了民族国家话语体系的理论建构，在社会主义精神文明建设、和谐社会建设、非物质文化遗产保护、传统文化复兴、村落保护、乡村振兴等方面均有贡献。

《西夏文〈大宝积经·无量寿如来会〉对勘研究》

孙颖新（副研究员）

专著　355千字

社会科学文献出版社　2019年4月

该书以俄罗斯科学院东方文献研究所藏西夏文《大宝积经·无量寿如来会》为研究对象，对其全部存世编号进行了系统梳理。该书以西夏仁宗仁孝时期的校译本为研究底本，同时参校惠宗秉常时期的初译本进行了全文对勘和释读，通过对同一部佛经新旧两种译本的综合对勘，明确了西夏文献中通假现象的存在并对其进行系统研究。西夏文通假现象的发现，深化了对西夏语文学的认识，一来可以纠正此前对西夏文献的误读；二来可以为日后正确解读西夏文献提供一条重要的可行之径。

《宗教与哲学》（第八辑）

赵广明（研究员）主编

专著　388千字

社会科学文献出版社　2019年10月

该书汇集了国内有代表性的一批宗教哲学与宗教学研究方面的专家学者的最新研究成果，内容涵盖西方宗教哲学、宗教与哲学的关系、对中国哲学思想的宗教信仰考察、犹太思想、伊斯兰哲学、宗教学理论等诸多领域。

《自由、信仰与情感：从康德哲学到自由儒学》

赵广明（研究员）

专著　260千字

社会科学文献出版社　2019年5月

该书在回答康德哲学中关于自然的自然哲学和关于自由的道德哲学如何最终成为一个唯一的哲学体系的同时，提出还应领悟其中的辩证关系：这是一种基于自由的自然与自由的最终和谐一致。而这也是康德的道德哲学最终导向一种道德宗教和信仰的真正原因和意义之所在，也是康德批判哲学最为深刻之处。该书通过揭示个性自身如何内在、自然乃至必然地生发出普遍性这一基本哲学问题，借以澄显自由儒学的可能路径；在对自由情感思想阐发与运用的同时，使自由情感成为宗教哲学和自由儒学理解的基础。

《道家与道教思想简史》

王卡（研究员）

专著　160千字

中州古籍出版社　2019年1月

道家是中国古代重要的思想学派之一，产生于春秋战国时代。最初的"道家"，即先秦以老庄为代表的学派，或者指战国秦汉之际盛行的黄老之学，大抵黄老之学旨在治国养生，老庄之学则旨在树立士人的理想人格；魏晋玄学家继承了老庄思想；东汉以后兴起的神道教团"道教"，受古代神仙家及黄老道家影响，并吸收了中国原始宗教和民间信仰的部分内容。

道家与道教的人生观，有着追求生命自由快乐和健康永恒两个主题。该书勾勒出了从先秦道家到近现代约2000年的道家与道教思想通史，择要阐述了道家与道教的渊源关系、支系流派、道教神学观念与修炼等问题。

历史学部

中国历史研究院（院部）

《推动新时代中国史学繁荣发展》

高翔（研究员）

论文　3千字

《人民日报》2019年1月15日

该文指出，真正的历史研究从来不是冰冷的学术过程，而是充满情怀、抱负、灵感的科学探索。推动新时代中国史学繁荣发展，需要形成具有中国特色的学术话语、研究范式，推出体现中国思想、中国精神、中国风格的鸿篇巨制，需要认真贯彻"双百"方针，发扬学术民主，推动观念、内容、风格、流派切磋互鉴，营造出成果、出人才的良好氛围。

《中华民族伟大复兴的三大里程碑》

高翔（研究员）

论文　3千字

《人民日报》2019年1月22日

该文指出，建立中国共产党、成立中华人民共和国、推进改革开放和中国特色社会主义事业，是五四运动以来我国发生的三大历史性事件，是近代以来实现中华民族伟大复兴的三大里程碑。三大历史性事件、三大巍然屹立的里程碑，贯穿的一条鲜明主线就是实现中华民族伟大复兴，揭示的一个伟大真理就是中国化马克思主义是实现中华民族伟大复兴的科学指南，昭示的一个基本结论就是中国共产党领导是实现中华民族伟大复兴的根本政治保证。

《新中国70年史学繁荣发展的历程与思考》

中国历史研究院

论文　3千字

《光明日报》2019年9月9日

该文指出，新中国前17年的史学发展，充分体现了中国史学明道求真、以史经世的优良传统，是改革开放新时期中国史学发展繁荣的基础和出发点。随着党的十一届三中全会解放思想、实事求是思想路线的重新确立，新中国史学发展迎来了巨大机遇。新时期的中国历史学，与改革同行，与开放同步，在理论和实践的双重探索中，史学园地呈现出一派欣欣向荣的景象。党的十八大以来，针对史学研究领域存在的问题，党中央坚持以立为本、立破并举，坚决遏制历史虚无主义等错误思潮在史学研究领域造成的影响，从根本上扭转了史学研究领域出现的不良倾向，中国史学开始真正步入发展繁荣的黄金时代。

《古代丝绸之路的历史价值及对共建"一带一路"的启示》

李国强（研究员）

论文 3千字

《求是》2019年第1期

该文指出，古代丝绸之路是人类历史上文明交流、互鉴、共存的典范，具有重要的历史价值。文化的交流、交融和互动，与古代丝绸之路的发展相伴始终，丝绸之路在把多种文化、多种文明紧紧连接起来的同时，形成了别具一格的丝路文化和文明，对世界文明的发展和人类的进步作出了不朽贡献。虽然古代丝绸之路在不同历史时期有起有伏，但通过贯穿东西方的陆海通道，最终实现了人类文明史上商品物产大流通、科学技术大传播、多元文化大交融，这是不争的事实。古代丝绸之路的兴衰史，对于推进"一带一路"建设具有重要的启示作用。

《牢牢把握清史研究话语权》

周群（编审）

论文 3千字

《人民日报》2019年1月14日

该文指出，无论是从中华民族的历史记忆建构看，还是从清史研究的当代价值看，我们都必须高度重视清代历史、加强清史研究。当前，要科学研判清史研究状况，强化对清史研究的领导，牢牢把握清史研究话语权，让清史研究切实发挥以史鉴今、资政育人的功能，为中国特色社会主义事业发展提供历史经验和智慧。

《清史研究发展与趋势（2019）》

周群（编审）主编

论文集 425千字

社会科学文献出版社 2019年9月

该书集中反映了国内2019年清史研究的发展趋势，所收论文均为已发表的学术论文。这些论文意在论证清朝的"中国性"，证明中国自古以来就是一个大一统的多民族国家，批驳了以美国"新清史"为首的一系列错误观点。

《〈韩非子·初见秦〉篇作者考》

窦兆锐（编辑）

论文 18千字

《史学月刊》2019年第9期

今本《韩非子》首篇《初见秦》作者身份问题，是一桩重要学术公案。该文认为，《初见秦》文本语境大致对应于秦昭王五十年至五十六年，其历史语境与蔡泽入秦时间吻合，该篇内容及文本特点与蔡泽入秦目的及其相关史事、当时的秦国内外局势、秦国对外战略行动调整方向等均可形成对应关系。

《公元6世纪埃及本土文化的转变》

郭子林（研究员）

论文 15千字

《杭州师范大学学报（社会科学版）》2019年第2期

该文指出，从大约公元前2千纪末年开始，埃及不断受到外来人的征服和统治，古埃及人的本土文化受到外来文化影响，最终在公元6世纪发生根本转变。作者认为，这是在内外因共同作用下发生的，外来征服和统治以及伴随而来的异族文化是外因，内因是古埃及本土文化自身所具有的特点，根本原因则是埃及的生产力和生产技术落后于同时代的周围世界及其带来的联动反应。

考古研究所

《洛阳盆地中东部先秦时期遗址——1997—2007年区域系统调查报告》（4卷本）

中国社会科学院考古研究所 中澳美伊洛河流域联合考古队 编著

陈星灿（研究员） 许宏（研究员）

刘莉（教授）主编

陈国梁（副研究员）

李永强（助理研究员）执行主编

田野考古发掘报告 3890千字

科学出版社 2019年9月

该报告整理了中国社会科学院考古研究所与澳大利亚、美国等国的大学和研究机构联合组队，在1997年至2007年，对洛阳盆地中东部近1120平方公里范围，进行系统调查的资料。

资料编对调查发现的涵盖先秦时期各个阶段的456处遗址点进行了全面系统的介绍。研究编对调查资料显示的区域社会的聚落形态演变、人口与可耕地资源、植物资源的开发与利用、二里头时期石器制造中心石料的来源、早期国家的手工业生产方式、区域的土壤形态学等课题进行了系统探讨。

《秦帝国南缘的面相：以考古视角的审视》

刘瑞（研究员）

专著 1678千字

中国社会科学出版社 2019年1月

该书在对传世文献和60余年秦汉帝国南缘地区考古资料重新梳理的基础上，凭借地理信息系统，将各类考古资料置于变化的秦汉郡国进行研究，揭示出不同郡国、不同类型墓葬和遗物在不同时期的分布特点与传播区域；揭示出不同等级人士墓葬特征和随葬物不同。还探讨了各类墓葬和随葬品的分布、族属及墓主等级，以及同一郡国不同时期、不同郡国同一时期的发展差异、关系和原因。该书不仅揭示出了隐藏在零散文献与考古资料后面诸郡国波澜起伏的发展变化，而且还认为，在造成各地区各时期发展差异的诸原因中，来自中央王朝基于不同政治角度的考量和安排"居功至伟"。

《巴蜀符号集成》

严志斌（研究员） 洪梅（研究馆员）编著

专著 390千字

科学出版社、龙门书局 2019年7月

在四川、重庆地区的战国秦汉时期的器物上，常见一些图形符号，其形与常见的纹饰有异，又与汉字不同。这类符号，学界多将之称为巴蜀符号。该书全面收集整理了迄今所公开刊布的巴蜀符号的器物，及收藏机构展出的一些有巴蜀符号的器物，总数量有835件，另附录53件，共录图片2068幅。每件巴蜀符号器物以器类、时代、地点、尺寸、著录情况、收藏情况、符号内容七种项目加以编录。

《慈云祥光：赣州慈云寺塔发现北宋遗物》

中国社会科学院考古研究所　赣州市博物馆　编

王亚蓉（研究员）主编

专著　305千字

文物出版社　2019年8月

慈云寺塔，又名舍利塔，位于中国江西省赣州市章贡区厚德路东段赣州文庙旁，1957年被列为首批江西省文物保护单位，2006年作为赣州佛塔之一被列为第六批全国重点文物保护单位。该书分绘画和雕塑两部分。绘画有绢本和纸本两类，雕塑有泥、木、铜3类。内容与北宋时期赣州地区的民间信仰有关。

《山东高青陈庄遗址出土青铜器的保护修复》

中国社会科学院考古研究所　山东省文物考古研究院　编

研究报告　672千字

故宫出版社　2019年8月

2008年10月至2010年2月，山东省文物考古研究院对高青县陈庄遗址的贵族墓葬进行考古发掘，出土一批带有铭文、规格很高、具有重要意义的青铜器。然而这批青铜器大多破碎严重、腐蚀矿化问题凸显，急需保护修复处理。2011年至2016年，中国社会科学院考古研究所文化遗产保护研究中心承担了对该贵族墓葬出土青铜器的保护修复。保护修复工作分两批进行。2011年4月至2014年4月，首批保护修复高青陈庄遗址出土青铜器12件（套）。2015年11月至2016年5月，第二批保护修复的约有54件（套）。为了做好该批文物的保护修复工作，在保护修复工作前期对文物保存状况进行了系统的调查研究，包括X射线探伤、便携X射线能谱原位分析，采集样品进一步理化分析，梳理和记录青铜器的保存状况和病害情况等。在调查研究基础上确定保护修复方案并进行保护修复处理。在保护修复实施过程中，做好每一件文物的保护修复记录，使每一件文物的保护修复过程做到有案可查，努力形成科学、规范的保护工作流程。

《汉代海上丝绸之路考古与汉文化》

中国社会科学院考古研究所、广西壮族自治区文化和旅游厅、广西文物保护与考古研究所　编

白云翔（研究员）　谢日万（副研究馆员）主编　洪石（研究员）　林强（研究馆员）副主编

论文集　682千字

科学出版社　2019年8月

为响应"一带一路"倡议，弘扬"海丝"精神，促进汉代海上丝绸之路考古与汉文化研究的深入开展，推动海上丝绸之路联合申报世界文化遗产工作，由中国社会科学院考古研究所、广西壮族自治区文化和旅游厅、北海市人民政府、中国考古学会主办，广西文物保护与考古研究所、北海市合浦县人民政府、北海市文化新闻出版广电局、中国考古学会秦汉考古专业委员会承办的"汉代海上丝绸之路考古与汉文化国际学术研讨会"于2016年10月28—30日在广西壮族自治区北海市和合浦县举行。该书筛选参会学者论文中的31篇以及相关讲话、会议纪要结集出版，内容包括汉代海上丝绸之路的

研究、汉代聚落及墓葬的考古与研究、汉代考古与汉文化研究等方面。这些研究内容反映了当前关于汉代海上丝绸之路考古和汉代社会历史文化研究的新动向、新进展和新成果。

《三代考古（八）》

中国社会科学院考古研究所夏商周考古研究室　编

严志斌（研究员）执行主编

论文集　850千字

科学出版社　2019年10月

该书是中国社会科学院考古研究所夏商周考古研究室编辑的关于三代考古研究的论文集。文集包括聚落与文化、铜器与铭文、方法与技术、争鸣与评论四个板块，收录了该研究室在职研究人员和中外其他科研单位学者的论文35篇。

《二里头考古六十年》

中国社会科学院考古研究所　编著

许宏（研究员）　袁靖（研究员）主编

论文集　612千字

中国社会科学出版社　2019年10月

该书是关于二里头遗址田野考古与综合研究的集成之作。除了诸多重大考古发现外，二里头遗址还是迄今为止中国考古学界科技考古各"兵种"介入研究最多的。该书的成果综述涵盖众多学科合作研究的最新收获，内容涉及年代学、自然环境特征、人类体质特征、人类的多种生存活动以及生产行为特征等诸多方面。

《邺城北吴庄出土佛教造像》

中国社会科学院考古研究所　河北省文物研究所　编著

何利群（副研究员）　沈丽华（副研究员）主编

学术资料　488千字

科学出版社　2019年7月

2012年1月，邺城考古队在河北省临漳县习文乡北吴庄村北的漳河河滩内发现一处佛教造像埋藏坑，发掘出土各类造像残块近3000件，是发现该类遗物数量最多的一次。出土造像类型多样、造型精美，具有很高的文化价值、历史价值和艺术价值。自发掘之后，邺城考古队一直在持续进行出土造像的修复工作。该图录为北吴庄造像整理的阶段性成果，既为配合国家博物馆关于邺城造像的专题展览，同时也拟与外学界关心这批遗物的同行分享先期成果。

《呼伦贝尔民族文物考古大系·海拉尔区卷》

中国社会科学院考古研究所　中国社会科学院蒙古族源研究中心　内蒙古自治区文物局　内蒙古蒙古族源博物馆　北京大学考古文博学院　呼伦贝尔民族博物院　主编

刘国祥（研究员）白劲松（研究员）执行主编

学术资料　400千字

文物出版社　2018年12月

该书收录了海拉尔地区从史前到清代的具有代表性的珍贵文物资料，并首次刊发了谢尔塔拉墓地的最新考古发掘成果。该书的出版，对于研究中国东北边疆地区考古与历史文化具有重要价值，对于探寻蒙古族源具有较重要意义。

《河南洛阳市隋唐东都宫城核心区南部2010—2011年发掘简报》

韩建华（副研究员）等

发掘简报　15千字

《考古》2019年第1期

2005年，国家全面启动大遗址保护工程，隋唐洛阳城成为该项目的首选遗址之一。根据隋唐洛阳城国家遗址公园建设的要求，洛阳市制定并实施了保护隋唐洛阳城的"一区一轴"规划。"一区"即隋唐洛阳城宫城核心区，包括应天门、明堂、天堂、九州池等重要建筑遗址以及宫城城墙、城门遗址等。"一轴"即隋唐洛阳城中轴线，包括定鼎门、天街、天津桥、端门、龙光门以及南城墙等标志性建筑遗址。2008年，为配合隋唐洛阳城宫城核心区大遗址保护工程，中国社会科学院考古研究所洛阳唐城工作队与洛阳市文物考古研究院组成联合考古队，制定了科学的田野工作计划并依照实施考古发掘工作。根据工作需要，以唐代乾元门为界，将宫城核心区分为南、北两部分，北部是明堂、天堂遗址区，南部是应天门遗址区。应天门遗址区的遗迹主要有隋代永泰门及步廊、隋唐时期应天门等。

《云南师宗县大园子墓地发掘简报》

杨勇（研究员）等

发掘简报　20千字

《考古》2019年第2期

师宗县地处云南省东部，西北接陆良县，东北连罗平县，南邻红河州泸西县和文山州丘北县，东南与广西壮族自治区西林县隔江相望。境内山峦起伏，沟壑纵横，地质构造较为复杂，珠江上游——南盘江自西向东从县域东南部穿过。大园子墓地位于师宗县西北部的漾月街道新村社区，西北距县城约5公里。2014年，中国社会科学院考古研究所西南第二工作队在考古调查中发现该墓地，根据有关迹象和信息初步判断是一处战国秦汉时期与"西南夷"有关的土著青铜文化遗存。大园子墓地所在地区临近云南、贵州和广西三省区交界处，是西南夷考古的一个空白区域，因此学术价值十分重要。中国社会科学院考古研究所、云南省文物考古研究所、曲靖市文物管理所、师宗县文物管理所等单位合作，于2015年和2016年先后对大园子墓地进行了两次发掘，揭露面积共350平方米，清理墓葬402座，出土青铜器、玉石器等随葬品600余件（组），对墓地的年代、性质、文化特征及堆积过程等都有了了解和认识。

《周原遗址青铜轮牙马车与东西文化交流》

王鹏（副研究员）

论文　11千字

《考古》2019年第2期

2014年，由陕西省考古研究院、北京大学考古文博学院、中国社会科学院考古研究所组成的周原考古队于贺家村1976年甲组基址之南，发现了一辆罕见的装配有青铜轮牙的马车。虽然西周时期木质轮辋外包青铜构件的实例在之前，如辛村卫国墓地、张家坡墓地、上村岭虢国墓地、贺家村西窖藏等就屡有发现，但所出青铜构件均为"轮牙束"，并非完全包裹轮辋，故此周原青铜轮牙马车甫一发现，便被冠称为"西周第一豪车"。然而，豪华则豪华矣，却不能将之称为先进。这是因为，形制几乎完全相同的青铜轮牙，早在西周之前1000年左右就已经在西亚和中亚地区存在。该文的讨论将说明，周原青铜轮牙马车的根源在西亚、中亚地区，其在东亚的出现，是以欧亚草原为媒介的东西文化交流的结果。

《河南安阳市殷墟遗址豫北纱厂地点2011—2014年发掘简报》

牛世山（研究员）

发掘简报　19千字

《考古》2019年第3期

　　安阳市豫北纱厂一带是殷墟东北部的重要区域。2011—2014年，为配合豫北纱厂棚户区改造（一期）工程，中国社会科学院考古研究所安阳工作队在纱厂西南部的老居民区拆迁区域及其东南部进行了发掘。以先期考古钻探为依据，前后三次布方发掘。用罗盘布方，2011年在中北部布10米×10米的探方24个，2012年在中北部布10米×10米的探方4个；用RTK测量仪布方，2013年在前两次发掘区的以南区域布10米×10米的探方6个，2014年在东南部布14米×12米的探方1个。所有探方实际发掘面积共计2525.5平方米。本工作地点的代码为AS，考古发掘的正式单位编号为发掘年份+工作地点代码+单位小号。2011—2014年的跨年度考古工作发掘了很多遗迹，共清理房址3座、灰坑129个、墓葬109座和沟1条，所有遗迹均统一编号。遗存大多属于殷墟时期，还有部分战国墓葬以及少量宋墓、明墓。

《成都平原先秦时期的墓葬、文化与社会》

施劲松（研究员）

论文　20千字

《考古》2019年第4期

　　该文以成都平原及邻近地区的先秦时期墓葬为考察对象，即因为该区域的先秦墓葬数量众多、内涵丰富，尤其是青铜时代晚期的遗存主要即为墓葬，各时期的墓葬反映了成都平原从新石器时代到青铜时代文化和社会的特征。时代限于先秦，是因为从距今4000多年到秦统一，这个区域的墓葬地域特色鲜明，公元前316年蜀虽为秦所灭，但成都平原的葬俗未立即改变，区域性的文化和社会经过渐变，于秦汉王朝建立后才基本融入统一的王朝中。

　　学术界对成都平原先秦时期的墓葬有丰富的研究成果，或是专论重要墓葬，或是就墓葬的时代、分期、类型、文化面貌等进行综合研究。也有研究由一个时段或特定的墓葬去探讨文化与社会。该文试图由墓葬对先秦时期成都平原文化和社会的特征、演进与变革进行长时段考察。

《新疆鄯善县吐峪沟西区中部回鹘佛寺发掘简报》

夏立栋（助理研究员）　李裕群（研究员）

王龙（馆员）

张海龙（研究员）等

发掘简报　17千字

《考古》2019年第4期

　　高昌为丝绸之路西域北道的重要佛教据点，是西域佛教与中原内地佛教交汇、融合的关键地带。新疆维吾尔自治区鄯善县吐峪沟石窟是高昌时期营建规模最大、洞窟数量最多、洞窟类型最齐全、沿用时间最长、重修改建遗迹丰富的佛教石窟寺遗址。吐峪沟石窟位于鄯善县吐峪沟乡吐峪沟麻扎村，地理坐标为东经89°33′16″、北纬42°51′10″。石窟所在的吐峪沟峡谷地处火焰山山脉东段，洞窟开凿于峡谷南端的沟口地带，以吐峪沟水为界分为沟东、沟西两区。沟东区包括南部、北部洞窟群，沟西区包括北部洞窟、中部高台与回鹘佛寺、南部洞窟群。

为配合国家丝绸之路申遗和吐峪沟崖体加固工程，经国家文物局批准，从2010年开始，中国社会科学院考古研究所边疆民族考古研究室和吐鲁番学研究院等组成考古队对吐峪沟遗址进行了持续多年的考古发掘。2016年4—6月，考古队对沟西区中部回鹘佛寺遗址进行了考古发掘。此次发掘共清理佛堂1座、僧房1座、储藏设施1处。其中，佛堂主室的门道两侧和四壁保留了大幅壁画，布局与题材较为独特，其上贴附较多金箔。出土的遗物包括壁画残块、泥塑残块、陶瓷生活器具、木质建筑构件、纺织品、写经残片等。

《辽上京规制和北宋东京模式》

董新林（研究员）

论文　25千字

《考古》2019年第5期

唐朝灭亡后，中国古代帝都不再像以前，主要局限于中原地区（以洛阳为代表）和关中地区（以长安为代表）的东西分立，而是开始出现了南北摆动的新阶段。这种变化与唐帝国以后，契丹、女真、蒙古、满族等北方民族建立的帝国，与汉族集团不断争战、共存、融合，逐渐建立胡汉一体的中央集权国家密切相关。契丹辽帝国统一北方地区，开启中华帝国的新纪元。其后北方民族集团不断南下，金帝国挺进中原，元帝国统一中华，最后清帝国在元明二朝的基础上，奠定现今多元一体中华民族国家的版图。

就中国都城的规划和平面布局而言，在唐朝以后也出现了重要的新变化。综合文献和考古发掘资料可知，北中国的辽上京城和南中国的北宋东京城，从城市规划设计理念和平面形制布局等方面考察，各成系统，均对后世都城的营建产生了重要影响。该文尝试从考古材料出发，结合相关文献对辽上京城和北宋东京城的规划和平面形制布局进行初步研究，进而对"辽上京规制"和"北宋东京模式"及其影响作些探讨，求教于方家。

《唐大明宫"三朝五门"布局的考古学观察》

何岁利（副研究员）

论文　15千字

《考古》2019年第5期

"三朝五门"制度来自周礼，是中国古代都城宫室规划的重要内容，历朝对此都有不同程度的诠释。大明宫"三朝五门"布局则是唐代对这一制度遵从并比附到宫城规划空间上的一种体现，为理解唐代大明宫政治空间格局以及宫城形制布局提供了一种考察视角。目前，历史学界对唐长安太极宫、大明宫三朝制度及其与周礼古制之间的关系，已经有较系统的论述。但需要指出的是，对于考古资料所反映出的"三朝五门"布局似乎并没有引起学界充分的注意与重视。大明宫考古所获得的一些宫城形制布局方面的资料,是唐代对于周礼"三朝五门"制度的最直接的认识与体现。既往的研究中,虽有学者注意到了相关考古资料的运用,但涉及不多,所关注的相关考古资料也过于陈旧。运用大量最新考古发现与研究成果分析、探讨唐大明宫"三朝五门"空间布局显得更为重要。中国社会科学院考古研究所自20世纪50年代末起,就对唐长安大明宫开始进行系统的考古勘探、发掘与研究。在半个多世纪以来的宫城考古中,大明宫遗址成果最为丰富,资料涉及大明宫宫墙、宫门、宫殿、池苑、道路、水系等。近些年,大明宫"南五门"中丹凤门、建福门、望仙门、兴安门遗址的考古发掘,含元殿、宣政殿、紫宸殿遗址的考古新成果,含元殿遗址以南唐代水渠的考古新发现等,所获新资料均与大明宫南部朝政区形制布局密切相关,也是大明宫"三朝五门"空间布局考古研究的重要资料。

《论殷墟手工业布局及其源流》

何毓灵(研究员)

论文 12千字

《考古》2019年第6期

把殷墟手工业作为一个产业系统,与殷墟时期的政治、经济和文化结合起来,从而探明殷墟手工业生产的时空布局、形成原因、管理模式、布局源流等问题,对于殷墟手工业研究来说已迫在眉睫。该文重点就殷墟手工业布局、源流及其原因谈点认识。

《山东临淄山王村汉墓陪葬坑的几个问题》

徐龙国(研究员)

论文 10千字

《考古》2019年第9期

该文讨论了陪葬坑的布局、年代、特点几个问题,从陪葬坑的数量、出土陶俑与建筑模型的组合分析,认为山王村陪葬坑的年代可早至西汉中期以前,性质为诸侯王墓陪葬坑,墓主为"七国之乱"以后的三位齐王之一,最可能是齐懿王刘寿。车马出行俑是帝陵、诸侯王陵、列侯及高级官员墓不可或缺的内容。山王村陪葬坑中所谓的"兵马俑",并非秦汉帝陵、汉初诸侯王陵、列侯及高级官员墓中具有军阵性质的兵马俑,而是"七国之乱"以后,体现齐王身份以及保卫其家庭安全的武装力量。山王村陪葬坑是立体的画像,虽然它所展示的一些画面早已有之,但把各种题材集于一坑,尤其以车马人物俑、成组的建筑模型以及陶塑动物作为表现元素,共同组成一幅贵族生活场景,这在汉代墓葬中还是首次发现。山王村陪葬坑的年代处于壁画墓及画像石墓早、晚发展阶段的中间环节,可视为西汉晚期以后壁画及画像石的早期来源之一。

《河北阳原县西白马营旧石器时代遗址2015年试掘简报》

周振宇(副研究员)等

发掘简报 10千字

《考古》2019年第10期

西白马营遗址地处泥河湾盆地中部,位于河北省张家口市阳原县东约8公里,南距桑干河5公里,在白马营村南约300米的南沟东岸。地理坐标为东经114°14′28″、北纬40°07′25.58″。该遗址于1985年被发现，当年即由河北省文物研究所组织进行试掘，并于1986年进行了正式发掘，两次发掘面积共76平方米，获取石制品1546件、骨片315件，以及大量脊椎动物化石。受当时发掘技术和研究手段所限，文化遗物埋藏状况等大量的遗址现场信息缺失，对遗址年代的认识并不精确。2015年4—7月，中国社会科学院考古研究所联合河北省文物研究所、阳原县文管所，对该遗址再次进行小规模试掘，试掘面积为9平方米。发掘区的文化层连续分布，厚1.05米；出土各类文化遗物2000余件，包括石制品、骨制品、动物化石（鸵鸟蛋皮碎片）等。

《甘肃玉门火烧沟遗址2005年发掘简报》

毛瑞林（研究员）等

发掘简报　10千字

《文物》2019年第3期

　　火烧沟遗址位于甘肃省玉门市清泉乡火烧沟村东清泉中学旧址及其西侧和南侧，两距清泉乡政府驻地2.5公里，312国道从遗址中穿过。遗址整体呈西高东低的缓坡状，南部为兰新高铁客运专线和兰新铁路，两侧为火烧沟。地理坐标为北纬39°56′18″，东经97°42′01″，海拔1774米。甘肃省文物考古研究所曾于1976年和1990年对遗址进行发掘。2005年，为配合安嘉高速公路建设，对此遗址进行了第三次发掘。此次发掘面积共计2120平方米，发现各类遗迹共计385个，有墓葬、沟渠和灰坑等。在发掘区的西部，发现骟马文化的灰坑打破了四坝文化的墓葬。

《试析西周早期社会青铜工业生产机制——以湖北随州叶家山墓地出土铜器为中心》

郁永彬（副研究员）等

论文　11千字

《文物》2019年第5期

　　西周青铜工业生产一直是学界关注的重要问题，其是王室集中管理，还是诸侯国独立运作，学界对此争论不已。实际上，青铜器的铸造涉及矿石开采、冶炼、贸易活动、交通运输等诸多方面，对其矿料来源进行研究，能反映冶金技术的起源及当时社会政治、文化、方国地理、经济贸易、交通运输及生产组织、社会结构等多方面、深层次的问题。在社会生产力较低的情况下，青铜器规模化生产需要耗费大量的人力和物力，其对应的青铜工业生产组织则是西周社会架构及政治、经济和文化面貌的直接反映。该文拟以湖北随州叶家山墓地出土铜器为中心，从青铜器纹饰风格、合金类型与原料利用等方面，结合相关田野考古新发现与研究新结果，对西周早期青铜工业生产机制作进一步讨论，以期深入认识西周社会金属物料流通暨青铜工业生产组织架构。

古代史研究所

《习近平新时代治国理政的历史观》

卜宪群（研究员）主编

专著　320千字

中国社会科学出版社　2019年3月

　　该书是一部反映习近平同志如何汲取治国理政的历史智慧，开辟新时代中国特色社会主义伟大建设新征程的研究性专著。

习近平新时代中国特色社会主义思想具有丰富的思想内涵，科学的内在逻辑，鲜明的时代特色，充满着辩证唯物主义和历史唯物主义精神，是建立在科学理论基础上的历史观。全书以习近平治国理政的历史观为研究对象，试图从长时段、多层面、多角度揭示习近平新时代治国理政的历史思考，梳理其框架结构，归纳其理论特色，分析其具体内涵，探讨其内在脉络，总结其核心要义，为广大党员干部、理论工作者及全社会学习研究习近平新时代中国特色社会主义思想提供参考。

《清初程朱理学研究》

朱昌荣（研究员）

专著　560千字

中国社会科学出版社　2019年5月

清初程朱理学是清史研究中的重大命题。该书动态考察了清初程朱理学的历史演变，多方位展现了清初程朱理学的诸多面向，就晚明思想领域新变动与清入关前政权儒学化、清初程朱理学源流、"复兴"的原因和标志、在清初社会建设中的重要作用，以及雍、乾之际程朱理学趋势等进行了系统阐述。该书遵循学术思想史与社会史结合的视角，立足"政治学说"的角度，着力从清初程朱理学人物的言与行、理论与实践、程朱理学与清初社会重建的关系做了深入考察，对清初程朱理学的历史地位作出了有别于以往研究的新审视。

《两周时期诸侯国婚姻关系研究》

刘丽（助理研究员）

专著　390千字

上海古籍出版社　2019年3月

该书综合利用传世文献与出土材料，探析两周时期各主要诸侯国之间的联姻情况及其婚姻关系特点，进而发掘婚姻关系背后的政治运作机制，并借此观察两周盛衰的历史轨迹。主要贡献如下。其一，充分利用新出金文资料，揭示了以往因材料所限而研究从未涉及过的一些史实。其二，加强了对学界关注较少的西周时段婚姻关系的研究，从而使研究建立了更宽广的时空构架，也使研究的结论更为贴切与坚实。其三，在详细分析列国之间联姻关系基础上，对其所反映出来的特点及原因进行了深入剖析，提出了一些新的看法。其四，对列国间婚姻铭文中存有争议的部分进行了重新审视，并举出了更有说服力的例证。其五，在细致梳理与考释相关金文资料、厘清两周列国婚制大势的基础上，从宏观角度深刻解析了联姻与两周政治形势变化的关系。

《汉魏六朝隋碑志索引》

刘琴丽（副研究员）编著

专著　3158千字

中国社会科学出版社　2019年12月

该书主要对汉至隋代的碑志作篇目索引。每一方碑志的索引条目，除简介外，原则上按照图版、录文、碑目题跋著录和相关研究论文、备考五个部分编撰而成。较以往的石刻索引著作而言，体例上有较大突破。征引文献以《石刻史料新编》（全四辑）为大宗，并尽量含括未收入该丛书的其他古代和近现代金石著作以及总集、别集和方志中收录的碑志，拓宽了征引文献的范围。伪刻

（含疑伪）碑志也按照同样的体例编撰，并将"伪刻""疑伪"观点标注在具体的征引文献条目下，以使各家观点更加醒目。

《清代中朝边界史探研：结合实地踏查的研究》

李花子（研究员）

专著　350千字

中山大学出版社　2019年6月

　　该书共分四编。第一编：康熙五十一年（1712）穆克登定界研究；第二编：中朝边界史的若干疑点探研；第三编："间岛问题"研究；第四编：长白山踏查记。该书结合文献研究和实地考察，力求解决清代中朝边界史的疑点、难点问题，包括：穆克登碑址的位置，穆克登立碑的性质，黑石沟土石堆的分布、长度及是否与松花江上游相连，哪一个是图们江正源，光绪勘界失败的原因及责任方，"十字碑"是否竖立，中日"间岛问题"谈判时双方利益交换的详细内幕，日本如何认识"间岛"领土权的归属及认识途径，日本界定"间岛"地理范围与抛弃二江说的关系，等等。这些疑点、难点问题的解决，有助于提高中朝边界史的研究水平，做到正本清源，纠正日韩学者错误的疆域观。

《隋书（点校修订本）》

吴玉贵（研究员）　孟彦弘（研究员）修订

古籍整理　1360千字

中华书局　2019年1月

　　20世纪50年代，国家开始组织专家学者对廿四史进行点校整理。出版以后，广受学界信赖，几乎成为"标准本"。作为廿四史之一，《隋书》是记载隋朝历史和南北朝后期以来的典章制度最重要、最基本的史籍。此次是对原点校本的全面修订，严格遵守有底本校勘的原则，校勘记由原来的803条，增加至2388条；其中删去旧校80余条，新增1660余条，弥补了特殊年代校勘工作"不主一本""择善而从"带来的缺憾。充分吸收了近半个世纪以来学术研究的新成果，并发挥近年文献数据化渐为成熟的优势，使之成为新时代的"升级版"，为学术研究提供了文本可靠、方便得用的版本。校勘中对"史源"的重视、强化和探索，亦有助于推动历史文献整理和研究水平的提高。

《垒壁与交集：中古士族研究的历史人类学借鉴》

陈爽（研究员）

论文　10千字

《史学月刊》2019年第3期

　　断代史和专题史研究关注问题的角度不同，研究范式及史料环境的不同，造成了中古士族研究中的"学术垒壁"，即所谓士族史断代研究中的"宗族失范"和宗族史专题史研究中的"士族缺位"。欲突破研究瓶颈，需引入历史人类学的观察视角，借用历史人类学成熟的研究范式，对中古时期有关士族的诸多"典型史料"进行重新解读，并借此对传统士族理论重新反思，从耳熟能详的"旧史料"中提炼出一些新的研究线索。

《元明善〈寿国董忠烈公传〉考——兼论董文用对元朝〈太祖实录〉纂修的影响》

罗玮（助理研究员）

论文　15千字

《中国史研究》2019年第3期

董俊是元代藁城董氏家族兴起的第一代。该文的研究对象即元明善所撰《寿国董忠烈公传》这样一篇直到清代才为人所知的董俊传记。该文献最主要的特点是元明善对自己在《藁城董氏家传》中董俊事迹的书写进行了偏离历史事实的较大改易，以致部分叙事顺序也颠倒重组。而改写原因是元明善参阅了翰林国史院典藏史籍资料中的不同记载，其中包含《太祖实录》中有关董俊的事迹。通过研究可以发现董俊三子董文用为彰显其父功德，对翰林国史院的纂修工作施加了影响，形成了《太祖实录》中对董俊的记载，进而留存到《元史·太祖纪》中。至此，元朝实录纂修中这一隐秘不彰的事实被揭示出来。

《中国古代的"天下秩序"与"差序疆域"》

赵现海（研究员）

论文　15千字

《江海学刊》2019年第3期

该文认为，古代中国为管理广阔的疆域，对广阔疆域实行差序治理，在直接控制区施行郡县制度，在无法直接控制的边疆地区实行羁縻制度，而在更为遥远的异国实行藩属制度，于是形成直接控制区—羁縻区—藩属区的层级结构，从而形成与现代民族国家"单一性""均质化"疆界不同的"差序疆域"观念。正是在不断的边疆内地化浪潮中，中华文明多元一体的历史格局逐渐形成。差序疆域所具有的弹性空间与灵活方式，也为解决当前现代民族国家普遍存在的族群冲突、宗教对立等各种现实问题，提供了有益的历史启示与解决思路，是未来值得借鉴与挖掘的政治管理模式。

《"亮阴"考论》

郑任钊（研究员）

论文　8千字

《文史》2019年第2期

"亮阴"一词，自古争论不断，后世"亮阴"一词基本上成了帝王守丧的代名词，人们大体都认同"亮阴"与"三年之丧"有关。该文梳理了历史上对"亮阴"的两个主要解释方向及其发展，认为"亮阴"与"三年之丧"无必然联系，"三年之丧"亦非殷周现实存在的制度，而是早期儒家极力推行的丧制，并据汉代扬雄《方言》，考证"亮阴"原意当为"啼极无声"。

《中越文化视域下的〈竹林大士出山图〉》

刘中玉（副研究员）

论文　30千字

《艺术史研究》第22辑　中山大学出版社2019年12月

《竹林大士出山图》是古代中越文化交流的重要文献，该文在14—15世纪明越战争和中越人文互动的视域下，对《竹林大士出山图》的创作年代、作者身份、创作动机、政治隐喻等问题从中越文化交流的视域进一步深入探讨。该文认为，《竹林大士出山图》应为明初交趾人绘制的作品，陈鉴如名款的添加当在余鼎等人题跋之后、项元汴入藏之前；它之所以会在明朝与越南关系激烈震荡的关键时期出现，并不是一种偶然，而是与明朝以归化为主导的治交政策和陈光祉的政治期待直接相关，即在归国无望的现实情境下，陈光祉希冀通过《竹林大士出山图》来表达其对故国文化不泯的深沉心志和对明廷以仁治交的殷殷期盼。

《清代旗人官修家谱档案述论》

邱源媛（研究员）

论文　25千字

《中华文史论丛》2019年第3期

有清一代，清廷出于选官、继承以及掌控旗人人口的需要，曾经采用官修方式编撰旗人家谱，大规模介入并统一管理旗人家族人口档案。这种官修家谱体制自清初即开始实施，经过雍正、乾隆时期的发展和完善，一直持续至宣统末年，产生了数量庞大、保存完整的旗人家谱档案，内容涉及整个八旗体制下的各类旗人群体。旗人家谱与八旗世爵世职制和八旗户籍管理制度紧密相关，可分为承袭册型家谱与户籍册型家谱两类，二者虽形式有异，在功能上却有内在相关性。这批家谱在呈报、编纂、审核和保管等具体环节中，渗透了清王朝对八旗特定人群的强烈干预与严格控制，是判断旗人身份以及诸多制度实施的重要法律依据，其内容、性质、功用与同一时期民间"家自为说、人自为说"的私撰家谱迥然有别。目前学界对这批卷帙浩繁、内容丰富的旗人家谱档案缺乏系统的认识，在先行研究中，对其文本性质尚无明确界定。该文试图通过对旗人家谱档案的文书形态、法律效用和官修性质的分析和梳理，将相关研究引入更为开阔的视野和空间。

《论所谓"人民不愿作战"——蜀汉亡国原因探讨之二》

李万生（研究员）

论文　25千字

《清华大学学报（哲学社会科学版）》2019年第6期

著名史家王仲荦在其1961年出版的《魏晋南北朝隋初唐史》中得出了蜀汉的灭亡是由于它的"人民不愿作战"的结论。该结论又为王氏1979年出版的《魏晋南北朝史》所承袭，并从1982年开始被学界所公开接受，此后逐渐支配了中外学界，似乎有成为定论的趋势。可是，该结论实际不能成立，因为它的基础来自王氏对非常根本的史料的误读。该文认为，蜀汉的灭亡，只有一个原因，即战略错误，亦即它没有在自以为安全的地方即阴平桥头以西以南的险要之地——阴平桥头与江由之间的险要之地——布防。如果没有这个原因，邓艾的军队不能到达益州平原（今成都平原），蜀汉就不会灭亡。

《商周更替之际的微子与宋国》

徐义华（研究员）

论文　15千字

《南方文物》2019年第3期

商末周初微子与宋国的史事，可以武王克商和周公东征为节点分为三个阶段。商代末年，帝辛采取加强王权的策略，危害到上层贵族的利益，微子与商王朝的内、外服重臣结成反对纣王的团体，并借助周人力量制衡纣王；武王克商后，封微子于宋，同时保留武庚于殷，微子在三监之乱中保持了中立；周公东征之后，宋取得了完整的祭祀权和大量殷遗人口，成为商王朝的承袭者和象征。

《〈封许之命〉与西周外服体系》

邵蓓（编审）

论文　22千字

《历史研究》2019年第2期

该文认为，西周的外服由外服邦国、内服王官的采邑、身份尚难确定的卫官及属地构成。外服邦国君长包括诸侯（侯、田、男）和邦君（公、伯、子）。西周外服并不存在文献所称的诸侯五等爵制，不过外服君长之间存在一定的礼仪位次，这种礼仪位次在春秋成为诸侯会盟交往排定位次的重要参考，经由史家记录下来，成为战国学者整合五等爵制的重要依据。

近代史研究所

《中国抗日战争史》（全八卷）

步平（研究员）王建朗（研究员）主编

专著　4930千字

社会科学文献出版社　2019年11月

该书是一部大型抗日战争通史著作，全面展示了抗日战争的全过程。全书分为8个专题，即局部抗战、战时军事、战时政治、战时军队、战时外交、战时经济与社会、伪政权与沦陷区以及战后处置与战争遗留问题。该书从中华民族的角度考察抗日战争，强调抗日战争对中华民族的民族认同感、中国国际地位的提高、中华民族的伟大复兴具有深远影响和巨大意义，是"中华民族伟大复兴的枢纽"；突破了以往在研究过程中将抗日战争历史作为单纯的战争历史来研究的局限，而将其作为中国近代史中重要的历史阶段来把握，将中国的抗日战争放在世界的大环境和战后的长时段中进行考察，从而使读者对抗战有更全面的了解、更深入的认识和更准确的把握。

《张海鹏论近代中国历史》

张海鹏（研究员）

专著　663千字

人民教育出版社　2019年12月

该书汇集了张海鹏先生数十年来研究中国近代史若干重要问题的精品文章。绝大部分文章在《历史研究》《近代史研究》等学术期刊，以及《人民日报》《光明日报》等报纸上发表过。全书分成七个专题：（1）世变之亟——近代中国之沉沦；（2）凤凰涅槃——近代中国的上升之路；（3）复兴伟人——孙中山与毛泽东；（4）掩卷长思——近代中国历史的理论探究；（5）一个中国——关于台湾问题的历史与现实；（6）以史为鉴——对中日关系的历史考察；（7）书生议政——对若干热点问题的思考。

《胡适研究十论》

耿云志（研究员）

专著　289千字

复旦大学出版社　2019年8月

该书精选作者有关胡适研究的论文10篇，第一篇概括介绍了胡适一生的五个阶段。第二篇到第四篇叙述了胡适作为新文化运动的主要领袖所发挥的无可替代的作用。第五篇介绍了胡适有关中国近代文化转型的几个重要观点，揭示并阐发了胡适关于人类文化同一性的理论、关于中国文化的本位就是千千万万的人民大众的思想以及他对传统文化的态度等。第六篇从总体上对胡适一生介入政治的过程及其中若干关键节点作出了概括而有深度的叙述与解析。第七篇至第十篇介绍了胡适与四位朋友的关系，从思想、学术、文化、教育以及政治态度等多方面揭示他们之间同中有异、异中有同，时而互相支持、扶助，时而互相争论，但却始终保持着友谊关系的复杂情形。这是人物比较研究的一种新的尝试。

《清代汉学家族研究》

罗检秋（研究员）

专著　500千字

中华书局　2019年9月

该书以二十多个汉学家族为基本素材，围绕清代汉学的家学传衍、家法内涵、学术方法、汉宋关系和学术精神等问题进行了深入的梳理、考辨。作者不仅阅览了清代学者的大量经史论著、文集和传记资料，而且收集、使用了以往研究者忽略的汉学家书札和族谱资料。

《蒋介石的战略布局（1939—1941）》

邓野（研究员）

专著　400千字

社会科学文献出版社　2019年8月

1940年12月18日，希特勒秘密签署进攻苏联的《巴巴罗萨计划》，当包括斯大林、罗斯福、丘吉尔等在内的各大国领袖还被蒙在鼓里的时候，蒋介石却早早地判断德国将进攻苏联，时间是1940年10月21日，也就是说，还在希特勒具体签署这项攻苏计划的将近两个月之前，蒋已经提出这一可能，这是一个相当超前的战略预见，在接下来的时间里，蒋介石透过分析国际局势的不断变化，一步步印证纳粹德国攻苏时间，甚至在1941年6月21日作出结论："余断定德必于日内攻俄。"而这"日内"的判断，恰好是德国进攻苏联的前一天。蒋并不仅仅是一个旁观者，作为一个身陷战争泥潭的弱国领袖，蒋介石首先想到的是如何利用国际变局将日本赶出中国，从这个层面上讲，蒋介石还是一个积极的游说者。出于对苏联的本能敌视，蒋曾先后向英美献"上策"，从旁煽动德国进攻苏联，其间充满着无奈和悲凉。

《中华民国史研究（第3辑）：在日记中找寻历史》

罗敏（研究员）主编

专著　437千字

社会科学文献出版社　2019年8月

该书为中国社会科学院近代史研究所与台湾政治大学历史系联合主办的两岸学术会议的成果选辑。该书的文章分别从政要、军人、文人的日记及文献中讨论了蒋介石打天下、争天下过程中的政治、军事斗争以及蒋介石与政敌、部属的互动。各位作者发挥自文献证史、以日记比日记勘史的功力，深化了民国史与蒋介石个人历史的研究。

世界历史研究所

《乌兹别克案：苏联后期反腐运动评析》

侯艾君（研究员）

论文　12千字

《安徽史学》2019年第1期

"乌兹别克案"是苏联后期（从1982年勃列日涅夫去世之后）发起的反腐运动的重要部分。由于从戈尔巴乔夫改革到苏联解体的进程太过迅速，因此"乌兹别克案"的意义并未得到学界应有重视。"乌兹别克案"是苏联解体进程中的重要环节。"乌兹别克案"引发苏联国内政治格局的重大变化，与当时蔓延中亚—高加索地区的民族冲突和族群政治进程紧密相关；考虑到其对于中亚—高加索地区的政治精英和普通大众的广泛影响，反腐及其扩大化导致民众恐慌，反腐败的逻辑与计划体制产生矛盾，因而"乌兹别克案"客观上成为苏联走向市场经济的社会基础。"乌兹别克案"也是乌兹别克斯坦意识形态建设的重要起点。

《〈杰伊条约〉与美国建国初期的英美关系》

金海（研究员）

论文　18千字

《世界历史》2019年第1期

美国的独立使英美关系发生了质的变化，从原先的宗主国与殖民地关系变成了两个独立国家之间的关系，如何规划这种新关系成了英美两国政府必须面对的问题。两国关系面临着三个突出问题：其一，美国能否接受英国构建的国际秩序和规则；其二，美国将与英国建立什么样的商业关系；其三，英国控制下的美国西北边界哨所的归属问题。英国政府的目标是希望新成立的美国做英国主导的国际均势格局的维护者，而非破坏者。美国政府的利益诉求是确保这个新成立的国家作为国际社会的一个平等成员为各国所接纳，在保持独立行动自由的同时尽可能多地保留殖民地时期它在英帝国内享有的各种特权，以确保其发展空间。围绕上述问题，双方进行了半年的谈判，并最终于1794年签署了《杰伊条约》。该条约构筑了未来英美关系的发展框架，成为双方关系逐步改善乃至发展成为盟友的重要基础。

《日本明治维新史编撰与叙述中的史观问题》

李文明（副研究员）

论文　17千字

《史学理论研究》2019年第1期

史观对历史的编撰与叙述影响深刻。明治时期出现的王政复古史观、萨长史观主导了1945年以前日本的官方历史编撰，勤王旧藩史观影响了日本地方史志的编撰。萨长史观与勤王旧藩史观都是由王政复古史观分化而来，在这些史观影响下的历史编撰有着浓重的倾向性。近年，日本又出现了一些同情幕府的"幕府史观"，这类史观也是需要加以辨析的。1945年以后的日本史学界，唯物史观史学、实证主义史学在明治维新史研究上取得很大进展，一定程度上纠正了1945年以前王政复古史观、萨长史观对历史编撰的影响。

《谁是近代化学之父——化学革命的三种叙事》

李文靖（助理研究员）

论文　21千字

《中国科技史杂志》2019年第1期

传统科学史对近代化学革命的描述为拉瓦锡推翻燃素论、重建基础物质体系并引导化学走上数学化的道路，然而自20世纪80年代以来兴起的新化学史学则将一批过去默默无闻的化学家引入人们的视域，关注其对于"化合""化合物"等概念的贡献，寻找化学作为一门分支学科不依赖于自然哲学而独立发展的历史线索。对于新、旧两种编史学纲领进行评述与分析，提出一种新的编史方法——从早期化学家的基本诉求和关键难题入手，追溯与分析"火"这一特定概念在早期化学思想中的意义变迁与角色作用。

《中国世界史研究70年回顾与前瞻》

汪朝光（研究员）

论文 23千字

《社会科学战线》2019年第9期

自1949年中华人民共和国成立，中国的世界史研究已经走过了70年的路程。该文抚今追昔，就70年来的世界史研究概况及其发展特点、学术成就和短板不足，进行大要的总结评论，并对世界史研究的发展趋向、学科定位、研究论题等进行必要的展望，以利于世界史研究的继续深入和进步。

《古典时代西西里文明边疆形象的二重性及其历史源流》

吕厚量（副研究员）

论文 21千字

《古代文明》2019年第3期

在希罗多德、修昔底德等古典盛期史家笔下，居民成分驳杂、文化水平低下、政治立场可疑的西西里构成了希腊世界边缘的一处蛮荒边疆。狄奥多鲁斯的史著则为我们保留了希腊文明西部边疆西西里作为希腊世界的军事屏障、文化艺术的活跃舞台和道德卓越的世外桃源的正面形象。西西里边疆的正面形象并非仅仅来自提迈乌斯等希腊化时代西西里本地史家的杜撰。盖伦、希耶罗等西西里僭主与品达、埃斯库罗斯等古典早期希腊本土作家均积极参与了这一意识形态构建活动。西西里文明边疆正面形象在古典盛期的急剧衰落反映了古典时期雅典知识精英政治立场与蛮族观念的深刻变迁。

《试论中古晚期西欧丧葬仪式的内涵》

王超华（副研究员）

论文 10千字

《世界宗教文化》2019年第4期

在中古晚期的西欧，丧葬仪式是一项持续时间长、参与者众多、内容丰富的活动。按照人类学的理论，中古晚期西欧丧葬仪式至少有三项基本内涵：首先，从准备死亡到纪念诸阶段是死者完成人生"过渡"的漫长过程，体现了基督教所信仰的生死观；其次，通过游行、施舍和制造象征符号，丧葬仪式既彰显出社会上层的经济和政治权力，也为权力交接提供了机会；最后，丧葬仪式还是共同体度过"危机"的保证，也是共同体成员进行身份认同的最佳时间。认清上述内涵，可以加深我们对中古西欧社会的理解，也可以为中古西欧社会史和文化史研究提供一些线索。

《论帝俄晚期的西伯利亚开发》

王晓菊（研究员）

论文　11千字

《东北亚学刊》2019年第7期

1861年俄国农奴制改革后，随着国内外形势的急剧变化，西伯利亚开发获得了快速推进。尤其是19世纪80年代以后，以沙皇为核心的俄国政府对西伯利亚给予极大关注，西伯利亚开发达到沙俄历史上的鼎盛时期。俄国实施的修铁路、促移民、办大学、废流放等一系列重大举措远远超出以往西伯利亚开发的各个历史时期。至1917年俄国革命前，西伯利亚发生了翻天覆地的变化。同时，由于沙皇专制制度的束缚，西伯利亚开发亦带有明显的历史局限性。但客观而言，帝俄晚期的西伯利亚开发对日后俄罗斯东部社会经济与历史文化产生了十分深远的影响。

《大国兴衰与更替的密码——〈大国的兴衰〉揭示的世纪性规律》

孟庆龙（研究员）

论文　6千字

《人民论坛》2019年第16期

"领先国家的相对力量从来不会一成不变"，历史上还未曾有哪个大国能够永久维持霸权。面对"百年未有之大变局"，大国关系、国际秩序、地区安全、社会思潮、全球治理都在经历深刻调整，世界再次处于何去何从的重大关口。大国的博弈正在精彩地进行，而"大国兴衰"的命题已经过时。这是因为，历史发展到今天，大国的兴衰交替、你输我赢是不会有出路的，不小心就会导向毁灭的深渊。

《废奴前后巴西关于外来劳动力问题的争论》

杜娟（副研究员）

论文　19千字

《拉丁美洲研究》2019年第2期

1850年奴隶贸易被禁止后，寻找新的劳动力来源成为巴西经济发展的头等大事。19世纪中后期，巴西数次引进大批华工的尝试几乎都陷于失败。原因在于：臭名昭著的"苦力贸易"引起了世界主要国家的抵制；晚清政府改变了之前对海外移民排斥、冷漠的态度，开始尝试控制和保护本国移民；与支持华工的势力相比，巴西国内反对引进华工的声音和力量更为强大。巴西的种植园主及其政治代理人、温和的废奴派基于其他国家输入华工促进经济繁荣的成功经验，认为华工具有廉价、顺从的优势，力主输入华工以填补巨大的劳动力缺口。而种族主义者、激进的废奴派和知识精英则鼓吹"黄祸论"，以华工会成为新的奴隶以及华工不易被同化为由进行反驳，同时在"白化"思想的影响下积极鼓励引进欧洲移民。在这场争论中，外来移民对于巴西而言不仅是经济符号，也是社会、文化和政治制度符号，争论归根到底是新旧两种社会力量之间的较量。

《英格兰加冕礼研究二百年》

张炜（副研究员）

论文　13千字

《史学理论研究》2019年第4期

加冕礼作为基督教君主制国家的一项政

治、宗教性礼仪，反映着特定历史时期各国政治、宗教及社会变动的趋势。自19世纪上半叶到20世纪初，有关中世纪与近代早期英格兰加冕礼的研究从颇具宗教色彩的议题起步，致力于原始资料的收集整理。20世纪30年代以后，该研究开始触及中世纪英格兰宪政等重要问题。学者们着力透过加冕礼审视英格兰政治制度的发展演进，深化了学术界对英格兰王权性质及国家治理手段等问题的认识，进而形成相对稳定的研究范式。近30年来，在新文化史潮流推动下，人类学等多学科理论方法交相辉映，已然形成政治文化史研究的一处新景。从官方与民间多种材料出发，进一步廓清以加冕礼为代表的重要仪式在国家治理中的作用，则是今后研究的一大着力点。

《美国共产党建立过程中的跨国因素及其影响》

邓超（副研究员）

论文　12千字

《当代世界与社会主义》2019年第6期

　　跨国因素在美国共产党建立过程中起着关键作用。十月革命胜利所引发的国际国内形势，造成美国社会党内爆发致命分裂。党内左派遭到右派的清洗，左派被迫走上独立建党之路。一战后的转型、共产国际的成立和美俄关系的恶化等因素，共同推动了美国第一次"红色恐慌"。两个共产党甫一成立，随即遭到统治阶级的镇压。美国共产主义运动由于内部成分不同，特别是外来移民占据主导地位，无法克服内部的分裂。在共产国际的强力干预下，美国共产主义运动内部派别才联合起来，组建统一的共产党。美国共产主义运动的第一年，直观地展现了跨国因素的作用过程，同时潜藏着美国共产党难以发展壮大的重要原因。

《世界历史潮流中的明治维新》

张跃斌（研究员）

论文　7千字

《人民论坛·学术前沿》2019年第21期

　　2019年是明治维新150周年。不是简单地歌功颂德，而是全面地检讨其利害得失，有其价值。对于日本而言，明治维新开启的西方化进程，从根本上来讲需要与本国历史文化相调和、相适应，而这个过程远没有完成；对于日本的明治维新研究而言，从道德的层面评价这一历史事件，意味着开启了一扇通向真理之门，也意味着开启了一扇通向救赎之门；对于亚洲而言，明治维新遵循的对外交往模式是在破坏本地区的合作和进步，而不是谋求本地区的共同发展，其结局值得深思；对于中国而言，明治维新乃至日本近代以来的历史，足资借鉴，常看常新。

中国边疆研究所

《丝绸之路经济带建设与中国边疆稳定和发展研究》

邢广程（研究员）主编

专著　830千字

知识产权出版社　2019年6月

　　该书紧扣中国陆地边疆与丝绸之路经济带关系这一主题，将立足点放在丝绸之路经济带与我国边疆之间的关系上，侧重研究丝绸之路经济带视野下中国边疆"稳定"和"发展"这两个基本维度的问题。该书内容分为古代丝绸之路与边疆社会稳定和发展、构建丝绸之路经济带进程中俄罗斯在我国边疆稳定与发展中的作用、丝绸之路经济带建设与中国新疆稳定和发展、中国西部边疆开发开放的外部环境、丝绸之路经济带建设与中国西南边疆稳定和发展五大部分，将丝绸之路的历史与现实问题相互辉映展开研究，全面系统阐述了丝绸之路经济带建设与我国边疆稳定和发展之间的关系。

《边疆蓝皮书：中国边疆发展报告（2019）》

邢广程（研究员）主编

专著　373千字

社会科学文献出版社　2019年12月

该书是中国社会科学院中国历史研究院中国边疆研究所出版的第一本边疆蓝皮书。中国边疆研究所及陆地边疆9省区社会科学院、新疆生产建设兵团党委党校、海南省社会科学院的相关学者共同研讨撰写，紧扣黑龙江、吉林、辽宁、内蒙古、甘肃、新疆、西藏、云南、广西、海南以及新疆生产建设兵团的经济社会发展方向，以团队合力攻关的模式，为社会提供了一份权威、专业的2019年中国边疆发展年度研究报告。

《地缘与族群·辽代以前蒙古草原与东北地区族群发展与互动研究》

范恩实（研究员）

专著　237千字

内蒙古大学出版社　2019年3月

该书以辽代以前蒙古高原与东北地区诸族群间兴起、发展、嬗变过程中的紧密联系为主线，探索多元环境、地缘政治对族群发展史进程的重要影响，集中讨论了东胡、乌桓、鲜卑族源关系，西岔沟古墓群的族属，蒙古高原与东北地区古代族群分野，燕秦汉东北障塞烽燧线性质，西汉东北东部边疆统治的制度建构，慕容鲜卑发展背后的地缘政治因素，室韦起源，室韦与靺鞨的区别与联系，契丹发展史上的地缘政治因素，靺鞨发展及建国的内外因，渤海史上的族群问题及辽代的渤海族团、渤海"首领"等一系列问题。

《袁世凯手批清帝辞位诏书的发现及其对清末民初国体因革的认知意义》

宋培军（编审）

论文　39千字

《文史哲》2019年第4期

在日本静嘉堂文库《袁氏密函》中发现的袁世凯手批清帝逊位诏书原件，是研究清末民初国体、政体因革问题的珍贵资料。袁世凯在上面进行手批的底稿，既非张謇拟《内阁复电》，又非张謇家藏本《拟清帝逊位诏》，由此可补辞位诏书生成史的诸多缺环。与此同时，这一发现也使诏书中袁世凯、张謇各自思想的分辨成为可能。对"逊位""共和立宪国体""完全领土"话语的发掘，有助于进一步揭示清末民初五族共和国体建构对民族边疆的统合意义。

《何谓"边疆"——论中国"边疆"概念的三重空间》

吕文利（研究员）

论文　16千字

《中央民族大学学报（哲学社会科学版）》2019年第4期

现代中国的"边疆"概念是继承了历史上的边疆观念，并由民族国家的理念过滤发展而来的。边疆是空间性的，这种空间性在三个层面上形成特定的意义：地理意义上的物理性、资源型第一空间，历史主体构建与延续的第二空间以及主体观念，想象意义上的文化延续与现实拓展的第三空间。边疆等概念的讨论，是构建中国边疆学标识性概念的核心。

《从两份档案看奥斯曼土耳其对阿古柏的军事支持》

许建英（研究员）

论文　15千字

《中国边疆史地研究》2019年第1期

文章翻译并介绍了两份英国及土耳其档案，并以这两份档案为中心，结合有关资料，研究了奥斯曼土耳其对阿古柏伪政权的军事援助情况，尤其是军事官员的活动和作用。所附两份档案均是有关军官亲身经历的记述，对研究阿古柏伪政权及其统治颇有价值。

《图理琛〈异域录〉在西方世界的传播》

侯毅（副研究员）

论文　8千字

《历史档案》2019年第2期

康熙五十一年（1712）清政府派遣图理琛使团出使土尔扈特部是清代民族关系、中俄关系史上一次重要的历史事件。使团出使往返费时近三年，行程近4万里，穿越西伯利亚，抵达伏尔加河流域，是清政府官员第一次抵达欧洲，随团史官图理琛依据沿途见闻和使团出使的情况写成《异域录》一书，由雍正帝亲自授令刊印。《异域录》学术价值很高，是研究民族关系史、中外关系史、历史地理学不可或缺的资料。该文对该书西传的过程、原因及价值意义进行了初步探讨。

《新世纪北部边疆研究的回顾与展望》

阿拉腾奥其尔（研究员）

论文　15千字

《中国边疆史地研究》2019年第2期

20世纪90年代以来，随着国内学术界构筑中国边疆学的呼声越来越高，我国边疆研究，特别是北部边疆研究取得了许多重大成果，主要表现在以下三个方面：一是国家社科基金特别项目"北疆项目"获准立项和实施；二是有大量质量上乘的学术著作和学术论文出版和发表；三是一批学有所成的中青年学者加入北部边疆研究的队伍中，并且成为我国北部边疆研究的中坚力量。

《西藏研究20年评述》

张永攀（研究员）

论文　20千字

《中国边疆史地研究》2019年第2期

20年来，作为中国边疆研究重要组成部分的西藏研究，取得了骄人的成绩，相关论著、论文及档案资料的出版等成就斐然。虽然以往相关西藏研究的综述较多，但大多以专题角度切入，因此依然有总结的必要。该文将相关西藏研究纳入到中国边疆史视域下进行评述，并结合中国边疆学构建做些思考。

《认知与实践：20世纪20—40年代"边疆"理念及启示》

孙宏年（研究员）

论文　17千字

《云南师范大学学报（哲学社会科学版）》2019年第4期

20世纪20—40年代，我国学术界、政界和舆论界等各界人士对边疆问题极为关注，积极参与"边疆"及相关问题的讨论，但是他们的"边疆"概念、内涵有一定的差别，对于中国"边疆"地域范围的认知也有显著差异。这种差异化的认知使"边政学"构建缺少共同的理论"起点"，又在百家争鸣的讨论中促使边疆研究逐步深化。这为今天"中国边疆学"学科建设提供了历史借鉴。

《唐熊津都督府统治制度研究》

范恩实（研究员）

论文　13千字

《社会科学战线》2019年第10期

唐灭百济后，拟于其地设五都督府实行羁縻统治，以刘仁愿为都护统兵镇守。但是由于百济遗民的反抗，局势很快失控，五都督府制度无从实施，被迫改设熊津都督府，统管军民、抚其余众，特别是应对百济遗民的抵抗，解救被困于府城的刘仁愿。因首任都督王文度刚刚上任就暴病而亡，为了代行其事而又符合制度规定，故增设带方州，以刘仁轨为刺史，与继任熊津都督刘仁愿形成新的统治格局。龙朔三年白江口之战后，局势基本稳定，刘仁轨、扶余隆先后任都督，厘定府州，熊津都督府进入一个短暂的稳定期。

《因俗而治与一体化：唐代羁縻州与唐王朝的政令法令》

王义康（研究员）

论文　17千字

《中国历史地理论丛》2019年第4期

唐代设置羁縻州，实行了内地与非汉地区地方行政体制的一体化，原则上羁縻州与经制州同为唐推及政令、法令的区域，只不过唐在羁縻州推及政令、法令是分层次而言的。从羁縻州的郡县属性而言，唐原则上在羁縻州与经制州中要推行其共同遵守的约束性法令；在此前提下，尽管羁縻州区域广大，内部情况复杂，在施政方面，唐原则上又要不同程度地推及统一的政治、制度、法律。从羁縻州的特殊性而言，唐又根据不同地区具体情况，针对性推行政令、法令。唐在羁縻州施政，兼具"因俗而治"的特殊性与行政体制一体化的共同性。

历史理论研究所

《创榛辟莽：近代史研究所与史学发展》

赵庆云（研究员）

专著　418千字

社会科学文献出版社　2019年4月

近代史研究所与延安史学机构一脉相承，也是新中国成立后第一个国家级史学机构，在海内外有很大的影响力，某种意义上可以将近代史所视为"十七年"中国马克思主义史学发展的一个缩影。该书着力挖掘相关档案、日记、口述史料，力图重返当时的时空语境，将近代史研究所置于社会政治的宏阔视野之中，梳理这一史学机构的渊源脉络，综合考察史家的学术著述、人才集聚、科研组织、学术活动、研究理念、资料建设及其与中国近代史学科开创、与整个中国史学界的密切关联。该书不纠结于简单的价值判断，而用相当部分的笔墨放在钩稽学人的具体学术活动，力图将学人之"学"与其"行"紧密结合起来加以研究，见之于行事，尽可能呈现史家在政治与学术之间不无困扰的实际作为，展现"十七年"间史学丰富与复杂的面相。并试图探讨这一形态生成演化的历史动因。

《民国社会生活史》

左玉河（研究员）主编
专著　1050千字
广东人民出版社　2019年5月

民国时期，在西方文化的强力冲击和政治鼎革、经济发展等诸多因素的作用下，中国民众社会生活发生了很大变化，其生活方式快速实现现代化转型。变化、变动和变革，是民国时期民众社会生活发展的突出特征。该书对民国时期民众衣食住行、婚丧嫁娶、娱乐休闲、宗教信仰、节日节庆习俗等方面的变动进行了深刻阐述。民国社会生活变动具有不平衡性：汉族地区的变化，大于少数民族地区；沿海地区的变化，大于内陆地区的变化；文化先进地区的变化，大于落后地区的变化；东南各省份的变化，大于西北各省份的变化；大中城市的变化，大于广大乡镇的变化；城市民众的社会生活变化，快于和大于乡村民众的社会生活；城市知识分子的社会生活变化，快于和大于城市基层民众的社会生活；受过教育和教育程度高的城市民众的社会生活变化，快于和大于没有受过教育或教育程度较低的民众。不变的传统与变动的新潮同时并行，中国传统生活习惯与西洋近代生活方式同时并存，必然导致新旧生活方式的矛盾和中西生活习俗的冲突。中国传统生活方式与西洋近代生活方式的矛盾、冲突与调适，是民国社会生活演进的基本趋向。传统生活方式的延续、继承和不变，与近代生活方式的引入、流行与变动交互作用，形成了民国社会生活的总体特征：新旧并呈、中西杂糅、多元发展。

经济学部

经济研究所

《现代化经济体系建设理论大纲》

高培勇（研究员）主编

刘霞辉（研究员）

杜创（研究员）副主编

专著　200千字

人民出版社　2019年5月

党的十九大报告首次提出"现代化经济体系"概念，而且以此为标题统领报告中经济建设部分的内容。如何理解现代化经济体系概念及其背后的逻辑，如何建设现代化经济体系，已成为有重大理论价值和现实意义的话题。该著基于统一的逻辑框架，整合多个学科力量，多侧面研究了现代化经济体系建设问题。

所谓经济体系，是由社会经济活动各个环节、各个层面、各个领域的相互关系和内在联系构成的一个有机整体，它强调了经济的整体性和系统性。可以将建设现代化经济体系理解为经济体系转换的过程，即将适应高速增长的传统经济体系转换为适应高质量发展的现代化经济体系。在此基础上，该书讨论了建设现代化经济体系的微观基础、增长模式、空间布局、宏观调控、公共政策、制度体系等，是关于"经济体系学"研究的初步探索。

《世界一流企业管理：理论与实践》

黄群慧（研究员）等

专著　401千字

经济管理出版社　2019年2月

世界一流企业是获得全球业界一致性认可的企业，它们在重要产业领域持续保持领先的市场竞争力、综合实力和行业影响力。该书基于案例研究，归纳出从资源基础、动态能力、战略柔性和价值导向四维度分析和描述一流企业成长规律的理论框架，将世界一流企业成长历程划分为创业阶段、增长阶段、转型阶段和超越阶段，阐述了各要素在不同阶段的互动与演化关系。该书从11个方面着手，探讨了世界一流企业的管理特征；同时，剖析了中国培育世界一流企业的实践情况。

《中国经济70年》

高培勇（研究员）　赵学军（研究员）

朊新春（研究员）

专著　355千字

经济科学出版社　2019年10月

新中国成立 70 年来，中国经济取得了令世人瞩目的成就。改革开放前的 30 年，中国建立起独立完整的工业体系和国民经济体系；改革开放后的 40 年，中国创造了人类经济发展史上罕见的高速增长。该书正是从经济发展这一中心线索和重要侧面入手，以经济体制格局、宏观调控格局以及资源配置格局的演进为发展脉络，追溯和再现了中华人民共和国 70 年经济建设的艰辛历程与辉煌成就，提炼和揭示其中的基本轨迹、基本经验和基本规律，对于理解中国经济发展道路具有参考价值。

《政治经济学前沿报告（2019）》

胡乐明（研究员）主编

张旭（研究员）

胡怀国（研究员）　郭冠清（研究员）副主编

专著　218 千字

中国社会科学出版社　2019 年 11 月

2017 年 12 月中央经济工作会议正式提出"习近平新时代中国特色社会主义经济思想"，这一重大理论创新顺应了中国经济发展进入新时代的必然要求。实践的发展要求理论上给予更清晰明确的回答，该著总结和整理了六大专题，即"马克思主义政治经济学的基本理论研究进展"、"习近平新时代中国特色社会主义经济思想研究进展"、"中国特色社会主义经济研究进展"、"当代资本主义经济研究进展"、"国外政治经济学研究进展"以及"改革开放 40 年研究进展"。

该书既有对基础理论的深入解读和剖析，也有对现实问题的实证研究和比较经济体制的深入表达；既关注全球化和全球资本运动，以及全球经济治理体系等当代资本主义经济的新动态，也总结和梳理了改革开放 40 年来我国经济的发展成就、经验和教训。

《理解中国制造》

黄群慧（研究员）

专著　203 千字

中国社会科学出版社　2019 年 8 月

制造业是强国之基、兴国之器、立国之本，如何认识中国制造业的发展是一个重大的理论和实践问题。该书将中国制造业放在中国工业化进程中给出一个总体描述，全面分析了中国制造业发展现状、水平、阶段、问题、任务以及未来发展前景。在中美贸易摩擦背景下，该书理性分析了中国制造的机遇与挑战，对中国制造业面临的化解产能过剩、技术创新、智能制造、绿色制造、服务型制造、工业基础等具体任务进行了深入论述，展示了中国走向高质量发展的前景。

《中国上市公司蓝皮书：中国上市公司发展报告（2019）》

张鹏（副研究员）　张平（研究员）

张磊（副研究员）等

专著　220 千字

社会科学文献出版社　2019 年 9 月

该书是中国社会科学院上市公司研究中心出版的年度系列研究报告。该著将中国宏观经济高质量发展与中国上市公司微观主体相结合，从微观视角对中国经济"问诊把脉"，从价值投资角度关注中国各行业各领域优质上市公司，促进中国多层次资本市场建设和中国经济高质量发展。蓝皮书通过多因子模型糅合宏观、行业和上市公司等不同因子，对中国沪深 A 股、香港中资股和美国中概股上市公司价值创造能力进行评估，甄选出各行业具备超额阿尔法的优质上市公司来组成中国上市公司"漂亮 100"指数，该指数持续跑赢市场基准，回测效果良好，"漂亮 100"指数的社会影响力和知名度持续上升，业已成为中国经济微观上不断转型的重要标志和引领价值投资的典范。

《经济蓝皮书夏季号：中国经济增长报告（2018—2019）》
张平（研究员）　刘霞辉（研究员）主编
袁富华（研究员）　张自然（研究员）副主编
专著　198 千字
社会科学文献出版社　2019 年 9 月

该著就 2018—2019 年中国经济增长情况进行了研讨，对 2019 年中国经济进行了展望。2019 年中国的城市化率必将突破 60%，由城市人口集聚推动的服务业和消费比重不断上升，城市化正在成为中国发展的新引擎。中国由高速增长向高质量发展的路径转换，其核心是从大规模物质生产的目标导向转向"以人民为中心"的目标导向，通过人力资本积累、经济个体的链接与互动推动创新发展，形成"消费结构升级—人力资本积累—创新效率提升"的良性循环和跨期补偿机制。为了保持可持续的城市化，需要打破原有路径依赖，以制度完善和深化改革为依托，增强经济体制韧性，提升资源配置效率。实现高质量发展需要增强经济韧性，弥补消费升级短板，提高制度质量，激励创新与实现可持续增长，弥补自身发展短板，完成高质量增长转型，建立现代化治理体制。

《中国城乡融合发展与理论融合——兼谈当代发展经济学理论的批判借鉴》
金成武（副研究员）
论文　14 千字
《经济研究》2019 年第 8 期

结构转型与长期可持续发展是发展中经济体与发展经济学面对的中心问题，而该问题在新时代中国发展实践中的具体而重要的内涵之一即城乡融合发展。讨论中国城乡融合发展不仅是为现实政策提供参考，亦可能为当代发展经济学诸理论的批判借鉴及融合发展提供线索。该论文在批判借鉴的意义上，先从中国城乡融合发展现实出发反思当代发展经济学诸理论的局限，同时讨论诸理论对中国城乡融合发展的启示，从而进一步探寻融合发展诸理论的可能线索。当代发展经济学诸理论的不同的侧重点，在现实发展中，特别是在中国城乡融合发展中，是相互紧密关联的，这种关联可以为诸理论的融合发展提供基础线索，亦可以为中国城乡融合发展提供更综合的政策参考。

《中国改革初期的思想解放、中外交流和理论创新》
魏众（研究员）
论文　16 千字
《中国经济史研究》2019 年第 6 期

早在 20 世纪 50 年代，我国就开始了突破计划经济模式的探索。进入 20 世纪 70 年代末期，随着解放思想号角的吹响，"请进来""走出去"的国际交流让我们再一次以实事求是的态度认识世界，与此同时，思想解放运动也对国内经济学界产生了影响，产生了一些突破性的理论创新。在我国经济体制改革的初期，通过政界和国内外学界的频繁而广泛的良性互动，思想解放、国际交流和理论创新相互影响、交相辉映，共同为中国特色社会主义经济理论的早期形成作出了贡献。

《债务高企、风险集聚与体制变革——对发展型政府的反思与超越》

张晓晶（研究员）刘学良（副研究员）
王佳（副研究员）
论文 21千字
《经济研究》2019年第6期

该文通过分析中国债务的形成机制，指出体制性因素是债务高企的根本原因。这一体制性因素可概括为国有企业的优惠政策、地方政府的发展责任与软预算约束、金融机构的体制性偏好以及中央政府的最后兜底。该文通过引入国企与政府补贴的BGG模型，刻画了中国债务形成的体制性原因。计量模型分析也发现导致宏观杠杆率攀升的因素中，体制因素更为根本；在较低收入阶段，公共部门债务特别是政府债务对增长的不利作用较小，但在高收入阶段，以政府和国企体现的公共部门杠杆率对增长和效率的负面作用明显增强。这表明，随着中国进入高收入发展阶段，通过政府干预实现经济赶超的传统发展模式亟待转型。该文建议强化国企与地方政府的预算约束，确立信贷资源配置的竞争中立原则，完善退出机制，发挥市场的决定性作用。

工业经济研究所

《中国经济高质量发展——基于产业的视角》

史丹（研究员）等
专著 270千字
中国社会科学出版社 2019年7月

我国经济已由高速度发展阶段转向高质量发展阶段，高质量发展同时注重"量"和"质"，从量变到质变的显著特征是：从关注经济规模和增长过程转向关注增长的结果和增长的效益，从关注经济增长一个维度转向关注经济发展、社会公平、生态环境等多个维度，从重视高增长产业转向关注产业协同发展、构建现代化产业体系，从关注经济增长的要素投入转向关注要素生产率和优化配置，从关注GDP转向关注以人民为中心的各项制度安排及区域之间、城乡之间的协调发展。针对以上问题，该书提出了高质量发展问题的研究框架，构建了高质量发展的指标体系，并从经济、产业、企业三个层面进行评估，就质量立法、质量文化、质量教育、质量技术基础等问题进行了讨论。该书还借鉴了德国、美国、日本等国家在推进质量建设方面的相关经验。

《全球价值链背景下中国制造业转型升级策略研究》

李晓华（研究员） 周维富（副研究员）
邓洲（副研究员） 覃毅（助理研究员）等
专著 246千字
经济管理出版社 2019年7月

该书分析了中国制造业工资水平、劳动

生产率和单位劳动成本的变化并与典型发达国家和发展中国家进行了比较,对中国制造业单位劳动成本快速上涨的原因进行了解释并给出应对对策。研究了世界产业分工格局的特征与趋势以及中国在产业分工格局中的地位与发展趋势;利用 Koopman 等(2010)提出的方法,测算了中国制造业的 GVC 参与指数、GVC 地位指数、GVC 外向参与指数、GVC 内向参与指数,并与世界典型国家进行了比较,揭示了中国制造业 GVC 地位及其变化趋势,提出 GVC 指数存在的问题。研究了韩国、中国台湾等新兴工业化国家和地区产业升级的经验与拉美国家产业与经济衰退的教训。作者根据全球价值链的特征,将产业分为品牌主导型产业、复杂系统产品产业、连续流程技术产业、高度模块化产业及前沿技术推动产业等五种类型,对每一类产业的我国全球价值链地位、全球价值链特征、全球价值链升级的路径进行了研究,并提出促进该类型产业转型升级的政策建议。

《中国工业 70 年发展质量演进及其现状评价》

史丹(研究员)　李鹏(博士后)

论文　22 千字

《中国工业经济》2019 年第 9 期

该文总结分析了新中国成立 70 年不同时期工业发展质量内涵与外延的变化。作者指出,发展质量是一个动态的概念,在计划经济时期,工业品短缺问题突出,工业发展质量的重点是健全工业生产体系,解决"有没有"的问题。改革开放后,随着短缺的结束和市场竞争的加剧,工业发展质量的重点由"有没有"转向"好不好"。工业产品的品牌、质量对工业企业的效益产生了直接的影响,加入 WTO 进一步促进了工业发展质量的提升。党的十八大以来,绿色发展理念和生态文明建设对工业发展质量的内涵与外延产生了深刻影响。基于工业发展质量的丰富内涵,该文从多个维度,构建了考虑时间趋势的综合评价模型,利用省级面板数据对中国加入 WTO 以来的工业发展质量进行了系统性评价和分析。分析结果表明,中国工业发展质量总体呈波动性上升趋势,但各省份工业发展质量出现分化。该文还对改革开放以来有关工业发展质量的政策目标及效果进行了分析,针对存在的问题,提出了政策建议。

《金融周期、美联储加息与金融危机》

李雪松(研究员)　罗朝阳(博士研究生)

论文　17 千字

《财贸经济》2019 年第 10 期

该文将金融周期和美联储加息置于影响金融危机的统一框架中,研究这两种因素对金融危机的影响机制,并基于全球 154 个经济体 1970—2017 年的跨国面板数据,采用面板 Logit 模型系统考察其对银行危机、债务危机及货币危机的影响。结果表明,金融周期顶部和下降期容易爆发各类金融危机,美联储加息阶段,各类金融危机发生概率显著增加。因此,在金融周期上升阶段,要避免过度加杠杆,在金融周期顶部区域要采取结构性去杠杆策略,防范金融周期大起大落的波动风险;要保持合理的外债增长率、期限结构和适度的外汇储备水平，适时动态监管资本流动，防范美联储加息冲击引发的金融风险。

《加快新经济发展的核心能力构建研究》

张其仔（研究员）

论文　13千字

《财经问题研究》2019年第2期

该文指出，发展新经济、不断扩大新经济的规模、推动新经济对传统经济的改造是全球和中国进行新旧动能转换的根本要求，也是中国化解产业转型升级过程中来自全球产业分工格局变化所产生的结构性压力的根本出路。但中国的新经济发展在全球并不处于领先地位，其新经济指数仅为美国的1/2，新经济发展水平大大低于美国。将构成新经济指数的6大类指标进行比较可以发现，中国在创新能力上的劣势极其明显，不仅与美国差距巨大，而且与日本、德国、韩国等亦差距甚远，在评估的22国中居第17位。作者认为，新经济与传统经济的根本区别在于，它是一种终身学习型经济。学习能力的不断提升，构成推动新经济发展的核心能力，在竞争中具有压倒性作用。为此，中国在加快新经济的发展中需遵循这一规律，制定出能够促进学习和学习溢出效应的经济策略及经济结构政策。

《试论经济学的域观范式——兼议经济学中国学派研究》

金碚（研究员）

论文　30千字

《管理世界》2019年第2期

该文认为，现代经济学的主流学术范式的缺陷或局限性，主要体现在两个方面：第一，关于经济活动的空间性质的假定；第二，关于人的行为的个人主义抽象目标假定。在现代主流经济学的微观—宏观范式中，引入域观范式，可以形成微观经济学、宏观经济学、域观经济学三大体系构架。其中，微观经济学和宏观经济学主要以经济理性为范式支柱，而域观经济学则以经济理性、价值文化和制度形态三维框架为范式支柱。中国的独特国情，可以有力助推经济学的范式创新，使商域经济学得以建立和发展。而且，中国所面临的需要解决的经济发展问题，也对经济学范式创新提出了紧迫性需要。中国经济学的升华可以有两个主要的突破方向，获取高水平经济学成就的学术路线可以有两种现实选择：攀登经济学的高地山巅和开拓经济学范式变革的创新蓝海，都是中国经济学发展需要努力的方向。而对于经济学的经世济民使命而言，后一个努力方向恐怕更具现实紧迫性，更可能作出重大学术贡献。

《政府干预何以有效：对中国高铁技术赶超的调查研究》

吕铁（研究员）　贺俊（研究员）

论文　20千字

《管理世界》2019年第9期

该文基于对中国高铁主要创新主体和重要当事人的调查研究和深度访谈，揭示和提炼政府行政干预和集中组织促成中国高铁技术赶超的边界条件和行为特征。作者认为，政府干预之所以能够推动高铁这一复杂产品的技术成功，是因为政府在机会条件、创新导向和微观主体互动方式等方面引致了高强度、高效率和大范围的技术学习：首先，大规模高铁建设是中国高铁实现技术赶超重要但非充分的条件，丰富的技术机会，特别是政府构建的技术机会才是中国高铁高强度技术学习的直接驱动力；其次，由于政府同时也是装备用户和系统集成者，因此中国高铁的自主创新呈现鲜明的商业化应用导向，并大大提高了中国高铁技术赶超的效率；最后，高铁是中国极少数打破总成企业与零部件企业的"合作悖论"、从整车到核心零部件（系统）形成全产业链技术能力的产业，这种独特的技术能力位置是在铁路装备高度专业化的产业组织条件下由行业管理部门主要出于安全保障、服务响应等理性考虑推动实现的。中国高铁的技术赶超是在非常特殊的制度、经济和文化背景下发生的多因素交互作用的复杂过程，政府干预的有效性具有很强的特定性和本地性。总体上看，影响中国高铁技术赶超的制度性因素（边界条件）对其他产业的借鉴意义较小，而政府及各类微观主体的行为特征则更具一般性。中国高铁经验显示，政府干预的有效性不仅取决于政府是否具有引导产业创新发展的恰当激励，而且取决于政府是否具备制定有效的战略和政策并高效实施的能力，对政府干预效果的完整理解需要同时纳入激励和能力两个维度。

《竞争中性的理论脉络与实践逻辑》

刘戒骄（研究员）

论文 24千字

《中国工业经济》2019年第6期

该文指出，竞争中性主张约束那些造成市场主体竞争优势差异的政府措施，非歧视性地对待国有企业和私有企业、本国企业和外国企业，以及要求高标准知识产权保护、增强行政行为透明度等规定，体现了各类市场经济体制共同的价值理念，也是贯穿中国特色社会主义市场经济体制的思想和原则之一。面对世界经济百年未有之复杂变局，响应和接受竞争中性既是积极应对经济全球化新趋势和国际贸易与投资规则新变化，也是中国自身推进改革开放和增强中国经济体制活力的客观要求。该文立足于推进新一轮改革开放和建设成熟定型的社会主义市场经济体制，分析了中国经济体制与竞争中性的兼容性，挖掘和梳理了经济学理论中有关竞争中性的论述，提出了以政府增进市场与促进公平竞争、统一市场建设与制度型开放、规制改革与产业政策转型为关键点的竞争中性的制度范式。

《平台型企业社会责任的生态化治理》

肖红军（副研究员） 李平（研究员）

论文 45千字

《管理世界》2019年第4期

该文针对平台型企业社会责任现有研究的不足，从平台型企业"作为独立运营主体的社会责任"、"作为商业运作平台的社会责任"和"作为社会资源配置平台的社会责任"3个层次，结合担责的"底线要求"、"合理期望"和"贡献优势"3个层级，系统界定了平台型企业社会责任的内容边界。在此基础上，该文对点对点的原子式社会责任治理、传导式的线性化社会责任治理、联动型的集群式社会责任治理等传统社会责任治理范式进行深入研究，发现它们在平台情境下容易出现治理的错位与失效。基于此，该文提出契合于平台情境的社会责任生态化治理新范式，指出其本质是一种内生型、整体性与可持续的全过程治理范式，核心是分层次治理与跨层次治理，个体、情境和系统的全景式治理，以及跨生态位互治与网络化共治。作者指出，平台型企业社会责任生态化治理的实现机制包括主要生态位的6项社会责任自组织机制、扩展生态位与主要生态位之间的两项责任共演机制。

《政企能力共演化与复杂产品系统集成能力提升——中国高速列车产业技术追赶的纵向案例研究》

江鸿（副研究员）　吕铁（研究员）

论文　32千字

《管理世界》2019年第5期

　　该文指出，复杂产品系统的技术追赶难度远高于大规模制成品，其成功与系统集成能力的发展和政府主体的影响紧密相关。高速列车是中国技术追赶最为成功的复杂产品系统产业之一。该文采用演化理论，突破了传统的"制度安排—企业能力"分析范式，将政府与企业视为两类能力主体，通过对该产业技术追赶的纵向案例研究发现，政企能力表现出鲜明的共演化特征，且这种共演化是产业技术追赶的基础机制。具体而言，政府能力塑造了企业能力的变异方向、选择标准与复制概率，企业能力又影响了政府能力的选择标准和复制难度。政企能力经历了替代、互补、分化的共演化过程，在产业层次上相互迭加，形成了完备、先进的系统集成能力结构，进而实现了技术追赶。

《谈判势力视角下的中间产品交易合约选择》

李伟（助理研究员）

论文　13千字

《管理学报》2019年第8期

　　该文在竞争供应链下构建企业交易合约决策模型，考察中间产品交易合约选择问题，并探讨交易合约选择对供应链整体利润的影响及相应的协调机制。研究表明：合约类型决策权和交易双方谈判势力是交易合约选择的主要决定因素；在合约类型决策权外生、由双方谈判势力内生两种情况下，制造商和零售商会根据双方谈判势力的强弱选择两部收费制合约或线性定价合约。交易合约的选择可能会造成供应链整体利润下降，产生企业—供应链层面的合约冲突，识别这种合约冲突发生的条件，并设计了一种基于谈判势力的补偿机制来解决冲突。

《舆论对国际贸易的影响：以美国进口贸易为例》

李钢（研究员）　孟丽君（博士后）

论文　20千字

《世界经济》2019年第8期

　　该文利用全球事件、语言和音调数据库中的新闻数据来构建舆论影响力指标，基于扩展贸易引力模型，研究美国境内舆论环境对其进口贸易的影响。结果发现，美国舆论环境发生变化会对其进口贸易产生一定影响。舆论环境恶化会促使美国进口贸易下降，但舆论环境趋好对美国进口贸易的影响并不显著。此外，脉冲响应函数和方差分解的结果表明，负面舆论对美国进口贸易的影响见效较快，且这种影响可持续近 20 个月。进一步将该影响分不同进口产品进行考察时发现，舆论对美国进口的影响程度具有较为明显的产品异质性，加工程度越复杂、差异化程度越大的产品受到的负面舆论影响越大，而同质化程度较高的产品以及中间品受到正面舆论的影响更大。

《能力建设导向的包容性国际产能合作》

李晓华（研究员）

20 千字

《经济与管理研究》2019 年第 5 期

随着经济发展水平的提高，中国的对外直接投资快速增长，一度成为 FDI 的净流出国。作为世界第二大经济体和工业、制造业规模最大的发展中大国，由中国发起的"一带一路"倡议以及作为其重要内容的国际产能合作与历史上发达国家进行的国际产业转移在参与国的经济发展阶段、国际分工格局、母国产业体系和产业地位、制造业规模等方面存在巨大差异，这些差异对国际产能合作的特征产生重要影响。该文将"一带一路"倡议下中国政府推动和中国企业参与的国际产能合作概括为"能力建设导向的包容性产能合作"，并认为，能力建设导向的包容性产能合作在参与主体、投资领域、后果等方面都呈现出与以往国际直接投资显著不同的新特征，其合作机制包括增强自生能力、促进经济发展、扩大出口和完善产业生态建设。作者指出，尽管"一带一路"倡议背景下的国际产能合作长期来看能够实现中国与共建"一带一路"国家的共赢和可持续发展，但是对于其中蕴含的风险也要高度重视，未雨绸缪地加以应对。

《全球集成电路产业发展格局演变的钻石模型》

李鹏飞（研究员）

论文 15 千字

《财经智库》2019 年第 4 期

该文在分析世界集成电路产业重心转移历程的基础上，提出影响全球集成电路产业发展格局动态演变进程的"五要素钻石模型"。作者认为，本土市场的大规模前沿需求、不断进化的创新生态系统、竞争性的市场环境、持续高强度投资的激励机制、丰富的高素质人力资源，在后起者成功赶超并推动全球集成电路产业重心发生转移过程中发挥了重要作用。在全球集成电路产业分工体系可能被强行打破的背景下，我国要进一步完善创新生态系统、竞争性市场环境、投资激励机制，不断增强人力资源保障能力，最大限度地利用快速增长且多元化的本土市场优势，稳步推进集成电路产业高质量发展，为中国建设制造强国提供坚强支撑，为人类推进数字革命贡献中国力量。

《当前中国工业发展问题与未来高质量发展对策》

郭朝先（副研究员）

论文 16 千字

《北京工业大学学报（社会科学版）》2019 年第 2 期

该文指出，工业发展是中国经济高质量发展的基础和建设社会主义现代化强国的关键，这是因为工业是技术创新的第一源泉和核心领域，是国民经济效率提升的物质基础和可持续发展的根本保证。离开工业实体经济的发展，中国有陷入"中等收入陷阱"的危险。当前要特别警惕"去工业化""逆库兹涅茨化"现象的发展，并在第四次工业革命来袭之际，抓住机会加快推进制造强国和现代化经济体系建设。该文指出，目前，中国工业发展存在的主要问题有：关键领域的技术创新能力不足，基础研究投入不足；要素成本上升，企业盈利能力下降；产能过剩问题严重，经济运行风险加大；增长方式相对粗放，质量和效率亟待提高；国际竞争中面临"双端挤压"，经贸摩擦加剧。作者指出，中国工业发展的诸多问题，迫切需要推进高质量发展，应从产业政策转型、增强自主创新能力、推进供给侧结构性改革、强化人力资本积累、推动新一轮高水平对外开放等五个方面促进工业的高质量发展。

农村发展研究所

《中国农村经济形势分析与预测（2018—2019）》

魏后凯（研究员）　黄秉信（研究员）主编

研究报告　297千字

社会科学文献出版社　2019年5月

"农村绿皮书"以年度农村经济形势分析与预测为特色，主要是对上一年度农业农村经济运行和市场状况进行客观评价分析，并对当年农业农村经济形势和发展趋势进行展望，在此基础上根据国家和社会需求对一些重大和热点问题进行专题研究，以期为中国农业农村经济研究、决策和实践提供重要参考。该研究报告继续秉承客观公正、科学中立的宗旨和原则，关注中国农业农村经济发展中的重大和热点问题，在翔实数据分析的基础上，力求得出深刻且具有前瞻性和指导意义的观点和结论。

《中国农村发展报告（2019）：聚焦农业农村优先发展》

魏后凯（研究员）　杜志雄（研究员）主编

研究报告　335千字

中国社会科学出版社　2019年7月

该书共分5大部分，包括"总报告""综合篇""经济发展篇""社会发展篇""生态环境篇"。"总报告"紧紧围绕2018年中央一号文件，以中国特色社会主义乡村振兴道路为主题；"综合篇"包括4个专题，除了既定的中国农村发展综合指数之外，还有农业农村现代化标准问题、农民增收与福祉改善、城乡融合发展等方面的内容；"经济发展篇"包括5个专题，涵盖了国家粮食安全、产业兴旺、农村集体经济、投融资以及农民专业合作社等方面；"社会发展篇"涵盖了乡村振兴的人才、乡风文明、乡村治理以及城乡教育公平等方面；"生态环境篇"涵盖了美丽宜居乡村、农村生活垃圾、生活污水治理以及农业绿色发展等方面。

《新中国农业农村发展研究70年》

魏后凯（研究员）主编

杜志雄（研究员）　范鹏（研究员）等副主编

专著　290千字

中国社会科学出版社　2019年12月

该书立足中国国情，从历史和比较的视野，力求全面、系统、客观地反映新中国成立70年来学术界探索和构建中国特色农业农村发展理论体系的演进历程，各个时期的重要学术成果、主要理论创新以及学术思想和研究方法贡献，并围绕农业农村发展研究的12个重点领域展开深入探讨。

《中国农村发展70年》

魏后凯（研究员）　谭秋成（研究员）

罗万纯（副研究员）　卢宪英（副研究员）

专著　290千字

经济科学出版社　2019年10月

该书是"辉煌中国70年"书系之一。该书采用系统数据和客观事实，力求全面呈现新中国成立70年来"三农"领域发生的重要变化，准确描述政府采取的各项政策、制度和改革措施，客观记录农民和基层干部的艰苦奋斗及自发创新对农村改革与发展的推动，对于读者了解中国农业发展及政策研究具有重要参考价值。

《中国"兴"字型农业现代化的演化与趋势》

杜志雄（研究员）　肖卫东（副教授）

专著　273千字

中国社会科学出版社　2019年11月

该书旨在对改革开放40年来中国农业现代化进程进行客观的描述和评价，对中国农业现代化演进的特征、规律和趋势进行分析和归纳。作者分析表明，改革开放40年来，在中国特色社会主义市场经济体制机制背景下，中国农业现代化演进具有"八化"特征，即生产主体规模化、生产手段机械化、生产方式生态化、生产运作资本化、产品营销品牌化、产品延伸加工业化、产业形态融合化、产业关联组织化。而这"八化"特征之间相互依赖相互促进的关系构成了一个"产业兴旺"的"兴"字形结构格局。在此基础上，作者还进一步分析指出，这"八化"既是过去40年中国农业现代化取得长足进展的特征和原因，也将成为未来中国农业现代化继续演进的目标和方向。

《"文化创意+"生态环境产业融合发展》

王宾（助理研究员）　于法稳（研究员）

专著　200千字

知识产权出版社　2019年9月

该书阐述了文化创意产业与生态环境融合发展是基于产业融合理论，并基于研究者所处领域，着重阐述了文化创意产业与农业领域的结合，如田园综合体、三产融合和生态旅游等产业，探索了文化创意产业与上述三者融合的可行性，并提出了具有针对性的路径选择。

《王道村：农村发展道路的探索者》

于法稳（研究员）等

专著　150千字

中国社会科学出版社　2019年9月

该书以山东省广饶县王道村为调研对象。全书共分八章，前四章简要介绍了王道村自然、社会经济状况，论述了王道村村落文化、经济体制变革下的农业生产情况；第五章对王道村发展集体经济、提高农民收入进行了分析；第六章在简要介绍王道村实行土地流转的背景及做法的基础上，对其土地流转的结构、农户特征进行了详细的数量分析；第七章对王道村社区建设的相关方面进行了分析，包括社会服务、精神文明等方面；第八章对王道村基层组织建设的相关问题进行了介绍，包括"两委"、群众团体以及党建工作的长效机制。

《农村普惠金融研究》

冯兴元（研究员） 孙同全（研究员）
张玉环（副研究员） 董翀（助理研究员）
专著 202千字
中国社会科学出版社 2019年11月

该书探讨了普惠金融理论基础、研究现状，普惠金融发展的国际经验，中国农村普惠金融的总体发展状况、问题以及对策思考。书中的系列专题报告还探讨了整个农村银行业、村镇银行、合作金融、小贷公司、公益性小额信贷机构、农村供应链金融、"三农"互联网金融以及农业保险等领域的普惠金融发展现状及问题。

《中国区域经济发展》

魏后凯（研究员）
专著 230千字
经济科学出版社 2019年2月

该书是"中国道路丛书经济建设卷"之一。全书对中国特色的区域经济发展之路进行了系统的阐述：客观描述发展历程，全面总结成效与问题，建设性提出发展战略。并分别针对中国东部地区、西部地区、东北地区、中部地区以及少数民族地区的发展现状提出了有针对性的意见和建议。

中国在区域经济协调发展方面进行了近70年的长期艰辛探索，既积累了丰富的经验，也有一些深刻教训，该书对此作出了科学全面系统的总结。

《中国"三农"研究》（第三辑）

魏后凯（研究员）主编
杜志雄（研究员） 崔红志（研究员）副主编
论文集 249千字
中国社会科学出版社 2019年6月

该文集由中国社会科学院城乡发展一体化智库《研究专报》（2018）汇集而成，在大量实证调查的基础上，专家学者从不同维度和专业视角，对中国"三农"问题进行了深入剖析。其中，对某些重要的、热点的问题进行了专题性研究，兼具理论研究与政策分析的特点。在体现学术研究原创性、前沿性的同时，也展现了社会科学研究国家队的建言献策作用。

《精准脱贫与乡村振兴的理论和实践》

魏后凯（研究员） 吴大华（研究员）主编
论文集 390千字
中国社会科学出版社 2019年9月

该书汇集了中国社会科学院农村发展研究所与贵州省社会科学院联合主办的"乡村振兴战略与精准脱贫研讨会暨第十四届全国社科农经协作网络大会"的重要成果，从理论与实践相结合的角度，对乡村振兴战略与精准脱贫的重大问题进行了深入探讨，介绍了各地的有益探索和创新经验，具有一定的学术和决策参考价值。

《中国林牧渔业经济前沿问题研究（2018）——绿色发展与供给侧结构性改革》

魏后凯（研究员） 刘长全（副研究员）
韩磊（助理研究员）主编
论文集 400千字
中国农业出版社 2019年8月

该书收录了32篇论文，并分为5个专题。（1）"生态环境与绿色发展"：该专题包括生态环境意识测评、气候和资源变化对养殖业的影响、粪污资源化利用等相关研究。（2）"产业发展与供给侧改革"：该专题包括林牧渔业发展形势与趋势分析、供给侧结构性改革的思路与对策、"粮改饲"改革绩效等相关研究。（3）"消费行为与市场动态"：该专题包括标识产品对消费的影响、产品价格波动与传导、农产品电子商务等相关研究。（4）"组织模式与农户参与"：该专题包括规模化与组织中的农户参与行为、质量安全追溯体系的农户参与行为等相关研究。（5）"市场开放与国际视角"：该专题包括林牧渔业产品贸易的影响、国内外市场联动特征等相关研究。

《中国奶业经济研究报告·2018》

刘长全（副研究员）
韩磊（助理研究员）等 主编
论文集 420千字
中国农业出版社 2019年7月

该书收录了国家奶牛产业技术体系奶业经济研究室全体成员及首席专家办公室的部分成员在2018年取得的阶段性成果，这些成果都是在团队成员的实地调查和深入研究基础上形成的。成果的内容以我国奶业经济的发展为线索，以全球乳品市场的发展为背景，从宏观、微观两个层面对2018年我国奶业经济的发展及相关政策加以梳理，并在此基础上系统分析了各利益相关方在生产、加工、流通等环节的合作与博弈，以全局性的视角来审视我国的奶业经济发展。

金融研究所

《中国金融监管报告（2019）》

胡滨（研究员）主编
研究报告 373千字
社会科学文献出版社 2019年11月

该书作为国家金融与发展实验室金融法律与金融监管研究基地的系列年度报告，秉承"记载事实"、"客观评论"以及"金融和法律交叉研究"的理念，系统、全面、集中、持续地反映中国金融监管体系的现状、发展和改革历程，为金融机构经营决策提供参考，为金融理论工作者提供素材，为金融监管当局制定政策提供依据。该书主要由"总报告"、"分报告"和"专题研究"三部分组成。"总报告"为两篇。第一篇为《中国金融控股公司的模式、风险与监管》，在系统梳理当前我国金融控股公司模式和国际监管经验的基础上，提出构建具有中国特色的金融控股公司监管体系建议。第二篇为《中国金融监管：2018年重大事件评述》，对2018年度中国金融监管发生的重大事件进行系统总结、分析和评论，并对2019年中国金融监管发展态势进行预测。"分报告"为分行业的监管年度报告，具体剖析了2018年度中国银行业、证券业、保险业、信托业以及外汇领域监管的年度进展，呈现给读者一幅中国金融监管全景路线图。"专题研究"部分是对当前中国金融监管领域重大问题的深度分析，主要涉及地方金融监管、监管沙盒制度、私募基金托管制度、消费者数据保护、互联网消费金融、金融科技监管等方面。

《中国支付清算发展报告（2019）》

杨涛（研究员）主编

研究报告　373千字

社会科学文献出版社　2019年6月

该书系国家金融与发展实验室支付清算研究中心推出的系列年度报告的第七本，旨在系统分析国内外支付清算行业与市场的发展状况，充分把握国内外支付清算领域的制度、规则和政策演进，深入发掘支付清算相关变量与宏观经济、金融及政策变量之间的内在关联，动态跟踪国内外支付清算研究的理论前沿。该书致力于为支付清算行业监管部门、自律组织及其他经济主管部门提供重要的决策参考，为支付清算组织和金融机构的相关决策提供基础材料，为支付清算领域的研究者提供文献素材。该书从中国和全球两个维度，从理论、实践与政策多个视角，对于支付清算领域相关问题，进行"点""面"结合的研究。其中，总报告为"我国支付清算体系的发展状况及经济含义"，全面分析了我国支付清算体系的发展历程、现状特点、存在问题及趋势，并且运用各类量化分析工具，对于支付清算运行与宏观经济变量、区域经济金融发展、金融稳定与金融风险、货币政策的内在关联等，进行了实证检验和深入剖析。专题报告为"支付清算体系热点考察、比较分析及文献综述"，深入探讨了国际化背景下我国支付清算体系中的热点与难点问题，对于全球金融基础设施建设和重要监管规则、不同国家的支付市场运行等最新进展进行了动态跟踪，并且系统地梳理了近年来的学术文献。

数量经济与技术经济研究所

《新中国技术经济研究70年》

李平（研究员）主编

专著　282千字

中国社会科学出版社　2019年9月

技术经济学运用经济学的理论和方法，全方位、全过程、全链条研究科技创新及其推动经济发展的核心作用。技术经济学在新中国70年大规模经济建设、技术引进消化吸收、科技自主创新等经济高速发展和科技强国建设的不同阶段，都发挥了不可替代的重要作用。该书系统回顾了70年以来技术经济学理论、方法和应用研究的发展演变，汇集了各领域研究重要事件、代表性成果以及重要研究实践，并展望了新时代技术经济学发展趋势和未来。

《中国投资体制改革40年》

汪同三（研究员）主编

专著　536千字

经济管理出版社　2019年6月

该书是中国社会科学院"中国经济改革开放40年系列丛书"之一。该书以固定资产投资体制的概念和功能为切入点，从理论联系实际的高度，对中国固定资产投资体制改革的背景、目标、投融资渠道变化、项目管理方式变迁以及中外投资体制比较等诸多方面进行了深入分析，全面回顾了中国固定资产投资体制改革的历程，勾画了中国固定资产投资体制改革的完整图景，使读者能够全面了解我国固定资产投资体制的形成与演变及未来前景。

《技术溢出视角的能源回弹效应及中国节能对策研究》

冯烽（副研究员）

专著　192千字

中国社会科学出版社　2019年10月

提高能源效率由于比开发新能源更具成本优势和经济效益而成为应对能源安全问题的首要节能政策选择，然而，技术进步能否通过提高能源效率来降低能源消费主要取决于能源回弹效应的大小。该书在探寻回弹效应的理论框架的基础上，引入技术在地理单元之间的空间扩散效应和生产部门之间的技术溢出效应，对能源回弹机理及其测度方法进行了方法创新与实证研究。针对技术在经济空间的扩散效应和能源—经济二者间可能的非线性关系，构建了基于半参数空间面板滞后模型的能源回弹效应测算方法，测算了各省份的能源回弹效应；针对技术在生产部门间的溢出效应，通过编制含能源实物流量的价值型能源投入产出可比价序列表，测算中国各行业及整体经济的能源回弹效应。该书研究有助于厘清能源效率的提高对能源消费的影响、检验当前能效调控政策的实施效果，进而可为中国的节能减排政策选择提供科学的参考依据。

《教育对健康的影响——基于中国1986年义务教育法的实证分析》

李军（研究员）　刘生龙（副研究员）

论文　27千字

《数量经济技术经济研究》2019年第6期

该文主要分析了教育对健康的影响，利用两阶段最小二乘（2SLS）框架检验中国教育与国民健康和健康行为之间的因果关系。研究发现，采用中国家庭动态跟踪调查（CFPS）2010年和2012年的微观数据，第一阶段的回归结果表明，义务教育法显著地提高了中国居民的平均受教育年限。第二阶段的回归结果表明，教育与中国成年男性自报健康之间存在显著因果关系，而且教育水平的提高会显著地降低男性抽烟的概率，教育年限与女性保持正常体型有显著的因果关系。该文的研究证实了教育对健康的积极效应，特别是教育对当前中国政府提倡的控烟政策有积极意义。

《新技术革命下人工智能与高质量增长、高质量就业》

蔡跃洲（研究员）　陈楠（博士研究生）

论文　28千字

《数量经济技术经济研究》2019年第5期

该文以前沿文献和增长理论、发展经济学理论为基础，运用归纳演绎的方法，对人工智能的技术—经济特征和影响机制进行梳理；通过数据整理和趋势分析，就中国经济增长和就业分配可能受到的影响进行情景分析。研究发现，人工智能的渗透性、替代性、协同性和创造性四项技术—

经济特征，能推动国民经济各领域各部门高质量增长，而其自身规模壮大也有助于增长质量的提升。人工智能及自动化推进中，替代效应与抑制效应作用下就业总量将保持基本稳定，但结构性冲击不可避免。中间层岗位容易被替代，就业结构将呈两极化趋势；伴随结构调整，初次分配中劳动份额将降低，被替代行业中教育和技能水平较低、年龄偏大人群所受损失最大，并扩大了收入差距。劳动成本攀升将加速人工智能在中国的推广应用，有力支撑未来中国经济高质量增长；但岗位结构与年龄构成错配和整体受教育程度偏低相叠加，可能在中短期内造成较为严重的结构性失业，扩大不同群体间的收入差距。作者就未来中国经济增长和就业可能出现的情景进行了扮演预判，及早警示人工以智能技术对经济和社会可能带来的负面影响，并从产业政策、行业规制、社会保障和教育培训等方面提出对策建议。

《我国城乡居民收入差距的决定因素和趋势预测》

张延群（研究员）　万海远（硕士研究生）

论文　25千字

《数量经济技术经济研究》2019年第3期

该文分析了我国城乡收入差距的长期决定因素，并对其未来走势进行预测，旨在为制定收入分配政策提供依据。作者通过建立理论模型，识别出城乡收入差距的长期因素；运用时间序列计量经济学模型，基于1981—2016年的年度数据对城乡收入差距进行实证分析；结合宏观经济预测模型，对城乡收入差距在2017—2030年的走势进行预测。研究发现，第一产业与第二、第三产业劳动生产率的比值，农村人口中从事第一产业的比重，以及农民工与城镇职工的工资差距等，是我国城乡收入差距的长期决定因素。在宏观经济增长进入"新常态"，城镇化水平继续提高的背景下，未来我国城乡收入差距将继续目前下降的走势，但仍处于较高水平。

《股权性质、管理层激励和过度投资》

吕峻（副研究员）

论文　22千字

《经济管理》2019年第9期

该文利用2008—2016年A股上市公司数据研究发现，只有对非国有公司来说，管理层激励才适用有效契约理论（或利益协同理论）；而对于国有公司来说，薪酬激励同时适用有效契约理论和管理者权力理论，管理层货币薪酬和过度投资之间呈"U"形关系，股权激励和过度投资之间不存在显著相关关系。进一步的分析发现，非国有公司的管理层超额薪酬和过度投资成反比关系，管理层的超额薪酬对于降低公司代理成本具有激励作用；但是，竞争性行业的国有公司管理层超额薪酬和过度投资成正比关系，管理层超额薪酬有可能是拥有较高权力的管理层寻租的结果。作者认为，出现这一现象的原因应该是国有企业"内部人控制"和管理层不完全承担投资失败责任共同作用的结果。因此，政府对国有企业管理层的"限薪令"和股权激励管制在当前情形下仍是合理的，竞争性国有企业管理层"市场化"薪酬制度的实施需要在进一步厘清政企关系之后的基础上进行。

《40年来中国的教育及其与经济的非均衡发展》

李金华（研究员）

论文　18千字

《北京师范大学学报（社会科学版）》2019年第3期

该文指出，教育是促进社会发展的重要动力，是社会成员获取社会地位和尊重的主要渠道之一，教育的发展水平决定着国家的进步与民族复兴，也深刻地影响着人类的文明进程。该文研究发现，中国教育一直在进行结构上的调整，普通高校机构数、中等职业教育机构数、学前教育机构数占比均有较大幅度提高，中国教育正不断向职业化、高端化方向发展。改革开放40年，中国教育资源、教育活动、教育成就与经济发展存在明显的非均衡性，不同的发展阶段这种非均衡程度不同。未来，中国要加快构建现代化经济体系，促进教育与经济可持续协调发展；要加快缩小地域经济差距，推进教育公平、包容、均衡发展；要全面提高人才培养质量，推动经济高质量发展；要加快构建先进的教育质量标准体系，推进中国向教育强国和经济强国迈进。

人口与劳动经济研究所

《新中国城镇化发展70年》

蔡昉（研究员）　都阳（研究员）
杨开忠（研究员）等

专著　300千字

中国社会科学出版社　2019年9月

城市发展和城镇化率的提高是中华人民共和国成立70年取得的诸多历史性成就之一。总结中国城镇化的70年历程，是加深对中国特色社会主义道路认识的重要方面，有助于加深对未竟的城镇化之路以及相应改革的认识，也可以为其他发展中国家的发展道路选择提供借鉴，对丰富发展经济学提供中国智慧。该书从城镇化的动力、城镇化对经济增长的贡献、城镇化与工业化、城镇化与城乡关系、城市规模、城市规划、城镇化过程中的经验教训等方面系统总结了中国城镇化70年的历程。

《城乡一体化之路有多远：成都市郫都区战旗村》

屈小博（研究员）等

专著　203千字

中国社会科学出版社　2019年8月

中国改革始于农村，改革的可贵之处和主要经验在于实践探索过程"试错"的模式，突破已有的一些制度禁锢，实践先行和不断创新，形成有利于发展和推广的制度，由此，不断进行改革的推进和体制机制创新。该书从一个村庄的微观视角——成都市郫都区唐昌镇战旗村深入详细的案例分析研究，映射和反映出成都市城乡统筹改革的变化、过程、经验及存在的问题，从而总结出对推进城乡一体化改革进程有益的理论概括、政策建议和有效的实践经验。

《从集聚到均衡：中国经济增长的产业与空间匹配机制研究》

邓仲良（助理研究员）

专著　351千字

中国社会科学出版社　2019年9月

真实的经济增长是具有空间属性的，要理解经济增长的空间集聚现象就必须将"空间"这一维度纳入统一分析框架中，通过阐释经济增长空间分异的理论逻辑来理解规模经济与规模不经济的辩证关系。引发经济增长空间分异的关键是经济空间效率，由于劳动力、资本等要素既存在产业部门间配置的不均衡性，也存在地理空间分布的不均衡，这使得经济增长的空间效率取决于要素与产业在空间上的双重匹配关系。该书关注的正是"不均衡的要素分布和产业集聚之间的关系，以及二者究竟如何影响经济增长"。深入地揭示经济增长的产业与空间的匹配机制，可以更好地理解影响地区经济增长和产业集聚、扩散的共性因素，这对优化经济空间格局、构建现代化经济体系、促进新型城镇化高质量发展以及提升中国经济运行内外部环境都具有现实意义。

《红色革命老区脱贫之路的启示：红安篇》

中国社会科学院人口与劳动经济研究所百县调研组 编

钱伟（副研究员） 都阳（研究员）等主编

研究报告 60千字

中国社会科学出版社 2019年9月

红安是全国著名的红色革命老区。改革开放40年来，红安在各方面都取得了巨大成就，2018年成为湖北省首批脱贫摘帽县。红安县脱贫之所以成功，是因为坚持以习近平总书记扶贫开发战略思想为指导，充分发挥红色资源、自然资源禀赋、区位优势等方面的作用。总结红安改革开放40年来实现脱贫致富的道路，有三条经验可借鉴。一是充分发扬红色革命传统，积极开发红色资源。主要是将红安精神融入各行各业发展之中，突出优势资源，做好资源普查，坚持多维开发。二是秉承绿色发展理念，积极探索绿色发展新路子。包括坚持"生态立县"战略，科学制定县域经济发展规划，坚持"绿色可持续"原则招商引资。三是勇于开拓创新，提出"4321"健康扶贫模式，开拓了解决看病难题新思路。

《中国社会救助水平研究》

程杰（副研究员） 王德文（研究员）

研究报告 70千字

中国社会科学出版社 2019年9月

社会救助是社会保障体系的重要组成部分，被视为最后一道"社会安全网"。中国社会救助体系初步建立了"8+1"的基本框架，即八个基本社会救助项目加上一个广泛参与的社会力量。该研究系统梳理了中国社会救助体系的基本框架和主要政策工具，利用翔实的数据全面地评估社会救助体系的财政支出水平，从财政投入强度角度观察中国社会救助水平，对于完善社会救助体系提出具体政策建议。中国社会救助范围逐步扩大，救助水平逐步提高，政府投入持续增加。但是，社会救助支出增长未能与经济增长和财政收支增长保持同步，2012年以来中国社会救助支出强度呈下降迹象，各类社会救助总支出占当年GDP的比重从2012年的高峰1.26%下降到2018年的0.94%，与OECD国家平均支出强度（2%）仍有一定差距。新时期社会救助体系面临着人口、经济与社会结构加快转变的挑战，需要继续加大财政投入力度，理顺中央与地方政府的责任关系，优化社会救助支出结构，整合资源提高资金使用效率，确保社会政策有效托底，推动全面建成小康社会目标顺利实现。

《社会变革中的家庭代际关系变动、问题与调适》

王跃生（研究员）

论文　14千字

《中国特色社会主义研究》2019年第3期

该文以新中国成立以来中国社会变革为背景考察当代家庭代际关系及其变动。新的制度促使代际关系发生积极变化：亲子平等关系形成，儿女均享有对亲代遗产继承权，子代婚姻实现自主，社会养老保障制度使亲代减轻了对子代赡养的依赖。改革开放后，家庭子女数量减少，女儿在代际关系中的义务、责任和权利增大。当代农村亲子同居所形成的三代家庭占比上升，但城乡65岁及以上老年亲代与一个已婚子女同居养老占比明显降低。社会变革时代，当代代际关系也存有不可忽视的问题，需要政府、社会和家庭共同参与加以解决。

《新中国70年：人口年龄结构变化与老龄化发展趋势》

王广州（研究员）

论文　18千字

《中国人口科学》2019年第3期

该文基于人口普查和1%人口抽样调查数据，采用人口年龄结构间接估计方法对新中国成立70年来人口变化历史进行定量分析，得到以下主要结论和启示：(1) 在过去70年里，前35年主要是社会经济发展影响中国人口快速增减和大起大落，后35年是严格生育政策和社会经济发展共同促进快速人口转变和低生育率的长期趋势；(2) 从三年困难时期的人口变动过程看，尽管2015年全面两孩出生堆积与三年困难时期的补偿生育性质完全不同，但堆积集中释放或补偿生育时间非常相似，估计均为两年左右；(3) 后35年形成的低生育率和出生人口规模减少的态势，将进一步强化人口年龄结构的变动趋势，使未来老年人口比例超过30%，并持续处于高位。

《城市本地家庭和农村流动家庭的消费差异及其影响因素——对中国城市劳动力市场调查数据的分析》

曲玥（研究员）　都阳（研究员）
贾朋（副研究员）

论文　14千字

《中国农村经济》2019年第8期

消费水平不仅仅是度量人民生活的主要方面，更是今后拉动经济增长的重要因素之一。理解消费行为及其变化，对于全面建成小康社会具有重要的意义。该文采用2016年和2010年中国城市劳动力市场调查数据，估算并刻画了城市本地家庭和外来流动家庭的消费模式，并分析两个群体消费模式差异的决定因素，进而分析了与户籍相关的养老保险状况对于家户消费决定的影响。分析结果表明，外来流动家庭的养老保险水平远低于城市本地家庭，而家庭预期从养老保险中获得的收益可以显著提高家庭当前的消费水平，尤其是对于较低收入群体。因此，进一步消除与户籍制度挂钩的社会保障水平的差异有助于实现流动人口和城市人口消费模式的趋同，拉动总体消费水平、扩大消费的潜力。

《中国女性初婚年龄与不婚比例的参数模型估计》

封婷（助理研究员）

《中国人口科学》2019年第6期

该文使用中国分城乡1946—1980年女性出生队列初婚数据，分析中国女性队列初婚年龄模式、初婚年龄推迟的趋势，以及晚婚转化为不婚的可能性。同时，对比了广义对数伽马模型、Hernes扩散模型和改进的广义对数逻辑斯蒂模型对中国女性初婚年龄模式的拟合效果。结果显示，中国女性初婚年龄分布集中、对称性强；1970年之后出生队列初婚率达到峰值的年龄逐步推后、初婚年龄分布变得分散、对称性和不同群体间异质性增强，初婚推迟。城市女性初婚晚，分布分散，农村女性异质性较强。初婚延迟和队列初婚年龄模式使1970年之后出生的女性终身未婚比例上升，预计1980年出生队列达1.48%—6.39%，其后出生的队列趋势变动加快，中国女性普婚的传统或将被打破。

《中国社会保障70年变迁的国际借鉴》

华颖（助理研究员）

论文 16千字

《中国人民大学学报》2019年第5期

社会保障是各国重要的社会制度安排，后发国家参照和借鉴先行国家的经验是普遍现象，中国也不例外。在中国社会保障近70年的制度变迁中，无论是计划经济时期还是改革开放年代，均受到了先行国家社会保障制度实践的深刻影响。大体而言，中国在计划经济时代以世界上首个社会主义国家苏联为唯一借鉴对象，社会保障内化于传统社会主义制度，形成的是建立在公有制基础之上的单一主体承担责任格局，国家—单位保障制特征明显；改革开放后以欧美国家、智利等国实践以及相关国际组织的主张为参照，形成的是多元主体分担责任且独成体系的新格局，国家—社会保障制特征明显。70年来的国际借鉴有得有失，经验和教训均很鲜明。新时代的国际借鉴还需要进一步注入理性，以助力于最终全面建成中国特色的社会保障体系。

城市发展与环境研究所

《中国荒漠化治理研究》

刘治彦（研究员） 宋迎昌（研究员）
黄顺江（副研究员）等
专著 400千字
社会科学文献出版社 2019年9月

该书指出，荒漠化是世界性的生态难题，我国又是世界上荒漠化地域广、受危害严重的国家之一。荒漠化主要发生在我国北方干旱和半干旱地区。随着国家开发建设的持续推进，北方地区的荒漠化自20世纪60年代以来一直呈逐步加重的态势，与其关联的沙尘暴在世纪之交骤然活跃起来，给人们的生产生活造成了严重危害。党和国家高度重视荒漠化防治工作，自21

世纪初以来显著加大了防治荒漠化的行动力度，使得长期以来持续恶化的荒漠化形势逐步得以遏止，成为世界荒漠化防治实践的成功典范。

该书深入分析了我国荒漠化现状态势、成因机理、治理举措与综合成效，系统梳理了我国主要荒漠化地区的防治经验。书中提出的"人地关系恶性反馈"荒漠化机理学说与"禁牧移民还草"荒漠化治理政策得到了20年来实践的验证。近期卫星照片显示，我国原有荒漠化地区植被大面积恢复，北方沙尘暴明显减弱。中国荒漠化治理成效举世瞩目。

《生态文明建设的理论构建与实践探索》

潘家华（研究员）等

研究报告　200千字

中国社会科学出版社　2019年3月

该书为"习近平新时代中国特色社会主义思想学习丛书"之一。该书较为系统地学习、研究和阐释了党的十八大以来习近平新时代中国特色社会主义思想体系中关于生态文明的理论与建设思想，梳理、探析和阐发了习近平生态文明思想的学理认知、科学体系、逻辑主线以及方法论、认识观和实践性，追本溯源地探求了习近平生态文明思想的理论渊源和创作热情，较为全面地论述了习近平生态文明思想的理论特色、历史地位，指出习近平生态文明思想是科学完整的理论体系、话语体系，是走向社会主义生态文明新时代、落实2030年可持续发展议程行动计划、为全球生态安全作贡献的价值遵循和实践指南。

《新中国70年城市规划理论与方法演进》

杨开忠（研究员）

论文　18千字

《管理世界》2019年第12期

新中国70年来城市规划实践丰富多样，但基于中国实践的城市规划理论研究却严重缺失。该文立足于社会主要矛盾、经济发展方式和经济体制变化，试图围绕着"为谁做规划、做怎样的规划、如何做规划"透视实践背后的逻辑，总结和概括新中国演化中的城市规划理论和方法论。首先，该文提出和阐述了计划经济时期"生产计划驱动型"、市场化转型时期"增长竞争驱动型"以及新时代"美好生活驱动型"城市规划理论模式；其次，揭示出新中国城市规划方法论从完全理性到有限理性，从单一物质环境到物质环境、经济、社会、空间发展综合，从全能指令型到有限管理型，从静态到动态规划的转变。

《改革开放以来中国人类发展总体特征及驱动因素分析》

王谋（副研究员）　　康文梅（硕士研究生）

张斌（副研究员）

论文　13千字

《中国人口·资源与环境》2019年第10期

该文采用联合国开发计划署2010年更新后的计算方法测算了中国1978—2017年人类发展指数，以及东、中、西与东北四个区域1982—2017年的人类发展指数，并对人类发展指数变化趋势分阶段进行了分析；利用SDA方法对全国和四个区域的人类发展指数驱动因素的贡献率进行分析。首先，该文系统展现了我国人类发展指数变化趋势的全景,指出,改革开放以来,全国人类发展水平实现了从低发展水平阶段向高发展水平阶段的提升,从1978年的0.410增加到2017年的0.752,增幅为83.4%;1978—2017年,人类发展水平的发展趋势可以分为三个阶段,即1978—1994年低人类发展水平阶段、1995—2009年中等人类发展水平阶段、2010年至今高人类发展水平阶段。其次,揭示了我国人类发展整体水平。作者指出,经过40年发展,中国所有省份全部脱离低人类发展水平阶段,进入中、高人类发展水平。2017年,北京、上海、天津三地已进入极高人类发展水平阶段。再次,分析了区域间的发展差异,以及各区域发展的特征。作者指出,在全国整体水平实现升级发展的背景下,区域间的人类发展水平差异也有缩小,从1982年不同区域最高值0.47、最低值0.37、差距0.10缩小到2017年最高值0.77、最低值0.70、差距0.07。从人类发展指数的分项指数来看,全国与四大区域在改革开放以来均呈现为健康指数高起点低增长,教育和收入指数低起点高增长,收入指数增幅最大的特征。最后,基于SDA分项指数贡献率变化分析,提出各区域推进人类发展进程的政策建议。作者认为,中国东中西部地区和东北部地区人类发展指数各分项指数贡献率变化趋势表现为收入指数贡献率的下降,教育和健康指数贡献率的上升,随着"五位一体"发展实践和落实联合国2030年可持续发展目标的推进,三个分项指数推动人类发展指数增长的贡献率有望更加均衡。

《构建生态经济体系的理论认知与实践路径》

陈洪波（副研究员）

论文　　11千字

《中国特色社会主义研究》2019年第4期

"以产业生态化和生态产业化为主体的生态经济体系"是生态文明建设的五大体系之一,是生态文明建设的经济基础和物质保障。但什么是生态经济体系,学界和社会上有不同的认知。该文在驳斥西方学者消极的生态经济观的基础上,把生态经济体系界定为一种保持"生态中性"经济增长的经济体系,即:遵循生态学规律和经济规律,在不影响生态系统稳定性的前提下保持较高的经济增长水平,以满足人民日益增长的对美好生活需要的经济体系。它的具体特征是:生态影响最小化和生态经济效益最大化、零碳可再生能源为动力驱动、清洁生产与生态产业链有机衔接、简约无废的物质消费与丰富的非物质消费并重。该文认为,在实践中,构建生态经济体系,需要建立以能反映生态要素稀缺性为基础的市场体系、以生态创新为依托的技术支撑体系、以高质量发展为导向的现代生态产业体系、以生态资本增值和价值实现为目标的投资体系和以生态经济效率和效益为引领的绩效评价体系。同时,也需要建立健全生态资产产权制度,研究制定引导性产业政策,加快推进税收制度生态化改革,加强绿色金融制度创新和严守生态保护红线制度,作为制度和机制保障。

《不一致的城乡利益分享与不同步的城镇化进程》

李恩平（研究员）

论文　16千字
《中国人口科学》2019年第4期

该文在区分了城乡收入利益和消费利益的基础上,考察劳动人口与非劳动人口之间城乡利益分享机制及城镇化进程差异,得出以下结论。(1)城乡收入差距存在有利于城市的倒"U"形变化,城乡消费差距存在从有利于农村到有利于城市的变化。(2)劳动人口城镇化受城乡收入差距变化影响显著,而非劳动人口城镇化受城乡消费差距变化影响显著,呈现城乡市场—家庭可分的城镇化模式,形成劳动人口与非劳动人口城镇化差距先升后降的倒"U"形变化。(3)城镇化和经济发展过程存在由劳动人口主导的欠发达前期、劳动与非劳动人口并重的中等发展跨越期和非劳动人口主导高度发达后期的阶段性差异,也对应了人口城镇化的不同政策需求。

社会政法学部

法学研究所

《全面依法治国 建设法治中国》

李林（研究员）　莫纪宏（研究员）

专著　279千字

中国社会科学出版社　2019年3月

该书全面和系统地阐述了习近平总书记关于法治的重要论述的内容、体系和特征，分析了习近平总书记关于法治的重要论述的理论逻辑和特点，包括治国方略论、人民主体论、宪法权威论、良法善治论、依法治权论、保障人权论、公平公正论、系统工程论、党法关系论方面的特征；对习近平总书记关于法治的重要论述在法律制度和法治实践中的应用特征进行了归纳和总结，着重阐述了在习近平总书记关于法治的重要论述指导下对我国法治建设的几个重要特点的认识；对习近平总书记关于法治的重要论述中的精髓"全面依法治国　建设法治中国"的五项法律原则作了详细的阐述和解释，并围绕着党的十八大、十八届四中全会以及党的十九大和十九届一中全会、二中全会和三中全会提出的加强宪法实施以及坚持"科学立法、严格执法、公正司法、全民守法"等要求，全面阐述了习近平总书记关于法治的重要论述对法治实践的指导作用。

《机器人法：构建人类未来新秩序》

杨延超（副研究员）

专著　485千字

法律出版社　2019年3月

随着人工智能、区块链等新兴技术的崛起，"机器人"与人的关系备受关注。在这样的时代，人类社会的法律体系和法律秩序将如何重构，是当下以及未来法学与社会科学面临的重大课题。该书力图通过递进式法律论证体系，完成机器人时代的法律体系建构：第一，AI时代的场景式具体制度建构，包括机器学习、无人驾驶、区块链、数字货币、大数据、物联网等机器人时代主要法律困局的破解；第二，在具体制度论证的基础上，实现人工智能法的学理构建，包括人类社会新型法律关系的重构、AI时代法律推理方法的重塑、新时期法学研究方法的变革等重大理论问题；第三，在前两层论证的基础上，完成"机器人"时代新型法哲学理论体系的建构。

该书作为国内系统研究"人工智能法"的首部专著，将法学与数学、计算科学等有机统一，打破技术创新与法律研究的壁垒，实现了技术与法律的有机融合与高度统一；力求在研究视野、研究方法、研究深度等方面有所创新和突破。该书入选2019年度中国社会科学院创新工程重大科研成果。

《中国社会科学院民法典分则草案建议稿》

陈甦（研究员）主编

专著 774千字

法律出版社 2019年7月

民法典编纂是完善中国特色社会主义法律体系、推进国家治理体系和治理能力现代化的重大举措。中国社会科学院作为民法典编纂五家参加单位之一全程参与了民法典编纂。该书以翔实的内容记载了中国社会科学院参与民法典编纂的过程，包括三部分内容：一是《民法典分则》立法建议稿——提交给全国人大常委会法工委的民法典分则草案建议稿；二是对《民法典》分则各编草案的专项意见；三是对《民法典各分编（草案）》的意见和建议。第一部分内容是对我国现行民事法律予以系统整理，参考世界范围内最新民事立法经验，并按照现代民法的立法规律和立法技术进行科学编制，具有较强的立法参考价值和很高的学术研究价值。第二部分内容，是对立法过程中的热点、难点问题进行广泛、深入研讨后提出的具体立法意见和建议，每一项建议都具有翔实的说理论证。第三部分内容是对全国人大常委会法工委《民法典各分编（草案）》的"征求意见稿"和"一次审议稿"所提出的针对性修改完善意见和建议，它对理解立法的形成过程、制度创新或立法演变，具有学术参考价值。该书入选2019年度中国社会科学院创新工程重大科研成果。

《当代中国法学研究（1949—2019）》

陈甦（研究员）主编

专著 719千字

中国社会科学出版社 2019年12月

该书对70年来的中国法学研究状况进行了概括描述，展示了在新中国不同发展阶段的法学存在状态与演变过程，剖析了法学研究中重要理论形成与演变的背景及缘由，彰显了法学发展与繁荣的理论成果及其实践价值。

《中国政府透明度·2019》

田禾（研究员） 吕艳滨（研究员）主编

研究报告 380千字

中国社会科学出版社 2019年5月

该书以量化研究为主要方法，立足一线的实践经验，使用一手的数据材料，对2018年度全国政务公开工作的开展情况进行了考察。报告立足全国，坚持结果导向，以公众视角，围绕决策公开、管理服务公开、执行和结果公开、政策解读与回应关切、依申请公开等方面，对2018年度国务院部门和地方各级政府的政府信息与政务公开工作进行了评估和总结，并围绕重大决策预公开、政策解读、优化营商环境、教育等与经济社会发展和社会公众切身利益密切相关、社会关注度高的领域的政务公开专项工作，选取一些有代表性的省、市及区县，对地方政务公开工作中的创新举措和经验问题进行有针对性的梳理。

《新时代中国法治理论创新发展的六个向度》

李林（研究员）

论文 22千字

《法学研究》2019年第4期

该文认为，推进中国特色社会主义法治理论创新发展，是新时代法理学和法治理论研究的时代使命和学术责任。在推进全面依法治国、建设法治中国的伟大实践中，推动新时代法治理论创新发展，应当关注和把握六个重要向度，即法治中国的法理向度、政治中国的政理向度、法治体系的时代向度、法治效能的实证向度、法治世界的国际向度、系统法治的综合向度，由此加快构建新时代具有中国风格、中国气派、中国特色的社会主义法治理论体系。

《科创板注册制的实施机制与风险防范》

陈洁（研究员）

论文 18千字

《法学》2019年第1期

该文指出，科创板注册制的推出是我国资本市场证券法治的重大变革。科创板实施注册制的总体思路是以市场化为导向，以信息披露为中心，以中介机构把关为基础，着力减少发行审核领域的行政干预，积极发挥市场在资源配置中的决定性作用。该文基于资本市场政府和市场关系的视角，从注册审核、信息披露、中介机构归位尽责、退市制度等几方面探讨科创板与注册制衔接的核心机制与实施路径，并针对科创板实施注册制的发行欺诈风险，从先行赔付制度的构建、投资者赔偿基金的功能转型、加重虚假陈述的责任力度等方面提出切实可行、科学有效的风险防范举措。

《国家安全法律义务的性质辨析 基于中澳两国法律的比较》

周汉华（研究员）

论文 20千字

《中外法学》2019年第4期

该文认为，对我国宪法和国家安全法律进行系统分析可以发现，个人与组织的国家安全法律义务在性质上属于消极性、防御性义务，即当有危害国家安全的情形时，应承担保卫国家安全的责任。二战之后的特殊国际格局则使澳大利亚的情报活动与情报法律带有明显的攻击性特点。而澳大利亚宪法的特殊性又使其情报配合法律义务既包括消极性、防御性义务，也包括积极性、攻击性义务。因此，澳大利亚对于我国国家安全法律的一般性、原则性规定存在着自身的因素，认为这些规定会强制中国企业从事攻击性间谍活动，显然是不能成立的。

《比较法视野下的认罪认罚从宽制度——兼论刑事诉讼"第四范式"》

熊秋红（研究员）

论文 33千字

《比较法研究》2019年第5期

该文指出，我国2018年修改后的刑事诉讼法确立了认罪认罚从宽制度，如何理解、适用和完善该制度，是理论界和实务界关注的重要议题。关于认罪认罚从宽制度的立法定位以及发展方向的研讨，有必要放在比较法视野下加以审视。从世界范围来看，"放弃审判制度"近些年来得到迅猛发展，其原因包括提高诉讼效率、增加有效定罪、推进刑事司法改革、保护被害人利益等方面的考虑，该制度形态多样，优势与风险并存。围绕认罪认罚从宽制度，存在着诸多的争议，可以在综合考量其他国家和地区相关做法的基础上，结合我国的具体国情作出适当的选择。从历史发展的角度看，包括认罪认罚从宽制度在内的"放弃审判制度"的盛行，标志着刑事诉讼"第四范式"的形成，它意味着刑事司法的结构性变革。与一些法治发达国家相比，我国是在刑事诉讼"第三范式"发育尚不充分的情况下迈向刑事诉讼"第四范式"，尤其应当注意防范可能产生的风险，通过系统性、综合性改革，重塑符合公正原则要求的法治秩序，保障认罪认罚从宽制度健康发展。

《环境损害事件的应对：侵权损害论的局限与环境损害论的建构》

窦海阳（副研究员）

论文　26千字

《法制与社会发展》2019年第2期

该文认为，侵权损害论仅能应对传统环境污染所导致的个体损害，面对环境危机下的损害事件，其存在难以克服的系统性障碍。即使对其做"生态化"修正，受体系约束，其也仅能外围性解决一些具体问题。要从根本上应对危机，需突破侵权损害论，建构专业的环境损害论体系。"风险社会"的认知以及环境保护政策在力度与广度上的提升，彻底改变了环境损害论的救济思维。整体主义环境哲学的渐受与法学理论对生态系统的重视，为环境损害论确立了保护对象——"生态系统完整性"。社会组织结构体现为弥散式团结，作为承载者的保险、基金等中介组织成为分担损害的主力。与个人消极对抗侵害不同，中介组织具有积极抵御风险的能力。在环境损害论体系中，应重视且妥当规制行政机关发挥的作用。

《党内法规制度合宪性审查初探》

李忠（副研究员）

论文　12千字

《西北大学学报（哲学社会科学版）》2019年第1期

该文认为，对党内法规制度进行合宪性审查，是加强宪法实施和监督、维护宪法权威的重要举措。目前，党内法规制度合宪性审查工作中仍存在思想认识模糊不清、制定工作有待改进、备案审查不够严密、统筹协调不够有力、审查力量严重不足、理论研究有待深化等问题。为加强和改进党内法规制度合宪性审查工作，建议提高思想认识，强化对党内法规制度制定环节的合宪性审查，完善党内法规和规范性文件备案制度，加大统筹力度，加强专门人才建设，深化理论研究。

《新中国法律史学研究70年：传统法律的传承与发展》

张生（研究员）

论文　14千字

《四川大学学报（哲学社会科学版）》2019年第5期

该文指出，中华人民共和国成立之初，

中国法律史学是最早复兴的法学学科之一，但限于当时的知识导向，中国传统法律只能通过"国家与法权历史"的形式得以传承。改革开放以后，中国法律史学是最早兴盛发展的法学学科，传承与发展的研究工作主要沿着制度史和思想史两个方向展开，在史料整理、考证解释、通史、断代史和专题研究诸方面均取得丰硕成果。在全面实施依法治国方略、实施传承与发展传统文化工程之际，如何"阐释建构，贯通古今"，为建设现代化法治国家提供文化支持，成为传承和发展传统法律的时代主题。

《美国引渡制度研究》

黄芳（研究员）

论文　15千字

《法律适用》2019年第15期

该文指出，美国的引渡制度是由国内法、国际公约、双边条约共同构建而成的。迄今，美国已与100多个国家或欧洲联盟等多边组织签署了双边或多边引渡条约，并加入了多个含有引渡内容的国际公约。近年来，美国以"长臂管辖权"为由，针对中国公民发动的一系列与引渡有关的事件在国际国内引起了轩然大波。研究美国的引渡制度，对于在国际社会依法保护我国公民的合法权利具有非常重要的现实紧迫性。从实体法来看，对于政治犯，美国一般都规定了不引渡原则；对于死刑犯和本国国民，美国同意在一定条件下可以引渡；对于可引渡罪行的范围，美国从严格基于列表即犯罪清单转为主要基于可引渡罪行的最低处罚标准来确定。美国的引渡程序，一般包括临时逮捕程序、提出引渡请求程序、审查和移交程序等。

《营商环境优化的行政法治保障》

李洪雷（研究员）

论文　12千字

《重庆社会科学》2019年第2期

该文认为，优化营商环境的难点、堵点和痛点大多与行政权的运行尤其是行政机关的市场监管息息相关，以规范行政权运行、保护相对人合法权益为使命的行政法治，是优化营商环境的重要要求和保障。要在改革开放以来尤其是党的十八大以来行政法治建设的成绩和经验基础上，对标世界一流营商环境，以市场主体期待和需求为重要导向，加快建设法治政府。

国际法研究所

《"一带一路"法律风险防范与法律机制构建》

莫纪宏（研究员）　廖凡（研究员）

孙南翔（助理研究员）等

专著　70千字

社会科学文献出版社　2019年10月

2013年，习近平主席提出共建"丝绸之路经济带"和"21世纪海上丝绸之路"的倡议，得到国际社会广泛关注和积极响应。6年多来，"一带一路"倡议日益深入人心，已经并将继续为世界经济发展和全球治理体系创新提供中国智慧和中国方案。当前，"一带一路"建设正从"大写意"走向"工笔画"。"一带一路"成果的巩固和发展离不开法治化机制的保障。为进一步推动"一带一路"建设，应加强法治定测设计，重视国别法律文化，并构建法治合作机制。为有效防范中国企业海外投资法律风险，应强调企业发展战略作用，构建法律争端的预警机制，激励企业参与全球性的市场竞争，并打造常态化的法律服务联盟。为巩固"一带一路"的发展成果，应推进对外法律援助机制建设，推介司法协助机制先进经验，推动中国争端解决制度发展，探索中国法的示范引领作用，并大力培养中国涉外高端法治人才。

《海岛利用及保护管理法律问题研究》

马金星（助理研究员）

专著　430千字

中国社会科学出版社　2019年10月

该书以海岛利用及保护管理为主线，提出海岛利用及保护是一个国内法与国际法相互交融的问题，在自然资源综合管理与海洋综合管理理论及国家实践推动下，对海岛利用及保护实施综合管理是必然趋势，立法对海岛综合管理法治化建设和国家海洋权益的维护发挥着重要作用，我国海岛利用及保护管理立法需要适应形势的发展做出适度调整。

《〈经济社会文化权利国际公约〉评注、案例与资料》

孙世彦（研究员）译

（[澳]本·索尔　戴维·金利　杰奎琳·莫布雷著）

译著　323千字

法律出版社　2019年5月

《经济社会文化权利国际公约》是最重要的国际人权文书之一，中国于2001年批准了该公约。国际、区域和国内法律制度日益重视对经济、社会和文化权利的尊重、保护和实现，理论和实践极为丰富。该书汇集了国际、区域和国内层面上有关这些权利的最基本文件、资料和案例，并依据这些文件、资料和案例，在更为广泛的人权背景和框架中，对《经济社会文化权利国际公约》的每一实质性条款予以了分析和评论。该书是对《经济社会文化权利国际公约》的全面评注。对于各国立法、司法和行政机关、国际和区域人权组织和机构、非政府组织、人权实践者、学者和学生，该书都是全面和深入理解《经济社会文化权利国际公约》不可或缺之读本。

《自治条例和单行条例合宪性审查的法理及分层》

莫纪宏（研究员）

论文　20千字

《甘肃社会科学》2019年第2期

该文认为，从《中华人民共和国立法法》所规定的自治条例和单行条例属于应当受全国人大常委会违宪审查的对象相关制度设计出发，通过分析现行宪法、立法法、民族区域自治法等法律对自治条例和单行条例立法机制确认的特点，指出了对自治条例和单行条例的合宪性审查应当区分两个层面，一是对自治区的自治条例和单行条例的合宪性审查；二是对自治州、自治县的自治条例和单行条例的合宪性审查。其中，前一项审查只能是生效前的合宪性审查，后一项审查则应当是生效后的违宪审查。我国宪法和立法法上所规定的自治条例和单行条例批准生效程序上的特殊性，导致了对自治条例和单行条例的立法监督很难简单地套用"下位法服从上位法的原则"，必须严格地按照自治条例和单行条例的法律效力等级加以区分，建立分层次的合宪性审查机制。由于立法法规定了全国人大常委会对包含了由其自身批准的自治区的自治条例和单行条例进行合宪性审查的制度，所以在合宪性审查实践中，可能就会产生全国人大常委会自己审查自己的批准自治条例和单行条例生效行为的合宪性问题，这就形成了全国人大常委会的自我监督。因此，要在合宪性审查的实践中着力推进对自治条例和单行条例的合宪性审查工作，必须区分不同情形，才能对症下药，有所成就。

《美国发起的贸易战威胁国际法律秩序》

柳华文（研究员）

论文　7千字

《红旗文稿》2019年第16期

该文认为，美国发起的贸易战不仅事关中美两国，更与世界经济发展、国际关系稳定和国际法律秩序维护密切相关。作为世界上最大的发达国家，美国其实是国际法律体系和秩序的最大受益者。然而，经济、科技、军事等多方面一家独大的美国，正在违反、破坏既有的法律框架，成为现有法律秩序的威胁。中国在积极运用现行国际法维护自身权益的同时，将与世界其他国家一道，推动全球治理体系朝着更加公正合理的方向发展，继续做构建人类命运共同体的倡议者和践行者。

《论金融科技的包容审慎监管》

廖凡（研究员）

论文　25千字

《中国法学》2019年第3期

该文认为，金融科技是技术驱动的金融创新，能够形成新的商业模式、应用、流程或产品，并对金融服务提供产生重大影响。对金融科技的监管应当遵循包容审慎原则。包容监管的立足点在于金融科技的创新性，体现在增强金融包容、提高交易效率、促进市场竞争方面；审慎监管的着眼点则在于金融科技的风险性，表现为技术操作风险、数据安全风险和信息不对称风险。包容审慎监管意在兼顾金融、科技、创新这三个关键词，在创新与规范、效率与安全、操作弹性与制度刚性之间寻求恰当平衡，确保金融科技稳健有序发展。应当基于金融科技的破坏性创新本质，确立适应性监管的基本思路；通过强化监管协调、落实功能监管、厘定央地权限，构建风险覆盖更加周延的金融监管体制机制；发挥监管科技的特有作用，以科技驱动的监管创新应对科技驱动的金融创新。

《农村土地财产权益男女平等保障模式探讨》

曲相霏（研究员）

论文　20千字

《法学》2019年第9期

该文认为，男女平等是中国宪法和法律的一致要求。长期以来，农村女性土地财产权益平等保障机制频繁失灵，户外侵害屡禁不止，户内侵害不容忽视。侵害的根源在于制度供给不足，表现为身份障碍和权利属性不稳、权利主体不清、权益份额不明，最终导致救济不力。抵御户外侵害关键要消除身份障碍，摒弃身份唯一要求，解决农村女性土地财产权益往往牵涉不同家庭和不同集体经济组织的问题。在农村土地产权"长期稳定"政策下，土地的社会功能也从保障型向财产型转化，当前改革可从财产法和生产经营角度解释土地承包家庭户和集体经济组织及其成员。土地承包家庭户可被视为经济学上的生产经营单位，有别于婚姻家庭法上的家庭；从财产法角度解释农村集体经济组织，可区分集体组织的政治成员和经济成员，从宽确认女性经济成员；不排除个体同时成为两个及以上家庭承包户和集体经济组织成员。抵御户内侵害关键是要"确权到人"。试点中的农村集体产权制度改革和宅基地改革应借鉴、巩固和发展"确权到人"模式，明确个体的权利（权益）主体地位及份额。

《WTO改革的必要性及其议题设计》

刘敬东（研究员）

论文　15千字

《国际经济评论》2019年第1期

该文认为，WTO及其代表的国际贸易法律体制正面临空前危机，包括WTO以及国际上主要贸易体在内的国际社会对WTO改革的必要性及其急迫性已有充分认知。WTO改革的价值取向决定着多边贸易体制及其法律制度的发展方向，各主要贸易体之间在这方面存在着巨大争论，中国应提出WTO改革遵循的基本原则。改革议题设计是WTO改革的前提，是WTO改革最终成功的基础，预示着WTO多边贸易体制的未来走向，中国应本着支持多边体制、捍卫自身核心贸易利益、追求各方共赢的方针尽快提出议题方案，寻求与大多数WTO成员方在改革议题方面的最大公约数。根据循序渐进的原则，通过三个阶段的改革，使得WTO摆脱当前生存危机，适应21世纪国际经济法发展趋势，进而推动WTO成为全球经济治理的典范。

《美国经贸单边主义：形式、动因与法律应对》

孙南翔（助理研究员）

论文　20千字

《环球法律评论》2019年第1期

该文认为，自特朗普执政以来，美国通过阻碍多边争端解决机制运转、以互惠待遇取代非歧视原则、强化国内法对国际法约束等单边主义行为，加速破坏以规则为导向的现行国际经贸体制。多边经贸协定文本与实践发展脱节、争端解决机制缺乏有效性、成员方对市场经济模式的理解缺乏共识，是美国经贸单边主义兴起的动因。美国经贸单边主义威胁多边机制正常运转，引发国际法治危机。为应对此种单边主义行为，世贸组织成员应有效发挥多数票决制度的功能，并强化多边规则对双边或区域协定的纪律约束。作为负责任大国，中国应坚持以完善公平竞争条件为基础发展市场经济，并以多边主义方法推动世贸组织改革。

《欧盟外资安全审查制度的新发展及我国的应对》

廖凡（研究员）

论文　20千字

《法商研究》2019年第4期

该文认为，2019年4月生效的《欧盟外资审查条例》首次在欧盟层面构建起基于安全或公共秩序的外资审查框架，使得外国直接投资面临更加牢固的审查基础和更加严密的审查网络，标志着欧盟外资政策和规则趋向阶段性保守。《欧盟外资审查条例》在很大程度上是为中国量身定做的，其潜在影响主要体现在审查因素的泛化和认定标准的模糊增加了审查的难度和不确定性，统一的审查框架和细密的程序机制则将延长审查期限及压缩规避空间。《欧盟外资审查条例》的出台是中国加速融入全球化所导致的经济格局变化和国际规则调整的反映，对此应当从4个方面予以应对，即援引多边及区域规则限定"安全"和"公共秩序"的范围、尽快升级和完善我国外商投资国家安全审查机制、在规则和制度层面进一步厘清政企关系、在更广领域扩大外资市场准入。

《人工智能武器对国际人道法的新挑战》

张卫华（助理研究员）

论文　15千字

《政法论坛》2019年第4期

该文认为，人工智能武器在国际法上仍然属于新生事物，"智能"或者"自主性"是其区别于传统武器的本质属性，从这个意义上，任何一种在"关键功能"上具备自主性的武器系统，也就是说能够在没有人类参与的情况下选择和攻击目标的武器或者武器系统都可以被称为人工智能武器。从国际人道法的角度来看，人工智能武器主要带来了两个方面的挑战。一是武器系统选择和攻击目标能否尊重国际人道法规则？二是如果武器系统的使用明显违反国际人道法，能否归责于个人或国家，并追究他们的责任？为了确保国际人道法得到遵守，各国一方面应当建立对新武器的国内法律审查机制，另一方面应当推动起草和制定有关人工智能武器的国际条约。

《世界贸易组织改革：全球方案与中国立场》

廖凡（研究员）

论文　15千字

《国际经济评论》2019年第2期

该文认为，世界贸易组织（WTO）正面临前所未有的生存危机，改革已经成为共识。但关于WTO改革的基本原则、具体内容和优先顺序，各方立场和意见则不尽相同，阵营划分也难以一概而论。综合现有的主要改革方案，大体而言，在谈判机制方面主张增加谈判机制灵活性，打破"协商一致"造成的多边谈判僵局；在实体规则方面主张制定贸易新规，强化贸易公平，消除投资障碍；在纪律约束方面主张更好发挥WTO的审查和监督功能，加强对成员方遵守透明度和通报义务的约束；在争端解决方面主张尽快修改相关协定，打破上诉机构法官遴选僵局，确保WTO正常运转。对于中国而言，关键在于"以我为主"，明确自身基本立场与核心关切，并在现有《立场文件》基础上，出台具体改革方案，更加积极主动地参与乃至推动 WTO 改革进程。

《从〈美墨加协定〉看美式单边主义及其应对》

廖凡（研究员）

论文　20 千字

《拉丁美洲研究》2019 年第 1 期

该文认为，相比其前身《北美自由贸易协定》，《美墨加协定》的主要变化包括更加严格的汽车业原产地规则、适度放宽的乳制品和农产品市场准入、大幅限缩的投资者—国家争端解决机制，以及新增的日落条款。《美墨加协定》充分体现出特朗普政府的"美国优先"立场和单边主义倾向：协定相关条款反映出在"美国优先"的基本国策下，重振美国制造业和强化美国规制权的总体态势；协定架构特点体现出美国以双边取代多边、以"互惠"取代"最惠"的贸易谈判新思维；美式单边主义的最终目标并非"去全球化"，而是重塑全球经贸规则，实现符合美国利益和需求的新一代"全球化"。作为应对，中国在多边层面应当积极维护多边经贸体制和推动世贸组织改革，并利用世贸组织规则对区域贸易协定中不公正的恶意条款加以约束；在区域层面应当加快《区域全面经济伙伴关系协定》谈判进程，并考虑在适当条件下加入《全面和进步的跨太平洋伙伴关系协定》；在国内层面应当继续深化改革、扩大开放，发挥市场在资源配置中的决定性作用，以高水平经贸法制、高质量营商环境应对和突破美国的"规锁"。

《试论国际投资法的新发展——以国际投资条约如何促进可持续发展为视角》

蒋小红（研究员）

论文　20 千字

《河北法学》2019 年第 3 期

该文认为，可持续发展的理念逐渐得到了国际社会的普遍认同，成为一项国际法原则。国际投资条约中的许多国际投资规则虽不能直接促进可持续发展，其规定却可能会严重制约可持续发展目标的实现。因此，要从规则和制度设计上消除不利于可持续发展目标实现的各种因素，对有关的实体规则和投资者诉东道国投资仲裁机制进行批判和解构。修改目前的国际投资条约的某些具体规定以增加政府规制外资的空间，对投资者施加保护环境、保护劳工权利、禁止贿赂等义务的规定，改革国际投资仲裁机制，并增加可持续影响评估程序是值得探索的路径。总体的方向是实现投资者、东道国、投资母国的权利和义务的平衡，通过平衡来实现可持续发展的目标。

政治学研究所

《西方政党遴选的政治学：民主化进程中的政党与议员候选人遴选》

张君（助理研究员）

专著　270 千字

中国社会科学出版社　2019 年 4 月

该书关注的核心问题是政党如何遴选议员候选人以及哪些因素导致了遴选方式的变迁。在案例选择上，选取的对象国是英、美、日三个发达国家。该书研究的基本思路是：运用政党遴选议员候选人的多重观察视角，选取有代表性的英美日政党，探讨其党内的遴选制度与实践，并对议员候选人遴选的变迁作出解释。该书还对中国提名推荐基层代表候选人作简要讨论，提出可资借鉴的若干制度启示。

《乡村民主治理：理念与路径》

赵秀玲（研究员）

专著　321千字

中国社会科学出版社　2019年3月

该书从多学科研究视角出发，以问题意识为导向，强调观念更新和路径选择的重要性，探讨了近二十年来乡村民主治理的发展及其未来走向。具体包括城乡均衡发展、精英参与、文化建设、协商民主、社会组织、公共产品供给、互联网、考评制度、智库建设、制度创新等。该书认为，城镇化并不意味着"去乡村化"，而是将中国传统文化与西方文化进行融通，再造具有中国特色的乡村现代化，这是乡村振兴的关键和要义所在。

《党政统合与乡村治理：从精准扶贫到乡村振兴的南江经验》

周少来（研究员）

研究报告　60千字

中国社会科学出版社　2019年11月

改革开放40年来，特别是党的十八大以来，南江县牢固树立"绿水青山就是金山银山"的发展理念，坚持以绿色发展助推脱贫攻坚、以绿色发展引领乡村振兴。在坚持党政统合、多方协同的治理原则下，探索创新出一条秦巴山区脱贫振兴的乡村治理之路，推动其经济、社会、文化各项事业发生了历史性巨变，实现了山区县域乡村治理的升级再造。该书认为，南江县推动绿色发展和乡村治理的主要经验，集中体现在：确立先脱贫攻坚再乡村振兴的目标逻辑；坚持下好改善基础设施"先手棋"；大力发展绿色生态产业；加快推进城乡要素双向均衡流动；不断提升乡村治理体系和治理能力现代化。这些经验，不仅对同属秦巴山区的80个县域具有启发示范意义，对全国广大山区县域推进乡村振兴、实现有效治理也有参考价值。

《新中国70年政治发展道路的理论价值与世界意义》

张树华（研究员）　王强（讲师）

论文　9千字

《毛泽东邓小平理论研究》2019年第10期

新中国70年政治发展道路是科学社会主义在当代世界最伟大而成功的实践，其特质与优势在于：中国政治发展深植于中国大地，符合中国历史文化传统，具有独创性和原创性；坚持中国共产党的领导，发展始终有一个坚强有力的领导核心；始终坚持人民主体地位，不断夯实执政基础和增强发展动力。中国政治发展实现了全面、真实、有效的人民民主，提高了中国在国际上的竞争力和影响力，呈现出稳定性、发展性、持续性、协调性、时效性特征。作为中国道路的组成部分，当代中国的政治发展为世界政治发展开辟了一条独具特色而卓有成效的道路。

《大数据与政府社会管理职能转型》

孙彩红（副研究员）

论文 9千字

《哈尔滨工业大学学报（社会科学版）》2019年第4期

该文认为，政府的社会管理职能及其转型，是实现政府治理现代化过程中的一个基本且重大的现实问题。随着经济社会发展的多维度、复杂性和不确定性日益增加，社会管理职能转型的任务和压力不断增大。大数据的加速发展也给这种转型带来一些新要求和挑战。从社会管理职能真正转型到社会治理，至少需要治理主体、治理方式、治理结构、治理效果评估等要素的改革或转变。而大数据技术目前作为治理方式和工具，不能同时满足向社会治理转型的多元目标。由此，为实现向社会治理转型，政府除了要运用好大数据技术维度上的优势，更重要的还需要理念与认知转变、法律制度完善和权力结构体系改革等配套条件。

《改革与转型：中国基层治理四十年》

周庆智（研究员）

论文 16千字

《政治学研究》 2019年第1期

该文以公共性社会关系性质的变化为观察和分析视角，从三个制度维度即社会组织结构、社会联系方式、国家与社会关系，阐释从单位社会的利益组织化架构进入公共社会的利益组织化架构所发生的社会转型和制度变迁，涉及政府治理、社会治理和市场治理等领域的主体型构及其功能界分，其中最为核心的部分是重构基层公共性社会关系，由此可以明辨中国基层治理四十年改革和转型的历史基础和现实发展条件。

《政治知识、社会公平感与选举参与的关系——基于媒体使用的高阶调节效应分析》

郑建君（副研究员）

论文 24千字

《政治学研究》2019年第2期

为探讨政治知识与选举参与的影响关系以及社会公平感和媒体使用对该关系的作用条件，该文作者通过对北京、天津、黑龙江、山东、浙江、安徽、湖北、甘肃、广西和陕西进行问卷调查，获得了8635份中国公民的有效数据，结果显示：政治知识与个体选举参与行为的正向关系，受到社会公平感中程序公平维度的调节作用；同时，在对公民选举参与的影响关系中，政治知识与程序公平的交互效应还受到个体媒体使用的调节作用，即在偏好使用新兴媒体的条件下，政治知识与程序公平的交互效应对公民选举参与行为的正向预测影响更强。该研究验证了以政治知识为表现形式的支持性资源与政治参与行为关系中社会公平感的作用，以及该作用在不同媒体使用条件下的表现形态。

《"集体"的生成与再造：农村土地集体所有制的政治逻辑解析》

陈明（助理研究员）

论文 14千字

《学术月刊》2019年第4期

该文认为，在经典马克思主义理论中，所有制并不是一种具体的产权安排，将公有制直接落定为集体所有权是特定历史阶段和认识前提下的产物。当前，初建农村集体组织时那种以农村居民的居住地划定集体范围的做法已经不适应新时代的发展要求，农村"集体"的再造成为必然趋势。深化改革的核心是实现"集体"及其成员权的现代转型，逐步赋予集体成员退出、重组与再联合的权利。以"三权分置"为中心的土地制度改革为解决集体成员权问题提供了重要窗口，更大改革红利的释放有赖于针对不同类型村庄制定具体的操作性方案。

《中国新型政党制度的形成和发展——纪念新中国成立70周年》

田改伟（研究员）

论文 12千字

《中国特色社会主义研究》2019年第3期

中国共产党领导的多党合作和政治协商制度，是中国基本政治制度，是中国共产党与各民主党派一起创造的新型政党制度。这种制度萌芽于近代以来中国谋求民族独立、国家富强的革命斗争中，随着新中国的建立而确立为国家的基本政治制度，并且在社会主义建设和改革开放的历史进程中内容越来越丰富。在这个历史过程中，中国共产党与各民主党派和无党派人士为了新中国的社会主义建设与改革事业合作共事、荣辱与共，逐渐展示出了这种新型政党制度在促进社会和谐、保持政治稳定、凝聚全国人民推进社会进步等方面的独特政治功能。中国共产党的领导地位，不仅是这个新型政党制度的历史逻辑所决定的，得到了各民主党派的确认和认可，也是这个新型政党制度成功实施的前提和保证。这种新型的政党关系突破了西方政党政治中一党制、多党制的逻辑框架，丰富和发展了马克思主义关于政党的学说，充满中国智慧，是中国内生的政治制度。

《当代中国政治哲学的发展：回顾与前瞻》

王炳权（研究员）

论文 20千字

《学术月刊》2019年第6期

美好政治生活的展开与政治实践的良性运转，需要政治哲学的引领。当代中国政治哲学的发展为适应新时代政治发展的新要求，需要反观自身的优长与不足，以为人们美好政治生活需要服务。政治哲学的发展是建构中国特色政治学学科体系、学术体系、话语体系的重要组成部分。当代中国政治哲学在与现实政治生活的相互作用中获得了较为充分的生长空间，在学科体系、理论话语、价值内核上形成了基本的区分度，并在理解政治实践、把握政治生活、引导政治发展上拥有了一定的话语权。但当代中国政治哲学总体上还面临着思想资源整合乏力、核心话语缺失、"中国性"特质不彰等短板。借新时代的东风，中国政治学需要在融入中国实践、形成中国知识、推动中国需要方面下功夫。

民族学与人类学研究所

《加强民族史研究 重视"绝学" 维护民族团结和国家统一》

史金波（研究员）

论文 3.5千字

《民族研究》2019年第2期

从民族的角度研究中国历史，对加强民族团结，维护国家统一，具有重要学术和现实意义。新中国成立后，特别是改革开放以来，民族史研究成就令人瞩目，并建立起中国民族史专业及研究和教学机构。新的研究成果不断推出，在丰富历史知识、提高民族素质，维护民族团结、弘扬爱国主义，借鉴历史经验、参酌制定政策等方面，发挥了重要功能。民族研究所的民族历史研究室，不断有代表性的研究成果问世，并积极响应国家号召，对时代要求的重点、热点问题进行深入研究，作出了积极贡献。

中国民族史学会先后召开多次学术研讨会，就历史上的民族关系、民族政策、近现代民族史、国家认同、中华民族多元一体等问题，总结历史经验，探讨历史发展规律，提高对历史上民族问题的认识。近年来，中国社会科学院两次启动特殊学科建设，有力地推动了相关学科的传承和发展。民族研究所有多种有关民族的特殊学科，如西夏文、契丹文、女真文、古藏文、东巴文等。

目前民族史研究，"绝学"研究，都存在着理论研究欠缺、宏观研究薄弱、对现实问题关注不够的问题。应加强民族史研究和教学队伍建设，为构建民族历史学三大体系作出不懈努力，在新时期为维护民族团结和国家统一，为中华民族的伟大复兴作出新贡献。

《西夏文军抄账译释研究》
史金波（研究员）
论文 20 千字
《军事历史研究》2019 年第 3 期

黑水城出土的西夏文军抄账，是近年新发现的西夏军事文书品类。该文对其进行翻译和考释。这些文书反映出西夏不仅有以首领所辖军抄进行登录的军籍文书，还有以溜和甲为单位进行登录的文书，西夏对基层军事组织有多种检校、登录形式；在西夏，军抄文书与户籍相互渗透、交织，军抄与土地、牲畜等财产密切关联，将兵、民结合在一起，从社会层面反映西夏兵民合一的军事体制和管理特点。有的文书表明西夏存在对军抄中兵丁的钱粮补贴，反映出西夏全民皆兵的军事体制有政府费用补助作为保障，所谓西夏军队"人人自备其费"的说法值得商榷。

《辽、宋、夏、金时期的民族史学》
史金波（研究员） 关志国（助理研究员）
论文 23 千字
《开拓与创新：宋史学术前沿论坛文集》
中西书局 2019 年 6 月

辽、宋、夏、金时期，中国处于政权分立时期。宋朝无力控制周边各民族，面临来自各民族的巨大压力，民族史观方面华夷之辨空前严格，士大夫群体有强烈的民族情绪。这一时期无论是辽、金，还是西夏，接近或进入中原地区后，都逐渐产生了不自外于中国的华夏正统观念，以中国正统自居，并以中国传统的"德运"之说进行解释和争辩，以此表明自己的正统地位。各政权的统治上层都重视修史，欲通过修史争取本朝的正统地位。当时各政权之间建立了交聘关系，宋朝使臣归国后，撰写见闻录等。还有人至民族地区，根据亲身见闻撰写笔记。这些见闻记录具有很高的史料价值。宋代的地理志、大型类书和纪传体通史中保存了不少民族史的资料。各朝历史的纪传体史书，也都有专门部分记述各民族历史。这一时期契丹族、党项族、女真族先后创制民族文字，用这些民族文字撰著的历史文献，反映着当时少数民族史学的发展情况。

《当代中国社会主要矛盾转化的历史过程及其原因与解决途径》

何星亮（研究员）

论文　9千字

《宗教信仰与民族文化》第12辑　社会科学文献出版社　2019年8月

该文第一部分分析新中国成立以来社会主要矛盾的转化，主要经历了六个阶段：一是1949年至1956年8月，中共把工人阶级与资产阶级之间的矛盾看作国内的主要矛盾，把中国与帝国主义之间的矛盾看作国家间的主要矛盾；二是1956年9月至1958年4月，中共把现代工业与传统农业、经济文化发展不能满足人们需要看作主要矛盾；三是1958年5月至1966年7月，中共把无产阶级与资产阶级、社会主义与资本主义的斗争看作中国社会的主要矛盾；四是1966年8月至1978年11月，中共以阶级斗争为纲，把无产阶级与资产阶级的斗争看作主要矛盾；五是1978年12月至2017年10月的40年间，中共把"人民日益增长的物质文化需要同落后的社会生产之间的矛盾"看作主要矛盾；六是新时代的社会主要矛盾是"人民日益增长的美好生活需要和不平衡不充分的发展之间的矛盾"。该文第二部分分析新时代主要矛盾转化的原因：一是因为人民对"美好生活的需要"不只是物质方面的需要，它包括物质性的需要、社会性的需要和精神性的需要；二是人民对美好生活的需要是"日益增长"的，是由低层次、低质量的向高层次、高质量不断发展的。该文第三部分分析分析解决新时代的主要矛盾的途径：一是把"不断满足人民日益增长的美好生活的需要"作为各项建设的动力和源泉；二是各项建设由"以物为本"转向"以人为本"；三是各项建设之间和地区之间平衡发展；四是满足国内需要和国外需要相结合，构建合作共赢、共同富裕、共享发展的人类命运共同体。

《日本史前叉状研齿的分布、特点与象征意义》

何星亮（研究员）

论文　8千字

《民族研究》2019年第3期

该文主要根据日文资料，对日本史前叉状研齿习俗的分布、特征与象征意义进行分析。日本史前时期拔牙习俗丰富多彩，不仅分布面较广，类型复杂多样，颗数较多，性别差异明显，而且还有较为奇特的叉状研齿。日本史前有叉状研齿的人骸主要集中在爱知县和大阪府的一些遗址之中。

作者认为，日本史前叉状研齿具有明显的齿种特征、地区特征、年代特征、性别特征、年龄特征、拔牙类型特征和比例特征，并作了较为详细的探讨，提出了自己的看法。日本学术界关于叉状研齿象征意义的讨论主要有两种观点：一是巫师或军事首领的象征，二是特殊阶级或特殊职业的象征。该文认为，前一种观点论据不足，后一种观点接近事实。

《文明交流互鉴与人类命运共同体建设》

何星亮（研究员）

论文　8千字

《人民论坛》2019年第21期

该文根据习近平总书记在以"亚洲文明交流互鉴与命运共同体"为主题的亚洲文明对话大会开幕式上发表主旨演讲作进一步的分析和探讨。作者认为，文明的多样性和差异性不是冲突的根源，而是互补的基础，是创新发展的前提。

不同文明之间之所以要加强交流互鉴，一是文明多样性是人类历史和当代世界的现实；二是文明具有相对性和交融性特征；三是保护文明或文化多样性是世界各国的共识；四是文明多样性和差异性是文明交流互鉴的基础。文明交流互鉴在人类命运共同体建设中起着十分重要的作用：一是文明交流互鉴为人类命运共同体建设提供人文基础；二是文明交流互鉴为人类命运共同体建设提供发展动力。不同文明国家之间，交流互鉴越频繁、越深入，彼此之间也就越认同、越尊重，国家之间的关系也就越好，共建人类命运共同体的基础也就越牢；交流互鉴越稀少、越浮浅，相互之间也就越容易误解，越容易生产矛盾和冲突，国家之间的关系就会处于紧张状态，共建人类命运共同体也就没有基础。

《西藏社会发展调查研究》

王延中（研究员）主编

专著　246千字

中国藏学出版社　2019年10月

该书是社会稳定问题调研组在2013年赴藏调研基础上撰写而成的。全书共分一篇总报告和十二篇专题报告，内容涉及民生建设、现代教育事业发展、文化保护、基层组织建设、民族地区廉政建设以及这些与社会稳定的关系，社会稳定机制建设与实践经验等。书稿资料翔实、论证充分、理论性强，系统总结西藏经济发展与社会稳定实践探索的学术成果具有较高理论意义。

《新时代民族工作与民族交往交流交融》

王延中（研究员）　章昌平（博士研究生）

论文　15千字

《中央民族大学学报（哲学社会科学版）》2019年第5期

党的十八大以来，我国民族工作进入新时代，民族工作面临新的形势和任务。党中央十分重视民族工作和民族交往交流交融的发展，在民族工作领域提出了一系列新理念、新思想、新论断和新要求，进行了一系列的重大工作部署和理论创新。

该文以新时代民族工作和各民族交往交流交融实践的经验总结为主要目的和梳理主线，围绕边疆民族宗教统战工作理论创新和治理经验制度化、建设各民族共有精神家园和铸牢中华民族共同体意识、民族地区和少数民族经济社会发展小康化均等化、基于"两个共同"扎实推进民族团结进步创建工作、城市成为各民族"三交"的新平台、筑牢民族团结的人心防线和网络空间中的民族交往交流交融新途径等总结新时代民族工作新发展和民族交往交流交融的新局面、新气象。

《新中国70年民族交融发展的基本经验》
王延中（研究员） 宁亚芳（副研究员）
王锐（博士后）
论文 11千字
《西北民族研究》2019年第3期

我国是统一的多民族国家，民族事务历来是各个时期党和国家事务的重要组成部分。中华人民共和国成立以来，中国共产党坚持把马克思主义民族理论与中国民族问题的实际相结合，形成了民族交融发展的八条基本经验，即党和政府高度重视民族问题和民族工作；形成了中国特色解决民族问题的正确道路；不断夯实少数民族和民族地区交融发展的物质基础；建设各民族共有精神家园，铸牢中华民族共同体意识；大力开展民族团结教育和民族团结进步创建工作；不断推进民族理论政策的创新发展；坚持反对两种民族主义，维护民族团结和国家统一；坚持中国共产党对民族事务的全面领导。

社会学研究所

《网络直播：参与式文化与体验经济的媒介新景观》
高文珺（助理研究员） 何祎金（讲师）
田丰（研究员）
专著 242千字
电子工业出版社 2019年3月

信息技术和数字娱乐形式的新发展，为网络直播的兴起创造了可能。网络直播在中国的蓬勃发展，不仅引发了广泛的民众参与、大量的资本投入，同时也伴随着一些社会争议。该书从社会生态心理学的视角进行分析，将网络直播置于社会环境、文化情境和相关产业背景中进行探讨，采用参与式观察和访谈的方法，选取参与式文化和体验经济作为切入点，剖析网络直播文化如何形成一种社会媒介新景观；探究网络直播的社会心理功能与用户体验，网络直播存在的社会意义和价值，直播行业的生态和规范化问题，并讨论了如何通过扩展用户的体验，让直播行业得到进一步优化和发展。

《亲密关系的转变：地方增长联盟的诞生、破裂与修复》
吕鹏（研究员）
专著 200千字
社会科学文献出版社 2019年4月

这是一部关于市场重组如何避免"对价悖论"的著作。市场重组成功的关键之一在于各方资产持有者能就特定资产的价格达成一致。然而存在一种重组双方有对价意愿但对价机制失灵的现象，也就是"对价悖论"。通过一项历史社会学式的过程分析，该书指出当庇护失灵、技术失灵、话语失灵发生时，面对超经济强制的压力，通过非市场的手段解决市场纠纷会扭曲市场权力关系。若要真正推动中性竞争，应在中央政府、中央管理企业、地方政府、地方国有企业和民营资本之间建立更加平等的利益分配格局和新型政商关系。

《新时代廉政建设策略研究》
蒋来用（副研究员）
专著 294千字
中国社会科学出版社 2019年4月

该书选择当前廉政学研究中的重大问题进行研究，在对腐败进行定义的基础上提出判断反腐败形势的方法和标准，认为当前中国反腐败形势正在发生转变；提出反腐败的原则与路径，强调反腐履廉建设要坚持走科学化道路，主张反腐败要"抓大不放小"，应减少人才浪费；从历史和比较视角对监察体制改革进行了研究，提出有效性是监察体制改革的衡量标准；认为任何反腐败体制都存在瑕疵，反腐败机制运作的有效性恰恰可以弥补其不足。"两个责任"使全面从严治党具有充分的组织保障。在各级党委认真落实主体责任的政治环境下，追逃追赃机制进一步完善，但政治腐败和经济腐败相互交织形成利益集团需要运用新的机制去应对和处理；对腐败存量的解决策略进行研究，驳斥"赦免腐败论"，认为"四种形态"是战术是战略，提出构建容错机制的方法和措施，运用好党的基本经验，保证党的事业不断发展壮大。

《中老年社会心态与互联网生活》

高文珺（助理研究员） 何祎金（讲师）
朱迪（研究员）等
专著 208千字
社会科学文献出版社 2019年4月

无论从经济发展还是从社会发展来看，中老年人的互联网生活都是一个复杂却又重要的议题，尤其是对一个正在向人口老龄化迈进的国家而言。现代社会和互联网的发展，不能忽视这一群体的存在，不能使他们成为互联网时代的孤岛。该书以社会心态为切入点，采用行动愿景的分析视角，绘制了一幅中老年互联网生活的图景，揭示了中老年人的互联网融入状况、融入信息化时代所面临的困境和机遇，以及他们在信息化时代的社会心态特点，进而提出推动中老年融入信息化时代、塑造中老年积极社会心态的建议。

《乡村工业化与村庄共同体的变迁》

梁晨（副研究员）
专著 214千字
社会科学文献出版社 2019年5月

全书以华北某省P县西河村为案例，关注社会团结的命题：村庄共同体为何日渐衰败；村庄的公共生活在工业化之后为何衰减；这种村庄共同体的变迁与村庄工业化的关系如何；是否能在村庄工业化过程中形成新型的社会团结。该书通过对西河村在乡村工业兴衰过程中村庄公共利益分配、社会秩序与村庄文化规制变化的研究，试图解释村庄共同体在本土产生的乡村工业影响下所发生的变迁，并以此为基础讨论村庄建设的基础与可能性。

《地方金融治理的制度逻辑：一个风险转化的分析视角》

向静林（助理研究员）
专著 265千字
社会科学文献出版社 2019年6月

全书试图解释地方金融治理中的普遍现象，即地方政府为什么选择混合治理结构、何以介入金融纠纷以及风险分担规则为何不确定。通过引入风险转化的分析视角，该书揭示了这些现象的内在关联及背后的制度逻辑。全书是国内金融社会学领域的一项有益探索，有助于我们以不同于金融学和法学的视角理解金融治理，从而为分析急剧变迁社会中的秩序形成问题提供一些线索。

《县域现代化的"晋江经验"》

王春光（研究员） 杨典（研究员）

肖林（副研究员）等

专著 200千字

社会科学文献出版社 2019年8月

"晋江""晋江模式""晋江经验"已经名满全国，走向世界。该书从经济、社会、文化、乡村、党建等多维度，探讨晋江作为一个县级市在过去短短40余年从一个经济薄弱的县发展成全国县域经济实力百强县市前十名之一和长期位居福建省县市第一的现代化历程及其原因，寻找晋江的现代化历程对其他县市的诸多可资借鉴的经验和做法，比如"爱拼敢赢"和"善拼会赢"的民间创业精神、"亲清"政商关系、包容的社会政策、城乡一体的发展战略等。

《澳门中产阶层现状探索》

陈昕（研究员）等

专著 430千字

中国社会科学出版社 2019年8月

澳门中产阶层的发展壮大，对于澳门经济繁荣、政治稳定和社会和谐具有重要意义。对澳门中产阶层的划分也在不断探索之中。澳门中产阶层的崛起与澳门特殊的产业结构密切相关，发展背景及产生路径的特殊性造成该群体既具有中产阶层的一般特征，又有其自身专享的特点。

《中国社会学史（第一卷）：群学的形成》

景天魁（研究员）主编

专著 820千字

中国社会科学出版社 2019年10月

全书阐述了群学形成的社会基础和思想基础，论证了群学是先秦中华文明高峰的结晶，是春秋战国社会剧变的产物，是先秦崛起的士阶层的智慧集成，是世界历史上无与伦比的百家争鸣的硕果，稷下学宫是群学的孕育之地，荀子作为先秦思想的集大成者是群学当之无愧的创立者。由此证明了严复、梁启超、费孝通等的论断，从而中国社会学史应该从战国末期开始重新书写。该书从浩瀚的文献中梳理和筛选出100多个群学命题，构成群学元典形态，这是中国社会学话语体系的一个版本，是我们今天构建社会学话语体系、学科体系的历史基础。

《草原管理"难缠问题"研究——环境社会学的视角》

张倩（副研究员）

专著 246千字

中国社会科学出版社 2019年10月

环境社会学作为一个研究环境—社会相互作用关系的新兴学科，可能帮助我们从一个新的视角去思考草原管理问题。该书在作者多年从事草原管理相关研究所发表的论文基础上，将相关研究归纳梳理，结合环境社会学相关理论，对这种难缠问题进行深入分析，终归结到环境社会学根本的问题，即到底什么样的人与自然的关系才能解决这样的难缠问题。基于对这一问题的探讨，加强中国解决草原问题的理论基础，并推动环境社会学理论在草原管理方面的应用以解释和解决现实问题。

《涂尔干的道德科学：基础及其内在展开》

陈涛（助理研究员）

专著　350千字

上海三联书店　2019年12月

"道德科学"作为涂尔干社会学的别称，表明了社会学在建立自身的过程中力求回应的原初问题。但在移植模仿和学科分化的过程中，这一基本问题却变得晦暗不明、为人所遗忘。因此要把握这门学科的基本问题及其界限，就必须把它放到它曾经努力挣脱的伦理学和政治哲学传统中，并把它看作对上述传统的一种回应，乃至评注从而有可能再次激活社会学对于现代社会的认识，并在此基础上有所推进。在"道德科学的形而上学基础"部分，作者从社会法则和社会功能角度考察了社会学对此前的政治哲学和伦理学的继承和批判，并借此去逼近它的理论预设。无论是涂尔干试图把握的不同于个体心理法则的社会法则，还是不同于哲学伦理学的人性论规范基础的社会功能，最终都要求他预设一个不同于个体的、自成一类的、有着自己的需要、思维和行动方式的"社会"。在"道德科学的内在展开：从风俗到道德理想"部分，作者试图分析涂尔干社会学的内在发展脉络，他如何因为早期社会形态学和道德统计学在研究道德事实上存在的困难，而在后期逐渐转向宗教人类学和集体表象理论。同时，社会学的研究对象也从风俗转向了理想化的道德。最后，作者还梳理和讨论了中国早期民族学、人类学和社会学对涂尔干理论的接受情况。

《改革开放的孩子们：中国新生代与中国发展新时代》

李春玲（研究员）

论文　18千字

《社会学研究》2019年第3期

改革开放后出生的中国新生代，是深受重大社会历史变迁影响又在其中发挥重要作用的"社会代"。高速经济增长、独生子女政策、教育扩张、互联网兴起、市场化、工业化、城镇化以及全球化和中国崛起等一系列重大历史事件交织于他们的个体生命历程中，在他们成长的每个阶段影响着他们的生存机遇，形塑了他们的代际特征，凸显了他们与前辈群体的代际差异。但与此同时，新生代的代际共性未能突破社会结构的制约，代际认同也没能消解代际内部的社会经济差异。相反，市场化推进导致的社会分化强化了阶层地位代际传递效应，"二代"现象也成为新生代无法回避的代际面貌之一。当今中国的发展进入了新时代，青年的发展也迈入了新时期，均衡发展是新生代在新时代面临的新挑战。

《环境治理中的知识生产与呈现——对垃圾焚烧技术争议的论域分析》

张劼颖（助理研究员）　李雪石（博士研究生）

论文　20千字

《社会学研究》2019年第4期

该项研究从科学技术研究（STS）的进路出发，打开技术的"黑箱"，检视反对垃圾焚烧运动当中的技术争议。基于论域分析的框架，作者对垃圾焚烧技术的争议焦点——剧毒物质二噁英的排放进行分析，以回答这项技术招致反对的原因。文中借由民族志带领读者进入两个社会世界——垃圾焚烧设施及其应用者的话语世界和反焚运动的话语世界，并在此基础上剖析垃圾焚烧的知识是如何在不同的社会世界中由不同的社会行动者生产、应用、循环和竞争的。在科技知识生产的意义上，作者的研究为环境运动研究提供了新的进路，也为后续的环境治理、环境运动以及技术争议研究提供了一个可用的方法包。

《平等与繁荣能否共存——从福利国家变迁看社会政策的工具性作用》

房莉杰（研究员）

论文　20 千字

《社会学研究》2019 年第 5 期

该文通过回顾福利国家的变迁，试图呈现作为工具的社会政策是如何平衡经济发展与社会平等的。资本主义工业化时期，"福利国家模式"之所以成功是因其劳动力"去商品化"的政策内核很好地应对了当时经济增长与社会平等的"共同利益"。然而，20世纪80年代以来，在新形势下，福利国家劳动力"去商品化"策略失效，这不仅阻碍了经济的发展，也无法促进社会平等。而新形势下经济与社会的"共同利益"，要求社会政策向劳动力的"再商品化"转型。这一转型趋势不可逆转，但其中也蕴含着自由主义与全球化的威胁。

《从"各美其美"到"美美与共"：费孝通看梁漱溟乡村建设主张》

张浩（副研究员）

论文　24 千字

《社会学研究》2019 年第 5 期

梁漱溟和费孝通两位都是乡村发展史和学术思想史上的重要人物，该文主要讨论费孝通对梁漱溟乡村建设主张的态度。对年轻的费孝通而言，其学科训练、师友影响以及士绅家庭背景都令他对梁漱溟的乡村建设主张抱持保留和质疑的态度；历经数十年人生风雨，经过晚年的反思与补课，费孝通重新认识并走近了梁漱溟，对其乡村建设主张的认识也实现了从"各美其美"到"美美与共"的转变。梁漱溟与费孝通两位先生关于中国乡村社会的真知灼见是中国社会科学推进本土化的标志和重要成果，对于深入认识和有效解决当下的乡村问题具有重要的参考价值。

新闻与传播研究所

《虚拟现实与传播形态——国内外前沿应用案例分析》

殷乐（研究员）　高慧敏（博士研究生）

论文　13 千字

《当代传播》2019 年第 1 期

近年来虚拟现实技术在国内外媒体中广为应用，折射出整体传播图景的变革趋势。该文主要基于 2018 年国内外虚拟现实技术的媒体应用案例进行解析，总结出三种传播内容形态：沉浸式新闻、互动式娱乐内容及 VR/AR 社交，以此来探析虚拟现实技术对整体传播态势的影响，进而从个人、媒体和社会三个层面展望虚拟现实应用下的传播形态。作者明确提出并论证了沉浸式新闻对新闻叙事方式的创新，虚拟现实娱乐形态对互动式叙事方式的深化，以及社交 VR/AR 对社会交往形态的深层改变。

《2018 年新媒体研究热点、新意与走向》

孟威（研究员）

论文　13 千字

《当代传播》2019 年第 1 期

该文从新媒体研究的政策、产业、技术背景出发，通过文献计量分析发现，年度新媒体研究围绕媒体融合、信息可视化、自媒体舆论、算法人工智能等六个方面形成热点和新意，"两微一端"研究跃升为第一话题，研究呈现出政策主导、跨学科、倾向实践等特色，但严谨、真实、科学性等方面仍需加强。论文既融入宏观背景又注重学界特点，真实把脉总体趋势，突出观点创新和问题意识，体现理论与实践相结合的逻辑，并提出针对性建议。

《新宣传的历史溯源、概念重构与关系治理》

叶俊（助理研究员）

论文　12.5 千字

《国际新闻界》2019 年第 3 期

该文在对"新宣传"概念进行理论脉络梳理的基础上，提出了重构"新宣传"概念的必要性及可能性。该文认为，宣传与传播、公关之间应该厘清界限，才能明确宣传概念，而这是确保宣传正当化的基础。作者指出，新宣传在重构概念的基础上，还要对宣传主体的权力进行约束，对宣传主体与客体的关系进行制约并建立协商机制，最后通过强化宣传伦理和加强宣传启蒙的方式以保证宣传的正当化。

《知识获取 V.S. 娱乐享受——基于 UTAUT 拓展模型的网络课堂使用探究》

孙萍（助理研究员）　　牛天（助理研究员）

论文　15 千字

《新闻与传播研究》2019 年第 5 期

新媒体技术平台下的内容分享和技术互动成为媒介效果研究的新领域。基于 UTAUT 理论，该文以知识分享平台——网络课堂为例，通过聚焦网络课堂的内容承载和技术可供性，从微观角度探究了公众个人使用网络课堂的动机与效果。通过对 1117 份有效数据样本的分析发现，人们对于知识获取、表现预期、同行／社会压力、娱乐享受的社会心理预期会影响其对网络课堂的使用，进而影响个人的内部和外部自我满意程度。同时，娱乐享受的使用动机明显高于知识获取的需求，这为新媒体平台传播生态下媒介的社会性和工具性使用开辟了新的研究思路。

《"李毅吧"的主体塑造历程与中国互联网群体主体性的变迁》

曾国华（助理研究员）

论文　16 千字

《中国农业大学学报（社会科学版）》2019 年第 4 期

该文从行动者网络理论的视野出发，试图通过对百度贴吧"李毅吧"自 2004 年建吧以来的主体叙事和自我构建的历时性分析，来勾划"李毅吧"吧友聚合群体的身份认同史，并以此来揭示中国互联网群体认同与媒介技术、社会变迁之间的复杂关联。该文认为，"李毅吧"从粉丝、反粉丝、"屌丝"到"小粉红"的聚合群组变迁过程，展现了中国网络用户聚合群体主体性建构的一个典型转变过程。

《乡村文化治理的媒介化转向》

沙垚（副研究员）

论文　10千字

《南京社会科学》2019年第9期

乡村文化治理的行政化路径和产业化路径在某种程度上遏制了乡村文化的创造性，有违村庄的社区公共性和村民的文化主体性原则。该文反思当前乡村文化治理路径，指出其症结不在将文化本身工具化还是对象化，其重点在于以一种内生性视角来发现文化治理机制，而非仅仅从外部逻辑出发将文化作为"他者化"的问题去治理。该文提出了乡村文化治理的媒介化转向，认为该"媒介"的前端是文化和价值，后端是实践和操作，所谓媒介化治理便是在这两端之间建立一种良性的、有机的传递和联结方式，将媒介前端的精神落地，成为后端的实践。作者指出，乡村文化治理的媒介化路径不仅是对在地化和历史性逻辑的遵循，勾连了乡村的过去和未来，更是内含着一种对主流治理模式和主流话语的批判。

《中国特色社会主义新闻学"三大体系"的建构》

季为民（研究员）

论文　8千字

《新闻与传播研究》2019年第9期

该文聚焦于中国特色新闻学发展的重大问题，对70年来中国特色新闻学"三大体系"的发展阶段及其特征进行了回顾，对新时代中国特色新闻学"三大体系"的基本定位和现实问题进行了梳理，提出了中国特色新闻学"三大体系"建构的内涵、目标和方向，即以马克思主义为指导，汲取中华优秀传统文化思想资源，融汇东西方新闻传播科学成果，围绕中国实践推动新闻学概念、知识、理论的重构和创新。

《移动终端辟谣模式：众筹式信息拼图的立体表达》

雷霞（副研究员）

论文　7千字

《现代传播（中国传媒大学学报）》2019年第9期

该文以微信谣言过滤器为代表的移动终端谣言及其辟谣信息为研究对象，在对微信"谣言过滤器"2018年1—6月发布的朋友圈每月十大谣言的60条辟谣信息的辟谣策略及特点进行分析的基础上，指出当前移动终端辟谣策略的经验与不足，并结合爱德华·霍尔文化的三个层次理论，首次提出移动终端辟谣模式。该文指出，辟谣信息拼块相互作用，相互拼接，形成移动终端立体的、多通道的、综合性的拼图，而其形式是多载体、多样态的。这样的辟谣信息立体拼图，向确定性信息无限开放，因此无限接近确定性，为新媒体时代移动终端辟谣策略提供参照。

《论短视频对传统电视新媒体化赋能的独特性》

冷淞（副研究员）

论文　9千字

《现代传播（中国传媒大学学报）》2019年第10期

该文主要研究当前媒体领域短视频迅速崛起的根本原由和重要影响，并对电视等传统媒体的生存处境进行反思，在此基础上提出融合互补的发展探索路径。文章认为，技术驱动、内容驱动、平台驱动和资本驱动形成了短视频蓬勃发展的内在驱动力，而政策环境、经济环境和社会环境则为短视频发展提供了外部环境保障。短视频所具有的独特传播机制与特点，可对电视的融合发展进行赋能，而电视的诸多特性同样对短视频具有借鉴意义。

《新中国新闻思想流变》

向芬（副研究员）

专著　296千字

河南大学出版社　2019年9月

该书以新中国新闻思想作为研究对象。全书共6章：第一章论述了无产阶级新闻学的理论建构；第二章重点关注新中国成立后中国道路的理论探索和实践反思；第三章从甘惜分和王中20世纪50年代的新闻论争与思想分歧入手探讨新闻思想的变化；第四章着重回顾20世纪50年代后期和20世纪60年代中国共产党在新闻教育中培养无产阶级新闻人的探索；第五章探讨甘惜分和王中20世纪80年代新闻思想是否"殊途同归"的问题；第六章总论新闻学的"政治"主场、退隐与回归。

国际研究学部

世界经济与政治研究所

《2019年世界经济形势分析与预测》

张宇燕（研究员）主编
孙杰（研究员） 姚枝仲（研究员）副主编
专著 387千字
社会科学文献出版社 2019年1月

作为年度形势报告，该书主旨是为读者了解过去一年的世界经济形势和把握未来一年世界经济的发展趋势提供分析和参考。该书认为，2018年世界经济增速没有持续上一年的强劲上升势头，大多数国家出现了经济增速回落，但是全球的失业率仍然保持在低位，充分就业状况和大宗商品价格上涨促使各国通货膨胀率有所提高。同时，世界经济还表现出国际贸易增速放缓、国际直接投资活动低迷、全球债务水平持续提高和金融市场出现动荡等特征。

未来世界经济还面临诸多挑战，这些挑战包括：美国经济下行的可能性较大，金融市场可能进一步出现剧烈动荡，各主要国家应对下一轮经济衰退的政策空间受到限制，全球贸易战可能带来较大负面影响，逆全球化的措施将阻碍国际贸易和投资的发展。地缘政治风险、民粹主义和民族主义的扩张等问题也将影响世界经济的稳定与发展。该书预计，2019年按PPP计算的世界GDP增长率约为3.5%。

《全球政治与安全报告（2019）》

张宇燕（研究员）主编
李东燕（研究员） 邹治波（研究员）副主编
专著 308千字
社会科学文献出版社 2019年1月

作为国际政治领域的年度形势报告，该书的宗旨是根据形势发展，以专题的形式阐述一年来国际政治与安全的现状，进行原因解释并提出预测和对策建议。该书全面阐释了国际形势的总体发展，提供了有关大国关系、全球重大冲突与军事形势、全球恐怖主义与反恐斗争、全球能源政治、中国周边安全形势、全球反腐、全球能源安全、网络安全、国际移民难民问题等方面的专题报告。

作为年度热点受到关注的有：朝鲜半岛局势、西亚北非局势、世界各地选举与公投，中国海外利益维护和"一带一路"倡议的进展情况等。此外，该书也对一年来国际著名智库及国际关系理论学界的最新研究成果进行了梳理和介绍。

《习近平新时代中国特色社会主义外交思想研究》

张宇燕（研究员）主编

专著　203千字

中国社会科学出版社　2019年3月

该书是"习近平新时代中国特色社会主义思想学习丛书"之一种。该书认为，深刻总结党的十八大以来中国外交的成功经验就必须从时代的高度、发展的角度、世界的维度深入研究习近平外交思想。该书将习近平外交思想表述为一个基本判断、两个战略目标、三个工作抓手。一个基本判断是坚持和平发展时代主题的基本判断不动摇；两个对外战略目标分别是推动建立新型国际关系、推动构建人类命运共同体；三个抓手分别是推动"一带一路"建设、积极参与全球治理和贡献人类共同价值。深入学习和研究习近平外交思想，有助于我们总结和把握新时代中国特色大国外交理论的发展，有助于我们理解中国外交的总体布局，有助于我们观察和分析中国外交政策的走向。

Chinese Constitutionalism in a Global Context（《全球背景下的中国政治道路》）

彭成义（副研究员）

英文专著　125千英文字符

英国劳特里奇出版社　2019年1月

在我国意识形态领域变得日趋复杂多元的情况下，举什么旗走什么路显得极端重要，在这种背景下，考察中国政治道路的选择及其影响具有重要的理论和现实意义。该书的主要创见包括：(1) 颠覆了自由主义对constitutionalism的垄断阐释，将此与"政治道路"进行了对接；(2) 第一次对中西马的constitutionalism进行了梳理、比较和分析，并为促进他们对话搭建了平台；(3) 在方法论上引入西方后现代批判理论以及中国传统"解蔽"智慧，而使研究视角和结论更具包容性；(4) 在当前国内外形势发生深刻复杂变化的情况下，讨论了中国政治道路在世界层面的话语、理论和现实意义。

The Fundamental Dynamic Effect on Reform and Opening in China（《中国改革开放的根本动力》）

邵滨鸿（编审）主编

英文论文集　250千英文字符

Brill 出版社　2019年11月

该书是"中国学者的世界观"丛书系列之一。该书关注思考改革开放40年来的动力机制，从制度成本、中国城市化、土地问题等角度来探讨中国改革开放的动力，作者还对中美贸易、金融开放、中国开放型新经济体系等重点问题作了研究述评。

《人民币增加值有效汇率及其向不可贸易品部门的拓展》

杨盼盼（副研究员）等

论文　20千字

《世界经济》2019年第2期

该文测算了加总和全口径分行业人民币增加值有效汇率，采用增加值有效汇率测算方法以更好地体现人民币的对外竞争力。研究发现，加总层面人民币汇率在经增加值贸易调整后的上升幅度高于传统有效汇率的上升幅度，此外，增加值有效汇率的竞争力分解与传统有效汇率也不相同。分行业看,不同于传统理解,部分不可贸易品行业的增加值有效汇率上升幅度同样较高,其上升幅度甚至高于某些可贸易品行业,因此需要关注不可贸易品行业的对外竞争力变化及其理论和政策含义,分行业的观察拓展了巴拉萨—萨缪尔森效应研究中分析可贸易品中不可贸易品作用的文献。在中国不断融入全球价值链和进一步对外开放的进程中,基于增加值的有效汇率应当作为理解人民币对外竞争力和面临外部冲击时的重要工具。

《美国在世界银行的影响力下降了吗——从世界银行发展融资分布得出的证据》

宋锦(副研究员)

论文　18 千字

《世界经济与政治》2019 年第 10 期

　　美国霸权衰落对国际公共产品供给的影响是近年来学界关注的焦点,该文通过 OLS 和工具变量等计量经济学方法检验了美国对世界银行发展融资分布的影响。研究发现,美国对世界银行的影响力在 2007 年之后逐渐减弱,特别是在贫穷国家和其他发展中国家实现的经济利益减弱。其主要原因是新兴发展中国家在世界银行的影响力提升制约了美国对世界银行的干预;同时,国际发展融资市场的繁荣使世界银行发展融资的自身影响力有所削弱。该文认为,美国退出国际多边机制的根本原因是美国通过多边机制实现自身利益的能力持续减弱,促进发展融资市场繁荣和在机制上保护发展中国家对于保障多边体系的参与权和全球发展资金的公平、有效使用非常重要,在新的国际政治经济格局中,国际发展领域需要有更多的机构来补充和完善。

《核边缘、信号博弈与小国的"自我孤立"悖论》

杨原(副研究员)

论文　25 千字

《当代亚太》2018 年第 6 期

　　该文指出,小国在面对大国军事威胁时维护和强化与自己盟国的关系是国际关系的一个基本常识,但研究 2016—2017 年朝鲜与美国的互动过程可以发现,在特定条件下,小国会在自身生存威胁最严峻的时期故意疏远与自己盟国的关系并使自己陷入孤立无援的危险境地。该文综合运用博弈论、过程追踪和大数据等方法,揭示了这种反常现象背后的信号博弈原理。该文加深了对朝鲜危机行为的理解,提出了联盟的负面延伸威慑功能。

《新时代国家安全学——思想渊源、实践基础和理论逻辑》

冯维江(研究员)　张宇燕(研究员)

论文　26 千字

《世界经济与政治》2019 年第 4 期

　　该文认为,新时代国家安全学是随着中国特色社会主义进入新时代的历史方位,在中国兴起的关于国家安全的新的学科和理论。从思想渊源看,新时代国家安全学实现了对马克思主义基本原理、国家安全思想及其中国化理论的丰富与发展,对中国传统国家安全思想的继承与扬弃以及对西方国家安全理论的吸取和超越；从实践基础看，新时代国家安全学是在改革开放以来，尤其是党的十八大以来国家安全的复杂斗争环境中不断成长起来的具备鲜明实践品质的学问，它强化了新时代国家安全意识，推动了防范化解重大风险、维护国家核心利益和反对腐败提升政府效能等方面的重大实践；从理论逻辑看，新时代国家安全学聚焦总体国家安全观的"总体"的哲学特征。在世界观层面，它阐述了国家安全指向人类命运共同体的，整体的而不是割裂的、动态的而不是静态的、开放的而不是封闭的、相对的而不是绝对的、共同的而不是孤立的属性；在认识论层面，它指出了人民安全、政治安全和国家利益至上有机统一的实质；在方法论层面，它强调工作导向上对发展与安全的统筹、对防范风险与处置风险的统筹、对维护安全和塑造安全的统筹等注重科学统筹的方法。该文认为，围绕国家安全的斗争与合作实践仍在进行，作为理论和学科的新时代国家安全学也将不断完善。

《理念竞争、秩序构建与权力转移》

徐进（研究员）

论文　17千字

《当代亚太》2019年第4期

该文认为，未来守成国与崛起国之间的战略竞争很可能演变为权力＋理念的复合竞争。理念成为战略竞争的内生因素，理念竞争成为权力竞争的伴生现象。当前，守成国与崛起国之间的理念竞争隐然浮现，双方在人类发展道路、经济发展模式、国际贸易理念、国际发展理念、安全合作理念、网络空间秩序理念、国际关系基本价值观等几方面存在难以调和的矛盾，在某些方面还展开了或明或暗的竞争。双方在国际制度和观念领域矛盾的增多和竞争的加剧表明，崛起国与守成国进行去理念化的战略竞争是不可能的，理念在战略竞争中将扮演越来越重要的角色。

《经济全球化时代的国家、市场与治理赤字的政策根源》

徐秀军（研究员）

论文　24千字

《世界经济与政治》2019年第10期

该文认为，由于各国经济政策的溢出效应、回溢效应和联动效应日益加大，经济全球化的深入发展面临的挑战日益严峻，全球经济治理的赤字不断加大。在市场导向的经济政策推动经济全球化加速发展的同时，非中性的经济全球化对国家经济政策选择的约束作用更加突出。在无政府状态的现行国际体系下，基于市场原则的经济全球化和基于主权原则的经济全球化之间的矛盾日益凸显，在国际层面，国家与市场关系的错配难以避免，经济全球化的包容性普遍缺失。当前，提高经济全球化的包容性比历史上任何时期都更为迫切，也更为重要。

《贸易强国的测度：理论与方法》

姚枝仲（研究员）

论文　17千字

《世界经济》2019年第10期

该文使用贸易份额与一个价格因子的乘积构建贸易强国指数，其中价格因子是一国贸易品价格与世界平均价格之间的比价。该指数能测度一国得到贸易利益的相对大小，而在国际贸易中能比其他国家获得更多的贸易利益正是贸易强国的本质特征。该指数还能很好地抓住贸易强国的另一个特征，即从贸易大国走向贸易强国在很大程度上是从廉价产品出口国走向优质高价产品出口国的过程。对该指数的分解和进一步分析，能够用于理解各国贸易利益的来源、在国际贸易中的地位以及一个国家走向贸易强国的发展路径。该指数还为贸易结构分析提供了新的视角。

《IMF债务可持续性框架：主要内容、问题及启示》

熊婉婷（助理研究员） 常殊昱（助理研究员）
肖立晟（副研究员）
论文 5.6千字
《国际经济评论》2019年第4期

该文对IMF和世界银行所提出的债务可持续性分析框架进行了系统性介绍和优缺点分析。该文认为，该方法的优势在于能够对债务风险进行前瞻性预测，但其设计方案既没有考虑不同贷款用途对经济增长促进效果的差异，也不能回答哪些政策能够有助于提高债务可持续性，更无法比较不同债权人对债务国的影响。因此，该文提议，在现有框架中增加用于评估政策有效性的逆向测试，区分不同债务用途对债务国还款能力的影响，以及增加债权方影响力分析模块。该文认为，准确评估主权债务风险对"一带一路"建设至关重要，中国应当尽快推出更符合沿线国家国情和可持续发展战略的债务可持续性分析框架。

《中国是否应该加入CPTPP？》

苏庆义（副研究员）
论文 16千字
《国际经济评论》2019年第4期

该文认为，在《全面与进步跨太平洋伙伴关系协定》（CPTPP）正式生效并开始考虑成员扩容之后，中国面临是否应该加入CPTPP的抉择。中国加入CPTPP不仅必要而且可行。必要性体现在：美国未来重返CPTPP的可能性非常大，中国尽早加入CPTPP能带来经济层面、深化自身改革开放、参与全球经济治理三方面的收益，并有利于应对中美经贸摩擦。可行性体现在：与TPP刚完成谈判时的情形相比，中国的制度和政策与CPTPP规则的差距已缩小；CPTPP开始考虑成员扩容问题；美国不属于CPTPP成员，程序上无法阻挠中国加入；中国在中美经贸磋商中积累了谈判高标准国际经贸规则的经验。当然，中国加入CPTPP确实面临不少困难，该文提出了化解这些困难的方法，认为，中国应该作出加入CPTPP的决定。

《中国海外投资国家风险评级报告（2019）》

张明（研究员）等
研究报告 105千字
中国社会科学出版社 2019年3月

中国已经是全球第二大对外直接投资国。但在对外直接投资迅速增长的同时，中国企业海外投资面临的外部风险也在显著提升。该书从中国企业和主权财富的海外投资视角出发，构建了经济基础、偿债能力、社会弹性、政治风险和对华关系五大指标、共41个子指标，全面和量化评估了中国企业海外投资所面临的主要风险。从总的评级结果来看，发达经济体的经济基础较好，政治风险较低，社会弹性较高，偿债能力较强，整体投资风险明显低于新兴经济体。在AA级及以上的低风险组别中，全部为发达国家。但发达经济体与新兴经济体投资风险的差距，相比2018年有所缩小。对新兴经济体来说，经济基础和政治风险与发达国家差距仍然非常明显，政治局势的不确定性可能会影响经济复苏进程，进而影响直接投资的环境。尽管新兴经济体的投资风险整体高于发达经济体，但未来新兴经济体仍然是中国海外投资最具潜力的目的地，存在巨大的市场潜力以及基础设施建设的需求，还可以满足中国对外投资中资源寻求和效率寻求的动机。

俄罗斯东欧中亚研究所

《中国中亚研究 70 年：成就与问题》

孙壮志（研究员）

论文　12 千字

《辽宁大学学报（哲学社会科学版）》2019年第 5 期

中亚五国是一个新的国际政治区域概念。由于与中国的新疆邻近，中国学界对这个地区的研究和关注也比较早，但真正系统的、成规模的学术研究，还是1991年以后最近这30年。国内一些重要研究院所和高等学校都成立了专门研究中亚问题的机构，有相对稳定的研究人员队伍，对中亚地区及每个国家的研究都日益深入，成果也基本涵盖了各个领域。进入21世纪以后，在中国和中亚国家睦邻友好关系迅速发展的背景下，中国学者对中亚的研究不断走向深入，各个方面的研究都不断取得可喜的成果，国际影响力也在提升。关于中亚国家政治、安全和外交方面的综合著述越来越多，国别研究也受到重视，成果呈现出多样化的特征。尽管也面临一些困难和问题，但中亚作为"一带一路"的首倡之地，中亚问题研究受到的关注和扶持越来越多，正在进入一个"繁荣"的新阶段。

《中俄建交七十年的历史回顾及今后交往中应注意的问题》

刘显忠（研究员）

论文　15 千字

《俄罗斯学刊》2019 年第 4 期

该文回顾了中俄关系70年的曲折历程，指出了由于中俄两国在发展水平、人口、资源等方面存在差异，导致了两国在很多方面存在互补。两国关系的好坏直接影响到两国的战略安全及经济利益。在当今复杂的国际环境下，中俄两国有更多的共同利益，保持良好关系，对双方都有利。互不结盟也互不容许再出现过去曾发生的对抗，可能是中俄这样两个大国相处的最好方式。双方在今后交往中应本着平等互利原则，增进互信，都不应做出于民族利己主义考虑牺牲他国利益的行为，应把双方的共同战略利益放在首位，否则，有法律保障的良好政治关系也会成为一纸空文，对双方造成伤害。

科研成果

《未来十年中俄战略协作的关键——维护亚太地区的稳定与发展》

柳丰华（研究员）

论文　10千字

《俄罗斯学刊》2019年第4期

未来十年，中俄两国周边的安全环境和发展环境都将趋于恶化，因此，在亚太地区的战略协作成为中俄全方位战略协作的关键。两国在亚太地区战略协作的重点在于维护地区稳定和一体化发展态势，包括维护亚太地区稳定、推进"一带一盟"对接合作、发展上海合作组织、促进亚太地区经济一体化。如果中俄在亚太地区的战略协作行之有效，就会为彼此营造和平的融合的周边地区环境，从而确保中国基本实现现代化、俄罗斯实现东部开发与振兴。与此同时，中国要为自己崛起创造10年和平有利的周边环境，不能完全寄望于同俄罗斯的战略协作，更可靠的是依靠自身强大的综合国力、坚强的意志和高明的外交，特别是在解决台湾、钓鱼岛和南海等领土领海问题时，更应自力更生。

《世界政治中的俄罗斯：互动与传导》

庞大鹏（研究员）

论文　15千字

《俄罗斯东欧中亚研究》2019年第1期

该文力求从全球视角研究俄罗斯与世界政治的关系。俄罗斯与世界政治的关系可以用"互动"与"传导"两个关键词概括。从世界政治的总体历史发展进程、当代世界政治的特征、世界政治新阶段的新特点三个维度可以看到世界政治的潮流深刻影响俄罗斯政治的发展变化。作为跨越欧亚大陆的俄罗斯，其国家行为也对世界政治的走向留下深刻印记。世界政治在冷战结束以来呈现同一性与多样性的发展态势，而俄罗斯相应地在转型与发展进程中，逐渐形成自主性、俄罗斯化和聚合性的发展特点。在世界政治的新阶段，世界政治对于俄罗斯发展变化的传导效应明显，民粹主义导致社会性抗议运动兴起、互联网政治影响传统政党政治、人口流动带来的认同危机以及技术革命落后引发治理难题，同样让俄罗斯政治面临挑战。

《中俄经贸合作中的政治因素与经贸合作水平评估：中俄之间是否存在政热经冷？》

徐坡岭（研究员）

论文　21千字

《东北亚论坛》2019年第6期

中俄经贸合作已经达到了很高的水平，中俄之间不存在"政热经冷"。从相对规模和贸易紧密度的角度看，中俄经贸关系是我国对外经贸合作水平最高的双边经贸关系之一。经济总量、资源禀赋和经济结构特征是决定中俄经贸关系的主要变量。同时，政治关系是中俄经贸合作实现质量和数量两个维度高水平发展的关键因素。两国高度的政治互信和有效的政府间合作机制有助于推动经贸合作迈向更高水平。该文从理论和实证的角度批驳了中俄之间"政热经冷"的错误认识。

《中国与中亚国家的粮食贸易分析》

张宁（研究员）

论文　15千字

《欧亚经济》2019年第2期

进口国外农产品和利用国外农业资源是

中国农业发展的必然选择。与中亚国家的粮食贸易目前以中国进口为主，品种主要是小麦。尽管贸易量不大，对中国粮食进口的规模和结构总体影响不大，但也具有丰富"一带一路"合作内容、满足多样化消费需求和工业原材料需求、提高进口来源多元化、缓解国内环保和耕地压力等积极作用。当前，各方对加强粮食合作有兴趣和共识，加上互补性强，进一步拓展粮食贸易具有天时、地利和人和的良好条件，同时也面临环境约束、中国威胁论干扰等不利因素。为提高农业合作的规模和质量，宜将粮食贸易纳入粮食安全国际合作体系内，将贸易与减贫、能力建设、农业投资、共同粮食市场建设等多项内容领域相结合。

《东欧剧变与冷战结束》

高歌（研究员）

论文　21千字

《俄罗斯学刊》2019年第3期

　　自20世纪80年代中后期戈尔巴乔夫在苏联倡导改革与"新思维"，经由苏美关系缓和与东欧剧变，特别是柏林墙倒塌和德国统一，直到华约组织和经互会解散、苏联解体，作为冷战一方的苏东集团和苏联退出历史舞台，冷战彻底走向终结。在冷战结束的过程中，东欧剧变起到承上启下的关键作用。它既是内部矛盾激化和苏联政策推动的结果，又直接导致了苏东集团解体并鼓舞了苏联正在发生的变化。东欧剧变和冷战结束后，苏美两极对峙格局不复存在，中东欧因俄罗斯的撒手和西方的犹疑落入安全真空、渴望"回归欧洲"。欧洲统一既因东西欧分界线的清除成为可能，又是摆脱冷战结束带来的困扰的必由之路。美国作为世界唯一的超级大国，在全球拥有至高无上的地位。俄罗斯国力衰弱、地缘政治影响力下降，不仅失去了与美国对抗的能力，也不再有与美国对抗的欲望，全面倒向西方。

析美俄《中导条约》争端及其影响

王晓泉（副研究员）

论文　16千字

《俄罗斯学刊》2019年第5期

　　该文从全球军控体系稳定的高度对美俄中导条约争端进行了系统梳理，以世界安全体系演变趋势为背景，以大国博弈为视角，对美俄中导条约争端的内在逻辑和发展趋势进行了深刻剖析，在研究方法论上有所创新。鉴于美俄《中导条约》争端涉及中国安全利益，并且美国极力将中国拉入军控谈判，该文对于我国应对世界军控体系坍塌后的复杂安全局势，对俄深化战略协作都具有参考价值。

《欧亚经济联盟的理论与实践——兼议中国的战略选择》

王晨星（助理研究员）　　姜磊（讲师）

论文　280千字

《当代亚太》2019年第6期

　　欧亚经济联盟作为新型区域经济一体化机制已经客观存在，并对中国及欧亚周边地区产生了实质性的影响。运行五年来，欧亚经济联盟并未实现大的发展，但也未半途夭折。文章通过分析欧亚经济联盟理论基础和运行实践得出：欧亚经济联盟是欧亚地区自身特点与欧洲一体化先进经验的结合体，组建其的重要经济动因是在长期低油价情况下，能够共同拓展经济发展空间，解决本国宏观经济增长乏力的困境。以欧亚经济联盟为机制载体的欧亚一体化更是俄罗斯强国战略下的"引领式一体化"，是俄罗斯面对东西方地缘政治经济压力，为拉紧周边中小国家而推行的"维系式一体化"，也是俄罗斯周边中小国家的"追随式一体化"。欧亚经济联盟在中短期内将继续保持低速前进，从商品共同市场逐步向能源共同市场迈进；从长期看，其一体化发展水平将低于欧盟，但高于东盟和南方共同市场，国际影响力将大于独联体。因此，在百年未有之大变局中，面对新生的欧亚经济联盟，中国在欧亚战略选择中应充分认识到：首先，在与发达经济体实现"良性脱钩"的过程中，欧亚经济联盟是可以争取的支持力量，而在处理与其他新兴经济体，尤其与欧亚新兴经济体的关系时，欧亚经济联盟及其主导国俄罗斯是需要战略协作的对象；其次，与对美关系不同，俄罗斯则是中国最重要的战略伙伴，中俄关系是中国大国外交的"压舱石"。中俄关系始终是推动"一带一盟"对接合作，营造良好周边环境的关键点。

欧洲研究所

《欧洲发展报告（2018—2019）》

周弘（研究员） 黄平（研究员）
田德文（研究员）主编
专著 353千字
社会科学文献出版社 2019年10月

该书包括主题报告、欧盟形势篇、国别与地区篇、专题报告和中欧关系篇等，从重要议题到焦点问题都有涉及，努力提供一个关于2018年度欧洲的全景式概观。该书指出，中欧关系呈现稳中向好的势头，双方在政治、经贸、安全等领域合作共识日益广泛，合作成果丰硕，未来将共同努力推动全面战略伙伴关系朝着更加健康的方向发展。中国对欧政策始终保持连续性和稳定性，中欧在政治、经贸、安全等领域合作的共识日益广泛，机制日益成熟，基础日益坚实。从全球层面看，当前单边主义、保护主义和民粹势力抬头，多边贸易体系和现行国际秩序受到挑战，世界格局正走向新的"十字路口"。在上述复杂多变的背景下，中欧双方有责任面向未来、更新动力，在国际与地区问题上加强磋商，在全球治理中提升合作水平，用中欧全面战略伙伴关系健康、稳定发展为国际社会带来更多确定性、注入更多正能量，共同为推动构建相互尊重、公平正义、合作共赢新型国际关系和构建人类命运共同体作出贡献。

《多元法国及其治理》

张金岭（研究员）
专著 286千字
中国社会科学出版社 2019年3月

该书关注的是当代法国社会日益多元的图景及其应对这一多元现实的治理实践。法国社会的多元现实，呈现了其自身的发展情势，也折射出当代欧洲社会乃至整个世界的多元形态。作为一个深受现代化、全球化影响的民族国家，法国内部存在的多元形态及其治理，生动地呈现着民族国家这一政治构架在应对多元主义这一重大议题方面的基本理念、价值考量及其能力盈亏。

《新产业革命与欧盟新产业战略》

孙彦红（副研究员）

专著　306千字

社会科学文献出版社　2019年5月

　　该书以新产业革命为背景，结合国际金融危机爆发以来欧盟面临的内外部经济环境的变化，较为全面系统地研究了近年来欧盟层面及其主要成员国为推动产业结构转型升级而出台的新战略，旨在为国内理解与把握近年来欧洲经济正在发生的深刻而复杂的变化提供一个重要视角，同时也为中国更有效地推动产业与经济结构转型升级、更好地参与国际产业分工与合作提供必要的参考和借鉴。

《欧洲与"一带一路"倡议：回应与风险（2019）》

刘作奎（研究员）

专著　120千字

中国社会科学出版社　2019年3月

　　"一带一路"是新时期中国的全新倡议，它以促进中国与相关国家互联互通和经贸合作为目标，积极推进政策沟通、货币流通和民心相通。中国提出"一带一路"倡议后，在欧洲国家，尤其在中东欧国家引起了多元的反响，欧盟机构也对"一带一路"倡议表示了一定的关注，并期待这一倡议能够与欧盟现有的多项工程和计划对接。该书基本上以实地调研和访谈为依托，并根据每年一度针对欧洲国家精英开展的"一带一路"问卷调查为基底，以风险评估为主要研究内容和研究特色，以政策建议为报告的亮点，集中为"一带一路"倡议在欧洲的布局提供理论和实践参考。

《探寻政府经济角色的新定位——试析国际金融危机爆发以来英国的产业战略》

孙彦红（副研究员）

论文　23千字

《欧洲研究》2019年第1期

　　该文以政府经济角色转变为主线，对国际金融危机以来英国的产业战略作了较为系统深入的剖析。分析表明，近年来英国政界与学界正在形成有关政府经济角色的新共识，认为与自由放任带来的巨大风险相比，适当的政府干预必不可少。政府要为市场经济运行构建坚实的基础，还必须具备战略眼光，积极扮演风险承担者和市场创造者的角色。在行业覆盖面上，英国确定了工业和高端服务业并重的发展路径。在政策方向上，英国的产业战略具有明确的创新导向特征，梅政府更是设定了大幅提高研发投入的目标；从卡梅伦政府到梅政府，促进创新的方式由专注于部门政策向跨部门的"使命导向型措施"转型。

《多重危机背景下的欧洲政党政治格局》

李靖堃（研究员）

论文　12千字

《国际论坛》2019年第1期

　　近十年来，欧洲不断陷入各种危机，特别是金融危机、难民危机、恐怖主义危机以及以英国"脱欧"为代表的一体化危机。这些危机催生了欧洲政党政治领域的一些新现象和新特征，其中尤为突出的是反建制政党的兴起，它对欧洲的中左和中右翼主流政党均造成了前所未有的严重冲击，并在不同程度上影响和改变着欧洲国家的政党政治格局。相较于中右政党，中左政党面临的挑战尤其严峻，有些国家的中左政党甚至遇到了"生存"危机。这些现象背后的深层次原因在于传统主流政党无法有效应对社会经济结构变化带来的种种挑战，而欧洲当前面临的多重问题则加剧了传统政党在身份认同与合法性方面的危机。

《欧盟气候能源政治的新发展与新挑战》

傅聪（副研究员）

论文　6千字

《当代世界》2019年第3期

2018年，欧盟对内完成了2030年能源效率和可再生能源目标法律化、搭建能源联盟治理规范体系、限制汽车尾气二氧化碳排放等一系列重要立法工作；对外以落实应对气候变化的《巴黎协定》为重点，重视多边舞台并加强与中国在全球气候治理上的沟通与协调。上述行动是欧盟建设能源联盟、向低碳经济转型之路上的关键步骤，对落实《巴黎协定》具有积极意义。但是，由于欧洲能源转型受到新旧能源利益冲突的阻碍，欧盟在全球气候治理领域的领导力也受到了一定程度的负面影响，特别是低碳转型引发对公平的担忧成为欧盟亟须解决的新矛盾之一，气候能源政策在社会维度的影响力需要加倍重视。

《"全球英国"理念下英国对非洲政策的调整》

李靖堃（研究员）

论文　23千字

《西亚非洲》2019年第2期

2016年6月英国举行"脱欧"公投，2017年3月正式启动"脱欧"程序。随着"脱欧"进程的发展，英国对其外交政策进行了一定的调整，推出了"全球英国"这一外交理念，其目的是在退出欧盟之后维护和加强英国作为全球大国的地位。在这一背景下，非洲作为英国重要战略伙伴的作用得到了凸显，尤其体现在贸易、投资和安全等涉及英国核心利益的领域。英国"脱欧"无疑为其加深与非洲的关系带来了机遇。但是，由于一系列复杂因素的影响，英国未来的非洲政策仍然面临着诸多挑战和不确定性。

《从戴高乐到马克龙：法国的非洲政策变化轨迹与内在逻辑》

彭姝祎（研究员）

论文　20千字

《西亚非洲》2019年第2期

法国曾在非洲拥有大片殖民地，并在该地区具有政治、经济、防务、文化等全方位影响。从20世纪60年代起，原法属非洲国家纷纷独立后，法国依然通过经济援助与合作、货币关联和控制、驻军等方式保持着"法非特殊关系"。非洲作为法国的"后花园"和大国地位的体现和保障，始终是法国对外关系的重点。60多年来，从戴高乐到马克龙，法国的对非政策有延续，也有改变，充斥着"保守"和"改革"之争。法国国内保守派政治力量坚持延续传统的"法非特殊关系",而革新派政治力量则努力推动法非关系"正常化"。整体而言,法国的对非政策呈现出较为明显的延续性,但在其中亦有调整与变化。当下,年轻的新一代总统马克龙上台后,法国对非政策在延续过往的基础上也有了一定新突破,聚焦于安全、经济、青年等议题。

《日本的中东欧政策及对中国"16+1合作"的影响分析》

刘作奎(研究员)

论文　8千字

《俄罗斯研究》2019年第2期

该文从全球层面、欧洲层面、次区域合作层面以及双边层面四个维度,分析日本推动同中东欧国家关系的主要目的和框架安排,总结日本目前与中东欧国家开展合作的主要措施:机制化建设、资金和技术支持与援助、推进经贸关系发展以及文化合作。同时,该文对日本针对中国"16+1合作"而采取的四大基本政策——价值观外交、安全领域合作、高技术领域合作、推进民主化和转型工作也一一进行分析。在比较分析中日双方对中东欧政策的基础上,针对中日两国对中东欧国家的不同政策特点与优劣,提出一系列推进"16+1合作"的政策建议:加快投资协定谈判,做好自贸协定谈判调研;开展第三方合作、取长补短;对接中东欧和欧盟关注领域,实现互利共赢;官方金融机构和私营或中小机构融资相互结合。

《中东欧经济转轨30年:制度变迁与转轨实绩》

孔田平(研究员)

论文　18千字

《欧亚经济》2019年第3期

中东欧国家的经济转轨是人类社会经济史上最重大的制度变迁之一。中东欧国家已经建立了市场经济体制,经济转轨进程已经结束。中东欧作为新兴市场的重要组成部分,其市场经济不同于其他新兴市场经济国家。中东欧区域的市场经济具有如下共同的特征:第一,市场主导经济生活,国家在经济中发挥有限的作用;第二,中东欧国家为开放型经济,高度依赖外部,特别是西欧的市场、资本和技术;第三,中东欧国家均保持了一定的福利制度。纵观过去30年,中欧国家、波罗的海国家与西巴尔干国家之间的分化十分显著。这种分化不仅体现在市场经济体制的成熟度的差异上,而且体现在经济实绩的差异上。初始条件、转轨战略、欧洲化是影响转轨实绩的重要因素,决定转轨实绩的决定性因素在于经济政策和制度。

《"文明冲突论"错在哪里》

田德文(研究员)

论文　4千字

《人民论坛》2019年第21期

"文明冲突论"是一种错误的理论,既没有预见到后冷战时代国际冲突的形式,也没有阐明时代发展的大势。不仅如此,这种理论在世界观层面上是消极的和破坏性的,对世界政治经济新秩序的建构具有不可忽视的负面影响。

科研成果

《分裂现实的确认、解构与两德统一——从〈基础条约〉到〈统一条约〉的渐变与突变》

程卫东（研究员）

论文　14千字

《欧洲研究》2019年第3期

从柏林墙倒塌后短暂的统一进程来看，德国统一表现出来的是突变，两德从并存状态转变为一个统一的德国。但这个突变建立在一定基础上，是《基础条约》签署后通过两德各自的行动及双方互动导致的渐变逐步形成的。它成功积聚了有利于统一的条件与支持统一的力量，包括民族认同、对联邦德国制度与实践的认同与好感、两德间建立更密切的联系、将联邦德国的价值观逐步渗透到东德，以及民主德国在经济上日益对西德的依赖等。这些因素在柏林墙倒塌、统一机会到来之际，综合性地发挥了作用，在整体上推动了两德朝由联邦德国主导的国家统一的方向发展，特别是在大多数德国民众中间形成了支持统一的意愿与共识，最终推动德国统一成为现实。

《特朗普时期欧美能源和气候政策比较》

曹慧（副研究员）

论文　13千字

《国外理论动态》2019年第7期

美国特朗普政府有着鲜明的"厌绿"政策导向，其退出《巴黎协定》、煤炭产业优先化、缩减环保机构的规模和预算、取消"清洁电力计划"等行动和政策削弱了美国在全球治理领域的影响力。不过，美国国内业已形成"自下而上"的向可再生能源转型的发展趋势极大地抵消了特朗普在能源和气候领域采取的反转举措的实际效果。欧盟则奉行与美国相反的"自上而下"的气候与能源体制机制，其在能源联盟治理框架下，通过立法和机构改革推进欧洲向可再生能源转型此外，欧洲的市场力量和能源转型的高成本又对欧盟的政策形成制约，使欧洲主要国家被迫取消可再生能源发电补贴政策，打击了该地区低碳产业的整体投资热情。能源安全重回美欧政治议题的核心，"北溪2号"项目成为欧、美、俄三方博弈的焦点。

《巴斯克分离主义与西班牙政府的反民族分离政策》

张敏（研究员）

论文　16千字

《中央民族大学学报（哲学社会科学版）》2019年第6期

长期以来，巴斯克分离主义严重威胁着西班牙国家的统一与完整。该文尝试着从理论视角梳理巴斯克民族主义发展的三个阶段，并对巴斯克分离主义进行界定，进而探究巴斯克民族主义蜕变为分离主义的历史轨迹及特殊原因。研究发现：带有极端分离倾向的地方民族自治诉求，在恶劣的社会环境下，有可能使民族主义极端化和走向分离主义。该文还简要剖析了从独裁转向民主制度以来，西班牙历届政府在处置巴斯克分离主义的策略及成效：包括颁布新宪法，从法律层面上赋予地方自治权限；敞开对话和谈判大门，但在领土主权等国家核心利益上，决不向埃塔让步和妥协；联合国际社会共同打击埃塔分离行径等一系列反民族分离政策，最终瓦解了埃塔组织。西班牙打击分离主义的做法和经验，值得总结，对世界各国处理好民族问题提供了有益启示。

《人类命运共同体为全球治理提供"中国方案"》

黄平（研究员）

论文　4.8千字

《红旗文稿》2019年第20期

构建人类命运共同体，是当代中国对促进世界和平发展和全球治理提供的"中国方案"。从和平共处五项原则到和平与发展两大主题，再到推动建构人类命运共同体，中国坚定不移走和平发展道路的基本原则和价值取向在继承中发展、在发展中创新。这既是历史的选择，也是现实的选择，更是价值的选择。"欢迎各国人民搭乘中国发展的'快车''便车'"，中国发展带给世界的是机遇，为世界经济全面可持续增长提供新动力，为持久的世界和平提供新保障，也为全球治理提供可参照的中国方案。

《冯德莱恩能否带领欧盟走出危机阴影》

陈新（研究员）

论文　6千字

《人民论坛》2019年第30期

金融危机爆发后，欧洲一体化面临一系列挑战。对此，即将上任的冯德莱恩提出施政设想，即以"气候中立"为抓手，通过制定标准和发起议题来建立"隐形"贸易壁垒，为欧洲中小企业的创新增长提供时间和空间；借助"战略自治"启动国防工业，为财政扩张提供合理借口，为经济增长提供新的机遇，试图带领欧盟走出危机阴影。

《〈欧盟外资安全审查条例〉与资本自由流动原则的不兼容性》

叶斌（副研究员）

论文　18千字

《欧洲研究》2019年第5期

《欧盟外资安全审查条例》已于2019年4月10日生效，其目的是在欧盟层面建立外资安全审查框架，并且协调成员国外资安全审查机制，赋予欧盟委员会对外资安全审查的咨询权力。欧盟条例授权成员国与委员会在审查时考虑外国直接投资对关键基础设施、关键技术、防务投入品、敏感信息和媒体多样性的可能影响，考虑外国投资者是否被外国政府直接或间接控制。这些考虑因素隐含了经济安全与非现实威胁的考量。这种扩大性的解释方式，有悖于欧盟法院的判例法。《欧盟外资安全审查条例》还难以通过涉及资本自由流动原则的比例原则测试，并且与基础条约中的开业自由原则以及与不得强迫成员国提供有悖于其根本安全利益的信息的规则相冲突。通过对《欧盟外资安全审查条例》与欧盟基础条约和判例法的比较分析，该文认为，不仅欧盟委员会在中短期很难取得外资安全审查的最终决策权，而且《欧盟外资安全审查条例》存在与包括资本自由流动原则在内的欧盟既有成文法与判例法的一致性问题。

西亚非洲研究所（中国非洲研究院）

《大国经略非洲研究》

张宏明（研究员）主编

专著　868千字

社会科学文献出版社　2019年7月

该书选择法国、英国、德国、美国、日本以及印度、俄罗斯、巴西8个国家作为研究对象国。这些国家多为地区乃至世界大国或强国，它们凭借在非洲的利益存在或力量存在，对非洲事务具有较大的影响力，也因此成为中国在非洲的主要利益攸关方，中国"走进非洲"或在非洲活动不可避免地要与它们产生利益交集。该书所关注和试图解析的问题是：如何妥善处理中国与上述大国在非洲的利益关系，以维系中非关系与国际体系之间的良性互动，减少中国"走进非洲"的国际阻力，进而为中国在非洲活动营造良好的国际氛围。在结构上，该书将每个研究对象国辟为一章，每章由三部分构成：第一部分是纵向梳理研究对象国对非政策的演化脉络；第二部分是横向展开研究对象国与非洲各领域合作的内容、方式和效果；第三部分侧重于中国与研究对象国在非洲关系的前瞻性、战略性、对策性研究。

《新中东秩序构建与中国对中东战略》

唐志超（研究员）

专著　291千字

社会科学文献出版社　2019年9月

当前，中东正处于新旧秩序转换之中，其持续时间长短、前行方向皆是未定之数，而这一转换必将是一个痛苦的过程，因为其实质是权力的调整与再分配。在这一调整过程中，美国、俄罗斯、欧盟、印度、日本等域外大国或组织以及土耳其、伊朗、沙特、以色列、埃及等域内大国，各自将扮演何种角色？作为新兴全球性大国的中国将在中东新秩序构建中发挥何种作用，如何参与中东事务的解决？而未来的中东新秩序又将是什么样的面貌？——该书尝试为大家回答这些疑问。

《印度与南非伙伴关系研究》

徐国庆（副研究员）

专著　336千字

社会科学文献出版社　2019年4月

该书从历史研究与现实跟进的视角，对印度与南非关系进行阶段性分析，集中探析"印度与南非关系性质的演进""印度与南非战略合作的具体领域""印度与南非战略合作的影响因素及未来走向"等三个方面的议题。上篇论述印度与南非两国由对手到战略伙伴的转变历程（第1章至第3章）；中篇剖析印度与南非战略合作的具体领域（第4章至第8章）；下篇分析影响印度与南非关系的诸因素（第9、第10章）；最后是结论部分。鉴于印度与南非关系历经多个阶段，具有不同的属性，作者运用国际关系理论审视印度与南非关系的演进，认知与反思两国间复杂的因果关系发展链条。

《津巴布韦独立与发展道路》

吴传华（副研究员）

专著　230千字

中国社会科学出版社　2019年4月

该书以作者在津巴布韦工作两年半的亲身经历为基础，以收集到的大量资料为依托，以"独立"与"发展"为两大主题，研究津巴布韦的独立道路和发展道路，结论为：无论是争取民族独立还是谋求国家发展，都要走适合本民族、本国实际情况的道路。作者认为，津巴布韦人民经过艰苦卓绝的斗争，终于赢得民族独立，其独立道路与非洲其他一些国家相比，既有相似，又有不同。相对于其独立道路，津巴布韦的发展道路同样不平坦——从一个经济较发达国家沦落为"世界上经济倒退最快"的国家，从南部非洲的"面包篮子"沦落为靠粮食救济国家，从津巴布韦元曾经比美元还值钱沦落为没有本国主权货币的国家。之所以造成这种情况，既有内部原因，也有外部原因。未来津巴布韦发展道路依然漫长，发展任务依然艰巨，积极探索并找到适合其本国国情的发展道路是关键。

《21世纪欧盟对非洲援助的政治导向研究》

赵雅婷（助理研究员）

专著　270千字

社会科学文献出版社　2019年4月

按照欧盟政策侧重点的发展变化，该书对欧盟援助中人权、民主和良治导向的对非政策逐一进行了梳理，辨析欧盟与非洲对上述议题的不同认知，对欧盟对非援助的实施进行深入的考察和探讨，并对其结果进行检验和分析，再结合相关案例予以充分说明。作者认为，欧盟对非政治导向的援助政策对非洲的作用客观上讲是双重的。非洲确实需要下大力全面改善人权、民主和良治现状，这也是非洲联盟和非洲国家在多个重要发展文件中的共识。欧盟在对非政治导向的发展援助中所强调的欧盟的价值规范，促进了人权、民主和良治理念在非洲的传播，特别是赢得了新生代非洲人的认同。但是必须严肃指出的是：欧盟带有政治导向的援助政策从根本上来讲是对非洲国家内政的干预。就欧盟的收益而言，该援助政策在道义上对欧洲民众有所交代，在实践中能够强化欧盟对非洲的观念影响力，推进欧盟规范在世界范围的传播。在该书的最后，作者对中国对非政策的调整与优化提出了些许建议。

《保护的责任：全球治理视野下的国际法规范演化》

史晓曦（助理研究员）

专著　240千字

社会科学文献出版社　2019年4月

该书以保护的责任原则作为研究对象，阐述它在国际法上的源起、理论基础、法律性质、制度形态以及实践效果。该书第一章研究保护的责任的发展过程，第二章探讨保护责任的法理基础，第三章研究保护的责任在国际法上的定位，第四章研究保护的责任的制度形态，第五章研究美国、中国、巴西三个不同类型的"大国"关于保护的责任的立场，第六章研究保护的责任在实践中遭遇的挑战。该书认为，在当前的国际法制度环境下，保护的责任还有其重大的限度，如无法替代国家能力建设的作用、无法克服集体决策机制的内在缺陷、无法回应双重适用标准的批评。因此，需要把保护的责任限制在其能够发挥作用的领域，以此作为推进全球治理的国际法律手段之一，抵制以政权更迭为目的的军事行动以及以"新殖民主义"为目的的重建计划，尤其需要借助这个理念推动全球法治制度建设，拓展多元国际主体共同参与应对大规模人道危难的事业。

科研成果

《中东发展报告 No.21 (2018—2019)》
李新烽（研究员）主编
专著　340千字
社会科学文献出版社　2019年9月

　　该书以"变动中的海湾格局"为主题，围绕海湾地区安全局势发展及其重要影响因素展开分析。其中，"主报告"对2018—2019年海湾地区的新变局，从地区主要的国家政治态势、经济形势以及地区安全格局、热点问题等方面出发进行了全面而宏观的论述与分析。"分报告"从区域与国别两个层面展开分析论述：区域层面聚焦中东地区的安全形势和趋势、经济形势和趋势；国别层面关注巴以和平进展的现状和困境、土耳其在货币危机影响下的政治和社会现状与未来走向。"专题报告"聚焦海湾地区，同样从区域和国别两个层面，对海湾地区的格局进行跟踪分析：区域层面，对海湾地区的整体安全态势和竞争格局进行了跟踪与分析；国别层面，聚焦对地区态势影响重大的国家和国家间关系，从宏观和微观两方面展开分析。

《非洲华侨华人报告》
李新烽（研究员）　［南非］格雷戈里·休斯敦等
专著　80千字
社会科学文献出版社　2019年10月

　　该书共分7章：第一章在考察非洲华侨华人移民史的基础上，论证了"非洲首批华人说"；第二章分析非洲华侨华人的数量与类别，并预测了该群体的数量变化趋势；第三章和第四章阐释了非洲华侨华人形象演变及其产生原因，呈现出多面向的华侨华人形象；第五章和第六章分别对南非和津巴布韦进行案例分析，展示出当地华人协会和个体鲜活的生活体验；第七章提出改善非洲华侨华人形象的建议。该书认为，从中非交往源头至今，非洲华侨华人是中非交往的重要桥梁，他们积极融入非洲社会，为非洲大陆的建设作出了重要贡献。但同时，在非华侨华人也面临着融入困境与形象挑战。在中非合作的新时代，中国政府、媒体、智库、学术机构、非洲华侨华人协会、非洲华侨华人个体等各方应采取措施积极应对，以改变非洲民众对中国人形象的刻板成见，更好地传递中国国家形象和精神文化，进而提升中国在非洲的文化软实力和影响力，为促进中非民心相通作出更大贡献。

《中国与埃及友好合作》
王林聪（研究员）　朱泉钢（助理研究员）
专著　80千字
社会科学文献出版社　2019年10月

　　该书指出，新时期，中埃确立了全面战略伙伴关系，"一带一路"共建又为中埃深入合作注入了新动能，展现了新机遇，两国关系全面跃升，集中表现在高质量的政策沟通、不断发展的设施联通等方面，"一带一路"倡议与埃及的"2030愿景"战略对接稳步推进。在国际体系转型和世界充满不确定性的背景下，中埃合作具有战略性、全面性、伙伴性、开创性和示范性等特点。该书认为，中埃战略伙伴关系的高质量发展，一是需要以新安全观推进安全环境建设，有效防范和应对各种安全风险；二是需要以新发展观推进国家能力建设，把握数字经济的时代脉搏，立足于提升自主创新能力；三是需要以"一带一路"共建为契机，促进产能合作，助推埃及工业化进程，实现经济可持续发展；四是需要扩宽中埃交流机制，建立多层面特别是青年群体交流渠道，加深好感度，推动民心相通，实现中埃关系更高层次持久发展。

《中非双边法制合作》

朱伟东（研究员）　王琼（副研究员）等

专著　80千字

社会科学文献出版社　2019年10月

该书指出，自中非合作论坛设立以来，中非经贸关系得到迅猛发展，同时也产生了大量法律问题，涉及投资、民商事、刑事、税收等许多领域。但目前中非之间调整上述领域的法律框架还存在一些问题，如相关双边条约数量较少、有些条约的内容比较陈旧等。从长远来看，中非经贸的关系的发展需要双方加强双边法制合作。结合中非双边法制合作的现状和中非的具体情况，该书认为，中非可以从以下几方面完善双边法制合作：一是加强现有的双边法制合作框架，推动与更多非洲国家商签投资保护条约、民商事和刑事司法协助条约、税收条约等，同时补充、完善条约的某些规定，使它们更符合中非经贸关系发展的需要；二是尽快同一些非洲国家和地区性经济组织商签自贸协定，为中非经贸关系的发展提供牢固的法律框架；三是拓展中非双边法制合作的领域，加强在立法、司法和执法等领域的交流与合作；四是重视多边领域的法制合作，利用多边途径加强在跨国犯罪、反腐、民商事和税收等领域的合作。

《中国与津巴布韦友好合作》

沈晓雷（助理研究员）

专著　80千字

社会科学文献出版社　2019年10月

该书以中国与津巴布韦不断深化的双边关系为基本立足点，系统梳理两国在政治、经济、教育和文化等领域取得的合作成就及中津全面战略合作伙伴关系建立的历程，详细分析中津共建"一带一路"所面临的机遇与挑战，以及共建"一带一路"对津巴布韦实现"2030年愿景"所具有的重要意义。该书认为，在两国关系新的发展阶段，应提升津巴布韦在共建"一带一路"中的地位、推进两国治国理政交流、加强两国发展经验共享、深化两国经贸领域合作和加强两国民心相通，从而引领两国关系再上新的台阶。

《中国与阿尔及利亚的友好合作》

王金岩（副研究员）

专著　100千字

社会科学文献出版社　2019年10月

该书指出，进入21世纪后，中国与阿尔及利亚的友好合作发展快速，并逐渐具有了战略合作的性质。2014年，阿尔及利亚成为第一个与中国建立全面战略合作伙伴关系的阿拉伯国家，这也是双方亲密关系的有力见证。中国的"一带一路"倡议提出后也得到阿尔及利亚的热烈响应，阿官员一直强调共同实施这一倡议的重要性，以拓展双边在基础设施和工业方面的合作，提升两国的贸易额。两国始终保有多层次的政治交往，在国际和地区事务中保持密切的沟通和协调。两国间的经贸往来不断取得重大进展，在科技、文化、教育、卫生、军事等多方面都保持长期友好合作。当前，阿尔及利亚正处于政治、经济、社会转型阶段，未来的中阿合作因此面临诸多新的机遇与挑战。

《中国与东非共同体成员国友好合作》

邓延庭（助理研究员）

专著　80千字

社会科学文献出版社　2019年10月

东非共同体是非洲功能较为完善，一体化程度相对较高的次区域组织之一。东共体成员国与中国有着传统友好合作关系，是中国与非洲推动产能合作与"三网一化"建设的重要阵地和桥头堡之一。在当前中非共建"一带一路"的背景下，东共体各国分别推动本国的发展战略与中国提出的"五通"理念相对接，在基础设施、能力建设、文化交流、民生保障等多个方面取得了令人瞩目的成就。该书通过全面梳理东共体成员国的发展战略，探讨中国"一带一路"倡议深度对接和参与域内各国现代化建设的重要意义，并且通过详细梳理中国与东共体成员国的合作成就，特别是最近10年来在各个领域取得的合作成就，系统分析进一步深化双方合作所面临的机遇与挑战，为详细探索如何在落实2018年中非合作论坛北京峰会"八大行动"的背景下，全面推动中非关系的提质增效和转型升级，提供必要的国别研究和次区域研究的双重视角。

《印度与非洲关系发展报告》

徐国庆（副研究员）

专著　100千字

社会科学文献出版社　2019年10月

综合国力增强明显的印度，出于保障能源安全、发展国内经济与增强大国地位等因素的考虑，改变了冷战以来其对非洲关系的忽视态度，积极调整对非政策，开展对非务实合作，推动灵活的对非外交，从而深化了印非合作关系，一定程度上提升印度在非洲的影响力，增强了印度在国际机制中的发言权。该书对印度对非政策演变加以分析，研究探讨印非政治、经贸和人文交流等关系发展的现状和前景，并结合中印对非政策异同、印度对中非合作的认知等议题，提出当前中印在对非合作上存在的分歧，并从智库的角度提出相关的对策。作者认为，印度对非政策及其取得的成效，对中国具有一定的借鉴意义。为适应"一带一路"倡议在非洲的开展，中国一方面须充实中非合作机制，以适应未来中非关系的发展需要；另一方面可顺应中国发展大局与中印关系逐步改善的机遇，探索同印度在涉非经贸、安全等相关议程上开展磋商与合作。

《中欧非三方合作可行性研究》

周瑾艳（助理研究员）

专著　80千字

社会科学文献出版社　2019年10月

该书以中国与津巴布韦不断深化的双边关系为基本立足点，系统梳理两国在政治、经济、教育和文化等领域取得的合作成就及中津全面战略合作伙伴关系建立的历程，详

— 863 —

细分析中津共建"一带一路"所面临的机遇与挑战,以及共建"一带一路"对津巴布韦实现"2030年愿景"所具有的重要意义。作者认为,在两国关系新的发展阶段,应提升津巴布韦在共建"一带一路"中的地位、推进两国治国理政交流、加强两国发展经验共享、深化两国经贸领域合作和加强两国民心相通,从而引领两国关系再上新的台阶。

拉丁美洲研究所

《拉美政治生态的新变化与基本趋势分析》

袁东振(研究员)

论文　15千字

《国际论坛》2019年第3期

该文指出,近年来,拉美国家民主与稳定的趋势进一步稳固,政治体制正常运行,政治生活有序展开,社会矛盾和冲突处于可控状态。但稳定中有隐患,不稳定或不确定因素依然存在;体制运转失灵的风险仍未消除,政治发展的不确定性增加,拉美国家的不团结不利于地区政治稳定。在新的国际和地区环境中,拉美政治生态和政治社会环境继续发生新变动。"左退右进"的效应持续发酵,持续近20年的左翼"粉红色"潮流继续褪色,左翼执政党面临的难题增多,"21世纪社会主义"实践探索遭遇新挫折。但拉美左翼政治力量的影响仍不可觑,仍继续执政的左翼政府不断调整政策和理念,执政方针更趋温和与实用主义化。古巴"更新"开启新征程,将对地区政治格局产生不可忽视的影响。

《中拉关系的问题领域及其阶段性特征——再议中国在拉美的软实力构建》

张凡(研究员)

论文　23千字

《拉丁美洲研究》2019年第3期

该文指出,中拉关系研究框架应包含历史、理论、问题领域和关系特征等几方面的内容,中拉关系的问题领域则包括务实合作、政治、地缘政治、多边和全球治理、发展互鉴和文明对话等6项,而在差异性与特异性以及综合性与阶段性的特征归纳中,最值得关注的是对中拉关系在不同历史时期所面临不同挑战的考察。作者认为,新时期中拉关系的一个重要课题是软实力的地位和作用。20世纪国际关系和外交政策研究中有大量关于国际事务中各种权力样态的探讨,中国国际关系理论和近现代史研究也揭示了中国学者对于思想文化作用的情有独钟,以及这一现象背后中国传统思想模式的深刻影响。中拉关系进入全方位合作的历史阶段后,软实力的构建将愈发显现其独特的效应,既可发挥助力其他各领域合作顺利开展的工具性作用,其本身也是文明对话和命运共同体的本质内涵。但有关软实力的探讨尚有若干未决问题值得进一步研究。

《新时代中国对拉美的战略及其影响因素》

贺双荣(研究员)

论文　25千字

《拉丁美洲研究》2019年第6期

该文指出,在中国特色大国外交引导下,中国开始从全球视野和全球利益角度对拉美进行重新定位和战略布局。通过顶层设计，中国对拉美的目标及路径进一步清晰，中拉关系从受全球化驱动的自然发展阶段向战略引领阶段转变。在构建中拉命运共同体的总体战略目标下，中拉通过共建"一带一路"，促进人文交流和文明互鉴以及进一步完善合作机制，打造中拉共同发展的利益共同体、理念共同体、责任共同体和安全共同体。"新时代"，中国对拉战略目标必须立足长远，通过不懈的和潜移默化的努力，去逐步构建和培育。在保持对拉美战略耐心的同时，中国对拉战略预期不能过高。世界正处于百年未有之大变局，中拉关系发展的内外部环境都正在发生复杂而深刻的变化。这些变化给中拉关系带来了机遇，更带来了挑战。面对世界及拉美的不确定性，中国对拉战略的确定性将给中拉深化合作带来可期的前景。

《经济单边主义的"复活"及应对——从拉美国家与美国贸易关系演进的视角分析》

杨志敏（研究员）

论文　25千字

《拉丁美洲研究》2019年第4期

该文指出，20世纪80年代以来，拉美国家先后遭遇美方两波经济单边主义威胁。其一，随着《1962年贸易扩展法》和《1974年贸易法》相继出台，美国贸易保护主义的方式和手段发生了转变，贸易保护主义的主观色彩凸显。在推动WTO成立前后，美国开始更多地倚重多边贸易体制，并对拉美的贸易政策作出调整。随着拉美国家发展模式转型，美拉贸易关系进入新的发展阶段。但美国仍采取多边主义和单边主义并用手法。其二，2017年以来，美国经济单边主义"复燃"。拉美再次成为贸易保护主义、经济制裁、极限施压的"重灾区"。美对古巴的经济制裁由20世纪60年代延续至今且力度不断升级。经历美国两次经济单边主义的威胁，拉美国家采取力主基于规则的多边和双边贸易体制，通过"阻断性"立法应对域外经济制裁，坚持开放的地区主义，以减少对美国经济的依赖。但美拉经济实力严重不对称，使拉美国家应对手段受限。

《劳尔·卡斯特罗主政以来古巴共产党的新变化》

杨建民（研究员）

论文　10千字

《世界社会主义研究》2019年第9期

该文指出，古巴共产党执政期间不仅捍卫了社会主义国家主权，在教育和医疗等方面取得了举世瞩目的成就，而且在执政党的建设方面也积累了丰富经验。古巴共产党在领导人工作和生活作风、民主建设等治国理政方面积累了丰富经验，并且实现了代代相传，不断发扬光大。在当前的"更新"社会主义经济模式进程中，古巴全党对社会主义的分配机制和如何看待市场等方面的认识取得了一定突破，但要实现模式更新取得在宏观经济方面的效果，仍然需要在社会主义模式更新的进程中不断进行理论探索和创新。如果古巴社会主义通过模式更新焕发出生机与活力，还会进一步丰富世界社会主义运动的发展经验。在对外关系方面，古共的新变化是实施全方位多元外交，改善与欧美国家的关系，保持与拉美左翼国家、中国和俄罗斯的紧密关系。

《巴西国际战略研究：理念、实践及评估》

周志伟（研究员）

论文　18千字

《晋阳学刊》2019年第4期

该文指出，新世纪初，随着新兴大国群体性崛起，巴西完善了基于其"外围大国"国家身份的国际战略体系，旨在构建"南美极"，强化地区领导国角色；为本国经济社会发展争取有利的国际环境；提升巴西的国际影响力，拓宽在全球治理中的参与维度。从实践层面来看，新世纪初的巴西国际战略包含四个主要方面：推进地区一体化建设，实现南美洲的整合；优先发展"南南合作"，构建发展中国家命运共同体；基于平等和自主原则，开展南北对话；通过多边参与，拓宽巴西外交的国际维度。总体来看，巴西"积极且自信"的国际战略取得了不错的实际效果，巴西的地区和全球影响力提升明显，在全球事务的参与也获得了国际社会的较高认可。但是，国家综合实力的欠缺、地区大国角色履行的不充分构成了巴西国际战略的重要挑战，而本国政治生态的深度调整给巴西国际战略的可持续性带来严峻考验。

《拉美政治之中的"局外人"：概念、类别与影响》

王鹏（副研究员）

论文　22千字

《拉丁美洲研究》2019年第5期

第三波民主化浪潮以来，拉美政治进程的最显著现象之一就是"局外人"总统候选人的持续活跃。该文辨析和界定了"局外人"的概念，对拉美国家总统候选人进行归类，分析了这一现象产生的原因与影响，讨论了"局外人"与民粹主义者的关系。该文认为，"局外人"总统候选人的崛起源于拉美国家民主体制的巩固、选举制度设计的影响、政党体系的开放、政党格局的变动以及"局外人"候选人自身的比较优势。对拉美国家而言，"局外人"当选总统并非偶然、暂时的事件，而将是其政治发展进程中一个反复出现的现象。拉美国家需要构建强有力的政党和制度化的政党体系，从而减少导致政治"局外人"产生和崛起的社会基础。

《拉美国家的性别分层变化及其后果研究——基于对劳动力市场的考察》

林华（副研究员）

论文　12千字

《拉丁美洲研究》2019年第6期

该文通过对拉美劳动力市场的考察，分析了当前拉美国家性别分层的基本状况和近年来的变化趋势，探讨了造成这些变化的原因和其产生的后果，进而对拉美国家性别不平等的发展状况作出了初步判断。研究发现，拉美国家的女性就业主要集中在劳动生产率较低、收入较低、社会保障程度较低的"三低职业"中。但动态比较分析表明，近年来，拉美国家女性在性别分层中的地位有所改善，性别不平等程度有所减轻。这些进步与拉美女性经济自立程度和受教育水平的提高，以及各国政府的大力推动不无关系，并对拉美国家社会阶层结构的改善、社会不平等的减轻和女性参政等产生了积极影响。但是，劳动力市场上的性别不平等依然存在，特别是职业的水平隔离没有减轻。这导致性别仍然是重要的社会分层机制,也是造成社会分化的主要因素之一。

《中拉关系70年回顾与前瞻：从无足轻重到不可或缺》

谌园庭（副研究员）

论文　14千字

《拉丁美洲研究》2019年第6期

在过去的70年里,中国与拉美国家关系经过了从点到面、从基础性到战略性、从无足轻重到不可或缺的历程。该文基于双方关系发展的主要动力,将1949年以来的中拉关系归纳为三个阶段,即政治驱动为主阶段（1949—2001年）,经贸驱动为主阶段（2002—2012年）,战略引领、多擎驱动阶段（2013年以来）。该文将战略引领、多擎驱动阶段称为"构建发展"阶段。战略引领表现为双方关系的全局性和战略性日益凸显,双方政府主动从战略高度规划彼此关系的发展；多擎驱动表现为推动中拉关系发展的动力向着政治、经贸、社会、人文、国际协作、安全领域及整体合作方式全面发展,形成了全方位、多层次、立体化的战略合作格局。该文认为,要充分评估当前中拉关系面临的不确定性以及表现出的韧性。未来中国必将从大国责任和全球发展与治理的必然逻辑出发来建构中拉命运共同体的理论价值及其实现路径,对拉战略在追求发展利益的同时兼顾道义原则。

《中美贸易摩擦下的拉丁美洲：基于贸易数据的发现和思考》

史沛然（助理研究员）

论文　18千字

《国际经贸探索》2019年第10期

该文研究了中美贸易摩擦对拉丁美洲和加勒比海地区的影响。在使用货物贸易数据进行实证研究后,作者发现,拉美各国的产品对受到加征关税影响的中国产品和美国产品的可替代率普遍较低,除少数国家外,中国和美国从拉美进口的双方关税清单涉及产品的进口金额也较低,整体而言,拉丁美洲受中美贸易摩擦影响的程度较低。然而,确实存在少数区域性大国直接受到贸易摩擦的影响,并可能因短期内提高的对美和对华出口而受益。此外,通过使用引力模型并计算显性比较优势指标,该文进一步发现,拉美各国均具备扩大出口的能力。无论贸易摩擦是否持续,拉美国家均可通过扩大对华出口其优势产品使中国和拉美共同受益。

《略述"美好生活"印第安理念在拉美的制度实践与挑战——以玻利维亚、厄瓜多尔为例》

韩晗（助理研究员）

论文　15千字

《中央民族大学（哲学社会科学版）》2019年第1期

"美好生活"理念发端于拉美印第安传统文化。追根溯源,近代以来,随着拉美国家普遍走上资本主义发展道路,"消费主义"观念与印第安传统理念间的文化冲突接踵而至,社会矛盾随之激化。对此,曾被视为社会"问题"的拉美印第安裔人民,提出用"美好生活"传统民族理念解决现代的问题,即通过人类共同体中内部与外部的多种平衡与和谐来实现精神与物质世界的富足。该文指出，历史上，这一理念在安第斯地区印第安人社会中获得了广泛的文化认同；当代，拉美部分安第斯国家在治理中融入了传统原住民哲学"美好生活"这一理念，践行到立法与公共政策制度等建设中来；未来，拉美国家探索"美好生活"的进程，仍充满诸多挑战。

《制度传导视域下资源国家的发展悖论："资源诅咒"与"路径依赖"》

芦思姮（助理研究员）

论文　16千字

《学术探索》2019年第8期

　　该文认为，资源国家长期陷于低绩效发展路径的根源并非基于丰裕自然禀赋的"诅咒"，而应归因于制度条件及其在变迁中引致的"路径依赖"。正式规制层面，各国对资源产权参与结构难以实现知识技能的外溢，进而受制于生产能力与经营管理低效困境；非正式约束层面，在寻租文化取向形塑下，资源周期的波动削弱了制度理性，扭曲了激励结构，并引发诱致性制度变迁；实施路径层面，薄弱的跨期承诺所产生的不可预期性抬高了政府与开发企业订立和履行契约的交易成本。作者认为，初始制度条件不仅未能有效抵御或规避资源经济固有的脆弱性，反而很大程度上加剧了这种不确定性的负面溢出，进而提高了制度向正向绩效演进的成本，并最终导致资源国家政治经济生态长期被"锁定"在偏离于可持续发展的低水平均衡中。

《拉美左翼对新自由主义替代发展模式的探索、实践与成效》

方旭飞（副研究员）

论文　18千字

《拉丁美洲研究》2019年第4期

　　该文指出，20世纪末以来，拉美地区出现了一股左翼政治浪潮，对此前的新自由主义改革及其意识形态霸权发起强势挑战。这股政治力量反思传统增长理念和新自由主义的缺陷，提出了"新发展主义"和"21世纪社会主义"，并据此进行了广泛的政策调整和改革，就替代发展模式进行了有益的探索。总体来看，拉美左翼政府强调社会公平和再分配，通过国家的积极干预来实现减贫和财产、权力的再分配，促进经济发展，是对新自由主义模式和"华盛顿共识"的纠偏。他们对国家的作用和地位进行了重新界定，承认其在经济和社会发展中的重要地位，将其作为经济社会发展的主要代理人。这不仅摒弃了市场原教旨主义，也对构建新型国家——市场关系进行了有益尝试。拉美左翼提出的替代方案存在诸多的脆弱性，不具有可持续性。左翼政府主要借助大宗商品繁荣带来的收入，政策调整的基础薄弱而不稳。拉美左翼未能确立一个真正可以替代新自由主义的、可持续的新发展模式。

《拉丁美洲和加勒比发展报告（2018—2019）》

袁东振（研究员）主编

刘维广（编审）副主编

研究报告　425千字

社会科学文献出版社　2019年9月

该书系统分析了一年来拉丁美洲和加勒比地区形势的变化，总结和思考拉美国家发展中出现的新问题新趋势。该书指出，2019年，拉丁美洲地区经济表现低迷。国别经济之间因受外部影响机制不同以及国内应对能力相异而存在差异性。地区政治格局整体呈现"左""右"互有进退之势，但右翼掌握着地区政治的主导权。厄瓜多尔等国爆发了大规模抗议示威活动。在社会发展领域，拉美面对的主要挑战是各项社会指标进一步恶化，社会不稳定因素增加。移民问题愈演愈烈，成为地区性议题。拉美地区尤其是南美地区国际关系格局整体呈现分化重组之势，地区合作议程出现新的分化组合。美国对拉美事务的介入持续加大，中拉经贸合作多样性凸显。

《中国—拉丁美洲与加勒比地区经贸合作进展报告（2019）》

岳云霞（研究员）等

研究报告　20千字

中国社会科学出版社　2019年10月

该书构建了拉美和加勒比地区国家营商环境指数和中拉双边合作指数，旨在采用量化分析的方法科学评价拉美各国营商环境及中拉合作进展。这一评价体系从中国视角出发，为中资企业提供参考，为中国新一轮对外开放建言献策。研究结果表明，相对2012年，2017年中拉双边合作进展与拉美各国营商环境的线性关系更为显著，因此，部分国家的营商环境和中拉合作水平逐渐拉开与另一部分国家的差距，巴西、墨西哥、智利、阿根廷的营商环境及双边合作的整体表现优于其他拉美国家。尽管中拉合作进展指数快速增长，但相对来说营商环境的整体改善效应更大，因而存在一些双边合作水平与营商环境不匹配的案例，中拉双边合作仍有较大的拓展空间。

亚太与全球战略研究院

《稳妥推进"一带一路"：理论与实践》

李向阳（研究员）等

专著　392千字

中国社会科学出版社　2019年10月

该书由两部分组成：一是理论篇，从10个方面对"一带一路"开展学理化研究，解构"一带一路"的属性、定位、目标、边界和功能；二是调研报告篇，选择"一带一路"建设第一阶段的6个重点国家和地区开展调研，从中总结出有推广价值的合作模式。

《特朗普政府需要什么样的全球化》

李向阳（研究员）

论文　14千字

《世界经济与政治》2019年第3期

该文指出，特朗普政府倡导反全球化是对美国民粹主义诉求的呼应，具有内在的必然性。但从全球的角度来看，这并不意味着民粹主义和反全球化具有合理性。在民粹主义和反全球化的背后是美国对丧失全球化领导权的担忧和对现行国际经济规则的不满。这种不满不仅体现在对多边主义规则之上，而且体现在对区域主义规则之上。不过，基于经济全球化的双重属性与特朗普政府的执政理念，特朗普政府并非要"去全球化"，而是要构建新型全球化或"再全球化"。这种新型全球化是一种排他性的全球化：其主导者是美国及其有共同利益的"志同道合者"；其原则是以"公平贸易"理念取代自由贸易理念；其手段是以双边机制替代多边机制；其目标是维护美国（及其盟友）领先者的地位，阻止后来者实现赶超。与排他性全球化相对应的是包容性全球化，反映了全球经济中的后来者或发展中国家的利益诉求。未来全球化与全球治理改革的发展方向将取决于这两种模式的博弈结果：它们各自的被认可度、可行性以及两者能否找到最大公约数。

《中国推进"一带一路"倡议的认知风险及其防范》

叶海林（研究员）

论文　25千字

《世界经济与政治》2019年第10期

"一带一路"倡议推行6年来，取得了令人瞩目的早期成果，同时也遭遇了来自各个方面的挑战，如何有效防范和妥善应对倡议实施过程中可能遭遇的风险成为"一带一路"相关研究的重要内容。作为倡议的推动者，中国的战略认知水平及行动能力，包括能否制定得当的目标预期、采取与目的相适应的行动策略、正确判断倡议推进过程中外部力量的反馈、客观评估倡议的阶段性实施效果，将决定"一带一路"倡议现阶段以及未来较长一段时间的实施效果。"一带一路"倡议框架下中国与其他参与方的互动符合多方在不完全信息下进行的重复非合作博弈特征。该文以此为分析框架，对中国在"一带一路"倡议实施过程中的判断和行为进行系统性研究，从实施主体的预期与目标、实施主体采取的手段与策略、实施主体对反馈信号的阅读与判断三个环节，对中国引领"一带一路"倡议的主观认识与判断方面的可能风险进行分析，并对风险的整体水平作出评估。

《中国的国际社会理念及其激励性建构——人类命运共同体与"一带一路"建设》

王玉主（研究员）

论文　25千字

《当代亚太》2019年第5期

"一带一路"倡议提出后，在中国与各合作方的共同努力下，务实合作取得了积极进展，引起了国际社会的高度关注。但是，对"一带一路"倡议与习近平主席后来提出的人类命运共同体之间的关系，学术界给出的解释却是多元的。这种多元性的存在说明对这一关系的认识还没有达成一致，尚需进一步探讨。该文认为，人类命运共同体是中国在百年未有之大变局下对未来世界的展望，是中国的国际社会理念。它超越了国际政治学领域的国际社会概念，因为在这种国际社会状态下，各方承认他们之间以及人与自然之间存在深度的相互依赖关系（或某种形式的共同命运），并因此愿意通过协商合作来推动世界经济发展、处理各国/各文明之间的利益冲突和矛盾、化解人与自然的不和谐，以创造和维护一个和平、稳定、繁荣、可持续发展的世界。而"一带一路"倡议则是中国以激励性机制建构人类命运共同体、实践人类命运共同体所包含的国际社会理念的平台。

《东北亚安全秩序的悖论与中美双领导体制的未来》

王俊生（研究员）

论文 19千字

《当代亚太》2019年第2期

该文从国家实力、合法性认同、关系互动等三个指标进行分析，发现影响二战后东北亚安全秩序稳定的因素正在发生显著变化，这体现在三个悖论上：其一，美国希望继续主导东北亚安全秩序，但越来越力不从心；其二，尽管近年来中国日益强调要在地区秩序走向上发挥更大作用，但难以撇开美国实现角色提升，遑论单独主导东北亚安全秩序；其三，中美关系的竞争与合作将维持下去，且有滑向竞争加剧的倾向，对东北亚安全秩序而言，意味着维持现状的可能性较大，但又有出现类似冷战格局的可能，这显然违背中美两国与地区各国的共同利益。针对上述悖论，该文基于现实条件、第三方态度、中美两国的意愿等，提出了在东北亚安全秩序构建上应推动"中美双领导体制"的思路。这一思路既符合目前东北亚安全秩序影响因素变化的趋势，也符合中美两国与地区各国的共同利益。在构建上面临的困难包括两国实力差距仍较大、缺乏地区整合机制以及中美秩序观不同。面临的有利条件不仅包括实力变化趋势与利益共享特点，还包括中美两国的重要性对于该地区其他国家而言均不可替代，随着朝鲜与美国关系的改善，中美在该地区将不存在敌对国家。在构建上，中国应继续把注意力聚焦到包括经济发展和国内治理在内的国家综合实力建设、逐步整合东北亚地区、持之以恒地加强与美国的合作、从朝核问题入手逐渐过渡到其他领域，以及加强机制建设等。

《"一带一路"与全球治理的关系：一个类型学分析》

谢来辉（副研究员）

论文 20千字

《世界经济与政治》2019年第1期

该文指出，"一带一路"已经被广泛认为是中国探索全球治理模式的重要实践，是中国在新时期参与全球治理的重要平台。但是关于"一带一路"与现有全球治理体系之间的互动关系，目前国内外的学者存在很大的意见分歧。这在很大程度上是因为对于这些问题并没有形成系统的分析框架，研究者从不同的研究视角出发，侧重讨论了其中不同的方面。作者认为，事实上，"一带一路"建设涵盖了器物、制度和观念等多个维度，它与全球治理的互动是复杂多样的过程。而且，现有治理体系的制度形态和权力结构在很大程度上决定了二者之间的互动模式。基于这两个要素可以建立一个分析框架，从而对二者互动的各种可能情况进行类型学的分析。从中可见，"一带一路"与全球治理的初始理念相互契合，嵌入其正式制度之中，而非形成"平行制度"；但是与西方权力较为集中的非正式制度之间却存在明显紧张的竞争关系，存在较大创新空间。"一带一路"建设应在该领域深入探索完善全球治理体系的具体途径。

《双边政治关系、东道国制度质量与中国对外直接投资的区位选择——基于2005—2017年中国企业对外直接投资的定量研究》

王金波（副研究员）

论文　25千字

《当代亚太》2019年第3期

双边政治关系和东道国制度质量是决定一国对外直接投资区位选择和流向的重要因素。基于2005—2017年中国企业对外直接投资的定量研究，该文采用面板负二项模型对双边政治关系、东道国制度质量及其交互效应对中国对外直接投资区位选择的影响进行了实证考察。研究结果表明：其一，东道国的制度质量与中国赴该国投资的可能性呈显著的正相关关系；在不同制度维度中，东道国的政治稳定性、政府效率、监管质量、法治水平和腐败控制能力对中国对外直接投资的区位选择有着正向作用，但东道国的民主程度作为一种政治规则，其与中国对该国的直接投资并不存在严格的一一对应关系。其二，双边政治关系及其对东道国制度环境的优化互补效应也会显著影响中国对外直接投资的区位选择，并呈现一定的制度偏向性。其三，经济因素依然是决定中国对外直接投资的基础性因素，中国对外直接投资总体上也倾向于那些经济规模大、要素成本低、自然资源或战略资源充裕的国家或地区，中国对外直接投资企业同样也呈现出与国际跨国企业相近的总体行为模式，其符合国际资本移动的理论预期。其四，通过对中国在"一带一路"相关国家投资的分析，该文还发现中国在"一带一路"相关国家的直接投资呈现一定的"制度风险偏好"特征，而良好的双边政治关系及其对东道国制度环境的优化互补效应则对中国在"一带一路"相关国家的直接投资有着正向的激励和促进作用。这一结论也从侧面反映了经济外交在推动中国对外直接投资和"一带一路"建设中的合理性、必要性和有效性。

《中美竞争与"一带一路"阶段属性和目标》

高程（研究员）

论文　25千字

《世界经济与政治》2019年第4期

该文指出，当前，中国仍处在经济崛起的起步阶段，对美国主导的经济体系存在脆弱性依赖，并遭遇美国的预防性打压，双边关系中出现零和博弈占据主导的竞争走势。在这一阶段，中美结构性矛盾尚未体现在领导权的竞争上，中国的主要困境是面临美国设置的、旨在预防性地破坏中国物质实力积累的"经济压力陷阱"。该文认为，中国在选择应对策略时，首先要避免误判形势，不能寄希望于继续在美国主导的体系内实现经济崛起，需要具备与美国主导的国际经济体系"脱钩"的底线思维和必要准备；其次，要警惕在美国的压力下，以阻碍甚至逆转自身经济崛起进程为代价去化解中美之间的结构性矛盾和冲突；最后，还要避免过早追求建立平行的替代性体系，将中美竞争完全推向零和博弈。该文认为，现阶段的"一带一路"应该主要是立足中国国内的长期发展倡议，目标是服务于维持中国经济崛起所需的外部条件，降低对美国主导的经济体系的脆弱性依赖，在周边打造更加自主和健康的地区经济结构，为中国的持续增长提供对冲方案。"一带一路"在现阶段不应谋求替代既有经济秩序，建立与之分庭抗礼的平行体系，而应立足于未雨绸缪，对冲"脱钩"美国主导的国际经济体系的潜在风险。"一带一路"建设的资源投放应围绕这一长期发展目标有方向、有重点、有限度地推进。

《中国差异化分层经略东南亚国家探析——基于结构与局势及其互动的二元分析框架》

高程（研究员）　王震（博士研究生）

论文　25千字

《世界经济与政治》2019年第12期

经略好周边地区是中国成功快速发展的关键，东南亚地区则是周边经略的重中之重。该文就中国如何差异化地分层经略东南亚国家建立了一个长期与中期、历史与现实二元互动的分析框架，提出了针对性的经略策略。这一框架借鉴了年鉴派的历史时段法，根据中国与东南亚国家互动的历史与现实，提炼出领土争议、国内政治稳定性、对外安全需求、对外经济依赖这四个中时段局势变量以及对华历史认知、宗教哲学认同、族群政治、华人华侨这四个长时段结构变量。该文认为，局势性变量对于东南亚国家对中国发展的认知具有直接作用，它们决定着中国深度经略该国的可行性，但改变空间相对较大；结构性变量对于东南亚国家对中国发展的认知具有间接作用，它们更多影响经略该国的难度，但是影响持久且不易改变。两个维度的变量之间又存在互动关系，加强或减弱中国经略该国的空间和难度。根据这一框架，该文将东南亚10国作为研究案例，根据它们对中国发展的可能作用以及经略的可行性与难度，进行分层并确定相应的经略重点和策略：对"助益型"国家应重点深耕，对"无害型"国家应以维持现状关系为主，对"两面型"国家需要特别争取和针对性精耕细作，对"风险防范型"国家则要适度提防可能风险。

《"一带一路"的研究现状评估》

李向阳（研究员）

论文　14千字

《经济学动态》2019年第12期

该文指出，2013年以来中国学术界对"一带一路"研究的投入之大、成果数量之多可谓是前所未有，这对宣传和推广"一带一路"理念发挥了积极的作用。然而，必须承认，"一带一路"理论研究进展的滞后也是毋庸置疑的，这种滞后一方面表现为中国学术界面对国际社会的误解和质疑还难以作出有说服力的回应；另一方面表现为理论研究难以指导"一带一路"的实践。对此，构建"一带一路"理论体系或"一带一路"学正在成为学术界的共识。作为一个大国提出的具有国际化意义的倡议，"一带一路"的系统化理论研究至少需要满足三项基本标准：理论层面的自洽、操作层面的可行及认知层面国内外的统一。缺少理论自洽不仅会造成宣传上的混乱，而且会导致实践上的无所适从；缺少操作可行性无疑会阻碍"一带一路"的顺利推进；缺少国内外认知的统一将必然引发外部世界的质疑。基于上述标准，对"一带一路"的研究现状进行评估可以发现：一个自洽的理论体系远未形成；大多数成果集中于"一带一路"的必要性研究，而非可行性研究；国内外的宣传口径存在两套不同的话语体系。因此，伴随"一带一路"建设进入高质量发展阶段，中国学术界需要认真反思原有的研究范式，以适应实践的需要。

《区域贸易协定的水平深度对参与全球价值链的影响》

张中元（副研究员）

论文　15千字

《国际贸易问题》2019年第8期

该文利用世界银行的贸易协定内容数据库所提供的有关区域贸易协定中的52项条款规定，以及每项条款规定法律可执行性的信息，构建区域贸易协定的水平深度指数，实证检验其对出口经济体参与全球价值链的影响。实证结果表明：区域贸易协定的"总深度"条款对出口经济体在全球价值链中的前向垂直专业化参与率有明显的促进作用；其中"WTO+"条款与"WTO-X深度"条款对出口经济体参与全球价值链的影响具有较大的差异；"核心深度"条款对出口经济体在全球价值链中的前向垂直专业化参与率也有明显的促进作用，但将"核心深度"条款区分为"边界深度"条款与"边界后深度"条款后，只有"边界后深度"条款对出口经济体在全球价值链中的前向垂直专业化参与率有明显的促进作用；在"核心深度"条款中，"边界深度"条款需要与"边界后深度"条款相互配合才能发挥作用，进而对经济体参与全球价值链产生影响。

《"一带一路"、贸易成本与新型国际发展合作——构建区域经济发展条件的视角》

沈铭辉（研究员）

论文　20千字

《外交评论（外交学院学报）》2019年第2期

"一带一路"是中国提出的推动国际合作、实现互利共赢的重大倡议，其核心意义在于通过新型发展合作，构建经济发展条件以实现共同发展。该文指出，从历史上看，日本、"亚洲四小龙"等东亚经济体凭借天然的地理位置优势和美国等传统最终产品市场，通过出口导向型发展战略成功实现了经济起飞和发展。当前，"一带一路"沿线国家中相当一部分还处于初级发展阶段，基础设施建设和工业化还有很大的发展空间。中国和"一带一路"沿线国家可以通过新型发展合作，加强基础设施建设以打破发展瓶颈，降低广义贸易成本，推进境外产业园区建设，进一步开放中国国内市场，实现生产—消费的完整循环，通过构建区域经济发展条件，实现"一带一路"国家的共同发展。

《全球价值链中的绿色治理——南北国家的地位调整与关系重塑》

周亚敏（助理研究员）

论文　25千字

《外交评论（外交学院学报）》2019年第1期

该文指出，协同促进经济发展与环境保护，不仅体现在国内层面，也体现在国际层面。在全球价值链分工体系中，北方生产"清洁品"、南方生产"污染品"的环境不平等问题凸显，并呈现出新的趋势。北方国家在区域贸易协定中大量嵌入环境条款，以环境规则外溢来建立并强化符合自身利益的全球绿色治理体系。这类环境条款因其非中性特征而成为北方国家干预南方缔约国国内环境政策的有效手段。北方国家策略性地绕开多边框架，并因其权力优势而在贸易协定谈判中居于主导地位，南方国家难以在谈判中公平合理地表达自身的环境利益诉求，更难以实现经济与环境的双升级。随着南方国家整体实力上升，构建体现南北整体利益的新型绿色治理体系已粗具条件。南方国家应抱团争取绿色知识和绿色技术在价值链上的自由流动，反对借助贸易协定干预国内环境治理主权。"一带一路"倡议通过聚力机制与保护机制，提升南方国家在全球价值链中的地位，改变全球绿色治理的不平等关系。中国在"一带一路"框架下倡导贸易协定的自愿性环境条款，为沿线国家的内生性绿色治理创新营造有利条件，符合实现全球价值链绿色化的根本方向。

《新时代的中朝关系：变化、动因及影响》

李成日（助理研究员）

论文　12千字

《现代国际关系》2019年第12期

随着朝鲜劳动党金正恩委员长四次访问中国，习近平主席访朝，中朝关系大幅改善。中朝重申传统友谊和半岛无核化目标，深化在重大问题上的战略沟通，积极开展交流合作，从而开启了中朝友好合作的新时代。该文认为，中朝关系的积极变化既是中朝共同防止半岛局势生战生乱的需要，也是各自政策调整的结果。中朝关系的新变化有利于朝鲜继续推行新战略路线，也有利于推进半岛无核化和东北亚地区经济一体化进程。中国应加大对朝支持力度，维护中朝关系发展势头。

美国研究所

《中美关系40年及其经验》

倪峰（研究员）

论文　20千字

《国际论坛》2019年第2期

2018年是中国改革开放40周年。具体到中美关系而言，2018年也是一个重要的纪念年份。1978年12月16日，中美两国几乎同时宣布，两国将于1979年1月1日正式建立大使级外交关系。该文指出，回顾这40年，我们会发现，改革开放和中美关系正常化几乎是同步的，在中美两国宣布建交两天之后，也就是在12月18日，党的十一届三中全会正式召开，这两者之间不是巧合，而是有着密切的逻辑关联。

《美国高关税及贸易保护主义的历史基因》

倪峰（研究员）　侯海丽（讲师）

论文　18千字

《世界社会主义研究》2019年第1期

该文指出，美国自建国到19世纪末，实现了从原英属殖民地到世界第一工业强国的飞跃。在此巨变过程中，美国奉行贸易保护主义，高关税政策发挥了至关重要的作用。

大萧条时期，美国试图以关税壁垒转嫁危机，招致其他国家的疯狂报复，不但没有扭转经济衰退的困局，反而加剧了大萧条的严重程度，美国经济和世界经济到了崩溃的边缘。二战结束后，美国经济独步世界，有利于美国的自由贸易成为美国贸易政策的旗帜，并对关税政策作出根本调整。进入20世纪六七十年代，美国经济开始受到西欧和日本的挑战，美国重新调整贸易政策，出现了自由贸易旗帜下新贸易保护主义的回潮，各种非关税壁垒被大量应用。美国贸易政策的历史表明，贸易作为促进美国经济发展的重要手段，在何时应用何种贸易政策，均是以服务美国经济这一终极目标为导向的。

《美国与欧盟的北非安全政策研究——一种角色理论的视角》

王聪悦（助理研究员）

专著　270千字

社会科学文献出版社　2019年4月

该书从重大事件"阿拉伯之春"着手，选取兼具非洲国家、地中海国家、中东国家三重身份的北非五国（埃及、利比亚、突尼斯、阿尔及利亚、摩洛哥）当下所面临的三大非传统安全问题领域（国内冲突、恐怖主义、难民危机）为考察对象，试图论证一个核心假设：多重"角色冲突"是导致美、欧的北非安全政策失灵的主要原因。作者以"角色理论"为理论框架，用意有二。其一，在中外角色理论研究者既有成果的基础上，着重解构和诠释角色冲突，凸显其外交决策分析中的解释力，为学界解释美、欧在北非的安全政策失灵提供了新的分析视角。其二，考察北非安全事务情境中美、欧的角色观念设定以及角色扮演情况、所遭遇的角色冲突等有助于清晰把握"阿拉伯之春"前后美、欧在该地区的角色观念和具体政策是否发生变化，并由此透视跨大西洋伙伴关系的"裂痕"。为了使美国、欧盟遭遇上述角色冲突从而破坏政策有效性的观点可信度更高，作者选取了利比亚危机与埃及革命为案例，分别探讨特定情境下二者如何陷入角色冲突从而难以达到遏制两国危局和维护自身利益的政策目标。该书论证的主要结论有二。第一，从角色内涵看，美、欧在北非安全事务舞台上绝非单纯的实用主义者或规范性力量，无论是"急需国际公信力与合法性的实用主义者"还是"务实的规范性行为体"均天然带有理想与现实主义交织的双面性特征，需要二者在实践中不断寻求自我平衡。第二，角色扮演过程中，美国与欧盟均表现不佳，双双陷入多样化角色冲突的重重包围之中。导致政策实践趋于"空心化""低能化""碎片化""盲目化"，并最终走向失灵。

《中国战略文化与"镜子"思维》

张一飞（助理研究员）

论文　30千字

《当代亚太》2019年第2期

长期以来，对于中国战略文化的研究普遍被战争偏好与和平偏好的二元对立思维所限制。如何超越"战""和"偏好，诠释更为准确的中国战略文化——这是该文要回答的核心问题。战略文化是特定社会背景下战略主体在战略流程中长期稳定存在的思维模式。先秦诸子学说的群体对立性说明在中国文化身份形成之初，便同时出现了"战"与"和"两种系统性和重要性相当的战略思维。但是，这两种思维都未能在理论上系统而全面地压制对方，或在历史中持续而稳定地支配中国大战略。因此，它们只能被归为战略选项而非战略文化。通过抽象中国"战""和"思维的共同特征，该文认为，中国战略文化是一种由"兼顾实力和道德的战略资源积累"、"被动反应式的战略资源使用"以及"同质、适度的反应原则"构成的，呈现出"镜子"特征的思维模式。中国历史上与这一思维相符的大战略会因得到国内民众支持而最大限度地实现国家安全和经济发展；而偏离这一思维方式的大战略，则会受到不同程度国内失序的惩罚。对西汉和北宋的历史观察进一步验证了"（中国）大战略与'镜子'思维的相符程度"和"国内发展有序性和可持续性程度"之间的因果联系，并详细说明了"镜子"思维在历史中的操作细节。该文还对当代中国坚持"镜子"思维的必然性与必要性进行了分析。

《冷战后美国政府对朝鲜的战略思维探究》

李栩（研究员）

论文　15千字

《美国研究》2019年第2期

该文指出，冷战结束以来，美国对朝鲜的政策一直在"接触对话"与"孤立施压"之间游走。一方面，美国对朝鲜施以强有力的经济制裁、外交孤立以及军事威慑，甚至以军事打击相威胁；另一方面，待朝鲜承受不住压力的时候，再与朝鲜进行接触，迫使其弃核。美国对朝政策鲜明地反映出美国对"敌对国家"的战略思维特征。然而，这种战略思维却导致了其政策的不连贯性，不但无法迫使朝鲜就范，反而加剧了朝鲜半岛的紧张局势，进一步刺激朝鲜加强核武和导弹能力，使朝鲜半岛无核化进程踯躅不前。

《法国大革命的内在矛盾与"黄马甲"运动》

魏南枝（副研究员）

论文　13千字

《文化纵横》2019年第2期

该文指出，2018年底爆发的"黄马甲"运动已经持续了数月。这一场轰轰烈烈的全民性社会抗议，其口号与诉求也具有"全民性"。这些庞杂诉求背后是自法国大革命以来多种民主原则内部张力甚至冲突的延续。"黄马甲"运动的发展动态表明，法国的共和主义传统正在遭遇根本性危机——统一与平等这两大原则的现实基础正在趋于瓦解，令人不由疑惑"法国大革命仍在持续"。

理解法国的革命性与多变性，应当看到法国自身历史所描绘的两个截然不同的法国：一个是思想的历史，强调中央集权传统、与人民主权的绝对化相联系；另一个是社会的历史，充满了现实与原则之间的冲突以及由此产生的妥协和重组。探究不同革命目标之间的内在矛盾以及革命理想与现实之间的冲突妥协等，让人不由得思考，是否这就是不可能完成的革命？

《一加一大于二？——试析"全政府"在美国国家安全体制中的应用》

张帆（研究员）

论文　25千字

《世界经济与政治》2019年第8期

该文指出,"全政府"在实践中的具体应用主要体现为各种跨部门组织,独立财政资源和团队精神是确保其绩效的重要因素。为应对日趋复杂的国家安全挑战,"9·11"事件以来,美国国家安全界不断将"全政府"应用于国家安全体制,在该体制运行机制的行动计划及战术—实地实施层面以各种跨部门组织应对特定安全挑战。奥巴马政府时期,国家安全界以小布什政府的经验为基础,将"全政府"在国家安全体制中的应用发展到较为成熟的水平,在行动计划层面完全形成以华盛顿、海外战斗司令部和本土各"融合中心"为结点的"全政府"网络,为特朗普政府执政后国家安全界将"全政府"继续应用于国家安全体制奠定了坚实基础。在小布什及奥巴马执政时期,美国政府试图为确保"全政府"在国家安全体制中的应用绩效提供制度保障,取得了一些成就,但特朗普执政以来,美国政府在这方面的努力陷入停滞。

《美国非营利组织从事对外援助的有利条件》

王欢(副研究员)

论文 17.6千字

《国外社会科学》2019年第5期

在美国,对外援助既包括官方对外援助,也包括规模更大的民间对外援助。美国大量非政府组织参与对外援助,既包括与政府机构合作的官方对外援助活动,也包括民间对外援助活动。该文指出,美国非营利组织从事对外援助,得益于建立在诸多社会基本面因素上的物力、人力、组织和运行等多方面的有利条件。近年来,美国社会基本面出现一些新变化,正在对这些条件形成值得探讨的影响。

《美国国际发展融资机构的改革》

赵行姝(副研究员)

论文 10千字

《现代国际关系》2019年第8期

该文指出,美国新近完成了国际发展融资机构改革,将海外私人投资公司和美国国际开发署的发展信贷管理局合并为一个新机构——美国国际发展金融公司。该文认为,新机构在资金规模、融资工具、治理结构等方面均发生了较大变化,但其服务于美国国家安全与外交政策的本质并未改变。美国国际发展金融公司的成立,不仅顺应了发展中国家发展需求变化的趋势,也反映了美国在国际竞争中增强自身优势的决心,还预示未来美国对外战略有两大倾向。与中国面向发展中国家的巨额投资倡议相比,美国国际发展金融公司在资金规模上仍显微不足道,近期难对以"一带一路"倡议为代表的中国国际发展战略带来太大冲击;但是,长期来看,作为抗衡中国全球影响力的重要工具,有可能在局部地区与中国国家导向的融资模式形成竞争,甚至通过与盟友、伙伴合作进行制度输出。不过,美国的这一举措能否实现其目标仍需随时间推移进行评估。

《特朗普政府对中美经贸关系的重构——基于经济民粹主义和经济民族主义视角的考察》

罗振兴(副研究员)

论文 15千字

《美国研究》2019年第5期

　　该文指出，中美建交以来，美国历届政府都力图将中国纳入美国主导的以规则为基础的世界贸易体系，特朗普政府则偏离了这一传统，其对华贸易政策发生了根本性的转向，转向了以权力为基础的双边博弈体系。特朗普执政以来，其重构中美贸易关系的构想正在逐步转化为政策，大规模对华贸易战等诸多极端贸易政策也付诸了实施。特朗普政府运用"安全化"这一过程，将极端的经济主张转化为国家安全问题，从而在政府内部达成最大限度的共识，由此将其看似不合经济逻辑的激进主张转化为合法的、可执行的政策。特朗普政府重构中美经贸关系动力源自经济民粹主义和经济民族主义，二者短期内不会沉寂，中美经贸摩擦将呈现出常态化、复杂化和长期化的特点，但短期内很难实现其公平、对等和平衡的双边贸易关系之理想。

《特朗普政府的"印太战略"及其对中国地区安全环境的影响》

仇朝兵（副研究员）

论文　30千字

《美国研究》2019年第5期

　　2017年12月，特朗普政府正式推出"印太战略"，试图塑造一个"自由和开放的印太地区"。特朗普政府从四个方面推动了其"印太战略"的实施：发展与印太地区盟国及伙伴的关系，强化美国对该地区的承诺；加强与印太地区的经济接触，支持私营部门发挥关键作用；深化与盟国的军事合作，帮助伙伴国加强能力建设，提升自身军事能力；推动与印太国家的人员和文化交流，传播美国价值观，提升美国的影响。该文认为，理解特朗普政府"印太战略"对中国地区安全环境的影响，需要历史地、全面地认识这一战略，既要看到它与之前历届美国政府的战略差异，也要看到其延续性；既要看到特朗普政府针对中国的意图，还要全面了解其对华认知及其处理中美关系的思路，这样才能更恰当地认识美国在印太地区的存在及影响，理性看待中美在印太地区的互动。

《美国两党党纲中的对华政策论析》

何维保（副研究员）

论文　25千字

《美国研究》2019年第6期

　　党纲是美国两党各自政策立场与倾向的集中反映，并能影响美国政府的政策，因此值得重视和研究。该文通过梳理和分析历史上美国两党党纲中所反映的对华政策后发现：随着中国自身实力不断提高及中美两国联系的不断加强，美国两党党纲涉及对华政策的频率在不断提高；美国历届政府的对华政策在多数情况下与执政党党纲中的对华政策倾向总体一致；美国两党在涉及对华政策的重大问题上也大多具有共识；美国两党党纲中的对华政策内容从根本上来讲服务于美国两党进行选举的国内政治需要。当前，共和党的对华政策倾向已出现重大转折，但民主党与其或有不同。关于两党在对华战略上到底有无共识，以及未来美国的对华战略将向哪个方向发展，2020年美国两党将要发布的最新党纲或许能够提供一些答案。

《〈美墨加协定〉谈判中的各方利益博弈》

魏红霞（副研究员）

论文　18千字

《拉丁美洲研究》2019年第2期

《北美自由贸易协定》是美国推动签署的将两个发达国家和一个发展中国家的经济和市场联结在一起的贸易协定，重新谈判该协定是特朗普上台之后全面展开世界贸易战的首个目标。特朗普政府试图通过该协定的重新谈判，制定并主导新的贸易规制标准，以更好地维护美国的利益。该文指出，从重新谈判达成的《美墨加协定》可以看出，美国提出更新的条款与美国的国内利益诉求是一脉相承的，美国已经成功地将其提出的相关新条款加入了协定，实现了其在关税、原产地规则和新科技等方面的多数要求。加拿大和墨西哥虽然在某些条款中屈从于美国的要求而作出了让步，但是在一些核心问题上坚持了自己的利益，并且迫使美国也作出了让步。从加拿大的角度来看，在木材出口和文化产品标准方面，加拿大一直在谈判中坚持其自身特殊的利益诉求。墨西哥在谈判中迫于美国的压力和自身的弱势地位，接受了关于劳工和环境作为附加条款，但对于能源等国家核心利益部门，一直没有将之置于北美贸易谈判的条款中。

《特朗普政府网络安全政策调整及未来挑战》

李恒阳（副研究员）

论文　13千字

《美国研究》2019年第5期

该文指出，特朗普上台后，美国政府对网络安全政策进行了一定程度的调整。随着美国政府、国会和部分战略界人士把应对与中俄之间的大国竞争作为国家安全战略重点，特朗普政府把网络空间的大国竞争作为美国面临的主要挑战。为了维护在数字空间的优势地位，美国政府加强了对关键基础设施的保护，努力推动数字经济发展，大力提升网络军事能力。相较于奥巴马政府，特朗普政府的网络安全政策进攻性更强，客观上推动了网络空间的军事化进程。在"美国优先"和"以实力谋和平"的思想指导下，美国从自身的利益和需求出发处理网络空间事务，其激进的网络战略强化了大国博弈和网络威慑行动，同时也导致全球网络治理进展缓慢。尽管美国力图在数字空间建立持久的优势，但它必须面对一系列挑战。

《种族歧视加剧美国贫富差距》

姬虹（研究员）

论文　3千字

《人民论坛》2019年第2期

该文指出，由于种族歧视和种族隔离，美国社会长期处于分离的状态，族裔间的贫富差距不断扩大。其中来自白人根深蒂固的种族歧视是造成黑人恶劣处境的关键，制度性种族主义的作祟是黑人贫穷的根源。如何缩小这种族裔间的贫富差距，从罗斯福到奥巴马也都动过脑筋，想过方法，但美国的穷人还是越来越多，随着美国人口中少数族裔人口比重增加，除了黑人穷人外，拉美裔和亚裔中的穷人也在加入这个大军。如何应对贫困问题，特朗普政府似乎更没有举措了。2018年政府预算中，住房和城市发展部的预算被减少 60 亿美元，削减部分主要是针对穷人住房补助部分。住房和城市发展部部长本·卡森上任后自己以极大的折扣在华盛顿近郊购买豪宅，但同时又声称贫穷是一种思维方式，改变贫穷状况应当首先努力转变穷人的思维，而不是财政支持。

日本研究所

《日本蓝皮书：日本研究报告（2019）》

杨伯江（研究员）主编

研究报告　391 千字

社会科学文献出版社　2019 年 7 月

该书由总报告、国内形势篇、对外关系篇、中日关系篇、专题研究篇和附录构成，对 2018 年度日本各领域形势进行了回顾，特别是围绕国际大变局背景下日本的选择与应对等进行了深入研讨和分析，并收录了该年度日本大事记。该书内容包括明仁天皇"生前退位"的确认意味着长达 30 年的平成时代即将落幕，日本将走向新纪元；自民党总裁选举后，安倍成功实现三选连任，在自民党内保持了"一强"独大地位，但其修宪之路并不通坦；面对国际变局的冲击，日本积极谋求"多向对冲"，安倍提出"战后外交总决算"目标，力图实现日朝关系正常化和日俄缔结和平条约，按照"新的三原则"发展对华关系；日本在区域经济合作方面取得重大进展。

《日本经济蓝皮书：日本经济与中日经贸关系研究报告（2019）》

张季风（研究员）主编

研究报告　408 千字

社会科学文献出版社　2019 年 5 月

该书以"中国改革开放 40 年与日本"为专题，为保持此蓝皮书内容上的连续性，在总报告中保留日本经济、中日经贸关系现状、问题和走向等分析内容，设有"中日经贸合作现状与课题"、"热点追踪"、"中国改革开放 40 年与日本"、"中日贸易投资合作对中日经济的影响"、"'一带一路'框架下的中日第三方市场合作"和"比较与借鉴"六个栏目。该书以总报告为基础，对日本经济、中日经贸合作的现状与面临的问题、未来走势进行深入分析，在总体分析中国改革开放 40 年来中日经济交流所带来的双赢效果基础上，重点分析 40 年来中日双边贸易、相互投资的历程以及特朗普推行贸易保护主义政策背景下的中日在第三方市场的合作，同时也对"一带一路"框架下中日之间的合作与博弈等备受关注的问题进行全方位分析。

《弘扬条约精神，深化友好合作：纪念〈中日和平友好条约〉缔结 40 周年国际学术研讨会文集》

杨伯江（研究员）主编

论文集　354 千字

世界知识出版社　2019 年 3 月

2018 年 8 月 11 日，由中国社会科学院主办，中国社会科学院日本研究所承办，中国公共外交协会协办的"弘扬条约精神，深化友好合作——纪念《中日和平友好条约》缔结 40 周年"研讨会在北京举行。该书为研讨会之论文集，收录会议论文约 35 篇，分三大专题，分别就《中日和平友好条约》的时代背景与历史经验、缔约 40 年来的国际环境与中日关系以及中日关系的影响因素、新时代下如何弘扬条约精神并发展中日关系的路径等内容展开研讨。该书力图通过中日双方专家学者的研讨，总结两国关系发展的历史经验，分析中日与世界的互动规律，探讨未来合作前景，为推动中日关系长期健康稳定发展建言献策。

《少子老龄化社会：中国日本共同应对的路径与未来》

张季风（研究员）主编

专著 268千字

社会科学文献出版社 2019年4月

该书认为，目前，中日两国都处于人口老龄化大潮中，而日本则早于中国30年进入老龄化社会，更是处于风口浪尖。中日两国虽然社会制度不同，但在人口老龄化特征、人口结构变化、老人福利文化等方面有很多相似之处。日本应对人口老龄化社会方面的法律法规以及精细的制度设计对中国有着重要的借鉴意义。在这种背景下，该书将人口结构变化纳入经济增长与社会发展理论框架，通过文献梳理和统计分析，整理了人口少子老龄化下中日社会变化的相关问题。全面分析了中日两国进入老龄化社会之后与老年人相关的各种制度变化情况，探究两国老年人面临的问题及主要原因，并为我国制定人口老龄化下的社会经济可持续发展战略提出一些建议。

《平成日本社会问题解析》

胡澎（研究员）主编

专著 352千字

社会科学文献出版社 2019年4月

该书通过对平成时期日本社会诸多方面的细密观察和独到分析，回应了中国读者以及中国的日本研究界对于当代日本社会研究的期待。该书涉及对"平成日本学"的概念、平成时期日本社会的特征、平成时期的社会思潮、平成时期的人口问题、雇佣问题、灾害立法问题、老年福利政策、智慧城市建设、非营利组织、企业的社会责任、女性地位及婚姻家庭、青少年问题等。由于平成时期人口问题突出且重要，因此多个章节有所涉及，分别从少子老龄化现状、养老福利制度、养老对策、护理保险体系等多方面进行了论述。

马克思主义研究学部

马克思主义研究院

《新中国马克思主义研究 70 年》
姜辉（研究员） 主编
专著 453 千字
中国社会科学出版社 2019 年 9 月

该书以历史为线索，全面、系统地梳理了改革开放前、改革开放新时期和新时代每个重大历史阶段上马克思主义在我国的宣传、研究、发展、运用和创新的主要内容。该书围绕马克思主义著作、马克思主义中国化理论创新、马克思主义哲学、马克思主义经济学、科学社会主义、党建学说、国际共产主义运动和世界社会主义研究、国外马克思主义、思想政治教育等九个专题，对新中国 70 年来马克思主义研究取得的巨大成就进行了梳理，分析探讨了各个时期马克思主义研究的特点、重大理论问题和实践问题，全面总结了基本经验，既有历史的梳理，又对各学科今后的研究方向提出了有见地的分析。

《当代国外马克思主义经济学基本理论研究》
程恩富（教授） 胡乐明（研究员）主编
专著 583 千字
中国社会科学出版社 2019 年 2 月

该书重点选择20世纪下半叶以来，特别是20世纪80年代以来国外马克思主义经济学研究中具有重大学术贡献或社会影响的理论成果进行了较为系统深入的介绍、分析和评价。重点阐述西欧和北美国家的马克思主义研究，同时也吸纳和阐述东欧、拉美、非洲以及日本等地区和国家的马克思主义学者的研究成果。在总结梳理当代国外马克思主义经济理论研究的演进路径和特点的基础上，该书分13个专题，就所有制理论、劳动价值论、剩余价值理论、平均利润率下降规律、经济周期理论、资本主义土地制度和农民问题、资本主义社会阶级和阶级结构问题、国家理论、生态马克思主义理论、全球化理论、资本主义发展阶段理论、社会主义经济模式问题、对西方主流经济学的批判等重大理论问题进行了全面总结和评价。

《对"俄国问题"的历史性研究——从〈给维·伊·查苏利奇的复信〉到〈国家与革命〉》
王雪冬（助理研究员）
专著 245 千字
人民出版社 2019 年 5 月

19世纪中叶的俄国处在历史的十字路口,究竟是像西欧国家那样走上资本主义发展道路,还是以农村公社为基础实现"资本主义卡夫丁峡谷"的跨越从而直接过渡到社会主义社会,成为摆在俄国人民面前的"时代之问"。马克思恩格斯晚年投入了大量精力研究"俄国问题"。他们认为,如果俄国农村公社能够得以完好保存,那么,在西欧无产阶级革命胜利的支持下,俄国可能免于经历资本主义的种种苦难而实现向社会主义的历史性跨越。列宁根据时代条件的变化和革命形势的发展,领导俄国人民将资产阶级民主革命推向了无产阶级社会主义革命阶段,取得了十月革命的伟大胜利,在古老的东方大地上建立起世界上第一个社会主义国家。在对待"俄国问题"上,无论是马克思恩格斯还是列宁,都始终是在历史唯物主义的视野中、坚持历史发展的辩证法,具体地分析当时俄国所处的社会历史环境,为"俄国问题"的解决指明了方向。"俄国问题"从诞生、发展到最终解决,引发了近一个世纪的争论。该书对上述历史作了梳理与研究,作者认为,深入研究"俄国问题",总结"俄国道路"的经验,将有利于我们更加坚定中国特色社会主义道路自信,并推动世界社会主义的深入发展。

《拉尔夫·密里本德政治理论研究》

雷晓欢(助理研究员)

专著　208千字

中国社会科学出版社　2019年5月

随着二战后资本主义经济的发展、社会结构的变化以及资本主义国家自身的调整,"工人阶级已经消亡"的观点开始在西方盛行,马克思主义的政治理论尤其是国家理论也受到诘难,资本主义必将被社会主义所取代的论断甚至被认为是一种天方夜谭式的神话。这极大地模糊了人们对发达资本主义国家本质的认识,动摇了人们以社会主义代替资本主义的信心。在这样的背景下,英国当代著名左翼学者拉尔夫·密里本德在发展马克思主义政治学和推动西方马克思主义的"政治学"转向中起到重要作用。该书立足于马克思主义立场,着重探讨和阐释了密里本德关于发达资本主义社会梨形阶级结构理论、关于来自上层阶级斗争和来自下层阶级斗争理论以及关于发达资本主义国家本质理论,并勾勒密里本德的新社会主义观,从而全面呈现密里本德的政治理论内涵,并对其理论价值进行客观评价和定位。

《国际共运黄皮书:国际共产主义运动发展报告(2018—2019)》

姜辉(研究员)　潘金娥(研究员)　主编

研究报告　250千字

社会科学文献出版社　2019年4月

该书以皮书形式展示国际共运学科研究的年度最新发展情况,主要包含以下几个栏目:"总报告""热点聚焦篇""革新发展篇""思潮运动篇""资料篇"等。

该书指出,在马克思诞辰200周年和《共产党宣言》发表170周年之际,世界各地举行各种各样的纪念活动,重新认识了马克思的天才,重新肯定马克思主义的重要历史价值和现实意义。中国举行庆祝改革开放40周年大会,以中国特色社会主义的伟大实践成就证明马克思主义的科学性和实践性，证明了将《共产党宣言》中所阐释的科学社会主义理论与本国具体实际相结合是一条建设社会主义的成功道路。西方国家的左翼和共产党认识到《共产党宣言》是当代资本主义的"X光"，发达国家主导的全球治理体系存在制度缺陷。社会主义国家革新取得新进展，新时代中国特色社会主义成为引领世界社会主义走向复兴的重要力量。

《中国社会主义70年对科学社会主义的重大贡献》

姜辉（研究员）

论文　8.3千字

《当代中国史研究》2019年第5期

该文指出，中国社会主义70年对科学社会主义的贡献是巨大的——（1）新中国70年成功回答了"什么是社会主义、怎样建设社会主义"的历史性课题，找到了一条能实现全面发展、实现中华民族复兴的中国特色社会主义道路，使具有170多年历史的科学社会主义焕发出强大的生机和活力。（2）新中国70年不断深化对社会主义建设规律的认识，先后形成了毛泽东思想、邓小平理论、"三个代表"重要思想、科学发展观、习近平新时代中国特色社会主义思想，形成党和国家与时俱进的指导思想。（3）新中国70年在取得历史性成就中也不断彰显着社会主义制度优越性和巨大优势，不断建设对资本主义具有优越性的社会主义。（4）新中国成立70年来，我们党领导全国人民致力于国家富强、人民幸福、民族振兴的历史进程，为世界共同发展、世界社会主义、人类文明发展等进步事业作出了巨大贡献，推动世界社会主义进入新阶段。

《列宁〈国家与革命〉的基本思想与新时代的国家与革命》

辛向阳（研究员）

论文　20千字

《马克思主义研究》2019年第12期

该文指出，写作于100多年前的《国家与革命》是列宁基于三个方面的原因而写的：一是清除第二国际机会主义和资产阶级学者在国家问题上制造的种种错误观念，二是回答俄国无产阶级革命面临的迫切问题，三是纠正无产阶级革命运动中一些理论家的片面国家观。《国家与革命》是科学社会主义的"百科全书"，它恢复和系统阐述了马克思主义创始人的国家理论，科学论述了无产阶级革命的思想，升华了无产阶级专政的理论。《国家与革命》有力地遏制了机会主义思潮的泛滥，指导了布尔什维克夺取十月革命的伟大胜利，深刻地影响了各国无产阶级的解放运动。在当代中国，其仍然具有重要的现实意义。

《开辟21世纪马克思主义、当代中国马克思主义新境界》

龚云（研究员）

论文　9千字

《党的文献》2019年第5期

该文全面展现了习近平新时代中国特色社会主义思想形成的时代背景，系统梳理了习近平新时代中国特色社会主义思想对马克思主义的原创性贡献，充分揭示了习近平新时代中国特色社会主义思想的世界意义。该文指出，习近平新时代中国特色社会主义思想是马克思主义时代化的产物，是新时代中国特色社会主义实践的经验总结和理论升华，一以贯之地坚持了马克思主义认识世界和改造世界的立场、观点和方法，创造性运用辩证唯物主义和历史唯物主义，开拓马克思主义政治经济学新境界，丰富科学社会主义基本理论，赋予马克思主义的新时代内涵，将马克思主义推向一个新的发展阶段。该文指出，习近平新时代中国特色社会主义思想适应了21世纪马克思主义发展的需要和中国特色社会主义新时代的需要，是马克思主义中国化的又一次飞跃，坚持和发展了马克思主义，是21世纪马克思主义、当代中国马克思主义，具有重大的世界意义，彰显了21世纪马克思主义强大的生命力，推动了世界社会主义走出低谷，为21世纪发展中国家现代化提供了新的选择，指明了21世纪人类社会发展的前进方向。

《西方开花的马克思主义为何先在中国结出硕果？》

余斌（研究员）

论文　8千字

《当代世界》2019年第5期

马克思主义诞生于率先进入资本主义时代的西欧，却在传入东方之后在中国大地迅速结出了硕果。该文指出，这首先是因为马克思主义是真理，其次是因为马克思主义与中国的传统精神和时代条件比较契合。马克思和恩格斯根据西欧已有的历史发展经验得出的无产阶级革命的策略，对于当时资产阶级革命还不成功的德国，以及那时还谈不上资产阶级革命的俄国和中国来说，因为与这些国家的时代条件十分契合而极具指导意义。马克思主义的立场、观点和方法与中国传统精神有很多契合之处，从而中国人民理解和接受马克思主义相对其他国家的人来说会更容易一些，马克思主义与中国的具体实际相结合的程度会更好一些，从而马克思主义在中国更容易结出硕果一些。中华人民共和国的成立和中国特色社会主义事业的发展充分证明马克思主义是真理，充分证明社会主义战胜资本主义是必然的。

《新中国70年现代化发展新路的探索和总结》

陈志刚（研究员）

论文　17千字

《马克思主义研究》2019年第10期

该文指出，社会主义新中国的建立，真正开启了中国现代化的征程。但中国现代化的内部条件和外部环境和马克思设想的不一样，使得中国的跨越式现代化道路决不能照搬马克思的设想，而必须把马克思主义和中国实际相结合，探索一条独特的现代化发展道路。从社会主义制度的建立到改革开放，再到中国特色社会主义新时代，几代中国共产党人为了建设社会主义现代化强国进行艰苦不懈的探索。新中国成立70年来，中国不断深化对现代化发展规律的认识，现代化的内涵和外延不断拓展，现代化的路径更加科学，现代化的伟大目标不断变成现实，成功地走出了一条社会主义现代化发展的新路，迎来了从站起来、富起来到强起来的伟大飞跃，迎来了实现中华民族伟大复兴的光明前景。新中国 70 年现代化的伟大成就充分证明，中国特色社会主义道路是现代化的必由之路。中国现代化发展的新路，具有宝贵的经验，超越了西方的现代化模式，为发展中国家实现现代化提供了中国方案，深化发展了我们对共产党执政规律、社会主义建设规律、人类社会发展规律的认识。因此，中国人民必须坚定中国特色社会主义道路自信、理论自信、制度自信、文化自信。

当代中国研究所

《新中国 70 年》

当代中国研究所

专著　470 千字

当代中国出版社　2019 年 12 月

该书重点论述了新中国的由来及新中国建立的伟大意义，从中国历史、世界历史的宏观视野看新中国 70 年的历史地位和巨大成就。作为 2019 年度国家主题出版重点图书，该书被中宣部和中组部共同列入全国干部学习教材，并被中宣部列为对外推广重点图书。

《中华人民共和国简史（1949—2019）》

当代中国研究所

专著　157 千字

当代中国出版社　2019 年 9 月

该书讲述了中华人民共和国 70 年发展历程，解释马克思主义在中国的伟大实践以及在中国语境中的运用，总结新中国成立 70 周年以来的宝贵经验及对后人的启示，证明社会主义是人类社会具有光明未来的一种选择。

该书出版后，中文版被中宣部和中组部共同列入全国干部学习教材。

《中华人民共和国政治史（1949—2019）》

李正华（研究员）　张金才（研究员）主编

专著　34 千字

当代中国出版社　2019 年 9 月

该书以中华人民共和国史为大背景，从政治的角度，全面反映国史发展的大脉络、主题主线、阶段性特征，详细阐述和分析了中国人民当家作主的新型政权的建立、巩固和发展过程，以及适应这种政权需要的社会主义制度建立、健全、发展与不断完善的历史过程，客观论述了相关重要政治人物、重大政治事件，认真总结了中国共产党领导中国人民在探索符合中国实际、适合中国国情的民主政治发展道路中所取得的经验和教训，对人们坚定中国特色社会主义的道路自信、理论自信、制度自信、文化自信具有重要意义。

《中华人民共和国经济史（1949—2019）》

郑有贵（研究员）主编

专著　374 千字

当代中国出版社　2019 年 9 月

该书以生产力与生产关系、经济基础与上层建筑的关系及其对应的生产、交换、分配、消费为基本问题，对 1949—2019 年中国经济发展历程进行了全面系统的梳理，从历史研究视角对中国为什么选择以公有制为主体、多种所有制经济共同发展，为什么选择社会主义市场经济，为什么能够跨越发展成为世界第二大经济体等重大实践和理论问题进行了阐释，为新时代建设现代经济体系和推动高质量发展提供历史借鉴，为增强中国特色社会主义道路自信、理论自信、制度自信、文化自信提供历史依据。

《中华人民共和国文化史（1949—2019）》

欧阳雪梅（研究员）主编

专著　440千字

当代中国出版社　2019年9月

该书是对2016年版的《中华人民共和国文化史（1949—2012）》的修订和补充，是对新中国70年来社会主义文化建设与发展史的全面系统书写。该书以新中国发展为历史背景，以客观史实为基础，以中国特色社会主义文化发展道路探索为主线，梳理新中国成立70年来文化建设与发展的主体脉络，重点关注国家层面有关文化建设理论、方针、政策的演变及实践成果，依据其发展特征分为七个历史性阶段分析，考察文化领域的制度建设，介绍分析文化领域具有重大意义的标志性事件、问题和社会思潮，以及人民群众有代表性的文化创造，体现每一历史时期文化建设与发展的特征，注意概括总结经验与教训，帮助人们从总体上认识把握新中国文化发展的历程，探究和揭示当代文化发展的规律。

《中华人民共和国社会史（1949—2019）》

李文（研究员）主编

专著　423千字

当代中国出版社　2019年9月

新中国70年的社会发展史，也就是围绕民生主线开展的社会建设史。该书以基本民生为主线，并借用社会学的范畴构建了中华人民共和国社会史的基本框架，主要包括社会结构、社会管理、民生保障和社会事业、社会生活、社会心态（社会心理、社会思潮）等；通过记叙、梳理上述诸方面在新中国各个历史时期的发展轨迹，揭示出社会发展的基本脉络和主要成就，同时对发展中的曲折、工作中的失误也不回避、不轻描淡写，重在总结经验、揭示规律，从而令人信服地还原了新中国的社会发展历程。该书的出版能够对丰富国史、党史的学习有所贡献，也能够为推动中国今后的社会转型和社会建设提供一定的经验支撑。

《中华人民共和国史研究的理论与方法（第二版）》

宋月红（研究员）　王爱云（研究员）

专著　360千字

当代中国出版社　2019年9月

该书是一部关于中华人民共和国史研究理论与方法的专门著作。该书内容分为上、中、下三篇。上篇"中华人民共和国史研究学术发展史"，梳理了新中国成立以来国史研究的兴起和改革开放以来国史研究的恢复和发展情况，综述了70年间国史发展的脉络和线索，并且分析了第二个《历史决议》的认识论基础及其对国史研究的指导意义。中篇"中华人民共和国史研究基本理论问题"，论述了改革开放前后两个历史时期的辩证统一关系、历史观与中华人民共和国史史料的整理和研究、中华人民共和国史专门史研究及与通史研究的关系、维护国家统一视域中的中华人民共和国史专题史研究、中华人民共和国史研究中若干思潮辨析等重要国史理论问题，都是以前国史学界缺乏深入探讨的问题。下篇"中华人民共和国史研究基本方法"，阐述了国史研究的历史主义分析、定性与定量分析、国情调研、比较研究、跨学科研究、口述史学等系列研究方法。

《中华人民共和国史编年·2017年卷》
当代中国研究所、中央档案馆编
武力（研究员）主编
学术资料　1000千字
当代中国出版社　2019年8月

该书兼采编年体与纪事本末体史书之长，融资料性、研究性和学术性于一体，具有重要的史料价值和学术价值，是进行中华人民共和国史研究的重要资料书和工具书，对保存国史、研究国史、宣传国史都具有填补空白的重要意义。2017年卷是最新出版的一卷，该卷反映了2017年中华人民共和国的政治、经济、文化、科技、教育、卫生、民族、宗教、社会、人口、气象、灾害、生态、资源、疆域、区划、军事、国防、外交、对外联系和国际反应等各方面、各领域的重要史事。

《接续推进伟大事业　不断开辟复兴道路——新中国70年的奋斗历程、辉煌成就与历史经验》
姜辉（研究员）等
论文　15.5千字
《马克思主义研究》2019年第8期

新中国成立70年来，中国共产党领导全国各族人民，不断推进马克思主义中国化、时代化和大众化，进行中国革命、建设和改革开放伟大事业；中国人民当家作主，真正掌握国家、社会和自己命运；中华民族迎来从站起来、富起来到强起来的伟大飞跃，实现从落后于时代到赶上时代、引领时代的伟大跨越。新中国70年的基本历史经验主要是：坚持中国共产党领导，为中国人民谋幸福，为中华民族谋复兴；坚持人民当家作主，一切为了人民，一切依靠人民；坚持走社会主义道路，牢牢把握当代中国发展进步的根本方向和前途命运；立足社会主义初级阶段，不断把我国建设成为富强民主文明和谐美丽的社会主义现代化国家；坚持和深化改革开放，不断解放和发展社会生产力；坚决维护国家主权和领土完整，不断推进祖国和平统一大业；坚持和发展平等团结互助和谐的社会主义民族关系，不断发展民族团结进步事业；坚持全面从严治党，确保党始终成为社会主义现代化建设事业的坚强领导核心。

《简明中华人民共和国史》
张星星（研究员）主编
专著　200千字
五洲传播出版社　2019年9月

该书以经中央审定批准出版的多卷本《中华人民共和国史稿》为基础，为适应对外宣传需要而撰写，是中华人民共和国史简明通俗读物，入选中共中央宣传部"2019年主题出版重点出版物选题目录"。该书全面而简要地记述了中华人民共和国自1949年

10月创建以来70年的发展历程，共分为10章：（1）中华人民共和国的诞生；（2）新政权的巩固和国民经济恢复；（3）社会主义基本制度的建立；（4）社会主义建设道路的探索；（5）拨乱反正与伟大历史转折；（6）改革开放与中国特色社会主义的开创；（7）社会主义市场经济体制的初步建立；（8）"一国两制"与祖国统一；（9）全面建设小康社会与科学发展；（10）全面建成小康社会与民族复兴新征程。该书以图文并茂的形式，全面展示新中国70年的光辉历程、伟大成就和宝贵经验，突出反映中国共产党和中国各族人民70年的奋斗实践，着力解读新中国70年伟大革命性变革中蕴藏的历史逻辑，深入探寻新中国70年历史性成就背后的中国特色社会主义道路、理论、制度和文化优势。

《中国特色强军之路的接续探索和历史统一》

张星星（研究员）

论文　15千字

《当代中国史研究》2019年第5期

该文着重从历史的继承和发展相统一的视角，围绕建设强大的现代化正规化革命军队总目标的确立和发展，坚持和发展积极防御的军事战略方针，从中国特色精兵之路到编制体制的革命性重构，从军民结合到中国特色军民融合之路的形成，坚持党对军队绝对领导和永葆人民军队本色五个方面，回顾和总结了新中国成立以来中国共产党及其领导下的中国人民解放军对中国特色强军之路既一脉相承又与时俱进的接续探索和开拓创新。文章认为，新时代的中国人民解放军在习近平强军思想指引下，沿着中国特色强军之路、朝着全面建成世界一流军队的宏伟目标继续奋进，必将为实现中华民族伟大复兴的中国梦提供坚强的战略支撑，为服务构建人类命运共同体作出新的更大贡献。

《奥巴马执政时期美国的南海政策》

王巧荣（研究员）

论文　12千字

《史学月刊》2019年第10期

奥巴马执政8年，美国对南海的政策立场逐步发生变化，去"中立化"倾向日益明显，甚至走向直接介入。美国南海政策的变化与南海局势发展变化直接相关，更与美国的亚太战略及中美关系的发展变化相关。伴随中国快速崛起，奥巴马政府为维护美国在亚太地区主导地位，将美国的亚太战略调整为亚太"再平衡"战略，以对中国加以防范乃至遏制。美国的南海政策主要是服务于这一战略。南海是中国国家安全的天然屏障，是重要的海上战略通道，同时更为关键的是涉及领土主权和国家核心利益，中国政府在这一问题上绝没有退路。因而，中美在南海的博弈是战略性、结构性的，也是难以调和的。鉴于中美两国在当今国际权势结构中的地位与影响力，中美在南海问题上的分歧乃至冲突升级，不仅影响两国关系的健康发展，也会对亚太区域乃至世界和平与稳定的国际局势产生重要影响，进而对中国实现全面建成小康社会目标、实现中华民族伟大复兴的中国梦的目标造成直接的负面影响。因此，妥善管控分歧，防止中国所处国际环境因中美可能在南海问题上发生的冲突而恶化，是今后一段时间内中国外交工作的一个重要方面。

信息情报研究院

Handbook on the Belt and Road Initiative（《"一带一路"手册》）
蔡昉（研究员）　［英］彼得·诺兰　主编
王灵桂（研究员）　赵江林（研究员）执行主编
工具书　550千字
英国罗德里奇出版社　中国社会科学出版社
2019年4月

该书是全球首部以"一带一路"倡议为主要内容的百科读本，全面、完整、系统地展现了倡议本身以及与倡议有关的概念和领域。该书以"条目模式"为编撰体例，内容涉及倡议的历史传承、产生与框架、"五路"、"五通"、六大经济走廊、中国特色大国外交理念、国际上相关行动计划等11个主要部分，涵盖近年来与"一带一路"有关的117个词条，是迄今为止"一带一路"理论和实践初步成果的阶段性汇总。

《人类命运共同体构建之路：中外联合研究报告（No.6）》（中英文版）
王灵桂（研究员）　赵江林（研究员）主编
论文集　304千字
社会科学文献出版社　2019年12月

该论文集是亚洲文明大会"亚洲文明互鉴与人类命运共同体构建"分论坛与会嘉宾发言的结集之一。该论文集分上、下两册。上册由"人类的理想与愿望""人类命运共同体""'一带一路'倡议""'一带一路'双边合作"四部分构成，下册由"文明互鉴与人类命运共同体建设""文明互鉴与人类命运共同体构建：各国视角""文明互鉴与人类命运共同体建设的路径"三部分构成。

《国际减贫合作：构建人类命运共同体——中外联合研究报告（No.5）》（中英文版）
中国社会科学院国家全球战略智库　国家开发银行研究院　主编
论文集　388千字
社会科学文献出版社　2019年11月

该论文集是2018年11月举办的"改革开放与中国扶贫国际论坛"上中外学者提交的论文合集，主要围绕"改革开放40年来中国取得的减贫成就""中国推动减贫脱贫中国理念转化为国际共识""减贫国际合作推动构建人类命运共同体"三个部分展开讨论。

《全球治理变革与中国选择》
王灵桂（研究员）　徐超（助理研究员）
研究报告　138千字
中国社会科学出版社　2019年10月

全球治理取得跨越式发展是从20世纪90年代冷战结束，两极格局终结开始，全球化得到了空前发展，包括中国在内的金砖国家的"崛起"，现代国际关系体系历经巨大冲击、调整和变革，这些都促成了许多新的全球性和区域性国际机构的成立与运行。历经70年不断发展，中国从积贫积弱的国家开始逐步发展成为世界第二大经济体，堪称"世界奇迹"，为人类社会发展、世界和平与发展作出了新的更大贡献。为发展、完善全球治理体系提供了"中国智慧"和"中国方案",不仅对我们自身进一步前行弥足珍贵,而且也对于人类社会发展规律探索作出了"中国贡献"。

《亚洲文明的历史性贡献与新时代亚洲文明观的构建》

王灵桂（研究员） 徐轶杰（助理研究员）
论文　12千字
《国外社会科学》2019年第5期

该文指出,亚洲是人类最早的定居地之一,也是人类文明的重要发祥地。历史上,亚洲各国就有文明交流互鉴的传统,共同推动中华文明与世界文明的发展。今天,亚洲正在成为全球经济发展速度最快、潜力最大、合作最为活跃的地区,也成为推进全球治理和文明进步的重要力量。基于当今亚洲发展现实,该文认为,应以亚洲文明交流互鉴的历史为基础,以习近平新时代中国特色社会主义思想为指导,积极倡导新时代亚洲文明观建设,为世界和平发展、可持续发展以及推进新型全球治理和文明进步贡献力量。

《网络媒体条件下公共言论的特殊保护：从身份到公共利益》

李延枫（副编审）
论文　12千字
《河北法学》2019年第3期

在传统媒体时代,对公共言论的特殊保护,在诽谤法上形成了基于言者的公共身份和基于言论内容涉及公共利益减轻名誉权侵权责任的两种不同路径,其代表分别为美国公众人物理论及其真实恶意原则和英国的"公共利益抗辩"。该文认为,在网络媒体时代,随着传统公众人物理论的正当性基础面临巨大挑战,美国理论界和实务界均对公众人物理论进行了反思及调整,开始依据言论内容是否涉及公共利益设定不同的诉讼规则,英国在2013年诽谤法改革中进一步明确了诽谤法上的公共利益原则,法国、日本也对涉公共利益言论给予特殊保护。公共言论特殊保护路径出现的融合趋势,对我国建立诽谤法上的公共利益原则具有一定启示。

《中国的未来发展将更加势不可挡》

王灵桂（研究员）
论文　4.5千字
《光明日报》2019年7月27日

2019年7月3日,美国百余名"中国通"在《华盛顿邮报》发表《把中国当作敌人适得其反》的公开信,表达了对中美关系不断恶化的担心,打破了美国对华鹰派极力营造的"美国上下具有全力打压中国共识"的幻象。但是,仅仅时隔半月,2019年7月18日,美国百余名对华鹰派人士又联名签署《致特朗普总统公开信》,公然将中国共产党和中国视作对人类自由的"致命威胁",呼吁美国政府坚持目前采取的对抗中国的政策。该文就这两封信透露出的信息进行综合分析,指出：其一,两封公开信反映出美国国内关于中国发展"怎么看"、中美关系"怎么办"的问题存在严重分歧；其二,两封公开信折射出美国各界对中国加速发展的担忧；其三,两封公开信佐证了中国道路和中国方案的强大生命力。

院直属事业单位

中国社会科学院大学（研究生院）

《新中国成立初期农村基层政权建设问题研究（1949—1958）》

刘文瑞（副教授）

专著　241千字

中国社会科学出版社　2019年1月

该书以国家与社会的互动关系为研究视角，以农村基层政权建设的历史进程为线索，从理论与实践两个方面详细论述了新中国成立初期农村基层政权建设的过程、路径、方法及意义，深入分析了土改、农业合作化等社会变革与农村基层政权建设之间的内在关联与相互作用。

《刑事和解的精神》

李卫红（教授）

专著　318千字

社会科学文献出版社　2019年9月

该书运用演绎法及实证法研究刑事和解的实体性与程序性，阐明刑事和解的意蕴，从多个维度体现刑事和解的精神。刑事和解的原本价值是以"恢复"取代"报应"，其真正价值在于人道主义在司法领域的实现；刑事和解与罪刑法定、刑事和解与罪责刑相适应、刑事和解与刑法面前人人平等及刑事和解与无罪推定等，虽然在形式上相互矛盾，但在实质上，它们在不同的刑事司法模式内，各自实现着自己的价值。

《微学习：媒体融合环境下学习模式的变革与创新》

杜智涛（教授）

专著　238千字

中国社会科学出版社　2019年1月

该书探讨了媒介融合环境下"微学习"这一新的学习模式。对"微学习"系统中的学习主体、客体、工具与环境等构成要素进行了剖析，研究了作为学习主体的学习活动参与者的行为特征及其影响因素，探讨了作为客体的学习资源和作为支持因素的学习环境的构建问题，提出了"微学习"系统的组织与实现机制及系统原型的设计思路。

《历史虚无主义阐释观的迷失与阐释的知识图谱重建》

张政文（教授）

论文　23千字

《中国社会科学》2019年第9期

阐释观的迷失导致理论转场的失败。当代历史虚无主义往往以各种丧失知识公共性的阐释形式表现出来，注定无法成为具有普遍性意义的公共文化成果。鉴此，在当代历史书写中务须坚守历史唯物主义基本原理，以重返阐释的正确历史观为价值诉求，充分整合并吸纳中国传统与西方现代的优秀理论资源，以科学的态度、方法和标准展示史实的真实现场，澄明思想的演进谱系，回归历史的真实性、真理性、知识性，从而在当代历史书写中真正消除历史虚无主义，重建阐释的知识图谱，以历史的至真达成文化的至善。

《"故地重来"和"沉思前事"——周邦彦词的重叠性结构》

李俊（副教授）

论文　14 千字

《文学评论》 2019 年第 2 期

在古代诗词的抒情传统中，作者常常会将记忆中的过去携带到当下的情节中来，于是，过去和当下围绕某个特殊的环节重叠起来了。周邦彦继承柳永词开创的铺叙传统，围绕"故地重来"和"沉思前事"两个重要情节，加强、创新了这种重叠性的时间结构。他常常将两段或数段故事情节打乱后交错在一起，利用灵活的虚词和时间副词来勾连人物景物，形成一种今昔渗透的效果，其中包含情节却不拘于情节，反映出他对人生况味的深刻体验和抒情追求。

《避税行为可罚性之探究》

汤洁茵（副教授）

论文　21 千字

《法学研究》2019 年第 3 期

避税制裁难以形成对潜在避税者的真正威慑和阻吓，以罚款补偿因避税产生的税收流失反而造成新的不公平的结果。与逃税行为损害的是已发生的征税权不同，避税行为损害的是国家依据税法规定和商业惯例取得未来特定金额的税收收入的期待状态，其社会危害性相对较弱。避税行为违法性论断所依据的价值评判标准，即以交易的法律形式确定纳税义务不符合应税性和税收负担能力的判断，无法为具体纳税义务的确定提供客观的依据。仅因不符合税收立法宗旨或目的，难以将符合税法字面含义的避税行为认定为违法。交易存在法律形式与经济实质的脱节，是法律评价的结果。要求纳税人在纳税申报时主动如实揭示交易的经济实质、与税务机关就税法条文的适用持完全一致的法律见解，不具有期待可能性。以法律形式的选择获取立法者未期待的税收利益，未必建立在税法的敌对意识之上。从规范价值论而言，避税行为的违法性和可非难性非常薄弱。避税处罚并非基于避税行为具有可罚性的价值判断，不过是在特定环境下基于特定政策目的的选择而已。

《传播侵权类型化及其立法体例研究》

罗斌（教授）

论文　20 千字

《新闻与传播研究》2019 年第 7 期

《侵权责任法》立法过程中，反对传播侵权类型化规制的主要理由是其违反传统立法体例，案件数量少，对其已有许多法律规范。然而，《侵权责任法》和《民法典·侵权责任编（草案）》均规定了含有一般侵权和特殊侵权的混合性侵权：医疗侵权。传播侵权属于混合性侵权，有庞大的案件数量，部分案件后果严重，相关法律规范模糊而自相矛盾，因此，其具备类型化规制的合理性、重要性与必要性。传播侵权在《民法典·侵权责任编》中可以一章规模与其他特殊侵权并列，对其包含的一般侵权和四种特殊侵权即侵害著作权、商标权行为，证券虚假陈述行为，部分虚假广告侵权行为和侵害个人信息权益行为，进行特别列举规定。

《世界能源发展报告（2019）》

黄晓勇（教授） 主编

研究报告 300千字

社会科学文献出版社 2019年6月

该书聚焦2018年前后世界石油、天然气、煤炭、可再生能源和电力的整体发展情况，着重从影响因素、各相关表现和未来变化趋势等方面对其发展过程中呈现的特点进行梳理，并重点对影响能源市场发展的重点事件和重点区域进行深入探究和分析，在此基础上对2019年世界能源供需和价格走势进行预测，并对中国能源发展现状进行分析，尝试对中国能源各领域的未来发展战略提出一些建议。

中国社会科学院图书馆

《中国人文社会科学基金论文统计与分析（1999—2016）》

周霞（副研究馆员）等

专著 328千字

中国社会科学出版社 2019年5月

该书综合利用多种信息资源，采用文献计量学、科学计量学与内容分析方法，对1999—2016年我国人文社会科学领域基金特别是国家社会科学基金、省级社会科学基金的论文产出和影响力进行大样本统计分析，分析的内容和主要的统计指标包括：项目投入与论文产出比较、基金分布、学科与研究热点分布、项目分布、机构和作者分布、合作状况、地区分布以及被转载频次、被引用频次、被下载频次、"核心期刊论文比"等，力图从多层面、多维度系统地揭示中国人文社会科学领域资助格局、资助成效和资助特点，并侧重反映国家社科基金在推动人文社会科学发展方面所发挥的引领作用、主要资助学科的研究状况。

《人文社科成果评价体系理论与实证研究》

任全娥（副研究馆员）

专著 261千字

中国社会科学出版社 2019年2月

该书跟踪国内外人文社科成果评价研究新进展，阐述了评价目标、评价指标、评价方法与评价制度的理论依据，提出了学术成果评价体系的八大要素及其关系，分类分层设计了成果评价指标体系，尝试在评价理论研究基础上进行评价实证研究。在人文社科成果评价体系的八大基本要素中，评价主体不仅可以界定评价对象的合法性，也决定着评价目标及其实现方向，而评价目标是所有评价要素的旨归；评价标准、评价指标与评价方法都属于具体操作层面的评价技术要素；评价程序属于评价机制与评价运作系范畴。书中将人文社科成果分为基础研究成果与应用对策研究成果进行阐述，重点分析了基础研究成果的两种评价指标类型（载体指标与自身指标）及其背后的形成机理，设计出基础研究成果的学术论文评价指标体系与学术著作评价指标体系，集中讨论了应用对策研究成果的产出特点和评价指标体系设计。在此基础上，对人文社科成果评价指标体系进行了局部实证分析，主要围绕获奖成果、单篇论文、评价时窗、学术著作出版机构等相关问题展开专题研究，探索发挥文献计量学的方法优势，使定量指标成为学术成果评价的有效参考指标。

《大数据背景下的文献计量学研究进展及学科融合》

任全娥（副研究馆员）

论文　10.3 千字

《情报理论与实践》2019 年第 1 期

该文考察大数据背景下的文献计量学研究最新进展与学科融合趋势，为文献计量学与科学计量学的功能拓展及应用性研究提供启示与新思路。结合大数据与数据科学的研究背景，归纳 2017 年第十六届 ISSI 大会的讨论主题以及其他相关文献的研究热点，预测文献计量学研究体系在大数据驱动下的三大发展趋势。文献计量学研究体系的发展变革与学科融合将成为未来趋势，主要体现在三个方面：大数据背景下新的科学交流与文献生成模式催生出计量学体系的学科融合；文献计量与引文分析自身不断创新并焕发生机；科学文献计量学的应用性研究领域不断拓展。

《新时代文献资源共享创新模式探索——国家哲学社会科学文献中心的资源建设与服务优化》

郭哲敏（馆员）

论文　10 千字

《信息资源管理学报》2019 年第 1 期

新时代学术型图书馆的资源建设和服务环境呈现出新的特点。面对新时代的新要求，为促进哲学社会科学繁荣发展，中国社会科学院图书馆在实现哲学社会科学文献资源的共建共享方面进行了一系列积极探索，建设国家级公益免费的哲学社会科学文献资源平台——国家哲学社会科学文献中心，为构建方便快捷、资源共享的哲学社会科学研究信息化平台做出了探索和努力。作者分析了国家哲学社会科学文献中心的建设思路和建设现状，并基于资源融合、学科融合、数据融合的时代环境，从资源建设与服务等方面提出了推进国家哲学社会科学文献中心建设的建议。

中国社会科学杂志社

《建设新时代社会主义文化强国》

张江（教授）主编

专著　192 千字

中国社会科学出版社　2019 年 3 月

该书在对习近平总书记关于文化问题重要论述进行认真学习和研读的基础上，分别以"坚定文化自信，建设文化强国""推动中国特色社会主义文化繁荣兴盛""用社会主义核心价值观凝魂聚力""实现中华优秀传统文化的创造性转化和创新性发展""牢牢掌握意识形态工作领导权、管理权、话语权""提高国家文化软实力""开展文明交流互鉴"为题,对习近平总书记关于文化问题的重要论述展开解读和阐释,力求为读者深入学习习近平新时代中国特色社会主义思想提供有益参照和导引。该书被纳入"习近平新时代中国特色社会主义思想学习丛书"。

《平潭打造两岸共同家园的做法与经验》

中国社会科学杂志社平潭调研课题组

研究报告　23千字

《中国社会科学内部文稿》2019年第2期

平潭是大陆距离台湾本岛最近的地区,距台湾新竹仅68海里(约126公里)。课题组入驻平潭37天,开展调查研究,邀请平潭各有关部门代表座谈14场110人次,实地调研基建工地、产业园区、企事业单位、市场码头等29处,深入流水镇北港村、北厝镇大厝基村、岚城乡上楼村、东庠乡东风村、南海乡后坑村等10个乡村,现场访谈或专访调查81人次,访谈在岚各行业台胞26人次,通过实地调研、会议座谈、文献收集、调查访谈等多种形式,认真梳理、深入讨论,形成调研报告。通过调研,课题组建议进一步探索多层次和多渠道的两岸交流机制,赋予平潭打造两岸共同家园的立法授权,培育两岸共同家园的经济基础,解决共同家园建设的人才缺口,尝试数字化两岸共同家园建设。

《深潭一般的宁静与从容——2018年散文创作概观》

王兆胜(编审)

论文　4千字

《光明日报》2019年1月9日

散文如一条江河,一直不停地流淌。它有时是小溪潺潺,有时是激流奔涌,有时还会化为飞瀑。2018年的散文创作比以往更平淡,但自然而然、静水流深,有着深潭一样的宁静、从容和幽深。一是在思理层面突破既有疆域与观念,进入不断深化的时空,探索世界、人生、人性与生命的谜底和密码,进行形而上之思。二是在情爱世界由现实人事进入天地大道,由世俗生活进入神圣境界,以获得大格局和真正的彻悟。三是通过善与美的心灵叙事,增加文学性和美学意蕴,使散文的境界品质得以升华,这有助于打破散文这一困局:因知识崇拜和理性僵硬堵塞了生命的气孔。

《中国苏维埃政权与共产国际关系的历史考察》

耿显家(副编审)

论文　13.5千字

《甘肃社会科学》2019年第2期

该文认为,土地革命时期,中国共产党领导的历经十年之久的苏维埃政权建设实践,是中国共产党领导中国人民进行的执掌政权、领导和管理国家的伟大尝试。中国苏维埃政权的产生,是中国革命运动发展的必然结果;同时不容忽视的一个重大的推动因素,则来源于共产国际。在中国苏维埃政权的建立、发展乃至转型的整个过程中,共产国际都发挥了重要作用,这种作用有积极的一面,也产生了消极的影响。共产国际指导中共建立的苏维埃政权是真正代表工农劳苦群众的新型的人民政权,但共产国际也因对中国国情缺乏深入了解，在指导中国苏维埃建设过程中出现了严重失误，进而使中国革命的发展遭受挫折。

《裁判职责的元点：一元论还是二元论》

李树民（副编审）

论文　18千字

《华东政法大学学报》2019年第4期

该文认为，在中央提出社会主义核心价值观入法和司法改革提出司法责任制的背景下，传统司法中"以事实为依据，以法律为准绳"的司法职责定位并没有很好地避免错案的发生，带来了诸多社会问题。其根本原因在于司法裁判到底应该坚持仅仅依据规范进行司法的一元论还是坚持依据规范和价值并重进行司法的二元论，需要从法理上厘清。该文分析了司法中融入价值考量的必要性及其合理性，论证了确立法官职责的基本立场，明确法官应作为社会一般价值观的代理人主导司法裁判，并从司法价值发现的一般原理和社会主义核心价值观入法的具体维度论证了司法价值发现的基本规范，从司法哲学层面矫正了裁判职责定位中机械的唯规范论弊端，回归到规范论和价值论并重的二元论立场。

《马克思回归历史具体的阐释原则》

李潇潇（副研究员）

论文　10千字

《哲学研究》2019年第9期

该文认为，黑格尔基于绝对精神自身演变的逻辑要求所提出的思想建构的准则，在马克思那里实现了基于唯物史观阐释原则的变革性飞跃，回归历史具体的基本内涵就是始终站在现实历史的基础上构建思想体系、阐释精神历史。回到马克思历史具体的阐释原则或可提供一种对于中国经验具有方法论高度的有效解释，这体现了唯物史观阐释原则的方法论价值，也体现了马克思科学思维方法的实践意义。在中国现实面前，一些西方观点是主观的不确定性在战略思维中的表现，通过理论思维框定中国道路，自然就偏离了中国道路基于自身特点进行自我调整、自我定义的实际过程。阐释体系的建构和创造，首要的取决于阐释原则的确定，为此要消除西方解释学一直困惑的、不断纠结的"理解与解释"的不确定性或因人而异的多元性。"三大体系"建设从哲学方法论上讲就是学术理论的阐释体系。

《〈魏书〉号为秽史的历史原因》

张云华（编辑）

论文　15千字

《社会科学战线》2019年第6期

该文认为，《魏书》列于二十四史，是北齐魏收等编撰的一部纪传体断代史书，主要记载公元4世纪末至6世纪中叶北魏王朝兴衰的历史。在传世正史中，唯独《魏书》号为"秽史"。究其原因：一方面由于北齐时士族族望仍是时人重要的政治资本，《魏书》所记诸家之事不符合其子孙要求，故而招致愤恨，引起攻讦；另一方面由于《魏书》记载了较多"秽乱"史迹，导致文宣帝强烈不满，他将《魏书》置于众矢之的，以致众口纷纭，号为"秽史"并传开。然而，《魏书》所记"秽迹"应有蓝本依据，是魏收直笔东观,对北魏历史发展曲折复杂情势的真实反映。《魏书》作为二十四史中第一部记载少数民族统御中原的正史,保留了中华民族形成关键阶段的宝贵史料。

《科幻文学史诗性的呈现——以〈流浪地球〉为中心》

杨琼(编辑)

论文　8千字

《中国当代文学研究》2019年第2期

该文认为,以《流浪地球》为代表的具有宏大视野和宇宙胸怀的科幻作品可以被视为当代史诗,其中蕴含了当代人类的历史感和时代精神。该文主体借用叙事学方法对《流浪地球》进行文本细读,从叙事眼光与声音、叙事跨度、群体与个体叙事三个方面分析小说本身,研究其艺术呈现的史诗性特质,认为叙事眼光与声音的复杂变换制造了含有巨大复杂性和沧桑变化的幻想世界,巨大的叙事跨度表现了整体性的视野,个体与群体叙事的结合展示了"英雄"的时代含义。该文还在刘慈欣小说的序列中考察小说与其他作品的精神联系,认为它们共同构成了互文性写作,在整体上成为当代的史诗。

郭沫若纪念馆

《郭沫若研究年鉴2017》

赵笑洁(副研究馆员)主编

张勇(研究员)副主编

年鉴　738千字

中国社会科学出版社　2019年3月

该书是郭沫若纪念馆连续编撰的第7部郭沫若研究学术年鉴,通过"研究综述""史料辑佚""论文选编""学术争鸣""海外研究""观点摘编""硕博论文"等栏目,全面展示2017年在郭沫若生平及文学、历史学和古文字学等各个领域中富有深度和创新性的郭沫若研究成果,其中特别推荐"郭沫若与唯物史观"相关论文。"年度访谈""学人回忆"为学术史留下珍贵资料,"学术会议""新书推介""课题申报"总结全年学界重要动态。"活动展览"展示郭沫若纪念馆主办的"纪念郭沫若诞辰125周年系列活动"。"馆藏资料"披露郭沫若纪念馆藏郭沫若手稿二种。《郭沫若研究年鉴》集学术性与资料性于一体,对促进郭沫若研究的学科发展与保存学术史资料具有重要意义。

《有关郭沫若的五个流言及真伪》

李斌(研究员)

论文　15千字

《中国文学批评》2019年第2期

郭沫若是20世纪中国有着重要影响却饱受争议的知识分子。郭沫若需要反思,但很多反思建立在不实之词的基础上。该文选择了有关郭沫若的婚恋情况、郭沫若对沈从文的批评、十七年期间的表现、《李白与杜甫》的创作动机等流言,逐一分析这些流言的产生、传播,并通过可靠的文献史料揭示真相。这些流言的产生与20世纪80年代以来学术研究范式及文学观念的转变有关,借助"反思郭沫若"的思潮广泛传播,对建立在"流言"基础上的"反思郭沫若"进行反思,也是省思当前盛行的一些有关学术和文学的观念结构的内在需要。

《〈老同志〉与沈从文创作转型的努力》
李斌（研究员）
论文　15千字
《中国现代文学研究丛刊》2019年第4期

短篇小说《老同志》是1949年后沈从文重新开始小说创作的第一次试笔之作，通过对劳动模范的歌颂表达了沈从文靠拢人民文学的真诚努力。但对于具有成熟创作理念和技法的沈从文来说，这个转型不可能一蹴而就。小说充满了意义缝隙。沈从文努力书写劳动，但对劳动性质缺乏分析，文字也较为浮泛。通过魏同志和小花猫的情节，他发挥了书写农民"把生命谐和于自然"的特长，却跟他"管理生命的斯达哈诺夫运动"相矛盾。他意图融入思想改造的主题，却将农民置于思想改造施动者的位置。沈从文无意于去弥补这些缝隙，这成为他既努力融入新的时代，又保留较多积习的症候。

《老舍致郭沫若夫妇书信补正》
张勇（研究员）
论文　12千字
《民族文学研究》2019年第6期

老舍与郭沫若之间见面次数很多，通信也不少，但保存下来的却很少。他们的通信中目前能够查阅到的老舍致郭沫若的书信共有9封，但这9封通信却存在着时间考证、认字有误等多方面问题，作者在梳理老舍致郭沫若通信刊发情况的基础上，对其中两封信通信的时间进行了重新考订，并对信件中的识文错误进行勘误。借此提出现代作家书信刊发时"原件为真"的编撰准则。

《郭沫若评价秦始皇之管见——由郭沫若与翦伯赞的几封书信说起》
王静（馆员）
论文　6千字
《郭沫若学刊》2019年第2期

1963年3月，郭沫若与翦伯赞受邀参加广西历史学会成立大会，北京郭沫若纪念馆藏有广西行之后翦伯赞致郭沫若的两封书信，涉及对秦始皇的评价问题。郭沫若对秦始皇的评价反映在他的文学创作和历史研究中。在文学作品中他对秦始皇一贯反感，其缘由是对黑暗时局的痛恨；在历史研究中，他的秦始皇观有着变与不变的部分。针对新中国史学界的某些错误方法，郭沫若在文章与讲话中都作了批判，认为应全面评价包括秦始皇在内的历史人物，这是他对秦始皇作出新评价的重要原因。

院代管单位

中国地方志指导小组办公室

《依法治志与史志立法研究》

冀祥德（研究员）主编

论文集　400千字

方志出版社　2019年

论文集从实现中华民族伟大复兴、维护国家文化安全、推进社会主义文化强国建设的高度，从法学和方志学的综合视角，全面探讨依法治国与依法治志的关系，以及依法治志的内涵、外延、价值、目标、实现路径等，探索地方志事业科学发展的法治道路。

《精品年鉴与年鉴编纂创新研讨会论文集》

冀祥德（研究员）主编

论文集　549千字

方志出版社　2019年

论文集收录2017年8月举办的精品年鉴与年鉴编纂创新研讨会上的58篇论文。内容涉及年鉴理论研究与编纂实践的许多方面，既有基础理论研究，又有中外年鉴之间的比较分析；既有编纂规范与创新方面的探讨，又有框架设计、条目编写等具体编纂问题；既有年鉴质量控制与打造精品年鉴标准的分析，又有资源开发利用以及与地方文化的关系，为年鉴事业发展提供重要的理论支撑。

《以"中国之志"资治"中国之治"》

冀祥德（研究员）

论文　1千字

《学习时报》2019年12月23日

该论文认为，党的十九届四中全会提出了"中国之治"这一人类制度文明史上的伟大创造，做好新时代地方志工作，就是以"中国之志"资政辅治、记录传承"中国之治"，具有重要的现实意义和历史意义。

《新中国年鉴70年发展思考》

冀祥德（研究员）

论文　4千字

《中国年鉴研究》2019年第3期

论文总结了改革开放以来中国年鉴的发展进程，并对年鉴编纂过程中的质量问题、人才培养问题提出建议。

《试述〈南雍志〉的文献价值》

张英聘（研究员）

论文　12千字

《故宫博物院院刊》2019年第3期

论文对记载明代南京国子监的志书《南雍志》进行研究，指出该志全面反映了明代国子监制度的沿革与发展，作为明代官署志之一种，体例较为完备，而且图文并茂，引用史料丰富，具有较高的文献价值和学术价值。

《刘献廷学术贡献及卒年考论》

崔瑞萍（副研究员）

论文　10千字

《中国地方志》2019年第1期

该论文主要考证明末清初学者刘献廷在方志学领域的学术贡献及其确切生卒年份。

《略论福建德化古瓷——以地方志资料为中心的考察》

杨卓轩（助理研究员）

论文　12千字

《中国地方志》2019年第6期

该论文以福建古代地方志资料为中心，通过福建省古志中对福建德化古瓷的详细记载，研究德化窑和德化瓷器、德化瓷外销情况、何朝宗等瓷雕艺术家和制瓷工匠对德化窑的历史地位与影响。

《河北定窑古瓷略论——以地方志资料为中心的考察》

杨卓轩（助理研究员）

论文　10千字

《史志学刊》2019年第5期

该论文主要以河北省古代地方志资料为中心，通过河北省古志中对河北定窑古瓷的详细记载，对定窑的地理位置、烧造制度及定瓷特点、瓷器釉色与装饰特征、定窑系的形成、定瓷外销等方面进行深入研究。

《民国县志中关于全面抗日战争的文本书写》

范晓婧（讲师）

论文　20千字

《中国地方志》2019年第2期

论文从三个方面梳理了民国县志中全面抗日战争这一重大历史事件的书写特色，认为县志抗战文本的书写，既体现事件本身的普遍性，更具有地域的具体性与特殊性，某些书写的共性表现则是方志自身特性的自发展现。方志是官方政治意识表达的重要场域，但文本的生成无法完全排除书写者个人特点，因此从县志的字里行间不难觅见独立于政府观念的能动性。县志以小地方的视角诠释大社会，以具象化的抗战境遇补充抗战大历史的面向。全面抗战在县志中的呈现，一方面是对地域历史的记忆与再现，另一方面又彰显县志的时代性。

《转型、嬗新与修志为抗战服务——略述民国〈新修大埔县志〉编修特色》

范晓婧（讲师）

论文　9.9千字

《中国地方志》2019年第6期

该论文对民国《新修大埔县志》的编修经过、篇目内容、文本书写特色作了述介，指出该志编纂历时十余载，前期编修大变革的时代背景投射在方志中呈现出转型与嬗新的特点，后期出版则带有修志为抗战服务的使命。

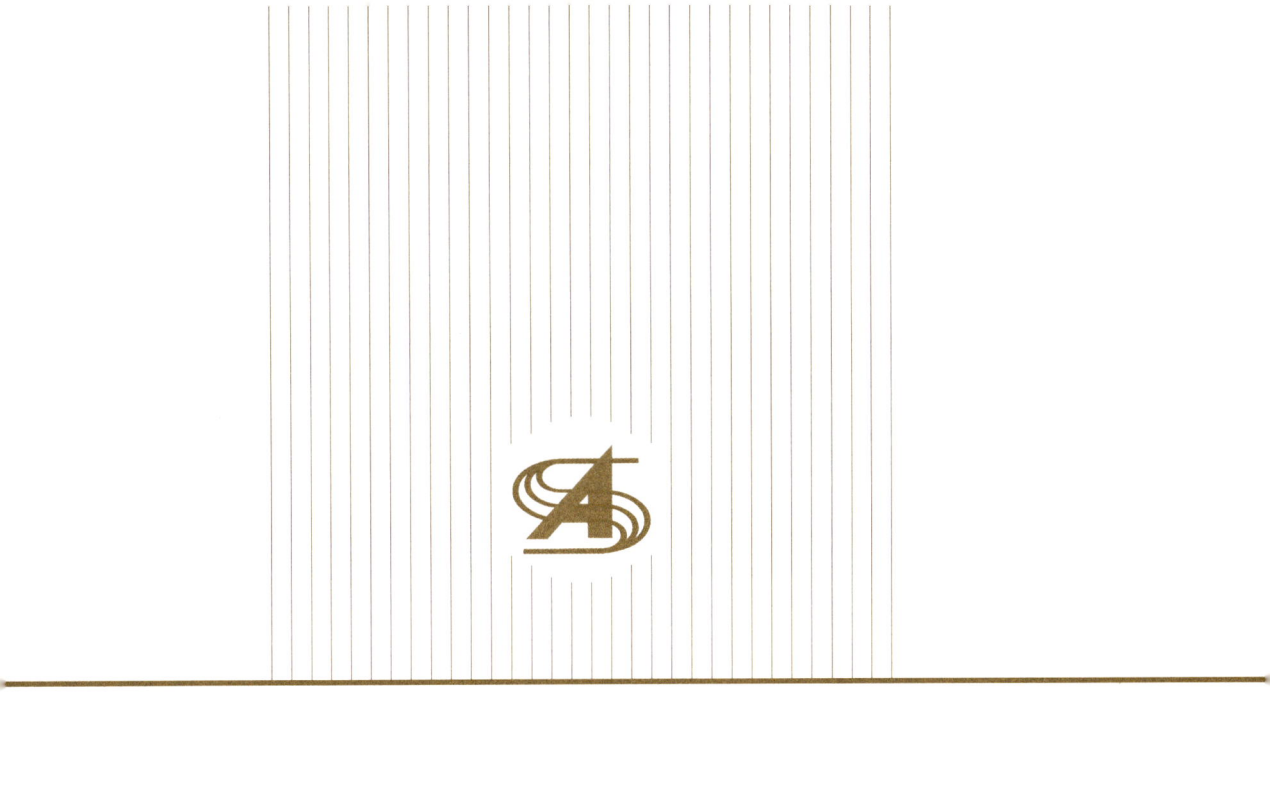

学术人物

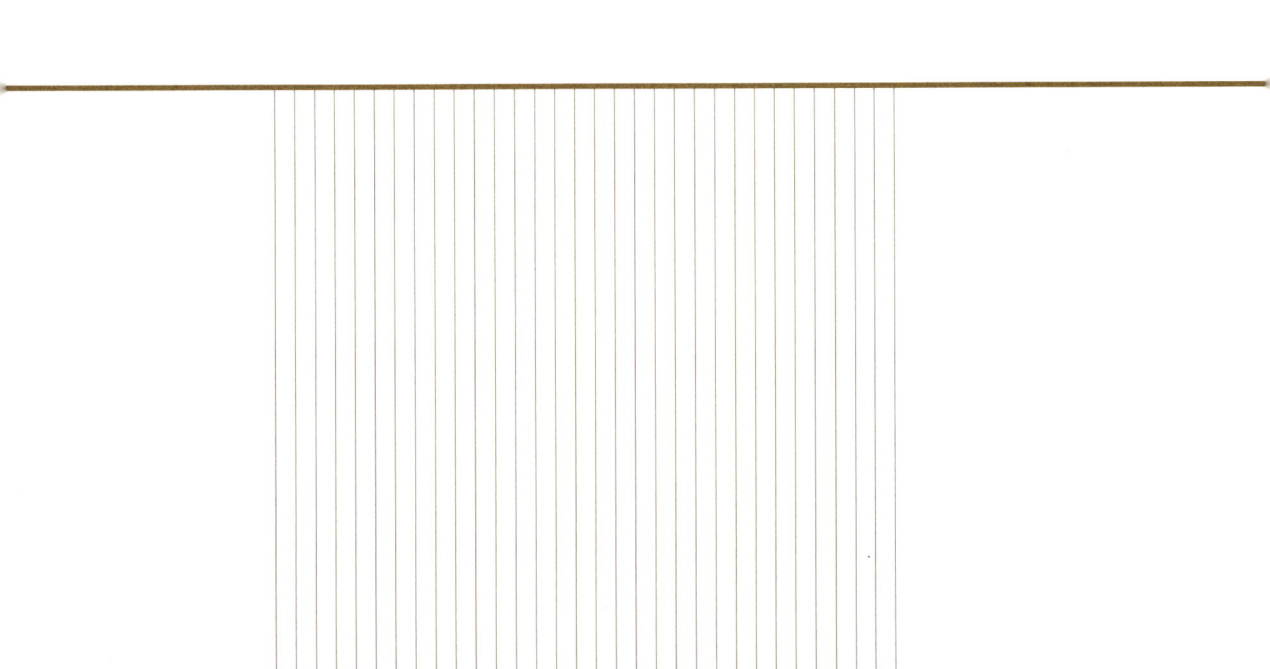

一 中国社会科学院大学（研究生院）博士研究生指导教师（2019—2020）

系别	姓名	出生年月	学科专业	主要研究方向
政法学院	林 维	1971.09	法学	刑法学
	王新清	1962.12	法学	刑事诉讼法学
马克思主义研究系	李春华	1961.11	马克思主义理论	马克思主义基本原理教育
	陈志刚	1972.10	马克思主义理论	党建理论研究
	潘金娥	1967.05	政治学	世界社会主义
	程恩富	1950.07	马克思主义理论	中外马克思主义经济学、中外社会主义市场经济理论与政策
	桁 林	1968.04	马克思主义理论	马克思主义发生史
	邓纯东	1957.10	马克思主义理论	新时期党的建设
	侯惠勤	1949.02	马克思主义理论	当代意识形态研究、马克思主义哲学史与当代中国
	姜 辉	1969.11	政治学	科学社会主义史
	金民卿	1967.08	马克思主义理论	中国特色社会主义理论与实践
	冷 溶	1953.08	政治学	中国特色社会主义理论研究
	李崇富	1943.09	政治学	科学社会主义与中国特色社会主义
	李慎明	1949.10	马克思主义理论	当代中国与当代世界
	罗文东	1967.12	马克思主义理论	中国特色社会主义理论体系研究
	吕薇洲	1970.06	政治学	科学社会主义史
	辛向阳	1965.03	马克思主义理论	中国特色社会主义理论与实践
	余 斌	1969.04	马克思主义理论	马克思主义经济学与西方经济学比较研究
	郑一明	1962.10	马克思主义理论	西方马克思主义

续表

系别	姓名	出生年月	学科专业	主要研究方向
哲学系	赵剑英	1964.10	哲学	马克思主义哲学
	肖显静	1964.05	哲学	科学技术哲学
	李俊文	1973.04	哲学	马克思主义哲学中国化
	王 齐	1968.08	哲学	存在哲学
	李 河	1958.08	哲学	符号哲学
	段伟文	1968.01	哲学	科学技术哲学
	张志强	1969.10	哲学	中国佛学
	周贵华	1962.12	哲学	东方哲学
	单继刚	1967.11	哲学	马克思主义哲学中国化
	黄益民	1964.09	哲学	英美分析哲学
	刘素民	1967.06	哲学	中世纪哲学
	成建华	1964.01	哲学	印度哲学
	孙春晨	1963.02	哲学	伦理学与应用伦理学
	冯颜利	1963.08	哲学	马克思主义哲学
	王 青	1964.01	哲学	日本哲学
	徐碧辉	1963.08	哲学	美学原理
	欧阳英	1964.03	哲学	马克思主义哲学中国化
	陈 霞	1966.04	哲学	道家与道教文化研究
	余 涌	1961.10	哲学	中西伦理学比较
	甘绍平	1959.08	哲学	应用伦理学
	谢地坤	1956.12	哲学	德国哲学
	孙 晶	1954.01	哲学	东方哲学
	李景源	1945.07	哲学	历史观与认识论
	赵汀阳	1961.06	哲学	中西伦理学比较、中国古代伦理学
	杜国平	1965.10	哲学	现代逻辑及其应用
	孙伟平	1966.01	哲学	价值论研究
	王伟光	1950.02	哲学	历史唯物主义
	魏小萍	1955.12	哲学	马克思主义哲学
世界宗教研究系	叶 涛	1963.10	哲学	当代宗教
	谭德贵	1964.09	哲学	《易经》与预测学
	赵文洪	1958.03	哲学	中国哲学
	尕藏加	1959.11	哲学	国际关系
	李建欣	1966.12	哲学	宗教文化

续表

系别	姓名	出生年月	学科专业	主要研究方向
世界宗教研究系	郑筱筠	1969.08	哲学	宗教学
	周伟驰	1969.10	哲学	宗教学
	曾传辉	1965.03	哲学	宗教文化
	纪华传	1970.10	哲学	中国佛教史
	何劲松	1962.08	哲学	宗教学
	魏道儒	1955.10	哲学	宗教学
	金　泽	1954.05	哲学	宗教学
	卢国龙	1959.11	哲学	中国哲学
	卓新平	1955.03	哲学	宗教学
马克思主义学院	周新城	1934.12	理论经济学	政治经济学
	董学文	1945.01	中国语言文学	马克思主义文艺学
	逄锦聚	1947.02	理论经济学	马克思主义政治经济学
	王学东	1953.08	政治学	世界共产主义运动
	闫志民	1936.12	政治学	中国特色社会主义理论体系
	于　沛	1944.05	中国史	史学史与史学理论
	张耀灿	1937.10	马克思主义理论	思想政治教育
	张政文	1960.10	中国语言文学	马克思主义文学理论
	赵　曜	1932.02	政治学	科学社会主义
	赵智奎	1950.01	马克思主义理论	马克思主义中国化
	尹韵公	1954.10	新闻传播学	马克思主义新闻学
	卫兴华	1925.10	理论经济学	马克思主义政治经济学
	吴恩远	1948.04	马克思主义理论	马克思主义发展史
	蔡长水	1936.04	政治学	中国共产党的建设
	刘海年	1936.04	法学	马克思主义法学原理
	杜继文	1930.05	哲学	马克思主义宗教理论
	高　翔	1963.10	中国史	马克思主义史学史与理论
	顾海良	1954.01	理论经济学	马克思主义政治经济学
	李　捷	1955.02	政治学	中国共产党党史
	严书翰	1950.01	政治学	中国特色社会主义理论体系
	田克勤	1945.12	马克思主义理论	中国共产党思想政治教育理论与实践
	张　江	1954.09	中国语言文学	马克思主义文学理论
	袁贵仁	1950.11	哲学	马克思主义哲学

— 906 —

续表

系别	姓名	出生年月	学科专业	主要研究方向
马克思主义学院	邢贲思	1929.01	哲学	马克思主义哲学
	杨春贵	1936.01	哲学	马克思主义哲学
	贾高建	1959.05	哲学	马克思主义哲学
	庞元正	1947.09	哲学	马克思主义哲学
	杨信礼	1958.01	哲学	马克思主义哲学
	王振中	1949.06	理论经济学	马克思主义政治经济学
	李成勋	1934.03	理论经济学	马克思主义政治经济学
	徐崇温	1930.07	政治学	中国特色社会主义理论体系
	许全兴	1941.07	政治学	毛泽东思想
	金冲及	1930.12	政治学	中国共产党党史
	靳辉明	1934.01	马克思主义理论	马克思主义基本原理
	夏兴有	1954.01	马克思主义理论	马克思主义中国化
	尹汉宁	1955.01	马克思主义理论	马克思主义中国化
	王顺生	1944.12	马克思主义理论	马克思主义中国化
	汝信	1931.08	马克思主义理论	国外马克思主义研究
	李静杰	1941.10	政治学	中俄关系
	郑羽	1956.08	政治学	中俄关系
	徐显明	1957.04	法学	马克思主义法学原理
	李红岩	1963.06	中国史	马克思主义史学理论与史学史
	缪建民	1965.01	理论经济学	马克思主义政治经济学宏观经济
	许志功	1945.11	政治学	中国特色社会主义理论体系
	陈晓明	1959.02	中国语言文学	马克思主义文学理论
	程光炜	1956.12	中国语言文学	马克思主义文学理论
	宫力	1952.09	政治学	中美关系
	刘凤义	1970.06	理论经济学	马克思主义政治经济学
	王宁	1955.07	中国语言文学	马克思主义文学理论
	吴晓明	1957.07	哲学	马克思主义哲学
	张宇	1963.12	理论经济学	马克思主义政治经济学
	张昭军	1970.10	中国史	中华人民共和国史
	周宪	1954.09	中国语言文学	马克思主义文学理论
	李实	1956.10	应用经济学	马克思主义劳动经济学
	杨伟国	1969.05	应用经济学	马克思主义劳动经济学

续表

系别	姓名	出生年月	学科专业	主要研究方向
经济系	仲继银	1964.03	理论经济学	公司管理
	杜 创	1978.08	理论经济学	博弈论与产业组织
	胡怀国	1971.03	理论经济学	外国经济思想史
	袁富华	1968.09	理论经济学	经济增长理论
	邓曲恒	1979.07	理论经济学	收入分配与劳动力市场
	袁为鹏	1972.12	理论经济学	经济史
	赵志君	1962.02	理论经济学	宏观经济学
	张晓晶	1969.08	理论经济学	西方经济学
	常 欣	1972.07	理论经济学	宏观经济
	苏金花	1972.01	理论经济学	中国古代经济史
	杨春学	1962.11	理论经济学	制度经济学
	胡乐明	1965.10	理论经济学	当代资本主义经济研究
	朱 玲	1951.12	理论经济学	发展经济学
	胡家勇	1962.11	理论经济学	政治经济学
	剧锦文	1959.10	理论经济学	中国公司治理结构
	魏明孔	1956.09	理论经济学	经济史
	魏 众	1968.03	理论经济学	发展经济学
	徐建生	1966.05	理论经济学	经济史
	张 平	1964.07	理论经济学	政治经济学
	赵学军	1968.07	理论经济学	经济史
	刘霞辉	1962.10	理论经济学	西方经济学
	裴小革	1956.10	理论经济学	政治经济学
工业经济系	周文斌	1966.09	工商管理	企业青年员工（新生代员工）管理研究
	李晓华	1975.05	应用经济学	产业数字化转型
	贺 俊	1976.12	工商管理	技术创新
	杨丹辉	1969.09	应用经济学	产业经济学
	余 菁	1976.11	工商管理	企业管理
	张金昌	1965.10	工商管理	财务分析
	周民良	1963.01	应用经济学	区域经济学
	王 钦	1975.06	工商管理	区域经济学
	刘戒骄	1963.03	应用经济学	产业经济学
	刘湘丽	1962.05	工商管理	人力资源管理与开发

续表

系别	姓名	出生年月	学科专业	主要研究方向
工业经济系	刘　勇	1970.09	应用经济学	产业经济
	杜莹芬	1964.09	工商管理	会计学
	史　丹	1961.04	应用经济学	能源经济
	黄群慧	1966.08	工商管理	企业管理
	李海舰	1963.09	工商管理	产业经济学
	黄速建	1955.11	工商管理	企业管理
	罗仲伟	1955.10	工商管理	企业管理
	金　碚	1950.04	应用经济学	产业经济学
	吕　政	1945.07	应用经济学	产业经济学
	郭克莎	1955.07	应用经济学	产业经济学
	沈志渔	1954.06	工商管理	企业管理
	赵　英	1952.09	应用经济学	产业经济学
	陈　耀	1958.05	应用经济学	区域经济学
	张世贤	1956.04	应用经济学	产业经济学
	张其仔	1965.05	应用经济学	产业经济学
	吕　铁	1962.12	应用经济学	产业经济学
	曹建海	1967.12	应用经济学	产业经济学
农村发展系	崔红志	1964.11	农林经济管理	农村产权制度
	包晓斌	1967.09	农林经济管理	资源与环境经济
	孙若梅	1962.09	农林经济管理	资源与环境经济
	于法稳	1969.07	农林经济管理	资源与环境经济
	冯兴元	1965.11	应用经济学	农村与区域金融
	任常青	1965.06	农林经济管理	农村金融
	魏后凯	1963.12	应用经济学	城镇化与农村发展
	杜志雄	1963.02	应用经济学	农业经济管理
	谭秋成	1965.08	应用经济学	乡村治理与财政
	李国祥	1963.08	农林经济管理	农产品市场与贸易
	吴国宝	1963.12	农林经济管理	贫困与发展
	韩　俊	1963.11	农林经济管理	农村发展理论与政策
	苑　鹏	1962.08	农林经济管理	农村组织与制度
	朱　钢	1958.11	农林经济管理	农村财政
	党国英	1957.06	农林经济管理	农村发展理论与政策
	潘晨光	1954.09	农林经济管理	农村人才与人力资源管理
	李　周	1952.09	农林经济管理	资源与环境经济

续表

系别	姓名	出生年月	学科专业	主要研究方向
农村发展系	张晓山	1947.10	农林经济管理	农村组织与制度
	张元红	1964.02	农林经济管理	农村产业经济
	王小映	1966.10	农林经济管理	土地资源管理
	李 静	1966.03	农林经济管理	农村金融
财经系	夏杰长	1964.03	工商管理	旅游与现代服务业
	闫 坤	1964.08	应用经济学	财政理论与政策
	钟春平	1977.04	应用经济学	金融经济学
	田 侃	1972.03	应用经济学	信用经济理论
	李勇坚	1975.01	应用经济学	互联网经济
	宋 瑞	1972.09	工商管理	旅游市场营销
	冯 雷	1954.06	应用经济学	国际投资
	裴长洪	1954.05	应用经济学	金融理论与政策
	马 珺	1972.03	应用经济学	财税理论与政策
	汪红驹	1970.04	应用经济学	金融学
	倪鹏飞	1964.03	应用经济学	城市与房地产金融
	何德旭	1962.09	应用经济学	金融理论与政策
	江小涓	1957.06	应用经济学	体育经济
	杨志勇	1973.08	应用经济学	财税数据分析与政策评估
	张群群	1970.10	应用经济学	市场与组织
	荆林波	1966.04	应用经济学	服务经济学
	夏先良	1963.06	应用经济学	国际知识产权
	姚战琪	1971.05	工商管理	服务业开放
	依绍华	1970.11	应用经济学	流通产业理论与政策
	李雪松	1970.09	应用经济学	国际贸易学
	赵 瑾	1965.03	应用经济学	国际贸易理论与政策
	高培勇	1959.01	应用经济学	财税理论与政策
	王诚庆	1958.08	工商管理	旅游经济与管理
	申恩威	1957.01	应用经济学	国际贸易与跨国公司
	王洛林	1938.06	应用经济学	国际贸易理论与政策
	张 斌	1973.11	应用经济学	财税理论与政策
金融系	胡志浩	1977.11	应用经济学	国际金融市场
	杨 涛	1974.01	应用经济学	金融学
	曾 刚	1975.08	应用经济学	银行经济学
	郭金龙	1965.04	应用经济学	金融学

续表

系别	姓名	出生年月	学科专业	主要研究方向
金融系	胡 滨	1971.05	应用经济学	金融学
	彭兴韵	1972.04	应用经济学	金融学
	王 力	1959.09	应用经济学	金融学
	黄国平	1969.11	应用经济学	金融科技与互联网金融
	李 扬	1951.09	应用经济学	金融学
数量经济与技术经济系	张友国	1977.04	工商管理	环境技术经济学
	蔡跃洲	1975.09	工商管理	创新经济与创新管理
	娄 峰	1975.08	应用经济学	经济预测理论及应用
	樊明太	1963.11	应用经济学	数量经济学
	蒋金荷	1968.05	应用经济学	全球气候治理与绿色低碳经济发展
	李 群	1961.12	应用经济学	数量经济学
	李文军	1966.10	工商管理	技术经济及管理
	王宏伟	1970.11	工商管理	科技创新与经济发展
	王国成	1956.11	应用经济学	数量经济学
	李金华	1962.11	应用经济学	统计学
	李 平	1959.06	工商管理	技术经济及管理
	齐建国	1957.06	工商管理	技术经济及管理
	李 青	1964.09	工商管理	技术经济及管理
	张 涛	1973.08	应用经济学	数量经济学
	李 军	1963.04	应用经济学	数量经济学
投资经济系	马晓河	1955.08	应用经济学	国民经济学
	王昌林	1967.01	应用经济学	产业经济学
	岳国强	1963.06	应用经济学	宏观经济学
	张长春	1962.11	应用经济学	国民经济学
	刘 琳	1969.06	应用经济学	房地产经济学
	汪文祥	1962.12	应用经济学	国民经济学
	吴亚平	1969.11	应用经济学	投融资体制改革
	臧跃茹	1964.11	应用经济学	国民经济学
	刘立峰	1965.05	应用经济学	国民经济学
	王一鸣	1959.08	应用经济学	国民经济学
	陈东琪	1956.08	应用经济学	国民经济学
	肖金成	1955.09	应用经济学	国民经济学
	曹玉书	1948.09	应用经济学	国民经济学
	杨 萍	1965.09	应用经济学	国民经济学

续表

系别	姓名	出生年月	学科专业	主要研究方向
政府政策与公共管理系	吕忠梅	1963.03	法律硕士（法学）	生态环境保护法
	曲永义	1962.09	应用经济学	技术创新理论与政策
	王浦劬	1956.09	政治学	政治学研究方法
	梁云祥	1956.04	政治学	中国国际政治学理论
	谭祖谊	1970.06	应用经济学	产业经济学
	胡建忠	1965.03	应用经济学	并购重组研究
	马建堂	1958.04	应用经济学	国民经济学
	张菀洺	1973.04	应用经济学	公共经济理论与政策
	李成贵	1966.09	应用经济学	创新驱动理论与政策
	崔民选	1960.09	应用经济学	国民经济学
	郑秉文	1955.01	应用经济学	国民经济学
	邹东涛	1949.11	应用经济学	国民经济学
	李连仲	1949.10	应用经济学	国民经济学
	黄晓勇	1956.11	应用经济学	国民经济学
	李 扬	1951.09	应用经济学	国民经济学
	刘国祥	1963.01	应用经济学	卫生经济学
	郑新立	1945.04	应用经济学	国民经济学
	曾培炎	1938.02	应用经济学	国民经济学
	谢朝斌	1963.04	应用经济学	国民经济学
	杨建龙	1969.02	应用经济学	国民经济学
	谢伏瞻	1954.08	应用经济学	国民经济学
	张承惠	1957.05	应用经济学	国民经济学
	王金南	1962.05	应用经济学	环境规划、环境政策、环境经济评估、环境经济学
	吴群红	1962.12	应用经济学	卫生经济学
	陈 文	1969.10	应用经济学	药物经济学与政策
	黄 伟	1964.06	应用经济学	信息系统与经济管理
	刘春成	1968.05	应用经济学	区域经济
	李富强	1957.02	应用经济学	宏观经济运行与管理
	贺 泓	1965.01	应用经济学	大气污染控制原理与技术、大气化学与污染控制化学、环境保护的经济效果评估、污染排放标准确定的经济准则

续表

系别	姓名	出生年月	学科专业	主要研究方向
政府政策与公共管理系	姚俭建	1958.09	政治学	参政党与人民政协功能研究
	张　峰	1954.06	政治学	哲学、政治学
	李金河	1955.09	政治学	统一战线、政党制度、协商民主
	孙国峰	1972.07	应用经济学	货币理论与政策
	葛新权	1957.03	应用经济学	能源经济与政策比较
	李志军	1965.03	应用经济学	创新驱动发展与政策
	刘迎秋	1950.08	应用经济学	国民经济学
	王延中	1963.04	应用经济学	国民经济学
	文学国	1966.04	应用经济学	国民经济学
	赵　芮	1967.11	应用经济学	国民经济学
人口与劳动经济系	王智勇	1975.03	应用经济学	产业结构与区域经济与发展
	蔡　昉	1956.09	理论经济学	发展经济学
	林　宝	1973.10	社会学	人口老龄化与养老保险
	高文书	1974.06	应用经济学	人力资源开发与管理
	王广州	1965.10	社会学	应用人口学
	王美艳	1975.07	应用经济学	劳动力市场与劳动关系
	吴要武	1968.11	应用经济学	城镇劳动力市场
	都　阳	1971.04	应用经济学	劳动力市场理论与政策
	王跃生	1959.12	社会学	人口与社会变迁
城乡建设经济系	陈　淮	1952.02	应用经济学	区域经济学
	翟宝辉	1964.10	应用经济学	城市规划建设管理
城市发展与环境研究系	杨开忠	1962.01		城市经济理论与方法
	宋迎昌	1965.10	应用经济学	城市与区域发展
	潘家华	1957.06	理论经济学	可持续发展经济学理论、气候变化经济学
	李景国	1957.01	应用经济学	城镇与区域规划
	李国庆	1963.09	理论经济学	城市社会学
	庄贵阳	1969.09	理论经济学	低碳经济
	陈　迎	1969.04	理论经济学	全球环境治理
	梁本凡	1963.03	理论经济学	城市群绿色低碳发展
	刘治彦	1967.08	应用经济学	城市经济发展

续表

系别	姓名	出生年月	学科专业	主要研究方向
法学系	冀祥德	1964.02	法学	刑事诉讼法学
	张 生	1970.10	法学	中国法制史
	张冠梓	1966.08	法学	法律史
	管育鹰	1969.04	法学	知识产权法
	柳华文	1972.07	法学	国际公法
	薛宁兰	1964.03	法学	亲属法
	刘敬东	1968.10	法学	国际经济法
	龚赛红	1966.06	法学	民商法学
	谢增毅	1977.10	法学	劳动与社会保障法
	李洪雷	1976.01	法学	中国行政法
	谢鸿飞	1973.12	法学	物权法、合同法
	陈 洁	1970.04	法学	证券法、公司法
	徐 卉	1970.10	法学	民事诉讼法学
	邓子滨	1966.04	法学	中国刑法学
	刘仁文	1967.09	法学	中国刑法学
	朱晓青	1955.09	法学	国际公法
	王晓晔	1948.10	法学	经济法学
	冯 军	1965.12	法学	大众传媒法
	周汉华	1964.10	法学	行政法学
	莫纪宏	1964.05	法学	国际人权法
	邹海林	1963.08	法学	民法总论、破产法
	陈 甦	1957.12	法学	证券法、商法基础理论、公司法
	孙宪忠	1957.01	法学	民法总论、物权法、债权法
	熊秋红	1965.10	法学	刑事诉讼法学
	沈 涓	1962.08	法学	国际私法
	李明德	1956.03	法学	版权法、知识产权法
	李 林	1955.11	法学	宪政与民主理论
	陈泽宪	1954.07	法学	中国刑法学、国际刑法学
	张广兴	1954.03	法学	债权法
	吴新平	1951.10	法学	宪法学与行政法学
	梁慧星	1944.01	法学	民法总论、债权法
	张明杰	1962.03	法学	信息公开法、行政诉讼法
	刘作翔	1956.09	法学	法理学、法律文化学、法律社会学

续表

系别	姓名	出生年月	学科专业	主要研究方向
法学系	赵建文	1956.01	法学	国际公法
	王敏远	1959.11	法学	刑事诉讼法学
	崔勤之	1944.02	法学	证券法、公司法
	信春鹰	1956.10	法学	法理学
政治学系	蔡礼强	1973.08	政治学	政府治理与公共政策
	王炳权	1972.07	政治学	政治学理论与当代中国政治发展
	田改伟	1970.09	政治学	政治学理论
	柴宝勇	1979.07	政治学	党内法规学
	贠 杰	1972.05	政治学	行政管理
	周庆智	1960.08	政治学	中国地方政府治理
	周少来	1964.11	政治学	政治学理论与当代中国政治建设
	董礼胜	1955.03	政治学	政治制度
	张树华	1966.09	政治学	政治比较与国别政治
社会学系	田 丰	1979.06	社会学	青年、人口与家庭社会学
	王俊秀	1963.08	社会学	社会学
	鲍 江	1968.11	社会学	影视人类学
	何 蓉	1971.07	社会学	社会学理论
	吴小英	1967.09	社会学	社会学
	李 炜	1962.10	社会学	社会调查方法
	陈光金	1962.05	社会学	社会学
	罗红光	1957.01	社会学	社会学
	李培林	1955.05	社会学	社会学
	夏传玲	1964.02	社会学	社会学
	景天魁	1943.04	社会学	社会学
	王春光	1964.03	社会学	社会学
	李春玲	1963.01	社会学	社会学
	赵一红	1963.09	社会学	社会学
民族学系	呼 和	1962.01	中国语言文学	实验语音学
	李云兵	1968.01	中国语言文学	描写语言学
	黄成龙	1968.09	中国语言文学	语言类型学
	陈建樾	1964.07	民族学	马克思主义民族理论与政策
	郝时远	1952.08	民族学	中国特色解决民族问题道路研究
	何星亮	1956.08	民族学	文化人类学
	曾少聪	1962.12	民族学	国际移民

续表

系别	姓名	出生年月	学科专业	主要研究方向
民族学系	色 音	1963.07	社会学	文化人类学
	黄 行	1952.06	中国语言文学	语言学
	王希恩	1954.06	民族学	民族理论和政策
社会发展系	葛道顺	1966.02	社会学	社会发展政策
	高 勇	1976.06	社会学	社会学研究方法
	沈 红	1965.05	社会学	发展社会学
	张 翼	1964.12	社会学	社会结构与社会发展
	李汉林	1953.11	社会学	社会组织与社会结构
文学系	郑永晓	1963.01	中国语言文学	唐宋文学
	安德明	1968.10	中国语言文学	口头艺术的民族志研究
	刘 宁	1969.10	中国语言文学	唐宋文学
	程 凯	1974.10	中国语言文学	中国现代文学
	施爱东	1968.01	中国语言文学	故事研究
	党圣元	1955.09	中国语言文学	中国古代文论
	陈定家	1962.01	中国语言文学	文学理论与批评
	王秀臣	1967.03	中国语言文学	先秦两汉文学
	李建军	1963.05	中国语言文学	中国当代小说
	董炳月	1960.09	中国语言文学	现代中日文化
	户晓辉	1966.02	中国语言文学	民间文学理论
	刘方喜	1966.08	中国语言文学	文艺美学
	王达敏	1960.11	中国语言文学	明清文学与近代文学
	高建平	1955.03	中国语言文学	文艺学
	赵京华	1957.11	中国语言文学	中日现代文学比较
	杨 义	1946.08	中国语言文学	中国现当代文学
	赵稀方	1964.01	中国语言文学	文学史研究
	金惠敏	1961.11	中国语言文学	文学理论与当代文化理论
	蒋 寅	1959.06	中国语言文学	中国诗学
	黎湘萍	1958.08	中国语言文学	中国现当代文学
	刘跃进	1958.11	中国语言文学	中国古典文献
	陆建德	1954.02	中国语言文学	比较文学与世界文学
	吴光兴	1963.09	中国语言文学	魏晋南北朝隋唐五代文学
	范子烨	1964.05	中国语言文学	魏晋南北朝隋唐文学
外国文学系	邱雅芬	1967.11	外国语言文学	日本文学、中日比较文学
	梁 展	1970.10	中国语言文学	比较文学

续表

系别	姓名	出生年月	学科专业	主要研究方向
外国文学系	侯玮红	1970.02	外国语言文学	当代俄罗斯文学
	徐德林	1968.03	外国语言文学	英语文化研究
	叶 隽	1973.07	中国语言文学	比较文学与世界文学
	陈众议	1957.10	中国语言文学	比较文学与世界文学
	钟志清	1964.11	中国语言文学	希伯来、犹太文学与文化研究
	程 巍	1966.05	外国语言文学	英美文学
	傅 浩	1963.04	外国语言文学	英语诗歌
	黄 梅	1950.02	外国语言文学	英语语言文学
	刘文飞	1959.11	外国语言文学	俄语语言文学
	李永平	1956.05	中国语言文学	比较文学与世界文学
少数民族文学系	朝戈金	1958.08	社会学	口头传统
	阿地里·居玛吐尔地	1964.02	中国语言文学	突厥语民族文学
	张春植	1959.02	中国语言文学	朝鲜族文学
	巴莫曲布嫫	1964.04	社会学	口头传统
	俄日航旦	1962.12	中国语言文学	格萨尔与藏族文化
	斯钦巴图	1963.10	中国语言文学	蒙古族文学
	朝 克	1957.09	中国语言文学	中国北方语言学
新闻学与传播学系	黄楚新	1965.10	新闻传播学	新媒体研究
	季为民	1970.01	新闻传播学	马克思主义新闻学
	何 晶	1977.01	新闻传播学	媒介与社会变迁
	殷 乐	1972.11	新闻传播学	新闻传播
	姜 飞	1971.06	新闻传播学	新闻学
	卜 卫	1957.03	新闻传播学	传播与社会发展研究
	宋小卫	1958.03	新闻传播学	新闻学
	唐绪军	1959.02	新闻传播学	新闻业务研究
语言学系	储泽祥	1966.10	中国语言文学	汉语语法
	谢留文	1968.02	中国语言文学	汉语方言
	胡建华	1962.11	中国语言文学	句法语义学

续表

系别	姓名	出生年月	学科专业	主要研究方向
语言学系	王灿龙	1962.05	中国语言文学	现代汉语语法
	胡 方	1972.02	中国语言文学	实验语音学
	杨永龙	1962.07	中国语言文学	汉语历史语法
	孟蓬生	1961.02	中国语言文学	训诂学
	赵长才	1964.10	中国语言文学	汉语历史词汇语法
	李 蓝	1957.11	中国语言文学	汉语方言学
	沈 明	1963.12	中国语言文学	汉语方言学
	谭景春	1958.04	中国语言文学	词典学
	李爱军	1966.09	中国语言文学	语音学
	方 梅	1961.04	中国语言文学	现代汉语
	张伯江	1962.11	中国语言文学	现代汉语
	吴福祥	1959.10	中国语言文学	汉语历史语法
	刘丹青	1958.08	中国语言文学	语言类型学
	顾曰国	1956.10	中国语言文学	语料库语言学
语言文字应用系	肖 航	1974.03	中国语言文学	计算语言学
	王 晖	1971.04	中国语言文学	普通话测试研究
	郭龙生	1964.04	中国语言文学	社会语言学
	姚喜双	1957.01	中国语言文学	广播电视语言学
	李宇明	1955.06	中国语言文学	语言规划与语言政策
	苏金智	1954.02	中国语言文学	语言学及应用语言学
历史系	卜宪群	1962.11	中国史	中国史
	刘 源	1973.07	考古学	中国古文字（甲骨文、金文）
	孙 晓	1963.09	中国史	中国史
	雷 闻	1972.01	考古学	隋唐史
	阿 风	1970.11	考古学	徽学
	刘 晓	1970.04	考古学	元史
	王启发	1960.10	考古学	中国思想史
	杨宝玉	1964.12	考古学	敦煌学
	李锦绣	1965.09	考古学、中国史	中国史
	彭 卫	1959.02	考古学、中国史	中国史
	王震中	1957.01	考古学、中国史	中国史
	宋镇豪	1948.01	考古学、中国史	历史文献学
近代史系	陈开科	1965.11	中国史	近代中俄关系史
	罗 敏	1972.04	中国史	中华民国史

续表

系别	姓名	出生年月	学科专业	主要研究方向
近代史系	赵晓阳	1964.08	中国史	中国近代社会史
	卞修跃	1966.10	中国史	抗日战争史
	李学通	1963.07	中国史	中华民国史
	邹小站	1967.10	中国史	中国近代思想史
	金以林	1967.12	中国史	中华民国史
	葛夫平	1965.04	考古学	近现代中法关系史
	崔志海	1963.12	中国史	晚清政治史
	李细珠	1967.06	中国史	晚清政治史
	罗检秋	1962.07	中国史	中国近代文化史
	于化民	1958.03	中国史	革命史
	刘小萌	1952.03	中国史	中国近现代史
	李长莉	1958.02	中国史	中国近代社会史
	郑大华	1956.08	中国史	中国近代思想史
	马 勇	1955.12	中国史	中国史
	王建朗	1956.11	中国史	中外关系史
世界历史系	孟庆龙	1964.01	考古学	战后国际关系史
	景德祥	1963.06	考古学	德国近现代史
	王晓菊	1965.09	世界史	世界史
	俞金尧	1962.05	世界史	世界史
	毕健康	1967.06	世界史	世界史
	徐再荣	1967.04	世界史	世界史
	汪朝光	1958.10	中国史	中国史
	易建平	1957.12	世界史	世界史
考古系	王树芝	1964.02	考古学	植物考古
	李新伟	1967.11	考古学	中华文明起源研究
	朱岩石	1962.08	考古学	汉唐考古
	许 宏	1963.07	考古学	夏商周考古
	唐际根	1964.01	考古学	夏商周考古
	董新林	1966.09	考古学	宋辽金元明清考古
	陈星灿	1964.12	考古学	新石器时代考古
	冯 时	1958.10	考古学	古文字学
	赵志军	1956.05	考古学	植物考古
	白云翔	1955.12	考古学	汉唐考古
	王 巍	1954.05	考古学	夏商周考古

续表

系别	姓名	出生年月	学科专业	主要研究方向
考古系	袁靖	1952.10	考古学	动物考古
	刘国祥	1968.10	考古学	中国古代玉器研究
中华人民共和国国史系	张英聘	1967.08	中国史	中国史
	邱新立	1966.09	公共管理	地方志
	张金才	1965.11	中国史	新中国法治建设史
	宋月红	1965.10	政治学	中共党史
	李文	1963.07	中国史	中国史
	李正华	1964.06	政治学	中共党史
	武力	1956.11	中国史	中国史
	张星星	1955.04	中国史	中国当代政治史与国防史
	朱佳木	1946.06	中国史	中国史
中国边疆历史系	李大龙	1964.05	中国史	汉唐边疆史
	李国强	1963.01	中国史	中国海疆历史与现状
	许建英	1963.10	中国史	新疆近现代史
	孙宏年	1971.01	中国史	西南边疆史地
	邢广程	1961.10	考古学	周边国际环境与中国边疆
历史理论系	左玉河	1964.10	中国史	中华文明史
	夏春涛	1963.11	中国史	中国近代政治史
	张顺洪	1955.02	考古学	中外文明比较
世界经济与政治系	王永中	1974.02	理论经济学	国际投资学
	薛力	1965.08	政治学	国际战略
	张明	1977.09	理论经济学	国际金融
	刘仕国	1972.11	理论经济学	宏观经济计量
	东艳	1974.10	理论经济学	国际贸易理论
	姚枝仲	1975.06	理论经济学	国际投资
	袁正清	1966.01	法学	国际安全与中国外交
	张宇燕	1960.09	理论经济学	国际政治经济学
	李东燕	1960.09	政治学	当代全球问题
	孙杰	1962.10	理论经济学	国际金融
	宋泓	1965.07	理论经济学	国际贸易与国际投资
	高海红	1964.04	理论经济学	国际金融
	鲁桐	1961.12	理论经济学	公司治理
	张斌	1975.10	理论经济学	宏观经济分析

续表

系别	姓名	出生年月	学科专业	主要研究方向
美国研究系	刘得手	1967.11	政治学	美国外交
	姬 虹	1964.03	政治学	美国社会与美国文化
	赵 梅	1962.10	政治学	美国社会与文化
	樊吉社	1971.12	政治学	国际关系
	袁 征	1968.11	政治学	美国外交
	吴白乙	1959.01	政治学	国际政治
	王孜弘	1960.07	理论经济学	美国经济
	李 文	1957.01	政治学	国际政治
	倪 峰	1963.08	政治学	美国政治
	周 琪	1952.11	政治学	国际政治
日本研究系	杨伯江	1964.09	政治学	日本国家战略研究
	张建立	1970.03	政治学	日本文化与社会思潮
	胡 澎	1966.05	政治学	日本社会治理
	高 洪	1955.02	哲学	日本政治
	吕耀东	1965.07	政治学	日本外交
	张季风	1959.08	理论经济学	日本经济
欧洲研究系	李靖堃	1971.06	法学	欧洲政治
	张 敏	1964.02	理论经济学	欧洲经济
	程卫东	1968.10	法学	欧洲政治
	孔田平	1965.08	法学	转轨经济比较研究
	江时学	1956.09	理论经济学	欧洲经济
	黄 平	1958.02	法学	欧洲社会变迁
	陈 新	1966.09	理论经济学	欧洲经济
	田德文	1964.12	法学	欧洲社会文化
	周 弘	1952.10	法学	欧洲政治
俄罗斯东欧中亚研究系	徐坡岭	1966.04	理论经济学	世界经济
	庞大鹏	1976.02	政治学	俄罗斯政治
	刘显忠	1968.12	政治学	俄罗斯历史
	李永全	1955.03	政治学	俄罗斯、国际政治
	高 歌	1968.11	政治学	中东欧政治与外资
	程亦军	1959.03	理论经济学	世界经济
	柴 瑜	1968.10	理论经济学	国际贸易与投资
	吴宏伟	1959.10	政治学	中亚国家关系
	姜 毅	1963.01	政治学	俄罗斯外资政策

续表

系别	姓名	出生年月	学科专业	主要研究方向
俄罗斯东欧中亚研究系	吴伟	1957.10	政治学	苏联历史
	张盛发	1957.01	政治学	俄罗斯历史
	孙壮志	1966.05	政治学	中亚国家政治
亚洲太平洋研究系	王灵桂	1967.11	政治学	国际关系
	沈铭辉	1979.07	理论经济学	区域经济学
	董向荣	1973.09	政治学	亚太政治
	高程	1977.11	政治学	国际政治经济学
	王玉主	1968.06	理论经济学	世界经济
	赵江林	1968.08	理论经济学	世界经济
	许利平	1966.05	政治学	国际关系
	朴光姬	1963.03	理论经济学	区域经济
	李向阳	1962.12	理论经济学	世界经济
	张蕴岭	1945.05	理论经济学	世界经济
	朴键一	1962.01	政治学	国际关系
拉丁美洲研究系	岳云霞	1977.01	理论经济学	拉美经济
	杨志敏	1971.10	理论经济学	拉美经济
	袁东振	1963.10	政治学	国际政治
	张凡	1961.06	政治学	国际政治
西亚非洲研究系	朱伟东	1972.11	政治学	非洲法
	唐志超	1970.08	政治学	中东国际关系
	李新烽	1960.07	政治学	非洲政治
	张永蓬	1962.04	政治学	非洲国际关系
	李智彪	1961.09	政治学	国际关系
	王林聪	1965.05	政治学	中东政治
	贺文萍	1966.10	政治学	非洲国际关系
	张宏明	1959.02	政治学	非洲政治
	杨光	1955.03	理论经济学	中东经济

二　2019年度晋升正高级专业技术职务人员

王　莹　1980年9月生，女，河南郑州人，研究员。1998年9月至2007年6月，在暨南大学中文系学习，先后获得文学学士、硕士、博士学位。2007年7月至2010年3月，在中国社会科学院文学研究所从事博士后研究工作；2010年4月至今，在中国社会科学院文学研究所工作，历任助理研究员、副研究员。其间，2011年10月至2012年10月，在英国剑桥大学做访问学者。

现从事文艺学研究，学术专长是古代文论。主要代表作有：《塑造不可捉摸的自我——中西自传文学研究》（英文专著，第一作者）；《文天祥与宋代自传文学的爱国主题》（论文）；《中国唐宋之际国花的象征价值》（英文论文）；《文学传记：柯勒律治的写作生涯纪事》（译著，英译汉）。

李　娜　1975年9月生，女，河南焦作人，研究员。1993年9月至2000年6月，在南开大学中文系学习，先后获得文学学士、硕士学位；2001年9月至2004年6月，在复旦大学中文系学习，获得文学博士学位。2000年7月至2001年7月，在上海工商外国语学校任教；2004年7月至今，在中国社会科学院文学研究所工作，历任助理研究员、副研究员。

现从事中国现当代文学研究，学术专长是台湾文学与社会研究。主要代表作有：《小说·田野：舞鹤创作与台湾现代性的曲折》（专著）；《试析1950—60年代台湾青年的"虚无"，重新理解"现代主义与左翼"——以陈映真、王尚义为核心》（论文）；《无悔：陈明忠回忆录》（口述史、整理编辑）；《叩问"现代之路"：在小说与田野之间——从台湾布农族作家田雅各的〈忏悔之死〉说起》（论文）。

李洁非　1960年5月生，山东宁津人，研究员。1978年9月至1982年7月，在复旦大学中文系学习，获得文学学士学位。1982年8月至1985年1月，在新华社《瞭望》杂志工作；1985年1月至1987年11月，在中国艺术研究院《文艺研究》编辑部工作；1987年11月至今，在中国社会科学院文学研究所工作，历任助理研究员、副研究员、研究室副主任、主任。

现从事中国现当代文学研究，学术专长是文学批评。主要代表作有：《文学史微观察》（专著）；《散文散谈——从古到今》（论文）；《资本和资本的"原罪"》（论文）；

《"十七年"中短篇小说钩检》（论文）；《"双百方针"考》（论文）。

杨　早　1973年12月生，四川富顺人，研究员。1991年9月至1995年7月，在中山大学中文系学习，获得文学学士学位；1998年9月至2005年7月，在北京大学中文系学习，先后获得文学硕士、博士学位。2005年7月至今，在中国社会科学院文学研究所工作，历任研究实习员、助理研究员、副研究员。兼任中国当代文学研究会常务理事、常务副秘书长。

现从事中国现当代文学研究，学术专长是文学社会学研究。主要代表作有：《改写历史与文学重建——晚清小说与当下网络小说异同辨》（论文）；《传媒时代的文学重生》（专著）；《新闻进入教科书——〈共和国教科书〉的承启意义与〈铁达尼号邮船遇险记〉的叙事旅行》（论文）；《吾乡固多才俊之士，而声名不出于里巷——从〈徙〉等小说看汪曾祺笔下的高邮文人》（论文）；《最后的乡土，最后的莫言》（论文）。

陶庆梅　1974年1月生，女，安徽六安人，研究员。1990年9月至2000年7月，在北京师范大学中文系学习，先后获得文学学士、硕士、博士学位。2000年7月至今，在中国社会科学院文学研究所工作，历任助理研究员、副研究员。其间，2009年12月至2010年11月，在美国哥伦比亚大学做访问学者。兼任北京文艺家联合会理事、北京戏剧家协会理事、北京评论家协会理事、副秘书长。

现从事当代文学研究，学术专长是当代戏剧史与戏剧理论。主要代表作有：《当代小剧场三十年（1982—2012)》（专著）；《20世纪戏剧史视野下的现代主义戏剧》（论文）；《〈风筝〉与政治伦理》（论文）；《体制与技术变迁中的文艺》（论文）；《戏剧：机制创新、实验方向与理论思考》（论文）。

谭　佳　1978年12月生，女，白族，云南大理人，研究员。1996年9月至2000年6月，在四川师范大学文学院学习，获得文学学士学位；2000年9月至2003年6月，在四川师范大学文学院学习，获得哲学硕士学位；2003年9月至2006年6月，在四川大学文学与新闻学院学习，获得文学博士学位。2006年9月至2009年4月，在中国社会科学院文学研究所从事博士后研究工作；2009年4月至今，在中国社会科学院文学研究所工作，历任助理研究员、副研究员。兼任中国社会科学院比较文学研究中心副主任，中国比较文学学会文学人类学研究会副会长。

现从事比较文学研究，学术专长是文学人类学、比较神话学。主要代表作有：《新与旧之间的郑振铎古史论——以"汤祷篇"为中心》（论文）；《个体际遇与历史情境——从晋六朝士人嗜酒看"风骨"》（论文）；《神话与古史：中国现代学术的建构与认同》（专著）；《两种"物"观——对萧兵批评张光直"泛萨满论"的再评论》（论文）；《反思与革新：中国神话学前沿》（论文）。

孙少华　1972年9月生，山东莱芜人，编审。1998年9月至2001年6月，在曲阜师范大学英语系学习，获得文学学士学位；

2003年9月至2006年6月，在曲阜师范大学文学院学习，获得文学硕士学位；2006年9月至2009年6月，在中国社会科学院研究生院学习，获得文学博士学位。1994年7月至2003年8月，在山东省莱芜职业技术学院（原莱芜师范学校）工作，任讲师；2009年7月至今，在中国社会科学院文学研究所工作，历任研究实习员、助理研究员、副研究员、副编审。其间，2010年7月至2012年5月，在山东大学文学院从事博士后研究工作；2013年9月至2014年2月、2015年10月至2016年3月，在澳门大学人文学院任职博士后研究员。

现从事《文学遗产》编辑工作，主要业务专长是中国古代文学编辑。主要代表作有：《文本秩序：桓谭与两汉之际阐释思想的定型》（专著）；程章灿《题目与诗：从清言到手笔——谢混〈诫族子诗〉及其诗史意义新论》（论文，责任编辑）；陈文新《论刘永济〈文心雕龙校释〉的文学史阐释》（论文，责任编辑）；《文本系统与汉魏六朝文学的综合性研究》（论文）；《〈孔丛子〉与秦汉子书学术传统》（专著）。

高荷红 1974年3月生，女，黑龙江富锦人，研究员。1993年9月至1997年7月，在北京师范大学中文系学习，获得文学学士学位；2000年9月至2003年7月，在中国社会科学院研究生院少数民族文学系学习，获得文学硕士学位；2005年9月至2008年7月，在中国社会科学院研究生院少数民族文学系学习，获得文学博士学位。1997年9月至2000年7月，在北京市华严里中学工作，任语文教师；2003年7月至今，在中国社会科学院民族文学研究所工作，历任助理研究员、副研究员、研究室副主任。

现从事中国少数民族语言文学研究，学术专长是史诗学、满族说部、口头诗学。主要代表作有：《满族说部"窝车库乌勒本"研究》（专著）；《国家话语与代表性传承人的认定——以满族说部为例》（论文）；《口述与书写：满族说部传承研究》（专著）；《从记忆到文本：满族说部的形成、发展和定型》（论文）；《在家族的边界之内：基于穆昆组织的满族说部传承》（论文）。

李连荣 1970年6月生，藏族，青海大通人，研究员。1990年9月至1994年9月，在青海师范大学中国汉语言文学系学习，获得文学学士学位；1994年9月至1997年9月，在北京师范大学中文系学习，获得民俗学硕士学位；1997年9月至2000年7月，在中国社会科学院研究生院少数民族语言文学系学习，获得文学博士学位。2000年9月至2001年4月，在中国藏学研究中心中国藏学杂志社工作；2001年4月至今，在中国社会科学院民族文学研究所工作，历任研究实习员、助理研究员、副研究员。其间，2005年5月至2005年11月，在日本名古屋大学国际开发研究科做合作研究教授。

现从事少数民族语言文学研究，学术专长是藏族文学与《格萨尔》史诗。主要代表作有：《〈格萨尔〉手抄本和木刻本的传承与文本特点》（论文）；《安多地区〈格萨尔〉史诗传承的类型特点》（论文）；《〈格萨尔〉手抄本、木刻本解题目录（1958—2000）》

（工具书）；《试论〈格萨尔·英雄诞生篇〉情节结构的演变特点》（论文）；《神山信仰与神话创造——试论〈格萨尔〉史诗与昆仑山的关系》（论文）。

杨　霞　1966年9月生，女，藏族，甘肃甘南人，研究员。1982年9月至1986年7月，在中央民族大学哲学系学习，获得哲学学士学位；1987年9月至1989年7月，在复旦大学哲学系研究生班学习；1995年9月至1998年7月，在中央民族大学学习，获得哲学硕士学位；2006年9月至2009年7月在中国社会科学院研究生院学习，获得文学博士学位。1986年7月至1995年7月，在甘肃民族师范学院政史系任讲师；1998年7月至今，在中国社会科学院民族文学研究所工作，历任助理研究员、副研究员。兼任西南民族大学民族研究院研究员，西北民族大学格萨尔研究院、文学院教授；任中国少数民族文学学会、中国少数民族当代文学学会、中国比较文学学会理事。

现从事中国少数民族语言文学研究，学术专长是藏族文学研究、格萨尔史诗研究。主要代表作有：《差异空间的叙事——文学地理视野下的〈尘埃落定〉》（专著）；《岁月失语，惟石能言——当代语境下格萨尔石刻传承及其文化表征》（论文）；《格萨尔史诗当代传承实践及其文化表征》（专著）；《〈格萨尔〉史诗说唱与藏文化传承方式》（论文）；《回到声音：听觉文化视角的〈格萨尔〉说唱音乐传承实践》（论文）。

乔修峰　1977年12月生，山东济南人，研究员。1995年9月至1999年6月，在山东师范大学外国语学院学习，获文学学士学位；1999年9月至2002年6月，在湖南师范大学外国语学院学习，获文学硕士学位；2002年9月至2005年6月，在中国社会科学院研究生院外文系学习，获文学博士学位。2005年7月至今，在中国社会科学院外国文学研究所工作，历任研究实习员、助理研究员、副研究员、研究室副主任。其间，2010年12月至2011年12月，在英国剑桥大学做访问学者。兼任中国外国文学学会英语文学研究分会常务理事。

现从事英语语言文学研究，学术专长是英国文学。主要代表作有：《巴别塔下：维多利亚时代文人的词语焦虑与道德重构》（专著）；《原富：罗斯金的词语系谱学》（论文）；《大恶臭：1858伦敦酷夏》（译著）；《巴别塔下：维多利亚时代文人的"词语焦虑"》（论文）；《卡莱尔的文人英雄与文化偏至》（论文）。

肖晓晖　1976年1月生，江西万安人，研究员。1993年9月至2003年7月，在北京师范大学文学院学习，先后获得文学学士、硕士、博士学位。2003年7月至2012年12月，在中国传媒大学文学院工作，历任讲师、副教授、教研室主任；2013年1月至今，在中国社会科学院语言研究所工作，任副研究员。

现从事汉语言文字学研究，学术专长是汉语史。主要代表作有：《汉语并列双音词构词规律研究：以〈墨子〉语料为中心》（专著）；《〈汉语大词典〉心部书证商榷五例》（论文）；《试论名字解诂的原则及方向》（论文）；《说"半汉"及其同族联绵词》（论文）。

完　权　1972年12月生，回族，江苏镇江人，研究员。1995年12月至1998年12月，在江苏省教育学院中国语言文学系学习；2004年9月至2007年7月，在南京大学文学院学习，获得文学硕士学位；2007年9月至2010年7月，在中国社会科学院研究生院语言学系学习，获得博士学位。1998年8月至2004年7月，在江苏省镇江市第六中学工作；2010年7月至今，在中国社会科学院语言研究所工作，历任助理研究员、副研究员，研究室副主任。

现从事汉语言文字学研究，学术专长是句法语义学。主要代表作有：《"的"的性质与功能（增订本）》（专著）；《"领格表受事"的认知动因》（论文）；《说"的"和"的"字结构》（专著）；《言者主语与隐性施行话题》（论文）；《信据力："呢"的交互主观性》（论文）。

唐正大　1973年9月生，陕西永寿人，研究员。1995年9月至1997年7月，在陕西省教育学院学习；1999年9月至2002年7月，在上海师范大学人文学院学习，获得文学硕士学位；2002年9月至2005年7月，在中国社会科学院研究生院语言系学习，获得文学博士学位。1997年9月至1998年7月，在陕西省永寿县渡马中学工作；1998年9月至1999年7月，在陕西省永寿县中学工作；2005年7月至今，在中国社会科学院语言研究所工作，历任助理研究员、副研究员。

现从事语言学及应用语言学研究，学术专长是汉语语法学与语言类型学。主要代表作有：《汉语名词性短语内部的话题性修饰语》（论文）；《从"是时候VP了"看汉语从句补足语结构的崛起——兼谈汉语视觉语体中的VO特征强化现象》（论文）；《社会性直指与人称范畴的同盟性和威权性——以关中方言为例》（论文）；《关中方言论元配置模式中的状语和谐与把字句显赫》（论文）；《关中方言的将来时间指称形式——兼谈时体情态的共生与限制》（论文）。

王立胜　1963年1月生，山东莒南人，研究员。1982年9月至1985年7月，在临沂师范专科学校政史系学习；1988年9月至1991年7月，在山东大学哲学系学习，获得哲学硕士学位；2005年9月至2008年7月，在东北师范大学中共党史专业学习，获得法学博士学位。1985年7月至1988年9月，在山东省莒县一中工作；1991年7月至1998年1月，在山东省委党校工作，评为副教授；1998年1月至2001年1月，在中共潍坊市委工作；2001年1月至2005年12月，在山东省昌乐县委工作；2005年12月至2010年6月，在山东省青州市委、市人大常委会工作；2010年6月至2012年8月，在山东省援疆工作指挥部、潍坊市委、山东省对口支援办公室工作；2012年8月至2015年12月，在中共喀什地区地委、喀什地区行署工作；2016年1月至2018年11月，在中国社会科学院经济研究所工作，任副研究员；2018年11月至今，在中国社会科学院哲学研究所工作。

现从事马克思主义哲学研究，学术专长是中国化马克思主义哲学。主要代表作有：《中国农村现代化社会基础研究》（专著）；《科学理解唯物史观中经济与政治的辩证关系：三次争论及其当代启示》（论文）；《晚年毛泽东的艰苦探索》（专著）；《新时代全面深化改革的理论思考》（论文）；《人民公社化运动与中国农村社会基础再造》（论文）。

任蜜林 1980年9月生，山西曲沃人，研究员。1998年9月至2002年7月，在山西大学哲学系学习，获得法学学士学位；2002年9月至2007年7月，在北京大学哲学系学习，获得哲学博士学位。2007年7月至2010年2月，在中国社会科学院哲学研究所从事博士后研究工作；2010年2月至今，在中国社会科学院哲学研究所工作，历任助理研究员、副研究员。其间，2011年9月至2012年8月，在韩国高丽大学做访问学者。

现从事中国哲学史研究，学术专长是先秦两汉哲学。主要代表作有：《汉代"秘经"：纬书思想分论》（专著）；《早期儒家人性论的两种模式及其影响——以〈中庸〉、孟子为中心》（论文）；《论汉简〈老子〉对于认识〈老子〉王弼注本的意义》（论文）；《〈大学〉〈中庸〉不同论》（论文）；《〈太一生水〉之"青昏"与〈老子〉之"有"、"无"》（论文）。

张利民 1962年5月生，河北大城人，研究员。1978年10月至1985年7月，在南京大学哲学系学习，先后获得哲学学士、硕士学位；1985年9月至1988年7月，在中国人民大学哲学系学习，获得哲学博士学位。1985年7月至1985年9月，在南开大学哲学系工作；1988年9月至今，在中国社会科学院哲学研究所工作，历任助理研究员、副研究员。曾兼任中国哲学史学会常务理事、秘书长。

现从事中国哲学史研究，学术专长是中国近现代哲学。主要代表作有：《中国近代文化哲学研究：以新文化运动时期为中心》（专著）；《五四启蒙思想家的化约倾向与突破》（论文）；《文化差异的本质与根源：陈独秀梁漱溟胡适的思考与困惑》（论文）；《规矩草》（专著）；《简述冯友兰与蒋介石的交往及对蒋介石的评价》（论文）。

张建军 1971年3月生，江苏江都人，研究员。1989年9月至1993年7月，在扬州师范学院物理系学习，获理学学士学位；1998年9月至2001年7月，在北京大学哲学系学习，获哲学硕士学位；2002年9月至2006年7月，在北京大学哲学系学习，获哲学博士学位。2006年7月至2008年6月，在清华大学高等研究中心从事博士后研究工作；1993年8月至1997年4月，在江苏省江都市中学、江都市第二中学任教；2008年7月至今，在中国社会科学院哲学研究所工作，历任助理研究员、副研究员。其间，2015年11月至2016年11月，在英国剑桥大学哲学系做访问学者。

现从事美学研究，学术专长是中国美学。主要代表作有：《春归合早：诗与哲学之间的王国维》（专著）；《中国画的"逸品"问题》（论文）；《王阳明辨儒释》（论文）；

《从〈古雅之在美学上之位置〉解〈人间词话〉》（论文）；《"境界"概念的历史与纷争》（论文）。

强乃社 1966年5月生，陕西扶风人，编审。1984年9月至1988年7月，在陕西师范大学政教系学习，获得哲学学士学位；1990年9月至1993年7月，在陕西师范大学政教系学习，获得哲学硕士学位；2001年9月至2004年7月，在南开大学哲学系学习，获得哲学博士学位。1988年7月至1990年8月，在陕西省扶风县豆会中学任教；1993年7月至1997年10月，在华侨大学社科部任教；1997年11月至2001年8月在天津工业大学社科部任教；2004年7月至今，在中国社科院哲学研究所《哲学动态》与《中国哲学年鉴》编辑部工作，历任助理研究员、编辑、副编审。其间，2004年10月至2005年11月，在延安干部学院挂职，为西部博士服务团成员。

现从事编辑工作，主要业务专长是马克思主义哲学。主要代表作有：《论都市社会》（专著）；张亮《鲍勃·雅索普的资本主义国家批判理论：方法内容及其最新形态》（论文，责任编辑）；龙其鑫《马克思主义在中国地理学语境中的首次传播》（论文，责任编辑）；《城市权：社会正义和为公共空间而战斗》（译著）；《空间转向及其意义》（论文）。

赵法生 1963年4月生，山东青州人，研究员。1981年9月到1985年7月，在山东大学中文系学习，获得汉语言学士学位；1990年9月到1993年7月，在山东大学经济系学习，获经济系硕士学位；2005年9月到2008年7月，在中国社会科学院研究生院学习，获得哲学博士学位。1985年7月到1987年5月，在中共潍坊市委宣传部工作；1987年5月到1993年9月，在中共潍坊市委党校任教；1993年9月到2005年9月，在山东鲁信投资集团工作；2008年至今，在中国社会科学院世界宗教研究所工作，历任助理研究员、副研究员，研究室副主任、主任。

现从事中国哲学研究，学术专长为儒学和儒教问题。主要代表作有：《儒家超越思想的起源》（专著）；《性情论还是性理论？——原始儒家人性论义理形态的再审视》（论文）；《〈易传〉刚柔思想的形成与易学诠释典范的转移》（论文）；《荀子人性论辩证》（论文）；《荀子礼学新论》（论文）。

周 群 1978年8月生，安徽潜山人，编审。1997年9月至2001年7月，在华南师范大学历史系学习，获得历史学学士学位；2001年9月至2004年6月，在华南师范大学人文学院学习，获得历史学硕士学位；2004年9月至2007年6月，在华南师范大学历史文化学院学习，获得历史学博士学位。2007年7月至2019年1月，在中国社会科学院中国社会科学杂志社工作，历任编辑、副编审，《历史研究》常务副主编、史学部主任；2019年1月至今，在中国社会科学院中国历史研究院历史研究杂志社工作，历任副编审，《历史研究》常务副主编、第一编辑室负责人。

现从事历史学编辑工作，主要业务专长

是中国古代史编辑。主要代表作有：《秦代置郡考述》（论文）；李凭《黄帝历史形象的塑造》（论文，责任编辑）；张明富《明代商业政策再认识》（论文，责任编辑）；《〈汉书·地理志〉所述西汉置郡考实》（论文）；《马克思社会形态理论的回溯及其当代应用》（论文）。

杨　勇　1974年2月生，江苏泗阳人，研究员。1992年9月至1996年6月，在扬州大学师范学院历史系学习，获得历史学学士学位；2000年9月至2003年6月，在四川大学历史文化学院考古系学习，获得历史学硕士学位；2008年9月至2011年7月，在中国社会科学院研究生院考古系在职学习，获得历史学博士学位。1996年8月至2000年8月，在江苏省泗阳中学任历史教师；2003年8月至今，在中国社会科学院考古研究所工作，历任研究实习员、助理研究员、副研究员、研究室副主任。

现从事秦汉至明清考古研究，学术专长是秦汉考古、西南考古。主要代表作有：《陆良薛官堡墓地》（考古报告专刊）；《可乐文化因素在中南半岛的发现及初步认识》（论文）；《论云南个旧黑蚂井墓地及其相关问题》（论文）；《云贵高原出土汉代印章述论》（论文）；《再论个旧黑蚂井墓地所葬人群的族属及身份》（论文）。

朱昌荣　1977年10月生，安徽歙县人，研究员。1996年9月至2003年7月，在安徽师范大学历史系学习，先后获得历史学学士、硕士学位；2003年9月至2006年7月，在中国社会科学院研究生院历史系学习，获得历史学博士学位。2006年7月至今，在中国社会科学院古代史研究所（原历史研究所）工作，历任助理研究员、副研究员，科研处副处长、处长，综合处处长。

现从事中国古代史研究，学术专长是清史。主要代表作有：《清初程朱理学研究》（专著）；《试析清初汉官群体"正君心"实践三部曲》（论文）；《程朱理学官僚与清初社会重建——基于学术思想史与社会史结合的考察》（论文）；《清初程朱理学与西学关系考察》（论文）。

赵连赏　1959年7月生，北京人，研究员。1981年4月至1985年5月，在中国社会科学院研究生院职工大学中文系学习，获得本科学历。1978年9月至今，在中国社会科学院古代史研究所（原历史研究所）工作，历任实习馆员、助理馆员、助理研究员、副研究员。兼任中国明史学会副秘书长、中国中外关系史学会理事，北京服装学院特聘教授、博士生导师、中国服饰文化研究院副院长。

现从事中国古代物质文化史研究，学术专长是中国古代服饰史及相关文物研究。主要代表作有：《明代的赐服与中日关系》（论文）；《明代赐赴琉球册封使及赐琉球国王礼服辨析》（论文）；《浅谈历史上两次异域服饰引入对中国古代官服的影响》（论文）；《明代殿试考官与考生服饰研究》（论文）；《明代毛纪〈四朝恩遇图〉人物服饰研究》（论文）。

张 丽 1963年11月生，女，辽宁大连人，研究员。1982年9月至1986年7月，在中国人民大学历史学院学习，获得历史学学士学位；1986年9月至1989年7月，在中国人民大学清史研究所学习，获得历史学硕士学位。1989年7月至今，在中国社会科学院近代史研究所工作，历任助理研究员、副研究员。

现从事中国近代史研究，学术专长是近代中外关系史、香港史、华侨史。主要代表作有：《20世纪香港社会与文化》（专著）；《有关五卅惨案的中外交涉——以外方为中心的考察》（论文）；《英国与1926年法权调查会议》（论文）；《海外设领与华侨保护——以中国驻新西兰领事的设立及领事黄荣良的活动为中心》（论文）；《19世纪末到20世纪初新西兰排华立法的演变》（论文）。

李在全 1977年10月生，福建古田人，研究员。1995年9月至2003年7月，在福建师范大学社会历史学院学习，先后获得历史学学士、硕士学位；2004年9月至2007年7月，在北京师范大学历史学院学习，获得历史学博士学位。2007年8月至2009年8月，在中国政法大学法学院从事博士后研究工作；2003年7月至2004年7月，在福建闽江学院工作；2009年8月至今，在中国社会科学院近代史研究所工作，历任助理研究员、副研究员。

现从事中华民国史研究，学术专长是民国政治史、近代法律史。主要代表作有：《变动时代的法律职业者：中国现代司法官个体与群体（1906—1928）》（专著）；《北伐前后的微观体验——以居京湘人黄尊三为例》（论文）；《民国初年司法官群体的分流与重组——兼论辛亥鼎革后的人事嬗变》（论文）；《制度变革与身份转型——清末新式司法官群体的组合、结构及问题》（论文）；《亲历清末官制改革：一位刑官的观察与因应》（论文）。

王宏波 1971年8月生，女，陕西眉县人，研究员。1990年9月至1994年7月，在宝鸡文理学院历史系学习，获得历史学学士学位；1994年9月至1997年7月、2000年9月至2003年7月，在首都师范大学历史学院学习，先后获得历史学硕士、博士学位。1997年7月至2000年8月，在北京印刷学院工作，历任助教、讲师；2003年7月至今，在中国社会科学院世界历史研究所工作，历任助理研究员、副研究员。其间，2009年6月至12月，在德国发展研究所、马普国际社会法研究院参加培训和访学；2015年9月至2016年9月、2018年12月至2019年8月，在德国柏林自由大学做访问学者。兼任中国德国史研究会副会长、法人，中国第二次世界大战史研究会副秘书长、常务理事。

现从事世界近现代史研究，学术专长是现代国际关系史、德国近现代史。主要代表作有：《第一次世界大战后美国对德国的政策（1918—1929）》（专著）；《从德国十一月革命看近代德国工人运动的道路选择》（论文）；《浅论20世纪德国两次民主制度替代专制制度的国际因素》（论文）；《发达国家农民养老金制度：经验与借鉴》（论文）；《德国建立农民养老金制度的动因、条件与启示》（论文）。

周卫平 1973年10月生，女，新疆伊宁人，研究员。1992年9月至1996年7月，在新疆大学历史系学习，获得历史学学士学位；2001年9月至2004年7月，在新疆大学人文学院历史系学习，获得历史学硕士学位；2004年9月至2007年7月，在中国社会科学院研究生院近代史系学习，获得历史学博士学位。1996年7月至2001年7月，在新疆石油管理局油气储运公司工作；2007年7月至今，在中国社会科学院中国边疆研究所（原中国边疆史地研究中心）工作，历任助理研究员、副研究员。其间，2012年10月至2013年10月，在美国圣路易斯华盛顿大学做高级访问学者。2017年7月至2019年2月，在新疆社会科学院历史所挂职副所长。

现从事新疆历史与现状研究，学术专长是清代新疆史、近现代新疆治理研究、中国边疆学研究。主要代表作有：《中国新疆的治理》（专著）；《最后的皇族：满洲统治者视角下的清宫廷》（译著）；《论中国边疆研究的特点及面临的困难》（论文）；《清代治疆经验谈》（论文）；《从乌什事变、张格尔之乱谈清代治疆的教训》（论文）。

范恩实 1976年1月生，吉林梨树人，研究员。1994年8月至1998年7月，在南开大学历史系学习，获得历史学学士学位；2000年8月至2003年7月，在北京大学历史系学习，获得历史学硕士学位；2003年8月至2007年1月，在北京大学历史系学习，获得历史学博士学位。1998年7月至2007年3月，在鞍山师范学院工作，历任助教、讲师；2007年4月至2010年9月，在浙江大学中国古代史研究所从事博士后研究工作；2010年10月至今，在中国社会科学院中国边疆研究所工作，历任助理研究员、副研究员、研究室副主任。

现从事中国古代史研究，学术专长是隋唐五代十国史。主要代表作有：《地缘与族群：辽代以前蒙古草原与东北地区族群发展与互动研究》（专著）；《入居唐朝内地高句丽遗民的迁徙与安置》（论文）；《渤海"首领"新考》（论文）；《论渤海史上的族群问题》（论文）；《燕秦汉东北"长城"考论——障塞烽燧线性质再分析》（论文）。

董欣洁 1978年10月生，女，吉林公主岭人，研究员。1995年9月至1999年9月，在吉林大学历史系学习，获得历史学学士学位；1999年9月至2002年7月，在吉林大学文学院历史系学习，获得历史学硕士学位；2003年9月至2006年6月，在中国社会科学院研究生院世界历史系在职学习，获得历史学博士学位。2002年7月至2019年2月，在中国社会科学院世界历史研究所工作；2019年2月至今，在中国社会科学院历史理论研究所工作，历任研究实习员、助理研究员、副研究员、研究室副主任。兼任中国社会科学院史学理论研究中心副主任、中国社会科学院青年人文社会科学研究中心理事。

现从事史学理论及史学史研究，学术专长是全球史学。主要代表作有：《巴勒克拉夫全球史研究》（专著）；《西方全球史的方法论》（论文）；《中国全球史研究的理论与方法》（论文）；《构建双主线、多支线的中国世界史编撰线索体系——全球化时代马克思世界历史理论的应用》（论文）；《变动世界中的世界史编撰》（论文）。

赵庆云 1977年5月生，湖南邵东人，研究员。1999年8月至2002年7月，在湖南师范大学文学院学习，汉语言文学本科毕业；2002年9月至2005年7月，在湖南师范大学历史文化学院学习，获得历史学硕士学位；2005年9月至2008年7月，在中国社会科学院研究生院近代史系学习，获得历史学博士学位。2008年7月至2019年1月，在中国社会科学院近代史研究所工作；2019年2月至今，在中国社会科学院历史理论研究所工作，历任研究实习员、助理研究员、副研究员。

现从事史学理论和史学史研究，学术专长是近现代学术史、史学史。主要代表作有：《创榛辟莽：近代史研究所与史学发展》（专著）；《勤勉治学 潜心筑础——荣孟源与中国近代史研究》（论文）；《20世纪马克思主义史家与史学》（专著）；《近代中国主叙事的源起、流变与重构——评李怀印〈重构近代中国〉》（论文）；《专业史家与"四史运动"》（论文）。

肜新春 1970年2月生，河南新野人，研究员。1989年7月至1991年7月，在华中师范大学历史文化学院学习；1996年7月至1999年7月，在华中师范大学历史文化学院学习，获历史学硕士学位；2003年7月至2006年7月，在中国社会科学院研究生院学习，获历史学博士学位。1991年7月至1996年7月，在河南省新野县樊集中学工作；1999年7月至2003年7月，在北京现代教育报社工作；2006年10月至2008年10月，在中国社会科学院经济研究所从事博士后研究工作；2008年10月至今，在中国社会科学院经济研究所工作，历任助理研究员、副研究员。兼任中国经济史学会理事、副秘书长等。

现从事经济史学研究，学术专长是中国近现代经济史、交通史以及第三产业史。主要代表作有：《发展农村集体经济要有创新思维》（论文）；《我国公路、铁路投融资结构变迁分析》（论文）；《"一带一路"：包容开放的亚欧命运共同体》（专著）；《提升质量效益 发展现代物流》（论文）；《什么企业？何样追求？——"走出去"中国企业形象建设问题研究》（论文）。

肖红军 1977年11月生，湖南郴州人，研究员。1995年9月至1999年7月，在厦门大学电子工程系学习，获得工学学士学位；1999年9月至2002年7月，在厦门大学管理学院学习，获得管理学硕士学位；2004年9月至2007年7月，在中国社会科学院研究生院工业经济系学习，获得管理学博士学位。2002年7月至2007年3月，在华信邮电咨询设计研究院（原浙江省邮电规划咨询设计研究院）工作，任经济师；2007年7月至2009年7月，在中国电子信息产业发展研究院工作，任经济师；2009年8月至今，在中国社会科学院工业经济研究所工作，历任助理研究员、副研究员、研究室副主任、主任。

现从事工商管理学研究，学术专长是企业管理。主要代表作有：《平台型企业社会责任的生态化治理》（论文，第一作者）；《责任铁律的动态检验：来自中国上市公司并购样本的经验证据》（论文，第一作者）；《共益企业：社会责任实践的合意性组织范式》（论文，第一作者）；《真命题还是伪命题：企业社会责任检验的新思路》（论文，第一作者）；《企业伪社会责任行为研究》（论文，第一作者）。

陈晓东 1971年2月生，江苏扬州人，研究员。1991年9月至1995年6月，在南京师范大学大学政教系学习，获得法学学士学位；1998年9月至2001年6月，在南京师范大学商学院学习，获得管理学硕士学位；2002年9月至2005年11月，在南京大学商学院学习，获得管理学博士学位。1995年8月至2008年10月，在南京财经大学工作，历任助教、讲师、副教授。其间，2006年8月至2008年8月，在中国社会科学院工业经济研究所从事博士后研究工作。2008年11月至今，在中国社会科学院工业经济研究所工作，历任副教授、副研究员。兼任中国区域经济学会副秘书长、全国区域发展与产业升级研究联盟副秘书长兼研究部主任、中国企业管理研究会理事、北京大学国家竞争力研究院特聘研究员、郑州大学兼职教授。

现从事产业经济研究，学术专长是区域转型升级与产业创新。主要代表作有：《深化东北老工业基地体制机制改革的六大着力点》（论文）；《资源环境管制与我国造纸工业竞争力》（论文）；《抓住改革关键 全面振兴东北》（论文）；《做好技术引进需把握三个重要问题》（理论文章）；《改革开放40年技术引进对产业升级创新的历史变迁》（论文）。

杨一介 1969年2月生，白族，云南鹤庆人，研究员。1987年9月至1991年7月，在云南大学法律系学习，获得法学学士学位；1996年9月至2002年7月，在中国人民大学法学院学习，先后获得法学硕士、博士学位。1991年7月至2004年11月，在云南省高级人民法院工作，历任书记员、助理审判员、审判员；2004年11月至2006年11月，在中国社会科学院法学研究所从事博士后研究工作；2006年11月至今，在中国社会科学院农村发展研究所工作，历任助理研究员、副研究员。其间，2009年8月至2010年8月，在美国耶鲁大学做访问学者。兼任中国农业经济法学会理事。

现从事农业经济管理研究，学术专长是农村组织与制度。主要代表作有：《我们需要什么样的农村集体经济组织？》（论文）；《论集体建设用地制度改革的法理基础》（论文）；《论"三权分置"背景下的家庭承包经营制度》（论文）；《宅基地使用权规制规则反思：冲突与回应》（论文）；《我们需要什么样的村民自治组织？》（论文）。

冯　远 1959年11月生，北京人，研究员。1979年9月至1983年6月，在北京经济学院经济系政治经济学专业学习，获得经济学学士学位;2000年9月至2003年6月,在中国社会科学院研究生院财贸系国际贸易专业学习,获得经济学博士学位。1983年7月至1986年6月,在中国人民政治协商会议宣武区委员会工作;1986年6月至今,在中国社会科学院财经战略研究院工作,历任研究实习员、助理研究员、副研究员。其间,1996年1月至6月,在荷兰蒂尔堡大学做访问学者。

现从事国际贸易学研究,学术专长是马克思经济学与国际经济学。主要代表作有:《供给结构与我国经济内外需平衡发展分析》(论文);《分工理论与生产力理论的贸易思想》(论文);《中国扩大内需与稳定外需战略》(专著,第二作者);《合意性、一致性与政策作用空间:外商投资高新技术企业的行为分析》(论文,第二作者);《中国服务贸易研究报告No.2》(专著)。

黄　浩　1974年4月生,安徽合肥人,研究员。1993年9月至1996年7月,在合肥学院应用电子技术专业学习,大专学历;1999年9月至2002年3月,在燕山大学经管学院学习,获得管理学硕士学位;2005年9月至2010年1月,在北京航空航天大学经管学院学习,获得工学博士学位。1996年9月至1999年8月,在合肥昌河汽车有限责任公司工作;2002年5月至2011年5月,在北京经济管理干部学院工作,历任讲师、副教授、教研室主任;2011年6月至今,在中国社会科学院财经战略研究院工作,历任助理研究员、副研究员。其间,2016年1月至2017年2月,在美国加州大学伯克利分校做访问学者。

现从事互联网相关的经济现象与理论的研究,学术专长是电子商务。主要代表作有:《匹配能力、市场规模与电子市场的效率——长尾与搜索的均衡》(论文);《数字金融生态系统的形成与挑战——来自中国的经验》(论文);《移动产业内容服务采纳与市场扩散研究》(专著);《互联网C2C交易的繁荣:成因、冲击与对策》(论文);《外资控股中国互联网企业的隐患与解决对策》(论文)。

彭绪庶　1973年6月生,河南新县人,研究员。1992年9月至1997年7月,在北京大学信息管理系学习,获得文学学士学位;1999年9月至2005年7月,在中国社会科学院研究生院数量经济与技术经济系学习,先后获得管理学硕士、博士学位。1997年7月至2008年8月,在中国社会科学院文献信息中心工作,历任助理研究馆员、副研究馆员,研究室副主任;2008年7月至今,在中国社会科学院数量经济与技术经济研究所工作,历任副研究馆员、副研究员,研究室副主任。兼任中国高技术产业发展促进会理事。

现从事技术经济及管理研究,学术专长是产业技术创新与循环经济。主要代表作有:《钢铁产业循环经济发展与技术创新》(专著);《基于技术经济分析的低碳产业组合选择》(论文);《构建循环经济学学科体系初探》(论文);《绿色经济促进创新发展的机制与路径》(论文);《转轨期再生资源管理基本制度构建》(论文)。

王业强 1972年10月生，江西彭泽人，研究员。1991年9月至1994年7月，在江西九江师范专科学校数学系学习；2001年9月至2004年6月，在南京大学商学院学习，获得政治经济学硕士学位；2004年9月至2007年6月，在中国社会科学院研究生院学习，获得产业经济博士学位。2007年7月至2010年8月，在中国民用航空局清算中心工作；2008年9月至2012年5月，在财政部财政科学研究所从事博士后研究工作；2010年9月至今，在中国社会科学院城市发展与环境研究所工作，历任助理研究员、副研究员，研究室副主任、主任。

现从事城市与区域经济、房地产经济研究，学术专长是区域经济。主要代表作有：《大城市效率锁定与中国城镇化路径选择》（论文，第一作者）；《"十三五"时期国家区域发展战略调整与应对》（论文，第一作者）；《产业特征、空间竞争与制造业地理集中——来自中国的经验证据》（论文，第一作者）；《科技创新驱动区域协调发展：理论基础与中国实践》（论文）；《三峡城市群协同发展研究》（专著）。

郑　艳 1972年7月生，女，陕西华阴人，研究员。1990年8月至1997年7月，先后在西安交通大学社会科学系、人文学院学习，获得法学学士、硕士学位；2003年9月至2006年7月，在中国社会科学院研究生院世界经济与政治系学习，获得经济学博士学位。1997年7月至2001年1月，在北方交通大学工作；2006年8月至2007年5月，在国家环保总局对外经济合作中心工作；2006年5月至今，在中国社会科学院城市发展与环境研究所工作，历任助理研究员、副研究员。其间，2014年8月至2015年8月，在美国哈佛大学做访问学者。兼任国际科协"未来地球计划"第二届中国国家委员会、中国气象学会气象经济学学科委员会、中国灾害防御协会城乡韧性与防灾减灾专业委员会委员。

现从事适应气候变化经济学研究，学术专长是气候适应政策与规划、城市气候风险治理、气候公平、气候移民和气候贫困等。主要代表作有：《基于气候变化脆弱性的适应规划：一个福利经济学分析》（论文，第一作者）；《基于适应性周期的韧性城市分类评价——以我国海绵城市与气候适应型城市试点为例》（论文，第一作者）；《气候移民动力机制：基于混合研究范式的宁夏案例》（论文，第一作者）。

席月民 1969年4月生，河南灵宝人，研究员。1987年9月至1991年7月，在中国政法大学法律系学习，获法学学士学位；1996年9月至2000年7月，在中国人民大学法学院学习，获法学硕士学位；1999年1月至10月，在加拿大蒙特利尔大学法学院学习，获DESS专业硕士学位；2002年9月至2005年7月，在中国人民大学法学院学习，获法学博士学位。1991年10月至2000年10月，在河南省三门峡市中级人民法院工作；2000年10月至2001年8月，在中国工艺美术（集团）公司法律部工作；2001年8月至2002年8月，在人事部全国人才流动中心工作；2005年7月至今，在中国社会科学院法学研究所经济法室工作，历任助理研究员、副研究员，研究室副主任、主任，兼任中国社会科学院大学（研究生院）法学系副主任和法硕办主任。现兼任中国法学会经济法学研究会理事，中国银行法学研究会常务理事、学术委员，北京市经济法学会副会长，北京市网络法学研究会副会长。

现从事经济法学研究，学术专长为经济法总论、财税金融法。主要代表作有：《中国信托业法研究》（专著）；《宏观调控新常态中的法治考量》（论文）；《经济法学的现代转型》（专著）；《金融法学的新发展》（专著）；《当前司法遇到的三个突出问题》（论文，第一作者）。

赵　磊　1974年2月生，河北泊头人，研究员。1996年1月至1999年12月，在河北大学法律系学习，获得法学学士学位；2001年9月至2004年7月，在河北师范大学法政学院学习，获得法学硕士学位；2004年9月至2007年7月，在西南政法大学民商法学院学习，获得法学博士学位。2007年10月至2010年9月，在对外经济贸易大学从事博士后研究工作；2011年6月至2013年9月，在特华博士后工作站从事博士后研究工作；2005年7月至2013年12月，在西南政法大学民商法学院工作，历任讲师、副教授；2014年1月至2016年11月，在中国社会科学院中国社会杂志社工作，历任总编室副主任、哲社部副主任；2016年12月至今，在中国社会科学院法学研究所工作，任研究室副主任，副研究员。兼任中国法学会证券法学研究会常务理事、法学期刊研究会常务理事、商法学研究会理事。

现从事商法学研究，学术专长是商法学基础理论、信托法学、金融法学。主要代表作有：《公司法中的外国公司法律问题研究》（专著）；《商事信用：商法的内在逻辑与体系化根本》（论文）；《信托受托人的角色定位及其制度实现》（论文）；《商事指导性案例的规范意义》（论文）；《反思"商事通则"立法——从商法形式理性出发》（论文）。

姚　佳　1979年7月生，女，黑龙江哈尔滨人，编审。1997年9月至2001年7月，在吉林大学经济法系学习，获得法学学士学位；2002年9月至2004年7月，在中国人民大学法学院环境与自然资源保护法专业学习，获得法学硕士学位。2006年9月至2009年6月，在中国人民大学法学院经济法专业学习，获得法学博士学位。2001年7月至2002年9月，在哈尔滨市闻明律师事务所工作；2004年7月至2007年9月，在中国出口信用保险公司工作；2009年6月至今，在中国社会科学院法学研究所工作，历任助理研究员、副编审，现任《环球法律评论》编辑部副主任。

现从事编辑工作，主要业务专长是法学编辑。主要代表作有：《消费者法理念与技术的重构》（专著）；赛思·D.哈瑞斯《美国"零工经济"中的从业者、保障和福利》（论文、责任编辑）；《中国消费者法理论的再认识——以消费者运动与私法基础为观察重点》（论文）；《"金融消费者"概念检讨——基于理论与实践的双重坐标》（论文）；《企业数据的利用准则》（论文）。

孙彩红 1976年11月生，女，山东夏津人，研究员。1997年9月至1999年7月，在聊城师范学院政治系学习，获得法学学士学位；1999年9月至2002年7月，在北京师范大学法政所学习，获得管理学硕士学位；2002年9月至2005年7月，在北京大学政府管理学院学习，获得管理学博士学位。2005年7月至今，在中国社会科学院政治学研究所工作，历任助理研究员、副研究员。兼任中国行政管理学会理事。

现从事行政管理研究，学术专长是行政管理。主要代表作有：《公民参与城市政府治理研究》（专著）；《地方行政审批制度改革的困境与推进路径》（论文）；《治理视角下的社区公共服务——基于深圳市南山区的案例分析》（论文）；《基本公共服务结构性分析与供给侧改革路径》（论文）；《权力清单与地方政府职能转变——以苏州市相城区为例》（论文）。

樊　鹏 1980年1月生，山东郓城人，研究员。1998年9月至2002年7月，在四川大学公共管理学院学习，获得管理学学士学位；2002年9月至2005年7月，在北京大学政府管理学院学习，获得法学硕士学位；2005年8月至2008年8月，在香港中文大学政治与公共行政系学习，获得政治学博士学位；2012年10月至2016年7月，在北京大学国际关系学院从事博士后研究工作。2008年9月至今，在中国社会科学院政治学研究所工作，历任助理研究员、副研究员。其间，2010年7月至2012年9月，在中国驻德国大使馆挂职外交官。2015年10月至2016年3月，借调中央纪委国家监委驻中国社会科学院纪检监察组。

现从事政治学研究，学术专长是政治学理论。主要代表作有：《社会转型与国家强制：改革时期中国公安警察制度研究》（专著）；《构建合理适度政府规模的经验尺度——基于美中两国的比较分析》（论文）；《互嵌与合作：改革开放以来的"国家—社会"关系》（论文）；《改革时代的政治领导力：制度变革与适应调整》（论文）；《利维坦遭遇独角兽：新技术的政治影响》（论文）。

普忠良 1968年2月生，彝族，云南禄劝人，编审。1988年9月至1993年6月，在西南民族学院（现为西南民族大学彝学院）中国少数民族语言文学系学习，获得文学学士学位；2013年9月至2016年6月，在上海师范大学人文与传播学院系学习，获得文学博士学位。1993年7月至今，在中国社会科学院民族学与人类学研究所工作，历任研究实习员、《民族语文》编辑部编辑、副编审。

现从事民族语文编辑工作，主要业务专长是语言学编辑。主要代表作有：《纳苏彝语语法研究》（专著）；王莉宁《独龙语巴坡方言的声调》（论文，责任编辑）；张军《判断表达的类型与策略——基本于中国境内语言的类型学考察》（论文，责任编辑）；《纳苏彝语形容词复合构式类型研究》（论文）；《从空间与方位的语言认知看彝族的空间方位观》（论文）。

贾　益 1973年2月生，云南晋宁人，编审。1991年9月至1996年7月，在北京大学历史系学习，获得历史学学士学位；1996年9月至1999年7月，在北京大学马克思主义学院学习，获得法学硕士学位；2009年9月至2012年7月，在中国社会科学院研究生院民族学系学习，获得法学博士学位。1999年9月至2001年11月，在民盟中央群言出版社工作，历任助理编辑、编辑；2001年11月至今，在中国社会科学院民族学与人类学研究所工作，历任编辑、副编审。

现从事期刊编辑工作，主要业务专长是民族历史学编辑。主要代表作有：《1949年前的"民族形成"问题讨论》（论文）；钟焓《论清朝君主称谓的排序及其反映的君权意识——兼与"共时性君权"理论商榷》（论文，责任编辑）；苏航《"汉儿"歧视与"胡姓"赐与——论北朝的权利边界与族类边界》（论文，责任编辑）；《中国近代民族主义语境中的吴凤传说》（论文）；《近代中国民族主义对雾社事件的解说》（论文）。

孔 敬 1969年4月生，女，四川古蔺人，研究馆员。1987年9月至1991年6月，在四川大学生物系学习，获得理学学士学位；1991年9月至1993年6月，在四川大学信息管理系学习，获得文学学士学位；2003年9月至2006年6月，在中国科学院大学（原中国科学院研究生院）在职学习，获得管理学博士学位。1993年7月至今，在中国社会科学院民族学与人类学研究所工作，历任助理馆员、馆员、副研究馆员、网络信息中心副主任。

现从事图书馆学自动化研究工作，主要业务专长是网络信息系统与数据库处理。主要代表作有：《大数据时代专题文献数据库系统设计》（专著）；《本体学习：原理、方法与相关进展》（论文）；《面向民族学人类学信息组织与知识发现的本体学习》（英文论文）；《基于本体的民族学人类学信息抽取与标引》（论文）；《基于WebGIS的人类学民族学田野信息系统开发》（论文，第一作者）。

吕 鹏 1981年11月生，安徽芜湖人，研究员。2000年9月至2004年7月，在吉林大学社会学系学习，获得法学学士学位；2004年9月至2010年7月，在清华大学社会学系学习，获得法学博士学位。其间，2007年9月至2008年8月，在耶鲁大学社会学系做访问研究助理。2010年7月至今，在中国社会科学院社会学研究所工作，历任助理研究员、副研究员。其间，2011年8月至2012年8月，在纽约大学阿布扎比分校从事博士后研究工作。

现从事社会学研究，学术专长是经济社会学。主要代表作有：《亲密关系的转变：地方增长联盟的诞生、破裂与修复》（专著）；《中国精英地位代际再生产的双轨路径（1978—2010）》（论文，第一作者）；《叠加还是补充：私营企业主的政治纽带与雇佣前官员现象研究》（论文，第一作者）；《增长联盟与兼并重组的对价悖论——以G省民营石油市场重组案为例》（论文）。

赵联飞 1972年7月生，重庆云阳人，研究员。1990年9月至1994年7月，先后在北京航空航天大学自动控制系、社会科学系学习，获得法学学士学位；2000年9月至

2003年7月，在北京大学社会学系学习，获得法学硕士学位；2005年9月至2009年7月，在北京大学社会学系学习，获得法学博士学位。1994年7月至1999年8月，在中国空气动力研究与发展中心工作；1999年9月至2000年7月，在重庆市云阳县新阳乡政府工作；2003年8月至2005年8月，在北京汉王科技有限公司工作；2009年7月至今，在中国社会科学院社会学研究所工作，历任研究实习员、助理研究员、副研究员。其间，2013年12月至2014年12月，在美国北卡罗纳大学教堂山分校做访问学者。

现从事社会学研究，学术专长是互联网与社会、社会学调查研究方法、青年研究、港澳研究。主要代表作有：《中国大学生中的三道互联网鸿沟——基于全国12所高校调查数据的分析》（论文）；《网络对青年大学生的政治态度影响：以微博为例——基于全国12所高校调查数据的实证分析》（论文）；《期刊论文投稿解惑与写作建议》（专著）；《澳门中产阶层现状探索》（合著，第三作者）；《70后、80后、90后网络公共参与的代际差异——对微信和微博中公共参与的一项探索》（论文）。

徐秀军 1977年1月生，湖北浠水人，研究员。1997年9月至2000年6月，在湖北大学人文学院学习，获本科学历；2003年9月至2006年6月，在西华师范大学政法学院学习，获法学硕士学位；2006年9月至2009年6月，在华中师范大学政治学研究院学习，获法学博士学位。其间，2008年8月至2009年5月，在澳大利亚国立大学亚太研究院做访问学者。2009年7月至2011年11月，在中国社会科学院理论经济学（世界经济）博士后流动站从事博士后研究工作；2011年12月至今，在中国社会科学院世界经济与政治研究所工作，历任助理研究员、副研究员，研究室副主任、主任。兼任新兴经济体研究会副秘书长、理事。

现从事国际政治学研究，学术专长是国际政治经济学。主要代表作有：《规则内化与规则外溢——中美参与全球治理的内在逻辑》（论文）；《金砖国家研究：理论与议题》（专著，第一作者）；《从中国视角看未来世界经济秩序》（论文）；《学科史视域下的中国国际政治经济学》（论文）；《全球治理时代小国构建国际话语权的逻辑——以太平洋岛国为例》（论文，第一作者）。

王父笑飞 1974年8月生，女，山东临沂人，编审。1992年9月至1996年7月，在山东大学国政学院学习，获得法学学士学位；2000年9月至2003年7月，在北京师范大学法政所学习，获得法学硕士学位；2011年9月至2018年7月，在中国人民大学国际关系学院学习，获得法学博士学位。2003年8月至今，在中国社会科学院世界经济与政治研究所工作，历任编辑、副编审，现任《世界经济与政治》编辑部副主任。

现从事编辑工作，主要业务专长是国际关系学编辑。主要代表作有：王存刚《论中国外交核心价值观》（论文，责任编辑）；《国家安全竞争战略探析》（论文）；《新加坡人民行动党执政的基本经验》（论文）。

徐洪峰 1975年9月生，女，河南许昌人，研究员。1993年9月至1997年7月，在河南财经学院财政金融系学习，获得金融学学士学位；1999年9月至2002年7月，在郑州大学商学院学习，获得经济学硕士学位；2004年9月至2007年7月，在中国社会科学院研究生院俄罗斯东欧中亚系学习，获得法学博士学位。2007年7月至今，在中国社会科学院俄罗斯东欧中亚研究所工作，历任助理研究员、副研究员。其间，2009年6月至2011年7月，在清华大学人文社会科学学院国际关系系从事博士后研究工作；2010年1月至12月，在哈佛大学肯尼迪政府学院做访问学者。兼任中国证券业协会绿色证券委员会副秘书长、中国环保产业协会投融资专委会副秘书长。

现从事国际政治学研究，学术专长是能源外交和能源经济。主要代表作有：《中美布局：应对全球气候变化背景下的清洁能源合作》（专著）；《乌克兰危机背景下美欧对俄罗斯的能源制裁》（论文，第一作者）；《中国能源金融发展报告（2018）》（专著，第一作者）；《权力与意图：后冷战时期美国对俄罗斯政策》（译著）。

李丹琳 1967年3月生，女，北京人，编审。1985年9月至1989年7月，在北京联合大学文理学院图书情报系学习，获得管理学学士学位；1999年9月至2002年7月，在中国社会科学院研究生院东欧中亚研究系学习，获得法学博士学位。1989年7月至今，在中国社会科学院俄罗斯东欧中亚研究所（原苏联东欧研究所、东欧中亚研究所）工作，历任研究实习员、助理研究员、编辑、副编审，现任俄罗斯东欧中亚杂志社副主任。

现从事编辑工作，主要业务专长是国际政治学编辑。主要代表作有：《东南欧政治生态论析：冷战后地区冲突的起源和地区稳定机制的建立》（专著）；孔田平《从巴尔采罗维奇计划到莫拉维茨基计划——试析波兰经济转型范式和发展模式的变化》（论文，责任编辑）；米军《公共产品供给与中俄地区合作机制建设》（论文，责任编辑）；《列国志·匈牙利卷》（专著）；《欧盟对西巴尔干政策的战略调整》（论文）。

张金岭 1979年3月生，山东东营人，研究员。1997年9月至2001年7月，在聊城师范学院中文系学习，获得文学学士学位；2001年9月至2004年7月，在中央民族大学文学与新闻传播学院学习，获得文学硕士学位；2003年9月至2004年7月，在法国里昂第三大学跨文化研究所学习，获得跨文化研究硕士学位；2004年9月至2007年7月，在中央民族大学民族学与社会学学院学习，获得法学博士学位；2004年9月至2007年5月，在法国里昂第三大学跨文化研究所学习，获得文学博士学位。2007年10月至2010年1月，在北京大学社会学系、社会学人类学研究所从事博士后研究工作；2010年2月至今，在中国社会科学院欧洲研究所工作，历任助理研究员、副研究员、研究室副主任。

现从事国际问题研究，学术专长是欧洲社会文化与法国研究。主要代表作有：《法国人文化想象中的"他者"建构：基于里昂的一项民族志研究》（专著）；《法国家庭政策的制度建构：理念与经验》（论文）；《多元法国及其治理》（专著）；《社会科学中的文化》（译著）；《法国语境下的民族理念及其价值导向》（论文）。

王俊生　1980年3月生，河南沈丘人，研究员。1999年9月至2003年7月，在信阳师范学院英语系学习，获得语言学学士学位；2003年9月至2009年7月，在中国人民大学国际关系学院学习，先后获得法学硕士、博士学位。2009年7月至2011年6月，在中国社会科学院拉丁美洲研究所工作，任助理研究员；2011年6月至今，在中国社会科学院亚太与全球战略研究院工作，历任助理研究员、副研究员。其间，2012年4月至5月，在美国亚太安全研究中心做访问学者；2016年1月至3月，在韩国峨山政策研究院做访问学者；2017年10月至2018年4月，在美国大西洋理事会做高级访问学者。曾兼任共青团中央国际联络部副部长。

现从事国际政治学研究，学术专长是中国外交战略的理论与实践、东北亚地区安全。主要代表作有：《东北亚安全秩序的悖论与中美双领导体制的未来》（论文）；《美国特朗普政府视角下的对朝政策：多元背景下的基本共识》（论文）；《变革时代的中国角色：理论与实践》（专著）；《朴槿惠政治经济学》（专著，第一作者）；《"一带一路"缓解东北亚安全困境：可行性及其路径》（论文）。

李　枏　1974年5月生，北京人，研究员。1993年9月至1997年7月，在中国人民大学国际政治系学习，获得法学学士学位；2000年9月至2003年7月，在中国人民大学国际关系学院学习，获得法学硕士学位；2003年9月至2006年7月，在中国人民大学国际关系学院学习，获得法学博士学位。1997年8月至2000年8月，在中国人民大学国际交流处工作；2006年7月至今，在中国社会科学院美国研究所工作，历任助理研究员、副研究员。其间，2011年8月至2012年7月，在美国约翰·霍普金斯大学尼采国际问题研究院做访问学者；2012年8月至2013年1月，在美国布鲁金斯学会东北亚政策中心做访问学者；2014年8月至2015年11月，在韩国国立首尔大学国际关系学院做访问学者。

现从事国际政治学研究，学术专长是外交学。主要代表作有：《美国对朝鲜粮食援助政策的演变与评估》（论文）；《奥巴马政府对缅甸政策的演变及走向》（论文）；《"战略忍耐"的得与失——奥巴马政府对朝鲜政策评析》（论文）；《美国国家安全委员会决策体制研究》（论文）；《冷战后美国政府对朝鲜的战略思维探究》（论文）。

丁英顺　1967年4月生，女，朝鲜族，吉林安图人，研究员。1985年9月至1989年7月，在吉林师范大学（原四平师范学院）历史系学习，获得历史学学士学位；1989年9月至1992年6月，在吉林大学日本研究所学习，获得历史学硕士学位。1992年7月至1999年7月，在中国社会科学院日本研究所工作，历任研究实习员、助理研究员；1999年7月至2005年11月，在中国社会科学院国际合作局工作，任项目官员、助理研究员；2005年11月至今，在中国社会科学院日本研究所工作，历任办公室副主任，助理研究员、副研究员。其间，1996年4月至11月，在日本松下政经塾做特别塾生；2001年3月至2003年3月，在韩国启明大学校日本学系攻读博士课程。兼任全国日本经济学会理事。

现从事日本社会研究，学术专长是日本人口与社会保障研究。主要代表作有：《日本人口老龄化问题研究》（专著）；《日本老年贫困现状及应对措施》（论文）；《人口危机背后的日本自卫队观察》（论文）；《日本人口与社会保障动向分析》（论文）。

刘德中 1970年4月生，山东汶上人，研究员。1988年9月至1992年7月，在烟台师范学院英语系学习，获得文学学士学位；1992年9月至1995年7月，在苏州大学政治系学习，获得哲学硕士学位；1995年9月至1998年6月，在中国人民大学哲学系学习，获得哲学博士学位。1998年6月至2006年2月，在中国社会科学院人口与劳动经济研究所工作，任助理研究员；2006年3月至今，在中国社会科学院马克思主义研究院工作，任副研究员。其间，2001年11月至2002年11月，在新加坡国立大学东亚研究所做访问学者。

现从事马克思主义中国化研究，学术专长是习近平新时代中国特色社会主义思想。主要代表作有：《正确理解和把握习近平新时代中国特色社会主义思想的关键点》（论文）；《腐败的本质与反腐治本之策》（论文）；《论马克思主义基本著作》（论文，第一作者）；《读懂新时代：中华民族伟大复兴的理论自觉》（专著）；《当代中国发展合理性研究》（专著）。

张　剑 1975年12月生，女，河北景县人，研究员。1993年9月至2000年7月，在山东大学国政学院学习，先后获得法学学士、硕士学位；2004年9月至2009年7月，在中国社会科学院研究生院马克思主义研究系学习，获得法学博士学位。2000年7月至今，在中国社会科学院马克思主义研究院工作，历任研究实习员、助理研究员、副研究员。兼任中国历史唯物主义学会副秘书长。

现从事当代国外左翼思想研究，学术专长是生态社会主义研究、齐泽克思想研究。主要代表作有：《马克思主义视阈中的生态社会主义》（专著）；《当代西方马克思主义重要理论问题探讨》（论文）；《生态文明与社会主义》（专著）；《异质性与民粹主义的后马克思主义探讨——兼论拉克劳与齐泽克的思想差异》（论文）；《齐泽克：驱力主体及其论争——从正义主体说开去》（论文）。

刘　仓 1975年1月生，河北滦州人，研究员。1994年9月至1998年7月，在河北师范大学法政管理学院学习，获得法学学士学位；1998年9月至2001年7月，在南开大学马克思主义教育学院学习，获得法学硕士学位；2001年9月至2004年6月，在北京大学马克思主义学院学习，获得法学博士学位。2004年7月至今，在中国社会科学院当代中国研究所工作，历任助理研究员、副研究员。其间，2005年10月至2006年

10月，在中国井冈山干部学院挂职服务。兼任中国延安精神研究会理事。

现从事中国当代史研究，学术专长是中国当代文化史。主要代表作有：《毛泽东关于新中国文化建设思想探析》（专著）；《毛泽东研究中的历史虚无主义思潮评析》（论文）；《中国文化体制改革探析》（论文）；《论党的自我革命和社会革命的统一》（论文）。

唐 磊 1977年11月生，湖北武汉人，研究员。1996年9月至2000年7月，在兰州大学信息学院学习，获得理学学士学位；2000年9月至2003年7月，在武汉大学人文学院学习，获得文学硕士学位；2003年9月至2006年7月，在中国社会科学院研究生院学习，获得文学博士学位。2006年7月至2011年9月，在中国社会科学院图书馆（文献信息中心）工作，任助理研究员；2011年9月至今，在中国社会科学院信息情报研究院工作，历任助理研究员、副研究员、研究室副主任。其间，2010年8月至2011年8月，在韩国首尔大学社会学系做访问学者。

现从事国际问题和社会学研究，学术专长是海外中国学研究、知识社会学研究。主要代表作有：《国外中国学再研究：关于对象、立场与进路的反思》（论文）；《跨学科研究的理论与实践：基于研究文献的考察》（专著，第一作者）；《改革开放以来"海外汉学／中国学研究"学科的自我建构——基于文献计量结果的考察》（论文）；《略论提升中国文化软实力的道与术》（论文）。

苏金燕 1979年3月生，女，山东沾化人，研究员。1999年9月至2002年7月，在中国石油大学计算机系学习，获得工学学士学位；2003年9月至2005年7月，在中国人民解放军军事医学科学院情报研究所学习，获得管理学硕士学位；2007年9月至2010年7月，在武汉大学信息管理学院学习，获得管理学博士学位。1998年7月至2003年9月，在东营市育才学校工作；2005年7月至2007年9月，在华中科技大学工作；2010年7月至2013年12月，在中国社会科学院图书馆工作，历任助理研究员、副研究馆员；2013年12月至今，在中国社会科学院评价研究院工作，历任副研究员，研究室副主任。

现从事马克思主义理论、情报学研究，学术专长是信息计量和科学评价。主要代表作有：《哲学社会科学奖励：制度构建与政策思考》（论文）；《中国科学院系统图书馆数字资源建设利用研究》（专著）；《网络学术信息的空间分布研究》（专著）；《新时代学术期刊的特色彰显——以国家社科基金资助期刊宣传和阐释党的十九大精神为例》（论文）。

吉富星 1976年9月生，湖北宜城人，教授。1997年9月至2001年6月，在华中科技大学（原华中理工大学）管理学院、法学院学习，获得管理学、法学双学士学位；2005年9月至2007年6月，在清华大学经济管理学院学习，获得管理学硕士学位；2011年9月至2014年6月，在中国财政科学研究院（原财政部财政科学研究所）学习，获得经济学博士学位。2001年7月至2005年8月，在广东省科学院工作，历任职员、主管、高级主管；2007年7月至2014年8月，在大型外企中国公司、大型央企投资平台工作，历任投资经理、部门负责人；2014年9月至今，在中国青年政治学院、中国社会科学院大学经济学院，任副教授。兼任世界银行中国评审专家、中国财政学会理事、投融资专业委员会副秘书长、财政部PPP中心专家。

现从事财政学、金融学教学工作，学术专长是财政、金融学（含投融资）教学与研究。主要代表作有：《产权结构化与公共产权改革》（专著）；《地方政府隐性债务的实质、规模与风险研究》（论文）；《不完全契约框架下PPP项目绩效审计探讨》（论文）；《PPP模式的理论与政策》（专著）。

杜智涛 1977年6月生，甘肃天水人，教授。1997年9月至2001年7月，在新疆大学人文学院学习，获文学学士；2003年9月至2006年7月，在中国地质大学（武汉）政法学院学习，获理学硕士学位；2006年9月至2009年7月，在武汉大学信息管理学院学习，获管理学博士学位。2001年7月至2003年9月，在乌鲁木齐铁路局工作；2009年7月至2011年8月，在北京市科学技术情报研究所从事博士后研究工作。其间，2010年4月至2011年6月，在中国科学院研究生院工作；2011年8月至2013年12月，在中国青年政治学院新闻传播学院工作，历任讲师、副教授；2017年8月至今，在中国社会科学院大学媒体学院工作，任副教授、副院长。兼任北京大学互联网发展研究中心研究员。

现从事传播学教学工作，学术专长是新媒体与网络传播教学与研究。主要代表作有：《从需求到体验：用户在线知识付费行为的影响因素》（论文，第一作者）；《微学习：媒介融合环境下学习模式的变革与创新》（专著）；《网络知识社区中用户"知识化"行为影响因素——基于知识贡献与知识获取两个视角》（论文）；《网络媒体从业者社会满意度现状及影响因素研究》（论文，第一作者）。

李　俊 1976年1月生，陕西临潼人，教授。1994年9月至1998年7月，在西安联合大学师范学院学习，获得文学学士学位；1998年9月至2001年7月，在陕西师范大学中文系学习，获得文学硕士学位；2001年9月至2004年7月，在北京大学中文系学习，获得文学博士学位。2004年8月至2017年6月，在中国青年政治学院中文系工作，历任讲师、副教授，副主任；2017年7月至今，在中国社会科学院大学人文学院工作，任学院副院长。

现从事中国古代文学教学工作，学术专长是魏晋南北朝文学史、隋唐五代文学史教学与研究。主要代表作有：《古诗文的艺术传统》（专著）；《"故地重来"和"沉思前事"——周邦彦词的重叠性结构》（论文）；《杜甫两依严武事迹发微——以入幕和为郎为中心》（论文）。

任全娥 1972年10月生，女，山东单县人，研究馆员。2002年9月至2005年7月，在郑州大学信息管理系学习，获得管理学硕士学位；2005年9月至2008年7月，在武汉大学信息管理学院学习，获得管理学博士学位。1992年7月至2002年9月，在商丘师范学院图书馆工作，历任图书馆管理员、助理馆员、馆员；2008年7月至今，在中国社会科学院图书馆工作，历任助理研究员、副研究馆员，研究室副主任、主任。兼任中国科学学与科技政策研究会科学计量学与信息计量学专业委员会委员。

现从事图书馆学研究，主要业务专长是信息计量与科学评价工作。主要代表作有：《人文社科成果评价体系理论与实证研究》（专著）；《2016年学术评价研究——基于文献计量学视角》（论文）；《基于文献引证关系的人文社会科学论文评价》（论文，第一作者）。

李　斌　1982年4月生，四川南部人，研究员。2000年9月至2004年7月，在西华师范大学文学院学习，获得文学学士学位；2004年9月至2011年7月，在北京大学中文系学习，先后获得文学硕士、博士学位。2011年7月至今，在中国社会科学院郭沫若纪念馆工作，历任助理研究员、副研究员。兼任中国郭沫若研究会秘书长兼法人代表。

现从事中国现当代文学研究和中学语文教育研究，学术专长是郭沫若研究、沈从文研究和民国时期中学国文教科书研究。主要代表作有：《河上肇早期学说、苏俄道路与郭沫若的思想转变》（论文）；《沈从文与民盟》（论文）；《沈从文的土改书写与思想改造》（论文）。

宋燕鹏　1977年12月生，河北永年人，编审。1995年9月至2002年6月，在河北师范大学历史文化学院学习，先后获得历史学学士、硕士学位；2007年9月至2010年6月，在河北大学宋史研究中心学习，获得历史学博士学位。2002年7月至2014年2月，在河北科技大学工作，任副教授；2010年9月至2014年6月，在首都师范大学从事博士后研究工作；2012年11月至2014年1月，在马来亚大学中文系暨马来西亚华人研究中心任客座研究员；2017年2月至2020年12月在山东大学从事博士后研究工作；2014年4月至今，在中国社会科学出版社工作，任副编审，历史与考古出版中心副主任。

现从事编辑工作，主要业务专长是中国古代社会史和马来西亚华人史。主要代表作有：《南部太行山区祠神信仰研究：618—1368》（专著）；董中原总主编《中国华侨农场史（八卷本）》（专著，责任编辑）；孙继民等《中国藏黑水城汉文文献的整理与研究》（专著，责任编辑）；《马来西亚华人史：权威、社群与信仰》（专著）；《籍贯与流动：北朝文士的历史地理学研究》（专著）。

陈凤玲　1972年5月生，女，河北滦县人，编审。1990年9月至1994年7月，在中国人民大学经济系学习，获得经济学学士学位；2001年4月至2004年4月，在东北财经大学金融系学习，获得金融学硕士学位；2005年9月至2008年7月，在中国人民大学经济学院学习，获得经济史博士学位。1994年7月至2000年8月，在北京市石景山区古城职业高中工作，任教师；2000年9月至2005年8月，在北京市石景山区古城旅游职业学校工作，任教师；2008年7月至2012年10月，在中国物资出版社工作，任编辑；2012年11月至今，在社会科学文献出版社经济与管理分社工作，历任编辑、经济史编辑室主任、经济与管理分社总编辑、经济史编辑室主任。

现从事编辑工作，主要业务专长是理论经济学编辑。主要代表作有：《中国私营工业发展变迁（1949—1956）》（专著）；高德步《中国价值》（专著，责任编辑）；《以"全球观"构建海洋强国时代的知识体系》（论文）；《皮书研创平台的专业化——以〈海上丝绸之路建设发展报告〉为例》（论文）；汪海波《中国经济体制改革（1978—2018）》（专著，责任编辑）。

高 雁 1978年3月生，女，辽宁盖州人，编审。1998年9月至2002年6月，在辽宁大学经济管理学院学习，获得经济学学士学位；2002年9月至2005年6月，在辽宁大学文化传播学院学习，获得文学硕士学位；2010年9月至2013年6月，在首都师范大学文学院学习，获得文学博士学位。2005年6月至2008年6月，在人民邮电出版社新曲线出版公司工作，任编辑；2008年6月至今，在社会科学文献出版社工作，历任经济与管理分社编辑、编辑室主任、社长助理、副社长。

现从事编辑工作，主要业务专长是经济学和文学编辑。主要代表作有：《学术图书编辑队伍建设浅谈》（论文）；杨先明等《增长转型与中国比较优势动态化研究》（专著，责任编辑）；《新形势下学术图书出版再思考》（论文）；《从庭院到广场——现代中国女性的解放道路》（论文）；《李锐〈太平风物〉农具书写的文化意蕴》（论文）。

郭丽娟 1978年11月生，女，湖南湘潭人，编审。1997年9月至2001年7月，在湖南科技大学商学院经管系学习，获得经济学学士学位；2001年9月至2004年7月，在中南大学法学院学习，获得法学硕士学位。2001年7月至今，在经济管理出版社工作，历任编辑、副编审，编辑部副主任、主任。

现从事图书编辑工作，主要业务专长是管理学和经济学编辑。主要代表作有：《中等职业学校主体性教育的路径研究》（论文）；周清明等《创新型地方高校发展研究》（专著，责任编辑）；《职业院校电子商务人才培养策略研究》（论文）；《初探出版从业者人才和作者资源流失对图书销售的影响》（论文）；《互联网时代，再论出版社如何进行整合营销》（论文，第三作者）。

王朝阳 1981年12月生，江苏连云港人，研究员。1998年9月至2002年7月，在山东大学经济学院学习，获经济学学士学位；2002年9月至2007年7月，在中国社会科学院研究生院财贸经济系学习，先后获得经济学硕士、博士学位。2007年7月至2018年10月在中国社会科学院财经院（原财贸所）工作，历任《财贸经济》编辑部副主任、主任，内刊编辑室主任（兼任），副研究员；2018年10月至今，在中国社会科学院办公厅工作，任正处长级机要秘书。

现从事金融学研究，学术专长是金融服务业发展、金融市场、金融中心等。主要代表作有：《金融服务产业集群研究：兼论中国区域金融中心建设》（专著）；《涨跌停、融资融券与股价波动率——基于 AH 股的比较研究》（论文，第一作者）；《经济政策不确定性与企业资本结构动态调整及稳杠杆》（论文，第一作者）。

张海鹏 1979 年 10 月生，陕西三原人，研究员。1998 年 9 月至 2002 年 7 月，在西安财经学院管理学院学习，获得管理学学士学位；2002 年 9 月至 2005 年 7 月，在西北农林科技大学经济管理学院学习，获得管理学硕士学位；2005 年 9 月至 2008 年 7 月，在中国社会科学院研究生院农村发展系学习，获得管理学博士学位。2008 年 7 月至 2010 年 8 月，在北京大学环境科学与工程博士后流动站从事博士后研究工作；2010 年 8 月至 2019 年 2 月，在中国社会科学院农村发展研究所工作，历任助理研究员、副研究员、研究室副主任、主任；2019 年 2 月至今，在中国社会科学院办公厅工作，任研究室主任。

现从事农业经济管理研究，学术专长是城乡关系、林业经济。主要代表作有：《城乡基本公共服务均等化的犯罪治理效应——基于 2002—2012 年省级面板数据的实证分析》（论文）；《中国城乡关系演变 70 年：从分割到融合》（论文）；《乡村振兴战略思想的理论渊源、主要创新和实现路径》（论文，第一作者）；《劳动力外出就业与农村犯罪——基于中国村级面板数据的实证分析》（论文，第一作者）。

姜卫平 1975 年 10 月生，山东东阿人，研究员。2004 年 9 月至 2007 年 7 月，在中共中央党校研究生院学习，获得法学硕士学位；2007 年 9 月至 2010 年 7 月，在中共中央党校研究生院学习，获得法学博士学位。2010 年 7 月至今，在中国社会科学院办公厅研究室工作，历任主任科员、副主任、副研究员。

现从事马克思主义理论研究工作，学术专长是党建研究。主要代表作有：《新时代中国特色社会主义对世界社会主义的重大贡献》（论文，第一作者）；《解码"中国之治"：新时代党群关系研究》（专著）；《建设社会主义核心价值体系的基本原则》（论文）。

规章制度

一　人力资源社会保障部 中国社会科学院关于深化哲学社会科学研究人员职称制度改革的指导意见

人社部发〔2019〕109号

各省、自治区、直辖市及新疆生产建设兵团人力资源社会保障厅（局），国务院各部委、各直属机构人事部门，各中央企业人事部门：

哲学社会科学研究人员是我国专业技术人才队伍的重要组成部分，是构建中国特色哲学社会科学的中坚力量。为贯彻落实中共中央办公厅、国务院办公厅印发的《关于深化职称制度改革的意见》，现就深化哲学社会科学研究人员职称制度改革提出如下指导意见。

（一）总体要求

1. 指导思想

以习近平新时代中国特色社会主义思想为指导，全面贯彻落实党的十九大和十九届二中、三中全会精神，坚持党管人才原则，深入实施人才强国战略，遵循哲学社会科学发展规律和人才成长规律，完善符合哲学社会科学研究人员特点的职称制度，激发科研人员的积极性、创造性，为加快构建中国特色哲学社会科学、加强中国特色新型智库建设、促进经济社会高质量发展提供人才支撑。

2. 基本原则

（1）坚持立足国情、服务发展。立足中国特色社会主义进入新时代的历史方位，坚持"双百方针"，尊重劳动、尊重知识、尊重人才、尊重创造，营造有利于科研人员发展的良好氛围，促进人才发展与经济社会发展深度融合。

（2）坚持尊重规律、科学公正。以品德、能力、业绩为导向，科学设置哲学社会科学研究人员职称评价标准，克服唯学历、唯资历、唯论文、唯奖项倾向，科学、客观、公正评价科研人员学术水平和实际贡献，让有真才实学、作出贡献的人才有成就感、获得感。

(3) 坚持求真务实、改革创新。针对哲学社会科学研究人员职称制度存在的突出问题，围绕评价标准、评价机制等关键环节，精准施策、务求实效，充分激发科研人员创新活力，形成有利于"出大师、出精品"的科研环境。

(4) 坚持统筹规划、分类评价。加强顶层设计，对哲学社会科学研究人员职称制度进行统筹规划，针对不同类型哲学社会科学研究人员特点，采取分类评价，提高职称评价的科学性、针对性。

（二）主要内容

通过完善评价标准、创新评价机制、促进职称制度与用人制度相衔接、改进管理与服务等措施，形成设置合理、评价科学、管理规范、运转协调、服务全面的职称制度。

1. 完善评价标准

(1) 坚持德才兼备、以德为先。坚持以马克思主义为指导，坚持为人民做学问，注重政治标准和学术标准、继承性和民族性、原创性和时代性、系统性和专业性相统一。把品德放在职称评价的首位，重点考察科研人员的政治立场、学术导向、科学精神、职业道德和从业操守。实行学术不端行为"一票否决制"，建立健全职业道德考核评价办法，坚守道德底线，倡导诚实守信，强化社会责任。

(2) 坚持创新和质量导向，定性和定量评价相结合。注重考察科研人员的专业性和创造性，以科研能力、理论创新、学术水平、业绩贡献等为评价重点，把是否发现新问题、运用新方法、提出新观点、构建新理论、形成新对策、取得新效益等作为衡量成果质量的主要内容。实行定量评价与定性评价相结合，对适宜量化的评价指标进行合理量化，定性评价体现导向性、专业性。注重论著质量，淡化数量要求，改变简单以出版社和刊物等级等判定成果质量、评价人才的做法，适当发挥引文数据在科研评价中的作用，避免绝对化。

(3) 坚持分类评价。根据不同岗位科研人员及科研活动特点，分类制定科学合理、各有侧重的人才评价标准，避免"一刀切"。对主要从事基础研究的人员，着重评价其在创新思想理论、传承文明、推动学科建设等方面的能力和贡献；对主要从事应用研究和决策咨询研究的人员，着重评价其在为党和政府提供决策服务、解决经济和社会发展问题等方面的能力和贡献。对于同时承担教学任务的研究人员，将其师德表现和教学业绩作为重要指标。推行等效评价制，发表于中央主要媒体并产生重要影响的理论文章，以及为重要决策所采纳的建言献策成果，在职称评审中与高质量的学术论文、著作具有同等效力。

(4) 推行代表作制度。将哲学社会科学研究人员的代表性成果作为职称评审的重要内容，注重标志性成果的质量、贡献和影响力。代表作应在本研究领域内处于领先水平，具有较大影响力，或产生显著社会和经济效益，受到同行专家的公认。严格实行代表作审核制度，落实回避制度，保障代表作评价的公信力。

(5) 实行国家标准、地区标准和单位标准相结合。人力资源社会保障部会同中国社会科学院研究制定《哲学社会科学研究人员职称评价基本标准》(附后)。各地区可根据本地区经济社会发展情况，制定地区标准。具有自主评审权的用人单位可结合本单位实际，制定单位标准。地区标准和单位标准不得低于国家标准。

2. 创新评价机制

(1) 丰富评价方式。针对不同类型和层次人才的特点，综合采用个人总结、述职、面试答辩、成果展示等多种评价方式，提高评价的针对性和科学性。对决策咨询类成果、委托项目成果，可将使用单位、委托单位意见作为评价的重要参考。

(2) 向优秀科研人员和艰苦边远地区科研人员倾斜。对取得重大基础研究突破、在经济社会发展中作出重大贡献的，可直接申报副研究员、研究员职称。对长期在艰苦边远地区和基层一线工作的哲学社会科学研究人员，侧重考察其实际工作业绩，放宽学历、论文等要求。

(3) 加强评委会建设，强化同行专家评价。评审委员会由具有较高学术水平、作风正派、办事公道、群众公认的专家组成。突出同行评价在职称评审中的作用。自主评审单位的评委会中，单位外部专家应占有一定比例。根据不同学科情况，探索引入国际同行专家评价。建立以随机、回避、轮换为基本原则的评委遴选制度，严格遴选标准，明确评委职责权限，实行动态管理。健全评委会工作程序和评审规则，严肃评审纪律，加强监督管理，保证评审工作的权威性、独立性和公正性。

3. 促进职称制度与用人制度相衔接

(1) 坚持评以适用、以用促评。把职称评审结果作为使用人才的重要依据，实现职称评价结果与人才聘用、考核、晋升等用人制度有机衔接。对于全面实行岗位管理、专业技术人才学术技术水平与岗位职责密切相关的事业单位，一般应在岗位结构比例内开展职称评审。对于不实行岗位管理的单位，可根据工作需要，采用评聘分开方式。加强聘后管理，结合日常考核、年度考核及聘期考核结果，对不符合岗位要求、不能履行岗位职责或考核不合格人员，可按照有关规定调整岗位、低聘或者解聘，在岗位聘用中实现人员能上能下。

(2) 促进职称评价与人才流动有效衔接。具有自主评审权限的用人单位可研究制定引进人才的职称认定办法，规范人才流动中职称评审和岗位聘用的关系。对引进的党政机关、企业等单位的优秀人才，其研究工作经历和业绩贡献可作为职称评审的依据。进一步畅通非公有制经济组织、社会组织、民间智库及自由职业研究人员职称评审通道。

4. 改进管理与服务

(1) 下放评审权限。科学界定、合理下放职称评审权限，推动高校和科研院所等人才智力密集的单位按照管理权限自主开展职称评审。自主评审单位组建的高级职称评审委员会应当按照管理权限报省级以上人力资源社会保障部门核准备案，评审结果报相应人力资源社会保障部门备案。

(2) 优化评审服务。加强职称评审信息化建设，推广在线评审，逐步实现网上受理、网上办理、网上反馈，减少各类申报表格和纸质证明材料，简化申报手续和审核环节，为申报人员提供高效便捷优质的服务，运用大数据等现代信息技术，推动评审信息互通共享。对在团队科研项目中作出贡献的科研人员，在申报职称时，不要求个人提供相应业绩证明材料，可由科研单位或项目组织实施单位统一提供。

(3) 加强评审监管。完善职称评审公开公示制度，实行政策公开、标准公开、程序公开、结果公开，坚持代表作等评审材料和评审结果公示制度。建立复查、投诉机制，保障申报人的合法权益。完善评审专家责任和信誉制度，实施退出和问责机制。加强对评价全过程的监督管理，采取"双随机"方式适时按一定比例开展抽查，根据抽查情况或舆情反映较强烈的问题，有针对性地进行专项巡查。对不能正确行使评审权、不能确保评审质量的，将暂停自主评审工作并限期整改，直至收回评审权。对通过弄虚作假、暗箱操作等违纪违规行为取得的职称，一律予以撤销，并记入职称评审诚信档案库。

（三）组织实施

1．加强组织领导。哲学社会科学研究人员职称制度改革政策性强，涉及面广，社会影响大。各地区、各部门要充分认识改革的重大意义，将深化职称制度改革作为加强哲学社会科学研究队伍建设，加快构建中国特色哲学社会科学的重要任务。各级人力资源社会保障部门会同有关部门负责哲学社会科学研究人员职称制度改革的政策制定、组织实施和监督检查工作。各有关部门要密切配合，相互协调，确保改革顺利推进。

2．稳步审慎实施。各地区、各部门要按照国家统一部署要求，积极稳妥做好评审权限下放、新旧政策衔接、标准完善等各方面工作。做好工作预案，细化工作措施，妥善解决改革中出现的各种新情况和新问题。要认真总结经验，妥善处理改革、发展和稳定的关系。

3．抓好宣传引导。各地区、各部门要深入细致地做好政策解读、舆论宣传和思想政治工作，充分调动广大科研人员的积极性、创造性，引导哲学社会科学研究人员积极支持和参与职称制度改革，引导社会有关方面支持、参与哲学社会科学研究人员职称制度改革，营造有利于改革的良好氛围。

本指导意见适用于各类哲学社会科学研究机构、高等院校、非公有制经济组织和自由职业的哲学社会科学研究人员。

附件：哲学社会科学研究人员职称评价基本标准

附件

哲学社会科学研究人员职称评价基本标准

（一）遵守中华人民共和国宪法和法律法规，坚持中国共产党的领导，拥护党的基本理论、基本路线和基本方略。

（二）坚持以马克思主义为指导，坚持为人民做学问，坚持实事求是、追求真理。

（三）具有良好的品德修养，恪守职业道德，坚持科研诚信，遵守学术规范。

（四）具备从事科研工作所需的专业知识、业务技能及语言能力。

（五）具备从事科研工作必需的身心条件。

（六）认真履行工作职责，完成规定的科研工作量。

（七）哲学社会科学研究人员申报各层级职称，除必须达到上述基本条件外，还应分别具备以下条件：

1. 研究实习员（初级）

（1）掌握本专业基础理论，初步掌握科研工作基本方法，具备从事科学研究的能力，能够在高、中级研究人员的指导下开展科研工作。

（2）具备硕士学位或第二学士学位；或具备大学本科学历或学士学位，1年见习期满，经考核合格。

2. 助理研究员（中级）

（1）对某一学科或特定领域具有较为系统的专业知识，熟悉本学科前沿发展动态，掌握科研工作的方法，具备独立开展科研工作的能力。

（2）能够独立发表论文或撰写研究报告；参与本学科相关领域的课题或项目研究，做出一定成果。

（3）具备博士学位；或具备硕士学位或第二学士学位，取得研究实习员职称后，从事研究工作满2年；或具备大学本科学历或学士学位，取得研究实习员职称后，从事研究工作满4年。

3. 副研究员（副高级）

（1）科研能力较强，具有较扎实的学术功底和较丰富的学术积累，作为学术骨干，在本学科领域具有较大影响力。

主要从事基础研究的人员，能够对本学科某一领域有深入的创见性研究，独立撰写具有较高学术水平的专著或论文，在推动学科建设和发展方面作出较大贡献。

主要从事应用研究和决策咨询研究的人员，能够围绕党和国家事业发展大局，深入研究相关领域重要问题，形成具有较高质量的对策研究成果；或作为主要成员参与完成重要项目，取得较大经济效益和社会效益。

（2）能够根据国家需要和国内外研究现状及发展趋势，设计具有较高学术意义或应用价值的研究课题，具有指导和主持本学科领域研究工作的能力。

（3）具备博士学位，取得助理研究员职称后，从事研究工作满2年；或具备硕士学位或第二学士学位，或大学本科学历或学士学位，取得助理研究员职称后，从事研究工作满5年。

4．研究员（正高级）

（1）科研能力强，具有扎实的学术功底和深厚的学术造诣，作为学科带头人，在本学科领域具有重要影响力。

主要从事基础研究的人员，能够在本学科某一领域做出开创性研究或在重要理论问题上有所突破，独立撰写高水平的学术专著和高质量的学术论文，促进本学科发展，在推动理论创新、文明传承、学科建设等方面作出重要贡献。

主要从事应用研究和决策咨询研究的人员，能够围绕党和国家事业发展大局，深入研究相关领域重要问题，形成高质量的对策研究成果；或作为负责人主持完成重要项目，取得重大经济效益和社会效益。

（2）能够根据国家需要和本学科国内外研究现状及发展趋势，提出本学科领域的研究方向，设计具有重要意义或开创性研究课题，具有指导和主持研究工作的能力。

（3）一般应具有大学本科以上学历或学士以上学位，取得副研究员职称后，从事研究工作满5年。

（八）不具备第七条规定的学历、年限等要求，业绩突出、作出重要贡献的，可由2名以上同行专家推荐破格申报，具体办法由各地、各有关部门和单位另行制定。

二 中国社会科学院所局领导班子和所局级干部年度综合考核评价办法

为加强对所局领导班子和所局级干部的政治素质、履职能力、工作成效、团结协作、作风形象等方面的了解、考核、评价，根据《党政领导干部考核工作条例》《宣传思想文化系统事业单位领导人员管理暂行办法》《关于加强和改进中央和国家机关党的建设的意见》《事业单位工作人员奖励办法》等规定，结合我院实际，制定本办法。

（一）目的意义

加强对所局领导班子和所局级干部的考核，是全面贯彻落实新时代党的组织路线、培养忠诚干净担当高素质干部的具体举措，是落实党委领导下所长负责制的重要抓手。全面、客观、公正、准确评价所局领导班子和所局级干部政治业务素质、履行职责情况，有利于进一步推动所局领导班子和所局级干部聚焦主责主业、狠抓工作落实，有利于加快构建中国特色哲学社会科学"三大体系"、推动新时代中国特色哲学社会科学繁荣发展。

（二）基本原则

年度综合考核评价坚持党管干部原则，坚持德才兼备、以德为先，坚持注重实绩、群众公认，坚持全面、历史、辩证看领导班子和领导干部个人贡献与集体作用、主观努力与客观条件，注重一贯表现，做到客观公正、简便有效、奖惩分明。以考核履职尽责情况为导向，运用综合测评、定量考核与定性评价、分析研判等方法，实现年度考核、创新工程考核、绩效考核的相互衔接和统一。坚持统一考核与分类评价相结合，坚持组织评价与群众评议相结合，坚持正向激励与逆向鞭策相结合，坚持考核结果与干部使用相结合。

（三）考核对象和时间

1. 考核对象

院属单位所局领导班子（含代管单位）和所局级干部。

2. 考核时间

年度综合考核评价工作一般安排在每年 11 月 20 日至 12 月 20 日完成。

(四) 考核内容

坚持把政治标准放在首位，严格落实党委（党组）领导班子、领导干部的意识形态工作责任，实行政治方向"一票否决"，重点对领导班子的政治思想建设、领导能力、完成重点任务与工作实绩、党风廉政建设、作风建设等情况进行考核，重点对《中国社会科学院关于坚持和完善党委领导下的所长负责制若干规定》确定的党委职责、所长职责的履行情况进行考核，重点对抓班子带队伍、执行民主集中制、班子成员团结共事和发挥表率作用等情况进行考核，了解所局级干部德、能、勤、绩、廉等方面的表现。

1. 所局领导班子

（1）政治思想建设。全面考核领导班子贯彻落实习近平新时代中国特色社会主义思想，坚决做到"两个维护"，树牢"四个意识"，坚定"四个自信"，做到"四个服从"，遵守政治纪律和政治规矩的情况；坚持以马克思主义为指导，坚持为人民做学问的方向，坚持党委领导下的所长负责制和民主集中制情况；践行新时期党的组织路线，贯彻新时期好干部标准，树立正确选人用人导向的情况等。

（2）领导能力。全面考核领导班子把"两个维护"落实到党对哲学社会科学工作的坚强领导上、落实到履行党中央赋予的职责上、落实到贯彻执行党中央和院党组各项决策部署上的能力；围绕中心工作开展科研组织、学科建设、人才培养的能力。重点了解科学决策能力、依法管所治所能力、统筹协调能力。

（3）完成重点任务与工作实绩。全面考核领导班子工作成效，注重考核领导班子落实新时代党的建设总要求、落实《中国社会科学院关于坚持和完善党委领导下的所长负责制若干规定》的情况，落实"三大体系"建设的情况。重点了解党的建设、人才队伍、学科建设、科研效益、安全稳定等方面情况。

（4）党风廉政建设。全面考核领导班子履行管党治党政治责任，加强党风廉政建设，推进反腐倡廉工作，遵守廉洁自律规定，加强组织纪律和思想道德教育等情况。

（5）作风建设。全面考核领导班子深入改进作风，落实中央八项规定及其实施细则精神，反对"四风"的情况；开展学风、文风建设的情况。

2. 所局级干部

（1）德。全面考核领导干部政治品质和道德品行，重点了解坚定理想信念、遵守政治纪律和政治规矩等情况，重点了解遵守社会公德、职业道德、家庭美德和个人品德等情况。

（2）能。全面考核领导干部履职过程中的政治能力、专业素养和组织领导能力等情况，重点了解科学决策、服务科研、组织协调等方面的能力情况。

(3) 勤。全面考核领导干部的精神状态和工作作风，重点了解管所治所精力投入，认真负责，勤勉敬业，锐意进取，敢于担当，甘于奉献等情况。

(4) 绩。全面考核领导干部贯彻落实中央和院党组决策部署，履职尽责、工作时效、工作质量等情况。考核党委（党组）书记的工作实绩，重点看抓党建工作的成效，抓"三大体系"建设中政治方向、学术导向和价值取向的成效。考核所长的工作实绩，重点看抓落实"三大体系"建设的成效，抓科研工作的成效和科研成果质量的情况。

(5) 廉。全面考核领导干部落实党风廉政建设"一岗双责"政治责任，遵守廉洁自律准则，带头落实中央八项规定及其实施细则精神，秉公用权，反对"四风"等情况。

（五）考核方法和程序

考核工作按照自我总结、述职述廉、民主测评、个别谈话、上级评价、实绩考核、综合评价等程序进行。当年开展党内集中学习教育、巡视或其他专项调研、考核的，年度考核可以结合实际适当简化程序。

1. 自我总结。各单位领导班子和所局级干部对照年度工作目标进行自查，形成领导班子和个人年度述职述廉报告。

2. 述职述廉。考核组到被考核单位，召开干部大会，院属单位主要负责人代表领导班子作年度述职述廉报告，领导班子成员个人进行书面述职述廉。

3. 民主测评。领导班子民主测评表设置方向作风、能力实绩、选人用人、团结纪律、党的建设等五项指标，领导干部民主测评表设置方向作风、能力实绩、团结纪律等三项指标，由院属单位参加述职述廉会议的干部职工填写。

4. 个别谈话。根据工作需要，考核组通过与相关人员个别谈话，听取对领导班子和领导干部的评价，了解本单位年度工作的主要成效和存在的主要问题等。个别谈话情况作为年度综合考核评价的重要参考内容。个别谈话的对象为：本单位领导班子成员及内设机构主要负责人。

5. 上级评价。院分管领导对所局领导班子和所局级干部的表现进行评价，由人事教育局组织实施。

6. 实绩考核。办公厅、人事教育局、直属机关党委对研究所领导班子贯彻落实《中国社会科学院关于坚持和完善党委领导下的所长负责制若干规定》情况提出评价等次；办公厅对职能部门、直属事业单位、代管单位领导班子落实院党组决策部署情况提出评价等次；科研局对研究所领导班子抓科研工作的实绩提出评价等次；国际合作局对研究所领导班子抓国际学术交流工作的实绩提出评价等次；财务基建计划局对研究所预算执行情况提出评价等次，同时对院属企业正职的经营实绩提出评价等次；直属机关党委（直属机关纪委）对领导班子落实全面从严治党主体责任和监督责任情况提出评价等次，同时对党委（党组）书记抓党建工作的实绩提出评价等次。领导班子和所局正职领导干部的实绩考核等次分为好、较好、一般、差 4 个等次,"好"等次领导班子比例一般不超过参加考核领导班子总数的 30%,"好"等次所局正职领导干部比例一般不超过所局正职领导干部总人数的 20%。评价结果由负责评价的职能部门领导班子在广泛征求部门内部意见的基础上集体研究作出。

7. 综合评价。人事教育局根据考核组个别谈话了解到的情况,统筹考虑民主测评、上级评价、实绩考核等结果,形成对所局领导班子和所局级干部年度综合考核评价意见,报院党组研究决定。根据工作需要,在提出综合考核评价意见前,可采取查阅资料、采集有关数据和信息等方式,核实被考核对象的有关情况。

(1)领导班子综合考核评价满分 100 分,包括业绩考核(50%)、民主测评(25%)、上级评价(25%)三部分。

研究所领导班子的业绩由抓科研工作情况(40%)、党委领导下的所长负责制执行情况(15%)、国际学术交流情况(15%)、预算执行情况(15%)、落实全面从严治党主体责任和监督责任情况(15%)等五项内容组成。

职能部门、直属事业单位、代管单位领导班子的业绩由落实院党组决策部署情况(50%)、落实全面从严治党主体责任和监督责任情况(50%)等两项内容组成。

(2)所局正职领导干部综合考核评价满分 100 分,包括业绩考核(50%)、民主测评(25%)、上级评价(25%)三部分。

研究所党委(党组)书记的业绩由抓党建工作情况(60%)、本单位领导班子的业绩(40%)等两项内容组成;研究所所长的业绩由抓党建工作情况(40%)、本单位领导班子的业绩(60%)等两项内容组成。

职能部门、直属事业单位、代管单位的正职业绩由抓党建工作情况(50%)、本单位领导班子的业绩(50%)等两项内容组成。

院属企业正职的业绩由抓党建工作情况(50%)、本单位经营实绩(50%)等两项内容组成。

(3)所局副职的综合考核评价满分 100 分,包括民主测评(50%)、上级评价(50%)两部分。

8. 对担任多个职务、新任职、交流任职等领导干部的考核,采取如下方式:

(1)担任多项职务的领导干部,一般在承担主要工作职责的单位进行考核,对兼任的其他工作以适当方式进行了解。

(2)新提拔任职的领导干部,按照现任职务进行考核,注意了解原任职岗位的工作情况。提拔任职不足半年的,不对其进行测评和个别谈话考核,在评定等次时一般定为称职。

(3)交流任职的领导干部,在现工作单位进行考核,其交流任职前的有关情况由原单位提供。

(4) 援派或者挂职锻炼的领导干部,由当年工作半年以上的地方或者单位进行考核,以适当方式听取派出单位或者接收单位的意见。

(六) 年度综合考核评价等次

1. 领导班子年度综合考核评价结果分为优秀、良好、一般、较差四个等次,按不超过30%的比例确定优秀等次。

2. 所局级干部年度综合考核评价结果分为优秀、称职、基本称职、不称职四个等次,按不超过20%的比例确定优秀等次,其中所局正职按21%的比例确定优秀等次,其他所局级干部按17%的比例确定优秀等次。

3. 同一领导班子中优秀等次的所局级干部一般不超过1名,个别被评为优秀等次的领导班子,可评出2名优秀所局级干部。领导班子为一般等次的,主要负责人一般不得确定为优秀等次;领导班子为较差等次的,主要负责人一般不得确定为称职及以上等次,班子其他成员一般不能确定为优秀等次。

4. 在直属机关党委开展的党建述职评议考核工作中,党委(党组)书记抓党建工作情况综合评价未达到"好"等次的,其年度考核结果不能确定为优秀等次。

5. 本年度内病、事假累计超过半年的领导干部,参加年度考核,不确定等次。

6. 涉嫌违纪违法被立案审查调查尚未结案、受党纪政纪处分或者组织处理的领导干部,其年度考核按照有关规定进行。

7. 有下列情形之一的,领导班子定为一般及以下等次,领导干部定为基本称职及以下等次:

(1) 贯彻落实党的理论和路线方针政策、院党组的决策部署不及时不得力,围绕科研工作不紧密、科研业绩较差的;

(2) 不认真做好党的意识形态工作,自身出现违反政治纪律问题或对单位出现的违反政治纪律问题、学术不端问题处理不力的;

(3) 违背党的民主集中制原则,独断专行、搞"一言堂",或者因违反决策程序决策失误造成重大损失和严重不良影响的;

(4) 违背组织纪律和组织程序,重大问题不请示、不汇报,拒不执行或擅自改变组织决定,造成严重后果的;

(5) 不执行党委决策,领导班子不团结,科研学术环境较差的;

(6) 干部选拔任用、职称评定、岗位聘用、人才引进等方面出现重大问题的;

(7) 对其他造成严重后果或者恶劣社会影响的行为负有责任的。

所局领导班子和所局级干部在履职担当、推动"三大体系"建设过程中出现失误错误,经综合分析给予容错的,应当客观评价,合理确定考核结果。

（七）考核结果运用

1. 年度综合考核评价意见和结果，作为领导班子建设和领导干部选拔任用、交流使用、培养教育、管理监督、绩效工资发放、激励约束的重要依据。

2. 院党组每年以适当方式通报年度综合考核评价结果。所局级干部年度考核获得优秀等次的，给予嘉奖。所局领导班子和所局级干部在"三大体系"建设，抓科研工作和人才队伍建设，开展决策咨询研究等方面表现特别优秀、业绩特别突出的，经报院党组批准可给予记功，比例不超过2%。采取适当方式，向所局领导班子和所局级干部反馈年度综合考核评价意见和结果。

3. 年度考核评优、嘉奖的一次性奖金合并计算，标准为每人次1万元。经批准的奖励所需经费，通过现有经费渠道解决，不计入工作人员所在单位绩效工资总额。

4. 被评为一般、较差等次的所局领导班子，自考核结果公布之日起，15日内向院党组书面说明情况，剖析原因，提出整改意见。其中，被评为较差等次或者连续两年被评为一般等次的，应当对主要负责人和相关责任人进行组织调整。

5. 所局级干部被评为基本称职等次的，对其进行诫勉谈话，限期改正；被评为不称职等次的，视具体情况分别作出免职、责令辞职、降职等组织处理；连续两年被评为不称职等次的，按有关规定处理。所局级干部被评为基本称职、不称职等次的，所在单位党委（党组）要向院党组专题报告说明情况。

6. 不参加年度考核、参加年度考核不确定等次或者年度考核结果为基本称职以下等次的，该年度不计算为晋升职务的任职年限，下一年度不晋升薪级工资。

7. 年度综合考核评价中发现的问题要作为领导班子民主生活会的重要内容，予以认真整改。

考核对象对考核结果有异议的，可以按照有关规定提出复核或申诉。

（八）组织领导

在院党组的统一领导下，成立由院领导牵头，办公厅、科研局、人事教育局、国际合作局、财务基建计划局、直属机关党委（直属机关纪委）等职能部门参与的院年度综合考核工作组，全面负责我院所局领导班子和所局级干部年度综合考核评价工作。

（九）附则

1. 本办法由人事教育局负责解释。

2. 本办法自正式印发之日起执行。2018年11月2日院务会议审议通过《中国社会科学院所局领导班子和所局级干部年度综合考核评价办法（试行）》同时废止。

3. 院属单位按照干部管理权限，参照本办法研究制定除所局级干部以外其他工作人员的年度综合考核评价实施细则。

注：此办法于 2019 年 11 月 6 日院党组会议审议通过，11 月 12 日印发。

三 中国社会科学院关于改革完善博士后制度的若干规定

根据《国务院办公厅关于改革完善博士后制度的意见》（国办发〔2015〕87号）和《人力资源社会保障部 全国博士后管理委员会关于贯彻落实〈国务院办公厅关于改革完善博士后制度的意见〉有关问题的通知》（人社部发〔2017〕20号）关于改革完善我国博士后制度的意见及要求，为进一步明确我院博士后制度的定位、健全评价机制、加强经费保障与管理、提升培养质量，制定本规定。

总 则

第一条 工作目标

通过改革完善我院博士后管理制度，吸引更多人才、树立更高标准、取得更好成效。发挥好博士后制度作为高层次人才旋转门、蓄水池及加速器的作用，培养一批新时代国家哲学社会科学急需的高素质青年人才，选拔一批有潜力的优秀博士后留院工作，造就一批我院科研骨干及教学骨干力量，储备一批高端智库建设所需的院内外高层次创新型人才。以"出顶尖成果、出拔尖人才"为核心目标，扎实做好我院博士后各项工作，进一步巩固我院在全国哲学社会科学博士后工作领域的领军地位。

第二条 博士后定位

根据国家对博士后研究人员的总体定位，结合实际情况，中国社会科学院博士后研究人员的定位为：作为我院引进人才的重要组成部分，是有计划、有目的引进和选拔的高层次青年人才，是分层次、分类别培养和储备的学术后备力量，也是研究所（院）组建创新科研团队的有效补充力量；在站期间参与研究所（院）科研工作，享受中国社会科学院及院属研究所（院）规定的有关待遇。

第一章 实施博士后分类招收

第三条 调整博士后招收类型

招收类型由之前的三类调整为五类（4+1模式），即国家资助博士后、国际交流计划引进项目博士后、项目博士后、工作站联合培养博士后及师资博士后，各类博士后的进站条件和招收目标各有侧重，经费来源和出站要求各有不同。

（一）国家资助博士后。由人社部、全国博士后管委会与我院联合资助，主要招收"双一流"建设高校或中国社科院、中国科学院等重点科研院所博士毕业（含世界综合排名或学科排名前200位高校博士毕业），已有一定学术积累的青年人才到我院从事博士后研究工作。

招收目标：根据研究所（院）学科建设及人才队伍建设需要，吸引并培养一批学术背景较好、研究能力较强的青年人才，出站择优留院工作，逐步成长为我院科研骨干。

进站条件：作为我院选拔高层次青年人才的重要来源，该类博士后在符合博士后进站基本条件外，应于博士期间独著或作为第一作者在核心期刊发表至少两篇学术论文；无论文发表者，博士毕业论文应被评为"优秀"；境外院校毕业博士的成果发表可适当放宽。论文发表期刊参照《中文核心期刊要目总览》《中文社会科学引文索引》《中国人文社会科学期刊评价报告》。

培养方式：培养与使用相结合，重在培养。

（二）国际交流计划引进项目博士后。由人社部、全国博士后管委会与我院联合资助，主要招收国外（境外）世界综合排名或学科排名前100位高校毕业的博士到我院从事博士后研究工作。

招收目标：根据研究所（院）学科建设及人才队伍建设需要，吸引并储备一批国际化水平高、学术背景好的青年人才，出站择优留院工作或派往我院境外研究院工作。

培养方式：培养与使用相结合，重在培养。

（三）项目博士后。由研究所（院）项目或博士后合作导师项目资助，主要招收国内外院校博士毕业、已有一定学术成果发表或有国家社科基金项目等研究经历的青年人才，到我院从事博士后研究工作。

招收目标：根据研究所（院）或博士后合作导师当前承担国家项目、智库项目、我院创新工程项目等项目需要，选拔一批学术背景较好、有一定研究经历的青年人才参与其中，补充我院研究所（院）或研究团队科研力量。

培养方式：培养与使用相结合，重在使用。

（四）工作站联合培养博士后。由博士后科研工作站资助，工作站与我院研究所（院）联合培养，以工作站为主。主要招收国内外院校博士毕业、经考核合格的人员进站从事博士后研究工作。

招收目标：为促进产学研结合，进一步加强我院研究所（院）与企事业单位及政府研究部门等博士后科研工作站的合作，推动实践基础上的理论创新，在优势互补、互利互惠的基础上，我院研究所（院）与工作站联合招收博士后，并向工作站提供科研支持及专家指导。

培养方式：培养与使用相结合，重在使用。

（五）试行"师资博士后"。由中国社科院大学资助，合作导师可面向全院遴选，主要招收国内外重点院校或重点学科博士毕业、具备一定教学经验或有一定学术成果发表的青年人才，进站后开展教学及研究工作。

招收目标：根据中国社科院大学教学人才队伍建设需要，吸引并培养一批学术背景较好、能够胜任教学岗位的博士后担任教师或辅导员，出站择优留校工作，逐步成长为具备教学和科研双重能力的教师骨干。

培养方式：培养与使用相结合，重在使用。

第四条　加大留学博士后招收力度

研究所（院）、博士后合作导师、科研创新团队要充分利用国家层面的博士后国际交流平台资源，通过"博士后国际交流计划引进项目"，吸引国外（境外）世界综合排名或学科排名前100位高校毕业的留学博士到我院从事博士后研究；通过"博士后国际交流计划派出项目""博士后香江学者计划"等，选拔优秀的拟进站或在站博士后到境外知名高校或科研机构从事博士后研究，进一步提高我院人才国际化程度。

第五条　明确在职人员招收条件

我院将在职博士后作为引进、储备成熟型人才的后备力量。招收在职博士后，一般应以具有副高级以上职称的高校、科研院所教学科研人员为主，可适量招收党政机关或大型企业所属研究机构（部门）科研人员；不得招收党政机关领导干部进站从事博士后研究。

第二章　加强经费保障与管理

第六条　设立"中国社会科学院博士后创新项目"

（一）项目设立。为提高对优秀人才的吸引力，资助博士后研究人员开展在站学术研究，进一步提升博士后培养质量，自2019年起，我院面向"国家资助博士后"及"国际交流计划引进项目博士后"设立"中国社会科学院博士后创新项目"，相关研究经费纳入研究所（院）科研经费统筹安排。

（二）项目管理主体。为贯彻落实中央"放管服"精神，加大研究所工作自主权，"博士后创新项目"实行研究所（院）为主体责任单位的管理模式。各研究所（院）负责本单位"博士后创新项目"的预算申报、立项评审、中期考核、结项评价、成果质量、学术导向、学术规范、经费管理及统筹使用等工作。

（三）项目预算申报和经费保障。各研究所（院）要按照我院预算申报时间和流程，结合博士后招收计划及"博士后创新项目"年度所需，编制项目预算、设置项目绩效目标，纳入研究所（院）年度预算一并申报。

"博士后创新项目"经费由研究所（院）在院批复的年度预算中统筹安排。

鼓励各研究所（院）及博士后科研工作站进一步拓宽博士后经费资助渠道，设立博士后专项"基金"或"项目"，加大资助力度。

第七条　健全博士后社保缴纳体系

根据国办意见"设站单位应按有关规定为博士后研究人员缴纳社会保险"相关规定，我院各研究所（院）须为"国家资助博士后""国际交流计划引进项目博士后""项目博士后（非在职）""师资博士后"等四类博士后研究人员代缴社会保险，所需经费由上述四类博士后的"博士后日常经费"提供方解决。博士后在两年资助期满后，因研究工作需要仍未出站，其社保等相关费用由研究所（院）、博士后合作导师、博士后本人等三方中有延期需求的一方承担。

第三章　加强博士后在站管理

第八条　在站时间

我院博士后研究人员在站时间一般为两年。确因科研工作需要申请延期的，经研究所（院）同意后，最多延期半年。如有其他特殊情况需要申请延期的，报人事教育局审核。

第九条　加强博士后党员管理

博士后进站同时，须将党组织关系转入所在研究所（院）。研究所（院）要督促博士后按时办理转移手续，并及时将其编入所在研究室（部门）的相应党支部进行管理。

研究所（院）要注重加强博士后党员管理，进一步发挥基层党支部战斗堡垒作用。以支部为单位，定期组织开展学习培训活动，加强政治理论及党规党纪学习，并确保博士后党员能够参与、按时参与、有效参与。

第十条　严格执行考勤制度

研究所（院）须将博士后（在职人员及工作站联合招收博士后除外）纳入本单位考勤管理范围，并参照在编科研人员执行的考勤管理办法，对博士后进行严格管理。在此基础上，各研究所（院）须为博士后提供固定的办公场所，同时结合博士后特点，制定本单位博士后研究人员考勤管理办法及相应奖惩规定。

第四章　完善评价考核机制

第十一条　规范进站选拔程序

研究所（院）须依照《中国社会科学院博士后研究人员考核办法》相关规定，严格开展博士后进站选拔工作。坚持公平公正、择优录取、宁缺毋滥的原则，聚焦新时代哲学社会科学的发展需求，着眼研究所（院）学科建设及人才队伍建设需要来选拔适合人才。

选拔工作必须坚持研究所（院）党委统一领导，要重视发挥本单位学术委员会等学术机构专家的作用，组成评审小组、召开专门会议，以会议评审或评议的形式开展博士后进站遴选，确保选拔工作权威、透明。

第十二条　实施博士后在站工作分类考核

根据五类博士后的不同定位，设置不同标准、施行分类考核，突出对综合能力和业绩的评价。各研究所（院）可在本规定的基础上，结合实际，提出更高的考核要求。

（一）国家资助博士后。在站期间除完成1部具有较高学术价值的"博士后出站报告"外，还须以"中国社会科学院"或"中国社会科学院××研究所（院）"为作者单位，独著或作为第一作者、第二作者（博士后合作导师为第一作者），完成以下任务中的其中一项：

1. 在顶级、权威期刊（参照中国社会科学院发布的《中国人文社会科学期刊评价报告》，下同）或同等影响力外文期刊发表1篇学术论文。

2. 在核心期刊或同等影响力外文期刊发表3篇学术论文（文史哲等学科可为2篇）。

3. 在核心期刊或同等影响力外文期刊发表2篇学术论文（文史哲等学科可为1篇），并整理出版1部古籍或珍贵资料等。

（二）国际交流计划引进项目博士后。在站期间除完成1部具有较高学术价值的"博士后出站报告"外，还须以"中国社会科学院"或"中国社会科学院××研究所（院）"为作者单位，独著或作为第一作者、第二作者（博士后合作导师为第一作者），完成以下任务中的其中一项：

1. 在顶级、权威期刊或同等影响力外文期刊发表1篇学术论文。

2. 在核心期刊或同等影响力外文期刊发表3篇学术论文（文史哲等学科可为2篇）。

3. 在核心期刊或同等影响力外文期刊发表2篇学术论文（文史哲等学科可为1篇），并在具有一定国际影响力和一定规模的国际学术会议上发表、宣读2篇高质量的学术论文（会议召集方应为专业的行业协会，或国际知名高校、科研机构）。

（三）项目博士后。在站期间除完成 1 部具有较高应用价值的"博士后出站报告"外，还须至少参与完成 2 项所在研究所（院）或博士后合作导师承担的国家项目、智库项目、我院创新工程项目等项目研究。

（四）工作站联合培养博士后。在站期间除完成 1 部具有较高应用价值的"博士后出站报告"外，还须完成博士后科研工作站要求的其他工作。

（五）师资博士后。在站期间除完成 1 部具有较高学术价值或应用价值的"博士后出站报告"外，还须完成中国社科院大学要求的教学任务及其他科研任务。

第十三条　加强对博士后出站报告考核

出站报告是体现博士后当前最高学术水平的研究成果，是博士后在站期间主要研究成果的呈现。"国家资助博士后""国际交流引进项目博士后"的出站报告一般以学术价值为主要考核尺度，鼓励这类博士后在其博士论文基础上开展深入研究，或对论文中涉及的相关问题开展专项研究；"项目博士后""工作站联合培养博士后"的出站报告一般以应用价值为主要考核尺度，报告应为博士后在站期间依托项目形成的有用、能用、管用的研究成果；"师资博士后"的出站报告可根据在站期间工作任务灵活确定考核尺度。

第十四条　精准选拔优秀博士后留院工作

我院招收和培养的各类博士后，经研究所（院）考核优秀，通过公开招聘程序，同等条件下优先留院工作。研究所（院）在开展博士后留院工作时，应在优中选优、德才兼备的基础上，坚持科研能力与工作实绩并重的原则，选拔出真正有潜力的出站博士后人员补充到我院科研、教学人才队伍。

我院副局级以上领导干部（含离退休）合作指导的博士后，确因工作需要考虑留用的，由所在单位领导班子集体研究决定，并报人事教育局审核。各研究所（院）须定好标准、控制数量，既要把握好增量，又要注意存量，确保把真正优秀的人才留下来。相关工作程序及办法参照我院人才引进工作有关规定执行。

第十五条　严格执行退站制度

对于在站期间考核不合格或未完成工作任务，未达到研究所（院）或博士后合作导师提出的科研工作要求，超出我院规定在站期限，不遵守国家和院所两级博士后管理规定的人员，研究所（院）予以退站处理。

研究所（院）按程序办理退站手续，并将退站决定通知博士后本人。已将人事档案及户口迁至我院的人员，须同时办理相关迁移手续。如无法将退站决定通知到本人，可在退站公告发布满 30 日起，由研究所（院）直接提出退站申请。

附　则

第十六条　"中国社会科学院博士后创新项目"实施办法另行制定。

第十七条　本规定由人事教育局负责解释。

第十八条　本规定自印发之日起执行。

注：此规定经 2019 年第 2 次院务会议审议通过。

四 《中国社会科学博士后文库》管理办法

社科〔2019〕人字 301 号

第一章 总则

第一条 《中国社会科学博士后文库》（以下简称《文库》）是集中展示我国哲学社会科学领域博士后优秀成果的学术平台，代表全国哲学社会科学领域博士后研究成果的最高水平。为加强管理、科学规范推进《文库》工作，不断推出顶尖成果，培养拔尖人才，进一步提升《文库》品牌的地位和价值，助力加快构建中国特色哲学社会科学学科体系、学术体系和话语体系，制定本办法。

第二条 《文库》旨在集中推出选题立意高、成果质量高、真正反映当前我国哲学社会科学领域博士后研究最高水准的创新成果，充分发挥哲学社会科学优秀博士后科研成果和优秀博士后人才的引领示范作用，鼓励广大博士后研究人员以优良学风打造更多精品力作，让《文库》著作成为时代的符号、学术的示范、人才的导向。

第三条 入选《文库》书稿，由全国博士后管理委员会与中国社会科学院予以全额资助出版；入选作者同时获得全国博士后管理委员会颁发的"优秀博士后学术成果"证书。

第四条 《文库》主管单位为全国博士后管理委员会与中国社会科学院。《文库》编辑部设在中国社会科学院博士后管委会办公室；中国社会科学出版社、社会科学文献出版社、经济管理出版社、方志出版社、当代中国出版社开展《文库》征稿，并负责初评及出版工作；《文库》复评由全国博士后管理委员会与中国社会科学院博士后管理委员会联合开展。

第五条 入选《文库》书稿由中国社会科学院"创新工程学术出版资助项目"资助出版；《文库》评审、编辑、宣传等由全国博士后管理委员会"中国社会科学博士后文库项目"资助开展。

第六条 《文库》工作遵循"自愿投稿、公平竞争、专家评审、择优出版"的原则和流程。

第二章 征稿

第七条 《文库》面向全国哲学社会科学领域的博士后征集尚未正式出版的优秀学术成果。具有国内或国外博士后研究经历的在站、出站人员均可投稿。申请人须在征稿函规定的截止时间前，按照规定的投稿方式投稿。

第八条 《文库》征稿工作由编辑部和出版社共同组织开展。《文库》征稿范围主要包括：

（一）优秀博士后出站报告；

（二）博士后在站期间优秀学术成果（包括在站期间在合作导师指导下修改完善的优秀博士论文）；

（三）博士后出站后完成的具有重要研究意义的学术成果。

第九条 优先考虑出版基于以下项目、奖励或资助的书稿：

（一）列入国家重大研究、发展计划的项目或对国家社会经济发展有重大意义的专项项目；

（二）获省部级以上学术进步奖、社会科学奖及其他专业奖项；

（三）获国家社会科学基金、国家自然科学基金、教育部人文社会科学规划基金、中国博士后科学基金、中国社会科学院博士后创新项目等资助。

第十条 《文库》书稿应为该研究领域的优秀个人原创成果，集体成果不予收录。

第十一条 《文库》书稿形式原则上应为中文学术专著，如有特别优秀并具有较高学术价值的调研报告、古籍整理、学术前沿访谈录等形式的成果可适量吸收。教材、译著、工具书、散篇论文集、资料汇编、普及性读物、软件等成果形式不予收录。

第十二条 投稿时，书稿要做到齐、清、定；正文总字数一般应在10至30万字之间；文字重复率不得超过25%。申请人需委托专业机构或部门，对书稿内容进行查重检测，并提供该机构出具的查重报告。

第十三条 投稿时，附两名具有正高级专业技术职务同行专家的书面推荐意见。推荐书稿入选《文库》，推荐专家姓名及其推荐意见须印入著作。

第十四条 《文库》书稿选题应具有重大学术价值、理论意义和现实意义。理论系统深入，资料扎实可靠，论证合乎逻辑，方法科学严谨。书稿要充分尊重学界已有的学术贡献，所引数据、资料务必准确、权威，且有明确出处；属个人实地调研或问卷调查的数据要有明确注释。

第十五条 曾入选《文库》者，须间隔两年后再次投稿；落选《文库》者，须对之前所投书稿进行较大修改完善后再行投稿。

第十六条 各出版社须在征稿工作结束后一个月内，向《文库》编辑部报送本社征稿情况及相关材料。《文库》编辑部负责征稿信息的整理汇总，并对书稿及申请材料的完整性、规范性进行复核。

第三章　评审

第十七条　《文库》评审工作严格遵循公平公正、宁缺毋滥、质量为先的原则，严把政治方向关和学术质量关。《文库》编辑部根据征稿情况制定《文库》评审工作计划，对初评书稿分配、评审专家遴选、评审程序及时间安排、评审经费预算等做出具体规定；各出版社须制定初评工作方案，对初评工作流程及相关事项做出具体安排。

第十八条　为保障《文库》评选结果的严肃性、权威性，《文库》评审坚持专家随机遴选、回避及适当轮换等原则。

（一）专家随机遴选原则。初评专家由出版社根据书稿的学科分布，从本社专家库中随机遴选具有正高级专业技术职务的若干名专家，组成初评专家组，其中，中国社会科学院院外专家不少于三分之一，本社专家不超过三分之一。复评专家由《文库》编辑部根据通过初评书稿的学科分布，从中国博士后科学基金评审专家库中随机遴选若干名专家，组成复评专家组，其中，中国社会科学院院外专家不少于二分之一。

（二）专家回避及轮换原则。初评阶段，对书稿推荐专家实行回避制度；复评阶段，对书稿推荐专家和初评专家实行回避制度。评审组专家的构成实行轮换制度，除本学科领域的权威专家保持相对稳定外，其他专家要根据每批书稿的学科分布，进行相应的调整及轮换。

书稿作者在投稿时，可自行申请可能影响评审公正的专家回避，但须说明具体情况，且理由充分、事实清楚。

第十九条　评审工作流程包括初评、复评、公示、公告等环节，具体程序是：

（一）初评。初评工作由各出版社分别组织专家开展。评审专家对书稿进行匿名评审，对书稿的政治方向、学术规范及出版价值等做出初步评价。

初评采取专家现场会评的方式。由评审专家陈述主审书稿的评审情况及推荐意见，并在集体讨论的基础上，对参评书稿进行综合评审。各出版社须依照《文库》评审工作计划按时完成初评工作，并向《文库》编辑部报送通过初评的书稿、初评结果及排名、初评专家意见表、初评工作方案等材料。

（二）复评。复评工作由全国博士后管委会办公室与《文库》编辑部负责具体实施。评审专家在本人意见基础上，结合书稿的推荐意见及初评意见，对书稿的政治方向、学术创新、理论价值、现实意义等进行全面评价，做出是否推荐入选《文库》的意见。对于不予推荐的书稿也需填写具体意见。

复评采取专家会前审读及现场会评相结合的方式。现场会评工作开展时，评审专家根据学科分组进行组内评审，依照《中国社会科学博士后文库书稿评审参考指标》，通过专家陈述、小组讨论、投票等程序对本学科组参评书稿进行评审，确定拟入选《文库》的书稿及备选书稿。

（三）公示、公告。对于拟入选《文库》书稿及备选书稿，在复评结束后通过相关媒体及网站向社会公示，公示期为5个工作日。公示期满无异议后，经《文库》主管单位批准正式入选《文库》，并通过相关媒体及网站予以公告。

第二十条　对于未递补成功的备选书稿，经作者修改后重新投稿的，可直接进入下一批《文库》复评环节。

第四章　出版

第二十一条　《文库》编辑部根据评审结果制定《文库》出版工作计划，对出版进度、装帧规范、排版要求等做出具体规定。

第二十二条　《文库》书稿公告结束后两个月内，各出版社与入选《文库》作者签订出版协议。逾期不签订出版协议，视为放弃入选《文库》。

第二十三条　《文库》编辑部根据出版规模制定《文库》出版资助计划；出版社根据资助计划向《文库》编辑部报送出版经费预算。

第二十四条　《文库》著作正式出版后，全国博士后管理委员会为入选《文库》著作的作者颁发"优秀博士后学术成果"证书。

第五章　监督

第二十五条　《文库》书稿须坚持正确政治方向、学术导向、价值取向，充分体现马克思主义的立场、观点、方法；切实尊重知识产权，恪守学术道德，符合学术规范；不得有违反国家宪法及相关法律法规，违背社会公德、传统美德，危害国家安全、荣誉和利益等内容。对存在以上问题的《文库》书稿，一经查实，申请人不得再申报《文库》；已入选《文库》，将撤销资格，追回荣誉证书，并通报批评。

第二十六条　《文库》征稿、评审、出版等工作须始终坚持党的领导、维护党和国家利益，坚持以人民为中心的工作导向。参与《文库》工作的相关人员要严格遵守法律法规、保守工作秘密，严禁利用职务便利牟取不正当利益。

第二十七条 《文库》工作要做到全过程可查询、可追溯、可申诉，杜绝人情稿、关系稿、有偿稿；《文库》编辑部和各出版社应自觉接受相关部门监督指导。

第六章 附则

第二十八条 本办法由中国社会科学院人事教育局负责解释。

第二十九条 本办法自印发之日起执行。

统 计 资 料

一 中国社会科学院 2019 年在职人员情况统计表

单位 \ 项目 人数	合计	专业人员 小计	正高	副高	中级	初级	未定级	管理人员	工勤人员
总　计	4509	3416	835	1020	1305	90	166	1052	41
文学研究所	120	104	38	32	33	1	0	16	0
民族文学研究所	44	37	9	11	17	0	0	7	0
外国文学研究所	87	74	20	30	23	1	0	13	0
语言研究所	82	68	23	23	22	0	0	14	0
哲学研究所	133	114	41	43	28	2	0	19	0
世界宗教研究所	75	65	22	21	20	2	0	10	0
中国历史研究院（院部）	77	35	4	10	18	3	0	42	0
考古研究所	137	122	35	35	51	1	0	15	0
古代史研究所	127	117	36	35	43	3	0	10	0
近代史研究所	108	95	32	31	31	1	0	12	1
世界历史研究所	70	57	19	22	16	0	0	13	0
中国边疆研究所	37	32	10	10	12	0	0	5	0
历史理论研究所	27	21	8	6	7	0	0	6	0
经济研究所	136	122	41	37	43	1	0	11	3
工业经济研究所	85	72	22	25	25	0	0	12	1
农村发展研究所	83	68	21	23	22	2	0	15	0
财经战略研究院	78	68	19	18	30	1	0	10	0
金融研究所	39	36	12	14	9	1	0	3	0
数量经济与技术经济研究所	66	55	21	16	16	2	0	11	0

— 976 —

续表

单位 \ 项目	合计	专业人员 小计	正高	副高	中级	初级	未定级	管理人员	工勤人员
人口与劳动经济研究所	43	36	8	14	14	0	0	7	0
城市发展与环境研究所	44	39	13	12	12	2	0	5	0
法学研究所	105	91	30	31	30	0	0	14	0
国际法研究所	34	31	8	11	11	1	0	3	0
政治学研究所	43	35	11	10	14	0	0	8	0
民族学与人类学研究所	147	132	40	45	46	1	0	15	0
社会学研究所	78	66	17	26	22	1	0	12	0
社会发展战略研究院	33	28	4	11	12	1	0	4	1
新闻与传播研究所	43	35	8	13	14	0	0	8	0
世界经济与政治研究所	115	96	27	29	40	0	0	19	0
俄罗斯东欧中亚研究所	90	77	25	22	23	7	0	13	0
欧洲研究所	54	47	14	15	15	3	0	7	0
西亚非洲研究所（中国非洲研究院）	61	52	12	18	21	1	0	9	0
拉丁美洲研究所	52	44	11	12	20	1	0	8	0
亚太与全球战略研究院	61	50	11	17	21	1	0	11	0
美国研究所	50	43	12	13	18	0	0	7	0
日本研究所	52	43	14	13	16	0	0	9	0
马克思主义研究院（含中特中心）	135	121	30	39	50	2	0	14	0
当代中国研究所	86	57	15	18	23	1	0	29	0
信息情报研究院	39	33	5	10	17	1	0	6	0

续表

人数\项目\单位	合计	专业人员 小计	正高	副高	中级	初级	未定级	管理人员	工勤人员
中国社会科学评价研究院	25	17	4	5	8	0	0	8	0
中国社会科学院大学（研究生院）	404	300	41	99	147	13	0	104	0
中国社会科学院图书馆	86	73	2	25	34	12	0	13	0
中国社会科学杂志社	53	42	11	11	20	0	0	11	0
服务中心	59	7	0	0	3	4	0	34	18
文化发展促进中心（中国人文科学发展公司）	10	0	0	0	0	0	0	9	1
郭沫若纪念馆	13	10	2	2	5	1	0	3	0
中国社会科学出版社	223	151	17	15	60	3	56	56	16
社会科学文献出版社	358	297	10	42	122	13	110	61	0
中国地方志指导小组办公室	44	0	0	0	0	0	0	44	0
院领导	13	0	0	0	0	0	0	13	0
办公厅	56	0	0	0	0	0	0	56	0
科研局/学部工作局	39	0	0	0	0	0	0	39	0
人事教育局	31	0	0	0	0	0	0	31	0
国际合作局	32	0	0	0	0	0	0	32	0
财务基建计划局	37	0	0	0	0	0	0	37	0
离退休干部工作局	17	0	0	0	0	0	0	17	0
直属机关党委	32	0	0	0	0	0	0	32	0
1.研究单位	3001	2535	752	826	913	44	0	460	6
2.院直属单位	625	432	56	137	209	30	0	174	19
3.院直机关	258	1	0	0	1	0	0	257	0
4.院属企业	581	448	27	57	182	16	166	117	16
5.代管单位	44	0	0	0	0	0	0	44	0

二　中国社会科学院2019年在职人员年龄结构统计表

类别＼项目 人数	合计	35岁及以下	36岁至40岁	41岁至45岁	46岁至50岁	51岁至55岁	56岁至60岁	女	60岁以上
总　　计	4509	1120	871	729	687	494	537	156	71
文学研究所	120	27	26	16	14	19	17	2	1
民族文学研究所	44	9	10	8	5	5	5	1	2
外国文学研究所	87	20	12	18	15	7	14	8	1
语言研究所	82	16	8	13	15	15	12	2	3
哲学研究所	133	26	26	16	20	20	21	5	4
世界宗教研究所	75	13	12	10	18	7	11	5	4
中国历史研究院（院部）	77	24	11	15	16	6	5	3	0
考古研究所	137	27	20	23	23	18	22	4	4
古代史研究所	127	23	23	24	25	12	16	5	4
近代史研究所	108	15	26	14	13	18	20	8	2
世界历史研究所	70	8	12	14	18	8	7	3	3
中国边疆研究所	37	11	8	6	4	3	5	0	0
历史理论研究所	27	10	1	9	2	2	2	0	1
经济研究所	136	33	32	16	21	13	17	3	4
工业经济研究所	85	16	16	13	14	8	17	4	1
农村发展研究所	83	22	17	8	5	12	19	6	0
财经战略研究院	78	18	19	15	14	3	9	2	0
金融研究所	39	2	11	7	12	7	0	0	0

续表

人数 \ 项目 \ 类别	合计	35岁及以下	36岁至40岁	41岁至45岁	46岁至50岁	51岁至55岁	56岁至60岁	女	60岁以上
数量经济与技术经济研究所	66	17	4	6	14	9	13	3	3
人口与劳动经济研究所	43	6	12	10	7	4	3	1	1
城市发展与环境研究所	44	2	7	8	8	9	9	4	1
法学研究所	105	22	20	22	14	11	13	2	3
国际法研究所	34	8	5	8	7	3	3	2	0
政治学研究所	43	9	7	3	8	11	4	0	1
民族学与人类学研究所	147	17	24	23	31	23	28	8	1
社会学研究所	78	15	21	12	8	10	12	4	0
社会发展战略研究院	33	9	7	9	3	2	3	0	0
新闻与传播研究所	43	10	11	4	9	6	2	0	1
世界经济与政治研究所	115	26	26	19	13	13	16	7	2
俄罗斯东欧中亚研究所	90	20	14	6	20	15	15	7	0
欧洲研究所	54	10	7	13	11	5	5	1	3
西亚非洲研究所（中国非洲研究院）	61	8	9	18	7	12	7	2	0
拉丁美洲研究所	52	14	5	11	11	2	9	3	0
亚太与全球战略研究院	61	9	14	12	10	10	6	3	0
美国研究所	50	10	4	8	9	7	11	2	1
日本研究所	52	11	11	6	10	10	2	0	2
马克思主义研究院（含中特中心）	135	20	27	37	29	12	8	4	2
当代中国研究所	86	10	17	11	16	15	15	2	2
信息情报研究院	39	7	7	13	6	1	5	2	0
中国社会科学评价研究院	25	7	6	4	5	1	1	0	1
中国社会科学院大学（研究生院）	404	97	81	93	74	31	28	12	0

续表

人数　　项目　　类别	合计	35岁及以下	36岁至40岁	41岁至45岁	46岁至50岁	51岁至55岁	56岁至60岁	女	60岁以上
中国社会科学院图书馆	86	29	16	10	6	15	10	5	0
中国社会科学杂志社	53	5	12	13	10	4	8	0	1
服务中心	59	9	6	5	8	12	19	2	0
文化发展促进中心（中国人文科学发展公司）	10	0	0	0	1	2	6	0	1
郭沫若纪念馆	13	7	3	3	0	0	0	0	0
中国社会科学出版社	223	91	52	30	24	17	9	2	0
社会科学文献出版社	358	201	83	36	24	5	8	3	1
中国地方志指导小组办公室	44	11	11	7	3	12	0	0	0
院领导	13	0	0	0	0	1	3	0	9
办公厅	56	23	5	10	3	3	12	4	0
科研局／学部工作局	39	13	8	3	6	2	7	3	0
人事教育局	31	15	11	3	2	0	0	0	0
国际合作局	32	11	7	1	7	5	1	0	0
财务基建计划局	38	9	8	3	7	3	8	4	0
离退休干部工作局	17	4	2	2	2	4	3	1	0
直属机关党委	32	8	11	2	0	4	6	2	1
1. 研究单位	3001	587	555	508	510	374	409	118	58
2. 院直属单位	625	147	118	124	99	64	71	19	2
3. 院直机关	258	83	52	24	27	22	40	14	10
4. 院属企业	581	292	135	66	48	22	17	5	1
5. 代管单位	44	11	11	7	3	12	0	0	0

三 中国社会科学院2019年专业人员年龄、学历结构统计表

类别	项目 \ 人数	合计	正高	副高	中级	初级	未定级
	总计	3416	835	1020	1305	90	166
年龄结构	35岁及以下	835	0	57	584	69	125
	36–40岁	687	20	250	379	13	25
	41–45岁	594	110	280	188	4	12
	46–50岁	557	215	239	99	2	2
	51–55岁	361	215	113	31	1	1
	56–60岁	346	239	81	24	1	1
	60岁以上	36	36	0	0	0	0
学历结构	博士	2340	695	782	844	1	18
	硕士	643	99	157	301	41	45
	大学本科	371	41	73	141	41	75
	大学大专	56	0	8	18	6	24
	中专	3	0	0	1	0	2
	高中及以下	3	0	0	0	1	2

四 中国社会科学院 2019 年邀请来访人员统计表

表 1 按交流学科划分统计

交流学科	合计 批次	合计 人次	欧亚处 批次	欧亚处 人次	欧洲处 批次	欧洲处 人次	亚非处 批次	亚非处 人次	美大处 批次	美大处 人次	国际处 批次	国际处 人次	联络处 批次	联络处 人次
国际问题	39	230	0	0	12	34	20	130	0	0	7	66	0	0
史学	36	191	1	3	4	5	12	36	5	5	13	133	1	9
哲学	3	7	0	0	2	2	1	5	0	0	0	0	0	0
经济学	60	238	0	0	5	18	21	48	14	36	18	131	2	5
法学	17	177	0	0	1	9	1	5	0	0	14	126	1	37
社会学	17	103	0	0	4	6	3	47	3	5	7	45	0	0
新闻出版	3	16	0	0	0	0	1	2	1	1	1	13	0	0
综合	28	747	0	0	2	5	2	43	11	63	13	636	0	0
其他	2	9	0	0	0	0	0	0	0	0	0	0	2	9
文学	4	32	0	0	0	0	1	4	0	0	3	28	0	0
语言学	4	13	0	0	1	1	1	5	0	0	2	7	0	0
民族学	2	4	0	0	1	3	1	1	0	0	0	0	0	0
马克思主义	4	26	0	0	2	4	0	0	0	0	2	22	0	0
政治学	4	51	0	0	0	0	3	50	0	0	0	0	1	1
图书资料	0	0	0	0	0	0	0	0	0	0	0	0	0	0
宗教学	10	75	0	0	1	1	1	10	0	0	8	64	0	0
行政管理	1	26	0	0	0	0	0	0	0	0	0	0	1	26
总计	234	1945	1	3	35	88	68	386	34	110	88	1271	8	87

表2 按交流方式划分统计

交流方式	合计 批次	合计 人次	欧亚处 批次	欧亚处 人次	欧洲处 批次	欧洲处 人次	亚非处 批次	亚非处 人次	美大处 批次	美大处 人次	国际处 批次	国际处 人次	联络处 批次	联络处 人次
学术访问	90	232	1	3	27	59	43	116	13	16	4	11	2	27
双边讨论会	20	193	0	0	2	19	11	111	6	42	1	21	0	0
进修	7	65	0	0	0	0	5	56	0	0	0	0	2	9
国际及多边会议	100	1364	0	0	5	9	6	71	8	45	80	1230	1	9
工作访问	2	9	0	0	0	0	2	9	0	0	0	0	0	0
讲学	8	8	0	0	1	1	0	0	7	7	0	0	0	0
合作研究	1	3	0	0	0	0	0	0	0	0	0	0	1	3
其他访问	6	71	0	0	0	0	1	23	0	0	3	9	2	39
总计	234	1945	1	3	35	88	68	386	34	110	0	0	8	87

五　中国社会科学院 2019 年派遣出访人员统计表

表 1　按交流学科划分统计

交流学科	合计 批次	合计 人次	欧亚处 批次	欧亚处 人次	欧洲处 批次	欧洲处 人次	亚非处 批次	亚非处 人次	美大处 批次	美大处 人次	国际处 批次	国际处 人次	联络处 批次	联络处 人次	交流中心 批次	交流中心 人次
国际问题	447	785	88	160	139	203	146	275	45	78	18	50	11	19	0	0
经济学	289	597	12	27	71	151	111	262	39	74	21	25	35	58	0	0
史学	186	357	21	56	23	42	68	152	20	26	11	11	43	70	0	0
社会学	71	127	9	16	15	32	21	37	9	14	3	3	14	25	0	0
文学	67	92	4	8	18	29	17	24	10	12	5	5	13	14	0	0
综合	69	270	14	48	21	69	16	67	11	36	3	15	3	10	1	25
新闻出版	48	112	2	9	11	28	13	31	5	10	0	0	17	34	0	0
法学	91	169	4	9	28	56	16	28	15	37	8	9	20	30	0	0
政治学	18	30	3	7	4	8	7	11	0	0	1	1	3	3	0	0
哲学	28	43	4	4	5	5	10	20	4	5	3	3	2	6	0	0
民族学	22	36	0	0	7	9	7	14	3	3	3	8	2	2	0	0
语言学	37	55	0	0	8	12	10	20	7	8	1	1	11	14	0	0
宗教学	44	97	0	0	8	9	21	49	2	7	2	2	11	30	0	0
图书资料	6	17	0	0	1	4	3	8	2	5	0	0	0	0	0	0
马克思主义	16	43	1	1	6	13	7	21	2	8	0	0	0	0	0	0
行政管理	1	1	0	0	0	0	0	0	0	0	0	0	1	1	0	0
总计	1440	2831	162	345	365	670	473	1019	174	323	79	133	186	316	1	25

表2　按交流方式划分统计

交流方式	合计 批次	合计 人次	欧亚处 批次	欧亚处 人次	欧洲处 批次	欧洲处 人次	亚非处 批次	亚非处 人次	美大处 批次	美大处 人次	国际处 批次	国际处 人次	联络处 批次	联络处 人次	交流中心 批次	交流中心 人次
学术访问	798	1780	122	286	236	455	240	642	97	205	24	37	78	130	1	25
双边讨论会	126	224	4	6	24	52	49	83	12	28	0	0	37	55	0	0
工作访问	11	30	1	1	0	0	8	27	0	0	0	0	2	2	0	0
合作研究	1	1	1	1	0	0	0	0	0	0	0	0	0	0	0	0
进修	15	15	0	0	0	0	0	0	2	2	13	13	0	0	0	0
国际及多边会议	408	615	28	38	79	106	161	237	53	69	42	83	45	82	0	0
讲学	15	15	0	0	5	5	3	3	0	0	0	0	7	7	0	0
其他访问	66	151	6	13	21	52	12	27	10	19	0	0	17	40	0	0
总计	1440	2831	162	345	365	670	473	1019	174	323	79	133	186	316	1	25

六 中国社会科学院图书馆系统2019年藏书情况

单位名称	合计（万册）	新购图书（册）中文	新购图书（册）外文	新购期刊（种）中文	新购期刊（种）外文
中国社会科学院图书馆	210.5	10558	3963	1398	752
法学分馆	25	909	838	102	59
民族分馆	45.15	1730	230	191	59
国际研究分馆	22.9668	36	444	404	487
研究生院分馆	50.85	26822	1489	1093	77
经济研究所	70.6	2738	609	177	75
考古研究所	33.4	1908	125	141	63
历史研究所	60	1057	13	190	0
近代史研究所	71	1745	352	285	51
世界历史研究所	11.7814	120	450	47	84
中国社会科学杂志社	5.8097	101	0	325	17
边疆研究所	1.9178	90	0	73	0
当代中国研究所	9.2871	470	0	149	11
总计	618.2628	48284	8513	4575	1735

七 中国社会科学院 2019 年学术期刊一览表

（有 CN 号，其中 79 种中文刊，6 种英文刊，1 种中英文双语刊）

序号	刊名	刊期	创刊时间	主办单位	主编	出版单位
1	考古学报	季刊	1936	考古研究所	陈星灿	社会科学文献出版社
2	中国语文	双月刊	1952	语言研究所	刘丹青	社会科学文献出版社
3	世界文学	双月刊	1953	外国文学研究所	高兴	社会科学文献出版社
4	法学研究	双月刊	1954	法学研究所	陈甦	社会科学文献出版社
5	文学遗产	双月刊	1954	文学研究所	刘跃进	社会科学文献出版社
6	历史研究	双月刊	1954	中国历史研究院（院部）	李国强	历史研究杂志社
7	经济研究	月刊	1955	经济研究所	黄群慧	社会科学文献出版社
8	考古	月刊	1955	考古研究所	陈星灿	社会科学文献出版社
9	外国文学动态研究	双月刊	1955	外国文学研究所	苏玲	社会科学文献出版社
10	哲学研究	月刊	1955	哲学研究所	张志强（常务副主编）	社会科学文献出版社
11	世界哲学	双月刊	1956	哲学研究所	冯颜利	社会科学文献出版社
12	文学评论	双月刊	1957	文学研究所	张江	社会科学文献出版社
13	民族研究	双月刊	1958	民族学与人类学研究所	王延中	社会科学文献出版社
14	经济学动态	月刊	1960	经济研究所	黄群慧	社会科学文献出版社
15	当代语言学	季刊	1961	语言研究所	胡建华	社会科学文献出版社
16	世界历史	双月刊	1978	世界历史研究所	汪朝光	社会科学文献出版社
17	国外社会科学	双月刊	1978	信息情报研究院	王灵桂	社会科学文献出版社

续表

序号	刊名	刊期	创刊时间	主办单位	主编	出版单位
18	世界经济	月刊	1978	中国世界经济学会 世界经济与政治研究所	张宇燕	社会科学文献出版社
19	中国哲学史	双月刊	1978	中国哲学史学会	李存山	社会科学文献出版社
20	环球法律评论	双月刊	1979	法学研究所	周汉华	社会科学文献出版社
21	经济管理	月刊	1979	工业经济研究所	史 丹	社会科学文献出版社
22	近代史研究	双月刊	1979	近代史研究所	徐秀丽	社会科学文献出版社
23	拉丁美洲研究	双月刊	1979	拉丁美洲研究所	王荣军	社会科学文献出版社
24	中国史研究	季刊	1979	古代史研究所	彭 卫	社会科学文献出版社
25	中国史研究动态	双月刊	1979	古代史研究所	卜宪群	社会科学文献出版社
26	民族语文	双月刊	1979	民族学与人类学研究所	尹虎彬	社会科学文献出版社
27	青年研究	双月刊	1979	社会学研究所	陈光金	社会科学文献出版社
28	世界经济与政治	月刊	1979	世界经济与政治研究所	张宇燕	社会科学文献出版社
29	世界宗教研究	双月刊	1979	世界宗教研究所	卓新平	社会科学文献出版社
30	南亚研究	季刊	1979	亚太与全球战略研究院	李向阳	社会科学文献出版社
31	方言	季刊	1979	语言研究所	麦 耘	社会科学文献出版社
32	哲学动态	月刊	1979	哲学研究所	张志强	社会科学文献出版社
33	财贸经济	月刊	1980	财经战略研究院	何德旭	社会科学文献出版社
34	中国农村观察	双月刊	1980	农村发展研究所	魏后凯	社会科学文献出版社
35	世界宗教文化	双月刊	1980	世界宗教研究所	郑筱筠	社会科学文献出版社
36	西亚非洲	双月刊	1980	西亚非洲研究所（中国非洲研究院）	李新烽	社会科学文献出版社
37	中国社会科学	月刊	1980	中国社会科学院	张 江	中国社会科学杂志社

续表

序号	刊名	刊期	创刊时间	主办单位	主编	出版单位
38	中国社会科学（英文版）	季刊	1980	中国社会科学杂志社	张江	泰勒－弗朗西斯
39	俄罗斯东欧中亚研究	双月刊	1981	俄罗斯东欧中亚研究所	孙壮志	社会科学文献出版社
40	中国社会科学院研究生院学报	双月刊	1981	中国社会科学院大学（研究生院）	王新清	社会科学文献出版社
41	中国地方志	双月刊	1981	中国地方志指导小组办公室	邱新立	社会科学文献出版社
42	民族文学研究	双月刊	1983	民族文学研究所	朝戈金	社会科学文献出版社
43	欧洲研究	双月刊	1983	欧洲研究所	黄平	社会科学文献出版社
44	国际社会科学杂志	季刊	1983	中国社会科学杂志社	王利民	中国社会科学杂志社
45	中国工业经济	月刊	1984	工业经济研究所	史丹	社会科学文献出版社
46	数量经济技术经济研究	月刊	1984	数量经济与技术经济研究所	李平	社会科学文献出版社
47	中国农村经济	月刊	1985	农村发展研究所	魏后凯	社会科学文献出版社
48	日本学刊	双月刊	1985	日本研究所	高洪（代）	社会科学文献出版社
49	第欧根尼	半年刊	1985	信息情报研究院	王灵桂	社会科学文献出版社
50	政治学研究	双月刊	1985	政治学研究所	房宁	社会科学文献出版社
51	中国经济史研究	双月刊	1986	经济研究所	魏众	社会科学文献出版社
52	社会学研究	双月刊	1986	社会学研究所	陈光金	社会科学文献出版社
53	美国研究	双月刊	1987	美国研究所 中华美国学会	吴白乙	社会科学文献出版社
54	中国人口科学	双月刊	1987	人口与劳动经济研究所		社会科学文献出版社

续表

序号	刊名	刊期	创刊时间	主办单位	主编	出版单位
55	史学理论研究	季刊	1987	历史理论研究所	夏春涛	社会科学文献出版社
56	外国文学评论	季刊	1987	外国文学研究所	陈众议	社会科学文献出版社
57	台湾研究	双月刊	1988	台湾研究所	刘佳雁	社会科学文献出版社
58	抗日战争研究	季刊	1991	近代史研究所	高士华	社会科学文献出版社
59	中国边疆史地研究	季刊	1991	中国边疆研究所	李大龙	社会科学文献出版社
60	当代亚太	双月刊	1992	亚太与全球战略研究院	李向阳	社会科学文献出版社
61	中国与世界经济（英文）	双月刊	1993	世界经济与政治研究所	张宇燕	威利
62	当代韩国	季刊	1993	院韩国研究中心 社会科学文献出版社	汝信	社会科学文献出版社
63	当代中国史研究	双月刊	1994	当代中国研究所	张星星	社会科学文献出版社
64	新闻与传播研究	月刊	1994	新闻与传播研究所	唐绪军	社会科学文献出版社
65	马克思主义研究	月刊	1995	马克思主义研究院	姜 辉	社会科学文献出版社
66	世界民族	双月刊	1995	民族学与人类学研究所	方 勇	社会科学文献出版社
67	欧亚经济	双月刊	1996	俄罗斯东欧中亚研究所	高晓慧	社会科学文献出版社
68	国际经济评论	双月刊	1996	世界经济与政治研究所	张宇燕	社会科学文献出版社
69	科学与无神论	双月刊	1997	马克思主义研究院	杜继文	社会科学文献出版社
70	中国社会科学文摘	月刊	2000	中国社会科学杂志社	李红岩	中国社会科学杂志社
71	中国经济学人（中英文）	双月刊	2006	工业经济研究所	史 丹	经济管理出版社

续表

序号	刊名	刊期	创刊时间	主办单位	主编	出版单位
72	金融评论	双月刊	2009	金融研究所	胡滨	社会科学文献出版社
73	中国财政与经济研究（英文）	季刊	2012	财经战略研究院	何德旭	施普林格
74	劳动经济研究	双月刊	2013	人口与劳动经济研究所	蔡昉	社会科学文献出版社
75	城市与环境研究	季刊	2014	城市发展与环境研究所	潘家华	社会科学文献出版社
76	国际法研究	双月刊	2014	国际法研究所	莫纪宏	社会科学文献出版社
77	社会发展研究	季刊	2014	社会发展战略研究院	张翼	社会科学文献出版社
78	世界史研究（英文）	半年刊	2014	世界历史研究所	汪朝光	泰勒－弗朗西斯
79	中国社会科学评价	季刊	2015	中国社会科学杂志社	孙麾	中国社会科学杂志社
80	中国文学批评	季刊	2015	中国社会科学杂志社	张江	中国社会科学杂志社
81	财经智库	双月刊	2016	财经战略研究院	何德旭	社会科学文献出版社
82	世界社会主义研究	月刊	2016	马克思主义研究院	李慎明	社会科学文献出版社
83	当代美国评论	季刊	2017	美国研究所	吴白乙（1—3期）倪峰（第4期）	社会科学文献出版社
84	中国年鉴研究	季刊	2017	中国地方志指导小组办公室	冀祥德	社会科学文献出版社
85	中国城市与环境研究（英文）	季刊	2018年获得CN号	社会科学文献出版社 城市发展与环境研究所	潘家华	新加坡世界科技出版公司
86	文献与数据学报	季刊	2019	院图书馆	王岚	社会科学文献出版社

八　中国社会科学院2019年主管学术社团一览表

序号	社团名称	代管单位	法定代表人	会长
1	中国当代文学研究会	文学所	白　烨	白　烨
2	中国近代文学学会	文学所	王达敏	关爱和
3	中国鲁迅研究会	文学所	董炳月	孙　郁
4	中国现代文学研究会	文学所	萨支山	丁　帆
5	中国中外文艺理论学会	文学所	高建平	高建平
6	中华文学史料学学会	文学所	陈才智	刘跃进
7	中国文学批评研究会	文学所	高建平	张　江
8	中国《江格尔》研究会	民文所	斯钦巴图	朝戈金
9	中国蒙古文学学会	民文所	刘　成	额尔很巴雅尔
10	中国少数民族文学学会	民文所	朝戈金	朝戈金
11	中国维吾尔历史文化研究会	民文所	吐鲁甫·巴拉提	吐鲁甫·巴拉提（代）
12	中国外国文学学会	外文所	陈众议	陈众议
13	中国语言学会	语言所	李爱军	王洪君
14	全国汉语方言学会	语言所	沈　明	沈　明
15	国际易学联合会	哲学所	孙　晶	孙　晶
16	中国辩证唯物主义研究会	哲学所	孙伟平	王伟光
17	中国伦理学会	哲学所	孙春晨	万俊人
18	中国逻辑学会	哲学所	杜国平	邹崇理
19	中国马克思主义哲学史学会	哲学所	魏小萍	郝立新
20	中国现代外国哲学学会	哲学所	江　怡	尚　杰
21	中国哲学史学会	哲学所	李存山	陈　来

续表

序号	社团名称	代管单位	法定代表人	会长
22	中华美学学会	哲学所	徐碧辉	高建平
23	中华全国外国哲学史学会	哲学所	王齐	张志伟
24	中国宗教学会	宗教所	卓新平	卓新平
25	中国考古学会	考古所	王巍	王巍
26	中国明史学会	历史所	张宪博	陈支平
27	中国秦汉史研究会	历史所	卜宪群	卜宪群
28	中国魏晋南北朝史学会	历史所	楼劲	楼劲
29	中国先秦史学会	历史所	宫长为	宫长为
30	中国殷商文化学会	历史所	王震中	王震中
31	中国中外关系史学会	历史所	万明	万明
32	中国抗日战争史学会	近代史所	高士华	王建朗
33	中国史学会	近代史所	王建朗	李捷
34	中国孙中山研究会	近代史所	汪朝光	汪朝光
35	中国现代文化学会	近代史所	金以林	金以林
36	中国中俄关系史研究会	近代史所	陈开科	季志业
37	中国朝鲜史研究会	世历所	孙泓	朴灿奎
38	中国德国史研究会	世历所	王宏波	郑寅达
39	中国第二次世界大战史研究会	世历所	张晓华	徐蓝
40	中国法国史研究会	世历所	姜南	沈坚
41	中国非洲史研究会	世历所	毕健康	李安山
42	中国国际文化书院	世历所	张文涛	汪朝光
43	中国拉丁美洲史研究会	世历所	王文仙	韩琦
44	中国美国史研究会	世历所	孟庆龙	梁茂信
45	中国日本史学会	世历所	张跃斌	杨栋梁
46	中国世界古代中世纪史研究会	世历所	徐建新	晏绍祥
47	中国世界近代现代史研究会	世历所	俞金尧	高毅
48	中国苏联东欧史研究会	世历所	王晓菊	张盛发
49	中国英国史研究会	世历所	金海	高岱

续表

序号	社团名称	代管单位	法定代表人	会长
50	中国中日关系史学会	世历所	徐启新	王新生
51	中国《资本论》研究会	经济所	胡家勇	林 岗
52	中国比较经济学研究会	经济所	杨春学	钱颖一
53	中国城市发展研究会	经济所	王砚峰	洪 峰
54	中国经济史学会	经济所	魏明孔	魏明孔
55	中国经济思想史学会	经济所	魏 众	邹进文
56	中国工业经济学会	工经所	史 丹	江小涓
57	中国企业管理研究会	工经所	黄速建	黄速建
58	中国区域经济学会	工经所	金 碚	金 碚
59	中国城郊经济研究会	农发所	魏后凯	魏后凯
60	中国国外农业经济研究会	农发所	杜志雄	杜志雄
61	中国生态经济学学会	农发所	于法稳	谭家林
62	中国林牧渔业经济学会	农发所	刘长全	魏后凯
63	中国西部开发促进会	农发所	赵 霖	赵 霖
64	中国县镇经济交流促进会	农发所	朱 钢	杜志雄
65	中国成本研究会	财经院	汪德华	何德旭
66	中国市场学会	财经院	朱小惠	夏杰长
67	中国开发性金融促进会	金融所	陈 元	陈 元
68	中国数量经济学会	数技经所	李 平	李 平
69	中国城市经济学会	城环所	潘家华	晋保平
70	劳动经济学会	人口所		
71	中国法律史学会	法学所	杨一凡	张 生
72	中国红色文化研究会	政治学所	刘润为	刘润为
73	中国政策科学研究会	政治学所	谢和军	滕文生
74	中国政治学会	政治学所	李慎明	李慎明
75	中国民族古文字研究会	民族所	聂鸿音	尹虎彬
76	中国民族理论学会	民族所	陈建樾	陈改户
77	中国民族史学会	民族所	刘正寅	方 勇

续表

序号	社团名称	代管单位	法定代表人	会长
78	中国民族学学会	民族所	色音	王延中
79	中国民族研究团体联合会	民族所	王延中	王延中
80	中国民族语言学会	民族所	王锋	尹虎彬
81	中国世界民族学会	民族所	方勇	郝时远
82	中国突厥语研究会	民族所	黄行	黄行
83	中国西南民族研究学会	民族所	舒瑜	那金华
84	中国社会心理学会	社会学所	王俊秀	汪新建
85	中国社会学会	社会学所	陈光金	李友梅
86	社会变迁研究会	社发院	张翼	张翼
87	新兴经济体研究会	世经政所	姚枝仲	张宇燕
88	中国世界经济学会	世经政所	邵滨鸿	张宇燕
89	中国俄罗斯东欧中亚学会	俄欧亚所	李永全	李永全
90	中国欧洲学会	欧洲所	周弘	周弘
91	中国世界政治研究会	欧洲所	黄平	黄平
92	中国亚非学会	西亚非所	张宏明	张宏明
93	中国中东学会	西亚非所	杨光	杨光
94	中国拉丁美洲学会	拉美所	王立峰	王晓德
95	中国南亚学会	亚太院	李向阳	叶海林
96	中国亚洲太平洋学会	亚太院	王灵桂	李向阳
97	中华美国学会	美国所	倪峰	黄平
98	全国日本经济学会	日本所	张季风	尹中卿
99	中华日本学会	日本所	李薇	李薇
100	中国历史唯物主义学会	马研院	侯惠勤	侯惠勤
101	中国政治经济学学会	马研院	毛立言	程恩富
102	中国无神论学会	马研院	习五一	樊建新
103	中华外国经济学说研究会	马研院	程恩富	程恩富
104	中华人民共和国国史学会	当代所	朱佳木	朱佳木
105	当代城乡发展规划院	中国社会科学院大学（研究生院）	付崇兰	汝信

续表

序号	社团名称	代管单位	法定代表人	会长
106	中国社会科学情报学会	图书馆	刘振喜	庄前生
107	中国地方志学会	方志办	冀祥德	李培林
108	全国台湾研究会	台湾所	周志怀	戴秉国
109	中国郭沫若研究会	郭沫若纪念馆	李斌	无
110	中国企业投资协会	无	宋晓鹤	陈元
111	中国战略文化促进会	无	罗援	郑万通
112	中华诗词发展基金会	民文所	王苏粤	王苏粤
113	孙冶方经济科学基金会	经济所	李剑阁	李剑阁

九 中国社会科学院非实体研究中心一览表

序号	主管单位	性质	名称	负责人
1	文学所	所属	比较文学研究中心	董炳月
2	文学所	所属	马克思主义文艺与文化批评研究中心	丁国旗
3	文学所	所属	民俗文化研究中心	安德明
4	文学所	所属	世界华文文学研究中心	张重岗
5	民文所	院属	中国少数民族文化与语言文字研究中心	朝戈金
6	民文所	所属	《格萨尔》研究中心	朝克
7	民文所	所属	口头传统研究中心	巴莫曲布嫫
8	外文所	所属	马克思主义文艺思想研究中心	陈众议
9	外文所	所属	文学理论研究中心	徐德林
10	语言所	所属	语料库暨计算语言学研究中心	顾曰国
11	语言所	院属	辞书编纂研究中心	刘丹青
12	哲学所	院属	东方文化研究中心	成建华
13	哲学所	院属	科学技术和社会研究中心	段伟文
14	哲学所	院属	社会发展研究中心	崔唯航
15	哲学所	院属	世界文明比较研究中心	汝信
16	哲学所	院属	文化研究中心	王立胜
17	哲学所	院属	应用伦理研究中心	龚颖
18	宗教所	院属	道家与道教文化中心	戈国龙
19	宗教所	院属	佛教研究中心	魏道儒
20	宗教所	院属	基督教研究中心	唐晓峰
21	宗教所	院属	邪教问题研究中心	郑筱筠
22	宗教所	所属	巴哈伊教研究中心	卓新平

续表

序号	主管单位	性质	名称	负责人
23	宗教所	所属	儒教研究中心	卢国龙
24	考古所	院属	古代文明研究中心	陈星灿
25	考古所	院属	外国考古研究中心	王 巍
26	考古所	所属	蒙古族源研究中心	刘国祥
27	考古所	所属	边疆考古研究中心	丛德新
28	考古所	所属	公共考古中心	朱岩石
29	历史所	院属	敦煌学研究中心	雷 闻
30	历史所	院属	徽学研究中心	阿 风
31	历史所	院属	甲骨学殷商史研究中心	宋镇豪
32	历史所	院属	简帛研究中心	邬文玲
33	历史所	院属	中国思想史研究中心	卜宪群
34	历史所	所属	内陆欧亚学研究中心	李锦绣
35	近代史所	院属	台湾史研究中心	张海鹏
36	近代史所	院属	中日历史研究中心	王忍之
37	近代史所	所属	中国近代社会史研究中心	李长莉
38	近代史所	所属	中国近代思想研究中心	郑大华
39	世历所	院属	加拿大研究中心	姚 朋
40	世历所	所属	日本历史与文化研究中心	张经纬
41	历史理论所	院属	史学理论研究中心	吴 英
42	经济所	院属	民营经济研究中心	刘迎秋
43	经济所	院属	欠发达经济研究中心	袁钢明
44	经济所	院属	上市公司研究中心	张 平
45	经济所	院属	中国现代经济史研究中心	赵学军
46	经济所	院属	公共政策研究中心	
47	经济所	所属	经济转型与发展研究中心	邓曲恒
48	经济所	所属	决策科学研究中心	王砚峰
49	工经所	院属	管理科学与创新发展研究中心	李海舰
50	工经所	院属	食品药品产业发展与监管研究中心	张永建

续表

序号	主管单位	性质	名称	负责人
51	工经所	院属	西部发展研究中心	崔民选
52	工经所	院属	中国产业与企业竞争力研究中心	张其仔
53	工经所	院属	中小企业研究中心	贺 俊
54	工经所	所属	澳门产业发展研究中心	葛 健
55	工经所	所属	国家经济发展与经济风险研究中心	吕 铁
56	工经所	所属	能源经济研究中心	史 丹
57	工经所	院属	宏观经济研究中心	李雪松
58	农发所	院属	贫困问题研究中心	吴国宝
59	农发所	院属	生态环境经济研究中心	于法稳
60	农发所	所属	农村社会问题研究中心	于建嵘
61	农发所	所属	合作经济研究中心	张晓山
62	农发所	所属	畜牧业经济研究中心	刘长全
63	财经院	院属	财政税收研究中心	杨志勇
64	财经院	院属	城市与竞争力研究中心	倪鹏飞
65	财经院	院属	经济政策研究中心	郭克莎
66	财经院	院属	旅游研究中心	宋 瑞
67	财经院	所属	服务经济与餐饮产业研究中心	荆林波、赵京桥
68	财经院	所属	信用研究中心	田 侃
69	金融所	院属	保险与经济发展研究中心	郭金龙
70	金融所	院属	金融政策研究中心	何海峰
71	金融所	院属	投融资研究中心	黄国平
72	金融所	所属	财富管理研究中心	王增武
73	金融所	所属	房地产金融研究中心	尹中立
74	金融所	所属	支付清算研究中心	杨 涛
75	数技经所	院属	环境与发展研究中心	张 晓
76	数技经所	院属	技术创新与战略管理研究中心	李富强
77	数技经所	院属	项目评估与战略规划研究咨询中心	李京文、李 平
78	数技经所	院属	信息化研究中心	汪向东

续表

序号	主管单位	性质	名称	负责人
79	数技经所	院属	中国经济社会综合集成与预测中心	李 平
80	人口所	院属	健康业发展研究中心	
81	人口所	院属	老年与家庭研究中心	王跃生
82	人口所	院属	人力资源研究中心	蔡 昉
83	人口所	所属	迁移研究中心	程 杰
84	城环所	院属	可持续发展研究中心	潘家华
85	城环所	所属	城市政策与城市文化研究中心	李国庆、李红玉
86	城环所	所属	人居环境研究中心	侯京林
87	法学所	院属	人权研究中心	莫纪宏
88	法学所	院属	台湾、香港、澳门法研究中心	陈欣新
89	法学所	院属	文化法制研究中心	周汉华
90	法学所	院属	知识产权中心	管育鹰
91	法学所	所属	法治宣传教育与公法研究中心	莫纪宏
92	法学所	院属	国家法治指数研究中心	田 禾
93	法学所	所属	欧洲联盟法研究中心	孙宪忠
94	法学所	所属	私法研究中心	梁慧星
95	法学所	所属	性别与法律研究中心	薛宁兰
96	法学所	所属	马克思主义法学研究中心	李 林、陈 甦
97	国际法所	院属	海洋法治研究中心	王翰灵
98	国际法所	所属	国际刑法研究中心	樊 文
99	国际法所	所属	竞争法研究中心	王晓晔
100	政治学所	所属	公共管理研究中心	房 宁
101	政治学所	所属	马克思主义政治学研究中心	田改伟
102	民族所	院属	蒙古学研究中心	郝时远
103	民族所	院属	中国少数民族语言研究中心	尹虎彬
104	民族所	院属	西夏文化研究中心	史金波
105	民族所	所属	羌学研究中心	孙宏开、尹虎彬、黄成龙

续表

序号	主管单位	性质	名称	负责人
106	社会学所	院属	国情调查与大数据研究中心	李培林
107	社会学所	院属	社会政策研究中心	王春光
108	社会学所	院属	中国私营企业主群体研究中心	陈光金
109	社会学所	院属	中国廉政研究中心	王京清
110	社会学所	所属	农村环境与社会研究中心	王晓毅
111	社会学所	所属	社会—文化人类学研究中心	吴乔
112	社会学所	所属	社会调查和数据处理研究中心	夏传玲
113	社会学所	所属	社会心理学研究中心	王俊秀
114	社会学所	所属	社区信息化研究中心	王颖
115	社发院	院属	社会景气研究中心	陈华珊
116	社发院	院属	国家机关运行保障研究中心	张翼
117	社发院	院属	中国志愿服务研究中心	张翼
118	新闻所	院属	新媒体研究中心	唐绪军
119	新闻所	所属	传媒调查中心	刘志明
120	新闻所	所属	传媒发展研究中心	黄楚新
121	新闻所	所属	广播影视研究中心	殷乐
122	新闻所	所属	媒介传播与青少年发展研究中心	卜卫
123	新闻所	所属	世界传媒研究中心	张丹
124	世经政所	所属	发展研究中心	余永定
125	世经政所	所属	公司治理研究中心	张宇燕
126	世经政所	所属	国际金融研究中心	高海红
127	世经政所	所属	国际经济与战略研究中心	张宇燕
128	世经政所	所属	全球并购研究中心	张金杰
129	世经政所	所属	世界经济史研究中心	李毅、倪月菊
130	俄欧亚所	院属	俄罗斯研究中心	庞大鹏
131	俄欧亚所	院属	"一带一路"研究中心	李永全
132	俄欧亚所	院属	上海合作组织研究中心	孙力
133	欧洲所	院属	国际发展合作与福利促进研究中心	张浚

续表

序号	主管单位	性质	名称	负责人
134	欧洲所	院属	西班牙研究中心	张 敏
135	欧洲所	院属	中德合作研究中心	杨解朴
136	欧洲所	所属	马克思主义与欧洲文明研究中心	田德文
137	欧洲所	所属	台港澳研究中心	黄 平
138	中国非洲研究院	院属	海湾研究中心	杨 光
139	中国非洲研究院	所属	南非研究中心	姚桂梅
140	拉美所	所属	巴西研究中心	周志伟
141	拉美所	所属	古巴研究中心	杨建民
142	拉美所	所属	阿根廷研究中心	郭存海
143	拉美所	所属	墨西哥研究中心	曾 钢
144	拉美所	所属	中美洲和加勒比研究中心	袁东振
145	亚太院	院属	澳大利亚、新西兰、南太平洋研究中心	高 程
146	亚太院	院属	地区安全研究中心	张蕴岭
147	亚太院	院属	南亚研究中心	叶海林
148	亚太院	院属	亚太经合组织与东亚合作研究中心	王玉主
149	亚太院	所属	东北亚研究中心	朴键一
150	亚太院	所属	东南亚研究中心	许利平
151	美国所	院属	世界社会保障制度与理论研究中心	郑秉文
152	美国所	院属	世界政治研究中心	黄 平
153	美国所	所属	军备控制与防扩散研究中心	刘 尊
154	日本所	所属	日本政治研究中心	杨伯江
155	日本所	所属	中日关系研究中心	王晓峰
156	日本所	所属	中日经济研究中心	张季风
157	日本所	所属	中日社会文化研究中心	刘玉宏
158	马研院	院属	国家文化安全与意识形态建设研究中心	侯惠勤
159	马研院	院属	科学与无神论研究中心	习五一
160	马研院	院属	马克思主义经济社会发展研究中心	程恩富
161	当代所	院属	"陈云与当代中国"研究中心	武 力

续表

序号	主管单位	性质	名称	负责人
162	当代所	所属	"一国两制"史研究中心	张星星
163	当代所	所属	当代中国文化建设与发展史研究中心	欧阳雪梅
164	当代所	所属	当代中国政治与行政制度史研究中心	李正华
165	当代所	所属	新中国历史经验研究中心	宋月红
166	情报院	院属	国际中国学研究中心	张树华、唐磊
167	情报院	所属	当代理论思潮研究中心	何秉孟、姜辉
168	社科大	院属	文学与阐释学研究中心	张政文
169	社科大	所属	国际能源研究中心	黄晓勇
170	院图书馆	院属	互联网发展研究中心	庄前生
171	科研局	院属	梵文研究中心	黄宝生
172	国际合作局	院属	韩国研究中心	蔡昉
173	国际合作局	所属	亚洲研究中心	蔡昉
174	直属机关党委	院属	妇女／性别研究中心	王晓霞
175	直属机关党委	院属	青年人文社会科学研究中心	崔建民

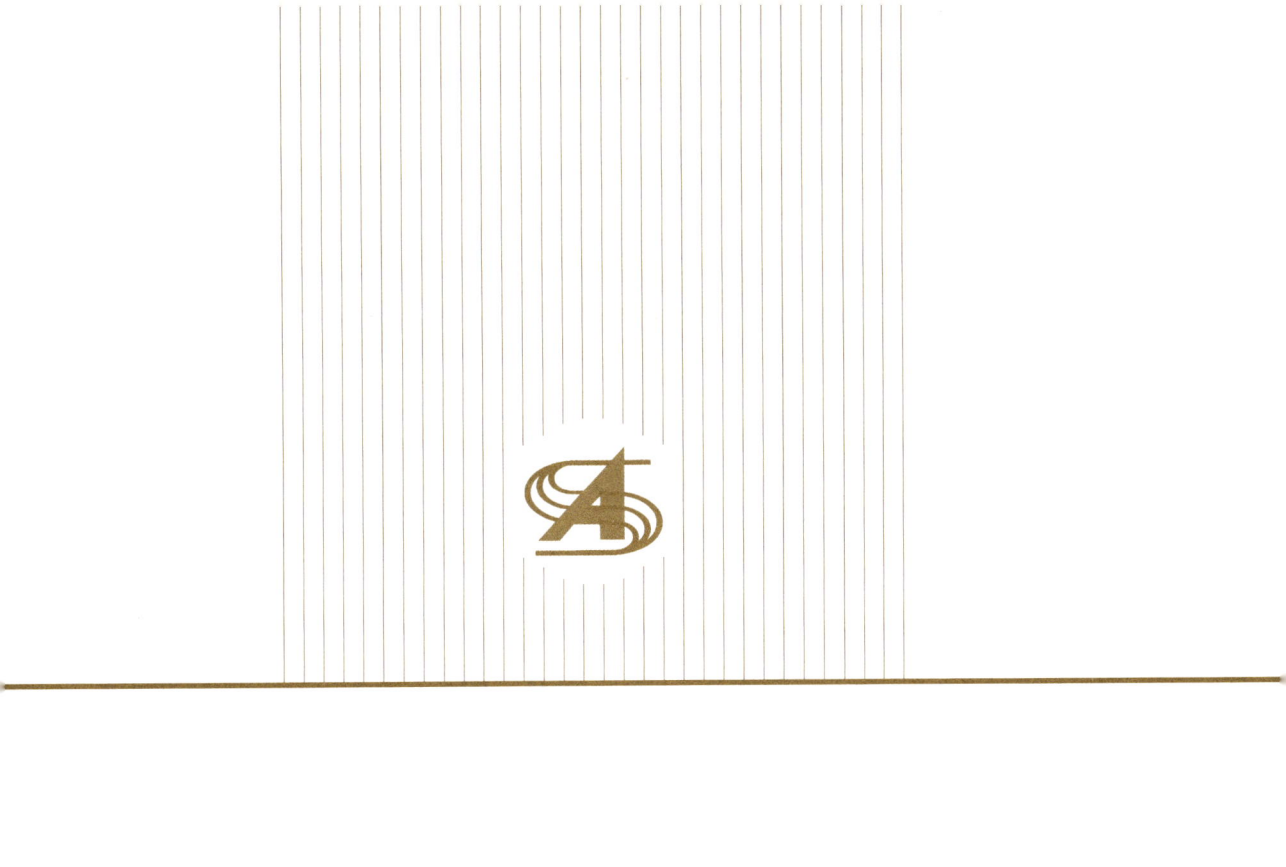

大事记

一 月

1月3日　新时代中国历史研究座谈会暨中国历史研究院挂牌仪式在北京举行，习近平总书记发来贺信，中宣部副部长王晓晖在会上宣读贺信。中共中央政治局委员、中央书记处书记、中宣部部长黄坤明出席挂牌仪式并在座谈会上讲话。院长、党组书记谢伏瞻主持会议。副院长、党组副书记王京清，院领导班子成员蔡昉、高翔、高培勇、杨笑山、姜辉出席会议。

1月4日　院长、党组书记谢伏瞻主持召开第528次党组会议。会议宣布了姜辉同志任职通知，姜辉同志任中国社会科学院党组成员、当代中国研究所所长；会议宣布了中国历史研究院领导班子任职决定，高翔同志兼任中国历史研究院院长、党委书记；会议学习了习近平总书记致中国历史研究院成立贺信、黄坤明同志在新时代中国历史研究座谈会上的讲话精神。

　　△中国社会科学院中国历史研究院召开座谈会，学习习近平总书记致中国历史研究院成立贺信精神。副院长、党组成员兼中国历史研究院院长、党委书记高翔出席会议并讲话。

　　△中国社会科学院印发《中国社会科学院关于实施精品工程打造创新工程升级版方案》，实施精品工程，打造创新工程升级版。

1月9日　院长、党组书记谢伏瞻主持召开党组扩大会议。会议传达了习近平总书记在中央政治局民主生活会上的重要讲话精神和中央通报精神；会议传达了全国宣传部长会议精神；会议听取了2018年全院意识形态工作情况，研究部署2019年意识形态工作安排。

　　△中国社会科学院党组巡视工作领导小组听取2018年度巡视工作汇报，对下一步巡视反馈整改工作作出安排部署。院长、党组书记，院巡视工作领导小组组长谢伏瞻对下一步工作提出明确要求。副院长、党组副书记，院巡视工作领导小组副组长王京清主持会议。中央纪委国家监委驻院纪检监察组组长杨笑山出席会议。

1月10日　副院长高培勇在北京出席中国税务学会第八次会员代表大会。

1月11日　"中国历史研究院中青年学者学习贯彻习近平总书记贺信精神座谈会"在北京召开。副院长、党组成员兼中国历史研究院院长、党委书记高翔出席会议并讲话。

大 事 记

1月14日　中国社会科学院召开党风廉政建设领导小组会议。会议听取了牵头单位2018年党风廉政建设和反腐败工作主要任务完成情况及2019年的工作安排。院长、党组书记谢伏瞻主持会议，副院长、党组副书记王京清出席会议并讲话。院领导班子成员蔡昉、高翔、高培勇、杨笑山、姜辉出席会议。

1月16日　院长、党组书记谢伏瞻主持召开第531次党组会议。会议宣布了中央关于赵奇同志的任职决定，赵奇同志任中国社会科学院秘书长、党组成员。

△院长、党组书记谢伏瞻主持召开本年度第2次院务会议。会议审议了《中国社会科学院关于改革完善博士后制度的若干规定》。

1月17—18日　中国社会科学院2019年度工作会议暨全面从严治党加强党的建设工作会议在北京举行。院长、党组书记谢伏瞻代表院党组作工作报告。副院长、党组副书记王京清和中央纪委国家监委驻院纪检监察组组长、党组成员杨笑山分别讲话。副院长蔡昉主持第一次全体会议，院领导班子成员高翔、高培勇、姜辉、赵奇等出席会议。

1月18日　中国社会科学院哲学社会科学创新工程2019年签约仪式在北京举行。院长、党组书记谢伏瞻代表中国社会科学院与各创新单位签署2019年度创新协议并发表讲话。副院长蔡昉主持签约仪式。

1月21日　副院长高培勇出席全国政协宏观经济形势分析会。

△秘书长、党组成员赵奇主持召开行政后勤工作例会。

△中央纪委国家监委驻院纪检监察组组长杨笑山同志主持召开驻院纪检监察组工作例会。

1月21—26日　副院长蔡昉率团出访瑞士、以色列。

1月23日　副院长高培勇在北京出席"2019全国外商大会"。

1月25日　中国社会科学院2019年老领导迎春茶话会在北京举行。院长、党组书记谢伏瞻，副院长、党组副书记王京清，院领导班子成员高培勇、杨笑山、姜辉、赵奇出席茶话会。谢伏瞻代表院党组致辞。王京清主持茶话会。中国社会科学院原院领导王忍之、李慎明、龙永枢、丁伟志、江蓝生、武寅、李扬、李英唐、郭永才、朱锦昌出席茶话会。

△中国社会科学院2019年春节团拜会在北京举行。院长、党组书记谢伏瞻代表院党组致新春贺词，副院长、党组副书记王京清主持团拜会。院领导班子成员高培勇、杨笑山、姜辉、赵奇出席团拜会并向全院干部职工拜年。

1月29日　中国社会科学院2019年离退休干部新春团拜会在北京举行。副院长、党组副书记王京清，秘书长赵奇出席活动。副秘书长韩大川主持团拜会。

△中国社会科学院2019年学部委员新春茶话会在北京举行。中国社会科学院副院长、党组成员，马克思主义研究学部主任高培勇主持会议，向全体学部委员表达了亲切问候。

△中国社会科学院在北京召开安全工作会议。中国社会科学院秘书长、党组成员赵

奇出席会议并讲话，副秘书长韩大川主持会议。会议传达了《关于做好 2019 年春节和全国"两会"期间安全事务工作的通知》。院安全委员会成员、研究所（院）和职能局分管安全工作领导参加会议。

1 月 31 日　中国社会科学院召开学习传达十九届中央纪委三次全会精神专题会议。驻院纪检监察组组长杨笑山出席会议并传达十九届中央纪委三次全会有关精神，秘书长赵奇主持会议。

二 月

2月12—15日　为持续深化贯彻落实习近平总书记"5·17"重要讲话和致中国社会科学院贺信精神，中共中国社会科学院党组召开6场汇报会，听取2019年科研工作要点汇报。根据党组分工，院领导分别听取了院属科研单位汇报。

2月13—14日　"中国社会科学院国家高端智库论坛"暨"2019年经济形势座谈会"在北京召开。院长、党组书记谢伏瞻出席会议并发表讲话。副院长蔡昉、高培勇，中国社会科学院经济学部主任李扬作主旨报告。中央纪委国家监委驻院纪检监察组组长杨笑山、院秘书长赵奇等出席会议。

△副院长、党组副书记王京清听取文哲学部各研究单位、评价研究院汇报2019年科研工作要点。

△副院长高翔听取历史学部各研究单位汇报2019年科研工作要点。

2月14日　院长、党组书记谢伏瞻听取国际研究学部各研究单位汇报2019年科研工作要点。

△副院长、党组副书记王京清，秘书长赵奇会见华为技术有限公司董事长梁华一行。

△副院长蔡昉出席中国—中东欧国家智库交流与合作网络第二届理事大会。

△院党组成员、当代中国研究所所长姜辉听取当代所、马研院、信息情报院汇报2019年科研工作要点。

2月15日　院长、党组书记谢伏瞻，副院长蔡昉、高培勇听取经济学部各研究单位汇报2019年科研工作要点。

2月16日　副院长蔡昉、高培勇在北京出席中国经济50人论坛2019年年会。

2月18日　副院长、党组副书记王京清出席中央精神文明建设指导委员会第二次全体会议。

△副院长蔡昉出席院离退休干部工作领导小组会议。

△副院长高翔主持召开《中华人民共和国国志》《中华一统志》编纂论证会。

2月19日　副院长、党组副书记王京清，院秘书长赵奇出席院企业改革座谈会。

2月20日　院长、党组书记谢伏瞻会见来访的西班牙驻华大使德斯卡亚一行。

△副院长蔡昉主持召开落实中央领导重要批示精神专题会议。

2月21日　2019年《中国社会科学》编委会在北京举行。院长、党组书记，《中国社会科学》

编委会主任谢伏瞻出席会议并发表讲话。副院长、《中国社会科学》编委蔡昉、高培勇，秘书长赵奇，原副院长、《中国社会科学》编委李扬、李培林出席会议。原副院长、中国社会科学杂志社总编辑张江主持会议。

△副院长高翔会见到访的德国驻华使馆公使雷宇翰一行。

2月22日 中国社会科学院民族学与人类学研究所、社会科学文献出版社与首都师范大学管理学院在北京共同发布《社会保障绿皮书：中国社会保障发展报告（2019）》。副院长高培勇出席并作主题发言。

2月23日 副院长高培勇同志在北京出席"第五届全国社会保障学术大会"。

2月24日 "'诸城模式''潍坊模式''寿光模式'与乡村振兴理论研讨会"在北京举行。副院长高培勇出席会议并致辞。

2月25日 院长、党组书记谢伏瞻主持召开第535次党组会议。会议审议关于推荐国家勋章和国家荣誉称号提名人选的意见。会议决定，中国社会科学院推荐刘国光、杨绛、汝信、蔡美彪等4人为共和国勋章提名人选，推荐王家福、张卓元、黄宝生、余永定等4人为国家荣誉称号提名人选。

△中国社会科学院全国人大代表和全国政协委员座谈会在北京举行。院长、党组书记谢伏瞻，副院长蔡昉、高培勇，秘书长赵奇，原副院长李培林出席会议。

三 月

3月1日　中国社会科学院召开2019年离退休干部工作会议,副院长蔡昉出席会议并讲话。副秘书长韩大川主持会议。

3月2日　院长、党组书记谢伏瞻在北京会见来访的澳门特别行政区行政长官崔世安一行,副院长高翔陪同会见。

　　△《2018—2019世界社会主义黄皮书》发布暨"中国特色社会主义道路与构建人类命运共同体"学术研讨会在北京举行。副院长、党组副书记王京清作大会致辞,原副院长、世界社会主义研究中心主任李慎明作大会主旨报告,院党组成员、当代中国研究所所长姜辉,中央政策研究室原副主任郑科扬作大会发言。

3月9—10日　由中国社会科学院当代中国研究所和三亚学院主办,中国社会科学院当代中国研究所第四研究室和三亚学院马克思主义学院共同承办的"新中国七十周年发展历程与经验高层研讨会"在三亚召开。院党组成员、当代中国研究所所长姜辉,三亚学院校长陆丹出席开幕式并致辞。

3月14日　院长、党组书记谢伏瞻主持召开第536次党组会议。党组理论学习中心组深入学习习近平总书记关于增强忧患意识、防范风险挑战的重要论述,《中共中央关于加强党的政治建设的意见》《中国共产党重大事项请示报告条例》。

　　△院长、党组书记谢伏瞻主持召开本年度第5次院务会议。会议审议了关于2019年度国情调研项目及所级国情调研基地立项的请示;会议审议了关于2019年度院创新工程社会调查项目立项的请示。

3月15日　中国社会科学院召开党组扩大会议,传达学习全国"两会"和习近平总书记重要讲话精神。院长、党组书记谢伏瞻主持会议并作重要讲话。中国社会科学院副院长、党组副书记王京清,院领导班子成员蔡昉、高翔、高培勇、杨笑山、姜辉出席会议。

3月19日　院长、党组书记谢伏瞻,副院长蔡昉出席"未来30年中国发展若干问题"讨论会。

　　△副院长蔡昉出席国家发改委全国"十四五"规划编制工作会议。

　　△中央纪委国家监委驻院纪检监察组组长杨笑山主持召开驻院纪检监察组组务会议。

3月20日　副院长、党组副书记王京清出席全国巡视工作会议暨十九届中央第三轮巡视动员部署会。

△中央纪委国家监委驻院纪检监察组组长杨笑山主持召开驻院纪检监察组信访举报和审查调查专题会议。

3月21日 院长、党组书记谢伏瞻主持召开第537次党组会议。会议传达学习了习近平总书记在学校思想政治理论课教师座谈会上的重要讲话精神；会议宣布了关于方军同志任中国社会科学院副秘书长的通知及工作分工。

△中国社会科学院2019年博士后管理委员会工作会议在北京举行。副院长、党组副书记、院博士后管理委员会主任王京清出席并主持会议。会议审议通过了《中国社会科学院2019年博士后招收计划》《中国社会科学院2019年增补及调整博士后合作导师计划》等有关文件。

3月22日 院长、党组书记谢伏瞻到中国社会科学院大学调研，并参加义务植树活动。副院长高培勇，院副秘书长兼办公厅主任方军等陪同调研。

△中国社会科学院人事教育局与四川省委组织部干部人才交流合作协议签署仪式在成都举行。副院长、党组副书记王京清，中共四川省委常委、组织部部长王正谱共同见证协议签署。

△副院长蔡昉出席"中国发展高层论坛·学术峰会"。

3月23日 院长、党组书记谢伏瞻会见来访的德国政府宏观经济发展评估专家委员会一行。

△院长、党组书记谢伏瞻出席中国发展高层论坛2019年年会。

△副院长高培勇在天津出席"中国区域经济学者论坛"。

3月23—27日 副院长蔡昉访问法国，出席"中法全球治理论坛"。

3月24日 副院长高培勇出席"国家治理现代化与社保制度"国际研讨会。

3月25日 副院长、党组副书记王京清在北京出席学习习近平总书记《序言》暨第五批全国干部学习培训教材出版座谈会。

△副院长高培勇会见浙江财经大学党委书记李金昌一行。

△中央纪委国家监委驻院纪检监察组组长杨笑山主持召开驻院纪检监察组工作例会。

3月26日 副院长高翔在郭沫若纪念馆调研。

△副院长高培勇在中国国际经济交流中心出席宏观经济调控与对策课题研讨会。

△院党组成员、当代中国研究所所长姜辉在当代所为中国延安精神研究会作《中国特色社会主义与世界社会主义》报告。

3月27日 "全国历史学专家学者学习贯彻习近平总书记贺信精神座谈会"在北京召开。副院长兼中国历史研究院院长、党委书记高翔出席会议并讲话。

△副院长高培勇在北京出席推动制造业高质量发展情况通报会。

△中央纪委国家监委驻院纪检监察组组长杨笑山主持召开职能部门纪律建设督办

例会。

3月28日　院长、党组书记谢伏瞻主持召开第538次党组会议。党组理论学习中心组深入学习习近平总书记关于全面深化改革、做好经济工作的重要论述。

　　△院长、党组书记谢伏瞻主持召开本年度第7次院务会议。会议审议并原则通过关于2019年度院属研究单位学术会议计划的请示；会议审议并原则通过关于调整完善专业技术职务评聘政策的请示。

　　△院长、党组书记谢伏瞻，副院长蔡昉在北京出席全国话语体系建设协调会议成员单位2019年工作会议。

3月29日　院长、党组书记谢伏瞻，副院长、党组副书记王京清同志在北京出席哲学社会科学科研诚信联席会议第一次会议。

3月30日　副院长高培勇在海南琼海出席博鳌基金论坛。

3月　中国社会科学院在全院范围内启动学科体系与人才队伍状况大调查。此次大调查新建或调整更名院所级研究单位5家，撤销研究室21个，新建研究室52个，调整更名研究室63个。

四 月

4月1日　中国社会科学院扶贫工作领导小组会议在北京召开。院长、党组书记，院扶贫工作领导小组组长谢伏瞻出席会议并讲话。副院长、党组副书记，院扶贫工作领导小组副组长王京清主持会议。

4月2日　"落实孙春兰副总理和院领导批示精神，加强中国社会科学院古籍数字化建设协调会"在北京召开。副院长高翔主持会议并讲话。

4月4日　中国社会科学院党组在北京召开2019年巡视工作动员部署会。副院长、党组副书记，院巡视工作领导小组副组长王京清主持会议。驻院纪检监察组组长、院巡视工作领导小组副组长杨笑山出席会议。

4月8日　院长、党组书记谢伏瞻会见教育部副部长翁铁慧一行。

　　△院长、党组书记谢伏瞻，副院长蔡昉出席中国非洲研究院成立大会中外来宾欢迎晚宴。

4月9日　习近平总书记向中国非洲研究院成立致贺信。中共中央政治局委员、中央外事工作委员会办公室主任杨洁篪在中国非洲研究院成立大会上宣读了贺信。院长、党组书记谢伏瞻主持大会开幕式，来自中方和非洲40余个国家学术机构、智库、政府部门的代表及媒体界人士约350人出席大会。

　　△《习近平新时代中国特色社会主义思想学习丛书》出版座谈会在北京举行。院长、党组书记谢伏瞻，中央宣传部副部长梁言顺，人民日报社副总编辑张首映出席会议并讲话。副院长蔡昉主持会议。

　　△副院长高翔会见非盟委员会人力资源与科技事务委员安杨一行。

　　△院党组成员、当代中国研究所所长姜辉在中宣部参加《习近平新时代中国特色社会主义思想学习纲要》审稿会。

4月10日　副院长高翔出席中国非洲研究院成立大会闭幕式。

4月10—19日　副院长高培勇率团出访罗马尼亚、保加利亚、塞尔维亚。

4月11日　院长、党组书记谢伏瞻主持召开第539次党组会议。谢伏瞻同志传达学习习近平总书记致中国非洲研究院成立贺信。

△院长、党组书记谢伏瞻主持召开本年度第 8 次院务会议。会议审议通过关于院内交流任职局级干部专业职务评聘和荣誉称号等工作的请示；会议听取了院办公用房调研情况报告。

　　△副院长蔡昉接受捷克《文学报》代表团采访。

4月12日　哲学社会科学科研诚信联席会议第一次会议在北京召开。院长、党组书记谢伏瞻出席会议并讲话，副院长、党组副书记王京清主持会议。国务院发展研究中心副主任张军扩、中央宣传部副秘书长郑宏范及联席会议成员单位有关负责人出席会议。

4月12—14日　院党组成员、当代中国研究所所长姜辉在北京参加国家教材思想政治专业委员会教材审读会议。

4月13日　由中国社会科学院马克思主义理论学科建设和理论研究工程领导小组主办，马克思主义研究院承办的"第六届中国社会科学院毛泽东思想论坛"在北京举行，专家学者围绕论坛主题"毛泽东思想与新中国 70 年"展开研讨，院党组成员、当代中国研究所所长兼马克思主义研究院党委书记、院长姜辉出席论坛并作讲话。

4月22日　由中国社会科学院、湖北省人民政府主办的"长江高端智库对话"在湖北省武汉市举行，来自国内智库平台的专家学者、长江流域 11 省（自治区、直辖市）嘉宾代表与会，湖北省委书记蒋超良，中国社会科学院院长谢伏瞻分别致辞并作主旨演讲。

　　△副院长高翔在北京出席中央电视台政论采访座谈会。

　　△驻院纪检监察组组长杨笑山主持召开驻院纪检监察组工作例会。

4月23日　副院长、党组副书记王京清出席 2019 年度挂职工作座谈会暨甘肃、四川挂职干部座谈会。

　　△副院长高翔出席塔吉克斯坦总统来访内部协调会。

　　△副院长高培勇在政治学研究所宣布干部任命。

　　△驻院纪检监察组组长杨笑山主持召开驻院纪检监察组信访举报和审查调查会议。

4月24日　院长、党组书记谢伏瞻主持召开第 540 次党组会议。党组理论学习中心组深入学习习近平总书记关于民主集中制的重要论述，以及中共中央印发的《关于加强和改进中央和国家机关党的建设的意见》。

　　△院长、党组书记谢伏瞻主持召开本年度第 9 次院务会议。会议审议通过关于中国社会科学院高教系列正高级专业技术资格评审委员会人选名单的请示。

　　△副院长、党组副书记王京清在北京出席"一带一路"国际智库合作委员会成立大会。

　　△副院长蔡昉出席院创新工程学术出版资助评审委员会会议。

　　△副院长高翔会见到访的泛美开发银行副行长罗德里格斯一行。

4月25—26日　院长、党组书记谢伏瞻，副院长蔡昉在北京出席第二届"一带一路"国际合作高峰论坛。

4月26日　副院长蔡昉会见世界经济论坛执行主席克劳斯·施瓦布。

　　△副院长高培勇出席第十四届中国CFO大会。

4月27日　副院长蔡昉出席第一届"政府与市场经济学"国际研讨会。

　　△副院长高翔在北京出席纪念五四运动100周年国际学术研讨会。

4月28日　塔吉克斯坦共和国总统埃莫马利·拉赫蒙到访中国社会科学院并发表演讲。中国社会科学院院长谢伏瞻出席演讲会并致欢迎词,副院长高翔主持活动。

　　△副院长蔡昉出席"中国农村经济形势分析与预测研讨会暨《农村绿皮书(2018—2019)》"发布会。

五 月

5月5日　中国社会科学院分别召开党组扩大会议和青年座谈会，传达学习习近平总书记在纪念五四运动100周年大会上重要讲话精神。院长、党组书记谢伏瞻主持党组扩大会议。副院长、党组副书记王京清，院领导班子成员蔡昉、高翔、高培勇、杨笑山、姜辉、赵奇结合各自工作畅谈体会认识。

5月7—10日　中国社会科学院在北京举办学习贯彻习近平新时代中国特色社会主义思想所局级主要领导干部读书班。院长、党组书记谢伏瞻出席并作开班动员讲话。副院长、党组副书记王京清，院领导班子成员蔡昉、高翔、高培勇、杨笑山、姜辉、赵奇出席会议。

5月8日　院长、党组书记谢伏瞻主持召开第541次党组会议。会议传达了中央领导同志关于中国历史研究院、中国非洲研究院的批示精神，专题听取了建设工作情况和下一步工作安排的汇报。

△"中国历史研究院学习贯彻习近平总书记纪念五四运动100周年大会重要讲话精神青年座谈会"在北京召开。副院长兼中国历史研究院院长、党委书记高翔出席会议并讲话。

5月9日　院长、党组书记谢伏瞻主持召开第542次党组会议。党组理论学习中心组深入学习习近平总书记关于意识形态工作的重要论述。

5月12日　中国社会科学论坛"全球变局下的中日关系：务实合作与前景展望"国际学术研讨会在北京召开。中国前国务委员戴秉国、日本前首相福田康夫、中国社会科学院院长谢伏瞻、日本驻华大使横井裕出席开幕式并分别作主旨演讲。

5月13日　院长、党组书记谢伏瞻出席"中美经贸关系研讨会"外方代表及部分中方代表招待会。

△院长、党组书记谢伏瞻，院领导班子成员蔡昉、高翔、杨笑山、姜辉出席院务工作碰头会。

△中国社会科学院在京举办学习贯彻习近平新时代中国特色社会主义思想副局级领导干部读书班。副院长、党组副书记王京清作开班动员。秘书长赵奇主持开班式。

5月13—15日　副院长、党组副书记，院扶贫工作领导小组副组长王京清带队赴陕西省丹凤县调研考察定点扶贫工作。

5月14日　由中国社会科学院与阿塞拜疆国家科学院共同举办的第二届中阿合作论坛在北京举办。院长、党组书记谢伏瞻，阿塞拜疆国家科学院院长阿基夫·阿里扎德、阿塞拜疆驻华使馆参赞艾亚尔出席开幕式并发表讲话。

△副院长高培勇出席阿塞拜疆科学院代表团招待会。

△驻院纪检监察组组长杨笑山在副局级领导干部读书班作辅导报告。

5月14—16日　院党组成员、当代中国研究所所长姜辉同志在山东济南出席学习习近平总书记关于哲学社会科学重要论述研讨会。

5月15日　院长、党组书记谢伏瞻，副院长蔡昉在北京出席亚洲文明对话大会。

△副院长高培勇在法学所、国际法所调研学科与人才建设情况。

5月16日　中国社会科学院在北京召开"以习近平新时代中国特色社会主义思想为指导，加快构建中国特色哲学社会科学——纪念习近平总书记在哲学社会科学工作座谈会重要讲话发表三周年"座谈会。院长、党组书记谢伏瞻主持会议并讲话。副院长、党组副书记王京清，院领导班子成员蔡昉、高翔、高培勇、杨笑山、赵奇参加座谈会。

△院长、党组书记谢伏瞻主持召开本年度第10次院务会议。会议审议并原则通过关于第20届人才引进院级专家评审结果的报告。

△副院长、党组副书记王京清出席国家哲学社会科学文献中心成果发布会。

5月17—18日　"经济研究所建所90周年国际研讨会暨经济研究·高层论坛2019"在北京举行。第十三届全国政协副主席辜胜阻，第十二届全国政协副主席、中国金融学会会长周小川，中国社会科学院院长、党组书记谢伏瞻，中国社会科学院领导班子成员蔡昉、高翔、高培勇、杨笑山、姜辉、赵奇等出席开幕式。

5月18日　副院长蔡昉在福建省福州市出席海峡两岸供应链融合发展高峰论坛。

5月20日　副院长、党组副书记王京清出席院中青年科研骨干培训班并授课。

△由中国社会科学院学部主席团主办，中国社会科学院世界经济与政治研究所和中国社会科学院—上海市人民政府上海研究院承办的"中国社科论坛2019：'一带一路'经贸合作：回顾与展望"国际研讨会在北京举行，副院长高翔作开幕致辞。

△驻院纪检监察组组长杨笑山主持召开驻院纪检监察组工作例会。

5月21日　副院长高翔、院秘书长赵奇出席中国历史研究院装修工作协调会。

△副院长高培勇到民族所调研学科和人才建设情况。

△院秘书长赵奇出席院2019年爱国卫生工作会议暨环境整治培训班并讲话。

5月21—23日　副院长、党组副书记王京清率团访问香港。

5月21—23日　院党组成员、当代中国研究所所长姜辉出席国家出版基金2019年主题出版项目评审会。

5月22日　中国社会科学院副院长、中国非洲研究院院长蔡昉会见阿尔及利亚驻华大使艾哈桑·布哈利法、圣多美和普林西比驻华大使伊莎贝尔·多明戈斯。

△副院长高翔、院秘书长赵奇在中国历史研究院出席博物馆展陈专题会。

△副院长高培勇出席中国政府监管与公共政策研究院学术委员会会议。

△院秘书长赵奇主持召开院保密委员会全体会议。

5月22—31日　院长、党组书记谢伏瞻率团出访匈牙利、白俄罗斯和俄罗斯。

5月23日　副院长高翔在中国历史研究院出席非实体研究中心揭牌仪式。

△副院长高培勇出席国家社科基金项目年度评审工作会议。

△院秘书长赵奇在中国历史研究院主持召开装修改造后勤保障工作会。

5月24日　副院长蔡昉同志出席内蒙古自治区发展规划专家委员会第一次会议暨"十四五"前期重大问题研讨会。

△副院长高翔会见塞浦路斯欧洲大学古里亚莫斯校长一行。

5月25日　院秘书长赵奇出席中国经典学术著作在国际传播中的机遇和挑战高端论坛。

5月27—31日　院长、党组书记谢伏瞻率团出访匈牙利、白俄罗斯和俄罗斯。

△副院长、党组副书记王京清，院领导班子成员蔡昉、高翔、高培勇、杨笑山、姜辉、赵奇出席院务工作碰头会。

△驻院纪检监察组组长杨笑山主持召开驻院纪检监察组组务会议、组务扩大会议和全体干部会议。

5月28日　由中国历史研究院主办的"全国主要史学研究与教学机构联席会议首届年会"在北京召开。副院长、党组成员兼中国历史研究院院长、党委书记高翔出席会议并讲话。

△副院长高培勇在北京出席彩票理论体系建设研讨会。

△院秘书长赵奇在中国历史研究院出席装修工作协调会。

5月29日　副院长高翔，院秘书长赵奇到中宣部拜会孙志军副部长。

△院党组成员、当代中国研究所所长姜辉出席当代所学科与人才队伍建设调研会。

5月31日　副院长高培勇在广西南宁出席2020—2035经济发展战略课题结项会。

六 月

6月1日　副院长蔡昉在北京出席第九届中日金融圆桌闭门研讨会"中日经济发展的经验借鉴"。

6月1—2日　中国政治经济学学会第29届年会暨中国海派经济论坛第22次研讨会在北京举行。副院长高培勇出席会议并致辞。

6月2日　由中国社会科学院、中国科学院、中国工程院共同主办，中国科学院承办的"中国城市百人论坛2019年会"在北京举行。全国人大常委会副委员长、民盟中央主席、中国科学院副院长丁仲礼，中国社会科学院院长、党组书记谢伏瞻，中国工程院院长、党组书记李晓红等出席会议。

6月3日　院长、党组书记谢伏瞻主持召开第544次党组会议。党组理论学习中心组深入学习"不忘初心、牢记使命"主题教育工作会议精神；会议审议了《中国社会科学院关于开展"不忘初心、牢记使命"主题教育的实施方案》，副院长、党组副书记王京清，院领导班子成员蔡昉、高培勇、杨笑山、姜辉、赵奇出席会议。

6月4日　副院长蔡昉会见到访的日本大和综研特别理事川村雄介一行。

6月5日　由中国社会科学院主办的国家高端智库论坛"中美经贸摩擦问题与出路"研讨会在北京召开。院长、党组书记谢伏瞻主持会议，副院长蔡昉出席论坛并发表主旨演讲。

　　△副院长、党组副书记，中国社会科学院大学临时党委书记王京清为中国社会科学院大学师生授课。

　　△秘书长赵奇在中国社会科学出版社调研企业改制工作。

6月6日　中国社会科学院"不忘初心、牢记使命"主题教育动员大会在北京召开。院长、党组书记谢伏瞻作动员讲话。中央第十四指导组组长张志军、副组长王瑞生，副院长、党组副书记王京清，院领导班子成员蔡昉、高培勇、姜辉、赵奇出席会议。

　　△副院长高培勇在教育部出席国家教材委全体会议。

6月11日　由中国社会科学院中国历史研究院主办的"中国历史研究院首批5个非实体研究中心揭牌仪式"在北京召开。院长、党组书记谢伏瞻，副院长、党组成员兼中国历史研究院院长、党委书记高翔，秘书长赵奇出席会议，高翔主持揭牌仪式。

6月11—13日　秘书长赵奇在赴昆明出席第七届中国—南亚东南亚智库论坛。

大 事 记

6月11—14日　中国社会科学院举办纪检干部培训班，院纪检监察组组长、党组成员杨笑山作开班讲话，对全院130余名纪检干部进行集中培训。

6月13日　中国社会科学院党组理论学习中心组学习（扩大）会议在北京召开。院长、党组书记谢伏瞻主持集体学习《习近平新时代中国特色社会主义思想学习纲要》。中央第十四指导组副组长王瑞生，院领导班子成员蔡昉、高翔、高培勇、杨笑山、姜辉、赵奇出席会议。

△院长、党组书记谢伏瞻主持召开本年度第11次院务会议。会议审议通过中国社会科学院2019年百千万人才工程国家级人选建议人选名单。

6月14日　中国社会科学院党组"不忘初心、牢记使命"主题教育指导组动员培训会议在北京召开。会议传达并学习了习近平总书记在"不忘初心、牢记使命"主题教育工作会议上的重要讲话。院长、党组书记谢伏瞻出席并作动员讲话。秘书长赵奇主持会议。

△院长、党组书记谢伏瞻会见中国政策科学研究会郑新立一行。

△副院长蔡昉同志在黑龙江省哈尔滨市出席2019年第六届中俄经济合作高层智库论坛。

6月15日　在中国国家主席习近平和塔吉克斯坦总统拉赫蒙的见证下，中国社会科学院副院长王京清和塔吉克斯坦科学院签署《中国社会科学院与塔吉克斯坦科学院交流合作协议》。

△6月15—17日　副院长高翔在厦门出席海峡论坛系列活动。

△6月15—23日　副院长蔡昉率团访问英国、巴基斯坦。

6月18—19日　主题为"新时代·新徽学：徽文化的守正与创新"的首届徽学学术大会在合肥举行。安徽省委常委、宣传部部长虞爱华致辞，中国社会科学院党组成员、副院长，中国历史研究院院长高翔出席会议并讲话，

6月19日　第八批《中国社会科学博士后文库》复评工作会议在北京举行。副院长、党组副书记，中国社会科学院博士后管理委员会主任王京清出席会议并讲话，副院长高翔出席会议。

6月20日　院长、党组书记谢伏瞻主持召开第546次党组会议。谢伏瞻主持党组理论学习中心组学习，围绕"不忘初心、牢记使命"主题教育要求，深入学习习近平新时代中国特色社会主义思想，党组成员就理想信念与宗旨意识进行交流发言，"不忘初心、牢记使命"主题教育中央第十四指导组组长张志军出席指导。副院长、党组副书记王京清，院领导班子成员高翔、高培勇、杨笑山、姜辉、赵奇出席会议。

6月21日　院长谢伏瞻会见来访的捷克驻华大使佟福德一行。

△中国社会科学院举行"时代楷模"——古浪县八步沙林场"六老汉"三代人治沙造林先进群体事迹宣讲报告会。副院长、党组副书记王京清与宣讲团成员在会前座谈。

6月23—24日　由中国社会科学院主办，中国社会科学院国际合作局、中国社会科学院社会

发展战略研究院承办的以"中国发展 世界机遇"为主题的中国社会科学论坛年会在北京召开。副院长高翔出席会议开幕式并致辞。

6月25日 中国社会科学院新闻与传播研究所和社会科学文献出版社在北京共同发布《新媒体蓝皮书：中国新媒体发展报告 No.10（2019）》。副院长高培勇出席并致辞。

6月26日 中国社会科学院党组"不忘初心、牢记使命"主题教育指导组第二次全体会议在北京召开。副院长、党组副书记王京清出席并讲话。中央纪委国家监委驻中国社会科学院纪检监察组组长杨笑山主持会议。

6月26—27日 全国地方志系统"两全目标"工作调度会议暨中国名镇志、中国名村志丛书编纂业务培训班和中国影像志研讨会在江苏省苏州市召开。中国社会科学院副院长，中国历史研究院院长、党委书记，中国地方志指导小组常务副组长高翔出席会议并讲话，江苏省委常委、苏州市委书记周乃翔出席会议并致辞，云南省副省长李玛琳出席会议，中国地方志指导小组秘书长、办公室主任冀祥德主持会议。

6月28日 中国社会科学院大学（研究生院）2019年毕业典礼在北京举办。副院长、党组副书记，中国社会科学院大学临时党委书记王京清出席并讲话。副院长高培勇出席毕业典礼。

6月29日 由中国社会科学院财经战略研究院主办的"新中国70年财政金融协同创新理论研讨会"在北京召开。副院长高培勇出席会议并致辞。

七 月

7月1日　中国社会科学院"不忘初心、牢记使命"主题教育专题党课在北京举行。院长、党组书记谢伏瞻与青年交流座谈，副院长、党组副书记王京清主持，中央第十四指导组副组长王瑞生出席活动。

△中国社会科学院所局级干部任职能力培训班在北京开班。副院长、党组副书记王京清出席开班式，并作开班动员和专题辅导报告。培训期间，副院长高翔，中央纪委国家监委驻院纪检监察组组长作专题辅导报告。

7月2日　中国社会科学院党组理论学习中心组学习（扩大）会议在北京召开。院长、党组书记谢伏瞻主持会议。中央党史和文献研究院副院长孙业礼应邀作专题辅导报告。副院长、党组副书记王京清，院领导班子成员蔡昉、高翔、高培勇、杨笑山、赵奇出席活动。

7月3日　院长、党组书记谢伏瞻主持"不忘初心、牢记使命"主题教育院长接待日。

7月4—13日　副院长高翔率团访问越南、日本、韩国。

7月5日　副院长、党组副书记王京清主持"不忘初心、牢记使命"主题教育院长接待日。

△副院长蔡昉出席国际研究学部专业技术职务任职资格评审会。

△副院长高培勇出席高教系列专业技术职务任职资格评审会。

7月6日　由中国社会科学院工业经济研究所主办的"面向2049年的中国管理学发展"学术论坛暨纪念《经济管理》创刊40周年研讨会在北京召开，副院长蔡昉出席会议并作演讲。

△副院长高培勇在青岛出席中国财富论坛。

7月8日　院长、党组书记谢伏瞻看望知名美学家、中国社会科学院原副院长汝信及夫人夏森。副院长、党组副书记王京清陪同看望。

7月9日　院长、党组书记谢伏瞻到世界经济与政治研究所国家安全研究室党支部调研，与党支部全体成员交流座谈。

△中国社会科学院世界经济与政治研究所举行"不忘初心、牢记使命"主题教育学习交流会。中国社会科学院院长、党组书记谢伏瞻出席活动并讲话。中央第十四指导组副组长王瑞生、中央第十四指导组成员杜晓光参加活动。

7月10日　肯尼亚议会反腐败研讨班一行24人访问中国社会科学院中国廉政研究中心。副院长、党组副书记、中国廉政研究中心理事长王京清出席交流座谈会并致辞。

△副院长高培勇结合"不忘初心、牢记使命"主题教育调研和分管工作在史学学部部分研究所和西亚非洲研究所调研座谈。

7月11日　中国社会科学院党组理论学习中心组举行"不忘初心、牢记使命"主题教育第四次专题学习，深入学习领会习近平总书记在中央政治局第十五次集体学习时的重要讲话精神。院长、党组书记谢伏瞻主持会议。副院长、党组副书记王京清，院领导班子成员蔡昉、高培勇、杨笑山、姜辉出席会议。

△院长、党组书记谢伏瞻主持召开本年度第12次院务会议。会议审议并原则通过关于第21届人才引进院级专家评审结果的报告。

7月15—19日　中国社会科学院2019年度暑期专题研讨班在北京举行。院长、党组书记谢伏瞻作题为"牢记初心使命　为加快构建'三大体系'而奋斗"的动员讲话。副院长、党组副书记王京清主持第一次全体会议，副院长蔡昉就学科与人才建设调查情况作说明。院领导班子成员高翔、高培勇、杨笑山、姜辉、赵奇出席会议。

7月17日　中国社会科学院党组开展"不忘初心、牢记使命"主题教育党组理论学习中心组专题学习，围绕坚持以习近平新时代中国特色社会主义思想为指导，加快构建中国特色哲学社会科学进行学习交流。院长、党组书记谢伏瞻，中央第十四指导组副组长王瑞生，副院长、党组副书记王京清，院领导班子成员蔡昉、高翔、高培勇、姜辉、赵奇出席会议。

7月18日　中国社会科学院2019年度暑期专题研讨班第二次全体会议在北京举行。院长、党组书记谢伏瞻，中央第十四指导组副组长王瑞生出席会议。副院长、党组副书记王京清讲话。院领导班子成员蔡昉、高翔、高培勇、姜辉、赵奇出席会议。

7月20日　第十二届全国马克思主义院长论坛在北京举行。论坛以"马克思主义研究70年"为主题。院长、党组书记，习近平新时代中国特色社会主义思想研究中心主任谢伏瞻出席开幕式并致辞。副院长、党组副书记，习近平新时代中国特色社会主义思想研究中心副主任王京清作主题报告。中国社会科学院党组成员，当代中国研究所所长、马克思主义研究院院长姜辉主持开幕式。

7月24日　中国社会科学院党组"不忘初心、牢记使命"主题教育指导组第三次全体会议在北京召开。中国社会科学院副院长、党组副书记王京清主持会议并讲话。中央第十四指导组副组长王瑞生出席会议。

△由中国社会科学院农村发展研究所、中国社会科学院城乡发展一体化智库、中国社会科学出版社联合主办的《中国农村发展报告（2019）》发布会暨农业农村优先发展高层论坛在北京举行。副院长高培勇出席并致辞。

7月25日　中国社会科学院党组召开"不忘初心、牢记使命"主题教育第一次调研成果交流会。院长、党组书记谢伏瞻出席会议并讲话。中央第十四指导组组长张志军出席会议并作指导。副院长、党组副书记王京清,院领导班子成员高翔、高培勇、姜辉、赵奇出席会议。

△院长、党组书记谢伏瞻主持召开本年度第 13 次院务会议。会议听取了关于中国社会科学院 2019 年度职称评审工作的汇报,审议并通过 2019 年度院评审通过的王莹等 75 人正高级职称评审结果;会议审议并通过关于东坝职工住宅剩余房源的配售方案。

△国家治理现代化与机关事务改革座谈会在北京举行。会前,副院长、党组副书记王京清会见前来参会的国家机关事务管理局副局长赵峰涛一行,副院长高培勇陪同会见。

7月26日　中国共产党中国社会科学院大学第一次代表大会在北京召开。副院长、党组副书记,中国社会科学院大学临时党委书记王京清出席并讲话。副院长高培勇出席并讲话。

7月31日　院长、党组书记谢伏瞻主持召开第 554 次党组会议。会议听取了党的建设和意识形态工作调研报告,党组成员结合前期"不忘初心、牢记使命"主题教育调研检视查找的突出问题和整改措施进行交流发言。

△中国社会科学院党组召开"不忘初心、牢记使命"主题教育第二次调研成果交流会。院长、党组书记谢伏瞻出席会议并讲话。中央第十四指导组组长张志军出席会议并作指导。副院长、党组副书记王京清,院领导班子成员蔡昉、高翔、高培勇、杨笑山、姜辉、赵奇出席会议,并结合各自调研情况进行点评发言。

△院长、党组书记谢伏瞻主持召开本年度第 14 次院务会议。会议审议并原则通过中国社会科学院 2020 年"一上"项目预算有关情况的报告。

八 月

8月9日　院长、党组书记,中国地方志指导小组组长谢伏瞻黑龙江省哈尔滨市调研座谈,听取黑龙江省地方志和社科院工作汇报并讲话。副院长高培勇,黑龙江省委常委、宣传部部长贾玉梅,以及中国社会科学院部分学部委员出席座谈会。

8月12日　院长、党组书记谢伏瞻在澳门出席"粤港澳大湾区发展建设的文化使命国际论坛"并致辞。

8月16日　中国社会科学院党组召开对照党章党规找差距专题会议。院长、党组书记谢伏瞻主持会议。中央第十四指导组组长张志军,副院长、党组副书记王京清,院领导班子成员蔡昉、高翔、高培勇、杨笑山、姜辉、赵奇出席会议。

8月22日　由社会科学文献出版社与施普林格·自然集团、兰培德国际学术出版集团合作出版的云南大学优秀著作外译项目框架协议签署仪式在北京举行。秘书长赵奇出席仪式。

　　△《习近平新时代治国理政的历史观》发布会在北京举行。秘书长赵奇出席发布会并讲话。

8月23日　副院长高培勇会见了来访的罗马尼亚科学院院长伊昂-奥莱尔·波普。

8月26日　由中国历史研究院主办的"学习习近平总书记关于历史科学重要论述理论研讨会"在北京召开。中共中央政治局委员、中宣部部长黄坤明出席学研讨会并讲话,中宣部副部长王晓晖出席会议,院长、党组书记谢伏瞻致辞,副院长高翔主持会议。副院长、党组副书记王京清,院领导班子高培勇、杨笑山、姜辉、赵奇出席。

8月29日　中国社会科学院党组召开"不忘初心、牢记使命"专题民主生活会。院长、党组书记谢伏瞻主持会议。中央第十四指导组组长张志军到会指导并作点评讲话。副组长王瑞生和指导组成员到会指导。副院长、党组副书记王京清,院领导班子成员蔡昉、高翔、高培勇、杨笑山、姜辉、赵奇参加会议。

九 月

9月2日　院长、党组书记谢伏瞻，副院长、党组副书记王京清，院领导班子成员高培勇、杨笑山、姜辉、赵奇出席院务工作碰头会。

△驻院纪检监察组组长杨笑山主持召开驻院纪检监察组工作例会。

9月2—5日　副院长高翔率团访问俄罗斯。

9月3日　院长、党组书记谢伏瞻会见到访的白俄罗斯驻华大使鲁德一行。

△当代中国研究所所长姜辉主持召开"新时代与新中国70年历史经验"课题推进会。

9月4日　中国社会科学院"不忘初心、牢记使命"主题教育总结大会在北京举行。院长、党组书记谢伏瞻，中央第十四指导组组长张志军、副组长王瑞生，副院长、党组副书记王京清，院领导班子成员高培勇、杨笑山、姜辉、赵奇出席会议。会议通报了中国社会科学院党组"不忘初心、牢记使命"专题民主生活会情况，并对主题教育进行了总结。

9月5日　院长、党组书记谢伏瞻主持召开本年度第16次院务会议。会议审议通过2019年中国社会科学院文化名家暨"四个一批"人才等相关人才建议人选名单。

9月6日　副院长高翔在中国历史研究院出席战略合作座谈会。

△驻院纪检监察组组长杨笑山主持召开驻院纪检监察组"不忘初心、牢记使命"主题教育总结会议。

9月7—8日　由中国社会科学院当代中国研究所主办的第四届当代中国史国际高级论坛在北京举办。副院长、党组副书记王京清出席开幕式并讲话。院党组成员、当代中国研究所所长姜辉致开幕词。

9月9日　院长、党组书记谢伏瞻主持召开第558次党组会议。谢伏瞻同志主持党组理论学习中心组学习，深入学习习近平新时代中国特色社会主义思想，特别是深入学习习近平总书记关于巡视工作的重要论述。

9月10日　中央第十五巡视组巡视中国社会科学院党组动员会召开。中央第十五巡视组组长苏波作了动员讲话，院长、党组书记谢伏瞻主持会议并讲话。9—11月，根据中央统一部署，中央第十五巡视组对中共中国社会科学院党组开展常规巡视。2020年1月6日，中央第十五巡视组向中共中国社会科学院党组反馈了巡视意见。

9月11日　哈萨克斯坦共和国总统托卡耶夫到访中国社会科学院并发表演讲。中国社会科学院院长谢伏瞻出席演讲会并致欢迎词，副院长高翔主持演讲会。

　　△院长、党组书记谢伏瞻主持召开第559次党组会议，传达习近平总书记在中央政治局常委会上听取十九届中央第三轮巡视工作汇报时的重要讲话。

9月12日　中国社会科学院大学在北京召开"不忘初心、牢记使命"主题教育动员大会。副院长、党组副书记，中国社会科学院大学党委书记王京清作动员讲话。

9月17—18日　由中国社会科学院主办，中国社会科学院数量经济与技术经济研究所承办的第八届"全球能源安全智库论坛"在北京举行。副院长高培勇出席论坛。

9月19日　副院长、党组副书记王京清主持召开本年度第17次院务会议。会议审议并原则通过《中国社会科学院研究所学术委员会工作条例》（2019年修订版）；会议审议并原则通过关于启动2020年度国情调研立项申报工作请示。

9月20日　中国社会科学院庆祝中华人民共和国成立70周年"颂歌献祖国"诗歌朗诵会在京举行。副院长高翔，秘书长赵奇，副秘书长韩大川出席活动。

9月21—23日　由中国社会科学院学部主席团主办的"2019年社科论坛——道路与经验：新中国社会发展70年研讨会"在云南昆明召开。副院长高培勇出席开幕式并讲话。

9月23日　中国社会科学院大学2019年开学典礼在北京举行。副院长、党组副书记、中国社会科学院大学党委书记王京清出席并为受表彰的优秀教师代表颁奖。

9月23—24日　由中国社会科学院当代中国研究所举办的"当代中国研究所成立30周年暨新时代当代中国史研究高端论坛"在北京召开。第十届全国人大常委会副委员长顾秀莲，院长、党组书记谢伏瞻，副院长、党组副书记王京清，国家安全部原部长许永跃，副院长高翔、高培勇，秘书长赵奇出席开幕式，院党组成员、当代中国研究所所长姜辉主持开幕式。

9月24日　中国历史研究院学术委员会、学术咨询委员会成立大会暨首次学术委员会会议在北京召开。副院长、党组副书记王京清出席会议并讲话。中国社会科学院副院长、党组成员，中国历史研究院院长、党委书记高翔主持会议。

　　△中国社会科学院离退休干部庆祝新中国成立70周年文艺演出在北京举行。副院长蔡昉，秘书长赵奇出席活动。

　　△第二届"龙江振兴发展论坛"暨2019龙江百强企业年会在黑龙江省双鸭山市召开，副院长高培勇出席论坛并作主旨报告。

9月25日　中国历史研究院网站与新媒体上线发布会在北京举行。副院长兼中国历史研究院院长、党委书记高翔参加发布会。

　　△中国社会科学院在北京举办《庆祝中华人民共和国成立70周年书系》出版发布座谈会。副院长蔡昉出席并致辞，秘书长赵奇主持座谈会。

△由中国社会科学院学部主席团主办、中国社会科学院科研局（学部工作局）承办的"中国社会科学院庆祝中华人民共和国成立70周年学部委员座谈会"在北京举行。副院长蔡昉出席会议并讲话，副院长高培勇主持座谈会。

9月26日　由中国社会科学院社会政法学部、中国社会科学院国家治理研究智库主办的第三届国家治理研究智库高端论坛（2019）在北京举行。副院长高培勇，院国家治理研究智库理事长李培林出席会议并致辞。

△"推动当代中国马克思主义大众化理论研讨会"在云南昆明召开。秘书长赵奇出席会议并致辞。

9月28日　由中国社会科学院工业经济研究所和中国社会科学院京津冀协同发展智库主办的"京津冀协同发展学术研讨会"在天津市召开。副院长、党组成员蔡昉出席会议，并为"工业大数据联合实验室"揭牌。

十 月

10月8日 中国社会科学院召开会议学习贯彻习近平总书记庆祝中华人民共和国成立70周年系列重要讲话精神，院长、党组书记谢伏瞻出席会议并讲话。副院长、党组副书记王京清，院领导班子成员蔡昉、高翔、高培勇、杨笑山、姜辉、赵奇出席会议。

10月9日 副院长、党组副书记王京清在北京出席全国干部监督工作会议。

△副院长高培勇在中国社会科学院大学作专题报告，围绕"如何在中国社科院作学问"的主题展开深入的探讨。

10月10日 院长、党组书记谢伏瞻主持召开本年度第18次院务会议。会议审议通过关于设立澳门历史研究中心相关文件的请示。

△中国社会科学院第31届老年运动会趣味比赛在院部举行，院长、党组书记谢伏瞻，副院长蔡昉到比赛现场亲切看望老同志。

10月11日 中国社会科学院2019年国有资产管理工作培训班在北京举行。副院长高培勇出席开班式，副秘书长韩大川作动员讲话。

10月11—12日 由中国社会科学院中国廉政研究中心主办，浙江省社会科学院承办的第十二届中国廉政研究论坛在浙江省杭州市举行。副院长、党组副书记、中国廉政研究中心理事长王京清，浙江省委常委、宣传部部长朱国贤等领导出席开幕式并致辞。

10月12日 由中国社会科学院国际法研究所主办的"'一带一路'国际法治论坛"在京举行。副院长高培勇出席并讲话。

10月12—13日 副院长高翔在吉林省长春市出席中宣部召开的学习宣传贯彻习近平新时代中国特色社会主义思想系列研讨会。

10月13日 副院长高培勇在广东省深圳市出席习近平新时代中国特色社会主义经济思想研讨会。

10月14日 院长、党组书记谢伏瞻会见来访的朝鲜社会科学院院长李慧正一行。

△中国社会科学院2019年新入院人员培训班在京开班。副院长高培勇出席开班式并作辅导报告。

10月17日 副院长蔡昉会见来访的日本亚洲经济研究所所长深尾京司一行。

大 事 记

10月18—19日　纪念甲骨文发现120周年国际学术研讨会在河南省安阳市召开。副院长高翔出席会议。

10月19—20日　第二届海峡两岸人文学论坛在福建省厦门市举行。院秘书长赵奇出席会议并致辞。

10月20日　由中国社会科学院工业经济研究所主办的第八届中国工业发展论坛暨"新中国工业70年"学术研讨会在北京召开。副院长高翔出席论坛并致辞。

△网络空间数据法律保护论坛在浙江乌镇举行，副院长高培勇出席开幕式并致辞。

10月21日　院长、党组书记谢伏瞻主持召开本年度第19次院务会议。会议审议并原则通过中国社会科学院关于专家学者及干部住院探望、去世慰问工作的意见；审议通过《中国社会科学院—浪潮集团有限公司战略合作协议》。

△中国社会科学院2019年"西部之光"等访问学者欢迎座谈会在北京举行。中国社会科学院副院长、党组副书记王京清出席会议并致欢迎辞。

△中国志愿服务研究中心揭牌仪式暨"志愿服务与新时代文明实践"研讨会在北京举行。中央纪委国家监委驻院纪检监察组组长、院党组成员杨笑山出席会议。

10月21—31日　院党组成员、当代中国研究所所长姜辉率团访问拉丁美洲。

10月22日　副院长、党组副书记王京清，副院长高翔在北京出席中央和国家机关推进新时代机关党建高质量发展研讨班。

10月23日　《清史》审读工作启动会议在北京召开。中央宣传部常务副部长王晓晖出席会议并讲话。中国社会科学院院长、党组书记谢伏瞻介绍《清史》审读工作准备情况。中国社会科学院副院长、党组成员，中国历史研究院党委书记、院长高翔出席会议。

△由中国社会科学院直属机关党委、山东社会科学院联合主办的全国社科院系统党建工作论坛在山东省济南市举行。秘书长、院党组成员赵奇，山东省政协副主席、山东社会科学院党委书记唐洲雁等出席论坛。

10月24日　中国社会科学院与浪潮集团有限公司在北京签署战略合作协议。中国社会科学院秘书长、党组成员赵奇，浪潮集团高级副总裁、云服务集团董事长肖雪出席活动并致辞，共同签署战略合作协议。中国社会科学院副秘书长兼办公厅主任方军主持签约仪式。

10月24日　副院长高翔在北京出席纪念甲骨文发现120周年座谈会。

△副院长高培勇在上海市出席"2019年上海全球智库论坛"。

10月25—27日　由社会科学文献出版社与西南政法大学联合主办的第八届人文社会科学集刊年会在重庆市举行。院秘书长赵奇出席会议。

10月28日　副院长蔡昉出席国际研究学部院优秀科研成果奖评审会。

10月28—31日　院长、党组书记谢伏瞻，副院长、党组副书记王京清在北京出席党的十九届四中全会。

10月29日　副院长蔡昉出席中国社会科学院2019年科研管理培训班开班式并作动员讲话。

△副院长高翔在湖南省衡阳市出席王船山思想国际学术研讨会。

10月30日　中国社会科学院国际法研究所建所十周年"构建人类命运共同体与国际法治"国际研讨会在北京举行。来自联合国和世界贸易组织有关机构的专家，以及来自中、美、英等近20个国家和地区的120余名学者出席会议。副院长高培勇出席会议并致辞。

△中国社会科学院召开落实科研经费"放管服"改革试点工作动员会。副院长高培勇，驻院纪检监察组组长杨笑山出席会议。

10月31日　由中国社会科学院学部主席团、济南市委市政府主办的"中国社会科学论坛（2019年·经济学）：生态文明范式转型——中国与世界"国际论坛在山东省济南市召开。副院长蔡昉出席开幕式。

△副院长高培勇在北京出席2019提高上市公司质量高峰论坛并致辞。

十一月

11月1日　院长、党组书记谢伏瞻主持召开第564次党组会议。会议传达学习党的十九届四中全会精神，部署宣传贯彻落实工作。

△中国社会科学院党组召开专题会议传达学习党的十九届四中全会精神，院长、党组书记谢伏瞻主持会议并讲话。

△副院长高翔在福建莆田出席第四届世界妈祖文化论坛。

11月1—2日　由中国社会科学院主办的第十届世界社会主义论坛在北京召开。此届论坛主题为"新中国七十年与世界社会主义"。副院长、党组副书记王京清，院党组成员、当代中国研究所所长、马克思主义研究院院长姜辉，中共中央组织部原部长张全景，中央马克思主义理论研究和建设工程咨询委员会主任徐光春，中国社会科学院原副院长、世界社会主义研究中心主任李慎明，中国社会科学院原副院长、当代中国研究所原所长朱佳木等出席会议。

11月2日　院长、党组书记谢伏瞻会见到访的2018年诺贝尔经济学奖获得者、世界银行首席经济学家、美国纽约大学斯特恩商学院教授保罗·罗默。

△副院长高培勇在北京出席中国财富管理50人论坛第七届年会并致辞。

11月3日　副院长高翔在浙江省宁波市出席阳明文化周活动并致辞。

11月5日　由国务院新闻办主办，中国社会科学院承办的第二届虹桥国际经济论坛"70年中国发展与人类命运共同体"分论坛在上海市召开，中共中央政治局委员、中宣部部长黄坤明出席开幕式并发表主旨演讲，院长、党组书记谢伏瞻出席论坛并致辞。

△由中国社会科学院与泛美开发银行、郑州市人民政府联合举办的第六届"中拉政策与知识高端研讨会"在河南省郑州市举办，副院长蔡昉出席开幕式并致辞。

△由中国经营报社主办的"2019（第十七届）中国企业竞争力年会"在北京举行。副院长高培勇出席会议并致辞。

11月6日　院长、党组书记谢伏瞻主持召开第565次党组会议。会议审议并原则通过落实中央巡视组立行立改专项整改方案（送审稿）；会议审议并原则通过中国社会科学院学科（研究室）调整工作方案、中国社会科学院关于学科与人才建设的指导意见。

△院长、党组书记谢伏瞻主持召开本年度第20次院务会议。会议审议通过"数字社科院"项目建设时间表、路线图；审议通过关于开展2019年度创新绩效考核和做好2020年度创新工程有关工作的通知；审议通过"第十届（2019年）中国社会科学院优秀科研成果奖"评奖结果；审议并原则通过学部委员（荣誉学部委员）资助计划和"登峰战略"资深学科带头人资助计划评审结果；审议通过关于中国社会科学院在希腊、俄罗斯、白俄罗斯和墨西哥等4国设立中国研究中心的请示。

11月8日　由中国社会科学院、中国日报社、阿卡特立尼·拉斯卡瑞德斯基金会主办的"'一带一路'建设高质量发展与中希关系"研讨会在希腊港口城市比雷埃夫斯举行。院长、党组书记谢伏瞻参会并发表主旨演讲。

11月9日　副院长蔡昉在北京出席第二届应用经济学高端前沿论坛暨"中国应用经济学发展70年"研讨会。

△院党组成员，当代中国研究所所长姜辉在重庆市出席2019重庆英才大会。

11月11日　在中国国家主席习近平和希腊总理米佐塔基斯的见证下，院长、党组书记谢伏瞻与希腊阿卡特立尼·拉斯卡瑞德斯基金会签署《中国社会科学院与希腊阿卡特立尼·拉斯卡瑞德斯基金会关于合作设立中国研究中心的协议》。

△中国社会科学院召开党组扩大会议，传达学习贯彻习近平总书记在党的十九届四中全会上的重要讲话和全会精神。副院长、党组副书记王京清主持会议。院领导班子成员蔡昉、高翔、高培勇、杨笑山、赵奇出席会议。

11月12日　中国社会科学院在北京召开贯彻落实国有企业工资决定机制改革工作部署会。秘书长赵奇出席并讲话。

△副院长蔡昉在北京出席第二届人口发展战略研讨会并作主旨演讲。

△副院长高培勇在北京出席2019"全球PPP50人"论坛第二届年会。

11月13日　2019年全国科学道德和学风建设宣讲教育报告会在北京举办。全国政协副主席、中国科协主席万钢同志致辞，院长、党组书记谢伏瞻同志主持报告会。

11月13—15日　副院长、党组副书记王京清带队赴江西省上犹县调研检查定点县脱贫攻坚工作。

11月15日　中国社会科学院大学与中国科学院大学战略合作框架协议签约仪式在北京举行。中国科学院副院长、党组成员兼中国科学院大学党委书记、校长李树深，中国社会科学院副院长、党组成员高培勇出席会议并讲话。

△中国社会科学院科研局和中国社会科学出版社在北京联合举办"加强学科建设：构建学术年鉴评价体系研讨会暨首届年鉴主编论坛"，院党组成员、当代中国研究所所长姜辉，秘书长、院党组成员赵奇出席会议并致辞。

11月16日　副院长高培勇在北京出席"证券时报第三届专家委员会成立仪式暨2019年秋季

座谈会"。

11月17日　副院长高培勇在北京出席孙冶方经济科学奖第十八届颁奖典礼暨"中国经济学发展七十年"高层论坛并致辞。

11月18日　中国社会科学院党组召开巡视工作领导小组会议，听取2019年度院内巡视工作情况汇报。院长、党组书记，院巡视工作领导小组组长谢伏瞻主持会议并讲话。副院长、党组副书记、院巡视工作领导小组副组长王京清，中央纪委国家监委驻院纪检监察组组长、党组成员、院巡视工作领导小组副组长杨笑山出席会议。

　　△副院长高翔会见到访的比利时东弗兰德省省长德托那、根特大学副校长赫雷韦格一行。

11月18—19日　由中国社会科学院农村发展研究所主办的"农村发展与农业生产方式转型"国际学术研讨会在北京召开。副院长高培勇出席开幕式并致辞。

11月19日　中国社会科学院学习贯彻党的十九届四中全会精神宣讲报告会在北京举行。院长、党组书记谢伏瞻作宣讲报告。副院长、党组副书记王京清主持报告会。院领导班子成员蔡昉、高翔、高培勇、杨笑山、姜辉、赵奇出席报告会。

11月20日　第五届郭沫若中国历史学奖颁奖仪式在北京举行。该届评奖委员会主任、中国社会科学院院长、党组书记谢伏瞻出席并讲话。副院长、中国历史研究院院长高翔主持颁奖仪式，秘书长赵奇宣读获奖名单。

11月23日　院长、党组书记谢伏瞻在陕西省丹凤县检查督导定点扶贫工作。

11月25日　副院长高翔会见来访的塞浦路斯欧洲大学校长科斯塔斯·古利亚莫斯一行，并共同签署《中国社会科学院与塞浦路斯欧洲大学合作谅解备忘录》。

11月26日　中国社会科学院举行新提任局处级干部宪法宣誓仪式。院长、党组书记谢伏瞻出席仪式并监誓。副院长、党组副书记王京清主持仪式。院领导班子成员高培勇、杨笑山、赵奇出席仪式。

11月27日　由中国社会科学院主办，北京市社会科学院承办的第二届全国哲学社会科学道德和学风建设论坛在北京召开。副院长、党组副书记王京清，北京市委常委、宣传部部长杜飞进出席论坛并讲话。

11月28日　院长、党组书记谢伏瞻主持召开本年度第21次院务会议。会议审议通过第22届人才引进院级专家评审结果。

11月28—29日　由中国社会科学院和印度外交部共同主办的第四届中印智库论坛在北京举行。中国社会科学院院长、党组书记谢伏瞻，中国外交部副部长罗照辉、印度世界事务委员会总干事拉加万出席会议。

11月29日　中国社会科学出版社在京召开《当代中国学术思想史》丛书出版座谈会暨编委会会议。院长、党组书记谢伏瞻出席并讲话。副院长高翔主持会议。

— 1035 —

△中国社会科学院直属机关党委在北京举办学习贯彻党的十九届四中全会精神宣讲报告会。副院长、党组副书记王京清作宣讲报告。

△由中国社会科学院财经战略研究院与广州市社会科学院联合主办的"中国经济运行与政策论坛2019"在广州举行。副院长高培勇出席论坛开幕式并致辞。

△第八届全国人文社会科学期刊高层论坛在海南海口举行，秘书长赵奇出席开幕式并致辞。

十二月

12月3日　由中国社会科学院、中国非洲研究院与南非人文科学研究理事会主办的"治国理政与中非经济社会发展"国际研讨会在南非首都比勒陀利亚召开。院长、党组书记谢伏瞻出席会议开幕式并致辞。

12月3日　副院长高翔会见塔吉克斯坦总统战略研究中心主任卡吉尔佐达一行。

12月5日　中国社会科学院在北京举办第四季度离退休干部大讲堂，副院长、党组副书记王京清为老同志作党的十九届四中全会精神学习辅导报告。

12月6—7日　由中国非洲研究院与非洲联盟委员会主办，中国社会科学院国际合作局与非洲联盟委员会经济事务司承办的"中非携手促进可持续发展"国际研讨会在埃塞俄比亚首都亚的斯亚贝巴召开。院长、党组书记谢伏瞻出席开幕式并致辞。

12月9日　由中国社会科学院主办，中国社会科学院科研局、中国社会科学院工业经济研究所、中国社会科学院宏观经济研究中心和社会科学文献出版社承办的"2020年《经济蓝皮书》发布会暨中国经济形势报告会"在北京举行。院长、党组书记谢伏瞻出席会议并致辞。

12月9—12日　副院长蔡昉率团访问塞内加尔。

12月9—13日　副院长高培勇率团访问老挝、柬埔寨、泰国。

12月12日　院长、党组书记谢伏瞻主持召开第568次党组会议。会议审议并原则通过关于启动《（新编）中国通史》纂修工程实施方案和指导小组成员建议人选名单的请示。

　　△院长、党组书记谢伏瞻主持召开本年度第22次院务会议。会议审议通过《中国社会科学院古籍数字化工作实施方案》；审议通过2019年创新工程重大科研成果，"习近平新时代中国特色社会主义思想学习丛书"等26项成果评选为2019年度重大科研成果。

　　△院党组成员、当代中国研究所所长姜辉在北京出席"21世纪世界社会主义理论与实践"国际学术会议并致辞。

12月13日　中国共产党中国社会科学院直属机关第四次代表大会在北京举行。院长、党组书记谢伏瞻，中央和国家机关工委副书记吴汉圣出席会议并讲话。副院长、党组副书记王京清代表院直属机关第三届委员会作工作报告。院领导班子成员高翔、杨笑山、姜辉、赵奇出席会议。

△ 由中国社会科学院财经战略研究院主办，日本株式公社大和综研和南开大学经济学院协助合办的 2019—2020 跨年度中日宏观经济运行趋势国际论坛在北京举行。副院长蔡昉、日本大和综研特别理事川村雄介出席论坛并进行了主旨演讲。

12 月 14 日　副院长蔡昉在北京出席 2019—2020 中国经济年会。

12 月 14 日　由中国社会科学院和上海市人民政府联合主办，中国社会科学院考古研究所、上海市文物局、中国社会科学院—上海市人民政府上海研究院、上海大学承办的"第四届世界考古论坛·上海"在上海开幕。中国社会科学院院长谢伏瞻，上海市人民政府市长应勇，国家文物局副局长、中国考古学会副理事长顾玉才出席开幕式并致辞。

12 月 16 日　院长、党组书记谢伏瞻主持召开院党组扩大会议，传达学习中央经济工作会议精神，研究部署贯彻落实工作。

12 月 17 日　中国社会科学院在北京举办学习贯彻党的十九届四中全会精神所局级主要领导干部读书班。院长、党组书记谢伏瞻作动员讲话。司法部党组书记、中央宣讲团成员袁曙宏，副院长、党组副书记王京清，副院长蔡昉作辅导报告。院领导班子成员高翔、高培勇、杨笑山、赵奇出席会议。

12 月 19 日　院长、党组书记谢伏瞻主持召开第 569 次党组会议。会议学习了习近平总书记关于扶贫的重要论述，以及《中国共产党机构编制工作条例》。

12 月 20 日　院长、党组书记谢伏瞻主持召开第 570 次党组会议。驻院纪检监察组组长、党组成员杨笑山传达了党中央和中央纪委有关派驻机构和驻在部门党组定期会商机制的指示要求，通报了党的十九大以来中国社会科学院全面从严治党总体情况以及驻院纪检监察组开展监督检查和审查调查情况，向院党组提出全面从严治党工作建议。

12 月 23—24 日　中国历史研究院主办的首届全国史学高层论坛在北京召开。中国社会科学院副院长、党组成员，中国历史研究院院长兼党委书记高翔，原中央文献研究室副主任金冲及，北京师范大学教授瞿林东出席会议并发表主旨讲话。

12 月 23—28 日　副院长蔡昉在北京出席十三届全国人大常委会第十五次会议。

12 月 26—27 日　由中国社会科学院中国廉政研究中心主办的第四届中国基层廉政研究论坛在四川省大竹县举行。副院长、党组副书记、中国廉政研究中心理事长王京清，四川省委常委、省纪委书记王雁飞，四川省人大常委会副主任、达州市委书记包惠等出席论坛并致辞。

12 月 27 日　由中国社会科学院当代中国研究所和科研局主办，当代中国出版社协办的《新中国 70 年》出版座谈会在北京召开。院长、党组书记谢伏瞻，副院长、党组成员高翔，中国国家档案局局长、中央档案馆馆长李明华，等专家学者出席会议并讲话。中国社会科学院党组成员、当代中国研究所所长姜辉主持会议。

12 月 27 日　副院长高培勇在北京出席 2019 年中国国际商会理事会会议并作专题演讲。

12 月 29 日　副院长高培勇在北京出席首届中国宏观经济管理学术年会并发表主旨演讲。